單位系統及重要轉換因子

下表顯示最重要的單位系統。mks 系統又稱爲國際單位系統 (*I*
SI)，而同時使用的簡寫有 sec (取代 s)、gm (取代 g) 和 nt (取代 N)。

單位系統	長度	質量	時間	力
cgs 系統	公分 (cm)	公克 (g)	秒 (s)	達因
mks 系統	公尺 (m)	公斤 (kg)	秒 (s)	牛頓 (nt)
工程系統	呎 (ft)	斯勒格 (slug)	秒 (s)	磅 (lb)

1 吋 (in.) = 2.540000 公分 (cm)

1 呎 (ft) = 12 吋 (in.) = 30.480000 公分 (cm)

1 碼 (yd) = 3 呎 (ft) = 91.440000 公分 (cm)

1 哩 (mi) = 5280 呎 (ft) = 1.609344 公里 (km)

1 浬 = 6080 呎 (ft) = 1.853184 公里 (km)

1 畝 = 4840 平方碼 (yd^2) = 4046.8564 平方公尺 (m^2)

1 平方哩 (mi^2) = 640 畝 = 2.5899881 平方公里 (km^2)

1 液量盎司 = 1/128 加侖 (美制) = 231/128 立方吋 ($in.^3$) = 29.573730 立方公分 (cm^3)

1 加侖 (美制) = 4 夸脫 (liq) = 8 品脫 (liq) = 128 液量盎司 = 3785.4118 立方公分 (cm^3)

1 加侖 (英制) = 1.200949 加侖 (美制) = 4546.087 立方公分 (cm^3)

1 斯勒格 (slug) = 14.59390 公斤 (kg)

1 磅 (lb) = 4.448444 牛頓 (nt)

1 牛頓 (nt) = 10^5 達因

1 英制熱量單位 (Btu) = 1054.35 焦耳

1 焦耳 = 10^7 耳格

1 卡洛里 (cal) = 4.1840 焦耳

1 仟瓦小時 (kWh) = 3414.4 英制熱量單位 (Btu) = $3.6 \cdot 10^6$ 焦耳

1 馬力 (hp) = 2542.48 Btu/h = 178.298 cal/sec = 0.74570 仟瓦 (kW)

1 仟瓦 (kW) = 1000 瓦 (W) = 3414.43 Btu/h = 238.662 cal/s

°F = ℃ · 1.8 + 32

$1° = 60' = 3600'' = 0.017453293$ 徑

有關更進一步的詳細說明，請參考，如 D. Halliday, R. Resnick, and J. Walker, *Fundamentals of Physics.*9th ed., Hoboken, N. J:Wiley, 2011。亦可參考 AN American National Standard, ASTM/IEEE Standard Metric Practice, Institute of Electrical and Electronics Engineers, Inc. (IEEE), 445 Hoes Lane, Piscataway, N. J. 08854, website at www.ieee.org.

微分	積分
$(cu)' = cu'$ （ c 常數 ）	$\int uv'\,dx = uv - \int u'v\,dx$（部分）
$(u+v)' = u' + v'$	$\int x^n\,dx = \frac{x^{n+1}}{n+1} + c \quad (n \neq -1)$
$(uv)' = u'v + uv'$	$\int \frac{1}{x}\,dx = \ln\lvert x\rvert + c$
$\left(\frac{u}{v}\right)' = \frac{u'v - uv'}{v^2}$	$\int e^{ax}\,dx = \frac{1}{a}e^{ax} + c$
$\frac{du}{dx} = \frac{du}{dy}\cdot\frac{dy}{dx}$ （連鎖律）	$\int \sin x\,dx = -\cos x + c$
	$\int \cos x\,dx = \sin x + c$
	$\int \tan x\,dx = -\ln\lvert\cos x\rvert + c$
$(x^n)' = nx^{n-1}$	$\int \cot x\,dx = \ln\lvert\sin x\rvert + c$
$(e^x)' = e^x$	$\int \sec x\,dx = \ln\lvert\sec x + \tan x\rvert + c$
$(e^{ax})' = ae^{ax}$	$\int \csc x\,dx = \ln\lvert\csc x - \cot x\rvert + c$
$(a^x)' = a^x \ln a$	$\int \frac{dx}{x^2+a^2} = \frac{1}{a}\arctan\frac{x}{a} + c$
$(\sin x)' = \cos x$	$\int \frac{dx}{\sqrt{a^2-x^2}} = \arcsin\frac{x}{a} + c$
$(\cos x)' = -\sin x$	$\int \frac{dx}{\sqrt{x^2+a^2}} = \operatorname{arcsinh}\frac{x}{a} + c$
$(\tan x)' = \sec^2 x$	$\int \frac{dx}{\sqrt{x^2-a^2}} = \operatorname{arccosh}\frac{x}{a} + c$
$(\cot x)' = -\csc^2 x$	$\int \sin^2 x\,dx = \frac{1}{2}x - \frac{1}{4}\sin 2x + c$
$(\sinh x)' = \cosh x$	$\int \cos^2 x\,dx = \frac{1}{2}x + \frac{1}{4}\sin 2x + c$
$(\cosh x)' = \sinh x$	$\int \tan^2 x\,dx = \tan x - x + c$
$(\ln x)' = \frac{1}{x}$	$\int \cot^2 x\,dx = -\cot x - x + c$
$(\log_a x)' = \frac{\log_a e}{x}$	$\int \ln x\,dx = x\ln x - x + c$
$(\arcsin x)' = \frac{1}{\sqrt{1-x^2}}$	$\int e^{ax}\sin bx\,dx = \frac{e^{ax}}{a^2+b^2}(a\sin bx - b\cos bx) + c$
$(\arccos x)' = -\frac{1}{\sqrt{1-x^2}}$	$\int e^{ax}\cos bx\,dx = \frac{e^{ax}}{a^2+b^2}(a\cos bx + b\sin bx) + c$
$(\arctan x)' = \frac{1}{1+x^2}$	
$(\operatorname{arccot} x)' = -\frac{1}{1+x^2}$	

高等工程數學(上)(第十版)

Advanced Engineering Mathematics, 10/E

Erwin Kreyszig　原著

江大成、陳常侃　編譯

江昭皚、黃柏文　審閱

WILEY

全華圖書股份有限公司

10TH EDITION

ADVANCED ENGINEERING MATHEMATICS

International Student Version

ERWIN KREYSZIG

Professor of Mathematics
Ohio State University
Columbus, Ohio

In collaboration with

HERBERT KREYSZIG
New York, New York

EDWARD J. NORMINTON
Associate Professor of Mathematics
Carleton University
Ottawa, Ontario

WILEY JOHN WILEY & SONS, INC.

序 言

本書 (上下冊) 目的與架構

本書對**工程數學**做了清楚、完整及最新的介紹，目的是要爲工程、物理、數學、計算機科學及其它相關科系的學生，介紹在**應用數學**中，與解決實際問題關係最密切的部分。研習本書唯一的先修課程爲初等微積分 (在封面內頁及附錄 3，我們爲讀者提供了基本微積分的簡單整理)。

本書上下冊內容涵蓋七個部分 (A 至 C 部分收錄於上冊，D 至 F 部分收錄於下冊)：

- A 常微分方程式 (ODEs)，見 1－6 章
- B 線性代數、向量微積分，見 7－10 章
- C 傅立葉分析、偏微分方程式 (PDE)，見 11、12 章
- D 複變分析，見 13－18 章
- E 數值分析，見 19－21 章
- F 最佳化、圖形，見 22－23 章

本書的各部分保持相互獨立，此外，單獨各章亦盡可能保持獨立，我們讓老師在**選擇教材上保有最大的彈性**，以符合各自所需。

本書四個隱藏的主題

工程數學的驅動力是快速進展的科技，不斷出現新的領域——通常來自數個不同學門。電動車、太陽能、風能、綠色製造、奈米技術、風險管理、生物技術、生醫工程、電腦視覺、機器人、太空旅行、通訊系統、綠色後勤、運輸系統、財物工程、經濟學及其它許多的領域都在快速進展中。這對工程數學有何意義？工程師必須要能夠面對各種不同領域的問題，並建立其模型，這就引導出本書四個隱藏主題中的第一個。

1. 模型化是一個程序，在工程、物理、電算科學、生物、化學、環境科學、經濟學等各種領域中，要將眞實物理世界的情況或其它的觀測數據，轉換成數學模型所必經的程序。
   此種數學模型可以是微分方程組，例如族群控制 (4.5 節)，或是要將污染物對環境破壞最小化的線性規劃問題 (22.2–22.4 節)。
   下一步就是用本書中所介紹的眾多方法，**求解此數學問題**。
   第三步是**詮釋數學結果**，用物理或其它的專業術語來表示結果，以看出它們在實際上的意義與蘊涵。
   最後，我們可能要**做出決策**，這可能是工業性的或是**對公共政策的建議**。例如，族群控制模型可能會表示出應禁漁三年。
2. 明智的使用功能強大之數值方法與統計軟體的重要性與日俱增。在工程或工業界的專案中，對於極端複雜系統的模型，可能包括有數以萬計甚至更多的方程式，他們須要使用這類軟體。不過我們的做法一貫是，讓教師自行決定要使用電腦到何種程度，可以從完全不用或極少用到廣泛使用，以下有更多說明。

3. **工程數學之美**。工程數學建立在相對而言甚少的基本觀念之上，但卻包含了強大的統合原理。當它們明顯可見時，我們就會指出來，例如在 4.1 節中，我們將混合問題由一個水槽「長」到兩個水槽，在電路問題中由一個迴路到兩個迴路，在此同時由一個 ODE 變成兩個 ODE。這是數學模型吸引人的一例，因為問題的加大，反應為增加 ODE 的數目。
4. **清楚區別主題內容的概念架構**。例如複變分析就不是一個單一架構的領域，而是由三個相異數學學派所組成，每個學派都有不同的方法，我們都清楚標示。第一種方法是用 Cauchy 積分公式解複變積分 (第 13 和 14 章)，第二種方法使用 Laurent 級數並以殘値積分解複變積分 (第 15 和 16 章)，最後我們用幾何方法的保角映射解邊界値問題 (第 17 和 18 章)。

修訂及新的特色

- 第 1 章關於一階 ODE 部分重寫，更強調模型化過程，用新的方塊圖闡釋 1.1 節的概念。提早在 1.2 節介紹 Euler 法，讓學生熟悉數値方法。在 1.3 節加入更多可分離 ODE 的例子。
- 在第 2 章部分，關於二階 ODE，我們做了以下修改：為便於閱讀，重寫了 2.4 節第一部分關於建立質點－彈簧系統的內容；部分改寫 2.5 節關於 Euler–Cauchy 方程式的部分。
- 相當程度的縮短了第 5 章，ODE 的級數解。特殊函數：結合 5.1 和 5.2 節成為「冪級數法」的一節，減少 5.4 節 Bessel 方程式 (第一類) 的內容，刪除 5.7 節 (Sturm–Liouville 問題) 及 5.8 節 (正交特徵函數展開) 並將相關內容移到第 11 章。
- 對於**基底**的新定義 (7.4 節)。
- 在 7.9 節，則是全新關於**線性轉換之合成**的部分及兩個例題。同時就公理與向量空間的關聯，更詳細的解釋公理的角色。
- 新的表 (第 8 章「線性代數：矩陣特徵値問題」開頭部分) 指出特徵値問題出現在本書的章節。在 8.1 節開始部分，對特徵値做更多直觀的說明。
- 經由適當的區別簡併的情況，對**叉積** (在向量微分部分) 做更好的定義 (在 9.3 節)。
- **第 11 章的傅立葉分析大幅調整**：11.2 和 11.3 節合併為一節 (11.2 節)，刪除原本關於複數傅立葉級數的 11.4 節，並加入新的 11.5 節 (Sturm–Liouville 問題) 和 11.6 節 (正交級數)。在習題集 11.9 中加入新的關於**離散傅立葉轉換的習題**。
- **新的 12.5 節**，經由建立熱傳方程式，以得到空間中一物體之熱傳模型。建立 PDE 模型是比較困難的，所以我們將建立模型的過程，和求解的過程分開 (在 12.6 節)。
- **數値方法簡介**經過改寫使它表達的更清楚；新加入關於數字捨入的例題 1。19.3 節的內插法則刪去了較不重要的中央差分公式，改列參考文獻。
- 在 22.3 節加入了很長且帶有歷史說明的註腳，以記念**單體法**的發明人 George Dantzig。
- **旅行推銷員問題**現在更妥善的描述成「困難」問題，典型的組合最佳化 (23.2 節)。在 23.6 節 (網路流量) 中更小心的解釋如何計算一個 cut set 的容量。

致謝

在此我要感謝我以前的多位老師、同事與學生們，他們在本書的準備過程中給予許多直接與間接的幫助，特別是目前這個版本。我也從與工程師、物理學家、數學家與電腦科學家的討論以及他們的意見當中，獲益甚多。我們特別想要提到的有 Y. A. Antipov、R. Belinski、S. L. Campbell、R. Carr、P. L. Chambré、Isabel F. Cruz、Z. Davis、D. Dicker、L. D. Drager、D. Ellis、W. Fox、A. Goriely、R. B. Guenther、J. B. Handley、N. Harbertson、A. Hassen、V. W. Howe、H. Kuhn、K. Millet、J. D. Moore、W. D. Munroe、A. Nadim、B. S. Ng、J. N. Ong、P. J. Pritchard、W. O. Ray、Venkat V. S. S. Sastry、L. F. Shampine、H. L. Smith、Roberto Tamassia、A. L. Villone、H. J. Weiss、A. Wilansky、Neil M. Wigley and L. Ying; Maria E. 和 Jorge A. Miranda, JD 等教授，以上均來自美國；還要感謝 Wayne H. Enright、Francis. L. Lemire、James J. Little、David G. Lowe、Gerry McPhail、Theodore S. Norvell, and R. Vaillancourt; Jeff Seiler 和 David Stanley 等教授，以上來自加拿大；以及來自歐洲的 Eugen Eichhorn、Gisela Heckler、Dr. Gunnar Schroeder,和 Wiltrud Stiefenhofer 等教授。此外，我們要感謝 John B. Donaldson、Bruce C. N. Greenwald、Jonathan L. Gross、Morris B. Holbrook、John R. Kender、Bernd Schmitt 和 Nicholaiv Villalobos 等教授，以上來自紐約哥倫比亞大學；以及 Pearl Chang、Chris Gee、Mike Hale、Joshua Jayasingh 等博士、MD, David Kahr、Mike Lee、R. Richard Royce、Elaine Schattner、MD, Raheel Siddiqui、Robert Sullivan、MD, Nancy Veit 和 Ana M. Kreyszig, JD，以上來自紐約市。我們同時也要感激 Ottawa 的 Carleton 大學和紐約 Columbia 大學讓我們使用相關設施。

同時我們還要感謝 John Wiley and Sons，尤其是發行人 Laurie Rosatone、編輯 Shannon Corliss、產品編輯 Barbara Russiello、媒體編輯 Melissa Edwards、文字與封面設計 Madelyn Lesure，以及攝影編輯 Sheena Goldstein，感謝他們的投入與奉獻。依此脈絡，我們也要感謝校稿 Beatrice Ruberto、WordCo 製作索引，和 PreMedia 的 Joyce Franzen 以及 PreMedia Global 他們負責本版的排版。

全世界各地的讀者先前所提的改進建議，都在此新版本的準備過程中加以評估。我們將會非常樂意接受您對本書其他的意見與建議。

KREYSZIG

致謝

本[illegible]同事與學生們，他們在本書的準備[illegible]許多直接與間接的[illegible]，特別是目前這個版本，我也從與工程師、物理學家、數學家與電腦[illegible]家的討論以及他們的[illegible]中，獲益良多。我們特別想要提到的有 Y. A. Antipov、R. Belinski、[illegible] L. Campbell、R. Carr、P. L. Chambré、Isabel F. Cruz、Z. Davis、[illegible]、L. D. Drager、[illegible]、W. Fox、A. Goriely、R. B. Guenther、J. B. Handley、N. [illegible]、A. Hassen、V. W. [illegible]、[illegible] Kuhn、K. Millet、J. D. Moore、W. D. Munroe、A. [illegible]、[illegible] Nagel、N. Ozgur、[illegible]、[illegible] Ray、Venkat V. S. S. Sastry、[illegible]

目錄

PART A　常微分方程式

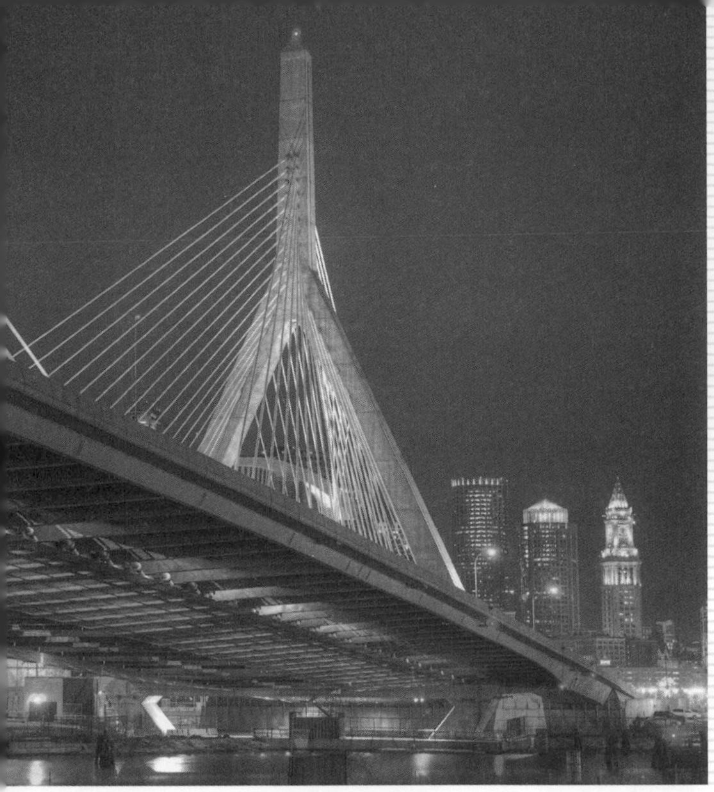

PART A

常微分方程式 (Ordinary Differential Equations, ODEs)

許多的物理定律及關係，可以用數學的方法表示成微分方程式的形式，所以很自然的，本書就以微分方程式及它們的解作爲開始。事實上，許多的工程問題都是以微分方程的形式出現。

A 部分的主要目的有兩個：探討微分方程式和它們最重要的解法，以及探討建立模型的程序。

常微分方程式 (ordinary differential equations，ODE)，是只取決於單一變數的微分方程式。較困難的偏微分方程式 (PDE)，也就是取決於多個變數的微分方程式，則將於 C 部分探討。

模型化 ***Modeling*** 是一個重要且共通的程序，對於工程學、物理學、生物學、醫學、環境科學、化學、經濟學等各種學門，只要是須要將眞實世界的情況，或其它的觀察結果轉換成「數學模型」的時候，都會用到此程序。我們將提供許多的例子，包括工程學 (例如混合問題)、物理學 (例如牛頓冷卻定律)、生物學 (例如 Gompertz 模型)、化學 (例如放射性碳元素定年)、環境科學 (例如族群數控制) 等等，在這些問題中，我們會詳細說明此一程序，也就是說明如何正確使用微分方程式來描述問題。

對於想要利用電腦以數値方法求解 ODE 的讀者，可參考 F 部分第 21 章的 21.1–21.3 節，也就是 ***ODE* 之數値方法**。這幾節是刻意使它們獨立於其它數値方法的各節之外，**這讓讀者可以在第 *1* 或 *2* 章之後，就直接進入 *ODE* 的數値解法**。

CHAPTER 1

一階常微分方程式 (First-Order ODEs)

在本章中，我們將從一些物理或其它問題推導出常微分方程式 [此過程稱爲**模型化 (*Modeling*)**]，然後利用標準數學方法求解它們，並且利用給定的問題來詮釋解答及它們的圖形，藉此開啓對常微分方程式 (ordinary differential equations，ODEs) 的討論。我們先從最簡單的 ODE 開始進行討論，也就是**一階常微分方程式 (*ODEs of first order*)**，因爲它們只包含未知數函數的一階導數，沒有更高階的。這些未知函數通常用 $y(x)$ 來代表，當獨立變數是時間 t 時，則會用 $y(t)$ 來表示。在本章的 1.7 節，將探討常微分方程之解的存在性與唯一性。

要了解 ODE 的基本觀念，必須以手算求解 (使用紙、筆或用電腦打字，但一開始不要藉助 CAS)。經由手算求解，你才能眞的理解許多重要的觀念，並對一些基本辭彙如 ODE、方向場及初值問題等有所感覺。如果願意的話，你可以使用**電腦代數系統 (Computer Algebra System, CAS)** 核對你的答案。

註解：在看完這一章以後就可以接著研讀一階 *ODE* 的數值解法。

請參看第 21.1–21.2 節，它們獨立於其它各節。

本章之先修課程：積分

短期課程可以省略的章節：1.6、1.7

參考文獻與習題解答：附錄 1 的 A 部分及附錄 2

1.1 基本觀念、模型化 (Basic Concepts. Modeling)

如果想要求解一個工程問題 (本質上通常是一個物理問題)，首先必須將這個問題，利用變數、函數和方程式等等，整理成數學表示式。這個數學表示式稱爲該問題的數學**模型 (model)**。建立模型並以數學方法求解，以及利用物理或其它術語詮釋其結果的整個過程，稱爲**數學模型化** (mathematical modeling)，或簡稱爲**模型化 (modeling)**。

因爲模型化需要經驗，所以我們將利用各種例題與問題來吸取此種經驗。(你的電腦或許可以幫你求解模型，但是不大可能幫你建立模型)。

許多的物理概念如速度及加速度等，都是導數。所以，一個數學模型通常都包含有未知函數的導數。這樣的數學模型稱爲**微分方程式 (differential equation)**。理所當然地，我們會想要求得其解 (滿足方程式的函數)、找出其相關性質、畫出其圖形、求得確實的數值，以及利用物理術語詮釋該解答，使得我們能夠了解在該問題中之物理系統的行爲。然而，在我們將注意力轉向求解方法前，必須先定義一些本章所需要用到的基本概念。

$$物理系統$$

$$數學模型$$

$$數學解$$

$$物理詮釋$$

圖 1　建模、求解、詮釋

落石
$y'' = g =$ 常數
(1.1 節)

跳傘者
速度 v
$mv' = mg - bv^2$
(1.2 節)

水位高 h
溢出水量
$h' = -k\sqrt{h}$
(1.3 節)

位移量 y
彈簧的振動質量
$my'' + ky = 0$
(2.4、2.8 節)

振動系統的節拍
$y'' + \omega_0^2 y = \cos \omega t, \quad \omega_0 \approx \omega$
(2.8 節)

RLC-電路中的電流 I
$LI'' + RI' + \frac{1}{C} I = E'$
(2.9 節)

樑的變形
$EIy^{iv} = f(x)$
(3.3 節)

單擺
$L\theta'' + g \sin \theta = 0$
(4.5 節)

Lotka–Volterra
獵食者-獵物 模型
$y_1' = ay_1 - by_1y_2$
$y_2' = ky_1y_2 - ly_2$
(4.5 節)

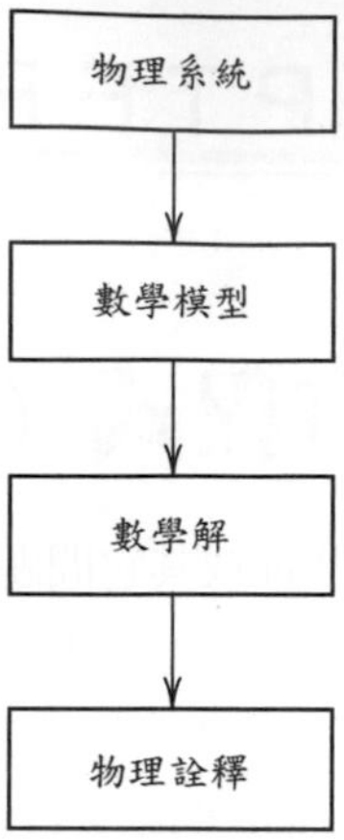

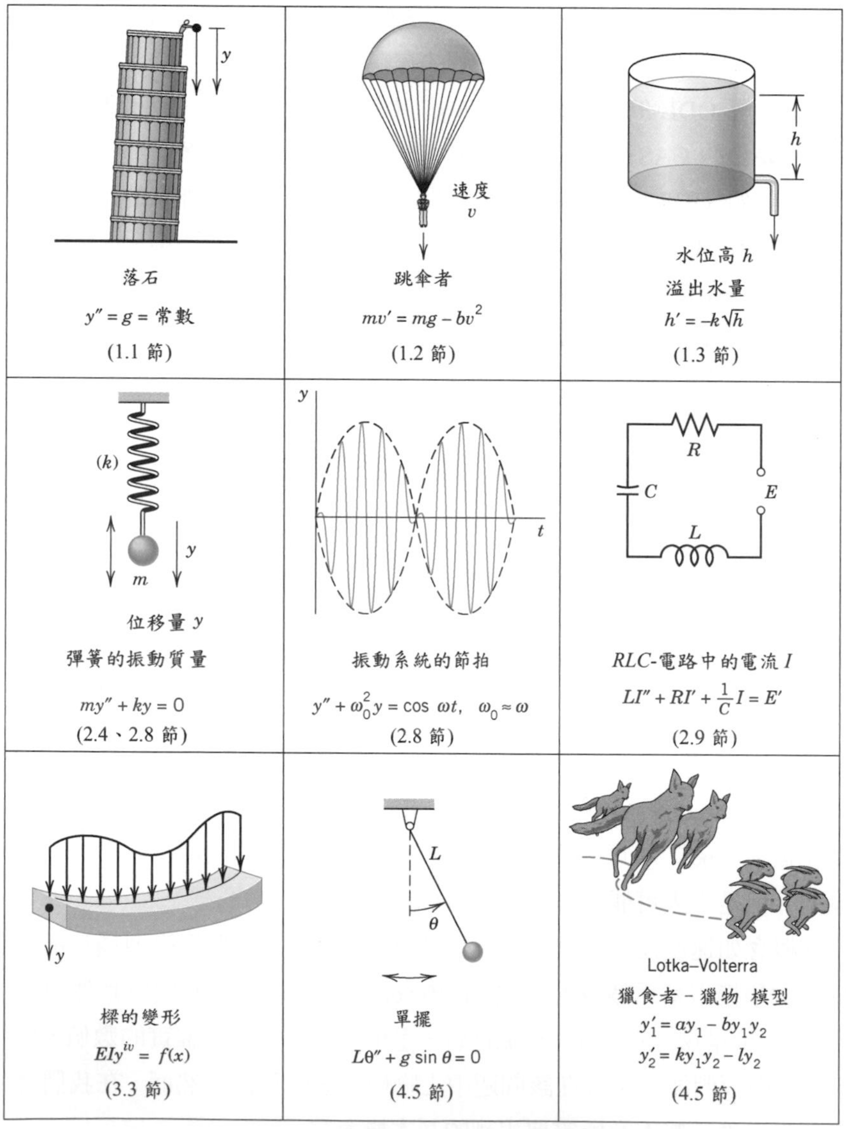

圖 2　微分方程式的一些應用

所謂**常微分方程式 (ordinary differential equation，ODE)** 是指，包含一個未知函數之一個或數個導數的方程式，通常以 $y(x)$ 表示此未知函數 (或者當獨立變數是時間 t，則會用 $y(t)$ 表示)。微分方程式也可以包含 y 自身、x (或 t) 的已知函數和常數。例如，

(1) $$y' = \cos x$$

(2) $$y'' + 9y = e^{-2x}$$

(3) $$y'y''' - \frac{3}{2}y'^2 = 0$$

均屬於常微分方程式 (ODE)。和微積分一樣，在此 y' 代表 dy/dx、$y'' = d^2y/dx^2$ 等。常微分方程式與偏微分方程式 (partial differential equation，PDE) 有所不同，後者是牽涉到未知函數對兩個或兩個以上變數的偏微分。例如，下式是具有兩個變數 x 和 y 的未知函數 u 的 PDE

$$\frac{\partial^2 u}{\partial x^2} + \frac{\partial^2 u}{\partial y^2} = 0$$

PDE 比 ODE 的用途更廣但也更複雜；本書將在第 12 章討論它。

如果未知函數 y 的第 n 階導數是 y 在此方程式中的最高階導數，則稱此 ODE 是 n 階 (order n) 的。階的概念提供了很有用的分類依據，將 ODE 分類成一階、二階等等，以此類推。因此，(1) 式屬於一階常微分方程式，(2) 式屬於二階，而 (3) 式屬於三階。

在本章中，我們將探討一**階常微分方程式 (first-order ODE)**。這樣的方程式只含有第一階導數 y'，另可能含有 y 和任何 x 的已知函數。因此，可以將它們寫成

(4) $$F(x, y, y') = 0$$

通常也可寫成以下形式

$$y' = f(x, y)$$

這種方程式的形式稱為顯式 (explicit form)，而 (4) 式則為隱式 (implicit form)。舉例來說，隱式的 ODE $x^{-3}y' - 4y^2 = 0$ (其中 $x \neq 0$) 可以寫成顯式的 $y' = 4x^3y^2$。

1.1.1 解的觀念

函數

$$y = h(x)$$

被稱為是某個已知 ODE (4) 在某一個開區間 $a < x < b$ 上的**解**，則它在整個區間是有定義且可微的，當我們用 h 和 h' 分別取代 y 和 y' 時，原方程式會變成恆等式。h 的曲線 (圖形) 稱為**解曲線 (solution curve)**。

在這裡，**開區間** $a < x < b$ 代表的意義為：端點 a 和 b 不屬於此區間。同時，$a<x<b$ 包括了無限區間 $-\infty<x<b$、$a<x<\infty$ 及 $-\infty<x<\infty$ (實數線) 等特例。

例題 1 解的驗證

驗證，對所有的 $x \neq 0$，$y = c/x$ (c 為任意常數) 是 ODE $xy' = -y$ 的解。的確，將 $y = c/x$ 微分可得到 $y' = -c/x^2$。將它再乘上 x 可得 $xy' = -c/x$，由此可得 $xy' = -y$，這就是題目所給的 ODE。■

例題 2 用微積分求解、解曲線

透過對 ODE $y' = dy/dx = \cos x$ 等號兩邊直接積分，可以得到此 ODE 的解。事實上，利用微積分我們可得 $y = \int \cos x dx = \sin x + c$，其中 c 是任意常數。這是一**族解** (***family of solution***)。每一個 c 的值，例如 2.75 或 0 或 –8，都可得到此曲線族中的一條曲線。圖 3 顯示了當 $c = -3$、-2、-1、0、1、2、3、4 時的曲線。■

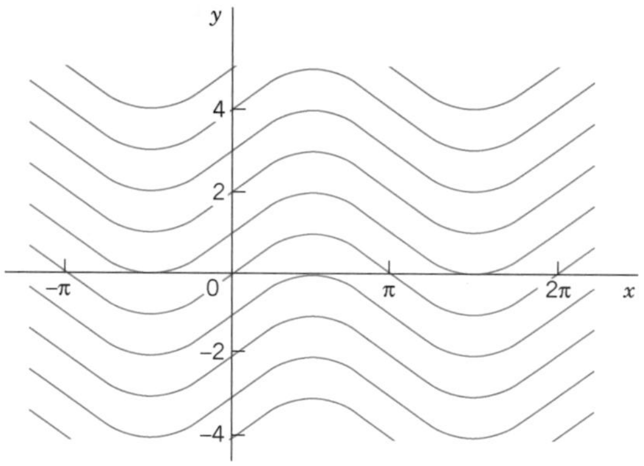

圖 3 ODE $y' = \cos x$ 的解 $y = \sin x + c$

例題 3 (A) 指數成長 (B) 指數衰減

由微積分可知 $y = ce^{0.2t}$ 的導數為

$$y' = \frac{dy}{dt} = 0.2e^{0.2t} = 0.2y$$

因此 y 是 $y' = 0.2y$ 的解 (圖 4A)。此 ODE 的形式為 $y' = ky$。當 k 值為正時可以作為**指數成長 (exponential growth)** 的模型，例如動物族群或細菌菌落中個體的總數。對於土地廣大但人口稀少的國家(譬如早期的美國)，這個模型也能用於描述其人口總數的變化，也就是著名的**馬爾薩斯定理 (Malthus's law)** [1]。在第 1.5 節我們將對這個主題做更多探討。

(B) 類似的，$y' = -0.2y$ (右側有負號) 的解 $y = ce^{-0.2t}$ 可以作為**指數衰減 (exponential decay)** 的模型，例如，放射性物質 (參見例題 5)。■

[1] 以英國古典經濟學的先驅 THOMAS ROBERT MALTHUS (1766–1834) 命名。

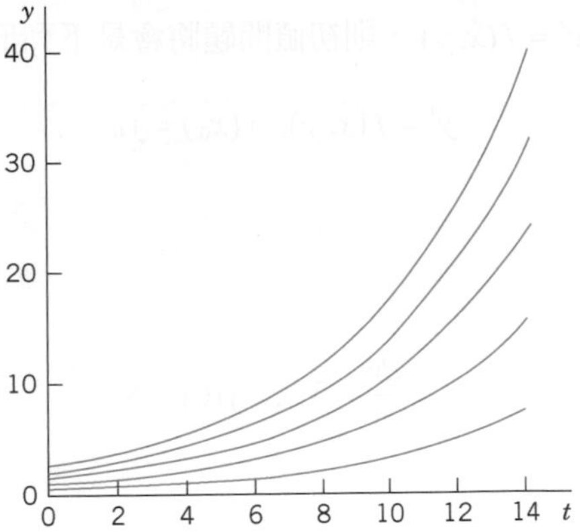

圖 4A　例題 3　$y' = 0.2y$ 的一些解 **(指數成長)**

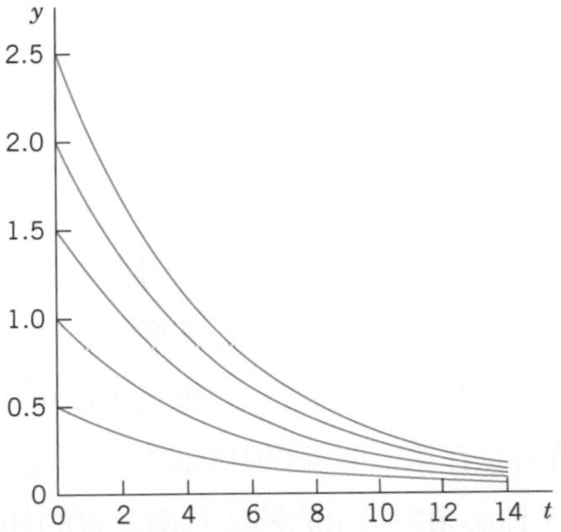

圖 4B　例題 3　$y' = -0.2y$ 的一些解 **(指數衰減)**

我們發覺這些例題的每一個 ODE 的解，都有一個任意常數 c。像這種含有一個任意常數 c 的解，稱爲此 ODE 的**通解 (general solution)**。

(我們將看到，有時 c 並不是完全任意的，爲了避免在解中出現複數，有時候它必須限制在某區間內)。

我們將會建立起能夠用於求得唯一 (或許除了符號之外) 通解的方法。因此我們會說**某個**已知 ODE 的通解 (而不是說，**某一個**通解)。

幾何上來說，ODE 的通解是一個解曲線族，包含有無限多條解曲線，常數 c 的每一個值對應到一條解曲線。選擇特定的 c 值 (例如，c = 6.45、0 或 −2.01)，就能得到該 ODE 的一個**特解 (particular solution)**。特解不含任何任意常數。

在大部分情況下，通解是存在的，而且經由對 c 指定一個適當數值，可得不含有任意常數的特解。此規則也有例外，但在應用上並不重要，參見 1.1 節的習題 16。

1.1.2　初值問題

在大部分情況下，給定問題的唯一解 (也就是特解)，是利用**初始條件 (initial condition)** $y(x_0) = y_0$ 從通解求得，其中 x_0 和 y_0 爲已知，並用於決定任意常數 c 的值。幾何上來說，此條件相當於解曲線

通過 xy 平面上的點 (x_0, y_0)。一個 ODE 加上一個初始條件，稱爲**初值問題 (initial value problem)**。因此，如果 ODE 是顯式的，$y' = f(x, y)$，則初值問題將會是下列形式

(5)
$$y' = f(x, y),\ \ y(x_0) = y_0$$

例題 4 初值問題

求解下列初值問題

$$y' = \frac{dy}{dx} = 3y,\quad y(0) = 5.7$$

解

通解爲 $y(x) = ce^{3x}$，參見例題 3。由此解和初始條件，我們得到 $y(0) = ce^0 = c = 5.7$。因此這個初值問題的解是 $y(x) = 5.7e^{3x}$。這是一個特解。■

1.1.3 模型化

本節開始的時候，就已經強調模型化對工程師和物理學家的普遍重要性。現在讓我們來考慮一個基本物理問題，藉此詳細說明模型化的典型步驟。步驟 1：從物理條件 (物理系統) 轉換成數學公式 (它的數學模型)；步驟 2：經由數學方法求得解；以及步驟 3：對結果的物理詮釋。

如果想對微分方程式及其應用的本質與目的有初步的概念，這可能是最簡單的方法了。請你要了解，你的**電腦** (你的 ***CAS***) 或許可以在第二個步驟中幫助你，但是第一和第三步驟基本上還是你自己的工作。況且在第二步驟中，你必須對可用的解法具備紮實的知識和良好的理解——不論是採用手算或電腦輔助的方法，你必須選擇適用於你的問題的解法。請記住這一點，一定要檢查電腦解答是否有錯誤 (這是會發生的，例如錯誤的輸入值)。

例題 5 放射性、指數衰減

給定某一數量的放射性物質，比如說是 0.5 g (公克)，試求後來任何瞬間該物質的數量。

物理資訊：實驗指出，任何瞬間放射性物質分解的速率——亦即隨時間衰減——會正比於目前該放射性物質的量。

步驟 1：建立物理過程的數學模型 令 $y(t)$ 是任何時間 t 該放射性物質的量。由物理定律可知，此量的時間變率 $y'(t) = dy/dt$ 正比於 $y(t)$。由此得到一**階常微分方程式**

(6)
$$\frac{dy}{dx} = -ky$$

在此常數 k 爲正數，由於它前面的負號，所以這代表了衰減 (和例題 3 的 [B] 一樣)。由實驗可以求出各種不同放射性物質的 k 值 (例如，鐳元素 ${}^{226}_{88}\mathrm{Ra}$，其值約爲 $k = 1.4 \cdot 10^{-11}\ \mathrm{sec}^{-1}$)。

在此已知的初始量是 0.5 g，我們令此瞬間爲 $t = 0$。如此就得到**初始條件** $y(0) = 0.5$。這是我們開始觀察此程序的瞬間。這就是我們稱初始條件的原因 (不過，當獨立變數不是時間的時候，

或者選擇一個不是時間 $t = 0$ 的時候，還是使用這個名詞)。因此這個物理過程的數學模型就成爲**初值問題**

(7) $$\frac{dy}{dt} = -ky, \quad y(0) = 0.5$$

步驟 2：數學求解　如同在例題 3 的 (B) 一樣，獲得的結論是 ODE (6) 代表了指數衰減，而且這個 ODE 具有下列通解 (c 是任意常數，但是 k 則必須明確地加以指定)

(8) $$y(t) = ce^{-kt}$$

現在由初始條件來求 c。既然由 (8) 式可以知道 $y(0) = c$，於是我們有 $y(0) = c = 0.5$。因此統御這個過程的特解是 (參考圖 5)

(9) $$y(t) = 0.5e^{-kt} \qquad (k > 0)$$

一定要檢驗結果——其中可能有人腦或電腦的錯誤！利用微分 (連鎖律！) 驗證你的解 (9) 式是否滿足 (7) 式，以及 $y(0) = 0.5$：

$$\frac{dy}{dt} = -0.5ke^{-kt} = -k \cdot 0.5e^{-kt} = -ky, \quad y(0) = 0.5e^{0} = 0.5$$

步驟 3：詮釋解答　(9) 式給出了時間 t 時放射性物質的量。由於 k 值爲正，所以總量由初始值開始隨時間遞減。當 $t \to \infty$ 的時候，y 的極限值是零。■

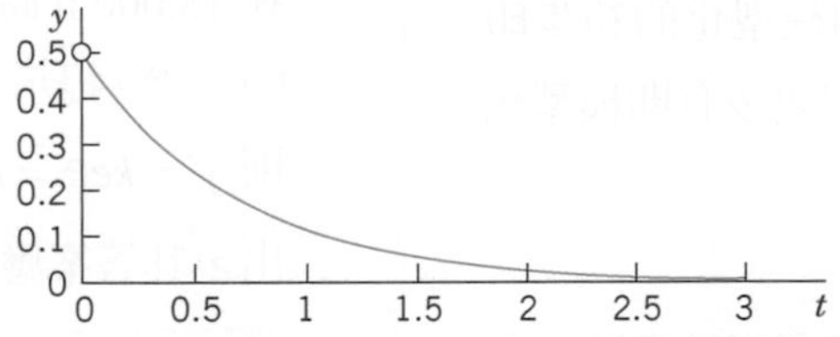

圖 5　放射性 (指數衰減 $y = 0.5e^{-kt}$，以 $k = 1.5$ 爲例)

習題集　1.1

1–8　微積分

試利用積分或微分公式求解下列常微分方程式。

1. $y' + 2\sin 2\pi x = 0$
2. $y' + xe^{-x^2/2} = 0$
3. $y' = y$
4. $y' = -1.5y$
5. $y' = 4e^{-x}\cos x$
6. $y'' = -y$
7. $y' = \cosh 5.13x$
8. $y''' = e^{-0.2x}$

9–15　驗證、初值問題 (IVP)

(a) 試驗證 y 爲下列 ODE 的解。**(b)** 利用 y 求初值問題 (IVP) 的特解。**(c)** 繪出 IVP 解的圖形

9. $y' + 4y = 1.4, \quad y = ce^{-4x} + 0.35, \quad y(0) = 2$
10. $y' + 5xy = 0, \quad y = ce^{-2.5x^2}, \quad y(0) = \pi$
11. $y' = y + e^x, \quad y = (x + c)e^x, \quad y(0) = \frac{1}{2}$

12. $yy' = 4x$, $y^2 - 4x^2 = c(y > 0)$, $y(1) = 4$

13. $y' = y - y^2$, $y = \dfrac{1}{1+ce^{-x}}$, $y(0) = 0.25$

14. $y'\tan x = 2y - 8$, $y = c\sin^2 x + 4$, $y(\frac{1}{2}\pi) = 0$

15. 經由檢視以找出習題 13 之 ODE 的兩個常數解。

16. **奇異解** 一個 ODE 有時候可能具有無法從通解求得的額外解，此解稱為奇異解 (*singular solution*)。ODE $y'^2 - xy' + y = 0$ 即屬於此類。請利用微分與代入的方式，證明這個微分方程式具有通解 $y = cx - c^2$ 和奇異解 $y = x^2/4$。並且解釋圖 6。

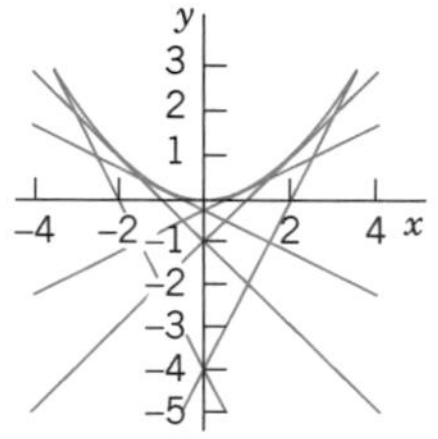

圖 6 習題 16 的特解和奇異解

17–20 模型化，應用

下列習題可以提供讀者有關模型化的初步印象。在隨後的整章中，將出現更多有關模型化的問題。

17. **半衰期** 半衰期是用以度量指數衰減。它是指，該放射性物質的數量減為原先數量一半所經過的時間。請問例題 5 中 $^{226}_{88}\text{Ra}$ 的半衰期為多久 (以年為單位)？

18. **半衰期** 鐳 $^{224}_{88}\text{Ra}$ 的半衰期約為 3.6 天。

(a) 1 公克的鐳，在 1 天後還剩多少？

(b) 1 年後？

19. **自由落體** 丟下一顆石頭或鐵球時，空氣阻力是可以忽略的。實驗證明，在該假設條件下，此運動加速度為常數 (等於所謂的**重力加速度** $g = 9.80\ \text{m/sec}^2 = 32\ \text{ft/sec}^2$)。請將上述表示成 $y(t)$ 的 ODE，其中 $y(t)$ 代表時間為 t 時的落下距離。如果運動是由時間 $t = 0$ 由靜止 (也就是 $v = y' = 0$) 開始，你應該得到著名的自由落體公式

$$y = \frac{1}{2}gt^2$$

20. **指數衰減、次音速飛行** 次音速航行的飛機，其引擎效率與空氣壓力有關，而且通常是在大約 35,000 ft 的高度附近具有最大值。請求出在此高度的空氣壓力 $y(x)$。物理資訊：其改變速率 $y'(x)$ 正比於壓力。在 18,000 ft 時，其值為海平面值 $y_0 = y(0)$ 的一半。提示：由微積分可知，若 $y = e^{kx}$，則 $y' = ke^{kx} = ky$。你能否不經計算就看出，其答案應接近 $y_0/4$？

1.2 $y' = f(x, y)$ 的幾何意義、方向場、Euler 法 (Geometric Meaning of $y' = f(x, y)$. Direction Fields, Euler's Method)

下列的一階 ODE

$$y' = f(x, y) \tag{1}$$

具有簡單的幾何意義。由微積分可知，$y(x)$ 的導數 $y'(x)$，是 $y(x)$ 的斜率。因此如果 (1) 式的解曲線通過點 (x_0, y_0)，則此曲線在該點的斜率 $y'(x_0)$，必然等於 f 在該點的值；也就是說，

$$y'(x_0) = f(x_0, y_0)$$

利用此一事實，我們可以發展出圖形法或數值法，以求得此 ODE (1) 的近似解。這樣可對 ODE (1) 在概念上有更好的理解。此外，這類方法確實很重要，因為許多 ODE 的解相當複雜，甚至根本無法寫出公式解，此時就必須仰賴數值方法。

方向場的圖形法、實例如圖 7 所示 經由在 xy 平面上畫出短的直線段 (lineal element)，我們可表示出已知 ODE (1) 式之解曲線的方向。這樣就得到**方向場** (或斜率場)，你可以利用它們擬合出解的曲線。這個方法可顯示出整個解答族系的典型性質。

圖 7 顯示了 ODE

$$y' = y + x \tag{2}$$

的方向場，這是得自 CAS (電腦代數系統) 並擬合了一些近似解曲線

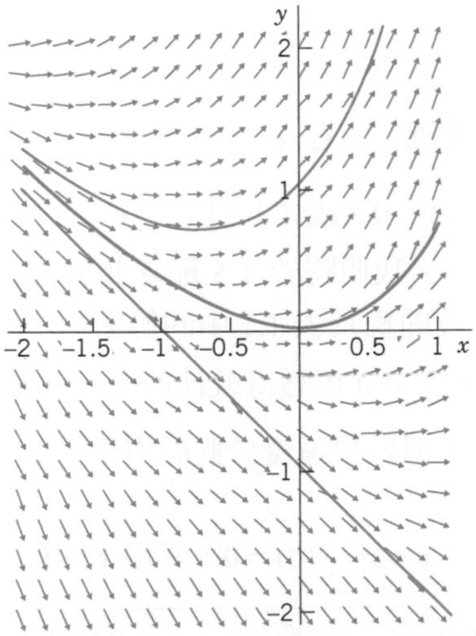

圖 7 $y' = y + x$ 的方向場，三條近似解曲線分別通過點 (0, 1), (0, 0), (0,–1)

如果你沒有 CAS，先畫幾條 $f(x, y)$ 的水平曲線 $f(x, y)$=常數，然後沿著每條曲線畫上平行線段 (這也稱為 **isocline**，也就是等斜曲線)，然後以近似曲線擬合這些線段。

現在我們要用一個最簡單的數值方法，來說明數值法的功用，也就是將 Euler 法用於包含 ODE (2) 的初值問題。我們先簡單介紹一下 Euler 法。

1.2.1 Euler 的數值方法

已知 ODE (1) 和初始值 $y(x_0) = y_0$，**Euler 法**可獲得等間距的各 x 點：x_0， $x_1 = x_0 + h$， $x_2 = x_0 + 2h$，…上的近似解，亦即

$$y_1 = y_0 + hf(x_0, y_0) \quad (\text{圖 } 8)$$

$$y_2 = y_1 + hf(x_1, y_1), \quad \text{等等}$$

通式為

$$y_n = y_{n-1} + hf(x_{n-1}, y_{n-1})$$

其中間距 h 均相等，例如 0.1 或 0.2 (如表 1.1) 或用更小的值以獲得更高的準確度。

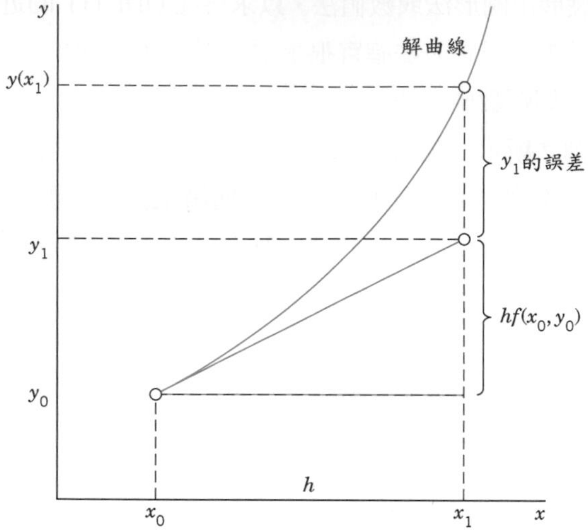

圖 8 Euler 法第一步，顯示解曲線、它在 (x_0, y_0) 的斜率、步距 h 及求 y_1 時的增量 $hf(x_0, y_0)$

對於 ODE (2) 及初始條件 $y(0) = 0$，表 1.1 顯示了 $n = 5$ 且步距 $h = 0.2$ 的計算結果，它相當於方向場圖形中，中間的那條曲線。我們將於 1.5 節求此 ODE 的確解。在現階段，我們只驗證此初值問題的解是 $y = e^x - x - 1$。解曲線及表 1.1 中的值顯示於圖 9。這些值並不怎麼準確。誤差 $y(x_n) - y_n$ 顯示於表 1.1 以及圖 9。減小 h 可獲得較佳的值，但所須的計算量很快就會高到無法接受。在 21.1 節中會介紹本質相同，但效果遠優於此的方法。

表 1.1 Euler 法解 $y' = y + x$、$y(0) = 0$，其中 $x = 0, \ldots, 1.0$ 且步距 $h = 0.2$

n	x_n	y_n	$y(x_n)$	誤差
0	0.0	0.000	0.000	0.000
1	0.2	0.000	0.021	0.021
2	0.4	0.04	0.092	0.052
3	0.6	0.128	0.222	0.094
4	0.8	0.274	0.426	0.152
5	1.0	0.488	0.718	0.230

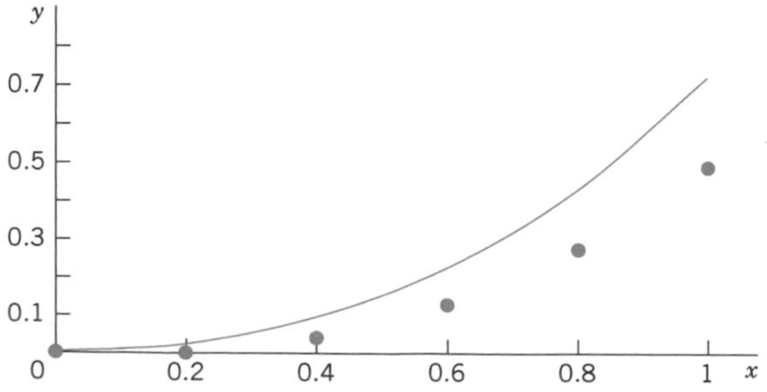

圖 9 Euler 法：表 1.1 中的近似值和解曲線

習題集　1.2

1–8　方向場、解曲線

畫出方向場 (利用 CAS 或用手畫)。然後在方向場中用手畫出幾條解曲線，特別是通過指定點 (x, y) 的曲線。

1. $y' = 1 + y^2$,　$(\frac{1}{4}\pi, 1)$

2. $yy' + 4x = 0$,　$(1, 1), (0, 2)$

3. $y' = 1 - y^2$,　$(0, 0), (2, \frac{1}{2})$

4. $y' = 2y - y^2$,　$(0, 0), (0, 1), (0, 2), (0, 3)$

5. $y' = x - 1/y$,　$(1, \frac{1}{2})$

6. $y' = \sin^2 y$,　$(0, -0.4), (0, 1)$

7. $y' = e^{y/x}$,　$(2, 2), (3, 3)$

8. $y' = -2xy$,　$(0, \frac{1}{2}), (0, 1), (0, 2)$

9–10　方向場的準確度

方向場的功用在於，我們可以在不求解 ODE 的情形下獲得整體解的印象，而有些 ODE 可能很難或不可能找到數學解。為了對此方法的準確度有所感覺，請畫出方向場，然後在方向場中描繪出解曲線，並且將它們與確解做比較。

9. $y' = \cos \pi x$

10. $y' = -5y^{1/2}$　(解 $\sqrt{y} + \frac{5}{2}x = c$ }

11. 自律 (autonomous) ODE　其意義為，在一個 ODE 中 x (獨立變數) 不會外顯的出現 (在習題 6 及 10 中的 ODE 為自律的)。自律ODE的水平曲線 $f(x, y) =$ 常數 (亦稱等斜線 isocline) 會是什麼樣子？說明原因。

12–15　運動

某物體 B 在一條直線上運動，其速度如題目所示，而且 $y(t)$ 是在時間 t 的時候物體與固定點 $y = 0$ 的距離。畫出此模型 (此 ODE) 的方向場。在方向場中描出滿足所給初始條件的解曲線。

12. 速度乘上距離常數的乘積等於 2，$y(0) = 2$。

13. 距離 = 速度×時間，$y(1) = 1$。

14. 距離的平方加上速度的平方等於 1，初始距離為 $1/\sqrt{2}$。

15. 跳傘員　有兩個力作用在跳傘員的身上，一個是地球的吸引力 mg (m = 跳傘員加上裝備的質量，g = 9.8 m/sec^2 是重力加速度)，另一個是空氣阻力，這裡假設空氣阻力與速度 $v(t)$ 的平方成正比。試利用**牛頓第二定律** (質量×加速度 = 合力)，建立數學模型 (一個 $v(t)$ 的 ODE)。畫出方向場 (選定 m 和比例常數均為 1)。假設傘面在 v = 10 m/Sec 的時候張開，接著在方向場中畫出對應的解曲線。試問終端速度是多少？如果阻力只是正比於 $v(t)$，此降落傘是否足夠？

16. CAS 專題　方向場　請如下討論各方向場。

(a) 畫出 ODE (2) (見圖 7)之方向場的一部分，例如 $-5 \le x \le 2$、$-1 \le y \le 5$。請解釋，將方向場範圍放大後，你可獲得什麼。

(b) 用內隱微分以找出通解為 $x^2 + 9y^2 = c(y > 0)$ 的 ODE。並且畫出其方向場。是否可由此方向場看出，解曲線是準橢圓族？對於圓是否也可用類似方法？雙曲線呢?拋物線呢?其它曲線又如何？

(c) 試利用方向場，對 $y' = -x/y$ 的解做一推論？

(d) 畫出 $y' = -\frac{1}{2}y$ 的方向場，及一些你自選的解。它們的變化如何？為何在 $y > 0$ 時它們會遞減？

17–20　Euler 法

這是解釋如何以數值方法求解 ODE 最簡單的方法，更精確的說是求解初值問題 (IVP)。(在 21.1 節會介紹原理相同，但更準確的方法。) 利用此方法以對數值方法和 IVP 的本質有一點感覺，使用個人電腦或計算機以數值方求解 IVP，進行 10 步。以同樣的座標軸畫出計算結果和解曲線。

17. $y' = y, y(0) = 1, h = 0.1$

18. $y' = y,\quad y(0) = 1,\quad h = 0.1$

19. $y' = (y-x)^2,\quad y(0) = 0,\quad h = 0.1$

解：$y = x - \tanh x$

20. $y' = -5x^4y^2, y(0) = 1, h = 0.2$

解：$y = 1/(1+x)^5$

1.3 可分離 ODE、模型化 (Separable ODEs. Modeling)

只要用到代數運算，許多實務上很有用的 ODE 都可以化簡成如下形式

(1) $$g(y)y' = f(x)$$

然後，在等號兩側對 x 進行積分，可得

(2) $$\int g(y)y'dx = \int f(x)dx + c$$

在等號左側，可以將積分變數轉換成 y。由微積分知 $y'dx = dy$，因此上式可以改寫成

(3) $$\int g(y)dy = \int f(x)dx + c$$

如果 f 和 g 是連續函數，則 (3) 式中的積分都存在，而且藉由將它們計算出來，可以得到 (1) 式的通解。這種求解 ODE 的方法稱爲**分離變數法 (method of separating variables)**，且 (1) 式稱爲**可分離方程式 (separable equation)**，因爲此時在 (3) 式中，變數已經分離，亦即 x 只出現在右側，而 y 只出現在左側。

例題 1 可分離 ODE

ODE $y' = 1 + y^2$ 爲可分離，因爲它可以寫成以下形式

$$\frac{dy}{1+y^2} = dx \quad \text{利用積分可以得到} \quad \arctan y = x + c \quad \text{或} \quad y = \tan(x + c)$$

在執行積分以後馬上加入積分常數是相當重要的。如果我們寫的是 $\arctan y = x$，然後得到 $y = \tan x$，再於此時加入 c，則得到的是 $y = \tan x + c$，然而這並不是此 ODE 的解 (當 $c \neq 0$ 的時候)。試針對這一點進行驗證。 ■

例題 2 可分離 ODE

ODE $y' = (x+1)e^{-x}y^2$ 爲可分離，我們可得 $y^{-2}dy = (x+1)e^{-x}dx$ 。

經由積分可得 $-y^{-1} = -(x+2)e^{-x} + c,\quad y = \dfrac{1}{(x+2)e^{-x} - c}$ ■

例題 3 初值問題 (IVP)、鐘形曲線

求解 $y' = -2xy$ 、 $y(0) = 1.8$ 。

解

利用分離變數與積分可得

$$\frac{dy}{y}=-2xdx,\quad \ln y=-x^2+\tilde{c},\quad y=ce^{-x^2}$$

此即爲通解。由此通解與初始條件 $y(0)=ce^0=c=1.8$，可得此初值問題的解是 $y=1.8e^{-x^2}$。這是一個特解，它是一條鐘形曲線 (圖 10)。■

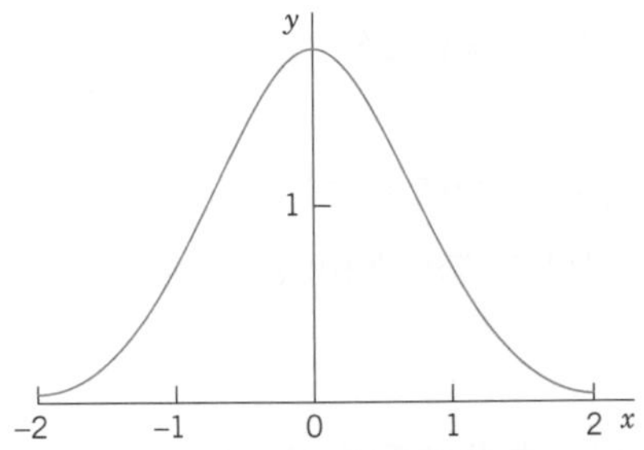

圖 10 例題 3 的解 (鐘形曲線)

1.3.1 模型化

在第 1.1 節已經強調過模型化的重要性，而且由可分離方程式，可以得到多種有用的模型。現在讓我們利用一些典型的例子，來討論模型化。

例題 4 放射性碳元素定年[2]

1991 年 9 月，在奧地利–義大利邊境附近，南 Tyrolia 的奧茲谷阿爾卑斯山區 (Oetztal Alps) 的冰中，發現了著名的冰人 (Oetzi)，牠是一具新石器時代的人類木乃伊，由此引發了一股科學熱潮。如果在此冰人體中，${}^{14}_{6}C$ 相對於 ${}^{12}_{6}C$ 的比值是活生物有機體的該比值的 52.5%，則此冰人是生於何時，死於何時呢？

物理資訊：在大氣和活生物有機體中，放射性碳 ${}^{14}_{6}C$ (其放射性由宇宙射線造成) 相對於正常碳 ${}^{12}_{6}C$ 的比值是固定的。當有機體死亡時，藉由呼吸和飲食所進行的 ${}^{14}_{6}C$ 吸收過程也隨著終止。因此，經由比較化石中放射性碳相對於大氣中放射性碳的比值，我們可以估計化石的年紀。想要完成這項工作，我們必須知道 ${}^{14}_{6}C$ 的半衰期，已知它是 5715 年 (*CRC Handbook of Chemistry and Physics, 83rd ed., Boca Raton*: CRC Press, 2002, page 11–52, line 9)。

建立求解模型 放射性衰變的統御方程式是 ODE $y'=ky$ (請參看第 1.1 節的例題 5)。利用分離變數和積分 (其中 t 是時間，而且 y_0 是 ${}^{14}_{6}C$ 相對於 ${}^{12}_{6}C$ 的初始比值)，得到

[2] 由美國化學家 WILLARD FRANK LIBBY (1908–1980) 所提出的方法，因爲他的研究成果，他獲得 1960 年諾貝爾化學獎。

$$\frac{dy}{y} = k\,dt, \quad \ln|y| = kt + c, \quad y = y_0 e^{kt} \qquad (y_0 = e^c)$$

接著，使用半衰期 $H = 5715$ 來求出 k。當 $t = H$，原來的物質尚存一半。因此

$$y_0 e^{kH} = 0.5 y_0, \quad e^{kH} = 0.5, \quad k = \frac{\ln 0.5}{H} = -\frac{0.693}{5715} = -0.0001213$$

最後，使用比率 52.5%來決定冰人死亡 (實際上是被殺死的) 的時間 t，

$$e^{kt} = e^{-0.0001213t} = 0.525, \quad t = \frac{\ln 0.525}{-0.0001213} = 5312$$ 答案：大約 5300 年前

其他方法顯示，放射性碳定年所得的值通常都太小。根據最近的研究顯示，這是由於碳的比值發生變化的緣故，而這種變化則是工業污染和像核子武器測試這類其他因素造成的。■

例題 5 混合問題

在化學工業中，混合問題經常出現。在此我們將說明如何求解僅含單一儲存槽的基本模型。在圖 11 中的儲存槽含有 1000 gal 的水，剛開始的時候，水中溶解了 100 lb 的鹽。以 10 gal/min 的速率注入滷水，其濃度爲每加侖含有 5 lb 的鹽。儲存槽內的混合物藉著攪拌使其保持均勻。滷水以 10 gal/min 的速率流出。試求在任何時間 t，槽中所含鹽的量？

解

步驟 1：建立模型 令 $y(t)$ 代表在時間 t 儲存槽中所含鹽的量。其時間變率爲

y' = 鹽的流入速率－鹽的流出速率 **平衡律**

5 lb 乘以 10 gal 可以得到鹽的流入量是 50 lb。此時，滷水的流出量是 10 gal。這是槽中所含滷水總量的 10/1000 = 0.01 (= 1%)，因此這些流出的水含有鹽的全部數量 $y(t)$ 的 0.01，也就是 0.01 $y(t)$。因此這個例題的數學模型是 ODE

(4) $$y' = 50 - 0.01y = -0.01(y - 5000)$$

步驟 2：求解模型 (4) 式的 ODE 是可分離的。在進行變數分離、積分並對等式兩側取指數後得到

$$\frac{dy}{y-5000} = -0.01dt, \quad \ln|y-5000| = -0.01t + c^*, \quad y - 5000 = ce^{-0.01t}$$

起初儲存槽含有鹽 100 lb。因此 $y(0) = 100$ 是能讓我們得到唯一解的初始條件。將 $y = 100$ 和 $t = 0$ 代入上一個方程式以後，得到 $100 - 5000 = ce^0 = c$。因此 $c = -4900$。所以在時間 t 的時候，槽中所含鹽的數量是

(5) $$y(t) = 5000 - 4900e^{-0.01t}$$

這個函數顯示出，鹽的數量以指數變化的方式，往極限值 5000 lb 趨近；請參看圖 11。你能否就物理的觀點解釋 $y(t)$ 的隨時間增加？解釋其極限值應該是 5000 lb？你能否從 ODE 直接看出極限值是多少？

在關於湖水污染 (參看習題集 1.5 的習題 35) 或器官內的藥物含量等問題中，上面討論的模型就變得更加實際。這類型問題可能因爲混合狀態並不理想，以及流率 (流入及流出) 不相同而且只能粗略地知道其值，使得相關求解工作變得更困難。■

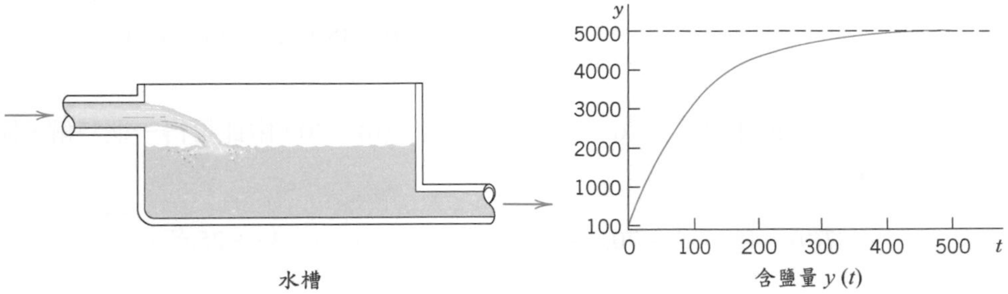

圖 11　例題 5 的混合問題

例題 6　爲辦公大樓加熱 (牛頓的冷卻定律)[3]

假設某特定辦公大樓在冬季白天的溫度維持在 70 °F。加熱設施會於 10 P.M.關閉，並且於 6 A.M.再開啓。在某一天的 2 A.M.時，大樓內溫度是 65 °F。在 10 P.M.時，大樓外面溫度是 50 °F，而且在 6 A.M.的時候，下降到 40 °F。試問，當 6 A.M.加熱設施開啓的時候，大樓內部溫度是多少?

物理資訊：實驗顯示，物體 B (具有良好導熱作用，例如銅球) 的溫度 T 隨著時間變化的速率，會與 T 和環境介質溫度之間的差值成正比 (**牛頓的冷卻定律**)。

解

步驟 1：建立模型　令 $T(t)$ 代表大樓內部溫度，而且 T_A 是外部環境溫度 (在牛頓冷卻定律中假設它是常數)。然後，利用牛頓的冷卻定律，

$$\frac{dT}{dt} = k(T - T_A) \tag{6}$$

這種實驗性的定律是在理想的條件下所得到，在實際情況下很難完全成立。然而，即使數學模型與實際情形吻合的程度並不好 (如同本例)，它仍然可以提供有價值的定性分析資訊。爲了了解數學模型是否良好，工程師會收集實驗數據，並且將數據與從模型計算得到的數值進行比較。

---

[3] Sir ISAAC NEWTON (1642–1727)，偉大的英國物理與數學家，他在 1669 年獲聘爲劍橋大學教授，於 1699 年受任爲鑄幣局長。他和德國數學與哲學家 GOTTFRIED WILHELM LEIBNIZ (1646–1716) 發明了 (獨立的) 微積分。牛頓發現了許多的物理定律，並建構出以微積分探索物理問題的方法。他的 *Philosophiae naturalis principia mathematica* (自然哲學的數學原理，1687) 一書，包含了古典力學的建立。他的研究對數學與物理學均極端重要。

步驟 2：通解 因為不知道 T_A，所以無法求解 (6) 式，只知道 T_A 會在 50 °F 和 40 °F 之間變動，所以遵循**黃金定律 (golden rule)：如果無法求解目前的問題，則求解比較簡化的問題**。在求解 (6) 式 的時候，將未知函數 T_A 換成兩個已知數值的平均值，也就是 45 °F。基於物理學上的理由，我們可以預期這樣做將能得到 6A.M.時，大樓內溫度合理的近似值 T。

對於固定的 $T_A = 45$ (或任何其他固定的數值) 而言，ODE (6) 式是可分離的。經過變數分離、積分並取指數以後，得到通解

$$\frac{dT}{T-45} = k\,dt, \quad \ln|T-45| = kt + c^*, \quad T(t) = 45 + ce^{kt} \quad (c = e^{c^*})$$

步驟 3：特解 我們將 10 P.M.設為 $t = 0$。則初始條件為 $T(0) = 70$，由此可得一個特解，稱為 T_p。經過代入，

$$T(0) = 45 + ce^0 = 70, \quad c = 70 - 45 = 25, \quad T_p(t) = 45 + 25e^{kt}$$

步驟 4：決定 k 我們利用 $T(4) = 65$，其中 $t = 4$ 代表 2 A.M.。以代數的方式解出 k，並且將它代入 $T_p(t)$ 得到 (圖 12)

$$T_p(4) = 45 + 25e^{4k} = 65, \quad e^{4k} = 0.8, \quad k = \frac{1}{4}\ln 0.8 = -0.056, \quad T_p(t) = 45 + 25e^{-0.056t}$$

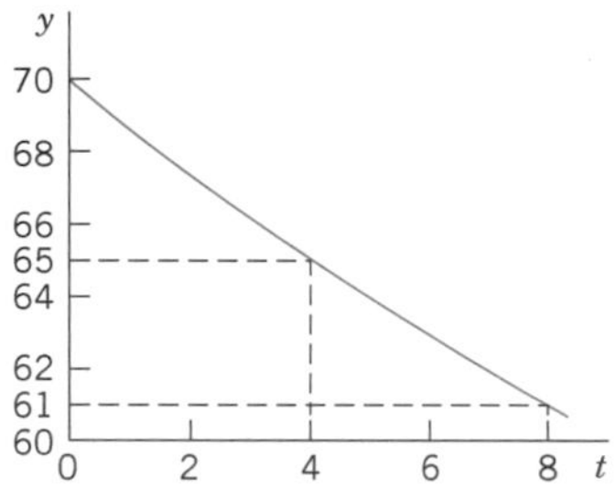

圖 12 例題 6 的特解 (溫度)

步驟 5：答案與詮釋 $t = 8$ 代表 6 A.M. (也就是 10 P.M. 後的 8 小時)，而且

$$T_p(8) = 45 + 25e^{-0.056 \cdot 8} = 61 \quad [°\text{F}]$$

因此大樓內溫度下降了 9 °F，此結果看起來是合理的。

例題 7 **滲漏的水槽 通過漏水孔的排水 (托里切利定律)**

這是另一個能產生 ODE 的典型工程問題。這是關於一個底部有漏水孔的圓柱水槽，槽內的水會由漏水孔流出的問題 (圖 13)。你必須求出水槽內任何時刻的水位高度，我們假設水槽直徑是 2 m，漏水孔的直徑是 1 cm，而且漏水孔被打開的時候，初始的水位高度是 2.25 m。試問水槽的水在什麼時候會流光？

物理資訊：在重力的影響下，水流出時的速度是

(7) $$v(t) = 0.600\sqrt{2gh(t)}$$ **(托里切利定律)**[4]

其中 $h(t)$ 是在時間 t 水在漏水孔上方的水位高度，而且 $g = 980\ \text{cm/sec}^2 = 32.17\ \text{ft/sec}^2$ 是地表的重力加速度。

解

步驟 1：建立模型　爲了獲得方程式，我們要建立水位高度的減少量 $h(t)$，與水的流出之間的關係。在一個短時間 Δt 內，水流出的體積 ΔV 是

$$\Delta V = Av\,\Delta t \qquad (A = \text{漏水孔的面積})$$

ΔV 必須等於水槽內水的體積變化量 ΔV^*。現在

$$\Delta V^* = -B\,\Delta h \qquad (B = \text{水槽的截面積})$$

其中 $\Delta h\ (>0)$ 是水位高度 $h(t)$ 的減少量。因爲槽中水的體積是遞減的，所以出現負號。令 ΔV 等於 ΔV^*可得

$$-B\,\Delta h = Av\,\Delta t$$

現在可以根據托里切利定律來表示 v，然後令 Δt (所考慮的時間間隔) 趨近 0——這是在建立模型時獲得 ODE 的**標準方法**。換言之，我們可以得到

$$\frac{\Delta h}{\Delta t} = -\frac{A}{B}v = -\frac{A}{B}0.600\sqrt{2gh(t)}$$

然後藉由令 $\Delta t \to 0$，可得 ODE

$$\frac{dh}{dt} = -26.56\frac{A}{B}\sqrt{h}\,,$$

其中 $26.56 = 0.600\sqrt{2\cdot 980}$。這就是我們得到的數學模型，一個一階 ODE。

步驟 2：通解　我們的 ODE 是可分離的。A/B 是常數。經過分離變數與積分以後，可以得到

$$\frac{dh}{\sqrt{h}} = -26.56\frac{A}{B}dt \text{ 及 } 2\sqrt{h} = c^* - 26.56\frac{A}{B}t$$

[4] EVANGELISTA TORRICELLI (1608–1647), 意大利物理學家，他是佛羅倫斯的 GALILEO GALILEI (伽利略) (1564–1642)的門徒與繼承者。「收縮因子」0.600 是 J. C. BORDA 在 1766 年所提出，因爲流束的截面積小於孔洞的面積。

除以 2 並且平方以後，我們得到 $h=(c-13.28At/B)^2$ 。代入 $13.28A/B=13.28\cdot 0.5^2\pi/100^2\pi=0.000332$，得到通解

$$h(t)=(c-0.000332t)^2$$

步驟 3：特解　初始高度 (初始條件) 是 $h(0)=225$ cm。代入 $t=0$ 和 $h=225$，我們由通解可以得到 $c^2=225$、$c=15.00$，最後獲得特解 (圖 13)

$$h_p(t)=(15.00-0.000332t)^2$$

步驟 4：水槽全空　當 $t=15.00/0.000332=45{,}181$ [sec] = 12.6 [hours] 時，$h_p(t)=0$。

這裡我們可以清楚地看見**單位選擇的重要性**——求解過程中，我們使用的是 cgs 制系統，此時的時間量測單位是秒！另外我們也使用了 $g=980\ \text{cm/sec}^2$。

步驟 5：檢驗　檢驗結果。 ■

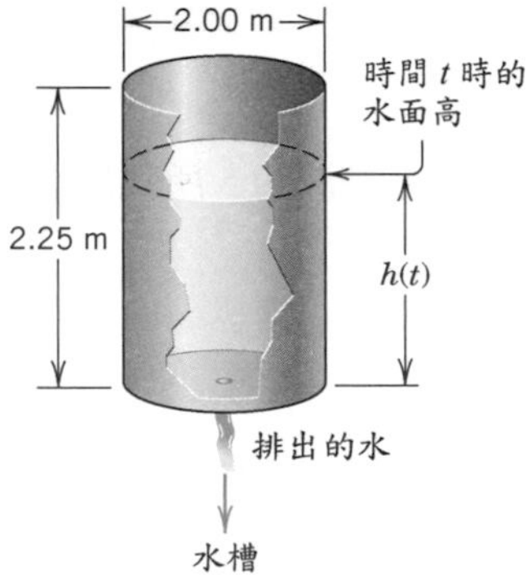

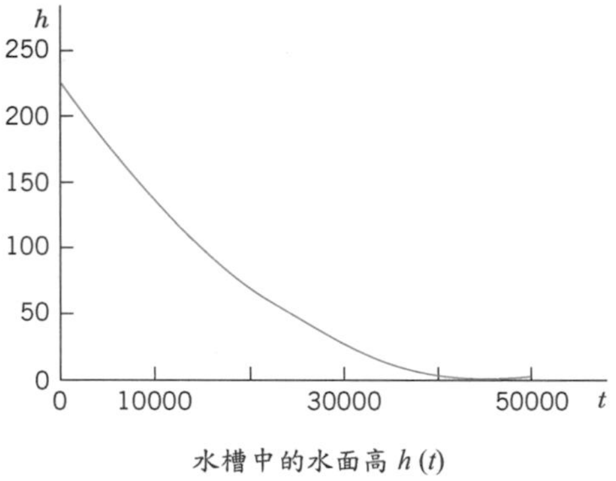

圖 13　例題 7 圓柱水槽中流出的水 (「洩漏的水槽」)。托里切利定律

1.3.2　擴展的方法：化簡為可分離形式

某些不可分離的 ODE 藉由替 y 引進新的未知函數以後，可以變成可分離的。我們將針對在實務上具有其重要性的一類 ODE，來討論這種技巧，那就是下列這樣的方程式

$$y'=f\left(\frac{y}{x}\right) \tag{8}$$

此處，f 是 y/x 的任意 (可微) 函數，例如 $\sin(y/x)$、$(y/x)^4$ 等等，以此類推。[這樣的 ODE 有時候稱為齊次 *ODE* (homogeneous ODE)，但我們將保留此專有名詞以用於第 1.5 節中更重要用途。]

這種 ODE 的形式暗示我們，可以作 $y/x=u$ 這樣的設定；因此，

(9)　$y=ux$　利用乘積微分法則可得　$y'=u'x+u$

然後將上述結果代入 $y'=f(y/x)$ ，可以得到 $u'x+u=f(u)$ 或 $u'x=f(u)-u$ 。我們發覺，如果 $f(u)-u\neq 0$，則這個方程式的變數是可以分離的：

$$\frac{du}{f(u)-u}=\frac{dx}{x} \tag{10}$$

例題 8　化簡爲可分離形式

求解

$$2xyy' = y^2 - x^2$$

解

爲了獲得一般的顯式形式，對上式兩側同除以 $2xy$，

$$y' = \frac{y^2 - x^2}{2xy} = \frac{y}{2x} - \frac{x}{2y}$$

現在將 (9) 式中的 y 和 y' 代入上式，然後藉著對等式兩側同減 u 來進行化簡，

$$u'x + u = \frac{u}{2} - \frac{1}{2u}, \quad u'x = -\frac{u}{2} - \frac{1}{2u} = \frac{-u^2 - 1}{2u}$$

你可以看到，上面的方程式中已可進行變數分離，

$$\frac{2u\,du}{1+u^2} = -\frac{dx}{x} \quad \text{利用積分可以得到} \quad \ln(1+u^2) = -\ln|x| + c^* = \ln\left|\frac{1}{x}\right| + c^*$$

對上面的等式兩側同時取指數，因而得到 $1+u^2 = c/x$ 或 $1+(y/x)^2 = c/x$。將最後一個方程式兩側同乘 x^2，可以得到 (圖 14)

$$x^2 + y^2 = cx \quad \text{因此} \quad \left(x - \frac{c}{2}\right)^2 + y^2 = \frac{c^2}{4}$$

這個通解代表一族通過原點且圓心位於 x 軸的圓。■

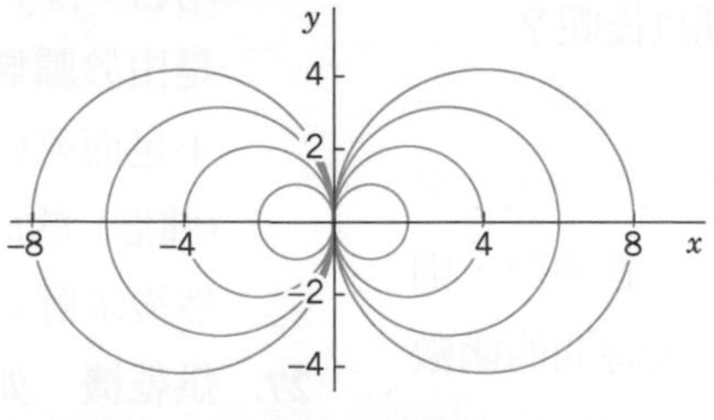

圖 14　例題 8 的通解 (圓族)

習題集 1.3

1. **注意！積分常數**　在執行積分以後馬上加入積分常數的重要性爲何？

2–10　通解

試求下列常微分方程式的通解，並且說明推導的步驟，以代入的方式檢驗你的答案。

2. $y^3y' + x^3 = 0$
3. $y' = \sec^2 y$
4. $y' \sin 2\pi x = \pi y \cos 2\pi x$
5. $yy' + 36x = 0$
6. $y' = e^{2x-1}y^2$

7. $xy' = y + 2x^3 \sin^2 \frac{y}{x}$ (設 $y/x = u$)

8. $y' = (y+4x)^2$ (設 $y+4x = v$)

9. $xy' = y^2 + y$ (設 $y/x = u$)

10. $xy' = x + y$ (設 $y/x = u$)

11–17 初值問題

求解下列 IVP。請說明推導步驟，並以通解作爲起點。

11. $xy' + y = 0$, $y(4) = 6$

12. $y' = 1 + 4y^2$, $y(1) = 0$

13. $y'\cosh^2 x = \sin^2 y$, $y(0) = \frac{1}{2}\pi$

14. $dr/dt = -2tr$, $r(0) = r_0$

15. $y' = -4x/y$, $y(2) = 3$

16. $y' = (x+y-2)^2$, $y(0) = 2$ (設 $v = x+y-2$)

17. $xy' = y + 3x^4 \cos^2(y/x)$, $y(1) = 0$
(設 $y/x = u$)

18. **特解** 在 (3) 式的積分式中加入積分的上下限，使得由 (3) 式獲得的 y 滿足初始條件 $y(x_0) = y_0$。

19–36 模型化、應用

19. **指數成長** 如果在任何時刻 t，細菌數量的成長率是正比於當時的數量，並且每一星期變成原來的兩倍，請問在兩星期後細菌的數量會變成多少？四星期以後呢？

20. 另一種族群數模型
(a) 如果在一個菌落中，其出生率與死亡率正比於該菌落中細菌的個體總數，則此菌落的個體總數表示成時間的函數形式爲何？
(b) 隨著時間的增加，其極限情況爲何？試加以說明。

21. **放射性碳定年** 對一個據稱有 3000 年之久的樹化石，它的 $^{14}_{6}C$ 含量 (表示成 y_0 的百分比) 應爲何？ (見例題 4)

22. 在物理研究中，用**線性加速器**來加速帶電粒子。假設一顆 alpha 粒子進入加速器，並經過等加速運動，使它的速度在 10^{-3} sec 內由 10^3 m/sec 增加到 10^4 m/sec。求加速度 a 以及它在此 10^{-3} sec 內所行經的距離。

23. **Boyle–Mariotte 的理想氣體定律**[5] 實驗顯示，處於低壓 p (及固定溫度) 氣體，其體積變率 $V(p)$ 等於 $-V/p$。求解此模型。

24. **混合問題** 某一個水槽含有 400 gal 的滷水，其中溶有 100 lb 的鹽。淡水以 2 gal/min 的速度流入水槽，經由攪拌以混合均勻的滷水以相同速率流出。試問在 1 小時以後，有多少鹽留在水槽內？

25. **牛頓冷卻定律** 將一個目前讀值爲 5°C 的溫度計帶進 22°C 的房間。經過 1 分鐘以後，其讀值爲 12°C。請問需要多久時間其讀值才會趨近 22°C，比如說 21.9°C？

26. **腫瘤的 Gompertz 成長** Gompertz 模型是 $y' = -Ay\ln y\,(A>0)$，其中 $y(t)$ 是在時間 t 腫瘤細胞的質量。此模型與臨床觀察相當吻合。當 $y > 1$ 的時候所呈現的成長減緩，是由於腫瘤內部的細胞可能因養分與氧氣不足而死亡。試利用上述 ODE，討論解答 (腫瘤) 的成長和衰減，並且找出常數解。然後求解這個 ODE。

27. **烘乾機** 如果在烘乾機烘乾的溼衣物，其失去水分的速率正比於其含水量，而且在烘乾的前 10 分鐘失去水分的一半，請問何時它會近乎乾燥，比如說，何時它將失去 99%的水分？請先猜再計算。

---

[5] ROBERT BOYLE (1627–1691)，英國物理及化學家，爲皇家學會的創始人之一。EDME MARIOTTE (約 1620–1684)，法國物理學家，並爲第戎附近一修道院院長。他們分別在 1662 年和 1676 年，以實驗的方式發現此定律。

28. 估計　你能否不經計算而看出，習題 27 的答案是介於 60 和 70 分鐘之間。請解釋。

29. 不在場證明　傑克在離開酒吧的時候被逮捕了，他宣稱已經在酒吧內待超過半小時 (這可以當作他的不在場證明)。在逮捕的那時候，警方檢測其汽車 (停放在酒吧門口附近) 的水溫，然後在 30 分鐘以後又檢測一次，分別獲得 190 °F 和 110 °F 兩項數值。試問這些數據可以佐證其不在場證明嗎？(利用觀察的方式求解。)

30. 火箭　一枚火箭由地表垂直向上發射，在飛行的初始階段，其淨加速度 (= 火箭引擎所產生的加速度減去重力加速度) 為 $7t$ m/sec^2，直到 $t = 10$ sec 時火箭熄火。忽略空氣阻力，它會飛到多高？

31. $y' = g(y/x)$ 的解曲線　試證明通過 xy 平面原點的任何 (非垂直) 直線，都會以相同角度與所給 ODE 的所有解曲線相交。

32. 磨擦　如果物體在一個表面上滑動，它會承受磨擦力 F (與運動方向相反的力)。實驗顯示 $|F| = \mu|N|$ (*Coulomb*[6]的無潤滑運動磨擦定律)，其中 N 為正向力 (維持兩表面接觸的力，見圖 15) 而比例常數 μ 稱為**動磨擦係數** (*coefficient of kinetic friction*)。在圖 15 中假定此物體重 45 nt (約 10 lb；轉換方式參見封面頁)。$\mu = 0.20$ (相當於鋼對鋼)、$a = 30°$、滑動面為 10 m 長、初始速度為零，空氣阻力可忽略不計。試求此物體滑到底端時的速度。

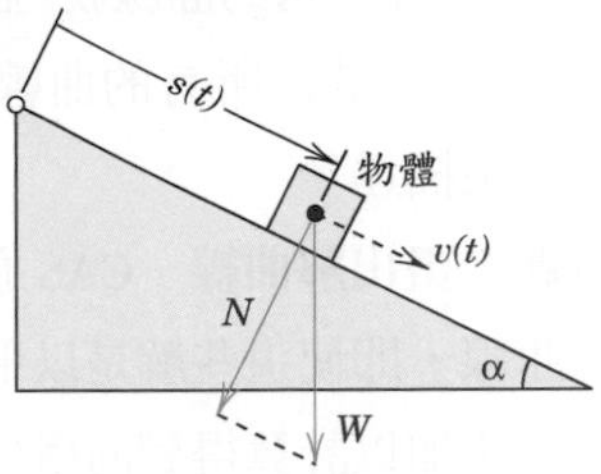

圖 15　習題 32

33. 纜繩　如果要將一艘船繫綁在港灣內，試問纜繩必須纏繞繫纜椿 (固定在碼頭地面上的垂直圓形粗柱) 多少圈，才能讓一個抓住纜繩一端的人，能夠抵擋由船所施加比此人能使出的力量大 1000 倍的力量？請先用猜測的。實驗顯示，力量 S 在繩索的一小段內的變化量 ΔS，會正比於 S 和圖 16 中的小角度 $\Delta\phi$。用 0.15 當做比例常數。其結果將令你驚訝！

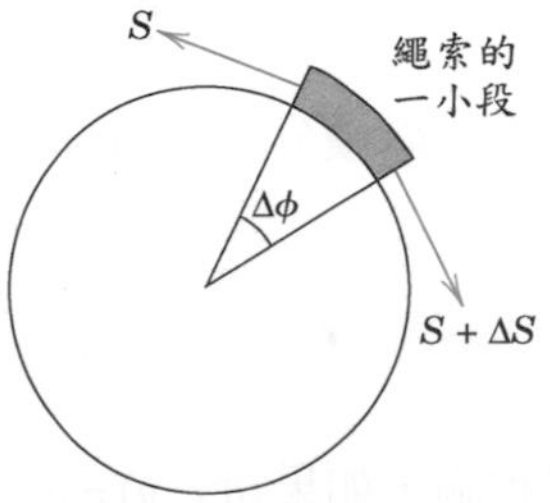

圖 16　習題 33

34. 團隊專題　曲線族　曲線族經常可被表示成 $y' = f(x, y)$ 的通解。

(a) 證明，對於圓心位於原點的圓族，我們得 $y' = -x/y$。

(b) 描繪出雙曲線族 $xy = c$ 其中的幾條。找出它們的 ODE。

(c) 求通過原點之直線族的 ODE。

(d) 你將會看到 (a) 和 (c) 之 ODE 的右側的乘積等於−1。你是否了解這代表兩個曲線族是正交 (也就是以直角相交)？你的圖形是否確認此點？

---

[6] CHARLES AUGUSTIN DE COULOMB (1736–1806)，法國物理學家與工程師。

(e) 畫出一些你自選的曲線族，並找出它們的 ODE。是否所有的曲線族都可用 ODE 來描述？

35. CAS 專題　畫出解曲線　CAS 通常都能夠畫出解曲線，即使這些解是以平常的微積分方法無法加以計算得到的積分形式所表示亦然。

(a) 試針對五個初值問題 $y' = e^{-x^2}$，$y(0) = 0$、± 1、± 2，在相同座標軸上，畫出這五條曲線。

(b) 利用 Maclaurin 級數的前幾項(經由對 y' 逐項積分)，以畫出近似曲線，並與正確解曲線做比較。

(c) 用你自選的 ODE 和初始條件重做 (a)，以得到一個同樣無法求值的積分式。

36. 團隊專題　托里切利定律　假設例題 7 的水槽是半徑為 R 的半球形，起初裝滿了水，而且在底部有截面積 5 cm^2 的出口。(畫出簡圖) 試建立流出的水的數學模型。接著指出例題 7 中，有哪一部分我們仍然可以使用 (使得這一部分是與水槽外型無關的，我們因而可以認為它是通用解法的一部分)。試針對 (a) 任何 R，(b) $R = 1$ m，求出槽內的水流完的時間 t。畫出 t 對 R 的函數圖形。當 $h = R/2$ 的時候，請針對 (a) 任何 R，(b) $R = 1$ m，求出時間 t。

1.4 正合常微分方程式、積分因子 (Exact ODEs. Integrating Factors)

我們回想一下在微積分中學過的，如果函數 $u(x, y)$ 具有連續偏導數，則其**微分** (也稱為全微分) 為

$$du = \frac{\partial u}{\partial x} dx + \frac{\partial u}{\partial y} dy$$

由此式可以推論，如果 $u(x, y) = c =$ 常數，則 $du = 0$。

學例來說，如果 $u = x + x^2 y^3 = c$，則

$$du = (1 + 2xy^3)dx + 3x^2 y^2 dy = 0$$

或

$$y' = \frac{dy}{dx} = -\frac{1 + 2xy^3}{3x^2 y^2}$$

這是一個可以逆向求解的微分方程式。這個構想引導出一種相當有用的解題方法，如下所述。

一階 ODE $M(x, y) + N(x, y)y' = 0$，可以寫成如下形式 (使用第 1.3 節的 $dy = y'\,dx$)

(1) $$M(x, y)dx + N(x, y)dy = 0$$

如果微分式 $M(x, y)dx + N(x, y)dy$ 是**正合 (exact)** 的，亦即此微分式是某一個函數 $u(x, y)$ 的微分，

(2) $$du = \frac{\partial u}{\partial x} dx + \frac{\partial u}{\partial y} dy$$

則稱 (1) 式這種一階常微分方程式爲正合微分方程式 (exact differential equation)。然後，(1) 式可以寫成

$$du = 0$$

將其積分以後，可以立即得到如下 (1) 式的通解

(3) $$u(x, y) = c$$

這稱爲**隱式解 (implicit solution)**，它與 1.1 節所定義之解的型式 $y = h(x)$ 恰成對比，後者稱爲**顯式解** (explicit solution)。有時候隱式解可以轉換成顯式解。(試轉換 $x^2 + y^2 = 1$)。如果無法轉換，你可用 CAS 畫出函數 $u(x, y)$ 的**等値線 (contour lines)** (3) 式的圖形，並且幫助你對解答有所了解。

比較 (1) 式與 (2) 式以後，發覺只要存在某函數 $u(x, y)$ 滿足下列關係，則 (1) 式便是正合微分方程式

(4) $$\text{(a)} \quad \frac{\partial u}{\partial x} = M, \quad \text{(b)} \quad \frac{\partial u}{\partial y} = N$$

利用上式，我們可以推導出一個公式，可檢驗 (1) 式是否爲正合，有如下述。

令 M 與 N 在 xy 平面的某一個區域上爲連續，且其一階偏導數在此區域也是連續的，此區域的邊界是不會自相交 (self-intersection) 的閉合曲線。則對 (4) 式做偏微分 (參看附錄 3.2 的符號)，得到，

$$\frac{\partial M}{\partial y} = \frac{\partial^2 u}{\partial y \partial x},$$

$$\frac{\partial N}{\partial x} = \frac{\partial^2 u}{\partial x \partial y}$$

由於連續性的假設，我們知道這兩個二階偏導數是相等的。因此

(5) $$\frac{\partial M}{\partial y} = \frac{\partial N}{\partial x}$$

這不僅是 (1) 式爲正合微分方程式的必要條件，而且也是充分條件。(在第 10.2 節所討論的另一個情況中，將證明這一點。有些微積分書籍也含有此一證明，例如參考文獻 [GenRef 12])

如果 (1) 式是正合的，則經由審視，或下述有系統的方法可求得函數 $u(x, y)$。將 (4a) 式對 x 積分，得到

(6) $$u = \int M \, dx + k(y)$$

在此積分過程中，將 y 視爲常數，而 $k(y)$ 扮演積分「常數」的角色。爲了要求得 $k(y)$，我們由 (6) 式得到 $\partial u / \partial y$，利用 (4b) 式得到 dk / dy，然後再對 dk / dy 積分以得到 k (參見以下例題 1)。

(6) 式是來自 (4a) 式。如果不用 (4a) 式，用 (4b) 式也可以。此時使用的就不再是 (6) 式，我們首先對 y 積分

(6*) $$u = \int N\,dy + l(x)$$

爲了要求出$l(x)$，對 (6*) 式微分得到$\partial u/\partial x$，接著利用 (4a) 式得到dl/dx，然後再積分。我們藉由下列幾個例題來說明上述的全部過程。

例題 1 正合 ODE

求解

(7) $$\cos(x+y)dx + (3y^2 + 2y + \cos(x+y))dy = 0$$

解

步驟 1：檢查是否爲正合 方程式是如 (1) 式的形式

$$M = \cos(x+y),$$

$$N = 3y^2 + 2y + \cos(x+y)$$

因此

$$\frac{\partial M}{\partial y} = -\sin(x+y),$$

$$\frac{\partial N}{\partial x} = -\sin(x+y)$$

利用以上兩式以及 (5) 式，我們知道 (7) 式是正合的。

步驟 2：隱式的通解 由 (6) 式，經過積分可得

(8) $$u = \int M\,dx + k(y) = \int \cos(x+y)dx + k(y) = \sin(x+y) + k(y)$$

爲了求$k(y)$，我們將上式對y微分，並且利用 (4b) 式，得到

$$\frac{\partial u}{\partial y} = \cos(x+y) + \frac{dk}{dy} = N = 3y^2 + 2y + \cos(x+y)$$

因此$dk/dy = 3y^2 + 2y$。經過積分以後，$k = y^3 + y^2 + c^*$。將這個結果代入 (8) 式，再觀察 (3) 式，獲得下列的解

$$u(x,y) = \sin(x+y) + y^3 + y^2 = c$$

步驟 3：驗證隱式解 我們可以藉由微分來隱含地驗證隱式解$u(x,y) = c$，並且看看這是否能夠導出所給的 ODE (7) 式：

(9) $$du = \frac{\partial u}{\partial x}dx + \frac{\partial u}{\partial y}dy = \cos(x+y)dx + (\cos(x+y) + 3y^2 + 2y)dy = 0$$

這樣就完成了驗證。 ■

例題 2　初值問題

試求解下列初值問題

(10)
$$(\cos y \sinh x + 1)dx - \sin y \cosh x\, dy = 0, \quad y(1) = 2$$

解

你可以驗證所給的 ODE 是正合的。我們求 u。爲了有所改變，讓我們使用 (6*) 式，

$$u = -\int \sin y \cosh x\, dy + l(x) = \cos y \cosh x + l(x)$$

由上式，$\partial u/\partial x = \cos y \sinh x + dl/dx = M = \cos y \sinh x + 1$。因此 $dl/dx = 1$。積分可得，$l(x) = x + c^*$。於是得到通解 $u(x, y) = \cos y \cosh x + x = c$。由初始條件，$\cos 2 \cosh 1 + 1 = 0.358 = c$，因此答案爲 $\cos y \cosh x + x = 0.358$。圖 17 顯示了當 $c = 0$、0.358 (比較粗的曲線)、1、2、3 時的特解。請檢查這些解是否都滿足原 ODE。(作法如同例題 1) 另外，也檢驗解答是否滿足初始條件。■

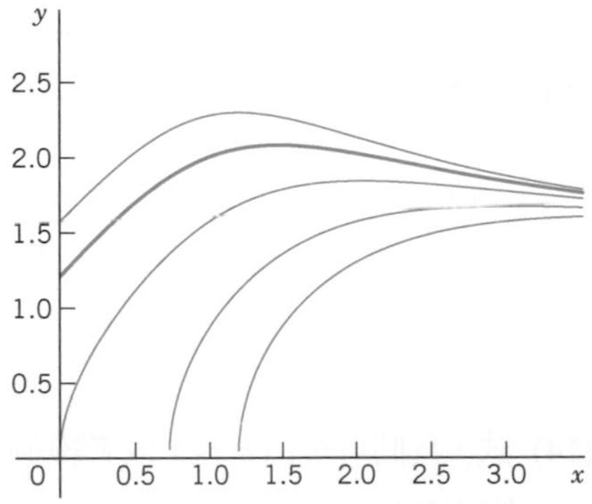

圖 17　例題 2 的特解

例題 3　警告！非正合的情況無效

方程式 $-y\,dx + x\,dy = 0$ 不是正合的，因爲 $M = -y$ 且 $N = x$，使得在 (5) 式中 $\partial M/\partial y = -1$，但是 $\partial N/\partial x = 1$。我們將證明在此情況下，上述的方法無效。利用 (6) 式，

$$u = \int M\, dx + k(y) = -xy + k(y), \quad \text{所以} \quad \frac{\partial u}{\partial y} = -x + \frac{dk}{dy}$$

此時，由 (4b) 式可得，$\partial u/\partial y$ 應該等於 $N = x$。然而，因爲 $k(y)$ 只與變數 y 有關，所以這是不可能的。然後再嘗試利用 (6*) 式；同樣行不通。以下將以另一種方法求解此方程式。■

1.4.1 化簡成正合的型式、積分因子

例題 3 的 ODE 是 $-y\,dx + x\,dy = 0$。它不是正合的。然而，如果將它乘以 $1/x^2$，可以得到一個正合方程式 [利用 (5) 式檢驗其正合性！]，

(11)
$$\frac{-y\,dx + x\,dy}{x^2} = -\frac{y}{x^2}dx + \frac{1}{x}dy = d\left(\frac{y}{x}\right) = 0$$

對 (11) 式進行積分，可以得到通解 $y/x=c=$常數。

這個例題提供了一個想法。上面所做的只是將給定的非正合方程式，例如

(12) $$P(x,y)dx+Q(x,y)dy=0$$

乘以一個函數 F，而且此函數一般會同時是 x 和 y 的函數。以得到方程式

(13) $$FP\,dx+FQ\,dy=0$$

而且這個方程式是正合的，讓我們可以用前面討論過的方法求解。這樣的函數 $F(x,y)$ 稱爲 (12) 式的**積分因子 (integrating factor)**。

例題 4 **積分因子**

(11) 式的積分因子是 $F=1/x^2$。因此，在這個情形下，正合方程式 (13) 爲

$$FP\,dx+FQ\,dy=\frac{-y\,dx+x\,dy}{x^2}=d\left(\frac{y}{x}\right)=0 \quad \text{其解答爲} \quad \frac{y}{x}=c$$

這是通過原點的直線$y=cx$。(留意到$x=0$也是$-y\,dx+x\,dy=0$的一解。)

(14) $$\frac{-y\,dx+x\,dy}{y^2}=d\left(\frac{x}{y}\right),\quad \frac{-y\,dx+x\,dy}{xy}=-d\left(\ln\frac{x}{y}\right),\quad \frac{-y\,dx+x\,dy}{x^2+y^2}=d\left(\arctan\frac{y}{x}\right)$$ ■

1.4.2 如何找到積分因子

當問題比較簡單的時候，利用 (14) 式，我們可經由審視，或者經過幾次嘗試，就能找到積分因子。不過，在一般的情形下，其求得的過程如下。

當 $M\,dx+N\,dy=0$ 的時候，正合條件 (5) 爲 $\partial M/\partial y=\partial N/\partial x$。因此對 (13) 式，$FP\,dx+FQ\,dy=0$ 而言，正合的條件是

(15) $$\frac{\partial}{\partial y}(FP)=\frac{\partial}{\partial x}(FQ)$$

利用乘積微分的法則，並且以下標來表示偏微分，上式可以改寫爲

$$F_yP+FP_y=F_xQ+FQ_x$$

在一般情形下，這會是很複雜且無用。所以我們遵循**黃金法則：**如果不能求解目前的問題，那麼試著求解較簡化的問題；其結果可能會很有用 (稍後可能也會對你有所幫助)。因此我們想尋找只含有一**個**變數的積分因子；很幸運地，在許多實際情形中，這樣的積分因子是存在的，後面我們將會看到。因此，令 $F=F(x)$。則 $F_y=0$，且 $F_x=F'=dF/dx$，這使得 (15) 式變成

$$FP_y=F'Q+FQ_x$$

將上式除以 FQ，再將各項重新組合，可以得到

(16)
$$\frac{1}{F}\frac{dF}{dx}=R,\quad 其中\quad R=\frac{1}{Q}\left(\frac{\partial P}{\partial y}-\frac{\partial Q}{\partial x}\right)$$

於是，我們證明了下列定理。

定理 1

積分因子 $F(x)$

如果 (12) 式能讓 (16) 式的右側 R 只取決於 x，則 (12) 式具有積分因子 $F=F(x)$，其中 $F(x)$ 是經由對 (16) 式積分以後，再對兩側取指數而得。

(17)
$$F(x)=\exp\int R(x)dx$$

同樣的，如果 $F^*=F^*(y)$，則得到就不再是 (16) 式，而是

(18)
$$\frac{1}{F^*}\frac{dF^*}{dy}=R^*,\quad 其中\quad R^*=\frac{1}{P}\left(\frac{\partial Q}{\partial x}-\frac{\partial P}{\partial y}\right)$$

而且得到與定理 1 相似的定理 2。

定理 2

積分因子 $F^*(y)$

如果 (12) 式能讓 (18) 式的右側 R^* 只取決於 y，則 (12) 式具有積分因子 $F^*=F^*(y)$，它是得自 (18) 式且形式為，

(19)
$$F^*(y)=\exp\int R^*(y)dy$$

例題 5　定理 1 及定理 2 的應用、初值問題

試使用定理 1 或定理 2 求出積分因子，並求解初值問題

(20)
$$(e^{x+y}+ye^{y})dx+(xe^{y}-1)dy=0,\quad y(0)=-1$$

解

步驟 1：非正合性　未通過正合檢驗：

$$\frac{\partial P}{\partial y}=\frac{\partial}{\partial y}(e^{x+y}+ye^{y})=e^{x+y}+e^{y}+ye^{y}\quad 但\quad \frac{\partial Q}{\partial x}=\frac{\partial}{\partial x}(xe^{y}-1)=e^{y}$$

步驟 2：積分因子　通解　因為 R [(16) 式的右側] 同時取決於變數 x 和 y，所以不適用定理 1，

$$R=\frac{1}{Q}\left(\frac{\partial P}{\partial y}-\frac{\partial Q}{\partial x}\right)=\frac{1}{xe^{y}-1}(e^{x+y}+e^{y}+ye^{y}-e^{y})$$

再試定理 2。(18) 式的右側為

$$R^* = \frac{1}{P}\left(\frac{\partial Q}{\partial x} - \frac{\partial P}{\partial y}\right) = \frac{1}{e^{x+y} + ye^y}(e^y - e^{x+y} - e^y - ye^y) = -1$$

因此由 (19) 式可得積分因子 $F^*(y) = e^{-y}$。由此結果和 (20) 式，我們得到正合方程式

$$(e^x + y)dx + (x - e^{-y})dy = 0$$

接著再檢驗上式是否為正合；在正合條件式的兩側都會得到 1。經過積分以後，利用 (4a)，

$$u = \int (e^x + y)dx = e^x + xy + k(y)$$

將上式對 y 微分，並使用 (4b)，可得到

$$\frac{\partial u}{\partial y} = x + \frac{dk}{dy} = N = x - e^{-y}, \quad \frac{dk}{dy} = -e^{-y}, \quad k = e^{-y} + c^*$$

因此通解是

$$u(x, y) = e^x + xy + e^{-y} = c$$

步驟 3：特解 由初始條件 $y(0) = -1$ 可得 $u(0,-1) = 1 + 0 + e = 3.72$。因此解是 $e^x + xy + e^{-y} = 1 + e = 3.72$。圖 18 顯示了幾個特解，它們是利用 CAS 所獲得的 $u(x, y) = c$ 的等值曲線，當我們無法或很難將解答表示成顯式時，運用 CAS 是一種方便的做法。請注意 (近乎) 滿足初始條件的曲線。

步驟 4：檢查 檢查的方式是將解答代回，看它是否滿足給定的微分方程式，以及初始條件。■

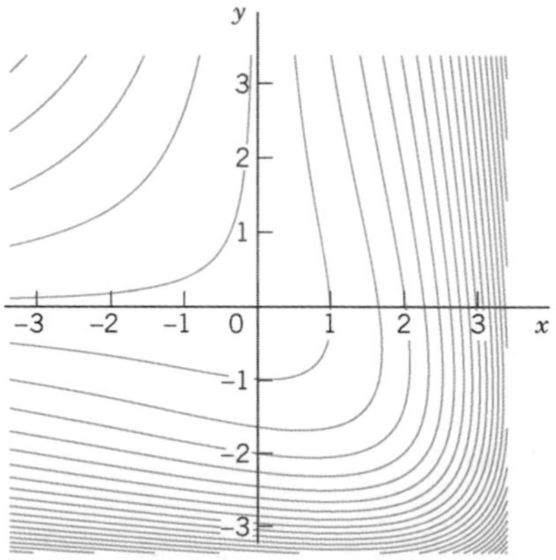

圖 18 例題 5 的特解

習題集 1.4

1–14 ODE 積分因子

檢驗是否爲正合，如果是正合，請求解；如果不是，請使用題目給予的積分因子求解，或者經由審視的方式，或由課文中的定理，求出積分因子。此外，如果題目有提供初始條件，求出所對應的特解。

1. $2xy\,dx + x^2 dy = 0$

2. $x^3 dx + y^3 dy = 0$

3. $\sin x \cos y\,dx + \cos x \sin y\,dy = 0$

4. $e^{3\theta}(dr + 3r\,d\theta) = 0$

5. $(x^2 + y^2)dx - 2xy\,dy = 0$

6. $3(y+1)dx = 2x\,dy$, $(y+1)x^{-4}$

7. $2x \tan y\,dx + \sec^2 y\,dy = 0$

8. $e^x(\cos y\,dx - \sin y\,dy) = 0$

9. $e^{2x}(2\cos y\,dx - \sin y\,dy) = 0$, $y(0) = 0$

10. $y\,dx + [y + \tan(x+y)]dy = 0$, $\cos(x+y)$

11. $2\cosh x \cos y\,dx = \sinh x \sin y\,dy$

12. $(2xy\,dx + dy)e^{x^2} = 0$, $y(0) = 2$

13. $e^{-y}dx + e^{-x}(-e^{-y} + 1)dy = 0$, $F = e^{x+y}$

14. $(a+1)y\,dx + (b+1)x\,dy = 0$, $y(1) = 1$, $F = x^a y^b$

15. **正合性** 當常數 a、b、k、l 滿足什麼條件的時候，$(ax+by)dx + (kx+ly)dy = 0$ 爲正合？求解正合的 ODE。

16. **團隊專題 運用幾種不同方法求解** 請依題目所示進行，然後比較各種方法的工作量。

(a) $e^y(\sinh x\,dx + \cosh x\,dy) = 0$，經由正合 ODE，和經由分離變數。

(b) $(1+2x)\cos y\,dx + dy/\cos y = 0$，經由定理 2，和經由分離變數。

(c) $(x^2+y^2)dx - 2xy\,dy = 0$，經由定理 1 或 2，以及經由搭配 $v = y/x$ 使用的分離變數法。

(d) $3x^2 y\,dx + 4x^3 dy = 0$，經由定理 1 或 2，以及經由分離變數。

(e) 在本文或習題中，尋找更多可以利用一種以上目前已討論過的解法加以求解的 ODE。將這些 ODE 製成一個表列。自己再設法找出其他 ODE。

17. **撰寫專題 以相反過程處理前面的問題** 在許多領域中，由解答推導答案是很有用的方法。Euler、Lagrange 及其他的大師都曾如此做過。要對積分因子的觀念有更深入的了解，由一個你自己選定的 $u(x, y)$ 開始，求出 $du = 0$，將它除上某個 $F(x, y)$ 以破壞它的正合性，然後看看你可得到哪些可用積分因子求解的 ODE。你可否由最簡單的 $F(x, y)$ 開始，做有系統的推進？

18. **CAS 專題 畫出特解** 試畫出下列 ODE 的特解，請按照題目所給予的解說進行。

(21) $$dy - y^2 \sin x\,dx = 0$$

(a) 證明 (21) 式不是正合的。試使用定理 1 或定理 2 求出積分因子，並求解 (21) 式。

(b) 用分離變數的方式求解 (21) 式。這麼做有比 **(a)** 小題簡單嗎？

(c) 畫出滿足以下七個初值條件 $y(0) = 1$、$y(\pi/2) = \pm\frac{1}{2}$、$\pm\frac{2}{3}$、$\pm 1$ 之特解的圖形（參見下圖）。

(d) (21) 式的哪個解是在 **(a)** 或 **(b)** 中沒有得到的？

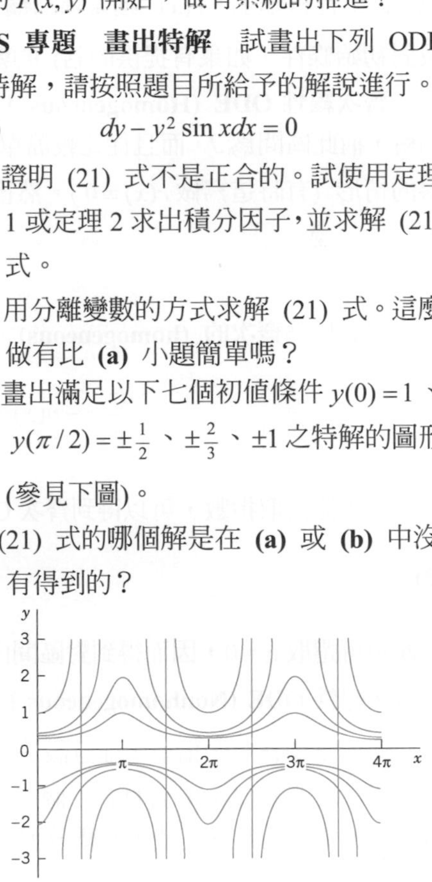

第 18 題 CAS 專題的特解

1.5 線性常微分方程式、Bernoulli 方程式、族群動態學 (Linear ODEs. Bernoulli Equation. Population Dynamics)

線性 ODE 和能轉換成線性形式的 ODE，可作爲各種不同現象的模型，例如在物理學、生物學、族群動態學和生態學等等領域，我們將會看到它們的應用。如果一階 ODE 可以經由**代數運算**而寫成如下形式，

(1) $$y' + p(x)y = r(x)$$

則稱爲是線性 (linear) 的，否則就稱爲**非線性(nonlinear)**。

線性 ODE 的最重要特徵是，未知函數 y 及其導數 $y' = dy / dx$ 都是線性的，其中的 p 和 r 可以是 x 的任何已知函數。如果在應用時，獨立變數是時間，則我們用 t 代替 x。

如果第一項是 $f(x)y'$ (而不是 y')，則將此方程式除以 $f(x)$，讓第一項變成 y'，以得到實務上經常使用的**標準形式 (standand form)** (1) 式。

例如，$y'\cos x + y\sin x = x$ 是線性 ODE，其標準形式爲 $y' + y\tan x = x\sec x$。

在右側的函數 $r(x)$ 可以是力，而解 $y(x)$ 是在運動過程中的位移，或是電流或其他的物理量。在工程科學上，$r(x)$ 通常稱爲**輸入 (input)**，$y(x)$ 則稱爲**輸出 (output)**，或稱爲對輸入 (以及對初始條件，如果有提供的話) 的**響應** (response)。

齊次線性 ODE (Homogeneous Linear ODE) 我們想要求 (1) 式在某一個區間 $a < x < b$ 內的解，稱此區間爲 J，而且從比較簡單的情形著手，讓我們先處理 $r(x)$ 對區間 J 內的所有 x 均爲零的情形 (有時這寫做 $r(x) \equiv 0$)。然後 ODE (1) 式變成

(2) $$y' + p(x)y = 0$$

此方程式稱爲**齊次的 (homogeneous)**。經過分離變數和積分以後，我們得到

$$\frac{dy}{y} = -p(x)dx, \quad \text{因此} \quad \ln|y| = -\int p(x)dx + c^*$$

在左右兩側同取指數，可以得到齊次 ODE (2) 式的通解，

(3) $$y(x) = ce^{-\int p(x)dx} \qquad (c = \pm e^{c^*} \text{ 當 } y \gtrless 0)$$

在此也可選取 $c = 0$，因而得到對區間內所有 x 而言，均爲零的顯明解 (trivial solution) $y(x) = 0$。

非齊次線性 ODE (Nonhomogeneous Linear ODE) 現在考慮在區間 J 中，(1) 式中的 $r(x)$ 並不是在任何位置均爲零的情形，並且設法求解。此時，(1) 式稱爲**非齊次的 (nonhomogeneous)**。在此條件下，我們發現 (1) 式具有一個很好的特性；那就是，它具有只含有變數 x 的積分因子。我們可以用前節中的定理 1 找出此積分因子 $F(x)$，或使用下述步驟。將 (1) 式乘以 $F(x)$ 可得

(1*) $$Fy' + pFy = rF$$

若

$$pFy = F'y, \quad \text{因此} \quad pF = F'$$

則 (1*) 式左側是乘積 Fy 的導數 $(Fy)' = F'y + F'y$

經由分離變數，$dF/F = p\,dx$。經過積分並令 $h = \int p\,dx$，

$$\ln|F| = h = \int p\,dx, \quad \text{因此} \quad F = e^h$$

使用這個 F 和 $h' = p$，(1*) 式成爲

$$e^h y' + h'e^h y = e^h y' + (e^h)'y = (e^h y)' = re^h$$

積分可得

$$e^h y = \int e^h r\,dx + c$$

除以 e^h，我們得到所要的公式解

(4) $$y(x) = e^{-h}\left(\int e^h r\,dx + c\right), \qquad h = \int p(x)dx$$

這樣就將求解 (1) 式的工作簡化成計算一個積分式。當我們遇到的 ODE 在這樣簡化後仍然太困難，那就可能要使用 19.5 節的數值積分法，或 21.1 節所介紹的直接解 ODE 的數值方法。在 1.1 節中我們提到，h 和 $h(x)$ 沒有關係，且 h 的積分常數並不重要；請參看習題 2。

(4) 式的結構很有趣，其中與初始條件有關係的唯一數量是 c。因此，我們將 (4) 式寫成兩項的和

(4*) $$y(x) = e^{-h}\int e^h r\,dx + ce^{-h},$$

我們可以將上式理解爲：

(5) 總輸出 ＝ 對輸入 r 的響應＋對初始數據的響應

例題 1 一階 ODE、通解、初值問題

求解下列初值問題

$$y' + y\tan x = \sin 2x, \quad y(0) = 1$$

解

在這裡 $p = \tan x$ 、 $r = \sin 2x = 2\sin x\cos x$，且

$$h = \int p\,dx = \int \tan x\,dx = \ln|\sec x|$$

由這些條件可以知道在 (4) 式中

$$e^h = \sec x, \quad e^{-h} = \cos x, \quad e^h r = (\sec x)(2\sin x \cos x) = 2\sin x$$

而且此方程式的通解為

$$y(x) = \cos x\left(2\int \sin x\, dx + c\right) = c\cos x - 2\cos^2 x$$

利用此通解和初始條件，$1 = c \cdot 1 - 2 \cdot 1^2$，可得 $c = 3$，因此這個初值問題的解答是 $y = 3\cos x - 2\cos^2 x$。在這裡，$3\cos x$ 是對初始數據的響應，而 $-2\cos^2 x$ 是對輸入 $\sin 2x$ 的響應。 ■

例題 2 電路

建立圖 19 所示之 ***RL*-電路**的模型，並求解該 ODE 以得到電流 $I(t)$ A (amperes)，其中 t 為時間。設此電路包含有一個定值 $E = 48$ V (volts) 的電池作為電源 **EMF** $E(t)$ (電動勢)，一個 $R = 11\,\Omega$ (ohms) 的**電阻**，和一個 $L = 0.1$ H (henrys) 的**電感**，在起始時電流為零。

物理定律：迴路中的電流 I 通過電阻時會造成電壓降 RI **(歐姆定律)**，通過電感則會產生電壓降 $LI' = L\,dI/dt$，這兩個電壓降的和應等於 EMF **(Kirchhoff 電壓定律，KVL)**

說明 在一般條件下，Kirchhoff 電壓定律指出「在一個閉迴路上所施加的電壓 (電動勢 EMF)，等於迴路中所有其它元件產生之電壓降的總和」。關於 Kirchhoff 電流定律 (KCL) 及相關歷史資料請參見第 2.9 節的註解 7。

解

依據這些定律，此 *RL*-電路的模型為 $LI' + RI = E(t)$，寫成標準形式

$$I' + \frac{R}{L}I = \frac{E(t)}{L} \tag{6}$$

我們可以用 (4) 式求解此線性 ODE，利用 $x = t$、$y = I$、$p = R/L$、$h = (R/L)t$，可得到通解

$$I = e^{-(R/L)t}\left(\int e^{(R/L)t}\frac{E(t)}{L}dt + c\right)$$

積分可得

$$I = e^{-(R/L)t}\left(\frac{E}{L}\frac{e^{(R/L)t}}{R/L} + c\right) = \frac{E}{R} + ce^{-(R/L)t} \tag{7}$$

在本例中，$R/L = 11/0.1 = 110$ 且 $E(t) = 48/0.1 = 480 =$ 常數，因此

$$I = \frac{48}{11} + ce^{-110t}$$

在建立模型的過程中，如果到最後才代入實際數字，則可對解答的本質有更深入的了解 (同時也使得捨入誤差較小)。在此，由通解 (7) 式可以看出，R/L 愈大則電流愈快趨近極限值 $E/R = 48/11$，在本例中 $R/L = 11/0.1 = 110$ 所以趨近速度非常快，若 $I(0) < 48/11$ 由下方趨近，若 $I(0) > 48/11$ 則由上方趨近。如果 $I(0) = 48/11$，則解為常數 (48/11 A)。請參看圖 19。

由初始條件 $I(0)=0$ 得到 $I(0)=E/R+c=0$、$c=-E/R$，所以特解爲

$$I=\frac{E}{R}\left(1-e^{-(R/L)t}\right),\quad \text{因此}\quad I=\frac{48}{11}(1-e^{-110t}) \tag{8}$$

■

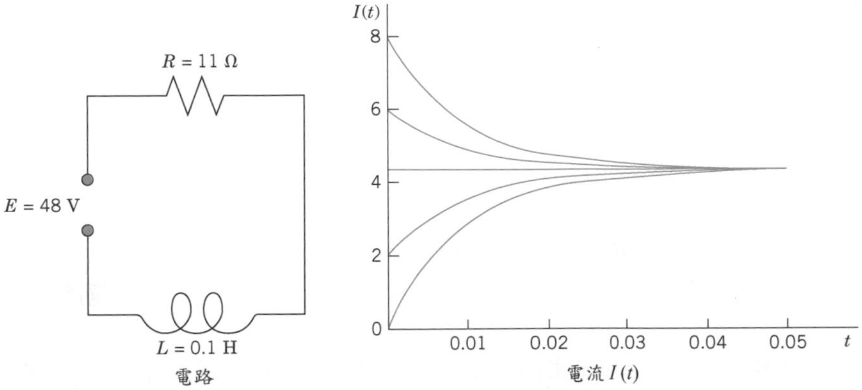

圖 19　*RL*-電路

例題 3　賀爾蒙濃度水平

假設病人血液內的特定賀爾蒙的濃度，會隨著時間改變。假設時間的變化率是，以 24 小時爲週期來自甲狀腺的正弦波輸入，以及正比於濃度的連續代謝率，兩者之間的差值。試建立血液中此種賀爾蒙濃度的模型，並且求出其通解。然後找出滿足合宜初始條件的特解。

解

步驟 1：建立模型　令 $y(t)$ 爲在時間 t 的賀爾蒙濃度，代謝率爲 $Ky(t)$。並且假設輸入速率爲 $A+B\cos\omega t$，其中 A 是平均輸入速率，而且 $\omega=2\pi/24=\pi/12$ 在此必須滿足 $A\geq B$，以使得輸入不會是負值。常數 A、B、K 可以由量測值來決定。因此，這個例題的數學模型是線性 ODE

$$y'(t)=\text{In}-\text{Out}=A+B\cos\omega t-Ky(t),\quad \text{因此}\quad y'+Ky=A+B\cos\omega t$$

對於特解 y_{part} 而言，其初始條件是 $y_{\text{part}}(0)=y_0$，其中時間 $t=0$ 必須合理的選定，比如說選定在 6:00 A.M.。

步驟 2：通解　在 (4) 式中我們有 $p=K=$ 常數、$h=Kt$ 及 $r=A+B\cos\omega t$。因此，由 (4) 式可得通解爲 (用部分積分法求 $\int e^{Kt}\cos\omega t\,dt$)

$$y(t)=e^{-Kt}\int e^{Kt}(A+B\cos\omega t)dt+ce^{-Kt}$$

$$=e^{-Kt}e^{Kt}\left[\frac{A}{K}+\frac{B}{K^2+\omega^2}(K\cos\omega t+\omega\sin\omega t)\right]+ce^{-Kt}$$

$$=\frac{A}{K}+\frac{B}{K^2+(\pi/12)^2}\left(K\cos\frac{\pi t}{12}+\frac{\pi}{12}\sin\frac{\pi t}{12}\right)+ce^{-Kt}$$

不論 c 的值為何 (也就是初始條件)，在經過一段短時間以後，上式的最後一項會隨著時間 t 的增加而減少到幾近 0。因為 $y(t)$ 的其餘部分包括了常數項和週期性變化的項，所以這些其餘部分統稱為**穩態解 (steady-state solution)**。因為整個解答描述了從靜止到穩態的過程，所以整個解答稱為**暫態解 (transient-state solution)**。在許多與時間有關的物理或其他系統中，經常會用到這些名詞。

步驟 3：特解 在 $y(t)$ 中設定 $t=0$，並且選定 $y_0=0$，於是得到

$$y(0)=\frac{A}{K}+\frac{B}{K^2+(\pi/12)^2}\frac{u}{\pi}K+c=0, \quad \text{因此} \quad c=-\frac{A}{K}-\frac{KB}{K^2+(\pi/12)^2}$$

將此結果代入 $y(t)$，我們可以得到特解

$$y_{\text{part}}(t)=\frac{A}{K}+\frac{B}{K^2+(\pi/12)^2}\left(K\cos\frac{\pi t}{12}+\frac{\pi}{12}\sin\frac{\pi t}{12}\right)-\left(\frac{A}{K}+\frac{KB}{K^2+(\pi/12)^2}\right)e^{-K}$$

我們發覺穩態部分與前面一樣。為了畫出 y_{part}，我們必須指定各常數的數值，比如說，$A=B=1$ 及 $K=0.05$。圖 20 顯示了這個特解。請注意，過渡時期相當短 (雖然 K 很小)，而且曲線很快就呈現正弦波形式；這是對輸入 $A+B\cos(\frac{1}{12}\pi t)=1+\cos(\frac{1}{12}\pi t)$ 的響應。 ■

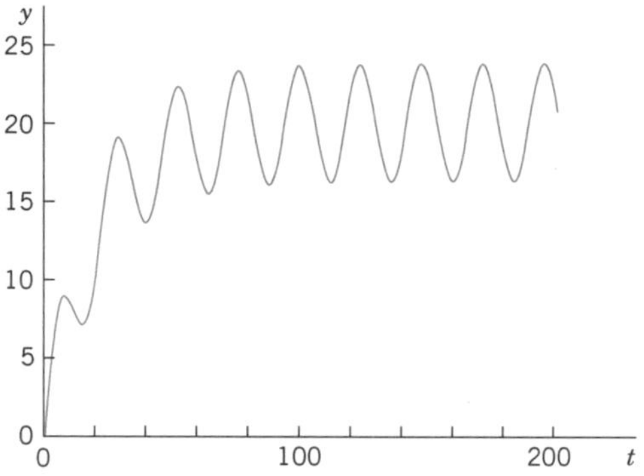

圖 20 例題 3 的特解

1.5.1 化簡成線性型式、Bernoulli 方程式

許多科學應用是以非線性 ODE 作為數學模型，但很多可轉換成線性 ODE。其中最有名的一個就是 **Bernoulli 方程式**[7]

(9) $$y'+p(x)y=g(x)y^a$$ (a 為任意實數)

[7] JAKOB BERNOULLI (1654–1705)，瑞士數學家，Basel 大學教授，同時以他在彈性理論及數學機率論上的貢獻而知名。解 Bernoulli 方程式的方法是由 Leibniz 於 1696 所發明。Jakob Bernoulli 的學生中包括了他的姪子 NIKLAUS BERNOULLI (1687–1759)，他在機率理論與無限級數方面有所貢獻，還有他最小的弟弟 JOHANN BERNOULLI (1667–1748)，他在微積分的發展上有很深的影響同時也是 Jakob 在 Basel 大學的繼任者，在他的學生中包含了 GABRIEL CRAMER (見 7.7 節) 和 LEONHARD EULER (見 2.5 節)。他的兒子 DANIEL BERNOULLI (1700–1782) 則是以他在流體力學與氣體動力學的基礎研究而著名。

如果$a=0$或$a=1$，則 (9) 式是線性的。否則它就是非線性的。接著令

$$u(x)=[y(x)]^{1-a}$$

將上式微分，並且代入由 (9) 式獲得的y'，結果得到

$$u'=(1-a)y^{-a}y'=(1-a)y^{-a}(gy^{a}-py)$$

化簡以後得到

$$u'=(1-a)(g-py^{1-a})$$

其中$y^{1-a}=u$在右側，因此我們得到了以下線性 ODE

(10) $$u'+(1-a)pu=(1-a)g$$

有關可化簡成線性 ODE 的進一步討論，請參看附錄 1 中所列 Ince 的經典之作 [A11]。也可以參看 1.5 節習題的團隊專題 30。

例題 4　Logistic 方程式

試求解下列稱爲 **Logistic 方程式** (或 **Verhulst 方程式**[8]) 的 Bernoulli 方程式：

(11) $$y'=Ay-By^2$$

解

將 (11) 式寫成 (9) 式的形式，也就是，

$$y'-Ay=-By^2$$

我們可看出$a=2$，所以$u=y^{1-a}=y^{-1}$。對這個u微分，並且代入由 (11) 式所得的y'，

$$u'=-y^{-2}y'=-y^{-2}(Ay-By^2)=B-Ay^{-1}$$

上式的最後一項是$-Ay^{-1}=-Au$。因此我們就得到線性 ODE

$$u'+Au=B$$

其通解 [利用 (4) 式] 爲

$$u=ce^{-At}+B/A$$

既然$u=1/y$，這樣就可求出 (11) 式的通解

(12) $$y=\frac{1}{u}=\frac{1}{ce^{-At}+B/A}$$ (圖 21)

[8] PIERRE-FRANÇOIS VERHULST，比利時的統計學家，他在 1838 年提出 (11) 式做爲人口成長的模型。

我們由 (11) 式可直接看出 $y \equiv 0$ (對所有 t 而言，$y(t)=0$) 也是一個解。 ■

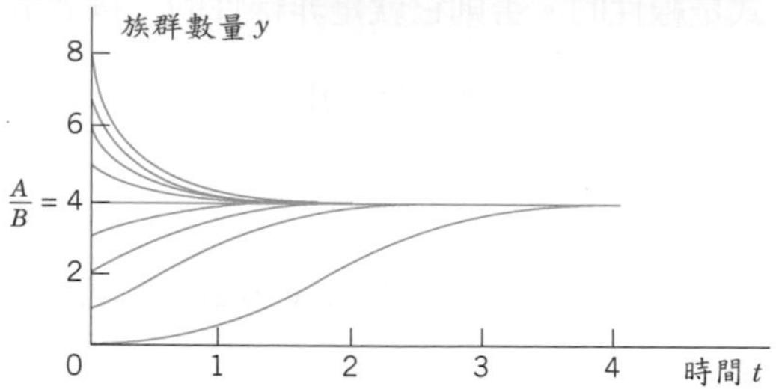

圖 21　Logistic 族群數模型例題 4 之曲線 (9) 及 A /B = 4。

1.5.2　族群動態學

Logistic 方程式 (11) 在**族群動態學 (population dynamics)** 中扮演著重要角色，族群動態學探討植物、動物或人類等族群數量隨時間 t 的演化。如果 $B=0$，則 (11) 式成爲 $y'=dy/dt=Ay$。在此情形下，其解答 (12) 式成爲 $y=(1/c)e^{At}$，它代表指數成長，如同僅有少數人口的大型國家 (早期的美國！) 的情形。這稱爲**馬爾薩斯定律 (Malthus's law)** (請參看第 1.1 節例題 3)。

(11) 式的 $-By^2$ 項是預防族群數量無限制成長的「約束項」。的確，如果將方程式寫成 $y'=Ay[1-(B/A)y]$，我們可以看到，若 $y<A/B$，則 $y'>0$，這使得只要 $y<A/B$，則剛開始的少數人口將持續成長。但是如果 $y>A/B$，則 $y'<0$，而且只要 $y>A/B$，則人口將持續減少。上述兩種情形具有相同極限值，那就是 A/B。請參看圖 21。

我們可以看到，在 logistic 方程式 (11) 中，獨立變數 t 並沒有外顯的出現。一個沒有外顯出現 t 的 ODE　$y'=f(t,y)$，可以寫成

(13)
$$y'=f(y)$$

而且稱爲**自律 ODE (autonomous ODE)**。因此 logistic 方程式 (11) 是自律的。

方程式 (13) 具有常數解，又稱爲**平衡解 (equilibrium solution)** 或**平衡點 (equilibrium point)**。它們是由 $f(y)$ 的零點所決定，因爲由 (13) 式，我們知道 $f(y)=0$ 可得 $y'=0$；因此 $y=$ 常數。這些零點即爲 (13) 式的**臨界點 (critical point)**。如果在某一時候，靠近一個平衡解的其它解，在爾後的所有時間都仍然靠近此平衡解，則稱此平衡解是**穩定的 (stable)**。如果原本接近一個平衡解的其它解，會隨著時間增加而遠離它，則稱此平衡解爲**不穩定的 (unstable)**。例如，在圖 21 中，$y=0$ 是一個不穩定平衡解，而 $y=4$ 則是穩定的平衡解。留意到，(11) 式有臨界點 $y=0$ 和 $y=A/B$。

例題 5　穩定和不穩定平衡解、「相位線圖」

由圖 22 的方向場可看出，ODE　$y'=(y-1)(y-2)$ 具有穩定平衡解 $y_1=1$，和不穩定平衡解 $y_2=2$。在這個圖中，數值 y_1 和 y_2 是拋物線 $f(y)=(y-1)(y-2)$ 的零點。現在，既然這個 ODE 是自律的，我們可以將方向場「壓縮」成「相位線圖」，在相位線圖中表示出 y_1 和 y_2，及方向場的箭頭方向 (往上或往下)，由此可提供平衡解是穩定或不穩定的資訊。 ■

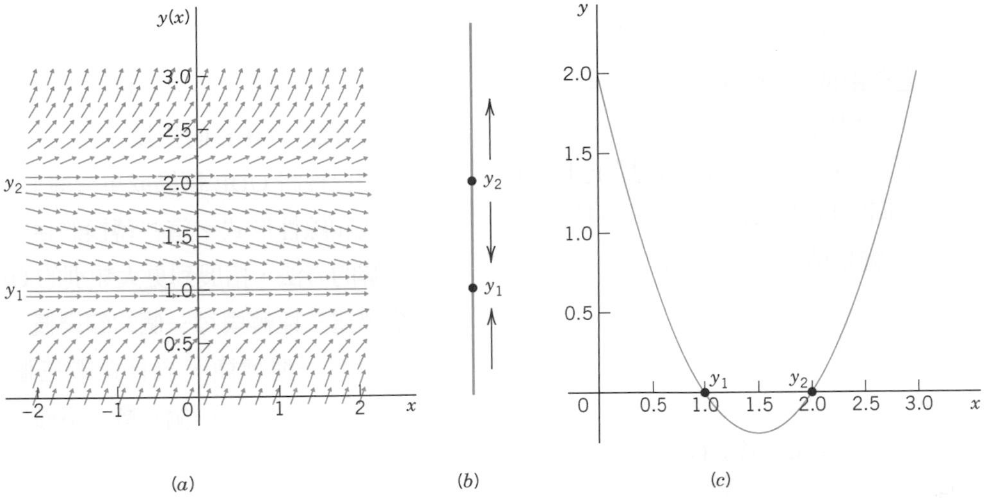

圖 22 例題 5，(A) 方向場 (B)「相位線」 (C) 抛物線 $f(y)$

在習題集中，會討論到另外幾個族群模型。要對族群動態學有更多了解，請參看 C. W. Clark. *Mathematical Bioeconomics:The Mathematics of Conservation* 3rd ed. Hoboken, NJ, Wiley, 2010。

下一節將討論線性 ODE 的更多應用。

習題集 1.5

1. **注意！** 請證明 $e^{-\ln x} = 1/x$ (不是 $-x$)，以及 $e^{-\ln(\sec x)} = \cos x$。
2. **積分常數** 請說明爲什麼在 (4) 式中，我們可以將 $\int p\,dx$ 中的積分常數選擇爲零。

3–13 通解 初值問題

試求下列各題的通解。如果題目有給初始條件，請求出對應的特解，並且畫出解答 (寫出你解題的詳細步驟)。

3. $y' - y = 5.2$
4. $y' = 2y - 4x$
5. $y' + ky = e^{-kx}$
6. $y' + 2y = 4\cos 2x$, $y(\frac{1}{4}\pi) = 3$
7. $xy' = 2y + x^3 e^x$
8. $y' + y\tan x = e^{-0.01x}\cos x$, $y(0) = 0$
9. $y' + y\sin x = e^{\cos x}$, $y(0) = -2.5$
10. $y'\cos x + (3y-1)\sec x = 0$, $y(\frac{1}{4}\pi) = 4/3$
11. $y' = (y-2)\cot x$
12. $xy' + 4y = 8x^4$, $y(1) = 2$
13. $y' = 6(y-2.5)\tanh 1.5x$
14. **CAS 實驗**
    (a) 求解 ODE $y' - y/x = -x^{-1}\cos(1/x)$。找出使任意常數等於零的初始條件。畫出所得到的特解的圖形，試著在 $x = 0$ 附近得到一個好的圖形。
    (b) 將 (a) 小題的情形，從 $n = 1$ 推廣到任意的 n，然後求解 ODE $y' - ny/x = -x^{n-2}\cos(1/x)$。如同 (a) 小題一樣找出初始條件，並且以其圖形進行實驗。

15–20 線性 ODE 的一般性質

這些性質具有實用上和理論上的重要性，因爲它們可以讓我們從已有的解答找到新解答。因此在模型化過程中，我們會希望使用線性 ODE，而避免非線性 ODE，因後者不具有類似性質。

試證明非齊次線性 ODE (1) 式和齊次線性 ODE (2) 式具有下列性質。針對每一個性質，請自行選擇兩或三個方程式，然後藉由計算來對照說明。提出證明。

15. 齊次方程式 (2) 的兩個解 y_1 和 y_2 的和 y_1+y_2，同時也是 (2) 式的解，而且任何常數 a 的純量積 ay_1 也是 (2) 式的解。但 (1) 式沒有此性質。

16. $y=0$ (亦即，對所有 x 而言都有 $y(x)=0$，也可寫成 $y(x)\equiv 0$) 是 (2) 式的解 [在 $r(x)\neq 0$ 時則不為 (1) 式的解]，稱為明顯解。

17. 一個 (1) 式的解和一個 (2) 式的解，兩者之和是 (1) 式的解。

18. (1) 式的兩個解的差，是 (2) 式的解。

19. 如果 y_1 是 (1) 式的解，試問關於 cy_1，你能夠下什麼樣的判斷？

20. 如果 y_1 與 y_2 分別是 $y_1'+py_1=r_1$ 和 $y_2'+py_2=r_2$ (兩個 ODE 具有相同的 p) 的解，請問關於兩者之和 y_1+y_2，你能夠下什麼樣的判斷？

21. 參數變異法 另一個獲得 (4) 式的方法是來自下述觀念。將 (3) 式寫成 cy^*，其中 y^* 是指數函數，它是齊次線性 ODE $y^{*\prime}+py^*=0$ 的解。將 (3) 式中的任意常數 c 替換成待定函數 u，使得所得到的函數 $y=uy^*$ 是非齊次線性 ODE $y'+py=r$ 的解。

22–28 非線性 ODE

試利用本節所介紹之方法中的一種，或分離變數法，求出通解。如果題目有給初始條件，同時求出特解，並且畫出圖形。

22. $y'+y=y^2, \quad y(0)=-\frac{1}{3}$

23. $y'+xy=xy^{-1}, \quad y(0)=3$

24. $y'+y=-x/y$

25. $y'=3.2y-10y^2$

26. $y'=(\tan y)/(x-1), \quad y(0)=\frac{1}{2}\pi$

27. $y'=1/(6e^y-2x)$

28. $2xyy'+(x-1)y^2=x^2e^x$ (設 $y^2=z$)

29. 報告專題 ODE 的轉換

我們已經將 ODE 轉換成可分離形式、正合形式和線性形式。這些轉換的目的是要將求解的方法，拓展到更大類別的 ODE。請描述這三種轉換每一個的關鍵概念，然後針對每一種轉換，自行選取三個典型例子。並且說明每一個步驟 (不僅僅只是轉換後的 ODE)。

30. 團隊專題 Riccati 方程式、Clairaut 方程式、奇異解

Riccati 方程式的形式為

(14) $$y'+p(x)y=g(x)y^2+h(x)$$

Clairaut 方程式的形式為

(15) $$y=xy'+g(y')$$

(a) 對 Riccati 方程式 (14) 運用轉換式 $y=Y+1/u$，其中 Y 是 (14) 式的一解，並得到 u 的線性 ODE $u'+(2Yg-p)u=-g$。請解釋轉換式改成 $y=Y+v$、$v=1/u$ 的影響。

(b) 證明 $y=Y=x$ 是 ODE $y'-(2x^3+1)y=-x^2y^2-x^4-x+1$ 的解並且求解這個 Riccati 方程式，請詳細說明過程。

(c) 請依下述求解 Clairaut 方程式 $y'^2-xy'+y=0$。將它對 x 微分，以得到 $y''(2y'-x)=0$。然後分別求解 (A) $y''=0$ 和 (B) $2y'-x=0$，然後將 (A) 和 (B) 的兩個解 (a) 和 (b) 代入原 ODE。由此可得到 (a) 通解 (直線) 及 (b) 正切於 (a) 所有直線的拋物線 (參見習題組 1.1 的圖 6)。所以 (b) 是 (a) 的包絡線。像 (b) 這種無法由通解求得的解，稱為**奇異解 (singular solution)**。

(d) 證明 Clairaut 方程式 (15) 具有直線族 $y = cx + g(c)$ 的解，以及由 $g'(s) = -x$ 所決定的奇異解，其中 $s = y'$，此奇異解形成該直線族的包絡線。

31–40 模型化進一步的應用

31. 牛頓冷卻定律 如果有一個蛋糕，剛出烤箱時的溫度是 300°F，十分鐘後成為 200 °F，何時它會幾近於室溫 60°F，例如說是 61°F？

32. 建築物的加熱與冷卻 使建築物溫度升高與降低的過程，可以利用以下 ODE 作為模型

$$T' = k_1(T - T_a) + k_2(T - T_\omega) + P,$$

其中 $T = T(t)$ 是時間 t 時的建物內部溫度，T_a 是外部溫度，T_ω 是所想要達到的建物內部溫度，P 是由建物內的機器和人體所造成的 T 增加率，而 k_1 和 k_2 為 (負) 常數。求解此 ODE，假設 P = 常數，T_ω = 常數，且 T_a 會在 24 小時內進行正弦式變動，比如說，$T_a = A - C\cos(2\pi/24)t$，然後討論方程式中的每一項對解答的影響。

33. 注射藥物 如果在 $t = 0$ 將藥物注射進入人體，藥物是以固定速率 A g/min 注射，而在同一時間藥物會被排出，排出的速率正比於藥物在體內的含量，請找出此過程的數學模型，並且求解之。

34. 疾病傳染 有一種關於接觸性傳染病散播的數學模型，它是假設，散播率正比於已被感染者和未被感染者之間的接觸次數，並且假設已感染者和未感染者可以在彼此之間自由移動，請建立這個數學模型。找出平衡解，並且指出平衡解是穩定或不穩定的，求解此 ODE。找出當時間 $t \to \infty$ 時，被感染者所佔比例的極限值，然後解釋它所代表的意義。

35. 伊利湖 伊利湖的蓄水量約為 450 km^3，而且水的流率 (流入和流出) 大約是每年 175 km^3。如果在某一時刻湖中的污染物濃度是 $p = 0.04\%$，假設流入的水比流出的水乾淨許多，比如說，流入的水的污染物濃度是 $p/4$，並且假設湖水是均勻混合的 (這是一個不完全真實的假設)，試問大約需要多久湖水的污染物濃度會減少為 $p/2$？請先用猜測的。

36. 再生資源的收獲量、捕魚 假設某特定魚種的族群總數是 $y(t)$，並且可以利用 logistic 方程式 (11) 來描述，另外也假設魚的被捕獲率 Hy 正比於 y。求解此所謂的 *Schaefer* 模型。在 $H < A$ 條件下求平衡解 y_1 和 $y_2 (> 0)$。為何 $Y = Hy_2$ 會被稱為對應於 H 的**平衡捕穫量 (equilibrium harvest)** 或**永續產量 (sustainable yield)**？

37. 捕獲問題 在習題 36 中，試求當 (為簡化問題) $A = B = 1$ 而且 $H = 0.2$ 時滿足 $y(0) = 2$ 的解答，並且畫出圖形。其極限值為何？它代表的意義是什麼？如果都不捕魚，那麼將會發生什麼情形？

38. 間歇性捕撈 在習題 36 中，假設我們捕魚三年以後，接下來三年禁止捕魚，之後再度允許捕魚，其餘以此類推。這種作法稱為*間歇性捕撈* (intermittent harvesting)。如果間歇性捕魚是週期性地持續進行，試定性描述，該魚類族群總數的變化情形。假設 $A = B = 1$、$H = 0.2$ 而且 $y(0) = 2$，試求前九年的解答，並且畫出其曲線。

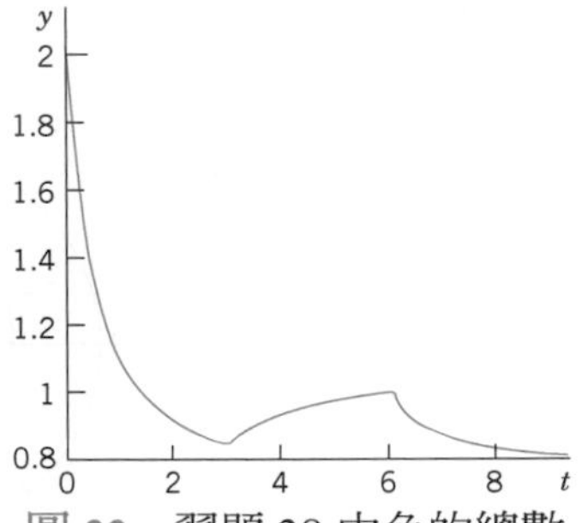

圖 23 習題 38 中魚的總數

39. 族群滅絕與無限制增長 如果在族群總數 $y(t)$ 中，死亡率正比於族群總數，而出生率正比於具有繁殖能力之配偶的相遇次

數，試問此數學模型爲何？在不進行解題的情形下，求出起初總數很少的族群最後會產生什麼結果。如果是總數很大的族群，又會發生什麼結果。然後求解這個模型。

40. 空氣流通 在一個含有 20,000 ft^3 空氣的房間內，每分鐘有 600 ft^3 的新鮮空氣流入，而混合後的空氣 (利用循環風扇使其均勻混合) 以每分鐘 600 立方呎 (cfm) 的速度排出。如果 $y(0) = 0$，試問任何時刻新鮮空氣的量 $y(t)$ 是多少？達到 90%新鮮空氣須要多久？

1.6 正交軌跡 (Orthogonal Trajectories) (選讀)

在物理學或幾何學中有一類重要的問題，那就是要求出會與一個已知曲線族成直角相交的曲線族。新的曲線稱爲已知曲線的**正交軌跡 (orthogonal trajectory)**，反之亦然。其範例有**等溫線 (isotherms)** 和熱流曲線、地圖上的**等高線 (contour line)** 和該地圖上的最陡下降曲線、**等位線 (equipotential curve**，具有相同電壓的線──圖 24 的橢圓) 和電力線 (圖 24 中的拋物線)。

在此處，兩條**曲線的交角 (angle of intersection)** 被定義爲，在交點處，兩條曲線的切線之間的夾角。而正交則是垂直的另一種說法。

在許多情形下，正交軌跡可以利用 ODE 求得。一般情形下，如果我們令 $G(x, y, c) = 0$ 是 xy 平面上的一個已知曲線族，則每一個 c 值就可決定一條曲線。因爲 c 是單一參數，這種曲線族就稱爲**單參數曲線族 (one-parameter family of curves)**。

現在讓我們利用一個橢圓族

$$\frac{1}{2}x^2 + y^2 = c \qquad (c > 0) \tag{1}$$

來詳細討論此方法，並以圖 24 做說明。我們假設此橢圓線族代表了，兩個黑色橢圓間的等電位線 (空間中兩橢圓柱體間的等位面，圖 24 顯示的是它的橫截面)。我們要找它們的正交軌跡，也就是電力 (electric force) 線。(1) 式是一個參數為 c 的單參數曲線族。每一個 $c\,(> 0)$ 值對應到此橢圓族中的一個橢圓。

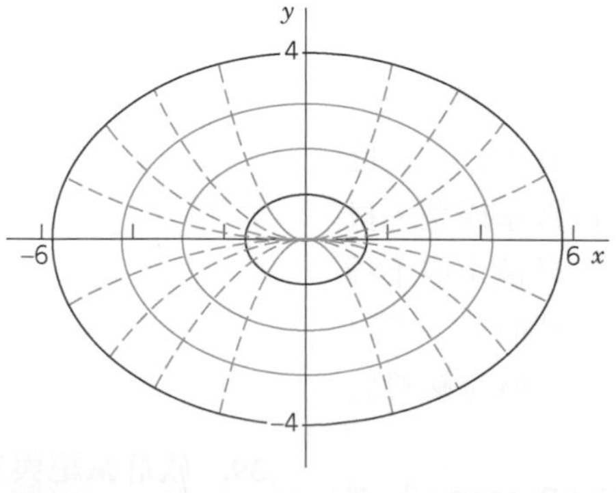

圖 24 兩橢圓體 (空間中的兩橢圓柱) 間的靜電位場：橢圓等位線 (等位面) 和正交軌跡 (拋物線)

步驟 1　找出以給定曲線族爲通解的 ODE。當然，這個 ODE 必須不再含有參數 c。將 (1) 式微分得到 $x+2yy'=0$。因此所給曲線的 ODE 是

$$y'=f(x,y)=-\frac{x}{2y} \tag{2}$$

步驟 2　找出正交軌跡 $\tilde{y}=\tilde{y}(x)$ 的 ODE。這個 ODE 是

$$\tilde{y}'=-\frac{1}{f(x,\tilde{y})}=+\frac{2\tilde{y}}{x} \tag{3}$$

上式中的 f 與 (2) 式中的相同。爲什麼？因爲由 (2) 式可知，一條通過點 (x_0, y_0) 的曲線，在該點的斜率爲 $f(x_0, y_0)$。利用 (3) 式可以知道，通過點 (x_0, y_0) 之軌跡線的斜率是 $-1/f(x_0, y_0)$。而且我們也可以看出這兩個斜率的乘積是 -1。由微積分可以知道，這是兩條直線 (在 (x_0, y_0) 處的切線) 爲正交 (垂直) 的條件，因此這也是曲線及其正交軌跡在 (x_0, y_0) 正交的條件。

步驟 3　試利用分離變數法求解 (3) 式：

$$\frac{d\tilde{y}}{\tilde{y}}=2\frac{dx}{x}, \quad \ln|\tilde{y}|=2\ln x+c, \quad \tilde{y}=c^*x^2$$

這是正交軌跡的曲線族，在兩黑色橢圓 (橢圓柱) 之間的電場內，電子或其它帶電粒子 (質量必須很小) 會延著二次拋物線移動。

習題集　1.6

1–3　曲線族

將所給的曲線族表示成 $G(x, y; c)=0$ 的形式，並畫出數條曲線。

1. 焦點位於 x 軸的 -3 和 3 的所有橢圓。

2. 圓心位於三次拋物線 $y=x^3$ 上並通過原點 (0, 0) 的所有圓。

3. 將懸鏈線 $y=\cosh x$ 沿直線 $y=x$ 方向移動所得到的懸鏈線族。

4–10　正交軌跡

描繪出所給曲線族中的幾條曲線。請先猜想它們的正交軌跡看起來應該像什麼樣子。然後求出這些正交軌跡。

4. $y=x^2+c$

5. $y=cx$

6. $xy=c$

7. $y=c/x^2$

8. $y=\sqrt{x+c}$

9. $y=ce^{-x^2}$

10. $x^2+(y-c)^2=c^2$

11–16　應用、延伸

11. 電場　令在兩個同心圓柱之間的等**電位線** (電位相等的曲線) 可以表示成 $u(x,y)=x^2+y^2=c$，z 軸指向空中 (在 xyz 空間中它們是圓柱面)。請利用課文中的方法求得它們的正交軌跡 (電力線)。

12. 電場　兩個電性相反、電荷量相同的電荷位於 $(-1, 0)$ 及 $(1, 0)$，它們之間的各電力線爲通過點 $(-1, 0)$ 及點 $(1, 0)$ 的圓。請證明這些圓可以用方程式 $x^2+(y-c)^2=1+c^2$ 表示之。然後證明**等電位線** (這些圓的正交軌跡) 可以表示成 $(x+c^*)^2+\tilde{y}^2=c^{*2}-1$ (圖 25 的虛線)。

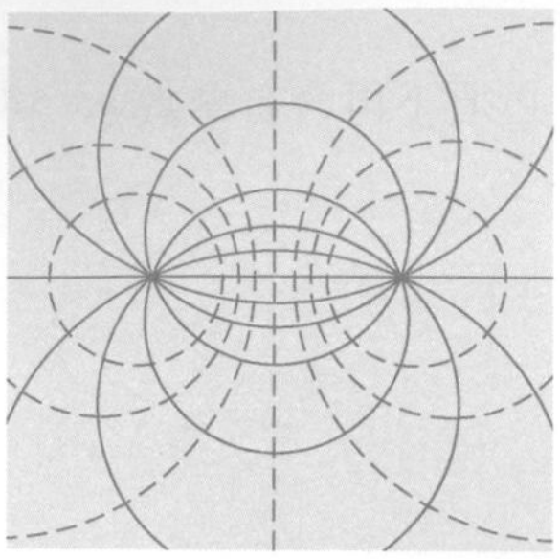

圖 25　習題 12 中的電場

13. **溫度場**　令一位於上半平面 $y>0$ 之物體的**等溫線** (相同溫度的曲線) 可以表示爲 $4x^2+9y^2=c$。請求出它們的正交軌跡 (在充滿導熱材料且沒有熱源或熱壑的區域中，熱能會流動的曲線)。

14. **圓錐曲線**　在什麼條件下，橢圓族 $x^2/a^2+y^2/b^2=c$ 的正交軌跡還會是圓錐曲線？利用手繪或 CAS，以圖形解釋你的答案。如果 $a \to 0$，會發生什麼情形？如果 $b \to 0$ 又會如何？

15. **Cauchy-Riemann 方程式**　請證明對於線族 $u(x,y)=c=$ 常數而言，其正交軌跡 $v(x,y)=c^*=$ 常數可以從下列 *Cauchy-Riemann* 方程式 (此方程式是第 13 章中複數分析的基礎) 求得，然後利用它們求出 $e^x \sin y=$ 常數的正交軌跡。(在此，下標代表偏微分。)

$$u_x = v_y, \quad u_y = -v_x$$

16. **疊合 (Congruent) 正交軌跡**　若 $y'=f(x)$ 且 f 與 y 無關，證明其對應之曲線族是疊合的，它們的正交軌跡也是疊合的。

1.7 初值問題解的存在性與唯一性 (Existence and Uniqueness of Solutions for Initial Value Problems)

下列初值問題

$$|y'|+|y|=0, \quad y(0)=1$$

爲無解，因爲 $y=0$ (也就是對所有的 x 都有 $y(x)=0$) 是此微分方程式唯一的解。初值問題

$$y'=2x, \quad y(0)=1$$

恰有一解，即 $y=x^2+1$。初值問題

$$xy'=y-1, \quad y(0)=1$$

有無窮多解，那就是 $y=1+cx$，其中 c 爲任意常數，因爲對所有 c 而言，$y(0)=1$。

由這些例子，我們可看到**初值問題**

(1)
$$y'=f(x,y), \quad y(x_0)=y_0$$

可能是無解、恰好有一解，或有多於一個解。這項事實引導出以下兩個基本問題。

存在性問題

在何種條件下，具有 (1) 式形式的初值問題至少有一個解 (也就是有一個或多個解)？

唯一性問題

在何種條件下，該初值問題最多只有一個解 (也就是不可能發生具有多於一個解的情形)？

用來陳述這樣條件的定理分別稱爲**存在性定理**及**唯一性定理**。

當然，對上述這些簡單例子而言，經由審視就可知道結果，所以並不需要這些定理；但是，對比較複雜的 ODE 而言，這樣的定理在實際上是相當重要的。即使我們很確定自己正在處理的物理或其它系統呈現出唯一性的行爲，有時候我們的模型可能因爲過度簡化，而無法忠實的呈現事實原貌。

定理 1

存在性定理

在以下初值問題中

(1) $$y' = f(x, y), \quad y(x_0) = y_0$$

令 ODE 的右側 $f(x, y)$ 在某個矩形區域

$$R: |x - x_0| < a, \quad |y - y_0| < b \qquad \text{(圖 26)}$$

內的所有點 (x, y) 上均爲連續的，且在 R 內爲有界限 (bounded in R)；換言之，也就是存在一數 K，使得

(2) $$|f(x, y)| \le K \qquad \text{對 } R \text{ 內的所有 } (x, y)\text{。}$$

則初值問題 (1) 式至少有一個解 $y(x)$。至少對區間 $|x - x_0| < a$ 的子區間 $|x - x_0| < \alpha$ 內所有的 x 而言這個解是存在的；此處，α 是 a 與 b/K 兩數中較小的一個。

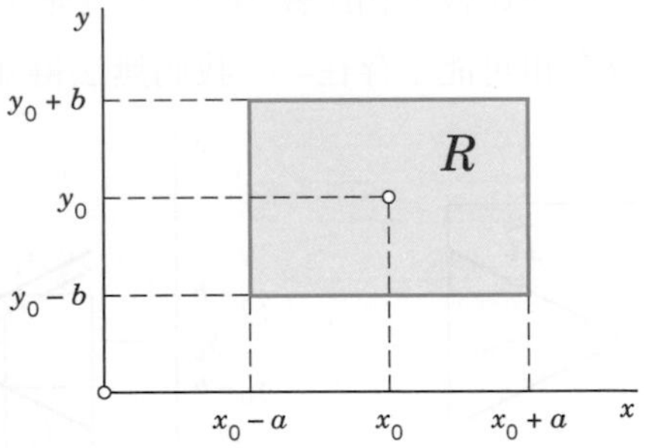

圖 26 存在性及唯一性定理中的矩形區域 R

(有界的例子。函數 $f(x, y) = x^2 + y^2$ 在方形區域 $|x| < 1$、$|y| < 1$ 內是有界的，並有 $K = 2$。然而，函數 $f(x, y) = \tan(x + y)$ 對於 $|x + y| < \pi/2$ 則不是有界的。請解釋！)

定理 2

唯一性定理

令 f 及其偏導數 $f_y = \partial f / \partial y$ 在矩形區域 R (圖 26) 內的所有點 (x, y) 上都是連續的，而且也是有界的，如

(3) (a) $|f(x,y)| \le K$, (b) $|f_y(x,y)| \le M$ 對 R 中的所有 (x, y)

則初值問題 (1)，最多只能有一個解 $y(x)$。因此，由定理 1 可知，這個問題恰好只有一個解。這個解至少對子區間 $|x - x_0| < \alpha$ 內所有 x 而言，都是存在的。

1.7.1 了解這些定理

這兩個定理含蓋了幾乎所有的實際情形。定理 1 說的是，如果在 xy 平面的某一包含有點 (x_0, y_0) 的區域上，$f(x, y)$ 是連續的，則初值問題 (1) 至少有一個解。

定理 2 說的是，如果除此之外，f 對 y 的的偏導數 $\partial f / \partial y$，在該區域中，是存在的而且是連續的，則初值問題 (1) 具有最多一個解；因此利用定理 1 可以得知，它恰有一個解。

將以上文字再讀一遍──在我們的討論中，這是完全嶄新的概念。

這些定理的證明已經超過這本書的程度 (請參看附錄 1 的 Ref [A11])；不過，下列說明和範例可以幫助你對這些定理有更深入的了解。

由於 $y' = f(x, y)$，因此條件(2)意謂著 $|y'| \le K$；也就是在 R 中，任何解曲線 $y(x)$ 的斜率最小是 $-K$，最大為 K。因此，通過點 (x_0, y_0) 的解曲線，必定落於圖 27 中以 l_1 和 l_2 為界的上色區域中，這兩條線的斜率分別為 $-K$ 和 K。依據 R 的形狀的不同，將會出現兩種情形。在圖 27a 所顯示的第一種情形中，我們有 $b/K \ge a$，因此在存在性定理中 $\alpha = a$，這樣就確保了對 $x_0 - a$ 和 $x_0 + a$ 之間的所有 x，解都是存在的。在圖 27b 所示的第二種情形中，我們有 $b/K < a$。因此，$a = b/K < a$，而且從這兩項定理能夠下的結論是，對介於 $x_0 - b/K$ 和 $x_0 + b/K$ 之間的所有 x 而言，解都是存在的。對比較大和比較小的 x 而言，解曲線將可能離開了矩形區域 R，因為我們沒有對 R 之外的 f 做任何假設，所以對於那些比較大和比較小的 x，也無法針對其解獲得任何結論；換言之，對這樣的 x 而言，解可能存在也可能不存在——我們無法得知。

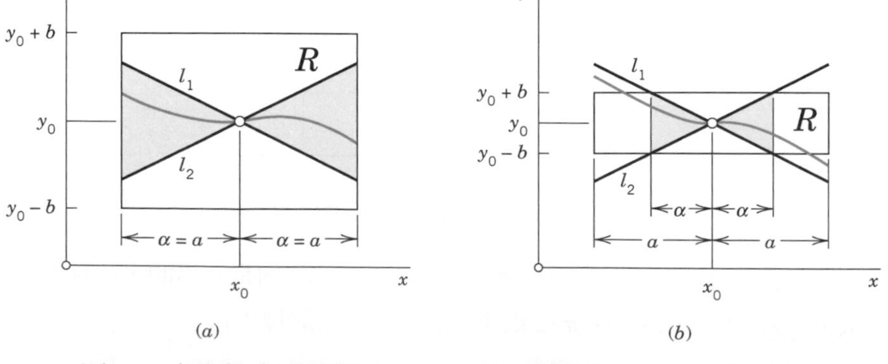

圖 27 存在性定理的條件 (2) (a) 第一種情形 (b) 第二種情形

讓我們以一個簡單例題來說明上述的討論。我們會看到，當矩形區域 R 選取成具有比較長的底線 (長的 x 區間) 時，將會導致圖 27b 的情形。

例題 1 矩形區域的選取

考慮下列的初值問題

$$y' = 1 + y^2, \quad y(0) = 0$$

並且選定矩形區域為 R ；$|x| < 5$ 、$|y| < 3$ 。則 $a = 5$ 、 $b = 3$ 且

$$|f(x, y)| = |1 + y^2| \le K = 10$$

$$\left|\frac{\partial f}{\partial y}\right| = 2|y| \le M = 6$$

$$\alpha = \frac{b}{K} = 0.3 < a$$

事實上，這個問題的解是 $y = \tan x$ (參見第 1.3 節例題 1)。在 $\pm\pi/2$ ，這個解並不連續，而且對於我們所討論的區間 $|x| < 5$ 而言，並沒有在整個區間內都連續的解。 ■

在這兩個定理中的條件都是充份條件，而非必要條件，而且是可以再加以放鬆的。特別是，利用微分運算的均值定理 (mean value theorem)，我們有

$$f(x, y_2) - f(x, y_1) = (y_2 - y_1)\left.\frac{\partial f}{\partial y}\right|_{y=\tilde{y}}$$

其中 (x, y_1) 及 (x, y_2) 是假設位於 R 內，而 $\tilde{y}$ 為介於 y_1 與 y_2 間的適當數值。由上式及 (3b) 可以得到

$$|f(x, y_2) - f(x, y_1)| \le M|y_2 - y_1| \tag{4}$$

我們可以證明，(3b) 可以用比較鬆的條件 (4) 取代，此條件稱為 **Lipschitz 條件**[9]。但是，$f(x, y)$ 的連續性並不足以確保解答具有唯一性。下列例題可以說明這一點。

例題 2 非唯一性

下列初值問題

$$y' = \sqrt{|y|} \quad y(0) = 0$$

---

[9] RUDOLF LIPSCHITZ (1832–1903)，德國數學家。在例如偏微分方程的現代理論中，Lipschitz 條件和其他類似條件是很重要的。

有兩個解

$$y=0 \quad 和 \quad y^*=\begin{cases} x^2/4 & 若\ x\ge 0 \\ -x^2/4 & 若\ x<0 \end{cases}$$

雖然對所有的 y，$f(x,y)=\sqrt{|y|}$ 都是連續的。任何含有直線 $y=0$ 的區域內，Lipschitz 條件 (4) 都不成立，這是因爲對於 $y_1=0$ 和正 y_2，可以得到

$$(5) \qquad \frac{|f(x,y_2)-f(x,y_1)|}{|y_2-y_1|}=\frac{\sqrt{y_2}}{y_2}=\frac{1}{\sqrt{y_2}}, \qquad (\sqrt{y_2}>0)$$

而且，隨我們高興選取夠小的 y_2，上式的值可以任意的大，然而 (4) 式要求 (5) 式左側的商，不得超過某固定常數 M。 ■

習題集 1.7

1. **線性常微分方程式** 如果 $y'+p(x)y=r(x)$ 中的 p 和 r，對區間 $|x-x_0|\le a$ 內的所有 x 都是連續的，試證在這個 ODE 中的 $f(x,y)$，滿足本節定理的條件，所以它所對應的初值問題有唯一解。對於這個 ODE 而言，是否眞要用到這些定理？

2. **存在？** 初值問題 $(x-2)y'=y$、$y(2)=1$ 是否有解？你得到的結果有和本節的定理相矛盾嗎？

3. **垂直條狀區域** 如果定理 1 和定理 2 的假設不僅僅只是在一個矩形區域中得到滿足，而且在一個垂直的無限長條狀區域 $|x-x_0|<a$ 內也都滿足，則 (1) 式的解在什麼區間內是存在的？

4. **改變初始條件** 如果將習題 2 中的 $y(2)=1$ 換成 $y(2)=k$，結果如何？

5. **x 區間的長度** 在大部分情形下，初值問題 (1) 的解會存在的 x 區間，大於本節定理所保證的 x 區間。請針對 $y'=2y^2$、$y(1)=1$，經由求出可能最好的 a (在最佳化的情形下，選定 b) 來證明這項事實，並將結果與實際的解做比較。

6. **CAS 專題 Picard 迭代法** **(a)** 試證明，藉由對 (1) 式的 ODE 進行積分，並觀察初始條件，可以得到

$$(6) \qquad y(x)=y_0+\int_{x_0}^{x} f(t,y(t))dt$$

將 (1)式改成 (6) 式的形可導出 Picard 迭代法 (Picard's iteration method)[10]，這種迭代法的定義如下

$$(7) \quad y_n(x)=x_0+\int_{x_0}^{x} f(t,y_{n-1}(t))dt, \qquad n=1,2,\ldots$$

---

[10] 法國數學家，同時以他在複變分析上的重大貢獻而知名 (他著名的定理見 16.2 節)。Picard 用他的方法證明了定理 1 及 2 同時證明了數列 (7) 會收斂到 (1) 式的解。在前電腦時代，此迭代法的實用價值有限。

它可以獲得 (1) 式的未知解 y 的近似值 y_1, y_2, y_3, … 。實際上，你將 $y = y_0$ 代入右側並積分，以獲得 y_1，此為第一步，然後代入 $y = y_1$ 以得到 y_2，這是第二步，並以此類推。試寫出一個能執行此迭代法的程式，列出近似值 y_0, y_1, …, y_N，而且也能在共同座標軸上畫出它們的圖形。自行選定兩個初值問題，以測試你的程式。

(b) 將此迭代法用於 $y' = x + y$ 、 $y(0) = 0$ 。同時以全眞 (exact) 的方法解此問題。

(c) 將此迭代法用於 $y' = 2y^2$ 、 $y(0) = 1$ 。同時以全眞 (exact) 的方法解此問題。

(d) 求出 $y' = 2\sqrt{y}$ 、 $y(1) = 0$ 的所有解。Picard 迭代法所得到的是哪個解的近似值？

(e) 請對後面的臆測進行實驗：對於 (7) 式中的被積分函數，不論 y 的初值選定為何 (將 y_0 留在積分式之外)，Picard 迭代法都能收斂到問題的解。利用簡單的 ODE 進行實驗，然後看看會發生什麼結果。當你合理地確信上述臆測為眞的時候，請選擇一個稍微複雜的 ODE，然後再試一次。

7. **最大的 α** 試問在課文的例題 1 中，α 可能的最大值為何？

8. **Lipschitz 條件** 對於線性 ODE $y' + p(x)y = r(x)$，在 $|x - x_0| \le a$ 內，p 和 r 為連續，試證明 Lipschitz 條件成立。這是很重要的，因為它意謂著，對於線性 ODE 而言，$f(x, y)$ 的連續性不僅能確保初值問題的解具有存在性，而且也確保它具有唯一性 (當然，這也可以直接從第 1.5 節的 (4) 式得到)。

9. **共同的點** 同一 ODE 的兩條解曲線，在滿足本節定理之假設條件的矩形區域內，是否可以具有共同的點？

10. **三種可能的情形** 試求使得 $(x^2 - x)y' = (2x - 1)y$ 為無解、恰有一解、超過一個解等情形下的所有初始條件。

第 1 章 複習題

1. 請解釋後面幾個數學名詞：常微分方程式 (ODE)、偏微分方程式 (PDE)、階數、通解及特解、初值問題 (IVP)。舉出例子。

2. 什麼是線性 ODE？為什麼它比非線性 ODE 容易求解？

3. 是否每個一階 ODE 都有解？都有公式解？舉出例子。

4. 何謂方向場？用於一階 ODE 的數值法？

5. 何謂正合 ODE？ $f(x)dx + g(y)dy = 0$ 是否一定是正合的？

6. 解釋積分因子的概念，舉出兩個例子。

7. 本章中我們還討論了哪些解法？

8. 是否可能有數種方法同時可解同一個 ODE？請提出三個例子。

9. 模型化的意義是什麼？可否用 CAS 求解一個一階 ODE 的模型？可否用 CAS 建立模型？

10. 舉出在機械、熱傳、族群動力學中，可用一階 ODE 作為模型的例子。

11–16 方向場：數值解

試畫出方向場 (利用 CAS 或用手)，並且畫出一些解曲線。以數學方式求解 ODE，然後與解曲線互相比較。在習題 16 使用 Euler 法。.

11. $y' + 2y = 0$

12. $y' = 1 - y^2$

13. $y' = y - 4y^2$

14. $xy' = y + x^2$

15. $y' + y = 1.01\cos 10x$

16. 求解 $y' = y - y^2$ 、 $y(0) = 0.2$ ，先用 Euler 法 (10 步，$h = 0.1$)。再以數學方式求解，然後計算誤差。

17–21 通解

試求下列各題的通解，指出你使用的是本章的哪一種方法，並且寫出解題的詳細過程。

17. $y' + 2.5y = 1.6x$

18. $y' - 0.4y = 29\sin x$

19. $25yy' - 4x = 0$

20. $y' = ay + by^2\ (a \neq 0)$

21. $(3xe^y + 2y)dx + (x^2e^y + x)dy = 0$

22–26 初值問題 (IVP)

求解下列 IVP。請指出所使用的方法，並且寫出解題的詳細過程。

22. $y' + 4xy = e^{-2x^2}$, $y(0) = -4.3$

23. $y' = \sqrt{1 - y^2}$, $y(0) = 1/\sqrt{2}$

24. $y' + \frac{1}{2}y = y^3$, $y(0) = \frac{1}{3}$

25. $3\sec y\,dx + \frac{1}{3}\sec x\,dy = 0$, $y(0) = 0$

26. $x\sinh y\,dx = \cosh y\,dx$, $y(3) = 0$

27–30 建立模型、應用

27. **指數成長** 如果培養皿中細菌數量的增長率是正比於細菌的數量，且在 1 天之後，細菌數量成為原來的 1.25 倍，則要多長的時間可使細菌數量 (a) 加倍，(b) 三倍？

28. **混合問題** 在圖 28 中的水槽中，有 80 lb 的鹽溶於 500 gal 的水中。注入的流量是每分鐘 20 gal 溶有 20 lb 鹽的水。混合均勻的溶液以 20 gal / min 的速率流出。試求，何時水槽中的鹽份達到其極限值 ($t \to \infty$ 時) 的 95%？

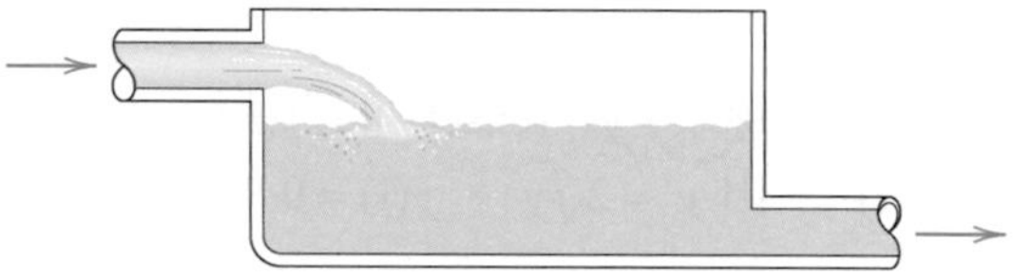

圖 28 習題 28 中的水槽

29. **半衰期** 如果在一個反應器中，鈾 $^{237}_{97}$U 在一天中減少了 10%的重量，請問其半衰期是多久？請問需要多久時間其原來質量的 99%會消失？

30. **牛頓冷卻定律** 將溫度為 20 °C 的金屬棒置入沸水中。如果此棒在加熱 1 分鐘後的溫度為 51.5 °C，要將它加熱到幾近 100 °C，例如 99.9 °C，須要多少時間？請先猜再計算。

第1章摘要 一階常微分方程式

本章的重點是一階常微分方程式 (ODE) 及其應用。這些方程式具有下列形式

(1) $$F(x, y, y') = 0 \quad \text{或顯式} \quad y' = f(x, y)$$

包含有未知函數 y 的導數 $y' = dy/dx$ 、x 的已知函數，可能還有 y 本身。如果獨立變數 x 是時間，則可以用 t 代替。

在第 1.1 節中，我們解釋了模型化的基本概念和過程，也就是將物理或其他問題以某種數學形式表示，並且求解之。然後我們討論了方向場的方法 (第 1.2 節)，求解方法和模型 (第 1.3－1.6 節)，最後討論了有關解的存在性與唯一性的觀念 (第 1.7 節)。

一階 ODE 通常具有通解，所謂通解即爲包含某個任意常數的解，以 c 表示該常數。在實際應用中，我們通常要利用初始條件 $y(x_0) = y_0$ 以決定 c 的值，以獲得唯一的解。初始條件配合著 ODE，合稱爲初值問題

(2) $$y' = f(x, y), \quad y(x_0) = y_0 \quad (x_0, y_0 \text{爲已知數})$$

而且其解爲此 ODE 的一個特解。從幾何的角度來看，通解代表一個曲線族，它可以利用第 1.2 節的方向場予以畫出。而且每一個特解會對應到這些曲線的其中一條。

可分離 ODE 是可以寫成下列形式的 ODE

(3) $$g(y)dy = f(x)dx$$ (1.3 節)

其做法是藉由代數運算 (可能必須配合某種轉換，例如 $y/x = u$)，並對兩側同時積分而求解。

正合 ODE 的形式爲

(4) $$M(x, y)dx + N(x, y)dy = 0$$ (1.4 節)

其中 $Mdx + N$ 是函數 $u(x, y)$ 的微分

$$du = u_x dx + u_y dy$$

因此利用 $du = 0$，可以馬上得到隱式的通解 $u(x, y) = \text{c}$。這種方法可以拓展到非正合 ODE，藉由對其乘以某個稱爲積分因子的函數 $F(x, y)$，可以使其成爲正合 ODE (第 1.4 節)。

線性 ODE

(5) $$y' + p(x)y = r(x)$$

是很重要的。它們的解來自 1.5 節的積分公式 (4)。某些特定的非線性 ODE 可以經由使用新變數，而轉換成線性。此作法可以適用於 Bernoulli 方程式

$$y' + p(x)y = g(x)y^a$$ (1.5 節)

應用與模型化在本章各處都有加以討論，尤其是在第 1.1、1.3、1.5 節 (族群動態學等等)，以及第 1.6 節 (正交軌跡) 等節。

Picard 的存在性和唯一性定理的說明請參見第 1.7 節 (以及習題集 1.7 中的 Picard 迭代法)。如同在本章一開始所敘述的，有關一階常微分方程式的數值方法，在讀完本章後，就可以馬上到第 21.1 和 21.2 節進行學習。

CHAPTER 2

二階線性常微分方程式 (Second-Order Linear ODEs)

在 2.4、2.8 及 2.9 節中有許多機械及電機工程上的重要應用實例，都是以二階線性常微分方程 (ODE) 作為模型。在和三階或更高階線性 ODE 做比較時可看出，二階線性 ODE 的理論可代表所有的線性 ODE。不過二階線性 ODE 之解的公式比高階的簡單，所以很自然的，在本章中我們由二階線性 ODE 開始探討，在第三章再推進到更高階的 ODE。

常微分方程 (ODE) 可以分成線性和非線性兩種，但求解非線性 ODE 很困難，相較之下，線性 ODE 則存在有許多漂亮的解法。

在第 2 章中包含了通解與特解的推導，後者是與初值問題有關。

對求解雷建德 (Legendre)、貝索 (Bessel) 及超幾何 (hypergeometric) 方程有興趣的讀者請參考第 5 章，關於 Sturm–Liouville 問題，則請參考第 11 章。

說明：在本章之後，可接著研讀二階常微分方程的數值方法。請參見 21.3 節，其內容與 19-21 章的其它各節無關。

先修課程：第 1 章，尤其是 1.5 節

短期課程可以省略的章節：2.3、2.9、2.10

參考文獻與習題解答：附錄 1 的 A 部分與附錄 2

2.1 二階齊次線性常微分方程式 (Homogeneous Linear ODEs of Second Order)

我們已經考慮過一階線性 ODE (1.5 節)，現在該要定義及討論二階線性 ODE。這種方程式在工程應用上十分重要，尤其是關於機械及電路振動的問題 (2.4、2.8、2.9 節) 以及我們將在第 12 章看到的波動、熱傳和其它物理問題。

如果二階常微分方程式滿足下式，則稱為**線性 (linear)**

(1) $$y'' + p(x)y' + q(x)y = r(x)$$

若無法寫成這個形式，則為非線性 (nonlinear)。

這個方程式的特徵在於它對 y 以及其導數均為線性關係，而函數 p、q 以及右邊的 r 可以是 x 的任何已知函數。如果方程式的首項是類似 $f(x)y''$，則除上 $f(x)$ 使首項為 y''，以得到**標準形式** (1)。

二階線性 ODE 之齊次與非齊次的定義，和 1.5 節中一階 ODE 的定義非常類似。若 $r(x) \equiv 0$ (亦即，對所考慮之所有 x 都有 $r(x) = 0$；讀做「$r(x)$ 全等於零」)，則 (1) 式簡化爲

(2) $$y'' + p(x)y' + q(x)y = 0$$

稱之爲**齊次 (homogeneous)**。若 $r(x) \neq 0$，則 (1) 式稱爲**非齊次 (nonhomogeneous)**。此與 1.5 節類似。

一個非齊次線性 ODE 之例子

$$y'' + 25y = e^{-x} \cos x,$$

而一個齊次線性 ODE 是

$$xy'' + y' + xy = 0, \quad \text{寫成標準形式} \quad y'' + \frac{1}{x}y' + y = 0$$

最後，一個非線性 ODE 的例子

$$y''y + y'^2 = 0$$

(1) 和 (2) 式裡的函數 p 與 q，稱爲該 ODE 的**係數 (coefficients)**。

解 (Solutions) 的定義亦類似於第 1 章對一階 ODE 的定義。函數

$$y = h(x)$$

稱爲 (線性或非線性) 二階 ODE 在某開放區間 I 之解，條件爲 h 在整個區間均有定義且二次可微，並且將未知數 y 以 h 代換，導數 y'以 h' 代換，以及二次導數 y'' 代以 h''，則方程式成爲恒等式。如後面的例子。

2.1.1 齊次線性 ODE：疊加原理

2.1-2.6 節的重點是**齊次 (homogeneous)** 線性 ODE (2)，本章的其它部分則討論非齊次線性 ODE。

線性 ODE 的解有豐富的結構。對齊次方程式而言，這個結構的骨幹是**疊加原理** (superposition principle) 或叫**線性原理** (linearity principle)，意思是說我們可以將已知的解相加，或乘以任意常數，從而得到更多的解。當然，這是齊次線性 ODE 的一大優點。首先，讓我們看一個例子。

例題 1 **齊次線性 ODE：解的疊加**

對所有的 x，函數 $y = \cos x$ 和 $y = \sin x$ 爲齊次線性 ODE

$$y'' + y = 0$$

之解。我們可以用微分與代換來確認此點。我們得到 $(\cos x)'' = -\cos x$，因此

$$y'' + y = (\cos x)'' + \cos x = -\cos x + \cos x = 0$$

對 $y = \sin x$ 亦類似 (請驗證！)。我們可以再往前走重要的一步。我們把 $\cos x$ 乘上任意常數，例如 4.7，同樣將 $\sin x$ 乘上，例如 –2，然後將結果相加，並說這也會是一個解。的確，由微分與代入可得

$$(4.7\cos x - 2\sin x)'' + (4.7\cos x - 2\sin x) = -4.7\cos x + 2\sin x + 4.7\cos x - 2\sin x = 0$$ ■

在本例中，由 $y_1(=\cos x)$ 和 $y_2(=\sin x)$ 我們得到一個函數，其形式為

(3) $$y = c_1 y_1 + c_2 y_2 \qquad (c_1, c_2 \text{ 任意常數})$$

這稱為 y_1 與 y_2 的**線性組合 (linear combination)**，用這個觀念我們現在可以寫下由這個例題所得的結果，通常稱之為**疊加原理 (superposition principle)** 或**線性原理 (linearity principle)**。

定理 1

齊次線性 ODE (2) 之基本定理

對於齊次線性 *ODE* (2)，在開放區間 I 上兩個解之任意線性組合亦為 (2) 式在 I 上之一解。尤其是，這種方程式不同解的和，以及解的常數積亦為它的解。

證明

令 y_1 及 y_2 為 (2) 式在 I 上的解，然後將 $y = c_1 y_1 + c_2 y_2$ 及其導數代入 (2) 式，利用這個熟悉的定律 $(c_1 y_1 + c_2 y_2)' = c_1 y_1' + c_2 y_2'$ 等等，我們得到

$$\begin{aligned} y'' + py' + qy &= (c_1 y_1 + c_2 y_2)'' + p(c_1 y_1 + c_2 y_2)' + q(c_1 y_1 + c_2 y_2) \\ &= c_1 y_1'' + c_2 y_2'' + p(c_1 y_1' + c_2 y_2') + q(c_1 y_1 + c_2 y_2) \\ &= c_1(y_1'' + py_1' + qy_1) + c_2(y_2'' + py_2' + qy_2) = 0, \end{aligned}$$

在最後一行，$(\cdots) = 0$，因為 y_1 及 y_2 被假設為原方程之解，這證明了 y 為 (2) 式在 I 上之一解。■

注意！請不要忘記，這個重要的定理僅對齊次線性 ODE 成立，而**不適用於**非齊次線性 ODE 或非線性 ODE，例如以下二例。

例題 2 一個非齊次線性 ODE

以代入的方式驗證函數 $y = 1 + \cos x$ 及 $y = 1 + \sin x$ 為下列非齊次線性 ODE 之解

$$y'' + y = 1,$$

但它們的和卻不是一個解。而類似 $2(1+\cos x)$ 或 $5(1+\sin x)$ 也都不是它的解。 ■

例題 3 一個非線性 ODE

以代入的方式驗證函數 $y = x^2$ 及 $y = 1$ 為下列非線性 ODE 之解

$$y''y - xy' = 0,$$

但它們的和卻不是一個解。$-x^2$ 也不是，所以甚至是乘以–1 也不行！ ■

2.1.2 初值問題、基底、通解

第 1 章提到，一個一階 ODE 的初值問題是由這個 ODE 和一個初始條件 $y(x_0) = y_0$ 所構成。這個初始條件被用來決定 ODE 的通解中所帶有的任意常數 c。結果會得到一個特殊解，在大部分的應用中這是我們所要的。這個解稱爲這個 ODE 的一個特解。這個觀念可依下述延伸到二階 ODE。

一個二階齊次線性 ODE (2) 的初值問題 (initial value problem) 包括了 (2) 式與兩個初始條件 (initial conditions)

(4) $$y(x_0) = K_0,\ y'(x_0) = K_1$$

這兩個條件規定了，解及其導數 (曲線的斜率) 在所考慮之開區間上的同一個點 $x = x_0$ 的值爲 K_0 及 K_1。

條件 (4) 被用來決定**通解 (general solution)** 中的這兩個常數 c_1 及 c_2

(5) $$y = c_1 y_1 + c_2 y_2$$

其中 y_1 與 y_2 是這個 ODE 的兩個合適的解，在下一個範例之後會解釋何謂「合適」的解。這樣就得到一個通過點 (x_0, K_0) 且在此點的切線方向 (斜率) 爲 K_1 的唯一解。這個解稱爲 ODE (2) 的**特解 (particular solution)**。

例題 4 初值問題

請求解初值問題

$$y'' + y = 0,\quad y(0) = 3.0,\quad y'(0) = -0.5$$

解

步驟 1：通解 函數 $\cos x$ 及 $\sin x$ 是這個 ODE 的解 (由例題 1)，於是我們取

$$y = c_1 \cos x + c_2 \sin x$$

這將會是下面所定義的通解。

步驟 2：特解 我們需要導數 $y' = -c_1 \sin x + c_2 \cos x$。由此導數以及初始值我們得到，因爲 $\cos 0 = 1$ 與 $\sin 0 = 0$，

$$y(0) = c_1 = 3.0 \quad 及 \quad y'(0) = c_2 = -0.5$$

這樣就得到了我們初值問題的特解

$$y = 3.0 \cos x - 0.5 \sin x$$

圖 29 顯示在 $x = 0$ 時，它的值是 3.0 以及斜率是–0.5，所以它的切線和 x 軸相交於 $x = 3.0/0.5 = 6.0$ (座標軸上的尺度不同！)。 ■

觀察　我們所選擇的 y_1 與 y_2，其一般性足夠同時滿足兩個初始條件。現在我們取兩個成比例的解 $y_1 = \cos x$ 及 $y_2 = k\cos x$，使得 $y_1 / y_2 = 1/k =$ 常數。然後我們可以將 $y = c_1 y_1 + c_2 y_2$ 改寫成

$$y = c_1 \cos x + c_2 (k\cos x) = C\cos x \quad \text{其中} \quad C = c_1 + c_2 k$$

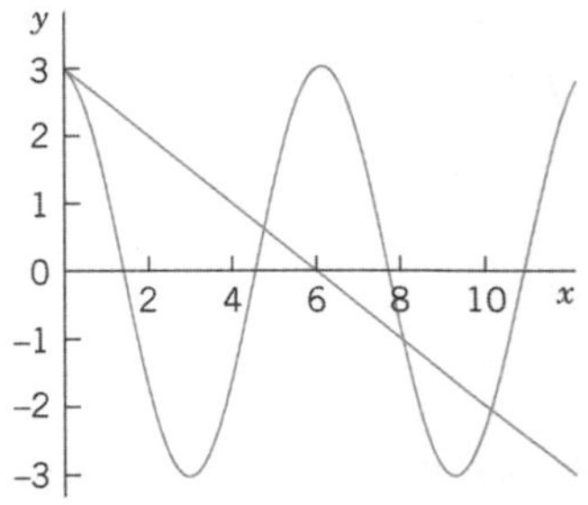

圖 29　例題 4 之特解及起始點的切線

因為我們不能用一個任意常數 C 同時滿足兩個初始條件。因此之故，在定義通解時我們要排除比例性。同時我們也了解到，通解的概念對初值問題的重要性。

定　義

通解、基底、特解

ODE (2) 在開放區間 I 上的**通解 (general solution)** 是一個如 (5) 式的解，其中 y_1 與 y_2 是 (2) 式在 I 上的解，且互不成比例關係，而 c_1 與 c_2 是任意的常數。這種 y_1、y_2 被稱為 (2) 式在 I 上解的**基底 (basis)**，或**基本系統 (fundamental system)**。

如果將 (5) 式的 c_1 及 c_2 賦予特定的值，則得到 (2) 式在 I 的**特解 (particular solution)**。

區間的定義見 1.1 節。以及與之前一樣，如果我們說 y_1 和 y_2 在 I 上成比例，則對所有在 I 上的 x

$$\text{(6)} \qquad \text{(a)} \quad y_1 = ky_2 \quad \text{或} \quad \text{(b)} \quad y_2 = ly_1$$

其中 k 和 l 是零或非零的數字。[注意，若且唯若 $k \neq 0$ 時，(a) 等同於 (b)]。

事實上，我們可以用一個有普遍重要性的概念，重新描述我們對基底的定義。也就是，兩個函數 y_1 和 y_2 稱為在被定義之區間 I 上為**線性獨立 (linearly independent)** 的條件是

$$\text{(7)} \qquad k_1 y_1(x) + k_2 y_2(x) = 0 \quad \text{在 } I \text{ 上的每一點可推得} \quad k_1 = 0 \text{ 且 } k_2 = 0$$

如果有不同時為零的常數 k_1 與 k_2 可使 (7) 式成立，則稱 y_1 與 y_2 在 I 上為**線性相依 (linearly dependent)**。此時若 $k_1 \neq 0$ 或 $k_2 \neq 0$ 時，我們可將之相除並看出 y_1 與 y_2 是成比例的

$$y_1 = -\frac{k_2}{k_1} y_2 \quad \text{或} \quad y_2 = -\frac{k_1}{k_2} y_1$$

反之，在線性獨立的狀況下這些函數不是成比例的，因為我們不能對 (7) 式進行除的動作。因此可得下列

定 義

基底 (重新界定)

(2) 式在一個開區間 I 上的解的**基底 (basis)** 是 (2) 式在 I 上的一對線性獨立的解。

如果 (2) 式的係數 p 與 q 在某個開區間 I 上為連續，則 (2) 式有通解。由它可得到任何初值問題 (2)、(4) 的特解。它包含了 (2) 式在 I 上所有的解；所以 (2) 式沒有**奇異解** (無法從通解得到的解；見習題組 1.1)。2.6 節將說明詳情。

例題 5 基底、通解、特解

例題 4 中的 $\cos x$ 及 $\sin x$ 形成 ODE $y'' + y = 0$ 對所有 x 之解的基底，因為它們的商數是 $\cot x \neq$ 常數 (或 $\tan x \neq$ 常數)。因此 $y = c_1 \cos x + c_2 \sin x$ 是一個通解。這個初值問題的解 $y = 3.0 \cos x - 0.5 \sin x$ 則是一個特解。 ■

例題 6 基底、通解、特解

經由代入以驗證 $y_1 = e^x$ 和 $y_2 = e^{-x}$ 是 ODE $y'' - y = 0$ 的解。然後求解初值問題

$$y'' - y = 0, \quad y(0) = 6, \quad y'(0) = -2$$

解

$(e^x)'' - e^x = 0$ 且 $(e^{-x})'' - e^{-x} = 0$ 證明了 e^x 和 e^{-x} 是解。它們不是成比例的，即 $e^x / e^{-x} = e^{2x} \neq$ 常數。因此，對所有的 x，e^x 、e^{-x} 構成一組基底。我們現在寫下對應的通解以及其導數，並使它們在 0 的值與給定的初始條件相等，

$$y_1 = c_1 e^x + c_2 e^{-x}, \quad y' = c_1 e^x - c_2 e^{-x}, \quad y(0) = c_1 + c_2 = 6, \quad y'(0) = c_1 - c_2 = -2$$

經過加減，$c_1 = 2$ 、$c_2 = 4$，所以答案是 $y = 2e^x + 4e^{-x}$。此為滿足這兩個初始條件的特解。 ■

2.1.3 已知一解求一組基底、降階法

經常會出現一種情況，經由觀察或一些其他的方式就以可以得到一個解。這樣的話就可以求解一個一階 ODE，以得到第二個線性獨立的解。這稱為**降階法 (reduction of order)**。[1] 我們先以一個特例說明此方法的作用，然後再說明一般情形。

例題 7 已知一解的降階法、基底

求以下 ODE 之解的基底

$$(x^2 - x)y'' - xy' + y = 0$$

---

[1] 由偉大的數學家 JOSEPH LOUIS LAGRANGE (1736–1813) 所提出，他出身於意大利 Turin 的法裔家庭，他 19 歲就成為教授 (在 Turin 軍事學院)，並於 1766 年成為柏林學院數學部主任，然後在 1787 年移居巴黎。他的主要研究包括變分法、天體力學、一般力學 (*Mécanique analytique,* Paris, 1788)、微分方程、近似理論、代數及數論等。

解

觀察顯示 $y_1 = x$ 是它的一個解，因為 $y_1' = 1$ 、 $y_1'' = 0$ ，所以第一項會消失，而第二以及第三項會抵消。這個方法的概念在於把

$$y = uy_1 = ux, \quad y' = u'x + u, \quad y'' = u''x + 2u'$$

代入 ODE。這樣會得到

$$(x^2 - x)(u''x + 2u') - x(u'x + u) + ux = 0$$

ux 與 $-xu$ 抵消，再除以 x，整理並簡化後，留下 ODE

$$(x^2 - x)(u''x + 2u') - x^2u' = 0, \quad (x^2 - x)u'' + (x - 2)u' = 0,$$

這是 $v = u'$ 的一階 ODE，即 $(x^2 - x)v' + (x - 2)v = 0$ 。經由變數分離及積分可得

$$\frac{dv}{v} = -\frac{x-2}{x^2 - x}dx = \left(\frac{1}{x-1} - \frac{2}{x}\right)dx, \quad \ln|v| = \ln|x-1| - 2\ln|x| = \ln\frac{|x-1|}{x^2}$$

因為我們要的是得到一個特解，所以我們不要積分常數；下一個積分也是類似。取指數並再做積分，我們得到

$$v = \frac{x-1}{x^2} = \frac{1}{x} - \frac{1}{x^2}, \quad u = \int v\,dx = \ln|x| + \frac{1}{x}, \quad \text{所以} \quad y_2 = ux = x\ln|x| + 1$$

既然 $y_1 = x$ 和 $y_2 = x\ln|x| + 1$ 是線性獨立的 (它們的商不是常數)，我們已經得到了一組解的基底，適用所有的正 x。■

在這個例子中，我們把**降階法**應用在一個齊次的線性 ODE [見 (2) 式]

$$y'' + p(x)y' + q(x)y = 0$$

我們把 ODE 表示成標準形式，用 y'' ，而不用 $f(x)y''$ ——其目的是為了利用下面的公式。假設 (2) 式在開區間 I 上有一已知解 y_1 ，並想求得一組基底。為此我們需要 (2) 式在開區間 I 的第二個線性獨立解 y_2 。為求 y_2 我們將

$$y = y_2 = uy_1, \quad y' = y_2' = u'y_1 + uy_1', \quad y'' = y_2'' = u''y_1 + 2u'y_1' + uy_1'',$$

代入到 (2)。這樣會得到

$$u''y_1 + 2u'y_1' + uy_1'' + p(u'y_1 + uy_1') + quy_1 = 0 \tag{8}$$

整併 u'' 、 u' 及 u 的各項，得到

$$u''y_1 + u'(2y_1' + py_1) + u(y_1'' + py_1' + qy_1) = 0$$

接著來到重點的地方。因爲 y_1 是 (2) 式的一個解，最後一個括弧裡的式子爲零。所以 u 會消失，而我們得到一個有 u' 及 u'' 的常微分方程。我們把這個剩下的 ODE 除以 y_1 並令 $u'=U$ 、 $u''=U'$ ，

$$u''+u'\frac{2y_1'+py_1}{y_1}=0, \quad 因此 \quad U'+\left(\frac{2y_1'}{y_1}+p\right)U=0$$

這是我們所要的經降階過的一階 ODE。經由變數分離及積分可得

$$\frac{dU}{U}=-\left(\frac{2y_1'}{y_1}+p\right)dx \quad 及 \quad \ln|U|=-2\ln|y_1|-\int p\,dx$$

取指數最後得到

(9)
$$U=\frac{1}{y_1^2}e^{-\int p\,dx}$$

在此 $U=u'$ ，所以 $u=\int U\,dx$ 。因此所要的第二個解是

$$y_2=y_1u=y_1\int U\,dx$$

商 $y_2/y_1=u=\int U\,dx$ 不會是常數 (因爲 $U>0$)，所以 y_1 及 y_2 可形成解的一組基底。

習題集 2.1

降階法的重要性在於它能簡化常微分方程式。一個二階 ODE 的通式 $F(x,y,y',y'')=0$ ，不論線性或非線性，只要 y 沒有外顯的出現於式中(習題 1)，或 x 沒有外顯的出現於式中 (習題 2)，或此 ODE 爲齊次線性並且已知其一解(見課文)，就可降爲一階。

1. **降階** 證明 $F(x,y',y'')=0$ 可以降階爲 $z=y'$ 之一階方程式 (由此可以積分得到 y)。舉出二個你自己的例子。

2. **降階** 證明以 y 爲自變數，且 $y''=(dz/dy)z$ ，其中 $z=y'$ ，可以將 $F(y,y',y'')=0$ 降階爲一階 ODE；用連鎖律導出此結果。舉出兩個例子。

3–10 降階法

降爲一階並求解，請詳細寫出每一步驟。

3. $y''-y'=0$

4. $2xy''=3y'$

5. $yy''=3y'^2$

6. $xy''+2y'+xy=0, \quad y_1=(\cos x)/x$

7. $y''+y'^3\cos y=0$

8. $y''=1+y'^2$

9. $x^2y''+xy'-4y=0, \quad y_1=x^2$

10. $y''+(1+1/y)y'^2=0$

11–14 可降階 ODE 的應用

11. **曲線** 求 xy-平面上通過原點並滿足 $y''=2y'$ 的曲線，且其在原點的斜率爲 1。

12. **懸垂線** 懸掛於兩固定點間之不可伸長但可變形的均質纜線，其所形成之曲線 $y(x)$ 可由 $y''=k\sqrt{1+y'^2}$ 之解來描述之，其中常數 k 取決於重量。此曲線就稱爲懸鏈線，(catenary，源自於拉丁文 catena = 鏈子)。假設 $k=1$，且固定點是在一垂直之 xy 平面上的 $(-1, 0)$ 及 $(1, 0)$，求解並畫出 $y(x)$ 。

13. **運動** 如果有一小型物體在做直線運動，其速度與加速度的和等於一個正常數，則它的位移 $y(t)$ 和初始速度與初始位置的關係爲何？

14. 運動 在一直線運動中，令速度等於加速度的倒數。求任意初始速度與位置的距離 $y(t)$。

15–19 通解 初值問題 **(IVP)**

(在下一節習題會有更多。) **(a)** 驗證所給函數為線性獨立，並構成所給 ODE 之解的一組基底。**(b)** 解此初值問題，畫出其解。

15. $y''+9y=0$, $y(0)=2$; $y'(0)=-1$, $\cos 3x$, $\sin 3x$

16. $y''+2y'+y=0$, $y(0)=2$, $y'(0)=-1$, e^{-x}, xe^{-x}

17. $4x^2y''-3y=0$, $y(1)=-3$, $y'(1)=0$, $x^{3/2}$, $x^{-1/2}$

18. $x^2y''-xy'+y=0$, $y(1)=1$; $y'(1)=2$, x, $x\ln(x)$

19. $y''+2y'+2y=0$, $y(0)=0$, $y'(0)=15$, $e^{-x}\cos x$, $e^{-x}\sin x$

20. CAS 專題 線性獨立 寫一個測試線性獨立與線性相依的程式。以這一個與下一個習題組裡的一些問題以及自己舉例測試看看。

2.2 常係數之齊次線性常微分方程式 (Homogeneous Linear ODEs with Constant Coefficients)

我們現在要考慮係數 a 與 b 為常數的二階齊次線性 ODE

$$y''+ay'+by=0 \tag{1}$$

此種方程式有相當重要之應用，尤其在機械及電路振動上，我們將在 2.4、2.8 及 2.9 節看到。

要解 (1) 式，我們回顧一下 1.5 節中有常數係數 k 的一階線性 ODE

$$y'+ky=0$$

其解是一個指數函數 $y=ce^{-kx}$。這提示我們可嘗試用以下函數作為 (1) 式的解

$$y=e^{\lambda x} \tag{2}$$

將 (2) 式及其導數

$$y'=\lambda e^{\lambda x} \quad 和 \quad y''=\lambda^2 e^{\lambda x}$$

代入 (1) 式，我們得到

$$(\lambda^2+a\lambda+b)e^{\lambda x}=0$$

所以，如果 λ 是這個重要的**特徵方程式 (characteristic equation)** 或稱為輔助方程式 (auxiliary equation)

$$\lambda^2+a\lambda+b=0 \tag{3}$$

的解時，這個指數函數 (2) 會是 ODE (1) 的解。我們從代數知道，這個二次方程式 (3) 的根爲

(4) $$\lambda_1 = \frac{1}{2}\left(-a+\sqrt{a^2-4b}\right), \quad \lambda_2 = \frac{1}{2}\left(-a-\sqrt{a^2-4b}\right)$$

(3) 式與 (4) 式是基本的式子，因爲我們的推導顯示出函數

(5) $$y_1 = e^{\lambda_1 x} \quad 和 \quad y_2 = e^{\lambda_2 x}$$

均爲 (1) 式的解。請將 (5) 式代入 (1) 式以驗證之。

我們從代數還知道，依判別式 a^2-4b 之正負號，二次方程式 (3) 可以有三種根，也就是

(情況 I) 兩實數根，若$a^2-4b>0$
(情況 II) 實數重根，若$a^2-4b=0$
(情況 III) 共軛複數根，若$a^2-4b<0$

2.2.1 情況 I 兩相異實根 λ_1 與 λ_2

在這個情況下，(1) 式在任一個區間的解之基底是

$$y_1 = e^{\lambda_1 x} \quad 和 \quad y_2 = e^{\lambda_2 x}$$

因爲 y_1 與 y_2 對所有的 x 都有定義 (且是實數)，且它們的商不是常數。其相對之通解爲

(6) $$y = c_1 e^{\lambda_1 x} + c_2 e^{\lambda_2 x}$$

例題 1 相異實數根情況之通解

我們現在可以有系統的求解 2.1 節例題 6 裡的 $y'' - y = 0$。其特徵方程式是 $\lambda^2 - 1 = 0$。它的根爲 $\lambda_1 = 1$ 與 $\lambda_2 = -1$。所以解的一組基底是 e^x 及 e^{-x}，並會得到和前面一樣的通解，

$$y = c_1 e^x + c_2 e^{-x}$$ ■

例題 2 相異實根之初值問題

求解初值問題

$$y'' + y' - 2y = 0, \quad y(0) = 4, \quad y'(0) = -5$$

解

步驟 1：通解。特徵方程式是

$$\lambda^2 + \lambda - 2 = 0$$

它的根是

$$\lambda_1 = \frac{1}{2}(-1+\sqrt{9}) = 1 \quad 和 \quad \lambda_2 = \frac{1}{2}(-1-\sqrt{9}) = -2$$

因此我們得到通解

$$y = c_1 e^{x} + c_2 e^{-2x}$$

步驟 2：特解。因爲 $y'(x) = c_1 e^{x} - 2c_2 e^{-2x}$ ，我們從通解及初始條件得到

$$y(0) = c_1 + c_2 = 4\,,$$

$$y'(0) = c_1 - 2c_2 = -5$$

因此 $c_1 = 1$ 且 $c_2 = 3$ 。由此可得解答 $y = e^{x} + 3e^{-2x}$ 。圖 30 顯示曲線以負斜率 (–5，但請注意兩軸使用不同尺度) 開始於 $y = 4$，和初始條件相符合。 ■

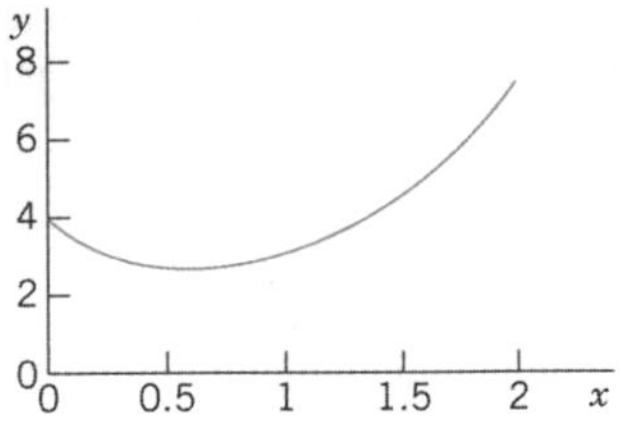

圖 30　例題 2 的解

2.2.2　情況II　實數重根

當判別式 $a^2 - 4b$ 爲零時，直接從 (4) 式可看出，我們只有一個根 $\lambda = \lambda_1 = \lambda_2 = -a/2$ ，所以只有一解

$$y_1 = e^{-(a/2)x}$$

爲了要得到第二個獨立的解 y_2 (以便形成一組基底)，我們使用上一節所討論過的降階法，設定 $y_2 = uy_1$ 。將此式以及其微分 $y_2' = u'y_1 + uy_1'$ 與 y_2'' 代入 (1) 式，我們首先得出

$$(u''y_1 + 2u'y_1' + uy_1'') + a(u'y_1 + uy_1') + buy_1 = 0$$

和上一節一樣，整併帶 u'' 、 u' 及 u 的項，我們得到

$$u''y_1 + u'(2y_1' + ay_1) + u(y_1'' + ay_1' + by_1) = 0$$

因爲 y_1 爲(1) 式的解，所以最後一個括弧裡的式子爲零。而第一個括弧裡的式子亦爲零，因爲

$$2y_1' = -ae^{-ax/2} = -ay_1$$

我們只剩下 $u''y_1 = 0$ 。因此 $u'' = 0$ 。經兩次積分後， $u = c_1 x + c_2$ 。要得到第二個獨立解 $y_2 = uy_1$ ，我們可以簡單的選擇 $c_1 = 1$ 、 $c_2 = 0$ 並取 $u = x$ 。那麼 $y_2 = xy_1$ 。由於這些解並非比例關係，它們可形成一組基底。

所以在 (3) 式有重根的情況下，(1) 式在任意區間上之解的基底爲

$$e^{-ax/2}, \quad xe^{-ax/2}$$

其相對應之通解為

(7) $$y = (c_1 + c_2 x)e^{-ax/2}$$

警告！若 λ 為 (4) 式之單根，則在 $c_2 \neq 0$ 時，$(c_1 + c_2 x)e^{\lambda x}$ **不是** (1) 式的解。

例題 3 重根情況下之通解

常微分方程 $y'' + 6y' + 9y = 0$ 的特徵方程式是 $\lambda^2 + 6\lambda + 9 = (\lambda + 3)^2 = 0$。它有重根 $\lambda = -3$。因此一組基底為 e^{-3x} 和 xe^{-3x}。其相對應之通解為 $y = (c_1 + c_2 x)e^{-3x}$。■

例題 4 重根情況下之初值問題

求解初值問題

$$y'' + y' + 0.25y = 0, \quad y(0) = 3.0, \quad y'(0) = -3.5$$

解

特徵方程式是 $\lambda^2 + \lambda + 0.25 = (\lambda + 0.5)^2 = 0$。它有重根 $\lambda = -0.5$。

由此得通解為

$$y = (c_1 + c_2 x)e^{-0.5x}$$

我們需要它的微分

$$y' = c_2 e^{-0.5x} - 0.5(c_1 + c_2 x)e^{-0.5x}$$

由上式及初始條件可得

$$y(0) = c_1 = 3.0, \quad y'(0) = c_2 - 0.5c_1 = 3.5; \quad \text{因此，} c_2 = -2。$$

此初值問題的特解是 $y = (3 - 2x)e^{-0.5x}$。參見圖 31。■

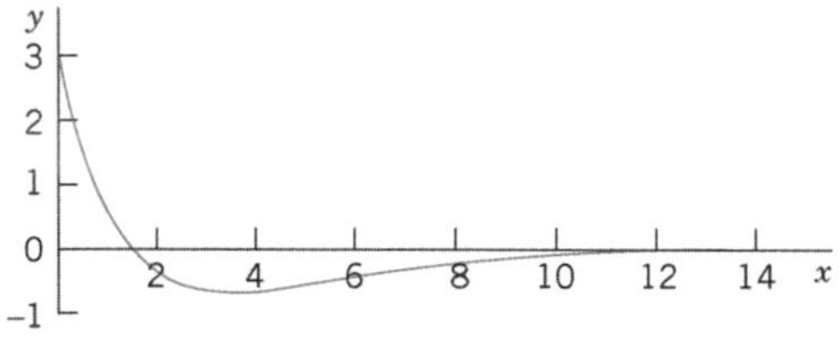

圖 31 例題 4 的解

2.2.3 情況III 複數根 $-\frac{1}{2}a + i\omega$ 與 $-\frac{1}{2}a - i\omega$

這個情況發生在特徵方程式 (3) 的判別式 $a^2 - 4b$ 為負值時。在此情況下，(3) 式的根為複數 $\lambda = -\frac{1}{2}a \pm i\omega$，並連帶的 ODE (1) 的解都會是複數。然而我們會說明，我們可以得到一組實數解的基底

(8) $$y_1 = e^{-ax/2}\cos\omega x, \quad y_2 = e^{-ax/2}\sin\omega x \qquad (\omega > 0)$$

其中 $\omega^2 = b - \frac{1}{4}a^2$。以代入的方式即可以驗證這些的確是這個情況的解。在兩個範例之後，我們會有系統的以複數指數函數來導出它們。因爲它們的商 $\cot \omega x$ 不是常數，它們在任意區間上都構成一組基底。所以在情況 III 下的一個實數通解是

(9) $$y = e^{-ax/2}(A\cos\omega x + B\sin\omega x) \qquad (A, B \text{ 爲任意})$$

例題 5　複數根、初值問題

求解初值問題

$$y'' + 0.4y' + 9.04y = 0, \quad y(0) = 0, \quad y'(0) = 3$$

解

步驟 1：通解　特徵方程式是 $\lambda^2 + 0.4\lambda + 9.04 = 0$。它的根是 $-0.2 \pm 3i$。因此 $\omega = 3$，而通解 (9) 式成爲

$$y = e^{-0.2x}(A\cos 3x + B\sin 3x)$$

步驟 2：特解　由第一個初始條件得到 $y(0) = A = 0$。剩下的部分是 $y = Be^{-0.2x}\sin 3x$。我們需要導數 (連鎖律！)

$$y' = B(-0.2e^{-0.2x}\sin 3x + 3e^{-0.2x}\cos 3x)$$

由上式和第二個初始條件可得 $y'(0) = 3B = 3$。因此，$B = 1$。我們的解是

$$y = e^{-0.2x}\sin 3x$$

圖 32 顯示 y 以及 $e^{-0.2x}$ 與 $-e^{-0.2x}$ 兩曲線 (虛線)，y 在這兩曲線間振盪。這種「阻尼震盪 (damped vibrations)」(其中 $x = t$ 為時間) 在機械及電學中有重要的應用，稍後將討論到 (2.4 節)。■

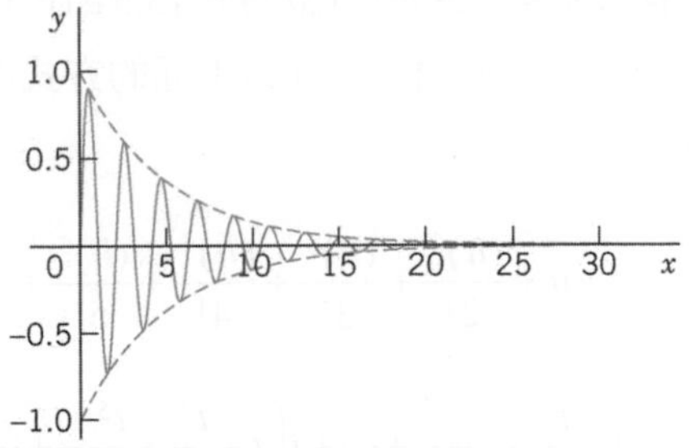

圖 32　例題 5 的解

例題 6　複數根

ODE

$$y'' + \omega^2 y = 0 \qquad (\omega \text{ 是不爲零常數})$$

的通解是

$$y = A\cos\omega x + B\sin\omega x$$

當 $\omega = 1$ 時則確認了 2.1 節的例題 4。■

2.2.4 情況 I–III 的總結

情況	(2) 式的根	(1) 式的基底	(1) 式的通解
I	相異實數 λ_1, λ_2	$e^{\lambda_1 x}, e^{\lambda_2 x}$	$y = c_1 e^{\lambda_1 x} + c_2 e^{\lambda_2 x}$
II	實數重根 $\lambda = -\frac{1}{2}a$	$e^{-ax/2}, xe^{-ax/2}$	$y = (c_1 + c_2 x)e^{-ax/2}$
III	共軛複數根 $\lambda_1 = -\frac{1}{2}a + i\omega$, $\lambda_2 = -\frac{1}{2}a - i\omega$	$e^{-ax/2}\cos\omega x$ $e^{-ax/2}\sin\omega x$	$y = e^{-ax/2}(A\cos\omega x + B\sin\omega x)$

有趣的是，在機械系統或電路應用上，這三種情況分別對應於不同型式之運動或電流流動。我們將在 2.4 節 (及 2.8 節) 中，詳細討論理論與實際之間的基本關聯性。

2.2.5 情況 III 的推導、複數指數函數

如果對 (8) 式之解的驗證可以令你滿意，那麼可以略去從複數變數 $z = r + it$ 的複指數函數 e^z，推導出實數解的系統化過程。我們用 $r + it$ 而不用 $x + iy$，因為 x 和 y 出現在 ODE 中。e^z 的定義可用實數函數 e^r、$\cos t$ 與 $\sin t$ 表示為

$$e^z = e^{r+it} = e^r e^{it} = e^r(\cos t + i\sin t) \tag{10}$$

這樣做的動機如下。對於實數 $z = r$，因此 $t = 0$、$\cos 0 = 1$、$\sin 0 = 0$，我們得到實數指數函數 e^r。我們可以證明，和實數的情形一樣，$e^{z_1+z_2} = e^{z_1}e^{z_2}$。(證明於 13.5 節)。最後，如果我們用 e^z 的 Maclaurin 級數，並取 $z = it$ 以及 $i^2 = -1$、$i^3 = -i$、$i^4 = 1$ 等，並以下面的方式重新排列各項 (我們可以證明這樣做沒有問題)，我們得到級數

$$\begin{aligned} e^{it} &= 1 + it + \frac{(it)^2}{2!} + \frac{(it)^3}{3!} + \frac{(it)^4}{4!} + \frac{(it)^5}{5!} + \cdots \\ &= 1 - \frac{t^2}{2!} + \frac{t^4}{4!} - + \cdots + i\left(t - \frac{t^3}{3!} + \frac{t^5}{5!} - + \cdots\right) \\ &= \cos t + i\sin t \end{aligned}$$

(如果需要的話，可以從微積分的書裡查到這些級數)。我們得到公式

$$e^{it} = \cos t + i\sin t, \tag{11}$$

上式稱為 Euler 公式 (Euler formula)。乘以 e^r 就會得到 (10) 式。

為了後面要用到，在此指出 $e^{-it}=\cos(-t)+i\sin(-t)=\cos t-i\sin t$，所以將此式和 (11) 式相加減後可得

$$\cos t=\frac{1}{2}(e^{it}+e^{-it}),\quad \sin t=\frac{1}{2i}(e^{it}-e^{-it}) \tag{12}$$

在解釋過定義 (10) 後，讓我們回到情況 III。

在情況 III 中，(4) 式之根號裡的 a^2-4b 為負數。所以 $4b-a^2$ 為正，並使用 $\sqrt{-1}=i$，我們得到 (4) 式裡的

$$\frac{1}{2}\sqrt{a^2-4b}=\frac{1}{2}\sqrt{-(4b-a^2)}=\sqrt{-(b-\frac{1}{4}a^2)}=i\sqrt{b-\frac{1}{4}a^2}=i\omega$$

其中 ω 的定義如 (8) 式。所以在 (4) 式裡

$$\lambda_1=\frac{1}{2}a+i\omega \quad \text{，及類似的} \quad \lambda_2=\frac{1}{2}a-i\omega$$

在 (10) 式裡代以 $r=-\frac{1}{2}ax$ 與 $t=\omega x$，我們會得到

$$e^{\lambda_1 x}=e^{-(a/2)x+i\omega x}=e^{-(a/2)x}(\cos\omega x+i\sin\omega x)$$

$$e^{\lambda_2 x}=e^{-(a/2)x-i\omega x}=e^{-(a/2)x}(\cos\omega x-i\sin\omega x)$$

我們現在把這兩行相加再乘以 $\frac{1}{2}$。這會得到 (8) 式的 y_1。然後我們由第一行減去第二行，並把結果乘以 $1/(2i)$。這會得到 (8) 式的 y_2。從 2.1 節的疊加原理可知，以相加及乘以一個常數方式所得到的結果，依然會是方程式的解。這樣就完成了情況III中這些實數解的推導。

習題集 2.2

1–15 通解

請求出通解。利用代入查驗你的答案。這種ODE在應用上非常重要，我們在.2.4、2.7 與 2.9 節中會加以討論。

1. $y''-0.25y=0$

2. $y''+36y=0$

3. $y''+4y'+2.5y=0$

4. $y''+4y'+(\pi^2+4)y=0$

5. $y''+2\pi y'+\pi^2 y=0$

6. $10y''-32y'+25.6y=0$

7. $y''+1.25y'=0$

8. $y''+y'+3.25y=0$

9. $y''+1.75y'-0.5y=0$

10. $100y''+240y'+(196\pi^2+144)y=0$

11. $4y''-4y'-3y=0$

12. $y''+8y'+15y=0$

13. $9y''-30y'+25y=0$

14. $y''+2k^2y'+k^4y=0$

15. $y''+0.54y'+(0.0729+\pi)y=0$

16–20 求出 ODE

$y''+ay'+by=0$ 依據所給的基底。

16. $e^{2.6x}$, $e^{-4.3x}$

17. $e^{-\sqrt{2}x}$, $xe^{-\sqrt{2}x}$

18. $\cos 2\pi x$, $\sin 2\pi x$

19. $e^{(-1+i\sqrt{2})x}$, $e^{(-1-i\sqrt{2}x)}$

20. $e^{-3.1x}\cos 2.1x$, $e^{-3.1x}\sin 2.1x$

21–30 初值問題

求解初值問題。查驗你的答案是否同時滿足方程式及初始條件。請列出詳細過程。

21. $y''+9y=0$, $y(0)=0.2$, $y'(0)=-1.5$

22. 習題 4 的 ODE. $y(\frac{1}{2})=1$, $y'(\frac{1}{2})=-2$

23. $y''-3y'-4y=0$, $y(0)=2$, $y'(0)=1$

24. $y''-2y'-3y=0$， $y(-1)=e$，
$y'(-1)=-e/4$

25. $y''-y=0$， $y(0)=2$， $y'(0)=-2$

26. $y''-k^2y=0\,(k\neq 0)$， $y(0)=1$， $y'(0)=1$

27. 習題 5 的 ODE， $y(0)=4.5$，
$y'(0)=-4.5\pi-1=13.137$

28. $6y''-y'-y=0, y(0)=-0.5$， $y'(0)=1.25$

29. 習題 15 的 ODE，， $y(0)=0$， $y'(0)=1$

30. $9y''-30y'+25y=0$， $y(0)=3.3$，
$y'(0)=10.0$

31–36 線性獨立

如本章課文中所述，線性獨立與通解的關係非常重要。下列的函數在所給定的區間內是否為線性獨立？請列出詳細過程。

31. e^{kx}， xe^{kx}， 任意區間

32. e^{ax}， e^{-ax}， $x>0$

33. x^2， $x^2\ln x$， $x>1$

34. $\ln x$， $\ln(x^3)$， $x>1$

35. $\sin 2x$， $\cos x\sin x$， $x<0$

36. $e^{-x}\cos\frac{1}{4}x$， 0， $-1\le x\le 1$

37. **不穩定性** 求解 $y''-y=0$，使用初始條件 $y(0)=1$、$y'(0)=-1$。然後再把初始條件改成 $y(0)=1.001$、$y'(0)=-0.999$，並解釋為什麼在 $t=0$ 只做了 0.001 的微小改變，會在後面造成巨大的變化，如在 $t=10$ 的改變是 22。這就是不穩定性：在設定某一個量時 (例如電流)，初始的微小差異會隨著時間愈來愈大，這不是我們想要的。

38. **團隊專題** 解之一般性質

(a) **係數公式** 請說明如何將 (1) 式之 a 與 b 用 λ_1 及 λ_2 表示。解釋如何用這些公式建構基底的公式。

(b) **根為零** 解 $y''+4y'=0$ (i) 用目前的方法，(ii) 以降階法化簡為一階。你可以說明為什麼這兩種方式所得的結果一定會一樣嗎？你能把同樣的方式用在一般的 ODE $y''+ay'=0$ 嗎？

(c) **重根** 直接驗證 $xe^{\lambda x}$，其中 $\lambda=-a/2$，為(1) 式在重根情況下的解。驗證並解釋，為何 $y=e^{-2x}$ 是 $y''-y'-6y=0$ 的解，但 xe^{-2x} 卻不是。

(d) **極限** 重根應該為相異根 λ_1、λ_2 的極限情況，例如在 $\lambda_2 \to \lambda_1$ 時。測試此一概念 (記住微積分之 l'Hopital 法則)。你可以得到 $xe^{\lambda_1 x}$ 嗎？請試一試。

2.3 微分運算子 (Differential Operators) (選讀)

本節可以略過而不會影響到後續的研讀。除了以符號 Dy、D^2y 等來代表 y'、y'' 等的做法外，爾後將不會用到本節的內容。

運算微積分 (operational calculus) 是指使用運算子的技術。在此，一個**運算子 (operator)** 就是一個可將一函數轉變成另一函數之轉換。所以微分學中有一個運算子，**微分運算子 (differential operator)** D，它把一個 (可微的) 函數轉換成它的導數。用運算子的符號來表示，我們寫成 $D=\frac{d}{dx}$ 和

$$Dy=y'=\frac{dy}{dx} \tag{1}$$

類似的，對更高次的微分，我們寫成 $D^2y=D(Dy)=y''$，並以此類推。例如 $D\sin=\cos$、$D^2\sin=-\sin$ 等等。

對一個有常數係數的齊次線性 ODE $y''+ay'+by=0$，我們可以引進下列的**二階微分運算子 (second-order differential operator)**

$$L=P(D)=D^2+aD+bI,$$

其中 I 是**恆等運算子 (identity operator)** 其定義是 $Iy=y$。然後我們就可以把這個 ODE 寫成

$$Ly = P(D)y = (D^2 + aD + bI)y = 0 \tag{2}$$

P 代表「多項式 (polynomial)」。L 是一個**線性運算子 (linear operator)**。由定義可知，這是指當 Ly 與 Lw 存在時 (也就是當 y 與 w 都是二次可微時)，則對任何常數 c 與 k，$L(cy+kw)$ 對都會存在，且

$$L(cy+kw) = cLy + kLw$$

讓我們說明從 (2) 式要如何得到與 2.2 節相同的結果。因爲 $(De^{\lambda})(x) = \lambda e^{\lambda x}$ 且 $(D^2 e^{\lambda})(x) = \lambda^2 e^{\lambda x}$，我們得到

$$\begin{aligned} Le^{\lambda}(x) &= P(D)e^{\lambda}(x) = (D^2 + aD + bI)e^{\lambda}(x) \\ &= (\lambda^2 + a\lambda + b)e^{\lambda x} = P(\lambda)e^{\lambda x} = 0 \end{aligned} \tag{3}$$

這就確認了我們在2.2節的結果，若且唯若 λ 爲特徵方程式 $P(\lambda)=0$ 之一解時，則 $e^{\lambda x}$ 爲常微分方程式 (2) 之一解。

$P(\lambda)$ 是代數中常用的多項式。如果用D代替 λ，則可得「運算子多項式 (operator polynomial)」$P(D)$。運算微積分 (operational calculus) 的重點在於，我們可以把 $P(D)$ 當作代數量來看待。特別是，我們可以把它因式分解。

例題 1 分解因式、ODE 之解

將 $P(D) = D^2 - 3D - 40I$ 因式分解，並求解 $P(D)y = 0$。

解

因爲 $I^2 = I$ 所以 $D^2 - 3D - 40I = (D-8I)(D+5I)$。現在 $(D-8I)y = y' - 8y = 0$ 有一解 $y_1 = e^{8x}$。同樣的，$(D+5I)y = 0$ 有一解爲 $y_2 = e^{-5x}$。這是 $P(D)y=0$ 在任意區間上的一組基底。從這個分解的因式，我們如預期的得到 ODE

$$\begin{aligned} (D-8I)(D+5I)y &= (D-8I)(y'+5y) = D(y'+5y) - 8(y'+5y) \\ &= y'' + 5y' - 8y' - 40y = y'' - 3y' - 40y = 0 \end{aligned}$$

請驗證，上式與我們用 2.2 節之方法所得到的結果相同。這並非不可預期的，因爲我們將 $P(D)$ 分解因式的方式，就和分解特徵多項式 $P(\lambda) = \lambda^2 - 3\lambda - 40$ 一樣。 ■

在 (2) 式中的 L 必須爲常數係數的。將運算子方法延伸到變數係數 ODE 要困難得多，在此將不予考慮。

若運算法只用在本節所討論的簡單情況下，它可能就不値得一提了。事實上，運算子方法可用在更複雜的工程問題上，我們將於第 6 章討論。

習題集 2.3

1–5 微分運算子之應用

請將所給予之運算子應用到下列問題所給定的函數，並寫出詳細步驟。

1. $D^2 + 2D$; $\sinh 2x$, $e^x + e^{-2x}$, $\sin x$

2. $D - 3I$; $3x^2 + 3x$, $3e^{3x}$, $\cos 4x - \sin 4x$

3. $(D-3I)^2$; e^x, xe^x, e^{-x}

4. $(D+6I)^2$; $6x + \sin 6x$, xe^{-6x}

5. $(D+I)(D-2I)$; e^{4x}, xe^{4x}, e^{-2x}

6–12 通解

如同課文所述做因式分解，並求解。

6. $(D^2+4.00D+3.36I)y=0$
7. $(9D^2-I)y=0$
8. $(D^2+3I)y=0$
9. $(D^2-4.20D+4.41I)y=0$
10. $(D^2+4.80D+5.76I)y=0$
11. $(D^2-6D+6.75D)=0$
12. $(D^2+3.0D+2.5I)y=0$
13. **線性運算子** 說明 (2) 式中的 L 是線性的，令 $c=4$ 、 $k=-6$ 、 $y=e^{2x}$ 且 $w=\cos 2x$ 。證明 L 爲線性的。
14. **重根** 如果 $D^2+aD+bI$ 有相異根 μ 與 λ，請證明 $y=(e^{\mu x}-e^{\lambda x})/(\mu-\lambda)$ 是它的一個特解。令 $\mu\to\lambda$ 並應用 l'Hôpital 法則，從這個解推得另外一個解 $xe^{\lambda x}$ 。
15. **線性的定義** 請證明課文中對線性的定義與下述等價。若 $L[y]$ 與 $L[w]$ 均存在，則 $L[y+w]$ 存在，對任何常數 c 與 k，$L[cy]$ 與 $L[kw]$ 也都存在，且有 $L[y+w]=L[y]+L[w]$ ，以及 $L[cy]=cL[y]$ 與 $L[kw]=kL[w]$ 。

2.4 質量－彈簧系統的自由振盪模型 (Modeling of Free Oscillations of a Mass–Spring System)

具常數係數的線性 ODE，在本節以及 2.8 節所討論的力學與電路學 (2.9 節) 上有重要的應用。在本節中，我們將就一個基本機械系統建立其模型並求解，此系統包含一個彈簧和懸掛在它上面，上下移動的質量 (即通稱的「質量－彈簧系統」，圖 33)。

2.4.1 建立模型

我們取一個常見的線圈彈簧，它可抵抗拉伸及壓縮。我們將它垂直懸掛在一個固定點下，在它的下方掛上一個重物，比方說鐵球，如圖 33 所示。我們用 $y=0$ 來代表當系統靜止時球的位置 (圖 33b)。此外，我們選擇**向下爲正方向**，所以向下之力爲正，而向上之力爲負。

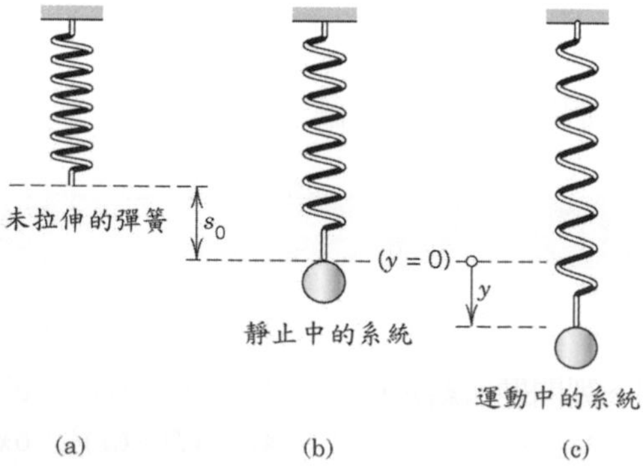

圖 33 機械質量－彈簧系統

現在，我們依下述讓球開始移動。我們將它下拉一段距離 $y > 0$ (圖 33c)。這樣就產生彈簧力

(1) $$F_1 = -ky$$ **(虎克定律[2])**

此力正比於伸長量 y，其中 $k\ (>0)$ 稱爲**彈簧常數 (spring constant)**。負號表示 F_1 是朝上的，與位移方向相反。它是一種恢復力 (restoring force)。它企圖要使系統恢復原狀，也就是將物體拉回 $y = 0$ 的位置。較硬的彈簧 k 值較大。

我們要留意到，另外還有一個力 $-F_0$ 作用在彈簧上，這是來自加上球之後造成的伸長量，但 F_0 對運動沒有影響，因爲它與球體重量 W 相抵銷，$-F_0 = W = mg$，其中 $g = 980\ \text{cm/sec}^2 = 9.8\ \text{m/sec}^2 = 32.17\ \text{ft/sec}^2$ 是**地表重力常數 (constant of gravity at the Earth's surface)** [不要和萬有引力常數 (universal gravitational constant) 相混淆，這個我們不會用到的常數是 $G = gR^2/M = 6.67 \cdot 10^{-11}$ nt m^2/kg^2，其中 $R = 6.37 \cdot 10^6$ m 且 $M = 5.98 \cdot 10^{24}$ kg 分別爲地球半徑與質量]。

此運動服從牛頓第二定律 (Newton's second law)

(2) $$\text{質量} \times \text{加速度} = my'' = \text{力}$$

其中 $y'' = d^2y/dt^2$，而「力」爲所有作用在物體上之力的總和。(關於單位系統以及轉換係數，請見封面內頁)

2.4.2 無阻尼系統的 ODE

所有的系統都有阻尼，不然它們就會永遠運動下去。但如果阻尼很小，而我們所關心的只是系統在一段相對短時間內的運動，我們可以不考慮阻尼。因此在牛頓定律中用 $F = -F_1$ 可得模型 $my'' = -F_1 = -ky$，因此

(3) $$my'' + ky = 0$$

這是一個齊次線性且具有常數係數的 ODE。在第 2.2 節中，我們已得到它的通解 (見 2.2 節的例題 6)

(4) $$y(t) = A\cos\omega_0 t + B\sin\omega_0 t \qquad \omega_0 = \sqrt{\frac{k}{m}}$$

此種運動稱爲**諧波震盪 (harmonic oscillation)** (圖 34)。它的頻率爲 $f = \omega_0/2\pi$ Hertz[3] (= 週期 / 秒) 因爲 (4) 式中的 cos 和 sin 都有週期 $2\pi/\omega_0$。此頻率 f 稱爲此系統的**自然頻率 (natural frequency)**。(在此我們用 ω_0 以將 ω 保留給 2.8 節)

---

[2] ROBERT HOOKE (1635–1703)，英國物理學家，在引力定律方面是牛頓之前的先行者。

[3] **HEINRICH HERTZ (1857–1894)**，德國物理學家，他發現的電磁波成爲意大利物理學家 GUGLIELMO MARCONI (1874–1937)(1909 年諾貝爾獎得主) 所開發之無線通訊的基礎。

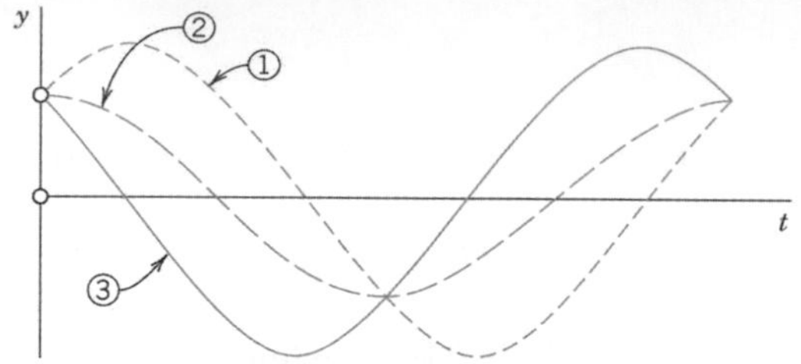

圖 34 典型之諧波振盪 (4) 及 (4*)，具有相同之 $y(0) = A$ 和不同的初始速度 $y'(0) = \omega_0 B$，正①、零②、負③

(4) 式也可用另一種方式來表示，這種方法可表現出振幅與相位偏移的物理特性，它可寫成

(4*)
$$y(t) = C\cos(\omega_0 t - \delta)$$

其中 $C = \sqrt{A^2 + B^2}$ 而 δ 為相位角，在此 $\tan\delta = B/A$，這是來自附錄 3.1 中的和角公式 (6)。

例題 1 無阻尼質量－彈簧系統的諧波振盪

若一鐵球重 W = 98 nt (約 22 lb) 的質量－彈簧系統可視爲是無阻尼的，此鐵球把彈簧拉長 1.09 m (約 43 英寸)，請問此質量－彈簧系統每分鐘將進行幾次振盪？若我們將此重物額外拉下 16 cm (約 6 英寸)，並讓其從零初始速度開始，則其運動將如何？

解

由虎克定律 (1)，其中 W 爲力且伸長量爲 1.09 公尺，得 $W = 1.09\,k$；因此 $k = W/1.09 = 98/1.09 = 90$ [kg/sec^2] = 90 [nt/meter]。質量爲 $m = W/g = 98/9.8 = 10$ [kg]。由此可得頻率 $\omega_0/(2\pi) = \sqrt{k/m}(2\pi) = 3/(2\pi) = 0.48$ [Hz] = 29 [cycles/min]。

由 (4) 式及初始條件 $y(0) = A = 0.16$ [meter] 及 $y'(0) = \omega_0 B = 0$。此運動爲

$$y(t) = 0.16\cos 3t \text{ [meter]} \quad 或 \quad 0.52\cos 3t \text{ [ft]} \qquad (圖\ 35)$$

若你有機會做質量－彈簧系統的實驗，請不要錯過。理論與實驗的吻合程度將會使你驚訝，若小心量測通常會小於 1 %。 ■

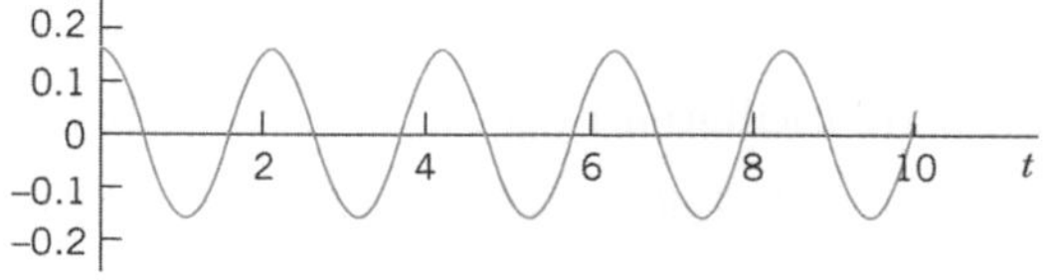

圖 35 例題 1 的諧波振盪

2.4.3 有阻尼系統之 ODE

我們現在在我們的模型 $my'' = -ky$ 裡增加一個阻尼力

$$F_2 = -cy'$$

得到 $my'' = -ky - cy'$，所以此有阻尼質量－彈簧系統之 ODE 為

(5)
$$my'' + cy' + ky = 0$$
(圖 36)

在實務上，此項阻尼力可來自在物體上連接一個緩衝器 (dashpot)；見圖 36。我們假設此阻尼力正比於速度 $y' = dy/dt$。在低速的情形下，此假設的近似程度通常很好。

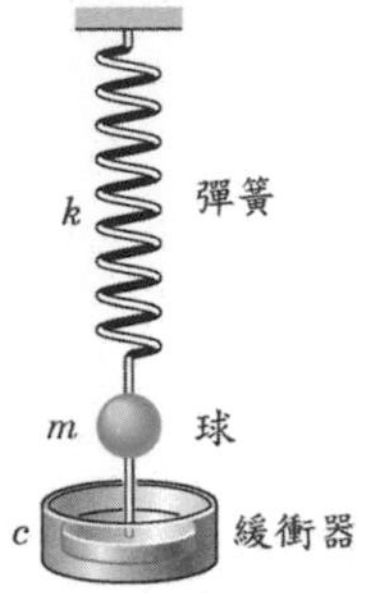

圖 36　有阻尼系統

常數 c 稱為阻尼常數 (damping constant)。我們會證明 c 是正數。事實上，阻尼力 $F_2 = -cy'$ 的作用方向與運動方向相反，因此在向下運動時，我們有 $y' > 0$，正如所期望的，正的 c 值得到負的 F (向上的力)。同樣的，在向上運動時我們有 $y' < 0$，因此 $c > 0$ 會使 F_2 為正 (向下的力)。

常微分方程式 (5) 是齊次線性且具有常數係數的。所以我們可以用 2.2 節的方法來解它。特徵方程式為 [把式 (5) 除以 m]

$$\lambda^2 + \frac{c}{m}\lambda + \frac{k}{m} = 0$$

就像在 2.2 節，我們用一般的二次式求根的公式得到

(6)
$$\lambda_1 = -\alpha + \beta, \quad \lambda_2 = -\alpha - \beta, \quad \text{其中} \quad \alpha = \frac{c}{2m} \quad \text{且} \quad \beta = \frac{1}{2m}\sqrt{c^2 - 4mk}$$

現在有趣的是，依據阻尼的強弱——高度、中度或低度阻尼——會分別出現三種運動形態：

情況 I	$c^2 > 4mk$，相異實數根 λ_1、λ_2	**(過阻尼)**
情況 II	$c^2 = 4mk$，實數重根	**(臨界阻尼)**
情況 III	$c^2 < 4mk$，共軛複數根 λ_1、λ_2	**(次阻尼)**

它們對應於 2.2 節的情況 I、II、III。

2.4.4　三種情況的討論

情況 I　過阻尼

若阻尼常數 c 很大，以致於 $c^2 > 4mk$，則 λ_1 與 λ_2 為兩相異實數根，在這個情況下 (5) 式對應的通解為

(7)
$$y(t) = c_1 e^{-(\alpha-\beta)t} + c_2 e^{-(\alpha+\beta)t}$$

我們看到在這個情況，阻尼快速的消耗能量，以至於物體不會振盪。當 $t>0$ 時，因 $\alpha>0$、$\beta>0$，所以 (7) 式之指數部分均爲負值，且 $\beta^2=\alpha^2-k/m<\alpha^2$。因此當 $t\to\infty$，(7) 式之兩項均趨近於零。實際而言，經過足夠長的時間後，物體將靜止於靜態平衡位置 ($y=0$)。圖 37 顯示在某些典型初始條件下 (7) 式的變化情形。

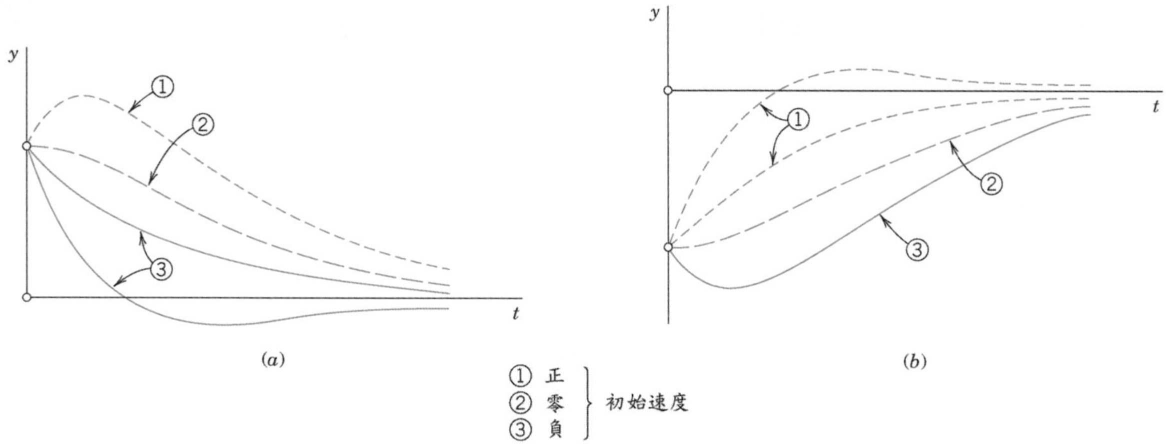

圖 37 過阻尼情況下之典型運動 (7)

(a) 初始位置爲正

(b) 初始位置爲負

情況 II 臨界阻尼 (Critical Damping)

臨界阻尼是介於非振盪運動 (情況 I) 及振盪運動 (情況III) 間的邊界情況。它發生在特徵方程式有一個重根時，也就是，當 $c^2=4mk$，所以 $\beta=0$、$\lambda_1=\lambda_2=-\alpha$。則 (5) 式相對的通解爲

(8) $$y(t)=(c_1+c_2t)e^{-\alpha t}$$

這個解只能通過平衡位置 $y=0$ 最多一次，因爲 $e^{-\alpha t}$ 永不爲零，而 c_1+c_2t 最多只能有一個正的零點 (positive zero)。若初始條件 c_1 與 c_2 同爲正 (或同爲負)，則它沒有正零點，所以 y 一次都不會通過 0。圖 38 顯示 (8) 式的一些典型表現。請注意它們看起來和前一張圖幾乎一樣。

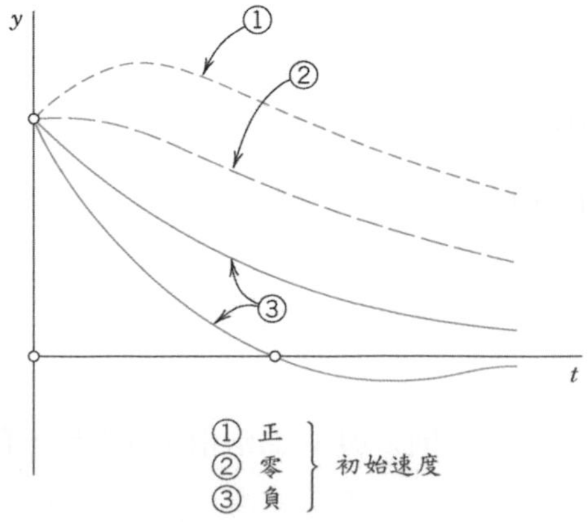

圖 38 臨界阻尼 [見 (8) 式]

情況 III　次阻尼 (Underdamping)

此爲最有趣之情況，它發生在當阻尼常數 c 小到使 $c^2 < 4mk$ 的情形。這時 (6) 式裡的 β 不再是實數而是純虛數，也就是說

(9)
$$\beta = i\omega^* \quad \text{其中} \quad \omega^* = \frac{1}{2m}\sqrt{4mk - c^2} = \sqrt{\frac{k}{m} - \frac{c^2}{4m^2}} \qquad (> 0)$$

(我們在此用 ω^* 以保留 ω 給 2.8 節與 2.9 節的驅動力以及電動勢)。
現在特徵方程式之根爲共軛複數，

$$\lambda_1 = -\alpha + j\omega^*, \quad \lambda_2 = -\alpha - i\omega^*$$

其中 $\alpha = c/(2m)$，來自 (6) 式。所以對應的通解是

(10)
$$y(t) = e^{-\alpha t}(A\cos\omega^* t + B\sin\omega^* t) = Ce^{-\alpha t}\cos(\omega^* t - \delta)$$

和 (4*) 式一樣，其中 $C^2 = A^2 + B^2$ 且 $\tan\delta = B/A$ 。

這代表**阻尼振盪 (damped oscillations)**。它們的曲線介於圖 39 之 $y = Ce^{-\alpha t}$ 與 $y = -Ce^{-\alpha t}$ 兩虛線間，當 $\omega^* t - \delta$ 爲 π 之整數倍時，會碰觸這兩條曲線，因爲此時 $\cos(\omega^* t - \delta)$ 等於 1 或–1。

其頻率爲 $\omega^*/(2\pi)$ (赫茲，週期 / 秒)。從 (9) 式我們看出，$c\,(>0)$ 愈小則 ω^*愈大，且振盪速度愈快。當 c 趨近於零，則 ω^* 趨近於 $\omega_0 = \sqrt{k/m}$，結果會變成諧波振盪 (4) 式，其頻率 $\omega_0/(2\pi)$ 是這個系統的自然頻率。

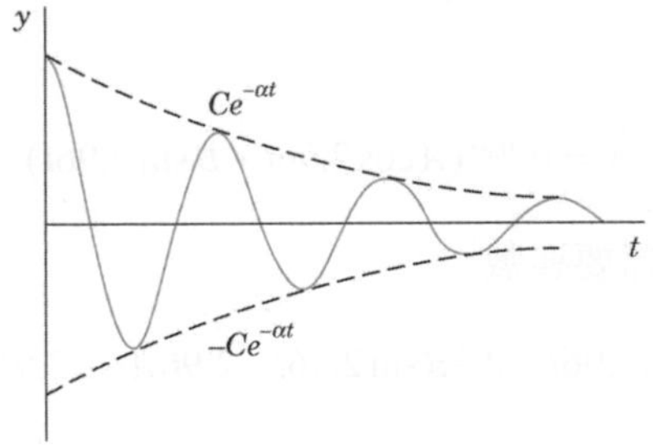

圖 39　情況III之阻尼振盪 [見 (10)]

例題 2　阻尼運動之三種情況

保持 $y(0) = 0.16$ 及 $y'(0) = 0$ 和前面一樣，如果我們把阻尼係數改成下面三個值之一，則例題 1 中的運動將如何改變？

(I) c = 100 kg/sec,　(II) c = 60 kg/sec,　(III) c = 10 kg/sec

解

觀察阻尼的效應 (即消耗系統的能量) 如何改變系統的行爲是很有趣的，它會使振盪的幅度減小 (情況 III)，甚至消失 (情況II與 I)。

(I) 令 $m = 10$ 及 $k = 90$，如同例題 1，此模型即爲下列的初值問題

$$10y'' + 100y' + 90y = 0, \quad y(0) = 0.16 \text{ [meter]}, \quad y'(0) = 0$$

特徵方程式是$10\lambda^2+100\lambda+90=10(\lambda+9)(\lambda+1)=0$它有根–9及–1。由此得到通解

$$y=c_1e^{-9t}+c_2e^{-t} \quad \text{我們還須要} \quad y'=-9c_1e^{-9t}-c_2e^{-t}$$

由初始條件得$c_1+c_2=0.16$、$-9c_1-c_2=0$。它們的解是$c_1=-0.02$、$c_2=0.18$。所以過阻尼情況的解是

$$y=-0.02e^{-9t}+0.18e^{-t}$$

當$t\to\infty$時，它趨近於0。它趨近的速度相當快；在幾秒後，這個解就幾近爲零，亦即，鐵球靜止不動。

(II) 模型與前面相同，但$c=60$而非100。此時特徵方程式爲$10\lambda^2+60\lambda+90=10(\lambda+3)^2=0$。它有重根–3。因此，對應的通解爲

$$y=(c_1+c_2t)e^{-3t} \quad \text{我們還須要} \quad y'=(c_2-3c_1-3c_2t)e^{-3t}$$

由初始條件得$y(0)=c_1=0.16$、$y'(0)=c_2-3c_1=0$、$c_2=0.48$。所以在臨界情況它的解是

$$y=(0.16+0.48t)e^{-3t}$$

它一定是正數，且單調的遞減到零。

(III) 這個模型現在是$10y''+10y'+90y=0$。既然$c=10$比c的臨界值小，應該會出現振盪。特徵方程式是$10\lambda^2+10\lambda+90=10[(\lambda+\frac{1}{2})^2+9-\frac{1}{4}]=0$它有複數根 [見2.2節 (4) 式，取$a=1$及$b=9$]

$$\lambda=-0.5\pm\sqrt{0.5^2-9}=-0.5\pm 2.96i$$

由此得到通解

$$y=e^{-0.5t}(A\cos 2.96t+B\sin 2.96t)$$

其中$y(0)=A=0.16$。我們同時需要導數

$$y'=e^{-0.5t}(-0.5A\cos 2.96t-0.5B\sin 2.96t-2.96A\sin 2.96t+2.96B\cos 2.96t)$$

因此，$y'(0)=-0.5A+2.96B=0$、$B=0.5A/2.96=0.027$。由此得到解

$$y=e^{-0.5t}(0.16\cos 2.96t+0.027\sin 2.96t)=0.162e^{-0.5t}\cos(2.96t-0.17)$$

我們看到這個阻尼振盪的頻率，比例題1的諧波振盪低約1% (2.96比3.00小約1%)。它的振幅趨近到零。參見圖40。 ■

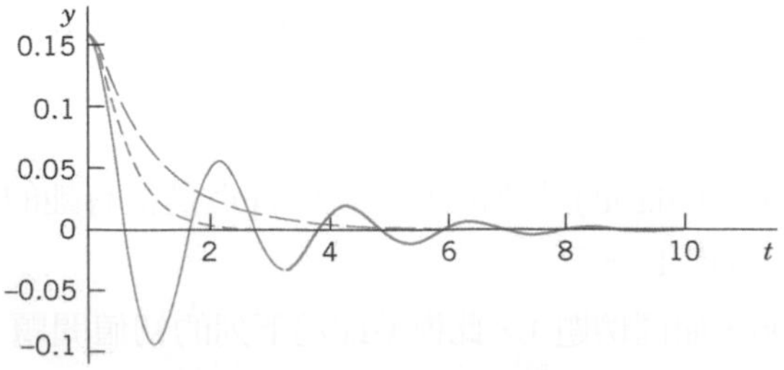

圖 40 例題2的三個解

本節討論質量－彈簧系統之**自由運動** (*free motions*)。它們的模型是齊次的線性 ODE。非齊次的線性 ODE 則會是**受力運動** (*forced motion*) 的模型，亦即，受「驅動力」影響的運動。在我們學會如何解非齊次 ODE 之後，我們將在 2.8 節探討此類問題。

習題集 2.4

1–10 諧波振盪 無阻尼運動

1. **初值問題** 請找出從 y_0 開始，初始速度為 v_0 之諧波運動方程式 (4)。把 $\omega_0 = \pi$、$y_0 = 1$ 時不同初始速度 v_0 下的解，畫在同一座標軸上。當 t 值為何時，這些解會相交？為什麼？

2. **頻率** 如果一 20 nt (約 4.5 lb) 的重物，將某一彈簧拉伸 2 cm，則其相對之諧波振盪頻率為何？週期為何?

3. **頻率** 如果我們 (i) 將質量加倍 (ii) 改用模數為兩倍的彈簧，那相對應之諧波振盪頻率會如何改變？首先由物理原理求定性解，然後再使用方程式。

4. **初始速度** 藉由給物體一個較大的初始推力，是否能讓諧波振盪加快？

5. **並聯彈簧** 對一個質量為 m = 5 kg 的物體，在下列情形下，其振動頻率為何？(i) 掛在模數為 k_1 = 20 nt/m 的彈簧下；(ii) 掛在模數為 k_2 = 45 nt/m 的彈簧下；(iii) 掛在此兩個並聯的彈簧下？參見圖 41。

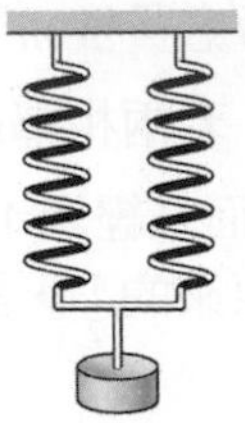

圖 41 並聯的彈簧 (習題 5)

6. **串聯彈簧** 將一個物體掛在模數 k_1 = 6 的彈簧 s_1 下，此彈簧再掛在模數為 k_2 = 8 的彈簧 s_2 下，則兩彈簧組合的模數 k 為何？

7. **單擺** 求一個長度為 L 之單擺的擺動頻率 (圖 42)，忽略空氣的阻力以及桿子的重量，並假設 θ 很小，可使得 $\sin\theta$ 幾近於 θ。

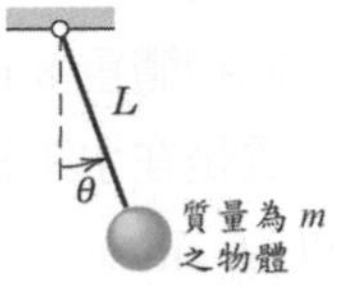

圖 42 單擺 (習題 7)

8. **阿基米得原理** 這個原理指出，浮力等於被物體排開之水的重量 (部分或全部沈到水裡)。圖 43 中，直徑 50 cm 之圓柱浮標垂直的浮在水中。將其下壓到水中然後釋放，它的振盪週期為 2 sec，它的重量是多少？

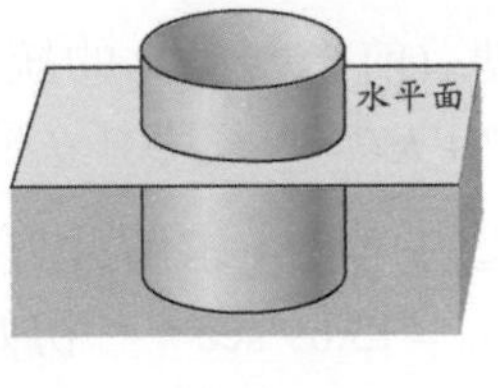

圖 43 浮標 (習題 8)

9. **管中水的振動** 如果 1 公升的水 (約 1.06 US quart) 受重力作用，在一根直徑 3 cm 的 U 形管中 (圖 44) 上下振動，其頻率為何？忽略磨擦。請先用猜的。

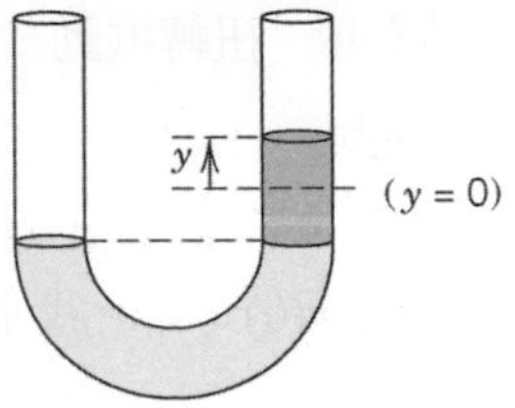

圖 44 管中的水 (習題 9)

10. **團隊專題 相似模型的諧波運動** 有許多不同的物理 (或其它) 系統都有類似的數學模型，由此可展現出**數學模型一致性的威力**。用以下三個系統來彰顯此點。

(a) **鐘擺** 有一座鐘，其鐘擺長 1 meter。每當鐘擺擺完一週回到原位時，此鐘滴答一聲。此鐘每分鐘滴答幾響？

(b) **平板彈簧** (圖 45) 對一個一端附掛重物，另一端固定的平板彈簧，其諧波振動同樣符合 (3) 式。求這個物體的運動，假設此物體重 8 nt (約 1.8 lb)，靜態平衡位置是在水平線下 1 cm 處，我們讓它以 10 cm/sec 的初始速度，從這個位置開始運動。

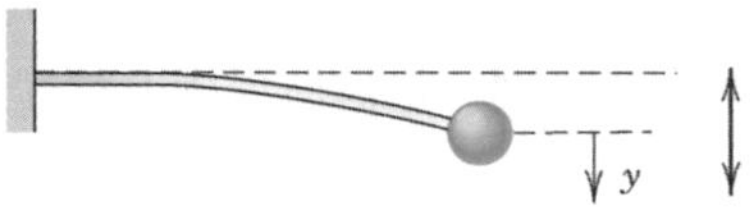

圖 45 平板彈簧

(c) **扭轉振動** (圖 46)連接在一彈性細長桿或鋼絲上的輪子，它的無阻尼扭轉振動 (前後轉動) 的統御方程式爲 $I_0\theta'' + K\theta = 0$，其中 θ 是由平衡位置量起的角度。求解此方程式，使用 $K/I_0 = 13.69\ \text{sec}^{-2}$、初始角度 $30°$ ($= 0.5235$ rad) 及初始角速度 $20°\text{sec}^{-1}$ ($= 0.349\ \text{rad}\cdot\text{sec}^{-1}$)。

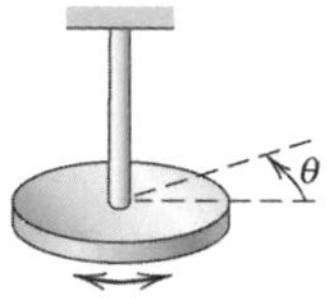

圖 46 扭轉振動

11–20 阻尼運動

11. **過阻尼** 證明，若 (7) 式要滿足初始條件 $y(0) = y_0$ 及 $v(0) = v_0$，我們必須要有 $c_1 = [(1+\alpha/\beta)y_0 + v_0/\beta]/2$ 和 $c_2 = [(1-\alpha/\beta)y_0 - v_0/\beta]/2$。

12. **過阻尼** 請證明在過阻尼情況下，物體最多只通過 $y = 0$ 點一次 (圖 37)。

13. **初值問題** 求以初速 v_0 開始於 y_0 的臨界阻尼運動 (8)。畫出 $\alpha = 1$、$y_0 = 1$ 以及幾個不同 v_0 之解的曲線，使得 (i) 曲線不和 t 軸相交，(ii) 它和 t 軸分別相交在 $t = 1, 2, \cdots, 5$。

14. **吸震器** 在車子的重量是 2000 kg，且彈簧的彈性係數爲 4500 kg/sec^2 的條件下，要能讓車子做無振動駕駛 (理論上)，則車輪吸震器的阻尼常數，最小值爲何？(車輪懸吊系統的吸震器，包含了一個彈簧和一個吸收器)

15. **頻率** 在 (9) 式應用二項式定理，並保留前兩項，以得到用 ω_0 來表示的 ω^* 的近似公式。在例題 2、情況 III 中，這個近似值有多好？

16. **極大值** 請證明次阻尼振盪的最大位移發生在等距的 t 值，並求其間距。

17. **次阻尼 (Underdamping)** 求出振動 $y(t) = e^{-\frac{t}{2}} \sin t$ 之最大値與最小值所對應之 t 值。畫出 $y(t)$ 的圖形，以查驗你的答案。

18. **對數減少** 請證明阻尼振盪 (10) 式中，兩相鄰最大位移之比例爲常數，且其比例的自然對數值，稱之爲**對數減少率**，等於 $\Delta = 2\pi\alpha/\omega^*$。請求出 $y'' + 4y' + 13y = 0$ 之解的 Δ。

19. **阻尼常數** 考慮質量 $m = 1.5$ kg 的物體之次阻尼運動。若兩相鄰最大位移之時間間隔爲 3 sec，而且經過 15 個週期後，最大振幅衰減爲原來的 $\frac{1}{2}$，請問此系統之阻尼常數爲何？

20. **CAS 專題** 情況 I、II、III之間的轉變 從典型解的圖形研究此種轉變。(參考圖 47)

(a) 避免不必要的普遍性是良好模型建構的一部分。請證明初值問題 (A) 及 (B)，

(A) $y'' + cy' + y = 0$, $y(0) = 1$, $y'(0) = 0$

(B) 方程式相同但 c 值不同，且 $y'(0)=-2$ (而非 0)，實際上和具有其它 m、k、$y(0)$、$y'(0)$ 的問題提供了一樣多的資訊。

(b) 考慮 (A) 試爲從情況III轉變爲情況II及 I 選擇合適的 c 值，也許比圖 47 中更恰當的 c 值。猜測一下圖中各曲線的 c 值。

(c) 到達靜止之時間 理論上，此時間是無限的 (爲什麼？)。事實上，當系統的運動變得很小時，系統就是處於靜止狀態，比如說，小於起始位移的 0.1% (這是我們的選擇)，在此例中

(11) $|y(t)|<0.001$ 對所有大於某 t_1 的 t。

在工程的結構中，改變阻尼通常不會太麻煩。以你的圖形作實驗，求出 t_1 及 c 的經驗關係。

(d) 以解析方式求 (A) 的解 說明爲什麼從 $y(t_2)=-0.001$ 所解出的 c，其中 t_2 爲 $y'(t)=0$ 之解，會得到能滿足 (11) 式的最佳 c 值？

(e) 依 (a) 與 (b) 的經驗考慮 (B)。(B) 和 (A) 之間的主要差異爲何？

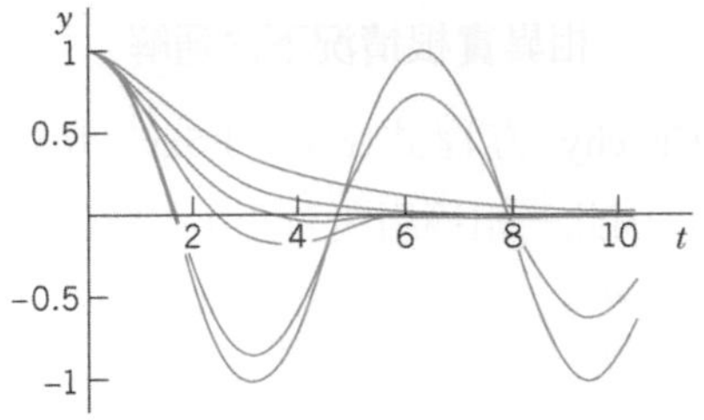

圖 47 CAS 專題 20

2.5 Euler-Cauchy 方程式 (Euler–Cauchy Equations)

Euler-Cauchy 方程式[4]是指下列具有常數係數 a 與 b，以及未知函數 $y(x)$ 的常微分方程

(1) $$x^2y''+axy'+by=0$$

我們將

$$y=x^m,\quad y'=mx^{m-1},\quad y''=m(m-1)x^{m-2}$$

等式代入到 (1) 式。這樣會得到

$$x^2m(m-1)x^{m-2}+axmx^{m-1}+bx^m=0$$

現在我們看出 $y=x^m$ 是個相當自然的選擇，因爲我們得到了一個共同的因數 x^m。消掉該項，我們就得到輔助方程式 $m(m-1)+am+b=0$ 或寫成

(2) $$m^2+(a-1)m+b=0$$ (注意：是 a–1，不是 a)

[4] LEONHARD EULER (1707—1783) 是一位創作無數的瑞士數學家。他對幾乎所有的數學分枝和它們的物理應用都做出了根本的貢獻。他在代數及微積分方面的著書，包含無數他自己建立的基本成果。偉大的法國數學家 AUGUSTIN LOUIS CAUCHY (1789—1857) 是現代分析學之父。他是複變分析的創建者，而且他對 ODE、PDE、無限級數、彈性理論及光學等都有重大的影響。

所以，若且唯若 m 爲 (2) 式的根，則 $y = x^m$ 是 (1) 式的解。(2) 式的根爲

(3) $$m_1 = \frac{1}{2}(1-a) + \sqrt{\frac{1}{4}(1-a)^2 - b}, \quad m_2 = \frac{1}{2}(1-a) - \sqrt{\frac{1}{4}(1-a)^2 - b}$$

情況 I　相異實根 m_1 和 m_2 可得兩個實數解

$$y_1(x) = x^{m_1} \quad \text{和} \quad y_2(x) = x^{m_2}$$

它們是線性獨立的，因爲它們的商不是常數。所以它們構成 (1) 式對所有 x 爲實數的一組解的基底。所有這些 x 所對應的通解是

(4) $$y = c_1 x^{m_1} + c_2 x^{m_2} \qquad (c_1, c_2 \text{ 任意數})$$

例題 1　相異實根情況下之通解

Euler-Cauchy 方程式 $x^2y'' + 1.5xy' - 0.5y = 0$ 的輔助方程式爲 $m^2 + 0.5m - 0.5 = 0$。它的根是 0.5 和 −1。因此一組適用所有正 x 之解的基底爲 $y_1 = x^{0.5}$ 和 $y_2 = 1/x$，由此得到通解爲

$$y = c_1\sqrt{x} + \frac{c_2}{x} \qquad (x > 0)$$ ■

情況 II　若且唯若 $b = \frac{1}{4}(a-1)^2$，則有一**個實數二重根** $m_1 = \frac{1}{2}(1-a)$，因此這就使 (2) 式成爲 $[m + \frac{1}{2}(a-1)]^2$，立刻就得到驗證。然後就得到一個解是 $y_1 = x^{(1-a)/2}$，且 (1) 式成爲

(5) $$x^2y'' + axy' + \frac{1}{4}(1-a)^2 y = 0 \quad \text{或} \quad y'' + \frac{a}{x}y' + \frac{(1-a)^2}{4x^2}y = 0$$

要得到第二個線性獨立的解，可使用 2.1 節的降階法，做法如下。從 $y_2 = uy_1$ 開始，我們將 u 表示成 2.1 節的 (9) 式形式，也就是

$$u = \int U\,dx \quad \text{其中} \quad U = \frac{1}{y_1^2}\exp\left(-\int p\,dx\right)$$

由 (5) 式的標準形式 (第二個 ODE)，我們可看出 $p = a/x$ (不是 ax，這點很重要！)。因此 $\exp\int(-p\,dx) = \exp(-a\ln x) = \exp(\ln x^{-a}) = 1/x^a$。除上 $y_1^2 = x^{1-a}$ 可得 $U = 1/x$，因此由積分得 $u = \ln x$。因此，$y_2 = uy_1 = y_1 \ln x$，且 y_1 和 y_2 是線性獨立的，因爲它們的商不是常數。對應此組基底之通解爲

(6) $$y = (c_1 + c_2 \ln x)x^m, \qquad m = \frac{1}{2}(1-a)$$

例題 2　重根情況下之通解

Euler-Cauchy 方程式 $x^2y'' - 5xy' + 9y = 0$ 的輔助方程式爲 $m^2 - 6m + 9 = 0$。它有重根 $m = 3$，所以一個適用所有正 x 的通解爲

$$y = (c_1 + c_2 \ln x)x^3$$ ■

情況 III　共軛複數根的重要性較低，在此用一個代表性的例子，說明由複數根導出實數解的過程。

例題 3　複數根情況的實數通解

Euler-Cauchy 方程式 $x^2y''+0.6xy'+16.04y=0$ 的輔助方程式為 $m^2-0.4m+16.04=0$。兩個根為共軛複數 $m_1=0.2+4i$ 和 $m_2=0.2-4i$，其中 $i=\sqrt{-1}$。現在用一個技巧，把 x 寫成 $x=e^{\ln x}$ 並得到

$$x^{m_1}=x^{0.2+4i}=x^{0.2}(e^{\ln x})^{4i}=x^{0.2}e^{(4\ln x)i},$$

$$x^{m_2}=x^{0.2-4i}=x^{0.2}(e^{\ln x})^{-4i}=x^{0.2}e^{-(4\ln x)i}$$

接著將 2.2 節 (11) 式的 Euler 公式以 $t=4\ln x$，套用於以上二式。這樣會得到

$$x^{m_1}=x^{0.2}[\cos(4\ln x)+i\sin(4\ln x)],$$

$$x^{m_2}=x^{0.2}[\cos(4\ln x)-i\sin(4\ln x)]$$

現在將以上二式相加以消去帶正弦的項，再除以 2，然後用第一式減去第二式以消去餘弦項，再除以 $2i$。這樣會分別得到

$$x^{0..2}\cos(4\ln x)\quad 及\quad x^{0.2}\sin(4\ln x)$$

依據 2.2 節之疊加原理，這就是 Euler-Cauchy 方程式 (1) 的解。因為兩者之商 $\cot(4\ln x)$ 不為常數，故彼此為線性獨立。因此，它們構成解的基底，對所有正 x 的實數，通解可寫成

$$y=x^{0.2}[A\cos(4\ln x)+B\sin(4\ln x)] \tag{8}$$

圖 48 畫出以上所述三種情況的代表性解曲線，特別是例題 1 與例題 3 的基底函數。■

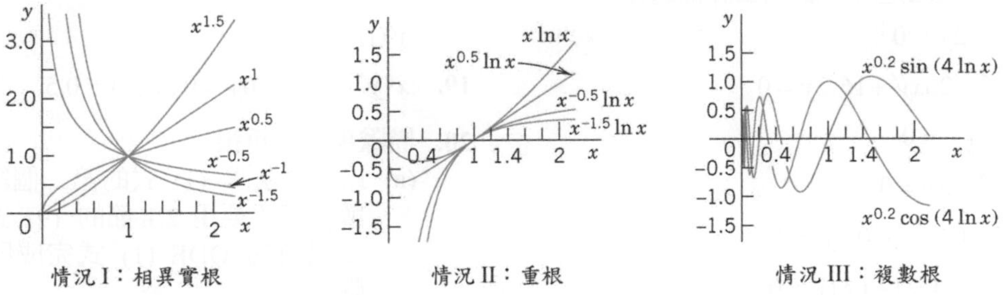

圖 48　Euler-Cauchy 方程式

例題 4　邊界值問題、兩同心球間之電位場

兩個半徑分別為 $r_1=5$ cm 及 $r_2=10$ cm 的同心圓球，電位分別保持在 $v_1=110$V 及 $v_2=0$，求兩同心球之間的電位 $v=v(r)$。

物理資訊 $v(r)$ 為 Euler-Cauchy 方程 $rv''+2v'=0$ 之解，其中 $v'=dv/dr$。

解

輔助方程式為 $m^2+m=0$。它有根 0 及−1。由此得到通解為 $v(r)=c_1+c_2/r$。由「邊界條件」(球上之電位) 我們得到

$$v(5)=c_1+\frac{c_2}{5}=110\qquad v(10)=c_1+\frac{c_2}{10}=0$$

兩式相減得 $c_2/10=110$，$c_2=1100$。由第二式得 $c_1=-c_2/10=-110$。答案：$v(r)=-110+1100/r$ V。圖 49 顯示電位並不是如同兩平行板之間的電位成一條直線。例如，在半徑 7.5 cm 之球面上的電位不是 110/2 = 55 V，而是小很多。(是多少？) ■

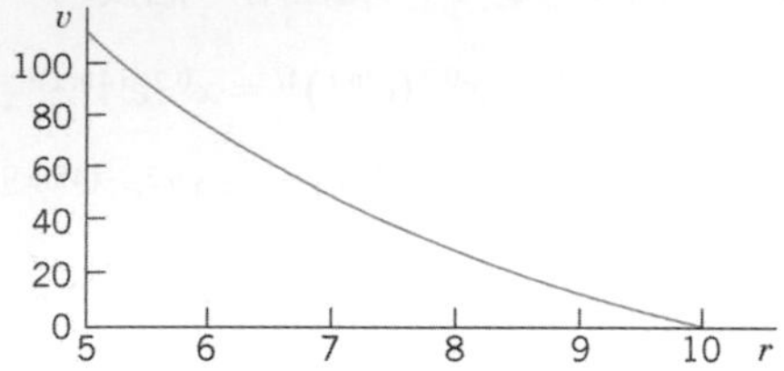

圖 49　例題 4 之電位 $v(r)$

習題集 2.5

1. **重根**　以直接代入來驗證，如果 (2) 式有重根，則 $x^{(1-a)/2}$ 是 (1) 式的解；但如果 (2) 式的解 m_1 和 m_2 為相異，則 $x^{m_1}\ln x$ 和 $x^{m_2}\ln x$ 並不是 (1) 式的解。

2–11　通解

試求下列各題之通解，請列出詳細過程。

2. $x^2y''-2y=0$
3. $5x^2y''+23xy'+16.2y=0$
4. $xy''+4y'=0$
5. $4x^2y''+5y=0$
6. $x^2y''+0.7xy'-0.1y=0$
7. $(x^2D^2-4xD-6I)y=0$
8. $(x^2D^2-3xD+4I)y=0$
9. $(x^2D^2-0.2xD+0.36I)y=0$
10. $(x^2D^2-xD+5I)y=0$
11. $(x^2D^2-3xD+10I)y=0$

12–19　初值問題

求解並繪出圖形，請列出詳細過程。

12. $x^2y''-4xy'+6y=0$, $y(1)=0.4$, $y'(1)=0$
13. $x^2y''+3xy'+0.75y=0$, $y(1)=1$, $y'(1)=-2.5$
14. $x^2y''+xy'+9y=0$, $y(1)=0$, $y'(1)=2.5$
15. $x^2y''-xy'+y=0$, $y(1)=1.5$, $y'(1)=0.25$
16. $(x^2D^2-3xD+4I)y=0$, $y(1)=-\pi$, $y'(1)=2\pi$
17. $(x^2D^2+xD+I)y=0$, $y(1)=1$, $y'(1)=1$
18. $(9x^2D^2+3xD+I)y=0$, $y(1)=1$, $y'(1)=0$
19. $x^2y''+2xy'-6y=0$, $y(1)=0.5$, $y'(1)=1.5$
20. **團隊專題　重根**
 (a) 以降階法求 (1) 式的第二個線性獨立解；但不要用 2.1 節的 (9) 式，直接從現有的 ODE (1) 式完成所有的步驟。
 (b) 考慮一個合適的 Euler-Cauchy 方程式，使它有解 x^m 和 x^{m+s}，然後令 $s\to 0$，以得到 $x^m\ln x$。
 (c) 以代入法來驗證 $x^m\ln x$、$m=(1-a)/2$ 是臨界狀況的一解。
 (d) 令 $x=e^t\ (x>0)$，將 Euler-Cauchy 方程式轉換成一個有常數係數的常微分方程。
 (e) 從這個常數係數 ODE 的解，求出臨界情況下的 Euler-Cauchy 方程式之第二個線性獨立解。

2.6 解的存在性及唯一性、Wronskian (Existence and Uniqueness of Solutions. Wronskian)

在本節我們將探討用於齊次線性 ODE

(1) $$y'' + p(x)y' + q(x)y = 0$$

的通用理論，它的**可變係數** ***(variable coefficients)*** p 和 q 的唯一條件是要連續。這將和 (1) 式之通解的存在與形式有關，同時也和由這樣的 ODE 再加上兩個初始條件

(2) $$y(x_0) = K_0,\ \ y'(x_0) = K_1$$

所構成的初值問題之解的唯一性有關，其中 x_0 、 K_0 、K_1 爲已知。

兩個主要的結果會是定理 1，說明這樣一個初值問題總是有一個唯一解，以及定理 4，說明其通解

(3) $$y = c_1y_1 + c_2y_2 \qquad (c_1, c_2 \text{ 任意的常數})$$

包括了所有的解。所以，一個有連續係數的線性 ODE 沒有「奇異解 (singular solutions)」(即無法由通解求得的解)。

很明顯地，對於常數係數或 Euler-Cauchy 方程式而言，並不需這樣的理論，因爲它們可以由計算過程直接看出。

我們目前討論的重點是下列定理。

定理 1

初值問題之存在性及唯一性定理

若 $p(x)$ 與 $q(x)$ 是在某開區間 I (見 *1.1* 節) 上的連續函數，而且 x_0 在 I 內，那麼由 (1) 及 (2) 所構成之初值問題，在區間 I 上有唯一解 $y(x)$。

存在性之證明與 1.7 節中的存在性證明同樣超過本書範圍，不在此說明；它可以在附錄 1 所列之參考文獻 [A11] 中找到。證明唯一性，通常要比證明存在性簡單。但對定理 1 而言，即使是唯一性之證明亦嫌太長，我們將它留在附錄 4 中作爲一個補充證明。

2.6.1 解之線性獨立

回顧 2.1 節，一個開區間 I 上的通解，是由一組 I 上的**基底** y_1 與 y_2 ，也就是在 I 上的一對線性獨立的解所構成。在此我們要說 y_1 、 y_2 在 I 上爲**線性獨立**的條件是，在 I 上，由方程式

(4) $$k_1y_1(x) + k_2y_2(x) = 0 \quad \text{可得} \quad k_1 = 0,\quad k_2 = 0 \text{。}$$

如果對不同時爲零的常數 k_1 、 k_2 ，此方程式仍然成立，則我們說 y_1 、 y_2 在 I 上爲**線性相依**。在此

情形下，且僅在此情形下，y_1 和 y_2 在 I 上成比例，也就是 (見 2.1 節)，

(5) (a) $y_1 = ky_2$ 或 (b) $y_2 = ly_1$ 對 I 上的所有值

爲了我們的討論，下列準則有助於判斷解爲線性獨立或線性相依。

定理 2

解之線性相依及獨立

令 ODE (1) 在開區間 I 上有連續係數 $p(x)$ 和 $q(x)$。則 (1) 式的兩個解 y_1 和 y_2 在 I 上為線性獨立的條件是，若且唯若它們的「Wronskian」

(6)
$$W(y_1, y_2) = y_1y_2' - y_2y_1'$$

在 I 中的 x_0 處為 0。此外，若在 I 中的 $x = x_0$ 處 $W = 0$，則在 I 上 $W = 0$；所以若在 I 內有一個 x_1 可使 W 不為 0，則 y_1 與 y_2 在 I 上為線性獨立。

證明

(a) 令 y_1 和 y_2 在 I 上爲線性相依，則在 I 上 (5a) 或 (5b) 成立。若 (5a) 成立，則

$$W(y_1, y_2) = y_1y_2' - y_2y_1' = ky_2y_2' - y_2ky_2' = 0$$

當 (5b) 式成立時亦類似。

(b) 相反的，對某一 $x = x_0$，我們令 $W(y_1, y_2) = 0$，然後證明這代表了 y_1 和 y_2 在 I 上爲線性相依。我們考慮未知數 k_1、k_2 的線性方程組

(7)
$$k_1y_1(x_0) + k_2y_2(x_0) = 0$$
$$k_1y_1'(x_0) + k_2y_2'(x_0) = 0$$

爲了消去 k_2，將第一式乘以 y_2'，第二式乘以 $-y_2$，然後將結果相加。這樣會得到

$$k_1y_1(x_0)y_2'(x_0) - k_1y_1'(x_0)y_2(x_0) = k_1W(y_1(x_0), y_2(x_0)) = 0$$

類似的，爲了消去 k_1，將第一式乘以 $-y_1'$，並把第二式乘以 y_1，然後將所得的方程式相加。這樣會得到

$$k_2W(y_1(x_0), y_2(x_0)) = 0$$

如果 W 在 x_0 不爲零，我們可以用 W 除之，並得 $k_1 = k_2 = 0$。因爲 W 是零不能除，所以這個方程組有 k_1 與 k_2 不全爲零的解。用 k_1、k_2 這兩個數，我們引入函數

$$y(x) = k_1y_1(x) + k_2y_2(x)$$

因爲 (1) 式是線性齊次的，從 2.1 節之基本定理 1 (疊加原理) 可知，這個函數爲 (1) 在 I 上的一個解。我們由 (7) 式可以看出，它滿足初始條件 $y(x_0) = 0$、$y'(x_0) = 0$。現在 (1) 式另一個滿足相同初始條件的解是 $y^* \equiv 0$。因爲 (1) 式的係數 p 與 q 爲連續的，所以適用定理 1，並得到唯一性，亦即，$y \equiv y^*$，寫成

$$k_1y_1 + k_2y_2 \equiv 0 \quad 在 I 上。$$

因爲 k_1 與 k_2 不同時爲零，此表示 y_1、y_2 在 I 上爲線性相依。

(c) 我們證明這個定理的最後一個敘述。若在 I 內的 x_0 處 $W(x_0)=0$，我們由 (b) 部分知道 y_1 與 y_2 在 I 上爲線性相依的，所以由本證明之 (a) 部分，可知 $W\equiv 0$。所以在線性相依的情況下，不會發生在 I 的某 x_1 有 $W(x_1)\neq 0$ 的情形。如果此種情況眞的出現，那正好符合所宣稱的線性獨立。 ■

就計算而言，以下公式通常較 (6) 式簡單。

(6*)
$$W(y_1,y_2)=(a)\ \left(\frac{y_2}{y_1}\right)' y_1^2\quad (y_1\neq 0)\quad \text{或}\quad (b)-\left(\frac{y_1}{y_2}\right)' y_2^2\quad (y_2\neq 0)$$

以上兩式來自微分的商法則 (quotient rule)。

說明

行列式　熟悉二階行列式的同學也許會注意到

$$W(y_1,y_2)=\begin{vmatrix} y_1 & y_2 \\ y_1' & y_2' \end{vmatrix}=y_1y_2'-y_2y_1'$$

這個行列式稱爲 (1) 式之兩解 y_1 與 y_2 的 *Wronski* 行列式[5]，或簡稱爲　　　　　　，如 (6) 式所列。請注意它的四個元素所在的位置，和線性方程組 (7) 一樣。

例題 1　定理 2 之例證

函數 $y_1=\cos\omega x$ 和 $y_2=\sin\omega x$ 是 $y''+\omega^2 y=0$ 的解。它們的 Wronskian 爲

$$W(\cos\omega x,\sin\omega x)=\begin{vmatrix} \cos\omega x & \sin\omega x \\ -\omega\sin\omega x & \omega\cos\omega x \end{vmatrix}=y_1y_2'-y_2y_1'=\omega\cos^2\omega x+\omega\sin^2\omega x=\omega$$

定理 2 顯示，若且唯若 $\omega\neq 0$，則這些解爲線性獨立。當然，我們可直接從它們的商 $y_2/y_1=\tan\omega x$ 得到這一點。對 $\omega=0$，我們有 $y_2=0$，從而得到線性相依 (爲什麼？)。 ■

例題 2　對於重根時，定理 2 的例證

$y''-2y'+y=0$ 在任何區間的通解爲 $y=(c_1+c_2x)e^x$。(請驗證！)。對應之 Wronskian 不爲 0，顯示 e^x 及 xe^x 在任意區間上是線性獨立的。也就是說，

$$W(x,xe^x)=\begin{vmatrix} e^x & xe^x \\ e^x & (x+1)e^x \end{vmatrix}=(x+1)e^{2x}-xe^{2x}=e^{2x}\neq 0$$ ■

[5] 由波蘭數學家 WRONSKI (JOSEF MARIA HÖNE, 1776－1853) 所引入。

2.6.2 (1) 式之通解包含了所有的解

如同在一開始所宣稱的，這將是我們的第二個主要結果，讓我們由存在性開始。

定理 3

通解之存在性

若 $p(x)$ 與 $q(x)$ 在一個開區間 I 上為連續的，則 (1) 式在 I 上具有通解。

證明

由定理 1 知，ODE (1) 在 I 上有一個滿足下列初始條件的解 $y_1(x)$

$$y_1(x_0)=1, \quad y_1'(x_0)=0$$

以及一個在 I 上滿足下列初始條件的解 $y_2(x)$

$$y_2(x_0)=0, \quad y_2'(x_0)=1$$

這兩解的 Wronskian 在 $x=x_0$ 處之值爲

$$W(y_1(0), y_2(0))=y_1(x_0)y_2'(x_0)-y_2(x_0)y_1'(x_0)=1$$

因此，由定理 2 知，這些解在 I 上爲線性獨立。它們在 I 上形成 (1) 式之一組解的基底，且對任意 c_1、c_2，$y=c_1y_1+c_2y_2$ 是 (1) 式在 I 上的通解，而我們就是要證明它的存在。 ■

最後我們說明一個通解所具有最大的一般性。

定理 4

通解包含了所有的解

假設 ODE (1) 在某開區間 I 上有連續的係數 $p(x)$ 及 $q(x)$，那麼 (1) 式的每一個解 $y=Y(x)$ 都有如下形式

$$Y(x)=C_1y_1(x)+C_2y_2(x) \tag{8}$$

其中 y_1 與 y_2 是 (1) 式在 I 上的一組解的基底，而 C_1 與 C_2 為適當之常數。
因此 (1) 式沒有奇異解 (亦即無法由通解所得到的解)。

證明

令 $y=Y(x)$ 爲 (1) 式在 I 上的任一解。現在由定理 3，此 ODE (1) 在 I 上有通解

$$y(x)=c_1y_1(x)+c_2y_2(x) \tag{9}$$

我們必須找到合適的 c_1、c_2 的值，以使得在 I 上 $y(x)=Y(x)$。我們選取 I 中的任意 x_0，並首先證明我們可找到合適的 c_1、c_2 的值，使它們在 x_0 處相符，$y(x_0)=Y(x_0)$ 且 $y'(x_0)=Y'(x_0)$。用 (9) 式來表示就是

$$(10) \quad \begin{array}{ll} \text{(a)} & c_1y_1(x_0)+c_2y_2(x_0)=Y(x_0) \\ \text{(b)} & c_1y_1'(x_0)+c_2y_2'(x_0)=Y'(x_0) \end{array}$$

我們求未知數 c_1 與 c_2。要消去 c_2，我們把 (10a) 乘上 $y_2'(x_0)$，並將 (10b) 乘上 $-y_2(x_0)$，然後將結果相加。這樣就得到 c_1 的方程式。然後我們把 (10a) 乘 $-y_1'(x_0)$，並把 (10b) 乘 $y_1(x_0)$，再將結果相加。這樣就得到 c_2 的方程式。以下是這些新的方程式，其中 y_1、y_1'、y_2、y_2'、Y、Y' 均取在 x_0 處的值。

$$c_1(y_1y_2'-y_2y_1')=c_1W(y_1,y_2)=Yy_2'-y_2Y'$$

$$c_2(y_1y_2'-y_2y_1')=c_2W(y_1,y_2)=y_1Y'-Yy_1'$$

既然 y_1、y_2 是一組基底，這一組方程式的 Wronskian W 不會是零，所以我們可以求解 c_1 與 c_2。我們把這 (唯一的) 解稱爲 $c_1=C_1$、$c_2=C_2$。把它代入 (9) 式，我們從 (9) 式得到特解

$$y^*(x)=C_1y_1(x)+C_2y_2(x)$$

因爲 C_1、C_2 爲 (10) 式之解，由 (10) 式可看出

$$y^*(x_0)=Y(x_0), \quad y^{*\prime}(x_0)=Y'(x_0)$$

從定理 1 所述的唯一性，這表示 y^* 與 Y 在 I 上的每一點都必需相同，至此完成證明。 ■

回顧這一節的內容，我們看到有連續可變係數的齊次線性 ODE 的解，在概念上以及結構上，都有相當透明的存在性及唯一性定理。除了它本身的重要性之外，這個定理同時提供了研究非齊次線性 ODE 的基礎，我們將在這一章剩下的 4 節裡，研究它們的理論以及工程應用。

習題集 2.6

1. 由 (6) 式推導 (6*) 式。

2–8 解基底、Wronskian

求 Wronskian。證明其線性獨立，用商再用定理 2 確認。

2. $e^{4.0x}$, $e^{-1.5x}$

3. $e^{-0.5x}$, $e^{-2.5x}$

4. $2x$, $1/(4x)$

5. x^3, x^2

6. $e^{-x}\cos\omega x$, $e^{-x}\sin\omega x$

7. $\cosh\frac{a}{2}x$, $\sinh\frac{a}{2}x$

8. $x^k\cos(\ln x)$, $x^k\sin(\ln x)$

9–15 已知基底的 ODE、WRONSKIAN、IVP

(a) 求二階齊次線性 ODE，使所給的函數爲其解。**(b)** 用 Wronskian 證明它們是線性獨立的。**(c)** 求解所給之初值問題。

9. $\cos 5x$, $\sin 5x$, $y(0)=3$, $y'(0)=-5$

10. x^{m_1}, x^{m_2}, $y(1)=-2$, $y'(1)=2m_1-4m_2$

11. $e^{-2.5x}\cos 0.5x$, $e^{-2.5x}\sin 0.5x$, $y(0)=1.5$, $y'(0)=-2.0$

12. x^2, $x^2\ln x$, $y(1)=4$, $y'(1)=6$

13. $1, e^{3x}$, $y(0)=2$, $y'(0)=-1$

14. $e^{-kx}\cos\pi x$, $e^{-kx}\sin\pi x$, $y(0)=1$, $y'(0)=-k-\pi$

15. $\cosh 1.8x$, $\sinh 1.8x$, $y(0)=14.20$, $y'(0)=16.38$

16. 團隊專題 目前定理的一些結果 本專題關係到解之一些值得注意的一般性質。假設常微分方程 (1) 的係數 p 與 q，在下面的敘述所指的某開區間 I 上是連續的。

(a) 求解 $y''-y=0$ (a) 用指數函數，(b) 用雙曲線函數。在相對應之通解裡的常數有什麼關聯？

(b) 證明基底的不同解，不可能在同一點同時爲零。

(c) 證明基底的不同解，不可能在同一點有最大或最小值。

(d) 爲什麼 (6*) 這樣的公式應該存在？

(e) 畫出 $y_1(x)=x^3$ 當 $x\geq 0$ 及 0 當 $x<0$，$y_2(x)=0$ 當 $x\geq 0$ 及 x^3 當 $x<0$。證明他們在 $-1<x<1$ 上線性獨立。它們的 Wronskian 爲何？y_1、y_2 滿足什麼樣的 Euler-Cauchy 方程式？有違背定理 2 嗎？

(f) 證明 Abel 公式[6]

$$W(y_1(x), y_2(x)) = c\exp\left[-\int_{x_0}^{x} p(t)\,dt\right]$$

其中 $c=W(y_1(x_0), y_2(x_0))$。把它用在習題 6。提示：以 y_1 及 y_2 寫出 (1)式。用代數的方式從這兩個 ODE 中消去 q，得到一個一階的線性 ODE。求其解。

2.7 非齊次常微分方程式 (Nonhomogeneous ODEs)

在本節中，我們從齊次進入到非齊次線性常微分方程式

考慮二階非齊次線性 ODE

$$y''+p(x)y'+q(x)y=r(x) \tag{1}$$

其中 $r(x)\ \not\equiv\ 0$。我們將看到一個 (1) 式的「通解」是相對應之齊次 ODE

$$y''+p(x)y'+q(x)y=0 \tag{2}$$

的通解和 (1) 式的一個「特解」的和。這兩個新的名詞「(1) 式的通解」以及「(1) 式的特解」定義如下。

定 義

通解、特解

對非齊次方程式 (1) 在一個開區間 I 內之**通解**是一個形式爲

$$y(x)=y_h(x)+y_p(x) \tag{3}$$

的解，在此 $y_h=c_1y_1+c_2y_2$ 爲齊次 ODE (2) 在 I 內之通解，而 y_p 爲 (1) 式在 I 內，不含任意常數的任何一解。

(1) 式在 I 內的一個特解是給定 y_h 裡的任意常數 c_1 與 c_2 的值後，從 (3) 式得到。

[6] NIELS HENRIK ABEL (1802—1829)，挪威數學家。

我們的工作有兩個，首先要確認這樣的定義，然後要發展一個求取 (1) 式之解 y_p 的方法。

因此，我們首先說明所定義的通解能滿足 (1) 式，而且 (1) 式與 (2) 式的解有一個很簡單的關聯。

定理 1

(1) 式的解與 (2) 式的解之關聯

(a) 在某開區間 I 上，(1) 式的一個解 y 與 (2) 式在 I 上之一解 $\tilde{y}$，兩者的和為 (1) 式在 I 上的一解。特別是，(3) 式是 (1) 式在 I 上的一解。

(b) (1) 式在 I 上兩解之差為 (2) 式在 I 上之一解。

證明

(a) 令 (1) 式之左側為 $L[y]$。那麼對 (1) 式在 I 上的任何解 y 及 (2) 式的解 $\tilde{y}$，

$$L[y+\tilde{y}] = L[y] + L[\tilde{y}] = r + 0 = r$$

(b) 對 (1) 式在 I 上的任何解 y 以及 y^*，我們有 $L[y-y^*] = L[y] - L[y^*] = r - r = 0$。 ■

對於齊次 ODE (2)，我們知道它的通解包含了所有的解。我們來證明對非齊次的 ODE (1)，這個事實亦成立。

定理 2

一個非齊次 ODE 的通解包含了所有的解

假設 (1) 式之係數 $p(x)$、$q(x)$ 以及函數 $r(x)$ 在某開區間 I 上為連續，則經由為通解 (3) 中的任意常數 c_1 與 c_2 指定適當值，可得到 (1) 式在 I 上之所有解。

證明

令 y^* 為 (1) 式在 I 上之任意一解，而 x_0 為 I 中的任一 x 值。令 (3) 式為 (1) 式在 I 上的任意一個通解，此解存在。由於連續性的假設，2.6 節的定理 3 說明了 $y_h = c_1y_1 + c_2y_2$ 的確是存在的，而 y_p 的存在可以從 2.10 節將要說明的方法知道。現在，用剛證明的定理 1 (b)，差 $Y = y^* - y_p$ 是 (2) 式在 I 上的一個解。在 x_0 處我們有

$$Y(x_0) = y^*(x_0) - y_p(x_0) \qquad Y'(x_0) = y^{*\prime}(x_0) - y_p'(x_0)$$

從 2.6 節定理 1 可知，在這些條件下，就像對任何其它在 I 上的初始條件一樣，經由適當的給定 y_h 中 c_1 與 c_2 的值，可得到 (2) 式的一個唯一的特解。從這一點以及 $y^* = Y + y_p$ 就可以得到這個定理。

■

2.7.1 未定係數法

以上討論提示了下面的做法。要求解非齊次的 ODE (1) 或是 (1) 式的一個初值問題，我們必須要求解齊次的 ODE (2) 並找出 (1) 式的任何一個解 y_p，然後我們就得到 (1) 式的通解 (3) 式。

我們要如何找到 (1) 式的一個解 y_p？一個方法是所謂的**未定係數法 (method of undetermined coefficients)**。它比另一個更一般化的方法 (將會在 2.10 節討論) 簡單得多。因此，將用於以下兩節的振動系統以及電路的問題，在工程應用上經常用到此方法。

更精確的說，未定係數法適用於有**常數係數 a 和 b** 的線性 ODE

$$y'' + ay' + by = r(x) \tag{4}$$

其中 $r(x)$ 可以是指數函數、x 的冪次、餘弦或正弦，或這些函數的和或積。這些 $r(x)$ 函數的導數與原函數 $r(x)$ 有類似的形式。這提示了這樣的想法。我們選擇形式類似 $r(x)$，但帶有未定係數的 y_p，藉由把 y_p 及其導數代入 ODE 而求出未定係數。表 2.1 是對一些在實用上有其重要性的 $r(x)$ 形式所選用的 y_p。相對應的法則如下所示。

未定係數法的選擇規則

(a) 基本規則：若 (4) 式中之 $r(x)$ 為表 2.1 第一行其中之一函數，則選擇在同一列的 y_p，將 y_p 及其導數代入 (4) 式，以求出未定之係數。

(b) 修正規則：若所選擇之 y_p 剛好是對應於 (4) 式之齊次 *ODE* 的一解，則將所選擇之 y_p 再乘以 x (若此解對應於該齊次 *ODE* 之特徵方程式的重根時，則乘以 x^2)。

(c) 相加規則：若 $r(x)$ 為表 2.1 第一行中數個函數之和，則選擇 y_p 為第二行中相對之各個函數的和。

當 $r(x)$ 是單一項時適用基本規則。修正規則用在所指明的特殊情況，為辨別這樣的情況，我們必需先求解齊次 ODE。再來的相加規則指出，(1) 式在 $r = r_1$ 及 $r = r_2$ 時 (方程式左側不變！) 的兩個解之和，為 (1) 式在 $r = r_1 + r_2$ 時之一解 (驗證之！)。

這個方法會自我修正。一個錯誤選擇的 y_p，或所選擇的 y_p 所含的項太少，將會導致矛盾。含有太多項的選擇會得到正確的結果，但額外的係數會成為零。

讓我們用具代表性的例題 1–3 說明規則 (a)–(c)。

表 2.1　未定係數法

$r(x)$ 中的項	$y_p(x)$ 的選擇
$ke^{\gamma x}$	$Ce^{\gamma x}$
$kx^n \ (n = 0, 1, \cdots)$	$K_n x^n + K_{n-1}x^{n-1} + \cdots + K_1 x + K_0$
$k \cos \omega x$ $k \sin \omega x$	$K \cos \omega x + M \sin \omega x$
$ke^{\alpha x} \cos \omega x$ $ke^{\alpha x} \sin \omega x$	$e^{\alpha x}(K \cos \omega x + M \sin \omega x)$

例題 1　基本規則 (a) 的應用

求解初值問題

$$y'' + y = 0.001x^2, \quad y(0) = 0, \quad y'(0) = 1.5 \tag{5}$$

解

步驟 1：齊次 ODE 之通解。ODE $y''+y=0$ 有通解

$$y_h = A\cos x + B\sin x$$

步驟 2：非齊次 ODE 的解 y_p。我們首先嘗試 $y_p = Kx^2$。那麼 $y_p'' = 2K$。代入得 $2K + Kx^2 = 0.001x^2$。若此式要對每一個 x 都成立，則等號兩側 x 的各冪次項 (x^2 和 x^0) 的係數都要相等；也就是 $K = 0.001$ 以及 $2K = 0$，此爲矛盾的情況。

表 2.1 的第二行建議的選擇是

$$y_p = K_2x^2 + K_1x + K_0 \quad 則 \quad y_p'' + y_p = 2K_2 + K_2x^2 + K_1x + K_0 = 0.001x^2$$

令兩側 x^2、x、x^0 的係數相等，我們有 $K_2 = 0.001$、$K_1 = 0$、$2K_2 + K_0 = 0$。因此 $K_0 = -2K_2 = -0.002$。這樣就得到 $y_p = 0.001x^2 - 0.002$，且

$$y = y_h + y_p = A\cos x + B\sin x + 0.001x^2 - 0.002$$

步驟 3：初值問題的解。設定 $x=0$，並使用第一個初始條件得到 $y(0) = A - 0.002 = 0$，因此 $A = 0.002$。經由微分及第二個初始條件

$$y' = y_h' + y_p' = -A\sin x + B\cos x + 0.002x \quad 且 \quad y'(0) = B = 1.5$$

這樣就得到答案 (圖 50)

$$y = 0.002\cos x + 1.5\sin x + 0.001x^2 - 0.002$$

圖 50 同時畫出了 y 以及作爲上下震盪中心的拋物線 y_p，因爲餘弦函數項小了約 1000 倍，所以實際上就像是一個正弦函數。■

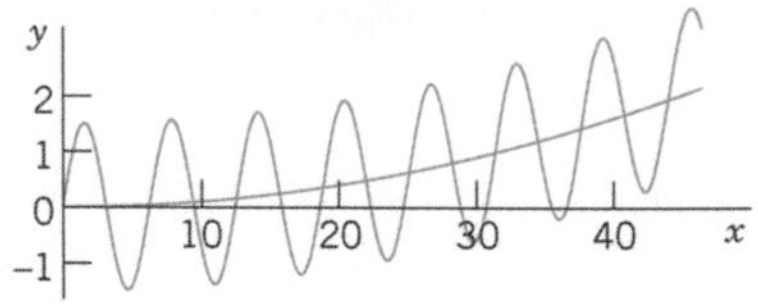

圖 50 例題 1 的解

例題 2 修正規則 (b) 的應用

求解初值問題

(6) $$y'' + 3y' + 2.25y = -10e^{-1.5x}, \quad y(0) = 1, \quad y'(0) = 0$$

解

步驟 1：齊次 ODE 之通解。此齊次 ODE 的特徵方程式是 $\lambda^2 + 3\lambda + 2.25 = (\lambda + 1.5)^2 = 0$。因此它有通解

$$y_h = (c_1 + c_2x)e^{-1.5x}$$

步驟 2：非齊次 ODE 的解。右邊的函數 $e^{-1.5x}$ 通常會讓我們選擇 $Ce^{-1.5x}$。但我們從 y_h 看到，這是對應到齊次 ODE 之特徵方程式重根的一個解。所以，依照修正規則我們把所選擇的函數乘以 x^2。也就是，我們選擇

$$y_p = Cx^2 e^{-1.5x} \quad \text{那麼} \quad y_p' = C(2x - 1.5x^2)e^{-1.5x} \text{、} y_p'' = C(2 - 3x - 3x + 2.25x^2)e^{-1.5x} \text{。}$$

我們把這些式子代入所給的 ODE，並略去因數 $e^{-1.5x}$。這樣會得到

$$C(2 - 6x + 2.25x^2) + 3C(2x - 1.5x^2) + 2.25Cx^2 = -10$$

比較 x^2、x、x^0 的係數得到 $0 = 0$、$0 = 0$、$2C = -10$，因此 $C = -5$。由此可得解 $y_p = -5x^2 e^{-1.5x}$。所以這個 ODE 有通解

$$y = y_h + y_p = (c_1 + c_2 x)e^{-1.5x} - 5x^2 e^{-1.5x}$$

步驟 3：初值問題的解。在 y 中設 $x = 0$ 並使用第一個初始條件，我們得 $y(0) = c_1 = 1$。將 y 微分可得

$$y' = (c_2 - 1.5c_1 - 1.5c_2 x)e^{-1.5x} - 10xe^{-1.5x} + 7.5x^2 e^{-1.5x}$$

由上式和第二個初始條件可得 $y'(0) = c_2 - 1.5c_1 = 0$。因此 $c_2 = 1.5c_1 = 1.5$。這就得到答案 (圖 51)

$$y = (1 + 1.5x)e^{-1.5x} - 5x^2 e^{-1.5x} = (1 + 1.5x - 5x^2)e^{-1.5x}$$

這個曲線以一個水平的切線開始，在 $x = 0.6217$ (在這一點 $1 + 1.5x - 5x^2 = 0$) 通過 x 軸，而且隨 x 的增加從下方趨近 x 軸。 ■

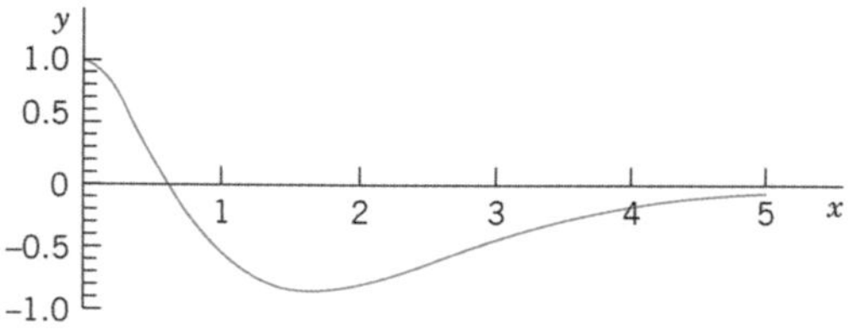

圖 51 例題 2 的解

例題 3 相加規則 (c) 的應用

求解初值問題

(7) $$y'' + 2y' + 0.75y = 2\cos x - 0.25\sin x + 0.09x, \quad y(0) = 2.78, \quad y'(0) = -0.43$$

解

步驟 1：齊次 ODE 之通解。相對應的齊次 ODE 之特徵方程式為

$$\lambda^2 + 2\lambda + 0.75 = (\lambda + \frac{1}{2})(\lambda + \frac{3}{2}) = 0$$

由此得到通解 $y_h = c_1 e^{-x/2} + c_2 e^{-3x/2}$

步驟 2：非齊次 ODE 之特解。我們寫成 $y_p = y_{p1} + y_{p2}$，並依照表 2.1、

(C) 與 (B)，

$$y_{p_1} = K\cos x + M\sin x \quad 及 \quad y_{p_2} = K_1 x + K_0$$

由微分得 $y'_{p1} = -K\sin x + M\cos x$ 、 $y''_{p1} = -K\cos x - M\sin x$ 及 $y'_{p2} = 1$ 、 $y''_{p2} = 0$ 。將 y_{p1} 代入 ODE (7) 式，並比較餘弦和正弦的項，可得

$$-K + 2M + 0.75K = 2\,, \quad -M - 2K + 0.75M = -0.25\,,$$

因此 $K = 0$ 且 $M = 1$。將 y_{p2} 代入 ODE (7) 式，並比較 x 和 x^0 的項，可得

$$0.75K_1 = 0.09, \quad 2K_1 + 0.75K_0 = 0, \quad 因此 \quad K_1 = 0.12, \quad K_0 = -0.32$$

因此 (7) 式的一個通解爲

$$y = c_1 e^{-x/2} + c_2 e^{-3x/2} + \sin x + 0.12x - 0.32$$

步驟 3：初值問題的解。由 y 、 y' 和初始條件可得

$$y(0) = c_1 + c_2 - 0.32 = 2.78\,, \quad y'(0) = -\frac{1}{2}c_1 - \frac{3}{2}c_2 + 1 + 0.12 = -0.43$$

因此 $c_1 = 3.1$ 、 $c_2 = 0$ 。由此可得 IVP 的答案是 (圖 52)

$$y = 3.1e^{-x/2} + \sin x + 0.12x - 0.32$$ ■

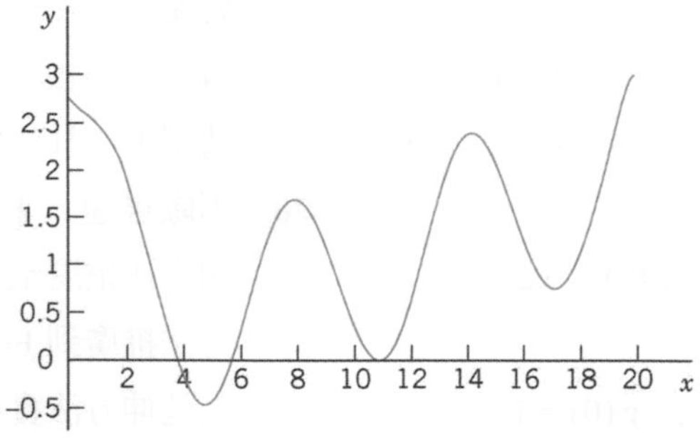

圖 52　例題 3 的解

穩定度。接下來這一點很重要。若 (且唯若) (4) 式的齊次 ODE $y'' + ay' + by = 0$ 之特徵方程式所有的根都是負數，或有負的實部，則這個 ODE 的通解 y_h 會在 $x \to \infty$ 時趨近於零，所以 (4) 式的「**暫態解 (transient solution)**」 $y = y_h + y_p$ 會趨近於「**穩態解 (steady-state solution)**」 y_p。在這個情形，這個非齊次 ODE，以及被這個 ODE 所模擬的物理或其他系統，即稱爲**穩定 (stable)**；否則就稱之爲**不穩定 (unstable)**。例如，例題 1 裡的常微分方程式就是不穩定的。

下面兩節會有更多應用實例。

習題集 2.7

1–10 非齊次線性 ODE：通解

試求下列各題之 (實數) 通解。說明你所使用之規則，並寫出所有步驟。

1. $y'' + 5y' + 6y = 2e^{-x}$
2. $10y'' + 50y' + 57.6y = \cos x$
3. $y'' + 3y' + 2y = 12x^2$
4. $y'' - 4y = 8\cos \pi x$
5. $y'' + 4y' + 4y = e^{-x}\cos x$
6. $y'' + y' + (\pi^2 + \frac{1}{4})y = e^{-x/2}\sin \pi x$
7. $(D^2 - 4D + 3I)y = e^x - \frac{9}{2}x$
8. $(3D^2 + 27I)y = 3\cos x + \cos 3x$
9. $(D^2 - 16I)y = 9.6e^{4x} + 30e^x$
10. $(D^2 + 2D + I)y = 2x\sin x$

11–18 非齊次線性 ODE：IVP

求解初值問題。說明你所使用之規則，並寫出所有步驟。

11. $y'' + 4y = 8x^2$, $y(0) = -3$, $y'(0) = 0$
12. $y'' + 4y = -12\sin 2x$, $y(0) = 1.8$, $y'(0) = 5.0$
13. $8y'' - 6y' + y = 6\cosh x$, $y(0) = 0.2$, $y'(0) = 0.05$
14. $y'' + 6y' + 9y = e^{-x}\cos 2x$, $y(0) = 1$, $y'(0) = -1$
15. $(x^2D^2 - 3xD + 3I)y = 3\ln x - 4$, $y(1) = 0$, $y'(1) = 1$; $y_p = \ln x$
16. $(D^2 - 2D)y = 6e^{2x} - 4e^{-2x}$, $y(0) = -1$, $y'(0) = 6$
17. $(D^2 + 0.4D + 0.4I)y = 2.25e^{0.25x}$, $y(0) = 0.5$, $y'(0) = -0.5$
18. $(D^2 + 2D + 10I)y = 17\sin x - 37\sin 3x$, $y(0) = 6.6$, $y'(0) = -2.2$
19. **CAS 專題　初值問題之解的結構**　自行選取不同的初值問題，使用本節的方法求解、繪圖並討論所得的解 y。探究初始條件改變對解的影響。分別繪出 y_p 、 y 、 $y - y_p$ ，以了解各別的影響。求符合下列條件的問題 (a) y_h 對 y 的影響遞減至零、(b) y_h 遞增，(c) 不在解答 y 之中。探討一個滿足 $y(0) = 0$ 、 $y'(0) = 0$ 的問題。考慮一個需要使用修正規則之問題，(a) 有簡單根 (b) 有一個重根。確定你的問題包含所有三種情況 I 、II、III (見 2.2 節)。
20. **團隊專題　未定係數法之延伸**　**(a)** 把這個方法推廣至表 2.1 之函數的積。**(b)** 將此方法推廣到 Euler–Cauchy 方程式。討論這些延伸方法實用上之重要性。

2.8 模型化：受力振盪、共振 (Modeling: Forced Oscillations. Resonance)

在 2.4 節，我們探討過一個質量–彈簧系統 (質量 m 的物體，在彈性彈簧上的振動，如圖 33 和圖 53 所示) 之垂直運動，並用以下**齊次**線性 ODE 作爲其模型

$$my'' + cy' + ky = 0 \tag{1}$$

此處，時間函數 $y(t)$ 爲質量 m 之物體與靜止點間的位移量。

2.4 節中的質量－彈簧系統只進行自由運動。這代表該運動只受內部力的控制，沒有外力 (外部的力)。內部力指的是系統內的力。包含了慣性力 my''、阻尼力 cy' (若 $c > 0$) 和彈簧的回復力 ky。

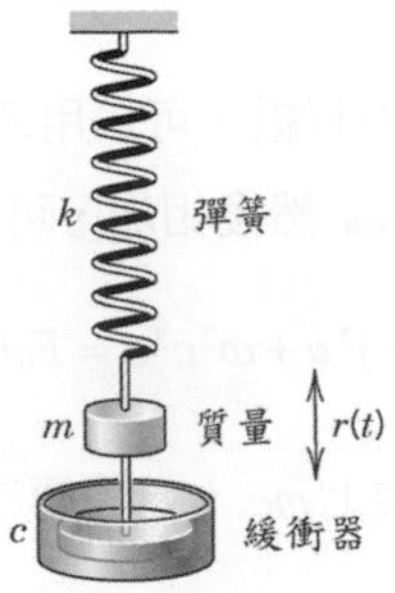

圖 53　質量懸掛在彈簧上

現在要將我們的模型延伸，以在等號右側納入一個額外的力，也就是外力 $r(t)$。因此我們有

(2*) $$my'' + cy' + ky = r(t)$$

在力學上這代表了，在任意瞬間 t，內力的合力與 $r(t)$ 平衡。這樣產生的運動稱爲在**施力函數 (forcing funciton)** $r(t)$ 下的**受力運動 (forced motions)**，其中 $r(t)$ 又被稱爲**輸入 (input)** 或**驅動力 (driving force)**，而其相對應之解 $y(t)$，稱爲該系統在此驅動力下之**輸出 (output)** 或**響應 (response)**。

週期性外力是我們特別感興趣的，以下即考慮此種驅動力，其形式爲

$$r(t) = F_0 \cos \omega t \qquad (F_0 > 0, \omega > 0)$$

則可得非齊次 ODE

(2) $$my'' + cy' + ky = F_0 \cos \omega t$$

此方程式的解，讓我們可以了解機械工程上的一些基本現象，並讓我們得以建立共振的模型。

2.8.1　求解非齊次 ODE (2)

由 2.7 節可知，(2) 式之通解爲齊次 ODE (1) 之通解 y_h 及(2) 式之任意解 y_p 的和。爲求 y_p，我們使用待定係數法 (2.7 節)，從下式開始

(3) $$y_p(t) = a \cos \omega t + b \sin \omega t$$

對此函數微分 (連鎖律！) 可得

$$y_p' = -\omega a \sin \omega t + \omega b \cos \omega t,$$

$$y_p'' = -\omega^2 a \cos \omega t - \omega^2 b \sin \omega t$$

將 y_p、y_p' 和 y_p'' 代入 (2) 式，並整併餘弦和正弦項，可得

$$[(k - m\omega^2)a + \omega cb]\cos \omega t + [-\omega ca + (k - m\omega^2)b]\sin \omega t = F_0 \cos \omega t$$

兩側之餘弦項必須相同，而因爲右側沒有正弦項，所以左側正弦項係數必須爲零。可得兩方程式爲

(4)
$$\begin{aligned}(k-m\omega^2)a + \quad \omega cb \quad &= F_0 \\ -\omega ca \quad + (k-m\omega^2)b &= 0\end{aligned}$$

由此求出未知係數a與b。這是一個線性方程組，可以用消去法求解。爲了消去b，將第一個方程式乘上 $k-m\omega^2$，並將第二個方程式乘上 $-\omega c$ 然後相加，可得

$$(k-m\omega^2)^2 a + \omega^2 c^2 a = F_0(k-m\omega^2)$$

同樣的，爲了消去 a，將第一個方程式乘上 ωc，並將第二個方程式乘上 $k-m\omega^2$ 然後相加，可得

$$\omega^2 c^2 b + (k-m\omega^2)^2 b = F_0 \omega c$$

如果因式 $(k-m\omega^2)^2 + \omega^2 c^2$ 不爲零，除以此因式而解得 a 和 b 爲

$$a = F_0 \frac{k-m\omega^2}{(k-m\omega^2)^2 + \omega^2 c^2}, \quad b = F_0 \frac{\omega c}{(k-m\omega^2)^2 + \omega^2 c^2}$$

若和 2.4 節一樣，令 $\sqrt{k/m} = \omega_0 (>0)$，則 $k = m\omega_0^2$，並可得

(5)
$$a = F_0 \frac{m(\omega_0^2 - \omega^2)}{m^2(\omega_0^2 - \omega^2)^2 + \omega^2 c^2}, \quad b = F_0 \frac{\omega c}{m^2(\omega_0^2 - \omega^2)^2 + \omega^2 c^2}$$

因此我們可得非齊次 ODE (2) 之通解如下

(6)
$$y(t) = y_h(t) + y_p(t)$$

其中，y_h 爲齊次 ODE (1) 之通解，而 y_p 如 (3) 式所示，其係數爲 (5) 式。

現在討論機械系統在 $c = 0$ (無阻尼) 及 $c > 0$ (有阻尼) 兩種情況下之行爲。這兩種情況將對應到兩種不同形式的輸出。

2.8.2 情況 1 無阻尼受力振盪、共振

如果一個眞實系統的阻尼，小到其效應在考慮的時間內可被忽略，則我們可以令 $c = 0$。則 (5) 式簡化爲 $a = F_0/[m(\omega_0^2 - \omega^2)]$ 及 $b = 0$。因此 (3) 式成爲 (利用 $\omega_0^2 = k/m$)

(7)
$$y_p(t) = \frac{F_0}{m(\omega_0^2 - \omega^2)} \cos \omega t = \frac{F_0}{k[1-(\omega/\omega_0)^2]} \cos \omega t$$

在此必須假設 $\omega^2 \neq \omega_0^2$；物理上，驅動力的頻率 $\omega/(2\pi)$ [週 / 秒] 與系統的自然頻率 $\omega_0/(2\pi)$ 不同，此頻率爲無外力無阻尼運動之頻率 [參見 2.4 節之 (4) 式]。由 (7) 式及 2.4 節之 (4*) 式，可得「無阻尼系統」之通解爲

(8)
$$y(t) = C \cos(\omega_0 t - \delta) + \frac{F_0}{m(\omega_0^2 - \omega^2)} \cos \omega t$$

我們可看出，此輸出為剛才提到之兩頻率的兩種諧波振盪的疊加 (superposition of two harmonic oscillation)。

共振 接著討論 (7) 式。我們看到 y_p 的最大振幅是 (設 $\cos\omega t = 1$)

(9)
$$a_0 = \frac{F_0}{k}\rho \quad 其中 \quad \rho = \frac{1}{1-(\omega/\omega_0)^2}$$

a_0 取決於 ω 及 ω_0。若 $\omega \to \omega_0$，則 ρ 與 a_0 將趨於無限大。由於輸入頻率和自然頻率的吻合 $(\omega = \omega_0)$ 而激發出的大幅振動就稱為**共振(resonance)**。ρ 被稱為**共振因子 (resonance factor)** (圖 54)，而由 (9) 式可知 $\rho/k = a_0/F_0$ 為特解 y_p 之振幅與輸入振幅 $F_0\cos\omega t$ 的比值。在本節稍後將會看到，共振是研究振動系統之基本要項。

在共振情況下，非齊次 ODE (2) 成為

(10)
$$y'' + \omega_0^2 y = \frac{F_0}{m}\cos\omega_0 t$$

則 (7) 式不再成立，且由 2.7 節之修正規則可知，(10) 式之特解的形式為

$$y_p(t) = t(a\cos\omega_0 t + b\sin\omega_0 t)$$

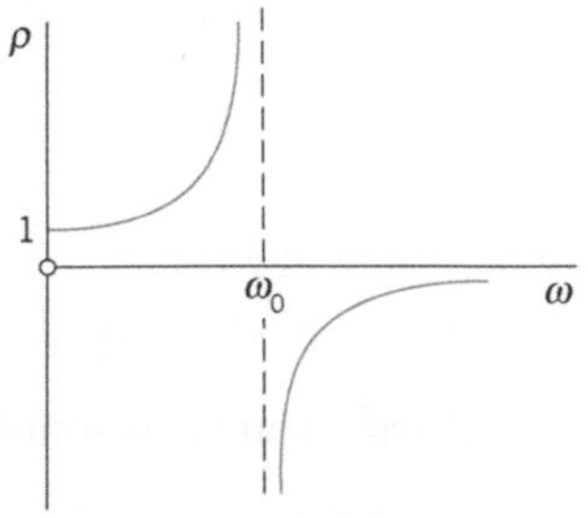

圖 54 共振因子 $\rho(\omega)$

將此式代入 (10) 式，可得 $a = 0$ 及 $b = F_0/(2m\omega_0)$ 。所以 (圖 55)

(11)
$$y_p(t) = \frac{F_0}{2m\omega_0} t\sin\omega_0 t$$

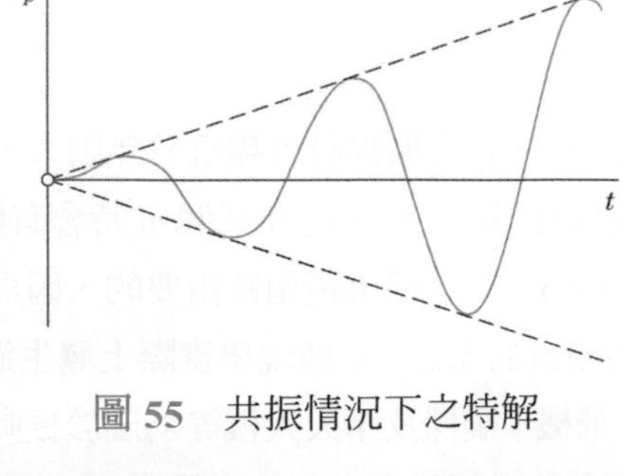

圖 55 共振情況下之特解

我們可以看出，由於因子 t，振動的振幅變得愈來愈大。在實際上，阻尼很小的系統，很可能會出現巨大的振動，甚至會摧毀系統。我們將在本節稍後再回頭討論有關共振之實際問題。

節拍 另一個有趣且高度重要之振盪型式是在當 ω 接近 ω_0 時發生。比如說下式之特解 [參見 (8) 式]

$$y(t) = \frac{F_0}{m(\omega_0^2 - \omega^2)}(\cos\omega t - \cos\omega_0 t) \qquad (\omega \neq \omega_0) \tag{12}$$

利用附錄 3.1 中的 (12) 式，可將此式改寫爲

$$y(t) = \frac{2F_0}{m(\omega_0^2 - \omega^2)} \sin\left(\frac{\omega_0 + \omega}{2} t\right) \sin\left(\frac{\omega_0 - \omega}{2} t\right)$$

由於 ω 接近 ω_0，其差 $\omega_0 - \omega$ 甚小。所以最後一個正弦函數的週期很大，使得此種振盪之形式如圖 56 所示，虛線的曲線是來自第一個正弦的因式。這就是音樂家在對樂器**調音**時所傾聽的聲音。

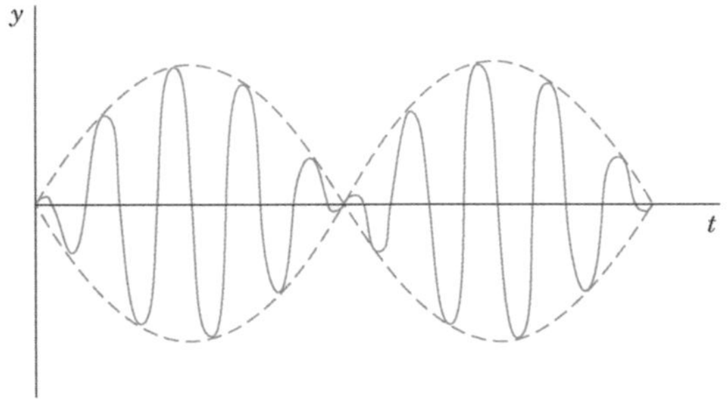

圖 56 當輸入頻率與自然頻率很接近時之無阻尼受力振盪（「節拍」）

2.8.3 情況 2 有阻尼受力振盪

若質量–彈簧系統的阻尼並不是小到可以忽略，我們有 $c > 0$，且 (1) 式和 (2) 式中會有阻尼項 cy'。則齊次 ODE (1) 之通解 y_h 在 t 趨向無限大的時候會趨近於零，如 2.4 節所述。實際上，只要時間夠長，它會是零。所以 (2) 式的「**暫態解 (transient solution)**」(6)，寫爲 $y = y_h + y_p$，會趨向「**穩態解 (steady-state solution)**」y_p。如此證明了以下定理。

定理 1

穩態解

一個驅動力為純正弦波之阻尼振動系統 [見 (2) 式]，在經過夠長的一段時間之後，它的輸出實際上將會成為諧波振盪，其頻率即為輸入頻率。

穩態解之振幅、實際共振

在無阻尼之情況下，當 ω 趨近 ω_0 時，y_p 之振幅將會趨近於無限大，在有阻尼的情況下這是不會發生的。這種情況下，振幅將永遠爲有限的。但可能在某個 ω 時會有極大值，取決於阻尼常數 c，這稱爲**實際共振 (practical resonance)**。上述現象是相當重要的，因爲若 c 不夠大，則某種輸入可能會激發大到足以破壞或甚至摧毀系統的振盪。這種現象實際上發生過，尤其是以前對共振的認識還不充分時。機器、汽車、船舶、飛機、橋樑及摩天大樓等均屬於振動機械系統，而且有時很難找出能完全避免共振效應的結構。振動的成因很多，包括引擎或強風等。

爲了將 y_p 表示成 ω 的函數來研究，我們將 (3) 式寫成

(13) $$y_p(t) = C^*\cos(\omega t - \eta)$$

C^* 稱爲 y_p 的**振幅**，而 η 則稱爲**相位角 (phase angle)** 或**相位落後 (phase lag)**，因爲它度量輸出落後於輸入的量。根據 (5) 式，這些量爲

(14) $$C^*(\omega) = \sqrt{a^2+b^2} = \frac{F_0}{\sqrt{m^2(\omega_0^2-\omega^2)^2+\omega^2c^2}},$$
$$\tan\eta(\omega) = \frac{b}{a} = \frac{\omega c}{m(\omega_0^2-\omega^2)}.$$

讓我們檢查看看 $C^*(\omega)$ 是否有最大值，若有，找出其位置及大小。我們用 R 代表 C^* 表示式中第二個根號內的部分。令 C^* 的導數等於零，可得

$$\frac{dC^*}{d\omega} = F_0\left(-\frac{1}{2}R^{-3/2}\right)[2m^2(\omega_0^2-\omega^2)(-2\omega)+2\omega c^2]$$

上式中括弧 $[\cdots]$ 內表示式爲零的條件是

(15) $$c^2 = 2m^2(\omega_0^2-\omega^2) \quad (\omega_0^2 = k/m)$$

重新整理可得

$$2m^2\omega^2 = 2m^2\omega_0^2 - c^2 = 2mk - c^2$$

若 $c^2 > 2mk$，則此方程式的右側成爲負値，所以 (15) 式沒有實數解，而此時 C^* 將隨 ω 的增加而單調遞減，如圖 57 中最低的曲線所示。若 c 較小，$c^2 < 2mk$，則 (15) 式有實數解 $\omega = \omega_{\max}$，其中

(15*) $$\omega_{\max}^2 = \omega_0^2 - \frac{c^2}{2m^2}$$

由 (15*) 式可知，當 c 減小時，此解會增大，當 c 趨近於零時，此解將趨近於 ω_0。亦可參見圖 57。

$C^*(\omega_{\max})$ 的大小可由 (14) 式得到，其中 $\omega^2 = \omega_{\max}^2$ 來自 (15*) 式。對此 ω^2，可從 (15*) 式得到 (14) 式之第二個根號內的項

$$m^2(\omega_0^2-\omega_{\max}^2)^2 = \frac{c^4}{4m^2} \quad 及 \quad \omega_{\max}^2c^2 = \left(\omega_0^2 - \frac{c^2}{2m^2}\right)c^2$$

這兩個式子等號右邊的和爲

$$(c^4+4m^2\omega_0^2c^2-2c^4)/(4m^2) = c^2(4m^2\omega_0^2-c^2)/(4m^2)$$

代入 (14) 式可得

(16) $$C^*(\omega_{\max}) = \frac{2mF_0}{c\sqrt{4m^2\omega_0^2-c^2}}$$

看出當 $c > 0$ 時，$C^*(\omega_{max})$ 一定是有限值，此外，因爲 (16) 式分母的表示式

$$c^2 4m^2\omega_0^2 - c^4 = c^2(4mk - c^2)$$

隨著 $c^2(< 2mk)$ 趨向零，也會單調的遞減至零，最大振幅 (16) 則單調的遞增至無限大，這和情況 1 的結果相符。圖 57 顯示**放大率** C^*/F_0 (輸出與輸入振幅之比值) 對 ω 的函數關係，其中 $m = 1$、$k = 1$，所以 $\omega_0 = 1$，及不同的阻尼常數 c 值。

圖 58 顯示相位角 (輸出相對於輸入的落後)，若 $\omega < \omega_0$，則其值小於 $\pi/2$，而若 $\omega > \omega_0$，則其值大於 $\pi/2$。

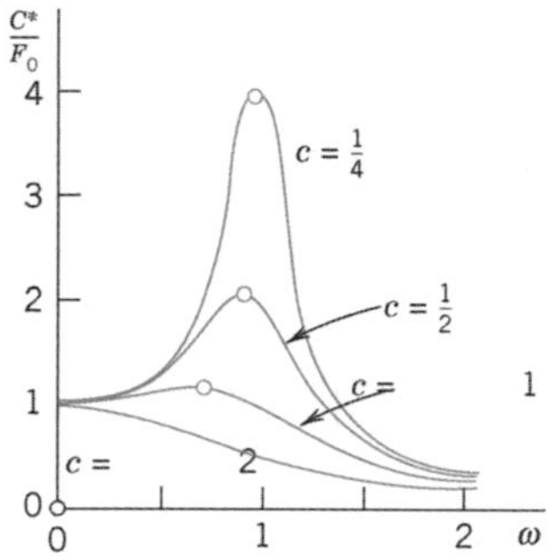

圖 57　放大率 C^*/F_0 在 $m = 1$、$k = 1$ 及各種不同阻尼常數 c 值下，與 ω 之函數關係

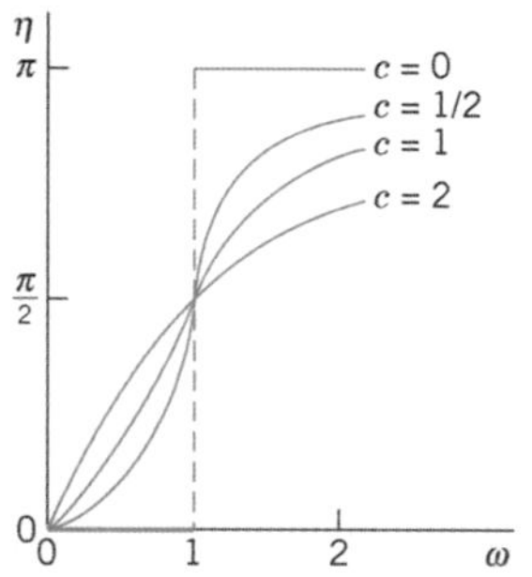

圖 58　相位落後 η 在 $m = 1$、$k = 1$ 及各種不同阻尼常數 c 值下，與 ω 之函數關係

習題集　2.8

1. **寫作專題　自由及受力振動**
寫一篇 2 至 3 頁的扼要報告，討論自由振動與受力振動間，最重要之相似處及相異處，附帶你自選的範例，不用證明。

2. 在 2.7 節的習題 1–18 中，哪些可以是 (以 x = 時間 t) 質量－彈簧系統的模型，且以諧波振盪爲穩態解？

3–7　穩態解

請求出由下列 ODE 所描述之質量–彈簧系統的穩態運動，請列出詳細過程。

3. $y'' + 4y' + 3y = 4.5 \sin 2t$

4. $y'' + 2.5y' + 10y = -13.6 \sin 4t$

5. $(D^2 + D + 1.25I)y = 2.5 \cos 1.5t$

6. $(D^2 + 4D + 3I)y = \cos t + \frac{1}{3} \cos 3t$

7. $(4D^2 + 12D + 9I)y = 225 - 75 \sin 3t$

8–15　暫態解

請求出由下列 ODE 所描述之質量–彈簧系統的暫態運動，請列出詳細過程。

8. $2y'' + 4y' + 6.5y = \cos 1.5t$

9. $y'' + 3y' + 3.25y = 3 \cos t - 1.5 \sin t$

10. $y'' + 16y = 56 \cos 4t$

11. $(D^2 + 9I)y = \cos 3t + \sin 3t$

12. $(D^2 + 2D + 5I)y = 4 \cos t + 8 \sin t$

13. $(D^2 + 4I)y = \sin \omega t,\ \omega^2 \neq 1$

14. $(D^2 + I)y = 5e^{-t} \cos t$

15. $(D^2 + 4D + 8I)y = 2 \cos 2t + \sin 2t$

16–20 初值問題

請求出由下列 ODE 及初始條件所描述之質量–彈簧系統的運動，繪出解之曲線。此外，畫出 $y - y_p$ 的曲線，以了解系統何時眞的達到穩態。

16. $y'' + 16y = 4 \sin t,\quad y(0) = 1,\quad y'(0) = 1$

17. $(D^2 + 4I)y = \sin t + \dfrac{1}{3}\sin 3t + \dfrac{1}{5}\sin 5t,\quad y(0) = 0,\quad y'(0) = \dfrac{3}{35}$

18. $(D^2 + 8D + 17)y = 474.5 \sin 0.5t,\quad y(0) = -5.4,\quad y'(0) = 9.4$

19. $(D^2 + 4D + 5I)y = e^{-t} \cos t,\quad y(0) = 0,\quad y'(0) = 1$

20. $(D^2 + 5I)y = \cos \pi t - \sin \pi t,\quad y(0) = 0,\quad y'(0) = 0$

21. 節拍 由 (12) 式推導出 (12) 式後面的公式。阻尼系統是否會有節拍？

22. 節 拍 求解 $y'' + 25y = 99 \cos 4.9t$、$y(0) = 1.5$、$y'(0) = 0$。若改變 (a) $y(0)$，(b) 驅動力的頻率，解答的圖形會怎麼改變？

23. 團隊試驗 實際共振

(a) 詳細推導出重要的 (16) 式。

(b) 考慮 dC^*/dc，證明當 $c\ (\leq \sqrt{2mk})$ 減小時，$C^*(\omega_{\max})$ 增大。

(c) 以你自選的 ODE 舉例說明實際共振，改變 c，並類似圖 57 繪出相對之曲線。

(d) 用你的 ODE，固定一個 c 值，並選用有兩項的輸入，其中一項之頻率接近於實際共振頻率，而另一項之頻率則否。討論並繪出其輸出。

(e) 另外舉出一個 (不在本書中的) 共振有重要影響的應用實例。

24. 砲管 解 $y'' + y = 1 - t^2/\pi^2$ 當 $0 \leq t \leq \pi$ 時、0 當 $t \to \infty$，此處 $y(0) = 0$、$y'(0) = 0$。這是一個無阻尼系統之模型，在某段時間內受 F 的作用力 (參見圖 59)，譬如說，在砲彈發射時，砲管受一強力彈簧的牽制 (然後由緩衝器阻動，在此省略以簡化問題)。提示：於 π 時，y 和 y' 都必須是連續的。

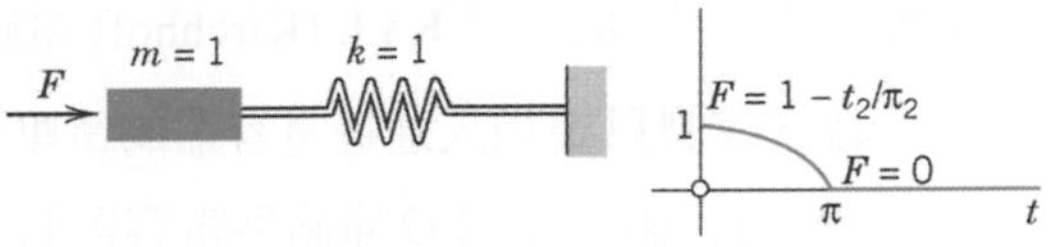

圖 59 習題 24

25. CAS 試驗 無阻尼振動

(a) 求解初值問題 $y'' + y = \cos \omega t$、$\omega^2 \neq 1$、$y(0) = 0$、$y'(0) = 0$。證明其解可寫爲

$$y(t) = \frac{2}{1-\omega^2} \sin\left[\frac{1}{2}(1+\omega)t\right] \sin\left[\frac{1}{2}(1-\omega)t\right]$$

(b) 以其解進行試驗，改變 ω 以觀察曲線的變化，由微小之 $\omega\ (>0)$ 到出現節拍、共振、到大的 ω 值 (參見圖 60)。

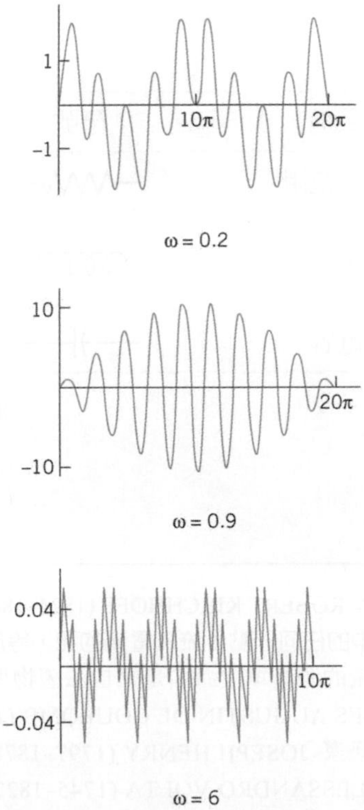

圖 60 CAS 試驗 25 之典型解曲線

2.9　模型化：電路 (Modeling: Electric Circuits)

電腦無法設計出好的模型，所以建構模型成為現代應用數學一項重要的任務。要想獲得建構模型的成功經驗，最好的辦法就是仔細的觀察在不同領域的各種應用中，實際建立模型的過程。所以，建構一個電路的模型，不僅是對電機工程師或電腦科學家有用，而是對所有學生都有所助益。

圖 61 所示是一個 ***RLC*-電路**，它是其它大型電路的基本組成元素。一個 *RLC*-電路是，在一個 *RL*-電路中再加入一個電容所組成。回顧一下 1.5 節之例題 2 中的 *RL*-電路。*RL*-電路的模型是 $LI' + RI = E(t)$。它是利用 **KVL** (Kirchhoff 電壓定律)，[7] 令通過電阻和電感的電壓降等於 EMF (電動勢)。因此，我們只要加入通過電容器的電壓降 Q/C 就可得到 *RLC*-電路的模型。在此 C F (farads) 是電容器的電容值。此處 Q 庫倫為電容器的電荷，它與電流的關係為

$$I(t) = \frac{dQ}{dt}, \quad 相當於 \quad Q(t) = \int I(t)dt$$

亦可見圖 62。假設正弦波的 EMF 如圖 61 所示，我們可得此 *RLC*-電路的模型為

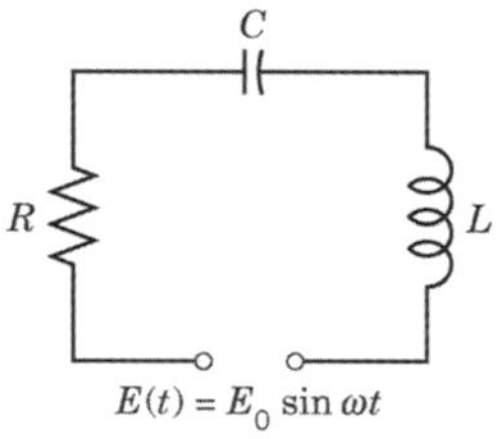

圖 61　*RLC*-電路

名稱	符號	標記	單位	電壓降
Ohm電阻		*R* Ohm電阻	ohms (Ω)	RI
電感		*L*電感	henrys (H)	$L\frac{dI}{dt}$
電容	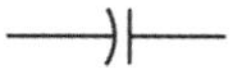	*C*電容	farads (F)	Q/C

圖 62　RLC-電路的元件

[7] GUSTAV ROBERT KIRCHHOFF (1824–1887)，德國物理學家。稍後我們還要用到 Kirchhoff 電流定律 (KCL): 在電路中的任何一點，流入電流的和，等於流出電流的和。
各種電量的測量單位命名是來自法國物理學家 ANDRÉ MARIE AMPÈRE (1775–1836)、法國物理及工程學家 CHARLES AUGUSTIN DE COULOMB (1736–1806)、英國物理學家 MICHAEL FARADAY (1791–1867)、美國物理學家 JOSEPH HENRY (1797–1878)、德國物理學家 GEORG SIMON OHM (1789–1854)、義大利物理學家 ALESSANDRO VOLTA (1745–1827)。

(1′)
$$LI' + RI + \frac{1}{C}\int I\,dt = E(t) = E_0 \sin \omega t$$

這是一個「積分－微分方程式」。爲了要將積分去掉，將 (1') 式對 t 微分，可得

(1)
$$LI'' + RI' + \frac{1}{C}I = E'(t) = E_0\omega \cos \omega t$$

這顯示了，經由求解非齊次二階常係數 ODE (1)，可以得到 *RLC*-電路上的電流。

　　爲表示成初值問題，我們偶爾也會用

(1″)
$$LQ'' + RQ' + \frac{1}{C}Q = E(t),$$

這是來自 (1') 式，其 $I = Q'$。

2.9.1　解 ODE (1)，以獲得 *RLC*-電路上的電流

(1) 式之通解爲兩電流之和 $I = I_h + I_p$，其中 I_h 爲相對應於 (1) 式的齊次 ODE 之通解，而 I_p 爲 (1) 式之特解。我們先由未定係數法求 I_p，依前一節的步驟進行。將以下各式

(2)
$$I_p = a \cos \omega t + b \sin \omega t$$

$$I_p' = \omega(-a \sin \omega t + b \cos \omega t)$$

$$I_p'' = \omega^2(-a \cos \omega t - b \sin \omega t)$$

代入 (1) 式。然後整併餘弦項，並使它們等於右側之 $E_0\omega \cos \omega t$，因爲右側沒有正弦項，所以整併後之正弦項等於零，

$$L\omega^2(-a) + R\omega b + a/C = E_0\omega \qquad \text{(餘弦項)}$$

$$L\omega^2(-b) + R\omega(-a) + b/C = 0 \qquad \text{(正弦項)}$$

爲解得此方程組之 a 與 b，首先引入 L 和 C 的結合，稱爲**電抗 (reactance)**

(3)
$$S = \omega L - \frac{1}{\omega C}$$

將前兩個方程式除以 ω，整理之，並以 S 替換，可得

$$-Sa + Rb = E_0$$

$$-Ra - Sb = 0$$

我們將第一個方程式乘上 S、第二個方程式乘上 R、並將結果相加，以消去 b。然後將第一個方程式乘上 R、第二個方程式乘上 $-S$，並相加，以消去 a。這樣就得到

$$-(S^2 + R^2)a = E_0 S,\quad (R^2 + S^2)b = E_0 R$$

我們可解得 a 和 b，

(4) $$a = \frac{-E_0 S}{R^2 + S^2}, \quad b = \frac{E_0 R}{R^2 + S^2}$$

可由 (4) 式得到 (2) 式的係數 a 和 b，(2) 式即爲我們所要的非齊次 ODE (1) 之特解 I_p，此方程式爲受正弦電動勢之 RLC-電路內電流 I 的統御方程式。

利用 (4) 式，可將 I_p 用「可觀測 (physically visible)」量來表示，也就是電流的振幅 I_0 和相對於電動勢的相位落後 θ，也就是

(5) $$I_p(t) = I_0 \sin(\omega t - \theta)$$

其中 [參見附錄 3.1 之 (14) 式]

$$I_0 = \sqrt{a^2 + b^2} = \frac{E_0}{\sqrt{R^2 + S^2}}, \quad \tan\theta = -\frac{a}{b} = \frac{S}{R}$$

在上式中 $\sqrt{R^2 + S^2}$ 稱爲**阻抗 (impedance)**。我們的公式指出，阻抗等於比值 E_0 / I_0。這有些類似於 $E / I = R$ (歐姆定律)，因爲此種相似性，所以阻抗又稱爲**表觀電阻 (apparent resistance)**。

相對應於 (1) 式之齊次方程式的通解爲

$$I_h = c_1 e^{\lambda_1 t} + c_2 e^{\lambda_2 t}$$

其中 λ_1 與 λ_2 爲特徵方程式之根，而此特徵方程式爲

$$\lambda^2 + \frac{R}{L}\lambda + \frac{1}{LC} = 0$$

我們可將這兩根寫成 $\lambda_1 = -\alpha + \beta$ 和 $\lambda_2 = -\alpha - \beta$ 的形式，其中

$$\alpha = \frac{R}{2L}, \quad \beta = \sqrt{\frac{R^2}{4L^2} - \frac{1}{LC}} = \frac{1}{2L}\sqrt{R^2 - \frac{4L}{C}}$$

在實際的電路中，R 不會爲零 (所以 $R > 0$)。由此得知，理論上，$t \to \infty$ 時 I_h 會趨近於零，但實際上，並不需要那麼長的時間。所以暫態電流 $I = I_h + I_p$ 會趨向於穩態電流 I_p，而經過一段時間後，輸出將會實際上成爲 (5) 式的諧波振盪，其頻率與輸入 (電動勢) 頻率相同。

例題 1 ***RLC*-電路**

求 RLC-電路上的電流 $I(t)$，此電路中 $R = 11\ \Omega$ (ohms)、$L = 0.1$ H (henry)、$C = 10^{-2}$ F (farad)，而其電源之 EMF 爲 $E(t) = 110 \sin(60 \cdot 2\pi t) = 110 \sin 377t$ (也就是美、加地區通用的 60 Hz = 60 cycles / sec，在歐洲則爲 220 V 和 50 Hz)。假設 $t = 0$ 時電流與電容電荷均爲零。

解

步驟 *1*：齊次 *ODE* 之通解。將 R、L、C 及導數 $E'(t)$ 代入 (1) 式，可得

$$0.1I''+11I'+100I=100\cdot 377\cos 377t$$

因此齊次 ODE 爲 $0.1I''+11I'+100I=0$ 。其特徵方程式爲

$$0.1\lambda^2+11\lambda+100=0$$

此式之根是 $\lambda_1=-10$ 與 $\lambda_2=-100$ 。相對應的齊次 ODE 之通解爲

$$I_h(t)=c_1e^{-10t}+c_2e^{-100t}$$

步驟 *2*：(1) 式之特解 I_p。計算電抗 $S=37.7-0.3=37.4$ 及穩態電流

$$I_p(t)=a\cos 377t+b\sin 377t$$

其係數可由 (4) 式得到 (經捨入)

$$a=\frac{-110\cdot 37.4}{11^2+37.4^2}=-2.71,\quad b=\frac{110\cdot 11}{11^2+37.4^2}=0.796$$

所以在本例中，非齊次 ODE (1) 之通解爲

(6) $$I(t)=c_1e^{-10t}+c_2e^{-100t}-2.71\cos 377t+0.796\sin 377t$$

步驟 *3*：滿足初始條件之特解。如何利用 $Q(0)=0$？最後由初始條件 $I(0)=0$ 和 $Q(0)=0$ 求 c_1 和 c_2 。由第一個條件及(6) 式可得

(7) $$I(0)=c_1+c_2-2.71=0,\quad 所以\quad c_2=2.71-c_1$$

然後用 $Q(0)=0$ 。(1') 式中的積分式等於 $\int I\,dt=Q(t)$；參考本節開頭部分。因此當 $t=0$，(1') 式成爲

$$LI'(0)+R\cdot 0=0,\quad 所以\quad I'(0)=0$$

將 (6) 式微分並令 $t=0$ 可得

$$I'(0)=-10c_1-100c_2+0+0.796\cdot 377=0,\quad 所以由 (7) 式得\quad -10c_1=100(2.71-c_1)-300.1$$

由上式與 (7) 式可解得 $c_1=-0.323$、$c_2=3.033$。所以答案爲

$$I(t)=-0.323e^{-10t}+3.033e^{-100t}-2.71\cos 377t+0.796\sin 377t$$

由於捨入的關係，得到的數值可能會有一點差異。圖 63 顯示 $I(t)$ 和 $I_p(t)$，因爲指數項快速衰減至零，除了在 $t=0$ 附近的很短時間內，兩條曲線幾近重合。因此在一段短時間之後，電路上的電流就幾近於諧波振盪，頻率即爲輸入頻率 60 Hz = 60 cycles/sec。由 (5) 式可看出它的最大振幅與相位延遲，在此表示爲

$$I_p(t)=2.824\sin(377t-1.29)$$ ■

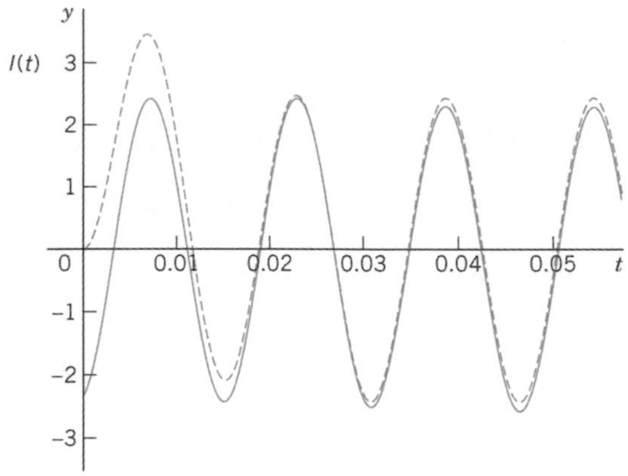

圖 63 例題 1 之暫態 (較高的曲線) 和穩態電流

2.9.2 電量與機械量之類比

完全不同之物理或其它系統可能會有相同之數學模型。
例如，我們在第 1 章中就已經看到 ODE $y' = ky$ 可以有不同應用。**數學統合力 (unifying power of mathematics)** 的另一個令人印象深刻的例證爲，電學的 *RLC*-電路 ODE (1) 與上一節質量–彈簧系統的 ODE (2)。此二方程式

$$LI'' + RI' + \frac{1}{C}I = E_0\omega \cos \omega t \quad 和 \quad my'' + cy' + ky = F_0 \cos \omega t$$

有同樣的形式。表 2.2 顯示不同的物理量之間的類比。電感 L 相對應於質量 m，的確，電感會阻逆電流的改變，有著與質量類似的「慣性效應」。電阻 R 對應於阻尼常數 c，而電阻會使能量損耗，就如同阻尼緩衝器的作用一般，以此類推。

此處的類比是**嚴格定量 (*strictly quantitative*)** 的，其意義是，只要引入適當的尺度因子，對一個特定的機械系統，我們可以建構出一個電路，使其電流恰等於該機械系統的位移量。

此種類比的**實際重要性**是非常明顯的。可以利用此種類比爲給定的機械模型建構「電路模型」，以大幅節省時間與金錢。因爲電子電路容易組合，而電路的物理量之量測遠比機械的物理量之量測爲快又準確。

表 2.2 電量與機械量之類比

電路系統	機械系統
電感L	質量m
電阻R	阻尼常數c
電容的倒數$1/C$	彈簧模數k
電動勢的導數 $E_0\omega \cos \omega t$	驅動力 $F_0 \cos \omega t$
電流$I(t)$	位移$y(t)$

與此類比有關的是**換能器 (transducers)**，這是一種元件，可將機械量 (利如位移) 的變化，轉換成可監控的電路物理量的變化，參考附錄 1 之 Ref. [GenRef11]。

習題集　2.9

1–6　***RLC*-電路特殊情況**

1. ***RC*-電路**　建立圖 64 之 *RC*-電路的模型。*E* 爲常數時，求出其電流。

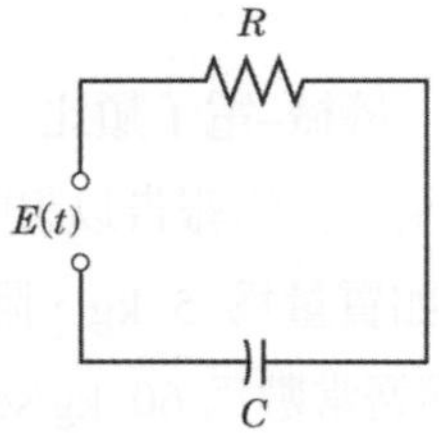

圖 64　*RC*-電路

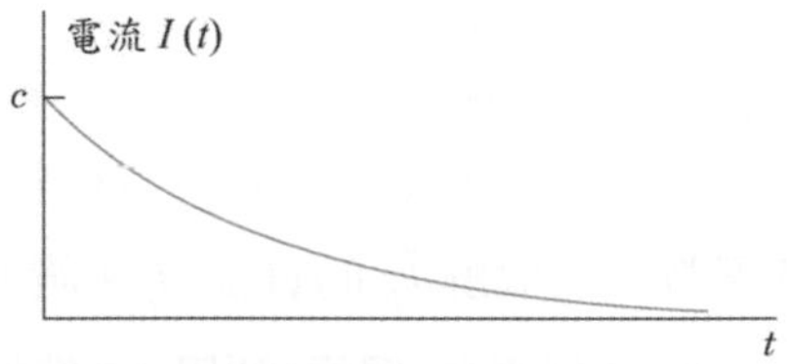

圖 65　習題 1 之電流 *I*

2. ***RC*-電路**　求解習題 1，令 $E = E_0 \sin \omega t$ 且 *R*、*C*、E_0 和 ω 爲任意。

3. ***RL*-電路**　建立圖 66 之 *RL*-電路的模型。當 *R*、*L*、*E* 爲任意常數時，求出其通解。當 $L = 0.5$ H、$R = 20\ \Omega$、$E = 110$ V 時，繪出其解。

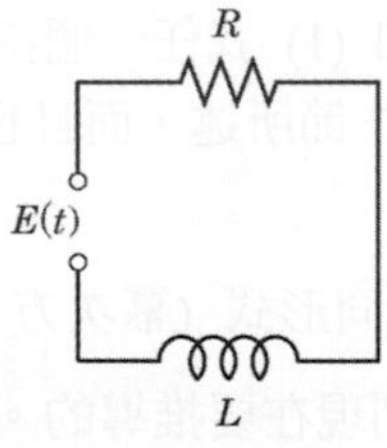

圖 66　*RL*-電路

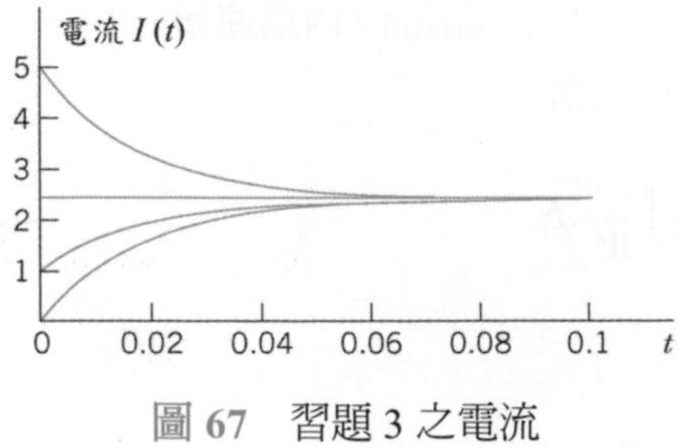

圖 67　習題 3 之電流

4. ***RL*-電路**　求解習題 3，令 $E = E_0 \sin \omega t$ 且 *R*、*L*、E_0 爲任意，畫出一典型解。

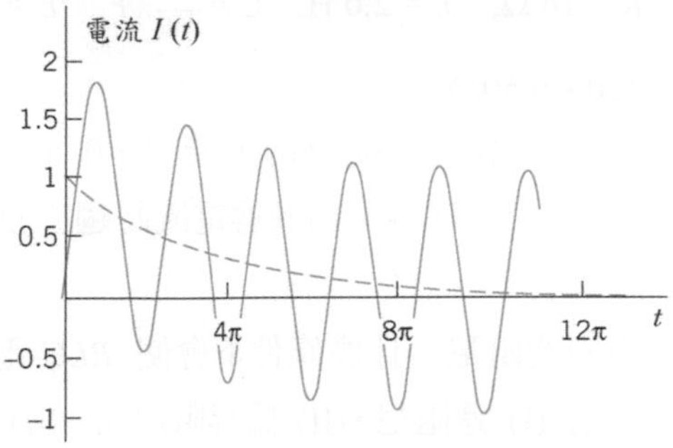

圖 68　習題 4 之典型電流

$I = e^{-0.1t} + \sin(t - \frac{1}{4}\pi)$

5. ***LC*-電路**　此爲 *R* 值小到可忽略之 *RLC*-電路 (類比於無阻尼質量–彈簧系統)。當 $L = 0.5$ H、$C = 0.005$ F 且 $E = \sin t$ V 時，假設初始電流及電荷爲零，求出其電流。

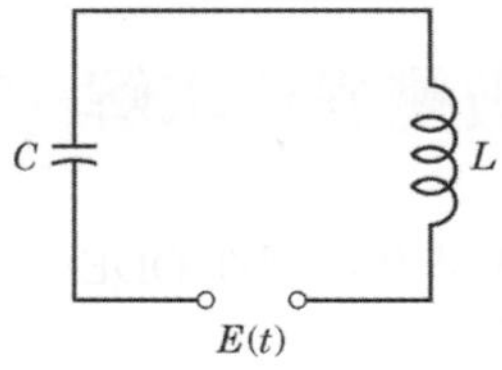

圖 69　*LC*-電路

6. ***LC*-電路**　當 $L = 0.25$ H、$C = 0.025$ F、$E = 2t^3$ V，且初始電流及電荷爲零時，求出其電流。

7–18　**一般 *RLC*-電路**

7. **調諧**　在調收音機之電台時，我們調整收音機之調諧控制裝置 (轉動旋鈕)，改變 *RLC*-電路中之 *C* (或是 *L*)，以使穩態電流之振幅 (5) 式可達最大值。此時之 *C* 值爲何？

8–14　從以下所給資料求出圖 61 中 ***RLC*-電**路之穩態電流，請列出詳細過程。

8. $R = 4\ \Omega$,　$L = 0.5$ H,　$C = 0.1$ F,　$E = 500 \sin 2t$ V

9. $R = 4\ \Omega$, $L = 0.1$ H, $C = 0.05$ F, $E = 110$ V

10. $R = 2\ \Omega$, $L = 1$ H, $C = \frac{1}{20}$ F, $E = 157 \sin 3t$ V

11. $R = 24\ \Omega$, $L = 1.2$ H, $C = \frac{1}{90}$ F, $E = 220 \sin 5t$ V

12. $R = 0.2\ \Omega$, $L = 0.1$ H, $C = 2$ F, $E = 220 \sin 314t$ V

13. $R = 16\ \Omega$, $L = 2.0$ H, $C = \frac{1}{200}$ F, $E = 120 \sin 50t$ V

14. 請證明本文中提及的，若 $R \neq 0$ (亦即 $R > 0$)，則 $t \to \infty$ 時暫態電流將趨近於 I_p 之說法。

15. **不同的阻尼** 什麼條件下會使 *RLC*-電路成為 (I) 過阻尼、(II) 臨界阻尼及 (III) 次阻尼的情況？請問臨界電阻 R_{crit} (類比於臨界阻尼常數 $2\sqrt{mk}$) 為何？

16–18 從以下所給資料，假設零初始電流及電荷，求解圖 61 中 *RLC*-電路之初值問題。繪出解的圖形，請列出詳細過程。

16. $R = 8\ \Omega$, $L = 0.2$ H, $C = 12.5 \cdot 10^{-3}$ F, $E = 100 \sin 10t$ V

17. $R = 18\ \Omega$, $L = 1$ H, $C = \frac{1}{250}$ F, $E = 250 (\cos t + \sin t)$

18. $R = 14\ \Omega$, $L = 1$ H, $C = \frac{1}{40}$ F, $E = 220 \cos 4t$ V

19. **報告撰寫　機械–電子類比**
寫一份 1 至 2 頁的報告以說明表 2.2，並附範例，例如質量為 5 kg、阻尼常數為 10 kg/sec、彈簧常數為 60 kg/sec^2，且驅動力為 $220 \cos 10t$ kg/sec 的質量－彈簧系統的類比 (令 $L = 1$ H)。

20. **複數解法** 求解 $L\tilde{I}'' + R\tilde{I}' + \tilde{I}/C = E_0 e^{i\omega t}$、$i = \sqrt{-1}$，經由代入 $I_p = Ke^{i\omega t}$ (K 未知) 及其導數，並取解 $\tilde{I}_p$ 的實部 I_p。證明它與 (2)、(4) 式相符合。提示：利用 2.2 節的 (11) 式 $e^{i\omega t} = \cos \omega t + i \sin \omega t$ 及 $i^2 = -1$。

2.10 參數變異法求解 (Solution by Variation of Parameters)

我們繼續討論非齊次線性 ODE

$$y'' + p(x)y' + q(x)y = r(x) \tag{1}$$

在 2.6 節我們已經看到，(1) 式的通解為相對之齊次 ODE 之通解和 (1) 式任一個特解 y_p 的和。當 $r(x)$ 不太複雜的時候，通常我們可以用待定係數法求得 y_p，如 2.7 節所述，而且也已經在 2.8 和 2.9 節中用於基本工程模型。

然而，因為此法受限於函數 $r(x)$ 之導數須與 $r(x)$ 本身有相同形式 (冪次方、指數等等)，所以我們希望得到能適用更一般性 ODE (1) 的方法，這就是我們現在要推導的。此法被稱為**參數變異法 (method of variation of parameters)**，並被歸功於 Lagrange (見 2.1 節)。此處，(1) 式中的 p、q、r 可以是變數 (已知的 x 函數)，但我們假設它們在某開區間 I 內為連續。

Lagrange 的方法提供了 (1) 式在 I 內之特解 y_p，其形式為

$$y_p(x) = -y_1 \int \frac{y_2 r}{W} dx + y_2 \int \frac{y_1 r}{W} dx \tag{2}$$

其中 y_1、y_2 於 I 之內，形成相對應之齊次 ODE

$$y'' + p(x)y' + q(x)y = 0 \tag{3}$$

的一組解基底，而 y_1 與 y_2 之 Wronskian W 爲

(4) $$W = y_1 y_2' - y_2 y_1'$$ (參見 2.6 節)。

注意！此特解公式 (2) 要在 ODE 被寫爲標準形式的情況下才成立，其首項必須和 (1) 式一樣是 y''。若首項是 $f(x)y''$，則需先除以 $f(x)$。

若 (1) 式爲變係數，通常 (2) 式的積分會有困難，y_1、y_2 的求解同樣有問題。如果可以選擇，使用前面的方法，它比較簡單。在推導 (2) 式之前，讓我們先看一個例題，在此我們確實須要新方法。(試試別種方法。)

例題 1 參數變異法

請求解非齊次 ODE

$$y'' + y = \sec x = \frac{1}{\cos x}$$

解

它的齊次 ODE 在任意區間內之一組解的基底爲 $y_1 = \cos x$ 、 $y_2 = \sin x$ 。由此得 Wronskian 爲

$$W(y_1, y_2) = \cos x \cos x - \sin x(-\sin x) = 1$$

再由 (2) 式，選擇積分常數爲零，可得此 ODE 之特解爲

$$\begin{aligned} y_p &= -\cos x \int \sin x \sec x \, dx + \sin x \int \cos x \sec x \, dx \\ &= \cos x \ln|\cos x| + x \sin x \end{aligned}$$ (圖 70)

圖 70 顯示 y_p 及其第一項，因爲它的第一項很小，以致 y_p 的曲線主要取決於 $x \sin x$ 。(回憶 2.8 節，除了符號之外，我們在共振問題中已看過 $x \sin x$ 。) 由 y_p 及齊次 ODE 之通解 $y_h = c_1 y_1 + c_2 y_2$ ，我們可得答案

$$y = y_h + y_p = (c_1 + \ln|\cos x|)\cos x + (c_2 + x)\sin x$$

若我們在 (2) 式中加入積分常數 $-c_1$ 、 c_2 ，則會出現額外的項 $c_1 \cos x + c_2 \sin x = c_1 y_1 + c_2 y_2$ ，亦即，直接由 (2) 式得到 ODE 之通解。此敘述是永遠成立的。 ■

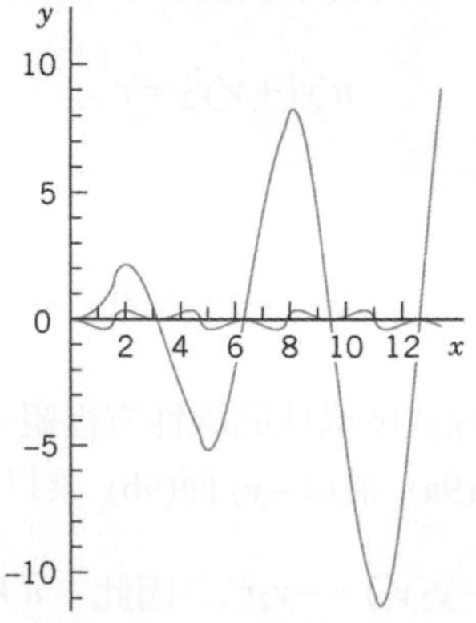

圖 70 例題 1 中之特殊解 y_p 及其第一項

2.10.1 方法的概念、(2) 式的推導

Largrange 有著什麼構想？本方法之名稱因何而來？在何處我們用到連續性之假設？

整個構想是由開區間 I 內之齊次 ODE (3) 的通解

$$y_h(x) = c_1 y_1(x) + c_2 y_2(x)$$

開始，並以函數 $u(x)$ 與 $v(x)$ 取代常數（「參數」）c_1 與 c_2；這就是此法名稱的由來。我們要求出 u 和 v，使得所得之函數

(5) $$y_p(x) = u(x)y_1(x) + v(x)y_2(x)$$

爲非齊次 ODE (1) 的一個特解。注意，因爲 p 和 q 在 I 的連續性，依 2.6 節定理 3，y_h 存在 (稍後會用到 r 的連續性)。

將 (5) 式及其導數代入 (1) 式，可以求得 u 和 v。將 (5) 式微分，可得

$$y_p' = u'y_1 + uy_1' + v'y_2 + vy_2'$$

現在 y_p 必須滿足 (1) 式。這是 u 和 v 兩個函數的一個條件。看來我們應該可以加入第二個條件。的確，我們的計算將顯示我們可以求出使得 y_p 滿足 (1) 式的 u 與 v，而 u 與 v 得滿足第二個條件

(6) $$u'y_1 + v'y_2 = 0$$

此式將一次導數 y_p' 化簡成較簡單的形式

(7) $$y_p' = uy_1' + vy_2'$$

微分 (7) 式，可得

(8) $$y_p'' = u'y_1' + uy_1'' + v'y_2' + vy_2''$$

依據 (5)、(7)、(8) 式，現在將 y_p 及其導數代入 (1) 式。整理含 u 及含 v 之項，可得

$$u(y_1'' + py_1' + qy_1) + v(y_2'' + py_2' + qy_2) + u'y_1' + v'y_2' = r$$

由於 y_1 與 y_2 是齊次 ODE (3) 之解，所以此式可化簡成

(9a) $$u'y_1' + v'y_2' = r$$

(6) 式爲

(9b) $$u'y_1 + v'y_2 = 0$$

此爲未知函數 u' 與 v' 之兩代數方程式所構成的線性方程組。可用下述的消去法求解 (或用 7.6 節的 Cramer 法則)。爲了消去 v'，將 (9a) 乘以 $-y_2$ 而(9b) 乘以 y_2'，然後相加可得

$$u'(y_1y_2' - y_2y_1') = -y_2r, \quad \text{因此} \quad u'W = -y_2r$$

此處，W 為 y_1 與 y_2 之 Wronskian (4)。為了消去 u'，將 (9a) 乘以 y_1，而 (9b) 乘以 $-y_1'$，然後相加可得

$$v'(y_1y_2' - y_2y_1') = -y_1r, \quad \text{因此} \quad v'W = y_1r$$

因為 y_1 與 y_2 構成一組基底，我們知道 (由 2.6 節定理 2) $W \neq 0$，因此可以用 W 來除，

(10)
$$u' = -\frac{y_2r}{W}, \quad v' = \frac{y_1r}{W}$$

經由積分

$$u = -\int \frac{y_2r}{W}dx, \quad v = \int \frac{y_1r}{W}dx$$

因為 $r(x)$ 連續，所以這些積分存在。將它們代入 (5) 式，可得 (2) 式，並完成推導過程。 ■

習題集　2.10

1–13　通解

以參數變異法或待定係數法求解所給的非齊次線性 ODE，請列出詳細過程。

1. $y'' + 4y = \cos 2x$
2. $y'' + 9y = \csc 3x$
3. $x^2y'' - xy' - 3y = x^2$
4. $y'' - 4y' + 5y = e^{2x}\csc x$
5. $y'' + y = \cos x - \sin x$
6. $(D^2 + 6D + 9I)y = 16e^{-3x}/(x^2 + 1)$
7. $(D^2 - 2D + I)y = 6x^2e^{-x}$
8. $(D^2 + 4I)y = \cosh 2x$
9. $(D^2 - 2D + I)y = 35x^{3/2}e^x$
10. $(D^2 + 2D + 2I)y = 4e^{-x}\sec^3 x$
11. $(x^2D^2 - 4xD + 6I)y = 21x^{-4}$
12. $(D^2 - I)y = 1/\sinh x$
13. $(x^2D^2 + xD - 9I)y = 48x^5$
14. **團隊專題　方法之比較、發明**
只要可行，就應使用待定係數法，因為它較為簡單。就以下問題，以參數變異法與其做比較。
   (a) 用這兩種方法解 $y'' + 4y' + 3y = 65\cos 2x$，寫出詳細步驟並比較之。
   (b) 解 $y'' - 2y' + y = r_1 + r_2$，$r_1 = 35x^{3/2}e^x$、$r_2 = x^2$，將兩種方法各用於等式右側合適的函數。
   (c) 利用試驗以發明可用於非齊次 Euler-Cauchy 方程式之待定係數法。

第二章　複習題

1. 在建立模型時，為什麼偏好線性 ODE，而不要非線性 ODE？
2. 二階 ODE 之初值問題看起來像什麼呢？在求解它的時候，為什麼要先有通解？
3. 要用什麼方法，才能由非齊次 ODE 對應之齊次式的通解，求出原非齊次 ODE 的通解？

4. 描述 ODE 在機械系統中的應用。它的電子類比爲何？

5. 什麼是共振？要如何去除一個結構體，例如橋樑、船舶或機器的共振？

6. 關於二階線性 ODE 之解的存在性與唯一性，你了解多少？

7–18 通解

請求出通解，並寫出詳細計算步驟。

7. $16y''+56y'+45y=0$

8. $y''+y'-12y=0$

9. $y''+4y'+13y=0$

10. $y''+0.20y'+0.17y=0$

11. $(9D^2-12D+4I)y=0$

12. $(D^2+4\pi D+4\pi^2 I)y=0$

13. $(x^2D^2+2xD-12I)y=0$

14. $(x^2D^2+xD-16I)y=0$

15. $(2D^2-3D-2I)y=13-2x^2$

16. $(D^2+2D+2I)y=3e^{-x}\cos 2x$

17. $(4D^2-12D+9I)y=2e^{1.5x}$

18. $yy''=y'^2$

19–22 初值問題

求解以下各題，並寫出詳細之求解步驟。繪出解的圖形。

19. $y''+9y=15e^x$, $y(0)=6$, $y'(0)=-2$

20. $y''-4y'+3y=10\cos x$, $y(0)=1$, $y'(0)=-1$

21. $(x^2D^2+xD-I)y=16x^3$, $y(1)=-1$, $y'(1)=1$

22. $(x^2D^2+11xD+25I)y=0$, $y(1)=1$, $y'(1)=-1$

23–30 應用

23. 請求出圖 71 中 *RLC*-電路之穩態電流，其中 $R=2\ \text{k}\Omega\ (2000\ \Omega)$、$L=1$ H、$C=4\cdot10^{-3}$ F 且 $E=110\sin 415t$ V (66 cycles/sec)。

24. 求對應於習題 23 中之 ODE 的齊次線性 ODE 的通解。

25. 請求出圖 71 中 *RLC*-電路之穩態電流，其中 $R=50\ \Omega$、$L=30$ H、$C=0.025$ F、$E=200\sin 4t$ V。

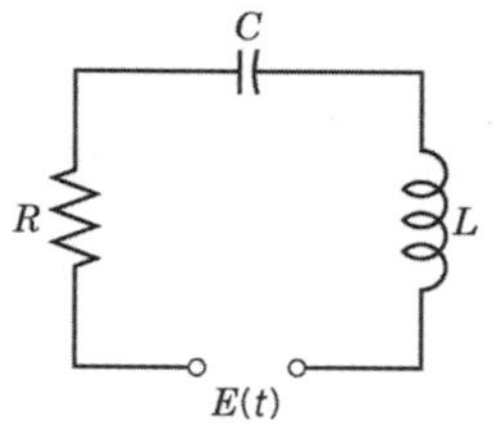

圖 71 *RLC*-電路

26. 請求出圖 71 中 *RLC*-電路之電流，其中 $R=40\ \Omega$、$L=0.4$ H、$C=10^{-4}$ F、$E=220\sin 314t$ V (50 cycles/sec)。

27. 對一個質量爲 4 kg、彈簧常數爲 10 kg/sec2、阻尼常數爲 20 kg / sec，且驅動力爲 100 sin 4*t* nt 的質量–彈簧系統，求其電子類比。

28. 請求出圖 72 中系統之運動，其中質量爲 0.25 kg、阻尼爲 0、彈簧常數 2.25 kg/sec^2，而驅動力爲 $\cos t-2\sin t$ nt，並假設初始位移及速度爲零。驅動力的頻率爲多少時，會造成共振？

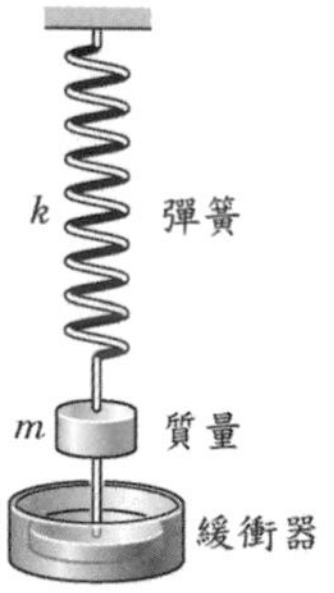

圖 72 質量–彈簧系統

29. 證明圖 72 中的系統，在 $m=4$、$c=0$、$k=36$ 而驅動力爲 $61\cos 3.1t$ 時，會產生節拍。提示：初始條件選擇爲零。

30. 圖 72 中，設 $m=2$ kg、$c=6$ kg/sec、$k=18$ kg/sec^2，且 $r(t)=15\sin\omega t$ nt。ω 爲多少時會發生最大振幅之穩態振動？求此振幅。然後求此 ω 時的通解，並檢查結果是否相符。

第2章摘要 二階線性常微分方程式

二階線性 ODE 之應用非常重要，例如，在機械 (2.4、2.8 節) 與電機工程 (2.9 節) 方面上。如果二階 ODE 滿足下式，則稱爲**線性**

(1) $$y'' + p(x)y' + q(x)y = r(x)$$ (2.1 節)

[若第一項爲 $f(x)y''$，則除以 $f(x)$，得到以 y'' 爲第一項的「**標準形**」(1)。]若對某開區間中所有的 x，$r(x)$ 都爲零，通常記爲 $r(x) \equiv 0$，此方程式 (1) 稱爲**齊次**。則

(2) $$y'' + p(x)y' + q(x)y = 0$$

若 $r(x) \not\equiv 0$ (意指 $r(x)$ 於某 x 値時不爲零)，方程式 (1) 稱爲**非齊次**。

對於齊次 ODE (2)，我們有一個很重要的**疊加原理** (2.1 節)，即兩個解 y_1、y_2 的線性組合 $y = ky_1 + ly_2$ 也是一解。

在一開區間 I 內，(2) 式的兩個線性獨立解 y_1、y_2 構成 I 上的一組解的**基底** (或**基本系統**)，而 $y = c_1y_1 + c_2y_2$，其中 c_1、c_2 爲任意常數，則爲 (2) 式在 I 上之**通解**。如果我們賦予 c_1、c_2 特定的數值，則可由此通解獲得**特解**，通常這是利用兩個初始條件

(3) $$y(x_0) = K_0, \quad y'(x_0) = K_1,$$ (x_0、K_0、K_1 爲已知數；2.1 節)

(2) 式與 (3) 式合在一起，構成**初値問題**。同理，(1) 式與 (3) 式亦然。

非齊次 ODE (1) 之**通解**的形式爲

(4) $$y = y_h + y_p$$ (2.7 節)

此處 y_h 爲 (2) 式之通解，而 y_p 爲 (1) 式的一個特解。 可由通用方法 (**參數變異法**，2.10 節) 求得這樣的 y_p，或在許多實際的情況中，可採用**待定係數法**。待定係數法只能應用在 (1) 式的 p 和 q 爲常係數，而 $r(x)$ 爲 x 的冪次式、正弦、餘弦等等的情況中 (2.7 節)。此時我們可將 (1) 式寫成

(5) $$y'' + ay' + by = r(x)$$ (2.7 節)

相對應之齊次 ODE $y' + ay' + by = 0$ 之解爲 $y = e^{\lambda x}$，其中 λ 爲下式之根

(6) $$\lambda^2 + a\lambda + b = 0$$

故可分爲三種情況 (2.2 節)：

情況	根的種類	通解
I	相異實數 λ_1, λ_2	$y = c_1e^{\lambda_1 x} + c_2e^{\lambda_2 x}$
II	重根 $-\frac{1}{2}a$	$y = (c_1 + c_2x)e^{-ax/2}$
III	複數根 $-\frac{1}{2}a \pm i\omega^*$	$y = e^{-ax/2}(A\cos\omega^*x + B\sin\omega^*x)$

此處使用 ω^*，因爲 ω 要用於驅動力。

在 2.4、2.7 和 2.8 節中討論了 (5) 式在機械與電機工程上的重要應用，它與**振動**及**共振**的關係。

另一大類可以用「代數方法」求解的 ODE 為 **Euler-Cauchy 方程式**

(7) $$x^2 y'' + axy' + by = 0$$ (2.5 節)

解的形式為 $y = x^m$，其中 m 為下面輔助方程式的解

(8) $$m^2 + (a-1)m + b = 0$$

在 2.6 和 2.7 節探討了 (1) 式及 (2) 式之解的**存在性與唯一性**，在 2.1 節則探討了**降階**。

CHAPTER 3

高階線性常微分方程式 (Higher Order Linear ODEs)

用於求解階數 $n = 2$ 之線性 ODE 的概念及方法，可以很漂亮的推廣到求解更高階的線性 ODE，即 $n = 3$、4 等等，這說明了第 2 章所介紹的，用於二階線性 ODE 的理論是很有吸引力的，因爲它可以很直接的推展至任意階數。在本章中我們即將如此做，我們將會看到，隨著 n 的增加，公式會愈來愈複雜，特徵方程式之根的變化也愈來愈多 (見 3.2 節)，而 Wronskian 扮演的角色也愈加顯著。

解二階線性 ODE 的觀念與方法可直接推廣到更高階的線性 ODE。

本章接續在第 2 章之後是很自然的，因爲第 2 章的結果可以直接延伸到第 3 章。

本章之先修課程：2.1、2.2、2.6、2.7、2.10 節

參考文獻與習題解答：附錄 1 的 *A* 部分、附錄 2

3.1 齊次線性 ODE (Homogeneous Linear ODEs)

回顧第 1.1 節，如果未知函數 $y(x)$ 的 n 階導數 $y^{(n)} = d^n y/dx^n$ 是 ODE 中所出現的最高階導數，則這個 ODE 爲 ***n* 階**。因此，這個 ODE 的形式爲

$$F(x, y, y', \cdots, y^{(n)}) = 0$$

其中比較低階的導數和 y 本身可以出現，也可以不出現。如果這樣的 ODE 可以表示成以下形式，則稱它是**線性的 (linear)**，

(1) $$y^{(n)} + p_{n-1}(x)y^{(n-1)} + \cdots + p_1(x)y' + p_0(x)y = r(x)$$

(當 $n = 2$，這就是 2.1 節的 (1) 式，其中 $p_1 = p$ 且 $p_0 = q$。) **係數** $p_0, \ldots, p_{n-1}$ 和右側的函數 r 可以是任何已知的 x 的函數，y 爲未知數。$y^{(n)}$ 的係數爲 1。我們稱此爲**標準形式 (standard form)**。(如果 ODE 的最高階項是 $p_n(x)y^{(n)}$，則除以 $p_n(x)$ 以得到此形式。) 不能寫成 (1) 式形式的 n 階 ODE，稱爲**非線性的 (nonlinear)**。

如果 $r(x)$ 全等於零，即 $r(x) \equiv 0$ (對於我們所考慮的全部 x 而言，通常是指在某個開區間 I 內，這個函數都等於零)，則 (1) 式成為

(2) $$y^{(n)} + P_{n-1}(x)y^{(n-1)} + \cdots + p_1(x)y' + p_0(x)y = 0$$

這樣的 ODE 稱為**齊次的** **(homogeneous)**。如果 $r(x)$ 並非全等於零，則這個 ODE 稱為**非齊次的** **(nonhomogeneous)**。這與 2.1 節一樣。

一個 n 階 (線性或非線性) ODE 在某個開區間 I 上的**解**是一個函數 $y = h(x)$，它必須在 I 上有定義且是 n 次可微的，而且如果將未知函數 y 和它的各階導數，替換成 h 和 h 的相對各階導數，則這個 ODE 會變成恆等式。

第 3.1 和 3.2 節將專注於探討齊次線性 ODE，第 3.3 節則探討非齊次線性 ODE。

3.1.1 齊次線性 ODE：疊加原理、通解

在第 2.1 節討論過的基本**疊加原理** **(superposition principle)** 或**線性原理** **(linearity principle)**，將如下所述地推廣到 n 階齊次線性 ODE。

定理 1

用於齊次線性 ODE (2) 式的基礎定理

對於齊次線性 *ODE* (2) 式而言，在開區間 I 上的若干個解的和，以及解與常數的乘積，仍然是這個 *ODE* 在開區間 I 上的解。(對於非齊次或非線性的 ODE，此點並不成立！)

這個定理的證明是第 2.1 節中相關證明的延伸，我們將此證明留給讀者作為練習。

我們以下的討論類似於在 2.1 節中的二階 ODE 並加以延伸。因此，接下來要定義 (2) 式的通解，這需要將線性獨立的定義，從 2 個函數延伸到 n 個函數。

定 義

通解、基底、特解

在開區間 I 上，(2) 式的**通解** **(general solution)** 是 (2) 式在 I 上具有以下形式的解

$$y(x) = c_1y_1(x) + \cdots + c_ny_n(x) \qquad (c_1, \cdots, c_n \text{任意數})$$

其中 $y_1, \cdots, y_n$ 為 (2) 式在 I 上解的**基底** **(basis)** (或**基礎系統**)；換言之，這些解在 I 上是線性獨立的，其中線性獨立的定義如下。

如果將 (3) 式中的 n 個常數 $c_1, \cdots, c_n$ 賦予特定的數值，則可以得到 (2) 式在區間 I 上的**特解**。

定 義

線性獨立與線性相依

考慮定義於某區間 I 上的 n 個函數 $y_1(x), \cdots, y_n(x)$。

這些函數在 I 上為**線性獨立** **(linearly independent)** 的條件是，若方程式

$$k_1y_1(x) + \cdots + k_ny_n(x) = 0 \quad \text{在} I \text{上}$$

成立，則所有的 $k_1, \cdots, k_n$ 必同時為零。如果當 $k_1, \cdots, k_n$ 不全為零，這個方程式在區間 I 上也成立，則這些函數稱為**線性相依 (linear dependence)**。

若且唯若 $y_1, \cdots, y_n$ 在區間 I 上是線性相依的，我們才能將其中 (至少) 一個函數表示成其他 $n-1$ 個函數的「**線性組合 (linear combination)**」。換言之，就是表示成這 $n-1$ 個函數的和，而且這 $n-1$ 個函數的每個函數都可以再乘以一個常數 (為零或不為零)。這就是使用「線性相依」這個名詞的原因。舉例來說，若在 $k_1 \neq 0$ 時 (4) 式成立，則可以將 (4) 式除以 k_1，然後將 y_1 表示成下列線性組合

$$y_1 = -\frac{1}{k_1}(k_2 y_2 + \cdots + k_n y_n)$$

當 $n = 2$ 時，這些概念可以化簡成第 2.1 節所定義的概念。

例題 1 線性相依

證明函數 $y_1 = x^2$、$y_2 = 5x$、$y_3 = 2x$ 在任何區間上都是線性相依的。

解

$y_2 = 0y_1 + 2.5y_3$。這證明了在任何區間上，這三個函數都是線性相依的。■

例題 2 線性獨立

證明 $y_1 = x$、$y_2 = x^2$、$y_3 = x^3$ 在任何區間上都是線性獨立的，例如，在區間 $-1 \le x \le 2$ 上就是如此。

解

(4) 式為 $k_1 x + k_2 x^2 + k_3 x^3 = 0$。選取 (a) $x = -1$、(b) $x = 1$、(c) $x = 2$ 後，可以得到

$$\text{(a) } -k_1 + k_2 - k_3 = 0, \quad \text{(b) } k_1 + k_2 + k_3 = 0, \quad \text{(c) } 2k_1 + 4k_2 + 8k_3 = 0$$

由 (a) + (b) 得 $k_2 = 0$。然後，由 (c) – 2(b) 得 $k_3 = 0$。由 (b) 知 $k_1 = 0$。證明了這三個函數是線性獨立的。

接著我們將說明一個較佳的方法，可用來測試 ODE 的解是否為線性獨立。■

例題 3 通解、基底

求解下列的四階 ODE

$$y^{\text{iv}} - 5y'' + 4y = 0 \qquad (\text{其中 } y^{\text{iv}} = d^4y/dx^4)$$

解

和 2.2 節一樣，我們代入 $y = e^{\lambda x}$。消去共同因子 $e^{\lambda x}$，我們得到特徵方程式

$$\lambda^4 - 5\lambda^2 + 4 = 0$$

上式是一個 $\mu = \lambda^2$ 的二次方程式，即

$$\mu^2 - 5\mu + 4 = (\mu - 1)(\mu - 4) = 0$$

其根為 $\mu = 1$ 和 4。因此 $\lambda = -2$、-1、1、2。這樣就可得到四個解。在任何區間上，這個 ODE 的通解為

$$y = c_1 e^{-2x} + c_2 e^{-x} + c_3 e^{x} + c_4 e^{2x}$$

不過其條件是四個解是線性獨立的。這項條件是成立的，但稍後我們再說明。 ■

3.1.2 初值問題、存在性和唯一性

ODE (2) 式的**初值問題**是由 (2) 式本身以及下列 n 個**初始條件**所組成

(5) $$y(x_0) = K_0, \quad y'(x_0) = K_1, \quad \cdots, \quad y^{(n-1)}(x_0) = K_{n-1}$$

其中 x_0 位於所考慮區間 I 內而且是已知的，另外 $K_0, \cdots, K_{n-1}$ 也是已知的。

為延伸第 2.6 節的存在性與唯一性定理，我們有下列定理。

定理 2

初值問題的存在性與唯一性定理

如果 (2) 式的係數 $p_0(x), \cdots, p_{n-1}(x)$ 在某個開區間 I 上是連續的，而且 x_0 在 I 內，則 (2) 式與 (5) 式所構成的初值問題，在區間 I 上有唯一解 $y(x)$。

存在性定理的證明可參考附錄 1 的參考文獻 [A11]。至於唯一性定理，則可以將附錄 4 開頭的唯一性定理的證明，稍加以一般化即得。

例題 4 三階 Euler–Cauchy 方程式的初值問題

針對正 x 軸上包含 $x = 1$ 的任何開區間 I，求解下列初值問題

$$x^3 y''' - 3x^2 y'' + 6xy' - 6y = 0, \quad y(1) = 2, \quad y'(1) = 1, \quad y''(1) = -4$$

解

步驟 1：通解 和 2.5 節一樣，我們試 $y = x^m$。經由微分與代換可得

$$m(m-1)(m-2)x^m - 3m(m-1)x^m + 6mx^m - 6x^m = 0$$

消去 x^m 並重新排序可得 $m^3 - 6m^2 + 11m - 6 = 0$。如果我們猜想 $m = 1$ 是一個根，我們可以對剛剛的數學式除以 $m - 1$，並且求出其它的根是 2 和 3，然後就得到解 x、x^2、x^3，這些解在區間 I 上是線性獨立的 (參看例題 2) [一般而言，我們會需要一種求根的方法，例如牛頓法 (第 19.2 節)；或使用 CAS (電腦代數系統)]。所以，在任何區間 I 上的通解為

$$y = c_1 x + c_2 x^2 + c_3 x^3$$

即使這個區間 I 包含 $x = 0$ 在內，此通解仍然有效，其中當 $x = 0$ 的時候，在將 ODE 的係數除以 x^3 (為了轉換成標準形式) 時它並不連續。

步驟 ：特解 導數為 $y' = c_1 + 2c_2x + 3c_3x^2$ 和 $y'' = 2c_2 + 6c_3x$。由這兩個導數和 y 及初始條件，並設定 $x = 1$，我們得到

$$\begin{aligned}
&(a) \quad y(1) = c_1 + c_2 + c_3 = 2 \\
&(b) \quad y'(1) = c_1 + 2c_2 + 3c_3 = 1 \\
&(c) \quad y''(1) = \quad + 2c_2 + 6c_3 = -4
\end{aligned}$$

可以用 Cramer 法則 (第 7.6 節) 或消去法，視何者較簡單，求解此方程組。(b) – (a) 得 (d) $c_2 + 2c_3 = -1$。然後由 (c) –2 (d) 得 $c_3 = -1$。由 (c) 得 $c_2 = 1$。最後由 (a) 得 $c_1 = 2$。

答案：$y = 2x + x^2 - x^3$。 ■

3.1.3 解的線性獨立、Wronskian

在求取通解時，解的線性獨立性質是非常關鍵的。雖然經常由觀察即可看出是否為線性獨立，但是有一個判斷的準則應該會比較好。現在將 2.6 節的定理 2，由 $n = 2$ 推展到任意 n 值。經推展的判斷準則是使用 n 個解 $y_1, \cdots, y_n$ 所形成的 **Wronskian** W，它定義成下列 n 階行列式，

$$W(y_1,\cdots,y_n) = \begin{vmatrix} y_1 & y_2 & \cdots & y_n \\ y_1' & y_2' & \cdots & y_n' \\ \cdot & \cdot & \cdots & \cdot \\ y_1^{(n-1)} & y_2^{(n-1)} & \cdots & y_n^{(n-1)} \end{vmatrix} \qquad (6)$$

要留意到，W 取決於 x，因為 $y_1, \cdots, y_n$ 都是。這個判斷準則說的是，若且唯若 W 不等於零時，這些解才能形成一個基底。更精確的說法是：

定理 3

解的線性相依和線性獨立

令 *ODE* (2) 式在開區間 I 上有連續係數 $p_0(x), \cdots, p_{n-1}(x)$。對 (2) 式在 I 上的 n 個解 $y_1, \cdots, y_n$，若且唯若有某個屬於 I 的 $x = x_0$ 可使它們的 *Wronskian* 為零，則這些解為線性相依。此外，若有某 $x = x_0$ 可使 W 為零，則 W 在 I 上全等於零。因此，若在 I 中有某個 x_1 使 W 在該點不為零，則 $y_1, \cdots, y_n$ 在 I 上為線性獨立，所以它們構成 (2) 式在 I 上的一組解的基底。

證明 **(a)** 令 $y_1, \cdots, y_n$ 為 (2) 式在 I 上的一組線性相依的解，由定義可知，存在著*不全為零*的常數 $k_1, \cdots, k_n$，可使得對於在 I 內的所有 x 而言，

$$k_1y_1 + \cdots + k_ny_n = 0 \qquad (7)$$

在對 (7) 式微分 $n-1$ 次以後得到，對於區間 I 內的所有 x 而言，

$$(8)\qquad \begin{aligned} k_1y_1' + \cdots + k_ny_n' &= 0 \\ &\vdots \\ k_1y_1^{(n-1)} + \cdots + k_ny_n^{(n-1)} &= 0 \end{aligned}$$

(7) 式與 (8) 式是具有非簡明解 (nontrivial solution) $k_1, \cdots, k_n$ 之代數方程式的齊次線性方程組。所以，由 Cramer 定理 (參見第 7.7 節) 可以知道，對於 I 內的每一個 x，其係數行列式值必爲零。但是我們可以由 (6) 式看出，該行列式即爲 Wronskian W。所以對於 I 上的每一個 x，$W=0$。

(b) 相反地，如果在區間 I 內某個 x_0 處，其 $W=0$，則根據相同的定理可以知道，當 $x=x_0$ 的時候，方程組 (7) 式和 (8) 式具有非全爲零的解 $k_1^*, \cdots, k_n^*$。利用這些常數，我們定義 (2) 式在 I 上的解 $y^* = k_1^*y_1 + \cdots + k_n^*y_n$。由 (7)、(8) 可知此解滿足初始條件 $y^*(x_0)=0,\ \cdots,\ y^{*(n-1)}(x_0)=0$。但是另一個滿足相同條件的解爲 $y \equiv 0$。另外，既然 (2) 式的係數是連續的，所以定理 2 在此是可以適用的，因此由定理 2 可以知道 $y^* \equiv y$。兩者加起來代表了，在 I 上 $y^* = k_1^*y_1 + \cdots + k_n^*y_n \equiv 0$。這意謂著 $y_1, \cdots, y_n$ 在 I 上是線性相依的。

(c) 如果在區間 I 內的某個 x_0 處，$W=0$，則由 (b) 可以知道，這些解爲線性相依的，然後由 (a) 可知，$W \equiv 0$。因此如果在區間 I 內的某個 x_1 處 W 不爲零，則這些解 $y_1, \cdots, y_n$ 在區間 I 上必定是線性獨立的。 ■

例題 5 基底、Wronskian

現在我們可以證明，在例題 3 中我們得到的確實是一組基底。在計算 W 的過程中，將同行的指數項移出行列式。在所獲得行列式中，將第 2、3、4 行分別減去第 1 行 (第 1 行保持不變)。然後用第 1 列展開。在所得到的三階行列式中，將第 2 行減去第 1 行，並且將所得結果針對第 2 列進行展開：

$$W = \begin{vmatrix} e^{-2x} & e^{-x} & e^{x} & e^{2x} \\ -2e^{-2x} & -e^{-x} & e^{x} & 2e^{2x} \\ 4e^{-2x} & e^{-x} & e^{x} & 4e^{2x} \\ -8e^{-2x} & -e^{-x} & e^{x} & 8e^{2x} \end{vmatrix} = \begin{vmatrix} 1 & 1 & 1 & 1 \\ -2 & -1 & 1 & 2 \\ 4 & 1 & 1 & 4 \\ -8 & -1 & 1 & 8 \end{vmatrix} = \begin{vmatrix} 1 & 3 & 4 \\ -3 & -3 & 0 \\ 7 & 9 & 16 \end{vmatrix} = 72.$$ ■

3.1.4 (2) 式的通解包含所有的解

首先證明，通解永遠都存在。將第 2.6 節的定理 3 推廣如下：

定理 4

通解的存在性

如果 (2) 式的係數 $p_0(x), \cdots, p_{n-1}(x)$ 在某個開區間 I 上是連續的，則 (2) 式在 I 上有通解。

證明 我們在 I 中選一固定的 x_0。根據定理 2 可以知道，ODE (2) 有 n 個解 $y_1, \cdots, y_n$，其中 y_j 滿足初始條件 (5)，而且此時 $K_{j-1}=1$，而所有其它 K 值則爲零。在 x_0 處它們的 Wronskian 等於 1。舉例來說，當 $n=3$，則 $y_1(x_0)=1$ 、 $y_2'(x_0)=1$ 、 $y_3''(x_0)=1$ ，而且其它初始值均爲零。因此，如同剛才所敘述的

$$W(y_1(x_0), y_2(x_0), y_3(x_0)) = \begin{vmatrix} y_1(x_0) & y_2(x_0) & y_3(x_0) \\ y_1'(x_0) & y_2'(x_0) & y_3'(x_0) \\ y_1''(x_0) & y_2''(x_0) & y_3''(x_0) \end{vmatrix} = \begin{vmatrix} 1 & 0 & 0 \\ 0 & 1 & 0 \\ 0 & 0 & 1 \end{vmatrix} = 1$$

因此由定理 3，對任何 n 值，解 $y_1, \cdots, y_n$ 在 I 上為線性獨立。它們在 I 上形成一組基底，而且 $y = c_1y_1 + \cdots + c_ny_n$ 為 (2) 式在 I 上的通解。■

現在可以證明一個基本性質，那就是，藉著對 (2) 式通解中的任意常數賦予適當數值，就可以求出 (2) 式所有的各個解。所以，一個 n 階**線性** ODE 不會有**奇異解 (singular solution)**，換言之，這種 ODE 不會出現不能從通解中求得的解。

定理 5

通解包含所有的解

如果在某個開區間 I 上，ODE (2) 式具有連續係數 $p_0(x), \cdots, p_{n-1}(x)$，則 (2) 式在 I 上的每一個解 $y = Y(x)$ 將具有下列形式

(9) $$Y(x) = C_1y_1(x) + \cdots + C_ny_n(x)$$

其中 $y_1, \cdots, y_n$ 為 (2) 式在 I 上之解的基底，而且 $C_1, \cdots, C_n$ 為適當的常數。

證明　令 Y 是一個已知解，且 $y = c_1y_1 + \cdots + c_ny_n$ 是 (2) 式在 I 上的通解。選定在 I 內一個任意的固定點 x_0，並且證明可以找到常數 $c_1, \cdots, c_n$，使得 y 與其前 $n-1$ 個導數會在 x_0 處與 Y 和它的相對應導數彼此吻合。換言之，在 $x = x_0$ 處，應該可以得到

(10) $$\begin{aligned} c_1y_1 + \cdots + c_ny_n &= Y \\ c_1y_1' + \cdots + c_ny_n' &= Y' \\ &\vdots \\ c_1y_1^{(n-1)} + \cdots + c_ny_n^{(n-1)} &= Y^{(n-1)} \end{aligned}$$

但是，這是一個以 $c_1, \cdots, c_n$ 為未知數的線性方程組。其係數行列式值是 $y_1, \cdots, y_n$ 在 x_0 處的 Wronskian W。既然 $y_1, \cdots, y_n$ 形成一組基底，所以它們是線性獨立的，因此由定理 3 可以知道，W 不等於零。因此 (10) 式有唯一解 $c_1 = C_1, \cdots, c_n = C_n$ (利用 7.7 節的 Cramer 定理)。利用這些數值，我們可以得到 ODE 在 I 上的特解

$$y^*(x) = C_1y_1(x) + \cdots + C_ny_n(x)$$

方程式 (10) 顯示，在 x_0 處，y^* 與其前 $n-1$ 個導數會與 Y 和其相對應導數彼此吻合。換言之，在 x_0 處，y^* 與 Y 滿足相同的初始條件。由唯一性定理 (定理 2) 可知，在區間 I 上 $y^* \equiv Y$，故此定理得證。

■

至此完成了齊次線性 ODE (2) 式定理的證明。而當 $n = 2$ 時，它與 2.6 節的定理完全相同。這是可以預期的。

習題集 3.1

1–6 基底：典型範例

爲了讓讀者對高階 ODE 有某種程度的感覺，請讀者證明所給的函數是解答，而且形成一組在任何區間上的基底。請利用 Wronksian。在習題 6, $x > 0$。

1. $1, \quad x, \quad x^2, \quad x^3, \quad y^{iv} = 0$
2. $e^x, \quad e^{-x}, \quad e^{x/2}, \quad 2y''' - y'' - 2y' + y = 0$
3. $\cos x, \sin x, x\cos x, x\sin x, y^{iv} + 2y'' + y = 0$
4. $e^{-4x}, xe^{-4x}, x^2e^{-4x}, \quad y''' + 12y'' + 48y' + 64y = 0$
5. $1, \quad e^{-2x}\cos x, \quad e^{-2x}\sin x, \quad y''' + 4y'' + 5y' = 0$
6. $1, \quad x^2, x^4, \quad x^2y''' - 3xy'' + 3y' = 0$
7. **團隊專題　線性 ODE 解的一般性質**　在從已知的解求取新解時，這些性質是很重要的。所以，將第 2.2 節的習題 38 團隊專題推展到 n 階 ODE。有系統地探討與 (1) 式和 (2) 式解的和及倍數有關的敘述，並且加以證明。然後清楚地認識到，從 $n = 2$ 推展到任意 n 的過程中，並不需要任何新觀念。

8–15 線性獨立

請問在 $x \geq 0$ 的半 x 軸上，下列給定的函數是線性獨立或線性相依？說明原因。

8. $x^2, 1/x^2, 0$
9. $\tan x, \cot x, \frac{\pi}{4}$
10. $e^{2x}, xe^{2x}, x^2e^{2x}$
11. $e^{-x}\cos x, e^{-x}\sin x, e^{-x}$
12. $\sin^2 x, \quad \cos^2 x, \quad \cos 2x$
13. $\sin x, \quad \cos x, \quad \sin 2x$
14. $\cos^2 x, \quad \sin^2 x, \quad 2\pi$
15. $\cosh x, \quad \sinh x, \quad e^x$
16. **團隊專題　線性獨立和線性相依(a)** 請針對在區間 I 上一個函數的集合 S，探討下列問題。並且提供例子。
   (1) 如果 S 包含零函數，則 S 可能是線性獨立嗎？
   (2) 如果 S 在 I 的一個子區間 J 上是線性獨立的，則 S 在 I 上是否爲線性獨立的？
   (3) 如果 S 在 I 的一個子區間 J 上是線性相依的，則 S 在 I 上是否爲線性相依的？
   (4) 如果 S 在 I 上是線性獨立的，則 S 在子區間 J 上是否爲線性獨立的？
   (5) 如果 S 在 I 上是線性相依的，則 S 在子區間 J 上是否爲線性獨立的？
   (6) 如果 S 在 I 上是線性相依的，而且如果 T 包含 S，則 T 在 I 上是線性相依的嗎？

   (b) 在什麼情況下，我們可以使用 Wronskian 來測試線性獨立？我們可以利用其他什麼樣的方法，來進行這樣的測試？

3.2 常係數齊次線性 ODE (Homogeneous Linear ODEs with Constant Coefficients)

我們沿著 2.2 節的方向繼續，並將前面的結果由 $n = 2$ 一般化到任意的 n 值。我們要解的 n 階常係數齊次線性 ODE，可寫成

(1) $$y^{(n)} + a_{n-1}y^{(n-1)} + \cdots + a_1 y' + a_0 y = 0$$

其中 $y^{(n)} = d^n y/dx^n$ 等。和 2.2 節一樣，我們代入 $y = e^{\lambda x}$ 以獲得 (1) 式的特徵方程式

(2) $$\lambda^{(n)} + a_{n-1}\lambda^{(n-1)} + \cdots + a_1\lambda + a_0 y = 0$$

如果 λ 是 (2) 式的一根,則 $y = e^{\lambda x}$ 是 (1) 式的一個解。假如我們想要求出這些根,可能需要如同 19.2 節牛頓法的數值方法,在一般的 CAS 中也有提供解法。對於一般化的 n,可能的情況比 $n = 2$ 的時候多。我們可能分別得到相異實根、簡單複數根、多重根及多重複數根。接著就要探討各種情況,並以例題說明。

3.2.1 相異實根

假設 (2) 式的所有 n 個根 $\lambda_1, \cdots, \lambda_n$ 都是實數且各不相同,則下列 n 個解

(3) $$y_1 = e^{\lambda_1 x}, \quad \cdots, \quad y_n = e^{\lambda_n x}$$

對所有的 x 構成一組基底。(1) 式相對應的通解為

(4) $$y = c_1 e^{\lambda_1 x} + \cdots + c_n e^{\lambda_n x}$$

事實上,(3) 式的解是線性獨立的,在看完例題以後,我們就能了解這一點。

> **例題 1 相異實根**

求解 ODE $y''' - 2y'' - y' + 2y = 0$。

解

特徵方程式為 $\lambda^3 - 2\lambda^2 - \lambda + 2 = 0$。它的根是$-1$、$1$、$2$;如果你可以經由觀察找出其中一個根,那麼求解二次方程式就能獲得其他兩個根 (請解釋之!)。相對應之通解 (4) 為 $y = c_1 e^{-x} + c_2 e^x + c_3 e^{2x}$。∎

(3) 式的線性獨立性 熟悉 n 階行列式的學生可以這樣驗證 (3) 式的線性獨立性,首先從各行提出所有的指數函數,然後將這些指數函數的乘積表示成 $E = \exp[\lambda_1 + \cdots + \lambda_n)x]$,結果 (3) 式的 Wronskian 變成

(5)
$$W = \begin{vmatrix} e^{\lambda_1 x} & e^{\lambda_2 x} & \cdots & e^{\lambda_n x} \\ \lambda_1 e^{\lambda_1 x} & \lambda_2 e^{\lambda_2 x} & \cdots & \lambda_n e^{\lambda_n x} \\ \lambda_1^2 e^{\lambda_1 x} & \lambda_2^2 e^{\lambda_2 x} & \cdots & \lambda_n^2 e^{\lambda_n x} \\ . & . & \cdots & . \\ \lambda_1^{n-1} e^{\lambda_1 x} & \lambda_2^{n-1} e^{\lambda_2 x} & \cdots & \lambda_n^{n-1} e^{\lambda_n x} \end{vmatrix}$$

$$= E \begin{vmatrix} 1 & 1 & \cdots & 1 \\ \lambda_1 & \lambda_2 & \cdots & \lambda_n \\ \lambda_1^2 & \lambda_2^2 & \cdots & \lambda_n^2 \\ . & . & \cdots & . \\ \lambda_1^{n-1} & \lambda_2^{n-1} & \cdots & \lambda_n^{n-1} \end{vmatrix}$$

指數函數 E 永遠不爲零。所以，若且唯若上式右側的行列式值等於零，則 $W = 0$。這稱爲 **Vandermonde** 或 **Cauchy 行列式**。[1] 可以證明它等於

(6) $$(-1)^{n(n-1)/2}V$$

其中 V 是所有因式 $\lambda_j - \lambda_k$ 的乘積 [其中 $j < k\ (\leq\ n)$]；舉例來說，當 $n = 3$ 時，可以得到 $-V = -(\lambda_1 - \lambda_2)(\lambda_1 - \lambda_3)(\lambda_2 - \lambda_3)$。因此證明了，若且唯若 (2) 式的所有 n 個根都相異，Wronskian 才不爲零，這樣就得到以下定理。

定理 1

基底

若且唯若 (2) 式的所有 n 個根都互不相同，則 (1) 式的解 $y_1 = e^{\lambda_1 x}$，…，$y_n = e^{\lambda_n x}$ (其中可能含有任何實數或複數的 λ_j) 才會形成 (1) 式在任何開區間上的解的基底。

實際上，定理 1 是一個由 (5) 式與 (6) 式所獲得之一般性定理中的重要特例。

定理 2

線性獨立

(1) 式任何數目形式為 $e^{\lambda x}$ 的解，要在某開區間 I 上為線性獨立，其條件為，若且唯若相對應的 λ 均各不相同。

3.2.2 單純複數根

如果有複數根出現，則因爲 (1) 式的係數是實數，複數根必然會以共軛對 (conjugate pair) 的方式出現。因此，如果 $\lambda = \gamma + i\omega$ 是 (2) 式的一個根，則其共軛複數 $\bar{\lambda} = \gamma - i\omega$ 必然也是它的根，而且其相對應的兩個線性獨立解爲 (除了符號之外，與第 2.2 節相同)

$$y_1 = e^{\gamma x}\cos\omega x, \quad y_2 = e^{\gamma x}\sin\omega x$$

例題 2 單純複數根、初值問題

試求解下列初值問題

$$y''' - y'' + 100y' - 100y = 0, \quad y(0) = 4, \quad y'(0) = 11, \quad y''(0) = -299$$

---

[1] ALEXANDRE THÉOPHILE VANDERMONDE (1735–1796)，法國數學家，他研究以行列式解方程組的方法。有關 CAUCHY 請參考 2.5 節註解 4。

解

特徵方程式爲 $\lambda^3-\lambda^2+100\lambda-100=0$。讀者或許可以利用觀察的方式看出，這個方程式有一個根是 1。接著，將特徵方程式除以 $\lambda-1$，可得到另外兩個根爲 $\pm10i$。所以通解，以及其導數 (利用微分運算而獲得) 爲

$$\begin{aligned} y&=c_1e^x+A\cos10x+B\sin10x,\\ y'&=c_1e^x-10A\sin10x+10B\cos10x,\\ y''&=c_1e^x-100A\cos10x-100\sin10x \end{aligned}$$

利用這些式子以及初始條件，然後令 $x=0$，結果得到

$$\text{(a) } c_1+A=4,\quad \text{(b) } c_1+10B=11,\quad \text{(c) } c_1-100A=-299$$

接下來要求解由未知數 A、B、c_1 所構成的這個聯立方程式。將 (a) 減去 (c)，結果得 $101A=303$、$A=3$。因此由 (a) 得到 $c_1=1$，由 (b) 得到 $B=1$。其解 (圖 73) 爲

$$y=e^x+3\cos10x+\sin10x$$

由此可以畫出解曲線，此曲線以 e^x (圖 73 中的虛線) 爲中心震盪。 ■

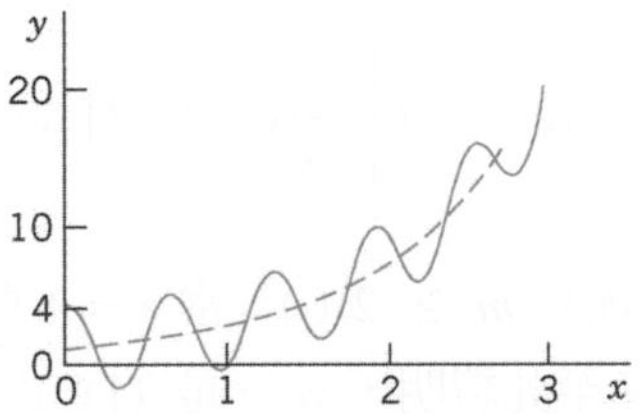

圖 73　例題 2 的解

3.2.3　實數重根

如果特徵方程式出現實數二重根，比如 $\lambda_1=\lambda_2$，則 (3) 式的 $y_1=y_2$，故我們選取 y_1 和 xy_1 作爲相對應的線性獨立解，這與 2.2 節的情形一樣。

可以用更一般化的方式來陳述，如果 λ 是次數 m 的重根，則 m 個相對應線性獨立解爲

(7) $$e^{\lambda x},\quad xe^{\lambda x},\quad x^2e^{\lambda x},\quad \cdots,\quad x^{m-1}e^{\lambda x}$$

在下一個例題之後，我們將推導這些解，並且會指出如何證明它們滿足線性獨立的性質。

例題 3　實數二重根和三重根

求解 ODE $y^{\text{v}}-3y^{\text{iv}}+3y'''-y''=0$。

解

特徵方程式 $\lambda^5-3\lambda^4+3\lambda^3-\lambda^2=0$ 有五個根 $\lambda_1=\lambda_2=0$ 及 $\lambda_3=\lambda_4=\lambda_5=1$，故答案爲

(8) $$y=c_1+c_2x+(c_3+c_4x+c_5x^2)e^x$$ ■

(7) 式的推導 我們將 (1) 式的左側寫成

$$L[y] = y^{(n)} + a_{n-1}y^{(n-1)} + \cdots + a_0 y$$

令 $y = e^{\lambda x}$。然後經過微分運算，得到

$$L[e^{\lambda x}] = (\lambda^n + a_{n-1}\lambda^{n-1} + \cdots + a_0)e^{\lambda x}$$

現在令 λ_1 代表右側之 m 次多項式的一個根，且 $m \le n$。若 $m < n$，則令 $\lambda_{m+1}, \cdots, \lambda_n$ 代表其它的根，並且都不同於 λ_1。將此多項式改寫成乘積的形式，我們得到

$$L[e^{\lambda x}] = (\lambda - \lambda_1)^m h(\lambda)e^{\lambda x}$$

因爲，當 $m = n$ 時 $h(\lambda) = 1$，當 $m < n$ 時 $h(\lambda) = (\lambda - \lambda_{m+1})\cdots(\lambda - \lambda_n)$。接下來就是關鍵：我們將上式兩側對 λ 微分，

(9) $$\frac{\partial}{\partial\lambda}L[e^{\lambda x}] = m(\lambda - \lambda_1)^{m-1}h(\lambda)e^{\lambda x} + (\lambda - \lambda_1)^m \frac{\partial}{\partial\lambda}[h(\lambda)e^{\lambda x}]$$

對 x 和 λ 的微分是獨立的，而且所產生的導數是連續的，所以我們可以將左側兩個微分運算的次序對調：

(10) $$\frac{\partial}{\partial\lambda}L[e^{\lambda x}] = L\left[\frac{\partial}{\partial\lambda}e^{\lambda x}\right] = L[xe^{\lambda x}]$$

因爲有因式 $\lambda - \lambda_1$ (既然擁有重根，所以 $m \ge 2$!)，當 $\lambda = \lambda_1$ 時，(9) 式的右側等於零。因此，根據 (9) 式與 (10) 式，$L[xe^{\lambda_1 x}] = 0$。至此證明，$xe^{\lambda_1 x}$ 是 (1) 式的解。

重覆這個步驟，藉著進行另外 $m-2$ 個這種對 λ 的微分，我們可得到 $x^2e^{\lambda_1 x}, \cdots, x^{m-1}e^{\lambda_1 x}$。如果想再多執行一次這樣的微分運算步驟，則右側將不會再是零，因爲此時 $\lambda - \lambda_1$ 的最低階已經爲 $(\lambda - \lambda_1)^0$，而且和它相乘的數項是 $m!h(\lambda)$，但是因爲 $h(\lambda)$ 不含 $\lambda - \lambda_1$ 的因式，所以 $h(\lambda_1) \ne 0$；因此我們恰可得到 (7) 式中的各個解。

最後，要證明 (7) 式中的各個解是線性獨立的。對於某個特定的 n，可以藉著計算它們的 Wronskian 來檢驗這一點，此時 Wronskian 的計算結果將會是非零值。對於任意的 m，我們可以從 Wronskian 中提出指數函數。如此，可以得到 $(e^{\lambda x})^m = e^{\lambda mx}$ 乘以一個行列式的結果，此行列式經過「列運算」可以化簡成 $1, x, \cdots, x^{m-1}$ 的 Wronskian。後者爲常數且不爲零 [等於 $1!2!\cdots(m-1)!$]。這些函數是 ODE $y^{(m)} = 0$ 的解，所以根據第 3.1 節的定理 3，它們是線性獨立的。

3.2.4 複數重根

在這種情況下，可以像前面處理單純複數根的情形一樣，獲得相關實數解。因此，若 $\lambda = \gamma + i\omega$ 是一個**複數二重根 (complex double root)**，則其共軛複數 $\bar{\lambda} = \gamma - i\omega$ 應該也是。相對應之線性獨立解爲

(11) $$e^{\gamma x}\cos\omega x, \quad e^{\gamma x}\sin\omega x, \quad xe^{\gamma x}\cos\omega x, \quad xe^{\gamma x}\sin\omega x$$

這些結果的前兩個和之前一樣是來自 $e^{\lambda x}$ 和 $e^{\bar{\lambda} x}$，後兩個則是以類似的方式來自 $xe^{\lambda x}$ 和 $xe^{\bar{\lambda} x}$。顯然的，其相對應的通解爲

$$y = e^{\gamma x}[(A_1 + A_2 x)\cos \omega x + (B_1 + B_2 x)\sin \omega x] \tag{12}$$

對於**複數三重根** (在應用上很少出現) 的情形，可以得到另外兩個解 $x^2 e^{\gamma x}\cos \omega x$ 、$x^2 e^{\gamma x}\sin \omega x$，其餘以此類推。

習題集 3.2

1–6 通解

請求出下列 ODE 的解，寫出詳細解題過程。

1. $y''' + 9y' = 0$

2. $y^{\text{iv}} + 2y'' + y = 0$

3. $y^{\text{iv}} + 16y'' = 0$

4. $(D^3 - D^2 - D + 1)y = 0$

5. $(D^4 + 10D^2 + 9I)y = 0$

6. $(D^5 + 2D^3 + D)y = 0$

7–13 初值問題

試利用 CAS 求解下列初值問題，請提供通解、特解及其圖形。

7. $y''' + 3y'' + 4.81y' = 0,\quad y(0) = 6, y'(0) = -3.15,\quad y''(0) = -12.195$

8. $y''' + 7.5y'' + 14.25y' - 9.125y = 0,\quad y(0) = 10.05,\quad y'(0) = -54.975,\quad y''(0) = 257.5125$

9. $4y''' + 8y'' + 41y' + 37y = 0,\quad y(0) = 9,\quad y'(0) = -6.5,\quad y''(0) = -39.75$

10. $y^{\text{iv}} + 4y = 0,\quad y(0) = \frac{1}{2},\quad y'(0) = -\frac{3}{2},\quad y''(0) = \frac{5}{2},\quad y'''(0) = -\frac{7}{2}$

11. $y^{\text{iv}} - 9y'' - 400y = 0,\quad y(0) = 0,\quad y'(0) = 0,\quad y''(0) = 41,\quad y'''(0) = 0$

12. $y^{\text{v}} - 5y''' + 4y' = 0,\quad y(0) = 3,\quad y'(0) = -5,\quad y''(0) = 11,\quad y'''(0) = -23,\quad y^{\text{iv}}(0) = 47$

13. $y^{\text{iv}} + 0.35y''' + 3.85y'' + 1.4y' - 0.6y = 0,\quad y(0) = 7.4125,\quad y'(0) = 0.51,\quad y''(0) = 0.849,\quad y'''(0) = -2.3831$

14. 團隊專題　降低階數　因爲我們通常可以猜測到 ODE 的某一個解，所以這是一個在實務上很有用的作法。有關二階的情形，請參考第 2.1 節例題 7。

(a) 如果常係數線性 ODE 的一個解已知，則如何降低這個 ODE 的階數？

(b) 將這個方法推展到可變係數 ODE

$$y''' + p_2(x)y'' + p_1(x)y' + p_0(x)y = 0$$

假設 y_1 是已知的解，請證明另一個解是 $y_2(x) = u(x)y_1(x)$，其中 $u(x) = \int z(x)dx$，而且 z 是藉由求解下列 ODE 而得到

$$y_1 z'' + (3y_1' + p_2 y_1)z' + (3y_1'' + 2p_2 y_1' + p_1 y_1)z = 0$$

(c) 請降低下列 ODE 的階數

$$x^3 y''' - 3x^2 y'' + (6 - x^2)xy' - (6 - x^2)y = 0,$$

利用 $y_1 = x$ (或許可以利用觀察的方式得到這個解)。

15. CAS 實驗　降低階數　從一個基底開始著手，找出具有變數係數的三階 ODE，讓這個 ODE 可以在降低爲二階時變得相對而言比較簡單。

3.3 非齊次線性 ODE (Nonhomogeneous Linear ODEs)

我們現在由齊次轉換到 n 階非齊次線性 ODE。我們將它寫成下列標準形式

(1)
$$y^{(n)}+p_{n-1}(x)y^{(n-1)}+\cdots+p_1(x)y'+p_0(x)y=r(x)$$

其中第一項爲 $y^{(n)}=d^ny/dx^n$，且 $r(x)\not\equiv 0$。與二階 ODE 的情形一樣，(1) 式在 x 軸的某個開區間 I 上的通解具有下列形式

(2)
$$y(x)=y_h(x)+y_p(x)$$

在此 $y_h(x)=c_1y_1(x)+\cdots+c_ny_n(x)$ 爲相對應之齊次 ODE

(3)
$$y^{(n)}+p_{n-1}(x)y^{(n-1)}+\cdots+p_1(x)y'+p_0(x)y=0$$

在 I 上的通解。此外，y_p 則是 (1) 式在開區間 I 上的任何一個解，且不含任意常數。如果 (1) 式在 I 上有連續的係數與連續的 $r(x)$，則 (1) 式的通解是存在的，且會包含所有的解。因此 (1) 式沒有奇異解。

(1) 式的**初值問題**是由 (1) 式本身和下列 n 個**初始條件**所組成，

(4)
$$y(x_0)=K_0,\quad y'(x_0)=K_1,\quad \cdots,\quad y^{(n-1)}(x_0)=K_{n-1}$$

當 x_0 在 I 內，在上述的連續性假設下，初值問題具有唯一解。其證明所用到的觀念，與第 2.7 節 $n=2$ 的情形相同。

3.3.1 待定係數法

方程式 (2) 顯示，在求解 (1) 式的時候，必須求出 (1) 式的一個特解。對於下列的常係數方程式

(5)
$$y^{(n)}+a_{n-1}y^{(n-1)}+\cdots+a_1y'+a_0y=r(x)$$

($a_0,\cdots,a_{n-1}$ 爲常數) 以及像 2.7 節中特定的 $r(x)$ 而言，這樣的 $y_p(x)$ 可以像 2.7 節的情形一樣，利用**待定係數法**加以求出，這個過程中會使用到下列法則。

(A) 基本法則　與 2.7 節相同。

(B) 修正法則　如果在選擇作爲 $y_p(x)$ 的函數中，有一個函數項是齊次方程式 (3) 的解，則將 $y_p(x)$ 乘以 x^k，其中 k 必須是使此項乘上 x^k 後不爲 (3) 式之解的最小正整數。

(C) 相加法則　與 2.7 節相同。

這個方法的實際應用與 2.7 節中一樣。這樣的實際應用已經足以說明求解初值問題的典型步驟，特別是能夠說明新的修正法則，舊的修正法則是新的修正法則的一個特例 (其中 $k=1$ 或 2)。我們將會看到，或許除了決定常數的過程更複雜以外，其技術性細節與 $n=2$ 的情形是一樣的。

例題 1　初值問題、修正法則

求解下列初值問題

(6) $$y''' + 3y'' + 3y' + y = 30e^{-x}, \quad y(0) = 3, \quad y'(0) = -3, \quad y''(0) = -47$$

解

步驟 1：特徵方程式為 $\lambda^3 + 3\lambda^2 + 3\lambda + 1 = (\lambda + 1)^3 = 0$。這個方程式具有三重根 $\lambda = -1$。所以齊次 ODE 的通解為

$$y_h = c_1 e^{-x} + c_2 x e^{-x} + c_3 x^2 e^{-x}$$
$$= (c_1 + c_2 x + c_3 x^2) e^{-x}$$

步驟 2：如果嘗試代入 $y_p = Ce^{-x}$，則可以得到 $-C + 3C - 3C + C = 30$，而且這個式子是無解的。

接著再嘗試 Cxe^{-x} 和 Cx^2e^{-x}。修正法則須要

$$y_p = Cx^3 e^{-x}.$$

然後

$$y_p' = C(3x^2 - x^3)e^{-x},$$
$$y_p'' = C(6x - 6x^2 + x^3)e^{-x},$$
$$y_p''' = C(6 - 18x + 9x^2 - x^3)e^{-x}$$

將這些數學式代入 (6) 式，並且消去共同因子 e^{-x}，得到

$$C(6 - 18x + 9x^2 - x^3) + 3C(6x - 6x^2 + x^3) + 3C(3x^2 - x^3) + Cx^3 = 30$$

然後再將一次項、二次項和三次項消掉，得到 $6C = 30$。因此 $C = 5$，由此得 $y_p = 5x^3e^{-x}$。

步驟 3：現在寫出題目給定之 ODE 的通解 $y = y_h + y_p$。由這個通解與第一個初始條件，可以求出 c_1。將 c_1 值代入後，再進行一次微分，然後由第二個初始條件求出 c_2；再將所得數值代入，最後從 $y''(0)$ 與第三個初始條件求出 c_3：

$$y = y_h + y_p = (c_1 + c_2 x + c_3 x^2)e^{-x} + 5x^3 e^{-x}, \quad y(0) = c_1 = 3$$
$$y' = [-3 + c_2 + (-c_2 + 2c_3)x + (15 - c_3)x^2 - 5x^3]e^{-x}, \quad y'(0) = -3 + c_2 = -3, \quad c_2 = 0$$
$$y'' = [3 + 2c_3 + (30 - 4c_3)x + (-30 + c_3)x^2 + 5x^3]e^{-x}, \quad y''(0) = 3 + 2c_3 = -47, \quad c_3 = -25$$

所以這個問題的解答是 (圖 73)

$$y = (3 - 25x^2)e^{-x} + 5x^3 e^{-x}$$

y 的曲線從 (0, 3) 開始，而且在這一點上其斜率是負值，這可以從初始條件中看出，而且當 $x \to \infty$ 的時候，曲線趨近於零。在圖 74 中，虛線代表 y_p。■

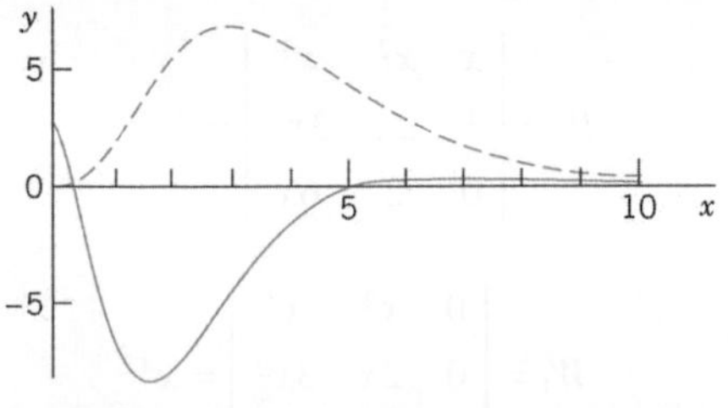

圖 74　例題 1 中的 y 和 y_p (虛線)

3.3.2 參數變動法

參數變動法 (見 2.10 節) 同樣可擴展到任意階數 n。它利用以下公式，求出非齊次方程式 (1) (以 $y^{(n)}$ 爲第一項的標準形式) 在開區間 I 上的一個特解 y_p，

$$y_p(x) = \sum_{k=1}^{n} y_k(x) \int \frac{W_k(x)}{W(x)} r(x)\, dx \tag{7}$$
$$= y_1(x) \int \frac{W_1(x)}{W(x)} r(x)\, dx + \cdots + y_n(x) \int \frac{W_n(x)}{W(x)} r(x)\, dx$$

在此區間中，(1) 式的係數和 $r(x)$ 均爲連續。在(7) 式中，函數 $y_1, \cdots, y_n$ 形成齊次 ODE (3) 的基底，以 W 代表此基底的 Wronskian，而 W_j $(j = 1, \cdots, n)$ 則是將 W 的第 j 行替換成行向量 $[0 \quad 0 \quad \cdots \quad 0 \quad 1]^{\mathsf{T}}$。因此，當 $n = 2$ 時，這會變得與第 2.10 節的 (2) 式完全相同，

$$W = \begin{vmatrix} y_1 & y_2 \\ y_1' & y_2' \end{vmatrix}, \quad W_1 = \begin{vmatrix} 0 & y_2 \\ 1 & y_2' \end{vmatrix} = -y_2, \quad W_2 = \begin{vmatrix} y_1 & 0 \\ y_1' & 1 \end{vmatrix} = y_1$$

要證明 (7) 式，須要將證明第 2.10 節之 (2) 式的觀念再加以延伸，可參考附錄 1 所列的參考文獻 [A11]。

例題 2 參數變動法、非齊次 Euler–Cauchy 方程式

請求解下列非齊次 Euler–Cauchy 方程式

$$x^3 y''' - 3x^2 y'' + 6xy' - 6y = x^4 \ln x \qquad (x > 0)$$

解

步驟 1：非齊次 ODE 的通解 將 $y = x^m$ 及其相關導數代入齊次 ODE，並且消去因子 x^m，得到

$$m(m-1)(m-2) - 3m(m-1) + 6m - 6 = 0$$

其根爲 1、2、3，而且由此可以得一組基底

$$y_1 = x, \quad y_2 = x^2, \quad y_3 = x^3$$

所以相對應齊次 ODE 的通解是

$$y_h = c_1 x + c_2 x^2 + c_3 x^3$$

步驟 2：(7) 式中所需要的行列式 它們是

$$W = \begin{vmatrix} x & x^2 & x^3 \\ 1 & 2x & 3x^2 \\ 0 & 2 & 6x \end{vmatrix} = 2x^3$$

$$W_1 = \begin{vmatrix} 0 & x^2 & x^3 \\ 0 & 2x & 3x^2 \\ 1 & 2 & 6x \end{vmatrix} = x^4$$

$$W_2 = \begin{vmatrix} x & 1 & x^3 \\ 1 & 0 & 3x^2 \\ 0 & 1 & 6x \end{vmatrix} = -2x^3$$

$$W_3 = \begin{vmatrix} x & x^2 & 0 \\ 1 & 2x & 0 \\ 0 & 2 & 1 \end{vmatrix} = x^2$$

步驟 3：積分 在 (7) 式中，ODE 的右側 $r(x)$ 也需要表示成標準形式；想要獲得這個 ODE 的標準形式，只要除以 y''' 的係數 x^3 即可；因此，$r(x) = (x^4 \ln x)/x^3 = x \ln x$。在 (7) 式中我們有簡單的商値 $W_1/W = x/2$、$W_2/W = -1$、$W_3/W = 1/(2x)$。所以 (7) 式變成

$$\begin{aligned} y_p &= x\int \frac{x}{2} x\ln x\,dx - x^2 \int x\ln x\,dx + x^3 \int \frac{1}{2x} x\ln x\,dx \\ &= \frac{x}{2}\left(\frac{x^3}{3}\ln x - \frac{x^3}{9}\right) - x^2\left(\frac{x^2}{2}\ln x - \frac{x^2}{4}\right) + \frac{x^3}{2}(x\ln x - x) \end{aligned}$$

經過化簡以後，得到 $y_p = \frac{1}{6}x^4(\ln x - \frac{11}{6})$。所以解答是

$$y = y_h + y_p = c_1 x + c_2 x^2 + c_3 x^3 + \frac{1}{6}x^4(\ln x - \frac{11}{6})$$

圖 75 所示為 y_p 的曲線。你可否解釋曲線的形狀？它在靠近 $x = 0$ 處的行為？為什麼會有最小値出現？為什麼會快速增大？為什麼待定係數法不能求解這一個問題？ ■

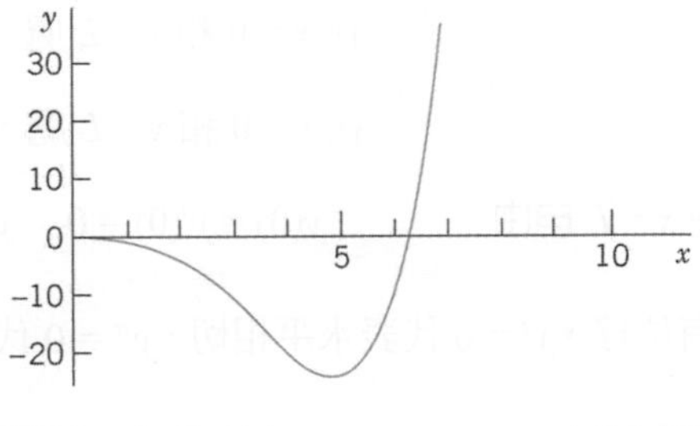

圖 75 例題 2 中非齊次 Euler–Cauchy 方程式的特解 y_p

3.3.3 應用：彈性樑

我們知道二階 ODE 有許多的應用，我們討論過其中一些較重要的應用，另一方面，高階 ODE 的工程應用就少得多。有一個重要的四階 ODE 描述彈性樑的彎曲行為，例如建築物或橋樑的木質或鋼質大樑就可以適用這種 ODE。

另外一個相關的應用是樑的振動，但那個問題要用到 PDE，所以我們留到 12.3 節討論。

例題 3 彈性樑承受負載時的彎曲行為

考慮一根長度 L、橫截面固定 (例如矩形)，且為均質彈性材料 (例如：鋼) 所構成的樑 B；參看圖 76。我們假設，樑本身重量所造成的彎曲，程度小到可忽略不計。如果在通過樑對稱軸 (圖 76 的

x 軸) 的垂直面上，施加負載給 B，則 B 會彎曲。此時軸線會彎曲成所謂的**彈性曲線 (elastic curve)** 或**撓度曲線 (deflection curve)** C。我們由彈性理論得知，彎曲力矩 $M(x)$ 正比於 C 的曲率 $k(x)$。我們假設彎曲程度很小，因而使得偏移量 $y(x)$ 及其導數 $y'(x)$ (決定 C 的切線方向) 也很小。則根據微積分，$k = y''/(1+y'^2)^{3/2} \approx y''$。所以

$$M(x) = EIy''(x)$$

其中 EI 是比例常數。E 是該樑材料的*楊氏彈性模數* (Young's modulus of elasticity)。I 是樑的橫截面相對於圖 76 之 (水平) z 軸的慣性矩 (moment of inertia)。

彈性理論可以進一步證明，$M''(x) = f(x)$，其中 $f(x)$ 是每單位長度的負載。同時，

(8) $$EIy^{\text{iv}} = f(x)$$

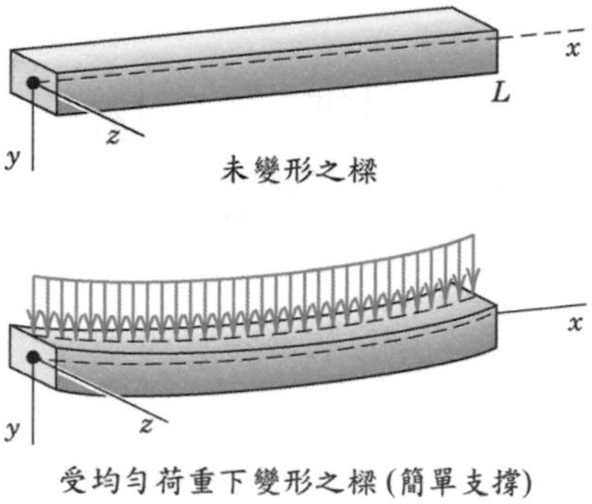

圖 76 彈性樑

在實際應用上，最重要的支撐方式和相對應的邊界條件說明如下，並顯示於圖 77。

(A) 簡單支撐　　在 $x = 0$ 和 $x = L$ 處，$y = y'' = 0$

(B) 兩端夾固　　在 $x = 0$ 和 $x = L$ 處，$y = y' = 0$

(C) 在 $x = 0$ 夾固、在 $x = L$ 自由　　$y(0) = y'(0) = 0,\quad y''(L) = y'''(L) = 0$

邊界條件 $y = 0$ 代表在該點沒有位移，$y' = 0$ 代表水平相切，$y'' = 0$ 代表沒有彎曲力矩，而且 $y''' = 0$ 代表沒有剪力 (shear force)。

讓我們將上述條件應用到圖 76 中均勻承載的簡支樑上，負載爲 $f(x) \equiv f_0 =$ 常數。則 (8) 式成爲

(9) $$y^{\text{iv}} = k, \quad k = \frac{f_0}{EI}$$

上式可以利用微積分直接求解。經過兩次積分以後，得到

$$y'' = \frac{k}{2}x^2 + c_1 x + c_2$$

由 $y''(0) = 0$ 得到 $c_2 = 0$。然後 $y''(L) = L(\frac{1}{2}kL + c_1) = 0$、$c_1 = -kL/2$ (因爲 $L \neq 0$)。所以

$$y'' = \frac{k}{2}(x^2 - Lx)$$

將上式積分兩次，得到

$$y=\frac{k}{2}\left(\frac{1}{12}x^4-\frac{L}{6}x^3+c_3x+c_4\right)$$

由 $y(0)=0$ 得到 $c_4=0$。然後

$$y(L)=\frac{kL}{2}\left(\frac{L^3}{12}-\frac{L^3}{6}+c_3\right)=0, \qquad c_3=\frac{L^3}{12}$$

將代表 k 的式子代入上式中，於是得到解答爲

$$y=\frac{f_0}{24EI}(x^4-2Lx^3+L^3x)$$

既然在兩端的邊界條件是相同的，我們預期位移量 $y(x)$ 相對於 $L/2$ 處是「對稱的」，也就是，$y(x)=y(L-x)$。請讀者直接檢驗這個預期，或者設定 $x=u+L/2$，然後證明 y 變成 u 的偶函數，

$$y=\frac{f_0}{24EI}\left(u^2-\frac{1}{4}L^2\right)\left(u^2-\frac{5}{4}L^2\right)$$

由這個數學式可以看出，在中央 $u=0$ $(x=L/2)$ 處的最大位移量是 $5f_0L^4/(16\cdot 24EI)$。要記得，正方向是指向下的。■

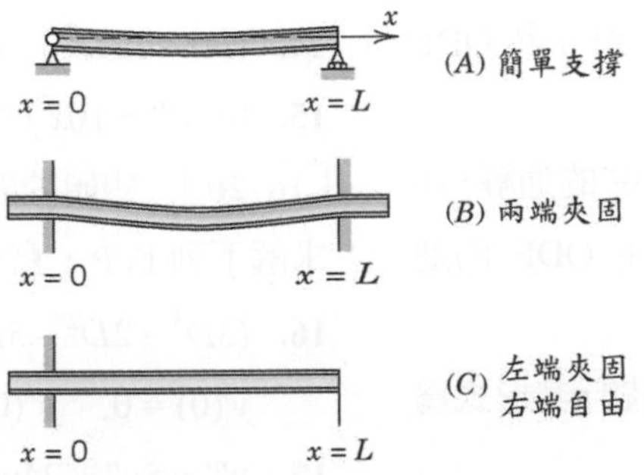

圖 77 樑的支撐

習題集 3.3

1–7 通解

求解下列 ODE，寫出詳細過程。

1. $y'''-3y''+3y'-y=e^x-x-1$

2. $y'''+2y''-y'-2y=1-4x^3$

3. $(D^4+5D^2+4I)y=3.5\sinh 2x$

4. $(D^3+3D^2-5D-39I)y=-300\cos x$

5. $(x^3D^3+2x^2D^2-xD+I)y=x^{-2}$

6. $(D^3+4D)y=\sin x$

7. $(D^3-3D^2+3D-I)y=4\cos x$

8–13 初值問題

求解下列 IVP，寫出詳細過程。

8. $y^{iv}-5y''+4y=10e^{-3x}$, $y(0)=1$, $y'(0)=0$, $y''(0)=0$, $y'''(0)=0$

9. $y^{iv}+5y''+4y=90\sin 4x$, $y(0)=1$, $y'(0)=2$, $y''(0)=-1$, $y'''(0)=-32$

10. $x^3y''' + xy' - y = x^2$, $y(1) = 1$, $y'(1) = 3$, $y''(1) = 14$

11. $(D^3 + D^2 - 2D)y = 4e^{-2x}/\cos x$, $y(0) = 0.4$, $y'(0) = -0.4$, $y''(0) = -0.4$

12. $(D^3 - 2D^2 - 9D + 18I)y = e^{2x}$, $y(0) = 4.5$, $y'(0) = 8.8$, $y''(0) = 17.2$

13. $(D^3 - 4D)y = 10\cos x + 5\sin x$, $y(0) = 3$, $y'(0) = -2$, $y''(0) = -1$

14. **CAS實驗 待定係數** 因為參數變動法一般而言會比較複雜，所以值得我們花費時間試著去推展另一方法。請以實驗的方式去找出，對於什麼樣的 ODE 可行，什麼樣的 ODE 則不可行。提示：請以反向進行，先用 CAS 求解選定的若干個 ODE，然後觀察其解是否可以用待定係數法求得。例如，請考慮

$$y''' - 3y'' + 3y' - y = x^{1/2}e^x$$

和

$$x^3y''' + x^2y'' - 2xy' + 2y = x^3\ln x$$

15. **報告撰寫 方法的比較** 請寫一份報告，比較參數變動法與待定係數法，討論並且比較每一種方法的優點和缺點。以幾個典型的例子佐證你的看法。然後試著證明待定係數法可以從參數變動法推導出來，比如說以一個常係數三階 ODE 作為處理對象，而且這個 ODE 的右側是一個指數函數。

第 3 章 複習題

1. 何謂疊加原理或線性原理？它對什麼類形的 n 階 ODE 才成立？

2. 請列舉能夠從二階 ODE 推展到 n 階 ODE 的其他幾個基本定理。

3. 如果你知道某個齊次線性 ODE 的通解，那麼要獲取相對應之非齊次線性 ODE 的通解的時候，你還須要什麼？

4. 一個 n 階線性 ODE 的初值問題，其形式為何？

5. 什麼是 Wronskian？其用途為何？

6–15 通解

求解下列 ODE，寫出詳細解題過程。

6. $y^{\text{iv}} - 3y'' - 4y = 0$

7. $y''' - 2y'' + 5y' = 0$

8. $y''' - 4y'' - y' + 4y = 30e^{2x}$

9. $(D^4 - 81I)y = -32\sinh x$

10. $x^2y''' + 3xy'' - 2y' = 0$

11. $y''' + 4.5y'' + 6.75y' + 3.375y = 0$

12. $(D^3 - D)y = \sinh 0.8x$

13. $(D^3 - 3D^2 + 3D - I)y = 2x^2$

14. $(D^4 - 13D^2 + 36I)y = 12e^x$

15. $8x^3y''' + 10x^2y'' + xy' - y = 5$

16–20 初值問題

求解下列 IVP，寫出詳細解題過程。

16. $(3D^3 - 2D^2 - 5D + 4I)y = 0$, $y(0) = 0$, $y'(0) = 0$, $y''(0) = 1$

17. $y''' + 5y'' + 24y' + 20y = x$, $y(0) = 1.94$, $y'(0) = -3.95$, $y'' = -24$

18. $(D^4 - 26D^2 + 25I)y = 50(x+1)^2$, $y(0) = 12.16$, $Dy(0) = -6$, $D^2y(0) = 34$, $D^3y(0) = -130$

19. $(D^3 + 6D^2 + 11D + 6I)y = 2\cdot e^{-4x}$, $y(0) = -\frac{1}{3}$, $y'(0) = \frac{4}{3}$, $y''(0) = -\frac{16}{3}$

20. $(D^3 + 3D^2 + 3D + I)y = 8\sin x$, $y(0) = -1$, $y'(0) = -3$, $y''(0) = 5$

第3章摘要 高階線性ODE

與第 2 章 (n=2 的情況) 的類似摘要做比較

第 3 章將第 2 章 $n=2$ 階的結果推展到任意 n 階。***n* 階線性 ODE** 是指可以寫成下列形式的 ODE，

(1) $$y^{(n)} + p_{n-1}(x)y^{(n-1)} + \cdots + p_1(x)y' + p_0(x)y = r(x)$$

其中是以 $y^{(n)} = d^n y/dx^n$ 作為第一項；我們再一次稱呼這種形式的 ODE 為*標準形式*。如果在某個我們所考慮的開區間 I 上有 $r(x) \equiv 0$，則 (1) 式稱為是*齊次*的；如果在區間 I 上，$r(x) \neq 0$，則 (1) 式稱為是*非齊次*的。對於齊次 ODE

(2) $$y^{(n)} + p_{n-1}(x)y^{(n-1)} + \cdots + p_1(x)y' + p_0(x)y = 0$$

和 $n=2$ 的情況一樣，適用**疊加原理 (*superposition principle*)** (3.1 節)。(2) 式在 I 之解的基底，或稱**基本系統**，包含有 (2) 式在 I 的 n 個線性獨立解 $y_1, \cdots, y_n$。(2) 式在 I 上的**通解 (general solution)** 則是它們的線性組合，

(3) $$y = c_1y_1 + \cdots + c_ny_n \qquad (c_1, \cdots, c_n \text{ 為任意常數})。$$

非齊次 ODE (1) 在區間 I 上的通解，具有下列形式

(4) $$y = y_h + y_p \qquad (3.3 \text{ 節})$$

在此 y_p 是 (1) 式的特解，它可以利用兩種方法 (**待定係數法**或**參數變動法**) 求出，如 3.3 節所述。(1) 式或 (2) 式的**初值問題**是由 ODE 本身和 n 個初始條件所組成 (第 3.1 節、第 3.3 節)

(5) $$y(x_0) = K_0, \quad y'(x_0) = K_1, \quad \cdots, y^{(n-1)}(x_0) = K_{n-1}$$

而其中 x_0 在 I 中且 $K_0, \cdots, K_{n-1}$ 為已知。如果 $p_0, \cdots, p_{n-1}$ 和 r 在 I 上為連續，則 (1) 式和式 (2) 式在區間 I 上存在有通解，而且初值問題 (1) 和 (5)，或者 (2) 和 (5) 具有唯一解。

CHAPTER 4

ODE 方程組、相位平面、定性方法 (Systems of ODEs. Phase Plane. Qualitative Methods)

接續第 3 章，在 4.1 節中，我們要介紹另一種求解高階 ODE 的方法。此方法可將任何的 n 階 ODE 轉換成 n 個一階的 ODE。我們也會介紹一些應用實例。此外，在同一節中，我們也會求解直接來自應用實例的一階 ODE 方程組，這些方程組並非來自 n 階 ODE，而是出於實際狀況，例如，混合問題中的兩個儲存槽、電路問題中的兩個迴路。(在 4.0 節中，則回顧了向量與矩陣的一些基本概念，多數學生應該都相當熟悉。)

在 4.3 節中，我們要用一種全然不同的方式來看待 ODE 方程組。此方法包括，觀察 ODE 之解族在**相位平面** ***(phase plane)*** 上的共同行爲，所以它就稱爲相位平面法。它可提供關於解之**穩定性** **(stability)** 的資訊。(對實際的系統，我們希望它具有穩定性，也就是說，在某一瞬間出現的小變化，在隨後的所有時間內，只會引起系統行爲的小改變。)此種處理 ODE 方程組的方法是一種**定性法** **(qualitative method)**，因爲它只取決於 ODE 的本質，並不須要實際的解。此點是非常有用的，因爲求解 ODE 方程組通常很難，甚至不可能。相對而言，實際求解方程組的方法就稱爲定量法 *(quantitative method)*。

在控制理論、電路理論、族群動力學等許多領域中，很多地方都會用到相位平面法。在 4.3、4.4 及 4.6 節討論它在線性方程組上的用法，而 4.5 節則討論更重要的，在非線性方程上的用法，並以單擺方程式和 Lokta–Volterra 族群模型作爲範例。本章的最後則討論非齊次線性 ODE 方程組。

註解：與第 1–3 章相類似，我們仍然以 y 代表未知函數；因此，也會用到 $y_1(t)$ 和 $y_2(t)$ 等標示方式。(有些作者在討論 ODE 方程組時，會用 x 代表函數，使用 $x_1(t)$ 和 $x_2(t)$ 等。)

本章之先修課程：第 2 章。

參考文獻與習題解答：附錄 1 的 A 部分，以及附錄 2。

4.0 參考：矩陣與向量的基礎 (For Reference: Basics of Matrices and Vectors)

爲維持所用符號的清楚與簡單，我們在討論 ODE 的線性方程組時，會使用矩陣與向量。我們只須要幾個基本定理 (不會像第 7 和 8 章包含那麼多內容)。對這些基本定理，大多數學生可能已經很熟悉了。因此，**本節僅供參考而已**。請從第 4.1 節開始進行課程，當有需要的時候，再參考第 4.0 節。

本書中大部分的線性方程組，都是由兩個 ODE 所組成，並有兩個未知函數 $y_1(t)$ 與 $y_2(t)$，

$$(1)\qquad \begin{aligned} y_1' &= a_{11}y_1 + a_{12}y_2, \\ y_2' &= a_{21}y_1 + a_{22}y_2, \end{aligned} \qquad \text{例如，} \qquad \begin{aligned} y_1' &= -5y_1 + 2y_2 \\ y_2' &= 13y_1 + \frac{1}{2}y_2 \end{aligned}$$

(有時在兩個 ODE 的右側會另有已知的函數 $g_1(t)$、$g_2(t)$ 等)。

同樣的，n 個未知函數 $y_1(t), \cdots, y_n(t)$ 的 n 個一階 ODE 所構成的線性方程組，其形式如下

$$(2)\qquad \begin{aligned} y_1' &= a_{11}y_1 + a_{12}y_2 + \cdots + a_{1n}y_n \\ y_2' &= a_{21}y_1 + a_{22}y_2 + \cdots + a_{2n}y_n \\ &\cdots\cdots\cdots\cdots\cdots\cdots\cdots\cdots \\ y_n' &= a_{n1}y_1 + a_{n2}y_2 + \cdots + a_{nn}y_n \end{aligned}$$

(也許在每一個 ODE 右側會額外多出一個已知函數)。

4.0.1 一些定義與名詞

矩陣 (Matrices) 在 (1) 式中，(常數或變數) 係數形成一個 **2 × 2 的矩陣 A**，也就是，一個陣列

$$(3)\qquad \mathbf{A} = [a_{jk}] = \begin{bmatrix} a_{11} & a_{12} \\ a_{21} & a_{22} \end{bmatrix}, \quad \text{例如，} \quad \mathbf{A} = \begin{bmatrix} -5 & 2 \\ 13 & \frac{1}{2} \end{bmatrix}$$

同理，在 (2) 式中的係數形成一個 $\boldsymbol{n \times n}$ **的矩陣**

$$(4)\qquad \mathbf{A} = [a_{jk}] = \begin{bmatrix} a_{11} & a_{12} & \cdots & a_{1n} \\ a_{21} & a_{22} & \cdots & a_{2n} \\ \cdot & \cdot & \cdots & \cdot \\ a_{n1} & a_{n2} & \cdots & a_{nn} \end{bmatrix}$$

其中 $a_{11}, a_{12}, \cdots$ 稱爲**元素 (entry)**，水平的一線稱爲**列 (row)**，而且垂直一線稱爲**行 (column)**。因此，在 (3) 式中第一列是 $[a_{11} \quad a_{12}]$，第二列是 $[a_{21} \quad a_{22}]$，而第一及第二行分別爲

$$\begin{bmatrix} a_{11} \\ a_{21} \end{bmatrix} \quad \text{和} \quad \begin{bmatrix} a_{12} \\ a_{22} \end{bmatrix}$$

在元素的「**雙下標符號 (double subscript notation)**」中，第 1 個下標代表元素所在的*列*，第 2 個下標代表元素所在的*行*。同樣的表示方式也應用在 (4) 式。在 (4) 式中，**主對角線 (main diagonal)** 是 $a_{11}\, a_{22} \;\cdots\; a_{nn}$，而在 (3) 式中則爲 $a_{11}\, a_{22}$。

我們將只會用到**方矩陣 (square matrix)**，也就是行數和列數相等的矩陣，例如 (3) 式與 (4) 式中的矩陣。

向量 (vector) 一個含有 n 個**分量 (components)** $x_1, \cdots, x_n$ 的**行向量 x** 爲

$$\mathbf{x} = \begin{bmatrix} x_1 \\ x_2 \\ \vdots \\ x_n \end{bmatrix}, \quad \text{因此，當 } n = 2\text{，} \quad \mathbf{x} = \begin{bmatrix} x_1 \\ x_2 \end{bmatrix}$$

同理，**列向量 (row vector) v** 的形式如下

$$\mathbf{v} = [v_1 \ \cdots \ v_n], \quad \text{因此，當 } n = 2， \quad \text{則 } \mathbf{v} = [v_1 \ \ v_n] \text{。}$$

4.0.2　矩陣與向量的計算

相等性　兩個 $n \times n$ 的矩陣，若且唯若其對應元素都相等，這兩個矩陣才相等。

因此，對於 $n = 2$ 的情形，令

$$\mathbf{A} = \begin{bmatrix} a_{11} & a_{12} \\ a_{21} & a_{22} \end{bmatrix} \quad \text{及} \quad \mathbf{B} = \begin{bmatrix} b_{11} & b_{12} \\ b_{21} & b_{22} \end{bmatrix}$$

則 $\mathbf{A} = \mathbf{B}$ 的條件是，若且唯若

$$a_{11} = b_{11}, \quad a_{12} = b_{12}$$

$$a_{21} = b_{21}, \quad a_{22} = b_{22}$$

若且唯若兩個行向量 (或兩個列向量) 都具有 n 個元素，且對應元素都相等，兩個向量才相等。因此，令

$$\mathbf{v} = \begin{bmatrix} v_1 \\ v_2 \end{bmatrix} \quad \text{和} \quad \mathbf{x} = \begin{bmatrix} x_1 \\ x_2 \end{bmatrix} \text{則} \quad \mathbf{v} = \mathbf{x} \quad \text{，若且唯若} \quad \begin{matrix} v_1 = x_1 \\ v_2 = x_2 \end{matrix}$$

加法運算的執行方式是將相對應的元素 (或分量) 予以相加；要相加的矩陣都必須是 $n \times n$，而向量則必須含有相同數量的分量。因此，當 $n = 2$，

(5)
$$\mathbf{A} + \mathbf{B} = \begin{bmatrix} a_{11} + b_{11} & a_{12} + b_{12} \\ a_{21} + b_{21} & a_{22} + b_{22} \end{bmatrix}, \qquad \mathbf{v} + \mathbf{x} = \begin{bmatrix} v_1 + x_1 \\ v_2 + x_2 \end{bmatrix}$$

純量乘法運算 (即乘以一個數值 c) 的執行方式是將每一個元素 (或分量) 乘以 c。例如，若

$$\mathbf{A} = \begin{bmatrix} 9 & 3 \\ -2 & 0 \end{bmatrix} \quad \text{則} \quad -7\mathbf{A} = \begin{bmatrix} -63 & -21 \\ 14 & 0 \end{bmatrix}$$

若

$$\mathbf{v} = \begin{bmatrix} 0.4 \\ -13 \end{bmatrix} \quad \text{則} \quad 10\mathbf{v} = \begin{bmatrix} 4 \\ -130 \end{bmatrix}$$

矩陣乘法運算　兩個 $n \times n$ 矩陣 $\mathbf{A} = [a_{jk}]$ 與 $\mathbf{B} = [b_{jk}]$ 的乘積 $\mathbf{C} = \mathbf{AB}$ (照此順序) 是一個 $n \times n$ 矩陣 $\mathbf{C} = [c_{jk}]$，其元素爲

(6)
$$c_{jk} = \sum_{m=1}^{n} a_{jm} b_{mk} \qquad \begin{matrix} j = 1, \cdots, n \\ k = 1, \cdots, n \end{matrix}$$

也就是，將 **A** 的第 j 列的每個元素乘以 **B** 的第 k 行相對應元素以後，再將這 n 個乘積相加。可以簡短地說，這是一種「將列乘以行的運算」。舉例來說，

$$\begin{bmatrix} 9 & 3 \\ -2 & 0 \end{bmatrix}\begin{bmatrix} 1 & -4 \\ 2 & 5 \end{bmatrix} = \begin{bmatrix} 9\cdot 1+3\cdot 2 & 9\cdot(-4)+3\cdot 5 \\ -2\cdot 1+0\cdot 2 & (-2)\cdot(-4)+0\cdot 5 \end{bmatrix},$$
$$= \begin{bmatrix} 15 & -21 \\ -2 & 8 \end{bmatrix}.$$

注意！矩陣乘法運算是**不可交換的**，即，$\mathbf{AB} \neq \mathbf{BA}$。在這個例子中，

$$\begin{bmatrix} 1 & -4 \\ 2 & 5 \end{bmatrix}\begin{bmatrix} 9 & 3 \\ -2 & 0 \end{bmatrix} = \begin{bmatrix} 1\cdot 9+(-4)\cdot(-2) & 1\cdot 3+(-4)\cdot 0 \\ 2\cdot 9+5\cdot(-2) & 2\cdot 3+5\cdot 0 \end{bmatrix},$$
$$= \begin{bmatrix} 17 & 3 \\ 8 & 6 \end{bmatrix}.$$

將 $n \times n$ 矩陣 **A** 乘以具有 n 個分量的向量 **x**，是以前述相同方法定義：$\mathbf{v} = \mathbf{Ax}$ 是具有 n 個分量的向量

$$v_j = \sum_{m=1}^{n} a_{jm} x_m \qquad j = 1, \cdots, n$$

舉例來說，

$$\begin{bmatrix} 12 & 7 \\ -8 & 3 \end{bmatrix}\begin{bmatrix} x_1 \\ x_2 \end{bmatrix} = \begin{bmatrix} 12x_1 + 7x_2 \\ -8x_1 + 3x_2 \end{bmatrix}$$

4.0.3 將 ODE 方程組視爲向量方程式

微分 具有可變元素 (或分量) 的矩陣 (或向量) 之導數，是經由對每個元素 (或分量) 進行微分而獲得。因此，如果

$$\mathbf{y}(t) = \begin{bmatrix} y_1(t) \\ y_2(t) \end{bmatrix} = \begin{bmatrix} e^{-2t} \\ \sin t \end{bmatrix} \quad \text{則} \quad \mathbf{y}'(t) = \begin{bmatrix} y_1'(t) \\ y_2'(t) \end{bmatrix} = \begin{bmatrix} -2e^{-2t} \\ \cos t \end{bmatrix}$$

利用矩陣乘法和微分，現在可以將 (1) 式寫成

(7) $$\mathbf{y}' = \begin{bmatrix} y_1' \\ y_2' \end{bmatrix} = \mathbf{Ay} = \begin{bmatrix} a_{11} & a_{12} \\ a_{21} & a_{22} \end{bmatrix}\begin{bmatrix} y_1 \\ y_2 \end{bmatrix} \quad \text{則} \quad \mathbf{y}' = \begin{bmatrix} -5 & 2 \\ 13 & \frac{1}{2} \end{bmatrix}\begin{bmatrix} y_1 \\ y_2 \end{bmatrix}$$

同樣的，對於 (2) 式而言，利用 $n \times n$ 矩陣 **A**，和具有 n 個分量的行向量 **y**，得到 $\mathbf{y}' = \mathbf{Ay}$。向量方程式 (7) 相當於由分量所構成的兩個方程式，而且這兩個方程式就是 (1) 式中的兩個 ODE。

4.0.4 更進一步的運算與名詞

轉置運算 (transposition) 是指將行轉變成列，同時將列轉變成行的運算，它是以符號 T 表示之。因此，一個 2×2 矩陣的轉置 $\mathbf{A}^{\mathsf{T}}$ 是

$$\mathbf{A} = \begin{bmatrix} a_{11} & a_{12} \\ a_{21} & a_{22} \end{bmatrix} = \begin{bmatrix} -5 & 2 \\ 13 & \frac{1}{2} \end{bmatrix} \quad 則 \quad \mathbf{A}^{\mathbf{T}} = \begin{bmatrix} a_{11} & a_{21} \\ a_{12} & a_{22} \end{bmatrix} = \begin{bmatrix} -5 & 13 \\ 2 & \frac{1}{2} \end{bmatrix}$$

行向量

$$\mathbf{v} = \begin{bmatrix} v_1 \\ v_2 \end{bmatrix} \quad 的轉置爲 \quad \mathbf{v}^{\mathbf{T}} = [v_1 \ \ v_2]$$

反之亦然。

逆矩陣 (inverse of a matrix) 所謂 $n \times n$ **單位矩陣 (unit matrix) I** 是其主對角線爲 1, 1, ⋯, 1 的 $n \times n$ 矩陣，而且所有其他元素均爲 0。如果對於一個給定的 $n \times n$ 矩陣 **A**，存在一個 $n \times n$ 矩陣 **B**，可使得 **AB = BA = I**，則 **A** 稱爲**非奇異 (nonsingular)** 矩陣，而且 **B** 稱爲 **A** 的**逆矩陣**，可以表示成 $\mathbf{A}^{-1}$；因此

(8)
$$\mathbf{A}\mathbf{A}^{-1} = \mathbf{A}^{-1}\mathbf{A} = \mathbf{I}$$

如果 **A** 的行列式值 det **A** 不爲零，則存在有逆矩陣。

如果 **A** 沒有逆矩陣，則稱爲**奇異 (singular)** 矩陣。當 $n = 2$，

(9)
$$\mathbf{A}^{-1} = \frac{1}{\det \mathbf{A}} \begin{bmatrix} a_{22} & -a_{12} \\ -a_{21} & a_{11} \end{bmatrix},$$

其中 **A** 的**行列式 (deferminant)** 爲

(10)
$$\det \mathbf{A} = \begin{vmatrix} a_{11} & a_{12} \\ a_{21} & a_{22} \end{vmatrix} = a_{11}a_{22} - a_{12}a_{21}$$

(對於一般的 n 值，請參看 7.7 節，在本章中並不需要此部分的知識)。

線性獨立　r 個已知向量 $\mathbf{v}^{(1)}, \ \cdots, \ \mathbf{v}^{(r)}$ 都具有 n 個分量，如果它們滿足下列條件，則稱爲線性獨立組合 (linearly independent set) 或者簡稱爲**線性獨立**：如果

(11)
$$c_1\mathbf{v}^{(1)} + \ \cdots \ + c_r\mathbf{v}^{(r)} = \mathbf{0}$$

只有在所有純量 $c_1, \ \cdots, \ c_r$ 均爲零的情形下才成立；在這裡，**0** 代表**零向量 (zero vector)**，它的 n 個分量全都爲零。如果 (11) 式在這些純量並非全部爲零 (這些純量中至少有一個不是零) 的情況下也會成立，則這些向量稱爲線性相依組合，或簡稱**線性相依 (linear dependent)**，因爲此時它們之中，至少有一個可以被描述成其他向量的**線性組合 (linear combination)**；例如在 (11) 式中，若 $c_1 \neq 0$，則得到

$$\mathbf{v}^{(1)} = -\frac{1}{c_1}(c_2\mathbf{v}^{(2)} + \cdots + c_r\mathbf{v}^{(r)})$$

4.0.5 特徵值、特徵向量

在這一章中，特徵值和特徵向量將非常重要 (事實上在整個數學領域都很重要)。

令 $\mathbf{A} = [a_{jk}]$ 是一個 $n \times n$ 矩陣。考慮下列方程式

$$\mathbf{Ax} = \lambda\mathbf{x} \tag{12}$$

其中 λ 是留待決定的純量 (可以為實數或複數)，而且 $\mathbf{x}$ 是一個留待決定的向量。此時對於每一個 λ 而言，$\mathbf{x} = \mathbf{0}$ 都是方程式的解。當向量 $\mathbf{x} \neq \mathbf{0}$ 時，一個使 (12) 式能成立的純量 λ，稱為 $\mathbf{A}$ 的**特徵值 (eigenvalue)**，此向量則稱為 $\mathbf{A}$ 對應於特徵值 λ 的**特徵向量 (eigenvector)**。

我們可將 (12) 式寫成 $\mathbf{Ax} - \lambda\mathbf{x} = \mathbf{0}$ 或

$$(\mathbf{A} - \lambda\mathbf{I})\mathbf{x} = \mathbf{0} \tag{13}$$

這些是 n 個未知數 $x_1, \cdots, x_n$ (即 $\mathbf{x}$ 的分量) 的 n 個線性代數方程式。如果這些方程式想要有一個 $\mathbf{x} \neq \mathbf{0}$ 的解，則它們的係數矩陣 $\mathbf{A} - \lambda\mathbf{I}$ 的行列式值必須為零。在線性代數中，這是一個基本的定理 (7.7 節定理 4)。在本章中只需要應用到 $n = 2$。因此 (13) 式變成

$$\begin{bmatrix} a_{11} - \lambda & a_{12} \\ a_{21} & a_{22} - \lambda \end{bmatrix} \begin{bmatrix} x_1 \\ x_2 \end{bmatrix} = \begin{bmatrix} 0 \\ 0 \end{bmatrix} \tag{14}$$

以分量表示，

$$\begin{aligned} (a_{11} - \lambda)x_1 + \quad a_{12}x_2 \quad &= 0 \\ a_{21}x_1 \quad + (a_{22} - \lambda)x_2 &= 0 \end{aligned} \tag{14*}$$

此時，若且唯若 $\det(\mathbf{A} - \lambda\mathbf{I})$ 為零，則 $\mathbf{A} - \lambda\mathbf{I}$ 是奇異的，其中 $\det(\mathbf{A} - \lambda\mathbf{I})$ 稱為 $\mathbf{A}$ 的**特徵行列式 (characteristic determinant)**。由上式可以得到

$$\begin{aligned} \det(\mathbf{A} - \lambda\mathbf{I}) &= \begin{vmatrix} a_{11} - \lambda & a_{12} \\ a_{21} & a_{22} - \lambda \end{vmatrix} \\ &= (a_{11} - \lambda)(a_{22} - \lambda) - a_{12}a_{21} \\ &= \lambda^2 - (a_{11} + a_{22})\lambda + a_{11}a_{22} - a_{12}a_{21} = 0 \end{aligned} \tag{15}$$

這個 λ 的二次式稱為 $\mathbf{A}$ 的**特徵方程式 (characteristic equation)**。它的解即為 $\mathbf{A}$ 的特徵值 λ_1 和 λ_2。先求出這兩個特徵值。然後在 $\lambda = \lambda_1$ 的條件下使用式 (14*)，求出 $\mathbf{A}$ 對應於 λ_1 的特徵向量 $\mathbf{x}^{(1)}$。然後以 $\lambda = \lambda_2$ 再使用式 (14*)，求出 $\mathbf{A}$ 對應於 λ_2 的特徵向量 $\mathbf{x}^{(2)}$。請注意，如果 $\mathbf{x}$ 是 $\mathbf{A}$ 的特徵向量，則 $k\mathbf{x}$ 也是，k 為任意值，但 $k \neq 0$。

例題 1 特徵值問題

求下列矩陣的特徵值及特徵向量

$$\mathbf{A} = \begin{bmatrix} -4.0 & 4.0 \\ -1.6 & 1.2 \end{bmatrix} \tag{16}$$

解

特徵方程式為二次方程式

$$\det|\mathbf{A}-\lambda\mathbf{I}| = \begin{vmatrix} -4-\lambda & 4 \\ -1.6 & 1.2-\lambda \end{vmatrix} = \lambda^2 + 2.8\lambda + 1.6 = 0$$

它的解是 $\lambda_1 = -2$ 和 $\lambda_2 = -0.8$。它們是 $\mathbf{A}$ 的特徵值。

特徵向量可以從 (14*) 式得到。當 $\lambda = \lambda_1 = -2$ 的時候，從 (14*) 式可以得到

$$\begin{aligned} (-4.0+2.0)x_1 + \quad 4.0x_2 \quad &= 0 \\ -1.6x_1 \quad + (1.2+2.0)x_2 &= 0 \end{aligned}$$

第一個方程式的解為 $x_1 = 2$、$x_2 = 1$，這組解同時也滿足第二個方程式。(為什麼？)因此對應於 $\lambda_1 = -2.0$ 的 $\mathbf{A}$ 的特徵向量為

(17) $$\mathbf{x}^{(1)} = \begin{bmatrix} 2 \\ 1 \end{bmatrix} \quad \text{同理} \quad \mathbf{x}^{(2)} = \begin{bmatrix} 1 \\ 0.8 \end{bmatrix}$$

是對應於 $\lambda_2 = -0.8$ 的 $\mathbf{A}$ 的特徵向量，它是由 (14*) 式在 $\lambda = \lambda_2$ 的條件下所得到的。請驗證。 ■

4.1 作為工程應用模型的 ODE 方程組 (Systems of ODEs as Models in Engineering Applications)

以下我們說明 ODE 方程組在實用上的重要性。我們首先說明，如何在不同應用中，以 ODE 方程組作為數學模型。接著我們會說明，如何將高階的 ODE (使其最高階導數單獨位於等式的一側) 化簡成一階方程組。

例題 1 兩個水槽的混合問題

單一水槽的混合問題，可以利用單一 ODE 加以模型化，而對於兩個水槽而言，模型化的原則是相同的，所以你可以先回顧一下 1.3 節的例題 3。此處的模型是兩個一階 ODE 構成的方程組。

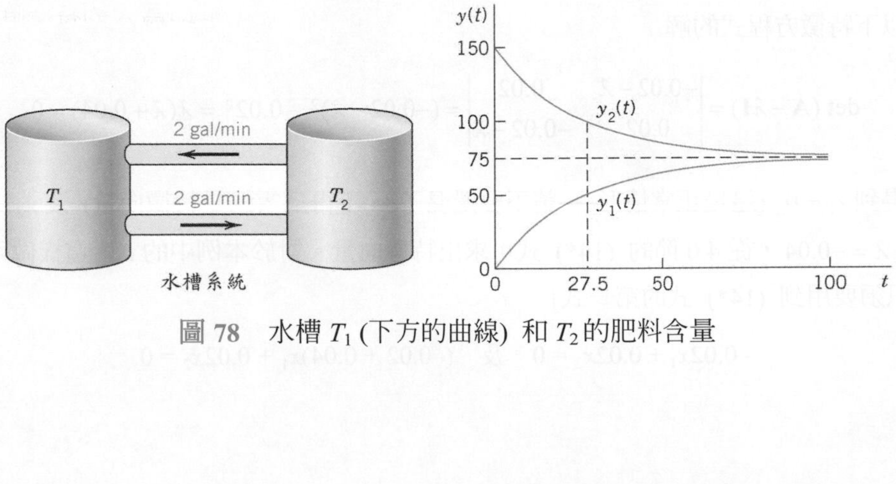

圖 78 水槽 T_1 (下方的曲線) 和 T_2 的肥料含量

圖 78 所示的水槽 T_1 和 T_2 起初各裝有 100 gal 的水。在水槽 T_1 中的水是純水，而在 T_2 中則溶解了 150 lb 的肥料。透過將液體以 2 gal/min 的速率循環流經水槽，並且加以攪拌 (以便讓混合液保持均勻)，在 T_1 中的肥料數量 $y_1(t)$ 與 T_2 中肥料的數量 $y_2(t)$ 會隨著時間 t 而改變。如果我們想要使 T_1 中肥料的含量，至少是 T_2 中剩餘肥料量的一半，則我們必須讓它們循環多久？

解

步驟 1：建立模型　和單一水槽的情形一樣，$y_1(t)$ 的時間變率 $y'_1(t)$ 等於流入減去流出。對於水槽 T_2 也是一樣。由圖 78 我們可以看出

$$y'_1 = \text{流入量/分鐘} - \text{流出量／分鐘} = \frac{2}{100}y_2 - \frac{2}{100}y_1 \qquad (\text{水槽 } T_1)$$

$$y'_2 = \text{流入量/分鐘} - \text{流出量／分鐘} = \frac{2}{100}y_1 - \frac{2}{100}y_2 \qquad (\text{水槽 } T_2)$$

所以我們這個混合問題的數學模型是一階 ODE 方程組

$$y'_1 = -0.02y_1 + 0.02y_2 \qquad (\text{水槽 } T_1)$$
$$y'_2 = 0.02\,y_1 - 0.02\,y_2 \qquad (\text{水槽 } T_2)$$

利用行向量 $\mathbf{y} = \begin{bmatrix} y_1 \\ y_2 \end{bmatrix}$ 和矩陣 **A**，可將它們寫成向量方程式

$$\mathbf{y}' = \mathbf{Ay}\text{；}\quad \text{其中}\quad \mathbf{A} = \begin{bmatrix} -0.02 & 0.02 \\ 0.02 & -0.02 \end{bmatrix}$$

步驟 2：通解　和單一方程式的時候一樣，我們嘗試 t 的指數函數

(1)
$$\mathbf{y} = \mathbf{x}e^{\lambda t} \quad \text{則} \quad \mathbf{y}' = \lambda\mathbf{x}e^{\lambda t} = \mathbf{Ax}e^{\lambda t}$$

將最後一式 $\lambda\mathbf{x}e^{\lambda t} = \mathbf{Ax}e^{\lambda t}$ 除以 $e^{\lambda t}$，並且左側與右側對調，得到

$$\mathbf{Ax} = \lambda\mathbf{x}$$

我們需要非零解 (不是完全等於零的解)。因此必須找出 **A** 的特徵值及特徵向量。
特徵值爲以下特徵方程式的解

(2)
$$\det(\mathbf{A} - \lambda\mathbf{I}) = \begin{vmatrix} -0.02-\lambda & 0.02 \\ 0.02 & -0.02-\lambda \end{vmatrix} = (-0.02-\lambda)^2 - 0.02^2 = \lambda(\lambda + 0.04) = 0$$

我們可以得到 $\lambda_1 = 0$ (這是正常情形──請不要攪混了──不得爲零的是特徵向量) 及 $\lambda_2 = -0.04$。利用 $\lambda = 0$ 及 $\lambda = -0.04$，從 4.0 節的 (14*) 式可求出特徵向量。對於本例中的 **A**，這樣做可以分別得到 [我們只須要用到 (14*) 式的第一式]

$$-0.02x_1 + 0.02x_2 = 0 \quad \text{及} \quad (-0.02 + 0.04)x_1 + 0.02x_2 = 0$$

因此結果分別爲 $x_1 = x_2$ 及 $x_1 = -x_2$，而且可以選定 $x_1 = x_2 = 1$ 及 $x_1 = -x_2 = 1$。這樣就可以得到分別對應於 $\lambda_1 = 0$ 和 $\lambda_2 = -0.04$ 的兩個特徵向量，

$$\mathbf{x}^{(1)} = \begin{bmatrix} 1 \\ 1 \end{bmatrix} \quad \text{和} \quad \mathbf{x}^{(2)} = \begin{bmatrix} 1 \\ -1 \end{bmatrix}$$

利用 (1) 式和疊加原理 (對於齊次線性 ODE 方程組而言，這個原理同樣成立)，因此得到解

(3)
$$\mathbf{y} = c_1\mathbf{x}^{(1)}e^{\lambda_1 t} + c_2\mathbf{x}^{(2)}e^{\lambda_2 t} = c_1\begin{bmatrix} 1 \\ 1 \end{bmatrix} + c_2\begin{bmatrix} 1 \\ -1 \end{bmatrix}e^{-0.04t}$$

其中 c_1 和 c_2 爲任意常數。這個解稱爲**通解**。

步驟 3：使用初始條件　初始條件爲 $y_1(0) = 0$ (此時水槽 T_1 中沒有肥料) 以及 $y_2(0) = 150$。由此條件及 (3) 式並令 $t = 0$，我們得

$$\mathbf{y}(0) = c_1\begin{bmatrix} 1 \\ 1 \end{bmatrix} + c_2\begin{bmatrix} 1 \\ -1 \end{bmatrix} = \begin{bmatrix} c_1 + c_2 \\ c_1 - c_2 \end{bmatrix} = \begin{bmatrix} 0 \\ 150 \end{bmatrix}$$

在各分量中，這代表 $c_1 + c_2 = 0$、$c_1 - c_2 = 150$。其解爲 $c_1 = 75$、$c_2 = -75$。由此得到答案爲

$$\mathbf{y} = 75\mathbf{x}^{(1)} - 75\mathbf{x}^{(2)}e^{-0.04t} = 75\begin{bmatrix} 1 \\ 1 \end{bmatrix} - 75\begin{bmatrix} 1 \\ -1 \end{bmatrix}e^{-0.04t}$$

以分量形式表示

$$y_1 = 75 - 75e^{-0.04t} \quad (\text{水槽 } T_1\text{，下方的曲線})$$
$$y_2 = 75 + 75e^{-0.04t} \quad (\text{水槽 } T_2\text{，上方的曲線})$$

圖 78 顯示 y_1 呈指數增加，而 y_2 呈指數衰減，趨近於共同極限 75 lb。就物理推論而言，你能預期此現象嗎？從物理的角度來看，你能解釋爲何曲線呈現「對稱」嗎？如果 T_1 初始含有 100 lb 肥料而且 T_2 初始含有 50 lb 肥料，則其極限值會改變嗎？

步驟 4：答案　如果 T_1 含有總肥料數量的 1/3，換言之，就是 50 lb，則 T_1 含有的肥料數量是 T_2 的一半。因此，

$$y_1 = 75 - 75e^{-0.04t} = 50,\ e^{-0.04t} = \tfrac{1}{3},\quad t = (\ln 3)/0.04 = 27.5$$

所以，流體應該至少循環流動大約半小時。■

例題 2　電路迴路

求圖 79 中迴路上的電流 $I_1(t)$ 和 $I_2(t)$。設闔上開關的瞬間爲 $t = 0$，此時所有電荷及電流均爲零。

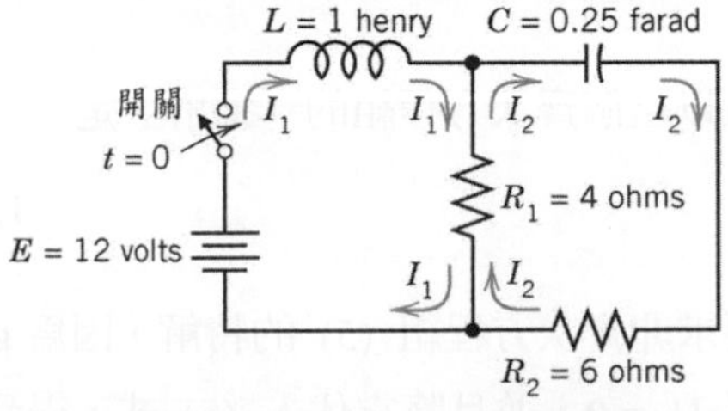

圖 79　例題 2 的電路迴路

解

步驟 1：建立數學模型 如同 2.9 節一樣，這個電路的數學模型，是來自 Kirchhoff 電壓定律 (在當時僅考慮單一迴路)。令 $I_1(t)$ 和 $I_2(t)$ 分別代表左、右迴路的電流。在左迴路中，通過電感器的電壓降是 $LI'_1 = I'_1$ [V]，通過電阻上的電壓降是 $R_1(I_1 - I_2) = 4(I_1 - I_2)$ [V]，其中取電流差値，是因爲流經電阻的電流 I_1 和 I_2 方向相反。利用 Kirchhoff 電壓定律，這些電壓降的總和等於電池的電壓；也就是 $I'_1 + 4(I_1 - I_2) = 12$，所以

(4a) $$I'_1 = -4I_1 + 4I_2 + 12$$

在右迴路中，各電壓降分別是，通過電阻的 $R_2I_2 = 6I_2$ [V] 和 $R_1(I_2 - I_1) = 4(I_2 - I_1)$ [V] 以及通過電容器的 $(I/C)\int I_2\, dt = 4\int I_2\, dt$ [V]，而且它們的總和等於零，

$$6I_2 + 4(I_2 - I_1) + 4\int I_2\, dt = 0 \quad 或 \quad 10I_2 - 4I_1 + 4\int I_2\, dt = 0$$

將上式除以 10，並且加以微分，得到 $I'_2 - 0.4I'_1 + 0.4I_2 = 0$ 。

爲了簡化解題過程，先消去 $0.4I'_1$；由 (4a) 式可知它等於 $0.4(-4I_1 + 4I_2 + 12)$。將它代入剛剛獲得的 ODE，得到

$$I'_2 = 0.4I'_1 - 0.4I_2 = 0.4(-4I_1 + 4I_2 + 12) - 0.4I_2$$

化簡成

(4b) $$I'_2 = -1.6I_1 + 1.2I_2 + 4.8$$

以矩陣形式表示，(4) 式變成 (因爲 **I** 代表單位矩陣，所以用 **J** 表示行向量)

(5) $$\mathbf{J}' = \mathbf{AJ} + \mathbf{g}, \quad 其中 \quad \mathbf{J} = \begin{bmatrix} I_1 \\ I_2 \end{bmatrix}, \quad \mathbf{A} = \begin{bmatrix} -4.0 & 4.0 \\ -1.6 & 1.2 \end{bmatrix}, \quad \mathbf{g} = \begin{bmatrix} 12.0 \\ 4.8 \end{bmatrix}$$

步驟 2：求解 (5) 式 因爲有向量 **g**，所以這是非齊次方程組，我們試著以求解單一 ODE 的方式求解，首先代入 $\mathbf{J} = \mathbf{x}e^{\lambda t}$ 來求解齊次方程組 $\mathbf{J}' = \mathbf{AJ}$ (因此 $\mathbf{J}' - \mathbf{AJ} = \mathbf{0}$)。由此可得

$$\mathbf{J}' = \lambda \mathbf{x} e^{\lambda t} = \mathbf{A}\mathbf{x}e^{\lambda t} \quad 因此 \quad \mathbf{Ax} = \lambda \mathbf{x}$$

爲了得到非全零解，我們須要特徵值與特徵向量。對於矩陣 **A**，在 4.0 節的例題 1 已求得：

$$\lambda_1 = -2, \quad \mathbf{x}^{(1)} = \begin{bmatrix} 2 \\ 1 \end{bmatrix}; \quad \lambda_2 = -0.8, \quad \mathbf{x}^{(2)} = \begin{bmatrix} 1 \\ 0.8 \end{bmatrix}$$

所以這個齊次方程組的「通解」是

$$\mathbf{J}_h = c_1\mathbf{x}^{(1)}e^{-2t} + c_2\mathbf{x}^{(2)}e^{-0.8t}$$

要求非齊次方程組 (5) 的特解，因爲 **g** 是常數，我們試試常數行向量 $\mathbf{J}_p = \mathbf{a}$，其分量爲 a_1、a_2。所以 $\mathbf{J}'_p = \mathbf{0}$，並且將它代入 (5) 式，得到 $\mathbf{Aa} + \mathbf{g} = \mathbf{0}$；各分量爲，

$$-4.0a_1 + 4.0a_2 + 12.0 = 0$$
$$-1.6a_1 + 1.2a_2 + 4.8 = 0$$

其解為 $a_1 = 3$、$a_2 = 0$；所以 $\mathbf{a} = \begin{bmatrix} 3 \\ 0 \end{bmatrix}$。因此

(6) $$\mathbf{J} = \mathbf{J}_h + \mathbf{J}_p = c_1\mathbf{x}^{(1)}e^{-2t} + c_2\mathbf{x}^{(2)}e^{-0.8t} + \mathbf{a};$$

以分量表示，

$$I_1 = 2c_1e^{-2t} + c_2e^{-0.8t} + 3$$
$$I_2 = c_1e^{-2t} + 0.8c_2e^{-0.8t}.$$

由初始條件可以得到

$$I_1(0) = 2c_1 + c_2 + 3 = 0$$
$$I_2(0) = c_1 + 0.8c_2 = 0$$

所以 $c_1 = -4$ 及 $c_2 = 5$。因此，我們的答案是

(7) $$\mathbf{J} = -4\mathbf{x}^{(1)}e^{-2t} + 5\mathbf{x}^{(2)}e^{-0.8t} + \mathbf{a}.$$

以分量表示 (圖 80b)，

$$I_1 = -8e^{-2t} + 5e^{-0.8t} + 3$$
$$I_2 = -4e^{-2t} + 4e^{-0.8t}$$

現在有一個重要觀念，我們將在 4.3 節進一步闡述。圖 80a 分別顯示了 $I_1(t)$ 與 $I_2(t)$ 兩曲線。圖 80b 將這兩個電流表示成單一曲線，I_1I_2 平面中的 $[I_1(t), I_2(t)]$。這是一種參數化表示方式，以 t 為參數。經常我們必須要知道曲線前進的方向。這可以用箭頭指出 t 增加的方向來加以指明。此 I_1I_2 平面稱為這個方程組 (5) 的**相位平面 (phase plane)**，而圖 80b 的曲線稱為**軌跡 (trajectory)**。我們將會看到，這種「**相位平面表式法**」遠比圖 80a 中的圖形重要，因為對整個解曲線族的一般行為，它們能提供更好的整體定性了解，而不是僅僅針對這個例子中的單一解答。■

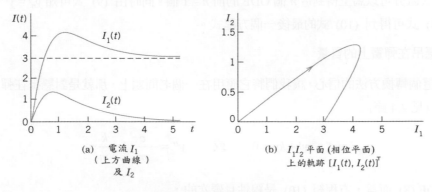

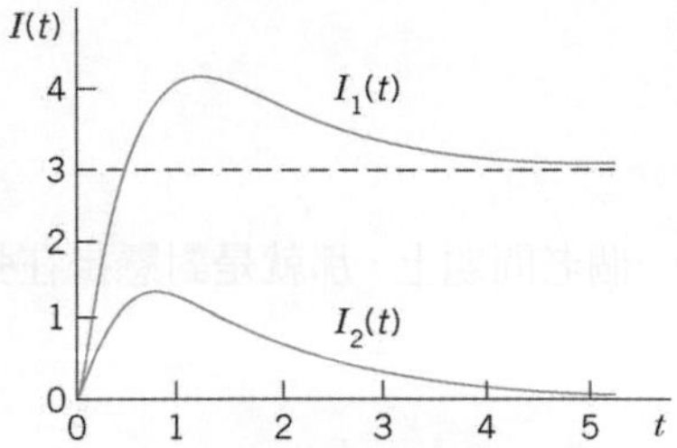

(a)　電流 I_1（上方曲線）及 I_2

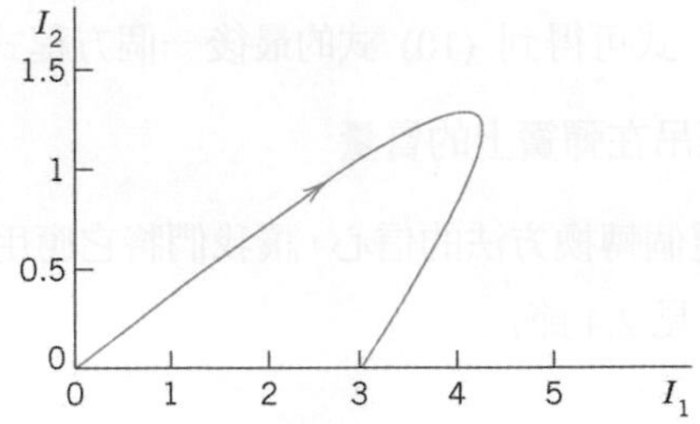

(b)　I_1I_2 平面 (相位平面) 上的軌跡 $[I_1(t), I_2(t)]^T$

圖 80　例題 2 的電流

說 明 在以上兩個例題中，增加問題的維度 (由一個水槽到兩個水槽，或由一個迴路到兩個迴路)，我們同時也增加了 ODE 的數目 (由一個 ODE 到兩個 ODE)。當問題「成長」時，會反應為數學模型的「增加」，這是非常吸引人的現象，同時也肯定了我們建立數學模型的品質與理論。

4.1.1 將 n 階 ODE 轉換成方程組

我們將說明，如一般形式 (8) 式的 n 階 ODE，可以轉換成由 n 個一階 ODE 所組成的方程組。這在實用及理論上都是很重要的；在實用方面，因為它讓我們得以利用方程組的方法，來研究與求解單一 ODE，在理論方面，因為它開啓了一條道路，讓我們能以一階方程組的理論討論高階 ODE 的理論。除了在基本應用中作為模型，方程組之所以重要的另一個原因，就是此種轉換。轉換的觀念是很簡單而直接的，如下所述。

定理 1

ODE 的轉換

一個 n 階 *ODE*

(8)
$$y^{(n)} = F(t, y, y', \cdots, y^{(n-1)})$$

可以轉換成 n 個一階 *ODE* 的方程組，我們設定

(9)
$$y_1 = y, \quad y_2 = y', \quad y_3 = y'', \cdots, \quad y_n = y^{(n-1)}$$

則此方程組的形式為

(10)
$$\begin{aligned} y_1' &= y_2 \\ y_2' &= y_3 \\ &\vdots \\ y_{n-1}' &= y_n \\ y_n' &= F(t, y_1, y_2, \cdots, y_n) \end{aligned}$$

證明

經由對 (9) 式微分可以馬上得到這 n 個 ODE 的前 $n-1$ 個。同時由 (9) 式可知 $y_n' = y^{(n)}$，所以由給定的 ODE (8) 式可得到 (10) 式的最後一個方程式。 ■

例題 3 懸吊在彈簧上的質量

為了得到對這個轉換方法的信心，讓我們將它應用在一個老問題上，那就是對懸掛在彈簧下質量的模型化問題 (見 2.4 節)

$$my'' + cy' + ky = 0 \qquad \text{或} \qquad y'' = -\frac{c}{m}y' - \frac{k}{m}y$$

對於這個 ODE (8) 而言，方程組 (10) 是線性且齊次的，

$$y_1' = y_2$$
$$y_2' = -\frac{k}{m}y_1 - \frac{c}{m}y_2$$

令 $\mathbf{y} = \begin{bmatrix} y_1 \\ y_2 \end{bmatrix}$，得到下列的矩陣形式

$$\mathbf{y}' = \mathbf{A}\mathbf{y} = \begin{bmatrix} 0 & 1 \\ -\frac{k}{m} & -\frac{c}{m} \end{bmatrix} \begin{bmatrix} y_1 \\ y_2 \end{bmatrix}$$

其特徵方程式為

$$\det(\mathbf{A} - \lambda\mathbf{I}) = \begin{vmatrix} -\lambda & 1 \\ -\frac{k}{m} & -\frac{c}{m} - \lambda \end{vmatrix} = \lambda^2 + \frac{c}{m}\lambda + \frac{k}{m} = 0$$

這項結果與 2.4 節的方程式相吻合。為了解說計算過程，令 $m = 1$、$c = 2$ 及 $k = 0.75$。則

$$\lambda^2 + 2\lambda + 0.75 = (\lambda + 0.5)(\lambda + 1.5) = 0$$

這可求得特徵值 $\lambda_1 = -0.5$ 及 $\lambda_2 = -1.5$。接著從 $\mathbf{A} - \lambda\mathbf{I} = 0$ 中的第一個方程式 $-\lambda x_1 + x_2 = 0$ 可得到特徵向量。對於 λ_1 而言，此方程式變成 $0.5x_1 + x_2 = 0$，比如說，令 $x_1 = 2$、$x_2 = -1$；對於 $\lambda_2 = -1.5$ 而言，此方程式變成 $1.5x_1 + x_2 = 0$，比如說，令 $x_1 = 1$、$x_2 = -1.5$。由這些特徵向量

$$\mathbf{x}^{(1)} = \begin{bmatrix} 2 \\ -1 \end{bmatrix}, \quad \mathbf{x}^{(2)} = \begin{bmatrix} 1 \\ -1.5 \end{bmatrix} \quad \text{得} \quad \mathbf{y} = c_1 \begin{bmatrix} 2 \\ -1 \end{bmatrix} e^{-0.5t} + c_2 \begin{bmatrix} 1 \\ -1.5 \end{bmatrix} e^{-1.5t}$$

這個向量解的第一個分量為

$$y = y_1 = 2c_1e^{-0.5t} + c_2e^{-1.5t}$$

它是我們預期的解。第二個分量是它的導數

$$y_2 = y_1' = y' = -c_1e^{-0.5t} - 1.5c_2e^{-1.5t}$$ ■

習題集 4.1

1–6 混合問題

1. 試判斷在不進行計算的情形下，將例題 1 的流率加倍，是否與將水槽的大小縮小為一半，具有相同效果(請說明理由)。
2. 在例題 1 中，如果我們將 T_1 替換成另一個含有水 200 gal、溶解有 150 lb 肥料的水槽，試問會產生什麼結果？
3. 在不參考本書的情形下，請推導例題 1 中的特徵向量。
4. 在例題 1 中，假設水槽的大小相同，試針對任何比值 a = (流率)／(水槽大小)，求出「通解」。並且對結果加以討論。
5. 如果在例題 1 中，我們加入一個大小相同的水槽 T_3，利用兩條管路連接到 T_2，並使

其流率和 T_1 與 T_2 間的一樣，試問我們會得到什麼樣的 ODE 方程組？

6. 在習題 5 中，試求此方程組的「通解」。

7–9 電路迴路

在例題 2 中，求以下條件時的電流：

7. 如果初始電流是 0A 和–3A (負號表示電流方向 $I_2(0)$ 與標示的箭頭相反)。

8. 若電容改爲 $C = 5/27$ F (只要通解)。

9. 若例題 2 的初始電流爲 28 A 及 14 A。

10–13 轉換成方程組

求下列 ODE 之通解，**(a)** 將它轉換爲方程組求解，**(b)** 以所給形式求解，請詳細說明解題過程。

10. $y'' + 4y' + 3y = 0$ **11.** $2y'' - 3y' - 2y = 0$

12. $y''' - 2y'' - y' + 2y = 0$

13. $y'' + y' - 12y = 0$

14. 團隊專題　懸吊在彈簧上的兩個重物 **(a)** 建立圖 81 之系統的模型 (無阻尼)。**(b)** 求解所得的 ODE 方程組。提示：試 $\mathbf{y} = \mathbf{x}e^{\omega t}$ 並令 $\omega^2 = \lambda$。依例題 1 或例題 2 的方式進行。**(c)** 描述初始條件對各種可能運動型態的影響。

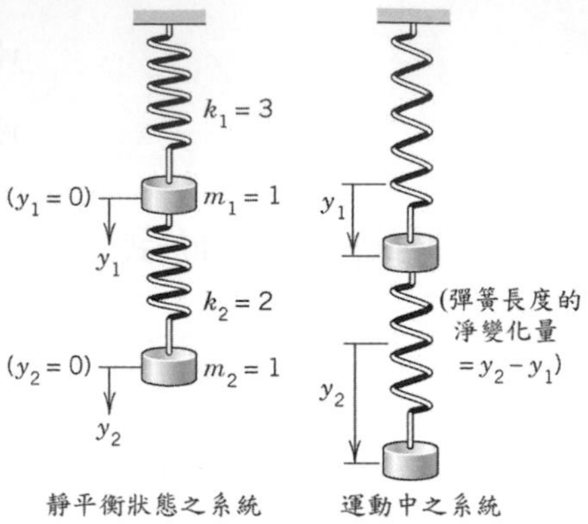

圖 81　團隊專題的機械系統

15. CAS 實驗　電路迴路

(a) 在例題 2 中選擇一個會增大到超過界限的數列作爲 C 的值，並比較相對應之 **A** 的特徵值所成的數列。由你的計算看出這兩數列的極限 (近似) 爲何？

(b) 以解析法求極限值。

(c) 解釋你所得結果。

(d) 在何值之下 (近似) 你必須減小 C 值以產生振動？

4.2 ODE 方程組的基本理論、Wronskian (Basic Theory of Systems of ODEs. Wronskian)

本節將討論關於 ODE 方程組的一些基本觀念和理論，這些都是與單一 ODE 的相關概念和理論相當類似的。

在上一節中的一階方程組，是下列更一般化方程組的特例

$$\begin{aligned} y_1' &= f_1(t, y_1, \cdots, y_n) \\ y_2' &= f_2(t, y_1, \cdots, y_n) \\ &\cdots \\ y_n' &= f_n(t, y_1, \cdots, y_n) \end{aligned} \tag{1}$$

藉由引進行向量 $\mathbf{y} = [y_1 \cdots y_n]^{\mathbf{T}}$ 和 $\mathbf{f} = [f_1 \cdots f_n]^{\mathbf{T}}$ (T 代表矩陣轉置運算，它可以幫我們節省將 $\mathbf{y}$ 和 $\mathbf{f}$ 寫成行向量所花費的篇幅)，我們可以將方程組 (1) 寫成向量方程式。也就是

$$\mathbf{y}' = \mathbf{f}(t, \mathbf{y}) \tag{1}$$

這個方程組 (1) 幾乎包含了所有實務上有用的情形。當 $n = 1$ 時，這個方程組變成 $y'_1 = f_1(t, y_1)$，或者更直接地寫成，$y' = f(t, y)$，這個形式在第 1 章中我們已經相當熟悉了。

在某個區間 $a < t < b$ 上，(1) 式的**解**是一組 n 個可微函數

$$y_1 = h_1(t), \quad \cdots, \quad y_n = h_n(t)$$

在 $a < t < b$ 的整個區間內，它們都滿足 (1) 式。在向量的形式下，引進「解向量 (solution vector)」$\mathbf{h} = [h_1 \ \cdots \ h_n]^T$ (一個行向量！)，於是我們可以寫成

$$\mathbf{y} = \mathbf{h}(t)$$

而 (1) 式的**初值問題 (initial problem)** 則包括了 (1) 式本身和 n 個**初始條件**

(2) $$y_1(t_0) = K_1, \quad y_2(t_0) = K_2, \quad \cdots, \quad y_n(t_0) = K_n,$$

以向量形式來表示，就是 $\mathbf{y}(t_0) = \mathbf{K}$，其中 t_0 是在所考慮的區間內一個特定的 t 值，而且 $\mathbf{K} = [K_1 \ \cdots \ K_n]^T$ 的分量是已知數。以下定理說明 (1)、(2) 式所定義之初值問題，其解的存在性與唯一性的充分條件，該定理是第 1.7 節單一方程式的定理的延伸。(其證明請見參考文獻 [A7])。

定理 1

存在性與唯一性定理

令 (1) 式中的 $f_1, \cdots, f_n$ 是連續函數，而且在某一個含有點 $(t_0, K_1, \cdots, K_n)$ 的 $ty_1 y_2 \cdots y_n$ 空間的某區域 R 內，這些函數具有連續的偏導數 $\partial f_1/\partial y_1, \cdots, \partial f_1/\partial y_n, \cdots, \partial f_n/\partial y_n$。則在某區間 $t_0 - \alpha < t < t_0 + \alpha$ 上 (1) 式有滿足 (2) 式的解，且該解是唯一的。

4.2.1 線性方程組

將線性 ODE 的概念加以延伸，如果 (1) 式相對於 $y_1 \ \cdots, y_n$ 都是線性的，則稱其為**線性方程組**；也就是可將其寫成

(3) $$\begin{aligned} y'_1 &= a_{11}(t)y_1 + \cdots + a_{1n}(t)y_n + g_1(t) \\ &\ \vdots \\ y'_n &= a_{n1}(t)y_1 + \cdots + a_{nn}(t)y_n + g_n(t) \end{aligned}$$

以向量形式加以表示，上式變成

(3) $$\mathbf{y}' = \mathbf{Ay} + \mathbf{g}$$

其中 $$\mathbf{A} = \begin{bmatrix} a_{11} & \cdots & a_{1n} \\ \cdot & \cdots & \cdot \\ a_{n1} & \cdots & a_{nn} \end{bmatrix}, \quad \mathbf{y} = \begin{bmatrix} y_1 \\ \vdots \\ y_n \end{bmatrix}, \quad \mathbf{g} = \begin{bmatrix} g_1 \\ \vdots \\ g_n \end{bmatrix}$$

若 $\mathbf{g} = \mathbf{0}$，則稱這個方程組為**齊次的**，也就是

(4) $$\mathbf{y}' = \mathbf{A}\mathbf{y}$$

如果 $\mathbf{g} \neq \mathbf{0}$，則 (3) 式稱為**非齊次的**。例如，4.1 節中例題 1 及 3 的方程組都是齊次的。該節中例題 2 的方程組則是非齊次的。

對於線性方程組 (3) 而言，在定理 1 中我們有 $\partial f_1 / \partial y_1 = a_{11}(t), \cdots, \partial f_n / \partial y_n = a_{nn}(t)$。因此對線性方程組，我們可簡單的得到以下定理。

定理 2

在線性情況下的存在性和唯一性

令 (3) 式中的各個 a_{jk} 和 g_j，在含有點 $t = t_0$ 的某一個開區間 $\alpha < t < \beta$ 上，是 t 的連續函數。則 (3) 式在這個區間上有滿足 (2) 式的解 $\mathbf{y}(t)$，而且這個解是唯一的。

和單一線性齊次 ODE 的情形一樣，我們可以使用下列定理。

定理 3

疊加原理或線性原理

如果 $\mathbf{y}^{(1)}$ 與 $\mathbf{y}^{(2)}$ 是齊次線性方程組 (4) 在某個區間上的解，則其任意線性組合 $\mathbf{y} = c_1\mathbf{y}^{(1)} + c_1\mathbf{y}^{(2)}$ 也是該方程組的解。

證明

將該線性組合微分，並且利用 (4) 式，得到

$$\begin{aligned} \mathbf{y}' &= [c_1\mathbf{y}^{(1)} + c_1\mathbf{y}^{(2)}]' \\ &= c_1\mathbf{y}^{(1)\prime} + c_2\mathbf{y}^{(2)\prime} \\ &= c_1\mathbf{A}\mathbf{y}^{(1)} + c_2\mathbf{A}\mathbf{y}^{(2)} \\ &= \mathbf{A}(c_1\mathbf{y}^{(1)} + c_2\mathbf{y}^{(2)}) = \mathbf{A}\mathbf{y} \end{aligned}$$ ■

ODE 線性方程組的一般理論，與第 2.6 與 2.7 節的單一線性 ODE 的一般理論非常類似。為了要了解這一點，我們將解釋最基本的概念和理論。相關證明請參閱更高等的教材，例如參考文獻 [A7]。

4.2.2 基底、通解、Wronskian

所謂齊次方程組 (4) 在某個區間 J 上的解的一組**基底 (basis)** 或**基礎系統 (fundamental system)**，我們指的是 (4) 式在該區間上的 n 個解 $\mathbf{y}^{(1)}, \cdots, \mathbf{y}^{(n)}$ 所形成的一個線性獨立組合。(我們使用 J 是因為我們要用 $\mathbf{I}$ 來代表單位矩陣。) 我們稱相對應的線性組合

(5) $$\mathbf{y} = c_1\mathbf{y}^{(1)} \cdots + c_n\mathbf{y}^{(n)} \qquad (c_1, \cdots, c_n \text{是任意的})$$

為 (4) 式在 J 上的**通解**。我們可以證明，如果 (4) 式的 $a_{jk}(t)$ 在區間 J 上是連續的，則 (4) 式在 J 上具有解的基底，因此也就有通解，這個通解包括了 (4) 式在區間 J 上的每一個解。

我們可以將 (4) 式在某個區間 J 上的 n 個解 $\mathbf{y}^{(1)}, \cdots, \mathbf{y}^{(n)}$，寫成一個 $n \times n$ 矩陣的各行

(6)
$$\mathbf{Y} = [\mathbf{y}^{(1)} \ \cdots \ \mathbf{y}^{(n)}]$$

Y 的行列式稱爲 $\mathbf{y}^{(1)},\cdots,\mathbf{y}^{(n)}$ 的 **Wronskian**，它可以寫成

(7)
$$W(\mathbf{y}^{(1)},\cdots,\mathbf{y}^{(n)}) = \begin{vmatrix} y_1^{(1)} & y_1^{(2)} & \cdots & y_1^{(n)} \\ y_2^{(1)} & y_2^{(2)} & \cdots & y_2^{(n)} \\ \cdot & \cdot & \cdots & \cdot \\ y_n^{(1)} & y_n^{(2)} & \cdots & y_n^{(n)} \end{vmatrix}$$

這個行列式的各行即爲這些解，這些解都表示成各分量。若且唯若 W 在這個區間內的任何 t_1 都不爲零，則這些解可形成在 J 上的一組基底。在 J 內，W 要不是全等於零，就是在任何位置都不爲零 (類似於 2.6 和 3.1 節)。

如果在 (5) 式中的這些解 $\mathbf{y}^{(1)},\cdots,\mathbf{y}^{(n)}$ 形成一組基底 (或基礎系統)，則 (6) 式通常稱爲**基礎矩陣 (fundamental matrix)**。引進行向量 $\mathbf{c} = [c_1 \ \ c_2 \cdots c_n]^{\mathrm{T}}$，我們可以將 (5) 式直接寫成

(8)
$$\mathbf{y} = \mathbf{Y}\mathbf{c}$$

我們更可以進一步建立 (7) 式與 2.6 節的關係。如果 y 和 z 是二階齊次線性 ODE 的解，則它們的 Wronskian 爲

$$W[y,z] = \begin{vmatrix} y & z \\ y' & z' \end{vmatrix}.$$

爲了要將這個 ODE 寫成一個方程組，必須設定 $y = y_1$、$y' = y_1' = y_2$，而且對 z 也是如此 (請參見 4.1 節)。此時除了符號形式不一樣以外，$W(y, z)$ 已經變成 (7) 式。

4.3 常係數方程組、相位平面法 (Constant-Coefficient Systems. Phase Plane Method)

接下來，假設我們所討論的齊次線性方程組

(1)
$$\mathbf{y}' = \mathbf{A}\mathbf{y}$$

具有**常係數 (constant coefficient)**，因此 $n \times n$ 矩陣 $\mathbf{A} = [a_{jk}]$ 的元素不取決於 t。我們要求解 (1) 式。已知單一 ODE $y' = ky$ 具有 $y = Ce^{kt}$ 的解。因此，讓我們試

(2)
$$\mathbf{y} = \mathbf{x}e^{\lambda t}$$

代入 (1) 式，可以得到 $\mathbf{y}' = \lambda\mathbf{x}e^{\lambda t} = \mathbf{A}\mathbf{y} = \mathbf{A}\mathbf{x}e^{\lambda t}$。然後除以 $e^{\lambda t}$，得到**特徵值問題 (eigenvalue problem)**

(3)
$$\mathbf{A}\mathbf{x} = \lambda\mathbf{x}$$

因此 (1) 式的非簡明解 (不是零向量的解) 具有 (2) 式的形式，其中 λ 是 **A** 的特徵值，而且 **x** 是相對應的特徵向量。

接著，再假設 **A** 具有由 n 個特徵向量所組成的線性獨立組合。在大部分應用場合中這是成立的，尤其是在 **A** 是對稱的 $(a_{kj} = a_{jk})$ 或斜對稱 (skew-symmetry) $(a_{kj} = -a_{jk})$ 的情形下，或具有 n 個相異特徵值的情形下。

令這些特徵向量爲 $\mathbf{x}^{(1)}, \cdots, \mathbf{x}^{(n)}$，並且令它們對應於特徵值 $\lambda_1, \cdots, \lambda_n$ (這些特徵值可以都不相同，或者某些甚至是全部相同)。則相對應的解 (2) 爲

(4) $$\mathbf{y}^{(1)} = \mathbf{x}^{(1)} e^{\lambda_1 t}, \ \cdots, \quad \mathbf{y}^{(n)} = \mathbf{x}^{(n)} e^{\lambda_n t}$$

它們的 Wronskian $W = W(\mathbf{y}^{(1)}, \cdots, \mathbf{y}^{(n)})$ [4.2 節的 (7) 式] 可以寫成

$$W = (\mathbf{y}^{(1)}, \cdots, \mathbf{y}^{(n)}) = \begin{vmatrix} x_1^{(1)} e^{\lambda_1 t} & \cdots & x_1^{(n)} e^{\lambda_n t} \\ x_2^{(1)} e^{\lambda_1 t} & \cdots & x_2^{(n)} e^{\lambda_n t} \\ \cdot & \cdots & \cdot \\ x_n^{(1)} e^{\lambda_1 t} & \cdots & x_n^{(n)} e^{\lambda_n t} \end{vmatrix} = e^{\lambda_1 t + \cdots + \lambda_n t} \begin{vmatrix} x_1^{(1)} & \cdots & x_1^{(n)} \\ x_2^{(1)} & \cdots & x_2^{(n)} \\ \cdot & \cdots & \cdot \\ x_n^{(n)} & \cdots & x_n^{(n)} \end{vmatrix}$$

在上式的右側，指數函數永遠不爲零，而且因爲行列式的各行是 n 個線性獨立的特徵向量，所以行列式值也不會爲零。這可以保證下列定理能夠成立，對於下列定理而言，如果矩陣 **A** 是對稱的或斜對稱的，或者如果 **A** 的 n 個特徵值全部都不相同，則這個定理的假設爲眞。

定理 1

通解

如果在方程組 (1) 中的常數矩陣 **A**，具有由 n 個特徵向量所形成的線性獨立組合，則 (4) 式中的相對應解 $\mathbf{y}^{(1)}, \cdots, \mathbf{y}^{(n)}$ 可以構成 (1) 式之解的一組基底，而且相對應的通解爲

(5) $$\mathbf{y} = c_1 \mathbf{x}^{(1)} e^{\lambda_1 t} + \cdots + c_n \mathbf{x}^{(n)} e^{\lambda_n t}$$

4.3.1 如何在相位平面中繪製解曲線

我們現在將重點放在，具有常係數的方程組 (1)，而且這個方程組包含兩個 ODE

(6) $$\mathbf{y}' = \mathbf{A}\mathbf{y}\text{；}\quad \text{以分量表示爲}\quad \begin{aligned} y_1' &= a_{11}y_1 + a_{12}y_2 \\ y_2' &= a_{21}y_1 + a_{22}y_2 \end{aligned}$$

當然，我們可以將 (6) 式的解答，

(7) $$\mathbf{y}(t) = \begin{bmatrix} y_1(t) \\ y_2(t) \end{bmatrix},$$

繪製爲 t 軸上的兩條曲線，每一條曲線都對應一個 $\mathbf{y}(t)$ 的分量 (第 4.1 節的圖 80a 顯示了一個例子)。但是我們也可以將 (7) 式畫成 y_1y_2 平面上的單一曲線。這是一種以 t 爲參數的參數表示法 (參數方程式) (圖 80b 即爲一例，後面還有更多例子。在微積分中也會出現參數方程式)。這樣的曲線

稱爲 (6) 式的**軌跡 (trajectory)** (有時亦稱爲 *orbit* 或 *path*)。y_1y_2 平面稱爲**相位平面 (phase plane)**[1]。如果將 (6) 式的各條軌跡畫在相位平面上，得到的就是 (6) 式的**相位圖形 (phase portrait)**。

隨著電腦繪圖技術的進步，在相位平面上研究解的方法變得非常重要，因爲相位圖形可以讓我們對整個解族系的一般性質獲得良好的認識。在下個例題中，我們就要建立一個這種相位圖形。

例題 1 相位平面中的軌跡 (相位圖形)

求解以下方程組，並畫出其圖形。

爲了了解相位圖形的意義，讓我們求出並且繪製下列方程組的解

$$\mathbf{y}' = \mathbf{A}\mathbf{y} = \begin{bmatrix} -3 & 1 \\ 1 & -3 \end{bmatrix}\mathbf{y} \quad \text{因此} \quad \begin{aligned} y_1' &= -3y_1 + y_2 \\ y_2' &= y_1 - 3y_2 \end{aligned} \tag{8}$$

解

代入 $\mathbf{y} = \mathbf{x}e^{\lambda t}$ 和 $\mathbf{y}' = \lambda\mathbf{x}e^{\lambda t}$，並且消去指數函數，得到 $\mathbf{A}\mathbf{x} = \lambda\mathbf{x}$。

其特徵方程式爲

$$\det(\mathbf{A} - \lambda\mathbf{I}) = \begin{vmatrix} -3-\lambda & 1 \\ 1 & -3-\lambda \end{vmatrix} = \lambda^2 + 6\lambda + 8 = 0$$

由此得到特徵值 $\lambda_1 = -2$ 和 $\lambda_2 = -4$。然後利用下式求出特徵向量

$$(-3-\lambda)x_1 + x_2 = 0$$

當 $\lambda_1 = -2$ 的時候 $-x_1 + x_2 = 0$。因此我們取 $\mathbf{x}^{(1)} = [1 \quad 1]^{\mathrm{T}}$。當 $\lambda_2 = -4$ 的時候，上式成爲 $x_1 + x_2 = 0$，而且其對應的特徵向量爲 $\mathbf{x}^{(2)} = [1 \quad -1]^{\mathrm{T}}$。由此得通解爲

$$\mathbf{y} = \begin{bmatrix} y_1 \\ y_2 \end{bmatrix} = c_1\mathbf{y}^{(1)} + c_2\mathbf{y}^{(2)} = c_1\begin{bmatrix} 1 \\ 1 \end{bmatrix}e^{-2t} + c_2\begin{bmatrix} 1 \\ -1 \end{bmatrix}e^{-4t}$$

圖 82 顯示了某些軌跡的相位圖形 (如果需要，可以加入更多軌跡)。其中的兩條直線對應的是 $c_1 = 0$ 和 $c_2 = 0$，其它的軌跡則對應不同 c_1 和 c_2 的值。 ■

當求解一個 ODE 或 ODE 方程組是相當困難甚或不可能的時候，相位平面法變得很有價值。

---

[1] 這是一個來自物理學的名稱，在物理學中它是 y–(mv) 平面，它是用位置 y 和速度 $y' = v$ (m = 質量) 來描繪運動；但此名稱現在通用於指 $y_1\,y_2$ 平面。

相位平面法是一種**定性方法**，這種方法可以不須真的解出 ODE 或方程組就得到解的一般定性性質。此方法是由偉大的法國數學家 HENRI POINCARÉ (龐卡萊) (1854–1912) 所創，他的研究成果也包括複變分析、發散級數、拓樸學及天文學的基礎理論。

4.3.2 方程組 (6) 的臨界點

在圖 82 中的點 $\mathbf{y} = \mathbf{0}$ 看起來似乎是所有軌跡線的共點，而我們想要探究這個特殊現象的原因。其答案來自微積分。事實上，從 (6) 式可以得到

$$\frac{dy_2}{dy_1} = \frac{y_2' dt}{y_1' dt} = \frac{y_2'}{y_1'} = \frac{a_{21}y_1 + a_{22}y_2}{a_{11}y_1 + a_{12}y_2} \tag{9}$$

這麼做可以對每一個點 P: (y_1, y_2)，除了點 $P = P_0$: $(0, 0)$ 以外，賦予一個通過點 P 之軌跡的唯一切線方向 dy_2/dy_1，因為對點 $P = P_0$: $(0, 0)$，(9) 式的右側成為 0/0。這個點 P_0 的 dy_2/dy_1 變成無法決定，這種點稱為 (6) 式的**臨界點 (critical point)**。

4.3.3 臨界點的五種型式

依據臨界點附近軌跡的幾何形狀，臨界點可以分成五種型式。它們分別稱為**瑕節點 (improper nodes)**、**適節點 (proper nodes)**、**鞍點 (saddle points)**、**中心點 (centers)** 及**螺旋點 (spiral points)**。下列的例題 1–5 將對它們進行定義和說明。

例題 1 (續) 瑕節點 (圖 82)

瑕節點 (improper nodes) 是一個滿足下列性質的臨界點 P_0，在這個臨界點上，除了兩條軌跡以外，其它所有軌跡都具有相同的極限切線方向。這兩條例外的軌跡在 P_0 處也具有極限切線方向，不過其值與其它切線的極限值不同。

如圖 82 的相位圖形所示，方程組 (8) 在 $\mathbf{0}$ 處具有瑕節點。在 $\mathbf{0}$ 處的共同極限方向，是特徵向量 $\mathbf{x}^{(1)} = [1 \quad 1]^T$ 的方向，這是因為隨著 t 的增加，e^{-4t} 比 e^{-2t} 更快趨近零的緣故。而兩個例外的極限切線方向為 $\mathbf{x}^{(2)} = [1 \quad -1]^T$ 和 $-\mathbf{x}^{(2)} = [-1 \quad 1]^T$。 ■

例題 2 適節點 (圖 83)

適節點 (proper nodes) 是滿足下列性質的臨界點 P_0，在 P_0 處每一條軌跡都有明確的極限切線方向，而且對於任何給定的方向 $\mathbf{d}$，在 P_0 處必有一條軌跡以 $\mathbf{d}$ 為其極限方向。

下列方程組

$$\mathbf{y}' = \begin{bmatrix} 1 & 0 \\ 0 & 1 \end{bmatrix} \mathbf{y} \quad \text{因此} \quad \begin{matrix} y_1' = y_1 \\ y_2' = y_2 \end{matrix} \tag{10}$$

在原點處有一個適節點 (請參看圖 83)。事實上，這個矩陣是一個單位矩陣。它的特徵方程式 $(1-\lambda)^2 = 0$ 的根是 $\lambda = 1$。任何 $\mathbf{x} \neq \mathbf{0}$ 都是特徵向量，我們可以取 $[1 \quad 0]^T$ 和 $[0 \quad 1]^T$。因此通解為

$$\mathbf{y} = c_1 \begin{bmatrix} 1 \\ 0 \end{bmatrix} e^t + c_2 \begin{bmatrix} 0 \\ 1 \end{bmatrix} e^t \quad \text{或} \quad \begin{matrix} y_1 = c_1 e^t \\ y_2 = c_2 e^t \end{matrix} \quad \text{或} \quad c_1 y_2 = c_2 y_1$$ ■

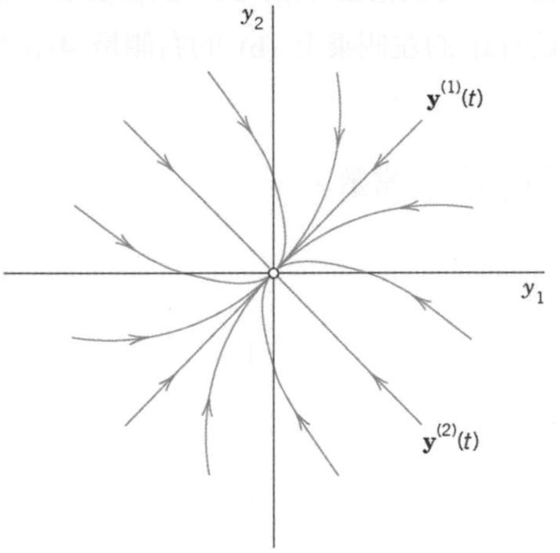

圖 82 方程組 (8) 的軌跡 (瑕節點)

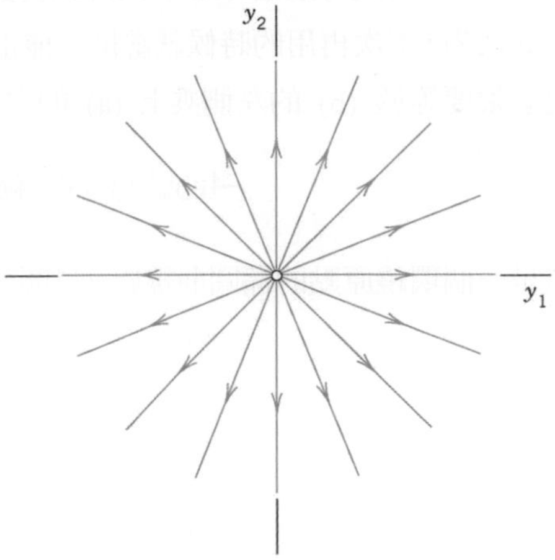

圖 83 方程組 (10) 的軌跡 (適節點)

例題 3 鞍點 (圖 84)

鞍點 (saddle point) 是具有下列性質的臨界點 P_0，在 P_0 處，有兩條進來的軌跡，和兩條出去的軌跡，而且所有其它位於 P_0 附近的軌跡，都會繞過點 P_0。

下列方程組

$$\mathbf{y}' = \begin{bmatrix} 1 & 0 \\ 0 & -1 \end{bmatrix}\mathbf{y} \quad 因此 \quad \begin{matrix} y_1' = y_1 \\ y_1' = -y_2 \end{matrix} \tag{11}$$

在原點處有一個鞍點。它的特徵方程式 $(1-\lambda)(-1-\lambda)=0$ 的根是 $\lambda_1 = 1$ 和 $\lambda_2 = -1$。對於 $\lambda = 1$，特徵向量 $[1 \quad 0]^{\mathrm{T}}$ 是得自 $(\mathbf{A}-\lambda\mathbf{I})\mathbf{x} = \mathbf{0}$ 的第二列，也就是得自 $0x_1 + (-1-1)x_2 = 0$。對於 $\lambda_2 = -1$，由第一列得 $[0 \quad 1]^{\mathrm{T}}$，因此通解為

$$\mathbf{y} = c_1\begin{bmatrix} 1 \\ 0 \end{bmatrix}e^{t} + c_2\begin{bmatrix} 0 \\ 1 \end{bmatrix}e^{-t} \quad 或 \quad \begin{matrix} y_1 = c_1e^{t} \\ y_2 = c_2e^{-t} \end{matrix} \quad 或 \quad y_1y_2 = 常數$$

這是一個雙曲線族 (以及座標軸)；見圖 84。 ■

例題 4 中心點 (圖 85)

中心點 (center) 是一個被無限多條閉合軌跡所環繞的臨界點。

下列方程組

$$\mathbf{y}' = \begin{bmatrix} 0 & 1 \\ -4 & 0 \end{bmatrix}\mathbf{y} \quad 因此 \quad \begin{matrix} \text{(a)}\ y_1' = y_2 \\ \text{(b)}\ y_2' = -4y_1 \end{matrix} \tag{12}$$

在原點處有一個中心點。其特徵方程式 $\lambda^2 + 4 = 0$ 告訴我們特徵值為 $2i$ 和 $-2i$。對於 $2i$，一個特徵向量來自 $(\mathbf{A}-\lambda\mathbf{I})\mathbf{x} = \mathbf{0}$ 的第一個方程式 $-2ix_1 + x_2 = 0$，如 $[1\ 2i]^{\mathrm{T}}$。對 $\lambda = -2i$，其方程式為 $-(-2i)x_1 + x_2 = 0$，可得 $[1 \quad -2i]^{\mathrm{T}}$。因此複數通解為

$$\mathbf{y} = c_1\begin{bmatrix} 1 \\ 2i \end{bmatrix}e^{2it} + c_2\begin{bmatrix} 1 \\ -2i \end{bmatrix}e^{-2it} \quad 因此 \quad \begin{matrix} y_1 = c_1e^{2it} + c_2e^{-2it} \\ y_2 = 2ic_1e^{2it} - 2ic_2e^{-2it} \end{matrix} \tag{12*}$$

利用 Euler 公式可以由 (12*) 式得到實數解，利用一個小技巧也可直接由 (12) 式得到實數解。(記住此技巧，下次再用的時候就當是一種正式方法。)這技巧是，(a) 的左側乘上 (b) 的右側是$-4y_1y_1'$。這必須要等於 (b) 的左側乘上 (a) 的右側。因此，

$$-4y_1y_1' = y_2y_2' \quad \text{經過積分以後，} 2y_1^2 + \tfrac{1}{2}y_2^2 = \text{常數。}$$

這是一個環繞原點的橢圓曲線族 (見圖 85)。 ■

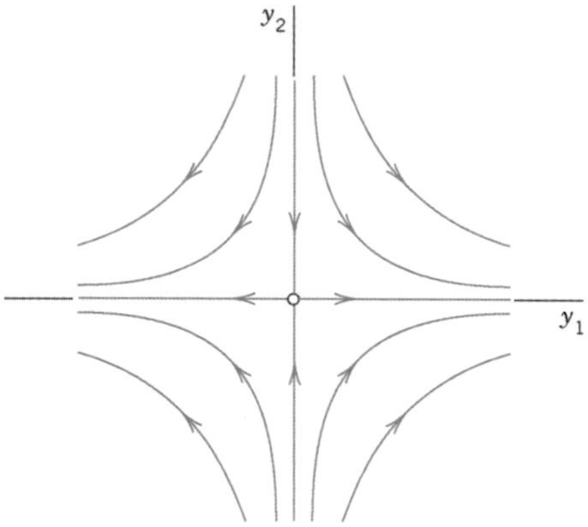

圖 84 方程組 (11) 的軌跡 (鞍點)

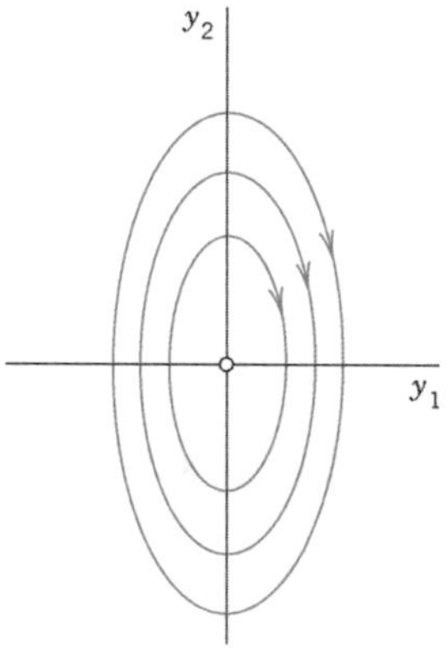

圖 85 方程組 (12) 的軌跡 (中心點)

例題 5 螺旋點 (圖 86)

螺旋點 (spiral point) 是滿足下列性質的臨界點 P_0，在 $t \to \infty$的時候，所有軌跡均螺旋狀趨近 P_0 (或以相反方向描繪時，它們遠離 P_0)。

下列方程組

$$\mathbf{y}' = \begin{bmatrix} -1 & 1 \\ -1 & -1 \end{bmatrix}\mathbf{y} \quad \text{因此} \quad \begin{aligned} y_1' &= -y_1 + y_2 \\ y_2' &= -y_1 - y_2 \end{aligned} \tag{13}$$

在原點處有一個螺旋點。其特徵方程式爲 $\lambda^2 + 2\lambda + 2 = 0$。由它可得特徵值$-1 + i$ 和$-1 - i$。由 $(-1 - \lambda)x_1 + x_2 = 0$ 可得到相對的特徵向量。當 $\lambda = -1 + i$ 的時候，它成爲 $-ix_1 + x_2 = 0$，我們可以取 $[1 \quad i]^T$ 作爲特徵向量。同理，對應於$-1 - i$ 的特徵向量爲 $[1 \quad -i]^T$。由此得到複數的通解爲

$$\mathbf{y} = c_1 \begin{bmatrix} 1 \\ i \end{bmatrix} e^{(-1+i)t} + c_2 \begin{bmatrix} 1 \\ -i \end{bmatrix} e^{(-1-i)t}$$

下一個步驟本來是利用 Euler 公式，將這個複數解轉換成實數通解。但是就像上一個例子一樣，我們只是想要了解，在螺旋點的情形下，特徵值應該是什麼形式。因此，我們重新開始求解，這一次採取的作法不再是冗長但有系統的方式，而是採用捷徑。我們將 (13) 式的第一個方程式乘以 y_1，第二個方程式乘以 y_2，然後兩者相加，結果得到

$$y_1y_1' + y_2y_2' = -(y_1^2 + y_2^2)$$

此時我們引進極座標 r, t，其中 $r^2 = y_1^2 + y_2^2$。將這個方程式對 t 微分，結果得到 $2rr' = 2y_1y_1' + 2y_2y_2'$。所以前面的方程式可以寫成

$$rr' = -r^2, \quad \text{因此，} \quad r' = -r, \quad dr/r = -dt, \quad \ln|r| = -t + c^*, \quad r = ce^{-t}$$

對於每一個實數 c，都會形成一個螺旋線，如同我們前面所聲明的 (見圖 86)。■

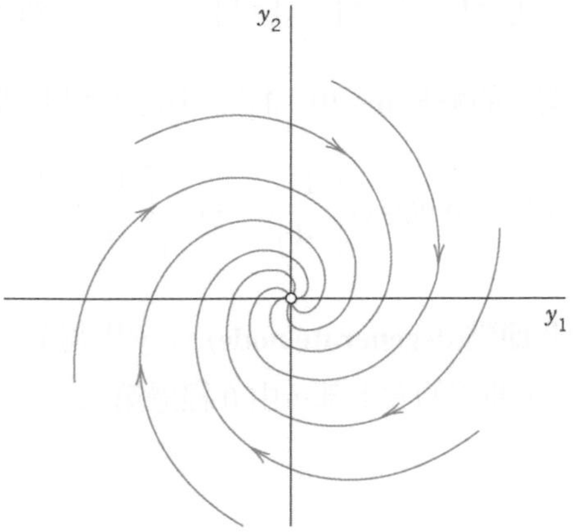

圖 86　方程組 (13) 的軌跡 (螺旋點)

例題 6　沒有特徵向量形成的基底可以利用、退化節點 (圖 87)

如果 (1) 式中的 $\mathbf{A}$ 是對稱的 (在例題 1–3 已經提起過，即 $a_{kj} = a_{jk}$)，或斜對稱的 ($a_{kj} = -a_{jk}$，因此 $a_{jj} = 0$)，這種情形是不可能發生的。而且在許多其他情形下，它也不會發生 (請參看例題 4 和 5)。所以，藉用一個例題來加以說明所要運用的方法，就已經很足夠了。

求解並且畫出下式的通解

$$\mathbf{y}' = \mathbf{A}\mathbf{y} = \begin{bmatrix} 4 & 1 \\ -1 & 2 \end{bmatrix}\mathbf{y} \tag{14}$$

解

矩陣 $\mathbf{A}$ 不是斜對稱的！其特徵方程式為

$$\det(\mathbf{A} - \lambda\mathbf{I}) = \begin{vmatrix} 4-\lambda & 1 \\ -1 & 2-\lambda \end{vmatrix} = \lambda^2 - 6\lambda + 9 = (\lambda - 3)^2 = 0$$

這個方程式有雙重根 $\lambda = 3$。所以，特徵向量可以從 $(4-\lambda)x_1 + x_2 = 0$ 求得，亦即由 $x_1 + x_2 = 0$ 求出，比如說 $\mathbf{x}^{(1)} = [1 \quad -1]^{\mathsf{T}}$，以及此特徵向量非零的倍數 (沒有幫助)。我們現在所要採用的方法是，將下式

$$\mathbf{y}^{(2)} = \mathbf{x}te^{\lambda t} + \mathbf{u}e^{\lambda t}$$

配合常數行向量 $\mathbf{u} = [u_1 \quad u_2]^{\mathsf{T}}$，代入 (14) 式。(如果我們像在 2.2 節的雙重根情形下所使用的方式，將 $\mathbf{x}t$ 項單獨代入，則其結果將不足以解決問題，試試看)。由上式可以得到

$$\mathbf{y}^{(2)\prime} = \mathbf{x}e^{\lambda t} + \lambda\mathbf{x}te^{\lambda t} + \lambda\mathbf{u}e^{\lambda t} = \mathbf{A}\mathbf{y}^{(2)} = \mathbf{A}\mathbf{x}te^{\lambda t} + \mathbf{A}\mathbf{u}e^{\lambda t}$$

在它的右側，$\mathbf{Ax} = \lambda\mathbf{x}$。所以，左側和右側的 $\lambda\mathbf{x}te^{\lambda t}$ 可以消去，然後除以 $e^{\lambda t}$，結果得到

$$\mathbf{x} + \lambda\mathbf{u} = \mathbf{Au} \quad \text{因此} \quad (\mathbf{A} - \lambda\mathbf{I})\mathbf{u} = \mathbf{x}$$

所以 $\lambda = 3$，而且 $\mathbf{x} = [1 \quad -1]^{\mathsf{T}}$，這使得

$$(\mathbf{A} - 3\mathbf{I})\mathbf{u} = \begin{bmatrix} 4-3 & 1 \\ -1 & 2-3 \end{bmatrix}\mathbf{u} = \begin{bmatrix} 1 \\ -1 \end{bmatrix} \quad \text{因此} \quad \begin{aligned} u_1 + u_2 &= 1 \\ -u_1 - u_2 &= -1 \end{aligned}$$

有一個與 $\mathbf{x} = [1 \quad -1]^{\mathsf{T}}$ 成線性獨立的解是 $\mathbf{u} = [0 \quad 1]^{\mathsf{T}}$。由此得到下列解答 (圖 87)

$$\mathbf{y} = c_1\mathbf{y}^{(1)} + c_2\mathbf{y}^{(1)} = c_1\begin{bmatrix} 1 \\ -1 \end{bmatrix}e^{3t} + c_2\left(\begin{bmatrix} 1 \\ -1 \end{bmatrix}t + \begin{bmatrix} 0 \\ 1 \end{bmatrix}\right)e^{3t}.$$

在原點的臨界點經常被稱爲**退化節點(degenerate node)**。$c_1\mathbf{y}^{(1)}$ 得到的是粗直線，$c_1 > 0$ 是它的下半部而 $c_1 < 0$ 爲上半部。$\mathbf{y}^{(2)}$ 得到粗曲線的右半部，由 0 經過第二、第一及最後第四象限。$-\mathbf{y}^{(2)}$ 得到的則是該曲線的另一半。 ■

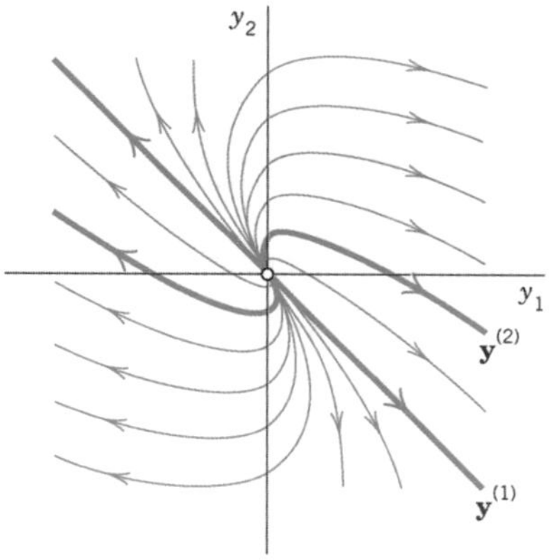

圖 87　例題 6 中的退化節點

我們再提一點，當一個方程組 (1) 具有三個或更多方程式，卻有三個相同的特徵值，及一個線性獨立特徵向量，則使用我們剛才討論的方法可得到兩個解，第三個線性獨立解可來自

$$\mathbf{y}^{(3)} = \frac{1}{2}\mathbf{x}t^2e^{\lambda t} + \mathbf{u}te^{\lambda t} + \mathbf{v}e^{\lambda t} \quad \text{其中 } \mathbf{v} \text{ 來自} \quad \mathbf{u} + \lambda\mathbf{v} = \mathbf{Av}$$

習題集 4.3

1–9 通解

求以下各方程組的實數通解，請寫出詳細過程。

1. $y_1' = 2y_1 - y_2$　　$y_2' = 3y_1 - 2y_2$
2. $y_1' = 6y_1 + 9y_2$　　$y_2' = y_1 + 6y_2$
3. $y_1' = -2y_1 + \frac{3}{2}y_2$　　$y_2' = -4y_1 + 3y_2$
4. $y_1' = -8y_1 - 2y_2$　　$y_2' = 2y_1 - 4y_2$
5. $y_1' = 2y_1 + 5y_2$　　$y_2' = 5y_1 + 12.5y_2$
6. $y_1' = 2y_1 - 2y_2$　　$y_2' = 2y_1 + 2y_2$
7. $y_1' = ay_2$　　$y_2' = -ay_1 + ay_3$
   $y_3' = -ay_2$　　$(a \neq 0)$
8. $y_1' = 8y_1 - y_2$　　$y_2' = y_1 + 10y_2$

9. $y_1' = 10y_1 - 10y_2 - 4y_3$

$y_2' = -10y_1 + y_2 - 14y_3$

$y_3' = -4y_1 - 14y_2 - 2y_3$

10–15 **IVPs**

求解下列初值問題。

10. $y_1' = -4y_1 + 5y_2$

$y_2' = -y_1 + 2y_2$

$y_1(0) = 0,\quad y_2(0) = 4$

11. $y_1' = -\frac{5}{4}y_1 + \frac{9}{4}y_2$

$y_2' = -y_1 + 2y_2$

$y_1(0) = -2,\quad y_2(0) = 0$

12. $y_1' = y_1 + 3y_2$

$y_2' = \frac{1}{3}y_1 + y_2$

$y_1(0) = 12,\quad y_2(0) = 2$

13. $y_1' = 2y_2 \qquad y_2' = 2y_1$

$y_1(0) = 0,\quad y_2(0) = 1$

14. $y_1' = -y_1 - y_2$

$y_2' = y_1 - y_2$

$y_1(0) = 1,\quad y_2(0) = 0$

15. $y_1' = y_1 + 2y_2$

$y_2' = 2y_1 + y_2$

$y_1(0) = 0.25,\quad y_2(0) = -0.25$

16–17 **轉換**

試經由對單一 ODE 進行轉換來求出通解。

16. 習題 8 的方程組。

17. 課文例題 5 的方程組。

18. **混合問題，圖 88** 兩個水槽每一個都裝有水 200 gal，一開始各自溶解了 100 lb (水槽 T_1) 和 200 lb (水槽 T_2) 的肥料。流體流入、循環和流出的方式如圖 88 所示，經由攪拌以使液體混合均勻。求水槽 T_1 中肥料的含量 $y_1(t)$ 及水槽 T_2 中的含量 $y_2(t)$。

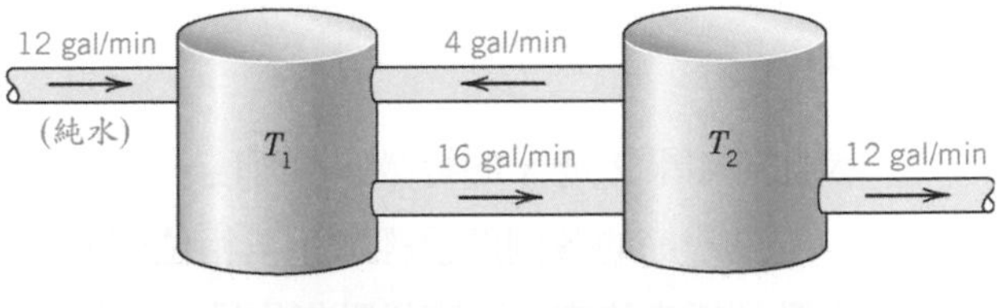

圖 88 習題 18 的各水槽

19. **電路** 請證明圖 89 中的電流 $I_1(t)$ 和 $I_2(t)$ 的模型爲

$$\frac{1}{C}\int I_1\,dt + R(I_1 - I_2) = 0,\quad LI_2' + R(I_2 - I_1) = 0$$

如果 $R = 3\ \Omega$、$L = 4$ H 且 $C = 1/12$ F，請求其通解。

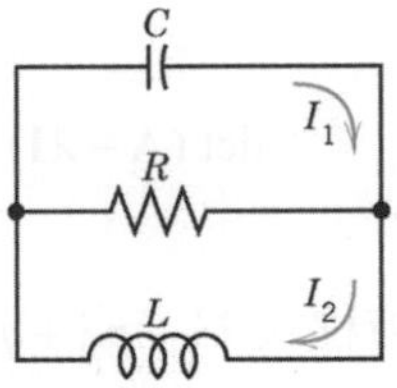

圖 89 習題 19 的電路

20. **CAS 專題** **相位圖形** 請畫出一些這一節的圖形，尤其是圖 87 中關於退化節點的圖形，在其中向量 $\mathbf{y}^{(2)}$ 爲 t 的函數。在每一幅圖中，標示出一條滿足你自選初始條件的軌跡。

4.4 臨界點判別準則、穩定性 (Criteria for Critical Points. Stability)

接著將繼續討論常係數齊次線性方程組 (1)。我們先回顧一下目前的進度。由 4.3 節我們知道

$$\text{(1)}\qquad \mathbf{y}' = \mathbf{A}\mathbf{y} = \begin{bmatrix} a_{11} & a_{12} \\ a_{21} & a_{22} \end{bmatrix}\mathbf{y} \quad \text{以分量表示，}\quad \begin{aligned} y_1' &= a_{11}y_1 + a_{12}y_2 \\ y_2' &= a_{21}y_1 + a_{22}y_2 \end{aligned}$$

從上一節的各例題我們已經看到，如果我們將解曲線族以參數化的方式表示成 $\mathbf{y}(t) = [y_1(t) \quad y_2(t)]^T$，並且將這些解曲線族繪製成**相位平面** ($y_1y_2$ 平面) 上的曲線，則可以得到對於解曲線族的整體概觀。這樣的曲線稱爲 (1) 式的**軌跡**，而且所有軌跡加起來稱爲 (1) 式的**相位圖形**。

現在我們已經知道解答的形式爲

$$\mathbf{y}(t) = \mathbf{x}e^{\lambda t} \text{。} \quad \text{將其代入 (1) 式可得} \quad \mathbf{y}'(t) = \lambda\mathbf{x}e^{\lambda t} = \mathbf{A}\mathbf{y} = \mathbf{A}\mathbf{x}e^{\lambda t}$$

去掉共同因式 $e^{\lambda t}$，結果變成

(2) $$\mathbf{A}\mathbf{x} = \lambda\mathbf{x}$$

因此，如果 λ 是 **A** 的特徵值，而且 **x** 是相對應的特徵向量，則 $\mathbf{y}(t)$ 是 (1) 式的 (非零) 解。

上一節的各例題已經顯示，相位圖形的一般形式，在很大的程度上，是由方程組 (1) 之**臨界點**型態來決定，而臨界點指的是，在該點上 dy_2/dy_1 變成是無法決定的 0/0；在這裡 [參看 4.3 節的 (9) 式]

(3) $$\frac{dy_2}{dy_1} = \frac{y_2'dt}{y_1'dt} = \frac{a_{21}y_1 + a_{22}y_2}{a_{11}y_1 + a_{12}y_2}$$

在 4.3 節中我們也看到了不同型態的臨界點。

而接著要介紹的新內容則是，不同型態臨界點與特徵值的關係。其中特徵值是下列特徵方程式的解 $\lambda = \lambda_1$ 和 λ_2

(4) $$\det(\mathbf{A} - \lambda\mathbf{I}) = \begin{vmatrix} a_{11}-\lambda & a_{12} \\ a_{21} & a_{22}-\lambda \end{vmatrix} = \lambda^2 - (a_{11}+a_{22})\lambda + \det\mathbf{A} = 0$$

這是一個二次方程式 $\lambda^2 - p\lambda + q = 0$，其係數 p、q 和判別式 Δ 可以寫成

(5) $$p = a_{11} + a_{22}, \quad q = \det\mathbf{A} = a_{11}a_{22} - a_{12}a_{21}, \quad \Delta = p^2 - 4q$$

由代數我們知道這個方程式的解是

(6) $$\lambda_1 = \frac{1}{2}(p + \sqrt{\Delta}), \quad \lambda_2 = \frac{1}{2}(p - \sqrt{\Delta})$$

此外，方程式的乘積表示法

$$\lambda^2 - p\lambda + q = (\lambda - \lambda_1)(\lambda - \lambda_2) = \lambda^2 - (\lambda_1 + \lambda_2)\lambda + \lambda_1\lambda_2$$

所以，p 是特徵值的和，而 q 是特徵值的乘積。而且，由 (6) 式可以知道 $\lambda_1 - \lambda_2 = \sqrt{\Delta}$。整理在一起是

(7) $$p = \lambda_1 + \lambda_2, \quad q = \lambda_1\lambda_2, \quad \Delta = (\lambda_1 - \lambda_2)^2$$

由此可以得到表 4.1 中對臨界點分類的準則。本節稍後將會說明其推導過程。

表 4.1　臨界點的特徵值判斷準則 (推導過程置於表 4.2 之後)

名稱	$p=\lambda_1+\lambda_2$	$q=\lambda_1\lambda_2$	$\Delta=(\lambda_1-\lambda_2)^2$	對 λ_1, λ_2 的說明
(a) 節點		$q>0$	$\Delta \geq 0$	實數，同號
(b) 鞍點		$q<0$		實數，異號
(c) 中心點	$p=0$	$q>0$		純虛數
(d) 螺旋點	$p\neq 0$		$\Delta<0$	複數，不僅有虛部

4.4.1　穩定性

臨界點也可以根據它們的穩定性加以分類。在工程學和其他應用領域中，穩定性是基本的概念。它們是來自物理學，在物理學中，**穩定性**的意義可以大致說成是，一個物理系統在某一瞬間發生的微小變動 (微小擾動)，在未來的時間 t，只會使系統的行爲產生輕微的改變。對於臨界點，我們可有以下概念。

定　義

穩定、不穩定、穩定且具吸引性

粗略的講法是，如果在某個瞬間 (1) 式位於 P_0 附近的所有軌跡，在未來的所有時間也都會位於 P_0 附近，則 (1) 式的臨界點 P_0 稱爲是**穩定的 (stable)**[2]；更精確的說法是：如果對於以 P_0 爲中心、半徑爲 $\varepsilon>0$ 的每一個圓形區域 D_ε 而言，都會有一個以 P_0 爲中心、半徑爲 $\delta>0$ 的圓形區域 D_δ，能使得當 (1) 式的軌跡含有一個位於 D_δ 內的點 P_1 (比如說，對應於 $t=t_1$) 的時候，則所有對應於 $t \geq t_1$ 的點都將在 D_ε 內。請參考圖 90。

如果 P_0 不是穩定的，則 P_0 稱爲是**不穩定的 (unstable)**。

如果 P_0 是穩定的，而且當 $t\to\infty$ 的時候，每一條含有一個位於 D_δ 內的點的軌跡，將會趨近於 P_0，則 P_0 稱爲是**穩定且具有吸引性的 (stable and attractive)**，或稱爲漸進穩定的 (*asymptotically stable*)。請參考圖 91。

表 4.2 提供了根據穩定性，對臨界點加以分類的判斷準則。上述兩個表格都整理在圖 92 的**穩定性圖表**內，在此圖中，不穩定區域以深藍色表示。

---

[2] 這是就俄國數學家 ALEXANDER MICHAILOVICH LJAPUNOV (1857–1918) 的觀點而言，他的研究是 ODE 穩定性理論的基礎。這或許是穩定性最合適的定義 (也是唯一我們會用的)，但是確有其它的定義。

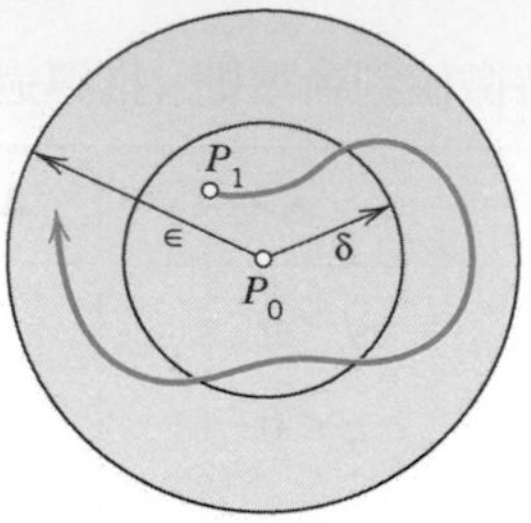

圖 90 (1) 式的穩定臨界點 P_0 (由 P_1 開始的軌跡，將一直停留在半徑 ε 的圓形區域內)

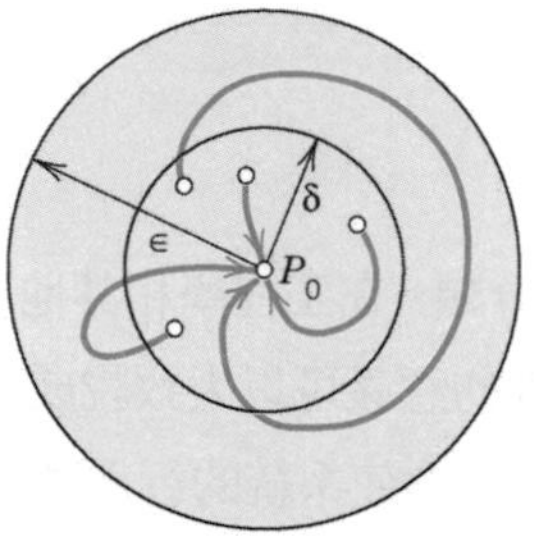

圖 91 (1) 式的穩定且具有吸引性的臨界點 P_0

表 4.2 臨界點的穩定性判斷準則

穩定類型	$p = \lambda_1 + \lambda_2$		$q = \lambda_1 \lambda_2$
(a) 穩定且具有吸引性	$p < 0$		$q > 0$
(b) 穩定	$p \le 0$		$q > 0$
(c) 不穩定	$p > 0$	OR	$q < 0$

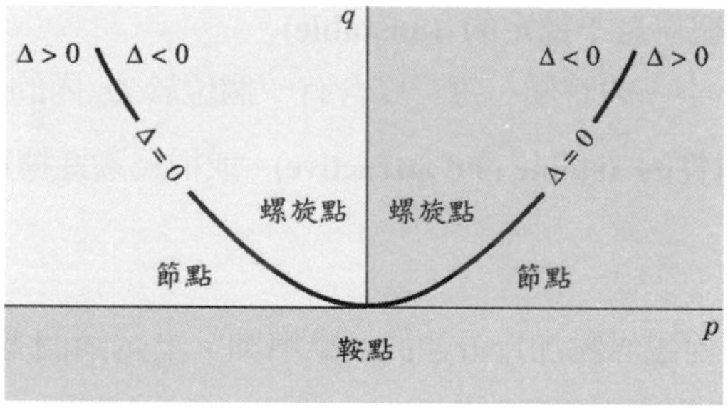

圖 92 方程組 (1) 的穩定性圖表，其中 p、q、Δ 定義於 (5) 式穩定且具有吸引性：不含 q 軸的第二象限。正 q 軸上 (對應於中心點) 也是具有穩定性。不穩定：深藍色區域

我們現在要說明，表 4.1 和 4.2 的判斷準則是如何獲得的。如果 $q = \lambda_1\lambda_2 > 0$，則兩個特徵值同時爲正、或同時爲負或爲共軛複數。如果同時 $p = \lambda_1 + \lambda_2 < 0$ 也成立，則兩者同時爲負，或是具有負的實數部分。因此 P_0 是穩定且具有吸引性。至於表 4.2 中的其餘兩行，其理由也類似。

如果 $\Delta < 0$，則特徵值爲共軛複數，比如說，$\lambda_1 = \alpha + i\beta$ 以及 $\lambda_2 = \alpha - i\beta$。如果同時 $p = \lambda_1 + \lambda_2 = 2\alpha < 0$ 也成立，則可以得到穩定且具有吸引性的螺旋點。如果 $p = 2\alpha > 0$，則是不穩定的螺旋點。

若 $p = 0$，則 $\lambda_2 = -\lambda_1$ 且 $q = \lambda_1\lambda_2 = -\lambda_1^2$。如果 $q > 0$ 也成立，則 $\lambda_1^2 = -q < 0$，因此 λ_1 及 λ_2 必須是純虛數。這樣就得到週期性的解，它們的軌跡是繞著中心點 P_0 的封閉曲線。

例題 1　應用表 4.1 和 4.2 的判斷準則

在 4.3 節的例題 1 中，我們得到 $\mathbf{y}' = \begin{bmatrix} -3 & 1 \\ 1 & -3 \end{bmatrix}\mathbf{y}$、$p = -6$、$q = 8$ 且 $\Delta = 4$，由表 4.1 (a) 可知，臨界點是一個節點；另外由表 4.2 (a) 可知，此臨界點是穩定且具有吸引性的。 ■

例題 2　彈簧上質點的自由運動

試問在 2.4 節的 $my'' + cy' + ky = 0$ 具有哪一種臨界點？

解

將這個 ODE 除以 m，可以得到 $y'' = -(k/m)y - (c/m)y'$。為了能得到方程組，我們設定 $y_1 = y$、$y_2 = y'$ (參考 4.1 節)。則 $y_2' = y'' = -(k/m)y_1 - (c/m)y_2$。因此，

$$\mathbf{y}' = \begin{bmatrix} 0 & 1 \\ -k/m & -c/m \end{bmatrix}\mathbf{y}, \quad \det(\mathbf{A} - \lambda\mathbf{I}) = \begin{vmatrix} -\lambda & 1 \\ -k/m & -c/m - \lambda \end{vmatrix} = \lambda^2 + \frac{c}{m}\lambda + \frac{k}{m} = 0$$

我們看到 $p = -c/m$、$q = k/m$ 且 $\Delta = (c/m)^2 - 4k/m$。由此結果以及表 4.1 和 4.2，我們得到以下關係。請注意在後三種情形中，判別式 Δ 扮演著重要角色。

無阻尼　$c = 0$、$p = 0$、$q > 0$，中心點。

次阻尼　$c^2 < 4mk$、$p < 0$、$q > 0$、$\Delta < 0$，穩定且有吸引性的螺旋點。

臨界阻尼　$c^2 = 4mk$、$p < 0$、$q > 0$、$\Delta = 0$，穩定且具有吸引性的節點。

過阻尼　$c^2 > 4mk$、$p < 0$、$q > 0$、$\Delta > 0$，穩定且具有吸引性的節點。 ■

習題集 4.4

1–10　臨界點的類型和穩定性

請判斷下列臨界點的類型和穩定性。接著再求其實數通解，並且在相位平面上畫出一些軌跡。請詳細說明解題過程。

1. $y_1' = y_1$
   $y_2' = 0.5y_2$

2. $y_1' = -4y_1$
   $y_2' = -3y_2$

3. $y_1' = y_2$
   $y_2' = -4y_1$

4. $y_1' = 2y_1 + y_2$
   $y_2' = 5y_1 - 2y_2$

5. $y_1' = -y_1 + y_2$
   $y_2' = -y_1 - y_2$

6. $y_1' = -6y_1 - y_2$
   $y_2' = -9y_1 - 6y_2$

7. $y_1' = -y_1 - y_2$
   $y_2' = -4y_1 + 2y_2$

8. $y_1' = y_1 + 4y_2$
   $y_2' = 3y_1 - 2y_2$

9. $y_1' = 6y_1 + 3y_2$
   $y_2' = -4y_1 - y_2$

10. $y_1' = y_2$
    $y_2' = -5y_1 - 2y_2$

11–18　ODE 方程組與二階 ODE 的軌跡、臨界點

11. **阻尼振盪**　求解 $y'' + 2y' + 5y = 0$。其軌跡是什麼樣的曲線？

12. **諧波振盪**　求解 $y'' + \frac{1}{9}y = 0$。求其軌跡，畫出一些軌跡線。

13. **臨界點的類型**　試利用本節表 4.1 和 4.2 的判斷準則，來討論 4.3 節中 (10)–(13) 式的臨界點。

14. **參數的轉換** 如果我們使用 $\tau = -t$ 作為新的獨立變數，那麼請問例題 1 的臨界點會產生麼樣的變化？

15. **中心點的擾動** 在 4.3 節的例題 4 中，如果將 $\mathbf{A}$ 換成 $\mathbf{A} + 0.1\mathbf{I}$，其中 $\mathbf{I}$ 為單位矩陣，則結果如何？

16. **中心點的擾動** 如果某一個方程組有一個屬於中心點的臨界點，如果將矩陣 $\mathbf{A}$ 換成 $\tilde{\mathbf{A}} = \mathbf{A} + k\mathbf{I}$，其中 k 可以是任何不為零的實數 (k 代表主對角線元素的量測誤差)，則會產生什麼改變？

17. **擾動** 第 4.3 節例題 4 之方程組的臨界點是中心點。將 4.3 節例題 4 中的所有 a_{jk} 換成 $a_{jk} + b$。求 b 的值，可使你獲得 **(a)** 鞍點、**(b)** 穩定且具吸引力節點、**(c)** 穩定且具吸引力螺旋點、**(d)** 不穩定螺旋點、**(e)** 不穩定節點。

18. **CAS 實驗 相位圖形** 畫出習題 17 的相位圖形，使用你答案中的 b 值。試著說明，在 b 值的連續變化下，相位圖形如何「連續地」改變。

19. **報告撰寫 穩定性** 物理學和工程學中，穩定性的概念是很基本的。請寫出大約三頁分為兩個部分的報告，其中 (A) 是關於有應用到穩定性的一般性應用實例 (盡己所能地說明清楚)，以及 (B) 與本節中穩定性相關連的題材。利用自己的構想和例子；不要抄襲。

20. **穩定性圖** 請在穩定性圖上畫出，4.3 節方程組 (10)–(14) 的臨界點，以及本節習題 1、3 和 5 的臨界點。

4.5 用於非線性方程組的定性方法 (Qualitative Methods for Nonlinear Systems)

所謂的**定性方法 (qualitative method)** 是在沒有實際求解方程組的情形下，取得關於該方程組之解的定性資訊的方法。對於以解析方法求解很困難甚或不可能的方程組而言，這種方法特別有價值。許多如下列在實務上非常重要的**非線性方程組**，就是屬於這種情形

(1)
$$\mathbf{y}' = \mathbf{f}(\mathbf{y}) \quad \text{因此} \quad \begin{aligned} y_1' &= f_1(y_1, y_2) \\ y_2' &= f_2(y_1, y_2) \end{aligned}$$

在這一節中，我們會將前面所討論的**相位平面法**，由線性推廣到非線性方程組 (1)。假設 (1) 式是**自律的 (autonomous)**，亦即，獨立變數 t 並不會以外顯型式出現 (上一節的所有例題都是自律的)。我們將再一次展示解答的整個族系。相對於數值方法，這是一個優點；數值方法一次只能提供一個 (近似) 解。

探討這一節的主題時，我們需要上一節的一些概念，這些概念有**相位平面** (y_1y_2 平面)、**軌跡** [(1) 式在相位平面上的解曲線]、(1) 式的**相位圖形** (這些軌跡的總合)，以及 (1) 式的**臨界點** [使 $f_1(y_1, y_2)$ 和 $f_2(y_1, y_2)$ 均為零的點 (y_1, y_2)]。

在此 (1) 式可能有多個臨界點。我們的做法是探討完一個臨界點再探討下一個。如果臨界點 P_0 並不是位於原點，爲了方法的便利性，我們會將此點移到原點再進行分析。更正式的說法：若 P_0:(a, b) 是一個臨界點，且 (a, b) 不是原點 $(0, 0)$，則我們使用平移

$$\tilde{y}_1 = y_1 - a, \qquad \tilde{y}_2 = y_2 - b$$

這會將 P_0 移到我們要的 $(0, 0)$。因此，可以假設 P_0 就是原點 $(0, 0)$，而且爲了簡便起見，我們仍然使用 y_1, y_2 (而非 $\tilde{y}_1, \tilde{y}_2$)。我們也假設 P_0 是**隔離的 (isolated)**，也就是說，在以原點爲中心的 (足夠小) 圓形區域內，它是唯一的臨界點。如果 (1) 式只有有限多個臨界點，則這個假設自然爲眞 (請解釋之！)

4.5.1 非線性方程組的線性化

我們要如何才能決定 (1) 式的臨界點 P_0:$(0, 0)$ 的種類和穩定性？在大部分情形下，這可藉由將 (1) 式在 P_0 附近做**線性化 (linearization)** 來達成，也就是，將 (1) 式寫成 $\mathbf{y}' = \mathbf{f}(\mathbf{y}) = \mathbf{A}\mathbf{y} + \mathbf{h}(\mathbf{y})$，並依下述移除其中的 $\mathbf{h}(\mathbf{y})$。

因爲 P_0 是臨界點，所以 $f_1(0, 0) = 0$ 而且 $f_2(0, 0) = 0$，使得 f_1 與 f_2 沒有常數項，於是我們可以寫成

(2) $$\mathbf{y}' = \mathbf{A}\mathbf{y} + \mathbf{h}(\mathbf{y}) \quad \text{因此} \quad \begin{aligned} y_1' &= a_{11}y_1 + a_{12}y_2 + h_1(y_1, y_2) \\ y_2' &= a_{21}y_1 + a_{22}y_2 + h_2(y_1, y_2) \end{aligned}$$

因爲 (1) 式是自律的，所以 $\mathbf{A}$ 是常數 (與 t 無關) 矩陣。下列定理是能夠加以證明的 (附錄 1 所列的參考文獻 [A7] 的 pp. 375–388 有其證明)。

定理 1

線性化

如果 (1) 式中的 f_1 和 f_2 是連續的，而且它們在臨界點 P_0: $(0, 0)$ 的鄰近區域中具有連續的偏導數，而且如果在 (2) 式中的 $\det \mathbf{A} \neq 0$，則 (1) 式之臨界點的種類和穩定性會與下列**線性化方程組**的相同，

(3) $$\mathbf{y}' = \mathbf{A}\mathbf{y} \quad \text{因此} \quad \begin{aligned} y_1' &= a_{11}y_1 + a_{12}y_2 \\ y_2' &= a_{21}y_1 + a_{22}y_2 \end{aligned}$$

當 $\mathbf{A}$ 具有相等的特徵值，或純虛數特徵值時則有例外；此時 (1) 式可以具有和 (3) 式相同的臨界點，或是螺旋點。

例題 1 自由無阻尼單擺、線性化

圖 93a 顯示了一個由質量 m 的物體 (擺錘)，和長度 L 的細桿所組成的單擺，求其臨界點的位置與種類。假設細桿的質量和空氣阻力可以忽略。

解

步驟 1：建立數學模型 令 θ 代表角位移，由平衡位置依逆時針方向量測。擺錘的重量是 mg (g 是重力加速度)。它會產生與擺錘運動曲線 (圓弧) 相切的回復力 $mg\sin\theta$。由牛頓第二定律可知，在每一個瞬間，這個力都會與加速度的力量 $mL\theta''$ 相平衡，其中 $L\theta''$ 爲其加速度；因此這兩個力的合力爲零，於是我們得到數學模型

$$mL\theta'' + mg\sin\theta = 0$$

將上式除以 mL，結果得到

$$\theta'' + k\sin\theta = 0 \qquad \left(k = \frac{g}{L}\right). \tag{4}$$

當 θ 很小的時候，可以相當準確的以 θ 取代 $\sin\theta$ 作爲近似値，並且得到近似解 $A\cos\sqrt{k}t + B\sin\sqrt{k}t$，但是對於任意的 θ 而言，其確解不是一個基本函數。

步驟 2：臨界點 (0, 0), ±(2π, 0), ±(4π, 0), ⋯，線性化 爲得到 ODE 方程組，我們令 $\theta = y_1$、$\theta' = y_2$。則由 (4) 式我們可以將非線性方程組 (1) 表示成以下形式

$$\begin{aligned} y_1' &= f_1(y_1, y_2) = y_2 \\ y_2' &= f_2(y_1, y_2) = -k\sin y_1 \end{aligned} \tag{4*}$$

當 $y_2 = 0$ 且 $\sin y_1 = 0$，兩式右側均爲零。由此可以得到無窮多個臨界點 $(n\pi, 0)$，其中 $n = 0, \pm1, \pm2, \cdots$。我們現在考慮 (0, 0)。因爲 Maclaurin 級數爲

$$\sin y_1 = y_1 - \frac{1}{6}y_1^3 + - \cdots \approx y_1$$

所以在 (0, 0) 線性化的方程組爲

$$\mathbf{y}' = \mathbf{A}\mathbf{y} = \begin{bmatrix} 0 & 1 \\ -k & 0 \end{bmatrix}\mathbf{y} \quad \text{因此} \quad \begin{aligned} y_1' &= y_2 \\ y_2' &= -ky_1 \end{aligned}$$

爲了能應用第 4.4 節的判斷準則，我們需要計算 $p = a_{11} + a_{22} = 0$、$q = \det \mathbf{A} = k = g/L (> 0)$ 以及 $\Delta = p^2 - 4q = -4k$。利用這些計算結果，以及第 4.4 節的表 4.1(c)，我們可以得到結論，(0, 0) 是一個中心點，而且它永遠是穩定的。既然 $\sin\theta = \sin y_1$ 是週期爲 2π 的週期性函數，所以臨界點 $(n\pi, 0)$，$n = \pm2, \pm4, \cdots$，均爲中心點。

步驟 3：臨界點 (±π, 0), (±3π, 0), (±5π, 0), ⋯，線性化 我們現在考慮臨界點 $(\pi, 0)$，並且令 $\theta - \pi = y_1$ 以及 $(\theta - \pi)' = \theta' = y_2$。則在 (4) 式中，

$$\sin\theta = \sin(y_1 + \pi) = -\sin y_1 = -y_1 + \frac{1}{6}y_1^3 - + \cdots \approx -y_1$$

而且在 $(\pi, 0)$ 的線性化方程組現在成爲

$$\mathbf{y}' = \mathbf{A}\mathbf{y} = \begin{bmatrix} 0 & 1 \\ k & 0 \end{bmatrix}\mathbf{y} \quad 因此 \quad \begin{aligned} y_1' &= y_2 \\ y_2' &= ky_1 \end{aligned}$$

我們可以看出 $p = 0$、$q = -k\ (< 0)$ 而且 $\Delta = -4q = 4k$。所以由表 4.1 (b) 可以得知，這是一個鞍點，它永遠是不穩定的。因爲具有週期性，所以臨界點 $(n\pi, 0)$ 全都是鞍點，其中 $n = \pm1, \pm3, \cdots$,。這些結果與我們從圖 93b 所得到的印象相吻合。■

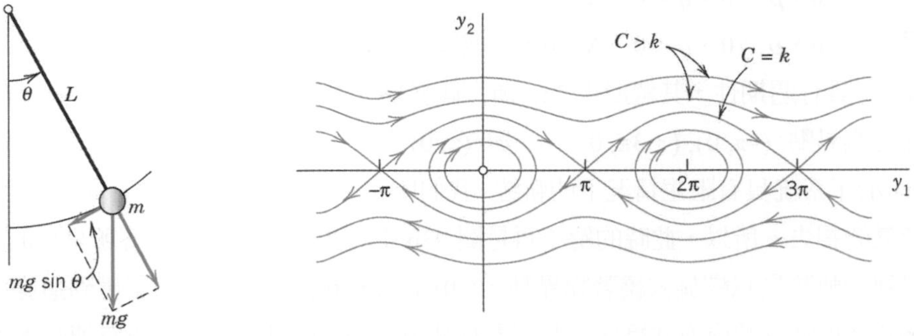

(a) 單擺 (b) (4) 式在相位平面的解曲線 $y_2(y_1)$

圖 93 例題 1 (其中的 C 將於例題 4 再加以解釋)

例題 2 有阻尼單擺方程式的線性化

爲了對臨界點的探討能有更多的經驗，讓我們看看另一個很重要的例子，當在例題 1 中的 (4) 式加入阻尼項 $c\theta'$ (正比於角速度的阻尼)，我們得到

$$\theta'' + c\theta' + k\sin\theta = 0 \tag{5}$$

其中 $k > 0$ 且 $c \geq 0$ (這包含了先前沒有阻尼時 $c = 0$ 的情形)。和前面一樣，設 $\theta = y_1$、$\theta' = y_2$，我們得到非線性方程組 (利用 $\theta'' = y_2'$)

$$\begin{aligned} y'_1 &= y_1 \\ y'_2 &= -k\sin y_1 - cy_2 \end{aligned}$$

我們看到，和前面一樣，臨界點是位於 $(0, 0), (\pm\pi, 0), (\pm2\pi, 0), \cdots$。我們現在考慮 $(0, 0)$。與例題 1 一樣，在線性化 $\sin y_1 \approx y_1$ 以後，可以得到在 $(0, 0)$ 的線性化方程組

$$\mathbf{y}' = \mathbf{A}\mathbf{y} = \begin{bmatrix} 0 & 1 \\ -k & -c \end{bmatrix}\mathbf{y} \quad 因此 \quad \begin{aligned} y_1' &= y_2 \\ y_2' &= -ky_1 - cy_2 \end{aligned} \tag{6}$$

除了 (正) 因子 m (以及除了 y_1 的物理意義之外) 以外，這項結果與第 4.4 節例題 2 中的方程組完全相同。因此對於 $c = 0$ (無阻尼) 的情形，這個系統具有中心點 (請參看圖 93b)，當阻尼很小的時候，這個系統具有螺旋點 (請參看圖 94)，以此類推。

我們現在考慮臨界點 $(\pi, 0)$。令 $\theta - \pi = y_1$ 以及 $(\theta - \pi)' = \theta' = y_2$，並做下列的線性化

$$\sin\theta = \sin(y_1 + \pi) = -\sin y_1 \approx -y_1$$

結果得到在 $(\pi, 0)$ 處新的線性化方程組

(6*) $$\mathbf{y}' = \mathbf{A}\mathbf{y} = \begin{bmatrix} 0 & 1 \\ k & -c \end{bmatrix}\mathbf{y} \quad 即 \quad \begin{aligned} y_1' &= y_2 \\ y_2' &= ky_1 - cy_2 \end{aligned}$$

為使用 4.4 節的判斷準則，我們先計算 $p = a_{11} + a_{22} = -c$、$q = \det \mathbf{A} = -k$ 以及 $\Delta = p^2 - 4q = c^2 + 4k$。對於在 $(\pi, 0)$ 處的臨界點而言，由這些計算可以得下列結果。

無阻尼　$c = 0$、$p = 0$、$q < 0$、$\Delta > 0$，一個鞍點，見圖 93b。

有阻尼　$c > 0$、$p < 0$、$q < 0$、$\Delta > 0$，一個鞍點，見圖 94。

由於 $\sin y_1$ 具有週期性，其週期為 2π，所以臨界點 $(\pm 2\pi, 0), (\pm 4\pi, 0), \cdots$ 與 $(0, 0)$ 屬於同一類型，而且臨界點 $(-\pi, 0), (\pm 3\pi, 0), \cdots$ 與 $(\pi, 0)$ 屬於同一類型，至此我們的任務完成。

圖 94 顯示了系統具有阻尼情況下的軌跡。我們所看到的與我們的物理直覺相吻合。實際上，阻尼代表能量的損失。所以，此時的解不再是圖 93b 中，具有週期性的解答所呈現的封閉軌跡，我們現在得到的軌跡是以螺旋式繞著臨界點 $(0, 0), (\pm 2\pi, 0), \cdots$。即使是對應到迴旋運動狀的波浪形軌跡，最終也會以螺旋方式繞向這些臨界點其中之一。此外，已經不再有連結著不同臨界點的軌跡存在 (在無阻尼情形中，不同鞍點之間就有這樣的軌跡線存在)。 ■

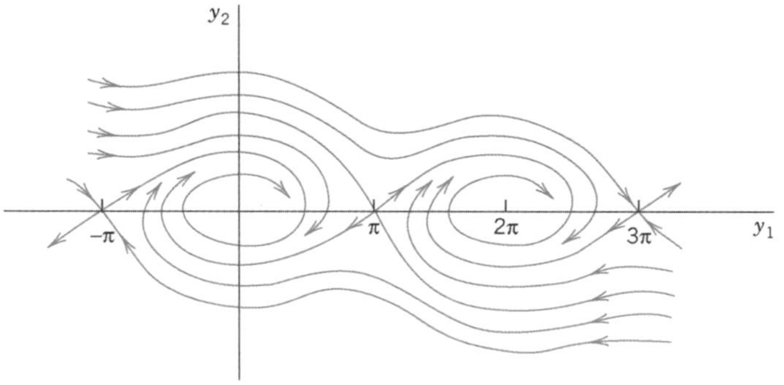

圖 94　例題 2 之有阻尼單擺在相位平面上的軌跡

4.5.2　Lotka–Volterra 族群模型

例題　3　**掠食者–獵物族群模型**[3]

這個模型處理的是關於兩個物種的問題，比如說，兔子與狐狸兩個物種，其中狐狸捕食兔子。

步驟 1：建立數學模型　我們先進行下列假設。

1. 兔子具有無限量的食物供應。因此如果沒有狐狸存在，則兔子的數量 $y_1(t)$ 會呈現指數成長，$y'_1 = ay_1$。

[3] 由美國生物物理學家 ALFRED J. LOTKA (1880–1949) 及意大利數學家 VITO VOLTERRA (1860–1940) 所引入，後者也是泛函分析的創始者 (見附錄 1 的 [GR7])。

2. 實際上，由於狐狸的捕食，y_1 是會減少的，比如說是以正比於 y_1y_2 的比率在減少，其中 $y_2(t)$ 是狐狸的數量。因此 $y'_1 = a y_1 - by_1y_2$，其中 $a > 0$ 且 $b > 0$。

3. 如果完全沒有兔子，則狐狸的數量 $y_2(t)$ 會以指數遞減方式趨近到零，$y_2' = -ly_2$。然而數量 y_2 的增加速率，是正比於獵物和掠食者相遇的次數；將前述各因素加以綜合以後，可以得到 $y_2' = -ly_2 + ky_1y_2$，其中 $k > 0$ 且 $l > 0$。

利用上述假設可以得到下列 (非線性！) Lotka–Volterra 方程組

(7)
$$\begin{aligned} y_1' &= f_1(y_1, y_2) = ay_1 - by_1y_2 \\ y_2' &= f_2(y_1, y_2) = ky_1y_2 - ly_2 \end{aligned}$$

步驟 1：臨界點 (0, 0)，線性化 從 (7) 式可以看出，此臨界點是下列方程式的解

(7*)
$$f_1(y_1, y_2) = y_1(a - by_2) = 0, \quad f_2(y_1, y_2) = y_2(ky_1 - l) = 0$$

其解爲 $(y_1, y_2) = (0, 0)$ 和 $\left(\frac{l}{k}, \frac{a}{b}\right)$。我們現在考慮 (0, 0)。消去 (7) 式中的 $-by_1y_2$ 和 ky_1y_2，可以得到下列線性化方程組

$$\mathbf{y}' = \begin{bmatrix} a & 0 \\ 0 & -l \end{bmatrix} \mathbf{y}$$

它的特徵值爲 $\lambda_1 = a > 0$ 和 $\lambda_2 = -l < 0$。它們的正負號相反，所以我們得到的是鞍點。

步驟 3：臨界點 $(l/k, a/b)$，線性化 我們設 $y_1 = \tilde{y}_1 + l/k$、$y_2 = \tilde{y}_2 + a/b$。則臨界點 $(l/k, a/b)$ 會對應到 $(\tilde{y}_1, \tilde{y}_2) = (0, 0)$。因爲 $\tilde{y}_1' = y_1'$、$\tilde{y}_2' = y_2'$，所以我們從 (7) 式得到 [因式分解如 (7*) 式]

$$\tilde{y}_1' = \left(\tilde{y}_1 + \frac{l}{k}\right)\left[a - b\left(\tilde{y}_2 + \frac{a}{b}\right)\right] = \left(\tilde{y}_1 + \frac{l}{k}\right)(-b\tilde{y}_2)$$
$$\tilde{y}_2' = \left(\tilde{y}_2 + \frac{a}{b}\right)\left[k\left(\tilde{y}_1 + \frac{l}{k}\right) - l\right] = \left(\tilde{y}_2 + \frac{a}{b}\right)k\tilde{y}_1$$

去掉兩個非線性項 $-b\tilde{y}_1\tilde{y}_2$ 和 $k\tilde{y}_1\tilde{y}_2$，可以得到下列線性化方程組

(7**)
$$\text{(a)} \quad \tilde{y}_1' = -\frac{lb}{k}\tilde{y}_2$$
$$\text{(b)} \quad \tilde{y}_2' = \frac{ak}{b}\tilde{y}_1$$

(a) 式的左側乘以 (b) 式的右側，必須等於 (a) 式的右側乘以 (b) 式的左側，

$$\frac{ak}{b}\tilde{y}_1\tilde{y}_1' = -\frac{lb}{k}\tilde{y}_2\tilde{y}_2' \quad \text{經過積分以後} \quad \frac{ak}{b}\tilde{y}_1^2 + \frac{lb}{k}\tilde{y}_2^2 = \text{const}$$

這是一個橢圓族，其中線性化方程組 (7**) 的臨界點 (l/k, a/b) 是中心點 (圖 95)。透過複雜的分析過程，我們可以證明非線性方程組 (7) 在 (l/k, a/b) 也有中心點 (而不是螺旋點)，而且這個中心點會被封閉軌跡 (不是橢圓曲線) 所圍繞。

我們可以看到，掠食者與獵物的數量會繞著臨界點進行週期性變動。讓我們從右頂點沿著橢圓逆時針移動，該處是兔子數量最大的點。狐狸的數量快速地增加，直到在上頂點處達到最大值為止，此時兔子的數量快速地減少，直到在左頂點處抵達最小值，以此類推。在自然界中可以觀察得到這種週期性的變動，舉例來說，哈得遜灣 (Hudson Bay) 附近的山貓及雪鞋兔之間就具有這種關係，其循環週期大約是 10 年。

有關更複雜情況的數學模型，以及其系統性討論，請參看 C. W. Clark 所著的 *Mathematical Bioeconomics:The Mathematics of Conservation,* 3rd ed. Hoboken, NJ, Wiley, 2010。 ■

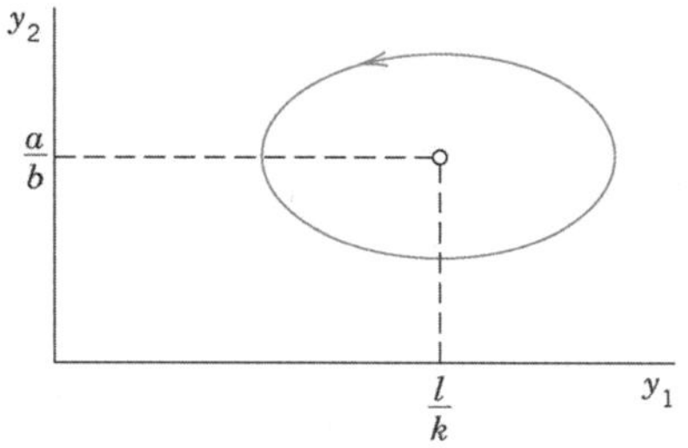

圖 95 生態平衡點和線性化的 Lotka–Volterra 方程組 (7**) 的軌跡

4.5.3 在相位平面上轉換成一階方程式

另一種相位平面的方法是根據，將二階**自律 (autonomous) ODE** (沒有外顯地出現 t 的 ODE)

$$F(y, y', y'') = 0$$

轉換成一階 ODE 的想法而來，取 $y = y_1$ 為獨立變數，並且令 $y' = y_2$，以及利用連鎖律 (chain rule) 轉換 y''，

$$y'' = y_2' = \frac{dy_2}{dt} = \frac{dy_2}{dy_1}\frac{dy_1}{dt} = \frac{dy_2}{dy_1}y_2$$

然後 ODE 將變成下列的一階形式，

(8)
$$F\left(y_1, y_2, \frac{dy_2}{dy_1}y_2\right) = 0$$

而這個 ODE 有時候可以利用方向場加以求解或處理。我們利用例題 1 中的方程式來說明這個方法，由此可以對解的行為有更進一步的了解。

例題 4 自由無阻尼單擺的 ODE (8) 式

在 (4) 式中若 $\theta'' + k\sin\theta = 0$ ，我們設 $\theta = y_1, \theta' = y_2$ (角速度) 並使用

$$\theta'' = \frac{dy_2}{dt} = \frac{dy_2}{dy_1}\frac{dy_1}{dt} = \frac{dy_2}{dy_1}y_2 \quad 可得 \quad \frac{dy_2}{dy_1}y_2 = -k\sin y_1$$

經變數分離，結果得到 $y_2\,dy_2 = -k\sin y_1\,dy_1$。經過積分，

(9) $$\frac{1}{2}y_2^2 = k\cos y_1 + C$$ (C 常數)

將上式乘以 mL^2，可以得到

$$\frac{1}{2}m(Ly_2)^2 - mL^2k\cos y_1 = mL^2C$$

我們可以看出，這三項都是**能量**。實際上，y_2 是角速度，所以 Ly_2 是速度，故第一項代表動能。第二項 (包含負號) 是單擺的位能，而且 mL^2C 爲其總能量，因爲沒有阻尼作用 (沒有能量損失)，所以由能量守恆定律可以預期得到它是常數。運動的類型將如下所述與總能量有關，因此也會與 C 有關。

圖 93b 顯示了不同 C 值的軌跡，這些圖形會以 2π 爲週期，往左以及往右持續延伸。我們可以看到，其中一些是類橢圓形並且是封閉的，其它的則呈波浪狀，有兩條軌跡 [通過鞍點 $(n\pi, 0)$, $n = \pm 1, \pm 3, \cdots$)] 將上述兩種軌跡隔離開。由 (9) 式可以看出，C 的可能最小值爲 $C = -k$；此時 $y_2 = 0$ 而且 $\cos y_1 = 1$，所以單擺處於靜止狀態。如果有滿足 $y_2 = \theta' = 0$ 的點存在，則此時單擺會改變其運動方向。由 (9) 式可得此時 $k\cos y_1 + C = 0$。若 $y_1 = \pi$，則 $\cos y_1 = -1$ 且 $C - k$。因此，若 $-k < C < k$，則單擺改變方向的時候，其 $|y_1| = |\theta| < \pi$，而且對於這種 $|C| < k$ 的 C 值而言，單擺會產生振盪的情形。這對應於圖中的封閉軌跡。不過，若 $C > k$，則 $y_2 = 0$ 是不可能發生的，此時單擺將進行迴旋運動，在 y_1y_2 平面上則呈現爲波浪狀軌跡。最後，$C = k$ 的情形對應於圖 93b 中的兩條「隔離軌跡」，這兩條軌跡連結各鞍點。 ■

用於推導單一的一階方程式 (8) 的相位平面法，不只在 (8) 式是可以求解的情形下 (例如例題 4 的情形) 具有實質上的用處，在無法求解的情形下，也是如此，而且此時必須採用方向場的方法 (第 1.2 節)。我們將利用一個相當著名的例題來說明它。

例題 5　自持 (self-sustained) 振盪、van der Pole 方程式

有些物理系統可以在小幅振盪的時候，讓能量饋送進入系統，而在大幅振盪的時候，能量則是由系統取出。換句話說，這種系統在大幅振盪時具有阻尼作用，然而在小幅振盪的時候，則具有「負阻尼作用」(將能量饋送進入系統)。基於物理學上的理由，我們預測這樣的系統會趨近週期性行爲，在相位平面上它會呈現爲一條封閉軌跡，這種軌跡稱爲**極限圈 (limit cycle)**。用來描述這種振盪的微分方程式即爲著名的 **van der Pole 方程式**[4]

(10) $$y'' - \mu(1 - y^2)y' + y = 0$$ ($\mu > 0$，常數)。

[4] BALTHASAR VAN DER POL (1889–1959)，荷蘭物理學家及工程師。

它最先出現在針對含有眞空管的電路所進行的研究中。當 $\mu = 0$ 的時候，這個方程式變成 $y'' + y = 0$，而且我們得到的是諧波振盪。令 $\mu > 0$，阻尼項的係數為 $-\mu(1 - y^2)$。對於 $y^2 < 1$ 的小幅振盪而言，此係數爲負值，這種情形屬於「負阻尼」的情況，當 $y^2 = 1$ (無阻尼時) 的時候，這個係數值是零，如果 $y^2 > 1$ (正阻尼，能量損失)，則此係數值爲正。如果 μ 很小，我們可以預期將有一個幾近於圓形的極限圈會出現，這是因爲此時我們的方程式雖然與 $y'' + y = 0$ 不同，不過其差異很小的緣故。如果 μ 很大，此極限圈可能看起來就不一樣了。

令 $y = y_1$、$y' = y_2$，並且如同在 (8) 式中一樣，利用 $y'' = (dy_2/dy_1)y_2$，則由 (10) 式可以得到

$$\frac{dy_2}{dy_1} y_2 - \mu(1 - y_1^2) y_2 + y_1 = 0 \tag{11}$$

在 y_1y_2 平面 (相位平面) 上的等斜率線爲滿足 $dy_2/dy_1 = K$ =常數的曲線，也就是，

$$\frac{dy_2}{dy_1} = \mu(1 - y_1^2) - \frac{y_1}{y_2} = K$$

以代數方法求解 y_2，我們發覺等斜線可以表示成

$$y_2 = \frac{y_1}{\mu(1 - y_1^2) - K} \qquad \text{(圖 96、97)}$$

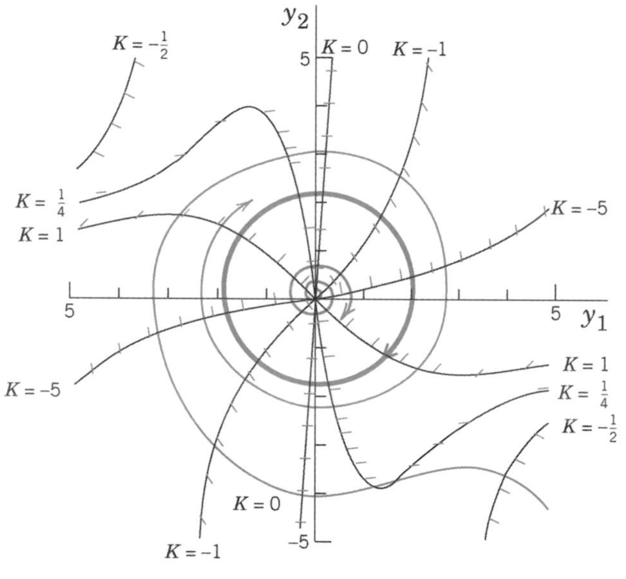

圖 96　在相位平面上，當 $\mu = 0.1$ 時 van der Pole 方程式的方向場，同時顯示出極限圈和兩條軌跡，參看 1.2 節的圖 8

圖 96 顯示了當 μ 很小時，$\mu = 0.1$，的一些等斜線，極限圈 (近似一個圓)，以及兩條趨近極限圈的 (藍色) 軌跡，一條由外側趨近，另一條由內側趨近，後者只顯示一小段初始階段的螺旋線。由於有軌跡以這種方式趨近它，極限圈在概念上與圍繞著中心點的封閉曲線 (軌跡) 是不同的，其中後者是不會有軌跡趨近它的。對於大的 μ 值而言，極限圈就不再像一個圓形曲線了，此時軌跡趨近極限圈會比 μ 很小的時候快。圖 97 顯示 $\mu = 1$ 時候的此種情形。 ■

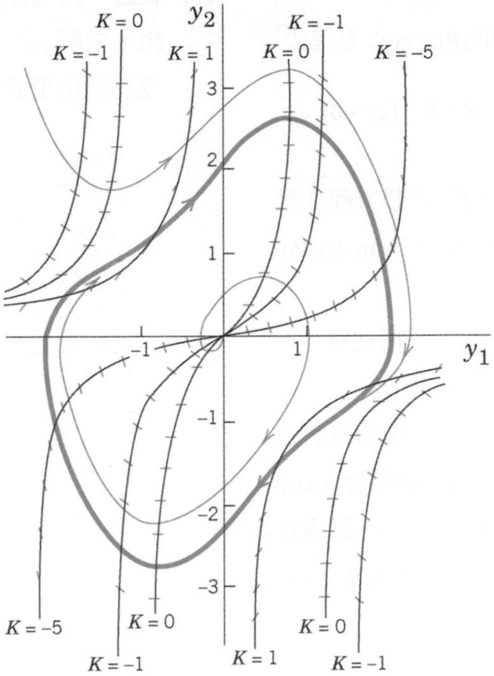

圖 97　在相位平面上當 $\mu = 1$ 時的 van der Pole 方程式的方向場，同時顯示了極限圈和趨近它的兩條軌跡

習題集　4.5

1. **單擺**　在圖 93b 中，座標軸與封閉軌跡相交的四個點，對應的分別是什麼狀態 (運動的位置、速率、方向)？波浪狀曲線與 y_2 軸相交的點對應的是什麼狀態？
2. **極限圈**　極限圈和環繞著中心點的封閉軌跡之間的基本差異是什麼？
3. **CAS 實驗　極限圈的變形**
   將 van der Pol 方程式轉換成一個方程組。畫出極限圈，以及在 μ = 0.2, 0.4, 0.6, 0.8, 1.0, 1.5, 2.0 時的趨近軌跡。試著觀察，當你連續改變 μ 的時候，極限圈如何跟隨著改變其形狀。以文字說明極限圈如何隨著 μ 的增加而改變。

4–8　臨界點、線性化

試利用線性化的方式求出下列所有臨界點的位置和類型。請詳細說明解題過程。

4. $y_1' = 4y_1 - y_1^2$　　$y_2' = y_2$
5. $y_1' = 2y_2$　　$y_2' = -y_1 + \frac{1}{4}y_1^2$
6. $y_1' = y_2$　　$y_2' = -y_1 - y_1^2$
7. $y_1' = -2y_1 + y_2 - y_2^2$　　$y_2' = -y_1 - \frac{1}{2}y_2$
8. $y_1' = y_2 - y_2^2$　　$y_2' = y_1 - y_1^2$

9–13　ODE 的臨界點

求以下各題的所有臨界點，先將 ODE 轉換成方程組，再加以線性化。

9. $y'' - 4y + y^3 = 0$
10. $y'' + y - y^3 = 0$
11. $y'' + \cos(2y) = 0$
12. $y'' + 9y + y^2 = 0$
13. $2y'' + \sin(y) = 0$
14. **團隊專題　自持振盪**
   (a) Van der Pol 方程式　請求出當 $\mu > 0$、$\mu = 0$、$\mu < 0$ 時，在 (0, 0) 處的臨界點的類型。

(b) Rayleigh 方程式 證明Rayleigh 方程式[5]

$$Y'' - \mu\left(1 - \frac{1}{3}y'^2\right)Y' + Y = 0 \quad (\mu > 0)$$

也能描述自持振盪，經由對這個方程式微分，並令 $y = Y'$，我們可以得到 van der Pol 方程式。

(c) Duffing 方程式 Duffing 方程式爲

$$y'' + \omega_0^2 y + \beta y^3 = 0$$

其中 $|\beta|$ 通常很小，因此和線性回復力只有很小的差異。$\beta > 0$ 和 $\beta < 0$ 分別稱爲**硬彈簧** (hard spring) 和**軟彈簧** (soft spring) 的情形。試求在相位平面上的軌跡方程式 (請注意，當 $\beta > 0$ 的時候，所有曲線都呈封閉狀)。

15. 軌跡 將 ODE $y'' - 4y + y^3 = 0$ 寫成方程組，求解 y_2，並且以 y_1 的函數表示之，然後在相位平面上畫出其中一些軌跡。

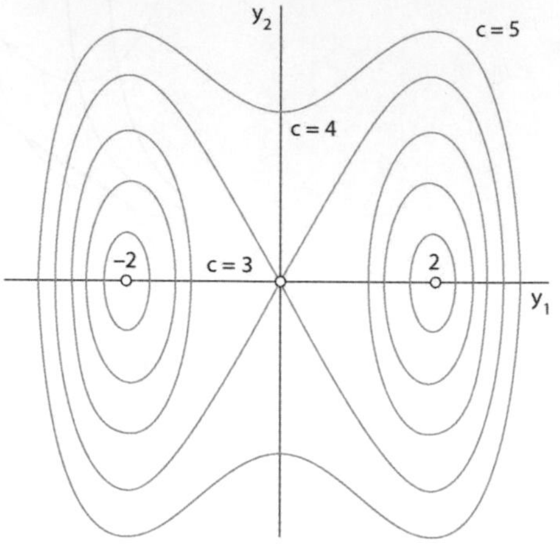

圖 98 習題 15 的軌跡線

4.6 非齊次線性 ODE 方程組 (Nonhomogeneous Linear Systems of ODEs)

在這本節中，我們要討論求解下列非齊次線性 ODE 方程組的方法，

(1) $$\mathbf{y}' = \mathbf{A}\mathbf{y} + \mathbf{g}$$ (參見 4.2 節)

其中向量 $\mathbf{g}(t)$ 不全爲零。我們假設在 t 軸的某個區間 J 上，$\mathbf{g}(t)$ 和 $n \times n$ 矩陣 $\mathbf{A}(t)$ 的元素都是連續的。由齊次方程組 $\mathbf{y}' = \mathbf{A}\mathbf{y}$ 在 J 上的通解 $\mathbf{y}^{(h)}(t)$，以及由 (1) 式在 J 上的特解 $\mathbf{y}^{(p)}(t)$ [也就是，(1) 式的解且不含任意常數]，我們可以得到 (1) 式的解爲

(2) $$\mathbf{y} = \mathbf{y}^{(h)} + \mathbf{y}^{(p)}$$

因爲 $\mathbf{y}$ 包含了 (1) 式在 J 上所有的解，所以它稱爲 (1) 式在 J 上的**通解**。這來自 4.2 節的定理 2 (見本節的習題 1)。

在介紹完 4.1 至 4.4 節的齊次線性方程組後，我們現在要說明獲得 (1) 式之特解的方法。我們將探討待定係數法和參數變異法；在 2.7 和 2.10 節已介紹了這些方法在單一 ODE 的用法。

[5] LORD RAYLEIGH (JOHN WILLIAM STRUTT) (1842–1919)，英國物理學家及數學家，劍橋與倫敦大學教授，他著名的貢獻包括波動理論、彈性理論、液動力學以及應用數學和理論物理的許多分枝。它在 1904 獲頒諾貝爾物理獎。

4.6.1 待定係數法

如同單一 ODE 的情形一樣，如果 **A** 的元素是常數，而且如果 **g** 的分量是常數、t 的正整數冪次方、指數函數或正弦及餘弦函數，則適用這個方法。在這種情形下，假設特解 $\mathbf{y}^{(p)}$ 具有和 **g** 類似的形式；例如，如果 **g** 具有 t 的二次項的分量，則 $\mathbf{y}^{(p)} = \mathbf{u} + \mathbf{v}t + \mathbf{w}t^2$，其中 **u**、**v**、**w** 是要藉著代入 (1) 式來決定的。除了修正規則 (Modification Rule) 以外，這與第 2.7 節所描述的很類似。利用一個例題就足以說明。

例題 1　待定係數法、修正規則

試求出下列非齊次線性方程組的通解

$$\mathbf{y}' = \mathbf{A}\mathbf{y} + \mathbf{g} = \begin{bmatrix} -3 & 1 \\ 1 & -3 \end{bmatrix}\mathbf{y} + \begin{bmatrix} -6 \\ 2 \end{bmatrix} e^{-2t} \tag{3}$$

解

齊次方程組的通解是 (參考 4.3 節例題 1)

$$\mathbf{y}^{(h)} = c_1 \begin{bmatrix} 1 \\ 1 \end{bmatrix} e^{-2t} + c_2 \begin{bmatrix} 1 \\ -1 \end{bmatrix} e^{-4t} \tag{4}$$

既然 $\lambda = -2$ 是 **A** 的特徵值，所以上式右側的函數 e^{-2t} 也出現在 $\mathbf{y}^{(h)}$ 中，故知我們必須藉由以下設定，來運用修正規則，

$$\mathbf{y}^{(p)} = \mathbf{u}te^{-2t} + \mathbf{v}e^{-2t} \qquad (\text{不是 } \mathbf{u}e^{-2t})$$

請注意，這兩項中的第一項類似第 2.7 節中所進行的修改，但是在這裡那樣還不夠充分。(請讀者自行試試看！) 將上式代入，結果得到

$$\mathbf{y}^{(p)\prime} = \mathbf{u}e^{-2t} - 2\mathbf{u}te^{-2t} - 2\mathbf{v}e^{-2t} = \mathbf{A}\mathbf{u}te^{-2t} + \mathbf{A}\mathbf{v}e^{-2t} + \mathbf{g}$$

將左右兩側的 te^{-2t} 項等同起來，則可以得到 $-2\mathbf{u} = \mathbf{A}\mathbf{u}$。所以 **u** 是 **A** 對應於 $\lambda = -2$ 的特徵向量；因此 [參看 (5) 式]，$\mathbf{u} = a[1\ 1]^{\mathsf{T}}$，其中 $a \neq 0$。將其餘各項等同起來，結果得到

$$\mathbf{u} - 2\mathbf{v} = \mathbf{A}\mathbf{v} + \begin{bmatrix} -6 \\ 2 \end{bmatrix} \qquad \text{因此} \qquad \begin{bmatrix} a \\ a \end{bmatrix} - \begin{bmatrix} 2v_1 \\ 2v_2 \end{bmatrix} = \begin{bmatrix} -3v_1 + v_2 \\ v_1 - 3v_2 \end{bmatrix} + \begin{bmatrix} -6 \\ 2 \end{bmatrix}$$

整併項以後，我們得到

$$\begin{aligned} v_1 - v_2 &= -a - 6 \\ -v_1 + v_2 &= -a + 2. \end{aligned}$$

兩式相加，結果爲 $0 = -2a - 4$、$a = -2$，而且此時 $v_2 = v_1 + 4$，比如說，$v_1 = k, v_2 = k + 4$，因此 $\mathbf{v} = [k \quad k+4]^{\mathsf{T}}$。我們可以就選 $k = 0$。由此得到答案

(5) $$\mathbf{y} = \mathbf{y}^{(h)} + \mathbf{y}^{(p)} = c_1 \begin{bmatrix} 1 \\ 1 \end{bmatrix} e^{-2t} + c_2 \begin{bmatrix} 1 \\ -1 \end{bmatrix} e^{-4t} - 2 \begin{bmatrix} 1 \\ 1 \end{bmatrix} te^{-2t} + \begin{bmatrix} 0 \\ 4 \end{bmatrix} e^{-2t}$$

對於其它 k 值，我們得到其它的 $\mathbf{v}$；例如，若 $k = -2$，則 $= [-2\ 2]^{\mathrm{T}}$，結果使得答案變成

(5*) $$\mathbf{y} = c_1 \begin{bmatrix} 1 \\ 1 \end{bmatrix} e^{-2t} + c_2 \begin{bmatrix} 1 \\ -1 \end{bmatrix} e^{-4t} - 2 \begin{bmatrix} 1 \\ 1 \end{bmatrix} te^{-2t} + \begin{bmatrix} -2 \\ 2 \end{bmatrix} e^{-2t} \quad \text{等}$$ ■

4.6.2 參數變異法

這種方法可以應用於下列的非齊次線性方程組

(6) $$\mathbf{y}' = \mathbf{A}(t)\mathbf{y} + \mathbf{g}(t)$$

其中含有變數的 $\mathbf{A} = \mathbf{A}(t)$ 以及一般的 $\mathbf{g}(t)$。如果齊次方程組 $\boldsymbol{y}' = \mathbf{A}(t)\mathbf{y}$ 在 t 軸的某個開區間 J 上的通解已經知道，則我們可以求得 (6) 式在 J 上的特解 $\mathbf{y}^{(p)}$。我們用前一個例題解釋這個方法。

例題 2 利用參數變異法求解

求解例題 1 中的 (3) 式。

解

齊次方程組的解的一組基底是 $[e^{-2t} \quad e^{-2t}]^{\mathrm{T}}$ 和 $[e^{-4t} \quad -e^{-4t}]^{\mathrm{T}}$，因此這個齊次方程組的通解 (4) 式可以寫成

(7) $$\mathbf{y}^{(h)} = \begin{bmatrix} e^{-2t} & e^{-4t} \\ e^{-2t} & -e^{-4t} \end{bmatrix} \begin{bmatrix} c_1 \\ c_2 \end{bmatrix} = \mathbf{Y}(t)\mathbf{c}$$

在這裡，$\mathbf{Y}(t) = [\mathbf{y}^{(1)} \quad \mathbf{y}^{(2)}]^{\mathrm{T}}$ 是基礎矩陣 (見 4.2 節)。和 2.10 節的情形一樣，我們以變數向量 $\mathbf{u}(t)$ 取代常數向量 $\mathbf{c}$，以得到特解

$$\mathbf{y}^{(p)} = \mathbf{Y}(t)\mathbf{u}(t)$$

將上式代入 (3) 式 $\boldsymbol{y}' = \mathbf{Ay} + \mathbf{g}$ 可得

(8) $$\boldsymbol{Y}'\mathbf{u} + \mathbf{Yu}' = \mathbf{AYu} + \mathbf{g}$$

這時候，因為 $\mathbf{y}^{(1)}$ 和 $\mathbf{y}^{(2)}$ 是齊次方程組的解，所以我們求得

$$\mathbf{y}^{(1)\prime} = \mathbf{Ay}^{(1)}, \quad \mathbf{y}^{(2)\prime} = \mathbf{Ay}^{(2)}, \quad \text{因此} \quad \mathbf{Y}' = \mathbf{AY}$$

所以 $\boldsymbol{Y}'\mathbf{u} = \mathbf{AYu}$，這使得 (8) 式可化簡成

$$\mathbf{Yu}' = \mathbf{g} \quad \text{其解為} \quad \mathbf{u}' = \mathbf{Y}^{-1}\mathbf{g}\text{；}$$

因為 $\mathbf{Y}$ 的行列式是 Wronskian W，而一組基底的 W 不會為零，所以在這裡 $\mathbf{Y}$ 的反矩陣 $\mathbf{Y}^{-1}$ 是存在的。在 4.0 節的 (9) 式告訴我們 $\mathbf{Y}^{-1}$ 的形式為

$$\mathbf{Y}^{-1} = \frac{1}{-2e^{-6t}} \begin{bmatrix} -e^{-4t} & -e^{-4t} \\ -e^{-2t} & e^{-2t} \end{bmatrix} = \frac{1}{2} \begin{bmatrix} e^{2t} & e^{2t} \\ e^{4t} & -e^{4t} \end{bmatrix}$$

將上式乘以 $\mathbf{g}$，結果得到

$$\mathbf{u}' = \mathbf{Y}^{-1}\mathbf{g} = \frac{1}{2}\begin{bmatrix} e^{2t} & e^{2t} \\ e^{4t} & -e^{4t} \end{bmatrix}\begin{bmatrix} -6e^{-2t} \\ 2e^{-2t} \end{bmatrix} = \frac{1}{2}\begin{bmatrix} -4 \\ -8e^{2t} \end{bmatrix} = \begin{bmatrix} -2 \\ -4e^{2t} \end{bmatrix}$$

對每一個分量分別進行積分 (與分別進行微分一樣)，其結果為

$$\mathbf{u}(t) = \int_0^t \begin{bmatrix} -2 \\ -4e^{2\tilde{t}} \end{bmatrix} d\tilde{t} = \begin{bmatrix} -2t \\ -2e^{2t}+2 \end{bmatrix}$$

(其中的+2 來自積分的下限)。利用這項結果以及 (7) 式中的 $\mathbf{Y}$，我們得到

$$\mathbf{Y}\mathbf{u} = \begin{bmatrix} e^{-2t} & e^{-4t} \\ e^{-2t} & -e^{-4t} \end{bmatrix}\begin{bmatrix} -2t \\ -2e^{2t}+2 \end{bmatrix} = \begin{bmatrix} -2te^{-2t} - 2e^{-2t} + 2e^{-4t} \\ -2te^{-2t} + 2e^{-2t} - 2e^{-4t} \end{bmatrix} = \begin{bmatrix} -2t-2 \\ -2t+2 \end{bmatrix}e^{-2t} + \begin{bmatrix} 2 \\ -2 \end{bmatrix}e^{-4t}$$

右側的最後一項是齊次方程組的解。因此可以將它吸收到 $\mathbf{y}^{(h)}$ 裡面。最後可以得到方程組 (3) 的通解如下，它與 (5*) 式是一致的，

(9) $$\mathbf{y} = c_1\begin{bmatrix} 1 \\ 1 \end{bmatrix}e^{-2t} + c_2\begin{bmatrix} 1 \\ -1 \end{bmatrix}e^{-4t} - 2\begin{bmatrix} 1 \\ 1 \end{bmatrix}te^{-2t} + \begin{bmatrix} -2 \\ 2 \end{bmatrix}e^{-2t}$$ ■

習題集 4.6

1. 請證明 (2) 式包含 (1) 式的每一個解。

2–7 通解

試求以下各題的通解，請詳細說明解題過程。

2. $y'_1 = y_1 + y_2 + 10\cos t$
$y'_2 = 3y_1 - y_2 - 10\sin t$

3. $y'_1 = y_2 + e^{2t}$ $\quad y_2' = y_1 - 3e^{2t}$

4. $y'_1 = 4y_1 - 8y_2 + 2\cosh t$
$y'_2 = 2y_1 - 6y_2 + \cosh t + 2\sinh t$

5. $y'_1 = 4y_1 + 3y_2 + t$ $\quad y_2' = -2y_1 - y_2 - 2t$

6. $y'_1 = 4y_2$ $\quad y_2' = 4y_1 - 16t^2 + 2$

7. $y'_1 = -y_1 - y_2 + 8t + 5$
$y'_2 = -4y_1 + 2y_2 + 3e^{-t} - 15t - 2$

8. CAS 實驗　待定係數
請以實驗的方式，找出你所選定的 $\mathbf{y}^{(p)}$ 必須具有怎樣的一般性，尤其是當 $\mathbf{g}$ 的分量具有不同形式的時候 (例如，習題 7 的情形)。撰寫一份簡短報告，其內容也要包含修改法則的情形。

9. 待定係數　請解釋，為何在課文的例題 1 中，我們選擇向量 $\mathbf{v}$ 時，可有一些自由度。

10–15 初值問題

求解下列各題，寫出詳細過程：

10. $y'_1 = -3y_1 - 4y_2 + 5e^t$ $\quad y'_2 = 5y_1 + 6y_2 - 6e^t$
$y_1(0) = 19,\quad y_2(0) = -23$

11. $y'_1 = y_2 + 2e^t$ $\quad y'_2 = y_1 - 2e^t$
$y_1(0) = 0,\quad y_2(0) = 1$

12. $y'_1 = y_1 + 4y_2 - t^2 + 6t$
$y'_2 = y_1 + y_2 - t^2 + t - 1$
$y_1(0) = 2,\quad y_2(0) = -1$

13. $y'_1 = -y_2 + 2\cos t$ $\quad y'_2 = 4y_1 - 8\sin t$
$y_1(0) = -1,\quad y_2(0) = 2$

14. $y'_1 = 4y_2 + 5e^t$ $\quad y'_2 = -y_1 - 20e^{-t}$
$y_1(0) = 1,\quad y_2(0) = 0$

15. $y'_1 = y_1 + e^{2t} - 4t$ $\quad y'_2 = 2y_1 - y_2 + 2 + t$

$y_1(0) = -1,\quad y_2(0) = -2$

16. **撰寫專題 待定係數**

請撰寫一份簡短報告，比較待定係數法在單一 ODE，以及 ODE 方程組的應用，自行挑選所使用的 ODE 和 ODE 方程組。

17–20 電路

求圖 99 (習題 17–19) 及圖 100 (習題 20) 中的電流，使用下列所給數據，詳細說明解題過程。

17. $R_1 = 2\ \Omega,\quad R_2 = 8\ \Omega,\quad L = 1\ \text{H}\quad C = 0.5\ \text{F},$ $E = 200\ \text{V}$

18. 解習題 17，使用 $E = 440 \sin t$ V，其它數據同前。

19. 在習題 17 中，求一特解，已知在 $t = 0$ 時，電流與電荷均為零。

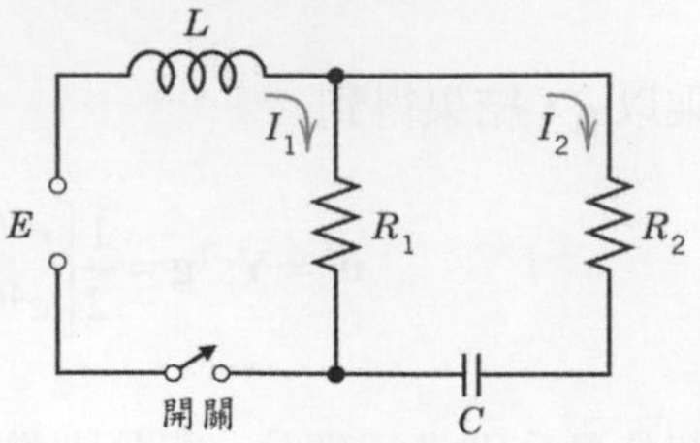

圖 99 習題 17－19

20. $R_1 = 1\ \Omega, R_2 = 1.4\ \Omega, L_1 = 0.8\ \text{H}, L_2 = 1\ \text{H},$ $E = 100\ \text{V}, I_1(0) = I_2(0) = 0$

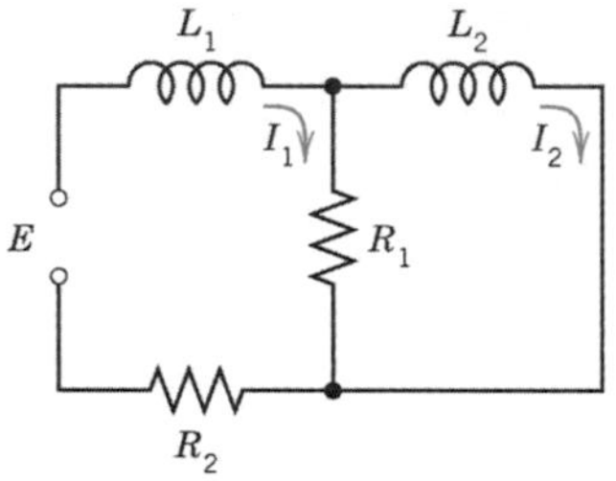

圖 100 習題 20

第 4 章 複習題

1. 請舉出一些可以利用 ODE 方程組作為模型的實際應用。
2. 何謂族群動力學？請舉出一些例子。
3. 要如何將一個 ODE 轉換成 ODE 方程組？
4. 請問方程組的定性方法有哪些？它們為什麼那麼重要？
5. 什麼是相位平面？何謂相位平面法？何謂軌跡？什麼是 ODE 方程組的相位圖？
6. 什麼是 ODE 方程組的臨界點？這些點如何分類？它們為什麼重要？
7. 何謂特徵值？在本章中它們扮演的角色是什麼？
8. 穩定性的一般意義為何？與臨界點相關的意義為何？穩定性在工程應用中為何重要？
9. 方程組的線性化代表的意義是什麼？
10. 重新檢視單擺方程式和它們的線性化方式。

11–17 通解、臨界點

試求以下各題的通解。然後判斷臨界點的種類和穩定性。

11. $y'_1 = y_2 \quad y'_2 = 9y_1$
12. $y'_1 = 2y_1 \quad y'_2 = y_2$
13. $y'_1 = -5y_1 + 5y_2 \quad y'_2 = -2y_1 + y_2$
14. $y'_1 = 3y_1 + 4y_2 \quad y'_2 = 3y_1 + 2y_2$
15. $y'_1 = -3y_1 - 2y_2 \quad y'_2 = -2y_1 - 3y_2$
16. $y'_1 = 2y_2 \quad y'_2 = -2y_1$
17. $y'_1 = -y_1 + 2y_2 \quad y'_2 = -2y_1 - y_2$

18–19 臨界點

如果 **A** 有以下所給的特徵值，則 $\mathbf{y}' = \mathbf{A}\mathbf{y}$ 的臨界點屬於哪一種？

18. -4 和 2 19. $2 + 3i,\quad 2 - 3i$

20–23 非齊次方程組

試求下列各題的通解，請詳細說明解題過程。

20. $y'_1 = y_1 + y_2 + e^t \quad y'_2 = -y_1 - y_2 + e^{-t}$
21. $y'_1 = 2y_2 \quad y'_2 = 2y_1 + 16t^2$

22. $y'_1 = y_1 + y_2 + \sin t$　　$y'_2 = 4y_1 + y_2$

23. $y'_1 = y_1 + 4y_2 - 2\cos t$

$y'_2 = y_1 + y_2 - \cos t + \sin t$

24. 混合問題　圖 101 的水槽 T_1 起初含有水 400 gal，其中溶解了 120 lb 的鹽。水槽 T_2 起初含有 200 gal 的純水。以圖示方式讓液體流動，並以攪拌使混合物保持均勻。請求出 T_1 和 T_2 中各別的含鹽量 $y_1(t)$ 和 $y_2(t)$。

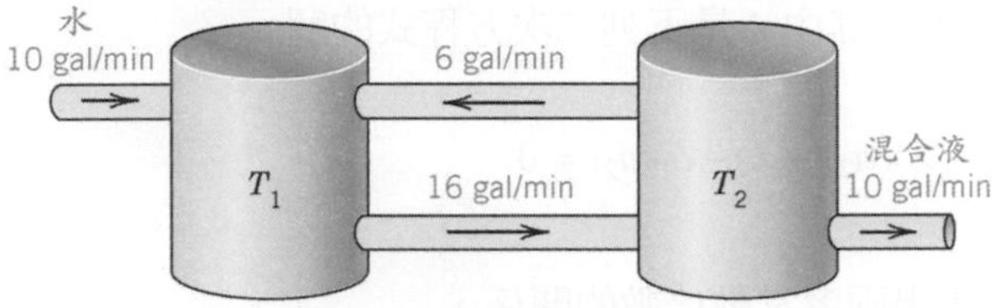

圖 101　習題 24 的水槽

25. 電路　當圖 102 中的 $R = 2.5\ \Omega$、$L = 1$ H、$C = 0.04$ F、$E(t) = 169 \sin 2t$ V，而且 $I_1(0) = 0$、$I_2(0) = 0$ 時，試求其中各電流。

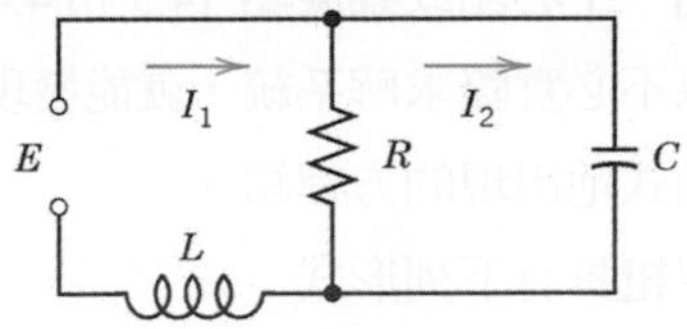

圖 102　習題 25 的電路

26. 電路　在圖 103 中，如果 $R = 1\ \Omega$、$L = 1.25$ H、$C = 0.2$ F，而且 $I_1(0) = 1$A、$I_2(0) = 1$A，請求出圖中各電流。

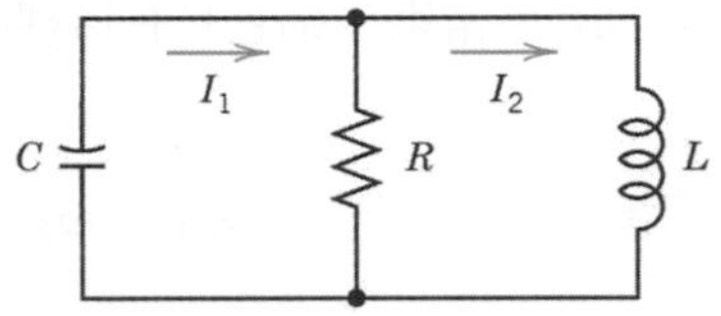

圖 103　習題 26 的電路

27–30　線性化

試利用線性化的方式，求出所給的非線性方程組所有臨界點的位置和種類。

27. $y_1' = y_2$, $y_2' = y_1 - y_1^3$

28. $y_1' = \cos y_2$, $y_2' = 3y_1$

29. $y_1' = -2y_2$, $y_2' = \sin(2y_1)$

30. $y_1' = y_2 + y_2^2$, $y_2' = -2y_1$

第4章摘要　ODE方程組的相位平面、定性方法

在單一電路或單一質量–彈簧系統中，我們用單一 ODE 作爲其模型 (第 2 章)，然而在含有若干個迴路的電路中，在含有若干個質量和彈簧的系統，以及其它工程問題中，則要用到包含有多個未知函數 $y_1(t), \cdots, y_n(t)$ **的 ODE 方程組**。我們最感興趣的是**一階方程組** (4.2 節)：

$$\mathbf{y}' = \mathbf{f}(t, \mathbf{y}) \quad \text{以分量表示} \quad \begin{aligned} y_1' &= f_1(t, y_1, \cdots, y_n) \\ &\ \vdots \\ y_n' &= f_n(t, y_1, \cdots, y_n) \end{aligned}$$

而且較高階的 ODE 和 ODE 方程組可以化簡成上述型式 (4.1 節)。在本摘要中，我們令 $n = 2$，這使得

$$\mathbf{y}' = \mathbf{f}(t, \mathbf{y}) \quad \text{以分量表示} \quad \begin{aligned} y_1' &= f_1(t, y_1, y_2) \\ y_2' &= f_2(t, y_1, y_2) \end{aligned} \tag{1}$$

然後我們可以將解答曲線表示成**相位平面** (y_1y_2 平面) 上的**軌跡**，探究它們的總體行爲 [(1) 式的**相位圖形**]，分析**臨界點** (f_1 和 f_2 兩者都爲零的點) 的類型和**穩定性**，並且將這些臨界點分類成**節**

點、**鞍點**、**中心點**或**螺旋點** (4.3 和 4.4 節)。這些相位平面的方法是屬於**定性的**；利用這些方法，我們可以不必實際求解系統，就能發現解的各種一般性質。它們主要是用於**自律方程組**，也就是 t 不會外顯式地出現的方程組。

線性方程組具有下列形式

(2) $$\mathbf{y}' = \mathbf{A}\mathbf{y} + \mathbf{g}, \quad \text{其中} \quad \mathbf{A} = \begin{bmatrix} a_{11} & a_{12} \\ a_{21} & a_{22} \end{bmatrix}, \quad \mathbf{y} = \begin{bmatrix} y_1 \\ y_2 \end{bmatrix}, \quad \mathbf{g} = \begin{bmatrix} g_1 \\ g_2 \end{bmatrix}$$

如果 $\mathbf{g} = \mathbf{0}$，則方程組稱爲是**齊次的**，而且其形式爲

(3) $$\mathbf{y}' = \mathbf{A}\mathbf{y}$$

如果 $a_{11}, \cdots, a_{22}$ 是常數，則它具有這樣的解 $\mathbf{y} = \mathbf{x}e^{\lambda t}$，其中 λ 是下列二次方程式的解

$$\begin{vmatrix} a_{11} - \lambda & a_{12} \\ a_{21} & a_{22} - \lambda \end{vmatrix} = (a_{11} - \lambda)(a_{22} - \lambda) - a_{12}a_{21} = 0$$

而且對向量 $\mathbf{x} \neq \mathbf{0}$ 的分量 x_1 和 x_2，可以利用下式求出兩者常數倍數的關係，

$$(a_{11} - \lambda)x_1 + a_{12}x_2 = 0$$

(這些 λ 稱爲**特徵值**，而且這些向量 $\mathbf{x}$ 稱爲矩陣 $\mathbf{A}$ 的**特徵向量**，在 4.0 節有更詳細說明)。

當 $\mathbf{g} \neq \mathbf{0}$ 的時候，方程組 (2) 稱爲**非齊次的**。它通解的形式爲 $\mathbf{y} = \mathbf{y}_h + \mathbf{y}_p$，其中 $\mathbf{y}_h$ 是 (3) 式的通解，而 $\mathbf{y}_p$ 是 (2) 式的一個特解，在 4.6 節中探討了求特解的方法。

根據特徵值，對線性方程組的臨界點所進行的討論，整理在 4.4 節的表 4.1 和表 4.2 中。如果先將非線性方程組予以線性化，則上述對臨界點的討論也可以適用於非線性方程組。有關線性化的關鍵定理是 4.5 節的定理 1，在該節中也包含了三個著名的應用實例，那就是單擺、van der Pol 方程式、以及 Lotka–Volterra 掠食者和獵物的族群模型。

CHAPTER 5

ODE 之級數解、特殊函數 (Series Solutions of ODEs. Special Functions)

在前幾章中章我們看到，具有常係數之線性 ODE 可以用代數的方法求解，而它們的解是我們在微積分學過的基本函數。對於有變係數的 ODE，問題較複雜，它們的解可能是屬於非基本函數。*Legendre*、*Bessel* 和超幾何方程式 (*hypergeometric equations*) 就是屬於這類且很重要的 ODE。由於這些 ODE 和它們的解，*Legendre* 多項式、*Bessel* 函數及超幾何函數，在建立工程問題模型上的重要性，我們要探討兩種求解此類 ODE 的標準方法。

第一種方法稱爲**冪級數法** (**power series method**)，因爲它所獲得的解是冪級數 $a_0 + a_1x + a_2x^2 + a_3x^3 + \cdots$ 的形式。

第二種方法稱爲 **Frobenius 法**，它是前一種方法的一般化，它所獲得的答案是冪級數再乘上一個對數項 ln x 或分數冪次項 x^r，對於像 Bessel 方程式，第一種方法不夠一般化，就必須使用此方法。

所有那些較複雜的解，或微積分中沒有用到的函數，都稱爲高等函數 (higher functions) 或**特殊函數** (**special functions**)，現在這已成爲專有名詞。這些函數都非常重要，重要到每一個都有自己的名字，並且要詳細的探究它們的性質，以及它們與其它函數的關係 (參閱附錄 1 的參考文獻 [GenRef1]、[GenRef10] 或 [All])。對於未來在工程或研究實驗室中可能會用到的函數，你的 CAS 系統全都知道，但只有靠你自己的努力，才能帶領你在一片公式之林中找到方向，本章將在這方面爲你提供幫助。

註解：在讀完第 2 章後你可立即接讀本章，因爲它不會用到第 3 及 4 章的內容。

本章之先修課程：第 2 章。

短期課程可以省略的章節：5.5。

參考文獻與習題解答：附錄 1 的 A 部分及附錄 2。

5.1 冪級數法 (Power Series Method)

冪級數法 (**power series method**) 爲求解具有**變數** (***variable***) 係數線性 ODE 的標準方法。它可得到以冪級數形式表示之解。這些級數可用來計算值、繪製曲線、證明公式及探究這些解的特性，我們將逐步說明。在本節我們先解釋冪級數法之基本觀念。

由微積分可知，所謂的**冪級數** ($x-x_0$ 之冪次) 為如下形式之無窮級數

(1)
$$\sum_{m=0}^{\infty} a_m(x-x_0)^m = a_0 + a_1(x-x_0) + a_2(x-x_0)^2 + \cdots$$

在此 x 是變數。$a_0, a_1, a_2, \cdots$ 為常數，稱為此級數的**係數 (coefficients)**。x_0 是一個常數，稱為此級數的**中心 (center)**。在特殊情況下，$x_0=0$ 則可得到 **x 冪次方之冪級數 (power series in powers of x)**

(2)
$$\sum_{m=0}^{\infty} a_m x^m = a_0 + a_1 x + a_2 x^2 + a_3 x^3 + \cdots$$

在此假設所有變數及常數均為實數。

可以發現「冪級數」通常指的是 (1) 式 [或 (2) 式] 的形式，並**不包括** x 的負數或分數冪次。我們用 m 作為求和字母，保留 n 作為 Legendre 和 Bessel 方程式中，整數值參數的標準符號。

例題 1 **熟悉的冪級數** 為 Maclaurin 級數

$$\frac{1}{1-x} = \sum_{m=0}^{\infty} x^m = 1 + x + x^2 + \cdots \quad (|x|<1\text{，**幾何級數**})$$

$$e^x = \sum_{m=0}^{\infty} \frac{x^m}{m!} = 1 + x + \frac{x^2}{2!} + \frac{x^3}{3!} + \cdots$$

$$\cos x = \sum_{m=0}^{\infty} \frac{(-1)^m x^{2m}}{(2m)!} = 1 - \frac{x^2}{2!} + \frac{x^4}{4!} - + \cdots$$

$$\sin x = \sum_{m=0}^{\infty} \frac{(-1)^m x^{2m+1}}{(2m+1)!} = x - \frac{x^3}{3!} + \frac{x^5}{5!} - + \cdots$$

■

5.1.1 冪級數法之觀念與方法

一旦我們知道，在應用數學中許多最重要的 ODE 都有這種形式的解，則很自然的會想用冪級數法求解線性 ODE。我們用一個可以用其它方法求解的 ODE 來說明此一觀念。

例題 2 **冪級數解** 求解 $y'-y'=0$。

解

第一步，我們將級數

(2)
$$y = a_0 + a_1 x + a_2 x^2 + a_3 x^3 + \cdots = \sum_{m=0}^{\infty} a_m x^m$$

以及逐項微分之後的級數

(3)
$$y' = a_1 + 2a_2 x + 3a_3 x^2 + \cdots = \sum_{m=1}^{\infty} m a_m x^{m-1}$$

代入 ODE：

$$(a_1+2a_2x+3a_3x^2+\cdots)-(a_0+a_1x+a_2x^2+\cdots)=0$$

然後整併 x 的同冪次項，得到

$$(a_1-a_0)+(2a_2-a_1)x+(3a_3-a_2)x^2+\cdots=0$$

令 x 的各冪次項的係數爲零，我們得到

$$a_1-a_0=0,\quad 2a_2-a_1=0,\quad 3a_3-a_2=0,\cdots$$

求解這些方程式，我們可以用 a_0 來表示 $a_1,a_2,\cdots$，而 a_0 仍未定：

$$a_1=a_0,\quad a_2=\frac{a_1}{2}=\frac{a_0}{2!},\quad a_3=\frac{a_2}{3}=\frac{a_0}{3!},\cdots$$

有了這些係數值，此級數解就成了我們熟悉的通解

$$y=a_0+a_0x+\frac{a_0}{2!}x^2+\frac{a_0}{3!}x^3+\cdots=a_0\left(1+x+\frac{x^2}{2!}+\frac{x^3}{3!}\right)=a_0e^x$$

求解 $y''+y=0$ 以測試你對冪級數的理解程度。你應該得到 $y=a_0\cos x+a_1\sin x$ 的結果。 ■

我們先對此方法做一個概括的描述，在下個例題之後再詳細解釋。對一給定的 ODE

(4) $$y''+p(x)y'+q(x)y=0$$

我們先將 $p(x)$ 及 $q(x)$ 表示成 x 的冪次方級數 (若希望解是 $x-x_0$ 之冪次方級數的形式，則用 $x-x_0$ 的冪次方)。通常 $p(x)$ 及 $q(x)$ 爲多項式，則在此第一步驟就不需任何處理。接著我們假設解是如 (2) 式的冪級數，係數爲未知，則將此級數和 (3) 式以及

(5) $$y''=2a_2+3\cdot 2a_3x+4\cdot 3a_4x^2+\cdots=\sum_{m=2}^{\infty}m(m-1)a_mx^{m-2}$$

代入 ODE。然後將相同冪次方的項整併，並令每一 x 冪次方項之係數和爲零，先從常數項開始，然後 x 項，然後 x^2 項，以此類推。利用這些等式，我們可以逐項求出 (3) 式的未知係數。

例題 3 特殊 Legendre 方程式 ODE

$$(1-x^2)y''-2xy'+2y=0$$

會出現在球面對稱的模型中。求解它。

解

將 (2)、(3) 及 (5) 式代入 ODE。由 $(1-x^2)y''$ 可以得到兩個級數，一個是 y'' 另一個是 $-x^2y''$。在 $-2xy'$ 項使用 (3) 式，對於 $2y$ 項則使用 (2) 式。將 x 冪次相同的項垂直對齊，這樣就得到

$$
\begin{aligned}
y'' &= 2a_2 + 6a_3x + 12a_4x^2 + 20a_5x^3 + 30a_6x^4 + \cdots \\
-x^2y'' &= \qquad\qquad\qquad - 2a_2x^2 - 6a_3x^3 - 12a_4x^4 - \cdots \\
-2xy' &= \qquad -2a_1x - 4a_2x^2 - 6a_3x^3 - 8a_4x^4 - \cdots \\
2y &= 2a_0 + 2a_1x + 2a_2x^2 + 2a_3x^3 + 2a_4x^4 + \cdots
\end{aligned}
$$

將 x 冪次相同的項相加。對於每一冪次 $x^0, x, x^2, \cdots$ 令相加的和為零。將這些和記為 (常數項)、(x 的一次項)，以此類推：

和	冪次	方程式	
[0]	$[x^0]$	$a_2 = -a_0$	
[1]	$[x]$	$a_3 = 0$	
[2]	$[x^2]$	$12a_4 = 4a_2$,	$a_4 = \frac{4}{12}a_2 = -\frac{1}{3}a_0$
[3]	$[x^3]$	$a_5 = 0$	因為 $a_3 = 0$
[4]	$[x^4]$	$30a_6 = 18a_4$,	$a_6 = \frac{18}{30}a_4 = \frac{18}{30}(-\frac{1}{3})a_0 = -\frac{1}{5}a_0$

由此可得解

$$y = a_1x + a_0(1 - x^2 - \frac{1}{3}x^4 - \frac{1}{5}x^6 - \cdots)$$

其中 a_0 與 a_1 仍為任意值。因此，這是包含了兩個解的通解：x 和 $1 - x^2 - \frac{1}{3}x^4 - \frac{1}{5}x^6 - \cdots$。這兩個解都是 *Legendre* 多項式 $P_n(x)$ 和 *Legendre* 函數 $Q_n(x)$ 家族的成員；在此我們有 $x = P_1(x)$ 及 $1 - x^2 - \frac{1}{3}x^4 - \frac{1}{5}x^6 - \cdots = -Q_1(x)$。負號是慣例。下標 1 稱為函數的**階數** (*order*)，在此階數為 1。下一節會對 Legendre 多項式做更多探討。■

5.1.2　冪級數法的理論 (Theory of the Power Series Method)

(1) 式的**第 n 個部分和 (nth partial sum)** 為

(6) $$s_n(x) = a_0 + a_1(x - x_0) + a_2(x - x_0)^2 + \cdots + a_n(x - x_0)^n$$

其中 $n = 0, 1, \cdots$。如果我們從 (1) 式中刪去 s_n，剩下之表示式為

(7) $$R_n(x) = a_{n+1}(x - x_0)^{n+1} + a_{n+2}(x - x_0)^{n+2} + \cdots$$

此式稱為 (1) 式在 $a_n(x - x_0)^n$ 項之後的**餘式 (remainder)**。

比如說，對於幾何級數

$$1 + x + x^2 + \cdots + x^n + \cdots$$

我們有

$$
\begin{aligned}
s_0 &= 1, & R_0 &= x + x^2 + x^3 + \cdots, \\
s_1 &= 1 + x, & R_1 &= x^2 + x^3 + x^4 + \cdots, \\
s_2 &= 1 + x + x^2, & R_2 &= x^3 + x^4 + x^5 + \cdots,
\end{aligned}
$$

等。

利用此一方法，我們獲得 (1) 式與部分和 $s_0(x), s_1(x), s_2(x)\cdots$ 數列之關聯。如果有某 $x = x_1$ 使此數列收斂，例如

$$\lim_{n\to\infty} s_n(x_1) = s(x_1),$$

則稱級數 (1) 在 $x = x_1$ **收斂 (convergent)**，而 $s(x_1)$ 稱爲 (1) 式在 x_1 之**值 (value)** 或和，可寫成

$$s(x_1) = \sum_{m=0}^{\infty} a_m (x_1 - x_0)^m$$

則對每個 n 都有

(8)
$$s(x_1) = s_n(x_1) + R_n(x_1)$$

若數列在 $x = x_1$ 發散，則稱級數 (1) 於 $x = x_1$ **發散 (divergent)**。

在收斂情況下，由 (8) 式可知，對於任意正 ε，存在一 N (與 ε 有關)，對所有的 $n > N$ 都可使得

(9)
$$|R_n(x_1)| = |s(x_1) - s_n(x_1)| < \varepsilon$$

以幾何觀念而言，這表示所有 $n > N$ 的 $s_n(x_1)$ 都介於 $s(x_1) - \varepsilon$ 及 $s(x_1) + \varepsilon$ 之間 (圖 104)。實際上，這表示在收斂的情況下，我們可以用 $s_n(x_1)$ 趨近於 (1) 式在 x_1 的和 $s(x_1)$，只要取的 n 值夠大，就可得到我們想要的精確度。

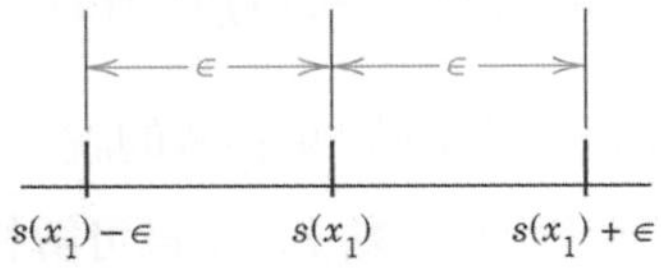

圖 104　不等式 (9)

一個冪級數在何處收斂？如果在 (1) 式中選取 $x = x_0$，此級數簡化成 a_0 單獨一項，因爲其它項都是零。所以此級數在 x_0 爲收斂。在某些情況下這可能是 (1) 式收斂之唯一的 x 值。若存在更多之 x 值可使得級數收斂，這些值會形成一區間，稱之爲**收斂區間 (convergence interval)**。此區間可以是有限的，並以 x_0 爲中點，如圖 105。則級數 (1) 對區間內的所有 x 均收斂，也就是對所有滿足

(10)
$$|x - x_0| < R$$

的 x，但對 $|x - x_0| > R$ 則發散。收斂區間有時可能是無限的，亦即，此級數對所有 x 值均收斂。

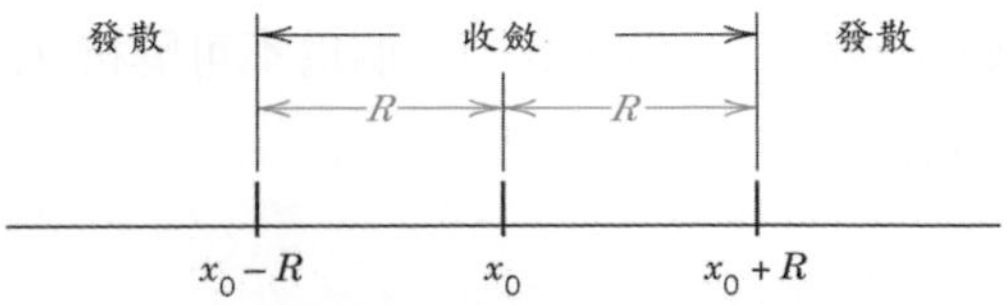

圖 105　冪級數中心點爲 x_0 的收斂區間 (10)

圖 105 中的 R 稱爲「**收斂半徑**」(因爲對複數冪級數來說，它是收斂圓盤的半徑)。如果此級數對所有的 x 均收斂，我們設 $R = \infty$ (且 $1/R = 0$)。

以下兩個公式均可由級數的係數求出收斂半徑，

(11)
$$\text{(a)}\quad R = 1 \Big/ \lim_{m\to\infty} \sqrt[m]{|a_m|} \qquad \text{(b)}\quad R = 1 \Big/ \lim_{m\to\infty} \left|\frac{a_{m+1}}{a_m}\right|$$

條件是這些極限存在且不爲零 [若這些極限爲無限大，則 (1) 式只在中心點 x_0 收斂]。

例題 4　收斂半徑 $R = \infty$, 1, 0

對三個級數均令 $m \to \infty$

$$e^x = \sum_{m=0}^{\infty} \frac{x^m}{m!} = 1 + x + \frac{x^2}{2!} + \cdots, \qquad \left|\frac{a_{m+1}}{a_m}\right| = \frac{1/(m+1)!}{1/m!} = \frac{1}{m+1} \to 0, \qquad R = \infty$$

$$\frac{1}{1-x} = \sum_{m=0}^{\infty} x^m = 1 + x + x^2 + \cdots, \qquad \left|\frac{a_{m+1}}{a_m}\right| = \frac{1}{1} = 1, \qquad R = 1$$

$$\sum_{m=0}^{\infty} m!x^m = 1 + x + 2x^2 + \cdots, \qquad \left|\frac{a_{m+1}}{a_m}\right| = \frac{(m+1)!}{m!} = m + 1 \to \infty, \qquad R = 0$$

對所有 $x(R = \infty)$ 都收斂是所有可能情況中最好的，在某一有限區間內收斂是普通，只在中心點 ($R = 0$) 收斂則毫無用處。 ■

何時存在有級數解？答案：當 **ODE**

(12)
$$y'' + p(x)y' + q(x)y = r(x)$$

中的 p、q、r 都能表示成冪級數 (Taylor 級數) 時。更精確的說，如果函數 $f(x)$ 若可以展開成 $x = x_0$ 的冪級數，且有正値收斂半徑，則稱該函數在點 $x = x_0$ 爲**可解析 (analytic)**。利用此一概念，我們可以寫出以下基本定理，其中 ODE (12) 式是**標準形式**，也就是，它的第一項爲 y''。如果你要處理的 ODE 首項是，譬如 $h(x)y''$ ，將它除以 $h(x)$ ，然後將定理用於新得到的 ODE。

定理 1

冪級數解之存在性

若 (12) 式中之 p、q 及 r 在 $x = x_0$ 爲可解析，則 (12) 式之每一個解在 $x = x_0$ 爲可解析，且可以表示成 $x - x_0$ 之冪級數，並有收斂半徑 $R > 0$。

此定理之證明需要用到高等複變分析，可在附錄 1 之參考文獻 [A11] 找到。

我們在定理 1 提到的收斂半徑 R 至少等於從點 $x = x_0$，到某個 (或某些) 接近 x_0 的點的距離，在該點處表示爲複變數函數的函數 p、q、r，其中一個爲不可解析 (注意，該點不一定會在 x 軸上，有可能在複數平面上的某處)。

5.1.3 進階理論：冪級數的運算

在冪級數法中我們對冪級數做微分、相加、相乘，並且經由令每個 x 冪次項的係數和為零，我們可以得到係數遞歸 (coefficient recursions) (例如在例題 3)。這四種運算在下列條件下是許可的，在 15.3 節有相關證明。

1. 逐項微分 冪級數可以一項接一項地加以微分，更精確的說：若

$$y(x)=\sum_{m=0}^{\infty}a_m(x-x_0)^m$$

在 $|x-x_0|<R$ 收斂，其中 $R>0$，則對此級數逐項微分後之級數，在此 x 範圍亦收斂，並代表 y 的導數 y'：

$$y'(x)=\sum_{m=1}^{\infty}ma_m(x-x_0)^{m-1}\qquad(|x-x_0|<R)$$

對於二階及更高階導數亦然。

2. 逐項相加 兩冪級數可以逐項相加，更精確的說：若級數

$$\sum_{m=0}^{\infty}a_m(x-x_0)^m \quad 和 \quad \sum_{m=0}^{\infty}b_m(x-x_0)^m \tag{13}$$

收斂半徑均為正，且其和分別為 $f(x)$ 及 $g(x)$，則級數

$$\sum_{m=0}^{\infty}(a_m+b_m)(x-x_0)^m$$

收斂，而對於這兩個已知級數的共同收斂區間內的 x，上式代表 $f(x)+g(x)$。

3. 逐項相乘 兩冪級數可以逐項相乘，更精確的說：假設級數 (13) 的收斂半徑均為正而且令 $f(x)$ 及 $g(x)$ 為它們的和。則將第一個級數之每一項乘以第二級數之每一項，然後將 $x-x_0$ 的相同冪次方項整併，所得級數

$$\begin{aligned}&a_0b_0+(a_0b_1+a_1b_0)(x-x_0)+(a_0b_2+a_1b_1+a_2b_0)(x-x_0)^2+\cdots\\&=\sum_{m=0}^{\infty}(a_0b_m+a_1b_{m-1}+\cdots+a_mb_0)(x-x_0)^m\end{aligned}$$

會收斂，而對位於這兩個已知級數各自收斂區間內之 x，上式代表 $f(x)g(x)$。

4. 所有係數歸零（「冪級數的恆等理論」） 若一冪級數具有正收斂半徑，而且在它的收斂區間內其和為零，則該級數之每一個係數一定為零。

習題集 5.1

1. **撰寫專題　微積分中的冪級數**
   (a) 寫一份微積分中之冪級數的複習報告 (2–3 頁)。使用你自己的公式及例子，不要單純的抄書。不須證明。
   (b) 搜集各種 Maclaurin 級數，並整理成有系統的列表，以方便以後的使用。

2–5　複習：收斂半徑

求下列級數之收斂半徑，寫出詳細過程。

2. $\sum_{m=0}^{\infty}(m+1)mx^m$

3. $\sum_{m=0}^{\infty}\frac{(-1)^m}{k^m}x^{2m}$

4. $\sum_{m=0}^{\infty}\frac{x^{2m+1}}{(2m+1)!}$

5. $\sum_{m=0}^{\infty}\left(\frac{2}{3}\right)^m x^{2m}$

6–9　手算級數解

應用冪級數法，解下列微分方程式。用手算，不要用電腦代數系統，這樣可以得到冪級數法的感覺，例如：為何一個級數可能在有限項終止，或只有偶數冪次項等等。寫出詳細過程。

6. $(1+x)y'=2y$
7. $y'=-4xy$
8. $xy'-4y=k$ (k 為常數)
9. $y''+y=0$

10–14　級數解

請求出以 x 之冪次方表之冪級數解，寫出詳細過程。

10. $y''-y'+xy=0$
11. $y''+y'+x^2y=0$
12. $(1-x^2)y''-2xy'+2y=0$
13. $y''+(1+x^2)y=0$
14. $y''-4xy'+(4x^2-2)y=0$

15. **平移求和指標**在冪級數法中經常是方便或必要的。平移指標，以使得在求和符號下的冪次是 x^m。寫出前面幾項以查驗所得之結果。

$$\sum_{s=2}^{\infty}\frac{s(s+1)}{s^2+1}x^{s-1},\qquad \sum_{p=1}^{\infty}\frac{p^2}{(p+1)!}x^{p+4}$$

16–19　電腦代數系統問題、IVP

以冪級數法求解初值問題。以圖解表示出冪次方到 x^5 項的部分和，求出和 s 在 x_1 的值 (取 5 位有效數字)。

16. $y'+4y=1,\quad y(0)=1.25,\quad x_1=0.2$
17. $y''+4xy'+2y=0,\ y(0)=1,\ y'(0)=1,$
    $x_1=0.25$
18. $(1-x^2)y''-2xy'+30y=0,\ y(0)=0,$
    $y'(0)=1.875,\quad x_1=0.5$
19. $(x-1)y'=2xy,\ y(0)=4$

20. **CAS 實驗　從部分和的圖形所得之資訊**
    在數值計算時，我們使用冪級數的部分和。為了解不同 x 時的準確度，用 $\sin x$ 做實驗。逐次增加項數，畫出 Maclaurin 級數的部分和，由 $\sin x$ 的圖形，對這些圖形的「分離點 (breakaway points)」做定性的描述。考慮其它你自選的 Maclaurin 級數。

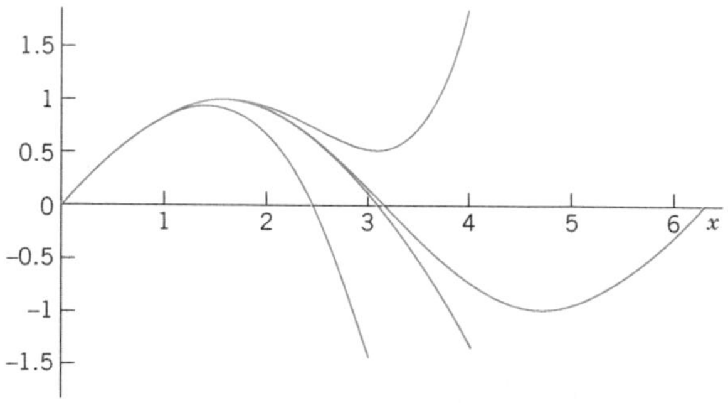

圖 106　CAS 實驗 20　$\sin x$ 及部分和 s_3, s_5, s_7

5.2 Legendre 方程式、Legendre 多項式 $P_n(x)$ (Legendre's Equation. Legendre Polynomials $P_n(x)$)

Legendre 微分方程式[1]

(1) $$(1-x^2)y''-2xy'+n(n+1)y=0 \qquad (n \text{ 為常數})$$

是物理學中最重要的 ODE 之一。它出現在許多問題中，特別是在球形邊界值問題上 (請參看 12.10 節的例題 1)。

此方程式包含了一個**參數** n，它的值取決於實際的物理或工程問題。所以 (1) 式實際上是一整個 ODE 家族。在 5.1 節的例題 3，我們求解過 $n=1$ 的例子 (回顧一下)。(1) 式的所有解都稱為 **Legendre 函數**。研究這些及其它未出現在微積分之「高等」函數，稱為**特殊函數理論**。下一節將介紹更多的特殊函數。

將 (1) 式除以 $1-x^2$，我們可獲得 5.1 節定理 1 所要的標準形式，然後我們可以看出新方程式的係數 $-2x/(1-x^2)$ 和 $n(n+1)/(1-x^2)$ 在 $x=0$ 是可解析的，因此我們可以使用冪級數法。將

(2) $$y=\sum_{m=0}^{\infty} a_m x^m$$

及其導數代入 (1) 式，並簡單地以 k 代表常數 $n(n+1)$，可得

$$(1-x^2)\sum_{m=2}^{\infty} m(m-1)a_m x^{m-2} - 2x\sum_{m=1}^{\infty} m a_m x^{m-1} + k\sum_{m=0}^{\infty} a_m x^m = 0$$

將第一項表示成兩個分開之級數，可得方程式

$$\sum_{m=2}^{\infty} m(m-1)a_m x^{m-2} - \sum_{m=2}^{\infty} m(m-1)a_m x^m - \sum_{m=1}^{\infty} 2m a_m x^m + \sum_{m=0}^{\infty} k a_m x^m = 0$$

這可讓你和 5.1 節的例題 3 一樣，明確的寫出級數的前數項；或者你可依下述進行。為了在四個級數都得到一樣的共同次方 x^s，我們在第一個級數中令 $m-2=s$ (所以 $m=s+2$)，而其他三個級數直接以 s 取代 m。如此可得

$$\sum_{s=0}^{\infty}(s+2)(s+1)a_{s+2}x^s - \sum_{s-2}^{\infty} s(s-1)a_s x^s - \sum_{s=1}^{\infty} 2s a_s x^s + \sum_{s=0}^{\infty} k a_s x^s = 0$$

---

[1] ADRIEN–MARIE LEGENDRE (1752–1833)，法國數學家，他在 1775 年於巴黎取得教授頭銜，他在特殊函數、橢圓積分、數論及變分法等方面都有重大貢獻。他所著 *Éléments de géométrie* (1794) 一書廣受好評，在不到 30 年內出了 12 版。

Legendre 函數的公式可以在參考文獻 [GenRef1] 和 [GenRef10] 中查到。

(注意第一個級數的和是從 $s=0$ 開始)。因爲這個方程式的右邊爲 0，倘若 (2) 式爲 (1) 式的解則上式爲恆等，則等號左邊 x 的所有冪次方項的係數和，都必須爲零。x^0 只出現在第一及第四個級數，所以 [別忘了 $k=n(n+1)$]

(3a) $$2\cdot 1a_2+n(n+1)a_0=0$$

x^1 只出現在第一、第三及第四個級數，所以

(3b) $$3\cdot 2a_3+[-2+n(n+1)]a_1=0$$

更高次方的 $x^2, x^3, \cdots$ 在四個級數都出現，所以

(3c) $$(s+2)(s+1)a_{s+2}+[-s(s-1)-2s+n(n+1)]a_s=0$$

可輕易的驗證在括弧 $[\cdots]$ 內之表示式可以寫成 $(n-s)(n+s+1)$。由 (3a) 式解得 a_2，(3b) 式解得 a_3，而由 (3c) 可解得 a_{s+2}，所以可以求得通式爲

(4) $$a_{s+2}=-\frac{(n-s)(n+s+1)}{(s+2)(s+1)}a_s \qquad (s=0, 1, \cdots)$$

此式稱爲**遞迴關係 (recurrence relation)** 或**遞迴公式 (recurrence formula)** (可以用你的電腦代數系統驗證它的推導)。除了 a_0 和 a_1 爲任意常數以外，它將每一個係數用它前前個係數來表示。我們可以依序得到

$$a_2=-\frac{n(n+1)}{2!}a_0 \qquad a_3=-\frac{(n-1)(n+2)}{3!}a_1$$

$$a_4=-\frac{(n-2)(n+3)}{4\cdot 3}a_2=\frac{(n-2)n(n+1)(n+3)}{4!}a_0 \qquad a_5=-\frac{(n-3)(n+4)}{5\cdot 4}a_3=\frac{(n-3)(n-1)(n+2)(n+4)}{5!}a_1$$

並以此類推。將這些係數代入 (2) 式，可得

(5) $$y(x)=a_0y_1(x)+a_1y_2(x)$$

其中

(6) $$y_1(x)=1-\frac{n(n+1)}{2!}x^2+\frac{(n-2)n(n+1)(n+3)}{4!}x^4-+\cdots$$

(7) $$y_2(x)=x-\frac{(n-1)(n+2)}{3!}x^3+\frac{(n-3)(n-1)(n+2)(n+4)}{5!}x^5-+\cdots$$

這些級數在 $|x|<1$ 範圍內收斂 (參見習題 4；或爲有限項，如下述)。因爲 (6) 式只含 x 之偶數次方項，而 (7) 式只含 x 之奇數次方項，y_1/y_2 之比值不會是常數，因此 y_1 與 y_2 並不成比例關係，所以它們是線性獨立解。所以 (5) 式爲 (1) 式在區間 $-1<x<1$ 內之通解。

留意到 $x=\pm1$ 是滿足 $1-x^2=0$ 的點，所以標準化後之 ODE 的係數不再是可解析的。所以你也無須驚訝，(6) 式及 (7) 式的收斂區間只有這麼大，除非這兩個級數終止於有限項。在此情形下，級數就成爲多項式。

5.2.1 多項式解 Legendre 多項式 $P_n(x)$

將冪級數化簡成多項式是一個重大的優點，因爲這樣我們就有適用於所有 x 的解，不再有收斂性的限制。對於可作爲 ODE 之解的特殊函數，這還頗常發生，因而產生許多很重要的多項式家族，參見附錄 1 之參考文獻 [GenRef1]、[GenRef10]。對 Legendre 方程式而言，這種情況發生在參數 n 爲非負整數之時，因爲當 $s=n$ 時，(4) 式之右側項爲零，因此 $a_{n+2}=0$ 、 $a_{n+4}=0$ 、 $a_{n+6}=0$ 、⋯。所以若 n 爲偶數， $y_1(x)$ 會化簡成 n 次之多項式。若 n 爲奇數， $y_2(x)$ 亦然。這些多項式，再乘上某常數，稱爲 **Legendre 多項式**，並以 $P_n(x)$ 表示之。接著討論的是選擇常數的標準方法，我們選擇最高冪次方項之係數爲

$$a_n=\frac{(2n)!}{2^n(n!)^2}=\frac{1\cdot3\cdot5\cdots(2n-1)}{n!} \qquad (n\text{ 爲正整數}) \tag{8}$$

(且 $n=0$ 時 $a_n=1$)。然後用 (4) 式計算其餘係數，解出以 a_{s+2} 表示的 a_s，亦即

$$a_s=-\frac{(s+2)(s+1)}{(n-s)(n+s+1)}a_{s+2} \qquad (s\ \le\ n-2) \tag{9}$$

(8) 式的選擇使得對任意 n 都有 $p_n(1)=1$ (見圖 107)；這就是 (8) 式的由來。利用 $s=n-2$ 及 (8) 式，我們可由 (9) 式得到

$$a_{n-2}=-\frac{n(n-1)}{2(2n-1)}a_n=-\frac{n(n-1)}{2(2n-1)}\cdot\frac{(2n)!}{2^n(n!)^2}$$

在分子使用 $(2n)!=2n(2n-1)(2n-2)!$，分母使用 $n!=n(n-1)!$ 和 $n!=n(n-1)(n-2)!$，我們得

$$a_{n-2}=-\frac{n(n-1)2n(2n-1)(2n-2)!}{2(2n-1)2^n n(n-1)!n(n-1)(n-2)!}$$

$n(n-1)2n(2n-1)$ 互消，所以得到

$$a_{n-2}=-\frac{(2n-2)!}{2^n(n-1)!(n-2)!}$$

同理

$$\begin{aligned}a_{n-4}&=-\frac{(n-2)(n-3)}{4(2n-3)}a_{n-2}\\&=\frac{(2n-4)!}{2^n2!(n-2)!(n-4)!}\end{aligned}$$

以此類推，故通式為，當 $n-2m \geq 0$，

(10)
$$a_{n-2m} = (-1)^m \frac{(2n-2m)!}{2^n m!(n-m)!(n-2m)!}$$

求解 Legendre 微分方程式 (1) 所得的解稱為 n 次 **Legendre 多項式**，而以 $P_n(x)$ 表示之。由 (10) 式可得

(11)
$$P_n(x) = \sum_{m=0}^{M} (-1)^m \frac{(2n-2m)!}{2^n m!(n-m)!(n-2m)!} x^{n-2m} = \frac{(2n)!}{2^n (n!)^2} x^n - \frac{(2n-2)!}{2^n 1!(n-1)!(n-2)!} x^{n-2} + - \cdots$$

其中 $M = n/2$ 或 $(n-1)/2$，視何者為整數。這些函數的前幾個為 (見圖 107)

(11')
$$P_0(x) = 1 \qquad P_1(x) = x$$
$$P_2(x) = \frac{1}{2}(3x^2-1) \qquad P_3(x) = \frac{1}{2}(5x^3-3x)$$
$$P_4(x) = \frac{1}{8}(35x^4-30x^2+3) \qquad P_5(x) = \frac{1}{8}(63x^5-70x^3+15x)$$

以此類推。現在你可以將 (11) 式寫成電腦代數系統的程式，並依須要計算 $P_n(x)$。

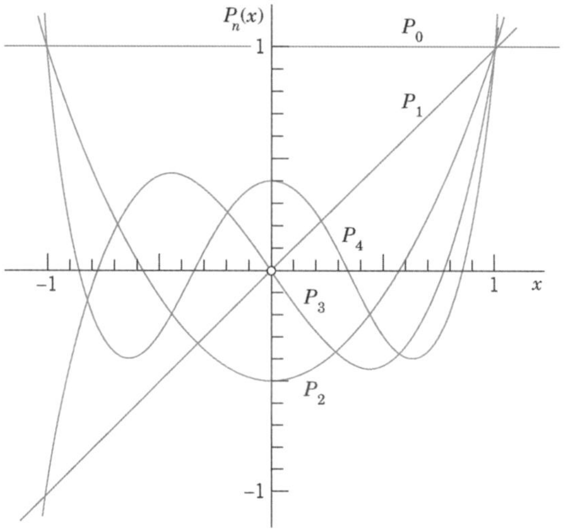

圖 107　Legendre 多項式

Legendre 多項式 $P_n(x)$ 在區間 $-1 \leq x \leq 1$ 上是**正交 (orthogonal)** 的，在第 11 章討論 Fourier 級數時，這是建立「Fourier–Legendre 級數」所須的基本性質 (參見 11.5－11.6 節)。

習題集 5.2

1–5 LEGENDRE 多項式及函數

1. **$n=0$ 之 Legendre 函數** 證明在 $n=0$ 時，(6) 式可得 $P_0(x)=1$ 且 (7) 式可得 (利用 $\ln(1+x)=x-\frac{1}{2}x^2+\frac{1}{3}x^3+\cdots$)

$$y_2(x)=x+\frac{1}{3}x^3+\frac{1}{5}x^5+\cdots=\frac{1}{2}\ln\frac{1+x}{1-x}$$

取 $n=0$，令 $z=y'$ 並且分離各變數，經由解 (1) 式即可驗證上式。

2. **$n=1$ 之 Legendre 函數** 證明在 $n=1$ 時，由 (7) 式可得 $y_2(x)=P_1(x)=x$ 且由 (6) 式可得

$$y_1=1-x^2-\frac{1}{3}x^4-\frac{1}{5}x^6-\cdots=1-\frac{1}{2}x\ln\frac{1+x}{1-x}$$

3. **特殊 n 值** 由 (11) 式推導 (11') 式。
4. **Legendre ODE** 驗證 (11') 式中之多項式滿足 (1) 式。
5. 求出 P_6 與 P_7。

6–9 CAS 問題

6. 以共同座標畫出 $P_2(x),\cdots,P_{10}(x)$。$n=2,\cdots,10$ 時，x 為何值 (近似) 會使得 $|P_n(x)|<\frac{1}{2}$？
7. n 值大於多少以後，你的電腦代數系統不再能產生可信的 $P_n(x)$ 圖形？為什麼？
8. 畫出 $Q_0(x)$、$Q_1(x)$，及一些其它的 Legendre 函數。
9. 將 $a_sx^s+a_{s+1}x^{s+1}+a_{s+2}x^{s+2}$ 代入 Legendre 方程式，以得 (4) 式的係數遞迴公式。
10. **團隊專題 生成函數** 生成函數在近代的應用數學上扮演重要的角色 (參考 [GenRef5])。其觀念很簡單。如果我們要研究一數列 $(f_n(x))$ 且可找到一個函數

$$G(u,x)=\sum_{n=0}^{\infty}f_n(x)u^n,$$

我們可從這些 G 得到數列 $(f_n(x))$ 之性質，其中 G「生成」此數列，且被稱為此數列之**生成函數**。

(a) Legendre 多項式 請證明

$$(12)\quad G(u,x)=\frac{1}{\sqrt{1-2xu+u^2}}=\sum_{n=0}^{\infty}P_n(x)u^n$$

為 Legendre 多項式的一個生成函數。*提示：*先從 $1/\sqrt{1-v}$ 之二項式展開著手，然後令 $v=2xu-u^2$，將 $2xu-u^2$ 之冪次方乘開，合併所有包含 u^n 的項，最後證明這些項之和為 $P_n(x)u^n$。

(b) 勢能理論 令 A_1 與 A_2 為空間上兩個點 (圖 108，$r_2>0$)。利用 (12) 式證明

$$\frac{1}{r}=\frac{1}{\sqrt{r_1^2+r_2^2-2r_1r_2\cos\theta}}=\frac{1}{r_2}\sum_{m=0}^{\infty}P_m(\cos\theta)\left(\frac{r_1}{r_2}\right)^m$$

在勢能理論中會用到此式 (Q/r 是位於 A_1 的電荷 Q 對 A_2 所產生的靜電位。而此級數是以 A_1 與 A_2 到任意原點的距離，以及線段 OA_1 和 OA_2 之間的夾角 θ 來表示 $1/r$)。

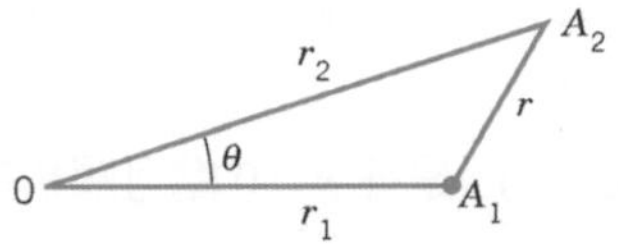

圖 108 團隊專題 10

(c) (12) 式的其它應用 請證明 $P_n(1)=1$、$P_n(-1)=(-1)^n$、$P_{2n+1}(0)=0$，且 $P_{2n}(0)=(-1)^n\cdot 1\cdot 3\cdots(2n-1)/[2\cdot 4\cdots(2n)]$。

11–15 更多公式

11. **ODE** 將 $(a^2-x^2)y''-2xy'+n(n+1)y=0$、$a\neq 0$，化簡為 Legendre 方程式並求解。

12. Rodrigues 公式 (13)[2] 請將二項式定理應用到 $(x^2-1)^n$，逐項微分 n 次，並將結果與 (11) 式做比較，以證明

$$(13)\quad P_n(x)=\frac{1}{2^n n!}\frac{d^n}{dx^n}[(x^2-1)^n]$$

13. Rodrigues 方程式 請由 (13) 式推導出 (11') 式。

14. Bonnet 遞迴[3] 將 (13) 式對 u 微分，再將 (13) 式用於其結果，比較 u^n 之係數，以得到 Bonnet 遞迴公式。

$$(14)\quad (n+1)P_{n+1}(x)=(2n+1)xP_n(x)-nP_{n-1}(x),$$

其中 $n=1, 2, \cdots$。此式對於計算是相當有用的，有效位數的損失非常小 (除了接近零點處)。嘗試以 (14) 式來計算一些自選之題目。

15. 關聯性 Legendre 函數 $P_n^k(x)$ 也有其用處，例如在量子物理。它們的定義為

$$(15)\quad P_n^k(x)=(1-x^2)^{k/2}\frac{d^k P_n(x)}{dx^k}$$

而且是以下 ODE 的解

$$(16)\quad (1-x^2)y''-2xy'+q(x)y=0$$

其中 $q(x)=n(n+1)-k^2/(1-x^2)$。求 $P_1^1(x)$、$P_2^1(x)$、$P_2^2(x)$ 及 $P_4^2(x)$，並驗證它們都滿足 (16) 式。

5.3 延伸冪級數法：Frobenius 法 (Extended Power Series Method: Frobenius Method)

有些在應用上很重要的二階 ODE，如著名的 Bessel 方程式，具有不可解析的係數 (定義於 5.1 節)，但這些係數還「不太糟」，所以這些 ODE 還是可以由級數求解 (冪級數乘上對數或乘上 x 的分數次方等等)。事實上，下面的定理擴展了冪級數法。新方法被稱為 **Frobenius 法**[4]。兩種方法，冪級數法和 Frobenius 法，因為在實際計算中使用軟體而愈發重要。

定理 1

Frobenius 法

令 $b(x)$ 和 $c(x)$ 是在 $x=0$ 處可解析的任何函數。則 *ODE*

$$(1)\quad y''+\frac{b(x)}{x}y'+\frac{c(x)}{x^2}y=0$$

---

[2] OLINDE RODRIGUES (1794–1851)，法國數學家及經濟學家。

[3] OSSIAN BONNET (1819–1892)，法國數學家，他的主要研究領域是微分幾何學。

[4] GEORG FROBENIUS (1849–1917)，德國數學家，蘇黎世 ETH 和柏林大學教授，Karl Weierstrass (見 15.5 節註解) 的學生。他同時也以他在矩陣與群論方面的研究而知名。在此定理中我們可以將 x 換成 $x-x_0$，而 x_0 可為任何數。$a_0 \neq 0$ 的條件並非限制，它只是說我們提出的是 x 的最高冪次。(1) 式在 $x=0$ 的奇異點經常被稱為**規則奇異點 (regular singular point)**，這是一個容易讓學生混淆的名稱，我們不會使用。

至少有一個解可以表示成如下形式

(2)
$$y(x) = x^r \sum_{m=0}^{\infty} a_m x^m = x^r (a_0 + a_1 x + a_2 x^2 + \cdots) \qquad (a_0 \neq 0)$$

其中指數 (*exponent*) r 可為任何 (實數或複數) 數 (而且選擇 以使得 $a_0 \neq 0$)。

(1) 亦有第二個解 (可使得此二解為線性獨立)，可能與 (2) 式類似 (具不同之 及不同之係數) 或可能含有對數項。(詳情請看下述之定理 2)。

舉例來說，Bessel 方程式 (將在下節討論)

$$y'' + \frac{1}{x} y' + \left(\frac{x^2 - v^2}{x^2} \right) y = 0 \qquad (v \text{ 爲參數})$$

符合 (1) 式的形式，其中 $b(x) = 1$ 及 $c(x) = x^2 - v^2$ 在 $x = 0$ 爲可解析，所以此定理可適用。冪級數法並不能對此 ODE 做一般性的處理。

同理，所謂的超幾何微分方程式 (見 5.3 節的習題) 也需要用到 Frobenius 法。

關鍵點是，在 (2) 式中我們有一冪級數乘以單一 x 之冪次方，而其指數並不侷限爲非負整數。(若有非負整數之限制，定義上將使整個表示式成爲冪級數形式；見 5.1 節的定義)。

此定理之證明需要用到高等複變分析，可在附錄 1 之參考文獻 [A11] 中找到。

規則點與奇異點 下列名詞被實際的廣泛使用。

下列 ODE 的一個規則點 (regular point)

$$y'' + p(x)y' + q(x)y = 0$$

就是可使係數 p 及 q 均爲可解析的點 x_0，同理，下列 ODE 的一個**規則點**

$$\tilde{h}(x)y'' + \tilde{p}(x)y'(x) + \tilde{q}(x)y = 0$$

是點 x_0，在該點 $\tilde{h}, \tilde{p}, \tilde{q}$ 均爲可解析且 $\tilde{h}(x_0) \neq 0$ (所以在除以 $\tilde{h}$ 後，可得出先前的標準形式)。這樣就可應用冪級數法來求解。若 x_0 不是規則點，則稱之爲**奇異點 (singular point)**。

5.3.1 指標方程式、指示解之形式

現在，我們要解釋用於求解 (1) 式的 Frobenius 法。將 (1) 式乘上 x^2 以寫成較方便之形式

(1′)
$$x^2 y'' + x b(x) y' + c(x) y = 0$$

我們先將 $b(x)$ 及 $c(x)$ 用冪級數展開，

$$b(x) = b_0 + b_1 x + b_2 x^2 + \cdots, \qquad c(x) = c_0 + c_1 x + c_2 x^2 + \cdots$$

如果 $b(x)$ 和 $c(x)$ 原本是多項式，就甚麼也不用做。然後對 (2) 式逐項微分，可得

(2*)
$$y'(x) = \sum_{m=0}^{\infty}(m+r)a_m x^{m+r-1} = x^{r-1}[ra_0 + (r+1)a_1 x + \cdots]$$
$$y''(x) = \sum_{m=0}^{\infty}(m+r)(m+r-1)a_m x^{m+r-2} = x^{r-2}[r(r-1)a_0 + (r+1)ra_1 x + \cdots]$$

將所有這些級數代入 (1') 式，可得

(3)
$$x^r[r(r-1)a_0 + \cdots] + (b_0 + b_1 x + \cdots)x^r(ra_0 + \cdots) + (c_0 + c_1 x + \cdots)x^r(a_0 + a_1 x + \cdots) = 0$$

接著令 $x^r, x^{r+1}, x^{r+2}, \cdots$ 等所有冪次項的係數和爲零。這樣會產生含有未知係數 a_m 的方程組。最小的冪次爲 x^r，其對應的方程式爲

$$[r(r-1) + b_0 r + c_0]a_0 = 0$$

因爲我們假設 $a_0 \neq 0$，在中括弧 $[\cdots]$ 內之表示式一定爲零。由此得

(4)
$$r(r-1) + b_0 r + c_0 = 0$$

此重要的二次方程式稱之爲 ODE (1) 的**指標方程式 (indicial equation)**，其重要性如下。

Frobenius 法會產生一組解的基底，兩解中之一個，將一定會具有 (2) 式的形式，其中 r 爲 (4) 式之一根。另一個解之形式將由指標方程式指出，可能有三種情況：

情況 1　相差非整數 1, 2, 3, $\cdots$ 之相異根。

情況 2　重根。

情況 3　相差爲整數 1, 2, 3, $\cdots$ 之相異根。

情況 1 及 2 可由 Euler–Cauchy 方程式 (2.5 節) 得之，其中 Euler–Cauchy 方程式爲具 (1) 式形式中最簡單的 ODE。情況 1 包含複數共軛根 r_1 和 $r_2 = \bar{r}_1$，因爲 $r_1 - r_2 = r_1 - \bar{r}_1 = 2i\ \mathrm{Im}\ r_1$ 爲虛數，所以不會是實數整數。定理 2 將指出基底的形式 (證明於附錄 4)，但沒有收斂性的一般性理論，所得級數是否收斂，可以像前面一樣做各別的檢驗。注意，在情況 2 **必須**要有對數，而情況 3 則可有可無。

定理 2

Frobenius 法、解的基底、三種情況

設 *ODE* (1) 滿足定理 *1* 的假設條件。令 r_1 與 r_2 為指標方程式 (4) 的根，則會有下列三種情況：

情況 1　相差不爲整數之相異根。一組解基底為

(5)
$$y_1(x) = x^{r_1}(a_0 + a_1 x + a_2 x^2 + \cdots)$$

及

(6)
$$y_2(x) = x^{r_2}(A_0 + A_1 x + A_2 x^2 + \cdots)$$

其係數可在 $r = r_1$ 及 $r = r_2$ 時，分別由 (3) 式逐項求得。

情況 2　重根 $r_1 = r_2 = r$。一組解基底為

(7) $$y_1(x) = x^r(a_0 + a_1x + a_2x^2 + \cdots) \qquad [\, r = \frac{1}{2}(1-b_0)\,]$$

(如同前述之通用形式) 及

(8) $$y_2(x) = y_1(x)\ln x + x^r(A_1x + A_2x^2 + \cdots) \qquad (x > 0)$$

情況 3 相差爲整數之根。一組解基底為

(9) $$y_1(x) = x^{r_1}(a_0 + a_1x + a_2x^2 + \cdots)$$

(如同前述之通用形式) 及

(10) $$y_2(x) = ky_1(x)\ln x + x^{r_2}(A_0 + A_1x + A_2x^2 + \cdots),$$

其中設定兩根的關係為 $r_1 - r_2 > 0$ 且 k 有可能為零。

5.3.2 典型應用

技術上說，只要求得指標方程式之根，Frobenius 法與冪級數法是相類似的。不過，(5)–(10) 式僅是指出解基底的一般形式，而經常第二個解可由降階法 (2.1 節) 更快速的得到。

例題 1 Euler–Cauchy 方程式，說明情況 1、情況 2 及沒有對數項的情況 3

對於 Euler–Cauchy 方程式 (2.5 節)

$$x^2y'' + b_0xy' + c_0y = 0 \qquad (b_0, c_0 \text{ 常數})$$

代入 $y = x^r$ 可得輔助方程式

$$r(r-1) + b_0r + c_0 = 0$$

此爲指標方程式 [而 $y = x^r$ 爲 (2) 式的一個特殊形式！]。對於不同的根 r_1、r_2，我們得一組解基底 $y_1 = x^{r_1}$、$y_2 = x^{r_2}$，而對於雙重根 r，我們可得一組解基底 x^r、$x^r \ln x$。根據上述，對於這個簡單的 ODE，情況 3 沒有扮演額外的角色。■

例題 2 說明情況 2 (重根)

求解 ODE

(11) $$x(x-1)y'' + (3x-1)y' + y = 0$$

(此爲特殊之超幾何方程式，將於習題中看到)。

解

將 (11) 式寫成 (1) 式的標準形式，可看出它滿足定理 1 之假設 [(11) 式中的 $b(x)$ 和 $c(x)$ 爲何？]。將 (2) 式及其導數 (2*) 代入 (11) 式可得

$$\sum_{m=0}^{\infty}(m+r)(m+r-1)a_m x^{m+r} - \sum_{m=0}^{\infty}(m+r)(m+r-1)a_m x^{m+r-1}$$
(12)
$$+3\sum_{m=0}^{\infty}(m+r)a_m x^{m+r} - \sum_{m=0}^{\infty}(m+r)a_m x^{m+r-1} + \sum_{m=0}^{\infty}a_m x^{m+r} = 0$$

最小冪次方項爲 x^{r-1}，出現在第二個及第四個級數中；令其係數和爲零，可得

$$[-r(r-1)-r]a_0 = 0, \quad \text{因此} \quad r^2 = 0$$

所以此指標方程式具有重根 $r = 0$ 。

第一個解 將此值 $r = 0$ 代入 (12) 式並令 x^s 之冪次方項係數和爲零，可得

$$s(s-1)a_s - (s+1)sa_{s+1} + 3sa_s - (s+1)a_{s+1} + a_s = 0$$

因此 $a_{s+1} = a_s$ 所以 $a_0 = a_1 = a_2 = \cdots$，經選擇 $a_0 = 1$ 可得解

$$y_1(x) = \sum_{m=0}^{\infty} x^m = \frac{1}{1-x} \qquad (|x| < 1)$$

第二個解 利用降階法 (2.1 節) 求第二個獨立解 y_2，將 $y_2 = uy_1$ 及其導數代入該方程式。如此可導出 2.1 節的 (9) 式，在本例題我們直接使用此式，不再從頭開始降階 (如同下例中將介紹)。在 2.1 節的 (9) 式中，我們有 $p = (3x-1)/(x^2-x)$，此即 (11) 式表示成**標準形式**時 y' 的係數。由部分分式，

$$-\int p\,dx = -\int \frac{3x-1}{x(x-1)}dx = -\int\left(\frac{2}{x-1}+\frac{1}{x}\right)dx = -2\ln(x-1) - \ln x$$

所以 2.1 節之 (9) 式成爲

$$u' = U = y_1^{-2}e^{-\int p\,dx} = \frac{(x-1)^2}{(x-1)^2 x} = \frac{1}{x}, \quad u = \ln x, \quad y_2 = uy_1 = \frac{\ln x}{1-x}$$

y_1 及 y_2 顯示於圖 109。這兩個函數爲線性獨立，因此構成區間 $0 < x < 1$ (以及 $1 < x < \infty$) 上的一組基底。 ■

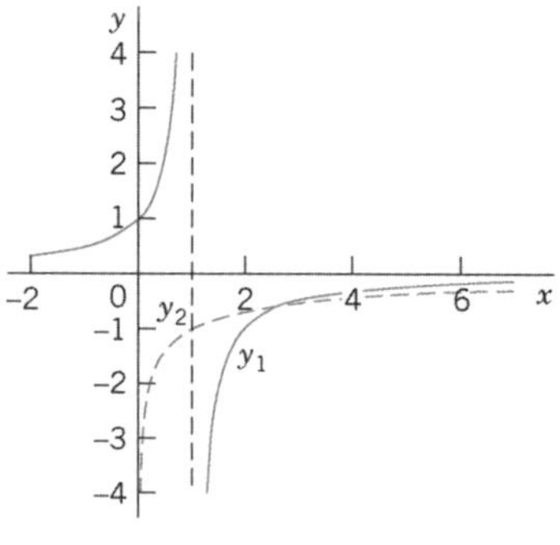

圖 109 例題 2 的解

例題 3 情況 3，具對數項之第二個解

求解 ODE

(13) $$(x^2-x)y''-xy'+y=0$$

解

將 (2) 及 (2*) 式代入 (13) 式，可得

$$(x^2-x)\sum_{m=0}^{\infty}(m+r)(m+r-1)a_m x^{m+r-2}-x\sum_{m=0}^{\infty}(m+r)a_m x^{m+r-1}+\sum_{m=0}^{\infty}a_m x^{m+r}=0$$

我們現在取 x^2、x 跟求和符號裡的 x，並整併所有冪次爲 x^{m+r} 的項，再進行代數上的化簡，

$$\sum_{m=0}^{\infty}(m+r-1)^2 a_m x^{m+r}-\sum_{m=0}^{\infty}(m+r)(m+r-1)a_m x^{m+r-1}=0$$

在第一個級數中我們設 $m=s$ 第二個級數設 $m=s+1$，因此 $s=m-1$。則

(14) $$\sum_{s=0}^{\infty}(s+r-1)^2 a_s x^{s+r}-\sum_{s=-1}^{\infty}(s+r+1)(s+r)a_{s+1}x^{s+r}=0$$

最小冪次方項爲 x^{r-1} (在第二個級數中取 $s=-1$)，可得指標方程式

$$r(r-1)=0$$

根爲 $r_1=1$ 及 $r_2=0$，它們的差爲整數，這屬於情況 3。

第一個解 由 (14) 式在 $r=r_1=1$ 下可得

$$\sum_{s=0}^{\infty}[s^2 a_s-(s+2)(s+1)a_{s+1}]x^{s+1}=0$$

由此可得出遞迴關係

$$a_{s+1}=\frac{s^2}{(s+2)(s+1)}a_s \qquad (s=0,\ 1,\ \cdots)$$

因此 $a_1=0,\ a_2=0,\cdots$ 及以後所有。取 $a_0=1$ 可得第一個解 $y_1=x^{r_1}a_0=x$。

第二個解 應用降階法 (2.1 節)，將 $y_2=y_1u=xu$ 、 $y_2'=xu'+u$ 及 $y_2''=xu''+2u'$ 代入至該 ODE，可得

$$(x^2-x)(xu''+2u')-x(xu'+u)+xu=0$$

xu 可消掉。除以 x 並化簡可得

$$(x^2-x)u''+(x-2)u'=0$$

由此式再經由部分分式及積分 (取積分常數爲零)，可得

$$\frac{u''}{u'} = -\frac{x-2}{x^2-x} = -\frac{2}{x} + \frac{1}{1-x}, \quad \ln u' = \ln\left|\frac{x-1}{x^2}\right|$$

取指數及積分 (積分常數同樣取零)，可得

$$u' = \frac{x-1}{x^2} = \frac{1}{x} - \frac{1}{x^2}, \quad u = \ln x + \frac{1}{x}, \quad y_2 = xu = x\ln x + 1$$

y_1 與 y_2 爲線性獨立，而 y_2 含對數項，所以當 x 爲正時，y_1 和 y_2 構成一組解的基底。 ■

Frobenius 法可求解**超幾何方程式**，其解包含許多著名的特殊函數 (參見習題)。在下一節，我們將使用此法來求解 Bessel 方程式。

習題集 5.3

1. **撰寫專題　冪級數法及 Frobenius 法**　寫一份 2–3 頁的報告，解釋這兩種方法的差異，無須證明。自選簡單的例子做說明。

2–13　Frobenius 法

用 Frobenius 法求出一組解的基底。嘗試證明所得之級數，爲已知函數之展開式，寫出詳細過程。

2. $(x+1)^2 y'' + (x+1)y' - y = 0$
3. $xy'' + 2y' + xy = 0$
4. $xy'' - y = 0$
5. $x^2y'' + x(2x-1)y' + (x+1)y = 0$
6. $xy'' + 2x^3y' + (x^2-2)y = 0$
7. $y'' + (x-\frac{1}{2})y = 0$
8. $xy'' + y' - xy = 0$
9. $2x(x-1)y'' - (x+1)y' + y = 0$
10. $xy'' + 2y' + 16xy = 0$
11. $xy'' + (2-2x)y' + (x-2)y = 0$
12. $x^2y'' + 6xy' + (4x^2+6)y = 0$
13. $xy'' + (2x+1)y' + (x+1)y = 0$

14. **團隊專題　超幾何方程式、級數和函數**　**高斯超幾何 ODE[5] 如下**

$$x(1-x)y'' + [c-(a+b+1)x]y' - aby = 0 \tag{15}$$

此處，a、b、c 爲常數。此 ODE 的形式爲 $p_2y'' + p_1y' + p_0y = 0$，其中 p_2、p_1、p_0 分別是 2、1、0 次的多項式。寫成這些多項式，是爲了讓它的級數解可表示成最實用的形式，如下所示，

$$\begin{aligned} y_1(x) &= 1 + \frac{ab}{1!c}x + \frac{a(a+1)b(b+1)}{2!c(c+1)}x^2 \\ &\quad + \frac{a(a+1)(a+2)b(b+1)(b+2)}{3!c(c+1)(c+2)}x^3 + \cdots. \end{aligned} \tag{16}$$

此級數稱爲**超幾何級數**。它的和 $y_1(x)$ 稱爲**超幾何函數**而且被記爲 $F(a, b, c; x)$。在此 $c \neq 0, -1, -2, \cdots$。靠著選擇特定的 a、b、c 的值，我們可以得到極多的特殊函數作爲 (15) 式的解 [見 (c) 部分，基本函數的少數樣本]。這造就了 (15) 式的重要性。

[5] CARL FRIEDRICH GAUSS (1777–1855)，偉大的德國數學家。他在 Helmstedt 和 Göttingen 求學的時候就已經有了重大的發現。在 1807，他成爲歌廷根大學天文臺的教授暨主任。他的研究在代數、數論、微分方程、微分幾何、非歐幾何、複變分析、數值分析、天文學、大地測量、電磁學、理論力學等方面都有基礎性的重要地位。他同時也爲後來普遍且系統的使用複數而鋪路。

(a) 超幾何級數和函數　請證明 (15) 式之指標方程式具有根 $r_1 = 0$ 及 $r_2 = 1 - c$。證明在 $r_1 = 0$ 時，Frobenius 法可得到 (16) 式。證明下式以得知 (16) 式名稱的由來

$$F(1, 1, 1; x) = F(1, b, b; x) = F(a, 1, a; x) = \frac{1}{1-x}$$

(b) 收斂　a 或 b 爲何值時，(16) 式會簡化成多項式？證明當 $|x| < 1$ 時，對於任何其它的 a、b、c 之值 $(c \neq 0, -1, -2, \cdots)$，級數 (16) 收斂。

(c) 特例　請證明

$$\begin{aligned}
(1+x)^n &= F(-n, b, b; -x), \\
(1-x)^n &= 1 - nxF(1-n, 1, 2; x), \\
\arctan x &= xF(\tfrac{1}{2}, 1, \tfrac{3}{2}; -x^2) \\
\arcsin x &= xF(\tfrac{1}{2}, \tfrac{1}{2}, \tfrac{3}{2}; x^2), \\
\ln(1+x) &= xF(1, 1, 2; -x), \\
\ln\frac{1+x}{1-x} &= 2xF(\tfrac{1}{2}, 1, \tfrac{3}{2}; x^2).
\end{aligned}$$

從特殊函數的相關文獻，例如附錄 1 的 [GenRef1]中，找出更多的此類關係。

(d) 第二個解　證明當 $r_2 = 1 - c$ 時，Frobenius 法可得下列的解 (其中 $c \neq 2, 3, 4, \cdots$)：

$$y_2(x) = x^{1-c}\Big(1 + \frac{(a-c+1)(b-c+1)}{1!(-c+2)}x + \frac{(a-c+1)(a-c+2)(b-c+1)(b-c+2)}{2!(-c+2)(-c+3)}x^2 + \cdots\Big) \tag{17}$$

請證明

$$y_2(x) = x^{1-c}F(a-c+1,\ b-c+1,\ 2-c;\ x)$$

(e) 超幾何方程式的一般性　請證明

$$(t^2 + At + B)\ddot{y} + (Ct + D)\dot{y} + Ky = 0 \tag{18}$$

其中 $\dot{y} = dy/dt$ 等，A、B、C、D、K 爲常數，且 $t^2 + At + B = (t-t_1)(t-t_2)$、$t_1 \neq t_2$，可化簡爲超幾何方程式，經由引入獨立變數，

$$x = \frac{t - t_1}{t_2 - t_1}$$

且參數具有 $Ct_1 + D = -c(t_2 - t_1)$、$C = a + b + 1$、$K = ab$ 之關係。由此可知 (15) 式爲通式 (18) 之「常態化形式 (normalized form)」，且 (18) 式之各種情況之解，可表示成超幾何函數。

15–20　超幾何 ODE

請求出下列方程式，以超幾何函數表示之通解：

15. $2x(1-x)y'' - (1+6x)y' - 2y = 0$

16. $x(1-x)y'' + (\frac{1}{2} + 2x)y' - 2y = 0$

17. $4x(1-x)y'' + y' + 8y = 0$

18. $4(t^2 - 3t + 2)\ddot{y} - 2\dot{y} + y = 0$

19. $2(t^2 - 5t + 6)\ddot{y} + (2t - 3)\dot{y} - 8y = 0$

20. $3t(1+t)\ddot{y} + t\dot{y} - y = 0$

5.4 Bessel 方程式、Bessel 函數 $J_\nu(x)$ (Bessel's Equation. Bessel Functions $J_\nu(x)$)

在應用數學上最重要的 ODE 之一爲 **Bessel 方程式 (Bessel equation)**[6]

(1) $$x^2y'' + xy' + (x^2 - \nu^2)y = 0$$

在 (1) 式中參數 (parameter) ν (nu) 是一已知實數，可以爲正數或零。如果一個問題有圓柱對稱性，則通常會出現 Bessel 方程式，例如 12.9 節中的薄膜問題。此方程式滿足定理 1 的假設。要確認此點，可將 (1) 式除以 x^2，以獲得標準形式 $y'' + y'/x + (1 - \nu^2/x^2)y = 0$。因此，依據 Frobenius 定理，它的解的形式爲

(2) $$y(x) = \sum_{m=0}^{\infty} a_m x^{m+r} \qquad (a_0 \neq 0)$$

將 (2) 式以及它的第一及第二階導數代入 Bessel 方程式，我們得到

$$\sum_{m=0}^{\infty}(m+r)(m+r-1)a_m x^{m+r} + \sum_{m=0}^{\infty}(m+r)a_m x^{m+r}$$
$$+\sum_{m=0}^{\infty} a_m x^{m+r+2} - \nu^2 \sum_{m=0}^{\infty} a_m x^{m+r} = 0$$

令 x^{s+r} 項之係數和爲零。注意在第一、第二及第四個級數的 $x(>0)$ 冪次方對應於 $m = s$，而第三個級數對應於 $m = s-2$。因此對於 $s = 0$ 及 $s = 1$，第三個級數沒有貢獻，因爲 $m \geq 0$。
對於 $s = 2, 3, \cdots$，所有四個級數都有貢獻，因此我們可對於所有這些 s 得到一個通式。
亦即

(3)
(a) $$r(r-1)a_0 + ra_0 - \nu^2 a_0 = 0 \qquad (s=0)$$
(b) $$(r+1)ra_1 + (r+1)a_1 - \nu^2 a_1 = 0 \qquad (s=1)$$
(c) $$(s+r)(s+r-1)a_s + (s+r)a_s + a_{s-2} - \nu^2 a_s = 0 \qquad (s = 2, 3, \cdots)$$

藉由省略 a_0 項，我們從 (3a) 可得到**指標方程式**

(4) $$(r+\nu)(r-\nu) = 0$$

其根爲 $r_1 = \nu \ (\geq 0)$ 及 $r_2 = -\nu$。

---

[6] FRIEDRICH WILHELM BESSEL (1784–1846)，德國天文學家及數學家，他在貿易公司當學徒時，利用時間自修天文學，終於成爲新 Königsberg 天文臺主任。
Bessel 函數的公式包含在參考文獻. [GenRef10] 和標準論文 [A13] 中。

$r = r_1 = v$ **的係數遞迴 (coefficient recursion)** 當 $r = v$，(3b) 式簡化成 $(2v+1)a_1 = 0$。因爲 $v \geq 0$ 所以 $a_1 = 0$。將 $r = v$ 代入 (3c)，合併帶有 a_s 的三個項可得

(5)
$$(s+2v)sa_s + a_{s-2} = 0$$

因爲 $a_1 = 0$ 且 $v \geq 0$，由 (5) 式可得 $a_3 = 0,\ a_5 = 0, \cdots$。所以我們只要處理 $s = 2m$ 時的偶數係數 a_s。當 $s = 2m$，(5) 式變成

$$(2m+2v)2ma_{2m} + a_{2m-2} = 0$$

解 a_{2m} 得遞迴公式

(6)
$$a_{2m} = -\frac{1}{2^2 m(v+m)} a_{2m-2}, \qquad m = 1, 2, \cdots$$

由 (6) 式我們現在可逐項求得 $a_2,\ a_4, \cdots$。由此可得

$$a_2 = -\frac{a_0}{2^2(v+1)}$$

$$a_4 = -\frac{a_2}{2^2 2(v+2)} = \frac{a_0}{2^4 2!(v+1)(v+2)}$$

以此類推，可寫成通式

(7)
$$a_{2m} = \frac{(-1)^m a_0}{2^{2m} m!(v+1)(v+2)\cdots(v+m)}, \qquad m = 1, 2, \cdots$$

5.4.1 $v = n$ 爲整數之 Bessel 函數 $J_n(x)$

***v* 為整數時以 *n* 表示** 此爲標準做法。當 $v = n$ 時，關係式 (7) 成爲

(8)
$$a_{2m} = \frac{(-1)^m a_0}{2^{2m} m!(n+1)(n+2)\cdots(n+m)}, \qquad m = 1, 2, \cdots$$

a_0 仍爲任意值，所以包含這些係數之級數 (2)，將會包括此任意因子 a_0。這對建立公式或計算新函數的值，都造成極度不實際的情形。因此，我們必須要做一個選擇。$a_0 = 1$ 是可能的選項，如果我們能將成長的乘積 $(n+1)(n+2)\cdots(n+m)$ 吸收到一個階乘函數 $(n+m)!$ 中，則可獲得較簡單的級數 (2) 式，那我們要如何選擇呢？我們的選擇應該是

(9)
$$a_0 = \frac{1}{2^n n!}$$

因爲這樣在 (8) 式中我們就有 $n!(n+1)\cdots(n+m) = (n+m)!$，所以 (8) 式簡化爲

(10)
$$a_{2m} = \frac{(-1)^m}{2^{2m+n} m!(n+m)!}, \qquad m = 1, 2, \cdots$$

將這些係數代入 (2) 式，並記得 $c_1 = 0,\ c_3 = 0, \cdots$，我們得到 Bessel 方程式的一個特解，用 $J_n(x)$ 代表：

(11) $$J_n(x) = x^n \sum_{m=0}^{\infty} \frac{(-1)^m x^{2m}}{2^{2m+n} m!(n+m)!} \qquad (n \geq 0)$$

$J_n(x)$ 稱為 **n 階第一類 Bessel 函數 (Bessel function of the first kind of order n)**。從比例檢測可知，級數 (11) 對所有 x 均收斂。因此 $J_n(x)$ 對所有 x 均有定義。因為分母有階乘函數，此級數收斂得非常快。

例題 1　Bessel 函數 $J_0(x)$ 及 $J_1(x)$

當 $n = 0$，可從 (11) 式得到 **0 階 Bessel 函數**

(12) $$J_0(x) = \sum_{m=0}^{\infty} \frac{(-1)^m x^{2m}}{2^{2m}(m!)^2} = 1 - \frac{x^2}{2^2(1!)^2} + \frac{x^4}{2^4(2!)^2} - \frac{x^6}{2^6(3!)^2} + - \cdots$$

此與餘弦函數非常類似 (圖 110)，當 $n = 1$ 時，可得 **1 階 Bessel 函數**

(13) $$J_1(x) = \sum_{m=0}^{\infty} \frac{(-1)^m x^{2m+1}}{2^{2m+1} m!(m+1)!} = \frac{x}{2} - \frac{x^3}{2^3 1! 2!} + \frac{x^5}{2^5 2! 3!} - \frac{x^7}{2^7 3! 4!} + - \cdots$$

此與正弦函數非常類似 (圖 110)。但這兩個函數的零點並非完全規則分佈 (參見附錄 5 之表 A1)，而且「波峰」的高度隨 x 的增加而遞減。較具啓發性的說法是，在 (1) 式之標準式 [(1) 式除以 x^2] 中之 n^2/x^2 為零 (若 $n = 0$)，或是在 x 值很大時其絕對值很小，而 y'/x 也是如此，所以此時 Bessel 方程式會趨近於 $y'' + y = 0$，即 $\cos x$ 與 $\sin x$ 之方程式；同時 y'/x 之作用就像是「阻尼項」，造成高度的衰減。當 x 值很大時可證明

(14) $$J_n(x) \sim \sqrt{\frac{2}{\pi x}} \cos\left(x - \frac{n\pi}{2} - \frac{\pi}{4}\right)$$

其中，~讀作「**漸近相等 (asymptotically equal)**」表示對固定的 n 值，當 $x \to \infty$時，兩邊的比值趨近於 1。

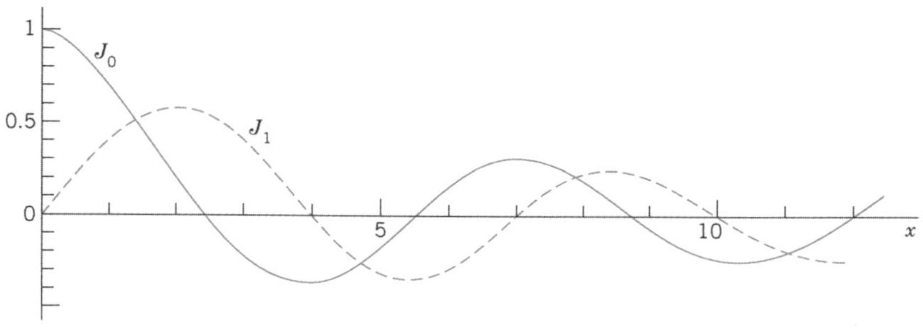

圖 110　第一類 Bessel 函數 J_0 和 J_1

公式 (14) 甚至對於較小的 $x(>0)$ 都有令人訝異的準確。例如，在用電腦程式計算零點的基本工作中，它可以提供良好的起始値。舉例來說，我們可算得 J_0 的最前面三個零點，其值爲 2.356 (精確至小數點第三位是 2.405，誤差值 0.049)、5.498 (5.520，誤差值 0.022)、8.639 (8.654，誤差值 0.015) 等等。■

5.4.2 對於 $v \geq 0$ 之 Bessel 函數 $J_v(x)$、Gamma 函數

我們現在由整數 $v = n$ 推展到任意 $v \geq 0$。由 (9) 式我們已知 $a_0 = 1/(2^n n!)$。所以我們必須將階乘函數 $n!$ 推廣到任意 $v \geq 0$，在此我們選擇

(15) $$a_0 = \frac{1}{2^v \Gamma(v+1)}$$

其中的 gamma 函數 $\Gamma(v+1)$ 的定義爲

(16) $$\Gamma(v+1) = \int_0^\infty e^{-t} t^v \, dt \qquad (v > -1)$$

(注意！特別留意到左側是 $v+1$ 但積分式內卻是 v)。由部分積分得

$$\Gamma(v+1) = -e^{-t} t^v \Big|_0^\infty + v \int_0^\infty e^{-t} t^{v-1} \, dt = 0 + v\Gamma(v)$$

此爲 gamma 函數的基本函數關係

(17) $$\Gamma(v+1) = v\Gamma(v)$$

由 (16) 式及 $v = 0$ 再用 (17) 式可得

$$\Gamma(1) = \int_0^\infty e^{-t} \, dt = -e^{-t} \Big|_0^\infty = 0 - (-1) = 1$$

接著是 $\Gamma(2) = 1 \cdot \Gamma(1) = 1!$、$\Gamma(3) = 2\Gamma(1) = 2!$，其通式爲

(18) $$\Gamma(n+1) = n! \qquad (n = 0, 1, \cdots)$$

因此 ***gamma* 函數是階乘函數對任意正 v 值的一般化**。因此 (15) 式在 $v = n$ 時，與 (9) 式是一樣的。此外，由 (7) 式及來自 (15) 式的 a_0，我們首先獲得

$$a_{2m} = \frac{(-1)^m}{2^{2m} m! (v+1)(v+2) \cdots (v+m) 2^v \Gamma(v+1)}$$

現在可由 (17) 式得到 $(v+1)\Gamma(v+1) = \Gamma(v+2)$、$(v+2)\Gamma(v+2) = \Gamma(v+3)$ 並以此類推，所以

$$(v+1)(v+2) \cdots (v+m)\Gamma(v+1) = \Gamma(v+m+1)$$

所以，由於我們將 a_0 選擇成 (15) 式 (標準作法！)，故係數式 (7) 可簡化成

(19) $$a_{2m} = \frac{(-1)^m}{2^{2m+v} m!\Gamma(v+m+1)}$$

從這些係數及 $r = r_1 = v$，可由 (2) 式得到 (1) 式的一個特解，以 $J_v(x)$ 表示，如下

(20) $$J_v(x) = x^v \sum_{m=0}^{\infty} \frac{(-1)^m x^{2m}}{2^{2m+v} m!\Gamma(v+m+1)}$$

$J_v(x)$ 稱爲 **v 階第一類 Bessel 函數**。此級數 (20) 對所有 x 均收斂，此可由比例測試驗證。

5.4.3 從級數發現的性質

Bessel 函數是一個典型的例子，可用來說明如何從*定義*函數的級數，去發現函數間的性質與關係。Bessel 函數滿足相當大量的關係特性，請參見附錄 1 之參考文獻 [A13]；並找出你的電腦代數系統所提供的關係。在定理 3，我們將討論四個公式，它們是應用及理論的骨架。

定理 1

導數、遞迴

$J_v(x)$ 對 x 的導數可以表示成 $J_{v-1}(x)$ 或 $J_{v+1}(x)$，其公式為

(21)
(a) $$[x^v J_v(x)]' = x^v J_{v-1}(x)$$
(b) $$[x^{-v} J_v(x)]' = -x^{-v} J_{v+1}(x)$$

此外，$J_v(x)$ 及其導數滿足下列遞迴關係

(21)
(c) $$J_{v-1}(x) + J_{v+1}(x) = \frac{2v}{x} J_v(x)$$
(d) $$J_{v-1}(x) - J_{v+1}(x) = 2J_v'(x)$$

證明

(a) 將 (20) 式乘以 x^v，且將 x^{2v} 置入求和符號中，得到

$$x^v J_v(x) = \sum_{m=0}^{\infty} \frac{(-1)^m x^{2m+2v}}{2^{2m+v} m!\Gamma(v+m+1)}$$

將上式微分，約掉因數 2，提出 x^{2v-1}，並利用函數關係 $\Gamma(v+m+1) = (v+m)\,\Gamma(v+m)$ [見 (17) 式]。然後，以 $v-1$ 代替 (20) 式中的 v，可得 (21a) 式右側，實際上，

$$(x^v J_v)' = \sum_{m=0}^{\infty} \frac{(-1)^m 2(m+v) x^{2m+2v-1}}{2^{2m+v} m!\Gamma(v+m+1)} = x^v x^{v-1} \sum_{m=0}^{\infty} \frac{(-1)^m x^{2m}}{2^{2m+v-1} m!\Gamma(v+m)}$$

(b) 同理，將 (20) 式乘以 x^{-v}，以消掉 (20) 式中的 x^v。然後微分、消掉 $2m$，利用 $m! = m(m-1)!$。令 $m = s+1$，可得

$$(x^{-\nu}J_\nu)' = \sum_{m=1}^{\infty} \frac{(-1)^m x^{2m-1}}{2^{2m+\nu-1}(m-1)!\Gamma(\nu+m+1)} = \sum_{s=0}^{\infty} \frac{(-1)^{s+1} x^{2s+1}}{2^{2s+\nu+1} s!\Gamma(\nu+s+2)}$$

在方程式 (20) 中以 $\nu+1$ 取代 ν，且用 s 取代 m，證得右側表示式為 $-x^{-\nu}J_{\nu+1}(x)$。由此 (21b) 得證。

(c)、**(d)** 接著我們執行 (21a) 之微分。然後同樣對 (21b) 微分，並將等號兩邊的結果乘上 $x^{2\nu}$，可得

$$\text{(a*)}\quad \nu x^{\nu-1}J_\nu + x^\nu J_\nu{}' = x^\nu J_{\nu-1}$$

$$\text{(b*)}\quad -\nu x^{\nu-1}J_\nu + x^\nu J_\nu{}' = -x^\nu J_{\nu+1}$$

將 (a*) 減去 (b*)，並將結果除以 x^ν，可得 (21c) 式。將 (a*) 和 (b*) 兩式相加，並將結果除以 x^ν，可得 (21d)。 ■

例題 2　應用定理 3 之求值與積分

公式 (21c) 可以遞迴方式寫成

$$J_{\nu+1}(x) = \frac{2\nu}{x} J_\nu(x) - J_{\nu-1}(x)$$

如此便可從較低階的 Bessel 函數計算更高階的。例如，$J_2(x) = 2J_1(x)/x - J_0(x)$，所以可用 J_0 和 J_1 的表 (列於附錄 5，更精確的值，可見附錄 1 的參考文獻 [GenRef1]) 求得 J_2。

為了說明定理 1 如何有助於積分，我們用 (21b) 式，並令 $\nu = 3$，對兩側積分，這樣可計算例如以下的積分式

$$I = \int_1^2 x^{-3}J_4(x)dx = -x^{-3}J_3(x)\Big|_1^2 = -\frac{1}{8}J_3(2) + J_3(1)$$

從 J_3 的表 (參考文獻 [GenRef1] p.398) 或從電腦代數系統，可得

$$-\frac{1}{8}\cdot 0.128943 + 0.019563 = 0.003445$$

你的電腦代數系統 (或前電腦時代的人工計算) 可從 (21) 式求得 J_3，先將 $\nu = 2$ 代入 (21c) 中，也就是 $J_3 = 4x^{-1}J_2 - J_1$，然後將 $\nu = 1$ 代入 (21c) 中，得到 $J_2 = 2x^{-1}J_1 - J_0$。合在一起，

$$\begin{aligned} I &= x^{-3}(4x^{-1}(2x^{-1}J_1 - J_0) - J_1)\Big|_1^2 \\ &= -\frac{1}{8}[2J_1(2) - 2J_0(2) - J_1(2)] + [8J_1(1) - 4J_0(1) - J_1(1)] \\ &= -\frac{1}{8}J_1(2) + \frac{1}{4}J_0(2) + 7J_1(1) - 4J_0(1) \end{aligned}$$

如果你使用的是 Maple，鍵入 int (⋯)，這就是你會得到的結果。而如果你鍵入 evalf (int (⋯))，可得 0.003445448，這與此例題開頭處得到的結果一致。 ■

5.4.4 v 值爲整數值一半的 Bessel 函數 J_v 是基本函數

來自級數 (20) 的另一性質，使我們發現此一重要事實，我們將在習題中以 Bessel ODE 來確認它。

例題 3 $v=\pm\frac{1}{2},\pm\frac{3}{2},\pm\frac{5}{2},\cdots$ 的基本函數 J_v、$\Gamma(\frac{1}{2})$ 的值

我們首先證明 (圖 111)

(22) $$\text{(a)}\quad J_{1/2}(x)=\sqrt{\frac{2}{\pi x}}\sin x,\qquad \text{(b)}J_{-1/2}(x)=\sqrt{\frac{2}{\pi x}}\cos x$$

當 $v=\frac{1}{2}$ 時，級數 (20) 爲

$$J_{1/2}(x)=\sqrt{x}\sum_{m=0}^{\infty}\frac{(-1)^m x^{2m}}{2^{2m+1/2}m!\Gamma(m+\frac{3}{2})}=\sqrt{\frac{2}{x}}\sum_{m=0}^{\infty}\frac{(-1)^m x^{2m+1}}{2^{2m+1}m!\Gamma(m+\frac{3}{2})}$$

其分母可寫成 AB 的乘積，其中 [將 (16) 式用於 B]

$$A=2^m m!=2m(2m-2)(2m-4)\cdots 4\cdot 2,$$
$$B=2^{m+1}\Gamma(m+\frac{3}{2})=2^{m+1}(m+\frac{1}{2})(m-\frac{1}{2})\cdots\frac{3}{2}\cdot\frac{1}{2}\Gamma(\frac{1}{2})$$
$$=(2m+1)(2m-1)\cdots 3\cdot 1\cdot\sqrt{\pi}$$

在上式中我們用到 (稍後證明)

(23) $$\Gamma(\frac{1}{2})=\sqrt{\pi}$$

A 和 B 右側的乘積可寫成

$$AB=(2m+1)2m(2m-1)\cdots 3\cdot 2\cdot 1\sqrt{\pi}=(2m+1)!\sqrt{\pi}$$

因此

$$J_{1/2}(x)=\sqrt{\frac{2}{\pi x}}\sum_{m=0}^{\infty}\frac{(-1)^m x^{2m+1}}{(2m+1)!}=\sqrt{\frac{2}{\pi x}}\sin x$$

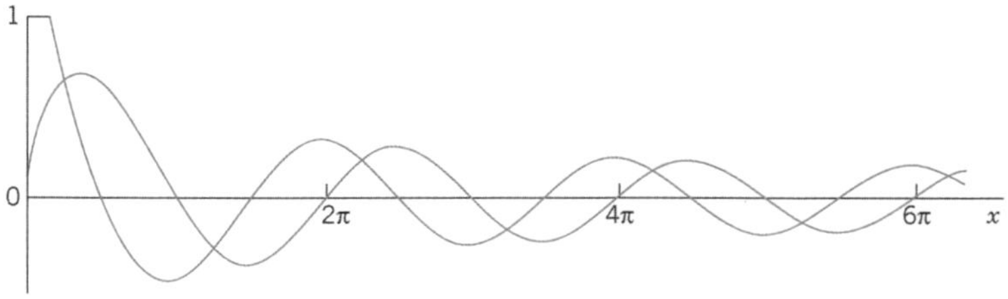

圖 111 Bessel 函數 $J_{1/2}$ 及 $J_{-1/2}$

由此 (22a) 式得證。將其微分，並令 (21a) 的 $\nu = \frac{1}{2}$ 可得

$$[\sqrt{x}J_{1/2}(x)]' = \sqrt{\frac{2}{\pi}}\cos x = x^{1/2}J_{-1/2}(x)$$

由此 (22b) 式得證。從 (22) 式以例題 2 的方法，可藉由式 (21c) 得到更多公式

我們最後可證明 $\Gamma(\frac{1}{2}) = \sqrt{\pi}$ ，所用的標準技巧值得說明。在 (15) 式中我們設 $t = u^2$ ，則 $dt = 2u\,du$ 且

$$\Gamma\left(\frac{1}{2}\right) = \int_0^\infty e^{-t}t^{-1/2}dt = 2\int_0^\infty e^{-u^2}du$$

將兩側平方，在第二個積分式中用 v 取代 u，然後將積分的乘積寫成雙重積分：

$$\Gamma\left(\frac{1}{2}\right)^2 = 4\int_0^\infty e^{-u^2}du\int_0^\infty e^{-\upsilon^2}dv = 4\int_0^\infty\int_0^\infty e^{-(u^2+\upsilon^2)}du\,dv$$

我們現在使用極座標 r、θ 設定 $u = r\cos\theta$ 、 $\upsilon = r\sin\theta$ 。則面積元素為 $dud\upsilon = rdrd\theta$ ，然後我們要對 r 由 0 到∞積分，並對 θ 由 0 到 $\pi/2$ 積分 (也就是在 uv 平面的第一象限)：

$$\Gamma\left(\frac{1}{2}\right)^2 = 4\int_0^{\pi/2}\int_0^\infty e^{-r^2}r\,dr\,d\theta = 4\cdot\frac{\pi}{2}\int_0^\infty e^{-r^2}r\,dr = 2\left(-\frac{1}{2}\right)e^{-r^2}\Big|_0^\infty = \pi$$

將兩側同開根號，我們得到 (23) 式。 ■

5.4.5 通解、線性相依

為求得 Bessel 方程式 (1) 除了 J_ν 之外的通解，我們須要第二個線性獨立解。若 ν 不是整數，將會很簡單。將 (20) 式中之 ν 改為 $-\nu$，可得

$$J_{-\nu}(x) = x^{-\nu}\sum_{m=0}^{\infty}\frac{(-1)^m x^{2m}}{2^{2m-\nu}m!\Gamma(m-\nu+1)} \tag{24}$$

因為 Bessel 方程式帶有 ν^2，故 J_ν 和 $J_{-\nu}$ 為同一個 ν 值之方程式的解。若 ν 並非整數，它們為線性獨立，因為 (20) 式和 (24) 式之第一項分別為 x^ν 及 $x^{-\nu}$ 之有限非零倍數。若 ν 並非整數，則對於所有 $x \neq 0$，Bessel 方程式之通解為

$$y(x) = c_1J_\nu(x) + c_2J_{-\nu}(x)$$

對於整數 $\nu = n$ ，這就不是通解，因為此時兩者為線性相依。我們可以看到，(20) 式和 (24) 式的第一項分別是 x^ν 和 $x^{-\nu}$ 的有限非零倍數。這代表對任何整數 $\nu = n$ ，它們都會是線性相依，因為

$$J_{-n}(x) = (-1)^n J_n(x) \qquad (n = 1, 2, \cdots) \tag{25}$$

證明

要證明 (25) 式，我們用 (24) 式，並令 v 趨近於正整數 n。則前 n 項之係數中的 gamma 函數趨近無限大 (見附錄 A3.1 的圖 553)，這些係數成爲零，而求和運算由 $m=n$ 開始。因爲由 (18) 式可知，此種情形下 $\Gamma(m-n+1)=(m-n)!$，由此得

$$J_{-n}(x)=\sum_{m=n}^{\infty}\frac{(-1)^m x^{2m-n}}{2^{2m-n}m!(m-n)!}=\sum_{s=0}^{\infty}\frac{(-1)^{n+s}x^{2s+n}}{2^{2s+n}(n+s)!s!} \quad (m=n+s) \tag{26}$$

此級數代表 $(-1)^n J_n(x)$，在 (11) 式中以 s 取代 m 可得，如此就完成證明。 ■

由 (25) 式所造的問題，將在下一節解決，我們會介紹記爲 Y_v 的第二類 Bessel 函數。

習題集 5.4

1. **收斂** 請證明級數 (11) 式，對所有 x 均收斂。爲何收斂速度非常快？

2–10 可簡化爲 Bessel 方程式的 ODE

這只是此類 ODE 中的部分，下一節習題還有。求出以 J_v 和 J_{-v} 表示的通解或指出其不可能找出。使用所給的代換變數，寫出詳細過程。

2. $x^2y''+xy'+(x^2-\frac{1}{9})y=0$
3. $xy''+y'+y=0 \quad (2\sqrt{x}=z)$
4. $y''+(e^{-2x}-\frac{1}{16})y=0 \quad (e^{-x}=z)$
5. **二參數 ODE**
   $x^2y''+xy'+(\lambda^2x^2-v^2)y=0 \quad (\lambda x=z)$
6. $x^2y''+(\frac{3}{16}+x)y=0 \quad (y=2u\sqrt{x},\ \sqrt{x}=z)$
7. $x^2y''+xy'+\frac{1}{16}(x^2-1)y=0 \quad (x=4z)$
8. $(x-1)^2y''-(1-x)y'+x(x-2)y=0, (x-1=z)$
9. $xy''+(2v+1)y'+xy=0 \quad (y=x^{-v}u)$
10. $x^2y''+(1-2v)xy'+v^2(x^{2v}+1-v^2)y=0$
    $(y=x^v u,\ x^v=z)$
11. **CAS 試驗 改變係數** 找到並繪製 (在共通座標上) 下式的解

    $y''+kx^{-1}y'+y=0, \quad y(0)=1, \quad y'(0)=0$

    其中 $k=0, 1, 2, \cdots, 10$ (或直到你得到可用的圖形)。k 爲何值時你會得到基本函數？爲什麼？試試非整數的 k，特別是在 0 跟 2 之間，看看曲線連續的變化，描述 k 從零增加時，零點及極值位置的變化。你能否將此 ODE 表示成一個機械系統的模型，並依此解釋你的發現？
12. **CAS 試驗 x 值很大之 Bessel 函數**
    (a) 將 $n=0, \cdots, 5$ 時 $J_n(x)$ 之圖形繪於共通座標軸上。
    (b) 使用 (14) 式及整數 n 進行實驗，使用繪圖方法找出在哪個 $x=x_n$ 值時，(11) 式及 (14) 式之圖形重合。x_n 如何隨著 n 值變化？
    (c) 在 (b) 中，若 $n=\pm\frac{1}{2}$ 將會發生何事？(在此情況常用的符號爲 v)。
    (d) 對於固定的 n 值，(14) 式的誤差表現得像怎樣的 x 的函數？[誤差 = 實際值減去 (14) 式近似值]。
    (e) 從圖形證明 $J_0(x)$ 在 $J_1(x)=0$ 處有極值。哪個公式可證明此點？找出更多零點和極值的關係。

13–15　零點　Bessel 函數的零點在模型化過程中扮演關鍵角色 (例如振動，見 12.9 節)。

13. 零點的交錯　請利用 (21) 式及 Rolle 定理，證明在 $J_n(x)$ 之任意兩相鄰零點間，剛好有一個 $J_{n+1}(x)$ 之零點。

14. 零點　由 (14) 式計算 $J_0(x)$ 和 $J_1(x)$ 的前四個正零點，求其誤差並加以討論。

15. 零點交錯　請利用 (21) 式及 Rolle 定理，證明 $J_0(x)$ 之任兩相鄰零點間，恰有一個 $J_1(x)$ 之零點。

16–18　整數一半之參數：由 ODE 求解

16. 消去一階導數　證明，用 $y = uv$ 且 $v(x) = \exp(-\frac{1}{2}\int p(x)\,dx)$ 可以由 ODE $y'' + p(x)y' + q(x)y = 0$ 得到以下 ODE

$$u'' + [q(x) - \frac{1}{4}p(x)^2 - \frac{1}{2}p'(x)]u = 0,$$

其中不含 u 的一次微分項。

17. Bessel 方程式　證明，對於 (1) 式，習題 16 中的代換是 $y = ux^{-1/2}$，並可得到

$$x^2u'' + (x^2 + \frac{1}{4} - \nu^2)u = 0 \quad (27)$$

18. 基本 Bessel 函數　從 (27) 式推導例題 3 中的 (22) 式。

19–25　(21) 式的應用：微分、積分

利用功能強大的公式 (21)，求解習題 19–25。寫出詳細過程。

19. 導數　請證明 $J_0'(x) = -J_1(x)$、$J_1'(x) = J_0(x) - J_1(x)/x$、$J_2'(x) = \frac{1}{2}[J_1(x) - J_3(x)]$。

20. Bessel 方程式　從 (21) 式推導 (1) 式。

21. 基本積分公式　請證明

$$\int x^{\nu} J_{\nu-1}(x)\,dx = x^{\nu}J_{\nu}(x) + c$$

22. 基本積分公式　請證明

$$\int x^{-\nu}J_{\nu+1}(x)\,dx = -x^{-\nu}J_{\nu}(x) + c,$$

$$\int J_{\nu+1}(x)\,dx = \int J_{\nu-1}(x)\,dx - 2J_{\nu}(x)$$

23. 積分　請證明

$$\int x^2 J_0(x)\,dx = x^2J_1(x) + xJ_0(x) - \int J_0(x)\,dx$$

(最後的積分並不基本；有表可查，如附錄 1 文獻 [A13]。)

24. 積分　求積分值 $\int x^{-1}J_2(x)\,dx$。

25. 積分　求積分值 $\int x^{-1}J_3(x)\,d\tilde{x}$。

5.5 Bessel 函數 $Y_\nu(x)$、通解 (Bessel Functions $Y_\nu(x)$. General Solution)

為獲得 5.4 節 (1) 式之 Bessel 方程式在任何 ν 值的通解，本節要介紹**第二類 Bessel 函數 (Bessel functions of the second kind)** $Y_\nu(x)$，首先由 $\nu = n = 0$ 的情況開始。

當 $n = 0$，Bessel 方程式可以寫成 (除以 x)

$$xy'' + y' + xy = 0 \quad (1)$$

此時 5.4 節之指標方程式 (4) 會有雙重根 $r = 0$。這就是 5.3 節的情況 2。在此情形下我們首先只有一解，$J_0(x)$。由 5.3 節之 (8) 式可知，所希望之第二個解必須具如下形式

$$y_2(x) = J_0(x)\ln x + \sum_{m=1}^{\infty} A_m x^m \quad (2)$$

將 y_2 及其導數

$$y_2' = J_0' \ln x + \frac{J_0}{x} + \sum_{m=1}^{\infty} m A_m x^{m-1}$$

$$y_2'' = J_0'' \ln x + \frac{2J_0'}{x} - \frac{J_0}{x^2} + \sum_{m=1}^{\infty} m(m-1) A_m x^{m-2}$$

代入至 (1) 式。因爲 J_0 爲 (1) 式之解，所以三個對數項 $xJ_0'' \ln x$、$J_0' \ln x$ 和 $xJ_0 \ln x$ 之和爲零。$-J_0/x$ 和 J_0/x (從 xy'' 和 y') 彼此抵消。所以我們剩下

$$2J_0' + \sum_{m=1}^{\infty} m(m-1) A_m x^{m-1} + \sum_{m=1}^{\infty} m A_m x^{m-1} + \sum_{m=1}^{\infty} A_m x^{m+1} = 0$$

將第一個級數和第二個級數相加得到 $\sum m^2 A_m x^{m-1}$。由 5.4 節之 (12) 式，並使用 $m!/m = (m-1)!$，可得 $J_0'(x)$ 之冪級數形式爲

$$J_0'(x) = \sum_{m=1}^{\infty} \frac{(-1)^m 2m x^{2m-1}}{2^{2m}(m!)^2} = \sum_{m=1}^{\infty} \frac{(-1)^m x^{2m-1}}{2^{2m-1} m!(m-1)!}$$

上式與 $\sum m^2 A_m x^{m-1}$ 和 $\sum A_m x^{m+1}$ 結合後可得

(3*)
$$\sum_{m=1}^{\infty} \frac{(-1)^m x^{2m-1}}{2^{2m-2} m!(m-1)!} + \sum_{m=1}^{\infty} m^2 A_m x^{m-1} + \sum_{m=1}^{\infty} A_m x^{m+1} = 0$$

首先，我們要證明下標爲奇數的 A_m 全都爲零。x^0 冪次方項僅在第二個級數出現，其係數爲 A_1。因此 $A_1 = 0$。接著，考慮偶數次方 x^{2s}。第一個級數中都沒有。在第二個級數中，在 $m-1 = 2s$ 時，得 $(2s+1)^2 A_{2s+1} x^{2s}$ 項。第三個級數中，$m+1 = 2s$。因此，使 x^{2s} 項之係數和爲零，可得

$$(2s+1)^2 A_{2s+1} + A_{2s-1} = 0, \qquad s = 1, 2, \cdots$$

因爲 $A_1 = 0$，因此我們得到 $A_3 = 0, A_5 = 0, \cdots$，以此類推。

接著令 x^{2s+1} 之係數和爲零。當 $s = 0$ 時，可得到

$$-1 + 4A_2 = 0, \quad 因此 \quad A_2 = \frac{1}{4}$$

對於 s 的其它值，在 (3*) 式第一個級數中 $2m-1 = 2s+1$，所以 $m = s+1$，在第二個級數中 $m-1 = 2s+1$，在第三個級數中 $m+1 = 2s+1$。因此我們可得

$$\frac{(-1)^{s+1}}{2^{2s}(s+1)!s!} + (2s+2)^2 A_{2s+2} + A_{2s} = 0$$

當 $s = 1$，上式可得

$$\frac{1}{8} + 16A_4 + A_2 = 0 \quad 因此 \quad A_4 = -\frac{3}{128}$$

寫作通式

(3) $$A_{2m} = \frac{(-1)^{m-1}}{2^{2m}(m!)^2}\left(1+\frac{1}{2}+\frac{1}{3}+\cdots+\frac{1}{m}\right), \qquad m = 1, 2, \cdots$$

利用簡化符號

(4) $$h_1 = 1 \qquad h_m = 1+\frac{1}{2}+\cdots+\frac{1}{m} \qquad m = 2, 3, \cdots$$

並將 (4) 式及 $A_1 = A_3 = \cdots = 0$ 代入 (2) 式，所得結果為

(5) $$\begin{aligned} y_2(x) &= J_0(x)\ln x + \sum_{m=1}^{\infty} \frac{(-1)^{m-1} h_m}{2^{2m}(m!)^2} x^{2m} \\ &= J_0(x)\ln x + \frac{1}{4}x^2 - \frac{3}{128}x^4 + \frac{11}{13,824}x^6 - + \cdots \end{aligned}$$

因為 J_0 與 y_2 為線性獨立函數，當 $x > 0$ 時，它們形成 (1) 式的一組解的基底。當然，若以另一個具有 $a(y_2 + bJ_0)$，其中 $a\ (\neq 0)$ 及 b 均為常數，形式之獨立特解取代 y_2 將可得到另一組解的基底。習慣上常選擇 $a = 2/\pi$ 及 $b = \gamma - \ln 2$ ，其中 $\gamma = 0.57721566490 \cdots$ 稱為 **Euler 常數**，定義為下列級數之極限值

$$1+\frac{1}{2}+\cdots+\frac{1}{s}-\ln s$$

其中 s 值趨近於無窮大。根據此而得到之標準特解，稱為**零階第二類 Bessel 函數** (圖 112) 或**零階 Neumann 函數**，以 $Y_0(x)$ 表示之。所以 [見 (4) 式]

(6) $$Y_0(x) = \frac{2}{\pi}\left[J_0(x)\left(\ln\frac{x}{2}+\gamma\right) + \sum_{m=1}^{\infty} \frac{(-1)^{m-1} h_m}{2^{2m}(m!)^2} x^{2m} \right]$$

當 $x > 0$ 且其值甚小時，函數 $Y_0(x)$ 的特性類似 $\ln x$ (見圖 112，為什麼？)，而且當 $x \to 0$ 時 $Y_0(x) \to -\infty$ 。

5.5.1　第二類 Bessel 函數 $Y_n(x)$

當 $v = n = 1, 2, \cdots$ 時，第二個解可經由類似於 5.4 節在 $n = 0$ 時，由 (10) 式開始之作法而得到。結果會發現，這些情況下的解也會含有對數項。

此一情況尚未完全滿足，因為第二個解的定義不同，要視其階數 v 是否為整數而定。為了獲得一致性，最好第二個解的形式能適用於所有階數值。因此引入適用於所有 v 值之標準第二類解 $Y_v(x)$ ，如下公式

(7)

(a) $$Y_v(x) = \frac{1}{\sin v\pi}\left[J_v(x)\cos v\pi - J_{-v}(x)\right]$$

(b) $$Y_n(x) = \lim_{v \to n} Y_v(x)$$

此函數稱爲 **v 階第二類 Bessel 函數**或 **v 階 Neumann 函數**[7]。圖 112 顯示了 $Y_0(x)$ 和 $Y_1(x)$。

讓我們證明 J_v 與 Y_v，對所有的 v (且 $x > 0$) 都是線性獨立的。

對於非整數階數 v，函數 $Y_v(x)$ 很明顯地是 Bessel 方程式之一解，因爲 $J_v(x)$ 與 $J_{-v}(x)$ 都是該方程式之解。因爲對那些 v 值，J_v 與 J_{-v} 爲線性獨立，而 Y_v 包含有 J_{-v}，所以函數 J_v 與 Y_v 爲線性獨立。另外，我們可以證明 (7b) 之極限存在，而且 Y_n 爲 Bessel 方程式在整數階數時之一解；請參考附錄 1 之參考文獻 [A13]。我們將會看到 $Y_n(x)$ 之級數展開包含有對數項。所以 $J_n(x)$ 與 $Y_n(x)$ 爲 Bessel 方程式之線性獨立解。若將 5.4 節的 (20) 式和本節的 (2) 式的 $J_v(x)$ 及 $J_{-v}(x)$ 加入 (7a) 式，並令 v 趨近於 n，則可得到 $Y_n(x)$ 之級數展開；細節請見參考文獻 [A13]。其結果爲

(8)
$$Y_n(x) = \frac{2}{\pi} J_n(x)\left(\ln\frac{x}{2} + \gamma\right) + \frac{x^n}{\pi}\sum_{m=0}^{\infty}\frac{(-1)^{m-1}(h_m + h_{m+n})}{2^{2m+n}m!(m+n)!}x^{2m} - \frac{x^{-n}}{\pi}\sum_{m=0}^{n-1}\frac{(n-m-1)!}{2^{2m-n}m!}x^{2m}$$

其中 $x > 0$、$n = 0, 1, \cdots$，而且 [如同 (4) 式] $h_0 = 0$、$h_1 = 1$，

$$h_m = 1 + \frac{1}{2} + \cdots + \frac{1}{m}, \quad h_{m+n} = 1 + \frac{1}{2} + \cdots + \frac{1}{m+n}$$

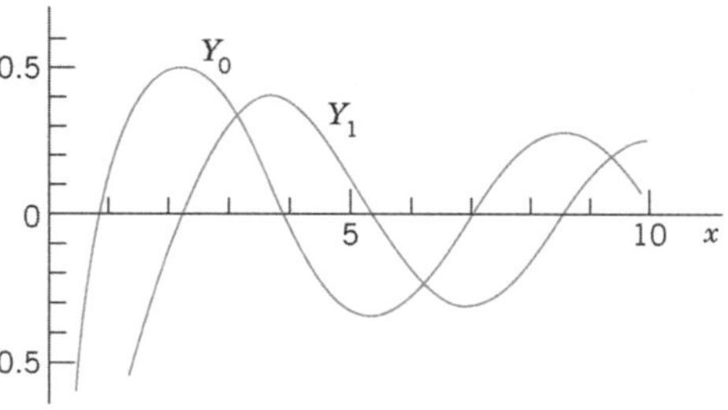

圖 112 第二類 Bessel 函數 Y_0 和 Y_1 (小型表列値請參見附錄 5)

而當 $n = 0$ 時，(8) 式最後的和會被 0 取代 [與 (6) 式一致]。

另外，亦可證明

$$Y_{-n}(x) = (-1)^n Y_n(x)$$

我們的主要結論歸納如下。

---

[7] CARL NEUMANN (1832–1925)，德國數學家與物理學家。他將積分方程用於位勢理論的研究，激發了羅馬的 VITO VOLTERRA (1800–1940)、斯德哥爾摩的 ERIK IVAR FREDHOLM (1866–1927)、和哥廷根的 DAVID HILBERT (1962–1943) (見 7.9 節註解) 以發展出積分方程場。詳細情形請見 Birkhoff, G.和 E. Kreyszig 的 The Establishment of Functional Analysis, *Historia Mathematica* 11 (1984), pp. 258–321。

解 $Y_v(x)$ 有時會記成 $N_v(x)$，在文獻 [A13] 將之稱爲 **Weber 函數**；(6) 式中的 Euler 常數通常用 C 或 ln γ。

定理 1

Bessel 方程式之通解

Bessel 方程式在所有 v 值下 (且 $x>0$) 之通解為

$$y(x)=C_1J_v(x)+C_2Y_v(x)$$

我們最後要提的是，在實數 x 值的情況下，有找 Bessel 方程式複數解的實際需求。爲此目的，經常使用的解是

$$H_v^{(1)}(x)=J_v(x)+iY_v(x)$$
$$H_v^{(2)}(x)=J_v(x)-iY_v(x) \tag{10}$$

這兩個線性獨立函數稱爲 **v 階第三類 Bessel 函數**或稱之爲 v 階第一及第二 **Hankel 函數** [8]。

至此，除了「正交性」之外，我們已完成對 Bessel 函數的討論，「正交性」將於 11.6 節討論。它們在振動方面之應用將於 12.10 節中討論。

習題集 5.5

1–9 更多可化簡爲 Bessel 方程式之 ODE

求出以 J_v 和 Y_v 表示的通解，指出是否也能用 J_{-v} 取代 Y_v 來表示。使用所給的代換關係，寫出詳細過程。

1. $x^2y''+xy'+(x^2-9)y=0$

2. $xy''+3y'+xy=0 \quad (y=u/x)$

3. $9x^2y''+9xy'+(9x^4-4)y=0 \quad (z=\frac{x^2}{2})$

4. $y''+xy=0 \quad (y=u\sqrt{x},\ \frac{2}{3}x^{3/2}=z)$

5. $4xy''+4y'+y=0 \quad (\sqrt{x}=z)$

6. $xy''+y'+4y=0 \quad (z=4\sqrt{x})$

7. $y''+k^2x^2y=0 \quad (y=u\sqrt{x},\ \frac{1}{2}kx^2=z)$

8. $y''+k^2x^4y=0 \quad (y=u\sqrt{x},\ \frac{1}{3}kx^3=z)$

9. $xy''-3y'+xy=0 \quad (y=x^2u)$

10. CAS 試驗　對於 x 值很大時之 Bessel 函數

當 x 值很大時可證明

$$Y_n(x)\sim\sqrt{2/(\pi x)}\sin\left(x-\frac{1}{2}n\pi-\frac{1}{4}\pi\right) \tag{11}$$

其中 ~ 的定義如同 5.4 節 (14) 式。

(a) 當 $n=0, \cdots, 5$ 時，將 $Y_n(x)$ 繪於共通座標軸上。一個函數的零點和另一個函數的極值是否有關係？是對於什麼函數呢？

(b) 從圖形找出 (8) 式和 (11) 式的曲線 (由你的 CAS 得到)，從哪個 $x=x_n$ 起幾乎一致。x_n 如何隨著 n 值變化？

(c) 利用 CAS 及 (11) 式，計算 $Y_0(x)$ 的前十個零點 x_m，$m=1, \cdots, 10$。當 m 增加的時候，誤差會如何？

(d) 對 $Y_1(x)$ 和 $Y_2(x)$ 重復 (c) 小題，誤差與 (c) 小題比較起來如何？

11–15 HANKEL 及修訂 (Modified) BESSEL 函數

11. Hankel 函數　請證明 Hankel 函數 (10) 可構成 Bessel 方程式在任意 v 值下之一組解的基底。

[8] HERMANN HANKEL (1839–1873)，德國數學家。

12. ***ν* 階第一類修訂 Bessel 函數**的定義爲 $I_\nu(x) = i^{-\nu}J_\nu(ix)$、$i = \sqrt{-1}$。證明 I_ν 滿足 ODE

(12) $x^2y'' + xy' - (x^2 + \nu^2)y = 0$

13. 修訂 Bessel 函數 證明 $I_\nu(x)$ 可表示爲

(13) $I_\nu(x) = \sum_{m=0}^{\infty} \frac{x^{2m+\nu}}{2^{2m+\nu} m! \Gamma(m+\nu+1)}$

14. I_ν 之實數性 請證明，對所有實數 x (及實數 ν 值)，$I_\nu(x)$ 爲實數，對於所有實數 $x \neq 0$、$I_\nu(x) \neq 0$，而且 $I_{-n}(x) = I_n(x)$，其中 n 爲任何整數。

15. 第三類修訂 Bessel 函數 (有時稱爲第二類) 的定義如以下 (14) 式。請證明它們滿足 ODE (12)。

(14) $K_\nu(x) = \frac{\pi}{2 \sin \nu\pi}[I_{-\nu}(x) - I_\nu(x)]$

第 5 章 複習題

1. 爲什麼我們要尋找 ODE 的冪級數解？
2. 本章所介紹的兩種方法，其差異爲何？爲何須要兩種方法？
3. 何謂指標方程式？爲什麼須要它？
4. 列出 Frobenius 法之三種情況，請舉你自己的例子。
5. 憑記憶寫出本章中最重要的 ODE。
6. 一個級數解是否可化簡爲多項式？何時可以？爲何它很重要？
7. 何謂超幾何方程式？這個名稱是怎麼來的？
8. 列出 Legendre 多項式的一些特性。
9. 爲何我們要介紹兩類 Bessel 函數？
10. 一個 Bessel 函數是否能化簡爲基本函數？何時可以？

11–20 冪級數法或 FROBENIUS 法

請求出一組解的基底。嘗試證明所得之級數，爲已知函數之展開式，寫出詳細過程。

11. $y'' + 9y = 0$
12. $xy'' + (1-2x)y' + (x-1)y = 0$
13. $(x-1)^2y'' - (x-1)y' - 35y = 0$
14. $16(x-1)^2y'' + 3y = 0$
15. $x^2y'' + xy' + (x^2 - 5)y = 0$
16. $x^2y'' + 4x^3y' + (x^2 - 2)y = 0$
17. $xy'' - (1-x)y' - y = 0$
18. $xy'' + 3y' + x^3y = 0$
19. $y'' + \frac{1}{x}y = 0$
20. $xy'' + y' - xy = 0$

第5章摘要 ODE之級數解、特殊函數

冪級數法爲求解具**可變係數** p 及 q 之線性 ODE

(1) $$y'' + p(x)y' + q(x)y = 0$$

的解法，它的解爲冪級數形式 (以任意 x_0 爲中心，例如 $x_0 = 0$)

(2) $$y(x) = \sum_{m=0}^{\infty} a_m(x-x_0)^m = a_0 + a_1(x-x_0) + a_2(x-x_0)^2 + \cdots$$

將 (2) 式及其導數代入 (1) 式，可得到冪級數解。由此可得係數的**遞迴公式**。你可以將此公式寫成 CAS 的程式 (或甚至得到與繪出全部解)。

若 p 和 q 在 x_0 爲**可解析** (亦即，可表示 $x-x_0$ 之冪次方的級數，且其收斂半徑爲正值；見 5.1 節)，則 (1) 式具有如 (2) 式之解。這對下式同樣成立，

$$\tilde{h}(x)y'' + \tilde{p}(x)y' + \tilde{q}(x)y = 0$$

若其中的 $\tilde{h}$、$\tilde{p}$、$\tilde{q}$ 於 x_0 爲可解析，且 $\tilde{h}(x_0) \neq 0$，所以我們可以除以 $\tilde{h}$，並得到標準形式 (1)。在 5.2 節中，我們以冪級數法求解 **Legendre 方程式**。

***Frobenius* 法** (5.3 節) 將冪級數方法延伸至以下 ODE

$$y'' + \frac{a(x)}{x-x_0}y' + \frac{b(x)}{(x-x_0)^2}y = 0 \tag{3}$$

其係數在 x_0 處爲**奇異** (即不可解析)，但還「不太壞」，也就是 a 和 b 在 x_0 是可解析的。則 (3) 式至少有一解具如下形式

$$y(x) = (x-x_0)^r \sum_{m=0}^{\infty} a_m (x-x_0)^m = a_0(x-x_0)^r + a_1(x-x_0)^{r+1} + \cdots \tag{4}$$

其中 r 可以爲任何實數 (或甚至爲複數)，且可從**指標方程式** (見 5.3 節) 將 (4) 式代入 (3) 式，以及 (4) 式的係數來求得。(3) 式的第二個線性獨立解可以是具類似形式 (具不同之 r 及 a_m's)，或可以包含對數項。在 5.4 和 5.5 節，我們以 Frobenius 法求解 **Bessel 方程式**。

「**特殊函數**」是對高等函數的一種通用名稱，以有別於微積分中的常用函數。它們大多起源於非基本積分 [見附錄 3.1 的 (24)–(44) 式]，或是 (1) 式或 (3) 式的解。若它們在應用或理論上有重要性，它們會有個一專門的名稱及符號，並被納入常用的 CAS 中。這類函數中，對工程師及物理學家特別有用的，有 **Legendre 方程式與多項式** $P_0, P_1, \cdots$ (5.2 節)、**Gauss 超幾何方程式與函數 *F*(*a*, *b*, *c*; *x*)** (5.3 節)，及 **Bessel 方程式和函數 J_ν 與 Y_ν** (5.4 節、5.5 節)。

CHAPTER 6

Laplace 轉換

在任何工程數學手冊中，Laplace 轉換都佔有重要地位，因爲它可大幅簡化求解線性 ODE 及相關初值問題，以及求解 ODE 線性方程組的工作。其應用遍及：電路網路、彈簧、混合問題、訊號處理及其它各種工程及物理領域。

用 Laplace 轉換法求解 ODE 包括三個步驟，如圖 113 所示：

步驟 1：將所給之 ODE 轉換成代數方程式，稱爲**輔助方程式 (subsidiary equation)**。

步驟 2：以純代數運算求解輔助方程式。

步驟 3：將步驟 2 的解轉換回來，以得到原問題之解。

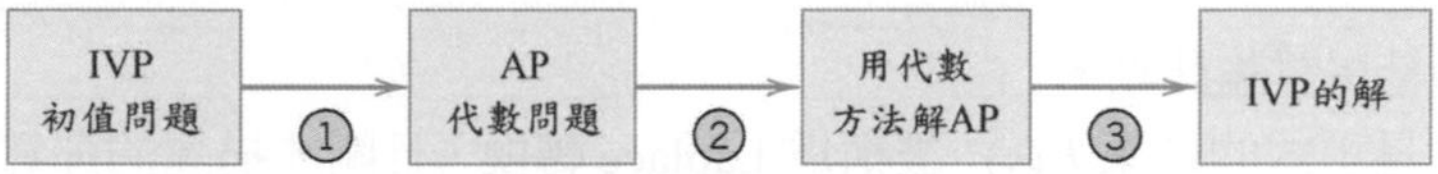

圖 113　以 Laplace 轉換求解初值問題

學習 Laplace 轉換的主要動機是，它可將求解 ODE 的過程，簡化成一個代數問題 (還有轉換)。這種將微積分的問題轉換成代數問題的作法，就稱爲**運算微積分** (operational calculus)。與第 1–4 章所討論的方法相比，Laplace 轉換法有兩個主要優點：

I. 以更直接的方式解答問題：求解初值問題時不須要先求通解，解非齊次 ODE 時，也不用先解對應的齊次 ODE。

II. 更重要的是，因爲使用了**單位步階函數** (6.3 節的 ***Heaviside* 函數**) 和 ***Dirac delta* 函數** (6.4 節)，使得它對某些問題特別有效，包括輸入 (驅動力) 中有不連續點，或爲短脈衝，或爲複雜的週期函數等。

下表顯示本書中與 Laplace 轉換相關之內容所屬章節。

主題	所屬章節
ODE，工程應用與Laplace轉換	第6章
PDE，工程應用與Laplace轉換	12.11節
一般Laplace轉換表列	6.8節
Laplace轉換及逆轉換表列	6.9節
註：常用的CAS可以處理大部分的Laplace轉換。	

本章之先修課程：第 2 章。

短期課程可以省略的章節：6.5、6.7。

參考文獻與習題解答：附錄 1 的 A 部分、附錄 2。

6.1 Laplace 轉換、線性、第一平移定理 (s 平移) [Laplace Transform. Linearity. First Shifting Theorem (s-Shifting)]

在本節中我們要學習 Laplace 轉換和它的一些性質。對工程師而言，Laplace 轉換是基本且重要的，學生務必專心學習。在下一節將介紹它在 ODE 的應用。

概略而言，將 Laplace 轉換用於一個函數時，會將該函數轉換成一個新函數，過程中用到積分。細節如下所述。

若 $f(t)$ 是定義於所有 $t \geq 0$ 之函數，其 **Laplace 轉換** [1] 即爲將 $f(t)$ 乘以 e^{-st} 然後對 t 由 0 積分至∞。它是一個 s 的函數 $F(s)$，並以 $\mathscr{L}(f)$ 表示；因此

(1) $$F(s) = \mathscr{L}(f) = \int_0^{\infty} e^{-st} f(t)\, dt$$

在此我們必須假設 $f(t)$ 的積分存在 (亦即爲某個有限值)。此假設在實際應用上通常都成立，我們將在本節結尾討論此點。

不只是上式的結果 $F(s)$ 被稱爲 Laplace 轉換，且剛才描述的運算，亦即從給定的 $f(t)$ 得到 $F(s)$，亦稱爲 **Laplace 轉換**。這是一個「**積分轉換 (integral transform)**」

$$F(s) = \int_0^{\infty} k(s,t) f(t)\, dt$$

其「**核心 (kernel)**」爲 $k(s,t) = e^{-st}$ 。

留意到，Laplace 轉換之所以稱爲積分轉換，是因爲它將某一空間中的函數，轉換 (改變) 成另一空間的函數，使用的是包含有核心 (kernel) 的積分程序 (process of integration)。此核心或核心函數是這兩個空間中變數的函數，並定義此積分轉換。

此外，(1) 式中的已知函數 $f(t)$ 稱爲 $F(s)$ 之**逆轉換 (inverse transform)**，且以 $\mathscr{L}^{-1}(F)$ 來表示，我們寫成

(1*) $$f(t) = \mathscr{L}^{-1}(F)$$

留意到 (1) 式和 (1*) 式合起來代表了 $\mathscr{L}^{-1}(\mathscr{L}(f)) = f$ 且 $\mathscr{L}(\mathscr{L}^{-1}(F)) = F$ 。

---

[1] PIERRE SIMON MARQUIS DE LAPLACE (1749–1827)，偉大的法國數學家，巴黎的教授。他建立了位勢理論的基礎，並對天體力學、天文學、特殊函數及機率理論都有重大貢獻。拿破崙曾受教於他一年。關於 Laplace 有趣的政治生涯可參考附錄 1 所列之參考文獻. [GenRef2]。

強大且實用的 Laplace 轉換法，是由一世紀之後的英國電力工程師 OLIVER HEAVISIDE (1850–1925) 所建立，經常被稱爲「Heaviside calculus」。

在不會混淆的情形下我們省略變數以求簡化。例如，在 (1) 式中我們用 $\mathscr{L}(f)$ 代表 $\mathscr{L}(f)(s)$，在 (1*) 式中用 $\mathscr{L}^{-1}(F)$ 代表 $\mathscr{L}^{-1}(F)(t)$。

6.1.1 符號

原函數的自變數爲 t，而它們的轉換式的自變數則爲 s，牢記在心！原函數以**小寫字母**表示而其轉換式用**大寫字母**表示，所以 $F(s)$ 代表 $f(t)$ 之轉換，而 $Y(s)$ 代表 $y(t)$ 之轉換，以此類推。

例題 1 Laplace 轉換

當 $t \geq 0$ 時，令 $f(t)=1$，求 $F(s)$。

解

由 (1) 式，經積分得到

$$\mathscr{L}(f)=\mathscr{L}(1)=\int_0^\infty e^{-st}\,dt=-\frac{1}{s}e^{-st}\Big|_0^\infty=\frac{1}{s} \qquad (s>0)$$

此類積分稱爲**瑕積分 (improper integral)**，且由定義可根據下列規則求出其值

$$\int_0^\infty e^{-st}f(t)\,dt=\lim_{T\to\infty}\int_0^T e^{-st}f(t)\,dt$$

所以，此處簡化的符號代表的意義爲

$$\int_0^\infty e^{-st}\,dt=\lim_{T\to\infty}\left[-\frac{1}{s}e^{-st}\right]_0^T=\lim_{T\to\infty}\left[-\frac{1}{s}e^{-sT}+\frac{1}{s}e^{0}\right]=\frac{1}{s} \qquad (s>0)$$

在本章中都將這樣使用這個符號。 ■

例題 2 指數函數 e^{at} 之 Laplace 轉換 $\mathscr{L}(e^{at})$

當 $t \geq 0$ 時，令 $f(t)=e^{at}$，其中 a 爲常數。求 $\mathscr{L}(f)$。

解

再次由 (1) 式，

$$\mathscr{L}(e^{at})=\int_0^\infty e^{-st}e^{at}\,dt=\frac{1}{a-s}e^{-(s-a)t}\Big|_0^\infty;$$

因此當 $s-a>0$ 時

$$\mathscr{L}(e^{at})=\frac{1}{s-a}$$ ■

我們是否必須持續此法，而直接從定義一個接一個得到函數的轉換呢？不用！藉著使用 Laplace 轉換的許多通用性質，我們可以由已知的轉換得到新的轉換。整體而言，Laplace 轉換是一種「線性運算」，就和微分與積分一樣。其意義如下。

定理 1

Laplace 轉換之線性度

Laplace 轉換是一種線性運算；亦即，對於任何存在有 *Laplace* 轉換之函數 $f(t)$ 及 $g(t)$，和任何常數 a 與 b，$af(t)+bg(t)$ 的轉換同樣存在，且

$$\mathscr{L}\{af(t)+bg(t)\}=a\mathscr{L}\{f(t)\}+b\mathscr{L}\{g(t)\}$$

證明

此定理爲眞是因爲積分是線性運算，所以由 (1) 式可得

$$\begin{aligned}\mathscr{L}\{af(t)+bg(t)\}&=\int_0^\infty e^{-st}[af(t)+bg(t)]\,dt\\&=a\int_0^\infty e^{-st}f(t)\,dt+b\int_0^\infty e^{-st}g(t)\,dt=a\mathscr{L}\{f(t)\}+b\mathscr{L}\{g(t)\}\end{aligned}$$

■

例題 3　定理 1 之應用：雙曲線函數

請求出 $\cosh at$ 和 $\sinh at$ 之轉換。

解

因爲 $\cosh at=\frac{1}{2}(e^{at}+e^{-at})$ 且 $\sinh at=\frac{1}{2}(e^{at}-e^{-at})$，我們從例題 2 和定理 1 可得

$$\mathscr{L}(\cosh at)=\frac{1}{2}(\mathscr{L}(e^{at})+\mathscr{L}(e^{-at}))=\frac{1}{2}\left(\frac{1}{s-a}+\frac{1}{s+a}\right)=\frac{s}{s^2-a^2}$$

$$\mathscr{L}(\sinh at)=\frac{1}{2}(\mathscr{L}(e^{at})-\mathscr{L}(e^{-at}))=\frac{1}{2}\left(\frac{1}{s-a}-\frac{1}{s+a}\right)=\frac{a}{s^2-a^2}$$

■

例題 4　餘弦及正弦函數

推導公式

$$\mathscr{L}(\cos\omega t)=\frac{s}{s^2+\omega^2},\quad \mathscr{L}(\sin\omega t)=\frac{\omega}{s^2+\omega^2}$$

解

我們令 $L_c=\mathscr{L}(\cos\omega t)$ 且 $L_s=\mathscr{L}(\sin\omega t)$。部分積分，且注意到上極限∞對直接代入部分沒有貢獻，可得

$$L_c=\int_0^\infty e^{-st}\cos\omega t\,dt=\frac{e^{-st}}{-s}\cos\omega t\Big|_0^\infty-\frac{\omega}{s}\int_0^\infty e^{-st}\sin\omega t\,dt=\frac{1}{s}-\frac{\omega}{s}L_s$$

$$L_s=\int_0^\infty e^{-st}\sin\omega t\,dt=\frac{e^{-st}}{-s}\sin\omega t\Big|_0^\infty+\frac{\omega}{s}\int_0^\infty e^{-st}\cos\omega t\,dt=\frac{\omega}{s}L_c$$

將 L_s 代入 L_c 的公式的右側，然後將 L_c 代入 L_s 公式的右側，可得

$$L_c = \frac{1}{s} - \frac{\omega}{s}\left(\frac{\omega}{s}L_c\right), \quad L_c\left(1+\frac{\omega^2}{s^2}\right) = \frac{1}{s}, \quad L_c = \frac{s}{s^2+\omega^2},$$

$$L_s = \frac{\omega}{s}\left(\frac{1}{s} - \frac{\omega}{s}L_s\right), \quad L_s\left(1+\frac{\omega^2}{s^2}\right) = \frac{\omega}{s^2}, \quad L_s = \frac{\omega}{s^2+\omega^2}$$

■

基本轉換列於表 6.1。我們將見到，幾乎所有其它的轉換，均可以從這些基本轉換和 Laplcae 轉換的通用性質得到。公式 1–3 是公式 4 的特例，它可以利用歸納法來證明。的確，因爲例題 1 且 $0! = 1$，對於 $n = 0$ 它是成立的。歸納的前提是對任何整數 $n \geq 0$ 成立，並直接從 (1) 式得到對 $n+1$ 時成立。當然，首先由部分積分可得

$$\mathscr{L}(t^{n+1}) = \int_0^\infty e^{-st}t^{n+1}\,dt = -\frac{1}{s}e^{-st}t^{n+1}\Big|_0^\infty + \frac{n+1}{s}\int_0^\infty e^{-st}t^n\,dt$$

現在直接代入部分爲零，且最後一個部分爲 $(n+1)/s$ 乘上 $\mathscr{L}(t^n)$。由此及歸納的前提可得

$$\mathscr{L}(t^{n+1}) = \frac{n+1}{s}\mathscr{L}(t^n) = \frac{n+1}{s}\cdot\frac{n!}{s^{n+1}} = \frac{(n+1)!}{s^{n+2}}$$

公式 4 至此得證。

表 6.1　一些函數 $f(t)$ 及它們的 Laplace 轉換 $\mathscr{L}(f)$

	$f(t)$	$\mathscr{L}(f)$		$f(t)$	$\mathscr{L}(f)$
1	1	$1/s$	7	$\cos\omega t$	$\dfrac{s}{s^2+\omega^2}$
2	t	$1/s^2$	8	$\sin\omega t$	$\dfrac{\omega}{s^2+\omega^2}$
3	t^2	$2!/s^3$	9	$\cosh at$	$\dfrac{s}{s^2-a^2}$
4	t^n $(n = 0, 1, \cdots)$	$\dfrac{n!}{s^{n+1}}$	10	$\sinh at$	$\dfrac{a}{s^2-a^2}$
5	t^a (a positive)	$\dfrac{\Gamma(a+1)}{s^{a+1}}$	11	$e^{at}\cos\omega t$	$\dfrac{s-a}{(s-a)^2+\omega^2}$
6	e^{at}	$\dfrac{1}{s-a}$	12	$e^{at}\sin\omega t$	$\dfrac{\omega}{(s-a)^2+\omega^2}$

公式 5 中的 $\Gamma(a+1)$ 即所謂的 *gamma* 函數 [5.5 節之 (15) 式或附錄 A3.1 中之 (24) 式]。由 (1) 式可得公式 5，令 $st = x$：

$$\mathscr{L}(t^a) = \int_0^\infty e^{-st}t^a\,dt = \int_0^\infty e^{-x}\left(\frac{x}{s}\right)^a\frac{dx}{s} = \frac{1}{s^{a+1}}\int_0^\infty e^{-x}x^a\,dx$$

其中 $s>0$。最後的積分項剛好為 $\Gamma(a+1)$ 之定義，因此可得 $\Gamma(a+1)/s^{a+1}$，如同推論。(注意！$\Gamma(a+1)$ 的積分式中是 x^a，不是 x^{a+1})。

注意公式 4 亦可由公式 5 得知，因為對整數 $n \geq 0$ 來說，$\Gamma(n+1)=n!$。

公式 6–10 已在例題 2–4 中證明。公式 11 和 12 為公式 7 和 8 之「平移」，接下來即要介紹平移。

6.1.2 s 平移：轉換式中以 s – a 取代 s

Laplace 轉換具有下述非常有用之性質，如果我們知道 $f(t)$ 的轉換，我們能馬上知道 $e^{at}f(t)$ 的轉換，如下所示。

定理 2

第一平移定理，s 平移

若 $f(t)$ 之轉換為 $F(s)$ (其中對某個 k 而言，$s>k$)，則 $e^{at}f(t)$ 之轉換為 $F(s-a)$ (其中 $s-a>k$)。公式為

$$\mathscr{L}\{e^{at}f(t)\}=F(s-a)$$

或者兩端取逆轉換

$$e^{at}f(t)=\mathscr{L}^{-1}\{F(s-a)\}$$

證明

在 (1) 式之積分中，以 $s-a$ 取代 s 可得 $F(s-a)$，因此

$$F(s-a)=\int_0^\infty e^{-(s-a)t}f(t)\,dt=\int_0^\infty e^{-st}[e^{at}f(t)]\,dt=\mathscr{L}\{e^{at}f(t)\}$$

當 s 大於某個 k 值時，若 $F(s)$ 存在 (即為有限值)，則對於 $s-a>k$ 第一積分存在。現在對於兩邊取逆轉換，可得此定理之第二個公式。(注意！在 $F(s-a)$ 中是 $-a$，但在 $e^{at}f(t)$ 中是 $+a$)。 ■

例題 5 s 平移：阻尼震盪、配方法

從例題 4 和第一平移定理，可立即獲得表 6.1 中的公式 11 和 12，即

$$\mathscr{L}\{e^{at}\cos\omega t\}=\frac{s-a}{(s-a)^2+\omega^2},\quad \mathscr{L}\{e^{at}\sin\omega t\}=\frac{\omega}{(s-a)^2+\omega^2}$$

例如，用這兩個公式求得下式的逆轉換

$$\mathscr{L}(f)=\frac{3s-137}{s^2+2s+401}$$

解

運用逆轉換，利用它的線性特性 (習題 24)，並加以配方，我們得到

$$f = \mathscr{L}^{-1}\left\{\frac{3(s+1)-140}{(s+1)^2+400}\right\} = 3\mathscr{L}^{-1}\left\{\frac{s+1}{(s+1)^2+20^2}\right\} - 7\mathscr{L}^{-1}\left\{\frac{20}{(s+1)^2+20^2}\right\}$$

我們看到右邊的逆轉換為阻尼震盪 (圖 114)

$$f(t) = e^{-t}(3\cos 20t - 7\sin 20t)$$

■

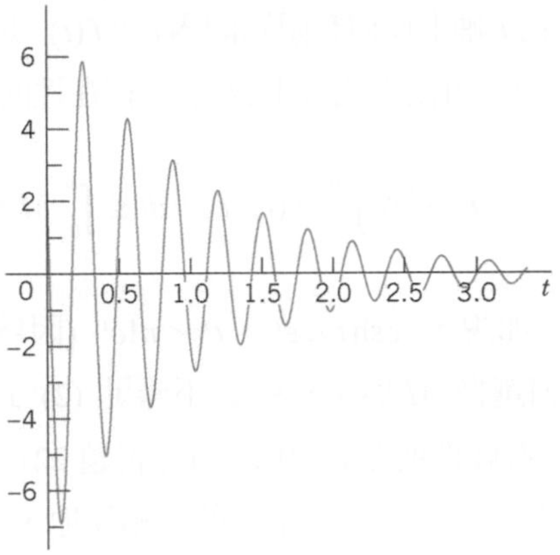

圖 114　例題 5 的振動

6.1.3 Laplace 轉換之存在性與唯一性

這並不是一個重要的實用問題，因為在大部分情況下，我們不必太麻煩就可以檢驗一個 ODE 的解。然而，我們必須明瞭一些基本事實。

若函數 $f(t)$ 不會成長的太快，則其有 Laplace 轉換，也就是說，若對所有 $t \geq 0$ 與某常數 M 和 k，它會滿足「**成長限制**」

(2)
$$|f(t)| \leq Me^{kt}$$

[成長限制 (2) 式有時候被稱為「指數等級的成長」，這有時會造成誤解，因為這樣看不出來其指數一定是 kt 而不是 kt^2，或其它類似的東西]。

$f(t)$ 不須要是連續的，但也不能太糟。專有名詞 (通常用在數學中) 稱為片段連續 (piecewise continuity)。若 $f(t)$ 定義於有限區間 $a \leq t \leq b$，此區間可劃分為有限多個子區間，在每個子區間中 f 都是連續的，且當 t 由內部趨近每個子區間的端點時，f 的極限值為有限值，則稱 $f(t)$ 在該有限區間為**片段連續 (piecewise continuous)**。依此定義可知，唯一可能出現的不連續是如圖 115 所示的**有限躍升 (finite jump)**，但對大多數的應用這樣就足夠了，接下來的定理亦然。

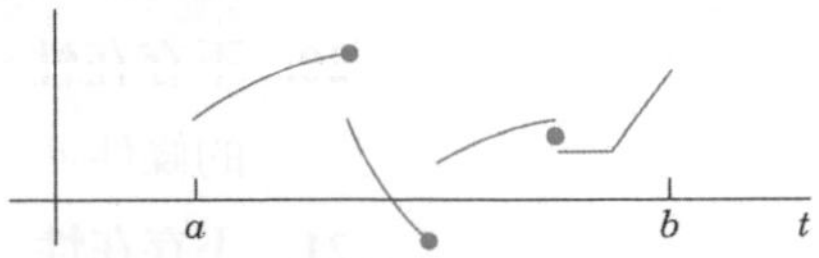

圖 115　片段連續函數 $f(t)$ 之範例 (圓點表示在躍升處之函數值)

定理 3

Laplace 轉換之存在性定理

若 $f(t)$ 在半軸 $t \ge 0$ 上的每個有限區間內為有定義且片段連續，並對所有 $t \ge 0$ 及常數 M 和 k 滿足 (2) 式，則對於所有的 $s > k$ 而言，*Laplace* 轉換 $\mathscr{L}(f)$ 存在。

證明

因爲 $f(t)$ 爲片段連續的，因此在 t 軸上任何有限區間內 $e^{-st}f(t)$ 是可積的。由 (2) 式，假設 $s > k$ (爲確保下式最後一個積分之存在)，可由下式得出 $\mathscr{L}(f)$ 存在性的證明

$$|\mathscr{L}(f)| = \left|\int_0^\infty e^{-st} f(t)\, dt\right| \le \int_0^\infty |f(t)|\, e^{-st}\, dt \le \int_0^\infty Me^{kt} e^{-st}\, dt = \frac{M}{s-k}$$ ■

我們看到 (2) 式很容易檢驗。比如說，$\cosh t < e^t$、$t^n < n!e^t$ (因爲 $t^n/n!$ 是 Maclaurin 級數的一個單項)，諸如此類。不論我們如何選擇 M 與 k，e^{t^2} 爲不滿足 (2) 式的函數 (取對數即可看出)。我們要指出，定理 3 中的條件是充份條件而非必要條件 (見習題 22)。

唯一性 若某函數之 Laplace 轉換存在，則它是唯一的。相反地，我們可證明若兩函數 (兩者均定義在正實數軸上) 具有相同之轉換，雖然它們可能在各獨立點上不同，這兩函數無法在一正長度之區間內保持相異 (參見附錄 1 之參考文獻 [A14])。所以可以說，對某一轉換的逆轉換必定是唯一的。特別是，若兩個*連續*函數具有相同之轉換，則它們必定完全相同。

習題集 6.1

1–16 Laplace 轉換

求下列的轉換，請寫出詳細過程。設 a, b, ω, θ 爲常數。

1. $2t+8$ 2. $(a-bt)^2$
3. $\cos 2\pi t$ 4. $\cos^2 \omega t$
5. $e^{3t}\sinh t$ 6. $e^{-t}\sinh 4t$
7. $\cos(\omega t+\theta)$ 8. $1.5\sin(3t-\pi/2)$

9. 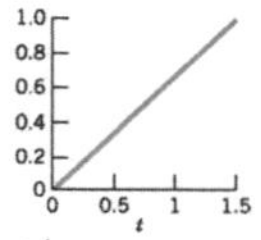

10. 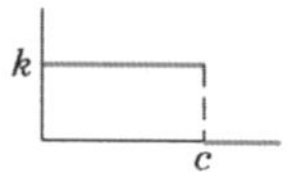

11. 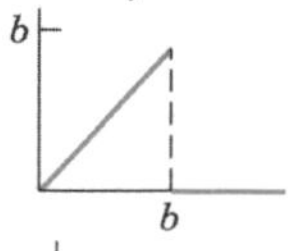

12. 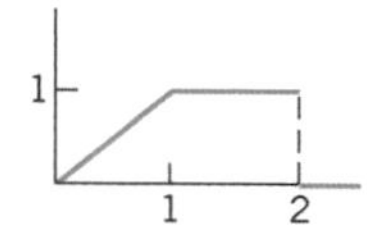

13. 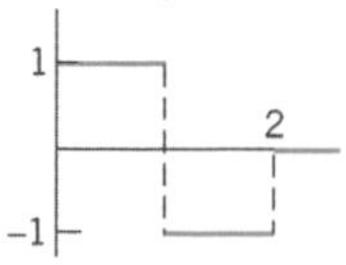

14. 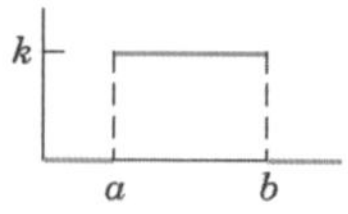

15. 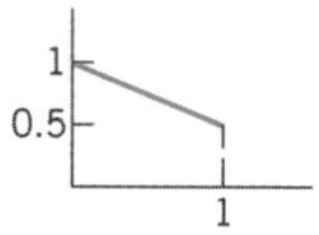

16. 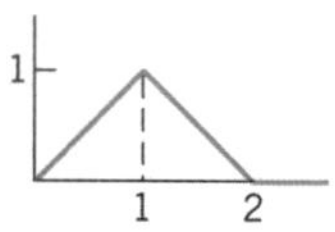

17–24 一些理論

17. **表 6.1** 將此表轉換成求逆轉換的表 (包含明顯的改變，如 $\mathscr{L}^{-1}(1/s^n) = t^{n-1}/(n-1)$ 等等)。
18. 利用習題 10 中的 $\mathscr{L}(f)$ 求 $\mathscr{L}(f_1)$，其中在 $t \le 2$ 時 $f_1(t) = 0$，在 $t > 2$ 時 $f_1(t) = 1$。
19. **表 6.1** 從公式 9 和 10 推導公式 6。
20. **不存在性** 證明 e^{t^2} 不滿足 (2) 式之形式的條件。
21. **不存在性** 舉出數個沒有 Laplace 轉換之函數 (對所有 $t \ge 0$ 有定義) 的簡單例子。

22. **存在性** 證明 $\mathscr{L}(1/\sqrt{t})=\sqrt{\pi}/s$ [利用附錄 3.1 之 (30) 式，$\Gamma(\frac{1}{2})=\sqrt{\pi}$]。由此推論定理 3 對 Laplace 轉換的存在性，其條件爲充份條件而非必要條件。

23. **改變尺度** 若 $\mathscr{L}(f(t))=F(s)$ 且 c 爲任何正常數，證明 $\mathscr{L}(f(ct))=F(s/c)/c$ [提示：使用 (1) 式]。利用此結果以由 $\mathscr{L}(\cos t)$ 求得 $\mathscr{L}(\cos \omega t)$。

24. **逆轉換** 請證明 $\mathscr{L}^{-1}$ 爲線性的。提示：使用 $\mathscr{L}$ 爲線性之事實。

25–32 **Laplace 逆轉換**

已知 $F(s)=\mathscr{L}(f)$，求 $f(t)$，其中 a、b、L、n 爲常數。請寫出詳細之過程。

25. $\dfrac{0.2s+1.4}{s^2+1.96}$ **26.** $\dfrac{5s+1}{s^2-25}$

27. $\dfrac{s}{L^2s^2+1/4\pi^2}$ **28.** $\dfrac{1}{(s+\sqrt{2})(s-\sqrt{3})}$

29. $\dfrac{2}{s^4}-\dfrac{48}{s^6}$ **30.** $\dfrac{4s+32}{s^2-16}$

31. $\dfrac{-s+11}{s^2-2s-3}$ **32.** $\dfrac{1}{(s+a)(s+b)}$

33–45 **s 平移之應用**

在習題 33–36 中，求出 Laplace 轉換。在習題 37–45 中，求出逆轉換。請寫出詳細過程。

33. t^3e^{-2t} **34.** $ke^{-at}\cos \omega t$

35. $2e^{-1/2t}\sin 4\pi t$ **36.** $\sinh t \cos t$

37. $\dfrac{2\pi}{(s+\pi)^3}$ **38.** $\dfrac{6}{(s+1)^3}$

39. $\dfrac{90}{(s+\sqrt{3})^6}$ **40.** $\dfrac{4}{s^2-2s-3}$

41. $\dfrac{\pi}{s^2+4s\pi+3\pi^2}$

42. $\dfrac{a_0}{s+1}+\dfrac{a_1}{(s+1)^2}+\dfrac{a_2}{(s+1)^3}$

43. $\dfrac{6s+7}{2s^2+4s+10}$ **44.** $\dfrac{a(s+k)+b\pi}{(s+k)^2+\pi^2}$

45. $\dfrac{k_0}{s}+\dfrac{k_1}{(s-a)^2}$

6.2 導數及積分之轉換、常微分方程式 (Transforms of Derivatives and Integrals. ODEs)

Laplace 轉換是一種求解 ODE 及初值問題的方法。其重要的概念是，將**函數之微積分運算改爲對轉換函數的代數運算**。概略而言，對 $f(t)$ 的微分會對應於將 $\mathscr{L}(f)$ 乘以 s (參見定理 1 與 2)，而對 $f(t)$ 之積分，則對應於將 $\mathscr{L}(f)$ 除以 s。要求解 ODE，我們必須先考慮導數的 Laplace 轉換。你在學習對數的時候應該已接觸過此種想法。在應用自然對數時，兩數相乘會變成它們對數的相加，兩數相除則變成它們對數的相減 [參見附錄 3 的公式 (2)、(3)]。在前電腦時代，發明對數的主要原因就是爲簡化計算。

定理 1

導數之 Laplace 轉換

$f(t)$ 的一階導數和二階導數之轉換滿足

$$\mathscr{L}(f')=s\mathscr{L}(f)-f(0) \tag{1}$$

$$\mathscr{L}(f'')=s^2\mathscr{L}(f)-sf(0)-f'(0) \tag{2}$$

公式 (1) 成立的條件包括，對所有的 $t \geq 0$，$f(t)$ 為連續，且滿足 6.1 節 (2) 式的成長限制，並且 $f''(t)$ 在半軸 $t \geq 0$ 上對於每一個有限區間均為片段連續。同樣的，(2) 式成立的條件包括，對所有的 $t \geq 0$，f 與 f' 為連續，且滿足成長限制，並且 f'' 在半軸 $t \geq 0$ 上對於每一個有限區間均為片段連續。

證明

我們首先在 f' 為連續的額外假設下證明 (1) 式。由定義及部分積分，

$$\mathscr{L}(f') = \int_0^\infty e^{-st} f'(t)\,dt = [e^{-st} f(t)]\Big|_0^\infty + s\int_0^\infty e^{-st} f(t)\,dt$$

由於 f 滿足 6.1 節之 (2) 式，當 $s > k$ 時，右側直接代入的部分在上限時爲零，而在下限時爲 $-f(0)$。最後的積分項爲 $\mathscr{L}(f)$。因爲 6.1 節之定理 3，在 $s > k$ 下此積分存在。因此，當 $s > k$ 時，$\mathscr{L}(f')$ 存在，且 (1) 式成立。

若 f' 只是片段連續，其證明亦類似。在此情況下，原來 f' 的積分範圍要分割成數個子區間，在每一個子區間上 f' 都是連續的。

將 (1) 式用於 f'' 可證明 (2) 式，然後代換 (1) 式，即

$$\mathscr{L}(f'') = s\mathscr{L}(f') - f'(0) = s\,[s\mathscr{L}(f) - f(0)] = s^2\mathscr{L}(f) - sf(0) - f'(0)$$ ■

依證明 (2) 式的方式繼續代換並用歸納法，我們可將定理 1 延伸如下。

定理 2

任意階導數 $f^{(n)}$ 的 Laplace 轉換

令 $f, f', \cdots, f^{(n-1)}$ 對於所有 $t \geq 0$ 均為連續，且滿足 6.1 節 (2) 式的成長限制。此外，令 $f^{(n)}$ 在半軸 $t \geq 0$ 之每一個有限區間為片段連續，則 $f^{(n)}$ 的轉換滿足

(3) $$\mathscr{L}(f^{(n)}) = s^n\mathscr{L}(f) - s^{n-1}f(0) - s^{n-2}f'(0) - \cdots - f^{(n-1)}(0)$$

例題 1　共振項的轉換 (2.8 節)

令 $f(t) = t\sin\omega t$，則 $f(0) = 0$、$f'(t) = \sin\omega t + \omega t\cos\omega t$、$f'(0) = 0$、$f'' = 2\omega\cos\omega t - \omega^2 t\cos\omega t$。所以由 (2) 式可得

$$\mathscr{L}(f'') = 2\omega\frac{s}{s^2+\omega^2} - \omega^2\mathscr{L}(f) = s^2\mathscr{L}(f) \quad \text{因此} \quad \mathscr{L}(f) = \mathscr{L}(t\sin\omega t) = \frac{2\omega s}{(s^2+\omega^2)^2}$$ ■

例題 2　6.1 節表 6.1 之公式 7 和 8

此爲 $\mathscr{L}(\cos\omega t)$ 和 $\mathscr{L}(\sin\omega t)$ 的第三種推導法；參見 6.1 節例題 4。令 $f(t) = \cos\omega t$，則 $f(0) = 1$、$f'(0) = 0$、$f''(t) = -\omega^2\cos\omega t$。由此及 (2) 式可得

$$\mathscr{L}(f'') = s^2\mathscr{L}(f) - s = -\omega^2\mathscr{L}(f) \quad \text{經由代數運算} \quad \mathscr{L}(\cos\omega t) = \frac{s}{s^2+\omega^2}$$

同樣的，令 $g=\sin\omega t$ ，則 $g(0)=0$ 、 $g'=\omega\cos\omega t$ 。由此及 (1) 式可得

$$\mathscr{L}(g')=s\mathscr{L}(g)=\omega\mathscr{L}(\cos\omega t)\text{。 所以 } \mathscr{L}(\sin\omega t)=\frac{\omega}{s}\mathscr{L}(\cos\omega t)=\frac{\omega}{s^2+\omega^2}$$ ■

6.2.1 函數積分之 Laplace 轉換

微分與積分為相反之運算，乘法與除法亦然。由於函數 $f(t)$ 之微分大體上而言，是相對應於將它的轉換 $\mathscr{L}(f)$ 乘以 s，所以我們預期對 $f(t)$ 之積分會對應於將 $\mathscr{L}(f)$ 除以 s：

定理 3

積分的 Laplace 轉換

令 $F(s)$ 代表函數 $f(t)$ 的轉換，對 $t\ge 0$ 此函數為片段連續，並滿足 6.1 節之 (2) 式的成長限制。則對 $s>0$、$s>k$ 和 $t>0$，

(4) $$\mathscr{L}\left\{\int_0^t f(\tau)\,d\tau\right\}=\frac{1}{s}F(s) \quad \text{因此} \quad \int_0^t f(\tau)\,d\tau=\mathscr{L}^{-1}\left\{\frac{1}{s}F(s)\right\}$$

證明

令 (4) 式的積分為 $g(t)$，因為 $f(t)$ 為片段連續、 $g(t)$ 為連續，以及 6.1 節的 (2) 式，可得

$$|g(t)|=\left|\int_0^t f(\tau)\,d\tau\right|\le\int_0^t|f(\tau)|\,d\tau\le M\int_0^t e^{k\tau}\,d\tau=\frac{M}{k}(e^{kt}-1)\le\frac{M}{k}e^{kt} \qquad (k>0)$$

上式指出 $g(t)$ 亦滿足成長限制。同時，除了在 $f(t)$ 為不連續點之外， $g'(t)=f(t)$ 。所以 $g'(t)$ 在每一個有限區間內是呈現片段連續的，而且由定理 1，因為 $g(0)=0$ (由 0 至 0 的積分為零)

$$\mathscr{L}\{f(t)\}=\mathscr{L}\{g'(t)\}=s\mathscr{L}\{g(t)\}-g(0)=s\mathscr{L}\{g(t)\}$$

除以 s 並將左右兩邊對調可得 (4) 的第一個公式，再將其兩側取逆轉換可得第二個公式。 ■

例題 3 定理 3 之應用：6.9 節表中的公式 19、20

利用定理 3，求出 $\dfrac{1}{s(s^2+\omega^2)}$ 和 $\dfrac{1}{s^2(s^2+\omega^2)}$ 的逆轉換。

解

從 6.1 節中的表 6.1 和 (4) 式中的積分 (第二個公式等號兩邊互換)，可得

$$\mathscr{L}^{-1}\left\{\frac{1}{s^2+\omega^2}\right\}=\frac{\sin\omega t}{\omega}, \qquad \mathscr{L}^{-1}\left\{\frac{1}{s(s^2+\omega^2)}\right\}=\int_0^t\frac{\sin\omega\tau}{\omega}d\tau=\frac{1}{\omega^2}(1-\cos\omega t)$$

此為 6.9 節中之公式 19。再次積分此結果並和前面一樣使用 (4) 式，可得 6.9 節公式 20：

$$\mathscr{L}^{-1}\left\{\frac{1}{s^2(s^2+\omega^2)}\right\}=\frac{1}{\omega^2}\int_0^t(1-\cos\omega\tau)d\tau=\left[\frac{\tau}{\omega^2}-\frac{\sin\omega\tau}{\omega^3}\right]_0^t=\frac{t}{\omega^2}-\frac{\sin\omega t}{\omega^3}$$

像這種可以用好幾種方法得到同樣結果的情形，是典型的現象。在此例中，試著以部分分式化簡看看。■

6.2.2 微分方程式、初值問題

我們現在討論如何用 Laplace 轉換法，求解 ODE 及初值問題。考慮初值問題

(5) $$y'' + ay' + by = r(t), \quad y(0) = K_0, \quad y'(0) = K_1$$

其中 a 與 b 是常數。在此式中 $r(t)$ 爲施加於機械或電子系統上的**輸入** (驅動力)，而 $y(t)$ 爲產生的**輸出** (對輸入之響應)。以 Laplace 法求解時，分爲三個步驟：

步驟 1：建立輔助方程式 (subsidiary equation) 這是一個用於轉換 $Y = \mathscr{L}(y)$ 的代數方程式，它是來自以 (1) 式與 (2) 式轉換 (5) 式，也就是

$$[s^2Y - sy(0) - y'(0)] + a[sY - y(0)] + bY = R(s)$$

其中 $R(s) = \mathscr{L}(r)$。整併含 Y 之各項，可得輔助方程式

$$(s^2 + as + b)Y = (s + a)y(0) + y'(0) + R(s)$$

步驟 2：以代數方法求解輔助方程式 除以 $s^2 + as + b$，並利用所謂的**轉移函數 (transfer function)**

(6) $$Q(s) = \frac{1}{s^2 + as + b} = \frac{1}{(s + \frac{1}{2}a)^2 + b - \frac{1}{4}a^2}$$

(Q 常被記爲 H，但我們需要將 H 用在別的地方)。可得解

(7) $$Y(s) = [(s + a)y(0) + y'(0)]\,Q(s) + R(s)Q(s)$$

若 $y(0) = y'(0) = 0$，這就是 $Y = RQ$；因此

$$Q = \frac{Y}{R} = \frac{\mathscr{L}(\text{output})}{\mathscr{L}(\text{input})}$$

這就說明了 Q 名稱的由來。注意 **Q 與 $r(t)$ 及初始條件均無關** (只與 a 及 b 有關)。

步驟 3：將 Y 逆轉換以得到 $y = \mathscr{L}^{-1}(Y)$ 我們將 (7) 式化簡 (通常像微積分那樣採用**部分分式**) 成許多項之和，每一項之逆轉換可查表 (例如，6.1 節或 6.9 節) 或由 CAS 得到，所以可得 (5) 式之解 $y(t) = \mathscr{L}^{-1}(Y)$。

例題 4 初值問題：Laplace 轉換基本步驟

求解

$$y'' - y = t, \quad y(0) = 1, \quad y'(0) = 1$$

解

步驟 1： 由 (2) 式及表 6.1，可得輔助方程式 [其中 $Y=\mathscr{L}(y)$]

$$s^2Y - sy(0) - y'(0) - Y = 1/s^2 \quad \text{因此} \quad (s^2-1)Y = s+1+1/s^2$$

步驟 2： 轉移函數爲 $Q=1/(s^2-1)$，且 (7) 式成爲

$$Y=(s+1)Q+\frac{1}{s^2}Q=\frac{s+1}{s^2-1}+\frac{1}{s^2(s^2-1)}$$

將第一個分式簡化並將第二個分式展開，得到

$$Y=\frac{1}{s-1}+\left(\frac{1}{s^2-1}-\frac{1}{s^2}\right)$$

步驟 3： 由上式之 Y 及表 6.1 可得解爲

$$y(t)=\mathscr{L}^{-1}(Y)=\mathscr{L}^{-1}\left\{\frac{1}{s-1}\right\}+\mathscr{L}^{-1}\left\{\frac{1}{s^2-1}\right\}-\mathscr{L}^{-1}\left\{\frac{1}{s^2}\right\}=e^t+\sinh t-t$$

圖 116 總合了整個流程。■

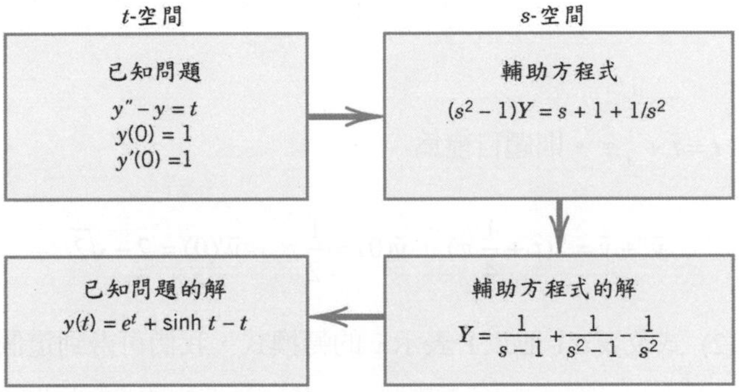

圖 116　Laplace 轉換法的各步驟

例題 5　與一般的方法作比較

求解初值問題

$$y''+y'+9y=0, \quad y(0)=0.16, \quad y'(0)=0$$

解

從 (1) 式與 (2) 式可得輔助方程式爲

$$s^2Y-0.16s+sY-0.16+9Y=0 \quad \text{因此} \quad (s^2+s+9)Y=0.16(s+1)$$

其解爲

$$Y=\frac{0.16(s+1)}{s^2+s+9}=\frac{0.16(s+\frac{1}{2})+0.08}{(s+\frac{1}{2})^2+\frac{35}{4}}$$

所以由第一平移定理與表 6.1 中的餘弦與正弦公式，可得

$$y(t)=\mathscr{L}^{-1}(Y)=e^{-t/2}\left(0.16\cos\sqrt{\frac{35}{4}}t+\frac{0.08}{\frac{1}{2}\sqrt{35}}\sin\sqrt{\frac{35}{4}}t\right)$$
$$=e^{-0.5t}(0.16\cos 2.96t+0.027\sin 2.96t).$$

此結果與 2.4 節例題 2 之情況 (III) 一致，計算流程較少。 ■

Laplace 法的優點

1. 求解非齊次 *ODE* 時，不須要先求解齊次 *ODE*。見例題 4。
2. 初值自動被納入考慮。見例題 4 和 5。
3. 能有效率的處理複雜的輸入 $r(t)$ (ODE 的右側)，這將於以下各節說明。

例題 6 平移數據問題

此種問題指的是在初值問題中，初始條件是給定在某一時間 $t=t_0>0$ 而非 $t=0$。對此類問題，設 $t=\tilde{t}+t_0$ 使得在 $t=t_0$ 時 $\tilde{t}=0$，如此就可使用 Laplace 轉換。譬如說，求解

$$y''+y=2t,\quad y(\frac{1}{4}\pi)=\frac{1}{2}\pi,\quad y'(\frac{1}{4}\pi)=2-\sqrt{2}$$

解

已知 $t_0=\frac{1}{4}\pi$，所以令 $t=\tilde{t}+\frac{1}{4}\pi$。則題目變爲

$$\tilde{y}''+\tilde{y}=2(\tilde{t}+\frac{1}{4}\pi),\quad \tilde{y}(0)=\frac{1}{2}\pi,\quad \tilde{y}'(0)=2-\sqrt{2}$$

其中 $\tilde{y}(\tilde{t})=y(t)$。由 (2) 式及表 6.1 並以 $\tilde{Y}$ 表示 $\tilde{y}$ 的轉換式，我們可得到這個經「平移」的初值問題的輔助方程式爲

$$s^2\tilde{Y}-s\cdot\frac{1}{2}\pi-(2-\sqrt{2})+\tilde{Y}=\frac{2}{s^2}+\frac{\frac{1}{2}\pi}{s}\quad \text{因此}\quad (s^2+1)\tilde{Y}=\frac{2}{s^2}+\frac{\frac{1}{2}\pi}{s}+\frac{1}{2}\pi s+2-\sqrt{2}$$

以代數法求解 $\tilde{Y}$，可得

$$\tilde{Y}=\frac{2}{(s^2+1)s^2}+\frac{\frac{1}{2}\pi}{(s^2+1)s}+\frac{\frac{1}{2}\pi s}{s^2+1}+\frac{2-\sqrt{2}}{s^2+1}$$

前兩項的逆轉換可由例題 3 (其中 $\omega=1$) 得到，後兩項爲餘弦和正弦

$$\tilde{y}=\mathscr{L}^{-1}(\tilde{Y})=2(\tilde{t}-\sin\tilde{t})+\frac{1}{2}\pi(1-\cos\tilde{t})+\frac{1}{2}\pi\cos\tilde{t}+(2-\sqrt{2})\sin\tilde{t}$$
$$=2\tilde{t}+\frac{1}{2}\pi-\sqrt{2}\sin\tilde{t}.$$

代回 $\tilde{t} = t - \frac{1}{4}\pi$ 、 $\sin \tilde{t} = \frac{1}{\sqrt{2}}(\sin t - \cos t)$ ，可得答案 (解) 為

$$y = 2t - \sin t + \cos t$$

習題集 6.2

1–11 初值問題

以 Laplace 轉換求解初值問題。如果須要的話，使用如例題4的部分分式展開，請寫出詳細過程。

1. $y' + \frac{2}{3}y = -4\cos 2t, \quad y(0) = 0$

2. $y' + 2y = 0, \quad y(0) = 1.5$

3. $y'' + y' - 6y = 0, \quad y(0) = 1, \quad y'(0) = 1$

4. $y'' + 9y = 10e^{-t}, \quad y(0) = 0, \quad y'(0) = 0$

5. $y'' - \frac{1}{4}y = 0, \quad y(0) = 12, \quad y'(0) = 0$

6. $y'' - 6y' + 5y = 29\cos 2t, \ y(0) = 3.2, \ y'(0) = 6.2$

7. $y'' + 7y' + 12y = 21e^{3t}, \quad y(0) = 3.5,$
$y'(0) = -10$

8. $y'' - 4y' + 4y = 0, \quad y(0) = 8.1, \quad y'(0) = 3.9$

9. $y'' - 3y' + 2y = 4t - 8, \quad y(0) = 2, \quad y'(0) = 7$

10. $y'' + 0.04y = 0.02t^2, \ y(0) = -25, \ y'(0) = 0$

11. $y'' + 3y' + 2.25y = 9t^3 + 64, \quad y(0) = 1,$
$y'(0) = 31.5$

12–15 平移數據問題

使用 Laplace 轉換，求出下列平移數據初值問題，請寫出詳細過程。

12. $y'' + 2y' - 3y = 0, \quad y(2) = -3, \quad y'(2) = -5$

13. $y' - 6y = 0, \quad y(-1) = 4$

14. $y'' + 2y' + 5y = 50t - 100, \quad y(2) = -4,$
$y'(2) = 14$

15. $y'' + 3y' - 4y = 6e^{2t-3}, \quad y(1.5) = 4,$
$y'(1.5) = 5$

16–21 由微分得到轉換

利用 (1) 或 (2) 式求 $\mathscr{L}(f)$ ， $f(t)$ 如以下各題所示：

16. $t\cos 4t$ **17.** te^{at}

18. $\cos^2 2t$ **19.** $\cos^2 \omega t$

20. $\sin^4 t$。利用習題 19。 **21.** $\sinh^2 t$

22. 專題 更多微分法的結果

依例題 1 進行，以得到

(a) $\mathscr{L}(t\cos\omega t) = \dfrac{s^2 - \omega^2}{(s^2 + \omega^2)^2}$

由上式及例題 1 求 6.9 節的 **(b)** 公式 21、**(c)** 22、**(d)** 23。

(e) $\mathscr{L}(t\cosh at) = \dfrac{s^2 + a^2}{(s^2 - a^2)^2}$

(f) $\mathscr{L}(t\sinh at) = \dfrac{2as}{(s^2 - a^2)^2}$

23–29 使用積分的逆轉換

利用定理 3 求 $f(t)$， $\mathscr{L}(F)$ 如以下各題所給：

23. $\dfrac{2}{s^2 + s/3}$ **24.** $\dfrac{20}{s^3 - 2\pi s^2}$

25. $\dfrac{1}{s(s^2 + \omega^2/4)}$ **26.** $\dfrac{1}{s^4 - s^2}$

27. $\dfrac{s+8}{s^4 + 4s^2}$ **28.** $\dfrac{3s+4}{s^4 + k^2 s^2}$

29. $\dfrac{1}{s^3 + as^2}$

30. 專題 6.2 節的討論

(a) 舉出為何定理 1 和 2 比定理 3 重要的原因。

(b) 為延伸定理 1，說明若 $f(t)$ 除了在 $t = a$ (> 0) 有普通不連續 (有限躍升) 之外皆為連續的，其它條件仍如定理 1，則 (見圖 117)

(1*) $\mathscr{L}(f') = s\mathscr{L}(f) - f(0) - [f(a+0) - f(a-0)]e^{-as}$

(c) 驗證(1*)，其中當 $0 < t < 1$ 時 $f(t) = e^{-t}$，當 $t > 1$ 時則為 0。

(d) 比較以 Laplace 轉換或第二章的方法求解 ODE 的差異。自行舉例，以說明現在這個方法的優點 (就我們目前已學到的範圍)。

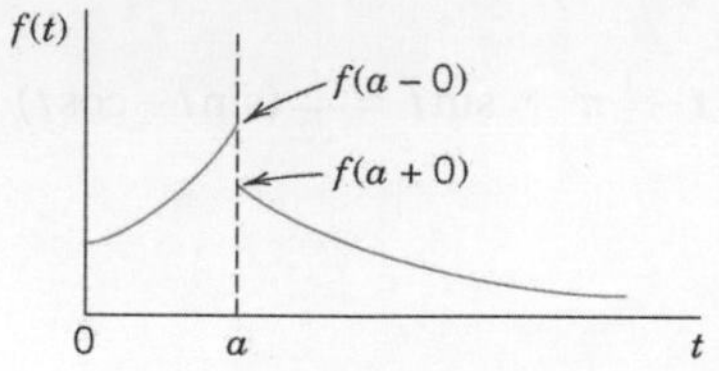

圖 117 公式 (1*)

6.3 單位步階函數 (Heaviside Function)、第二平移定理(t 平移) [Unit Step Function (Heaviside Function). Second Shifting Theorem (t-Shifting)]

本節和下一節非常重要，因為我們將說明 Laplace 轉換法在實際應用上的眞正威力，以及相較於第 2 章的古典方法，它的優越性。因為我們要介紹兩個輔助函數，**單位步階函數或稱** *Heaviside* 函數 $u(t-a)$ (下面將介紹) 與 *Dirac's delta* 函數 $\delta(t-a)$ (在 6.4 節介紹)。這兩個函數適用於求解等號右邊很複雜的 ODE，這種 ODE 在工程應用上非常重要，諸如單一波、輸入 (驅動力) 是不連續的或僅作用一段時間、餘弦和正弦波之外更一般性的週期輸入、或者是瞬間衝力 (例如鎚擊)。

6.3.1 單位步階函數 (Heaviside 函數) $u(t-a)$

在 $t < a$ 時，**單位步階函數**或 **Heaviside 函數** $u(t-a)$ 為 0，而在 $t = a$ (無須定義位置) 時有一躍升值為 1，且在 $t > a$ 時為 1，其公式為：

(1)
$$u(t-a)=\begin{cases}0 & \text{if } t<a\\ 1 & \text{if } t>a\end{cases} \qquad (a \geq 0)$$

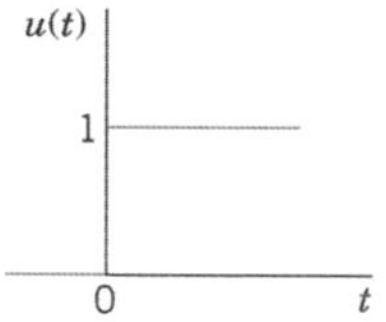

圖 118 單位步階函數 $u(t)$

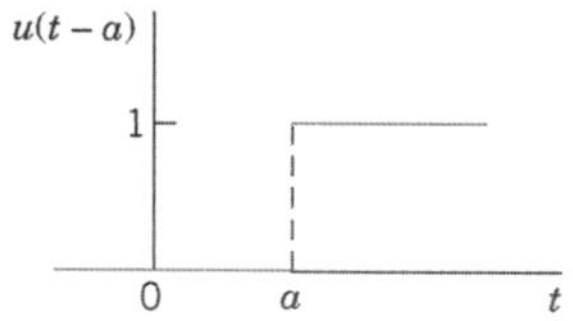

圖 119 單位步階函數 $u(t-a)$

圖 118 顯示了 $u(t)$ 的特例，它在零點有躍升，而圖 119 為對任意正值 a 之一般情形 $u(t-a)$ (關於 Heaviside 參見 6.1 節)。

$u(t-a)$ 的轉換直接從 6.1 節定義的積分而來，

$$\mathscr{L}\{u(t-a)\} = \int_0^\infty e^{-st}u(t-a)\,dt = \int_0^\infty e^{-st}\cdot 1\,dt = -\frac{e^{-st}}{s}\Bigg|_{t=a}^{\infty};$$

因為 $t < a$ 時 $u(t-a)$ 為 0，在此，積分由 $t = a\,(\geq\ 0)$ 開始。因此

(2)
$$\mathscr{L}\{u(t-a)\} = \frac{e^{-as}}{s} \qquad (s > 0)$$

單位步階函數是一典型的「工程用函數」，用來計算工程上的應用，這些應用通常是包括「開」或「關」兩種狀態的函數 (如機械的或電子的驅動力)。將函數 $f(t)$ 乘以 $u(t-a)$ 可得所有種類的效應。這個簡單的觀念如圖 120 及 121 所示。在圖 120 中已知函數如 (A) 所示。在 (B) 圖中，它在 $t=0$ 和 $t=2$ 之間關閉 (因爲在 $t<2$ 時 $u(t-2)=0$)，且在 $t=2$ 時再度開起。在 (C) 中，它整個向右移了 2 單位，例如 2 秒，所以它以先前的方式但延後 2 秒開始。後面有更一般性的用法。

對所有的負値的 t，令 $f(t)=0$。則 $f(t-a)\,u(t-a)$ 爲 $f(t)$向右**平移** (轉移) 一個 a 的量，其中 $a>0$。

圖 121 中顯示了許多單位步階函數的效應，在 (A) 中有 3 個，而當 (B) 以週期性往右延伸時，則有無限多個；這就是整流器的效應，它們濾掉正弦波電壓的負半波。注意！請確定你完全了解這些圖的意義，尤其是圖 120 中 (B) 及 (C) 部分的差異。圖 120 (C) 將應用於後。

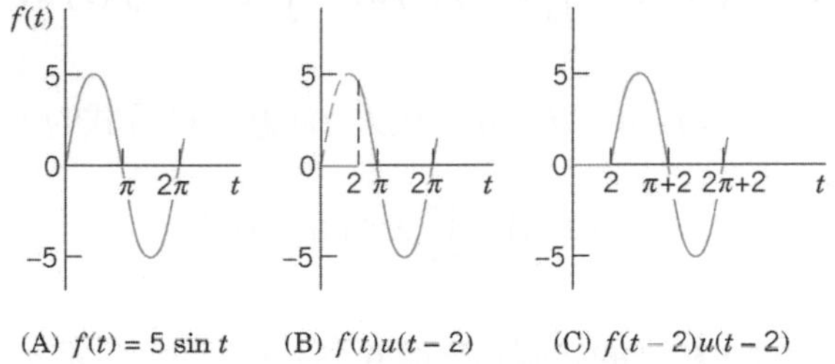

圖 120　單位步階函數的效應：(A) 已知函數，(B) 關斷及再開 (C) 平移

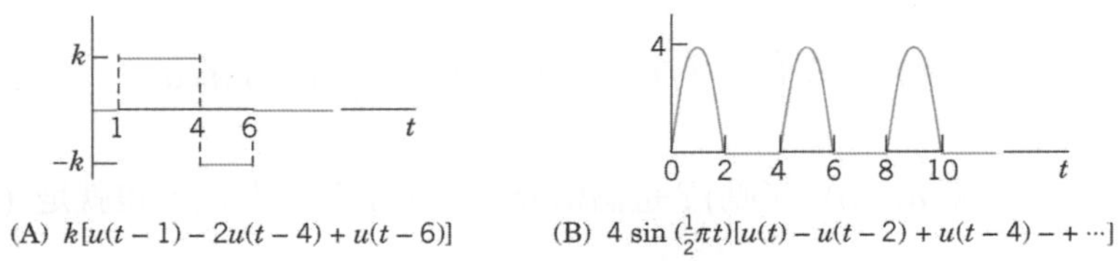

圖 121　使用多個單位步階函數

6.3.2　時間平移 (t 平移)：在 $f(t)$ 中將 t 換成 $t-a$

在 6.1 節中的第一平移定理 (「s 平移」)，是用於轉換 $F(s)=\mathscr{L}\{f(t)\}$ 和 $F(s-a)=\mathscr{L}\{e^{at}f(t)\}$。第二平移定理則是關於 $f(t)$ 和 $f(t-a)$。單位步階函數恰爲此工具，且在將單位步階函數與其它任意函數合併使用時，必須用到此定理。

定理 1

第二平移定理；時間平移

若 $f(t)$ 具有轉換 $F(s)$，則下列的「**平移函數**」

(3)
$$\tilde{f}(t)=f(t-a)u(t-a)=\begin{cases}0 & 若\ t<a\\ f(t-a) & 若\ t>a\end{cases}$$

的轉換爲 $e^{-as}F(s)$。也就是，若 $\mathscr{L}\{f(t)\}=F(s)$，則

(4)
$$\mathscr{L}\{f(t-a)u(t-a)\}=e^{-as}F(s)$$

或者，若我們對兩側取逆轉換，可得

(4*)
$$f(t-a)u(t-a) = \mathscr{L}^{-1}\{e^{-as}F(s)\}$$

實際上說，如果我們已知 $F(s)$，則可以藉由將 $F(s)$ 乘以 e^{-as} 來得到 (3) 式的轉換。在圖 120 中，$5\sin t$ 的轉換為 $F(s)=5/(s^2+1)$，所以圖 120 (C) 所示的平移函數 $5\ \sin(t-2)u(t-2)$ 的轉換為

$$e^{-2s}F(s) = 5e^{-2s}/(s^2+1)$$

證明

我們要證明定理 1。在 (4) 式右邊，我們使用 Laplace 轉換的定義，以 τ 代替 t (以使 t 之後可以使用)。然後，將 e^{-as} 置入積分式，可得

$$e^{-as}F(s) = e^{-as}\int_0^\infty e^{-s\tau} f(\tau)\,d\tau = \int_0^\infty e^{-s(\tau+a)} f(\tau)\,d\tau$$

在積分式中令 $\tau+a=t$，所以 $\tau=t-a$、$d\tau=dt$，代入 (注意，積分式的下限改變了！)，可得

$$e^{-as}F(s) = \int_a^\infty e^{-st} f(t-a)\,dt$$

為了使右邊成為 Laplace 轉換，積分的範圍必須從 0 到∞，而非從 a 到∞。不過這很簡單，我們在積分內乘上 $u(t-a)$，則從 0 到 a 對 t 積分的被積式為 0，則我們可以像 (3) 式那樣用 $\tilde{f}$ 寫成

$$e^{-as}F(s) = \int_0^\infty e^{-st} f(t-a)u(t-a)\,dt = \int_0^\infty e^{-st}\tilde{f}(t)\,dt$$

(你現在了解為什麼會出現 $u(t-a)$ 了嗎)？這個積分式為 (4) 式的左側，也就是 (3) 式中 $\tilde{f}(t)$ 的 Laplace 轉換。故得證。 ■

例題 1 **定理 1 之應用：使用單位步階函數**

請以單位步階函數寫出下列函數，並求出下列函數之轉換。

$$f(t) = \begin{cases} 2 & \text{if } 0<t<1 \\ \frac{1}{2}t^2 & \text{if } 1<t<\frac{1}{2}\pi \\ \cos t & \text{if } \quad t>\frac{1}{2}\pi \end{cases} \qquad \text{(圖 122)}$$

解

步驟 1：先表示成單位步階函數之形式，

$$f(t) = 2(1-u(t-1)) + \frac{1}{2}t^2(u(t-1)-u(t-\frac{1}{2}\pi)) + (\cos t)u(t-\frac{1}{2}\pi)$$

的確，$2(1-u(t-1))$ 為 $0<t<1$ 時的 $f(t)$，餘類推。

步驟 2： 爲了應用定理 1，我們必須把 $f(t)$ 內的每一項寫成 $f(t-a)u(t-a)$ 的形式。因此 $2(1-u(t-1))$ 維持不變，且其轉換爲 $2(1-e^{-s})/s$。然後

$$\mathscr{L}\left\{\frac{1}{2}t^2u(t-1)\right\}=\mathscr{L}\left\{\left(\frac{1}{2}(t-1)^2+(t-1)+\frac{1}{2}\right)u(t-1)\right\}=\left(\frac{1}{s^3}+\frac{1}{s^2}+\frac{1}{2s}\right)e^{-s}$$

$$\mathscr{L}\left\{\frac{1}{2}t^2u\left(t-\frac{1}{2}\pi\right)\right\}=\mathscr{L}\left\{\left(\frac{1}{2}\left(t-\frac{1}{2}\pi\right)^2+\frac{\pi}{2}\left(t-\frac{1}{2}\pi\right)+\frac{\pi^2}{8}\right)u\left(t-\frac{1}{2}\pi\right)\right\}$$

$$=\left(\frac{1}{s^3}+\frac{\pi}{2s^2}+\frac{\pi^2}{8s}\right)e^{-\pi s/2}$$

$$\mathscr{L}\left\{(\cos t)u\left(t-\frac{1}{2}\pi\right)\right\}=\mathscr{L}\left\{-\left(\sin\left(t-\frac{1}{2}\pi\right)\right)u\left(t-\frac{1}{2}\pi\right)\right\}=-\frac{1}{s^2+1}e^{-\pi s/2}$$

合在一起，

$$\mathscr{L}(f)=\frac{2}{s}-\frac{2}{s}e^{-s}+\left(\frac{1}{s^3}+\frac{1}{s^2}+\frac{1}{2s}\right)e^{-s}-\left(\frac{1}{s^3}+\frac{\pi}{2s^2}+\frac{\pi^2}{8s}\right)e^{-\pi s/2}-\frac{1}{s^2+1}e^{-\pi s/2}$$

如果將 $f(t)$ 換成 $f(t-a)$ 不方便，則用下式取代

(4)** $$\mathscr{L}\{f(t)u(t-a)\}=e^{-as}\mathscr{L}\{f(t+a)\}$$

令 (4) 式之 $f(t-a)=g(t)$，因此 $f(t)=g(t+a)$，然後再以 f 取代 g，得 (4**)，因此

$$\mathscr{L}\left\{\frac{1}{2}t^2u(t-1)\right\}=e^{-s}\mathscr{L}\left\{\frac{1}{2}(t+1)^2\right\}=e^{-s}\mathscr{L}\left\{\frac{1}{2}t^2+t+\frac{1}{2}\right\}=e^{-s}\left(\frac{1}{s^3}+\frac{1}{s^2}+\frac{1}{2s}\right)$$

與之前的答案相同。對 $\mathscr{L}\left\{\frac{1}{2}t^2u(t-\frac{1}{2}\pi)\right\}$ 亦類似。最後，由式 (4**)，

$$\mathscr{L}\left\{\cos t\, u\left(t-\frac{1}{2}\pi\right)\right\}=e^{-\pi s/2}\mathscr{L}\left\{\cos\left(t+\frac{1}{2}\pi\right)\right\}=e^{-\pi s/2}\mathscr{L}\{-\sin t\}=-e^{-\pi s/2}\frac{1}{s^2+1}$$ ■

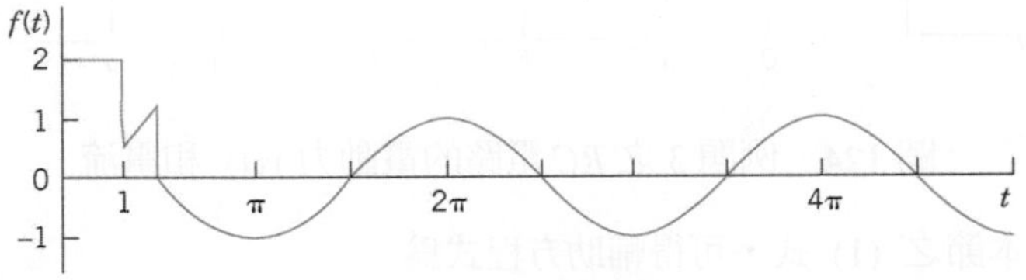

圖 122 例題 1 的 $f(t)$

例題 2 兩個平移定理的應用：逆轉換

請求出下式之逆轉換 $f(t)$。

$$F(s)=\frac{e^{-s}}{s^2+\pi^2}+\frac{e^{-2s}}{s^2+\pi^2}+\frac{e^{-3s}}{(s+2)^2}$$

解

若$F(s)$ 這三項的分子沒有指數函數，則$F(s)$ 之逆轉換將會是 $(\sin \pi t)/\pi$ 、$(\sin \pi t)/\pi$ 與te^{-2t} ，因爲$1/s^2$的逆轉換爲t，所以由 6.1 節第一平移定理可得$1/(s+2)^2$ 的逆轉換爲te^{-2t}。因此由第二平移定理 (t平移)，

$$f(t)=\frac{1}{\pi}\sin(\pi(t-1))u(t-1)+\frac{1}{\pi}\sin(\pi(t-2))u(t-2)+(t-3)e^{-2(t-3)}u(t-3)$$

現在$\sin(\pi t-\pi)=-\sin \pi t$ 且$\sin(\pi t-2\pi)=\sin \pi t$ ，所以在$t>2$時第一和第二項互消。因此我們得到$f(t)=0$若$0<t<1$、$-(\sin \pi t)/\pi$ 若$1<t<2$、0 若$2<t<3$，及 $(t-3)e^{-2(t-3)}$ 若$t>3$。見圖 123。

■

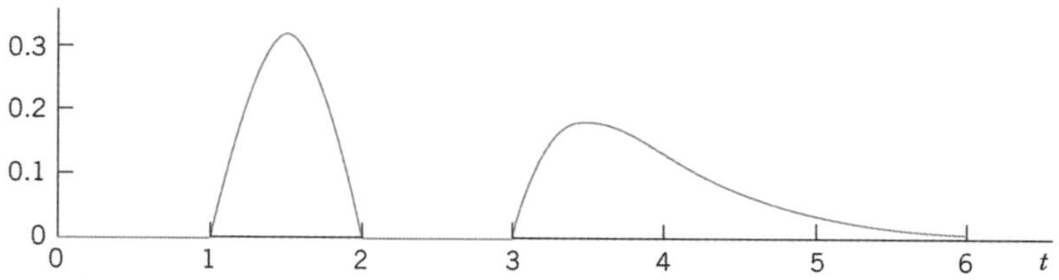

圖 123 例題 2 的 $f(t)$

例題 3 *RC* 電路對於單一方波之響應

對於圖 124 之RC電路若加入電壓爲V_0之單一方波，請求出電流$i(t)$。假設電路在方波未加入前是處於靜止的。

解

其輸入爲$V_0[u(t-a)-u(t-b)]$。此電路之模型爲微分－積分方程式 (參見 2.9 節及圖 124)

$$Ri(t)+\frac{q(t)}{C}=Ri(t)+\frac{1}{C}\int_0^t i(\tau)\,d\tau=v(t)=V_0[u(t-a)-u(t-b)]$$

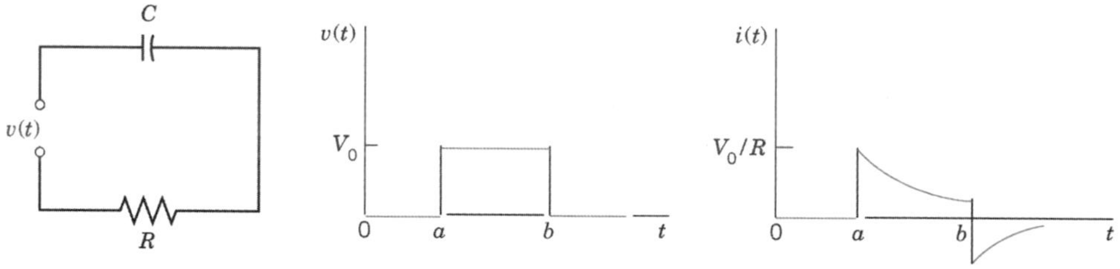

圖 124 例題 3 之RC電路的電動力 $v(t)$ 和電流

利用 6.2 節定理 3 及本節之 (1) 式，可得輔助方程式爲

$$RI(s)+\frac{I(s)}{sC}=\frac{V_0}{s}[e^{-as}-e^{-bs}]$$

以代數法求出方程式之解$Y(s)=\dfrac{1}{s(s^2+3s+2)}(e^{-s}-e^{-2s})$ ，可得

$$I(s)=F(s)(e^{-as}-e^{-bs}) \quad 其中 \quad F(s)=\frac{V_0/R}{s+1/(RC)} \quad 且 \quad \mathcal{L}^{-1}(F)=\frac{V_0}{R}e^{-t/(RC)}$$

最後一個表示式是由 6.1 節之表 6.1 得來，所以由定理 1 可得下式之解 (圖 124)

$$i(t)=\mathscr{L}^{-1}(I)=\mathscr{L}^{-1}\{e^{-as}F(s)\}-\mathscr{L}^{-1}\{e^{-bs}F(s)\}=\frac{V_0}{R}[e^{-(t-a)/(RC)}u(t-a)-e^{-(t-b)/(RC)}u(t-b)]\text{ ；}$$

亦即，若 $t<a$ 則 $i(t)=0$ ，而且

$$i(t)=\begin{cases}K_1e^{-t/(RC)} & \text{if } a<t<b\\ (K_1-K_2)e^{-t/(RC)} & \text{if } a>b\end{cases}$$

其中 $K_1=V_0\,e^{a/(RC)}/R$ 且 $K_2=V_0\,e^{b/(RC)}/R$ 。 ■

例題 4 *RLC* 電路對作用一段時間之正弦輸入的響應

求出圖 125 中 *RLC* 電路的響應 (電流)，其中 $E(t)$ 為僅作用一段短時間的正弦波，即

$$E(t)=100\sin 400t \quad \text{若 } 0<t<2\pi \quad \text{且} \quad E(t)=0 \quad \text{若} \quad t>2\pi$$

且電流及電荷初始值均為零。

解

電動勢 $E(t)$ 可以表示成 $(100\sin 400t)(1-u(t-2\pi))$。所以電路內電流 $i(t)$ 的模型為微分–積分方程式 (參見 2.9 節)

$$0.1i'+11i+100\int_0^t i(\tau)d\tau=(100\sin 400t)(1-u(t-2\pi)).\quad i(0)=0,\quad i'(0)=0$$

由 6.2 節定理 2 及定理 3，可得出 $I(s)=\mathscr{L}(i)$ 的輔助方程式

$$0.1sI+11I+100\frac{I}{s}=\frac{100\cdot 400s}{s^2+400^2}\left(\frac{1}{s}-\frac{e^{-2\pi s}}{s}\right)$$

以代數法求解，並利用 $s^2+110s+1000=(s+10)(s+100)$ ，我們得到

$$I(s)=\frac{1000\cdot 400}{(s+10)(s+100)}\left(\frac{s}{s^2+400^2}-\frac{se^{-2\pi s}}{s^2+400^2}\right)$$

對圓括號 $(\cdots)$ 內的第一項乘上前面的因子，並使用部分分式

$$\frac{400{,}000s}{(s+10)(s+100)(s^2+400^2)}=\frac{A}{s+10}+\frac{B}{s+100}+\frac{Ds+K}{s^2+400^2}$$

用你喜歡的方法或電腦代數系統或下面的方法求出 A、B、D、K。乘上公分母，可得

$$400{,}000s=A(s+100)(s^2+400^2)+B(s+10)(s^2+400^2)+(Ds+K)(s+10)(s+100)$$

我們令 $s=-10$ 和 -100，然後取 s^3 與 s^2 項的和為零，得到 (所有值經捨入)

$(s=-10)$	$-4{,}000{,}000 = 90\,(10^2+400^2)\,A,$	$A=-0.27760$
$(s=-100)$	$-40{,}000{,}000 = -90\,(100^2+400^2)\,B,$	$B=2.6144$
(s^3–項)	$0 = A+B+D, D = -2.3368$	
(s^2–項)	$0 = 100A+10B+110D+K,$	$K=258.66$

因爲 $K=258.66=0.6467\cdot 400$，因此我們得到 $I=I_1-I_2$ 中的第一項 I_1 爲

$$I_1=-\frac{0.2776}{s+10}+\frac{2.6144}{s+100}-\frac{2.3368s}{s^2+400^2}+\frac{0.6467\cdot 400}{s^2+400^2}$$

從 6.1 節表 6.1 可知，上式的逆轉換爲

$$i_1(t)=-0.2776e^{-10t}+2.6144e^{-100t}-2.3368\cos 400t+0.6467\sin 400t$$

此爲 $0<t<2\pi$ 時的電流 $i(t)$。$0<t<2\pi$ 時與具同樣 RLC 電路的 2.9 節例題 1 一致 (除了符號)。其圖形爲 2.9 節的圖 63，由圖可看出指數項減少的非常迅速。注意到現在的工作量比之前大幅減少。

I 的第二項 I_2，與第一項不同的地方在於因式 $e^{-2\pi s}$。因爲 $\cos 400\,(t-2\pi)=\cos 400t$ 且 $\sin 400(t-2\pi)=\sin 400t$，由第二平移定理 (定理 1)，可得 $0<t<2\pi$ 時的逆轉換 $i_2(t)=0$，而 $t>2\pi$ 時可得

$$i_2(t)=-0.2776e^{-10(t-2\pi)}+2.6144e^{-100(t-2\pi)}-2.3368\cos 400t+0.6467\sin 400t$$

所以 $i(t)$ 的餘弦和正弦項消掉，而當 $t>2\pi$ 時電流爲

$$i(t)=-0.2776(e^{-10t}-e^{-10(t-2\pi)})+2.6144(e^{-100t}-e^{-100(t-2\pi)})$$

此電流變成零的速度非常快，幾乎在 0.5 秒內。 ■

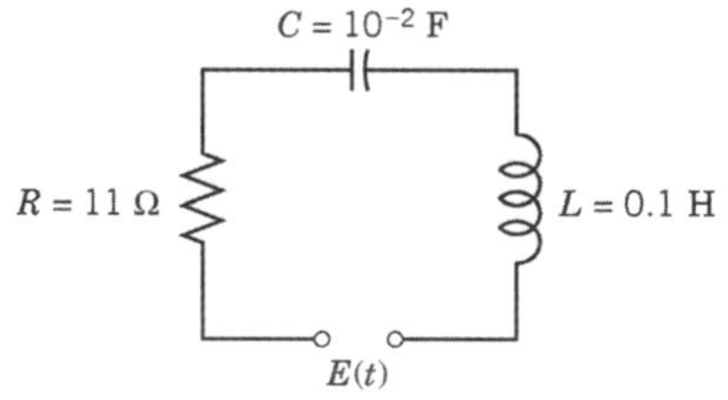

圖 125　例題 4 的 RLC 電路

習題集 6.3

1. **平移定理**　說明並比較兩種平移定理所扮演之不同角色，使用自己的構想與範例，無須證明。

2–11　第二平移定理：單位步階函數

畫出所給的函數，在給定區域以外的函數值均爲零。用單位步階函數表示這些函數，找出其 Laplace 轉換，請寫出詳細過程。

2. $t(0<t<2)$
3. $t-3(t>3)$
4. $\cos 2t(0<t<\pi)$
5. $e^{-t}(0<t<\pi)$
6. $\sin \pi t(2<t<4)$
7. $e^{-\pi/2t}(1<t<3)$
8. $t^2(1<t<2)$
9. $2t^2(t>\frac{5}{2})$
10. $\sinh t(0<t<2)$
11. $\sin t(\pi/2<t<\pi)$

12–17　第二平移定理之逆轉換

求出並繪出 $f(t)$，其 $\mathscr{L}(t)$ 如各題所給

12. $e^{-2s}/(s-1)^3$

13. $4(1-e^{-\pi s})/(s^2+4)$

14. $4(e^{-2s}-2e^{-5s})/s$

15. e^{-2s}/s^6

16. $2(e^{-s}-e^{-3s})/(s^2-4)$

17. $(1+e^{-2\pi(s+1)})(s+1)/((s+1)^2+1)$

18–27 IVP，有不連續輸入

使用 Laplace 轉換求出下列問題之解，並請寫出詳細過程。

18. $4y''-12y'+9y=0,\ y(0)=2/3,\ y'(0)=1$

19. $y''-6y'+8y=e^{-t}-e^{-4t},\ y(0)=1,\ y'(0)=4$

20. $y''+10y'+24y=144t^2,\ y(0)=19/12,$ $y'(0)=-5$

21. $y''+4y=4\cos t$ 若 $0<t<\pi$，以及 0 若 $t>\pi$

22. $y''+3y'+2y=4t$ 若 $0<t<1$，以及 8 若 $t>1;\quad y(0)=0,\ y'(0)=0$

23. $y''+y'-2y=3\sin t-\cos t$, $(0<t<2\pi)$, 且 $3\sin 2t-\cos 2t$, $(t>2\pi)$; $y(0)=0,\ y'(0)=-1$

24. $y''+3y'+2y=1$ 若 $0<t<1$，以及 0 若 $t>1$；$y(0)=0,\ y'(0)=0$

25. $y''+y=2t$ 若 $0<t<1$，以及 2 若 $t>1$

26. **平移數據** $y''+2y'+5y=10\sin t$ 若 $0<t<2\pi$，以及 0 若 $t>2\pi;\quad y(\pi)=1,$ $y'(\pi)=2e^{-\pi}-2$

27. **平移數據** $y''+4y=8t^2$ 若 $0<t<5$，以及 0 若 $t>5$；$y(1)=1+\cos 2,\ y'(1)=4-2\sin 2$

28–40 電路模型

28–30 *RL* 電路

使用 Laplace 轉換並寫出詳細過程，求圖 126 電路之電流 $i(t)$，假設 $i(0)=0$，以及：

28. $R=1\ \text{k}\Omega\ (=1000\ \Omega)$、$L=1$ H、$v=0$ 當 $0<t<\pi$、及 $40\sin t$ V 當 $t>\pi$

29. $R=25\ \Omega$、$L=0.1$ H、$v=490e^{-5t}$ V 當 $0<t<1$，以及 0 當 $t>1$

30. $R=10\ \Omega$、$L=0.5$ H、$v=200t$ V 當 $0<t<2$，以及 0 當> 2。

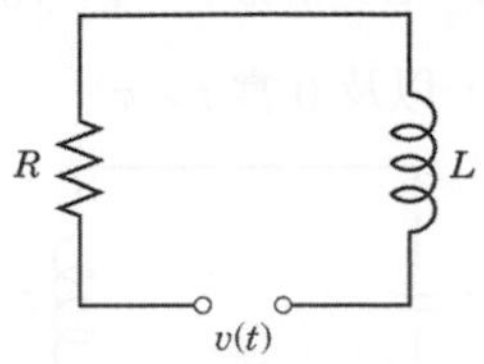

圖 126 習題 28–30

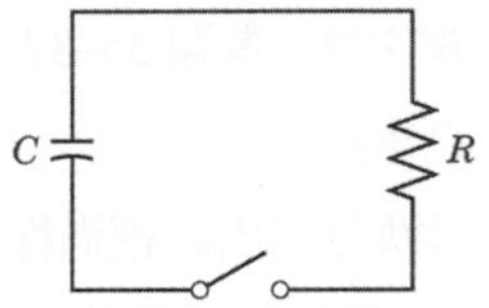

圖 127 習題 31

31. **RC 電路放電** 使用 Laplace 轉換，求圖 127 中電容 C 之電容器的電荷 $q(t)$。已知此電容器已充電且電壓為 V_0，在 $t=0$ 時闔上開關。

32–34 *RC* 電路

使用 Laplace 轉換並寫出詳細過程，求出圖 128 電路之電流 $i(t)$，其中 R = 10Ω 及 $C=10^{-2}$ F，假設電流在 $t=0$ 時為零，以及

32. $v=0$ 當 $t<4$，以及 $14\cdot 10^6 e^{-3t}$ V 當 $t>4$

33. $v=0$ 當 $t<2$，以及 $100(t-2)$ V 當 $t>2$

34. $v(t)=100$ V 當 $0.5<t<0.6$，以及 0 其它。為什麼 $i(t)$ 會有躍升？

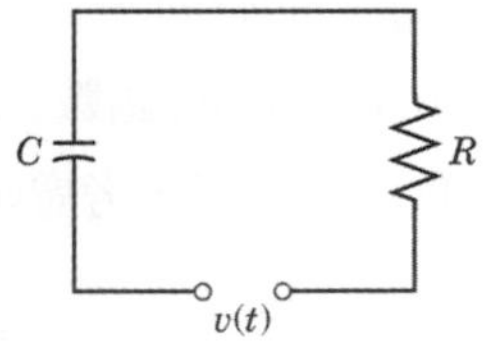

圖 128 習題 32–34

35–37 *LC* 電路

使用 Laplace 轉換並寫出詳細過程，求出圖 129 電路之電流 $i(t)$，假設初始的電流和電容器的電荷均為零，以及：

35. $L=1$ H、$C=10^{-2}$ F、$v=-9900\cos t$ V 當 $\pi<t<3\pi$，以及 0 其它

36. $L=1$ H、$C=0.25$ F、$v=200(t-\frac{1}{3}t^3)$ V 當 $0<t<1$，以及 0 當 $t>1$

37. $L=0.5$ H、$C=0.05$ F、$v=78\sin t$ V 當 $0<t<\pi$，以及 0 當 $t>\pi$

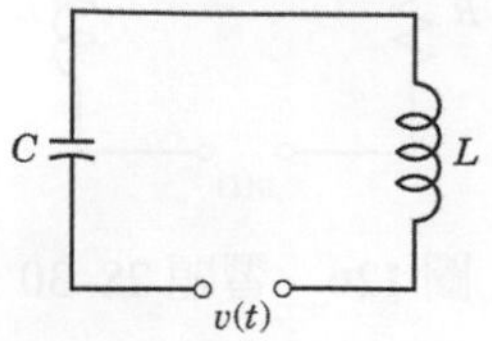

圖 129 習題 35–37

38–40 ***RLC* 電路**

使用 Laplace 轉換並寫出詳細過程，求出圖 130 電路之電流 $i(t)$，假設初始電流與電荷均為零，以及：

38. $R=4\ \Omega$、$L=1$ H、$C=0.05$ F、⋯ V 當 $0<t<4$，以及 0 當 $t>4$

39. $R=2\ \Omega$、$L=1$ H、$C=0.5$ F、$v(t)=1$ kV 若 $0<t<2$，以及 0 當 $t>2$

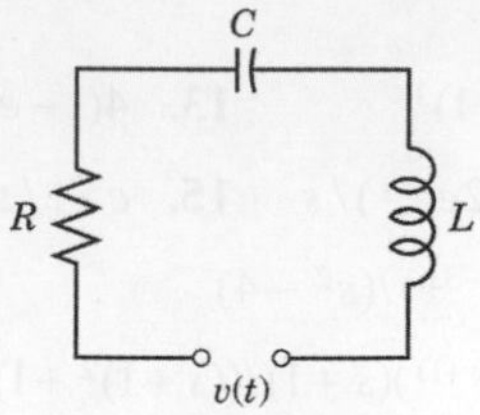

圖 130 習題 38–40

40. $R=2\ \Omega$、$L=1$ H、$C=0.1$ F、$v=255\sin t$ V 當 $0<t<2\pi$，以及 0 當 $t>2\pi$

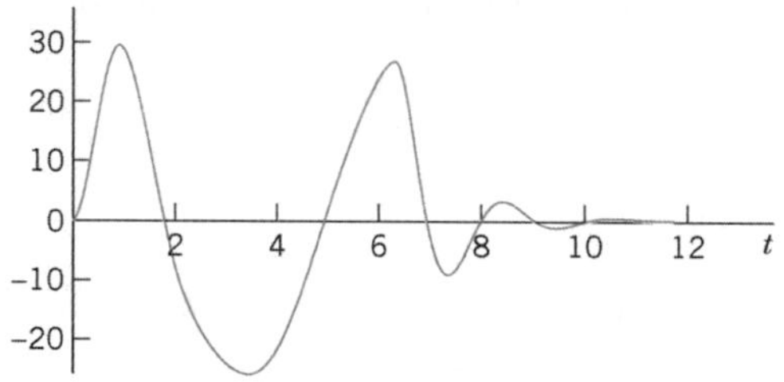

圖 131 習題 40 之電流

6.4 短脈衝、Dirac's Delta 函數、部分分式 (Short Impulses. Dirac's Delta Function. Partial Fractions)

飛機重落地時，它的機械結構有如承受一記鎚擊、船舶受到單一大浪的衝擊、網球承受球拍的打擊，在我們的日常生活中充滿了類似的例子。它們是一種脈衝式的現象，它的作用力 (機械、電力 等等) 只作用一段很短的時間。

我們可用「Dirac delta 函數」來建立這類現象與問題的模型，並能用 Laplace 轉換有效求解。

為了模型化這種情形，考慮函數

$$f_k(t-a)=\begin{cases}1/k & \text{若 } a\le t\le a+k\\ 0 & \text{其他}\end{cases} \tag{1}$$
(圖 132)

(稍後討論 $k\to 0$ 時的極限)。舉例來說，此函數代表強度 $1/k$ 的力從時間 $t=a$ 作用到 $t=a+k$，其中 k 為很小的正數。在力學中，在一段時間 $a\le t\le a+k$ 內一力作用的積分稱為此力之**脈衝 (impulse)**；與電動勢 $E(t)$ 作用於電路類似。因為圖 132 中藍色矩形面積為 1，(1) 式中 f_k 的脈衝為

$$I_k=\int_0^\infty f_k(t-a)\,dt=\int_a^{a+k}\frac{1}{k}\,dt=1 \tag{2}$$

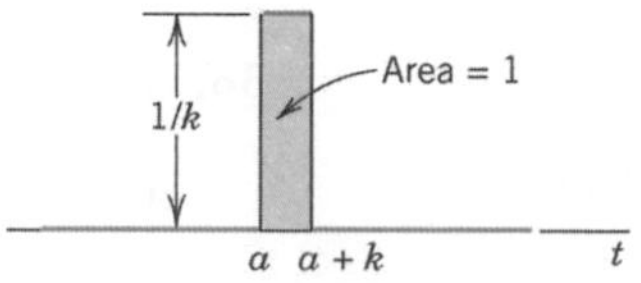

圖 132 (1) 式中的函數 $f_k(t-a)$

爲了了解 k 變得越來越小時會發生什麼事，取 $k \to 0$ $(k > 0)$ 時 f_k 的極限。此極限記爲 $\delta(t-a)$，亦即，

$$\delta(t-a) = \lim_{k\to\infty} f_k(t-a)$$

$\delta(t-a)$ 就稱爲 Dirac delta 函數[2] 或單位脈衝函數。

$\delta(t-a)$ 並非微積分中所使用的一般概念下的函數，而是所謂的**廣義函數** (generalized function)[2]。爲了明瞭此點，我們注意到 f_k 的脈衝 I_k 爲 1，所以由 (1) 式及 (2) 式並取極限 $k \to 0$ 可得

(3)
$$\delta(t-a) = \begin{cases} \infty & \text{若 } t = a \\ 0 & \text{其他} \end{cases} \quad \text{及} \quad \int_0^\infty \delta(t-a)\,dt = 1$$

(4)
$$\int_0^\infty g(t)\delta(t-a)\,dt = g(a)$$

上式似乎可由 (2) 式得到。

爲了得到 $\delta(t-a)$ 的 Laplace 轉換，我們寫出

$$f_k(t-a) = \frac{1}{k}[u(t-a) - u(t-(a+k))]$$

並取轉換 [參見(2) 式]

$$\mathscr{L}\{f_k(t-a)\} = \frac{1}{ks}[e^{-as} - e^{-(a+k)s}] = e^{-as}\frac{1-e^{-ks}}{ks}$$

現在取 $k \to 0$ 的極限。由 l'Hôpital 定理，右邊的商之極限爲 1 (分別將分子與分母對 k 微分，得到 se^{-ks} 和 s，並利用當 $k \to 0$ 時 $se^{-ks}/s \to 1$)。所以右邊的極限爲 e^{-as}。因此，由此極限，定義 $\delta(t-a)$ 的轉換爲

(5)
$$\mathscr{L}\{\delta(t-a)\} = e^{-as}$$

現在，我們便能在機械或電子系統模型之 ODE 的右邊，使用單位步階及單位脈衝函數，如下面所舉各例。

---

[2] PAUL DIRAC (1902–1984)，英國物理學家，以他量子力學的研究獲頒 1933 年諾貝爾物理獎 [與奧地利的 ERWIN SCHRÖDINGER (1887–1961) 同得]。

廣義函數也稱爲**分配 (distributions)**。它們的理論最早於 1936 由俄國數學家 SERGEI L'VOVICH SOBOLEV (1908–1989) 所建立，其後於 1945 年法國數學家 LAURENT SCHWARTZ (1915–2002) 以更廣的觀點建立其理論。

例題 1　單一方波作用下之質量彈簧系統

請求出在單一方波作用下阻尼質量—彈簧系統 (參見 2.8 節) 之響應，系統模型爲 (見圖 133)

$$y''+3y'+2y=r(t)=u(t-1)-u(t-2),\quad y(0)=0,\quad y'(0)=0$$

解

由 6.2 節中 (1) 式與 (2) 式及本節的 (2) 式與 (4) 式，可得輔助方程式爲

$$s^2Y+3sY+2Y=\frac{1}{s}(e^{-s}-e^{-2s})\quad 解爲\quad Y(s)=\frac{1}{s(s^2+3s+2)}(e^{-s}-e^{-2s})$$

利用符號 $F(s)$ 及部分分式，可得

$$F(s)=\frac{1}{s(s^2+3s+2)}=\frac{1}{s(s+1)(s+2)}=\frac{\frac{1}{2}}{s}-\frac{1}{s+1}+\frac{\frac{1}{2}}{s+2}$$

由 6.1 節中表 6.1 可知逆轉換爲

$$f(t)=\mathscr{L}^{-1}(F)=\frac{1}{2}-e^{-t}+\frac{1}{2}e^{-2t}$$

所以，由 6.3 節定理 1 (t 平移) 可得方波之響應如圖 133 所示，

$$\begin{aligned}y&=\mathscr{L}^{-1}(F(s)e^{-s}-F(s)e^{-2s})\\&=f(t-1)u(t-1)-f(t-2)u(t-2)\\&=\begin{cases}0 & (0<t<1)\\ \frac{1}{2}-e^{-(t-1)}+\frac{1}{2}e^{-2(t-1)} & (1<t<2)\\ -e^{-(t-1)}+e^{-(t-2)}+\frac{1}{2}e^{-2(t-1)}-\frac{1}{2}e^{-2(t-2)} & (t>2)\end{cases}\end{aligned}$$

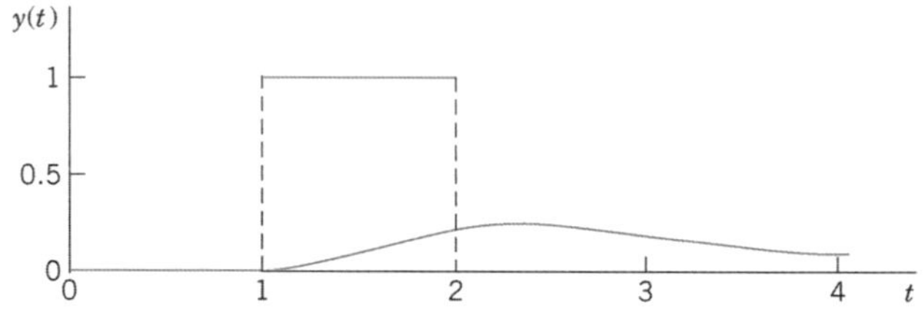

圖 133　例題 1 之方波及響應

例題 2　質量彈簧系統對鎚擊的響應

求出例題 1 之系統的響應，將其中方波改爲在時間 $t=1$ 的單位脈衝。

解

我們可得 ODE 和輔助方程式

$$y''+3y'+2y=\delta(t-1)\quad 及\quad (s^2+3s+2)Y=e^{-s}$$

以代數解得

$$Y(s)=\frac{e^{-s}}{(s+1)(s+2)}=\left(\frac{1}{s+1}-\frac{1}{s+2}\right)e^{-s}$$

由定理 1 得其逆轉換為

$$y(t)=\mathscr{L}^{-1}(Y)=\begin{cases}0 & 若 \quad 0<t<1\\ e^{-(t-1)}-e^{-2(t-1)} & 若 \quad t>1\end{cases}$$

$y(t)$ 如圖 134 所示。你能想像當波變得越來越短，但矩形面積仍維持為 1 時，圖 133 如何趨近圖 134 嗎？ ■

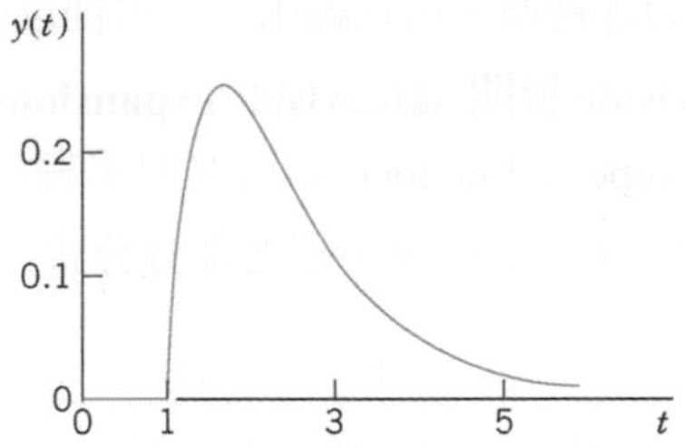

圖 134　例題 2 中鎚擊之響應

例題 3　四端子 *RLC* 線路

求圖 135 中的輸出電壓響應，其中 $R=20\ \Omega$、$L=1$ H、$C=10^{-4}$ F、輸入為 $\delta(t)$ (在時間 $t=0$ 時的單位脈衝)，且電流及電荷在時間 $t=0$ 的時候為零。

解

為了更進一步了解問題，注意此為 *RLC* 電路，而在 *A* 和 *B* 兩點跨線以記錄電容器的電壓 $v(t)$。回憶 2.9 節，電流 $i(t)$ 和電荷 $q(t)$ 的關係為 $i=q'=dq/dt$，可得模型為

$$L'i+Ri+\frac{q}{C}=Lq''+Rq'+\frac{q}{C}=q''+20q'+10{,}000q=\delta(t)$$

由 6.2 節的 (1) 式與 (2) 式及本節的 (5) 式，可得 $Q(s)=\mathscr{L}(q)$ 的輔助方程式為

$$(s^2+20s+10{,}000)Q=1 \quad 其解為 \quad Q=\frac{1}{(s+10)^2+9900}$$

由 6.1 節的第一平移定理，可從 Q 得對 q 及 v 的阻尼震盪；捨入為 $9900\approx 99.50^2$，可得 (圖 135)

$$q=\mathscr{L}^{-1}(Q)=\frac{1}{99.50}e^{-10t}\sin 99.50t \quad 及 \quad v=\frac{q}{C}=100.5e^{-10t}\sin 99.50t$$ ■

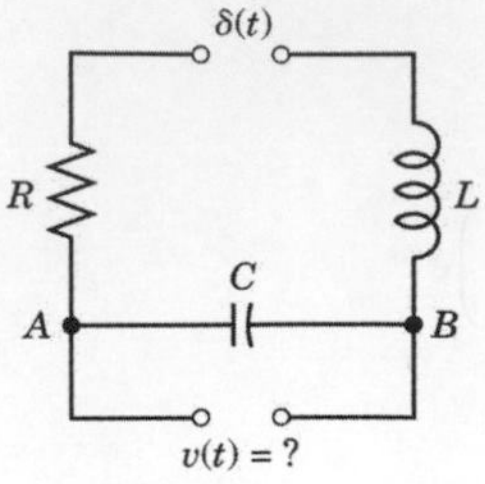

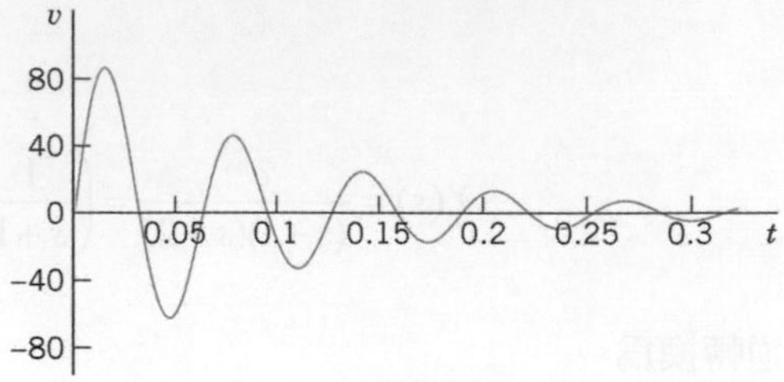

圖 135　例題 3 的電路及輸出電壓

6.4.1　更多關於部分分式

我們知道輔助方程式的解 Y，經常以多項式的商 $Y(s)=F(s)/G(s)$ 出現，所以部分分式表述會導致一些表示式的和，而這些表示式的逆轉換，可以經由查表再輔以第一平移定理 (6.1 節) 而得到。這種表示方式有時候被稱為 **Heaviside 展開 (Heaviside expansions)**。

$G(s)$ 的一個非重複因式 (unrepeated factor) $s-a$ 需要單獨一個部分分式 $A/(s-a)$。參見例題 1 及 2。重複的實數因式 $(s-a)^2$、$(s-a)^3$ 等，須要部分分式

$$\frac{A_2}{(s-a)^2}+\frac{A_1}{s-a}, \qquad \frac{A_3}{(s-a)^3}+\frac{A_2}{(s-a)^2}+\frac{A_1}{s-a} \quad 等等$$

其逆轉換為 $(A_2t+A_1)e^{at}$、$(\frac{1}{2}A_3t^2+A_2t+A_1)e^{at}$ 等等。

非重複複數因式 $(s-a)(s-\bar{a})$、$a=\alpha+i\beta$、$\bar{a}=\alpha-i\beta$ 須要一個部分分式 $(As+B)/[(s-\alpha)^2+\beta^2]$。其應用參見 6.3 節例題 4。

還有下一個例題。

例題 4　非重複複數因式、阻尼受力振動

求解初值問題，一阻尼質量–彈簧系統，受一正弦波外力作用，並持續一段時間 (圖 136)

$$y''+2y'+2y=r(t)、r(t)=10\sin 2t \text{ 當 } 0<t<\pi \text{；以及 } 0 \text{ 當 } t>\pi \text{；} \quad y(0)=1、y'(0)=-5$$

解

由表 6.1，6.2 節之 (1)、(2) 式及 6.3 節的第二平移定理，可得輔助方程式

$$(s^2Y-s+5)+2(sY-1)+2Y=10\frac{2}{s^2+4}(1-e^{-\pi s})$$

合併含 Y 的項，$(s^2+2s+2)Y$，將 $-s+5-2=-s+3$ 移到右邊，並求解，

$$Y=\frac{20}{(s^2+4)(s^2+2s+2)}-\frac{20e^{-\pi s}}{(s^2+4)(s^2+2s+2)}+\frac{s-3}{s^2+2s+2} \tag{6}$$

從表 6.1 及第一平移定理，得到最後一個分式為

$$\mathcal{L}^{-1}\left\{\frac{s+1-4}{(s+1)^2+1}\right\}=e^{-t}(\cos t-4\sin t) \tag{7}$$

(6) 式的第一個分式有非重複複數根，所以部分分式表示式爲

$$\frac{20}{(s^2+4)(s^2+2s+2)}=\frac{As+B}{s^2+4}+\frac{Ms+N}{s^2+2s+2}$$

乘上公分母，可得

$$20=(As+B)(s^2+2s+2)+(Ms+N)(s^2+4)$$

我們要求出 A、B、M、N。令等號兩側每個 s 的冪次方係數相等可得下列四個方程式

(a) $[s^3]$：$0=A+M$　　(b) $[s^2]$：$0=2A+B+N$

(c) $[s]$：$0=2A+2B+4M$　　(d) $[s^0]$：$20=2B+4N$

我們可以解這些方程式，比如說，由 (a) 得到 $M=-A$，由 (c) 得到 $A=B$，由 (b) 得到 $N=-3A$，最後由 (d) 得到 $A=-2$。因此 $A=-2$、$B=-2$、$M=2$、$N=6$，且 (6) 式中的第一個分式可表示爲

(8) $$\frac{-2s-2}{s^2+4}+\frac{2(s+1)+6-2}{(s+1)^2+1}\qquad \text{逆轉換：}\quad -2\cos 2t-\sin 2t+e^{-t}(2\cos t+4\sin t)$$

此式與 (7) 式之和爲此問題在 $0<t<\pi$ 時的解，即 (正弦函數消掉)

(9) $$y(t)=3e^{-t}\cos t-2\cos 2t-\sin 2t \qquad \text{當 } 0<t<\pi$$

在 (6) 式的第二個分式，連帶負號一起，有因式 $e^{-\pi s}$，所以由 (8) 式及第二平移定理 (6.3 節)，可得此分式在 $t>0$ 的逆轉換

$$\begin{aligned}&+2\cos(2t-2\pi)+\sin(2t-2\pi)-e^{-(t-\pi)}[2\cos(t-\pi)+4\sin(t-\pi)]\\&=2\cos 2t+\sin 2t+e^{-(t-\pi)}(2\cos t+4\sin t).\end{aligned}$$

此式與 (9) 式之和爲 $t>\pi$ 時之解，

(10) $$y(t)=e^{-t}[(3+2e^{\pi})\cos t+4e^{\pi}\sin t] \qquad \text{當 } t>\pi$$

圖 136 顯示 (9) 式 (當 $0<t<\pi$) 和 (10) 式(當 $t>\pi$)，因爲阻尼作用且在 $t=\pi$ 之後就沒有驅動力，開頭的振動很快的衰減爲零。■

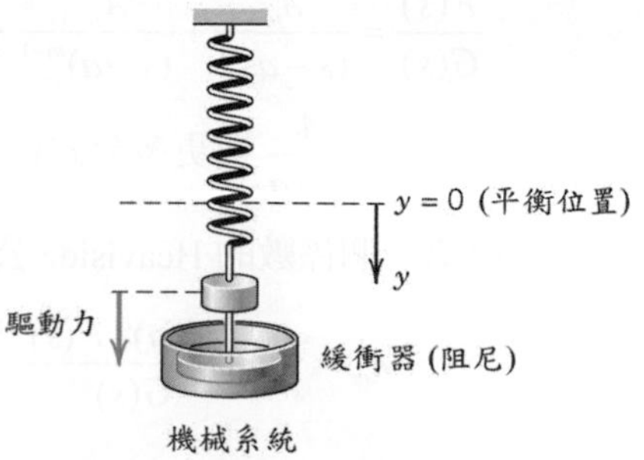

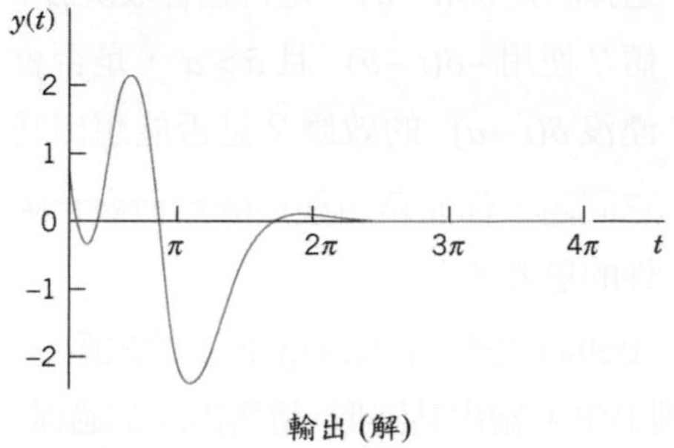

圖 136　例題 4

重複複數因式 $[(s-a)(s-\bar{a})]^2$ 的情況，與共振有重要的關聯，在下一節將以「摺積 (convolution)」處理。

習題集 6.4

1. **CAS 專案 阻尼的效應** 考慮一個自選的振動系統，其模型為

$$y''+cy'+ky=\delta(t)$$

(a) 利用解的圖形，描述阻尼連續遞減至零的效應，其中 k 保持不變。

(b) 若 c 保持不變，而將 k 從 0 開始持續的增加，會發生什麼事？

(c) 延伸你的結果，使等式右側有兩個作用於不同時間之 δ 函數。

2. **CAS 試驗 方波的極限、脈衝的效應**

(a) 在課文的例題 1 中，取一個由 1 到 $1+k$ 且面積為 1 的方波。使用一連串逐漸趨近 0 的 k 值，畫出響應的變化，說明隨著 k 值的變小，它的曲線會趨近於圖 134 之曲線。提示：如果你的 CAS 無法求解包含 k 的微分方程式，那一開始就取特定的 k 值。

(b) 對例題 1 中之 ODE 的響應作一試驗 (或者用自己另選的 ODE)，對輸入脈衝 $\delta(t-a)$ 中的 a 值 (>0) 做系統性的選取；選擇初始條件 $y(0)\neq 0$、$y'(0)=0$。同時考慮沒有施加脈衝時的解。其響應是否會取決於 a 值？如果選擇的是 $b\delta(t-a)$，是否也會取決於 b 值？使用 $-\delta(t-\tilde{a})$ 且 $\tilde{a}>a$，是否會湮沒 $\delta(t-a)$ 的效應？是否能想出其它問題，你能藉由觀察圖形而做實驗性的思考？

3–12 Delta (脈衝) 在振動系統上的效應

求解下列 IVP 並繪出其圖形，請寫出詳細過程。

3. $y''+9y=\delta(t-\pi/2),\ y(0)=2,\ y'(0)=0$

4. $y''+16y=4\delta(t-3\pi),\ y(0)=2,\ y'(0)=0$

5. $y''+4y=\delta(t-\pi)-\delta(t-2\pi)$, $y(0)=0, y'(0)=1$

6. $y''+4y'+5y=\delta(t-1),\ y(0)=0,\ y'(0)=3$

7. $4y''+16y'+17y=3e^{-t}+\delta(t-\frac{1}{4})$, $y(0)=\frac{3}{5},\ y'(0)=-\frac{3}{5}$

8. $y''+3y'+2y=10(\sin t+\delta(t-1))$, $y(0)=1,\ y'(0)=-1$

9. $y''+2y'+2y=[1-u(t-2)]e^t-e^2\delta(t-2)$, $y(0)=0,\ y'(0)=1$

10. $y''+5y'+6y=\delta(t-\frac{1}{2}\pi)+u(t-\pi)\cos t$, $y(0)=0,\ y'(0)=0$

11. $y''+3y'+2y=u(t-1)+\delta(t-2)$, $y(0)=0,\ y'(0)=1$

12. $y''+2y'+5y=25t-100\delta(t-\pi)$, $y(0)=-2,\ y'(0)=5$

13. **專題 Heaviside 公式**

(a) 證明對於 $F(s)/G(s)$ 的單一根 a 和分式 $A/(s-a)$ 我們有 *Heaviside* 公式

$$A=\lim_{s\to a}\frac{(s-a)F(s)}{G(s)}$$

(b) 同樣的，證明對 m 重根 a 及如下所示的分式

$$\frac{F(s)}{G(s)}=\frac{A_m}{(s-a)^m}+\frac{A_{m-1}}{(s-a)^{m-1}}+\cdots$$
$$+\frac{A_1}{s-a}+(\text{更多分式})$$

可得第一個係數的 Heaviside 公式

$$A_m=\lim_{s\to a}\frac{(s-a)^m F(s)}{G(s)}$$

和其它係數

$$A_k = \frac{1}{(m-k)!}\lim_{s\to a}\frac{d^{m-k}}{ds^{m-k}}\left[\frac{(s-a)^m F(s)}{G(s)}\right],$$

$$k = 1, \ \cdots, m-1$$

14. 團隊專題 週期函數的 Laplace 轉換

(a) 定理 週期為 p 的片段連續函數 $f(t)$ 之 Laplace 轉換為

$$\mathscr{L}(f) = \frac{1}{1-e^{-ps}}\int_0^p e^{-st} f(t)\, dt \quad (s > 0) \tag{11}$$

證明此定理。提示：利用 $\int_0^\infty = \int_0^p + \int_p^{2p} + \cdots$ 在第 n 個積分式中設 $t = (n-1)p$，從積分符號中取出 $e^{-(n-1)p}$。利用幾何級數的求和公式。

(b) 半波整流器 利用 (11) 式，證明圖 137 中 $\sin \omega t$ 的半波整流之 Laplace 轉換為

$$\mathscr{L}(f) = \frac{\omega(1+e^{-\pi s/\omega})}{(s^2+\omega^2)(1-e^{-2\pi s/\omega})}$$

$$= \frac{\omega}{(s^2+\omega^2)(1-e^{-\pi s/\omega})}$$

(半波整流器截斷曲線負的部分。全波整流器則把它們變為正值；見圖 138)。

(c) 全波整流器 證明 $\sin \omega t$ 的全波整流之 Laplace 轉換為

$$\frac{\omega}{s^2+\omega^2}\coth\frac{\pi s}{2\omega}$$

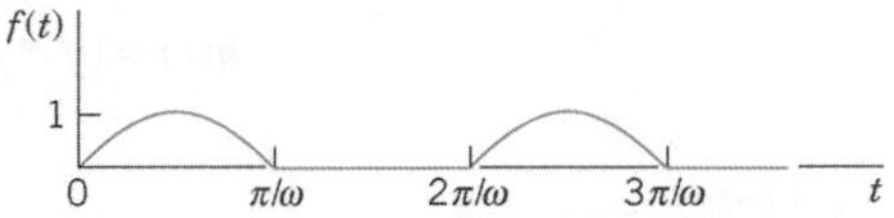

圖 137 半波整流器

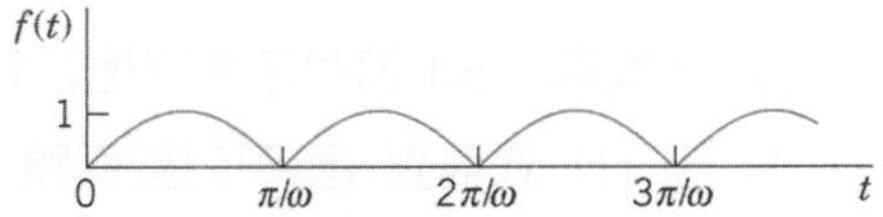

圖 138 全波整流器

(d) 鋸齒波 求圖 139 中鋸齒波的 Laplace 轉換。

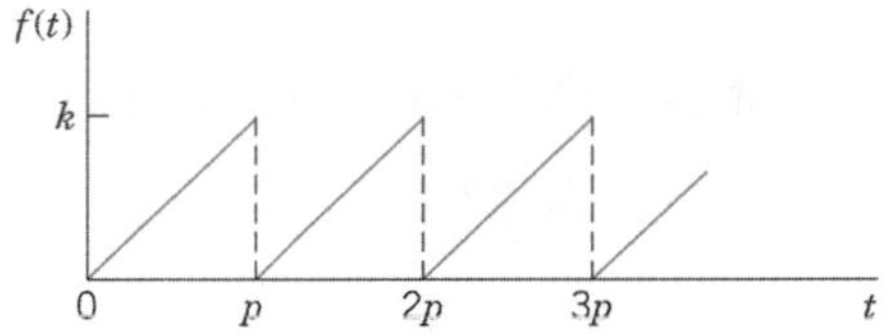

圖 139 鋸齒波

15. 階梯函數 求圖 140 中階梯函數的 Laplace 轉換，注意此函數為 kt/p 和 14(d) 小題函數的差。

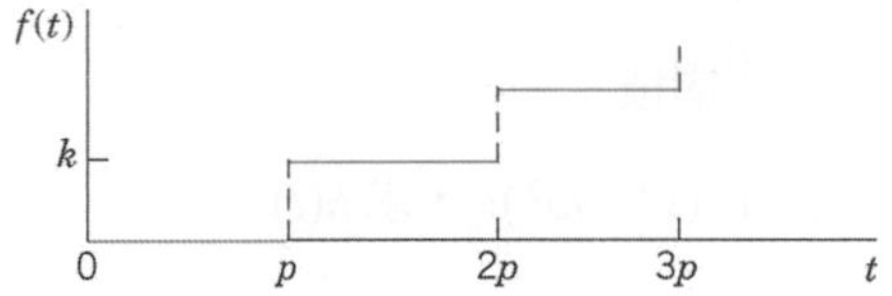

圖 140 階梯函數

6.5 摺積、積分方程式 (Convolution. Integral Equations)

摺積是伴隨著轉換的乘法，其情況如下。轉換的加法沒有問題；我們已知 $\mathscr{L}(f+g) = \mathscr{L}(f) + \mathscr{L}(g)$。在處理 ODE、積分方程式和其它問題時經常會遇到**轉換的乘法**。我們通常是已知 $\mathscr{L}(f)$ 和 $\mathscr{L}(g)$，但會想要知道哪個函數的轉換，會是乘積 $\mathscr{L}(f)\ \mathscr{L}(g)$。或許會猜是 fg，但其實不然。乘積的轉換通常是不同於其因式轉換後的乘積，

$$\mathscr{L}(fg) \neq \mathscr{L}(f)\mathscr{L}(g) \qquad \text{一般情況}$$

要了解此點，取 $f = e^t$ 和 $g = 1$。則 $fg = e^t$、$\mathscr{L}(fg) = 1/(s-1)$，但是 $\mathscr{L}(f) = 1/(s-1)$ 及 $\mathscr{L}(1) = 1/s$ 得到 $\mathscr{L}(f)\ \mathscr{L}(g) = 1/(s^2 - s)$。

根據下個定理，$\mathscr{L}(f)\ \mathscr{L}(g)$ 的正確答案是 f 和 g 之**摺積 (convolution)** 的轉換，摺積的標準符號為 $f*g$ 且被定義為

(1) $$h(t)=(f*g)(t)=\int_0^t f(\tau)g(t-\tau)\,d\tau$$

定理 1

摺積定理

若 f 與 g 兩函數滿足 6.1 節存在性定理之假設，則他們的轉換 F 與 G 存在，其積 $H=FG$ 為 h 的轉換，其中 h 由 (1) 式得到 (證明列於例題 2 之後)。

例題 1 摺積

令 $H(s)=1/[(s-a)s]$，求 $h(t)$。

解

$1/(s-a)$ 的逆轉換為 $f(t)=e^{at}$，且 $1/s$ 的逆轉換為 $g(t)=1$。利用 $f(\tau)=e^{a\tau}$ 和 $g(t-\tau)\equiv 1$，因此我們可由 (1) 式得到解答為

$$h(t)=e^{at}*1=\int_0^t e^{a\tau}\cdot 1\,d\tau=\frac{1}{a}(e^{at}-1)$$

為了驗證，計算

$$H(s)=\mathscr{L}(h)(s)=\frac{1}{a}\left(\frac{1}{s-a}-\frac{1}{s}\right)=\frac{1}{a}\cdot\frac{a}{s^2-as}=\frac{1}{s-a}\cdot\frac{1}{s}=\mathscr{L}(e^{at})\mathscr{L}(1)$$ ■

例題 2 摺積

令 $H(s)=1/(s^2+\omega^2)^2$，求 $h(t)$。

解

$1/(s^2+\omega^2)^2$ 的逆轉換是 $(\sin\omega t)/\omega$。所以由 (1) 式和附錄 3.1 的公式 (11)，可得

$$\begin{aligned}h(t)=\frac{\sin\omega t}{\omega}*\frac{\sin\omega t}{\omega}&=\frac{1}{\omega^2}\int_0^t \sin\omega\tau\,\sin\omega(t-\tau)\,d\tau\\&=\frac{1}{2\omega^2}\int_0^t[-\cos\omega t+\cos(2\omega\tau-\omega t)]\,d\tau\\&=\frac{1}{2\omega^2}\left[-\tau\cos\omega t+\frac{\sin\omega\tau}{\omega}\right]_{\tau=0}^{t}\\&=\frac{1}{2\omega^2}\left[-t\cos\omega t+\frac{\sin\omega t}{\omega}\right]\end{aligned}$$

結果與 6.9 節表中公式 21 一致。 ■

證明

下面證明摺積定理 1。注意！注意是對哪個變數積分！我們可以視須要使用符號，例如用 τ 和 p，並寫成

$$F(s)=\int_0^\infty e^{-s\tau}f(\tau)\,d\tau \quad 及 \quad G(s)=\int_0^\infty e^{-sp}g(p)\,dp$$

令 $t=p+\tau$，其中 τ 一開始是常數。然後 $p=t-\tau$，且 t 從 τ 變化到∞，所以

$$G(s)=\int_\tau^\infty e^{-s(t-\tau)}g(t-\tau)\,dt=e^{s\tau}\int_\tau^\infty e^{-st}g(t-\tau)\,dt$$

τ 在 F 中而 t 在 G 中為自變數。所以，我們可以把 G 積分插入 F 積分中。消去 $e^{-s\tau}$ 和 $e^{s\tau}$ 然後得到

$$F(s)G(s)=\int_0^\infty e^{-s\tau}f(\tau)e^{s\tau}\int_\tau^\infty e^{-st}g(t-\tau)\,dt\,d\tau=\int_0^\infty f(\tau)\int_\tau^\infty e^{-st}g(t-\tau)\,dt\,d\tau$$

在此，我們固定 τ 對 t 積分，從 τ 積到∞，然後對 τ 積分，範圍從 0 到∞。這就是圖 141 中的藍色區域。在我們對於 f 與 g 所做的假設下，積分之次序可以互換 (參見文獻 [A5] 使用均勻收斂之證明)。先從 0 到 t 對 τ 積分，然後從 0 到∞對 t 積分，即

$$F(s)G(s)=\int_0^\infty e^{-st}\int_0^t f(\tau)g(t-\tau)\,d\tau\,dt=\int_0^\infty e^{-st}h(t)\,dt=\mathscr{L}(h)=H(s)$$

故得證。 ■

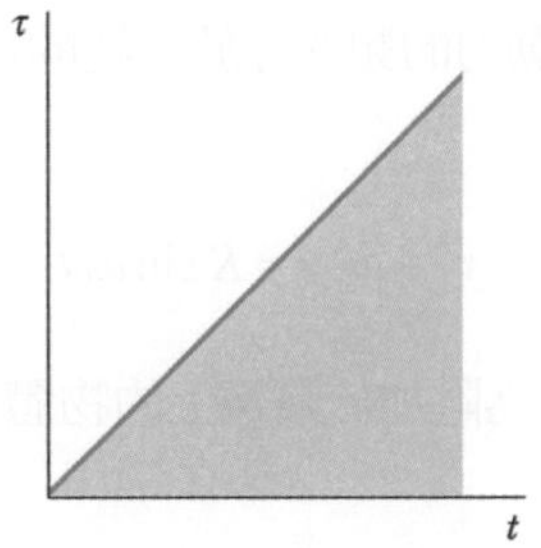

圖 141　證明定理 1 時，$t\tau$ 平面上的積分區域

利用定義，馬上可證明摺積具有如下之特性：

$$f*g=g*f \qquad \text{(交換律)}$$

$$f*(g_1+g_2)=f*g_1+f*g_2 \qquad \text{(分配律)}$$

$$(f*g)*v=f*(g*v) \qquad \text{(結合律)}$$

$$f*0=0*f=0$$

此與算數之乘法特性類似，但你應該要留意到它們還是有差異。

例題 3 摺積的特別性質

一般而言，$f*1 \neq f$。例如，

$$t*1 = \int_0^t \tau \cdot 1\, d\tau = \frac{1}{2}t^2 \neq t$$

$(f*f)(t) \geq 0$ 不一定成立。例如，在例題 2 中，當 $\omega = 1$ 時可得

$$\sin t * \sin t = -\frac{1}{2}t\cos t + \frac{1}{2}\sin t \qquad (\text{圖 } 142) \quad ■$$

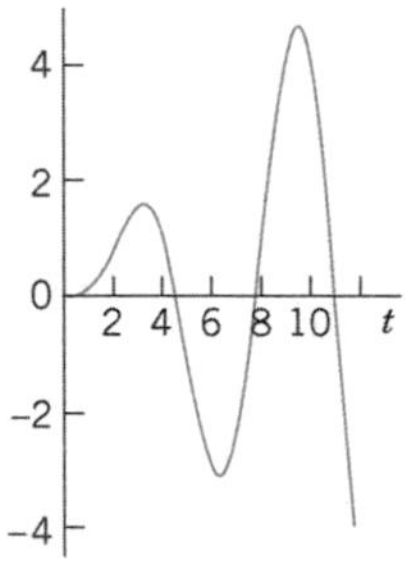

圖 142 例題 3

我們現在要考慮有複數重根的情況 (上一節部分分式最後所提到，但沒解決的)，並由摺積直接找到其解 (逆轉換)。

例題 4 重複複數因式、共振

在一無阻尼的質量－彈簧系統，若驅動力的頻率等於系統的自然頻率會發生共振。此時，系統模型爲 (見 2.8 節)

$$y'' + \omega_0^2 y = K \sin \omega_0 t$$

其中 $\omega_0^2 = k/m$，k 爲彈簧常數，而 m 爲附加於彈簧上的物體之質量。爲了簡化，我們假設 $y(0) = 0$ 且 $y'(0) = 0$，輔助方程式爲

$$s^2 Y + \omega_0^2 Y = \frac{K\omega_0}{s^2 + \omega_0^2} \qquad \text{其解爲} \qquad Y = \frac{K\omega_0}{(s^2 + \omega_0^2)^2}$$

此轉換相當於例題 2 之 $\omega = \omega_0$ 並乘上 $K\omega_0$。所以，由例題 2 可直接得到此題之解爲

$$y(t) = \frac{K\omega_0}{2\omega_0^2}\left(-t\cos\omega_0 t + \frac{\sin\omega_0 t}{\omega_0}\right) = \frac{K}{2\omega_0^2}(-\omega_0 t\cos\omega_0 t + \sin\omega_0 t)$$

我們看到，第一項會無限制成長。明顯地，在共振的情況下必然有這樣的一項 (於 2.8 節圖 55 亦可見類似解)。 ■

6.5.1 應用於非齊次線性 ODE

現在非齊次線性 ODE 可以有通用的求解方法，此方法依靠摺積，而它所獲得的解是積分的形式。爲了明白這一點，由 6.2 節知 ODE

(2) $$y'' + ay' + by = r(t) \qquad (a, b \text{ 常數})$$

其輔助方程式之解 [6.2 節 (7) 式] 爲

$$Y(s) = [(s+a)y(0) + y'(0)]\,Q(s) + R(s)Q(s)$$

其中 $R(s) = \mathscr{L}(r)$ 及 $Q(s) = 1/(s^2 + as + b)$ 爲轉換函數。第一項 $[\cdots]$ 的逆轉換並不困難；依據 $\frac{1}{4}a^2 - b$ 是否爲正、零或負，其逆轉換將分別是兩個指數函數的線性組合，或是 $(c_1 + c_2 t)e^{-at/2}$ 的形式，或是阻尼震盪。有趣的項是 $R(s)Q(s)$，因爲 $r(t)$ 可有各種形式對應到不同的實際狀況，我們將會看到。若 $y(0) = 0$ 且 $y'(0) = 0$，則 $Y = RQ$，由摺積定理可得答案爲

(3) $$y(t) = \int_0^t q(t-\tau)r(\tau)\,d\tau$$

例題 5 阻尼振盪系統對於單一方波之響應

利用摺積，求阻尼質量－彈簧系統之響應，其模型爲

$$y'' + 3y' + 2y = r(t), \quad r(t) = 1 \quad 若 \quad 1 < t < 2 \text{ 否則爲 } 0, \quad y(0) = y'(0) = 0$$

此系統受到**僅作用一段時間** (圖 143) 之**輸入** (驅動力)，已經在 6.4 節例題 1 用部分分式化簡法解過。

以摺積求解 轉換函數及其逆轉換爲

$$Q(s) = \frac{1}{s^2 + 3s + 2} = \frac{1}{(s+1)(s+2)} = \frac{1}{s+1} - \frac{1}{s+2} \quad 所以 \quad q(t) = e^{-t} - e^{-2t}$$

所以摺積積分 (3) 式爲 (先不考慮積分之極限)

$$y(t) = \int q(t-\tau)\cdot 1\,d\tau = \int [e^{-(t-\tau)} - e^{-2(t-\tau)}]\,d\tau = e^{-(t-\tau)} - \frac{1}{2}e^{-2(t-\tau)}$$

這裡是處理摺積的重要關鍵，只有在 $1 < \tau < 2$ 時 $r(\tau) = 1$。所以在 $t < 1$ 時，積分值爲 0。在 $1 < t < 2$ 時，我們必須從 $\tau = 1$ (不是 0) 積到 t。由此得 (前兩項來自上極限)

$$y(t) = e^{-0} - \frac{1}{2}e^{-0} - (e^{-(t-1)} - \frac{1}{2}e^{-2(t-1)}) = \frac{1}{2} - e^{-(t-1)} + \frac{1}{2}e^{-2(t-1)}$$

若 $t > 2$，我們只能從 $\tau = 1$ 積到 2 (而不是 t)，可得

$$y(t) = e^{-(t-2)} - \frac{1}{2}e^{-2(t-2)} - (e^{-(t-1)} - \frac{1}{2}e^{-2(t-1)})$$

圖 143 顯示輸入 (方波) 和令人關注的輸出，輸出之值從 0 到 1 間均爲零，然後增加，在輸入變成零之後 (約在 2.6) 達極大値 (爲什麼？)，最後單調地遞減至零。 ■

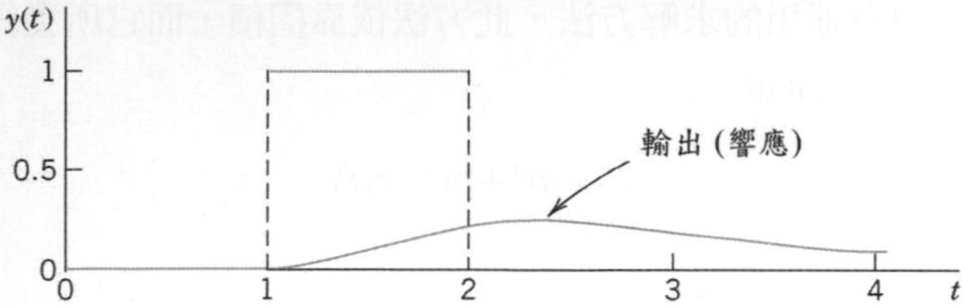

圖 143 例題 5 的方波和響應

6.5.2 積分方程式

摺積也可用於求解某些**積分方程式**，所謂積分方程式是指未知函數 $y(t)$ 出現在積分式中 (或許同時出現在積分式之外)。這關係到有摺積形式之積分的方程式。這種情況比較特殊，所以只用兩個例題和習題中的一些問題解釋此觀念。

例題 6 第二類 Volterra 積分方程式

求解第二類 Volterra 積分方程式[3]

$$y(t)-\int_0^t y(\tau)\sin(t-\tau)\,d\tau=t$$

解

由 (1) 式可看出，上式可以用摺積改寫成 $y-y*\sin t=t$ 。令 $Y=\mathscr{L}(y)$ 並應用摺積定理，可得

$$Y(s)-Y(s)\frac{1}{s^2+1}=Y(s)\frac{s^2}{s^2+1}=\frac{1}{s^2}$$

其解爲

$$Y(s)=\frac{s^2+1}{s^4}=\frac{1}{s^2}+\frac{1}{s^4}\quad \text{並得到答案爲}\quad y(t)=t+\frac{t^3}{6}$$

以 CAS 或用代換及重複部分積分 (需要耐心) 檢查此結果。 ■

例題 7 另一個第二類 Volterra 積分方程式

求解 Volterra 積分方程式

$$y(t)-\int_0^t (1+\tau)y(t-\tau)\,d\tau=1-\sinh t$$

---

[3] 如果積分上限值是變數，此方程式以意大利數學家 VITO VOLTERRA (1860–1940) 命名，若上限爲常數，則以瑞士數學家 ERIK IVAR FREDHOLM (1866–1927) 命名。「第二類 (第一類)」代表 y 出現 (不出現) 於積分之外。

解

由 (1) 式我們可得 $y-(1+t)*y=1-\sinh t$ 。寫作 $Y=\mathscr{L}(y)$，利用摺積定理並取公分母可得

$$Y(s)\left[1-\left(\frac{1}{s}+\frac{1}{s^2}\right)\right]=\frac{1}{s}-\frac{1}{s^2-1} \quad \text{所以} \quad Y(s)\cdot\frac{s^2-s-1}{s^2}=\frac{s^2-1-s}{s(s^2-1)}$$

兩邊的 $(s^2-s-1)/s$ 消掉，可解得 Y 爲

$$Y(s)=\frac{s}{s^2-1} \quad \text{且其解爲} \quad y(t)=\cosh t$$

■

習題集 6.5

1–7 摺積積分

求：

1. $1*(-1)$
2. $1*\sin\omega t$
3. $e^{-t}*e^t$
4. $(\cos\omega t)*(\cos\omega t)$
5. $(\cos\omega t)*1$
6. $e^{at}*e^{bt}\,(a\neq b)$
7. $t*e^{-t}$

8–14 積分方程式

使用 Laplace 轉換求解下列問題，請寫出詳細過程。

8. $y(t)+4\int_0^t y(\tau)(t-\tau)\,d\tau=2t$
9. $y(t)+\int_0^t y(\tau)\,d\tau=2$
10. $y(t)-\int_0^t y(\tau)\sin 2(t-\tau)\,d\tau=\sin 2t$
11. $y(t)-\int_0^t (t-\tau)y(\tau)\,d\tau=1$
12. $y(t)+\int_0^t y(\tau)\cosh(t-\tau)\,d\tau=t+e^t$
13. $y(t)+2e^t\int_0^t y(\tau)e^{-\tau}\,d\tau=te^t$
14. $y(t)-\int_0^t y(\tau)(t-\tau)\,d\tau=2-\frac{1}{2}t^2$

15. **CAS 試驗　參數的改變**

(a) 將習題 13 中的 2 換成參數 k，並透過圖形以了解在 k 值改變時，解曲線的變化情形，特別是在 $k=-2$ 附近。

(b) 自選一個解答爲震盪現象的積分方程式，進行類似的試驗。

16. **團隊專題　摺積之性質**　證明：

(a) 交換性 $f*g=g*f$ 。

(b) 結合性 $(f*g)*v=f*(g*v)$ 。

(c) 分配性 $f*(g_1+g_2)=f*g_1+f*g_2$ 。

(d) **Dirac's delta**　利用 $a=0$ 之 f_k [6.4 節 (1) 式]，並應用積分的平均值定理，推導 6.4 節篩選公式 (4)。

(e) **非特定驅動力**　證明受力振動的統御方程式爲

$$y''+\omega^2 y=r(t),\ \ y(0)=K_1,\ \ y'(0)=K_2$$

其中 $\omega\neq 0$，而非特定驅動力 $r(t)$ 可寫成摺積之形式

$$y=\frac{1}{\omega}\sin\omega t*r(t)+K_1\cos\omega t+\frac{K_2}{\omega}\sin\omega t$$

17–26 使用摺積求逆轉換

說明詳細過程，求 $f(t)$ 其中 $\mathscr{L}(f)$ 分別如以下所給：

17. $\dfrac{5.5}{(s+1.5)(s-4)}$
18. $\dfrac{1}{(s-a)^2}$
19. $\dfrac{2\pi s}{(s^2+\pi^2)^2}$
20. $\dfrac{9}{s(s+3)}$
21. $\dfrac{\omega}{s^2(s^2-\omega^2)}$
22. $\dfrac{e^{-as}}{s(s-2)}$
23. $\dfrac{40.5}{s(s^2-9)}$
24. $\dfrac{240}{(s^2+1)(s^2+25)}$

25. $\dfrac{18s}{(s^2+36)^2}$

26. 部分分式 用部分分式化簡法求解習題 17、21 和 23。

6.6 轉換式的微分與積分、變係數 ODE (Differentiation and Integration of Transforms. ODEs with Variable Coefficients)

可以求得轉換或逆轉換，並用它們求解 ODE 之方法，多的出人意料之外。我們已經看到的包括了直接積分、使用線性特性 (6.1 節)、平移 (6.1、6.3 節)、摺積(6.5 節)，以及對函數 $f(t)$ 的積分與微分(6.2 節)。在本節中，我們要討論一種較不重要的方法。它們是對轉換函數 $F(s)$ 做微分與積分，並對函數 $f(t)$ 做相對的運算。我們將說明如何將此方法用於有變係數的 ODE。

6.6.1 轉換式的微分

我們可以證明，若函數 $f(t)$ 滿足 6.1 節存在性定理之條件，則其轉換式 $F(s)=\mathscr{L}(f)$ 的導數 $F'(s)=dF/ds$ 可經由在積分符號下將 $F(s)$ 對 s 微分得到 (證明列於附錄 1 參考文獻 [GenRef4])。所以，若

$$F(s)=\int_0^\infty e^{-st}f(t)\,dt \quad 則 \quad F'(s)=-\int_0^\infty e^{-st}tf(t)\,dt$$

因此，若 $\mathscr{L}(f)=F(s)$，則

(1) $$\mathscr{L}\{tf(t)\}=-F'(s) \quad 因此 \quad \mathscr{L}^{-1}\{F'(s)\}=-tf(t)$$

其中第二個公式是對第一個公式的兩邊取 $\mathscr{L}^{-1}$ 得到。由此，某函數轉換之微分相當於將該函數乘以 $-t$。

例題 1 轉換之微分、6.9 節公式 21–23

我們將推導出下列三個公式。

	$\mathscr{L}(f)$	$f(t)$
(2)	$\dfrac{1}{(s^2+\beta^2)^2}$	$\dfrac{1}{2\beta^3}(\sin\beta t-\beta t\cos\beta t)$
(3)	$\dfrac{s}{(s^2+\beta^2)^2}$	$\dfrac{1}{2\beta}\sin\beta t$
(4)	$\dfrac{s^2}{(s^2+\beta^2)^2}$	$\dfrac{1}{2\beta}(\sin\beta t+\beta t\cos\beta t)$

解

由 (1) 式及 6.1 節中表 6.1 之公式 8 (其中 $\omega=\beta$)，由微分可得 (注意！連鎖律！)

$$\mathscr{L}(t\sin\beta t)=\frac{2\beta s}{(s^2+\beta^2)^2}$$

除以 2β 並利用 $\mathscr{L}$ 的線性性質，可得 (3) 式。

(2) 式及 (4) 式可由下列方法求出。由 (1) 式及表 6.1 之公式 7 (其中 $\omega = \beta$) 可得

(5) $$\mathscr{L}(t\cos\beta t) = -\frac{(s^2+\beta^2)-2s^2}{(s^2+\beta^2)^2} = \frac{s^2-\beta^2}{(s^2+\beta^2)^2}$$

由上式及表 6.1 之公式 8 (其中 $\omega = \beta$)，可得

$$\mathscr{L}\left(t\cos\beta t \pm \frac{1}{\beta}\sin\beta t\right) = \frac{s^2-\beta^2}{(s^2+\beta^2)^2} \pm \frac{1}{s^2+\beta^2}$$

將右側通分。然後我們看到，在正號時分子爲 $s^2-\beta^2+s^2+\beta^2 = 2s^2$，所以除以 2 以後可得 (4) 式。同樣的，在負號時分子爲 $s^2-\beta^2-s^2-\beta^2 = -2\beta^2$，由此得到 (2) 式，此結果與 6.5 節例題 2 一致。 ■

6.6.2 轉換式的積分

同樣的，若 $f(t)$ 滿足 6.1 節存在性定理之條件，而且當 t 由右側趨近於 0 時，$f(t)/t$ 之極限值存在，則當 $s>k$，

(6) $$\mathscr{L}\left\{\frac{f(t)}{t}\right\} = \int_s^\infty F(\tilde{s})\,d\tilde{s} \quad \text{因此} \quad \mathscr{L}^{-1}\left\{\int_s^\infty F(\tilde{s})\,d\tilde{s}\right\} = \frac{f(t)}{t}$$

在此情況下，某函數 $f(t)$ 之轉換的積分相當於將 $f(t)$ 除以 t。

我們要指出 (6) 式是如何得到的。由定義可知

$$\int_s^\infty F(\tilde{s})\,d\tilde{s} = \int_s^\infty \left[\int_0^\infty e^{-\tilde{s}t} f(t)\,dt\right] d\tilde{s},$$

而且可以證明 (見附錄 1 的參考文獻 [GenRef4])，在以上假設條件下，我們可調換積分順序，也就是

$$\int_s^\infty F(\tilde{s})\,d\tilde{s} = \int_0^\infty \left[\int_s^\infty e^{-\tilde{s}t} f(t)\,d\tilde{s}\right] dt = \int_0^\infty f(t)\left[\int_s^\infty e^{-\tilde{s}t}\,d\tilde{s}\right] dt$$

將 $e^{-\tilde{s}t}$ 對 $\tilde{s}$ 積分可得 $e^{-\tilde{s}t}/(-t)$，右側對 $\tilde{s}$ 之積分完後等於 e^{-st}/t，所以

$$\int_s^\infty F(\tilde{s})\,d\tilde{s} = \int_0^\infty e^{-st}\frac{f(t)}{t}\,dt = \mathscr{L}\left\{\frac{f(t)}{t}\right\} \qquad (s>k)$$ ■

例題 2 轉換式的微分與積分

請求出 $\ln\left(1+\frac{\omega^2}{s^2}\right) = \ln\frac{s^2+\omega^2}{s^2}$ 之逆轉換。

解

令所給之轉換爲 $F(s)$，其導數則爲

$$F'(s) = \frac{d}{ds}(\ln(s^2+\omega^2) - \ln s^2) = \frac{2s}{s^2+\omega^2} - \frac{2s}{s^2}$$

取逆轉換並利用 (1) 式，可得

$$\mathscr{L}^{-1}\{F'(s)\} = \mathscr{L}^{-1}\left\{\frac{2s}{s^2+\omega^2} - \frac{2}{s}\right\} = 2\cos\omega t - 2 = -tf(t)$$

因此 $F(s)$ 的逆轉換 $f(t)$ 是 $f(t) = 2(1-\cos\omega t)/t$，此與 6.9 節公式 42 一致。

另一種方法，若令

$$G(s) = \frac{2s}{s^2+\omega^2} - \frac{2}{s} \quad 則 \quad g(t) = \mathscr{L}^{-1}(G) - 2(\cos\omega t - 1)$$

由上式及 (6) 式，可得與剛才一樣的答案

$$\mathscr{L}^{-1}\left\{\ln\frac{s^2+\omega^2}{s^2}\right\} = \mathscr{L}^{-1}\left\{\int_s^\infty G(s)\,ds\right\} = -\frac{g(t)}{t} = \frac{2}{t}(1-\cos\omega t),$$

因為 s 為積分的下限，所以有負號。

同樣的方法可得 6.9 節的公式 43

$$\mathscr{L}^{-1}\left\{\ln\left(1-\frac{a^2}{s^2}\right)\right\} = \frac{2}{t}(1-\cosh at)$$ ■

6.6.3 特殊變係數線性 ODE

公式 (1) 可用來解含變係數之 ODE，其概念如下，令 $\mathscr{L}(y) = Y$。則 $\mathscr{L}(y') = sY - y(0)$ (參見 6.2 節)，所以由 (1) 式可得

(7) $$\mathscr{L}(ty') = -\frac{d}{ds}[sY - y(0)] = -Y - s\frac{dY}{ds}$$

同樣的，$\mathscr{L}(y'') = s^2Y - sy(0) - y'(0)$ 再次由 (1) 式，

(8) $$\mathscr{L}(ty'') = -\frac{d}{ds}[s^2Y - sy(0) - y'(0)] = -2sY - s^2\frac{dY}{ds} + y(0)$$

所以若 ODE 具有像 $at+b$ 之係數，其輔助方程式為 Y 的一階 ODE，有時會比原來的二階 ODE 來得簡單。但若後者的係數為 at^2+bt+c 的形式，則使用 (1) 式兩次會得到 Y 的二階 ODE，這表示此方法只對特定形式有變係數的 ODE 有用。對下面這個重要的 ODE，此方法就有用。

例題 3 Laguerre 方程式、Laguerre 多項式

Laguerre ODE 為

(9) $$ty'' + (1-t)y' + ny = 0$$

對 $n = 0, 1, 2, \cdots$，我們求 (9) 式之解。由 (7)–(9)，式可得輔助方程式

$$\left[-2sY - s^2\frac{dY}{ds} + y(0)\right] + sY - y(0) - \left(-Y - s\frac{dY}{ds}\right) + nY = 0$$

化簡後可得

$$(s-s^2)\frac{dY}{ds}+(n+1-s)Y=0$$

將變數分離、利用部分分式、積分 (積分常數取零)，並取指數，可得

(10*) $$\frac{dY}{Y}=-\frac{n+1-s}{s-s^2}ds=\left(\frac{n}{s-1}-\frac{n+1}{s}\right)ds \quad 及 \quad Y=\frac{(s-1)^n}{s^{n+1}}$$

以 $l_n=\mathscr{L}^{-1}(Y)$ 表示，並證明 **Rodrigues 公式**

(10) $$l_0=1,\quad l_n(t)=\frac{e^t}{n!}\frac{d^n}{dt^n}(t^ne^{-t}),\qquad n=1,2,\cdots$$

若執行所示之微分則指數項將抵銷掉，所以上式為多項式。它們被稱為 **Laguerre 多項式**，且通常以 L_n 代表 (參見 5.7 節之習題，但我們要保留大寫字母以表示轉換)。證明 (10) 式。由表 6.1 及第一平移定理 (s 平移)，

$$\mathscr{L}(t^ne^{-t})=\frac{n!}{(s+1)^{n+1}}\quad 由 6.2 節的 (3) 式\quad \mathscr{L}\left\{\frac{d^n}{dt^n}(t^ne^{-t})\right\}=\frac{n!s^n}{(s+1)^{n+1}}$$

因為一直到 n–1 次的導數都是零。現在再做另一個平移並除以 $n!$ 可得 [參見 (10) 及 (10*) 式]

$$\mathscr{L}(l_n)=\frac{(s-1)^n}{s^{n+1}}=Y$$ ■

習題集 6.6

1. **複習報告 函數及轉換之微分與積分** 請依自己的記憶簡述這四個運算，將你的簡述與課文比較，然後對這些運算及其應用上的重要性，寫出一份 2 至 3 頁的報告。

2–11 轉換之微分

寫出詳細過程，求出 $\mathscr{L}(f)$，而 $f(t)$ 如各題所給：

2. $3t\sinh 4t$ **3.** $\frac{1}{4}e^{-2t}$

4. $te^{-t}\cos t$ **5.** $t\sin\omega t$

6. $t^2\sin 3t$ **7.** $t^2\sinh 2t$

8. $te^{-kt}\sin t$ **9.** $\frac{1}{2}t^2\cos\frac{\pi}{2}t$

10. t^ne^{kt} **11.** $\frac{1}{2}\sin 2\pi t$

12. **CAS 專題 Laguerre 多項式**

(a) 寫出一個 CAS 程式，用以求出 (10) 式中外顯型式的 $l_n(t)$。應用它來計算 $l_0,\cdots,l_{10}$。驗證 $l_0,\cdots,l_{10}$ 滿足 (9) 式之 Laguerre 微分方程式。

(b) 證明

$$l_n(t)=\sum_{m=0}^{n}\frac{(-1)^m}{m!}\binom{n}{m}t^m$$

並從此公式算出 $l_0,\cdots,l_{10}$。

(c) 由 $l_0=1$ 、 $l_1=1-t$ 以遞迴計算 $l_0,\cdots,l_{10}$，利用

$$(n+1)l_{n+1}=(2n+1-t)l_n-nl_{n-1}$$

(d) Laguerre 多項式之**生成函數** (定義於 5.2 節習題) 爲

$$\sum_{n=0}^{\infty} l_n(t)x^n = (1-x)^{-1}e^{tx/(x-1)}$$

由 x 冪級數相對之部分和求得 $l_0, \cdots, l_{10}$ 並與 (a)、(b) 或 (c) 中的 l_n 比較。

13. CAS 實驗 Laguerre 多項式 以 $l_0, \cdots, l_{10}$ 的圖形試驗，憑經驗找出第一最大値、第一最小値、… 如何對應著 n 的函數移動它的位置，寫一份短篇報告。

14–20 逆轉換

使用微分、積分、s 平移或摺積 (並寫出詳細過程)，求出 $f(t)$，而 $\mathscr{L}(f)$ 爲：

14. $\dfrac{s}{(s^2+16)^2}$

15. $\dfrac{s}{(s^2-4)^2}$

16. $\dfrac{2s+6}{(s^2+6s+10)^2}$

17. $\ln\dfrac{s}{s-1}$

18. $\operatorname{arccot}\dfrac{s}{\pi}$

19. $\ln\dfrac{s^2+1}{(s-1)^2}$

20. $\ln\dfrac{s+a}{s+b}$

6.7 ODE 方程組 (Systems of ODEs)

Laplace 轉換法亦可用來解 ODE 方程組，我們將會就一些典型的應用來說明。我們考慮常係數一階線性方程組 (和 4.1 節所討論的一樣)

(1)
$$\begin{aligned} y_1' &= a_{11}y_1 + a_{12}y_2 + g_1(t) \\ y_2' &= a_{21}y_1 + a_{22}y_2 + g_2(t) \end{aligned}$$

令 $Y_1 = \mathscr{L}(y_1)$、$Y_2 = \mathscr{L}(y_2)$、$G_1 = \mathscr{L}(g_1)$、$G_2 = \mathscr{L}(g_2)$，由 6.2 節的 (1) 式 I 我們得到輔助方程式

$$\begin{aligned} sY_1 - y_1(0) &= a_{11}Y_1 + a_{12}Y_2 + G_1(s) \\ sY_2 - y_2(0) &= a_{21}Y_1 + a_{22}Y_2 + G_2(s) \end{aligned}$$

整併 Y_1 及 Y_2 項後可得

(2)
$$\begin{aligned} (a_{11}-s)Y_1 + \quad a_{12}Y_2 &= -y_1(0) - G_1(s) \\ a_{21}Y_1 + (a_{22}-s)Y_2 &= -y_2(0) - G_2(s) \end{aligned}$$

使用代數法解出 $Y_1(s)$ 及 $Y_2(s)$，並取逆轉換得 $y_1 = \mathscr{L}^{-1}(Y_1)$ 及 $y_2 = \mathscr{L}^{-1}(Y_2)$ 爲方程組 (1) 之解。

注意到 (1) 式及 (2) 式可寫成向量形式 (例題中的方程組亦然)；所以，令 $\mathbf{y} = [\,y_1 \quad y_2\,]^{\mathsf{T}}$、$\mathbf{A} = [a_{jk}]$、$\mathbf{g} = [\,g_1 \quad g_2\,]^{\mathsf{T}}$、$\mathbf{Y} = [Y_1 \quad Y_2]^{\mathsf{T}}$、$\mathbf{G} = [G_1 \quad G_2]^{\mathsf{T}}$，可得

$$\mathbf{y}' = \mathbf{Ay} + \mathbf{g} \quad \text{和} \quad (\mathbf{A} - s\mathbf{I})\,\mathbf{Y} = -\,\mathbf{y}(0) - \mathbf{G}$$

例題 1 包括兩個水槽的混合問題

圖 144 中之水槽 T_1 初始時，內裝 100 gal 純水。而水槽 T_2 初始時，內裝有 100 gal 的水並溶有鹽 150 lb。由 T_2 流到 T_1 的流速爲 2 gal/min，由外部流入 T_1 的速度爲 6 gal/min 且含 6 lb 的鹽。而由 T_1 流到的 T_2 速度爲 8 gal/min。由 T_2 流到外部的速度爲 2 + 6 = 8 gal/min，如圖所示。混合物藉由不斷地攪拌而保持均勻。請分別求出並繪出在 T_1 及 T_2 中鹽的含量 $y_1(t)$ 及 $y_2(t)$。

解

模型可表示成兩個方程式，

$$\text{變化的速率} = \text{流入量 / 分鐘} - \text{流出量 / 分鐘}$$

每個水槽一個方程式 (參見 4.1 節)。因此，

$$y_1' = -\frac{8}{100}y_1 + \frac{2}{100}y_2 + 6, \qquad y_2' = \frac{8}{100}y_1 - \frac{8}{100}y_2$$

初始條件為 $y_1(0) = 0$ 、 $y_2(0) = 150$ 。由此可知輔助方程組 (2) 為

$$\begin{aligned}(-0.08 - s)Y_1 \quad + \quad 0.02Y_2 \quad &= \quad -\frac{6}{s}\\ 0.08Y_1 \quad + \quad (-0.08 - s)Y_2 \quad &= \quad -150\end{aligned}$$

使用消去法求解此方程組，以得到 Y_1 及 Y_2 (或用 7.7 節的 Cramer 法則)，然後以部分分式寫出解為

$$Y_1 = \frac{9s + 0.48}{s(s + 0.12)(s + 0.04)} = \frac{100}{s} - \frac{62.5}{s + 0.12} - \frac{37.5}{s + 0.04}$$

$$Y_2 = \frac{150s^2 + 12s + 0.48}{s(s + 0.12)(s + 0.04)} = \frac{100}{s} + \frac{125}{s + 0.12} - \frac{75}{s + 0.04}$$

取逆轉換後，可得解為

$$y_1 = 100 - 62.5e^{-0.12t} - 37.5e^{-0.04t}$$

$$y_2 = 100 + 125e^{-0.12t} - 75e^{-0.04t}$$

圖 144 顯示這些函數的有趣圖形。你是否能對它們主要的特徵提供物理上的解釋？為什麼它們的極限為 100？為什麼 y_2 的變化不是單調，而 y_1 卻是？為什麼 y_1 在某些時間突然大於 y_2？等等。 ■

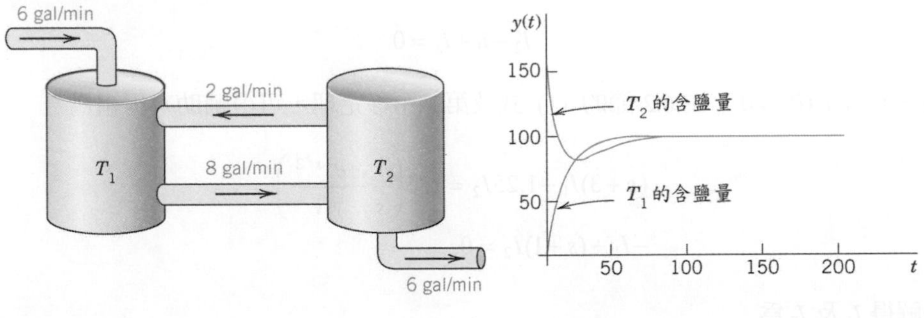

圖 144 例題 1 之混合問題

其他具實際重要性之 ODE 方程組，也可用類似的方法以 Laplace 轉換來求解，而且如例題 1 所示的，在第 4 章，我們必須特別去求的特徵值及特徵向量，在此會自動得到。

例題 2 **電路**

求出圖 145 中電路之電流 $i_1(t)$ 及 $i_2(t)$，其中 L 及 R 的計算使用一般的單位 (參見 2.9 節)，若 $0 \le t \le 0.5$ sec 時，$v(t) = 100\,\text{V}$ 且之後即爲 0，而 $i(0) = 0$ 及 $i'(0) = 0$。

解

此電路的模型可由 2.9 節的 Kirchhoff 電壓定律得到。對下方的電路我們有

$$0.8 i_1' + 1(i_1 - i_2) + 1.4 i_1 = 100\left[1 - u\left(t - \frac{1}{2}\right)\right]$$

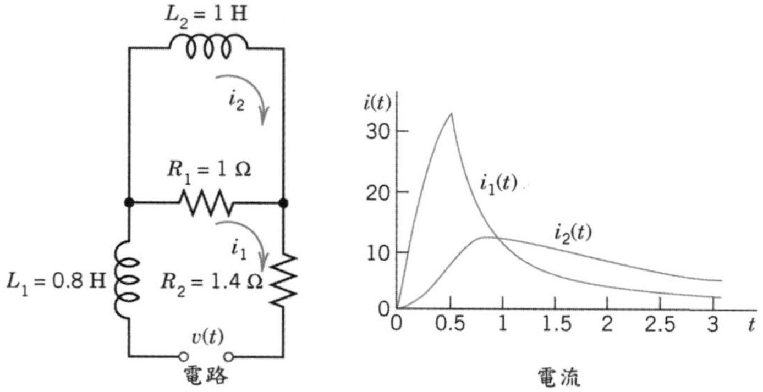

圖 145 例題 2 之電路

上方的電路爲

$$1 \cdot i_2' + 1(i_2 - i_1) = 0$$

除以 0.8 且整理後，下方的電路爲

$$i_1' + 3i_1 - 1.25 i_2 = 125\left[1 - u\left(t - \frac{1}{2}\right)\right]$$

上方的電路爲

$$i_2' - i_1 + i_2 = 0$$

其中 $i_1(0) = 0$ 及 $i_2(0) = 0$，由 6.2 節的 (1) 式及第二平移定理，可得輔助方程組爲

$$(s+3)I_1 - 1.25 I_2 = 125\left(\frac{1}{s} - \frac{e^{-s/2}}{s}\right)$$

$$-I_1 + (s+1)I_2 = 0.$$

以代數法解得 I_1 及 I_2 爲

$$I_1 = \frac{125(s+1)}{s(s+\frac{1}{2})(s+\frac{7}{2})}(1 - e^{-s/2}),$$

$$I_2 = \frac{125}{s(s+\frac{1}{2})(s+\frac{7}{2})}(1 - e^{-s/2})$$

不含因式$1-e^{-s/2}$的右側，則其部分分式展開分別爲

$$\frac{500}{7s}-\frac{125}{3(s+\frac{1}{2})}-\frac{625}{21(s+\frac{7}{2})}$$

和

$$\frac{500}{7s}-\frac{250}{3(s+\frac{1}{2})}+\frac{250}{21(s+\frac{7}{2})}$$

取逆轉換後可得$0\le t\le\frac{1}{2}$時之解

$$\begin{aligned} i_1(t)&=-\frac{125}{3}e^{-t/2}-\frac{625}{21}e^{-7t/2}+\frac{500}{7} \\ i_2(t)&=-\frac{250}{3}e^{-t/2}+\frac{250}{21}e^{-7t/2}+\frac{500}{7} \end{aligned} \qquad (0\le t\le\tfrac{1}{2})$$

根據第二平移定理，$t>\frac{1}{2}$時之解爲$i_1(t)-i_1(t-\frac{1}{2})$ 及$i_2(t)-i_2(t-\frac{1}{2})$，亦即

$$\begin{aligned} i_1(t)&=-\frac{125}{3}(1-e^{1/4})e^{-t/2}+\frac{625}{21}(1-e^{7/4})e^{-7t/2} \\ i_2(t)&=-\frac{250}{3}(1-e^{1/4})e^{-t/2}+\frac{250}{21}(1-e^{7/4})e^{-7t/2} \end{aligned} \qquad (t>\frac{1}{2})$$

你能否就物理的觀點解釋，爲何兩個電流最後趨向零，以及爲何在$t=\frac{1}{2}$時$i_1(t)$ 形成一個尖點，而$i_2(t)$ 的切線方向卻是連續的？ ■

更高階的 ODE 方程組，可以用類似方法以 Laplace 轉換求解。接下來我們考慮一個重要的應用實例，我們考慮彈簧上兩個質點的耦合振動，這是許多類似機械系統的代表。

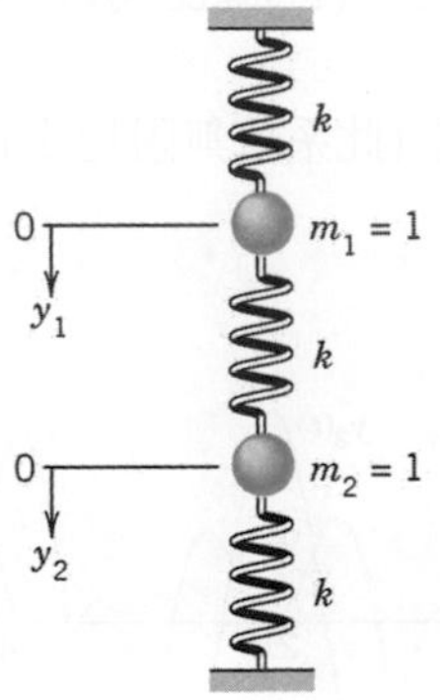

圖 146 例題 3

例題 3 彈簧上兩質點的模型 (圖 146)

圖 146 的機械系統中，有兩個質量爲 1 的物體，連接在三個彈性係數爲 k，且質量可忽略不計的彈簧上，同時假設阻尼爲零。則此物理系統之模型爲 ODE 方程組

$$(3)\qquad \begin{aligned} y_1'' &= -ky_1 + k(y_2 - y_1) \\ y_2'' &= -k(y_2 - y_1) - ky_2 \end{aligned}$$

此處 y_1 與 y_2 是物體距離靜平衡位置之位移，這兩個 ODE 是來自**牛頓第二定律質量** × 加速度 = 力量，在 2.4 節中我們曾用於單一物體。我們同樣視向下的力爲正，而向上的力爲負。上方的物體，受到上方彈簧的力 $-ky_1$ 及中間彈簧 $k(y_2 - y_1)$ 的力作用，而 $y_2 - y_1$ 爲彈簧長度的淨變化量，請好好想一想再繼續下去。下方的物體，受到中間彈簧的力 $-k(y_2 - y_1)$ 與下方彈簧的力 $-ky_2$。

我們要求出對應於初始條件 $y_1(0)=1$、$y_2(0)=1$、$y_1'(0)=\sqrt{3k}$、$y_2'(0)=-\sqrt{3k}$ 之解。令 $Y_1 = \mathscr{L}(y_1)$ 及 $Y_2 = \mathscr{L}(y_2)$，則由 6.2 節 (2) 式及初始條件，可得輔助方程式爲

$$\begin{aligned} s^2Y_1 - s - \sqrt{3k} &= -kY_1 + k(Y_2 - Y_1) \\ s^2Y_2 - s + \sqrt{3k} &= -k(Y_2 - Y_1) - kY_2 \end{aligned}$$

所以含未知數 Y_1 與 Y_2 之線性代數方程組可以寫爲

$$\begin{aligned} (s^2 + 2k)Y_1 \quad - \quad kY_2 \quad &= \quad s + \sqrt{3k} \\ -ky_1 \quad + \quad (s^2 + 2k)Y_2 \quad &= \quad s - \sqrt{3k} \end{aligned}$$

由消去法 (或 7.7 節 Cramer 法則) 可得解，以部分分式展開爲

$$\begin{aligned} Y_1 &= \frac{(s+\sqrt{3k})(s^2+2k) + k(s-\sqrt{3k})}{(s^2+2k)^2 - k^2} = \frac{s}{s^2+k} + \frac{\sqrt{3k}}{s^2+3k} \\ Y_2 &= \frac{(s^2+2k)(s-\sqrt{3k}) + k(s+\sqrt{3k})}{(s^2+2k)^2 - k^2} = \frac{s}{s^2+k} - \frac{\sqrt{3k}}{s^2+3k} \end{aligned}$$

所以我們初值問題的解爲 (圖 147)

$$\begin{aligned} y_1(t) &= \mathscr{L}^{-1}(Y_1) = \cos\sqrt{k}t + \sin\sqrt{3k}t \\ y_2(t) &= \mathscr{L}^{-1}(Y_2) = \cos\sqrt{k}t - \sin\sqrt{3k}t \end{aligned}$$

我們可以看出，每個質點的運動是諧波 (此系統無阻尼！)，爲一個「慢的」震盪及一個「快的」震盪之疊加。 ■

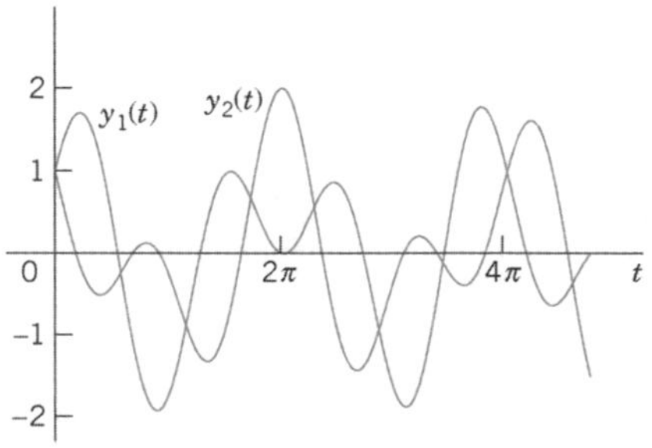

圖 147 例題 3 之解

習題集 6.7

1. **團隊專題 用於線性 ODE 方程組之方法的比較**

(a) **模型** 使用 Laplace 轉換，解出 4.1 節中例題 1 及 2 的模型，並與 4.1 節之運算作一比較，請寫出詳細過程。

(b) **齊次方程組** 使用 Laplace 轉換解出 4.3 節中，(8) 式及 (11)–(13) 式之方程組，請寫出詳細過程。

(c) **非齊次方程組** 使用 Laplace 轉換，解出 4.6 節中 (3) 之方程組，請寫出詳細過程。

2–15 ODE 方程組

使用 Laplace 轉換求解下列初值問題，並寫出詳細過程：

2. $y_1' - y_2 = 0,\ y_1 + y_2' = 2\cos t,\ \ y_1(0) = 1,$ $y_2(0) = 0$

3. $y_1' - 2y_1 + 3y_2 = 0,\ y_2' - y_1 + 2y_2 = 0,$ $y_1(0) = 1,\ y_2(0) = 0$

4. $y_1' = 4y_2 - 8\cos 4t,\ y_2' = -3y_1 - 9\sin 4t,$ $y_1(0) = 0,\ y_2(0) = 3$

5. $y_1' = y_2 + 2 - u(t-1),\ y_2' = -y_1 + 1 - u(t-1),$ $y_1(0) = 1,\ y_2(0) = 0$

6. $y_1' = 5y_1 + y_2,\ y_2' = y_1 + 5y_2,\ \ y_1(0) = 1,$ $y_2(0) = -3$

7. $y_1' = 2y_1 - 4y_2 + u(t-1)e^t,$ $y_2' = y_1 - 3y_2 + u(t-1)e^t,$ $y_1(0) = 3,\ y_2(0) = 0$

8. $y_1' = -2y_1 + 3y_2,\ y_2' = 4y_1 - y_2,$ $y_1(0) = 4,\ y_2(0) = 3$

9. $y_1' = y_1 + y_2,\ y_2' = -y_1 + 3y_2,$ $y_1(0) = 1,\ y_2(0) = 0$

10. $y_1' = -y_2,\ y_2' = -y_1 + 2[1 - u(t - 2\pi)]\cos t,$ $y_1(0) = 1,\ y_2(0) = 0$

11. $y_1'' = y_1 + 3y_2,\ y_2'' = 4y_1 - 4e^t,\ y_1(0) = 2,$ $y_1'(0) = 3,\ y_2(0) = 1,\ y_2'(0) = 2$

12. $y_1'' = -4y_1 + 5y_2,\ y_2'' = -y_1 + 2y_2,$ $y_1(0) = 1,\ y_1'(0) = 0,\ y_2(0) = 2,\ y_2'(0) = 0$

13. $y_1'' + y_2 = -101\sin 10t,\ y_2'' + y_1 = 101\sin 10t,$ $y_1(0) = 0, y_1'(0) = 6, y_2(0) = 8, y_2'(0) = -6$

14. $4y_1' + y_2' - 2y_3' = 0,\ -2y_1' + y_3' = 1,$ $2y_2' - 4y_3' = -16t,\ y_1(0) = 2,\ y_2(0) = 0,$ $y_3(0) = 0$

15. $-y_1' + y_2' = 2\cosh t,\ y_2' - y_3' = e^{-t},$ $y_3' + y_1' = 2e^{-t},\ \ y_1(0) = 0,\ y_2(0) = 0,$ $y_3(0) = 1$

其它應用

16. **兩個質點的受力振動**

求解例題 3，其中 $k = 4$ 及初始條件為 $y_1(0) = 1$、$y_1'(0) = 1$、$y_2(0) = 1$、$y_2' = -1$，並假設有 $11\sin t$ 的外力作用在第一個質點上，$-11\sin t$ 的外力作用在第二個質點上。在共通軸上畫出兩條曲線，並從物理的觀點解釋其運動。

17. **CAS 實驗 初始條件的效應**

在習題 16 中，有系統地改變初始條件，由物理的觀點描述並解釋圖形。曲線的大幅變化將令你驚訝，它們總是週期的嗎？能從連續改變初始條件的觀點，找出變化的經驗法則嗎？

18. **混合問題** 若你將例題 1 中所有的流量加倍 (尤其是從外流入增加到 12 gal/min 且含有 12 lb 的鹽)，維持水槽大小與初始條件不變。先猜猜看再計算。你能找出新解與舊解之相關性嗎？

19. 電路 使用 Laplace 轉換，求出圖 148 中電流 $v(t)=10t$ 及 $i(t)$，其中 $v(t) = 390 \cos t$ 而 $i_1(0) = 0$、$i_2(0) = 0$。電流多快會達到幾近穩態？

20. 單一餘弦波 請求解習題 19，其中 EMF (電動勢) 作用時間為由 0 到 2π。你能否不經計算，只經由觀察習題 19 得知解嗎？

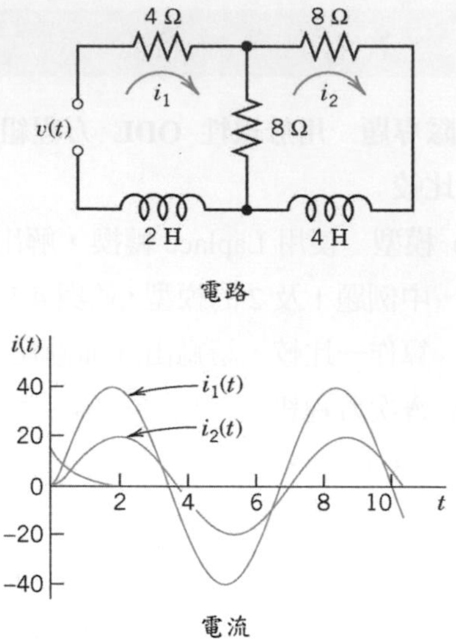

圖 148 習題 19 中之電路及電流

6.8 Laplace 轉換：一般公式 (Laplace Transform: General Formulas)

公式	名稱、說明	節
$F(s) = \mathcal{L}\{f(t)\} = \int_0^\infty e^{-st}f(t)\,dt$ $f(t) = \mathcal{L}^{-1}\{F(s)\}$	轉換之定義 逆轉換	6.1
$\mathcal{L}\{af(t) + bg(t)\} = a\mathcal{L}\{f(t)\} + b\mathcal{L}\{g(t)\}$	線性特性	6.1
$\mathcal{L}\{e^{at}f(t)\} = F(s-a)$ $\mathcal{L}^{-1}\{F(s-a)\} = e^{at}f(t)$	s 平移 (第一平移定理)	6.1
$\mathcal{L}(f') = s\mathcal{L}(f) - f(0)$ $\mathcal{L}(f'') = s^2\mathcal{L}(f) - sf(0) - f'(0)$ $\mathcal{L}(f^{(n)}) = s^n\mathcal{L}(f) - s^{(n-1)}f(0) - \cdots$ $\cdots - f^{(n-1)}(0)$ $\mathcal{L}\left\{\int_0^t f(\tau)\,d\tau\right\} = \frac{1}{s}\mathcal{L}(f)$	函數的微分 函數的積分	6.2

$(f*g)(t) = \int_0^t f(\tau)g(t-\tau)\,d\tau$ $= \int_0^t f(t-\tau)g(\tau)\,d\tau$ $\mathcal{L}(f*g) = \mathcal{L}(f)\mathcal{L}(g)$	摺積	6.5
$\mathcal{L}\{f(t-a)u(t-a)\} = e^{-as}F(s)$ $\mathcal{L}^{-1}\{e^{-as}F(s)\} = f(t-a)u(t-a)$	t 平移 (第二平移定理)	6.3
$\mathcal{L}\{tf(t)\} = -F'(s)$ $\mathcal{L}\left\{\frac{f(t)}{t}\right\} = \int_s^\infty F(\tilde{s})\,d\tilde{s}$	轉換式的微分 轉換式的積分	6.6
$\mathcal{L}(f) = \frac{1}{1-e^{-ps}}\int_0^p e^{-st}f(t)\,dt$	週期爲 p 的 f 週期性	6.4 專題 16

(續上頁)

6.9 Laplace 轉換表 (Table of Laplace Transforms)

更詳盡的轉換表，請參見附錄 1 中之參考文獻 [A9]。

	$F(s) = \mathcal{L}\{f(t)\}$	$f(t)$	節
1	$1/s$	1	6.1
2	$1/s^2$	t	
3	$1/s^n \quad (n = 1, 2, \cdots)$	$t^{n-1}/(n-1)!$	
4	$1/\sqrt{s}$	$1/\sqrt{\pi t}$	
5	$1/s^{3/2}$	$2\sqrt{t/\pi}$	
6	$1/s^a \quad (a > 0)$	$t^{a-1}/\Gamma(a)$	
7	$\frac{1}{s-a}$	e^{at}	6.1
8	$\frac{1}{(s-a)^2}$	te^{at}	
9	$\frac{1}{(s-a)^n} \quad (n = 1, 2, \cdots)$	$\frac{1}{(n-1)!}t^{n-1}e^{at}$	
10	$\frac{1}{(s-a)^k} \quad (k > 0)$	$\frac{1}{\Gamma(k)}t^{k-1}e^{at}$	

11	$\dfrac{1}{(s-a)(s-b)}$ $(a \neq b)$	$\dfrac{1}{a-b}(e^{at} - e^{bt})$	
12	$\dfrac{s}{(s-a)(s-b)}$ $(a \neq b)$	$\dfrac{1}{a-b}(ae^{at} - be^{bt})$	
13	$\dfrac{1}{s^2+\omega^2}$	$\dfrac{1}{\omega}\sin \omega t$	6.1
14	$\dfrac{s}{s^2+\omega^2}$	$\cos \omega t$	
15	$\dfrac{1}{s^2-a^2}$	$\dfrac{1}{a}\sinh at$	
16	$\dfrac{s}{s^2-a^2}$	$\cosh at$	
17	$\dfrac{1}{(s-a)^2+\omega^2}$	$\dfrac{1}{\omega}e^{at}\sinh \omega t$	
18	$\dfrac{s-a}{(s-a)^2+\omega^2}$	$e^{at}\cos \omega t$	
19	$\dfrac{1}{s(s^2+\omega^2)}$	$\dfrac{1}{\omega^2}(1-\cos \omega t)$	6.2
20	$\dfrac{1}{s^2(s^2+\omega^2)}$	$\dfrac{1}{\omega^3}(\omega t - \sin \omega t)$	
21	$\dfrac{1}{(s^2+\omega^2)^2}$	$\dfrac{1}{2\omega^3}(\sin \omega t - \omega t\cos \omega t)$	6.6
22	$\dfrac{s}{(s^2+\omega^2)^2}$	$\dfrac{t}{2\omega}\sin \omega t$	
23	$\dfrac{s^2}{(s^2+\omega^2)^2}$	$\dfrac{1}{2\omega}(\sin \omega t + \omega t\cos \omega t)$	
24	$\dfrac{s}{(s^2+a^2)(s^2+b^2)}$ $(a^2 \neq b^2)$	$\dfrac{1}{b^2-a^2}(\cos at - \cos bt)$	
25	$\dfrac{1}{s^4+4k^4}$	$\dfrac{1}{4k^3}(\sin kt \cos kt - \cos kt \sinh kt)$	
26	$\dfrac{s}{s^4+4k^4}$	$\dfrac{1}{2k^2}\sin kt \sinh kt$	
27	$\dfrac{1}{s^4-k^4}$	$\dfrac{1}{2k^3}(\sinh kt - \sin kt)$	
28	$\dfrac{s}{s^4-k^4}$	$\dfrac{1}{2k^2}(\cosh kt - \cos kt)$	

(續上頁)

Laplace 轉換表 (續)

29	$\sqrt{s-a}-\sqrt{s-b}$	$\dfrac{1}{2\sqrt{\pi t^3}}(e^{bt}-e^{at})$	
30	$\dfrac{1}{\sqrt{s+a}\sqrt{s+b}}$	$e^{-(a+b)t/2}I_0\left(\dfrac{a-b}{2}t\right)$	I 5.5
31	$\dfrac{1}{\sqrt{s^2+a^2}}$	$J_0(at)$	J 5.4
32	$\dfrac{s}{(s-a)^{3/2}}$	$\dfrac{1}{\sqrt{\pi t}}e^{at}(1+2at)$	
33	$\dfrac{1}{(s^2-a^2)^k}$ $(k>0)$	$\dfrac{\sqrt{\pi}}{\Gamma(k)}\left(\dfrac{t}{2a}\right)^{k-1/2} I_{k-1/2}(at)$	I 5.5
34	e^{-as}/s	$u(t-a)$	6.3
35	e^{-as}	$\delta(t-a)$	6.4
36	$\dfrac{1}{s}e^{-k/s}$	$J_0(2\sqrt{kt})$	J 5.4
37	$\dfrac{1}{\sqrt{s}}e^{-k/s}$	$\dfrac{1}{\sqrt{\pi t}}\cos 2\sqrt{kt}$	
38	$\dfrac{1}{s^{3/2}}e^{k/s}$	$\dfrac{1}{\sqrt{\pi k}}\sinh 2\sqrt{kt}$	
39	$e^{-k\sqrt{s}}$ $(k>0)$	$\dfrac{k}{2\sqrt{\pi t^3}}e^{-k^2/4t}$	
40	$\dfrac{1}{s}\ln s$	$-\ln t-\gamma$ $(\gamma\approx 0.5772)$	γ 5.5
41	$\ln\dfrac{s-a}{s-b}$	$\dfrac{1}{t}(e^{bt}-e^{at})$	
42	$\ln\dfrac{s^2+\omega^2}{s^2}$	$\dfrac{2}{t}(1-\cos\omega t)$	6.6
43	$\ln\dfrac{s^2-a^2}{s^2}$	$\dfrac{2}{t}(1-\cosh at)$	
44	$\arctan\dfrac{\omega}{s}$	$\dfrac{1}{t}\sin\omega t$	
45	$\dfrac{1}{s}\operatorname{arccot} s$	$\mathrm{Si}(t)$	附錄 A3.1

(續上頁)

Laplace 轉換表 (續)

第 6 章 複習題

1. 請憑記憶說出一些簡單函數之 Laplace 轉換。
2. 以 Laplace 轉換解 ODE 的步驟有哪些？
3. 在哪些情況下求解 ODE 時，本章的方法會比第 2 章的好用？
4. 在求解 ODE 時，Laplace 轉換的哪個性質是最關鍵的？
5. 以下兩式是否成立？$\mathscr{L}\{f(t)+g(t)\}=\mathscr{L}\{f(t)\}+\mathscr{L}\{g(t)\}$？$\mathscr{L}\{f(t)g(t)\}=\mathscr{L}\{f(t)\}\mathscr{L}\{g(t)\}$？解釋之。
6. 何時及如何使用單位步階函數與 Dirac's delta？
7. 如果已知 $f(t)=\mathscr{L}^{-1}\{F(s)\}$，那麼你要如何求 $\mathscr{L}^{-1}\{F(s)/s^2\}$？
8. 憑記憶說明兩個平移定理的用法。
9. 一個非連續函數是否可有 Laplace 轉換？請提出理由。
10. 若兩個相異連續函數之轉換都存在，則其轉換相異。這有什麼實際上的重要性？

11–19 Laplace 轉換

請求出以下之轉換，說明所用方法，並列出詳細過程。

11. $3\cosh t-5\sinh 2t$
12. $e^{-2t}(\cos 2t-4\sin 2t)$
13. $\cos^2(\frac{1}{2}\pi t)$
14. $16t^2u(t-\frac{1}{4})$
15. $e^{-t/2}u(t-2)$
16. $u(t-2\pi)\cos 2t$
17. $\cos t-t\sin t$
18. $(\sin\omega t)*(\cos\omega t)$
19. $4t*e^{-2t}$

20–28 Laplace 逆轉換

求下列之 Laplace 逆轉換，指出所用方法並請寫出詳細過程。

20. $\dfrac{7.5}{s^2-2s-8}$
21. $\dfrac{s-1}{s^2}e^{-s}$
22. $\dfrac{\frac{1}{16}}{s^2+s+\frac{1}{2}}$
23. $\dfrac{s\sin\theta+\omega\cos\theta}{s^2+\omega^2}$
24. $\dfrac{s^2-6.25}{(s^2+6.25)^2}$
25. $\dfrac{2(1-s)}{s^3}$
26. $\dfrac{2s-10}{s^3}e^{-5s}$
27. $\dfrac{2s+1}{s^2+2s+5}$
28. $\dfrac{3s}{s^2-2s+2}$

29–37 ODE 及方程組

使用 Laplace 轉換求解下列問題，請寫出詳細過程，並繪出其解。

29. $y''+2y'+5y=25t,\ y(0)=-2,\ y'(0)=-5$
30. $y''+16y=4\delta(t-\pi),\ y(0)=-1,\ y'(0)=0$
31. $y''+y-2y=30u(t-\pi)\cos t,\quad y(0)=\frac{1}{2},\ y'(0)=-1$
32. $y''+4y=\delta(t-\pi)-\delta(t-2\pi),\quad y(0)=1,\ y'(0)=0$
33. $y''-5y'+6y=6u(t-1),\quad y(0)=0,\ y'(0)=0$
34. $y_1'=y_2,\ y_2'=-4y_1+\delta(t-\pi),\quad y_1(0)=0,\ y_2(0)=0$
35. $y_1'=2y_1-4y_2,\ y_2'=y_1-3y_2,\quad y_1(0)=3,\ y_2(0)=0$
36. $y_1'=2y_1+4y_2,\ y_2'=y_1+2y_2,\ y_1(0)=-4,\ y_2(0)=-4$
37. $y_1'=y_2'+u(t-\pi),\ y_2'=+y_1+u(t+\pi),\ y_1(0)=1,\ y_2(0)=0$

38–45 質量–彈簧系統、電路、電網

建立模型，並以 Laplace 轉換求解：

38. 證明圖 149 中的機械系統 (無磨擦、無阻尼) 為

$$m_1y_1''=-k_1y_1+k_2(y_2-y_1)$$
$$m_2y_2''=-k_2(y_2-y_1)-k_3y_2$$

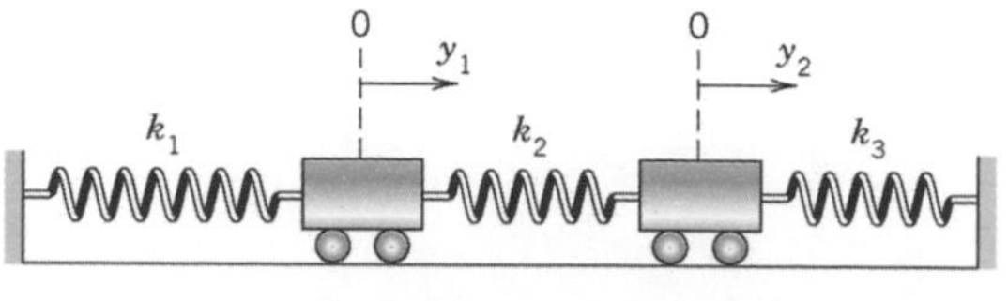

圖 149 習題 38 及 39 之系統

39. 在習題 38 中，令 $m_1 = m_2 = 10$ kg、$k_1 = k_3 = 20$ kg/sec^2、$k_2 = 40$ kg/sec^2。求滿足初始條件 $y_1(0) = y_2(0) = 0$ 、 $y_1'(0) = 1$ meter/sec、 $y_2'(0) = -1$ meter/sec 之解。

40. 將習題 38 之系統，再串聯一個質點及模數爲 k_4 之彈簧，求出新系統的模型 (ODE 方程組)。

41. 求出圖 150 中，RC 電路之電流 $i(t)$ ，其中 $R = 10\ \Omega$,、$C = 0.1$ F；而若 $0 < t < 4$，$v(t) = 10t$ V；若 $t > 4$，$v(t) = 40$ V，且電容器的初始電荷爲 0。

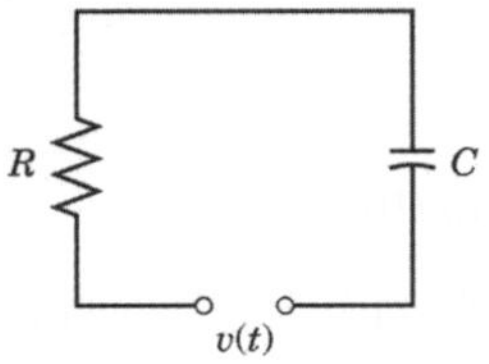

圖 150　RC 電路

42. 求出並繪出圖 151 之 LC 電路中電荷 $q(t)$ 及電流 $i(t)$，其中 $L = 1$ H、$C = 1$ F；而若 $0 < t < \pi$， $v(t) = 1 - e^{-t}$ ；若 $t > \pi$， $v(t) = 0$，且初始電流和電荷爲 0。

43. 求出圖 152 中 RLC 電路之電流 $i(t)$，其中 $R = 160\ \Omega$、$L = 20$ H、$C = 0.002$ F 及 $v(t) = 37\sin 10t$ V，且電流和電荷在 $t = 0$ 時爲 0。

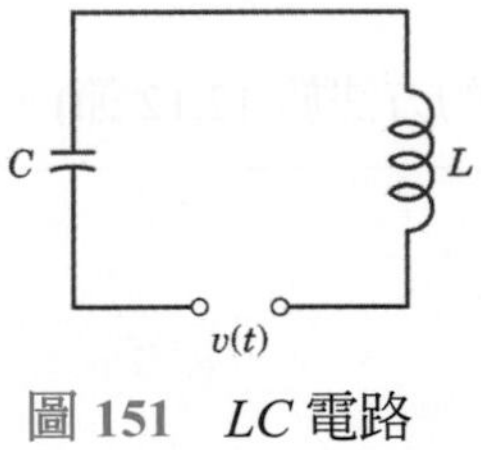

圖 151　LC 電路

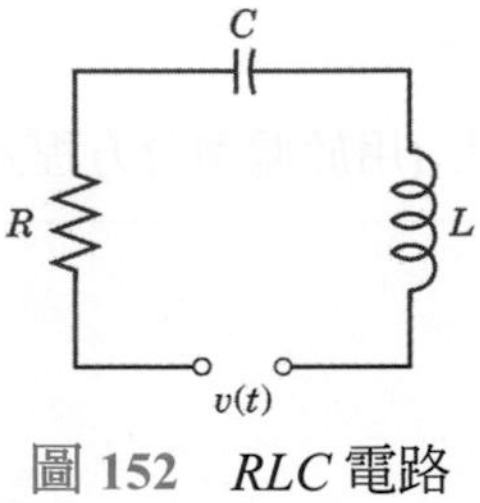

圖 152　RLC 電路

44. 使用 Kirchhoff 電壓定律 (2.9 節)，證明圖 153 中電路之電流，可由下面的方程組得到

$$Li_1' + R(i_1 - i_2) = v(t)$$

$$R(i_2' - i_1') + \frac{1}{C} i_2 = 0$$

求解此方程組，設 $R = 10\ \Omega$、$L = 20$ H、$C = 0.05$ F、 $v = 20$ V、$i_1(0) = 0$ 、$i_2(0) = 2$ A。

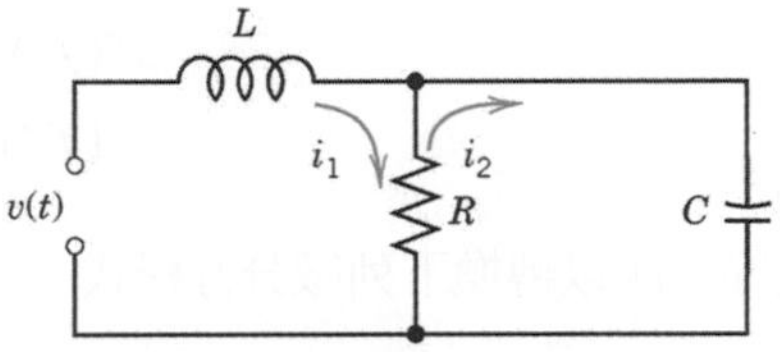

圖 153　習題 44 之電路

45. 建立圖 154 中電路之模型，並求其解，假設當開關於 $t = 0$ 闔上時，電流及電荷均爲零。求在 $t \to \infty$ 時，電流 $i_1(t)$ 和 $i_2(t)$ 的極限值，(i) 由前面所得之解，(ii) 直接由所給的網路。

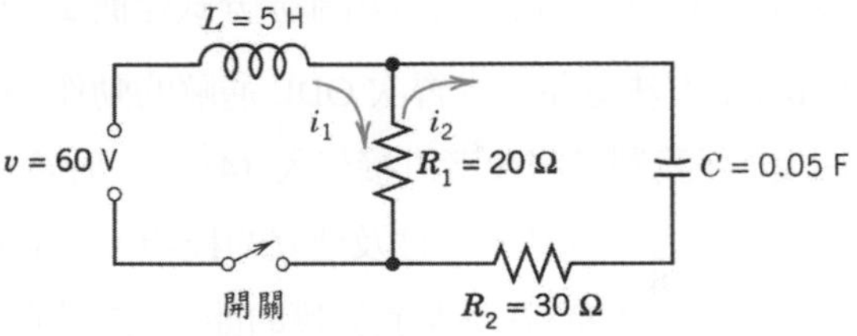

圖 154　習題 45 之電路

第6章摘要 Laplace轉換

Laplace 轉換之主要目的，在於求解微分方程式和方程組，以及相對應之初值問題。函數 $f(t)$ 的 **Laplace 轉換** $F(s)=\mathscr{L}(f)$ 定義為

(1) $$F(s)=\mathscr{L}(f)=\int_0^{\infty} e^{-st} f(t)\,dt$$ (6.1 節)

此定義是來自如下之特性，即 f 對 t 之微分相當於是將轉換式 F 乘以 s；亦即

(2) $$\mathscr{L}(f')=s\mathscr{L}(f)-f(0)$$
$$\mathscr{L}(f'')=s^2\mathscr{L}(f)-sf(0)-f'(0)$$ (6.2 節)

及其他等。所以轉換下列微分方程式

(3) $$y''+ay'+by=r(t)$$ (a、b 為常數)

並設 $\mathscr{L}(y)=Y(s)$，我們得到**輔助方程式**

(4) $$(s^2+as+b)Y=\mathscr{L}(r)+sf(0)+f'(0)+af(0)$$

在此，為得到轉換式 $\mathscr{L}(r)$，我們可從 6.1 節的簡表或 6.9 節較完整的表中查得，此為第一步。第二步，以代數法求得輔助方程式之解 $Y(s)$。第三步，找出**逆轉換** $y(t)=\mathscr{L}^{-1}(Y)$，亦即該問題之解。通常這是最困難的步驟，我們仍要借助前面提到的兩個表。$Y(s)$ 經常為有理函數，所以，我們若沒有更簡單的方式，可以用部分分式化簡法 (6.4 節) 來得到逆轉換 $\mathscr{L}^{-1}(Y)$。

Laplace 方法避免了求齊次 ODE 通解的動作，而且亦不需要從初始條件求出通解中任意常數之值；相反的，我們可將後者直接代入 (4) 式。另外，有兩個事實說明了 Laplace 轉換在實用上的重要性。第一：它有一些基本特性及建立的技巧，可用來簡化求轉換及逆轉換的過程。這些特性中最重要的部分列於 6.8 節，並參照到對應的節次。對於單位步階函數與 Dirac's delta 的使用見於 6.3 及 6.4 節，6.5 節則是關於摺積。第二：由於有這些特性，目前之方法特別適合處理右側項 $r(t)$ 在不同時間區段內有不同之表示式的情況，比如說，當 $r(t)$ 為一方波，或是一脈衝，或是像若時間 t 滿足 $0\le t\le 4\pi$，則 $r(t)=\cos t$，而其它時間則為 0 這種形式。

6.7 節介紹了 Laplace 轉換用於求解 ODE 方程組的方法 (用於偏微分方程式的方法於 12.12 節)。

PART B

線性代數、向量微積分 (Linear Algebra. Vector Calculus)

矩陣與向量是**線性代數** (第 7 及 8 章) 的基石，讓我們可以緊緻且有序的表示數字與函數。矩陣可以含納巨量的數據 (想想連接數百萬電腦的網路或手機連線)，且可立即進入電腦運算。第 7 章的主要內容是，如何用矩陣求解線性方程組。有關秩 (rank)、基底 (basis)、線性轉換 (linear transformation) 及向量空間 (vector space) 等概念，彼此是緊密關聯的。第 8 章討論特徵值問題。線性代數是一門活躍的學問，在工程物理、數值方法 (見第 20-22 章)、經濟學及其它領域中都有廣泛的應用。

第 9 及 10 章則將微積分拓展到**向量微積分** ***(vector calculus)***。我們由線性代數開始討論向量，並建立起向量微分。我們將對包含多個變數的函數微分，並討論向量的微分運算，包括梯度 (grad)、散度 (div) 及旋度 (curl)。第 10 章將一般的積分拓展到曲線、曲面及實體積分，由此得到新型態的積分。由 Gauss、Green 及 Stokes 所提出的天才理論，讓我們可以將不同型的積分進行轉換。

讀者若有需要，可以在本書 E 部分開頭的清單中，找到適合的**線性代數軟體** (例如：Lapack、Maple、Mathematica、Matlab)。

在研讀完第 *7* 及 *8* 章之後，可直接進入第 *20* 章的數值線性代數，因爲第 20 章與 E 部分其它各章的數值方法無關。

CHAPTER 7

線性代數：矩陣、向量、行列式、線性方程組 (Linear Algebra:Matrices, Vectors, Determinants, Linear Systems)

線性代數的範圍相當廣泛，包括了向量和矩陣、行列式、線性方程組、向量空間和線性轉換、特徵值問題，以及其它課題。作為一個研究領域，它有廣泛的吸引力，因為它在工程、物理、幾何、電腦科學、經濟學，以及許多其它學門都有許多的應用。同時，它也有助於對數學本身做更深入的理解。

矩陣 (matrix)，由數字或函數所組成的矩形陣列，和**向量 (vector)** 是線性代數的主要工具。矩陣的重要性在於，它讓我們能夠以有序且簡明的方式，表示出大量的數據及函數。此外，因為矩陣是一個單一物件，我們可用一個字母來代表它，而且可以直接用它做計算。由於矩陣與向量的這些特性，所以被普遍用於表達科學及數學的概念。

本章適度混合了不同的應用 (電路、Markov 程序、交通流量等) 與理論。第 7 章的架構如下：7.1 和 7.2 節對矩陣和向量，以及它們的運算做了直觀的介紹，包括矩陣的相乘。在接下來的 7.3–7.5 節，則介紹高斯消去法，**求解線性方程組**最重要的方法。此方法是線性代數的一塊基石，此方法本身以及由它演化出來的各種方法，出現在許多不同的數學領域及各種實際應用中。它讓我們考慮解的行為，以及矩陣的秩、線性獨立及基底等概念。在 7.6 和 7.7 節中，我們轉移到行列式，它的重要性稍低。第 7.8 節介紹矩陣求逆。本章以向量空間、內積空間、線性轉換，以及線性轉換的合成 (composition) 做結。接下來第 8 章將討論特徵值問題。

註解：**讀完本章之後，可立即研讀數值線性代數 (20.1–20.5 節)**。

本章之先修課程：無。

短期課程可以省略的章節：7.5、7.9。

參考文獻與習題解答：附錄 1 的 B 部分及附錄 2。

7.1 矩陣、向量：加法與純量乘法 (Matrices, Vectors: Addition and Scalar Multiplication)

在 7.1 和 7.2 節，介紹矩陣及向量代數的基本觀念與規則，而 7.3 節介紹它們的主要應用，**線性方程組**。

在對矩陣做正式探討之前，讓我們先大致瀏覽一下。**矩陣 (matrix)** 是一個由數字或函數所構成的矩形陣列，並以方括弧夾住。例如，

$$(1)\qquad \begin{bmatrix} 0.3 & 1 & -5 \\ 0 & -0.2 & 16 \end{bmatrix}, \quad \begin{bmatrix} a_{11} & a_{12} & a_{13} \\ a_{21} & a_{22} & a_{23} \\ a_{31} & a_{32} & a_{33} \end{bmatrix},$$

$$\begin{bmatrix} e^{-x} & 2x^2 \\ e^{6x} & 4x \end{bmatrix}, \quad [a_1 \quad a_2 \quad a_3], \quad \begin{bmatrix} 4 \\ \frac{1}{2} \end{bmatrix}$$

都是矩陣。這些數字 (或函數) 稱爲矩陣的**元**或**元素** (**entry** 或 *element*)。(1) 式中的第一個矩陣有兩**列 (row)**，就是同一水平線的元素。此外，它有三**行 (column)**，就是列在同一垂直線的元素。第二與第三個矩陣是**方陣 (square matrix)**，亦即列數和行數一樣多，分別爲 3 和 2。第二個矩陣的元素有兩個下標，指出該元素在矩陣中的位置。第一個下標表示該元素在第幾列，第二個下標則表示在第幾行，兩者合在一起就可以唯一的決定其位置。例如，a_{23} (讀作 *a 2 3*) 位於第 2 列第 3 行，餘類推。這是標準的標示符號，不是方陣的矩陣亦然。

只有一列或一行的矩陣稱爲**向量 (vector)**。因此 (1) 式中的第四個矩陣，因爲只有一列，所以稱爲**列向量 (row vector)**。(1) 式中的最後一個矩陣只有一行，所以稱作爲**行向量 (column vector)**。因爲下標是爲了標示出元素在矩陣中的位置，所以不論是行或列向量，只要一個下標就夠了。因此，(1) 式中列向量的第三個元素，就記做 a_3。

在各種應用中，用矩陣很容易儲存及處理數據。考慮以下兩個常見範例。

例題 1 線性方程組、矩陣的主要應用

我們已知一個**線性方程組**，例如

$$\begin{aligned} 4x_1 + 6x_2 + 9x_3 &= 6 \\ 6x_1 \qquad\quad - 2x_3 &= 20 \\ 5x_1 - 8x_2 + \quad x_3 &= 10 \end{aligned}$$

其中 x_1、x_2、x_3 爲**未知數 (unknowns)**。將未知數的係數依據它們出現在方程式中的位置排列，我們可以構成一個**係數矩陣 (coefficient matrix)**，令它爲 **A**。在第二個方程式中沒有未知數 x_2，這代表 x_2 的係數是 0，所以在 **A** 中，$a_{22} = 0$。因此，

$$\mathbf{A} = \begin{bmatrix} 4 & 6 & 9 \\ 6 & 0 & -2 \\ 5 & -8 & 1 \end{bmatrix} \quad \text{再組成另一個矩陣} \quad \tilde{\mathbf{A}} = \begin{bmatrix} 4 & 6 & 9 & 6 \\ 6 & 0 & -2 & 20 \\ 5 & -8 & 1 & 10 \end{bmatrix}$$

這是將方程組的右側併入 **A** 中，稱爲方程組的增廣矩陣 (augmented matrix)。

因爲，由 $\tilde{\mathbf{A}}$ 我們可直接還原出原來的方程組，$\tilde{\mathbf{A}}$ 包含了原方程組的所有資訊，我們可以用它來求解方程組。這也就是說，求解方程組過程中的所有計算，都可用增廣矩陣來進行。在 7.3 節中我們會再詳細說明此點。在這之前，你可以將 $x_1 = 3$、$x_2 = \frac{1}{2}$、$x_3 = -1$ 代入，以驗證這就是解。

未知數的符號 x_1、x_2、x_3 很實用，但並非必要；也可以選擇 x、y、z 或其他字母來表示未知數。■

例題 2　矩陣形式之銷售量

在商店中，I、II、III 三種商品在每一週的星期一 (M)、星期二 (T)、…的銷售量，可以排列成一個如下的矩陣

$$\begin{array}{c} \\ \mathbf{A} = \end{array}\begin{array}{c}\begin{matrix} \text{Mon} & \text{Tues} & \text{Wed} & \text{Thur} & \text{Fri} & \text{Sat} & \text{Sun} \end{matrix} \\ \begin{bmatrix} 40 & 33 & 81 & 0 & 21 & 47 & 33 \\ 0 & 12 & 78 & 50 & 50 & 96 & 90 \\ 10 & 0 & 0 & 27 & 43 & 78 & 56 \end{bmatrix} \end{array} \cdot \begin{array}{c} \text{I} \\ \text{II} \\ \text{III} \end{array}$$

如果公司有 10 間店面，我們可以爲每一間店建立一個矩陣，總共 10 個。把這些矩陣中對應項加起來，就可以得到每天各種產品總銷售量的矩陣。你可想出其他能應用矩陣儲存的資料嗎？例如運輸或倉儲問題？或是交通路網中各地距離的列表？■

7.1.1　通用符號與觀念

讓我們將前面的討論正式化。我們以粗體大寫字母 **A**、**B**、**C**、…代表矩陣，或將它的代表元素寫在方括弧內；即 $\mathbf{A} = [a_{jk}]$，以此類推。所謂的 $\boldsymbol{m \times n}$ **矩陣** (讀作 m 乘 n 矩陣)，是指一個有 m 列和 n 行的矩陣 (列總是排在第一個位置！)，$m \times n$ 稱爲此矩陣的**大小 (size)**。因此一個 $m \times n$ 矩陣的形式如下：

$$\mathbf{A} = [a_{jk}] = \begin{bmatrix} a_{11} & a_{12} & \cdots & a_{1n} \\ a_{21} & a_{22} & \cdots & a_{2n} \\ \cdot & \cdot & \cdots & \cdot \\ a_{m1} & a_{m2} & \cdots & a_{mn} \end{bmatrix} \tag{2}$$

(1) 式中，矩陣的大小分別是 2×3、3×3、2×2、1×3 和 2×1。

(2) 式中的每一元素有兩個下標，第一個下標是列位置，第二個是行位置。因此 a_{21} 代表位於第 2 列且第 1 行的元素。

如果 $m = n$，則 **A** 稱爲 $n \times n$ **方陣**。包含有元素 a_{11}, a_{22}, a_{nn} 的對角線稱爲 **A** 的**主對角線 (main diagonal)**。因此，(1) 式中兩個方陣的主對角線分別爲 a_{11}、a_{22}、a_{33} 和 e^{-x}、$4x$。

方陣特別重要，我們即將看到這一點。任何大小爲 $m \times n$ 的矩陣都叫矩陣，而**方陣**是其中的特例。

7.1.2　向量

向量爲僅有一列或一行的矩陣。它的元素稱爲向量的**分量 (components)**。我們用粗體**小寫**字母 **a, b,** …代表向量，或是用它的分量加上方括弧，即 $\mathbf{a} = [a_j]$ 來表示。由 (1) 式中的特別向量可看出 (一般) **列向量 (row vector)** 的形式爲

$$\mathbf{a} = [a_1 \quad a_2 \quad \cdots \quad a_n] \quad 例如， \quad \mathbf{a} = [-2 \quad 5 \quad 0.8 \quad 0 \quad 1]$$

行向量 (column vector) 的形式爲

$$\mathbf{b} = \begin{bmatrix} b_1 \\ b_2 \\ \vdots \\ b_m \end{bmatrix} \quad \text{例如：} \quad \mathbf{b} = \begin{bmatrix} 4 \\ 0 \\ -7 \end{bmatrix}$$

7.1.3 矩陣和向量的加法與純量乘法

因爲矩陣與向量幾乎和數字一樣容易計算，所以對電腦而言眞的特別合用。的確如此，現在將介紹由實際應用產生的加法和純量乘法 (與數字相乘) 的規則 (矩陣和矩陣的乘法在下一節討論)。首先介紹相等的概念。

定 義

矩陣的相等

兩矩陣 $\mathbf{A} = [a_{jk}]$ 及 $\mathbf{B} = [b_{jk}]$ 爲**相等**，並表示成 $\mathbf{A} = \mathbf{B}$ 的條件是：若且唯若兩者大小相同且對應的各元素相等，亦即 $a_{11} = b_{11}$、$a_{12} = b_{12}$、⋯等等。不相等的矩陣稱爲**相異**。因此大小不同的矩陣必然相異。

例題 3 **矩陣的相等**

令

$$\mathbf{A} = \begin{bmatrix} a_{11} & a_{12} \\ a_{21} & a_{22} \end{bmatrix} \quad \text{及} \quad \mathbf{B} = \begin{bmatrix} 4 & 0 \\ 3 & -1 \end{bmatrix}$$

則

$$\mathbf{A} = \mathbf{B} \quad \text{若且唯若} \quad \begin{array}{ll} a_{11} = 4, & a_{12} = 0, \\ a_{21} = 3, & a_{22} = -1 \end{array}$$

下面的矩陣全部相異，請解釋原因！

$$\begin{bmatrix} 1 & 3 \\ 4 & 2 \end{bmatrix} \quad \begin{bmatrix} 4 & 2 \\ 1 & 3 \end{bmatrix} \quad \begin{bmatrix} 4 & 1 \\ 2 & 3 \end{bmatrix} \quad \begin{bmatrix} 1 & 3 & 0 \\ 4 & 2 & 0 \end{bmatrix} \quad \begin{bmatrix} 0 & 1 & 3 \\ 0 & 4 & 2 \end{bmatrix}$$

■

定 義

矩陣加法

對**大小相同**的兩個矩陣 $\mathbf{A} = [a_{jk}]$ 與 $\mathbf{B} = [b_{jk}]$，其和寫成 $\mathbf{A} + \mathbf{B}$，是將 $\mathbf{A}$ 和 $\mathbf{B}$ 中對應的元素相加，其元素爲 $a_{jk} + b_{jk}$，大小不同的矩陣不能相加。

作爲特例，兩個有同樣分量數目的行向量或兩個列向量的**和**爲 $\mathbf{a} + \mathbf{b}$，其分量是兩個向量對應分量的和。

例題 4 矩陣及向量加法

$$\text{若 } \mathbf{A} = \begin{bmatrix} -4 & 6 & 3 \\ 0 & 1 & 2 \end{bmatrix} \text{ 且 } \mathbf{B} = \begin{bmatrix} 5 & -1 & 0 \\ 3 & 1 & 0 \end{bmatrix}, \text{ 則 } \mathbf{A}+\mathbf{B} = \begin{bmatrix} 1 & 5 & 3 \\ 3 & 2 & 2 \end{bmatrix}。$$

例題 3 中的 **A** 和本例題的 **A** 不能相加。如果 $\mathbf{a} = [5 \quad 7 \quad 2]$ 及 $\mathbf{b} = [-6 \quad 2 \quad 0]$，則 $\mathbf{a} + \mathbf{b} = [-1 \quad 9 \quad 2]$。

例題 2 說明了一個矩陣加法的應用，後續還有更多的應用。 ■

定 義

> 純量乘法 (乘以一數字)
>
> 任何 $m \times n$ 矩陣 $\mathbf{A} = [a_{jk}]$ 與任何**純量** c (數 c) 的乘積寫成 $c\mathbf{A}$，且為一 $m \times n$ 矩陣 $c\mathbf{A} = [ca_{jk}]$，其元素是將 **A** 的每個元素乘以 c 而得到。

(-1) **A** 簡寫成 $-\mathbf{A}$，稱為**負 A (negative** of **A)**。同理，$(-k)$ **A** 簡寫成 $-k\mathbf{A}$。同時，$\mathbf{A} + (-\mathbf{B})$ 可寫成 $\mathbf{A} - \mathbf{B}$，稱為 **A** 與 **B** 的**差** (兩個矩陣必須大小相同！)。

例題 5 純量乘法

$$\text{若 } \mathbf{A} = \begin{bmatrix} 2.7 & -1.8 \\ 0 & 0.9 \\ 9.0 & -4.5 \end{bmatrix}, \text{ 則 } -\mathbf{A} = \begin{bmatrix} -2.7 & 1.8 \\ 0 & -0.9 \\ -9.0 & 4.5 \end{bmatrix}, \quad \frac{10}{9}\mathbf{A} = \begin{bmatrix} 3 & -2 \\ 0 & 1 \\ 10 & -5 \end{bmatrix}, \quad 0\mathbf{A} = \begin{bmatrix} 0 & 0 \\ 0 & 0 \\ 0 & 0 \end{bmatrix}$$

如果矩陣 **B** 顯示各城市之間的距離 (以英里為單位)，則 1.609**B** 則是這些距離以公里為單位的值。 ■

矩陣加法和純量乘法的規則 從我們熟悉的數字加法規則，可以得到適用於大小同為 $m \times n$ 之矩陣類似的加法規則，亦即

(3)

$$\begin{aligned} &\text{(a)} \quad \mathbf{A}+\mathbf{B} = \mathbf{B}+\mathbf{A} \\ &\text{(b)} \quad (\mathbf{A}+\mathbf{B})+\mathbf{C} = \mathbf{A}+(\mathbf{B}+\mathbf{C}) \qquad (\text{寫成 } \mathbf{A}+\mathbf{B}+\mathbf{C}) \\ &\text{(c)} \quad \mathbf{A}+\mathbf{0} = \mathbf{A} \\ &\text{(d)} \quad \mathbf{A}+(-\mathbf{A}) = \mathbf{0}. \end{aligned}$$

此處 **0** 代表**零矩陣** (大小為 $m \times n$)，亦即所有元素都是零的 $m \times n$ 矩陣。若 $m = 1$ 或 $n = 1$ 就成為向量，稱為**零向量**。

因此，矩陣加法具有交換性與結合性 [由 (3a) 和 (3b)]。

同樣的，對於純量乘法，我們得到以下的規則

(4)

$$\begin{aligned} &\text{(a)} \quad c(\mathbf{A}+\mathbf{B}) = c\mathbf{A}+c\mathbf{B} \\ &\text{(b)} \quad (c+k)\mathbf{A} = c\mathbf{A}+k\mathbf{A} \\ &\text{(c)} \quad c(k\mathbf{A}) = (ck)\mathbf{A} \qquad (\text{寫成 } ck\mathbf{A}) \\ &\text{(d)} \quad 1\mathbf{A} = \mathbf{A}. \end{aligned}$$

習題集 7.1

1–7 一般問題

1. **相等** 說明例題 3 中的五個矩陣全部相異的原因。
2. **雙下標記號** 若將例題 2 中的矩陣表示成 $\mathbf{A} = [a_{jk}]$，則 a_{31}、a_{13}、a_{26}、a_{33} 各是什麼？
3. **大小** 在例題 1、2、3 及 5 中，矩陣的大小各為何？
4. **主對角線** 例題 1 中，**A** 的主對角線為何？例題 3 之 **A** 和 **B** 的為何？
5. **純量乘法** 若例題 2 中的 **A** 代表各品項的銷售數目，則代表各單位銷售量的 **B** 應為何？若一個單位含有 (a) 5 件品項，(b) 10 件品項。
6. 如果一個 12 × 12 的矩陣 **A**，顯示出 12 個城市彼此距離的公里數，你要如何由 **A** 求得 **B**，以表示出距離的英里數？
7. **向量加法** 下列是否可相加：分量數目不同的一個列向量和一個行向量？若分量數目相同？兩個列向量，分量數目相同，但零的數目不同？一個向量和一個純量？一個有四個分量的向量和一個 2 × 2 矩陣？

8–16 矩陣和向量的加法與純量乘法

令

$$\mathbf{A} = \begin{bmatrix} 1 & -2 & 5 \\ 4 & 4 & 8 \\ -3 & 1 & 0 \end{bmatrix}, \quad \mathbf{B} = \begin{bmatrix} 5 & 2 & 0 \\ -5 & 3 & -4 \\ -4 & 2 & -4 \end{bmatrix}$$

$$\mathbf{C} = \begin{bmatrix} 6 & -2 \\ 2 & -4 \\ 0 & -1 \end{bmatrix}, \quad \mathbf{D} = \begin{bmatrix} -3 & 1 \\ 2 & 0 \\ -1 & 2 \end{bmatrix},$$

$$\mathbf{E} = \begin{bmatrix} 2 & 0 \\ -4 & 3 \\ -3 & 1 \end{bmatrix}$$

$$\mathbf{u} = \begin{bmatrix} 1.2 \\ 0 \\ -2.5 \end{bmatrix}, \quad \mathbf{v} = \begin{bmatrix} 2 \\ -1 \\ 3 \end{bmatrix}, \quad \mathbf{w} = \begin{bmatrix} -4 \\ -10 \\ 8 \end{bmatrix}$$

求下列各式，指出用的是規則 (3) 或 (4)，或說明它為何沒有定義。

8. 3A + 2B, 2B + 3A, 0A + B, 0.2B – 2.4A
9. 5A, 0.25B, 5A + 0.25B, 5A + 0.25B + C
10. 2 · 4A, 2(4A), 8B – 2B, 6B
11. 6C + 8D, 2(3C + 4D), 0.4C – 0.4D, 0.4(C – D)
12. (C + D) + E, (D + E) + C, 0(C – E) + 4D, **A – 0C**
13. (3 · 5)C, 3(5C), –D + 0 · E, E – D + C + u
14. $(5\mathbf{u}+5\mathbf{v})-\frac{1}{2}\mathbf{w}$, –5(u + v) + 2w, E – (u – v), 8(u + v) + w
15. (u + v) – w, u + (v – w), C + 0w, 0E + u – v
16. 15v – 3w – 0u, 15v – 3w, D – u + 3C, 4.5w – 1.2u + 0.2v
17. **合力** 如果上面的 **u**、**v**、**w** 代表空間中的力，它們的和稱為合力。計算此合力。
18. **平衡** 由定義，若數個力處於平衡狀態 (in equilibrium)，則它們的合力是零向量。求出力 **p**，可使得上面的 **u**、**v**、**w** 與 **p** 成為平衡狀態。
19. **一般規則** 證明 (3) 式和 (4) 式，對一般的 2 × 3 矩陣及純量 c 和 k 均成立。
20. **團隊專題 網路的矩陣** 矩陣有多種工程應用，我們即將看到這一點。舉例來說，矩陣可以用來描述電氣網路、道路網、製造程序 … 中的連接，如下所示：

(a) **節點連接矩陣** 圖 155 中的網路含有 6 個分支 (連接)，和 4 個節點 (兩個或多個分支相會的點)。其中一個是參考節點 (接地的節點，其電壓為零)。我們將其它的節點以及各分支編號，並指定方向，編號及方向均為隨意指定。現在我們可以使用矩陣 $\mathbf{A} = [a_{jk}]$ 來描述此網路，其中

$$a_{jk}=\begin{cases}+1 & \text{若分支 } k \text{ 離開節點 } (j)\\ -1 & \text{若分支 } k \text{ 進入節點 } (j)\\ 0 & \text{若分支 } k \text{ 未接觸節點 } (j)\end{cases}$$

A 稱爲節點連接矩陣。說明對於圖 155 中的網路，矩陣 **A** 的形式如以下所示。

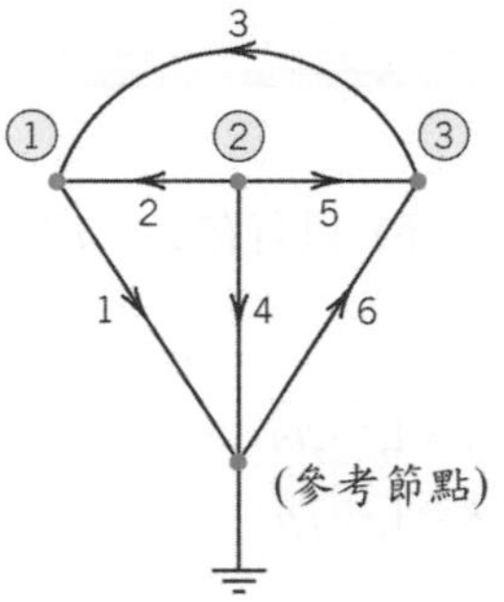

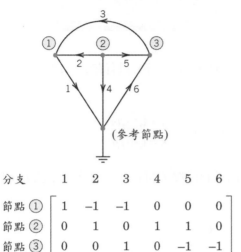

分支	1	2	3	4	5	6
節點 ①	1	−1	−1	0	0	0
節點 ②	0	1	0	1	1	0
節點 ③	0	0	1	0	−1	−1

圖 155 團隊專題 20(a) 的網路及節點連接矩陣

(b) 求出圖 156 之網路的節點連接矩陣。

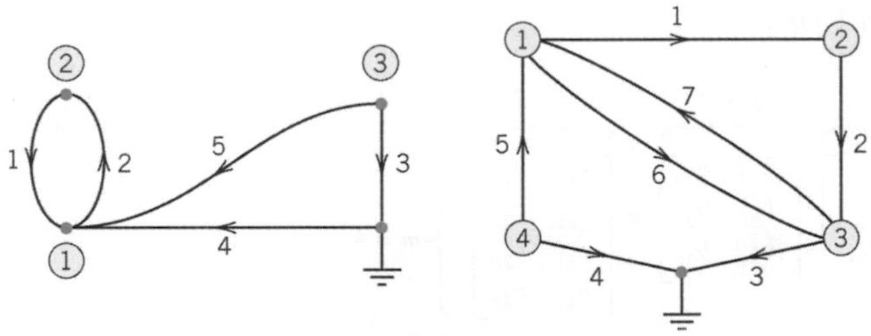

圖 156 習題 20(b) 的網路

(c) 畫出對應於下列三個節點連接矩陣的網路。

$$\begin{bmatrix}1 & 0 & 0 & 1\\ -1 & 1 & 0 & 0\\ 0 & -1 & 1 & 0\end{bmatrix},\quad \begin{bmatrix}1 & -1 & 0 & 0 & 1\\ -1 & 1 & -1 & 1 & 0\\ 0 & 0 & 1 & -1 & 0\end{bmatrix},$$

$$\begin{bmatrix}1 & 0 & 1 & 0 & 0\\ -1 & 1 & 0 & 1 & 0\\ 0 & -1 & -1 & 0 & 1\end{bmatrix}$$

(d) 網格連接矩陣 我們也可以使用網格連接矩陣 $\mathbf{M}=[m_{jk}]$ 來描述網路，其中

$$m_{jk}=\begin{cases}+1 & \text{若分支 } k \text{ 在網格 } \boxed{j} \text{ 中並有同樣方向}\\ -1 & \text{若分支 } k \text{ 在網格 } \boxed{j} \text{ 中並有相反方向}\\ 0 & \text{若分支 } k \text{ 不在網格 } \boxed{j} \text{ 中}\end{cases}$$

網格是指內部 (或外部) 沒有分支的網路。在這裡，網格的編號及方向 (指向) 是隨意指定的。證明在圖 157 中，矩陣 **M** 的形式如下所示，其中第 1 列對應於網格 1 等等。

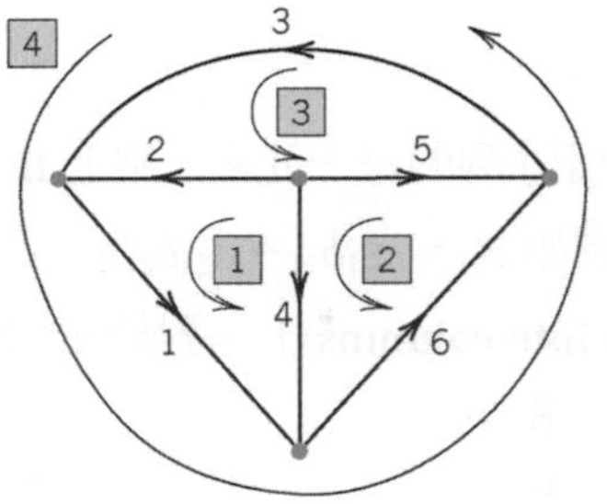

$$\mathbf{M}=\begin{bmatrix}1 & 1 & 0 & -1 & 0 & 0\\ 0 & 0 & 0 & 1 & -1 & 1\\ 0 & -1 & 1 & 0 & 1 & 0\\ 1 & 0 & 1 & 0 & 0 & 1\end{bmatrix}$$

圖 157 習題 20(d) 的網路與矩陣 **M**

7.2 矩陣乘法 (Matrix Multiplication)

矩陣乘法 (matrix multiplication) 是指矩陣與矩陣的相乘。它的定義是標準的，但看起來很造作。因此你必須用心的研究矩陣乘法，實際練習去乘幾個矩陣，直到你真的了解作法。以下為定義 (動機說明於後)。

定 義

矩陣與矩陣的相乘

$m \times n$ 矩陣 $\mathbf{A} = [a_{jk}]$ 與 $r \times p$ 矩陣 $\mathbf{B} = [b_{jk}]$ 的**乘積** $\mathbf{C} = \mathbf{AB}$ (按此順序) 只有在 $r = n$ 時有定義，此時其乘積為 $m \times p$ 矩陣 $\mathbf{C} = [c_{jk}]$，其各元素等於

(1) $$c_{jk} = \sum_{l=1}^{n} a_{jl}b_{lk} = a_{j1}b_{1k} + a_{j2}b_{2k} + \cdots + a_{jn}b_{nk} \qquad \begin{array}{l} j = 1, \cdots, m \\ k = 1, \cdots, p \end{array}$$

條件 $r = n$ 表示第二個因子 $\mathbf{B}$ 的列數，必須和第一個因子的行數 (亦即 n) 一樣多。下圖表示出可以相乘之矩陣的大小：

$$\begin{array}{ccccc} \mathbf{A} & \mathbf{B} & = & \mathbf{C} \\ [m \times n] & [n \times p] & = & [m \times p] \end{array}$$

將 $\mathbf{A}$ 中第 j 列的每一元素，乘上 $\mathbf{B}$ 中第 k 行對應的元素，然後將這 n 個乘積相加，即得 (1) 式中的 c_{jk}。例如 $c_{21} = a_{21}b_{11} + a_{22}b_{21} + \cdots + a_{2n}b_{n1}$，其餘以此類推。簡稱為「**將列乘入行內 (multiplication of rows into columns)**」。對於 $n = 3$，則如下所示

$$m = 4 \left\{ \overbrace{\begin{bmatrix} a_{11} & a_{12} & a_{13} \\ a_{21} & a_{22} & a_{23} \\ a_{31} & a_{32} & a_{33} \\ a_{41} & a_{42} & a_{43} \end{bmatrix}}^{n=3} \overbrace{\begin{bmatrix} b_{11} & b_{12} \\ b_{21} & b_{22} \\ b_{31} & b_{32} \end{bmatrix}}^{p=2} = \overbrace{\begin{bmatrix} c_{11} & c_{12} \\ c_{21} & c_{22} \\ c_{31} & c_{32} \\ c_{41} & c_{42} \end{bmatrix}}^{p=2} \right\} m = 4$$

乘積 $\mathbf{AB} = \mathbf{C}$ 中的記號

圖中加陰影的元素，就是用於計算 c_{21} 的元素，如前面的說明。

矩陣乘法的需求，是來自它在線性轉換上的用途，如本節的說明，在 7.9 節還有更完整的探討。

讓我們用幾個例子來說明矩陣乘法的重要。要留意到，矩陣乘法也包括了矩陣與向量相乘，畢竟向量只是特別的矩陣。

例題 1 矩陣乘法

$$\mathbf{AB} = \begin{bmatrix} 3 & 5 & -1 \\ 4 & 0 & 2 \\ -6 & -3 & 2 \end{bmatrix} \begin{bmatrix} 2 & -2 & 3 & 1 \\ 5 & 0 & 7 & 8 \\ 9 & -4 & 1 & 1 \end{bmatrix} = \begin{bmatrix} 22 & -2 & 43 & 42 \\ 26 & -16 & 14 & 6 \\ -9 & 4 & -37 & -28 \end{bmatrix}$$

此處 $c_{11} = 3 \cdot 2 + 5 \cdot 5 + (-1) \cdot 9 = 22$，其餘以此類推。方塊中的元素爲 $c_{23} = 4 \cdot 3 + 0 \cdot 7 + 2 \cdot 1 = 14$。乘積 **BA** 則無定義。■

例題 2　矩陣與向量的相乘

$$\begin{bmatrix} 4 & 2 \\ 1 & 8 \end{bmatrix}\begin{bmatrix} 3 \\ 5 \end{bmatrix} = \begin{bmatrix} 4 \cdot 3 + 2 \cdot 5 \\ 1 \cdot 3 + 8 \cdot 5 \end{bmatrix} = \begin{bmatrix} 22 \\ 43 \end{bmatrix} \quad \text{然而} \quad \begin{bmatrix} 3 \\ 5 \end{bmatrix}\begin{bmatrix} 4 & 2 \\ 1 & 8 \end{bmatrix} \quad \text{沒有定義}$$ ■

例題 3　列向量與行向量的乘積

$$\begin{bmatrix} 3 & 6 & 1 \end{bmatrix}\begin{bmatrix} 1 \\ 2 \\ 9 \end{bmatrix} = [19], \qquad \begin{bmatrix} 1 \\ 2 \\ 4 \end{bmatrix}\begin{bmatrix} 3 & 6 & 1 \end{bmatrix} = \begin{bmatrix} 3 & 6 & 1 \\ 6 & 12 & 2 \\ 12 & 24 & 4 \end{bmatrix}$$ ■

例題 4　注意！矩陣相乘不具交換性，通常 AB ≠ BA

例題 1 和例題 2 說明了這一性質，其中兩個乘積中有一個甚至沒有定義，而在例題 3 中，兩個乘積的大小不同。然而這個規則對方陣也成立，例如：

$$\begin{bmatrix} 1 & 1 \\ 100 & 100 \end{bmatrix}\begin{bmatrix} -1 & 1 \\ 1 & -1 \end{bmatrix} = \begin{bmatrix} 0 & 0 \\ 0 & 0 \end{bmatrix} \quad \text{但} \quad \begin{bmatrix} -1 & 1 \\ 1 & -1 \end{bmatrix}\begin{bmatrix} 1 & 1 \\ 100 & 100 \end{bmatrix} = \begin{bmatrix} 99 & 99 \\ -99 & -99 \end{bmatrix}$$

有趣的是，以上例題也說明了 $\mathbf{AB} = \mathbf{0}$ 並不一定表示 $\mathbf{BA} = \mathbf{0}$ 或 $\mathbf{A} = \mathbf{0}$ 或 $\mathbf{B} = \mathbf{0}$。在 7.8 節中，我們會對此現象做進一步探討並說明理由。■

例題顯示矩陣乘積中的**因子順序 (*order of factors*) 務必小心地遵守**。除此之外，矩陣乘法滿足類似數字乘法的規則，亦即

$$\text{(2)} \quad \begin{aligned} &\text{(a)} \quad (k\mathbf{A})\mathbf{B} = k(\mathbf{AB}) = \mathbf{A}(k\mathbf{B}) && \text{寫成 } k\mathbf{AB} \text{ 或 } \mathbf{A}k\mathbf{B} \\ &\text{(b)} \quad \mathbf{A}(\mathbf{BC}) = (\mathbf{AB})\mathbf{C} && \text{寫成 } \mathbf{ABC} \\ &\text{(c)} \quad (\mathbf{A}+\mathbf{B})\mathbf{C} = \mathbf{AC}+\mathbf{BC} \\ &\text{(d)} \quad \mathbf{C}(\mathbf{A}+\mathbf{B}) = \mathbf{CA}+\mathbf{CB} \end{aligned}$$

前提是，等式左側的 **A**、**B** 及 **C** 必須使該表示式有定義；其中 k 爲任意純量。(2b) 稱爲**結合律 (associative laws)**。(2c) 和 (2d) 稱爲**分配律 (distributive laws)**。

由於矩陣乘法是一種將列乘入行的乘法，因此定義的公式 (1) 可以寫得更緊緻：

$$\textbf{(3)} \qquad c_{jk} = \mathbf{a}_j\mathbf{b}_k, \qquad j = 1, \cdots, m \;;\; k = 1, \cdots, p$$

其中 $\mathbf{a}_j$ 是 **A** 的第 j 個列向量，$\mathbf{b}_k$ 是 **B** 的第 k 個行向量，所以此式與 (1) 式是一致的，

$$\mathbf{a}_j\mathbf{b}_k = [a_{j1} \quad a_{j2} \; \cdots \; a_{jn}]\begin{bmatrix} b_{1k} \\ \vdots \\ b_{nk} \end{bmatrix} = a_{j1}b_{1k} + a_{j2}b_{2k} + \cdots + a_{jn}b_{nk}$$

例題 5 以列向量和行向量表示乘積

如果 $\mathbf{A} = [a_{jk}]$ 為 3 × 3 矩陣，$\mathbf{B} = [b_{jk}]$ 為 3 × 4 矩陣，則

$$\mathbf{AB} = \begin{bmatrix} \mathbf{a}_1\mathbf{b}_1 & \mathbf{a}_1\mathbf{b}_2 & \mathbf{a}_1\mathbf{b}_3 & \mathbf{a}_1\mathbf{b}_4 \\ \mathbf{a}_2\mathbf{b}_1 & \mathbf{a}_2\mathbf{b}_2 & \mathbf{a}_2\mathbf{b}_3 & \mathbf{a}_2\mathbf{b}_4 \\ \mathbf{a}_3\mathbf{b}_1 & \mathbf{a}_3\mathbf{b}_2 & \mathbf{a}_3\mathbf{b}_3 & \mathbf{a}_3\mathbf{b}_4 \end{bmatrix} \tag{4}$$

取 $\mathbf{a}_1 = [3 \quad 5 \quad -1]$、$\mathbf{a}_2 = [4 \quad 0 \quad 2]$ 等，驗證例題 1 中 (4) 式的乘積。 ■

計算 $\mathbf{C} = \mathbf{AB}$ 的 (3) 式有一個變化形式，有助於**在電腦上以平行處理方式計算乘積**，並用於一些標準演算法 (例如 Lapack)。在此方法中，**A** 按照給定形式使用，**B** 則表示成行向量，然後逐行計算乘積；因此：

$$\mathbf{AB} = \mathbf{A}\,[\mathbf{b}_1 \quad \mathbf{b}_2 \quad \cdots \quad \mathbf{b}_p] = [\mathbf{Ab}_1 \quad \mathbf{Ab}_2 \quad \cdots \quad \mathbf{Ab}_p] \tag{5}$$

然後 **B** 的各行被指定給不同的處理器 (每一個微處理器指定一行或數行)，同時計算乘積矩陣 $\mathbf{Ab}_1$、$\mathbf{Ab}_2$ 等各行。

例題 6 利用 (5) 式逐行計算乘積

為了利用 (5) 式求出

$$\mathbf{AB} = \begin{bmatrix} 4 & 1 \\ -5 & 2 \end{bmatrix} \begin{bmatrix} 3 & 0 & 7 \\ -1 & 4 & 6 \end{bmatrix} = \begin{bmatrix} 11 & 4 & 34 \\ -17 & 8 & -23 \end{bmatrix}$$

計算 **AB** 的各行，

$$\begin{bmatrix} 4 & 1 \\ -5 & 2 \end{bmatrix} \begin{bmatrix} 3 \\ -1 \end{bmatrix} = \begin{bmatrix} 11 \\ -17 \end{bmatrix}, \quad \begin{bmatrix} 4 & 1 \\ -5 & 2 \end{bmatrix} \begin{bmatrix} 0 \\ 4 \end{bmatrix} = \begin{bmatrix} 4 \\ 8 \end{bmatrix}, \quad \begin{bmatrix} 4 & 1 \\ -5 & 2 \end{bmatrix} \begin{bmatrix} 7 \\ 6 \end{bmatrix} = \begin{bmatrix} 34 \\ -23 \end{bmatrix}$$

然後寫成單一矩陣，如第一式右邊所示。 ■

7.2.1 線性轉換作為矩陣乘法的動機

現在利用矩陣乘法在「**線性轉換 (linear transformations)**」中的使用，來說明定義此種「不自然」的矩陣乘法的動機。在兩個變數 $(n = 2)$ 時，這裡轉換的形式如下：

$$\begin{aligned} y_1 &= a_{11}x_1 + a_{12}x_2 \\ y_2 &= a_{21}x_1 + a_{22}x_2 \end{aligned} \tag{6*}$$

已經足以解釋這個概念 (n 為一般值的情況將在 7.9 節討論)。舉例來說，(6*) 式可代表平面上 x_1x_2-座標系統與 y_1y_2-座標系統的關係。(6*) 式可寫成向量形式：

$$\mathbf{y} = \begin{bmatrix} y_1 \\ y_2 \end{bmatrix} = \mathbf{Ax} = \begin{bmatrix} a_{11} & a_{12} \\ a_{21} & a_{22} \end{bmatrix} \begin{bmatrix} x_1 \\ x_2 \end{bmatrix} = \begin{bmatrix} a_{11}x_1 + a_{12}x_2 \\ a_{21}x_1 + a_{22}x_2 \end{bmatrix} \tag{6}$$

現在進一步假設 x_1x_2-系統藉由另一線性轉換，轉換到 w_1w_2-系統，例如

$$\mathbf{x} = \begin{bmatrix} x_1 \\ x_2 \end{bmatrix} = \mathbf{Bw} = \begin{bmatrix} b_{11} & b_{12} \\ b_{21} & b_{22} \end{bmatrix} \begin{bmatrix} w_1 \\ w_2 \end{bmatrix} = \begin{bmatrix} b_{11}w_1 + b_{12}w_2 \\ b_{21}w_1 + b_{22}w_2 \end{bmatrix} \tag{7}$$

則 y_1y_2-系統經由 x_1x_2-系統而與 w_1w_2-系統有間接關聯，但我們希望直接表達此關係。變數代換將顯示此一直接關係也是線性轉換，例如

$$\mathbf{y} = \mathbf{Cw} = \begin{bmatrix} c_{11} & c_{12} \\ c_{21} & c_{22} \end{bmatrix} \begin{bmatrix} w_1 \\ w_2 \end{bmatrix} = \begin{bmatrix} c_{11}w_1 + c_{12}w_2 \\ c_{21}w_1 + c_{22}w_2 \end{bmatrix} \tag{8}$$

的確如此，將 (7) 式代入 (6) 式，可得：

$$\begin{aligned} y_1 &= a_{11}(b_{11}w_1 + b_{12}w_2) + a_{12}(b_{21}w_1 + b_{22}w_2) \\ &= (a_{11}b_{11} + a_{12}b_{21})w_1 + (a_{11}b_{12} + a_{12}b_{22})w_2 \\ y_2 &= a_{21}(b_{11}w_1 + b_{12}w_2) + a_{22}(b_{21}w_1 + b_{22}w_2) \\ &= (a_{21}b_{11} + a_{22}b_{21})w_1 + (a_{21}b_{12} + a_{22}b_{22})w_2 \end{aligned}$$

將此式與 (8) 式比較，發現

$$\begin{aligned} c_{11} &= a_{11}b_{11} + a_{12}b_{21} \quad & c_{12} &= a_{11}b_{12} + a_{12}b_{22} \\ c_{21} &= a_{21}b_{11} + a_{22}b_{21} \quad & c_{22} &= a_{21}b_{12} + a_{22}b_{22} \end{aligned}$$

這證明了 $\mathbf{C} = \mathbf{AB}$，其中的乘積如 (1) 式所定義。對於更大的矩陣，其概念與結果完全相同。只有變數的個數改變而已。在此 y 有 m 個變數，x 有 n 個變數，w 有 p 個變數。矩陣 $\mathbf{A}$、$\mathbf{B}$ 和 $\mathbf{C} = \mathbf{AB}$ 的大小分別為 $m \times n$、$n \times p$ 和 $m \times p$。要讓 $\mathbf{C}$ 等於乘積 $\mathbf{AB}$ 就得到公式 (1) 的一般形式。這就說明了定義此種矩陣乘法的動機。

7.2.2 轉置 (Transposition)

要得到一個矩陣的轉置，我們將它的列改寫成行 (或將行改為列效果一樣)。這同樣適用於向量的轉置。因此一個列向量就變成行向量，反之亦然。此外，對於方陣，我們可將它的元素對主對角線做「反射」，也就是將所有元素以主對角線做對稱的互換，以得到它的轉置。因此 a_{12} 成為 a_{21}，a_{31} 成為 a_{13}，並以此類推。例題 7 說明此觀念。同時留意到，若給定一矩陣 $\mathbf{A}$，則它的轉置記為 $\mathbf{A}^{\mathrm{T}}$。

例題 7　矩陣和向量的轉置

若

$$\mathbf{A} = \begin{bmatrix} 5 & -8 & 1 \\ 4 & 0 & 0 \end{bmatrix}, \quad \text{則} \quad \mathbf{A}^{\mathrm{T}} = \begin{bmatrix} 5 & 4 \\ -8 & 0 \\ 1 & 0 \end{bmatrix}$$

我們可以寫得更簡潔一點：

$$\begin{bmatrix} 5 & -8 & 1 \\ 4 & 0 & 0 \end{bmatrix}^{\mathrm{T}} = \begin{bmatrix} 5 & 4 \\ -8 & 0 \\ 1 & 0 \end{bmatrix}, \qquad \begin{bmatrix} 3 & 0 & 7 \\ 8 & -1 & 5 \\ 1 & -9 & 4 \end{bmatrix}^{\mathrm{T}} = \begin{bmatrix} 3 & 8 & 1 \\ 0 & -1 & -9 \\ 7 & 5 & 4 \end{bmatrix}$$

另外，列向量 $[6 \quad 2 \quad 3]$ 的轉置 $[6 \quad 2 \quad 3]^{\mathrm{T}}$ 是一個行向量

$$[6 \quad 2 \quad 3]^{\mathrm{T}} = \begin{bmatrix} 6 \\ 2 \\ 3 \end{bmatrix} \quad \text{反過來} \quad \begin{bmatrix} 6 \\ 2 \\ 3 \end{bmatrix}^{\mathrm{T}} = [6 \quad 2 \quad 3]$$

■

定 義

矩陣和向量的轉置

$m \times n$ 矩陣 $\mathbf{A} = [a_{jk}]$ 的轉置矩陣是一個 $n \times m$ 矩陣 $\mathbf{A}^{\mathrm{T}}$ (讀做 *A transpose*)，它的第一行是 $\mathbf{A}$ 的第一列，它的第二行是 $\mathbf{A}$ 的第二列，以此類推。因此 (2) 式中，$\mathbf{A}$ 的轉置矩陣爲 $\mathbf{A}^{\mathrm{T}} = [a_{kj}]$，表示成：

(9)
$$\mathbf{A}^{\mathrm{T}} = [a_{kj}] = \begin{bmatrix} a_{11} & a_{21} & \cdots & a_{m1} \\ a_{12} & a_{22} & \cdots & a_{m2} \\ \cdot & \cdot & \cdots & \cdot \\ a_{1n} & a_{2n} & \cdots & a_{mn} \end{bmatrix}$$

轉置運算把列向量轉換成行向量，把行向量轉換成列向量，這是一個特例。

轉置讓我們可以選擇，是要用原矩陣還是轉置矩陣進行運算，視何者較方便。

轉置運算的規則如下：

(10)
$$\begin{aligned} &\text{(a)} \quad (\mathbf{A}^{\mathrm{T}})^{\mathrm{T}} = \mathbf{A} \\ &\text{(b)} \quad (\mathbf{A}+\mathbf{B})^{\mathrm{T}} = \mathbf{A}^{\mathrm{T}} + \mathbf{B}^{\mathrm{T}} \\ &\text{(c)} \quad (c\mathbf{A})^{\mathrm{T}} = c\mathbf{A}^{\mathrm{T}} \\ &\text{(d)} \quad (\mathbf{AB})^{\mathrm{T}} = \mathbf{B}^{\mathrm{T}}\mathbf{A}^{\mathrm{T}} \end{aligned}$$

注意！在 (10d) 中，轉置矩陣的順序相反，這個的證明將留在習題 9 和 10。

7.2.3 特殊矩陣

某些矩陣在計算中經常出現，現在列出其中最重要的一些。

對稱及斜對稱 (skew-symmetric) 矩陣 轉置矩陣產生了兩種有用的矩陣類型。**對稱**矩陣是一個方陣，它的轉置矩陣等於原矩陣。**斜對稱**矩陣也是方陣，它的轉置矩陣等於**負的**原矩陣。兩種情況都定義於 (11) 式，並以例題 8 說明。

(11)
$$\mathbf{A}^{\mathrm{T}} = \mathbf{A} \quad (\text{因此 } a_{kj} = a_{jk}), \qquad \mathbf{A}^{\mathrm{T}} = -\mathbf{A} \quad (\text{因此 } a_{kj} = -a_{jk}\text{，由此 } a_{jj} = 0)$$

對稱矩陣　　　　斜對稱矩陣

例題 8 **對稱與斜對稱矩陣**

$$\mathbf{A} = \begin{bmatrix} 20 & 120 & 200 \\ 120 & 10 & 150 \\ 200 & 150 & 30 \end{bmatrix} \quad \text{是對稱的，而} \quad \mathbf{B} = \begin{bmatrix} 0 & 1 & -3 \\ -1 & 0 & -2 \\ 3 & 2 & 0 \end{bmatrix} \quad \text{是斜對稱}$$

舉例來說，如果一家公司有三個建材供應中心 C_1、C_2、C_3，則可以用 **A** 來顯示成本，例如 a_{jj} 表示在中心 C_j 處理 1000 包水泥的成本，a_{jk} $(j \neq k)$ 則表示將 1000 包水泥從中心 C_j 運送到 C_k 的成本。很明顯的，如果我們假設反方向的運輸成本一樣，則 $a_{jk} = a_{kj}$。

對稱矩陣有些一般性的性質，使得它們非常重要，當我們繼續往下研讀時，將會看到這些性質。■

三角矩陣　一個方陣，若它所有非零的元素只出現在主對角線上及其**上方**，在主對角線以下的元素全部為零，則稱此矩陣為**上三角矩陣 (Upper triangular matrix)**。同樣的，所有非零元素只出現在方陣的主對角線上及其**下方**者稱為**下三角矩陣 (lower triangular matrix)**。三角矩陣主對角線上的任何元素可以為零或不為零。

例題 9　**上三角及下三角矩陣**

$$\begin{bmatrix} 1 & 3 \\ 0 & 2 \end{bmatrix}, \quad \begin{bmatrix} 1 & 4 & 2 \\ 0 & 3 & 2 \\ 0 & 0 & 6 \end{bmatrix}, \quad \begin{bmatrix} 2 & 0 & 0 \\ 8 & -1 & 0 \\ 7 & 6 & 8 \end{bmatrix}, \quad \begin{bmatrix} 3 & 0 & 0 & 0 \\ 9 & -3 & 0 & 0 \\ 1 & 0 & 2 & 0 \\ 1 & 9 & 3 & 6 \end{bmatrix}$$ ■

上三角矩陣　　　　下三角矩陣

對角線矩陣　這是只有主對角線可以有非零元素的方陣。主對角線上方或下方的任何元素都必須為零。

如果對角線矩陣 **S** 的所有對角線元素全部相同 (例如等於 c)，則 **S** 稱為**純量矩陣 (scalar matrix)**，因為任何同樣大小的方陣 **A** 乘以 **S**，效果等於乘以純量，也就是說：

(12)
$$\mathbf{AS} = \mathbf{SA} = c\mathbf{A}$$

其中特別的，主對角線上所有元素都等於 1 的純量矩陣稱為**單位矩陣 [unit matrix**；或**恆等矩陣 (identity matrix)]**，且記為 $\mathbf{I}_n$，或簡記為 **I**。對於 **I**，(12) 式成為

(13)
$$\mathbf{AI} = \mathbf{IA} = \mathbf{A}$$

例題 10　**對角線矩陣 D、純量矩陣 S、單位矩陣 I**

$$\mathbf{D} = \begin{bmatrix} 2 & 0 & 0 \\ 0 & -3 & 0 \\ 0 & 0 & 0 \end{bmatrix}, \quad \mathbf{S} = \begin{bmatrix} c & 0 & 0 \\ 0 & c & 0 \\ 0 & 0 & c \end{bmatrix}, \quad \mathbf{I} = \begin{bmatrix} 1 & 0 & 0 \\ 0 & 1 & 0 \\ 0 & 0 & 1 \end{bmatrix}$$ ■

7.2.4 矩陣乘法的應用

例題 11　**電腦生產、矩陣乘以矩陣**

Supercomp 有限公司生產 PC1086 及 PC1186 兩種電腦機型。矩陣 **A** 為每台電腦的成本 (以 1000 美元為單位)，而矩陣 **B** 為 2010 年的產量 (以 10,000 台為單位)。試求一矩陣 **C**，以向股東展示每季之原料、人工及其他雜項成本 (單位：百萬美元)。

$$\mathbf{A} = \begin{bmatrix} 1.2 & 1.6 \\ 0.3 & 0.4 \\ 0.5 & 0.5 \end{bmatrix} \begin{matrix} \text{列分量 (Raw Components)} \\ \text{人工 (Labor)} \\ \text{其他雜項 (Miscellaneous)} \end{matrix} \quad (\text{columns: PC1086, PC1186})$$

$$\mathbf{B} = \begin{bmatrix} 3 & 8 & 6 & 9 \\ 6 & 2 & 4 & 3 \end{bmatrix} \begin{matrix} \text{PC1086} \\ \text{PC1186} \end{matrix} \quad (\text{季 (Quarter) } 1\ 2\ 3\ 4)$$

解

季 (Quarter) 1 2 3 4

$$\mathbf{C} = \mathbf{AB} = \begin{bmatrix} 13.2 & 12.8 & 13.6 & 15.6 \\ 3.3 & 3.2 & 3.4 & 3.9 \\ 5.1 & 5.2 & 5.4 & 6.3 \end{bmatrix} \begin{matrix} \text{列分量 (Raw Components)} \\ \text{人工 (Labor)} \\ \text{其他雜項 (Miscellaneous)} \end{matrix}$$

由於成本的單位是 1000 美元，產量的單位是 10,000 台，故 **C** 中各項的單位是 1000 萬美元；因此 $c_{11} = 13.2$，代表 1 億 3200 萬美元。■

例題 12 減重計畫、矩陣乘以向量

假設有一個減重計畫，體重 185 lb 的人步行 (3 英里/時) 可消耗的熱量為 350 卡/時，騎自行車 (13 英里/時) 可消耗 500 卡/時，慢跑 (5.5 英里/時) 可消耗 950 卡/時的熱量。比爾重 185 磅，計畫按照以下所示的矩陣做運動。請驗證計算是否正確 (W = 步行，B = 騎自行車，J = 慢跑)。

$$\begin{matrix} \text{MON} \\ \text{WED} \\ \text{FRI} \\ \text{SAT} \end{matrix} \overset{\quad W \quad B \quad J}{\begin{bmatrix} 1.0 & 0 & 0.5 \\ 1.0 & 1.0 & 0.5 \\ 1.5 & 0 & 0.5 \\ 2.0 & 1.5 & 1.0 \end{bmatrix}} \begin{bmatrix} 350 \\ 500 \\ 950 \end{bmatrix} = \begin{bmatrix} 825 \\ 1325 \\ 1000 \\ 2400 \end{bmatrix} \begin{matrix} \text{MON} \\ \text{WED} \\ \text{FRI} \\ \text{SAT} \end{matrix}$$

■

例題 13 Markov 程序、矩陣的乘冪、隨機矩陣

假設一城市中已開發的面積為 60 平方英里，該城市在 2004 年時的土地利用狀態如下：

C：商業區使用 25%　I：工業區使用 20%　R：住宅區使用 55%

假設該城市的 5 年變遷機率由矩陣 **A** 所定義，且在所考慮的期間實際上維持不變，試求出在 2009、2014 和 2019 年的狀態。

$$\mathbf{A} = \overset{\text{From C} \quad \text{From I} \quad \text{From R}}{\begin{bmatrix} 0.7 & 0.1 & 0 \\ 0.2 & 0.9 & 0.2 \\ 0.1 & 0 & 0.8 \end{bmatrix}} \begin{matrix} \text{To C} \\ \text{To I} \\ \text{To R} \end{matrix}$$

矩陣 **A** 是一個**隨機矩陣**，它所有元素都不為負，且各行元素的和都是 1。本例題與**馬可夫程序** [1] 有關，在馬可夫程序中，進入某一狀態的機率只與上一個狀態 (以及矩陣 **A**) 有關，與再之前的任何狀態無關。

解

根據矩陣 **A** 及 2004 年的狀態，可計算出 2009 年的狀態：

$$\begin{matrix} C \\ I \\ R \end{matrix} \begin{bmatrix} 0.7\cdot 25 + 0.1\cdot 20 + \ \ 0\cdot 55 \\ 0.2\cdot 25 + 0.9\cdot 20 + 0.2\cdot 55 \\ 0.1\cdot 25 + \ \ 0\cdot 20 + 0.8\cdot 55 \end{bmatrix} = \begin{bmatrix} 0.7 & 0.1 & 0 \\ 0.2 & 0.9 & 0.2 \\ 0.1 & 0 & 0.8 \end{bmatrix} \begin{bmatrix} 25 \\ 20 \\ 55 \end{bmatrix} = \begin{bmatrix} 19.5 \\ 34.0 \\ 46.5 \end{bmatrix}$$

解釋如下：2009 年時，C 的值等於 25%乘上 C 變成 C 的機率 0.7，加上 20%乘上 I 變成 C 的機率 0.1，再加上 55%乘上 R 變成 C 的機率 0，

$$25\cdot 0.7 + 20\cdot 0.1 + 55\cdot 0 = 19.5\ [\%] \quad \text{同時} \quad 25\cdot 0.2 + 20\cdot 0.9 + 55\cdot 0.2 = 34\ [\%]$$

同樣的，新 R 值等於 46.5%。得到 2009 年的狀態向量為

$$\mathbf{y} = [19.5 \quad 34.0 \quad 46.5]^{\mathrm{T}} = \mathbf{Ax} = \mathbf{A}\,[25 \quad 20 \quad 55]^{\mathrm{T}}$$

其中行向量 $\mathbf{x} = [25 \quad 20 \quad 55]^{\mathrm{T}}$ 即為已知 2004 年的狀態向量。**y** 中所有元素的和等於 100 [%]。同樣的，讀者可以驗證 2014 年和 2019 年的狀態向量為：

$$\mathbf{z} = \mathbf{Ay} = \mathbf{A}(\mathbf{Ax}) = \mathbf{A}^2\mathbf{x} = [17.05 \quad 43.80 \quad 39.15]^{\mathrm{T}}$$

$$\mathbf{u} = \mathbf{Az} = \mathbf{A}^2\mathbf{y} = \mathbf{A}^3\mathbf{x} = [16.315 \quad 50.660 \quad 33.025]^{\mathrm{T}}$$

答案：2009 年時，商業區面積將為 19.5 % (11.7 平方英里)，工業區為 34 % (20.4 平方英里)，住宅區為 46.5 % (27.9 平方英里)。2014 年時對應的數目為 17.05 %、43.80 %、39.15 %。2019 年時，這些數目變成 16.315 %、50.660 %、33.025 % (假設這些機率保持不變，在 8.2 節我們將看到在極限情形下會發生什麼事。在這之前，你可以先實驗或猜測一下嗎？) ■

習題集 7.2

1–10 一般問題

1. **乘法** 為何矩陣的乘法要受限於各因式的狀況？
2. **方陣** 一個 3 × 3 對稱矩陣以及一個斜對稱矩陣的形狀為何？
3. **向量乘積** 是否每個 3 × 3 矩陣都能像例題 3 一樣表示成兩個向量？
4. **斜對稱矩陣** 一個 4 × 4 斜對稱矩陣可以有多少個相異元素？一個 $n \times n$ 斜對稱矩陣呢？

[1] ANDREI ANDREJEVITCH MARKOV (1856–1922)，俄國數學家，以它在機率理論的研究而知名。

5. 和習題 4 的問題一樣，但換成對稱矩陣。

6. **三角矩陣** 令 $\mathbf{U}_1$、$\mathbf{U}_2$ 為上三角，$\mathbf{L}_1$、$\mathbf{L}_2$ 為下三角矩陣，下列何者為三角矩陣？

$\mathbf{U}_1+\mathbf{U}_2$, $\mathbf{U}_1\mathbf{U}_2$, $\mathbf{U}_1^2$, $\mathbf{U}_1+\mathbf{L}_1$, $\mathbf{U}_1\mathbf{L}_1$, $\mathbf{L}_1+\mathbf{L}_2$

7. **冪等元 (Idempotent) 矩陣** 定義為 $\mathbf{A}^2=\mathbf{A}$，你能否找出 4 個 2 × 2 的冪等元矩陣？

8. **冪零 (Nilpotent) 矩陣** 定義為，有某個 m 可使 $\mathrm{B}^m=0$。你能否找出三個 2 × 2 的冪零矩陣？

9. **轉置** 你能否證明，對 3 × 3 矩陣，(10a)–(10c) 成立？對 $m \times n$ 矩陣呢？

10. **轉置** **(a)** 用簡單例子說明 (10d)。**(b)** 證明 (10d)。

11–20 矩陣和向量的乘法、加法及轉置

令

$$\mathbf{A}=\begin{bmatrix}2 & -1 & 3\\ -2 & 1 & 4\\ 1 & 2 & -2\end{bmatrix},\quad \mathbf{B}=\begin{bmatrix}-1 & 3 & 0\\ -3 & 1 & 0\\ 0 & 0 & 2\end{bmatrix}$$

$$\mathbf{C}=\begin{bmatrix}1 & 1\\ -2 & 2\\ 2 & 0\end{bmatrix},\quad \mathbf{a}=\begin{bmatrix}-1 & -2 & 0\end{bmatrix},\quad \mathbf{b}=\begin{bmatrix}3\\ -1\\ 1\end{bmatrix}$$

求出下列的表示式，或說明它們沒有定義的理由，寫出詳細過程。

11. $\mathbf{AB}$, $\mathbf{AB}^{\mathrm{T}}$, $\mathbf{BA}$, $\mathbf{B}^{\mathrm{T}}\mathbf{A}$

12. $\mathbf{AA}^{\mathrm{T}}$, $\mathbf{A}^2$, $\mathbf{BB}^{\mathrm{T}}$, $\mathbf{B}^2$

13. $\mathbf{CC}^{\mathrm{T}}$, $\mathbf{BC}$, $\mathbf{CB}$, $\mathbf{C}^{\mathrm{T}}\mathbf{B}$

14. $3\mathbf{A}-2\mathbf{B}$, $(3\mathbf{A}-2\mathbf{B})^{\mathrm{T}}$, $3\mathbf{A}^{\mathrm{T}}-2\mathbf{B}^{\mathrm{T}}$, $(3\mathbf{A}-2\mathbf{B})^{\mathrm{T}}\mathbf{a}^{\mathrm{T}}$

15. $\mathbf{Aa}$, $\mathbf{Aa}^{\mathrm{T}}$, $(\mathbf{Ab})^{\mathrm{T}}$, $\mathbf{b}^{\mathrm{T}}\mathbf{A}^{\mathrm{T}}$

16. $\mathbf{BC}$, $\mathbf{BC}^{\mathrm{T}}$, $\mathbf{Bb}$, $\mathbf{b}^{\mathrm{T}}\mathbf{B}$

17. ABC, ABa, ABb, Ca^{T}

18. ab, ba, aA, Bb

19. $1.5\mathbf{a}+3.0\mathbf{b}$, $1.5\mathbf{a}^{\mathrm{T}}+3.0\mathbf{b}$, $(\mathbf{A}-\mathbf{B})\mathbf{b}$, $\mathbf{Ab}-\mathbf{Bb}$

20. $\mathrm{b}^{\mathrm{T}}\mathrm{Ab}$, $\mathrm{aBa}^{\mathrm{T}}$, $\mathrm{aCC}^{\mathrm{T}}$, $\mathrm{C}^{\mathrm{T}}\mathrm{ba}$

21. **一般規則** 證明 (2) 式對於 2 × 2 矩陣 $\mathbf{A}=[a_{jk}]$、$\mathbf{B}=[b_{jk}]$、$\mathbf{C}=[c_{jk}]$ 及一般純量均成立。

22. **乘積** 將習題 11 中的 **AB** 用列向量和行向量來表示。

23. **乘積** 逐行計算習題 11 中的 **AB**，見例題 1。

24. **交換律** 找出所有與 $\mathbf{B}=[b_{jk}]$、$b_{jk}=j+k$ 可交換的 2 × 2 矩陣 $\mathbf{A}=[a_{jk}]$。

25. **團隊專題** **對稱及斜對稱矩陣** 這些矩陣在應用中經常出現，因此值得研究它們最重要的一些性質。

(a) 驗證 (11) 式中所稱的，對於對稱矩陣 $a_{kj}=a_{jk}$；對於斜對稱矩陣 $a_{kj}=-a_{jk}$，試舉一些例子。

(b) 證明對於任何方陣 **C**，矩陣 $\mathbf{C}+\mathbf{C}^{\mathrm{T}}$ 為對稱矩陣，且 $\mathbf{C}-\mathbf{C}^{\mathrm{T}}$ 為斜對稱矩陣。將 **C** 寫成 $\mathbf{C}=\mathbf{S}+\mathbf{T}$ 的形式，其中 **S** 為對稱矩陣，**T** 為斜對稱矩陣，並求出以 **C** 表示的 **S** 和 **T**。將習題 11–20 的矩陣，表示成此種形式。

(c) 大小相同的矩陣 **A**, **B**, **C**, ⋯, **M**，其線性組合為下列形式的表示式：

$$a\mathrm{A}+b\mathrm{B}+c\mathrm{C}+\cdots+m\mathrm{M}, \tag{14}$$

其中 a, ⋯, m 為任何純量。證明如果這些矩陣都是方陣，也是對稱矩陣，則 (14) 式也是；同樣的，如果它們都是斜對稱矩陣，則 (14) 式也是。

(d) 證明：若且唯若 **A** 和 **B** 為可交換，亦即 **AB** = **BA**，則在 **A** 和 **B** 為對稱矩陣時，**AB** 亦為對稱矩陣。

(e) 在什麼條件下，斜對稱矩陣的乘積也是斜對稱矩陣？

26–30 更多應用

26. **製造** 在一製造程序中，令 N 代表「沒問題」，T 代表「有問題」。假設從某一天到下一天，$N \rightarrow N$ 的變遷機率為 0.8，故 N

$\rightarrow T$ 的機率為 0.2，且 $T \rightarrow N$ 的機率為 0.5，故 $T \rightarrow T$ 的機率為 0.5。如果今天沒有問題發生，請問兩天後情況為 N 的機率為何？3 天後呢？

27. CAS 實驗　Markov 程序　寫一個 Markov 程序的程式，用這個程式計算課本中例題 13 在更多步之後的情形。試以其他的 3 × 3 隨機矩陣或不同的起始值來實驗。

28. 演奏會訂票　在一個有 100,000 成人的社區中，演奏會系列的訂戶大約有 90%的機率會繼續訂票，目前沒有訂票的人，大約有 0.2%的機率在下一季會訂票。如果目前的訂戶有 1200 人，我們能夠預測下三季的訂戶人數會增加、減少或者不變嗎？

29. 利潤向量　位於紐約和洛杉磯的兩家工廠門市 F_1 及 F_2，銷售沙發 (S)、椅子 (C) 和餐桌 (T)，獲利分別為 35、62 和 30 美元。假設某一週的銷售量可表示為下列矩陣：

$$\begin{matrix} & \text{S} & \text{C} & \text{T} & \\ \mathbf{A} = & \left[\begin{matrix} 400 \\ 100 \end{matrix}\right. & \begin{matrix} 60 \\ 120 \end{matrix} & \left.\begin{matrix} 240 \\ 500 \end{matrix}\right] & \begin{matrix} F_1 \\ F_2 \end{matrix} \end{matrix}$$

試引入一個「利潤向量」$\mathbf{p}$，使得 $\mathbf{v} = \mathbf{Ap}$ 的分量顯示 F_1 及 F_2 的總獲利。

30. 團隊專題　特殊線性轉換　旋轉有各種不同的應用，在本專題中，我們說明如何利用矩陣來處理旋轉。

(a) 在平面的旋轉　請證明線性轉換 y = Ax，其中

$$\mathbf{A} = \begin{bmatrix} \cos\theta & -\sin\theta \\ \sin\theta & \cos\theta \end{bmatrix}, \quad \mathbf{x} = \begin{bmatrix} x_1 \\ x_2 \end{bmatrix}, \quad \mathbf{y} = \begin{bmatrix} y_1 \\ y_2 \end{bmatrix}$$

乃是平面上的 x_1x_2 卡氏座標系統繞著原點的逆時鐘轉動，其中 θ 為旋轉的角度。

(b) 旋轉 $n\theta$　證明在 (a) 中

$$\mathbf{A}^n = \begin{bmatrix} \cos n\theta & -\sin n\theta \\ \sin n\theta & \cos n\theta \end{bmatrix}$$

這合理嗎？請以文字說明。

(c) 正弦及餘弦的加法公式　根據幾何學我們應該有

$$\begin{bmatrix} \cos\alpha & -\sin\alpha \\ \sin\alpha & \cos\alpha \end{bmatrix} \begin{bmatrix} \cos\beta & -\sin\beta \\ \sin\beta & \cos\beta \end{bmatrix} = \begin{bmatrix} \cos(\alpha+\beta) & -\sin(\alpha+\beta) \\ \sin(\alpha+\beta) & \cos(\alpha+\beta) \end{bmatrix}$$

從這裡導出附錄 A3.1 的加法公式 (6)。

(d) 電腦繪圖　為了將三度空間的物體 (比如立方體) 呈現在二維平面上，我們可以把 $x_1x_2x_3$ 座標系統下之位置向量的頂點儲存起來 (以及相連邊緣的清單)，然後將物體投影到座標平面，例如令 $x_3 = 0$，將物體投影到 x_1x_2 平面上，以呈現在螢幕上。為了改變影像外觀，我們可以對儲存的位置向量做線性轉換。證明主對角線元素等於 3, 1, $\frac{1}{2}$ 的對角線矩陣 $\mathbf{D}$，可從 $\mathbf{x} = [x_j]$ 向量產生新的位置向量 $\mathbf{y} = \mathbf{Dx}$，其中 $y_1 = 3x_1$ (在 x_1 方向伸長 3 倍)，$y_2 = x_2$ (不變)，$y_3 = \frac{1}{2}x_3$ (在 x_3 方向上收縮)。請問一純量矩陣會有何效果？

(e) 空間中的旋轉　如果 $\mathbf{A}$ 是下列 3 個矩陣的其中之一，請說明 $\mathbf{y} = \mathbf{Ax}$ 的幾何意義

$$\begin{bmatrix} 1 & 0 & 0 \\ 0 & \cos\theta & -\sin\theta \\ 0 & \sin\theta & \cos\theta \end{bmatrix},$$

$$\begin{bmatrix} \cos\varphi & 0 & -\sin\varphi \\ 0 & 1 & 0 \\ \sin\varphi & 0 & \cos\varphi \end{bmatrix}, \quad \begin{bmatrix} \cos\psi & -\sin\psi & 0 \\ \sin\psi & \cos\psi & 0 \\ 0 & 0 & 1 \end{bmatrix}$$

在 (d) 所描述的情況之下，這些轉換有什麼效果？

7.3 線性方程組、高斯消去法 (Linear Systems of Equations. Gauss Elimination)

我們現在要介紹矩陣最重要的用途之一，也就是用矩陣解線性方程組。在 7.1 節的例題 1 中，我們非正式的介紹了，如何用矩陣表達出一個線性方程組所含的資訊，也就是使用增廣矩陣。然後可用這個矩陣來求解線性方程組。我們用來求解線性方程組的方法稱爲高斯消去法 (Gauss elimination)。因爲在線性代數中，這是一個非常基本的方法，讀者應加以留意。

線性方程組 (linear system) 指的就是由線性方程式聯立而成的方程組。在工程、經濟、統計及其它許多領域中，都會用到線性方程組以建立模型。電路網路、交通流量、一般商場都可作爲應用的實例。

7.3.1 線性方程組、係數矩陣、增廣矩陣

具有 n 個未知數 $x_1, \cdots, x_n$ 的 m 個方程式的線性方程組是一組形式如下的方程式

(1)
$$\begin{aligned} a_{11}x_1 + \cdots + a_{1n}x_n &= b_1 \\ a_{21}x_1 + \cdots + a_{2n}x_n &= b_2 \\ \cdots\cdots&\cdots\cdots \\ a_{m1}x_1 + \cdots + a_{mn}x_n &= b_m. \end{aligned}$$

因爲每個變數 x_j 都只有一階冪次會出現，就如同在直線方程式一樣，所以這個方程組稱爲是*線性* (linear)。$a_{11}, \cdots, a_{mn}$ 爲已知數，稱爲方程組的**係數**。右側的 $b_1, \cdots, b_m$ 同樣是已知數。如果所有的 b_j 均爲零，則 (1) 式稱爲**齊次方程組 (homogeneous system)**。若至少有一個 b_j 不爲零，則 (1) 式稱爲**非齊次方程組 (nonhomogeneous system)**。

(1) 式的**解**是能滿足所有 m 個方程式之 $x_1, \cdots, x_n$ 的集合。(1) 式的**解向量 (solution vector)** $\mathbf{x}$，它的各分量構成 (1) 式的一個解。如果方程組 (1) 爲齊次，則它至少會有一個**簡明解 (trivial solution)** $x_1 = 0, \cdots, x_n = 0$。

線性方程組 (1) 的矩陣形式 由矩陣乘法的定義，可知 (1) 式的 m 個方程式可以表示成如下的簡單向量方程式

(2)
$$\mathbf{Ax} = \mathbf{b}$$

其中**係數矩陣 (coefficient matrix) $\mathbf{A} = [a_{jk}]$** 是 $m \times n$ 矩陣

$$\mathbf{A} = \begin{bmatrix} a_{11} & a_{12} & \cdots & a_{1n} \\ a_{21} & a_{22} & \cdots & a_{2n} \\ \cdot & \cdot & \cdots & \cdot \\ a_{m1} & a_{m2} & \cdots & a_{mn} \end{bmatrix} \quad 且 \quad \mathbf{x} = \begin{bmatrix} x_1 \\ \cdot \\ \cdot \\ \cdot \\ x_n \end{bmatrix} \quad 和 \quad \mathbf{b} = \begin{bmatrix} b_1 \\ \vdots \\ b_m \end{bmatrix}$$

爲行向量。假定係數 a_{jk} 不全爲零，故 **A** 不是零矩陣。注意，**x** 有 n 個分量，而 **b** 有 m 個分量。矩陣

$$\tilde{\mathbf{A}} = \left[\begin{array}{ccc|c} a_{11} & \cdots & a_{1n} & b_1 \\ \cdot & \cdots & \cdot & \cdot \\ \cdot & \cdots & \cdot & \cdot \\ a_{m1} & \cdots & a_{mn} & b_m \end{array}\right]$$

被稱爲方程組 (1) 的**增廣矩陣 (augmented matrix)**。垂直虛線可以省略，以下即加以省略。它只是提醒我們，$\tilde{\mathbf{A}}$ 的最後一行不是來自 **A**，而是來自向量 **b**。我們由此增大了矩陣 **A**。

增廣矩陣 $\tilde{\mathbf{A}}$ 完全決定了方程組 (1)，因爲它包含了所有出現在 (1) 中的已知數。

例題 1　幾何意義、解的存在性和唯一性

若 $m = n = 2$，則有兩個未知數 x_1 和 x_2 的兩個方程式

$$a_{11}x_1 + a_{12}x_2 = b_1$$
$$a_{21}x_1 + a_{22}x_2 = b_2$$

如果將 x_1 和 x_2 表示成在 x_1x_2 平面上的座標，則這兩個方程式各代表一直線，並且 (x_1, x_2) 爲一個解的條件是，若且唯若具有座標 x_1、x_2 的點 P 同時位在這兩條線上。因此會有三種可能的情形 (見圖 158)：

(*a*) 如果兩線相交，則恰有一解。

(*b*) 如果兩線重合，則有無限多解。

(*c*) 如果兩線平行，則無解。

例如：

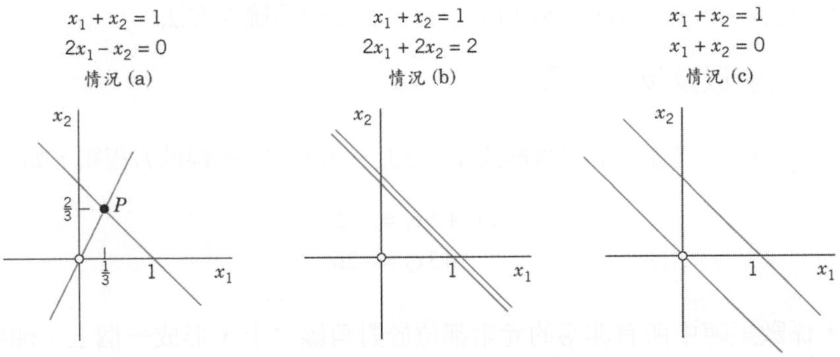

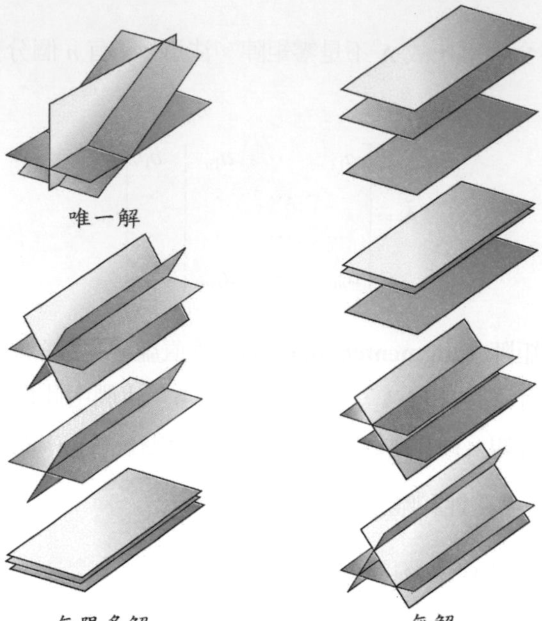

圖 158 有三個未知數的三個方程式，表示成空間中的平面

若為齊次方程組時，因為兩條直線皆通過原點，其座標為 (0, 0) 構成一零解，故情形 (c) 不會發生。類似的，我們目前的討論，可以由二個未知數的兩個方程式，推廣到三個未知數的三個方程式。圖 158 表現出三種解的可能情況。在此不是直線而是平面，方程組的解取決於這些平面在空間中的相對位置。同學或許能舉出一些特定例子。 ■

以上例題說明了方程組 (1) 可能無解。這就引申出以下問題：一個特定方程組 (1) 是否有解？什麼條件下它恰有一解？如果它有超過一個解，要如何區別所有解的集合？我們將在 7.5 節討論這些問題。

但我們要先討論求解線性方程組所用的一種很重要的系統性方法。

7.3.2 高斯消除法以及反向代入

高斯消去法的動機如下。考慮一個**三角形式** (完全上三角形式) 的線性方程組，如

$$\begin{aligned} 2x_1 + 5x_2 &= 2 \\ 13x_2 &= -26 \end{aligned}$$

(三角指的是，係數矩陣中所有非零的元素都位於對角線之上，形成一個上下顛倒的直角三角形)。這樣我們就可以經由「**反向代入 (back substition)**」來求解，也就是，求解最後一個方程式得到 $x_2 = -26/13 = -2$，然後反向地逐步代入，代入 $x_2 = -2$ 到第一個方程式中求解 x_1，得到 $x_1 = \frac{1}{2}(2 - 5x_2) = \frac{1}{2}(2 - 5 \cdot (-2)) = 6$。這給我們一個想法，也就是先將一個一般性的方程組化簡為三角形式。舉例來說，令已知的方程組是

$$\begin{aligned} 2x_1 + 5x_2 &= 2 \\ -4x_1 + 3x_2 &= -30 \end{aligned} \qquad \text{它的增廣矩陣是} \qquad \begin{bmatrix} 2 & 5 & 2 \\ -4 & 3 & -30 \end{bmatrix}$$

將第一個方程式保持原狀。由第二個方程式中消去 x_1，以得到一個三角方程組。為了達到這個目的，將第一個方程式乘以 2 加入第二個方程式，我們對增廣矩陣的**列**進行相同的運算，得到 $-4x_1 + 4x_1 + 3x_2 + 10x_2 = -30 + 2 \cdot 2$，也就是

$$\begin{aligned} 2x_1 + 5x_2 &= 2 \\ 13x_2 &= -26 \end{aligned} \qquad \text{列 } 2 + 2 \text{ 列 } 1 \qquad \begin{bmatrix} 2 & 5 & 2 \\ 0 & 13 & -26 \end{bmatrix}$$

其中列 **2 + 2 列 1** 的意思是在原來的矩陣中「將列 **2** 加上 **2** 倍的列 **1**」。這就是可用來求出三角形式的**高斯消去法** (用於兩個未知數的兩個方程式)，再由這裡，以反向代入可以得出如前所述的 $x_2 = -2$ 以及 $x_1 = 6$。

因為增廣矩陣可完全決定一線性方程組，如前面的做法，**使用高斯消去法只須考慮矩陣即可**。我們在下一個例題中再做一次，這次先寫出矩陣，寫在後面的方程式只是幫助了解過程。

例題 2　高斯消除法、電路

求解線性方程組

$$\begin{aligned} x_1 - x_2 + x_3 &= 0 \\ -x_1 + x_2 - x_3 &= 0 \\ 10x_2 + 25x_3 &= 90 \\ 20x_1 + 10x_2 &= 80 \end{aligned}$$

圖 159 中電路方程式的推導 (選讀)　這是圖 159 所示電路上未知電流 $x_1 = i_1$、$x_2 = i_2$、$x_3 = i_3$ 的方程組。為了要得到這個方程組，先將電流標示如圖所示，並任意選定方向；如果得出電流為負值，表示電流的流向與我們的箭號相反。進入電池的電流與離開電池的電流是一樣的。對於電流的方程式可得自 Kirchhoff 定律：

Kirchhoff 電流定律 (KCL)　在電路中任意點，流進電流的和等於流出電流的和。

Kirchhoff 電壓定律 (KVL)　在任何封閉迴路中，所有電壓降的和等於外加的電動勢。

由節點 P 得到第一個方程式、節點 Q 得到第二個、右側迴路則得到第三個、左側迴路得到第四個，如圖所示。

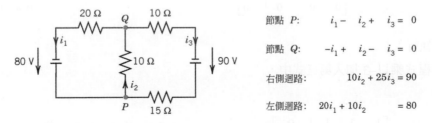

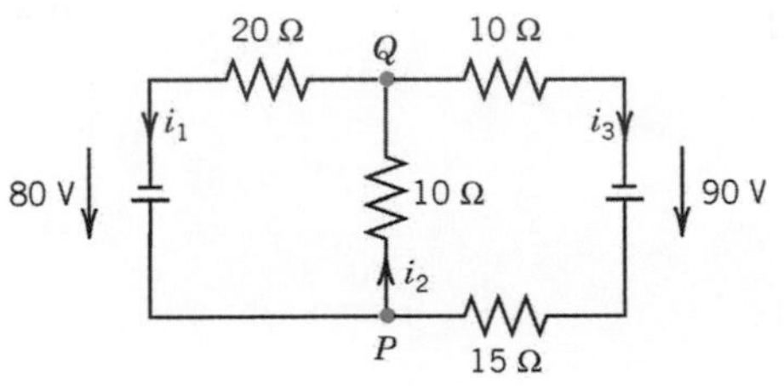

節點 P:　$i_1 - i_2 + i_3 = 0$

節點 Q:　$-i_1 + i_2 - i_3 = 0$

右側迴路:　$10i_2 + 25i_3 = 90$

左側迴路:　$20i_1 + 10i_2 = 80$

圖 159　在例題 2 中的電路以及相關電流的方程式

以高斯消去法求解　利用這個方程組的特殊形式，很快就可求出解，不過這並不是重點。重點在於高斯消去法是一種系統化的方法，對一般性的問題都有用，同時也適用於大型的方程組。我們將它用在本例的方程組，然後進行反向代入。如前所述，我們先寫出它的增廣矩陣再寫方程組：

增廣矩陣 $\tilde{\mathbf{A}}$ 方程式

$$\begin{array}{r} \text{樞軸元 1} \rightarrow \\ \\ \text{消去} \rightarrow \\ \\ \end{array} \left[\begin{array}{rrr|r} \textcircled{1} & -1 & 1 & 0 \\ -1 & 1 & -1 & 0 \\ 0 & 10 & 25 & 90 \\ 20 & 10 & 0 & 80 \end{array}\right] \qquad \begin{array}{r} \text{樞軸元 1} \rightarrow \\ \\ \text{消去} \rightarrow \\ \\ \end{array} \begin{array}{rrrrrl} x_1 & - & x_2 & + & x_3 & = 0 \\ -x_1 & + & x_2 & - & x_3 & = 0 \\ & & 10x_2 & + & 25x_3 & = 90 \\ 20x_1 & + & 10x_2 & & & = 80. \end{array}$$

步驟 1：消去 x_1

稱 **A** 的第一列爲**樞軸列 (pivot row)**、而第一個方程式爲**樞軸方程式 (pivot equation)**。在這個步驟中，稱它的 x_1 項的係數 1 爲**樞軸元**。利用此方程式來消去其他方程式中的 x_1 (以去掉 x_1)。爲了這個目的，進行如下運算：

樞軸方程式乘以 1 加入第二式。

樞軸方程式乘以–20 加入第四式。

這相當於對增廣矩陣做**列運算**，如 (3) 中**新矩陣**後面以藍色字體的標示。所有這些運算是作用在**前面矩陣**上，結果爲

$$\text{(3)} \qquad \left[\begin{array}{rrr|r} 1 & -1 & 1 & 0 \\ 0 & 0 & 0 & 0 \\ 0 & 10 & 25 & 90 \\ 0 & 30 & -20 & 80 \end{array}\right] \begin{array}{l} \\ \text{列 }2+\text{列 }1 \\ \\ \text{列 }4-20\text{ 列 }1 \end{array} \qquad \begin{array}{rl} x_1 - \quad x_2 + \quad x_3 & = 0 \\ 0 & = 0 \\ 10x_2 + 25x_3 & = 90 \\ 30x_2 - 20x_3 & = 80 \end{array}$$

步驟 2：消除 x_2

第一方程式保持不動。我們要讓第二式成爲新的樞軸方程式。但是它沒有 x_2 項 (事實上，它是 0 = 0)，所以要先改變方程式的順序，以及在新矩陣中相對之列的順序。把 0 = 0 放到最底端，並且將第三以及第四式往上移動一位。這個程序稱爲「**部分樞軸變換 (partial pivoting)**」(相對於較少使用的，連未知數的順序也一起改變的，稱爲完全樞軸變換)。得到

$$\begin{array}{r} \\ \text{樞軸元 10} \rightarrow \\ \text{消去 30} \rightarrow \\ \\ \end{array} \left[\begin{array}{rrr|r} 1 & -1 & 1 & 0 \\ 0 & \textcircled{10} & 25 & 90 \\ 0 & \boxed{30} & -20 & 80 \\ 0 & 0 & 0 & 0 \end{array}\right] \qquad \begin{array}{r} \\ \text{樞軸元 10} \rightarrow \\ \text{消去 } 30x_2 \rightarrow \\ \\ \end{array} \begin{array}{rl} x_1 - \quad x_2 + \quad x_3 & = 0 \\ 10x_2 + 25x_3 & = 90 \\ \boxed{30x_2} - 20x_3 & = 80 \\ 0 & = 0. \end{array}$$

要消去 x_2，執行：

樞軸方程式乘以–3 加入第三式中，

結果爲

$$\text{(4)} \qquad \left[\begin{array}{rrr|r} 1 & -1 & 1 & 0 \\ 0 & 10 & 25 & 90 \\ 0 & 0 & -95 & -190 \\ 0 & 0 & 0 & 0 \end{array}\right] \begin{array}{l} \\ \\ \text{列 }3-3\text{ 列 }2 \\ \\ \end{array} \qquad \begin{array}{rl} x_1 - \quad x_2 + \quad x_3 & = 0 \\ 10x_2 + 25x_3 & = 90 \\ -95x_3 & = -190 \\ 0 & = 0 \end{array}$$

反向代入、求 x_3、x_2、x_1 (依此順序)

由三角方程組 (4) 式的最後一個方程式向第一方程式反向逐步代入，可以逐步地找出 x_3、接著 x_2、接著 x_1：

$$
\begin{aligned}
-95x_3 &= -190 & x_3 &= i_3 = 2\,[\mathrm{A}] \\
10x_2 + 25x_3 &= 90 & x_2 &= \tfrac{1}{10}(90 - 25x_3) = i_2 = 4\,[\mathrm{A}] \\
x_1 - x_2 + x_3 &= 0 & x_1 &= x_2 - x_3 = i_1 = 2\,[\mathrm{A}]
\end{aligned}
$$

其中 A 代表 「amperes (安培)」。這就是我們的答案，此答案是唯一的。 ■

7.3.3 基本列運算、列等價方程組

例題 2 說明了高斯消去法的運算，它們是高斯消去法三種運算中的前兩種，稱為

矩陣的基本列運算：

兩列對調

將一列的常數倍數加到另一列

將一列乘以**非零常數** c。

注意！這些運算是針對列，**而不是針對行！**它們對應到下列

方程式的基本運算：

兩方程式對調

將一個方程式的常數倍數加到另一個方程式

將一個方程式乘以**非零常數** c。

顯然的，對調兩個方程式並不會改變解集合。加法也不會改變解集合，因為以對應的減法就可還原。對於乘法也是一樣，可經由對新的方程式乘上 $1/c$ 來還原 (因為 c 不等於零)，進而得出原來的方程式。

若 S_2 經由 (有限多個) 列運算可得到 S_1，則稱線性方程組 S_1 **列等價 (row equivalent)** 於線性方程組 S_2。由此確定了高斯消去法的價值，並建立以下定理。

定理 1

列等價方程組

列等價線性方程組具有相同的解集合。

由於這個定理，有著相同解集合的方程組經常被稱為等價方程組。不過特別要注意到的是我們處理的是**列運算** ***(row operations)***。在這裡，作用在增廣矩陣上的行運算並不被允許，因為它們一般而言會影響到解集合。

線性方程組 (1) 中，方程式個數比未知數的個數還要多時，稱為「**超定 (overdetermined)**」，如例題 2；如果方程式個數等於未知數的個數時 $m = n$，則稱為「**確定 (determined)**」，如例題 1；如果它的方程式個數少於未知數的個數時稱為「**欠定 (underdetermined)**」。

若方程組 (1) 至少有一解 (也就是一個解或無限多解) 則稱為**一致的 (consistent)**，如果無解，則稱為**不一致的 (inconsistent)**，如同在例題 1 中情況 (c) 的 $x_1 + x_2 = 1$、$x_1 + x_2 = 0$。

7.3.4 高斯消去法：系統的三種可能情形

在例題 2 中我們已看到，用高斯消去法可求解有唯一解的線性方程組。接下來我們要將高斯消去法用於有無限多解的方程組 (例題 3) 和無解的方程組 (例題 4)。

例題 3 無限多解時的高斯消去法

求解下列四未知數的三方程式組，其增廣矩陣爲

$$(5)\quad \left[\begin{array}{cccc|c} 3.0 & 2.0 & 2.0 & -5.0 & 8.0 \\ 0.6 & 1.5 & 1.5 & -5.4 & 2.7 \\ 1.2 & -0.3 & -0.3 & 2.4 & 2.1 \end{array}\right]. \quad \text{Thus,} \quad \begin{aligned} \boxed{3.0x_1} + 2.0x_2 + 2.0x_3 - 5.0x_4 &= 8.0 \\ \boxed{0.6x_1} + 1.5x_2 + 1.5x_3 - 5.4x_4 &= 2.7 \\ \boxed{1.2x_1} - 0.3x_2 - 0.3x_3 + 2.4x_4 &= 2.1. \end{aligned}$$

解

如同前例，將樞軸元圈起，且把相對應要消去的項以方框標出。我們用方程式來標示運算，並同時作用於方程式和矩陣。

步驟 1：從第二以及第三式中**消去 x_1**，所採用的方法爲

–0.6/3.0 = –0.2 乘以第一式再加到第二式，

–1.2/3.0 = –0.4 乘以第一式再加到第三式。

這得到下式，其中被圈起來的是下一步驟的樞軸元：

$$(6)\quad \left[\begin{array}{cccc|c} 3.0 & 2.0 & 2.0 & -5.0 & 8.0 \\ 0 & 1.1 & 1.1 & -4.4 & 1.1 \\ 0 & -1.1 & -1.1 & 4.4 & -1.1 \end{array}\right] \begin{array}{l} \\ \text{列 } 2 - 0.2 \text{ 列 } 1 \\ \text{列 } 3 - 0.4 \text{ 列 } 1 \end{array} \quad \begin{aligned} 3.0x_1 + 2.0x_2 + 2.0x_3 - 5.0x_4 &= 8.0 \\ \boxed{1.1x_2} + 1.1x_3 - 4.4x_4 &= 1.1 \\ \boxed{-1.1x_2} - 1.1x_3 + 4.4x_4 &= -1.1. \end{aligned}$$

步驟 2：消去 (6) 式中第三式的 x_2，採用的方法爲

1.1/1.1 = 1 乘以第二式再加到第三式

得到

$$(7)\quad \left[\begin{array}{cccc|c} 3.0 & 2.0 & 2.0 & -5.0 & 8.0 \\ 0 & 1.1 & 1.1 & -4.4 & 1.1 \\ 0 & 0 & 0 & 0 & 0 \end{array}\right] \begin{array}{l} \\ \\ \text{列 } 3 + \text{列 } 2 \end{array} \quad \begin{aligned} 3.0x_1 + 2.0x_2 + 2.0x_3 - 5.0x_4 &= 8.0 \\ 1.1x_2 + 1.1x_3 - 4.4x_4 &= 1.1 \\ 0 &= 0 \end{aligned}$$

反向代入　由第二式得到 $x_2 = 1 - x_3 + 4x_4$。再由此式及第一式得到 $x_1 = 2 - x_4$。因爲 x_3 和 x_4 仍然爲任意數，故得無限多解。若選定某個値給 x_3 和 x_4，則相對應的 x_1 和 x_2 的値就可唯一決定。

關於標記法　如果未知數爲未定數，習慣上會用其他的字母 $t_1, t_2, \cdots$ 來表示。在這個例題中，可以用 $x_1 = 2 - x_4 = 2 - t_2$、$x_2 = 1 - x_3 + 4x_4 = 1 - t_1 + 4t_2$、$x_3 = t_1$ (第一個任意未知變數)、$x_4 = t_2$ (第二個任意未知變數) 來表示。 ■

例題 4 無解時的高斯消去法

將高斯消去法用在無解的線性方程組，會發生什麼情況？在這種情況下，高斯消去法會產生矛盾。例如，考慮

$$\begin{bmatrix} 3 & 2 & 1 & | & 3 \\ 2 & 1 & 1 & | & 0 \\ 6 & 2 & 4 & | & 6 \end{bmatrix} \qquad \begin{aligned} 3x_1 + 2x_2 + x_3 &= 3 \\ 2x_1 + x_2 + x_3 &= 0 \\ 6x_1 + 2x_2 + 4x_3 &= 6. \end{aligned}$$

步驟 1：從第二以及第三式**消去 x_1**，所採用的方法爲

$$-\tfrac{2}{3} \text{ 乘以第一式再加到第二式}$$

$$-\tfrac{6}{3} = -2 \text{ 乘以第一式再加到第三式}$$

得到

$$\begin{bmatrix} 3 & 2 & 1 & | & 3 \\ 0 & -\frac{1}{3} & \frac{1}{3} & | & -2 \\ 0 & -2 & 2 & | & 0 \end{bmatrix} \quad \begin{matrix} \\ \text{列 } 2 - \frac{2}{3} \text{ 列 } 1 \\ \text{列 } 3 - 2 \text{ 列 } 1 \end{matrix} \qquad \begin{aligned} 3x_1 + 2x_2 + x_3 &= 3 \\ -\tfrac{1}{3}x_2 + \tfrac{1}{3}x_3 &= -2 \\ -2x_2 + 2x_3 &= 0 \end{aligned}$$

步驟 2：由第三式消去 x_2 後得

$$\begin{bmatrix} 3 & 2 & 1 & | & 3 \\ 0 & -\frac{1}{3} & \frac{1}{3} & | & -2 \\ 0 & 0 & 0 & | & 12 \end{bmatrix} \quad \text{列 } 3 - 6 \text{ 列 } 2 \qquad \begin{aligned} 3x_1 + 2x_2 + x_3 &= 3 \\ -\frac{1}{3}x_2 + \frac{1}{3}x_3 &= -2 \\ 0 &= 12 \end{aligned}$$

錯誤的表示式 0 = 12 顯示此方程組無解。 ■

7.3.5 列梯形式及其透露的資訊

在高斯消去法的最後步驟，係數矩陣、增廣矩陣以及方程組本身的形式被稱爲**列梯形式 (row echelon form)**。在此形式中，如果有零列存在，則它們會是最下方的列，且在每一個非零列中，其最左側的非零元素會比它的上一列更靠右側。舉例來說，在例題 4 中係數矩陣以及它的增廣矩陣的列梯形式爲

$$\text{(8)} \qquad \begin{bmatrix} 3 & 2 & 1 \\ 0 & -\frac{1}{3} & \frac{1}{3} \\ 0 & 0 & 0 \end{bmatrix} \quad \text{和} \quad \begin{bmatrix} 3 & 2 & 1 & | & 3 \\ 0 & -\frac{1}{3} & \frac{1}{3} & | & -2 \\ 0 & 0 & 0 & | & 12 \end{bmatrix}$$

注意到我們並不要求最左側的非零元素必須爲 1，因爲這並沒有理論或數值上的好處。(所謂的簡化列梯形式，指的是最左側非零元素爲 1 的列梯形式，將會在 7.8 節中討論)。

具有 n 個未知數的 m 個方程式的原方程組，其增廣矩陣爲 $[A|b]$。它會經由列化簡成爲 $[R|f]$。這兩個方程組 $Ax = b$ 和 $Rx = f$ 爲等價：求得任一個的解，就得到另一個的解，且兩者的解完全相同。

在高斯消去法的最後步驟中 (在反向代入之前)，增廣矩陣的列梯形式爲

$$(9) \quad \begin{bmatrix} r_{11} & r_{12} & \cdots & \cdots & r_{1n} & | & f_1 \\ & r_{22} & \cdots & \cdots & r_{2n} & | & f_2 \\ & & \ddots & & \vdots & | & \vdots \\ & & & r_{rr} & \cdots & r_{rn} & | & f_r \\ & & & & & & | & f_{r+1} \\ & & & & & & | & \vdots \\ & & & & & & | & f_m \end{bmatrix}$$

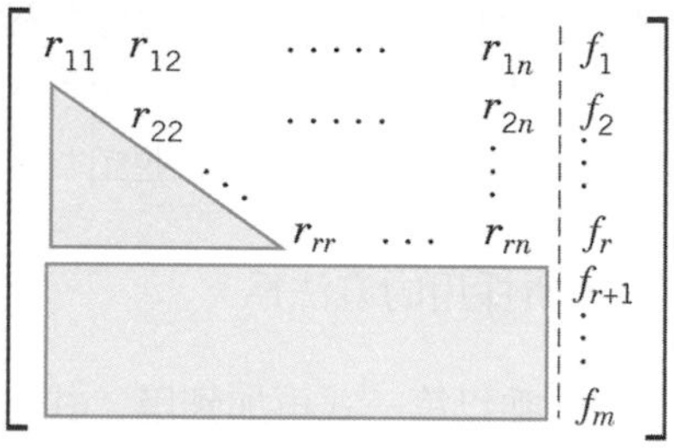

在此 $r \le m$、$r_{11} \ne 0$，且藍色三角區域及藍色矩形區域內的所有元素爲零。

在列化簡 (row-reduced) 係數矩陣 R 中，非零列的數目 r 稱爲 R 的秩 (rank)，且同時也是 A 的秩。以下方法可決定 $Ax = b$ 是否有解以及何種解：

(a) **無解**　若 r 小於 m (代表 R 至少有一列全爲 0) 且數 $f_{r+1}, f_{r+2}, \cdots, f_m$ 中至少有一個不爲零，則方程組 $Rx = f$ 是不一致的：不可能有解。因此方程組 $Ax = b$ 也是不一致的。見例題 4，其中 $r = 2 < m = 3$ 且 $f_{r+1} = f_3 = 12$。

如果方程組是一致的 (不論是 $r = m$ 或 $r < m$ 且數 $f_{r+1}, f_{r+2}, \cdots, f_m$ 全爲零)，則方程組有解。

(b) **唯一解**　若方程組是一致的，且 $r = n$，則方程組恰有一解，可由後向代入求得。見例題 2，其中 $r = n = 3$ 且 $m = 4$。

(c) **無限多解**　要得到這些解中的任一個，可任意地選定未知數 $x_{r+1}, \cdots, x_n$ 的值。然後由第 r 個方程式求解 x_r (以所選的任意值表示)，接著由第 $(r-1)$ 個方程式求解 x_{r-1}，依序求得其他各值。見例題 3。

方向　高斯消去法所須的計算時間與儲存空間都還算合理。我們將在 20.1 節討論數值線性代數的部分，再探討這方面的問題。7.4 節會建立線性代數的基本概念，例如線性獨立與矩陣的秩。而這些都會用在 7.5 節，以針對線性方程組解的存在性與唯一性做完整的分類。

習題集　7.3

1–14　**高斯消除法**
求解下列線性方程組，或增廣矩陣所代表的線性方程組，寫出詳細過程。

1. $-3x + 8y = 5$
   $8x - 12y = -11$

2. $\begin{bmatrix} 3.0 & -0.5 & 0.6 \\ 1.5 & 4.5 & 6.0 \end{bmatrix}$

3. $8y + 6z = -4$
   $-2x + 4y - 6z = 18$
   $x + y - z = 2$

4. $\begin{bmatrix} 4 & 1 & 0 & 4 \\ 5 & -3 & 1 & 2 \\ -9 & 2 & -1 & 5 \end{bmatrix}$

5. $\begin{bmatrix} 13 & 12 & 6 \\ -4 & 7 & 73 \\ 4 & 5 & 11 \end{bmatrix}$

6. $\begin{bmatrix} 4 & -8 & 3 & 16 \\ -1 & 2 & -5 & -21 \\ 3 & -6 & 1 & 7 \end{bmatrix}$

7. $\begin{bmatrix} 4 & 0 & 6 \\ -1 & 1 & -1 \\ 2 & -4 & 1 \end{bmatrix}$

8. $4y + 3z = 8$
   $2x - z = 2$
   $3x + 2y = 5$

9.
$$-2y-2z=8$$
$$3x+4y-5z=8$$

10. $\begin{bmatrix} 5 & -7 & 3 & 17 \\ -15 & 21 & -9 & 50 \end{bmatrix}$

11.
$$y+z-2w=0$$
$$2x-3y-3z+6w=2$$
$$4x+y+z-2w=4$$

12. $\begin{bmatrix} 2 & -2 & 4 & 0 & 0 \\ -3 & 3 & -6 & 5 & 15 \\ 1 & -1 & 2 & 0 & 0 \end{bmatrix}$

13.
$$10x+4y-2z=14$$
$$-3w-15x+y+2z=0$$
$$w+x+y=6$$
$$8w-5x+5y-10z=26$$

14. $\begin{bmatrix} 2 & 3 & 1 & -11 & 1 \\ 5 & -2 & 5 & -4 & 5 \\ 1 & -1 & 3 & -3 & 3 \\ 3 & 4 & -7 & 2 & -7 \end{bmatrix}$

15. 等價關係　以定義來看，一個集合的等價關係滿足三個條件：(名稱如各小題所示)

(i) 集合中每一個元素 *A* 與它本身等價 [反射性 (*Reflexivity*)]。

(ii) 如果 A 等價於 *B*，則 *B* 等價於 A [對稱性 (*Symmetry*)]。

(iii) 如果 *A* 等價於 *B* 而 *B* 等價於 *C*，則 *A* 等價於 *C* [遞移性 (*Transitivity*)]。

證明列等價矩陣滿足這三個條件。提示：證明對三個基本列運算，這三個條件都成立。

16. CAS 專題　高斯消去法以及反向代入　撰寫一個高斯消去法及反向代入的程式 **(a)** 不包括樞軸轉換，**(b)** 包括樞軸轉換。將此程式用於習題 11–14，並自選一些更大的方程組試用程式。

17–21　電路模型

在習題 17–19，使用 Kirchhoff 定律 (見例題 2) 求出電流，請寫出詳細過程：

17.

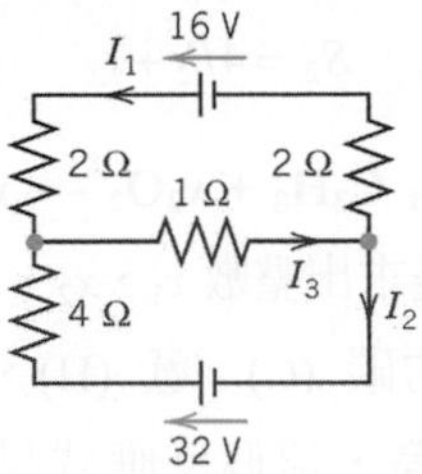

18.

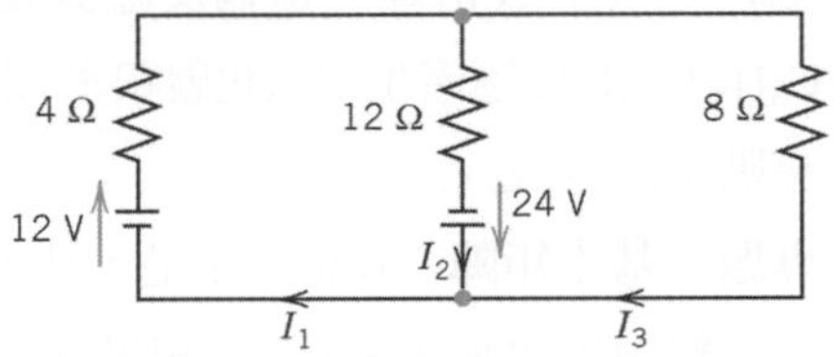

19.

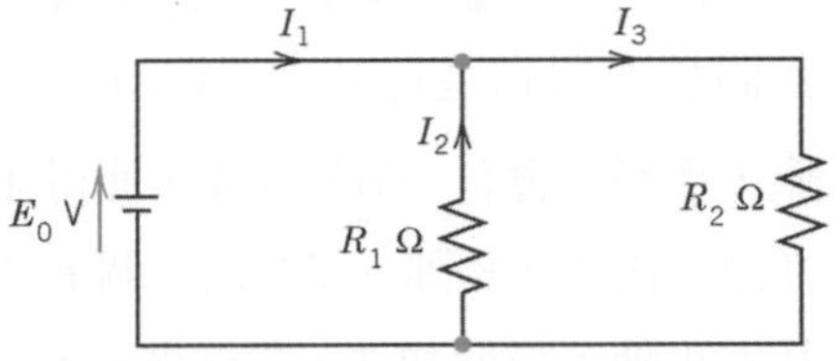

20. 惠斯登電橋　證明，在圖中若 $R_x / R_3 = R_1 / R_2$ 則 $I = 0$ (R_0 爲量測 *I* 的儀器內阻)。這個電橋是求 R_x 的一個方法，R_1, R_2, R_3 爲已知。其中 R_3 爲可變電阻。經由變更 R_3 使 $I = 0$，可得到 R_x。可以計算得到 $R_x = R_3 R_1/R_2$。

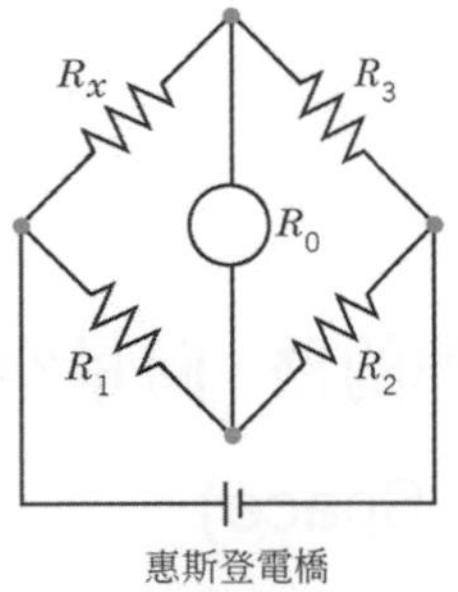

惠斯登電橋

習題 20

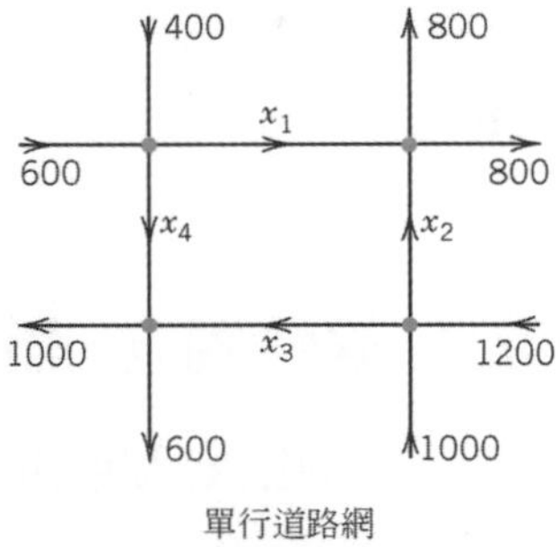

單行道路網

習題 21

21. 交通流量　用於分析電路的方法，在其他領域中也可應用。舉例來說，應用 Kirchhoff 電流定律的類比，求出圖中單行道路網 (方向如箭頭所示) 的交通流量 (每小時的車輛數)。此解是否唯一？

22. 市場模型　求具有線性模型的兩商品市場的平衡解 ($D_1 = S_1$、$D_2 = S_2$)，其中 *D*、*S*、*P* 分別表示需求、供應、價格；下標 1 和 2 分別表示第一個以及第二個商品。

$D_1 = 33 - 2P_1 - 2P_2,\quad S_1 = 4P_1 - 2P_2 + 3,$
$D_2 = 16 + 4P_1 - 3P_2,\quad S_2 = 4P_2 + 1.$

23. **平衡化學反應式** $x_1\ C_3H_8 + x_2O_2 \rightarrow x_3CO_2 + x_4\ H_2O$ 的意義是求出整數 x_1、x_2、x_3、x_4 使得反應式兩側的碳 (C)、氫 (H)、及氧 (O) 的原子數相等，這個反應式是丙烷 C_3H_8 和 O_2 反應產生二氧化碳和水。求最小整數 $x_1, \cdots, x_4$。

24. **專題　基本矩陣**　這個想法是，基本運算可以經由矩陣乘法來完成。如果 **A** 是一個我們想要對它進行基本運算的 $m \times n$ 矩陣，那麼就會有一個矩陣 **E**，使得 **EA** 為在運算後的新矩陣。這樣的一個 **E** 被稱為**基本矩陣**。這個想法，舉例來說，在演算法的設計上是很有用的。(就計算來說，通常偏好直接做列運算，而不是乘上 **E**)。

(a) 證明下列為基本矩陣，因為它們分別用於將列 2 與列 3 對調、將第一列乘–5 加到第三列、以及將第四列乘以 8。

$$\mathbf{E}_1 = \begin{bmatrix} 1 & 0 & 0 & 0 \\ 0 & 0 & 1 & 0 \\ 0 & 1 & 0 & 0 \\ 0 & 0 & 0 & 1 \end{bmatrix},$$

$$\mathbf{E}_2 = \begin{bmatrix} 1 & 0 & 0 & 0 \\ 0 & 1 & 0 & 0 \\ -5 & 0 & 1 & 0 \\ 0 & 0 & 0 & 1 \end{bmatrix},$$

$$\mathbf{E}_3 = \begin{bmatrix} 1 & 0 & 0 & 0 \\ 0 & 1 & 0 & 0 \\ 0 & 0 & 1 & 0 \\ 0 & 0 & 0 & 8 \end{bmatrix}$$

應用 $\mathbf{E}_1$、$\mathbf{E}_2$、$\mathbf{E}_3$ 到你自選的向量以及 4×3 矩陣中。求 $\mathbf{B} = \mathbf{E}_3\mathbf{E}_2\mathbf{E}_1\mathbf{A}$，其中 $\mathbf{A} = [a_{jk}]$ 是一個一般的 4×2 矩陣。問 **B** 是否等於 $\mathbf{C} = \mathbf{E}_1\mathbf{E}_2\mathbf{E}_3\mathbf{A}$？

(b) 歸結出 $\mathbf{E}_1$、$\mathbf{E}_2$、$\mathbf{E}_3$ 是經由作用在 4×4 單位矩陣上的基本運算而得到的結論。證明如果 **M** 是經由一個基本列運算自 **A** 得到，那麼

$$\mathbf{M} = \mathbf{EA},$$

其中 **E** 是對 $n \times n$ 單位矩陣 $\mathbf{I}_n$ 進行相同的列運算而產生的矩陣。

7.4 線性獨立、矩陣的秩、向量空間 (Linear Independence. Rank of a Matrix. Vector Space)

因為我們接下來的目的，是要就線性方程組之解的存在性與唯一性 (7.5 節)，對它的行為做完全的分類，我們必須再介紹一些線性代數的基本觀念。其中最重要的就是**線性獨立** ***(linear independence)*** 和**矩陣的秩** ***(rank of a matrix)***。要記得，這些概念和高斯消去法本身以及它的運作有緊密的關係。

7.4.1 向量的線性獨立和線性相依

已知 m 個向量 $\mathbf{a}_{(1)}, \cdots, \mathbf{a}_{(m)}$ (具有相同數目的分量)，其**線性組合**為如下形式：

$$c_1\mathbf{a}_{(1)} + c_2\mathbf{a}_{(2)} + \cdots + c_m\mathbf{a}_{(m)}$$

其中 $c_1, c_2, \cdots, c_m$ 可為任何純量。現在考慮方程式

(1)
$$c_1\mathbf{a}_{(1)} + c_2\mathbf{a}_{(2)} + \cdots + c_m\mathbf{a}_{(m)} = \mathbf{0}$$

很明顯的，如果我們令所有的 c_j 都是零，則向量方程式 (1) 成立，因爲這時 $\mathbf{0} = \mathbf{0}$。如果這是唯一能使 (1) 式成立的 m 個純量，則向量 $\mathbf{a}_{(1)}, \cdots, \mathbf{a}_{(m)}$ 稱爲線性獨立集合 (*linear independent set*)，或是簡稱爲**線性獨立 (linearly independent)**。另一方面，在純量不全爲零時 (1) 式仍然成立的話，則這些向量被稱爲**線性相依**。也就是說，我們可以至少將其中一個向量表示成其它向量的線性組合。舉例來說，若 $c_1 \neq 0$ 而 (1) 式成立，由 (1) 式解 $\mathbf{a}_{(1)}$ 得

$$\mathbf{a}_{(1)} = k_2\mathbf{a}_{(2)} + \cdots + k_m\mathbf{a}_{(m)} \quad \text{其中} \quad k_j = -c_j / c_1$$

(某些 k_j 可能爲零，或者如果 $\mathbf{a}_{(1)} = \mathbf{0}$，則它們全部爲零)。

線性獨立爲什麼重要？如果有一組線性相依的向量，那我們至少可以排除其中一個甚或多個向量，以得到線性獨立的向量集合。這樣的集合就是使用時「絕對必要」的最小集合。因此，我們無法將此種集合中的任何向量，用其它的向量來表示。

例題 1 **線性獨立和線性相依**

三個向量

$$\begin{aligned} \mathbf{a}_{(1)} &= [\ 3 \quad 0 \quad 2 \quad 2\ ] \\ \mathbf{a}_{(2)} &= [\ -6 \quad 42 \quad 24 \quad 54\ ] \\ \mathbf{a}_{(3)} &= [\ 21 \quad -21 \quad 0 \quad -15\ ] \end{aligned}$$

爲線性相依。因爲

$$6\mathbf{a}_1 - \frac{1}{2}\mathbf{a}_{(2)} - \mathbf{a}_{(3)} = \mathbf{0}$$

雖然由向量算術可以簡單地加以驗證 (請進行之！)，但是卻不是輕易就可看出來的。接下來會討論判定線性獨立或線性相依的系統性方法。

這三個向量中的前兩個是線性獨立，因爲 $c_1\mathbf{a}_{(1)} + c_2\mathbf{a}_{(2)} = \mathbf{0}$ 得到 $c_2 = 0$ (由第二個分量得到)，且 $c_1 = 0$ (由 $\mathbf{a}_{(1)}$ 的任一個其他的分量得到)。■

7.4.2 矩陣之秩

定 義

矩陣 **A** 中，線性獨立之列向量的最大數目稱爲 **A** 的**秩 (rank)**，表示成 rank **A**。

我們進一步的討論將會讓你了解到，對於矩陣與線性方程組的一般性質而言，矩陣的秩是一個重要的觀念。

例題 2 **秩**

矩陣

$$\mathbf{A} = \begin{bmatrix} 3 & 0 & 2 & 2 \\ -6 & 42 & 24 & 54 \\ 21 & -21 & 0 & -15 \end{bmatrix} \tag{2}$$

的秩爲 2，因爲由例題 1 知道了前兩個列向量爲線性獨立，而所有三個列向量在一起，則爲線性相依。

由定義可直接得知，若且唯若 $\mathbf{A} = 0$ 時，rank $\mathbf{A} = 0$。■

如果經由對 $\mathbf{A}_2$ 執行 (有限多個) 基本列運算而可得到 $\mathbf{A}_1$，則稱矩陣 $\mathbf{A}_1$ **列等價 (row equivalent)** 於 $\mathbf{A}_2$。

如果我們只是改變列的順序，或是某列乘以非零的 c，或是一列的常數倍再加到另一列的線性組合，則並不會改變矩陣線性獨立列向量的最大個數。這證明了在基本列運算中秩是**不變的 (invariant)**。

定理 1

列等價矩陣

列等價矩陣具有相同的秩。

因此，我們可以經由將一個矩陣化簡到列梯形式 (7.3 節)，以直接看出秩的值。一旦矩陣已化簡到列梯形式，只要數一下非零的列，那就是該矩陣的秩。

例題 3　秩的決定

對於在例題 2 中的矩陣，我們可逐步得到

$$\mathbf{A} = \begin{bmatrix} 3 & 0 & 2 & 2 \\ -6 & 42 & 24 & 54 \\ 21 & -21 & 0 & -15 \end{bmatrix} \quad (\text{已知})$$

$$\begin{bmatrix} 3 & 0 & 2 & 2 \\ 0 & 42 & 28 & 58 \\ 0 & -21 & -14 & -29 \end{bmatrix} \quad \begin{matrix} \\ \text{列 } 2 + 2 \text{ 列 } 1 \\ \text{列 } 3 - 7 \text{ 列 } 1 \end{matrix}$$

$$\begin{bmatrix} 3 & 0 & 2 & 2 \\ 0 & 42 & 28 & 58 \\ 0 & 0 & 0 & 0 \end{bmatrix} \quad \begin{matrix} \\ \\ \text{列 } 3 + \tfrac{1}{2} \text{ 列 } 2. \end{matrix}$$

最後一列爲列梯形式，並有兩個非零列，則由定理 2 知 rank $\mathbf{A} = 2$，和前面的結果一樣。■

例題 1–3 說明了以下有用的定理 (使用 $p = 3$、$n = 3$，以及矩陣的秩 $= 2$)。

定理 2

向量的線性獨立和線性相依

考慮 p 個向量，每個向量有 n 個分量。如果以這些向量作為列而組成的矩陣，它的秩為 p，則這些向量為線性獨立。但是如果此矩陣的秩小於 p，則這些向量為線性相依。

從這基本的定理，可以得到下列進一步的重要性質。

定理 3

以行向量表示的秩

矩陣 A 的秩 r 等於 A 的線性獨立行向量的最大數目。

因此 A 與其轉置 A^T 具有相同的秩。

證明

在這個證明中，將列向量與行向量簡寫成「列」與「行」。令 $\mathbf{A}$ 爲 $m \times n$ 矩陣且 rank $\mathbf{A} = r$。依秩的定義知 $\mathbf{A}$ 含有 r 個線性獨立的列，稱爲 $\mathbf{v}_{(1)}, \cdots, \mathbf{v}_{(r)}$ (不考慮它們在 $\mathbf{A}$ 中的位置)，並且 $\mathbf{A}$ 的所有列 $\mathbf{a}_{(1)}, \cdots, \mathbf{a}_{(m)}$ 爲這些線性獨立向量的線性組合，即

$$
\begin{aligned}
\mathbf{a}_{(1)} &= c_{11}\mathbf{v}_{(1)} + c_{12}\mathbf{v}_{(2)} + \cdots + c_{1r}\mathbf{v}_{(r)} \\
\mathbf{a}_{(2)} &= c_{21}\mathbf{v}_{(1)} + c_{22}\mathbf{v}_{(2)} + \cdots + c_{2r}\mathbf{v}_{(r)} \\
&\vdots \\
\mathbf{a}_{(m)} &= c_{m1}\mathbf{v}_{(1)} + c_{m2}\mathbf{v}_{(2)} + \cdots + c_{mr}\mathbf{v}_{(r)}
\end{aligned} \tag{3}
$$

這是對於列的向量方程式。要轉換到行，以 n 個這種方程組的分量來表示式 (3)，其中 $k = 1, \cdots, n$，

$$
\begin{aligned}
a_{1k} &= c_{11}v_{1k} + c_{12}v_{2k} + \cdots + c_{1r}v_{rk} \\
a_{2k} &= c_{21}v_{1k} + c_{22}v_{2k} + \cdots + c_{2r}v_{rk} \\
&\vdots \\
a_{mk} &= c_{m1}v_{1k} + c_{m2}v_{2k} + \cdots + c_{mr}v_{rk}
\end{aligned} \tag{4}
$$

並依行的順序整併這些分量。因此，(4) 式可以寫成

$$
\begin{bmatrix} a_{1k} \\ a_{2k} \\ \vdots \\ a_{mk} \end{bmatrix} = v_{1k}\begin{bmatrix} c_{11} \\ c_{21} \\ \vdots \\ c_{m1} \end{bmatrix} + v_{2k}\begin{bmatrix} c_{12} \\ c_{22} \\ \vdots \\ c_{m2} \end{bmatrix} + \cdots + v_{rk}\begin{bmatrix} c_{1r} \\ c_{2r} \\ \vdots \\ c_{mr} \end{bmatrix} \tag{5}
$$

其中 $k = 1, \cdots, n$。上式左側的向量就是 $\mathbf{A}$ 的第 k 個行向量。我們可以看出，這 n 行中的每一個，都是右側同樣 r 個向量的線性組合。因此，矩陣 $\mathbf{A}$ 的線性獨立行，不可能比線性獨立的列多 (其值爲 rank $\mathbf{A} = r$)。而 $\mathbf{A}$ 的列是轉置矩陣 $\mathbf{A}^T$ 的行。對於 $\mathbf{A}^T$，我們得到的結論爲矩陣 $\mathbf{A}^T$ 線性獨立的行，不可能多於線性獨立的列，所以 $\mathbf{A}$ 線性獨立的列，不會比線性獨立的行多。故矩陣 $\mathbf{A}$ 的線性獨立行的數目必須爲 r，也就是 $\mathbf{A}$ 的秩。 ■

例題 4　定理 3 的說明

在 (2) 式中的矩陣的秩爲 2。由例題 3 我們看到，前兩列爲線性獨立，經由反向操作，我們可驗證 Row 3 = 6 Row 1 $-\frac{1}{2}$ Row 2 。同樣的，前面兩行爲線性獨立，經由化簡例題 3 矩陣的行我們發現

$$
\text{Column 3} = \frac{2}{3}\text{ Column 1} + \frac{2}{3}\text{ Column 2} \quad \text{及} \quad \text{Column4} = \frac{2}{3}\text{ Column 1} + \frac{29}{21}\text{ Column 2}
$$
■

綜合定理 2 和定理 3 得到以下定理。

定理 4

向量的線性相依

考慮 p 個向量，各有 n 個分量。若 $n < p$，則這些向量是線性相依。

證明

以這 p 個向量作爲列向量的矩陣 **A** 有 p 列以及 $n < p$ 行；因此由定理 3 知 rank **A** $\leq n < p$，故由定理 2 得證它們爲線性相依。■

7.4.3 向量空間

接下來的觀念對線性代數而言非常的重要。在目前的討論範圍中，它們闡明了矩陣的重要性質，以及與線性方程組之間的關係。

考慮一個非空向量集合 V，其中每個向量的分量數都一樣。若 V 中的任何兩個向量 **a** 和 **b**，它們的所有線性組合 $\alpha\mathbf{a} + \beta\mathbf{b}$ (α 及 β 爲任意實數) 亦爲 V 的元素，再若，**a** 和 **b** 滿足 7.1 節中的定理 (3a)、(3c)、(3d) 和 (4)，而且 V 中的向量 **a**、**b**、**c** 滿足 (3b)，則 V 是一個向量空間 (vector space)。留意到我們在此將 7.1 節的定理 (3) 和 (4) 用小寫字母 **a**、**b**、**c** 表示，這是我們用於向量的符號。在 7.9 節有更多關於向量空間的討論。

在 V 中的線性獨立向量的最大數目被稱爲 V 的**維 (dimension) 數**，並以 dim V 來表示。在此我們假定維數是有限值，無限維數將於 7.9 節定義。

在 V 中包含有最多線性獨立向量的集合，稱爲 V 的**基底 (basis)**。換種說法，由 V 中向量所組成之線性獨立集合中最大的一個，構成 V 的基底。也就是說，如果我們在該集合中再加入一或多個向量，該集合就會成爲線性相依 (同時參考 7.4 節開頭部分，關於向量之線性獨立與線性相依的說明)。因此，V 的基底所含向量的個數相等於 dim V。

由具有相同分量數目之已知向量 $\mathbf{a}_{(1)}, \cdots, \mathbf{a}_{(p)}$ 所構成的所有線性組合的集合，稱爲是這些向量的**展延 (span)**。很顯然地，展延是一個向量空間。如果除此之外，這些已知向量 $\mathbf{a}_{(1)}, \cdots, \mathbf{a}_{(p)}$ 同時也是線性獨立的，則它們構成該向量空間的一組基底。

這就導出基底的另一個定義。一個向量集合要能夠是向量空間 V 的**基底**，其條件爲 (1) 此集合中的向量爲線性獨立的，且 (2) V 中的任何向量，都可表示成此集合中向量的線性組合。若條件 (2) 成立，我們同時說，此向量集合**展延**爲向量空間 V。

向量空間 V 的**子空間 (subspace)**，指的是 V 的非空子集合 (包括 V 本身)，且本身爲一向量空間，其中的向量滿足定義於 V 的兩種向量代數運算 (加法以及純量乘法)。

例題 5 **向量空間、維數、基底**

例題 1 中的三個向量的展延爲 2 維的向量空間。且其基底是這三個向量中的任意兩個，例如 $a_{(1)}$、$a_{(2)}$、或是 $a_{(1)}$、$a_{(3)}$ 等等。■

我們進一步指出簡單的定理。

定理 5

向量空間 R^n

由所有具有 n 個分量 (n 為實數) 之向量構成的向量空間 R^n 的維數為 n。

證明

一組 n 個向量的基底爲 $\mathbf{a}_{(1)} = [1 \quad 0 \quad \cdots 0]$, $\mathbf{a}_{(2)} = [0 \quad 1 \quad 0 \cdots \quad 0]$, $\cdots$, $\mathbf{a}_{(n)} = [0 \quad \cdots \quad 0 \quad 1]$。 ■

對於矩陣 **A**，稱矩陣 **A** 的列向量的展延爲 **A** 的**列空間 (row space)**。同樣的，**A** 的行向量的展延稱爲 **A** 的**行空間 (column space)**。

現在由定理 3 知道矩陣 **A** 的線性獨立列數與線性獨立行數是相等。由維數的定義，其數目是矩陣 **A** 的列空間或行空間的維數。這就證明了以下定理。

定理 6

列空間以及行空間

矩陣 A 的列空間以及行空間具有相等的維數，並且等於 $rank\ A$。

最後，對於一個矩陣 **A** 的齊次方程組 $\mathbf{Ax} = 0$，它的解集合是一個向量空間，稱爲 **A** 的**零核空間 (null space)**，並且它的維數稱爲 **A** 的**零消次數 (nullity)**。

$$\text{rank } \mathbf{A} + \text{nullity } \mathbf{A} = \text{矩陣 } \mathbf{A} \text{ 的行向量數目} \tag{6}$$

習題集 7.4

1–10 秩、列空間、行空間

求下列矩陣的秩。求列空間的一組基底。求行空間的一組基底。提示：對矩陣及其轉置矩陣做列化簡。(你可以省略這些基底向量中的明顯的因數)。

1. $\begin{bmatrix} -2 & 4 & -6 \\ 1 & -2 & 3 \end{bmatrix}$

2. $\begin{bmatrix} 2a & -b \\ -b & a \end{bmatrix}$

3. $\begin{bmatrix} 0 & 0 & 5 \\ 3 & 5 & 0 \\ 5 & 0 & 0 \end{bmatrix}$

4. $\begin{bmatrix} 4 & -6 & 0 \\ -6 & 0 & 1 \\ 0 & 1 & 4 \end{bmatrix}$

5. $\begin{bmatrix} 2 & -2 & 1 \\ 0 & 4 & 8 \\ 2 & 0 & 4 \end{bmatrix}$

6. $\begin{bmatrix} 0 & 1 & 0 \\ -1 & 0 & -4 \\ 0 & 4 & 0 \end{bmatrix}$

7. $\begin{bmatrix} 6 & 0 & -3 & 0 \\ 0 & -1 & 0 & 5 \\ 2 & 0 & -1 & 0 \end{bmatrix}$

8. $\begin{bmatrix} 2 & 4 & 8 & 16 \\ 16 & 8 & 4 & 2 \\ 4 & 8 & 16 & 2 \\ 2 & 16 & 8 & 4 \end{bmatrix}$

9. $\begin{bmatrix} 5 & 0 & 1 & 0 \\ 0 & 0 & -1 & 0 \\ 1 & 1 & 1 & 1 \\ 0 & 0 & 1 & 0 \end{bmatrix}$

10. $\begin{bmatrix} 5 & -2 & 1 & 0 \\ -2 & 0 & -4 & 1 \\ 1 & -4 & -11 & 2 \\ 0 & 1 & 2 & 0 \end{bmatrix}$

11. CAS 實驗　秩

(a) 以實驗的方式顯示出元素爲 $a_{jk} = j + k - 1$ 的 $n \times n$ 矩陣 $\mathbf{A} = [a_{jk}]$ 對於任何 n 值其秩爲 2 (習題 20 爲 $n = 4$ 的例子)。試著證明它。

(b) 在 $a_{jk} = j + k + c$，其中 c 爲任何正整數的情形下再做一次。

(c) 如果 $a_{jk} = 2^{j+k-2}$，則 rank **A** 為何？試著找出其它大型矩陣，它的秩很小，且與 n 無關。

12–16 秩的一般特性

證明下列。

12. rank $\mathbf{B}^T\mathbf{A}^T$ = rank **AB** (注意到順序！)

13. rank **A** = rank **B** 並不代表 rank $\mathbf{A}^2$ = rank $\mathbf{B}^2$ (舉一反證)。

14. 如果 **A** 不是方陣，則 **A** 的列向量或行向量的其中一組是線性相依的。

15. 如果一個方陣的列向量是線性獨立的，則它的行向量也會是，反之亦然。

16. 舉出例子來證明，矩陣的乘積的秩，不大於任一個因數矩陣的秩。

17–25 線性獨立

下列的向量集合是線性獨立的嗎？寫出詳細過程。

17. $[3\quad 4\quad 0\quad 1]$, $[2\quad -1\quad 3\quad 5]$, $[1\quad 6\quad -8\quad -2]$

18. $\left[1\quad \frac{1}{2}\quad \frac{1}{3}\quad \frac{1}{4}\right]$, $\left[\frac{1}{2}\quad \frac{1}{3}\quad \frac{1}{4}\quad \frac{1}{5}\right]$, $\left[\frac{1}{3}\quad \frac{1}{4}\quad \frac{1}{5}\quad \frac{1}{6}\right]$, $\left[\frac{1}{4}\quad \frac{1}{5}\quad \frac{1}{6}\quad \frac{1}{7}\right]$

19. $[1\quad 0\quad 1]$, $[1\quad 1\quad 0]$, $[0\quad 1\quad 0]$

20. $[1\quad 2\quad 3\quad 4]$, $[2\quad 3\quad 4\quad 5]$, $[3\quad 4\quad 5\quad 6]$, $[4\quad 5\quad 6\quad 7]$

21. $[2\quad 0\quad 0\quad 7]$, $[2\quad 0\quad 0\quad 8]$, $[2\quad 0\quad 0\quad 9]$, $[2\quad 0\quad 1\quad 0]$

22. $[0.4\quad -0.2\quad 0.2]$, $[0\quad 0\quad 0]$, $[3.0\quad -0.6\quad 1.5]$

23. $[9\quad 8\quad 7\quad 6\quad 5]$, $[9\quad 7\quad 5\quad 3\quad 1]$

24. $[4\quad -1\quad 3]$, $[0\quad 8\quad 1]$, $[1\quad 3\quad -5]$, $[2\quad 6\quad 1]$

25. $[6\quad 0\quad -1\quad 3]$, $[2\quad 2\quad 5\quad 0]$, $[-4\quad -4\quad -4\quad -4]$

26. 線性獨立子集合 由向量 $[3\quad 0\quad 1\quad 2]$、$[6\quad 1\quad 0\quad 0]$、$[12\quad 1\quad 2\quad 4]$、$[6\quad 0\quad 2\quad 4]$ 和 $[9\quad 0\quad 1\quad 2]$ 中的最後一個開始，逐個排除，直到獲得線性獨立子集合。

27–35 向量空間

所給的向量集合是否為一個向量空間？說明理由。如果你的答案是肯定的，試決定其維數，並且找出一組基底 ($v_1, v_2, \cdots$ 代表分量)。

27. 所有在 R^3 中且有 $v_2 - v_1 + 4v_3 = 0$ 的向量。

28. 所有在 R^3 中且有 $3v_2 + v_3 = k$ 的向量。

29. 所有在 R^2 中並且滿足 $v_1 \le v_2$ 的向量。

30. 所有在 R^n 中且前 $n-2$ 個分量為零的向量。

31. 所有分量均為負的向量。

32. 所有在 R^3 中並有 $3v_1 - 2v_2 + v_3 = 0$、$4v_1 + 5v_2 = 0$ 的向量。

33. 所有在 R^3 中並有 $3v_1 - v_3 = 0$、$2v_1 + 3v_2 - 4v_3 = 0$ 的向量。

34. 所有在 R^n 中，並有 $|v_j| = 1$ 其中 $j = 1, \cdots, n$ 的向量。

35. 所有在 R^4 中並有 $v_1 = 2v_2 = 3v_3 = 4v_4$ 的向量。

7.5 線性方程組的解：存在性、唯一性 (Solutions of Linear Systems: Existence, Uniqueness)

在上一節中所定義的秩，提供了關於線性方程組之解集合的存在性、唯一性，以及一般結構的完整資訊，說明如下。

具有 n 個未知數的線性方程組，如果它的係數矩陣與增廣矩陣的秩同為 n，則有唯一解，如果兩者的秩相同，但比 n 小，則有無限多解。如果兩者的秩不同，則無解。

要精確的說明並且證明上面的陳述，我們將會用到具有相當重要性的**子矩陣 (submatrix)** 的概念。這是指由矩陣 $\mathbf{A}$ 中刪去某些列或某些行 (或兩者) 以得到的矩陣。在定義上這包含 $\mathbf{A}$ 本身 (刪除零列或零行的矩陣)。

定理 1

線性方程組的基本定理

(a) 存在性 (Existence) 對於有 n 個未知數 $x_1, \cdots, x_n$ 的 m 個方程式的線性方程組

(1)
$$\begin{aligned} a_{11}x_1 + a_{12}x_2 + \cdots + a_{1n}x_n &= b_1 \\ a_{21}x_1 + a_{22}x_2 + \cdots + a_{2n}x_n &= b_2 \\ \cdots\cdots\cdots\cdots&\cdots\cdots \\ a_{m1}x_1 + a_{m2}x_2 + \cdots + a_{mn}x_n &= b_m \end{aligned}$$

若且唯若其係數矩陣 $\mathbf{A}$ 以及增廣矩陣 $\tilde{\mathbf{A}}$ 具有相同的秩，則此線性方程組是**一致的 (consistent)**，也就是有解。其中

$$\mathbf{A} = \begin{bmatrix} a_{11} & \cdots & a_{1n} \\ \cdot & \cdots & \cdot \\ \cdot & \cdots & \cdot \\ a_{m1} & \cdots & a_{mn} \end{bmatrix} \quad 且 \quad \tilde{\mathbf{A}} = \left[\begin{array}{ccc|c} a_{11} & \cdots & a_{1n} & b_1 \\ \cdot & \cdots & \cdot & \cdot \\ \cdot & \cdots & \cdot & \cdot \\ a_{m1} & \cdots & a_{mn} & b_m \end{array}\right]$$

(b) 唯一性 (uniqueness) 若且唯若 $\mathbf{A}$ 與 $\tilde{\mathbf{A}}$ 的秩 r 等於 n，則方程組 (1) 恰有一解。

(c) 無限多解 (infinitely many solutions) 如果秩 r 小於 n，則方程組 (1) 有無限多解。所有解都可經由求出 r 個合適的未知數 (其係數子矩陣的秩必須為 r) 而得到，而這些未知數則以剩下的 $n-r$ 個未知數來表示，這 $n-r$ 個未知數可以指定為任意值 (見 7.3 節的例題 3)。

(d) 高斯消去法 (Gauss elimination；7.3 節) 如果解存在，可由高斯消去法來得到其解 (此方法可以自動呈現出解是否存在；見 7.3 節)。

證明

(a) 方程組 (1) 可以表示成 $\mathbf{Ax} = \mathbf{b}$ 的向量形式，或以矩陣 $\mathbf{A}$ 的行向量 $\mathbf{c}_{(1)}, \cdots, \mathbf{c}_{(n)}$ 的形式來表示：

(2)
$$\mathbf{c}_{(1)}x_1 + \mathbf{c}_{(2)}x_2 + \cdots + \mathbf{c}_{(n)}x_n = \mathbf{b}.$$

將 $\mathbf{A}$ 再加入一行 $\mathbf{b}$ 可得 $\tilde{\mathbf{A}}$。因此由 7.4 節的定理 3 可知，rank $\tilde{\mathbf{A}}$ 等於 rank $\mathbf{A}$ **或** rank $\mathbf{A}+1$。如果 $\mathbf{x}$ 是 (1) 式的解，則由 (2) 式知 $\mathbf{b}$ 必定是這些行向量的線性組合，故 $\tilde{\mathbf{A}}$ 和 $\mathbf{A}$ 的線性獨立行向量的最大數目是一樣的，因此它們的秩相同。

反過來說，如果 rank $\tilde{\mathbf{A}}$ = rank $\mathbf{A}$，則 $\mathbf{b}$ 必為 $\mathbf{A}$ 的行向量的線性組合，即

$$\mathbf{b} = \alpha_1 \mathbf{c}_{(1)} + \cdots + \alpha_n \mathbf{c}_{(n)} \tag{2*}$$

否則就是 rank $\tilde{\mathbf{A}}$ = rank $\mathbf{A}$ + 1。但是比較 (2*) 式和 (2) 式可看出 (1) 式有一解，即 $x_1 = \alpha_1, \cdots, x_n = \alpha_n$。

(b) 如果 rank $\mathbf{A} = n$，則由 7.4 節的定理 3 可知，在 (2) 式中的 n 個行向量是線性獨立的。則稱 $\mathbf{b}$ 的表示式 (2) 是唯一的，因為，

$$\mathbf{c}_{(1)}x_1 + \cdots + \mathbf{c}_{(n)}x_n = \mathbf{c}_{(1)}\tilde{x}_1 + \cdots + \mathbf{c}_{(n)}\tilde{x}_n$$

這表示 (把所有的項移到左側，並變號)

$$(x_1 - \tilde{x}_1)\mathbf{c}_{(1)} + \cdots + (x_n - \tilde{x}_n)\mathbf{c}_{(n)} = \mathbf{0}$$

且由線性獨立知 $x_1 - \tilde{x}_1 = 0, \cdots, x_n - \tilde{x}_n = 0$。但是這代表了 (2) 中的純量 $x_1, \cdots, x_n$ 都是唯一的，也就是 (1) 式的解是唯一的。

(c) 如果 $\mathbf{A}$ = rank $\tilde{\mathbf{A}} = r < n$，則由 7.4 節中的定理 3 知道，存在一個由矩陣 $\mathbf{A}$ 的 r 個行向量構成的線性獨立集合 K，使得 $\mathbf{A}$ 中的其他 $n - r$ 個行向量是這 r 個向量的線性組合。將行以及未知數重新編號，並且以^符號表示，使得 $\{\hat{\mathbf{c}}_{(1)}, \cdots, \hat{\mathbf{c}}_{(r)}\}$ 為線性獨立集合 K。則 (2) 式成為

$$\hat{\mathbf{c}}_{(1)}\hat{x}_1 + \cdots + \hat{\mathbf{c}}_{(r)}\hat{x}_r + \hat{\mathbf{c}}_{(r+1)}\hat{x}_{r+1} + \cdots + \hat{\mathbf{c}}_{(n)}\hat{x}_n = \mathbf{b},$$

其中 $\hat{\mathbf{c}}_{(r+1)}, \cdots, \hat{\mathbf{c}}_{(n)}$ 為 K 中向量的線性組合，同時向量 $\hat{x}_{r+1}\hat{\mathbf{c}}_{(r+1)}, \cdots, \hat{x}_n\hat{\mathbf{c}}_{(n)}$ 也是。用 K 中的向量來表示這些向量，整併項之後可以將上式寫成以下形式

$$\hat{\mathbf{c}}_{(1)}y_1 + \cdots + \hat{\mathbf{c}}_{(r)}y_r = \mathbf{b} \tag{3}$$

其中 $y_j = \hat{x}_j + \beta_j$，並且 β_j 是由 $\hat{\mathbf{c}}_{(r+1)}\hat{x}_{r+1}, \cdots, \hat{\mathbf{c}}_{(n)}\hat{x}_n$ 得來；式中 $j = 1, \cdots, r$。因為此方程組有解，所以會有 $y_1, \cdots, y_r$ 滿足 (3)式。因為 K 是線性獨立，所以這些純量是唯一的。選擇 $\hat{x}_{r+1}, \cdots, \hat{x}_n$ 以決定 β_j 以及相對應的 $\hat{x}_j = y_j - \beta_j$，其中 $j = 1, \cdots, r$。

(d) 這部分已經在 7.3 節中討論過，在此重複只是作為提醒。 ■

本定理可用 7.3 節的例題來說明。在例題 2 中 rank $\tilde{\mathbf{A}}$ = rank $\mathbf{A} = n = 3$ (可由例題中的最後一個矩陣看出)，故有唯一解。在例題 3 中 rank $\tilde{\mathbf{A}}$ = rank $\mathbf{A} = 2 < n = 4$，且可以任意地選擇 x_3 及 x_4。在例題 4 因為 rank $\mathbf{A} = 2 <$ rank $\tilde{\mathbf{A}} = 3$，故無解。

7.5.1 齊次線性系統

回憶 7.3 節的線性方程組 (1)，如果所有的 b_j 為零，則方程組稱為**齊次的 (homogenous)**，如果有一個或多個 b_j 不為零，則方程組稱為**非齊次的 (nonhomogenous)**。對於齊次方程組可由基本定理得到下列結果。

定理 2

齊次線性方程組

齊次線性方程組

(4)
$$\begin{aligned} a_{11}x_1 + a_{12}x_2 + \cdots + a_{1n}x_n &= 0 \\ a_{21}x_1 + a_{22}x_2 + \cdots + a_{2n}x_n &= 0 \\ \cdots\cdots\cdots\cdots\cdots\cdots\cdots\cdots \\ a_{m1}x_1 + a_{m2}x_2 + \cdots + a_{mn}x_n &= 0 \end{aligned}$$

一定有**簡明解** **(trivial solution)** $\mathbf{x_1 = 0, \cdots, x_n = 0}$。若且唯若 rank $\mathbf{A} < n$ 則存在有非簡明解。如果 rank $\mathbf{A} = r < n$，則這些解與 $\mathbf{x} = \mathbf{0}$ 就形成了 $n - r$ 維的向量空間 (見 7.4 節)，稱爲 (4) 的**解空間** **(solution space)**。

如果 $\mathbf{x}_{(1)}$ 和 $\mathbf{x}_{(2)}$ 是 (4) 式的解向量，則帶有任意純量 c_1 與 c_2 的 $\mathbf{x} = c_1\mathbf{x}_{(1)} + c_2\mathbf{x}_{(2)}$ 也是 (4) 式的解向量 (這對於非齊次方程組並**不成立**，並且，解空間一詞只適用於齊次方程組)。

證明

由方程組可直接看出第一項論點顯然是成立。且與由 $\mathbf{b} = \mathbf{0}$ 可得 rank $\tilde{\mathbf{A}}$ = rank $\mathbf{A}$ 的這項事實相吻合，所以一個齊次方程組總是**一致的**。如果 rank $\mathbf{A} = n$，由定理 1 的 (b) 可知它的唯一解是簡明解。如果 rank $\mathbf{A} < n$，由定理 1 的 (c) 可知，存在有非簡明解。這些解會構成一個向量空間，因爲如果 $\mathbf{x}_{(1)}$ 和 $\mathbf{x}_{(2)}$ 是其中兩個解向量，則 $\mathbf{Ax}_{(1)} = \mathbf{0}$、$\mathbf{Ax}_{(2)} = \mathbf{0}$，這代表了 $\mathbf{A}(\mathbf{x}_{(1)} + \mathbf{x}_{(2)}) = \mathbf{Ax}_{(1)} + \mathbf{Ax}_{(2)} = \mathbf{0}$ 以及 $\mathbf{A}(c\mathbf{x}_{(1)}) = c\mathbf{Ax}_{(1)} = \mathbf{0}$，其中 c 爲任意純量。如果 rank $\mathbf{A} = r < n$，則由定理 1 的 (c) 可知，我們可以任意的選擇 $n - r$ 個合適的未知數，稱爲 $x_{r+1}, \cdots, x_n$，則所有的解都可以這樣獲得。所以解空間的基底，簡稱爲 (4) 式的**解基底** **(basis of solutions)**，是 $\mathbf{y}_{(1)}, \cdots, \mathbf{y}_{(n-r)}$，其中基底向量 $\mathbf{y}_{(j)}$ 是以選擇 $x_{r+j} = 1$ 以及其他 $x_{r+1}, \cdots, x_n$ 均爲零而求得；因而亦得到了此一解向量相對應的前 r 個分量。所以 (4) 式的解空間爲 $n - r$ 維，由此定理 2 得證。 ■

(4) 式的解空間也稱爲 **A** 的**零核空間** **(null space)**，因爲對於 (4) 式的解空間中的每一個 $\mathbf{x}$ 都有 $\mathbf{Ax} = \mathbf{0}$。它的維度被稱爲 **A** 的**零消次數** **(nullity)**。

(5)
$$\text{rank A} + \text{nullity A} = n$$

其中 n 是未知數的數目 (**A** 的行數)。

此外，由秩的定義知，在 (4) 式中 rank $\mathbf{A} \leq m$。因此如果 $m < n$，則 rank $\mathbf{A} < n$。由定理 2，這可得以下重要定理。

定理 3

方程式數目少於未知數個數的齊次線性方程組

方程式數目少於未知數個數的齊次線性方程組，一定有非簡明解。

7.5.2 非齊次線性方程組

線性方程組 (1) 的所有解的性質現在就很簡單了，有如下述。

定理 4

非齊次線性方程組

如果非齊次線性方程組 (1) 是一致的，則它的所有解形式為

$$\mathbf{x} = \mathbf{x}_0 + \mathbf{x}_h \tag{6}$$

其中 $\mathbf{x}_0$ 是 (1) 式的任何一個 (固定) 解，且 $\mathbf{x}_h$ 為對應之齊次方程組 (4) 的所有解。

證明

因為 $\mathbf{A}\mathbf{x}_h = \mathbf{A}(\mathbf{x} - \mathbf{x}_0) = \mathbf{A}\mathbf{x} - \mathbf{A}\mathbf{x}_0 = \mathbf{b} - \mathbf{b} = \mathbf{0}$，所以 (1) 式的任何兩個解的差 $\mathbf{x}_h = \mathbf{x} - \mathbf{x}_0$ 是 (4) 式的一個解。因為 $\mathbf{x}$ 可以是 (1) 式的任何一個解，如果在 (6) 式中我們取 (1) 式的任意一個解 $\mathbf{x}_0$，並令 $\mathbf{x}_h$ 在 (4) 式的整個解空間中變化，則我們可得到 (1) 式所有的解。 ■

這就包含了我們對線性方程組解的特性之討論的主要部分。我們的下一個主要課題是行列式，以及它們在線性方程組上的應用。

7.6 參考用：二階及三階行列式 (For Reference: Second- and Third-Order Determinants)

本節是關於二階及三階行列式的速查參考資料，它和 7.7 節的理論完全無關，但卻是許多例題和習題的參考資料。因為這一節是參考用，**請直接看下一節，並且在有需要的時候再來參考這部分內容**。

二階行列式 (determinant of second order) 定義並標記為

$$D = \det \mathbf{A} = \begin{vmatrix} a_{11} & a_{12} \\ a_{21} & a_{22} \end{vmatrix} = a_{11}a_{22} - a_{12}a_{21} \tag{1}$$

此處使用**直線** (而矩陣則是用**方括弧**)。

求解下列兩個未知數的兩個方程式的線性方程組所用的**克拉瑪法則 (Cramer's rule)**

$$\begin{aligned} &\text{(a)} \quad a_{11}x_1 + a_{12}x_2 = b_1 \\ &\text{(b)} \quad a_{21}x_1 + a_{22}x_2 = b_2 \end{aligned} \tag{2}$$

為

$$\begin{aligned} x_1 &= \frac{\begin{vmatrix} b_1 & a_{12} \\ b_2 & a_{22} \end{vmatrix}}{D} = \frac{b_1a_{22} - a_{12}b_2}{D}, \\ x_2 &= \frac{\begin{vmatrix} a_{11} & b_1 \\ a_{21} & b_2 \end{vmatrix}}{D} = \frac{a_{11}b_2 - b_1a_{21}}{D} \end{aligned} \tag{3}$$

其中 D 如 (1) 式，條件爲

$$D \neq 0$$

$D = 0$ 這個值出現在有非簡明解的齊次方程組中。

證明

我們證明 (3) 式。要消去 x_2，將 (2a) 乘以 a_{22} 並將 (2b) 乘以 $-a_{12}$，接著兩式相加得，

$$(a_{11}a_{22} - a_{12}a_{21})x_1 = b_1a_{22} - a_{12}b_2$$

同理，要消除 x_1，將式 (2a) 乘以 $-a_{21}$ 並將式 (2b) 乘以 a_{11}，接著兩式相加得，

$$(a_{11}a_{22} - a_{12}a_{21})x_2 = a_{11}b_2 - b_1a_{21}$$

假定 $D = a_{11}a_{22} - a_{12}a_{21} \neq 0$，除以 D，並且把這兩個方程式的右側寫成行列式，我們得到 (3) 式。■

例題 1 **兩個方程式的克拉瑪法則**

若 $\begin{aligned} 4x_1 + 3x_2 &= 12 \\ 2x_1 + 5x_2 &= -8 \end{aligned}$ 則 $x_1 = \dfrac{\begin{vmatrix} 12 & 3 \\ -8 & 5 \end{vmatrix}}{\begin{vmatrix} 4 & 3 \\ 2 & 5 \end{vmatrix}} = \dfrac{84}{14} = 6,\quad x_2 = \dfrac{\begin{vmatrix} 4 & 12 \\ 2 & -8 \end{vmatrix}}{\begin{vmatrix} 4 & 3 \\ 2 & 5 \end{vmatrix}} = \dfrac{-56}{14} = -4$ ■

7.6.1 三階行列式

三階行列式 (determinant of third order) 定義爲

(4)
$$D = \begin{vmatrix} a_{11} & a_{12} & a_{13} \\ a_{21} & a_{22} & a_{23} \\ a_{31} & a_{32} & a_{33} \end{vmatrix} = a_{11}\begin{vmatrix} a_{22} & a_{23} \\ a_{32} & a_{33} \end{vmatrix} - a_{21}\begin{vmatrix} a_{12} & a_{13} \\ a_{32} & a_{33} \end{vmatrix} + a_{31}\begin{vmatrix} a_{12} & a_{13} \\ a_{22} & a_{23} \end{vmatrix}$$

注意到下面的敘述。在上式右側的正負符號爲 $+-+$。右側的這三個項，分別是 D 的第一行的一個元素乘以它的**子式 (minor)**，也就是由 D 中刪去那個元素所在的列和行後，得到的二階行列式；因此對於 a_{11} 刪去第一列及第一行，以此類推。

如果寫出在 (4) 式中的子式，得到

(4*)
$$D = a_{11}a_{22}a_{33} - a_{11}a_{23}a_{32} + a_{21}a_{13}a_{32} - a_{21}a_{12}a_{33} + a_{31}a_{12}a_{23} - a_{31}a_{13}a_{22}$$

對於具有三個方程式的線性方程組

(5)
$$\begin{aligned} a_{11}x_1 + a_{12}x_2 + a_{13}x_3 &= b_1 \\ a_{21}x_1 + a_{22}x_2 + a_{23}x_3 &= b_2 \\ a_{31}x_1 + a_{32}x_2 + a_{33}x_3 &= b_3 \end{aligned}$$

的克拉瑪法則爲

(6)
$$x_1 = \frac{D_1}{D},\quad x_2 = \frac{D_2}{D},\quad x_3 = \frac{D_3}{D} \qquad (D \neq 0)$$

其中行列式 D 是來自 (4) 式，並且

$$D_1 = \begin{vmatrix} b_1 & a_{12} & a_{13} \\ b_2 & a_{22} & a_{23} \\ b_3 & a_{32} & a_{33} \end{vmatrix}, \quad D_2 = \begin{vmatrix} a_{11} & b_1 & a_{13} \\ a_{21} & b_2 & a_{23} \\ a_{31} & b_3 & a_{33} \end{vmatrix}, \quad D_3 = \begin{vmatrix} a_{11} & a_{12} & b_1 \\ a_{21} & a_{22} & b_2 \\ a_{31} & a_{32} & b_3 \end{vmatrix}$$

注意到 D_1、D_2、D_3 是以 (5) 式右側的行分別取代第 1、2、3 行而得到。

克拉瑪法則 (6) 可以經由類似於 (3) 中的消去法來導出，不過它同樣也可以由下一節中的一般化情形 (定理 4) 來得到。

7.7 行列式、克拉瑪法則 (Determinants. Cramer's Rule)

行列式原本是用來求解線性方程組。目前**在計算上已不實用**，但在特徵值問題 (8.1 節)、微分方程、向量代數 (9.3 節) 等方面都有重要的應用。它們可以用幾種不同的方式來介紹。我們的定義是特別針對線性方程組。

n **階行列式**是伴隨著 $n \times n$ (因此爲**正方**) 矩陣 $\mathbf{A} = [a_{jk}]$ 的純量，表示成

(1)
$$D = \det \mathbf{A} = \begin{vmatrix} a_{11} & a_{12} & \cdots & a_{1n} \\ a_{21} & a_{22} & \cdots & a_{2n} \\ \cdot & \cdot & \cdots & \cdot \\ \cdot & \cdot & \cdots & \cdot \\ a_{n1} & a_{n2} & \cdots & a_{nn} \end{vmatrix}.$$

當 $n = 1$，定義爲

(2)
$$D = a_{11}$$

而當 $n \geq 2$，定義爲

(3a)
$$D = a_{j1}C_{j1} + a_{j2}C_{j2} + \cdots + a_{jn}C_{jn} \quad (j = 1, 2, \cdots, \text{或 } n)$$

或

(3b)
$$D = a_{1k}C_{1k} + a_{2k}C_{2k} + \cdots + a_{nk}C_{nk} \quad (k = 1, 2, \cdots, \text{或 } n)$$

其中

$$C_{jk} = (-1)^{j+k} M_{jk}$$

且 M_{jk} 是 $n-1$ 階的行列式，也就是由 $\mathbf{A}$ 中刪去元素 a_{jk} 所在的列 (第 j 列) 及行 (第 k 行) 所得的一個子矩陣的行列式。

依此方式，D 是用 n 個 $n-1$ 階的行列式來定義，而每一個 $n-1$ 階的行列式又是用 $n-1$ 個 $n-2$ 階的行列式來定義，以此類推；最後是二階行列式，其子矩陣只有單一元素，而行列式就是該元素本身。

由定義可知我們可對任意列或行來**展開** ***(expand)*** D，也就是在 (3) 式中選擇任意一列或一行的元素，在展開 (3) 式中的 C_{jk} 時也是一樣，以此類推。

這個定義並不模稜兩可，我們不管選擇的是哪一列或行來展開，所得到的值都是一樣的。在附錄 4 中有證明。

行列式所使用的術語都來自矩陣。在 D 中有 n^2 個**元素** a_{jk}，同時含有 n **列**及 n **行**，以及**主對角線**上有 $a_{11}, a_{22}, \cdots, a_{nn}$ 等元素。兩個新術語為：

M_{jk} 稱為 D 中 a_{jk} 的**子式** ***(minor)***，而 C_{jk} 稱為 D 中 a_{jk} 的**餘因子** ***(cofactor)***。

接下來我們會把 (3) 式以子式的形式表示成

(4a) $$D = \sum_{k=1}^{n} (-1)^{j+k} a_{jk} M_{jk} \qquad (j = 1, 2, \cdots, \text{或 } n)$$

(4b) $$D = \sum_{j=1}^{n} (-1)^{j+k} a_{jk} M_{jk} \qquad (k = 1,2, \cdots, \text{或 } n)$$

例題 1 三階行列式的子式及餘因子

在前一節的 (4) 式中，可以直接看出其第一列元素的子式和餘因子。對於在第二列的元素，其子式為

$$M_{21}\begin{vmatrix} a_{12} & a_{13} \\ a_{32} & a_{33} \end{vmatrix}, \quad M_{22}\begin{vmatrix} a_{11} & a_{13} \\ a_{31} & a_{33} \end{vmatrix}, \quad M_{23}\begin{vmatrix} a_{11} & a_{12} \\ a_{31} & a_{32} \end{vmatrix}$$

且其餘因子為 $C_{21} = -M_{21}$、$C_{22} = +M_{22}$ 及 $C_{23} = -M_{23}$。對於第三列也是類似的情形，請自己寫出，並驗證 C_{jk} 的正負符號有如下列的**西洋棋盤狀**。

$$\begin{matrix} + & - & + \\ - & + & - \\ + & - & + \end{matrix}$$

■

例題 2 三階行列式的展開

$$D = \begin{vmatrix} 1 & 3 & 0 \\ 2 & 6 & 4 \\ -1 & 0 & 2 \end{vmatrix} = 1\begin{vmatrix} 6 & 4 \\ 0 & 2 \end{vmatrix} - 3\begin{vmatrix} 2 & 4 \\ -1 & 2 \end{vmatrix} + 0\begin{vmatrix} 2 & 6 \\ -1 & 0 \end{vmatrix}$$

$$= 1(12-0) - 3(4+4) + 0(0+6) = -12$$

上式是以第一列來展開，而由第三行的展開則為

$$D = 0\begin{vmatrix} 2 & 6 \\ -1 & 0 \end{vmatrix} - 4\begin{vmatrix} 1 & 3 \\ -1 & 0 \end{vmatrix} + 2\begin{vmatrix} 1 & 3 \\ 2 & 6 \end{vmatrix} = 0 - 12 + 0 = -12$$

自行驗證其它四個展開式的結果也是–12。 ■

例題 3　三角矩陣的行列式

$$\begin{vmatrix} -3 & 0 & 0 \\ 6 & 4 & 0 \\ -1 & 2 & 5 \end{vmatrix} = -3\begin{vmatrix} 4 & 0 \\ 2 & 5 \end{vmatrix} = -3\cdot 4\cdot 5 = -60$$

由上式所啓發，你是否可以爲三角矩陣的行列式寫下一個小定理？對角線矩陣呢？ ■

7.7.1　行列式之一般特性

有一種很有意思的方法可用於求出 (1) 式的行列式值，此方法是對 (1) 式做列運算。經過列運算，我們可以得到一個「上三角」行列式 (定義見 7.1 節，只要將「矩陣」換成「行列式」)，它的值很容易求得，就是對角線元素的乘積。這種做法**類似 (但不完全一樣！)** 我們在 7.3 節對矩陣的做法。尤其是，特別注意到在調換行列式的列的時候，在行列式值會多一個–1 的因子！細節如下述。

定理 1

***n* 階行列式在基本列運算之下的行爲**

(a) 將兩列對調，行列式值乘以–1。

(b) 將某列的常數倍加到另一列，不會改變其行列式值。

(c) 將某列乘以非零常數 c，則行列式值要乘上 c (在 $c = 0$ 時這也成立，但就不再是基本列運算了)。

證明

(a) 利用歸納法。當 $n = 2$ 時，這項陳述成立，因爲

$$\begin{vmatrix} a & b \\ c & d \end{vmatrix} = ad - bc \quad \text{但} \quad \begin{vmatrix} c & d \\ a & b \end{vmatrix} = bc - ad$$

現在作出歸納假設爲 (a) 對於 $n - 1 \geq 2$ 階的行列式成立，再證明對 n 階的行列式亦成立。令 D 是 n 階，令 E 代表將 D 的兩列對調後的結果。將 D 和 E 用**未經**對調的列來展開，譬如說以第 j 列來展開，由 (4a) 得

$$D = \sum_{k=1}^{n} (-1)^{j+k} a_{jk} M_{jk}, \qquad E = \sum_{k=1}^{n} (-1)^{j+k} a_{jk} N_{jk} \tag{5}$$

其中 N_{jk} 是將 D 中 a_{jk} 的子式 M_{jk} 中的兩列互調而得，就是原來在 D 中對調的兩列 (N_{jk} 必定包含這兩列，因爲我們用另外一列來展開！)。現在這些子式都是 $n-1$ 階。因此可以應用歸納假設並得到 $N_{jk} = -M_{jk}$，因此由式 (5) 得到 $E = -D$。

(b) 將第 i 列乘以 c 加到第 j 列中。令 $\tilde{D}$ 代表新的行列式。它第 j 列的元素爲 $a_{jk} + ca_{ik}$。如果我們以第 j 列來展開 $\tilde{D}$，我們可以將它寫爲 $\tilde{D} = D_1 + cD_2$，其中 $D_1 = D$ 在第 j 列中有 a_{jk}，而 D_2 在

該第 j 列中有來自加法的 a_{jk}。因此 D_2 在第 i 列和第 j 列都有 a_{jk}。將這兩列互調可以還原 D_2，但由 (a) 可知它應該是 $-D_2$。綜合起來 $D_2 = -D_2 = 0$，所以 $\tilde{D} = D_1 = D$。

(c) 用已經乘以倍數後的列來展開行列式。

注意！$\det (c\mathbf{A}) = c^n \det \mathbf{A}$ (而非 $c \det \mathbf{A}$)，解釋爲何如此。■

例題 4 以簡化至三角形式來計算行列式值

依定理 1，我們可以用如同矩陣的高斯消去法，經由化簡到三角形式來對行列式求值，例如 (其中藍色的說明指**上一個行列式**)

$$D = \begin{vmatrix} 2 & 0 & -4 & 6 \\ 4 & 5 & 1 & 0 \\ 0 & 2 & 6 & -1 \\ -3 & 8 & 9 & 1 \end{vmatrix}$$

$$= \begin{vmatrix} 2 & 0 & -4 & 6 \\ 0 & 5 & 9 & -12 \\ 0 & 2 & 6 & -1 \\ 0 & 8 & 3 & 10 \end{vmatrix} \begin{matrix} \\ \text{列 } 2 - 2 \text{ 列 } 1 \\ \\ \text{列 } 4 + 1.5 \text{ 列 } 1 \end{matrix}$$

$$= \begin{vmatrix} 2 & 0 & -4 & 6 \\ 0 & 5 & 9 & -12 \\ 0 & 0 & 2.4 & 3.8 \\ 0 & 0 & -11.4 & 29.2 \end{vmatrix} \begin{matrix} \\ \\ \text{列 } 3 - 0.4 \text{ 列 } 2 \\ \text{列 } 4 - 1.6 \text{ 列 } 2 \end{matrix}$$

$$= \begin{vmatrix} 2 & 0 & -4 & 6 \\ 0 & 5 & 9 & -12 \\ 0 & 0 & 2.4 & 3.8 \\ 0 & 0 & -0 & 47.25 \end{vmatrix} \begin{matrix} \\ \\ \\ \text{列 } 4 + 4.75 \text{ 列 } 3 \end{matrix}$$

$$= 2 \cdot 5 \cdot 2.4 \cdot 47.25 = 1134$$

■

定理 2

***n* 階行列式的更多性質**

(a)–(c) 在定理 1 中的性質對行也成立。

(d) **轉置**並不會改變行列式的值。

(e) **一零列或零行**會使得行列式的值為零。

(f) **兩列或兩行成比例時**，行列式的值為零。若有兩列相等或兩行相等時，行列式的值為零。

證明

由於行列式可以對任意列或任意行來展開，故可直接得到 **(a)–(e)**。在 **(d)** 中，轉置是比照對矩陣的定義，即原來的第 j 列轉置後，會變成第 j 行。

(f) 如果第 j 列等於 c 乘以第 i 列，則 $D = cD_1$，其中 D_1 中的第 j 列 = 第 i 列。因此互換列可得 D_1，但由定理 1(a)，它應該是 $-D_1$。所以 $D_1 = 0$ 且 $D = cD_1 = 0$，對行也是一樣。■

有一個重要觀念相當值得一提，矩陣 **A** 的秩，也就是矩陣 **A** 的線性獨立列向量或線性獨立行向量的最大數目 (見 7.4 節)，也和行列式有關。在此可以假設 rank **A** > 0，因爲只有零矩陣其秩爲 0 (見 7.4 節)。

定理 3

以行列式來表示秩

考慮一個 $m \times n$ 矩陣 $\mathbf{A} = [a_{jk}]$：

(1) 若且唯若 A 有一個 $r \times r$ 的子矩陣，且該子矩陣的行列式值不為零，則 A 的秩可為 $r \geq 1$。

(2) 在 A 中若有任何列數多於 r 的方形子矩陣，則其行列式值為零。

此外，若 $m = n$，我們有：

(3) 一個 $n \times n$ 方陣 A，它的秩為 n 的條件是，若且唯若

$$\det \mathbf{A} \neq 0$$

證明

本問題的關鍵觀念是基本列運算 (7.3 節) 並不會影響到秩 (由 7.4 節中的定理 1)，而且也不會改變行列式值不爲零的性質 (由本節的定理 1)。若且唯若 rank $\mathbf{A} = r$，則 **A** 的列梯形式 $\hat{\mathbf{A}}$ (見 7.3 節) 有 r 個非零列向量 (也就是前 r 個列向量)。在不減損普遍性的條件下，我們假設 $r \geq 1$。令 $\hat{\mathbf{R}}$ 代表 $\hat{\mathbf{A}}$ 的左上角的 $r \times r$ 子矩陣 (所以 $\hat{\mathbf{R}}$ 的元素是 $\hat{\mathbf{A}}$ 的前 r 列與前 r 行)。現在 $\hat{\mathbf{R}}$ 是三角矩陣，且對角線元素 r_{jj} 都不爲零。因此 $\det \hat{\mathbf{R}} = r_{11} \cdots r_{rr} \neq 0$。同時，因爲 $\hat{\mathbf{R}}$ 是對 **R** 做基本列運算所得，所以 **A** 相對之 $r \times r$ 子矩陣 **R** 同樣有 $\det \mathbf{R} \neq 0$。因此 (1) 得證。

同理，對矩陣 **A** 中 $r + 1$ (或更多) 列的子方陣 **S** 而言，因爲 $\hat{\mathbf{A}}$ 的對應子方陣 $\hat{\mathbf{S}}$ 必定包含有一零列 (不然我們就會有 rank $\mathbf{A} \geq r + 1$)，由定理 2 知 $\det \hat{\mathbf{S}} = 0$，故 $\det \mathbf{S} = 0$。如此 (2) 得證。對 $m \times n$ 矩陣定理的證明完成。

對 $n \times n$ 方陣 **A**，我們證明如下。要證明 (3)，我們可用 (1) (已證明！)。我們由此得到，若且唯若 **A** 有行列式值不爲零的 $n \times n$ 子方陣，則 rank $\mathbf{A} = n \geq 1$。但是方陣 **A** 所包含的子矩陣中，唯一符合此條件的就是 **A** 本身，因此 $\det \mathbf{A} \neq 0$。如此 (3) 得證。 ■

7.7.2 克拉瑪法則

定理 3 可導得線性方程組的傳統求解公式，也就是**克拉瑪法則**[2]，它將方程組的解表示成行列式的商。**克拉瑪法則在計算上並不實用，在計算上還是 7.3 節以及 20.1–20.3 節的方法較實適合**。但是在微分方程 (2.10 及 3.3 節) 和其它工程應用的理論探討上，它有**理論上的重要性**。

[2] GABRIEL CRAMER (1704–1752)，瑞士數學家。

定理 4

克拉瑪定理 (以行列式求解線性方程組)

(a) 如果由具有 n 個未知數 $x_1, \cdots, x_n$ 的 n 個線性方程式所構成的方程組

$$\begin{aligned} a_{11}x_1 + a_{12}x_2 + \cdots + a_{1n}x_n &= b_1 \\ a_{21}x_1 + a_{22}x_2 + \cdots + a_{2n}x_n &= b_2 \\ \cdots \\ a_{n1}x_1 + a_{n2}x_2 + \cdots + a_{nn}x_n &= b_n \end{aligned} \tag{6}$$

有非零係數行列式 $D = \det \mathbf{A}$，則此方程組恰有一解。可由下列公式來求得其解：

$$x_1 = \frac{D_1}{D}, \quad x_2 = \frac{D_2}{D}, \quad \cdots, \quad x_n = \frac{D_n}{D} \tag{7}$$ **(克拉瑪法則)**

其中 D_k 是將 D 的第 k 行以 $b_1, \cdots, b_n$ 取代後的行列式。

(b) 如果方程組 (6) 是**齊次**且 $D \neq 0$，它就只有簡明解 $x_1 = 0, x_2 = 0, \cdots, x_n = 0$。若 $D = 0$ 則齊次方程組同樣有非簡明解。

證明

方程組 (6) 的增廣矩陣 $\tilde{\mathbf{A}}$ 之大小為 $n \times (n+1)$。所以它的秩最多為 n。現在若

$$D = \det \mathbf{A} = \begin{vmatrix} a_{11} & \cdots & a_{1n} \\ \cdot & \cdots & \cdot \\ \cdot & \cdots & \cdot \\ a_{n1} & \cdots & a_{nn} \end{vmatrix} \neq 0 \tag{8}$$

則由定理 3 知 rank $\mathbf{A} = n$，因此 rank $\tilde{\mathbf{A}}$ = rank $\mathbf{A}$，所以由 7.5 節的基本定理知方程組 (6) 有唯一解。

現在證明 (7) 式。將 D 以第 k 行加以展開，得到

$$D = a_{1k}C_{1k} + a_{2k}C_{2k} + \cdots + a_{nk}C_{nk} \tag{9}$$

其中 C_{ik} 是 D 中元素 a_{ik} 的餘因子。若以任意數來取代 D 中的第 k 行的元素，可以得到一個新的行列式，如 $\hat{D}$。顯然的，它對於第 k 行的展開將會具有 (9) 式的形式，其中 $a_{1k}, \cdots, a_{nk}$ 是由那些新的數字所取代，而餘因子 C_{ik} 則維持不變。假設選擇 D 的第 l 行 (其中 $l \neq k$) 的元素 $a_{1l}, \cdots, a_{nl}$ 作為新的數，則新的行列式 $\hat{D}$ 中會有一行 $[a_{1l} \ \cdots \ a_{nl}]^{\mathsf{T}}$ 重複兩次，其中一個是它的第 l 行，而另一個是由於取代而變成它的第 k 行。因此由定理 2(f) 得 $\hat{D} = 0$。如果現在用經過取代的第 k 行來展開 $\hat{D}$，我們得到

$$a_{1l}C_{1k} + a_{2l}C_{2k} + \cdots + a_{nl}C_{nk} = 0 \qquad (l \neq k) \tag{10}$$

我們現將 (6) 式中的第一式的兩側同乘以 C_{1k}，第二式乘以 $C_{2k}, \cdots$，最後一式乘以 C_{nk}，並且將所得的方程式相加。得到

$$C_{1k}(a_{11}x_1 + \cdots + a_{1n}x_n) + \cdots + C_{nk}(a_{n1}x_1 + \cdots + a_{nn}x_n) = b_1C_{1k} + \cdots + b_nC_{nk} \tag{11}$$

整併有相同 x_j 的項，將左側改寫成

$$x_1(a_{11}C_{1k} + a_{21}C_{2k} + \cdots + a_{n1}C_{nk}) + \cdots + x_n(a_{1n}C_{1k} + a_{2n}C_{2k} + \cdots + a_{nn}C_{nk})$$

由此式可以看出 x_k 是乘以

$$a_{1k}C_{1k} + a_{2k}C_{2k} + \cdots + a_{nk}C_{nk}$$

方程式 (9) 顯示了此式等於 D。同樣的，x_l 是乘以

$$a_{1l}C_{1k} + a_{2l}C_{2k} + \cdots + a_{nl}C_{nk}$$

由 (10) 式可看出，在 $l \neq k$ 時，上式爲零。據此，(11) 式的左側就是等於 x_kD，所以 (11) 式變成

$$x_kD = b_1C_{1k} + b_2C_{2k} + \cdots + b_nC_{nk}$$

現在此式的右側成爲定理中所定義的 D_k，即以它的第 k 行來展開，所以除以 D 後可得到 (7) 式。這就完成了克拉瑪法則的證明。

如果 (6) 式是齊次的且 $D \neq 0$，則每一個 D_k 都會有一個零行，故由定理 2(e) 可知 $D_k = 0$，且由 (7) 式得到簡明解。

最後，如果 (6) 式是齊次的，且 $D = 0$，則由定理 3 知 rank $\mathbf{A} < n$，所以由 7.5 節中的定理 2 知存在非簡明解。 ■

例題 5 說明克拉瑪法則 (定理 4)

對於 $n = 2$，參見 7.6 節的例題 1。同時，在該節的最後，我們列出了用於三個方程式之一般線性方程組的克拉瑪法則。 ■

最後，在下一節我們會說明克拉瑪法則的另一個重要應用，如何用它處理逆矩陣。

習題集 7.7

1–6 一般問題

1. **行列式的一般性質** 對於定理 1 和定理 2 中的每一項陳述，自己選一個例子來做說明。
2. **二階行列式** 以四種可能的方式來展開一個一般化的二階行列式，並且顯示這四個結果相同。
3. **三階行列式** 執行定理 2 的各項工作，並且以化簡到三角形式來計算出 D 的值。
4. **展開在數值計算上並不實際** 證明用展開方式計算一個 n 階行列式的值會用到 $n!$ 個乘法。如果一次乘法須要 10^{-9} 秒，則它須要的計算時間爲：

n	10	15	20	25
時間	0.004 秒	22 分	77 年	$0.5 \cdot 10^9$ 年

5. **純量乘法** 證明 $\det(k\mathbf{A}) = k^n \det \mathbf{A}$ (不是 $k \det \mathbf{A}$)，舉出一個例子。
6. **子式、餘因子** 完成例題 1 中所提到的任務。

7–15　求行列式值

求下列值，寫出詳細過程：

7. $\begin{vmatrix} \cos\alpha & \sin\alpha \\ \sin\beta & \cos\beta \end{vmatrix}$　　**8.** $\begin{vmatrix} 0.4 & 0.6 \\ 1.5 & -0.5 \end{vmatrix}$

9. $\begin{vmatrix} \cos n\theta & \sin n\theta \\ -\sin n\theta & \cos n\theta \end{vmatrix}$

10. $\begin{vmatrix} \cosh t & \sinh t \\ \sinh t & \cosh t \end{vmatrix}$

11. $\begin{vmatrix} 6 & -1 & 8 \\ 0 & -2 & 9 \\ 0 & 0 & -4 \end{vmatrix}$　　**12.** $\begin{vmatrix} a & b & c \\ c & a & b \\ b & c & a \end{vmatrix}$

13. $\begin{vmatrix} 0 & 4 & -1 & 5 \\ -4 & 0 & 3 & -2 \\ 1 & -3 & 0 & 1 \\ -2 & 1 & 1 & -1 \end{vmatrix}$

14. $\begin{vmatrix} 4 & 7 & 0 & 0 \\ 2 & 8 & 0 & 0 \\ 0 & 0 & 1 & 5 \\ 0 & 0 & -2 & 2 \end{vmatrix}$

15. $\begin{vmatrix} 1 & -1 & 0 & 0 \\ -1 & 1 & 1 & 0 \\ 0 & 1 & -1 & 1 \\ 0 & 0 & 1 & -1 \end{vmatrix}$

16. **CAS 實驗　由零和一所構成的行列式**　求主對角線上所有元素全爲 0，而其它元素全爲 1 的 $n \times n$ 矩陣 A_n 之行列式值。試著找出一個公式。試用歸納法來證明它。將 A_3 和 A_4 分別表示爲一個三角形以及一個四角形的連接矩陣 (如在習題集 7.1 中，但是沒有那些負號)；對於一個有著 n 個頂點以及 $n(n-1)/2$ 個邊 (並且展延爲 R^{n-1}、$n = 5, 6, \cdots$) 的 n 角形也是相似的情形。

17–19　由行列式來求秩

用定理 3 來找出秩 (這並不是一個非常實際的方法)，並且以列化簡來驗算，寫出細節。

17. $\begin{bmatrix} 4 & 9 \\ -8 & -6 \\ 16 & 12 \end{bmatrix}$　　**18.** $\begin{bmatrix} 0 & 4 & -6 \\ 4 & 0 & 10 \\ -6 & 10 & 0 \end{bmatrix}$

19. $\begin{bmatrix} 1 & -1 & 2 & 4 \\ 0 & 2 & 0 & 4 \\ 4 & -8 & 8 & 8 \end{bmatrix}$

20. **團隊專題　幾何應用：通過已知點的曲線和曲面**　這個想法是，利用克拉瑪定理中非簡明解的條件，由一個齊次線性方程組的行列式的化零來得到一個方程式。我們用求得通過兩個給定點 P_1: (x_1, y_1) 及 P_2: (x_2, y_2) 的直線 L 做例子，來解釋得到這種方程組的技巧。令此未知直線爲 $ax + by = -c$。我們將它寫成 $ax + by + c \cdot 1 = 0$。要得到一個非簡明解 a、b、c，x、y、1 的「係數」行列式必須爲零。此方程組爲

$$\begin{aligned} &ax + by + c \cdot 1 = 0 \quad (\text{直線 } L) \\ (12)\quad &ax_1 + by_1 + c \cdot 1 = 0 \quad (L\text{上的}P_1\text{點}) \\ &ax_2 + by_2 + c \cdot 1 = 0 \quad (L\text{上的}P_2\text{點}) \end{aligned}$$

(a) **通過兩點的直線**　由 (12) 式中的 $D = 0$ 推導出著名的公式

$$\frac{x - x_1}{x_1 - x_2} = \frac{y - y_1}{y_1 - y_2}$$

(b) **平面**　對於通過三個給定點的平面，找出 (12) 式的類比。將它用於點 (1, 1, 1)、(3, 2, 6)、(5, 0, 5)。

(c) **圓**　求平面上通過三個給定點的圓的公式，找出並且畫出通過 (2, 6)、(6, 4)、(7, 1) 的圓。

(d) **球面**　對於通過四個給定點的球面，找出 (c) 中公式的類比。由這個公式或由觀察法找出通過 (0, 0, 5)、(4, 0, 1)、(0, 4, 1)、(0, 0, −3) 的球面。

(e) **一般圓錐曲線**　找出一般圓錐曲線的公式 (六階行列式值化爲零)。將它試用於一條二次拋物線以及一條你自選的更一般性的圓錐曲線。

21–25　克拉瑪法則

用克拉瑪法則解以下各題。用高斯消去法以及反向代入檢查，寫出詳細過程。

21. $2x - y = 5.15$
$3x + 9y = 6.15$

22. $2x - 4y = -24$
$5x + 2y = 0$

23. $3x + 2y = -1$
$2y - 3z = 2$
$-x + 4z = 1$

24. $3x - 2y + z = 13$
$-2x + y + 4z = 11$
$x + 4y - 5z = -31$

25. $-2w + x - y = 1$
$w - 2x + z = -5$
$w - 2y + z = -7$
$x + y - 2z = 7$

7.8 逆矩陣、Gauss-Jordan 消去法 (Inverse of a Matrix. Gauss–Jordan Elimination)

本節僅考慮方陣。

$n \times n$ 矩陣 $\mathbf{A} = [a_{jk}]$ 的**逆矩陣 (inverse matrix)** 記爲 $\mathbf{A}^{-1}$，它是一個滿足

(1)
$$\mathbf{A}\mathbf{A}^{-1} = \mathbf{A}^{-1}\mathbf{A} = \mathbf{I}$$

的 $n \times n$ 矩陣，其中 $\mathbf{I}$ 是 $n \times n$ 單位矩陣 (見 7.2 節)。

如果 $\mathbf{A}$ 有逆矩陣，則矩陣 $\mathbf{A}$ 稱爲**非奇異矩陣 (nonsingular matrix)**。如果 $\mathbf{A}$ 沒有逆矩陣，則矩陣 $\mathbf{A}$ 稱爲**奇異矩陣 (singular matrix)**。

如果 A 有逆矩陣，則此逆矩陣是唯一的。

事實上，如果 $\mathbf{B}$ 和 $\mathbf{C}$ 同時爲 $\mathbf{A}$ 的逆矩陣，則 $\mathbf{AB} = \mathbf{I}$ 且 $\mathbf{CA} = \mathbf{I}$，所以由以下關係就得到唯一性，

$$\mathbf{B} = \mathbf{IB} = (\mathbf{CA})\mathbf{B} = \mathbf{C}(\mathbf{AB}) = \mathbf{CI} = \mathbf{C}$$

我們接著要證明，$\mathbf{A}$ 有逆矩陣的條件是，若且唯若它可能的最大秩數爲 n。這個證明同時也指出，如果 $\mathbf{Ax} = \mathbf{b}$，則只要 $\mathbf{A}^{-1}$ 存在就可得 $\mathbf{x} = \mathbf{A}^{-1}\mathbf{b}$，這就是何以要討論逆矩陣，及其與線性方程組的關係 (不過對於**數值化**求解 $\mathbf{Ax} = \mathbf{b}$ 這並**不**會是一個好的方法，因爲 7.3 節的高斯消去法所須的計算量較少。)

定理 1

逆矩陣的存在性

一個 $n \times n$ 矩陣 $\mathbf{A}$ 存在有逆矩陣 $\mathbf{A}^{-1}$ 的條件是，若且唯若 rank $\mathbf{A} = n$，亦即 (由 7.7 節的定理 3)，若且唯若 det $\mathbf{A} \neq 0$。因此，若 rank $\mathbf{A} = n$ 則 $\mathbf{A}$ 爲非奇異，若 rank $\mathbf{A} < n$ 則 $\mathbf{A}$ 爲奇異。

證明

令 $\mathbf{A}$ 爲已知的 $n \times n$ 矩陣並且考慮線性方程組

(2)
$$\mathbf{Ax} = \mathbf{b}$$

如果逆矩陣 $\mathbf{A}^{-1}$ 存在，則在兩側同時由左邊乘上逆矩陣，再用 (1) 式可得到

$$\mathbf{A}^{-1}\mathbf{Ax} = \mathbf{x} = \mathbf{A}^{-1}\mathbf{b}$$

這顯示了 (2) 式有一解 $\mathbf{x}$，這個解是唯一的，因為，若有另一解 $\mathbf{u}$，我們有 $\mathbf{Au} = \mathbf{b}$ 所以 $\mathbf{u} = \mathbf{A}^{-1}\mathbf{b} = \mathbf{x}$。因此，由 7.5 節的基本定理，$\mathbf{A}$ 的秩必為 n。

相反的，令 rank $\mathbf{A} = n$。則由同一個定理得到，對任何的 $\mathbf{b}$，方程組 (2) 都有唯一解 $\mathbf{x}$。現在用高斯消去法及後向代換 (7.3 節) 可得，$\mathbf{x}$ 的分量 x_j 是 $\mathbf{b}$ 的分量的線性組合。因此我們有

$$\mathbf{x} = \mathbf{Bb} \tag{3}$$

其中 $\mathbf{B}$ 是待定的。代入 (2) 式得到，對任何的 $\mathbf{b}$，

$$\mathbf{Ax} = \mathbf{A}(\mathbf{Bb}) = (\mathbf{AB})\mathbf{b} = \mathbf{Cb} = \mathbf{b} \qquad (\mathbf{C} = \mathbf{AB})$$

因此 $\mathbf{C} = \mathbf{AB} = \mathbf{I}$，也就是單位矩陣。同理，若將 (2) 式代入 (3) 式中，得到

$$\mathbf{x} = \mathbf{Bb} = \mathbf{B}(\mathbf{Ax}) = (\mathbf{BA})\mathbf{x}$$

對於任意的 $\mathbf{x}$ (以及 $\mathbf{b} = \mathbf{Ax}$)。因此 $\mathbf{BA} = \mathbf{I}$。綜合起來，$\mathbf{B} = \mathbf{A}^{-1}$ 存在。■

7.8.1 用 Gauss-Jordan 法求逆矩陣

要實際上求出一個非奇異 $n \times n$ 矩陣 $\mathbf{A}$ 的逆矩陣 $\mathbf{A}^{-1}$，我們可以用一種修改過的高斯消去法 (7.3 節)，稱為 **Gauss-Jordan 消去法**[3]。此方法的基本觀念如下。

利用 $\mathbf{A}$，我們可組成 n 個線性方程組

$$\mathbf{Ax}_{(1)} = \mathbf{e}_{(1)}, \quad \cdots \quad, \mathbf{Ax}_{(n)} = \mathbf{e}_{(n)}$$

其中 $\mathbf{e}_{(1)}, \cdots, \mathbf{e}_{(n)}$ 均是 $n \times n$ 單位矩陣 $\mathbf{I}$ 的行；因此 $\mathbf{e}_{(1)} = [1 \quad 0 \quad \cdots \quad 0]^{\mathsf{T}}$、$\mathbf{e}_{(2)} = [0 \quad 1 \quad 0 \quad \cdots \quad 0]^{\mathsf{T}}$ 等等。這是 n 個未知向量 $\mathbf{x}_{(1)}, \cdots, \mathbf{x}_{(n)}$ 的 n 個向量方程式。將它們結合成單一矩陣方程式 $\mathbf{AX} = \mathbf{I}$，其中未知矩陣 $\mathbf{X}$ 的各行分別是 $\mathbf{x}_{(1)}, \cdots, \mathbf{x}_{(n)}$。相對地，把 n 個增廣矩陣 $[\mathbf{A} \quad \mathbf{e}_{(1)}], \cdots, [\mathbf{A} \quad \mathbf{e}_{(n)}]$ 合併成 $n \times 2n$ 的「增廣矩陣」$\tilde{\mathbf{A}} = [\mathbf{A} \quad \mathbf{I}]$。現在從左邊將 $\mathbf{AX} = \mathbf{I}$ 乘以 $\mathbf{A}^{-1}$，得到 $\mathbf{X} = \mathbf{A}^{-1}\mathbf{I} = \mathbf{A}^{-1}$。因此要由 $\mathbf{AX} = \mathbf{I}$ 解出 $\mathbf{X}$，我們可將高斯消去法用於 $\tilde{\mathbf{A}} = [\mathbf{A} \quad \mathbf{I}]$。這樣就可得到一個 $[\mathbf{U} \quad \mathbf{H}]$ 形式的矩陣，其中了 $\mathbf{U}$ 是一個上三角矩陣，因為高斯消去法可將方程組三角化。而 Gauss–Jordan 法則經由基本列運算，進一步將 $\mathbf{U}$ 化成對角線形式，事實上是單位矩陣 $\mathbf{I}$。做法是消去 $\mathbf{U}$ 中對角線以上的所有元素，再利用乘法使對角線元素都成為 1 (見例題 1)。當然，這個方法是作用在整個矩陣 $[\mathbf{U} \quad \mathbf{H}]$ 上，所以同時將 $\mathbf{H}$ 轉換為某個矩陣 $\mathbf{K}$，因此 $[\mathbf{U} \quad \mathbf{H}]$ 轉換成 $[\mathbf{I} \quad \mathbf{K}]$。這就是 $\mathbf{IX} = \mathbf{K}$ 的「增廣矩陣」。現在 $\mathbf{IX} = \mathbf{X} = \mathbf{A}^{-1}$ 有如前述。比較後得 $\mathbf{K} = \mathbf{A}^{-1}$，所以直接由 $[\mathbf{I} \quad \mathbf{K}]$ 得到 $\mathbf{A}^{-1}$。

下面的例題說明了本方法的使用細節。

---

[3] WILHELM JORDAN (1842–1899)，測量家及數學家。他在非洲進行非常重要的大地測量工作 (測量綠州)。[參見 Althoen, S.C. and R. McLaughlin, Gauss–Jordan reduction: A brief history. *American Mathematical Monthly*, Vol. **94**, No. 2 (1987), pp 130–142.]

我們**並不建議**用它來解線性方程組，因為它再加上 Gauss 消去所須的運算數量，多於後向代換所須的運算量，而這原本是 Gauss–Jordan 消去法所要避免的。見 20.1 節。

例題 1 以 Gauss-Jordan 法求逆矩陣

求出下列矩陣的逆矩陣 $\mathbf{A}^{-1}$

$$\mathbf{A}=\begin{bmatrix}-1 & 1 & 2\\ 3 & -1 & 1\\ -1 & 3 & 4\end{bmatrix}$$

解

我們將高斯消去法 (7.3 節) 應用到下列的 $n \times 2n = 3 \times 6$ 的矩陣，其中藍色字所指的是前一個矩陣。

$$[\mathbf{A}\quad \mathbf{I}]=\left[\begin{array}{rrr|rrr}-1 & 1 & 2 & 1 & 0 & 0\\ 3 & -1 & 1 & 0 & 1 & 0\\ -1 & 3 & 4 & 0 & 0 & 1\end{array}\right]$$

$$\left[\begin{array}{rrr|rrr}-1 & 1 & 2 & 1 & 0 & 0\\ 0 & 2 & 7 & 3 & 1 & 0\\ 0 & 2 & 2 & -1 & 0 & 1\end{array}\right]\begin{array}{l}\\ \text{列 }2+3\text{ 列 }1\\ \text{列 }3-\text{列 }1\end{array}$$

$$\left[\begin{array}{rrr|rrr}-1 & 1 & 2 & 1 & 0 & 0\\ 0 & 2 & 7 & 3 & 1 & 0\\ 0 & 0 & -5 & -4 & -1 & 1\end{array}\right]\begin{array}{l}\\ \\ \text{列 }3-\text{列 }2\end{array}$$

這就是高斯消去法所產生的 $[\mathbf{U}\quad \mathbf{H}]$。現在進行額外的 Gauss-Jordan 步驟，將 $\mathbf{U}$ 化簡為 $\mathbf{I}$，也就是在主對角線元素為 1 的對角形式。

$$\left[\begin{array}{rrr|rrr}1 & -1 & -2 & -1 & 0 & 0\\ 0 & 1 & 3.5 & 1.5 & 0.5 & 0\\ 0 & 0 & 1 & 0.8 & 0.2 & -0.2\end{array}\right]\begin{array}{l}-\text{列 }1\\ 0.5\text{ 列 }2\\ -0.2\text{ 列 }3\end{array}$$

$$\left[\begin{array}{rrr|rrr}1 & -1 & 0 & 0.6 & 0.4 & -0.4\\ 0 & 1 & 0 & -1.3 & -0.2 & 0.7\\ 0 & 0 & 1 & 0.8 & 0.2 & -0.2\end{array}\right]\begin{array}{l}\text{列 }1+2\text{ 列 }3\\ \text{列 }2-3.5\text{ 列 }3\\ \\ \end{array}$$

$$\left[\begin{array}{rrr|rrr}1 & 0 & 0 & -0.7 & 0.2 & 0.3\\ 0 & 1 & 0 & -1.3 & -0.2 & 0.7\\ 0 & 0 & 1 & 0.8 & 0.2 & -0.2\end{array}\right]\begin{array}{l}\text{列 }1+\text{列 }2\\ \\ \\ \end{array}$$

最後面的三行構成了 $\mathbf{A}^{-1}$，驗證

$$\begin{bmatrix}-1 & 1 & 2\\ 3 & -1 & 1\\ -1 & 3 & 4\end{bmatrix}\begin{bmatrix}-0.7 & 0.2 & 0.3\\ -1.3 & -0.2 & 0.7\\ 0.8 & 0.2 & -0.2\end{bmatrix}=\begin{bmatrix}1 & 0 & 0\\ 0 & 1 & 0\\ 0 & 0 & 1\end{bmatrix}$$

因此 $\mathbf{AA}^{-1}=\mathbf{I}$，同樣的，$\mathbf{A}^{-1}\mathbf{A}=\mathbf{I}$。 ■

7.8.2　用於逆矩陣的公式

因為求一個矩陣的逆矩陣，實質上就是求解線性方程組的問題，所以用到克拉瑪法則 (7.7 節定理 4) 也不算意外。同樣的，如同克拉瑪法則的價值在理論探討而不再實際計算，以下定理中外顯形式的公式 (4) 同樣是基於理論性的考慮，並不建議真的用它來求逆矩陣，除非是 (4*) 中的 2×2 情況。

定理 2

由行列式求逆矩陣

一個非奇異 $n \times n$ 矩陣 $\mathbf{A} = [a_{jk}]$ 的逆矩陣為

(4)
$$\mathbf{A}^{-1} = \frac{1}{\det \mathbf{A}}[C_{jk}]^{\mathrm{T}} = \frac{1}{\det \mathbf{A}}\begin{bmatrix} C_{11} & C_{21} & \cdots & C_{n1} \\ C_{12} & C_{22} & \cdots & C_{n2} \\ \cdot & \cdot & \cdots & \cdot \\ C_{1n} & C_{2n} & \cdots & C_{nn} \end{bmatrix},$$

其中 C_{jk} 為 $\det \mathbf{A}$ 中 a_{jk} 的餘因子 (見 7.7 節) [注意！特別注意到在 $\mathbf{A}^{-1}$ 中，餘因子 C_{jk} 所佔有的位置是在 $\mathbf{A}$ 中的 a_{kj} (而不是 a_{jk}) 的相同位置]。

特別是下面矩陣的逆矩陣

(4*)
$$\mathbf{A} = \begin{bmatrix} a_{11} & a_{12} \\ a_{21} & a_{22} \end{bmatrix} \quad 為 \quad \mathbf{A}^{-1} = \frac{1}{\det \mathbf{A}}\begin{bmatrix} a_{22} & -a_{12} \\ -a_{21} & a_{11} \end{bmatrix}$$

證明

我們以 $\mathbf{B}$ 來代表 (4) 式的右側，並且證明 $\mathbf{BA} = \mathbf{I}$。我們先寫出

(5)
$$\mathbf{BA} = \mathbf{G} = [g_{kl}]$$

然後證明 $\mathbf{G} = \mathbf{I}$。現在由矩陣乘法的定義，以及因為 (4) 式中 $\mathbf{B}$ 的形式，得到 (注意！是 C_{sk} 而**不是** C_{ks})

(6)
$$g_{kl} = \sum_{s=1}^{n} \frac{C_{sk}}{\det \mathbf{A}} a_{sl} = \frac{1}{\det \mathbf{A}}(a_{1l}C_{1k} + \cdots + a_{nl}C_{nk})$$

現在由 7.7 節中的 (9) 式和 (10) 式證明了當 $l = k$ 時，在右側的和 $(\cdots)$ 為 $D = \det \mathbf{A}$，而在當 $l \neq k$ 時為零，因此

$$g_{kk} = \frac{1}{\det \mathbf{A}} \det \mathbf{A} = 1,$$
$$g_{kl} = 0 \ (l \neq k)$$

特別是在當 $n = 2$，我們在 (4) 式中第一列 $C_{11} = a_{22}$、$C_{21} = -a_{12}$，並且在第二列中 $C_{12} = -a_{21}$、$C_{22} = a_{11}$。這樣就得到 (4*) 式。■

事實上，$n=2$ 的特例在幾何以及其它應用上經常出現。你應該記住公式 (4*)，例題 2 說明 (4*) 式的應用。

例題 2　由行列式求 2 × 2 矩陣的逆矩陣

$$\mathbf{A}=\begin{bmatrix}3 & 1\\ 2 & 4\end{bmatrix},\quad \mathbf{A}^{-1}=\frac{1}{10}\begin{bmatrix}4 & -1\\ -2 & 3\end{bmatrix}=\begin{bmatrix}0.4 & -0.1\\ -0.2 & 0.3\end{bmatrix}$$ ■

例題 3　定理 2 的進一步說明

使用 (4) 式找出下式的逆矩陣

$$\mathbf{A}=\begin{bmatrix}-1 & 1 & 2\\ 3 & -1 & 1\\ -1 & 3 & 4\end{bmatrix}$$

解

我們得到 $\det\mathbf{A}=-1(-7)-1\cdot 13+2\cdot 8=10$，以及在 (4) 中，

$$C_{11}=\begin{vmatrix}-1 & 1\\ 3 & 4\end{vmatrix}=-7,\quad C_{21}=-\begin{vmatrix}1 & 2\\ 3 & 4\end{vmatrix}=2,\quad C_{31}=\begin{vmatrix}1 & 2\\ -1 & 1\end{vmatrix}=3,$$

$$C_{12}=-\begin{vmatrix}3 & 1\\ -1 & 4\end{vmatrix}=-13,\quad C_{22}=\begin{vmatrix}-1 & 2\\ -1 & 4\end{vmatrix}=-2,\quad C_{32}=-\begin{vmatrix}-1 & 2\\ 3 & 1\end{vmatrix}=7,$$

$$C_{13}=\begin{vmatrix}3 & -1\\ -1 & 3\end{vmatrix}=8,\quad C_{23}=-\begin{vmatrix}-1 & 1\\ -1 & 3\end{vmatrix}=2,\quad C_{33}=\begin{vmatrix}-1 & 1\\ 3 & -1\end{vmatrix}=-2,$$

所以由 (4) 式，和例題 1 相符，得到

$$\mathbf{A}^{-1}=\begin{bmatrix}-0.7 & 0.2 & 0.3\\ -1.3 & -0.2 & 0.7\\ 0.8 & 0.2 & -0.2\end{bmatrix}$$ ■

對角線矩陣 $\mathbf{A}=[a_{jk}]$，在當 $j\neq k$ 時 $a_{jk}=0$，若且唯若所有的 $a_{jj}\neq 0$，則 $\mathbf{A}$ 有逆矩陣。而且 $\mathbf{A}^{-1}$ 也是對角線矩陣，其元素為 $1/a_{11},\ \cdots,1/a_{nn}$。

證明

對於一個對角線矩陣，在式 (4) 中有

$$\frac{C_{11}}{D}=\frac{a_{22}\cdots a_{nn}}{a_{11}a_{22}\cdots a_{nn}}=\frac{1}{a_{11}}\quad \text{等等}$$ ■

例題 4　對角線矩陣的逆矩陣

令

$$\mathbf{A}=\begin{bmatrix}-0.5 & 0 & 0\\ 0 & 4 & 0\\ 0 & 0 & 1\end{bmatrix}$$

我們將 **A** 的對角線元素取倒數，就得到逆矩陣 $\mathbf{A}^{-1}$，也就是取 1/(–0.5)、$\frac{1}{4}$ 和 $\frac{1}{1}$ 作爲 $\mathbf{A}^{-1}$ 的對角線元素，亦即

$$\mathbf{A}^{-1} = \begin{bmatrix} -2 & 0 & 0 \\ 0 & 0.25 & 0 \\ 0 & 0 & 1 \end{bmatrix}$$ ■

乘積的逆矩陣等於各矩陣之逆矩陣，再依相反的順序相乘而得：

(7) $$(\mathbf{AC})^{-1} = \mathbf{C}^{-1}\mathbf{A}^{-1}$$

所以對於超過兩個因式的情況來說，

(8) $$(\mathbf{AC} \cdots \mathbf{PQ})^{-1} = \mathbf{Q}^{-1}\mathbf{P}^{-1} \cdots \mathbf{C}^{-1}\mathbf{A}^{-1}$$

證明

想法是從 (1) 式開始，不過是對 **AC** 而不是 **A**，也就是 $\mathbf{AC}(\mathbf{AC})^{-1} = \mathbf{I}$，並且對於兩側先由左邊同乘以 $\mathbf{A}^{-1}$，因爲 $\mathbf{A}^{-1}\mathbf{A} = \mathbf{I}$，這樣就得到

$$\mathbf{A}^{-1}\mathbf{AC}\,(\mathbf{AC})^{-1} = \mathbf{C}\,(\mathbf{AC})^{-1}$$
$$= \mathbf{A}^{-1}\mathbf{I} = \mathbf{A}^{-1},$$

接著由左邊對於兩側乘以 $\mathbf{C}^{-1}$，並利用 $\mathbf{C}^{-1}\mathbf{C} = \mathbf{I}$，

$$\mathbf{C}^{-1}\mathbf{C}\,(\mathbf{AC})^{-1} = (\mathbf{AC})^{-1} = \mathbf{C}^{-1}\mathbf{A}^{-1}$$

這證明了 (7) 式，再由歸納法可以得到 (8) 式。 ■

我們同時指出，逆矩陣的逆矩陣爲原來的矩陣，讀者可自行證明，

(9) $$(\mathbf{A}^{-1})^{-1} = \mathbf{A}$$

7.8.3 矩陣乘法不尋常的性質、抵消律

在 7.2 節中我們提出警告，矩陣乘法的一些性質和數字乘法並不相同，現在我們可以解釋以下的**抵消律 (cancellation law)** [2] 和 [3] 的受限的有效性，我們要用到 7.2 節中還沒有提到的秩和逆矩陣的概念。這和一般性質的差異是很重要的，並且必須要用心了解。敘述如下：

[1] 矩陣乘法不具有交換性，一般而言

$$\mathbf{AB} \neq \mathbf{BA}$$

[2] AB = 0 並不表示 **A = 0** 或 **B = 0** (或 **BA = 0**)；舉例來說，

$$\begin{bmatrix} 1 & 1 \\ 2 & 2 \end{bmatrix} \begin{bmatrix} -1 & 1 \\ 1 & -1 \end{bmatrix} = \begin{bmatrix} 0 & 0 \\ 0 & 0 \end{bmatrix}$$

[3] AC = AD 並不表示 **C = D** (即使 $\mathbf{A} \neq \mathbf{0}$)。

在下列的定理中包含了 [2] 和 [3] 的完整解答。

定理 3

抵消律

令 **A**、**B**、**C** 爲 $n \times n$ 矩陣。則：

(a) 若 rank **A** = n 且 **AB** = **AC**，則 **B** = **C**。

(b) 若 rank **A** = n，則 **AB** = **0** 代表 **B** = **0**。因爲若 **AB** = **0**，但 **A** ≠ **0** 以及 **B** ≠ **0**，則 rank **A** < n 且 rank **B** < n。

(c) 若 **A** 爲奇異矩陣，則 **BA** 及 **AB** 也是奇異矩陣。

證明

(a) 由定理 1 知矩陣 **A** 的逆矩陣存在。由左邊乘以 $\mathbf{A}^{-1}$ 得到 $\mathbf{A}^{-1}\mathbf{AB} = \mathbf{A}^{-1}\mathbf{AC}$，因此 **B** = **C**。

(b) 令 rank **A** = n。則 $\mathbf{A}^{-1}$ 存在，且 **AB** = **0** 代表了 $\mathbf{A}^{-1}\mathbf{AB} = \mathbf{B} = \mathbf{0}$。當 rank **B** = n 時亦然。由此得出 (b) 的第二個陳述。

(c_1) 由定理 1 得 rank **A** < n。因此由 7.5 節中的定理 2 知 **Ax** = **0** 有非簡明解，乘上 **B** 可看出，這些解同時也是 **BAx** = **0** 的解，所以由 7.5 節中的定理 2 得到 rank (**BA**) < n，並且由定理 1 得到 **BA** 爲奇異矩陣。

(c_2) 由 7.7 節中的定理 2(d) 知 $\mathbf{A}^T$ 爲奇異矩陣，所以由 (c_1) 知 $\mathbf{B}^T\mathbf{A}^T$ 爲奇異矩陣，並且由 7.2 節中的 (10d) 得到它等於 $(\mathbf{AB})^T$。因此由 7.7 節中的定理 2(d) 知 **AB** 爲奇異矩陣。 ■

7.8.4 矩陣乘積的行列式

一個矩陣乘積 **AB** 或 **BA** 的行列式可以寫成因式之行列式的乘積，有趣的是，雖然 **AB** ≠ **BA**，但 det **AB** = det **BA**。對應的公式 (10) 有時候會用到，並且可用 Gauss-Jordan 消去法 (見例題 1) 以及剛才證明的定理來獲得。

定理 4

矩陣乘積的行列式

對於任意 $n \times n$ 矩陣 **A** 及 **B**，

(10) $$\det(\mathbf{AB}) = \det(\mathbf{BA}) = \det \mathbf{A} \det \mathbf{B}$$

證明

如果 **A** 或 **B** 是奇異矩陣，則由定理 3(c)知道 **AB** 和 **BA** 也是奇異矩陣，並且由 7.7 節中的定理 3 知道 (10) 式簡化爲 0 = 0。

現在令 **A** 和 **B** 是非奇異矩陣。則經由 Gauss-Jordan 步驟，我們可以把 **A** 化簡爲一個對角線矩陣 $\hat{\mathbf{A}} = [a_{jk}]$。在這些運算下，由 7.7 節中的定理 1 的 (a)、(b) [沒有 (c)] 知道 det **A** 保持其值不變，除了在做樞軸變換的列對調時的正負變號外。不過同樣的運算可將 **AB** 化簡爲 $\hat{\mathbf{A}}\mathbf{B}$，和對 det (**AB**) 的效果一樣。因此還要對 $\hat{\mathbf{A}}\mathbf{B}$ 證明 (10) 式；式子寫出如下，

$$\hat{\mathbf{A}}\mathbf{B} = \begin{bmatrix} \hat{a}_{11} & 0 & \cdots & 0 \\ 0 & \hat{a}_{22} & \cdots & 0 \\ & & \ddots & \\ 0 & 0 & \cdots & \hat{a}_{nn} \end{bmatrix} \begin{bmatrix} b_{11} & b_{12} & \cdots & b_{1n} \\ b_{21} & b_{22} & \cdots & b_{2n} \\ & & \vdots & \\ b_{n1} & b_{n2} & \cdots & b_{nn} \end{bmatrix}$$

$$= \begin{bmatrix} \hat{a}_{11}b_{11} & \hat{a}_{11}b_{12} & \cdots & \hat{a}_{11}b_{1n} \\ \hat{a}_{22}b_{21} & \hat{a}_{22}b_{22} & \cdots & \hat{a}_{22}b_{2n} \\ & & \vdots & \\ \hat{a}_{nn}b_{n1} & \hat{a}_{nn}b_{n2} & \cdots & \hat{a}_{nn}b_{nn} \end{bmatrix}$$

現在取行列式 det ($\hat{\mathbf{A}}\mathbf{B}$)。在右側可由第一列取出因式 $\hat{a}_{11}$，由第二列取出 $\hat{a}_{22}$，…，第 n 列取出 $\hat{a}_{nn}$。不過這個乘積 $\hat{a}_{11}\hat{a}_{22}\cdots\hat{a}_{nn}$ 等於 det $\hat{\mathbf{A}}$，因為 $\hat{\mathbf{A}}$ 為對角線矩陣。剩下的行列式是 det **B**。這證明了對於 det (**AB**) 的 (10) 式，並且由同樣的方式可得到對於 det (**BA**) 的證明。■

這完成了我們對於線性方程組 (7.3–7.8 節) 的討論。關於向量空間以及線性轉換的 7.9 節是選讀的。**數值方法**的討論是在 20.1–20.4 節，它們和數值方法的其它各節是獨立的。

習題集　7.8

1–10　逆矩陣

使用 Gauss-Jordan 消去法 [或由 (4*) 若 n = 2]，求出逆矩陣，或說明它並不存在。使用 (1) 式加以驗算。

1. $\begin{bmatrix} \frac{1}{2} & -\frac{1}{4} \\ -5 & -\frac{3}{2} \end{bmatrix}$

2. $\begin{bmatrix} \cos 2\theta & \sin 2\theta \\ -\sin 2\theta & \cos 2\theta \end{bmatrix}$

3. $\begin{bmatrix} 0 & -0.2 & 0.75 \\ 0.4 & 1 & 2 \\ 0 & 0 & 8 \end{bmatrix}$

4. $\begin{bmatrix} 0 & 0 & 0 & 5 \\ 0 & 0.25 & 0 & 0 \\ 0.80 & 0 & 0 & 0 \end{bmatrix}$

5. $\begin{bmatrix} 1 & 0 & 0 \\ -2 & 1 & 0 \\ 5 & -4 & 1 \end{bmatrix}$

6. $\begin{bmatrix} -4 & 0 & 0 \\ 0 & 8 & 13 \\ 0 & 3 & 5 \end{bmatrix}$

7. $\begin{bmatrix} 1 & 0 & 0 \\ 0 & 0 & 1 \\ 0 & 1 & 0 \end{bmatrix}$

8. $\begin{bmatrix} 1 & 2 & 3 \\ 4 & 5 & 6 \\ 7 & 8 & 9 \end{bmatrix}$

9. $\begin{bmatrix} 0 & \frac{1}{2} & 0 \\ 0 & 0 & \frac{1}{4} \\ \frac{1}{8} & 0 & 0 \end{bmatrix}$

10. $\begin{bmatrix} \frac{2}{3} & \frac{1}{3} & \frac{2}{3} \\ -\frac{2}{3} & \frac{2}{3} & \frac{1}{3} \\ \frac{1}{3} & \frac{2}{3} & -\frac{2}{3} \end{bmatrix}$

11–18　一些通用公式

11. **平方矩陣的逆矩陣**　驗證在習題 1 中的 **A** 滿足 $(\mathbf{A}^2)^{-1} = (\mathbf{A}^{-1})^2$。

12. 證明在習題 11 中的公式。

13. **轉置矩陣的逆矩陣**　就習題 1 中的 **A**，驗證 $(\mathbf{A}^{\mathrm{T}})^{-1} = (\mathbf{A}^{-1})^{\mathrm{T}}$。

14. 證明習題 13 中的公式。

15. **逆矩陣的逆矩陣**　證明 $(\mathbf{A}^{-1})^{-1} = \mathbf{A}$。

16. **旋轉**　為習題 2 中的矩陣舉出一種應用，以使得逆矩陣的形式變得很明顯。

17. **三角矩陣**　三角矩陣的逆矩陣也總是三角的嗎 (如在習題 5 中)？提出理由。

18. **列對調**　對於習題 7 的矩陣，重複習題 16 的工作。

19–20　公式 (4)

公式 (4) 只在理論中偶爾用到，要了解它，將它實際用於以下矩陣，並以 Gauss–Jordan 法核對：

19. 習題 3。

20. 習題 6。

7.9 向量空間、內積空間、線性轉換 (選讀) (Vector Spaces, Inner Product Spaces, Linear Transformations *Optional*)

在 7.4 節中我們已經掌握了向量空間的本質。在該節中我們討論的是**特殊向量空間 (*special vector spaces*)**，它是在探討矩陣及線性方程組時自然出現的。這些向量空間的元素，稱爲向量 (*vector*)，滿足 7.1 節中的定律 (3) 和 (4) (類似於數字的定律)。這些特殊向量空間是由展延 (*span*) 所產生，也就是有限多個向量的線性組合。此外，這些向量每個都有 n 個實數作爲它的分量。在繼續往前之前再複習一下。

現在我們將此觀念一般化，我們取所有具有 n 個實數分量的向量，我們可以得到非常重要的**實數 n 維向量空間 R^n**。這些向量就稱爲「實數向量」。因此，在 R^n 中的每一向量都是一個實數的有序 n 元 (n-tuple)。

現在我們可以考慮一些特殊的 n 值。當 $n = 2$，我們得到 R^2，所有有序數對的向量空間，它對應於**平面上的向量**。當 $n = 3$，我們得到 R^3，所有有序三元數的向量空間，它是 **3 度空間的向量**。這些向量在機械、幾何、微積分中都有廣泛的應用，對於工程師和物理學家而言，更是基本的必備知識。

同理，如果我們取複數的所有有序 n 元爲向量而視複數爲純量，我們得到**複數向量空間 C^n**，我們將在 8.5 節中探討。

還有其他具有實用價值的集合包括矩陣、函數、轉換等的集合，在這些集合中，加法以及純量乘法可以用自然的方式來加以定義，所以它們也構成向量空間。

利用 7.1 節中的基本性質 (3) 和 (4) 作爲公理，由**具體模型 R^n** 建立起**實數向量空間 V 的抽象觀念**，這樣跨越的距離應該不算太大。由這種方式，可產生實數向量空間的定義。

定 義

實數向量空間

對一個包含有元素 **a**, **b**, ⋯ 的非空集合 V，如果在 V 中定義有如下的兩個代數運算 (稱爲向量加法和純量乘法)，則 V 稱爲**實數向量空間** (或實數線性空間)，並且這些元素稱爲**向量** (不須考慮它們的本質，那會在應用中自然出現，或就維持不定)。

I. **向量加法**將 V 中的每一對向量 **a** 與 **b** 和 V 中另一個特定的向量聯結在一起，稱爲 **a** 與 **b** 的和 (*sum*) 並記爲 $\mathbf{a} + \mathbf{b}$，並滿足下列公理。

I.1 交換律　對於 V 中任意兩個向量 **a** 和 **b**，

$$\mathbf{a} + \mathbf{b} = \mathbf{b} + \mathbf{a}$$

I.2 結合律　對於 V 中任意三個向量 **a**、**b**、**c**，

$$(\mathbf{a} + \mathbf{b}) + \mathbf{c} = \mathbf{a} + (\mathbf{b} + \mathbf{c}) \qquad (\text{寫做 } \mathbf{a} + \mathbf{b} + \mathbf{c})$$

I.3 在 V 中有一個特殊的向量，稱爲零向量，並且以 **0** 來表示，使得 V 中的每一個 **a**

$$\mathbf{a} + \mathbf{0} = \mathbf{a}$$

I.4 對於 V 中的每一個 **a**，在 V 中存在有一個特定的向量記做 **–a**，可使得

$$\mathbf{a} + (-\mathbf{a}) = 0$$

II. **純量乘法** 實數被稱爲**純量** (**scalar**)。純量乘法將 V 中每一個 **a** 以及每一個純量 c，用同在 V 中一個特定向量聯結在一起，稱爲 **a** 與 c 的乘積 (*product*)，並記做 $c\mathbf{a}$ (或 $\mathbf{a}c$)，同時滿足下列公理。

II.1 分配律 對於每一個純量 c 以及在 V 中的向量 **a** 與 **b**，

$$c\,(\mathbf{a} + \mathbf{b}) = c\mathbf{a} + c\mathbf{b}$$

II.2 分配律 對於所有純量 c 與 k 以及在 V 中的每一向量 **a**，

$$(c + k)\,\mathbf{a} = c\mathbf{a} + k\mathbf{a}$$

II.3 結合律 對於所有純量 c 與 k 以及在 V 中的每一向量 a，

$$c\,(k\mathbf{a}) = (ck)\,\mathbf{a} \qquad \text{(寫做 } ck\mathbf{a}\text{)}$$

II.4 對於在 V 中的每一個 **a**

$$1\mathbf{a} = \mathbf{a}$$

如果在以上定義中我們用複數當純量取代實數，那我們就會得到**複數向量空間**的公理式的定義。

看一下以上定義中的公理，每個公理都是自足的：它是簡潔、有用，並且表達出 V 的一個簡單性質。公理的數目要盡可能的少，合在一起它們能表達出我們希望 V 的**所有**性質。選擇好的公理是一個試誤的過程，經常要花很長的時間來完成。但一旦取得共識，公理就變成標準，就像實數向量空間的定義中所用的那些一樣。

以下有關向量空間的概念，和 7.4 節所定義的完全一樣。的確，向量空間 V 中的向量 $\mathbf{a}_{(1)}, \cdots, \mathbf{a}_{(m)}$ 的**線性組合**可表示成

$$c_1\mathbf{a}_{(1)} + \cdots + c_m\mathbf{a}_m \qquad (c_1, \cdots, c_m \text{ 爲任意純量})$$

這些向量形成一個**線性獨立集合** (簡稱它們爲**線性獨立**) 的條件是，若

$$c_1\mathbf{a}_{(1)} + \cdots + c_m\mathbf{a}_{(m)} = \mathbf{0} \qquad (1)$$

則代表 $c_1 = 0, \cdots, c_m = 0$。另一方面，這些純量不全爲零時 (1) 式仍然成立的話，則這些向量稱爲**線性相依**。

注意當 $m = 1$ 時，(1) 式爲 $c\mathbf{a} = \mathbf{0}$ 並且顯示出，若且唯若 $\mathbf{a} \neq \mathbf{0}$ 則單一向量 **a** 爲線性獨立。如果 V 包含了有 n 個向量的線性獨立集合，而且 V 中任何超過 n 個向量的集合都是線性相依的，則 V 有**維度 *n***，或稱爲 ***n* 維**。這一組 n 個線性獨立向量就稱爲 V 的**基底** (**basis**)。然後 V 中所有的向量都可以表示成這些基底向量的線性組合。此外，對一組給定的基底，此種表示方式是唯一的 (見習題 2)。

例題 1 矩陣的向量空間

實數的 2 × 2 矩陣形成了一個四維的實數向量空間，一組基底為

$$\mathbf{B}_{11}=\begin{bmatrix}1&0\\0&0\end{bmatrix},\quad \mathbf{B}_{12}=\begin{bmatrix}0&1\\0&0\end{bmatrix},\quad \mathbf{B}_{21}=\begin{bmatrix}0&0\\1&0\end{bmatrix},\quad \mathbf{B}_{22}=\begin{bmatrix}0&0\\0&1\end{bmatrix}$$

因為任何一個 2 × 2 矩陣 $\mathbf{A}=[a_{jk}]$，均具有唯一的表示式 $\mathbf{A}=a_{11}\mathbf{B}_{11}+a_{12}\mathbf{B}_{12}+a_{21}\mathbf{B}_{21}+a_{22}\mathbf{B}_{22}$。同理，具有固定 m 與 n 的實數 $m\times n$ 矩陣形成了一個 mn 維的向量空間。所有 3 × 3 斜對稱矩陣所構成的向量空間的維度為何？你能否找出一組基底？ ■

例題 2 多項式的向量空間

所有由常數、x 的一次以及二次多項式所構成的集合，在一般的實數加法與乘法運算下形成了一個以 $\{1, x, x^2\}$ 為基底的 3 維向量空間，因為這兩個運算的結果是次數不超過 2 的多項式。所有次數不超過某一給定 n 值的多項式所構成之向量空間的為數是多少？你可以找出一組基底嗎？ ■

如果一個向量空間 V，對於每一個 n 都包含了有 n 個向量的線性獨立集合，不論 n 有多大，那麼 V 稱為具有**無限維度**，這正相對於剛剛定義的**有限維度** (n 維) 的向量空間。一個無限維度向量空間的例子是在 x 軸上的某個區間 $[a, b]$ 上的所有連續函數的空間，這裡我們只是提到而不加以證明。

7.9.1 內積空間

如果 $\mathbf{a}$ 和 $\mathbf{b}$ 是在 R^n 中的向量，行向量，我們可以形成乘積 $\mathbf{a}^\mathrm{T}\mathbf{b}$。這是一個 1 × 1 的矩陣，因為它只有單一元素，也就是一個數字。

這個乘積被稱為 $\mathbf{a}$ 和 $\mathbf{b}$ 的**內積** **(inner product)** 或**點積** **(dot product)**。其它的標記符號包括 $(\mathbf{a}, \mathbf{b})$ 和 $\mathbf{a}\bullet\mathbf{b}$ 。因此

$$\mathbf{a}^\mathrm{T}\mathbf{b}=(\mathbf{a},\mathbf{b})=\mathbf{a}\bullet\mathbf{b}=[a_1\ \cdots\ a_n]\begin{bmatrix}b_1\\ \vdots\\ b_n\end{bmatrix}=\sum_{i=1}^{n}a_lb_l=a_1b_1+\cdots+a_nb_n$$

我們現在將 $(\mathbf{a}, \mathbf{b})$ 的基本性質當作「抽象內積」$(\mathbf{a}, \mathbf{b})$ 的公理，以將此概念推展到一般的實數向量空間，如下所述。

定 義

實數內積空間

一個實數向量空間 V 如果有下列的性質，則 V 稱為**實數內積空間** (或實數 *pre-Hilbert*[4] 空間)。對於在 V 中的每一對向量 $\mathbf{a}$ 和 $\mathbf{b}$ 伴隨有一個實數，記做 $(\mathbf{a}, \mathbf{b})$，並且被稱為 $\mathbf{a}$ 和 $\mathbf{b}$ 的**內積**，可滿足下列的公理。

I. 對於所有的純量 q_1 與 q_2 以及在 V 中的所有向量 $\mathbf{a}$、$\mathbf{b}$、$\mathbf{c}$

---

[4] DAVID HILBERT (1862-1943)，偉大的德國數學家，任教於哥尼斯堡與哥廷根大學，並且是著明的哥廷根數學院的創建者。他以在代數、變分法、積分方程、泛函分析及數學邏輯等方面的基礎研究而著名。他的「Foundations of Geometry」一書使得公理式方法 (axiomatic method) 獲得普遍認同。他著名的 23 個問題 (於 1900 發表於巴黎的國際數學年會) 影響了現代數學的發展。
如果 V 是有限維度，它就是所謂的 *Hilbert* 空間，見附錄 1 的 [GenRef7], p. 128。

$$(q_1\mathbf{a} + q_2\mathbf{b}, \mathbf{c}) = q_1(\mathbf{a}, \mathbf{c}) + q_2(\mathbf{b}, \mathbf{c}) \qquad \text{(線性)}$$

II. 對於 V 中的所有向量 **a** 和 **b**

$$(\mathbf{a}, \mathbf{b}) = (\mathbf{b}, \mathbf{a}) \qquad \text{(對稱)}$$

III. 對於在 V 中的每一個 **a**

$$\left.\begin{array}{l}(\mathbf{a}, \mathbf{a}) \geq 0, \\ (\mathbf{a}, \mathbf{a}) = 0 \quad \text{if and only if} \quad \mathbf{a} = \mathbf{0}\end{array}\right\} \qquad \text{(正定)}$$

內積爲零的向量稱爲是**正交**。

在 V 中一個向量的長度或**範數 (norm)** 定義爲

(2) $$\|\mathbf{a}\| = \sqrt{(\mathbf{a}, \mathbf{a})} \quad (\geq 0)$$

範數爲 1 的向量稱爲單位向量 (unit vector)。

由這些公理以及 (2) 式，我們可以導出基本不等式

(3) $$|(\mathbf{a}, \mathbf{b})| \leq \|\mathbf{a}\|\,\|\mathbf{b}\| \qquad \text{(\textit{Cauchy–Schwarz}}^{5}\text{ 不等式)}$$

由此式得出

(4) $$\|\mathbf{a}+\mathbf{b}\| \leq \|\mathbf{a}\| + \|\mathbf{b}\| \qquad \text{(三角不等式)}$$

由簡單的直接計算可得

(5) $$\|\mathbf{a}+\mathbf{b}\|^2 + \|\mathbf{a}-\mathbf{b}\|^2 = 2(\|\mathbf{a}\|^2 + \|\mathbf{b}\|^2) \qquad \text{(平行四邊形等式)}$$

例題 3 *n* 維歐幾里德空間

具有下列內積的 R^n

(6) $$(\mathbf{a}, \mathbf{b}) = \mathbf{a}^{\mathrm{T}}\mathbf{b} = a_1b_1 + \cdots + a_nb_n$$

(其中 **a** 和 **b** 都是*行*向量) 被稱爲 ***n* 維歐機里德空間**，並且表示爲 E^n 或是同樣以 R^n 表示。由 (2) 式得「**歐幾里德範數**」

(7) $$\|\mathbf{a}\| = \sqrt{(\mathbf{a}, \mathbf{a})} = \sqrt{\mathbf{a}^{\mathrm{T}}\mathbf{a}} = \sqrt{a_1^2 + \cdots + a_n^2}$$ ■

[5] HERMANN AMANDUS SCHWARZ (1843–1921)。德國數學家，以他在複變分析 (保角映射) 及微分幾何的研究而知名。關於 Cauchy 參見 2.5 節。

例題 4 函數的內積、函數空間

所有在一個給定的區間 $\alpha \le x \le \beta$ 上的實數值連續函數 $f(x), g(x), \cdots$ 的集合，是一個在一般的函數加法與純量 (實數) 乘法下的一個實數向量空間。在這個「**函數空間**」上，我們可以用下列積分定義內積

(8) $$(f, g) = \int_{\alpha}^{\beta} f(x)g(x)\,dx$$

公理 I－III 可以由直接計算來加以驗證。由 (2) 式得範數爲

(9) $$\|f\| = \sqrt{(f, f)} = \sqrt{\int_{\alpha}^{\beta} f(x)^2\,dx}$$ ■

我們的例題對於向量空間以及內積空間之抽象觀念所具有的偉大一般性，提供了初步印象。更進一步的細節是屬於進階課程 (在函數分析上，指的是抽象現代分析；見附錄 1 所列參考文獻 [GenRef7])，在此無法討論。取而代之的是，我們現在討論一個以矩陣爲中心角色的主題。

7.9.2 線性轉換

令 X 和 Y 爲任何向量空間。對於 X 中的每一個 $\mathbf{x}$，我們指定 Y 中的一個唯一的 $\mathbf{y}$。然後我們說有了一個由 X 到 Y 的**映射 (mapping)** [或**轉換 (transformation)** 或**運算子 (operator)**]。我們用大寫字母代表此種映射，例如 F。在 Y 中被指派給 X 中向量 $\mathbf{x}$ 的向量 $\mathbf{y}$，被稱爲在 F 下的 $\mathbf{x}$ 的**像 (image)**，記做 $F(x)$ [或 $F\mathbf{x}$ 不加括弧]。

如果對於 X 中的所有向量 $\mathbf{v}$ 和 $\mathbf{x}$ 以及純量 c，下列性質成立，則 F 稱爲**線性映射**或**線性轉換**

(10) $$\begin{aligned} F(\mathbf{v}+\mathbf{x}) &= F(\mathbf{v}) + F(\mathbf{x}) \\ F(c\mathbf{x}) &= cF(\mathbf{x}) \end{aligned}$$

空間 R^n 到空間 R^m 的線性轉換

從現在起，我們令 $X = R^n$ 及 $Y = R^m$。則任何實數的 $m \times n$ 矩陣 $\mathbf{A} = [a_{jk}]$，都是一個由 R^n 到 R^m 的轉換，

(11) $$\mathbf{y} = \mathbf{A}\mathbf{x}$$

因爲 $\mathbf{A}(\mathbf{u}+\mathbf{x}) = \mathbf{A}\mathbf{u} + \mathbf{A}\mathbf{x}$ 而且 $\mathbf{A}(c\mathbf{x}) = c\mathbf{A}\mathbf{x}$，所以這個轉換是線性的。

反過來看，我們證明由 R^n 到 R^m 的線性轉換 F，在給定一組 R^n 的基底以及一組 R^m 的基底之後，都可以表示成 $m \times n$ 矩陣 $\mathbf{A}$。這可以證明如下。

令 $\mathbf{e}_{(1)}, \cdots, \mathbf{e}_{(n)}$ 爲 R^n 的任何一組基底。則 R^n 中的每個 $\mathbf{x}$ 都可以唯一的表示成

$$\mathbf{x} = x_1\mathbf{e}_{(1)} + \cdots + x_n\mathbf{e}_{(n)}$$

因爲 F 是線性的，這個表示式代表了對於像 $F(\mathbf{x})$：

$$F(\mathbf{x}) = F(x_1\mathbf{e}_{(1)} + \cdots + x_n\mathbf{e}_{(n)}) = x_1F(\mathbf{e}_{(1)}) + \cdots + x_nF(\mathbf{e}_{(n)})$$

因此，F 是由 R^n 中基底向量的像所唯一決定的，我們選取 R^n 的「**標準基底**」為

(12)
$$\mathbf{e}_{(1)} = \begin{bmatrix} 1 \\ 0 \\ 0 \\ \vdots \\ 0 \end{bmatrix}, \quad \mathbf{e}_{(2)} = \begin{bmatrix} 0 \\ 1 \\ 0 \\ \vdots \\ 0 \end{bmatrix}, \quad \cdots, \quad \mathbf{e}_{(n)} = \begin{bmatrix} 0 \\ 0 \\ 0 \\ \vdots \\ 1 \end{bmatrix}$$

其中 $\mathbf{e}_{(j)}$ 的第 j 個分量為 1，其它都為 0。現在我們要證明，我們可以找到一個 $m \times n$ 矩陣 $\mathbf{A} = [a_{jk}]$，使得在 R^n 中每一個 $\mathbf{x}$ 以及 R^m 中的像 $\mathbf{y} = F(\mathbf{x})$，滿足下式

$$\mathbf{Y} = F(\mathbf{x}) = \mathbf{Ax}$$

確實，由 $\mathbf{e}_{(1)}$ 的像 $\mathbf{y}^{(1)} = F(\mathbf{e}_{(1)})$，我們得到條件

$$\mathbf{y}^{(1)} = \begin{bmatrix} y_1^{(1)} \\ y_2^{(1)} \\ \vdots \\ y_m^{(1)} \end{bmatrix} = \begin{bmatrix} a_{11} & \cdots & a_{1n} \\ a_{21} & \cdots & a_{2n} \\ \vdots & & \vdots \\ a_{m1} & \cdots & a_{mm} \end{bmatrix} \begin{bmatrix} 1 \\ 0 \\ \vdots \\ 0 \end{bmatrix}$$

由此我們得到 $\mathbf{A}$ 的第一行，也就是 $a_{11} = y_1^{(1)}$, $a_{21} = y_2^{(1)}$, $\cdots$, $a_{m1} = y_m^{(1)}$。同理，由 $\mathbf{e}_{(2)}$ 的像我們得到 $\mathbf{A}$ 的第二行，以此類推，由此得證！ ■

我們說，相對於 R^n 和 R^m 的基底，**A 代表** F，或說 $\mathbf{A}$ 是 F 的代表。很普遍的，「**代表**」的目的是以性質更清晰的另一標的，取代我們所要探討的標的。

在三維歐幾里德空間 E^3 中的標準基底通常被寫為 $\mathbf{e}_{(1)} = \mathbf{i}$、$\mathbf{e}_{(2)} = \mathbf{j}$、$\mathbf{e}_{(3)} = \mathbf{k}$，因此

(13)
$$\mathbf{i} = \begin{bmatrix} 1 \\ 0 \\ 0 \end{bmatrix}, \quad \mathbf{j} = \begin{bmatrix} 0 \\ 1 \\ 0 \end{bmatrix}, \quad \mathbf{k} = \begin{bmatrix} 0 \\ 0 \\ 1 \end{bmatrix}$$

這些就是**空間中卡氏座標 (Cartesian coordinate system in space)** 的三個軸正方向上的三個單位向量，也就是在三個相互垂直的座標軸上，具有相同量測尺度的一般座標系統。

例題 5　線性轉換

表示成平面上卡氏座標的轉換，下列矩陣

$$\begin{bmatrix} 0 & 1 \\ 1 & 0 \end{bmatrix}, \quad \begin{bmatrix} 1 & 0 \\ 0 & -1 \end{bmatrix}, \quad \begin{bmatrix} -1 & 0 \\ 0 & -1 \end{bmatrix}, \quad \begin{bmatrix} a & 0 \\ 0 & 1 \end{bmatrix}$$

分別代表了對 $x_2 = x_1$ 線的反射、對 x_1 軸的反射、在原點的反射，以及在 x_1 方向上的一個拉伸 (當 $a > 1$，當 $0 < a < 1$ 則為收縮)。 ■

例題 6 **線性轉換**

我們在例題 5 前面的討論，比它看起來的第一印象還要簡單。要看出這一點，找出可代表將 (x_1, x_2) 映射到 $(2x_1+5x_2, 3x_1+4x_2)$ 的線性轉換的矩陣 **A**。

解

顯然，這個轉換為

$$y_1 = 2x_1 - 5x_2$$
$$y_2 = 3x_1 + 4x_2$$

由這裡我們可以直接看出該矩陣為

$$\mathbf{A} = \begin{bmatrix} 2 & -5 \\ 3 & 4 \end{bmatrix} \quad \text{驗算：} \quad \begin{bmatrix} y_1 \\ y_2 \end{bmatrix} = \begin{bmatrix} 2 & -5 \\ 3 & 4 \end{bmatrix} \begin{bmatrix} x_1 \\ x_2 \end{bmatrix} = \begin{bmatrix} 2x_1 - 5x_2 \\ 3x_1 + 4x_2 \end{bmatrix}$$ ■

如果 (11) 式中的 **A** 是 $n \times n$ 方陣，則 (11) 式將 R^n 映射到 R^n。如果這個 **A** 是非奇異的，也就是存在有 $\mathbf{A}^{-1}$ (見 7.8 節)，則將 (11) 式由左邊乘上 $\mathbf{A}^{-1}$，並利用 $\mathbf{A}^{-1}\mathbf{A} = \mathbf{I}$，可得**逆轉換 (inverse transformation)**。

(14) $$\mathbf{x} = \mathbf{A}^{-1}\mathbf{y}$$

它將每一個 $\mathbf{y} = \mathbf{y}_0$ 映射到 $\mathbf{x}$，而 (11) 式是將 $\mathbf{x}$ 映射到 $\mathbf{y}_0$。線性轉換的逆轉換本身也是線性的，因為它是由一個矩陣來完成，如 (14) 式所示。

7.9.3 線性轉換的合成

我們要讓你品嚐一下，在一般向量空間中線性轉換是如何作用的。如果你仔細閱讀你將會注意到，定義與驗證 (例題 7) 完全遵循所給的定律，你可以用一種緩慢且有系統的方式研讀教材，以建立你自己的思考方式。

我們要討論的最後一個運算是線性轉換的合成。令 X、Y、W 為一般向量空間。和前面一樣，令 F 為由 X 到 Y 的線性轉換。令 G 為由 W 到 X 的線性轉換。然後我們用 H 表示 F 和 G 的**合成 (composition)**，也就是

$$H = F \circ G = FG = F(G),$$

上式的意思是，我們進行轉換 G 然後再對它做轉換 F (依此順序！也就是由左到右)。

為賦予它更明確的意義，如果令 $\mathbf{w}$ 為 W 中的一個向量，則 $G(\mathbf{w})$ 是 X 中的一個向量，而 $F(G(\mathbf{w}))$ 是 Y 中的向量。因此，H 將 W 映射到 Y，我們可以寫成

(15) $$H(\mathbf{w}) = (F \circ G)(\mathbf{w}) = (FG)(\mathbf{w}) = F(G(\mathbf{w}))$$

這樣就完成了用於一般向量空間之合成的定義。但合成是否真是線性？要檢查這點，我們必須驗證定義於 (15) 式的 H 服從 (10) 中的兩個方程式。

例題 7 線性轉換的合成也是線性的

要證明 H 確實是線性的，我們必須證明 (10) 式成立。對 W 中的兩個向量 $\mathbf{w}_1$、$\mathbf{w}_2$ 我們有

$$\begin{aligned} H(\mathbf{w}_1+\mathbf{w}_2) &= (F\circ G)(\mathbf{w}_1+\mathbf{w}_2) \\ &= F(G(\mathbf{w}_1+\mathbf{w}_2)) \\ &= F(G(\mathbf{w}_1)+G(\mathbf{w}_2)) && (\text{由}G\text{的線性}) \\ &= F(G(\mathbf{w}_1))+F(G(\mathbf{w}_2)) && (\text{由}F\text{的線性}) \\ &= (F\circ G)(\mathbf{w}_1)+(F\circ G)(\mathbf{w}_2) && (\text{由 (15)}) \\ &= H(\mathbf{w}_1)+H(\mathbf{w}_2) && (\text{由}H\text{的定義})。\end{aligned}$$

同樣的，$H(c\mathbf{w}_2)=(F\circ G)(c\mathbf{w}_2)=F(G(c\mathbf{w}_2))=F(c(G(\mathbf{w}_2))$

$$=cF(G(\mathbf{w}_2))=c(F\circ G)(\mathbf{w}_2)=cH(\mathbf{w}_2)$$ ■

我們將合成定義爲，在一般向量空間環境下的線性轉換，然後證明線性轉換的合成確實是線性的。

接著我們要建立線性轉換的合成與矩陣乘法的關係。

爲此目的，我們令 $X=R^n$、$Y=R^m$、及 $W=R^p$。選擇這些特定的向量空間，讓我們可以像 (11) 式一樣，將線性轉換表示成矩陣，並組成矩陣方程式。因此 F 可以用 $m \times n$ 實數矩陣 $\mathbf{A}=[a_{jk}]$ 來代表，而 G 可用 $n \times p$ 矩陣 $\mathbf{B}=[b_{jk}]$ 來代表。然後我們可以針對 F 寫出有 n 個元素的行向量 $\mathbf{x}$，以及所得到的向量 $\mathbf{y}$，它有 m 個元素，

(16) $$\mathbf{y}=\mathbf{A}\mathbf{x}$$

對 G 也是同樣的，它的行向量 $\mathbf{w}$ 有 p 個元素，

(17) $$\mathbf{x}=\mathbf{B}\mathbf{w}$$

將 (17) 代入 (16) 中得到

(18) $$\mathbf{y}=\mathbf{A}\mathbf{x}=\mathbf{A}(\mathbf{B}\mathbf{w})=(\mathbf{A}\mathbf{B})\mathbf{w}=\mathbf{A}\mathbf{B}\mathbf{w}=\mathbf{C}\mathbf{w} \qquad \text{其中 } \mathbf{C}=\mathbf{A}\mathbf{B}$$

這是 (15) 式的矩陣形式，其意義爲，**我們可以在歐幾里德空間中，將線性轉換的合成定義為矩陣的相乘**。因此，$m \times p$ 實數矩陣 $\mathbf{C}$ 代表線性轉換 H，它將 R^p 映射到 R^n，其中向量 $\mathbf{w}$ 是有 p 個元素的行向量。

注意 我們的討論類似於 7.2 節，在該節中我們說明了「不自然」的矩陣乘法的動機。以我們目前更一般性的討論再回顧前面，該節的討論是針對維度 $m=2$、$n=2$ 及 $p=2$ 的情況 (你可能要選一組較小且*相異*的維數，例如 $m=2$、$n=3$ 及 $p=4$，以實際展開整個過程，並寫出所有的矩陣與向量。這是數學家常用的訣竅，我們會用較小的例子以建立及測試理論，看它們是否行的通)。

例題 8 線性轉換、合成

在 7.9 節的例題 5 中，令 $\mathbf{A}$ 是第一個矩陣，且 $\mathbf{B}$ 是第四個矩陣並且 $a>1$。然後將 $\mathbf{B}$ 用於向量 $\mathbf{w}=[w_1 \ \ w_2]^T$，以將元素 w_1 在 x_1 方向拉伸 a 倍。接著，我們將 $\mathbf{A}$ 用於此「被拉伸」的向量，我們將此向量對直線 $x_1=x_2$ 做反射，結果爲向量 $\mathbf{y}=[w_2 \quad aw_1]^T$。但這正是合成 H 的幾何描述，而 H 是由 $\mathbf{A}$ 和 $\mathbf{B}$

兩個矩陣所代表的兩個線性轉換 F 和 G 的合成。我們現在要說明，在本例中，可以直接用矩陣乘法獲得結果，也就是

$$\mathbf{AB} = \begin{bmatrix} 0 & 1 \\ 1 & 0 \end{bmatrix} \begin{bmatrix} a & 0 \\ 0 & 1 \end{bmatrix} = \begin{bmatrix} 0 & 1 \\ a & 0 \end{bmatrix}$$

然後如 (18) 式計算

$$\mathbf{ABw} = \begin{bmatrix} 0 & 1 \\ a & 0 \end{bmatrix} \begin{bmatrix} w_1 \\ w_2 \end{bmatrix} = \begin{bmatrix} w_2 \\ aw_1 \end{bmatrix},$$

此結果和前面一樣。這顯示了確實 $\mathbf{AB} = \mathbf{C}$，而且我們看到，線性轉換的合成，可以用一個線性轉換來表示。它同時顯示了，矩陣相乘的順序很重要 (！)。你可能要試一下先用 **A** 然後再用 **B**，以得到 **BA**。你看到什麼？它有幾何意義嗎？它和 **AB 的結果相同嗎**？ ■

我們學了數個抽象概念，包括向量空間、內積空間及線性轉換。引入這些概念，使得工程師與科學家們可以用一種簡潔的共通語言來溝通。例如，向量空間的概念可以將許多的觀念壓縮成非常簡潔的形式。而研讀這些概念，是同學們在工程學中更進一步研究的基礎。

這樣就完成了第 7 章。中心的主題是 7.3 節的高斯消去法，並由此引出其它的概念與理論。下一章同樣有一個中心主題，那就是特徵值問題 (*eigenvalue problems*)，這是一個應用非常廣的領域，例如在工程、現代物理及其它許多方面。

習題集 7.9

1. **基底** 求出 R^2 的三組基底。
2. **唯一性** 證明在 n 維向量空間 V 中，以基底 $\mathbf{a}_{(1)}, \cdots, \mathbf{a}_{(n)}$ 來表示任意向量的表示式 $\mathbf{v} = c_1\mathbf{a}_{(1)} + \cdots + c_n\mathbf{a}_{(n)}$ 是唯一的。**提示**：取兩個表示式並比較差異。

3–10 向量空間

(在 9.4 節有更多習題)下面所給定的集合，在一般的加法以及純量乘法下，是否爲一向量空間？舉出理由。如果答案是肯定的，求其維度和一組基底。

3. 所有在 R^3 中滿足 $-2v_1 + v_2 + 4v_3 = 0$ 和 $v_1 - v_2 - v_3 = 0$ 的向量。
4. 所有斜對稱 3 × 3 矩陣。
5. 所有次數小於等於 4 且係數爲非負的多項式。
6. 所有的函數 $y(x) = a\cos 2x + b\sin 2x$，其中 a 和 b 是任意常數。
7. 所有的函數 $y(x) = (ax + b)e^{-x}$，其中 a 和 b 是任意常數。
8. 具有固定 n 值的所有 $n \times n$ 矩陣 **A**，且 $\det \mathbf{A} = 0$。
9. 所有 2 × 2 矩陣 $[a_{jk}]$ 且其 $a_{11} + a_{22} = 0$。
10. 所有 3 × 2 矩陣 $[a_{jk}]$，其中第 1 行爲 $[1 \quad 0 \quad -4]^T$ 的任意倍數。

11–14 線性轉換

找出逆轉換，寫出詳細過程。

11. $y_1 = 0.25x_1 - 0.50x_2$
    $y_2 = 1.50x_1 - 1.00x_2$
12. $y_1 = 3x_1 + 2x_2$
    $y_2 = 4x_1 + x_2$

13. $y_1 = 5x_1 + 3x_2 - 3x_3$
$y_2 = 3x_1 + 2x_2 - 2x_3$
$y_3 = 2x_1 - x_2 + 2x_3$

14. $y_1 = 0.2x_1 - 0.1x_2$
$y_2 = -0.2x_2 + 0.1x_3$
$y_3 = 0.1x_1 + 0.1x_3$

15–20　歐幾里德範數

求下列向量的歐幾里德範數：

15. $[2 \quad -1 \quad -3]^T$

16. $\left[\frac{1}{2} \quad \frac{1}{3} \quad -\frac{1}{2} \quad -\frac{1}{3}\right]^T$

17. $[1 \quad -1 \quad 1 \quad 1 \quad -1 \quad -1 \quad -1 \quad 1]^T$

18. $[-4 \quad 8 \quad -1]^T$

19. $\left[\frac{1}{5} \quad \frac{2}{5} \quad \frac{3}{5} \quad 0\right]^T$

20. $\left[\frac{1}{2} \quad -\frac{1}{2} \quad -\frac{1}{2} \quad \frac{1}{2}\right]^T$

21–25　內積、正交性

21. **正交性**　在 k 值爲何時 $\left[4 \quad \frac{1}{2} \quad -4 \quad k\right]^T$ 和 $\left[-1 \quad 1 \quad 0 \quad \frac{1}{2}\right]^T$ 爲正交？

22. **正交性**　找出 R^3 中所有正交於 $[2 \quad 0 \quad 1]$ 的向量。它們是否能構成一個向量空間？

23. **三角不等式**　驗證在習題 15 和 18 中的向量滿足 (4) 式。

24. **Cauchy–Schwarz 不等式**　驗證在習題 16 和 19 中的向量滿足 (3) 式。

25. **平行四邊形等式**　驗證習題 13 之係數矩陣的前兩個行向量滿足 (5) 式。

第 7 章　複習題

1. 矩陣乘法的性質和數的乘法的性質有何不同？
2. 令 **A** 是一個 100 × 100 矩陣，並且 **B** 是一個 100 × 50 矩陣。請指出下列表示式是否有定義？$\mathbf{A}+\mathbf{B}$，$\mathbf{A}^2$，$\mathbf{B}^2$，$\mathbf{AB}$，$\mathbf{BA}$，$\mathbf{AA}^T$，$\mathbf{B}^T\mathbf{A}$，$\mathbf{B}^T\mathbf{B}$，$\mathbf{BB}^T$，$\mathbf{B}^T\mathbf{AB}$。舉出理由。
3. 是否存在有無解的線性方程組？或只有一解的？或超過一解的？舉出簡單的例子。
4. 令 **C** 是一個 10 × 10 矩陣且 **a** 是有 10 個分量的行向量。下列表示式是否有定義？$\mathbf{Ca}$，$\mathbf{C}^T\mathbf{a}$，$\mathbf{Ca}^T$，$\mathbf{aC}$，$\mathbf{a}^T\mathbf{C}$，$(\mathbf{Ca}^T)^T$。
5. 舉出矩陣乘法定義方式的動機。
6. 解釋如何在線性轉換中使用矩陣。
7. 你要如何以列向量來表示出矩陣的秩？以行向量呢？以行列式呢？
8. 秩與求解線性方程組的關聯爲何？
9. 高斯消去法以及反向代入的構想爲何？
10. 矩陣的逆矩陣是什麼？什麼時候它會存在？你要如何求得它？

11–20　矩陣及向量計算

請計算下列所給運算式，或說明它們沒有定義的原因，寫出詳細過程。

$$\mathbf{A} = \begin{bmatrix} 2 & 1 & -2 \\ 1 & 0 & 1 \\ -2 & 1 & -1 \end{bmatrix}, \quad \mathbf{B} = \begin{bmatrix} 0 & 2 & 1 \\ -1 & 0 & -1 \\ 0 & 1 & -2 \end{bmatrix},$$

$$\mathbf{u} = \begin{bmatrix} 1 \\ 0 \\ -1 \end{bmatrix}, \quad \mathbf{v} = \begin{bmatrix} -2 \\ 1 \\ -1 \end{bmatrix}$$

11. AB,　BA

12. A^T,　B^T

13. Au,　$\mathrm{u}^T\mathrm{A}$

14. $\mathrm{u}^T\mathrm{v}$,　uv^T

15. $\mathrm{u}^T\mathrm{Au}$,　$\mathrm{v}^T\mathrm{Bv}$

16. A^{-1},　B^{-1}

17. det **A**,　det $\mathbf{A}^2$,　$(\det \mathbf{A})^2$,　det **B**

18. $(\mathbf{A}^2)^{-1}$,　$(\mathbf{A}^{-1})^2$

19. $\mathbf{AB} - \mathbf{BA}$

20. $(\mathbf{A} + \mathbf{A}^T)(\mathbf{B} - \mathbf{B}^T)$

21–28　線性方程組

求出所有的解或指出沒有解存在，寫出詳細過程。

21. $4y + z = 0$
$12x - 5y - 3z = 34$
$-6x + 4z = 8$

22. $5x-3y+z=7$
$2x+3y-z=0$
$8x+9y-3z=2$

23. $9x+3y-6z=60$
$2x-4y+8z=4$

24. $-6x+39y-9z=-12$
$2x-13y+3z=4$

25. $0.3x-0.7y+1.3z=3.24$
$0.9y-0.8z=-2.53$
$0.7z=1.19$

26. $2x+3y-7z=3$
$-4x-6y+14z=7$

27. $-x+2y=0$
$4x-2y=-3$
$3x-5y=-0.5$

28. $-8x+2z=1$
$6y+4z=3$
$12x+2y=2$

29–32 秩

求出係數矩陣以及增廣矩陣的秩，並且說明線性方程組會有多少解。

29. 習題 23

30. 習題 24

31. 習題 27

32. 習題 26

33–35 電路

求出電流。

33.

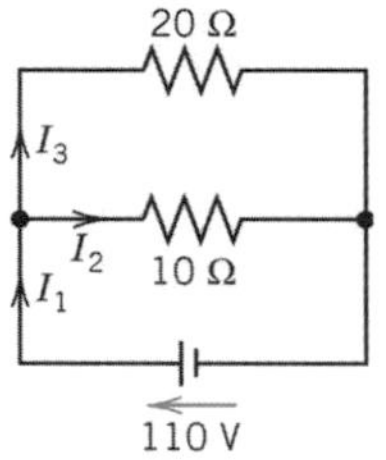

34.

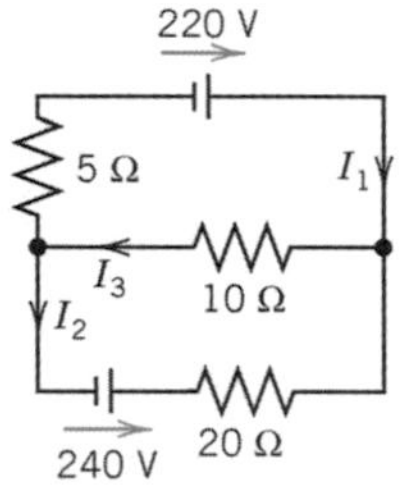

35.

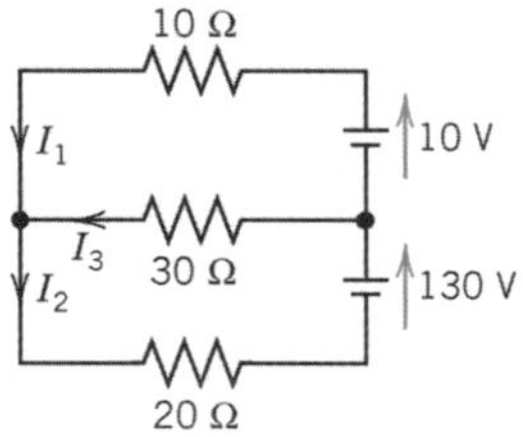

第 7 章摘要　線性代數：矩陣、向量、行列式、線性方程組

一個 $m \times n$ **矩陣 $\mathbf{A} = [a_{jk}]$** 是一個由數字或函數 (「項次」或「元素」) 所組成的矩形陣列，分布成 m 個水平**列**以及 n 個垂直**行**。若 $m = n$，這樣的矩陣稱爲**方陣**。一個 $1 \times n$ 的矩陣稱爲**列向量**，而 $m \times 1$ 的矩陣爲**行向量** (見 7.1 節)。

大小相同 (即兩個都是 $m \times n$) 兩矩陣的**和 $\mathbf{A}+\mathbf{B}$**，是將對應的元素相加而得。$\mathbf{A}$ 與一個純量 c 的**乘積**，是將每一個元素 a_{jk} 乘以 c (見 7.1 節)。

一個 $m \times n$ 矩陣 $\mathbf{A}$ 與一個 $r \times p$ 矩陣 $\mathbf{B} = [b_{jk}]$ 的**乘積 $\mathbf{C} = \mathbf{AB}$**，只有在 $r = n$ 時才有定義，並且是一個 $m \times p$ 的矩陣 $\mathbf{C} = [c_{jk}]$，其元素爲

(1) $$c_{jk} = a_{j1}b_{1k} + a_{j2}b_{2k} + \cdots + a_{jn}b_{nk} \quad (\mathbf{A} \text{ 的第 } j \text{ 列乘以 } \mathbf{B} \text{ 的第 } k \text{ 行})。$$

這個乘法的動機是來自於**線性轉換**的合成 (7.2 和 7.9 節)。它適用結合律，但**沒有交換律**：如果 $\mathbf{AB}$ 有定義，但不表示 $\mathbf{BA}$ 也有定義，但是即使 $\mathbf{BA}$ 有定義，一般而言 $\mathbf{AB} \neq \mathbf{BA}$。同時 $\mathbf{AB} = \mathbf{0}$ 並不代表 $\mathbf{A} = \mathbf{0}$ 或 $\mathbf{B} = \mathbf{0}$ 或 $\mathbf{BA} = \mathbf{0}$ (7.2 和 7.8 節)。舉例說明如下：

$$\begin{bmatrix}1 & 1\\ 2 & 2\end{bmatrix}\begin{bmatrix}-1 & 1\\ 1 & -1\end{bmatrix}=\begin{bmatrix}0 & 0\\ 0 & 0\end{bmatrix}$$

$$\begin{bmatrix}-1 & 1\\ 1 & -1\end{bmatrix}\begin{bmatrix}1 & 1\\ 2 & 2\end{bmatrix}=\begin{bmatrix}1 & 1\\ -1 & -1\end{bmatrix}$$

$$[1 \quad 2]\begin{bmatrix}3\\ 4\end{bmatrix}=[11], \quad \begin{bmatrix}3\\ 4\end{bmatrix}[1 \quad 2]=\begin{bmatrix}3 & 6\\ 4 & 8\end{bmatrix}$$

矩陣 $\mathbf{A}=[a_{jk}]$ 的**轉置爲** $\mathbf{A}^T=[a_{kj}]$；列變成行，行變成列 (見 7.2 節)。在這裡 **A** 並不需要是方陣。如果它是方陣並且 $\mathbf{A}=\mathbf{A}^T$，那麼 **A** 稱爲**對稱** **(symmetric)**；如果 $\mathbf{A}=-\mathbf{A}^T$，那麼它稱爲**斜對稱** **(skew–symmetric)**。對於乘積，$(\mathbf{AB})^T=\mathbf{B}^T\mathbf{A}^T$ (7.2 節)。

矩陣的一個主要應用是關於**線性方程組**

(2) $$\mathbf{Ax}=\mathbf{b}$$ (7.3 節)

(各有 n 個未知數 $x_1, \cdots, x_n$ 的 m 個方程式；**A** 和 **b** 爲已知)。最重要的求解方法是**高斯消去法** (7.3 節)，它經由**基本列運算**將方程組化簡成「三角形式」，並且不會改變解集合 (用於數值計算的不同版本，像是 *Doolittle* 和 *Cholesky* 方法，將會在 20.1 和 20.2 節中討論)。

克拉瑪法則 (7.6 和 7.7 節) 是將包含 n 個未知數的 n 個方程式所構成的方程組 (2) 的未知數，表示成行列式的商；對數值計算而言它並不實際。**行列式** (7.7 節) 的重要性不如以往，但是在特徵值問題、基本幾何等等中仍會保持它的一席之地。

一個方陣的**逆矩陣** $\mathbf{A}^{-1}$ 滿足 $\mathbf{AA}^{-1}=\mathbf{A}^{-1}\mathbf{A}=\mathbf{I}$，若且唯若 $\det \mathbf{A} \neq 0$，則它存在。它可用 *Gauss–Jordan 消去法* (7.8 節) 求得。

矩陣 **A** 的**秩** r 是 **A** 中的線性獨立列或行的最大個數，或等價的，**A** 的方形子矩陣中且行列式值不爲零的最大的一個，它的列的數目 (7.4 和 7.7 節)。

方程組 (2) 有解的條件爲，若且唯若 $\operatorname{rank}\mathbf{A}=\operatorname{rank}[\mathbf{A} \quad \mathbf{b}]$，其中 $[\mathbf{A} \quad \mathbf{b}]$ 是**增廣矩陣** (基本定理，7.5 節)。

齊次方程組

(3) $$\mathbf{Ax}=\mathbf{0}$$

有解 $\mathbf{x} \neq \mathbf{0}$ (「非簡明解 (nontrivial solutions)」) 的條件是，若且唯若 $\operatorname{rank}\mathbf{A} < n$，且在 $m=n$ 的情況下，若且唯若 $\det \mathbf{A}=\mathbf{0}$ (7.6 和 7.7 節)。

向量空間、內積空間和線性轉換在 7.9 節中討論，同時見 7.4 節。

CHAPTER 8

線性代數：矩陣特徵值問題 (Linear Algebra:Matrix Eigenvalue Problems)

矩陣特徵值問題考慮的是向量方程式

(1) $$\mathbf{A}\mathbf{x} = \lambda \mathbf{x}$$

其中 $\mathbf{A}$ 爲已知之方陣 (square matrix)，而向量 $\mathbf{x}$ 與純量 λ 爲未知。在矩陣特徵值問題中，我們的工作是要求出滿足 (1) 式的所有 $\mathbf{x}$ 與 λ。因爲對任何的 λ，$\mathbf{x} = \mathbf{0}$ 一定是一個解，所以我們對它不感興趣，我們只要 $\mathbf{x} \neq \mathbf{0}$ 的解。

(1) 式的解有下列名稱：滿足 (1) 式的 λ 稱爲 **A 的特徵值 (eigenvalues of A)**，而同時滿足 (1) 式相對的 $\mathbf{x}$ 稱爲 **A 的特徵向量 (eigenvectors of A)**。

由這個看來不起眼的向量方程式，引出了驚人數量的理論與無以計數的應用。的確，特徵值問題出現在工程、物理、幾何、數值方法、理論數學、生物學、環境科學、都市規劃、經濟學、心理學及許多其它領域。因此，在你的從業生涯中，你很可能會遇到特徵值問題。

我們對特徵值問題的探討，由 8.1 節基本而完整的介紹開始，並用幾個簡單的矩陣來解釋 (1) 式。之後的一節則完全介紹其應用，由物理的質量–彈簧系統到環境科學的族群控制。我們介紹各種類形的例題，以訓練你建立模型並求解特徵值問題的技巧。在 8.3 節則探討實數對稱、斜對稱及正交矩陣的特徵值問題，而這些矩陣的複數形式的特徵值問題 (在現代物理中很重要) 則在 8.5 節討論。在 8.4 節中，則會說明如何將矩陣對角線化 (diagonalization) 以求得特徵值。

註解：**讀完本章之後，可立即研習特徵值之數值方法 (20.6～20.9 節)**

本章之先修課程：第 7 章。

短期課程本章可以省略之章節：8.4、8.5。

參考文獻與習題解答：附錄 1 的 B 部分、附錄 2。

下表列出不同類型特徵值問題在本書出現的章節。

主題	章節
矩陣特徵值問題 (代數性特徵值問題)	第 8 章
數值的特徵值問題	20.6–20.9 節
ODE 的特徵值問題 (Sturm–Liouville 問題)	11.5, 11.6 節
ODE 方程組的特徵值問題	第 4 章
PDE 的特徵值問題	12.3–12.11 節

8.1 矩陣特徵值問題、求特徵值及特徵向量 (The Matrix Eigenvalue Problem. Determining Eigenvalues and Eigenvectors)

考慮將一個非零向量乘上一個矩陣的問題，例如

$$\begin{bmatrix} 6 & 3 \\ 4 & 7 \end{bmatrix}\begin{bmatrix} 5 \\ 1 \end{bmatrix}=\begin{bmatrix} 33 \\ 27 \end{bmatrix}, \quad \begin{bmatrix} 6 & 3 \\ 4 & 7 \end{bmatrix}\begin{bmatrix} 3 \\ 4 \end{bmatrix}=\begin{bmatrix} 30 \\ 40 \end{bmatrix}$$

我們希望知道，乘上一個矩陣對這個向量會造成什麼影響。第一種情況，我們得到一個全新的向量，相較於原向量，它的方向與長度都不相同。這是通常會發生的，而我們對此不感興趣。第二種情況則出現一些有趣的現象，相乘後得到的向量 $[30 \quad 40]^T = 10[3 \quad 4]^T$，這意謂著新向量的方向和原向量是一樣的。在此尺度常數是 10，我們記做 λ。如何對給定的方陣，有系統的找出此種 λ 的值以及非零向量，將是本章的主題。這稱為矩陣特徵值問題，或更普遍的就稱為特徵值問題。

將我們的觀察做正式的表述。令 $\mathbf{A} = [a_{jk}]$ 為已知 $n \times n$ 非零方陣。考慮如下向量方程式：

(1)
$$\mathbf{Ax} = \lambda \mathbf{x}$$

求出所有滿足 (1) 式之 $\mathbf{x}$ 和 λ 的問題，稱為特徵值問題。

附註　所以 **A** 為已知之方陣，而 **x** 為未知向量，λ 為未知純量。我們的工作就是要求出滿足式 (1) 的所有 λ 與非零 **x**。在幾何上，我們要找出向量 **x**，它乘上 **A** 的效果和乘上純量 λ 是一樣的；換種說法就是，**Ax** 要正比於 **x**。因此這個乘法的效果就是，產生出一個與原向量方相同或恰好相反 (負號) 的新向量 [這完全顯示在我們直觀的開放式例子中，你能否看出上例的第二方程式滿足 (1) 式，其中 $\lambda = 10$ 及 $\mathbf{x} = [3 \quad 4]^T$，**A** 為所給的 2×2 矩陣？將它寫完整]。現在，為什麼我們要要求 **x** 不為零？很明顯地，因為 $\mathbf{A0} = \mathbf{0}$，所以對任意 λ 值 $\mathbf{x} = \mathbf{0}$ **必定**為 (1) 式的解，而我們對此不感興趣。

再介紹一些專有名詞。可以使得 (1) 式有 $\mathbf{x} \neq \mathbf{0}$ 之解的 λ 值，稱為矩陣 **A** 的**特徵值** (**eigenvalue value** 或 *characteristic value*)，或是潛在根 (*latent* root) (「eigen」是德語，表示「proper」或是「characteristic」)。(1) 式對應的解 $\mathbf{x} \neq \mathbf{0}$ 稱為 **A** 相對於特徵值 λ 的**特徵向量** (**eigenvectors** 或 *characteristic vectors*)。**A** 的所有特徵值所成的集合稱為 **A** 的**值譜** (**spectrum**)。我們將會看到，值譜中包含至少一個特徵值，至多有 n 個數值相異的特徵值。**A** 矩陣的特徵值中，絕對值最大者，其絕對值稱為 **A** 的值譜半徑 (*spectral radius*)，此名稱之緣由會在稍後解釋。

8.1.1 如何求出特徵值及特徵向量

現在有了與 (1) 式相關的這些專有名詞，我們可以說，求矩陣特徵值與特徵向量的問題，就稱為特徵值問題 (不過說的更精確些，我們現在考慮的是代數的特徵值問題，這不同於將在 11.5 和 12.3 節討論的包含 ODE 和 PDE 的特徵值問題，亦不同於積分方程的問題)。

特徵值在許多領域有非常多的應用，例如工程、幾何、物理、數學、生物、環境科學、經濟、心理學及其它等。在本章中將介紹的應用包括彈性膜、Markov 程序、族群模型等。

由工程應用之觀點來看，與矩陣有關的最重要問題爲特徵值問題，因此學生們應特別花點心思去領會本章的討論。

例題 1 示範如何有系統的求解一個簡單的特徵值問題。

例題 1 求特徵值及特徵向量

我們將利用下列矩陣說明所有步驟

$$\mathbf{A}=\begin{bmatrix}-5 & 2\\ 2 & -2\end{bmatrix}$$

解

(a) 特徵值 必須**先**求出特徵值，(1) 式爲

$$\mathbf{Ax}=\begin{bmatrix}-5 & 2\\ 2 & -2\end{bmatrix}\begin{bmatrix}x_1\\ x_2\end{bmatrix}=\lambda\begin{bmatrix}x_1\\ x_2\end{bmatrix}\quad \text{寫成分量，}\quad \begin{aligned}-5x_1+2x_2&=\lambda x_1\\ 2x_1-2x_2&=\lambda x_2\end{aligned}$$

將右側項移至左側，可得

$$\text{(2*)}\qquad \begin{aligned}(-5-\lambda)x_1 \quad + \quad 2x_2 \quad &= 0\\ 2x_1 \quad + \quad (-2-\lambda)x_2 &= 0\end{aligned}$$

此可寫成矩陣式

$$\text{(3*)}\qquad (\mathbf{A}-\lambda\mathbf{I})\,\mathbf{x}=\mathbf{0}$$

因爲 (1) 式爲 $\mathbf{Ax}-\lambda\mathbf{x}=\mathbf{Ax}-\lambda\mathbf{Ix}=(\mathbf{A}-\lambda\mathbf{I})\,\mathbf{x}=\mathbf{0}$，可得 (3*) 式。我們可以看出這是一個**齊次**線性方程組。由 7.7 節之 Cramer 定理，此方程組有非零解 $\mathbf{x}\neq\mathbf{0}$ (就是我們要找的矩陣 **A** 之特徵向量) 的條件爲，若且唯若其係數行列式爲零，即

$$\text{(4*)}\qquad D(\lambda)=\det(\mathbf{A}-\lambda\mathbf{I})=\begin{vmatrix}-5-\lambda & 2\\ 2 & -2-\lambda\end{vmatrix}=(-5-\lambda)(-2-\lambda)-4=\lambda^2+7\lambda+6=0$$

我們稱 $D(\lambda)$ 爲矩陣 **A** 的**特徵行列式 (characteristic determinant)**，或若將其展開，則稱爲矩陣 **A** 的**特徵多項式 (characteristic polynomial)**，而 $D(\lambda)=0$ 稱爲矩陣 **A** 的**特徵方程式 (characteristic equation)**。此二次式的解爲 $\lambda_1=-1$ 和 $\lambda_2=-6$ ，這些解即爲 **A** 的特徵值。

(b₁) *A* 對應於 λ_1 之特徵向量。將 $\lambda=\lambda_1=-1$ 代入 (2*) 式可得此向量，即

$$\begin{aligned}-4x_1+2x_2&=0\\ 2x_1-x_2&=0\end{aligned}$$

一個解是 $x_2=2x_1$ ，可由兩個方程式中之任一式得到，因此只需要其中的一個。由此方程式可求出對應於 $\lambda_1=-1$ 之特徵向量的常數倍。若選擇 $x_1=1$ ，可得特徵向量

$$\mathbf{x}_1 = \begin{bmatrix} 1 \\ 2 \end{bmatrix} \quad \text{檢查：} \quad \mathbf{Ax}_1 = \begin{bmatrix} -5 & 2 \\ 2 & -2 \end{bmatrix}\begin{bmatrix} 1 \\ 2 \end{bmatrix} = \begin{bmatrix} -1 \\ -2 \end{bmatrix} = (-1)\mathbf{x}_1 = \lambda_1 \mathbf{x}_1$$

(b_2) A 對應於 λ_2 之特徵向量。對於 $\lambda = \lambda_2 = -6$，(2*) 式成為

$$\begin{aligned} x_1 + 2x_2 &= 0 \\ 2x_1 + 4x_2 &= 0 \end{aligned}$$

其解為 $x_2 = -x_1/2$，其中 x_1 為任意值。若選擇 $x_1 = 2$，可得 $x_2 = -1$。故 **A** 相對應於 $\lambda_2 = -6$ 之一特徵向量為

$$\mathbf{x}_2 = \begin{bmatrix} 2 \\ -1 \end{bmatrix} \quad \text{檢查：} \quad \mathbf{Ax}_2 = \begin{bmatrix} -5 & 2 \\ 2 & -2 \end{bmatrix}\begin{bmatrix} 2 \\ -1 \end{bmatrix} = \begin{bmatrix} -12 \\ 6 \end{bmatrix} = (-6)\mathbf{x}_2 = \lambda_2 \mathbf{x}_2$$

對於 8.1 節開頭處的開放例子中的矩陣，其特徵方程式為 $\lambda^2 - 13\lambda + 30 = (\lambda - 10)(\lambda - 3) = 0$。其特徵值為 $\{10, \ 3\}$。對應的特徵向量分別為 $[3 \quad 4]^T$ 與 $[-1 \quad 1]^T$。讀者請驗證此結果。■

本例題說明了下列一般情形。將 (1) 式以分量寫出為

$$\begin{aligned} a_{11}x_1 + \cdots + a_{1n}x_n &= \lambda x_1 \\ a_{21}x_1 + \cdots + a_{2n}x_n &= \lambda x_2 \\ \cdots\cdots\cdots\cdots\cdots\cdots\cdots\cdots\cdots \\ a_{n1}x_1 + \cdots + a_{nn}x_n &= \lambda x_n \end{aligned}$$

將右側項移至左側，可得

(2)
$$\begin{array}{ccccccccc} (a_{11}-\lambda)x_1 & + & a_{12}x_2 & + \cdots + & a_{1n}x_n & = 0 \\ a_{21}x_1 & + & (a_{22}-\lambda)x_2 & + \cdots + & a_{2n}x_n & = 0 \\ \cdots\cdots & \cdots & \cdots\cdots & \cdots\cdots & \cdots\cdots & \cdots \\ a_{n1}x_1 & + & a_{n2}x_2 & + \cdots + & (a_{nn}-\lambda)x_n & = 0 \end{array}$$

以矩陣符號表示為

(3)
$$(\mathbf{A} - \lambda \mathbf{I})\,\mathbf{x} = \mathbf{0}$$

由 7.7 節之 Cramer 定理，此齊次線性方程組有非零解的條件是，若且唯若其相對之係數行列式為零：

(4)
$$D(\lambda) = \det(\mathbf{A} - \lambda\mathbf{I}) = \begin{vmatrix} a_{11}-\lambda & a_{12} & \cdots & a_{1n} \\ a_{21} & a_{22}-\lambda & \cdots & a_{2n} \\ \cdot & \cdot & \cdots & \cdot \\ a_{n1} & a_{n2} & \cdots & a_{nn}-\lambda \end{vmatrix} = 0$$

A − λ **I** 稱為矩陣 **A** 的**特徵矩陣**，而 $D(\lambda)$ 稱為矩陣 **A** 的**特徵行列式**。(4) 式稱為矩陣 **A** 的**特徵方程式**。將 $D(\lambda)$ 展開，我們會得到一個 λ 的 n 次多項式。這稱為 **A** 的**特徵多項式**。

此即證明了下列重要定理。

定理 1

特徵值

一方陣 **A** 的特徵值爲 **A** 的特徵方程式 (4) 的根。

故 $n \times n$ 矩陣最少有一個特徵值，最多有 n 個不同的特徵值。

當 n 比較大時，一般採用牛頓法 (19.2 節) 或是其它數值近似法來計算特徵值，如 20.7～20.9 節所述。

必須先求出特徵值。一旦求出特徵值後，即可由方程組 (2) 求出相對應之特徵向量，例如用 Gauss 消去法，其中 λ 爲特徵值，而我們就是要找它的特徵向量。這就是例題 1 所做的事，下一個例題我們要再做一次 (爲避免誤解：如 20.8 節所介紹的**數值近似法**可以先求出特徵向量)。特徵向量具有下列性質。

定理 2

特徵向量、特徵空間

若 **w** 和 **x** 爲矩陣 **A** 對應於同一特徵值 λ 的特徵向量，則對任何 $k \neq 0$、$\mathbf{w} + \mathbf{x}$ (假設 $\mathbf{x} \neq -\mathbf{w}$) 與 $k\mathbf{x}$ 亦爲 λ 之特徵向量。

故 **A** 對應於一個且同一個特徵值 λ 之特徵向量，再加上 0 向量，形成一向量空間 (比較 7.4 節)，稱爲矩陣 **A** 對應於該 λ 之**特徵空間**。

證明

$\mathbf{Aw} = \lambda\mathbf{w}$ 且 $\mathbf{Ax} = \lambda\mathbf{x}$ 代表了 $\boldsymbol{A}(\boldsymbol{w}+\boldsymbol{x}) = \boldsymbol{Aw} + \boldsymbol{Ax} = \lambda\boldsymbol{w} + \lambda\boldsymbol{x} = \lambda(\boldsymbol{w}+\boldsymbol{x})$ 以及

$\mathbf{A}(k\mathbf{w}) = k(\mathbf{Aw}) = k(\lambda\mathbf{w}) = \lambda(k\mathbf{w})$；故 $\mathbf{A}(k\mathbf{w}+\ell\mathbf{x}) = \lambda(k\mathbf{w}+\ell\mathbf{x})$。 ■

特別值得注意的是，我們只能求出一個特徵向量 x 的常數倍數。因此我們可以將 **x 正規化 (normalize)**，亦即乘上一純量使其成爲單位向量 (請參閱 7.9 節)。舉例來說，在例題 1 中 $\mathbf{x}_1 = [1 \quad 2]^T$ 之長度爲 $\|\mathbf{x}_1\| = \sqrt{1^2+2^2} = \sqrt{5}$；故 $[1/\sqrt{5} \quad 2/\sqrt{5}]^T$ 爲正規化後的特徵向量 (單位向量)。

接下來的例題 2 與例題 3，將說明一個 $n \times n$ 矩陣可能會有 n 個或少於 n 個線性獨立的特徵向量。在例題 4 中我們將會看到，一個實數矩陣，可能會有*複數*特徵值及複數特徵向量。

例題 2 多重特徵值

請求出下列矩陣之特徵值及特徵向量

$$\mathbf{A} = \begin{bmatrix} -2 & 2 & -3 \\ 2 & 1 & -6 \\ -1 & -2 & 0 \end{bmatrix}$$

解

由特徵行列式可得特徵方程式

$$-\lambda^3 - \lambda^2 + 21\lambda + 45 = 0$$

其根 (**A** 的特徵值) 爲 $\lambda_1 = 5$、$\lambda_2 = \lambda_3 = -3$ (如果求根有困難，你可以用求根的算則，例如 19.2 節的牛頓法。你的 CAS 或科學型計算機也會有求根功能，但是若要眞的體會並記住這部分教材，你必須做一些紙筆的練習)。爲求出特徵向量，我們將高斯消去法 (7.3 節) 用於方程組 $(\mathbf{A}-\lambda\mathbf{I})\mathbf{x}=\mathbf{0}$，先用 $\lambda=5$ 再用 $\lambda=-3$。當 $\lambda=5$ 時，特徵矩陣爲

$$\mathbf{A}-\lambda\mathbf{I}=\mathbf{A}-5\mathbf{I}=\begin{bmatrix}-7 & 2 & -3\\ 2 & -4 & -6\\ -1 & -2 & -5\end{bmatrix} \quad \text{經列化簡爲} \quad \begin{bmatrix}-7 & 2 & -3\\ 0 & -\frac{24}{7} & -\frac{48}{7}\\ 0 & 0 & 0\end{bmatrix}$$

因此它的秩爲 2。選取 $x_3=-1$，由 $-\frac{24}{7}x_2-\frac{48}{7}x_3=0$ 我們得 $x_2=2$，由 $-7x_1+2x_2-3x_3=0$ 得 $x_1=1$。故 **A** 對應於 $\lambda=5$ 的一個特徵向量爲 $\mathbf{x}_1=[1 \quad 2 \quad -1]^{\mathrm{T}}$。

$\lambda=-3$ 時，特徵矩陣爲

$$\mathbf{A}-\lambda\mathbf{I}=\mathbf{A}+3\mathbf{I}=\begin{bmatrix}1 & 2 & -3\\ 2 & 4 & -6\\ -1 & -2 & 3\end{bmatrix} \quad \text{列化簡爲} \quad \begin{bmatrix}1 & 2 & -3\\ 0 & 0 & 0\\ 0 & 0 & 0\end{bmatrix}$$

因此它的秩爲 1。由 $x_1+2x_2-3x_3=0$ 我們得 $x_1=-2x_2+3x_3$。選取 $x_2=1$、$x_3=0$ 及 $x_2=0$、$x_3=1$，可得 **A** 對應於 $\lambda=-3$ 的兩個線性獨立特徵向量 [由 7.5 節 (5) 式知，在 rank = 1 而 n = 3 時它們必定存在]，

$$\mathbf{x}_2=\begin{bmatrix}-2\\ 1\\ 0\end{bmatrix}$$

和

$$\mathbf{x}_3=\begin{bmatrix}3\\ 0\\ 1\end{bmatrix}$$

■

特徵值 λ 作爲特徵多項式的根，它的階數 M_λ 稱爲 λ 的**代數重數 (algebraic multiplicity)**。而對應於 λ 線性獨立特徵向量數目 m_λ 稱爲 λ 的**幾何重數 (geometric multiplicity)**。因此 m_λ 是對應於 λ 的特徵空間的維度。

因爲特徵多項式爲 n 次，所有代數重數之和必須等於 n。在例題 2 中，當 $\lambda=-3$ 時我們得 $m_\lambda=M_\lambda=2$。通常可證明 $m_\lambda \le M_\lambda$。差值 $\Delta_\lambda=M_\lambda-m_\lambda$ 稱爲 λ 的**缺陷 (defect)**。因此在例題 2 中 $\Delta_{-3}=0$，但很容易出現正的缺陷 Δ_λ：

例題 3 代數重數、幾何重數、正缺陷

以下矩陣及其特徵方程式爲

$$\mathbf{A}=\begin{bmatrix}0 & 1\\ 0 & 0\end{bmatrix} \qquad \det(\mathbf{A}-\lambda\mathbf{I})=\begin{vmatrix}-\lambda & 1\\ 0 & -\lambda\end{vmatrix}=\lambda^2=0$$

故特徵值 $\lambda = 0$ 的代數重數爲 $M_0 = 2$。但其幾何重數僅爲 $m_0 = 1$，因爲 $-0x_1 + x_2 = 0$，故 $x_2 = 0$，特徵向量爲 $[x_1 \quad 0]^T$。因此對於 $\lambda = 0$，其缺陷 $\Delta_0 = 1$。

同樣的，以下矩陣及其特徵方程式爲

$$\mathbf{A} = \begin{bmatrix} 3 & 2 \\ 0 & 3 \end{bmatrix} \qquad \det(\mathbf{A} - \lambda\mathbf{I}) = \begin{vmatrix} 3-\lambda & 2 \\ 0 & 3-\lambda \end{vmatrix} = (3-\lambda)^2 = 0$$

故特徵值 $\lambda = 3$ 的代數重數爲 $M_3 = 2$，但其幾何重數僅爲 $m_3 = 1$，因爲 $0x_1 + 2x_2 = 0$，故特徵向量的形式爲 $[x_1 \quad 0]^T$。■

例題 4 具複數特徵值與特徵向量之實數矩陣

因爲實數多項式可能會有複數根 (以共軛複數型式出現)，故實數矩陣可能會有複數特徵值與特徵向量。舉例來說，以下斜對稱矩陣及其特徵方程式爲

$$\mathbf{A} = \begin{bmatrix} 0 & 1 \\ -1 & 0 \end{bmatrix} \qquad \det(\mathbf{A} - \lambda\mathbf{I}) = \begin{vmatrix} -\lambda & 1 \\ -1 & -\lambda \end{vmatrix} = \lambda^2 + 1 = 0$$

可得特徵值爲 $\lambda_1 = i (= \sqrt{-1})$、$\lambda_2 = -i$。特徵向量分別得自 $-ix_1 + x_2 = 0$ 和 $ix_1 + x_2 = 0$，我們可以選取 $x_1 = 1$ 以獲得

$$\begin{bmatrix} 1 \\ i \end{bmatrix} \quad 和 \quad \begin{bmatrix} 1 \\ -i \end{bmatrix}$$

■

在下一節中，我們將會需要下列簡單定理。

定理 3

轉置矩陣之特徵值

方陣 $\mathbf{A}$ 的轉置矩陣 $\mathbf{A}^T$，具有與矩陣 $\mathbf{A}$ 相同的特徵值。

證明

由 7.7 節定理 2d 可知，將矩陣轉置並不會改變特徵行列式之值。■

對於矩陣特徵值問題有了初步了解後，在下一節要以一些典型應用實例來說明矩陣特徵值問題的重要性。

習題集 8.1

1–16 特徵值、特徵向量

求出特徵值。求出對應之特徵向量。在習題 11 和 15 中使用給定之 λ 或因子。

1. $\begin{bmatrix} \frac{3}{2} & 0 \\ 0 & 3 \end{bmatrix}$ **2.** $\begin{bmatrix} 0 & 0 \\ 0 & 0 \end{bmatrix}$

3. $\begin{bmatrix} 3 & -2 \\ 9 & -6 \end{bmatrix}$ **4.** $\begin{bmatrix} 1 & 2 \\ 2 & 4 \end{bmatrix}$

5. $\begin{bmatrix} 0 & 4 \\ -4 & 0 \end{bmatrix}$ **6.** $\begin{bmatrix} 1 & 2 \\ 0 & 3 \end{bmatrix}$

7. $\begin{bmatrix} 0 & a \\ 0 & 0 \end{bmatrix}$ **8.** $\begin{bmatrix} a & 1 \\ -k & a \end{bmatrix}$

9. $\begin{bmatrix} 0.20 & -0.40 \\ 0.40 & 0.20 \end{bmatrix}$ **10.** $\begin{bmatrix} \cos\theta & -\sin\theta \\ \sin\theta & \cos\theta \end{bmatrix}$

11. $\begin{bmatrix} 4 & 2 & -2 \\ 2 & 5 & 0 \\ -2 & 0 & 3 \end{bmatrix}$, $\lambda = 4$

12. $\begin{bmatrix} 3 & 5 & 3 \\ 0 & 4 & 6 \\ 0 & 0 & 1 \end{bmatrix}$ **13.** $\begin{bmatrix} 6 & 5 & 2 \\ 2 & 0 & -8 \\ 5 & 4 & 0 \end{bmatrix}$

14. $\begin{bmatrix} 2 & 0 & -1 \\ 0 & \frac{1}{2} & 0 \\ 1 & 0 & 4 \end{bmatrix}$

15. $\begin{bmatrix} -1 & 0 & 12 & 0 \\ 0 & -1 & 0 & 12 \\ 0 & 0 & -1 & -4 \\ 0 & 0 & -4 & -1 \end{bmatrix}$, $(\lambda+1)^2$

16. $\begin{bmatrix} -3 & 0 & 4 & 2 \\ 0 & 1 & -2 & 4 \\ 2 & 4 & -1 & -2 \\ 0 & 2 & -2 & 3 \end{bmatrix}$

17–20 線性轉換和特徵值

對於所指定的線性轉換 $\mathbf{y} = \mathbf{Ax}$，求出矩陣 $\mathbf{A}$，其中 $\mathbf{x} = [x_1 \quad x_2]^T$ ($\mathbf{x} = [x_1 \quad x_2 \quad x_3]^T$) 爲卡氏座標。請找出下列矩陣之特徵值及特徵向量，並解釋它們的幾何意義。

17. 在 R^2 中對原點逆時針旋轉 $\pi/2$。

18. 在 R^2 中對 x_1 軸映射。

19. 在 R^2 上垂直投影至 x_2 軸。

20. 在 R^3 上垂直投影至 $x_2 = x_1$ 平面。

21–25 一般問題

21. **非零缺陷** 找出其它具有缺陷數爲正的 2×2 與 3×3 矩陣，參考例題 3。

22. **多重特徵值** 找出其它具有多重特徵值的 2×2 與 3×3 矩陣，參考例題 2。

23. **複數特徵值** 證明實數矩陣的特徵值爲實數或共軛複數。

24. **逆矩陣** 證明 $\mathbf{A}^{-1}$ 存在的條件是，若且唯若它的特徵值 $\lambda_1, \cdots, \lambda_n$ 全都不爲零，此時 $\mathbf{A}^{-1}$ 的特徵值爲 $1/\lambda_1, \cdots, 1/\lambda_n$。

25. **轉置矩陣** 請舉例說明定理 3。

8.2 特徵值問題的應用 (Some Applications of Eigenvalue Problems)

我們從特徵值問題廣大的應用範疇中，選了一些典型的例子。在最後一個例子 (例題 4) 中包括了彈簧的振動與 ODE。這是第 4 章的內容，它包含了機械系統及電力網路的 ODE 模型與矩陣特徵值問題的關聯。我們加入例題 4，讓本節的討論不須依靠第 4 章 (對於 ODE 不感興趣的讀者可跳過例題 4，將無損教材的連續性)。

例題 1 彈性薄膜的拉伸

將 x_1x_2 平面上以圓 $x_1^2 + x_2^2 = 1$ 爲邊界之彈性薄膜 (如圖 160)，拉伸使得點 P：(x_1, x_2) 移位到 Q：(y_1, y_2) 可來自

(1) $$\mathbf{y} = \begin{bmatrix} y_1 \\ y_2 \end{bmatrix} = \mathbf{Ax} = \begin{bmatrix} 5 & 3 \\ 3 & 5 \end{bmatrix}\begin{bmatrix} x_1 \\ x_2 \end{bmatrix} \quad \text{寫成分量} \quad \begin{aligned} y_1 &= 5x_1 + 3x_2 \\ y_2 &= 3x_1 + 5x_2. \end{aligned}$$

請求出「**主方向 (principal direction)**」，亦即，P 點之位置向量 $\mathbf{x}$ 的方向，此方向可使得 Q 點之位置向量 $\mathbf{y}$ 的方向相同或恰好相反。在這種變形下，邊界圓會變成何種形狀？

解

我們要找出向量 $\mathbf{x}$ 使得 $\mathbf{y} = \lambda\mathbf{x}$。因爲 $\mathbf{y} = \mathbf{Ax}$，可得特徵值問題之方程式 $\mathbf{Ax} = \lambda\mathbf{x}$。以分量表示，$\mathbf{Ax} = \lambda\mathbf{x}$ 爲

(2)
$$\begin{aligned} 5x_1 + 3x_2 &= \lambda x_1 \\ 3x_1 + 5x_2 &= \lambda x_2 \end{aligned} \quad \text{或} \quad \begin{aligned} (5-\lambda)x_1 \quad + \quad 3x_2 \quad &= 0 \\ 3x_1 \quad + \quad (5-\lambda)x_2 \quad &= 0 \end{aligned}$$

特徵方程式爲

(3)
$$\begin{vmatrix} 5-\lambda & 3 \\ 3 & 5-\lambda \end{vmatrix} = (5-\lambda)^2 - 9 = 0$$

它的解是 $\lambda_1 = 8$ 和 $\lambda_2 = 2$，這就是此問題的特徵值。對於 $\lambda = \lambda_1 = 8$，方程組 (2) 成爲

$$\begin{aligned} -3x_1 + 3x_2 &= 0, \\ 3x_1 - 3x_2 &= 0. \end{aligned} \quad \Bigg| \quad \text{解 } x_2 = x_1,\ x_1 \text{ 爲任意，例如，} x_1 = x_2 = 1$$

對於 $\lambda_2 = 2$，方程組 (2) 成爲

$$\begin{aligned} 3x_1 + 3x_2 &= 0, \\ 3x_1 - 3x_2 &= 0. \end{aligned} \quad \Bigg| \quad \text{解 } x_2 = -x_1,\ x_1 \text{ 爲任意，例如 } x_1 = 1、x_2 = -1$$

因此可得 $\mathbf{A}$ 之特徵向量，比如說，$[1 \quad 1]^\mathsf{T}$ 對應於 λ_1，$[1 \quad -1]^\mathsf{T}$ 對應於 λ_2 (或是這些向量的非零純量倍數)。這些向量與正 x_1 方向的夾角爲 45° 及 135° 角。它們就是主方向，也就是我們問題的答案。由特徵值可看出，在兩個主方向上，薄膜分別拉伸 8 倍及 2 倍；參見圖 160。

如果我們選擇用主方向作爲新的卡氏座標系統 u_1u_2 座標之方向，例如，令正 u_1 半軸位於原 x_1x_2 座標之第一象限，而正 u_2 半軸位於原第二象限，且令 $u_1 = r\cos\phi$、$u_2 = r\sin\phi$，則拉伸前圓形薄膜之邊界點座標爲 $\cos\phi$、$\sin\phi$。因此，變形後得

$$z_1 = 8\cos\phi, \quad z_2 = 2\sin\phi.$$

因爲 $\cos^2\phi + \sin^2\phi = 1$，表示變形後之邊界爲一橢圓 (圖 160)

(4)
$$\frac{z_1^2}{8^2} + \frac{z_2^2}{2^2} = 1$$

■

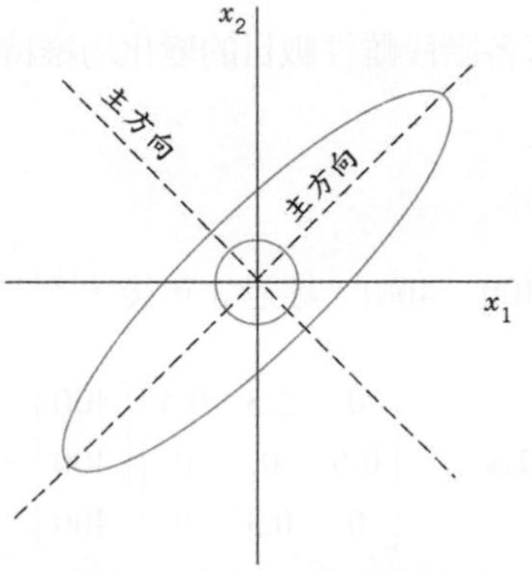

圖 160　例題 1 中變形前及變形後之薄膜

例題 2 Markov 程序的特徵值問題

對於 7.2 節例題 13 中的 Markov 程序，若要解程序之極限狀態，其中狀態向量 **x** 等於自己和代表此程序之隨機矩陣 **A** 的乘積，即 **Ax** = **x**，這就成爲特徵值問題。因此 **A** 應該有特徵值 1，而 **x** 爲對應之特徵向量。這是一個在實務上很有用的問題，因爲它顯示此發展模型的長期趨勢。

在該例題中，

$$\mathbf{A}=\begin{bmatrix}0.7 & 0.1 & 0\\ 0.2 & 0.9 & 0.2\\ 0.1 & 0 & 0.8\end{bmatrix}\quad \text{轉置後爲}\quad \begin{bmatrix}0.7 & 0.2 & 0.1\\ 0.1 & 0.9 & 0\\ 0 & 0.2 & 0.8\end{bmatrix}\begin{bmatrix}1\\1\\1\end{bmatrix}=\begin{bmatrix}1\\1\\1\end{bmatrix}$$

故 $\mathbf{A}^{\mathrm{T}}$ 有特徵值 1，且由 8.1 節定理 3 亦可知矩陣 **A** 有特徵值 1。求矩陣 **A** 對應於 $\lambda = 1$ 之特徵向量 **x**，

$$\mathbf{A}-\mathbf{I}=\begin{bmatrix}-0.3 & 0.1 & 0\\ 0.2 & -0.1 & 0.2\\ 0.1 & 0 & -0.2\end{bmatrix}\quad \text{列化簡爲}\quad \begin{bmatrix}-\frac{3}{10} & \frac{1}{10} & 0\\ 0 & -\frac{1}{30} & \frac{1}{5}\\ 0 & 0 & 0\end{bmatrix}$$

取 $x_3=1$，我們由 $-x_2/30+x_3/5=0$ 可得 $x_2=6$，然後由 $-3x_1/10+x_2/10=0$ 可得 $x_1=2$。這樣就得到 $\mathbf{x}=[2 \quad 6 \quad 1]^{\mathrm{T}}$。它代表了就長期來看，商業區：工業區：住宅區的比例會趨近 2:6:1，前提爲由 **A** 所定義之機率維持 (大致) 不變 (爲避免四捨五入誤差，我們以一般分數表示)。 ■

例題 3 族群模型中的特徵值問題、Leslie 模型

Leslie 模型是用以描述特定年齡的族群成長。令某動物族群中雌性最多可活到 9 歲。將族群分成三種年齡階段，每階段爲 3 年。令「*Leslie* 矩陣」爲

$$\mathbf{L}=[l_{jk}]=\begin{bmatrix}0 & 2.3 & 0.4\\ 0.6 & 0 & 0\\ 0 & 0.3 & 0\end{bmatrix} \tag{5}$$

其中 l_{1k} 爲一雌性於階段 k 所生雌性下一代之平均數目，而 $l_{j,\,j-1}(j=2,3)$ 爲階段 $j-1$ 中之雌性能夠存活至 j 階段之比例。(a) 如果每一年齡階段開始時各有 400 個雌性個體，則在 3、6、9 年後各年齡階段各有多少雌性個體？(b) 若各階段雌性數目的變化均維持相同比例，則各階段的起始數目應各爲多少？變化率爲何？

解

(a) 剛開始時，$\mathbf{x}_{(0)}^{\mathrm{T}}=[400 \quad 400 \quad 400]$，經過 3 年後，

$$\mathbf{x}_{(3)}=\mathbf{L}\mathbf{x}_{(0)}=\begin{bmatrix}0 & 2.3 & 0.4\\ 0.6 & 0 & 0\\ 0 & 0.3 & 0\end{bmatrix}\begin{bmatrix}400\\400\\400\end{bmatrix}=\begin{bmatrix}1080\\240\\120\end{bmatrix}$$

同理，經過 6 年各階段之雌性數目為 $\mathbf{x}_{(6)}^{\mathrm{T}} = (\mathbf{Lx}_{(3)})^{\mathrm{T}} = [600 \quad 648 \quad 72]$，9 年後為 $\mathbf{x}_{(9)}^{\mathrm{T}} = (\mathbf{Lx}_{(6)})^{\mathrm{T}} = [1519.2 \quad 360 \quad 194.4]$。

(b) 等比例改變意即要找出一分布向量 **x** 使得 $\mathbf{Lx} = \lambda \mathbf{x}$，其中 λ 為變化率 ($\lambda > 1$ 表示增長，$\lambda < 1$ 表示減少)。特徵方程式為 (由第一行展開特徵行列式)

$$\det(\mathbf{L} - \lambda \mathbf{I}) = -\lambda^3 - 0.6(-0.23\lambda - 0.3 \cdot 0.4) = -\lambda^3 + 1.38\lambda + 0.072 = 0$$

可求出一正根 (例如利用 19.2 節的牛頓法) $\lambda = 1.2$。相對應的特徵向量 **x** 可由特徵矩陣決定

$$\mathbf{A} - 1.2\mathbf{I} = \begin{bmatrix} -1.2 & 2.3 & 0.4 \\ 0.6 & -1.2 & 0 \\ 0 & 0.3 & -1.2 \end{bmatrix} \quad \text{如} \quad \mathbf{x} = \begin{bmatrix} 1 \\ 0.5 \\ 0.125 \end{bmatrix}$$

其中 $x_3 = 0.125$ 為自選，$x_2 = 0.5$ 則是得自 $0.3x_2 - 1.2x_3 = 0$，$x_1 = 1$ 得自 $-1.2x_1 + 2.3x_2 + 0.4x_3 = 0$。起始族群為 1200，如前所述，故將 **x** 乘以 1200/(1 + 0.5 + 0.125) = 738。答案：當階段 1、2、3 之起始值分別為 738、369、92 時，三個階段中雌性數目會等比例成長，成長率為每 3 年 1.2 倍。■

例題 4　兩彈簧上兩質點之振動系統 (圖 161)

涉及多個質點與彈簧之質點–彈簧系統可視為特徵值問題。舉例來說，圖 161 中機械系統之統御方程組為

$$\text{(6)} \qquad \begin{aligned} y_1'' &= -3y_1 - 2(y_1 - y_2) = -5y_1 + 2y_2 \\ y_2'' &= \qquad\ \ -2(y_2 - y_1) = 2y_1 - 2y_2 \end{aligned}$$

其中 y_1 與 y_2 為質點由靜止位置起算的位移，如圖所示，上標「'」符號代表對時間 t 之導數。以向量式表示為

$$\text{(7)} \qquad \mathbf{y}'' = \begin{bmatrix} y_1'' \\ y_2'' \end{bmatrix} = \mathbf{Ay} = \begin{bmatrix} -5 & 2 \\ 2 & -2 \end{bmatrix} \begin{bmatrix} y_1 \\ y_2 \end{bmatrix}$$

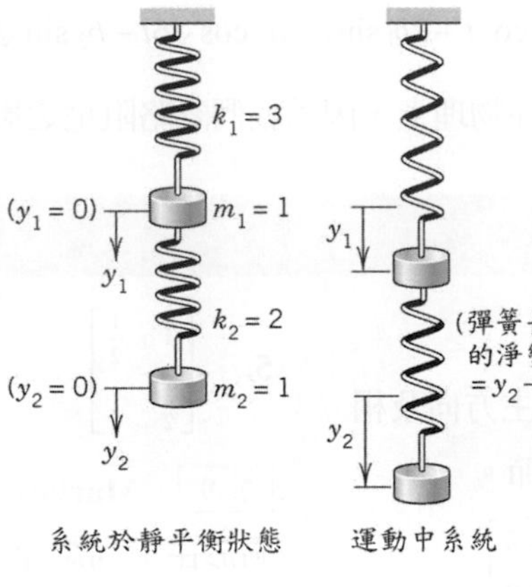

圖 161　例題 4 之多質點多彈簧系統

我們試以下形式之向量解

(8) $$\mathbf{y} = \mathbf{x}e^{\omega t}$$

此形式是由於在單一彈簧質點之機械系統中 (2.4 節)，其運動是以指數函數 (以及正弦和餘弦函數) 表示。代入 (7) 式得

$$\omega^2 \mathbf{x}e^{\omega t} = A\mathbf{x}e^{\omega t}$$

兩側同除 $e^{\omega t}$ 並令 $\omega^2 = \lambda$，我們發現此機械系統化為特徵值問題

(9) $$\mathbf{A}\mathbf{x} = \lambda\mathbf{x} \qquad \text{其中 } \lambda = \omega^2 \text{。}$$

由 8.1 節例題 1，可得 A 之特徵值為 $\lambda_1 = -1$ 及 $\lambda_2 = -6$。因此，分別可得 $\omega = \pm\sqrt{-1} = \pm i$ 及 $\sqrt{-6} = \pm i\sqrt{6}$。對應之特徵向量為

(10) $$\mathbf{x}_1 = \begin{bmatrix} 1 \\ 2 \end{bmatrix} \quad \text{及} \quad \mathbf{x}_2 = \begin{bmatrix} 2 \\ -1 \end{bmatrix}$$

由 (8) 式可得四個複數解 [請見 2.2 節 (10) 式]

$$\mathbf{x}_1 e^{\pm it} = \mathbf{x}_1(\cos t \pm i \sin t),$$
$$\mathbf{x}_2 e^{\pm i\sqrt{6}t} = \mathbf{x}_2(\cos\sqrt{6}t \pm i \sin\sqrt{6}t)$$

相加及相減後 (參見 2.2 節) 可得四個實數解

$$\mathbf{x}_1 \cos t, \quad \mathbf{x}_1 \sin t, \quad \mathbf{x}_2 \cos\sqrt{6}t, \quad \mathbf{x}_2 \sin\sqrt{6}t$$

通解是它們的線性組合，即

$$\mathbf{y} = \mathbf{x}_1(a_1 \cos t + b_1 \sin t) + \mathbf{x}_2(a_2 \cos\sqrt{6}t + b_2 \sin\sqrt{6}t)$$

其中 a_1、b_1、a_2、b_2 為任意常數 (其值可由兩質點之起始位置與起始速度決定)。由 (10) 式可得 $\mathbf{y}$ 之分量為

$$y_1 = a_1 \cos t + b \sin t + 2a_2 \cos\sqrt{6}t + 2b_2 \sin\sqrt{6}t$$
$$y_2 = 2a_1 \cos t + 2b_1 \sin t - a_2 \cos\sqrt{6}t - b_2 \sin\sqrt{6}t$$

這些函數描述兩質點之諧波震盪。在物理上，因為我們忽略阻尼之影響，故此為可預期之結果。■

習題集 8.2

1–6 彈性變形

給定彈性變形 $\mathbf{y} = \mathbf{A}\mathbf{x}$ 中之 $\mathbf{A}$，求出主方向及相對應之延伸或收縮倍數，請列出細節。

1. $\begin{bmatrix} 0.50 & 1.5 \\ 1.5 & 0.50 \end{bmatrix}$ **2.** $\begin{bmatrix} 2.0 & 0.4 \\ 0.4 & 2.0 \end{bmatrix}$

3. $\begin{bmatrix} 1 & 2\sqrt{2} \\ 2\sqrt{2} & -1 \end{bmatrix}$ **4.** $\begin{bmatrix} 5 & 2 \\ 2 & 13 \end{bmatrix}$

5. $\begin{bmatrix} 1 & \frac{1}{2} \\ \frac{1}{2} & 1 \end{bmatrix}$ **6.** $\begin{bmatrix} 1.25 & 0.75 \\ 0.75 & 1.25 \end{bmatrix}$

7–9 Markov 程序

對於由下列矩陣所代表之 Markov 程序，求出其極限狀態，請列出細節。

7. $\begin{bmatrix} 0.750 & 0.625 \\ 0.250 & 0.375 \end{bmatrix}$

8. $\begin{bmatrix} 0.4 & 0.3 & 0.3 \\ 0.3 & 0.6 & 0.1 \\ 0.3 & 0.1 & 0.6 \end{bmatrix}$ **9.** $\begin{bmatrix} \frac{3}{4} & \frac{3}{4} & \frac{1}{4} \\ \frac{1}{4} & \frac{3}{2} & \frac{1}{4} \\ 0 & -\frac{5}{4} & \frac{1}{2} \end{bmatrix}$

10–12 特定年齡族群

給定下列之矩陣，請求出 Leslie 模型 (見例題 3) 中之成長率，請列出細節。

10. $\begin{bmatrix} 0 & 12 & 1 \\ \frac{31}{48} & 0 & 0 \\ 0 & \frac{180}{31} & 0 \end{bmatrix}$ **11.** $\begin{bmatrix} 0.0 & 3.25 & 1.50 \\ 4.0 & 0.0 & 0.0 \\ 0.0 & 2.0 & 0.0 \end{bmatrix}$

12. $\begin{bmatrix} 0 & 3.0 & 2.0 & 2.0 \\ 0.5 & 0 & 0 & 0 \\ 0 & 0.5 & 0 & 0 \\ 0 & 0 & 0.1 & 0 \end{bmatrix}$

13–15 LEONTIEF 模型[1]

13. Leontief 輸入–輸出模型 假設三個企業彼此相關，使得其輸出作爲本身之輸入，其關係爲 3 × 3 消費矩陣 (consumption matrix)

$$\mathbf{A} = [a_{jk}] = \begin{bmatrix} 0.1 & 0.5 & 0 \\ 0.8 & 0 & 0.4 \\ 0.1 & 0.5 & 0.6 \end{bmatrix}$$

其中 a_{jk} 爲企業 k 之輸出由企業 j 所消費 (購買) 之比例。令 p_j 代表企業 j 對它的總輸出所訂的價格。問題之一爲求出定價，使得對各企業而言，總收入等於總支出。請證明可由此導出 $\mathbf{Ap} = \mathbf{p}$，其中 $\mathbf{p} = [p_1 \quad p_2 \quad p_3]^T$，並求出 p_1、p_2、p_3 不爲負值之解 $\mathbf{p}$。

14. 請證明如習題 13 所考慮的消費矩陣，其各行的總和必定爲 1，且一定有特徵值 1。

15. 開放 Leontief 輸入–輸出模型 如果總產出中只有一部分是由這些企業本身所消耗，則不再是 $\mathbf{Ax} = \mathbf{x}$ (如習題 13)，此時我們有 $\mathbf{x} - \mathbf{Ax} = \mathbf{y}$，其中 $\mathbf{x} = [x_1 \quad x_2 \quad x_3]^T$ 爲產出，$\mathbf{Ax}$ 爲企業消耗的部分，因此 $\mathbf{y}$ 就是可提供給消費者的產品量。請求出滿足**需求向量** $\mathbf{y} = [0.1 \quad 0.3 \quad 0.1]^T$ 時之產量 $\mathbf{x}$，已知消費矩陣爲

$$\mathbf{A} = \begin{bmatrix} 0.1 & 0.4 & 0.2 \\ 0.5 & 0 & 0.1 \\ 0.1 & 0.4 & 0.4 \end{bmatrix}$$

16–20 特徵值問題的一般性質

令 $\mathbf{A} = [a_{jk}]$ 是一個 $n \times n$ 矩陣並有 (無須相異) 特徵值 $\lambda_1, \cdots, \lambda_n$，證明下列各題。

16. 跡數 (Trace) 主對角線元素的和稱爲 $\mathbf{A}$ 的跡數，等於 $\mathbf{A}$ 之特徵值的和。

17. 「值譜平移 (Spectral shift)」 $\mathbf{A} - k\mathbf{I}$ 具有特徵值 $\lambda_1 - k, \cdots, \lambda_n - k$，且具有與 $\mathbf{A}$ 相同的特徵向量。

18. 純量倍數、冪次 $k\mathbf{A}$ 的特徵值爲 $k\lambda_1, \cdots, k\lambda_n$。$\mathbf{A}^m (m = 1, 2, \cdots)$ 的特徵值爲 $\lambda_1^m, \cdots, \lambda_n^m$。它們的特徵向量和 $\mathbf{A}$ 的相同。

19. 值譜映射理論 (Spectral mapping theorem) **「多項式矩陣」**

$$p(\mathbf{A}) = k_m \mathbf{A}^m + k_{m-1}\mathbf{A}^{m-1} + \cdots + k_1 \mathbf{A} + k_0 \mathbf{I}$$

具有特徵值

$$p(\lambda_j) = k_m \lambda_j^m + k_{m-1}\lambda_j^{m-1} + \cdots + k_1 \lambda_j + k_0$$

其中 $j = 1, \cdots, n$，且具有與 $\mathbf{A}$ 相同的特徵向量。

20. Perron 理論 證明在 Leslie 矩陣 $\mathbf{L}$ 中當 l_{12}、l_{13}、l_{21}、l_{32} 爲正值時，特徵值爲正值 (這是 20.7 節中著名的 Perron-Frobenius 理論之特例，它在一般形式的證明相當困難)。

[1] WASSILY LEONTIEF (1906–1999)，美國經濟學家，任教紐約大學。因爲它的輸入-輸出分析，獲頒 1973 年諾貝爾獎。

8.3 對稱、斜對稱矩陣與正交矩陣 (Symmetric, Skew-Symmetric, and Orthogonal Matrices)

我們現在要考慮三種實數方陣，它們都有特殊的性質，且經常出現在各種應用中。前面兩種已經在 7.2 節中提及，8.3 節的目的在說明它們特殊的性質。

定 義

對稱矩陣、斜對稱與正交矩陣

一**實數**方陣 $\mathbf{A}=[a_{jk}]$ 稱爲

對稱的條件是，它的轉置等於它本身，

(1) $$\mathbf{A}^{\mathrm{T}}=\mathbf{A} \quad \text{因此} \quad a_{kj}=a_{jk}$$

稱爲**斜對稱** (skew-symmetric) 的條件是，轉置後成爲負的 $\mathbf{A}$，

(2) $$\mathbf{A}^{\mathrm{T}}=-\mathbf{A} \quad \text{因此} \quad a_{kj}=-a_{jk}$$

稱爲**正交**的條件是，轉置後成爲 $\mathbf{A}$ 的逆矩陣，

(3) $$\mathbf{A}^{\mathrm{T}}=\mathbf{A}^{-1}$$

例題 1 對稱矩陣、斜對稱與正交矩陣

矩陣

$$\begin{bmatrix}-3 & 1 & 5\\ 1 & 0 & -2\\ 5 & -2 & 4\end{bmatrix},\quad \begin{bmatrix}0 & 9 & -12\\ -9 & 0 & 20\\ 12 & -20 & 0\end{bmatrix},\quad \begin{bmatrix}\frac{2}{3} & \frac{1}{3} & \frac{2}{3}\\ -\frac{2}{3} & \frac{2}{3} & \frac{1}{3}\\ \frac{1}{3} & \frac{2}{3} & -\frac{2}{3}\end{bmatrix}$$

分別爲對稱矩陣、斜對稱矩陣及正交矩陣，請自行驗證。每一個斜對稱矩陣的所有主對角線元素均爲零 (你能證明嗎？) ■

任意實數方陣 $\mathbf{A}$，可以表示爲對稱矩陣 $\mathbf{R}$ 與斜對稱矩陣 $\mathbf{S}$ 之和，其中

(4) $$\mathbf{R}=\frac{1}{2}(\mathbf{A}+\mathbf{A}^{\mathrm{T}}) \quad \text{且} \quad \mathbf{S}=\frac{1}{2}(\mathbf{A}-\mathbf{A}^{\mathrm{T}})$$

例題 2 公式 (4) 之實例

$$\mathbf{A}=\begin{bmatrix}9 & 5 & 2\\ 2 & 3 & -8\\ 5 & 4 & 3\end{bmatrix}=\mathbf{R}+\mathbf{S}=\begin{bmatrix}9.0 & 3.5 & 3.5\\ 3.5 & 3.0 & -2.0\\ 3.5 & -2.0 & 3.0\end{bmatrix}+\begin{bmatrix}0 & 1.5 & -1.5\\ -1.5 & 0 & -6.0\\ 1.5 & 6.0 & 0\end{bmatrix}$$ ■

定理 1

對稱與斜對稱矩陣之特徵值

(a) 對稱矩陣之特徵值為實數。

(b) 斜對稱矩陣之特徵值為純虛數或零。

此基本定理 (以及其延伸) 會在 8.5 節中證明。

例題 3 對稱與斜對稱矩陣之特徵值

8.2 節 (1) 式與 (7) 式之矩陣爲對稱，且有實數特徵值。例題 1 中之斜對稱矩陣的特徵值爲 0、$-25i$ 及 $25i$ (請驗證)。下列矩陣具有實數特徵值 1 和 5，但不爲對稱，這是否與定理 1 相抵觸？

$$\begin{bmatrix} 3 & 4 \\ 1 & 3 \end{bmatrix}$$

■

8.3.1 正交轉換與正交矩陣

正交轉換是指如下之轉換

(5) $$\mathbf{y} = \mathbf{A}\mathbf{x}$$ 其中 **A** 是一個正交矩陣。

對於 R^n 中的每一個向量 **x**，此種轉換會指派出一個 R^n 中的向量 **y**。例如在平面上旋轉 θ 角

(6) $$\mathbf{y} = \begin{bmatrix} y_1 \\ y_2 \end{bmatrix} = \begin{bmatrix} \cos\theta & -\sin\theta \\ \sin\theta & \cos\theta \end{bmatrix} \begin{bmatrix} x_1 \\ x_2 \end{bmatrix}$$

就是一個正交轉換。我們可以證明，平面或三維空間中的任何正交轉換均爲**旋轉** (可能包含對一直線或平面之反射)。

正交轉換如此重要的主要原因如下。

定理 2

內積之不變性

對於 R^n 中之向量 **a** 及 **b**，正交轉換會保留其**內積**之值，定義爲

(7) $$\mathbf{a} \bullet \mathbf{b} = \mathbf{a}^{\mathrm{T}}\mathbf{b} = [a_1 \quad \cdots \quad a_n] \begin{bmatrix} b_1 \\ \vdots \\ b_n \end{bmatrix}$$

亦即，對 R^n 中任何的 **a** 與 **b**，$n \times n$ 正交矩陣 **A**，以及 $\mathbf{u} = \mathbf{A}\mathbf{a}$、$\mathbf{v} = \mathbf{A}\mathbf{b}$，可得 $\mathbf{u} \bullet \mathbf{v} = \mathbf{a} \bullet \mathbf{b}$。

故正交轉換同時也保留 R^n 中任何向量 **a** 的**長度**或**範數 (norm)**，表示爲

(8) $$\|\mathbf{a}\| = \sqrt{\mathbf{a} \bullet \mathbf{a}} = \sqrt{\mathbf{a}^{\mathrm{T}}\mathbf{a}}$$

證明

令 **A** 爲正交，令 $\mathbf{u} = \mathbf{A}\mathbf{a}$ 及 $\mathbf{v} = \mathbf{A}\mathbf{b}$，我們必須證明 $\mathbf{u} \bullet \mathbf{v} = \mathbf{a} \bullet \mathbf{b}$。現在，由 7.2 節的 (10d) 可得 $(\mathbf{A}\mathbf{a})^{\mathrm{T}} = \mathbf{a}^{\mathrm{T}}\mathbf{A}^{\mathrm{T}}$，並由 (3) 式可得 $\mathbf{A}^{\mathrm{T}}\mathbf{A} = \mathbf{A}^{-1}\mathbf{A} = \mathbf{I}$。因此

(9) $$\mathbf{u} \bullet \mathbf{v} = \mathbf{u}^{\mathrm{T}}\mathbf{v} = (\mathbf{A}\mathbf{a})^{\mathrm{T}}\mathbf{A}\mathbf{b} = \mathbf{a}^{\mathrm{T}}\mathbf{A}^{\mathrm{T}}\mathbf{A}\mathbf{b} = \mathbf{a}^{\mathrm{T}}\mathbf{I}\mathbf{b} = \mathbf{a}^{\mathrm{T}}\mathbf{b} = \mathbf{a} \bullet \mathbf{b}$$

由此，若令 $\mathbf{b} = \mathbf{a}$，即可得 $\|\mathbf{a}\|$ 之不變性。 ■

正交矩陣尚有其它有趣的性質，如下所述。

定理 3

行向量及列向量之單範正交性

一實數方陣為正交之條件是，若且唯若其行向量 $\mathbf{a}_1, \cdots, \mathbf{a}_n$ (列向量亦同) 形成一**單範正交系統 (orthonormal system)**，亦即

(10) $$\mathbf{a}_j \cdot \mathbf{a}_k = \mathbf{a}_j^{\mathrm{T}} \mathbf{a}_k = \begin{cases} 0 & \text{if } j \neq k \\ 1 & \text{if } j = k \end{cases}$$

證明

(a) 令 $\mathbf{A}$ 為正交，則 $\mathbf{A}^{-1}\mathbf{A} = \mathbf{A}^{\mathrm{T}}\mathbf{A} = \mathbf{I}$。以行向量 $\mathbf{a}_1, \cdots, \mathbf{a}_n$ 表示

(11) $$\mathbf{I} = \mathbf{A}^{-1}\mathbf{A} = \mathbf{A}^{\mathrm{T}}\mathbf{A} = \begin{bmatrix} \mathbf{a}_1^{\mathrm{T}} \\ \vdots \\ \mathbf{a}_n^{\mathrm{T}} \end{bmatrix} \begin{bmatrix} \mathbf{a}_1 & \cdots & \mathbf{a}_n \end{bmatrix} = \begin{bmatrix} \mathbf{a}_1^{\mathrm{T}}\mathbf{a}_1 & \mathbf{a}_1^{\mathrm{T}}\mathbf{a}_2 & \cdots & \mathbf{a}_1^{\mathrm{T}}\mathbf{a}_n \\ \cdot & \cdot & \cdots & \cdot \\ \mathbf{a}_n^{\mathrm{T}}\mathbf{a}_1 & \mathbf{a}_n^{\mathrm{T}}\mathbf{a}_2 & \cdots & \mathbf{a}_n^{\mathrm{T}}\mathbf{a}_n \end{bmatrix}$$

利用 $n \times n$ 單位矩陣 $\mathbf{I}$ 的定義，由最後一個等式可得 (10) 式。由 (3) 式可知一正交矩陣之逆矩陣為正交 (參見習題 12)。現在 $\mathbf{A}^{-1}(= \mathbf{A}^{\mathrm{T}})$ 的行向量是 $\mathbf{A}$ 的列向量，因此 $\mathbf{A}$ 的列向量也構成一個單範正交系統。

(b) 相反地，若 $\mathbf{A}$ 之行向量滿足 (10) 式，則在 (11) 式中非對角線元素必須為 0，而對角線元素必須為 1。因為如 (11) 式所示，$\mathbf{A}^{\mathrm{T}}\mathbf{A} = \mathbf{I}$。同樣的，$\mathbf{A}\mathbf{A}^{\mathrm{T}} = \mathbf{I}$，這代表 $\mathbf{A}^{\mathrm{T}} = \mathbf{A}^{-1}$ 因為同時有 $\mathbf{A}^{-1}\mathbf{A} = \mathbf{A}\mathbf{A}^{-1} = \mathbf{I}$ 而逆矩陣是唯一的。因此 $\mathbf{A}$ 為正交。由 (a) 部分最後所述，當 $\mathbf{A}$ 之列向量形成一單範正交系統時亦同。 ■

定理 4

正交矩陣之行列式

正交矩陣之行列式值為+1 或−1。

證明

由 $\det \mathbf{AB} = \det \mathbf{A} \det \mathbf{B}$ (7.8 節定理 4) 及 $\det \mathbf{A}^{\mathrm{T}} = \det \mathbf{A}$ (7.7 節定理 2d) 可知，對一正交矩陣

$$1 = \det \mathbf{I} = \det(\mathbf{A}\mathbf{A}^{-1}) = \det(\mathbf{A}\mathbf{A}^{\mathrm{T}}) = \det \mathbf{A} \det \mathbf{A}^{\mathrm{T}} = (\det \mathbf{A})^2$$ ■

例題 4 定理 3 與定理 4 之說明

例題 1 最後一個矩陣與 (6) 式中之矩陣為定理 3 與定理 4 之實例，因其行列式值為–1 與+1，請自行驗證。 ■

定理 5

正交矩陣之特徵值

一正交矩陣 $\mathbf{A}$ 的特徵值為實數或共軛複數，且絕對值為 1。

證明

此敘述之第一部分對任意實數矩陣 **A** 均成立，因爲其特徵多項式之係數爲實數，故其零點 (**A** 之特徵值) 需如定理所述。$|\lambda|=1$ 之敘述將於 8.5 節中證明。■

例題 5 正交矩陣之特徵值

例題 1 中正交矩陣之特徵方程式爲

$$-\lambda^3+\frac{2}{3}\lambda^2+\frac{2}{3}\lambda-1=0$$

其中一個特徵值必定是實數 (爲何？)，且是+1 或–1。經嘗試得–1。除以 $\lambda+1$ 得 $-(\lambda^2-5\lambda/3+1)=0$ 及兩個特徵值 $(5+i\sqrt{11})/6$ 和 $(5-i\sqrt{11})/6$，它們的絕對值都是 1。驗證以上所述。■

回顧本節，你會發現其中許多基本定理的證明，都非常簡短且直接。矩陣特徵值理論中大多如此。

習題集 8.3

1–10 值譜

下列矩陣爲對稱、斜對稱或是正交？請求出各矩陣的值譜，並由此說明定理 1 與定理 5，請寫出詳細過程。

1. $\begin{bmatrix}\frac{3}{5} & -\frac{4}{5}\\ \frac{4}{5} & \frac{3}{5}\end{bmatrix}$

2. $\begin{bmatrix}a & b\\ -b & a\end{bmatrix}$

3. $\begin{bmatrix}1 & 4\\ -4 & 1\end{bmatrix}$

4. $\begin{bmatrix}\cos\theta & -\sin\theta\\ \sin\theta & \cos\theta\end{bmatrix}$

5. $\begin{bmatrix}3 & 0 & 0\\ 0 & -1 & \sqrt{3}\\ 0 & \sqrt{3} & 1\end{bmatrix}$

6. $\begin{bmatrix}a & k & k\\ k & a & k\\ k & k & a\end{bmatrix}$

7. $\begin{bmatrix}0 & -1 & -\frac{1}{2}\\ 1 & 0 & 1\\ \frac{1}{2} & -1 & 0\end{bmatrix}$

8. $\begin{bmatrix}1 & 0 & 0\\ 0 & \cos\theta & -\sin\theta\\ 0 & \sin\theta & \cos\theta\end{bmatrix}$

9. $\begin{bmatrix}0 & 0 & -1\\ 0 & -1 & 0\\ 1 & 0 & 0\end{bmatrix}$

10. $\begin{bmatrix}\frac{1}{3} & \frac{2}{3} & -\frac{2}{3}\\ \frac{2}{3} & \frac{1}{3} & \frac{2}{3}\\ -\frac{2}{3} & \frac{2}{3} & \frac{1}{3}\end{bmatrix}$

11. **寫作專題 本節總結** 總結本節之主要觀念及要點，加入你自己的說明範例。

12. **CAS 實驗 正交矩陣**

(a) **乘積、逆矩陣** 證明兩正交矩陣的乘積爲正交矩陣，且正交矩陣的逆矩陣亦爲正交矩陣。就旋轉來看，代表什麼意義？

(b) **旋轉** 證明 (6) 式是一個正交轉換，驗證其是否滿足定理 3，求它的逆轉換。

(c) **冪次** 寫一個程式來計算 2 × 2 矩陣 **A** 的冪次 $\mathbf{A}^m (m=1, 2,\cdots)$，及它們的值譜。將之套用至習題 1 的矩陣 (稱之爲 **A**)。**A** 對應於何種旋轉？$\mathbf{A}^m$ 的特徵值在 $m\to\infty$時，是否有極限？

(d) 計算 $(0.9\mathbf{A})^m$ 的特徵值，其中 **A** 爲習題 1 之矩陣。將特徵值之點繪出。它們的極限爲何？這些點會沿著何種曲線趨近極限值？

(e) 求矩陣 **A**，使得 $\mathbf{y} = \mathbf{A}\mathbf{x}$ 是在平面上逆時針旋轉 30°。

13–20 一般性質

13. **驗證** 請驗證例題 1 中之敘述。

14. 請驗證例題 3 與例題 4 中之敘述。

15. 和 $\mathbf{A}+\mathbf{B}$ 的特徵值，是否為 $\mathbf{A}$ 和 $\mathbf{B}$ 之特徵值的和？

16. 正交性 試證明對於一對稱矩陣，不同特徵值所對應之特徵向量為正交。試舉例說明。

17. 斜對稱矩陣 證明斜對稱矩陣之逆矩陣亦為斜對稱。

18. 是否存在有 $n \times n$ 非奇異斜對稱矩陣，而 n 為奇數？

19. 正交矩陣 是否存在有斜對稱正交 3×3 矩陣？

20. 對稱矩陣 是否存在有非對角線對稱 3×3 矩陣且是正交的？

8.4 特徵基底、對角線化、二次形式 (Eigenbases. Diagonalization. Quadratic Forms)

目前為止我們將重點放在特徵*值*之性質。接下來我們將要討論特徵向量的性質。$n \times n$ 矩陣 $\mathbf{A}$ 的特徵向量有可能 (亦可能不行) 構成 R^n 的基底。若我們著重於轉換 $\mathbf{y}=\mathbf{Ax}$，則此「**特徵基底 (eigenbasis)**」(特徵向量所構成之基底) 將非常有用 (若存在的話)，因為我們可以將 R^n 中的任意 $\mathbf{x}$，唯一的表示成特徵向量 $\mathbf{x}_1,\cdots,\mathbf{x}_n$ 的線性組合，如

$$\mathbf{x}=c_1\mathbf{x}_1+c_2\mathbf{x}_2+\cdots+c_n\mathbf{x}_n$$

另外，將矩陣 $\mathbf{A}$ 對應的特徵值記為 $\lambda_1,\cdots,\lambda_n$，則 $\mathbf{Ax}_j=\lambda_j\mathbf{x}_j$，故可得

$$\begin{aligned}\mathbf{y}=\mathbf{Ax}&=\mathbf{A}(c_1\mathbf{x}_1+\cdots+c_n\mathbf{x}_n)\\&=c_1\mathbf{Ax}_1+\cdots+c_n\mathbf{Ax}_n\\&=c_1\lambda_1\mathbf{x}_1+\cdots+c_n\lambda_n\mathbf{x}_n\end{aligned} \tag{1}$$

這表示我們將 $\mathbf{A}$ 對於任意向量 $\mathbf{x}$ 的複雜動作，分解為對 $\mathbf{A}$ 的特徵向量所做的數個簡單動作 (乘上純量) 之和。這就是特徵基底的價值所在。

如果 n 個特徵值全都相異，我們確實可得到基底：

定理 1

特徵向量基底

如果一個 $n \times n$ 矩陣 A 具有 n 個**互異 (distinguished)** 之特徵值，則 A 的特徵向量 $x_1,\cdots,x_n$ 構成 R_n 的一組基底。

證明

我們只須要證明 $\mathbf{x}_1,\cdots,\mathbf{x}_n$ 是線性獨立的。先假設它們不為線性獨立。令 r 是可使得 $\{\mathbf{x}_1,\cdots,\mathbf{x}_r\}$ 為線性獨立集合的最大整數。則 $r<n$，且集合 $\{\mathbf{x}_1,\cdots,\mathbf{x}_r,\mathbf{x}_{r+1}\}$ 為線性相依。因此存在有不全為零之純量 $c_1,\cdots,c_{r+1}$，使得

$$c_1\mathbf{x}_1+\cdots+c_{r+1}\mathbf{x}_{r+1}=\mathbf{0} \tag{2}$$

(請見 7.4 節)。兩側同乘 **A**，並利用 $\mathbf{A}\mathbf{x}_j = \lambda_j \mathbf{x}_j$，可得

$$\text{(3)} \qquad \mathbf{A}(c_1\mathbf{x}_1 + \cdots + c_{r+1}\mathbf{x}_{r+1}) = c_1\lambda_1\mathbf{x}_1 + \cdots + c_{r+1}\lambda_{r+1}\mathbf{x}_{r+1} = \mathbf{A}\mathbf{0} = \mathbf{0}$$

為了消去最後一項，我們將上式減去 λ_{r+1} 與 (2) 式之乘積，得

$$c_1(\lambda_1 - \lambda_{r+1})\mathbf{x}_1 + \cdots + c_r(\lambda_r - \lambda_{r+1})\mathbf{x}_r = \mathbf{0}$$

在此 $c_1(\lambda_1 - \lambda_{r+1}) = 0, \cdots, c_r(\lambda_r - \lambda_{r+1}) = 0$，因為 $\{x_1, \cdots, x_r\}$ 是線性獨立的。因為所有的特徵值均互異，因此 $c_1 = \cdots = c_r = 0$。但由此，(2) 式化簡為 $c_{r+1}\mathbf{x}_{r+1} = \mathbf{0}$，又因 $\mathbf{x}_{r+1} \neq \mathbf{0}$ (特徵向量！)，故 $c_{r+1} = 0$。此結果與 (2) 中所有純量不全為零的事實互相矛盾。故定理之結論必成立。■

例題 1　特徵基底、不全互異之特徵值、不存在性

矩陣 $\mathbf{A} = \begin{bmatrix} 5 & 3 \\ 3 & 5 \end{bmatrix}$ 具有一組特徵向量基底 $\begin{bmatrix} 1 \\ 1 \end{bmatrix}$、$\begin{bmatrix} 1 \\ -1 \end{bmatrix}$，分別對應於特徵值 $\lambda_1 = 8$、$\lambda_2 = 2$ (請見 8.2 節例題 1)。

即使 n 個特徵值不全互異，矩陣 **A** 仍然可能提供 R^n 之特徵基底。見 8.1 節的例題 2，在該題中 $n = 3$。

另一方面，A 可能不具有足夠的線性獨立特徵向量，而無法構成基底。例如，8.1 節例題 3 中的 A 為

$$\mathbf{A} = \begin{bmatrix} 0 & 1 \\ 0 & 0 \end{bmatrix} \quad \text{它只有一個特徵向量} \quad \begin{bmatrix} k \\ 0 \end{bmatrix} \quad (k \neq 0\text{，任意})$$ ■

事實上，特徵基底的存在條件比定理 1 中的條件還要一般化，以下為一重要情形。

定理 2

對稱矩陣

對稱矩陣具有之特徵向量構成 R_n 之單範正交基底。

證明 (相當複雜) 請見參考書目 [B3]，第一冊，第 270–272 頁。

例題 2　特徵向量單範正交基底

例題 1 中的第一個矩陣為對稱，且其特徵向量單範正交基底為 $[1/\sqrt{2} \quad 1/\sqrt{2}]^{\mathrm{T}}$、$[1/\sqrt{2} \quad -1/\sqrt{2}]^{\mathrm{T}}$。■

8.4.1 矩陣相似性、對角線化

特徵基底可用於將矩陣 **A** 化簡為對角線矩陣，使其對角線元素恰為 **A** 的特徵值。這是經由「相似轉換 (similarity transformation)」來達成，此種轉換定義如下 (在第 20 章的數值方法中還有不同應用)。

定 義

相似矩陣、相似轉換

$n \times n$ 矩陣 $\hat{\mathbf{A}}$ 稱爲與 $n \times n$ 矩陣 **A 相似**之條件爲，若對某 (非奇異！) $n \times n$ 矩陣 **P** 下式成立

(4) $$\hat{\mathbf{A}} = \mathbf{P}^{-1}\mathbf{A}\mathbf{P} \text{。}$$

此一轉換，由 **A** 得到 $\hat{\mathbf{A}}$，就稱爲**相似轉換** **(similarity transformation)**。

此轉換之關鍵特性在於它保留了 **A** 的特徵值。

定理 3

相似矩陣之特徵值與特徵向量

若 $\hat{\mathbf{A}}$ 相似於 **A**，則 $\hat{\mathbf{A}}$ 具有與 **A** 相同之特徵值。
此外，若 **x** 爲 **A** 的一特徵向量，則 $\mathbf{y} = \mathbf{P}^{-1}\mathbf{x}$ 爲 $\hat{\mathbf{A}}$ 對應於相同特徵值之特徵向量。

證明

由 $\mathbf{Ax} = \lambda\mathbf{x}$ (λ 是一個特徵值，$\mathbf{x} \neq \mathbf{0}$)，我們得到 $\mathbf{P}^{-1}\mathbf{Ax} = \lambda\mathbf{P}^{-1}\mathbf{x}$。因爲 $\mathbf{I} = \mathbf{PP}^{-1}$。
利用此「**恆等技巧**」，由 $\mathbf{P}^{-1}\mathbf{Ax} = \lambda\mathbf{P}^{-1}\mathbf{x}$ 可得

$$\mathbf{P}^{-1}\mathbf{Ax} = \mathbf{P}^{-1}\mathbf{AIx} = \mathbf{P}^{-1}\mathbf{APP}^{-1}\mathbf{x} = (\mathbf{P}^{-1}\mathbf{AP})\mathbf{P}^{-1}\mathbf{x} = \hat{\mathbf{A}}(\mathbf{P}^{-1}\mathbf{x}) = \lambda\mathbf{P}^{-1}\mathbf{x}$$

因此 λ 爲 $\hat{\mathbf{A}}$ 的一個特徵值，而 $\mathbf{P}^{-1}\mathbf{x}$ 爲對應之特徵向量。的確，$\mathbf{P}^{-1}\mathbf{x} \neq \mathbf{0}$ 因爲若 $\mathbf{P}^{-1}\mathbf{x} = \mathbf{0}$ 則會有 $\mathbf{x} = \mathbf{Ix} = \mathbf{PP}^{-1}\mathbf{x} = \mathbf{P0} = \mathbf{0}$，與 $\mathbf{x} \neq \mathbf{0}$ 相矛盾。■

例題 3 相似矩陣之特徵值與向量

令
$$\mathbf{A} = \begin{bmatrix} 6 & -3 \\ 4 & -1 \end{bmatrix} \quad \text{且} \quad \mathbf{P} = \begin{bmatrix} 1 & 3 \\ 1 & 4 \end{bmatrix}$$

則
$$\hat{\mathbf{A}} = \begin{bmatrix} 4 & -3 \\ -1 & 1 \end{bmatrix}\begin{bmatrix} 6 & -3 \\ 4 & -1 \end{bmatrix}\begin{bmatrix} 1 & 3 \\ 1 & 4 \end{bmatrix} = \begin{bmatrix} 3 & 0 \\ 0 & 2 \end{bmatrix}\text{。}$$

此處，$\mathbf{P}^{-1}$ 可由 7.8 節的 (4*) 式代入 $\det \mathbf{P} = 1$ 求得。我們可看出 $\hat{\mathbf{A}}$ 的特徵值爲 $\lambda_1 = 3$、$\lambda_2 = 2$。**A** 的特徵方程式爲 $(6-\lambda)(-1-\lambda)+12 = \lambda^2 - 5\lambda + 6 = 0$。其根 (**A** 的特徵值) 爲 $\lambda_1 = 3$、$\lambda_2 = 2$，確認了定理 3 的第一部分。

我們現在要確認第二部分。由 $(\mathbf{A} - \lambda\mathbf{I})\mathbf{x} = \mathbf{0}$ 的第一個分量，我們有 $(6-\lambda)x_1 - 3x_2 = 0$。當 $\lambda = 3$，這會得到 $3x_1 - 3x_2 = 0$，例如 $\mathbf{x}_1 = [1 \quad 1]^{\mathsf{T}}$。當 $\lambda = 2$，會得到 $4x_1 - 3x_2 = 0$，例如 $\mathbf{x}_2 = [3 \quad 4]^{\mathsf{T}}$。故在定理 3 中我們有

$$\mathbf{y}_1 = \mathbf{P}^{-1}\mathbf{x}_1 = \begin{bmatrix} 4 & -3 \\ -1 & 1 \end{bmatrix}\begin{bmatrix} 1 \\ 1 \end{bmatrix} = \begin{bmatrix} 1 \\ 0 \end{bmatrix}, \qquad \mathbf{y}_2 = \mathbf{P}^{-1}\mathbf{x}_2 = \begin{bmatrix} 4 & -3 \\ -1 & 1 \end{bmatrix}\begin{bmatrix} 3 \\ 4 \end{bmatrix} = \begin{bmatrix} 0 \\ 1 \end{bmatrix}$$

事實上，此即爲對角線矩陣 $\hat{\mathbf{A}}$ 之特徵向量。

或許我們可以看出 $\mathbf{x}_1$ 和 $\mathbf{x}_2$ 是 $\mathbf{P}$ 的行。由此可得出將一矩陣 $\mathbf{A}$ 轉換至對角線形式 $\mathbf{D}$ 的通用方法，即利用以特徵向量作爲行向量之矩陣 $\mathbf{P} = \mathbf{X}$。■

經由適當的相似轉換，我們可以將矩陣 $\mathbf{A}$，轉換成以 $\mathbf{A}$ 的特徵值爲主對角線元素之對角線矩陣 $\mathbf{D}$。

定理 4

矩陣對角線化

若一 $n \times n$ 矩陣 $\mathbf{A}$ 具有一組特徵向量基底，則

(5)
$$\mathbf{D} = \mathbf{X}^{-1}\mathbf{A}\mathbf{X}$$

爲對角線矩陣，其主對角線元素爲 $\mathbf{A}$ 的特徵值。在此 $\mathbf{X}$ 爲以這些特徵向量爲行向量之矩陣。同時，

(5*)
$$\mathbf{D}^m = \mathbf{X}^{-1}\mathbf{A}^m\mathbf{X} \qquad (m = 2, 3, \cdots)$$

證明

令 $\mathbf{x}_1,\cdots,\mathbf{x}_n$ 爲 $\mathbf{A}$ 之特徵向量對 R^n 的基底。令 $\mathbf{A}$ 對應的特徵值分別爲 $\lambda_1,\cdots,\lambda_n$，可使得 $\mathbf{A}\mathbf{x}_1 = \lambda_1\mathbf{x}_1, \cdots, \mathbf{A}\mathbf{x}_n = \lambda_n\mathbf{x}_n$。則由 7.4 節定理 3 知 $\mathbf{X} = [\mathbf{x}_1 \quad \cdots \quad \mathbf{x}_n]$ 之秩爲 n。故由 7.8 節定理 1 知 $\mathbf{X}^{-1}$ 存在。現可宣稱

(6)
$$\mathbf{A}\mathbf{x} = \mathbf{A}[\mathbf{x}_1 \quad \cdots \quad \mathbf{x}_n] = [\mathbf{A}\mathbf{x}_1 \quad \cdots \quad \mathbf{A}\mathbf{x}_n] = [\lambda_1\mathbf{x}_1 \quad \cdots \quad \lambda_n\mathbf{x}_n] = \mathbf{X}\mathbf{D}$$

成立，其中 $\mathbf{D}$ 爲 (5) 式中之對角線矩陣。(6) 式中第四個等式可直接計算而得。(先嘗試 $n = 2$，然後對一般性 n) 第三個等式使用 $\mathbf{A}\mathbf{x}_k = \lambda_k\mathbf{x}_k$。對於第二個等式，若我們注意到 $\mathbf{A}\mathbf{X}$ 的第一行爲 $\mathbf{A}$ 乘上 $\mathbf{X}$ 之第一行 $\mathbf{x}_1$，並以此類推，即可求得。例如，當 $n = 2$，令 $\mathbf{x}_1 = [x_{11} \quad x_{21}]$、$\mathbf{x}_2 = [x_{12} \quad x_{22}]$，我們有

$$\mathbf{A}\mathbf{X} = \mathbf{A}[\mathbf{x}_1 \quad \mathbf{x}_2] = \begin{bmatrix} a_{11} & a_{12} \\ a_{21} & a_{22} \end{bmatrix}\begin{bmatrix} x_{11} & x_{12} \\ x_{21} & x_{22} \end{bmatrix}$$
$$= \begin{bmatrix} a_{11}x_{11} + a_{12}x_{21} & a_{11}x_{12} + a_{12}x_{22} \\ a_{21}x_{11} + a_{22}x_{21} & a_{21}x_{12} + a_{22}x_{22} \end{bmatrix} = [\mathbf{A}\mathbf{x}_1 \quad \mathbf{A}\mathbf{x}_2]$$

第 1 行　　　第 2 行

若將 (6) 式從左側乘以 $\mathbf{X}^{-1}$，則可得 (5) 式。因爲 (5) 式爲相似轉換，由定理 3 得 $\mathbf{D}$ 具有與 $\mathbf{A}$ 相同之特徵值。利用以下關係可得 (5*) 式

$$\mathbf{D}^2 = \mathbf{D}\mathbf{D} = (\mathbf{X}^{-1}\mathbf{A}\mathbf{X})(\mathbf{X}^{-1}\mathbf{A}\mathbf{X}) = \mathbf{X}^{-1}\mathbf{A}(\mathbf{X}\mathbf{X}^{-1})\mathbf{A}\mathbf{X} = \mathbf{X}^{-1}\mathbf{A}\mathbf{A}\mathbf{X} = \mathbf{X}^{-1}\mathbf{A}^2\mathbf{X} \quad \text{等等}$$ ■

例題 4 對角線化

請將下列矩陣對角線化

$$\mathbf{A} = \begin{bmatrix} 7.3 & 0.2 & -3.7 \\ -11.5 & 1.0 & 5.5 \\ 17.7 & 1.8 & -9.3 \end{bmatrix}$$

解

由特徵行列式可得特徵方程式 $-\lambda^3-\lambda^2+12\lambda=0$。其根 (**A** 的特徵值) 爲 $\lambda_1=3$、$\lambda_2=-4$、$\lambda_3=0$。將高斯消去法用於 $(\mathbf{A}-\lambda\mathbf{I})\mathbf{x}=\mathbf{0}$，其中 $\lambda=\lambda_1,\lambda_2,\lambda_3$，可求出特徵向量，然後再利用 Gauss-Jordan 消去法 (7.8 節例題 1) 可得 $\mathbf{X}^{-1}$。結果爲

$$\begin{bmatrix}-1\\3\\-1\end{bmatrix},\quad\begin{bmatrix}1\\-1\\3\end{bmatrix},\quad\begin{bmatrix}2\\1\\4\end{bmatrix},\quad \mathbf{X}=\begin{bmatrix}-1&1&2\\3&-1&1\\-1&3&4\end{bmatrix},\quad \mathbf{X}^{-1}=\begin{bmatrix}-0.7&0.2&0.3\\-1.3&-0.2&0.7\\0.8&0.2&-0.2\end{bmatrix}$$

計算 **AX**，並左乘 $\mathbf{X}^{-1}$，可得

$$\mathbf{D}=\mathbf{X}^{-1}\mathbf{AX}=\begin{bmatrix}-0.7&0.2&0.3\\-1.3&-0.2&0.7\\0.8&0.2&-0.2\end{bmatrix}\begin{bmatrix}-3&-4&0\\9&4&0\\-3&-12&0\end{bmatrix}=\begin{bmatrix}3&0&0\\0&-4&0\\0&0&0\end{bmatrix}$$ ■

8.4.2 二次形式、主軸轉換

由定義，對向量 **x** 之分量 $x_1,\cdots,x_n$，其**二次形式** Q 爲 n^2 項之和，亦即

$$\begin{aligned}Q=\mathbf{x}^{\mathrm{T}}\mathbf{A}\mathbf{x}&=\sum_{j=1}^{n}\sum_{k=1}^{n}a_{jk}x_jx_k\\
&=\quad a_{11}x_1^2+a_{12}x_1x_2+\cdots+a_{1n}x_1x_n\\
&\quad+a_{21}x_2x_1+a_{22}x_2^2+\cdots+a_{2n}x_2x_n\\
&\quad+\cdots\cdots\cdots\cdots\cdots\cdots\\
&\quad+a_{n1}x_nx_1+a_{n2}x_nx_2+\cdots+a_{nn}x_n^2\end{aligned}\tag{7}$$

$\mathbf{A}=[a_{jk}]$ 稱爲此二次形式之**係數矩陣 (coefficient matrix)**。我們可以假設 **A** 爲**對稱**，因爲我們可以將非對角線元素配對，然後將結果寫爲兩相等項之和；請見下列範例。

例題 5 二次形式、對稱係數矩陣

令

$$\mathbf{x}^{\mathrm{T}}\mathbf{A}\mathbf{x}=\begin{bmatrix}x_1&x_2\end{bmatrix}\begin{bmatrix}3&4\\6&2\end{bmatrix}\begin{bmatrix}x_1\\x_2\end{bmatrix}=3x_1^2+4x_1x_2+6x_2x_1+2x_2^2=3x_1^2+10x_1x_2+2x_2^2$$

此處 $4+6=10=5+5$。由相對應之對稱矩陣 $\mathbf{C}=[c_{jk}]$，其中 $c_{jk}=\frac{1}{2}(a_{jk}+a_{kj})$，故 $c_{11}=3$、$c_{12}=c_{21}=5$、$c_{22}=2$，可得相同結果；事實上，

$$\mathbf{x}^{\mathrm{T}}\mathbf{C}\mathbf{x}=[x_1\quad x_2]\begin{bmatrix}3&5\\5&2\end{bmatrix}\begin{bmatrix}x_1\\x_2\end{bmatrix}=3x_1^2+5x_1x_2+5x_2x_1+2x_2^2=3x_1^2+10x_1x_2+2x_2^2$$ ■

二次形式在物理與幾何中經常出現，舉例來說，與圓錐曲線 (如橢圓 $x_1^2/a^2+x_2^2/b^2=1$ 等) 及二次曲面 (圓錐面等) 相關之應用。其主軸轉換是與矩陣對角線化相關且在應用上很重要的工作，如下所述。

由定理 2，(7) 式之對稱係數矩陣 $\mathbf{A}$，具有一組由特徵向量所構成之單範正交基底。因此，如果我們用它們作爲行向量，則可得一正交矩陣 $\mathbf{X}$，可使得 $\mathbf{X}^{-1}=\mathbf{X}^{\mathrm{T}}$。因此由 (5) 式我們可得 $\mathbf{A}=\mathbf{XDX}^{-1}=\mathbf{XDX}^{\mathrm{T}}$。代入 (7) 式得

(8) $$Q=\mathbf{x}^{\mathrm{T}}\mathbf{XDX}^{\mathrm{T}}\mathbf{x}$$

如果我們令 $\mathbf{X}^{\mathrm{T}}\mathbf{x}=\mathbf{y}$，因爲 $\mathbf{X}^{\mathrm{T}}=\mathbf{X}^{-1}$，則可得 $\mathbf{X}^{-1}\mathbf{x}=\mathbf{y}$，並因此得到

(9) $$\mathbf{x}=\mathbf{Xy}$$

另外，在 (8) 式中我們有 $\mathbf{x}^{\mathrm{T}}\mathbf{X}=(\mathbf{X}^{\mathrm{T}}\mathbf{x})^{\mathrm{T}}=\mathbf{y}^{\mathrm{T}}$ 及 $\mathbf{X}^{\mathrm{T}}\mathbf{x}=\mathbf{y}$，所以 Q 簡化爲

(10) $$Q=\mathbf{y}^{\mathrm{T}}\mathbf{Dy}=\lambda_1 y_1^2+\lambda_2 y_2^2+\cdots+\lambda_n y_n^2$$

由此可證下述的基本定理。

定理 5

主軸定理 (Principal axes theorem)

代換式 (9) 可以將二次形式

$$Q=\mathbf{x}^{\mathrm{T}}\mathbf{Ax}=\sum_{j=1}^{n}\sum_{k=1}^{n}a_{jk}x_j x_k \qquad (a_{kj}=a_{jk})$$

轉換為主軸形式或正則形式 (*canonical form*) (10)，其中 $\lambda_p,\cdots,\lambda_n$ (不必為相異) 為 (對稱！) 矩陣 $\mathbf{A}$ 的特徵值，而 $\mathbf{X}$ 為一正交矩陣，且相對應之特徵向量 $\boldsymbol{x}_1,\ldots,\boldsymbol{x}_n$ 為其行向量。

例題 6 主軸轉換、圓錐曲線

請找出下列二次形式所代表之圓錐曲線類型，並將其轉換至主軸：

$$Q=17x_1^2-30x_1x_2+17x_2^2=128$$

解

由 $Q=\mathbf{x}^{\mathrm{T}}\mathbf{Ax}$，其中

$$\mathbf{A}=\begin{bmatrix}17 & -15\\ -15 & 17\end{bmatrix}, \qquad \mathbf{x}=\begin{bmatrix}x_1\\ x_2\end{bmatrix}$$

特徵方程式爲 $(17-\lambda)^2-15^2=0$。它的根是 $\lambda_1=2$、$\lambda_2=32$。故 (10) 式變成

$$Q=2y_1^2+32y_2^2$$

可看出 $Q=128$ 代表橢圓 $2y_1^2+32y_2^2=128$，亦即

$$\frac{y_1^2}{8^2}+\frac{y_2^2}{2^2}=1$$

如果我們要求得在 x_1x_2 座標系中的主軸方向，我們必須先求出正規化之特徵向量，將 $\lambda=\lambda_1=2$ 和 $\lambda=\lambda_2=32$ 代入 $(\mathbf{A}-\lambda\mathbf{I})\mathbf{x}=\mathbf{0}$，然後再用 (9) 式。我們得到

$$\begin{bmatrix}1/\sqrt{2}\\1/\sqrt{2}\end{bmatrix} \quad \text{和} \quad \begin{bmatrix}-1/\sqrt{2}\\1/\sqrt{2}\end{bmatrix}$$

因此

$$\mathbf{x}=\mathbf{X}\mathbf{y}=\begin{bmatrix}1/\sqrt{2} & -1/\sqrt{2}\\1/\sqrt{2} & 1/\sqrt{2}\end{bmatrix}\begin{bmatrix}y_1\\y_2\end{bmatrix}, \qquad \begin{aligned}x_1&=y_1/\sqrt{2}-y_2/\sqrt{2}\\x_2&=y_1/\sqrt{2}+y_2/\sqrt{2}\end{aligned}$$

此爲 45° 旋轉。此結果與 8.2 節例題 1 相吻合，除了符號不同外。請同時參考該例題之圖 160。■

習題集 8.4

1–5 相似矩陣具有相同特徵值

請對 $\mathbf{A}$ 與 $\hat{\mathbf{A}}=\mathbf{P}^{-1}\mathbf{AP}$ 驗證此敘述。如果 $\mathbf{y}$ 是 $\hat{\mathbf{A}}$ 的特徵向量，證明 $\mathbf{x}=\mathbf{Py}$ 是 $\mathbf{A}$ 的特徵向量，請寫出詳細過程。

1. $\mathbf{A}=\begin{bmatrix}3 & 4\\4 & -3\end{bmatrix}$, $\mathbf{P}=\begin{bmatrix}-4 & 2\\3 & -1\end{bmatrix}$

2. $\mathbf{A}=\begin{bmatrix}1 & 0\\9 & -1\end{bmatrix}$, $\mathbf{P}=\begin{bmatrix}4 & -1\\-2 & -4\end{bmatrix}$

3. $\mathbf{A}=\begin{bmatrix}8 & -4\\2 & 2\end{bmatrix}$, $\mathbf{P}=\begin{bmatrix}0.28 & 0.96\\-0.96 & 0.28\end{bmatrix}$

4. $\mathbf{A}=\begin{bmatrix}0 & 0 & 2\\0 & 3 & 2\\1 & 0 & 1\end{bmatrix}$, $\mathbf{P}=\begin{bmatrix}2 & 0 & 3\\0 & 1 & 0\\3 & 0 & 5\end{bmatrix}$, $\lambda_1=3$

5. $\mathbf{A}=\begin{bmatrix}-2 & 0 & 12\\-2 & 4 & 4\\-2 & 0 & 12\end{bmatrix}$, $\mathbf{P}=\begin{bmatrix}0 & 1 & 0\\1 & 0 & 0\\0 & 0 & 1\end{bmatrix}$

6. **專題 矩陣相似性** 相似性是很基本的考量，例如在設計數值方法時。

(a) 跡數 (Trace) 由定義，$n\times n$ 矩陣 $\mathbf{A}=[a_{jk}]$ 的**跡數**爲對角線元素之和。

$$\text{trace}\ \ \mathbf{A}=a_{11}+a_{22}+\cdots+a_{nn}\ 。$$

請證明跡數等於特徵值之和，特徵值之計算次數依照代數重數所示。用習題 1、3、5 中的矩陣 $\mathbf{A}$ 說明此點。

(b) 乘積之跡數 令 $\mathbf{B}=[b_{jk}]$ 爲 $n\times n$ 矩陣，證明相似矩陣具有相同之跡數。先證明

$$\text{trace}\ \ \mathbf{AB}=\sum_{i=1}^{n}\sum_{l=1}^{n}a_{il}b_{li}=\text{trace}\ \ \mathbf{BA}$$

(c) 請求出 (4) 式中 $\hat{\mathbf{A}}$ 與 $\hat{\mathbf{A}}=\mathbf{PAP}^{-1}$ 之關係。

(d) 對角線化 在 (5) 式中，若要改變 $\mathbf{D}$ 中特徵值之順序，例如將 $d_{11}=\lambda_1$ 與 $d_{22}=\lambda_2$ 互換，則應該要如何做？

7. **無基底** 找出其它無特徵基底的 2×2 與 3×3 矩陣。

8. **單範正交基底** 請利用其它例子進一步說明定理 2。

9–16 矩陣對角線化

請求出特徵基底並對角線化，請寫出細節。

9. $\begin{bmatrix}2 & 4\\4 & 2\end{bmatrix}$

10. $\begin{bmatrix}1 & 0\\4 & -1\end{bmatrix}$

11. $\begin{bmatrix}-19 & 7\\-42 & 16\end{bmatrix}$

12. $\begin{bmatrix}-4.3 & 7.7\\1.3 & 9.3\end{bmatrix}$

13. $\begin{bmatrix}6 & 0 & 0\\12 & 2 & 0\\21 & -6 & 9\end{bmatrix}$

14. $\begin{bmatrix} -5 & -6 & 6 \\ -9 & -8 & 12 \\ -12 & -12 & 16 \end{bmatrix}, \quad \lambda_1 = -2$

15. $\begin{bmatrix} -1 & 2 & -2 \\ 2 & 4 & 1 \\ 2 & 1 & 4 \end{bmatrix}, \quad \lambda_1 = 5$

16. $\begin{bmatrix} -1 & -1 & 0 \\ -1 & -1 & 0 \\ 0 & 0 & 2 \end{bmatrix}$

17–23 主軸、圓錐曲線

所給定之二次形式代表何種圓錐曲線 (或一對直線)？將之轉換至主軸。如同例題 6，將 $\mathbf{x}^T = [x_1 \quad x_2]$ 以新座標向量 $\mathbf{y}^T = [y_1 \quad y_2]$ 表示。

17. $7x_1^2 + 6x_1x_2 + 7x_2^2 = 200$

18. $4x_1^2 + 6x_1x_2 - 4x_2^2 = 10$

19. $3x_1^2 + 22x_1x_2 + 3x_2^2 = 0$

20. $9x_1^2 + 6x_1x_2 + x_2^2 = 10$

21. $x_1^2 - 12x_1x_2 + x_2^2 = 70$

22. $4x_1^2 + 12x_1x_2 + 13x_2^2 = 16$

23. $-11x_1^2 + 84x_1x_2 + 24x_2^2 = 156$

24. 定性 (definiteness) 二次形式 $Q(\mathbf{x}) = \mathbf{x}^T\mathbf{A}\mathbf{x}$ 及其 (對稱！) 矩陣 **A** 稱為 **(a) 正定 (positive definite)**，若對所有 $\mathbf{x} \neq \mathbf{0}$，$Q(\mathbf{x}) > 0$；**(b) 負定 (negative definite)**，若對所有 $\mathbf{x} \neq 0$，$Q(\mathbf{x}) < 0$；**(c) 不定 (indefinite)**，若 $Q(\mathbf{x})$ 具有正值及負值 (請見圖 162)。[若對所有的 **x** 都有 $Q(\mathbf{x}) \geq 0$ ($Q(\mathbf{x}) \leq 0$)，則稱 $Q(\mathbf{x})$ 和 **A** 為準正定 (*positive semidefinite*) (或準負定)]。證明 (a)、(b) 及 (c) 成立的充份且必要條件是，**A** 的特徵值為 (a) 全部為正、(b) 全部為負及 (c) 同時有正有負。提示：利用定理 5。

25. 定性 (definiteness) 一個具有對稱矩陣 **A** 之二次形式 $Q(\mathbf{x}) = \mathbf{x}^T\mathbf{T}\mathbf{x}$，其為正定之充要條件為，所有**主子行列式值 (principal minor)** 為正 (請見參考書目 [B3]，vol. 1，p.306)，亦即，

$$a_{11} > 0, \quad \begin{vmatrix} a_{11} & a_{12} \\ a_{12} & a_{22} \end{vmatrix} > 0,$$

$$\begin{vmatrix} a_{11} & a_{12} & a_{13} \\ a_{12} & a_{22} & a_{23} \\ a_{13} & a_{23} & a_{33} \end{vmatrix} > 0, \quad \cdots, \quad \det \mathbf{A} > 0$$

證明習題 22 的形式為正定，而習題 23 的為不定。

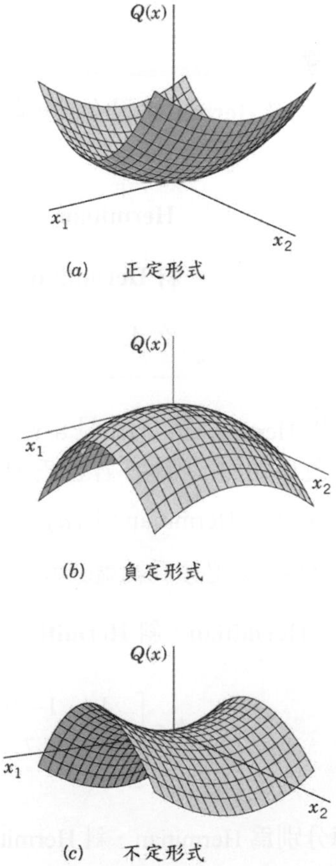

圖 162 二個變數的二次形式 (習題 24)

8.5 複數矩陣與形式 (Complex Matrices and Forms) (選讀)

在 8.3 節所介紹的三類實數矩陣，在複數中均有相對應的矩陣；這些矩陣在某些應用中相當有用，例如量子力學。這主要是因爲它們的值譜 (spectra)，如本節定理 1 所述。第二個主題則是將 8.4 節的二次形式推廣到複數 (要複習複數的讀者可參考 13.1 節)。

符號

$\overline{\mathbf{A}} = [\overline{a}_{jk}]$ 是來自 $\mathbf{A} = [a_{jk}]$，將它的每一個元素 $a_{jk} = \alpha + i\beta$ (α, β 實數) 換成共軛複數 $\overline{a}_{jk} = \alpha - i\beta$。而 $\overline{\mathbf{A}}^{\mathrm{T}} = [\overline{a}_{kj}]$ 爲 $\overline{\mathbf{A}}$ 之轉置矩陣，亦爲 A 的共軛轉置矩陣。

例題 1 符號

若 $\mathbf{A} = \begin{bmatrix} 3+4i & 1-i \\ 6 & 2-5i \end{bmatrix}$，則 $\overline{\mathbf{A}} = \begin{bmatrix} 3-4i & 1+i \\ 6 & 2+5i \end{bmatrix}$ 且 $\overline{\mathbf{A}}^{\mathrm{T}} = \begin{bmatrix} 3-4i & 6 \\ 1+i & 2+5i \end{bmatrix}$ ■

定 義

Hermitian、斜 Hermitian 及么正矩陣 (Unitary Matrix)

一方陣 $\mathbf{A} = [a_{kj}]$ 稱爲

Hermitian 若 $\overline{\mathbf{A}}^{\mathrm{T}} = \mathbf{A}$， 亦即， $\overline{a}_{kj} = a_{jk}$

斜 Hermitian 若 $\overline{\mathbf{A}}^{\mathrm{T}} = -\mathbf{A}$， 亦即， $\overline{a}_{kj} = -a_{jk}$

么正 若 $\overline{\mathbf{A}}^{\mathrm{T}} = \mathbf{A}^{-1}$。

前兩類是以 Hermite 命名 (請見 8.5 節習題之註解 13)。

由定義可知如下特性。若 **A** 爲 Hermitian，則主對角線元素必定滿足 $\overline{a}_{jj} = a_{jj}$；亦即，爲實數。同理，若 **A** 爲斜 Hermitian，則 $\overline{a}_{jj} = -a_{jj}$。如果我們設 $a_{jj} = \alpha + i\beta$，這就成爲 $\alpha - i\beta = -(\alpha + i\beta)$，故 $\alpha = 0$，使得 a_{jj} 必須爲純虛數或爲 0。

例題 2 Hermitian、斜 Hermitian 及么正矩陣

$$\mathbf{A} = \begin{bmatrix} 4 & 1-3i \\ 1+3i & 7 \end{bmatrix} \quad \mathbf{B} = \begin{bmatrix} 3i & 2+i \\ -2+i & -i \end{bmatrix} \quad \mathbf{C} = \begin{bmatrix} \frac{1}{2}i & \frac{1}{2}\sqrt{3} \\ \frac{1}{2}\sqrt{3} & \frac{1}{2}i \end{bmatrix}$$

以上矩陣分別爲 Hermitian、斜 Hermitian 及么正矩陣，可依定義自行證明。 ■

若 Hermitian 矩陣爲實數，則 $\overline{\mathbf{A}}^{\mathrm{T}} = \mathbf{A}^{\mathrm{T}} = \mathbf{A}$。故實數 Hermitian 矩陣爲對稱矩陣 (8.3 節)。
同理，若斜 Hermitian 矩陣爲實數，則 $\overline{\mathbf{A}}^{\mathrm{T}} = \mathbf{A}^{\mathrm{T}} = -\mathbf{A}$。故實數斜 Hermitian 矩陣爲斜對稱矩陣。
最後，若一么正矩陣爲實數，則 $\overline{\mathbf{A}}^{\mathrm{T}} = \mathbf{A}^{\mathrm{T}} = \mathbf{A}^{-1}$。故實數么正矩陣爲正交矩陣。
由上述可知 Hermitian，斜 Hermitian 及么正矩陣分別爲對稱、斜對稱及正交矩陣之一般化。

8.5.1　特徵值

相當值得注意的是，對於我們所考慮的矩陣，其值譜之特性可以用下述之通用方法來分類 (請見圖 163)。

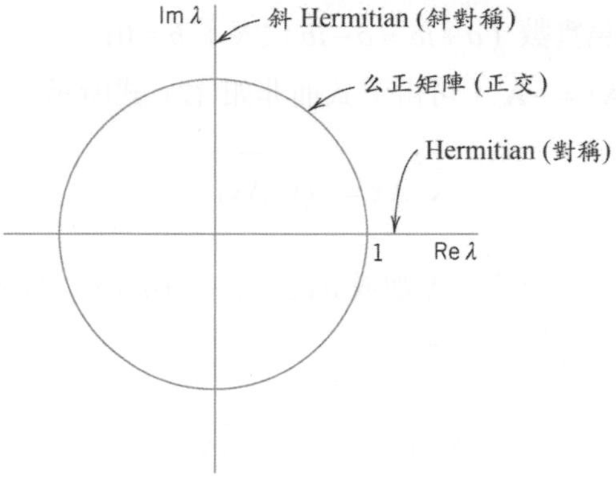

圖 163　Hermitian、斜 Hermitian 及么正矩陣之特徵值在複數 λ 平面上的位置

定理 1

特徵值

(a) Hermitian 矩陣 (因此也包含對稱矩陣) 之特徵值爲實數。

(b) 斜 Hermitian 矩陣 (及斜對稱矩陣) 之特徵值爲純虛數或零。

(c) 么正矩陣 (及正交矩陣) 之特徵值的絕對值爲 1。

例題 3　定理 1 之說明

對於例題 2 中之矩陣，可直接計算得

矩陣	特徵方程式	特徵值
A　Hermitian	$\lambda^2-11\lambda+18=0$	9,　2
B　斜 Hermitian	$\lambda^2-2i\lambda+8=0$	$4i$,　$-2i$
C　么正矩陣	$\lambda^2-i\lambda-1=0$	$\frac{1}{2}\sqrt{3}+\frac{1}{2}i$,　$-\frac{1}{2}\sqrt{3}+\frac{1}{2}i$

且 $\left|\pm\frac{1}{2}\sqrt{3}+\frac{1}{2}i\right|^2=\frac{3}{4}+\frac{1}{4}=1$。 ■

證明

我們要證明定理 1。令 λ 及 $\mathbf{x}$ 分別爲 $\mathbf{A}$ 的特徵值與特徵向量。將 $\mathbf{Ax}=\lambda\mathbf{x}$ 左乘 $\bar{\mathbf{x}}^{\mathrm{T}}$ 得 $\bar{\mathbf{x}}^{\mathrm{T}}\mathbf{Ax}=\lambda\bar{\mathbf{x}}^{\mathrm{T}}\mathbf{x}$，然後同除 $\bar{\mathbf{x}}^{\mathrm{T}}\mathbf{x}=\bar{x}_1x_1+\cdots+\bar{x}_nx_n=|x_1|^2+\cdots|x_n|^2$，此爲實數且不爲 0，因爲 $\mathbf{x}\neq\mathbf{0}$。由此得

(1)
$$\lambda=\frac{\bar{\mathbf{x}}^{\mathrm{T}}\mathbf{Ax}}{\bar{\mathbf{x}}^{\mathrm{T}}\mathbf{x}}$$

(a) 若 **A** 爲 Hermitian，則 $\overline{\mathbf{A}}^{\mathrm{T}} = \mathbf{A}$ 或 $\mathbf{A}^{\mathrm{T}} = \overline{\mathbf{A}}$，我們要證明 (1) 式之分子爲實數，以使得 λ 爲實數。由於 $\overline{\mathbf{x}}^{\mathrm{T}}\mathbf{A}\mathbf{x}$ 是一個純量，取轉置沒有影響。因此，

(2) $$\overline{\mathbf{x}}^{\mathrm{T}}\mathbf{A}\mathbf{x} = (\overline{\mathbf{x}}^{\mathrm{T}}\mathbf{A}\mathbf{x})^{\mathrm{T}} = \mathbf{x}^{\mathrm{T}}\mathbf{A}^{\mathrm{T}}\overline{\mathbf{x}} = \mathbf{x}^{\mathrm{T}}\overline{\mathbf{A}}\,\overline{\mathbf{x}} = \overline{(\overline{\mathbf{x}}^{\mathrm{T}}\mathbf{A}\mathbf{x})}$$

$\overline{\mathbf{x}}^{\mathrm{T}}\mathbf{A}\mathbf{x}$ 等於其共軛複數，故必爲實數 ($a+ib = a-ib$ 代表了 $b=0$)。

(b) 若 **A** 爲斜 Hermitian，則 $\mathbf{A}^{\mathrm{T}} = -\overline{\mathbf{A}}$，可得下式而非如 (2) 式所示

(3) $$\overline{\mathbf{x}}^{\mathrm{T}}\mathbf{A}\mathbf{x} = -\overline{(\overline{\mathbf{x}}^{\mathrm{T}}\mathbf{A}\mathbf{x})}$$

所以 $\overline{\mathbf{x}}^{\mathrm{T}}\mathbf{A}\mathbf{x}$ 爲其共軛複數之負值，故爲純虛數或 0 ($a+ib = -(a-ib)$ 代表了 $a=0$)。

(c) 令 **A** 爲么正，取 $\mathbf{A}\mathbf{x} = \lambda\mathbf{x}$ 及其共軛轉置

$$(\overline{\mathbf{A}}\,\overline{\mathbf{x}})^{\mathrm{T}} = (\overline{\lambda}\,\overline{\mathbf{x}})^{\mathrm{T}} = \overline{\lambda}\,\overline{\mathbf{x}}^{\mathrm{T}}$$

將兩式左側與右分別相乘，

$$(\overline{\mathbf{A}}\,\overline{\mathbf{x}})^{\mathrm{T}}\mathbf{A}\mathbf{x} = \overline{\lambda}\lambda\overline{\mathbf{x}}^{\mathrm{T}}\mathbf{x} = |\lambda|^2\,\overline{\mathbf{x}}^{\mathrm{T}}\mathbf{x}$$

但 **A** 爲么正，$\overline{\mathbf{A}}^{\mathrm{T}} = \mathbf{A}^{-1}$，所以左側成爲

$$(\overline{\mathbf{A}}\,\overline{\mathbf{x}})^{\mathrm{T}}\mathbf{A}\mathbf{x} = \overline{\mathbf{x}}^{\mathrm{T}}\overline{\mathbf{A}}^{\mathrm{T}}\mathbf{A}\mathbf{x} = \overline{\mathbf{x}}^{\mathrm{T}}\mathbf{A}^{-1}\mathbf{A}\mathbf{x} = \overline{\mathbf{x}}^{\mathrm{T}}\mathbf{I}\mathbf{x} = \overline{\mathbf{x}}^{\mathrm{T}}\mathbf{x}$$

合在一起 $\overline{\mathbf{x}}^{\mathrm{T}}\mathbf{x} = |\lambda|^2\,\overline{\mathbf{x}}^{\mathrm{T}}\mathbf{x}$。除以 $\overline{\mathbf{x}}^{\mathrm{T}}\mathbf{x}$ $(\neq 0)$ 可得 $|\lambda|^2 = 1$。故 $|\lambda| = 1$。

此即證明了定理 1 及 8.3 節之定理 1 和 5。 ■

正交矩陣的主要特性 (內積不變性、列向量與行向量之單範正交性；請見 8.3 節) 以一種傑出的方式一般化至么正矩陣。

爲了說明這點，不用 R^n，我們現在使用由具有 n 個複數分量的所有複數向量所構成之**複數向量空間 C^n**，將複數視爲純量。對此類複數向量，其**內積**之定義爲 (上橫槓代表共軛複數)

(4) $$\mathbf{a}\bullet\mathbf{b} = \overline{\mathbf{a}}^{\mathrm{T}}\mathbf{b}$$

此種複數向量之長度 (length) 或範數 (norm) 爲實數，定義爲

(5) $$\|\mathbf{a}\| = \sqrt{\mathbf{a}\bullet\mathbf{a}} = \sqrt{\overline{\mathbf{a}}_j^{\mathrm{T}}\mathbf{a}} = \sqrt{\overline{a}_1a_1 + \cdots + \overline{a}_na_n} = \sqrt{|a_1|^2 + \cdots + |a_n|^2}$$

定理 2

內積之不變性

一么正轉換 (unitary transformation)，亦即 $\mathbf{y} = \mathbf{A}\mathbf{x}$，其中 **A** 爲么正矩陣，會保留內積 (4) 之值，故也會保留範數 (5) 之值。

證明

證明與 8.3 節定理 2 相同，此定理是它的一般化。與 8.3 節 (9) 式類似，但要加上槓號，可得

$$\mathbf{u} \bullet \mathbf{v} = \overline{\mathbf{u}}^{\mathrm{T}} \mathbf{v} = (\overline{\mathbf{A}}\overline{\mathbf{a}})^{\mathrm{T}} \mathbf{A}\mathbf{b} = \overline{\mathbf{a}}^{\mathrm{T}} \overline{\mathbf{A}}^{\mathrm{T}} \mathbf{A}\mathbf{b} = \overline{\mathbf{a}}^{\mathrm{T}} \mathbf{I}\mathbf{b} = \overline{\mathbf{a}}^{\mathrm{T}} \mathbf{b} = \mathbf{a} \bullet \mathbf{b}$$

實數向量之單範正交系統 (請見 8.3 節) 在複數形式之類比的定義如下。

定 義

么正系統

么正系統為滿足下列關係式之複數向量集合：

(6) $$\mathbf{a}_j \bullet \mathbf{a}_k = \overline{\mathbf{a}}_j^{\mathrm{T}} \mathbf{a}_k = \begin{cases} 0 & \text{if } j \neq k \\ 1 & \text{if } j = k \end{cases}$$

8.3 節定理 3 延伸至複數如下所述。

定理 3

行及列向量之么正系統

某複數方陣為么正，若且唯若其行向量 (及其列向量) 構成一么正系統。

證明

證明與 8.3 節之定理 3 相同，除了在本節中 $\overline{\mathbf{A}}^{\mathrm{T}} = \mathbf{A}^{-1}$ 及 (4) 和 (6) 式要加上槓槓外。

定理 4

么正矩陣之行列式

令 A 為一么正矩陣，則其行列式之絕對值為一，亦即 $|\det \mathbf{A}| = 1$ 。

證明

如同在 8.3 節中，可得

$$\begin{aligned} 1 = \det(\mathbf{A}\mathbf{A}^{-1}) &= \det(\mathbf{A}\overline{\mathbf{A}}^{\mathrm{T}}) = \det \mathbf{A} \det \overline{\mathbf{A}}^{\mathrm{T}} = \det \mathbf{A} \det \overline{\mathbf{A}} \\ &= \det \mathbf{A} \overline{\det \mathbf{A}} = |\det \mathbf{A}|^2 \end{aligned}$$

故 $|\det \mathbf{A}| = 1$ (其中 $\det \mathbf{A}$ 現在可以為複數)。 ■

例題 4 **說明定理 1c 及定理 2–4 之么正矩陣**

對向量 $\mathbf{a}^{\mathrm{T}} = [2 \quad -i]$ 和 $\mathbf{b}^{\mathrm{T}} = [1+i \quad 4i]$ ，我們得到 $\overline{\mathbf{a}}^{\mathrm{T}} = [2 \quad i]^{\mathrm{T}}$ 和 $\overline{\mathbf{a}}^{\mathrm{T}} \mathbf{b} = 2(1+i) - 4 = -2 + 2i$ 且有

$$\mathbf{A} = \begin{bmatrix} 0.8i & 0.6 \\ 0.6 & 0.8i \end{bmatrix} \quad \text{同時} \quad \mathbf{A}\mathbf{a} = \begin{bmatrix} i \\ 2 \end{bmatrix} \quad \text{且} \quad \mathbf{A}\mathbf{b} = \begin{bmatrix} -0.8 + 3.2i \\ -2.6 + 0.6i \end{bmatrix}$$

你可輕易驗證以上結果。由此得 $(\overline{\mathbf{A}\mathbf{a}})^{\mathrm{T}}\mathbf{A}\mathbf{b}=-2+2i$，說明了定理 2，此爲么正矩陣。其行向量形成一么正系統

$$\bar{\mathbf{a}}_1^{\mathrm{T}}\mathbf{a}_1=-0.8i\cdot 0.8i+0.6^2=1,\quad \bar{\mathbf{a}}_1^{\mathrm{T}}\mathbf{a}_2=-0.8i\cdot 0.6+0.6\cdot 0.8i=0,\quad \bar{\mathbf{a}}_2^{\mathrm{T}}\mathbf{a}_2=0.6^2+(-0.8i)\,0.8i=1,$$

而其列向量亦同。同時，$\det\mathbf{A}=-1$。特徵值爲 $0.6+0.8\,i$ 及 $-0.6+0.8\,i$，特徵向量分別爲 $[1\quad 1]^{\mathrm{T}}$ 與 $[1\quad -1]^{\mathrm{T}}$。■

8.4 節定理 2 中關於特徵基底的存在性，可依下述推廣至複數矩陣。

定理 5

特徵向量基底

一個 *Hermitian*、斜 *Hermitian* 或么正矩陣之特徵向量為么正系統，並構成 C^n 之基底。

證明請見參考書目 [B3]，vol.1，pp.270–272 及 p.244 (定義 2)。

例題 5　么正特徵基底

例題 2 中之矩陣 **A**、**B**、**C** 具有下列特徵向量之么正系統，請自行驗證。

A: $\dfrac{1}{\sqrt{35}}[1-3i\quad 5]^{\mathrm{T}}\quad(\lambda=9)$，　$\dfrac{1}{\sqrt{14}}[1-3i\quad -2]^{\mathrm{T}}\quad(\lambda=2)$

B: $\dfrac{1}{\sqrt{30}}[1-2i\quad -5]^{\mathrm{T}}\quad(\lambda=-2i)$，　$\dfrac{1}{\sqrt{30}}[5\quad 1+2i]^{\mathrm{T}}\quad(\lambda=4i)$

C: $\dfrac{1}{\sqrt{2}}[1\quad 1]^{\mathrm{T}}\quad\left(\lambda=\dfrac{1}{2}(i+\sqrt{3})\right)$　$\dfrac{1}{\sqrt{2}}[1\quad -1]^{\mathrm{T}}\quad\left(\lambda=\dfrac{1}{2}(i-\sqrt{3})\right)$ ■

8.5.2　Hermitian 與斜 Hermitian 形式

二次形式 (8.4 節) 之觀念可以延伸至複數。我們稱 (1) 式中之分子 $\bar{\mathbf{x}}^{\mathrm{T}}\mathbf{A}\mathbf{x}$ 爲**形式 (form)**，其中 **x** 之分量 $x_1,\cdots,x_n$ 現在可爲複數。此形式爲 n^2 項之和

$$\begin{aligned}\bar{\mathbf{x}}^{\mathrm{T}}\mathbf{A}\mathbf{x}&=\sum_{j=1}^{n}\sum_{k=1}^{n}a_{jk}\bar{x}_jx_k\\&=\ a_{11}\bar{x}_1x_1+\cdots+a_{1n}\bar{x}_1x_n\\&\quad+a_{21}\bar{x}_2x_1+\cdots+a_{2n}\bar{x}_2x_n\\&\quad+\cdots\cdots\cdots\cdots\cdots\\&\quad+a_{n1}\bar{x}_nx_1+\cdots+a_{nn}\bar{x}_nx_n\end{aligned}\tag{7}$$

A 稱爲其**係數矩陣 (coefficient matrix)**。若 **A** 爲 Hermitian 或斜 Hermitian，則此形式分別稱爲 **Hermitian** 或**斜 Hermitian 形**。*Hermitian* 形式之值為實數，而斜 *Hermitian* 形式之值為純虛數或零。這可由 (2) 式與 (3) 式直接看出，並代表了這些形式在物理學中的重要性。注意，(2) 式與 (3) 式對任何向量均成立，因爲在 (2) 式與 (3) 式的証明中，我們並未使用 **x** 爲特徵向量之假設，而只有使用 $\bar{\mathbf{x}}^{\mathrm{T}}\mathbf{x}$ 爲實數且不爲零之假設。

例題 6 Hermitian 形式

對例題 2 中之 **A**，取 $\mathbf{x} = [1+i \quad 5i]^T$ 可得

$$\bar{\mathbf{x}}^T\mathbf{A}\mathbf{x} = [1-i \quad -5i]\begin{bmatrix} 4 & 1-3i \\ 1+3i & 7 \end{bmatrix}\begin{bmatrix} 1+i \\ 5i \end{bmatrix} = [1-i \quad -5i]\begin{bmatrix} 4(1+i)+(1-3i)\cdot 5i \\ (1+3i)(1+i)+7\cdot 5i \end{bmatrix} = 223$$ ■

很明顯地，若 (4) 式中 **A** 與 **x** 爲實數，則 (7) 式可化簡爲二次形式，如前一節所討論的。

習題集 8.5

1–6 特徵值與特徵向量

所給矩陣是否爲 Hermitian？斜 Hermitian？或么正矩陣？請求出下列矩陣之特徵值及特徵向量

1. $\begin{bmatrix} 2 & i \\ -i & 2 \end{bmatrix}$

2. $\begin{bmatrix} i & 1+i \\ -1+i & 0 \end{bmatrix}$

3. $\begin{bmatrix} \frac{1}{4} & i\sqrt{2} \\ i\sqrt{2} & \frac{1}{4} \end{bmatrix}$

4. $\begin{bmatrix} 0 & i \\ i & 0 \end{bmatrix}$

5. $\begin{bmatrix} -i & 0 & 0 \\ 0 & i & 0 \\ 0 & 0 & -i \end{bmatrix}$

6. $\begin{bmatrix} 0 & 2+2i & 0 \\ 2-2i & 0 & 2+2i \\ 0 & 2-2i & 0 \end{bmatrix}$

7. **Pauli 自旋矩陣** 請求出所謂 *Pauli* 自旋矩陣 (*Pauli spin matrices*) 之特徵值及特徵向量，並證明 $\mathbf{S}_x\mathbf{S}_y = i\mathbf{S}_z$、$\mathbf{S}_y\mathbf{S}_x = -i\mathbf{S}_z$、$\mathbf{S}_x^2 = \mathbf{S}_y^2 = \mathbf{S}_z^2 = \mathbf{I}$，其中

$$\mathbf{S}_x = \begin{bmatrix} 0 & 1 \\ 1 & 0 \end{bmatrix}, \quad \mathbf{S}_y = \begin{bmatrix} 0 & -i \\ i & 0 \end{bmatrix}, \quad \mathbf{S}_z = \begin{bmatrix} 1 & 0 \\ 0 & -1 \end{bmatrix}$$

8. **特徵向量** 請求出例題 2 與例題 3 中 **A**、**B**、**C** 之特徵向量。

9–12 複數形式

請問下列矩陣 **A** 爲 Hermitian 或是斜 Hermitian？請求出 $\bar{\mathbf{x}}^T\mathbf{A}\mathbf{x}$。請寫出細節。

9. $\mathbf{A} = \begin{bmatrix} 2 & 3-2i \\ -3-2i & 2 \end{bmatrix}, \quad \mathbf{x} = \begin{bmatrix} 1+i \\ 1-i \end{bmatrix}$

10. $\mathbf{A} = \begin{bmatrix} i & -1+2i \\ 1+2i & 0 \end{bmatrix}, \quad \mathbf{x} = \begin{bmatrix} 3 \\ 2i \end{bmatrix}$

11. $\mathbf{A} = \begin{bmatrix} i & -1 & -1+i \\ 1 & 0 & 2i \\ 1+i & 2i & i \end{bmatrix}, \quad \mathbf{x} = \begin{bmatrix} -i \\ -i \\ i \end{bmatrix}$

12. $\mathbf{A} = \begin{bmatrix} 1 & i & 4 \\ -i & 3 & 0 \\ 4 & 0 & 2 \end{bmatrix}, \quad \mathbf{x} = \begin{bmatrix} 1 \\ i \\ -i \end{bmatrix}$

13–20 一般性問題

13. **乘積** 對任意 $n \times n$ 之 Hermitian 矩陣 **A**、斜 Hermitian 矩陣 **B** 及么正矩陣 **C**，請證明 $\overline{(\mathbf{ABC})}^T = -\mathbf{C}^{-1}\mathbf{BA}$。

14. **乘積** 證明例題 2 中的矩陣 **A** 及 **B** 滿足 $\overline{(\mathbf{BA})}^T = -\mathbf{AB}$。並對任意 $n \times n$ 之 Hermitian 矩陣 **A** 及斜 Hermitian 矩陣 **B** 證明上式成立。

15. **分解** 請證明任意方陣可以寫成一 Hermitian 及一斜 Hermitian 矩陣之和，試舉例說明。

16. **么正矩陣** 請證明兩么正 $n \times n$ 矩陣之乘積，及么正矩陣之逆矩陣均爲么正，試舉例說明。

17. **么正矩陣之冪次**在應用中有時候可能相當簡單。請證明例題 2 中，$\mathbf{C}^{12} = \mathbf{I}$，並舉出其它例子。

18. **正規矩陣** 此重要觀念代表一矩陣與其共軛轉置之可交換性，$\mathbf{A}\bar{\mathbf{A}}^T = \bar{\mathbf{A}}^T\mathbf{A}$。請證明 Hermitian、斜 Hermitian 及么正矩陣爲正規。請各別舉例。

19. **正規準則** 請證明 $\mathbf{A}$ 爲正規的條件是，若且唯若習題 18 中之 Hermitian 及斜 Hermitian 矩陣爲可交換。

20. 請找出一不爲正規之簡單矩陣。請找出一不爲 Hermitian、斜 Hermitian 或么正之正規矩陣。

第 8 章 複習題

1. 求解特徵值問題時，所給定與所求得者各爲何？
2. 請舉出幾個特徵值問題的典型應用。
3. 是否存在沒有特徵值之方陣？
4. 實數矩陣是否可以具有複數特徵值？複數矩陣是否可以具有實數特徵值？
5. 5 × 5 矩陣是否一定具有實數特徵值？
6. 特徵值的代數重數是什麼？缺陷是什麼？
7. 何謂特徵基底？何時存在？其重要性爲何？
8. 何時我們可期望會有正交特徵向量？
9. 對於我們討論過的三類實數矩陣及三類複數矩陣，敘述其定義及主要性質。
10. 何謂正規化？何謂主軸轉換？

11–15 值譜

求出特徵值，求出特徵向量。

11. $\begin{bmatrix} 1.5 & 0.50 \\ 0.50 & 1.5 \end{bmatrix}$

12. $\begin{bmatrix} -7 & 4 \\ -12 & 7 \end{bmatrix}$

13. $\begin{bmatrix} 8 & -1 \\ \frac{15}{4} & 4 \end{bmatrix}$

14. $\begin{bmatrix} 7 & 2 & -1 \\ 2 & 7 & 1 \\ -1 & 1 & 8.5 \end{bmatrix}$

15. $\begin{bmatrix} 0 & -4 & -8 \\ 4 & 0 & -8 \\ 8 & 8 & 0 \end{bmatrix}$

16–17 相似性

請驗證 $\mathbf{A}$ 與 $\hat{\mathbf{A}} = \mathbf{p}^{-1}\mathbf{AP}$ 具有相同值譜。

16. $\mathbf{A} = \begin{bmatrix} -4 & 13 \\ 13 & -4 \end{bmatrix}$, $\mathbf{P} = \begin{bmatrix} 1 & -1 \\ 1 & 1 \end{bmatrix}$

17. $\mathbf{A} = \begin{bmatrix} 5 & -2 \\ -10 & -3 \end{bmatrix}$, $\mathbf{P} = \begin{bmatrix} 2 & -2 \\ 1 & -3 \end{bmatrix}$

18. $\mathbf{A} = \begin{bmatrix} -4 & 6 & 6 \\ 0 & 2 & 0 \\ -1 & 1 & 1 \end{bmatrix}$, $\mathbf{P} = \begin{bmatrix} 1 & 8 & -7 \\ 0 & 1 & 3 \\ 0 & 0 & 1 \end{bmatrix}$

19–21 對角線化

請求出特徵基底並對角線化。

19. $\begin{bmatrix} -0.85 & 1.0 \\ -1.0 & 1.20 \end{bmatrix}$

20. $\begin{bmatrix} 27 & -17 \\ -17 & 315 \end{bmatrix}$

21. $\begin{bmatrix} -12 & 22 & 6 \\ 8 & 2 & 6 \\ -8 & 20 & 16 \end{bmatrix}$

22–25 圓錐曲線、主軸

轉換爲正則形式 (轉換到主軸)。將 $[x_1 \quad x_2]^T$ 用新變數 $[y_1 \quad y_2]^T$ 來表示。

22. $9x_1^2 - 6x_1x_2 + 17x_2^2 = 36$
23. $4x_1^2 + 24x_1x_2 - 14x_2^2 = 20$
24. $6x_1^2 + 16x_1x_2 - 6x_2^2 = 0$
25. $3.7x_1^2 + 3.2x_1x_2 + 1.3x_2^2 = 4.5$

第 8 章摘要 線性代數：矩陣特徵值問題

在實用上矩陣特徵值問題非常的重要。特徵值問題是由以下的向量方程式所定義

(1) $$\mathbf{Ax} = \lambda \mathbf{x}$$

其中矩陣 **A** 爲一已知方陣。本章中所有矩陣均爲**方陣**，λ 爲純量。求解問題 (1) 即表示求出 λ 值，稱爲 **A** 的**特徵值**，使得 (1) 式具有非簡明解 **x** (也就是 $\mathbf{x} \neq \mathbf{0}$)，稱爲矩陣 **A** 對應於該 λ 之**特徵向量**。一個 $n \times n$ 矩陣最少有一個最多 n 個數值相異的特徵值。也就是下列**特徵方程式**之解 (8.1 節)

$$D(\lambda) = \det(\mathbf{A} - \lambda\mathbf{I}) = \begin{vmatrix} a_{11}-\lambda & a_{12} & \cdots & a_{1n} \\ a_{21} & a_{22}-\lambda & \cdots & a_{2n} \\ \cdot & \cdot & \cdots & \cdot \\ a_{n1} & a_{n2} & \cdots & a_{nn}-\lambda \end{vmatrix} = 0 \tag{2}$$

$D(\lambda)$ 稱爲 **A** 的**特徵行列式**。將其展開可得到 **A** 的**特徵多項式**，它是 λ *的* n 次多項式。在 8.2 節介紹了一些典型的應用實例。

8.3 節著重於**對稱矩陣** ($\mathbf{A}^{\mathrm{T}} = \mathbf{A}$)、**斜對稱矩陣** ($\mathbf{A}^{\mathrm{T}} = -\mathbf{A}$) 及**正交矩陣** ($\mathbf{A}^{\mathrm{T}} = \mathbf{A}^{-1}$) 的特徵值問題。8.4 節則討論矩陣對角線化與二次形式之主軸轉換，以及其與特徵值之關係。

在 8.5 節中，則將 8.3 節中的矩陣延伸至其在複數中之類比，稱爲 **Hermitian** ($\mathbf{A}^{\mathrm{T}} = \mathbf{A}$)、**斜 Hermitian** ($\mathbf{A}^{\mathrm{T}} = -\mathbf{A}$) 及**么正矩陣** ($\overline{\mathbf{A}}^{\mathrm{T}} = \mathbf{A}^{-1}$)。Hermitian 矩陣 (及對稱矩陣) 之所有特徵值均爲實數。斜 Hermitian (及斜對稱) 矩陣之特徵值爲純虛數或零。么正 (及正交) 矩陣之特徵值的絕對值爲 1。

CHAPTER 9

向量微分：梯度、散度、旋度 (Vector Differential Calculus. Grad, Div, Curl)

在許多不同領域的應用中都須要對**向量微積分**有所了解，這些領域包括了一般性的工程應用、物理學、電算科學，尤其是特定學門如固體力學、空氣動力學、流體力學、熱傳、靜電、量子物理、雷射、機器人等許多學門。此領域包含了向量微分與積分。的確，在這些領域中，工程師、科學家及數學家都須要有良好的基礎，因此我們在第 9 與第 10 章中細心揀選了恰當的內容來滿足以上的需求。

力量、速度和其它許多不同的物理量都可視爲向量。除以上所提到的各種應用，向量也經常出現在生物學與社會科學中。一般而言，向量問題都使用三**維空間**的模型，而這一個三維的空間中，距離的計算是依據畢氏定理 (Pythagorean theorem)。在眞實情況下，二**維空間** (平面) 只是特例。在三維空間中工作，我們必須將一般的微積分擴展到向量微積分，也就是我們在本章所要探討的，關於向量函數與向量場的微積分。

第 9 章的各節可分爲三組。9.1–9.3 節是將基本代數運算推廣到三維空間的向量運算的介紹。這些運算包含內積 (inner product) 和外積 (cross product)。9.4 和 9.5 節則介紹構成向量微積分的心臟部分。最後，9.7–9.9 節中討論著純量及向量場有關的三個重要概念：梯度 (9.7 節)、散度 (9.8 節) 及旋度 (9.9 節)。在本章中它們表示成卡氏座標，如果有須要，在附錄 A3.4 有一小節是它們的**曲線座標** ***(curvilinear coordinates)*** 形式。

我們將使這一章，**與第 *7* 章和第 *8* 章保持區隔**。本章的設計和第 7 章是一致的，我們將討論主題限制在二維和三維空間，提供豐富的理論，以及基本物理、工程和幾何的應用實例。

本章之先修課程：二階和三階行列式的基本運用，9.3 節。

短期課程可以省略的章節：9.5、9.6。

參考文獻與習題解答：附錄 1 的 B 部分及附錄 2。

9.1 二維空間與三維空間的向量 (Vector in 2-Space and 3-Space)

在工程、物理、數學及其它領域中，我們會遇到兩種物理量：分別爲純量 (scalar) 與向量 (vector)。

純量就是一個由它的大小所決定的量，它有一個特定數值，也就是一個數。純量的例子有時間、溫度、長度、距離、速率、密度、能量及電壓等。

相對的，**向量**則是同時由大小及方向所決定的量。我們可以說向量是一個**箭頭** **(*arrow*)** 或有**方向的線段** **(*directed line segment*)**。例如，一個速度向量包括長度或大小，如速率，以及方向，就是運動的方向。向量典型的例子有位移、速度及力，如圖 164。

更正式的，我們有以下做法。我們用粗體小寫字母代表向量，如 **a**、**b**、**v** 等。在手寫的時候，則可以使用箭號，例如 $\vec{a}$ (代替 **a**)，$\vec{b}$ (代替 **b**) 等等。

向量 (箭號) 具有一個尾端，稱爲**起始點** **(initial point)**，和一個尖端，稱爲**終止點** **(terminal point)**。這是受到圖 165 中三角形**平移** (有移位但沒有旋轉) 所啓發的想法，在這個圖中，向量 **a** 的起始點 P 是某一個點的原始位置，終止點 Q 則是該點經過平移以後的終止位置。此一箭號的長度等於 P 和 Q 之間的距離。它稱爲向量 **a** 的**長度** (或大小)，並且記做 $|\mathbf{a}|$。*長度*的另一個名字叫**範數** **(norm)**，或稱歐幾里德範數 (*Euclidean norm*)。

長度爲 1 的向量稱爲**單位向量** **(unit vector)**。

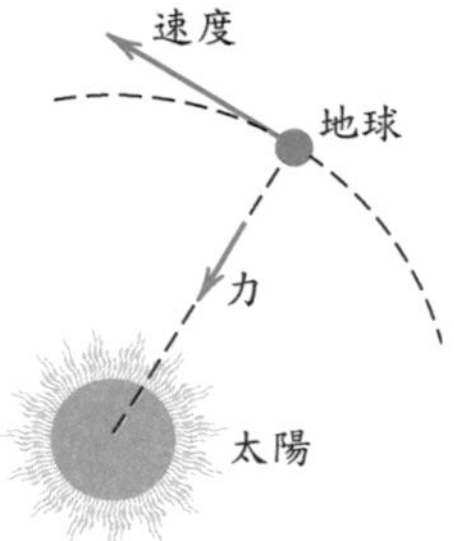

圖 164　力與速度

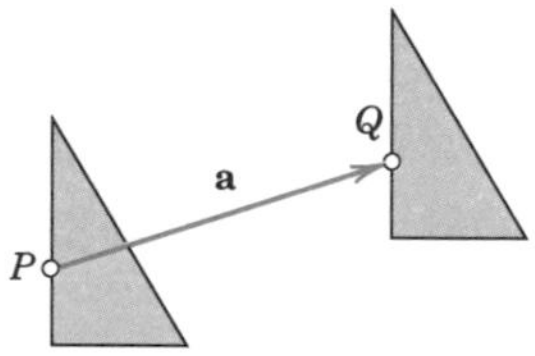

圖 165　平移

當然，我們希望能利用向量從事計算。例如，我們想要找到幾個力的合力，或者比較大小不同的平行力。這啓發了下一個觀念：定義向量的分量，以及向量的加法和純量乘法這兩個基本代數運算。

爲了達成這項目標，首先必須以能夠在實務上與力和其他應用相關的方式，來定義向量的相等。

定 義

向量的相等

如果兩個向量 **a** 和 **b** 具有相同長度和相同方向，則這兩個向量是相等的，寫成 $\mathbf{a} = \mathbf{b}$ [如圖 166 的解釋，特別注意 (B)]。故一個向量可以任意地平移；也就是說，它的起始點可以任意的選定。

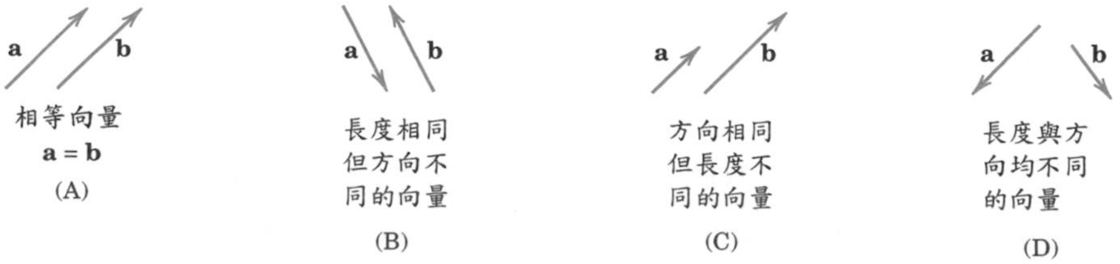

圖 166　(A) 相等的向量、(B)–(D) 不相等的向量

9.1.1 向量的分量

在空間中選擇一個 *xyz* **卡氏座標系統**[1] (圖 167)，也就是在三個互相垂直的座標軸上，使用相同度量標準的直角座標系統。令 **a** 是一個已知向量，有起始點 $P: (x_1, y_1, z_1)$ 和終止點 $Q: (x_2, y_2, z_2)$。則兩點之三個座標差值

(1) $$a_1 = x_2 - x_1, \quad a_2 = y_2 - y_1, \quad a_3 = z_2 - z_1$$

稱爲是向量 **a** 相對於該座標系統的**分量 (components)**，而且簡寫成 $\mathbf{a} = [a_1, a_2, a_3]$。請參看圖 168。

a 的**長度**爲 $|\mathbf{a}|$ 現在已經可以使用各分量來表示，因爲由 (1) 式和畢氏定理，我們可以得到

(2) $$|\mathbf{a}| = \sqrt{a_1^2 + a_2^2 + a_3^2}$$

例題 1 向量的分量與長度

向量 **a** 具有起始點 *P*: (4, 0, 2) 和終止點 *Q*: (6, –1, 2)，其分量爲

$$a_1 = 6 - 4 = 2, \quad a_2 = -1 - 0 = -1, \quad a_3 = 2 - 2 = 0$$

因此 $\mathbf{a} = [2, -1, 0]$。(2) 式告訴我們其長度爲

$$|\mathbf{a}| = \sqrt{2^2 + (-1)^2 + 0^2} = \sqrt{5}$$

如果選擇 (–1, 5, 8) 作爲 **a** 的起始點，則相對應的終止點是 (1, 4, 8)。

如果選擇原點 (0, 0, 0) 當作 **a** 的起始點，則相對應的終止點是 (2, –1, 0)；其座標值等於 **a** 的分量。這告訴我們，可以用一個向量來決定空間中任一點的位置，這向量稱爲位置向量 (*position vector*)，說明如下。 ■

在給定一個卡氏座標系以後，點 *A: (x, y, z)* 的**位置向量 r** 是以原點 (0, 0, 0) 作爲起始點，而且以 *A* 作爲終止點的向量 (參看圖 169)。因此，如果以分量加以表示，則爲 $\mathbf{r} = [x, y, z]$。在 (1) 式中，令 $x_1 = y_1 = z_1 = 0$，可以直接看出這個結果。

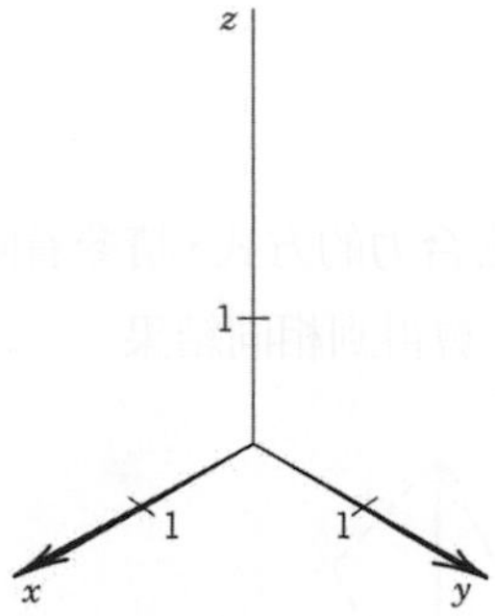

圖 167 卡氏座標系統

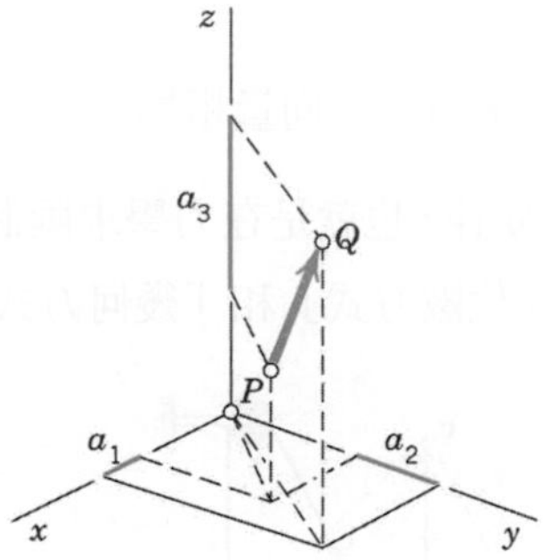

圖 168 一個向量的各分量

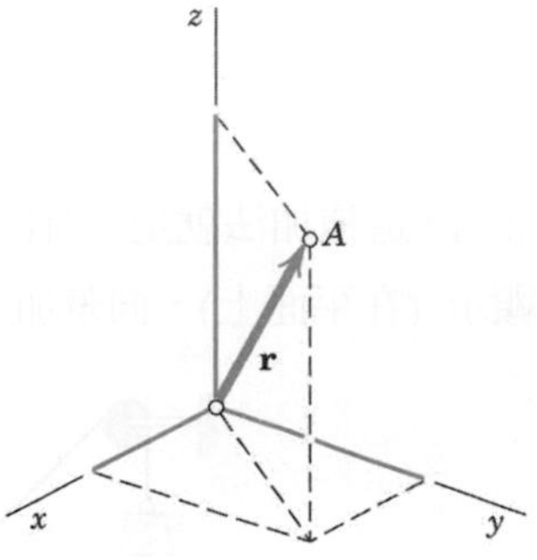

圖 169 點 *A*: (*x*, *y*, *z*) 的位置向量 **r**

[1] 以法國哲學暨數學家 RENATUS CARTESIUS (1596–1650) 命名，他創立了解析幾何學。他的基本研究 *Géométrie* appeared 出現於 1637 年，本是他的著作 *Discours de la méthode* 一書的附錄。

此外，如果將一個以點 P 爲起始點，而且以點 Q 爲終止點的向量 **a** 加以平移，則相對應的點 P 與 Q 的座標也會具有相同改變量，使得 (1) 式的差值保持不變。這證明了下述定理。

定理 1

以三個實數的有序組合當作向量

在給定某一個固定的卡氏座標系統以後，每一個向量都可藉著該向量的三個分量所組成的有序組合，予以獨一無二地決定出來。反之，每一組有序的三個實數 (a_1, a_2, a_3) 的組合，都恰好對應於一個向量 $\mathbf{a} = [a_1, a_2, a_3]$，其中 (0, 0, 0) 對應於**零向量 0**，其長度爲 0 而且沒有方向。

因此一個向量方程式 $\boldsymbol{a} = \boldsymbol{b}$ 相當於三個分量所形成的方程式 $a_1 = b_1$、$a_2 = b_2$、$a_3 = b_3$。

我們現在已經可以看出，在將向量以「幾何」形式定義成箭號以後，我們可以利用定理 1 來使向量呈現出「代數」特性。我們現在要由後者開始，反向進行。這顯示此兩種方法是等效的。

9.1.2 向量加法、純量乘法

用向量從事計算是相當有用的，而且計算過程幾乎就像實際數值的算術一樣簡單。我們先介紹向量的相加，稍後再介紹如何將向量乘以一個數。

定 義

向量加法

兩個向量 $\mathbf{a} = [a_1, a_2, a_3]$ 和 $\mathbf{b} = [b_1, b_2, b_3]$ 之**和**爲 $\mathbf{a} + \mathbf{b}$，是將對應之分量相加，

(3) $$\mathbf{a} + \mathbf{b} = [a_1 + b_1,\quad a_2 + b_2,\quad a_3 + b_3]$$

從幾何的觀點來看，將兩個向量放置成如圖 170 所示 (**b** 的起始點放在 **a** 的終止點上)；然後 **a** + **b** 等於由 **a** 的起始點畫到 **b** 的終止點的向量。

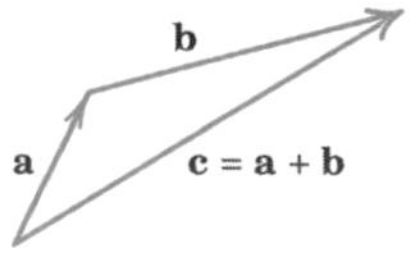

圖 170 向量相加

對於力而言，這種加法就是平行四邊形定律，也就是在力學求兩個力之**合力**的方式，請參看圖 171。圖 172 顯示 (在平面上)，向量加法的「代數方式」和「幾何方式」，會得到相同結果。

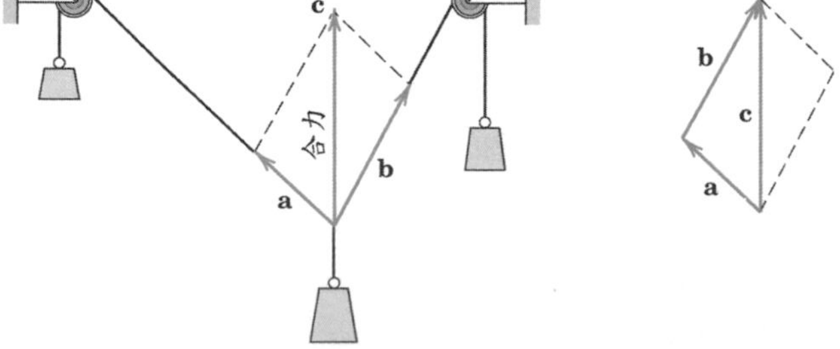

圖 171 兩力的合力 (平行四邊形定律)

向量加法的基本性質由實數的類似性質可得

(4)

(a) $\mathbf{a}+\mathbf{b}=\mathbf{b}+\mathbf{a}$　　(交換律)

(b) $(\mathbf{u}+\mathbf{v})+\mathbf{w}=\mathbf{u}+(\mathbf{v}+\mathbf{w})$　　(結合律)

(c) $\mathbf{a}+\mathbf{0}=\mathbf{0}+\mathbf{a}=\mathbf{a}$

(d) $\mathbf{a}+(-\mathbf{a})=\mathbf{0}$

性質 (a) 和 (b) 已在圖 173 和 174 中驗證。在這裡，$-\mathbf{a}$ 代表與 $\mathbf{a}$ 具相同長度 $|\mathbf{a}|$ 但是方向相反的向量。

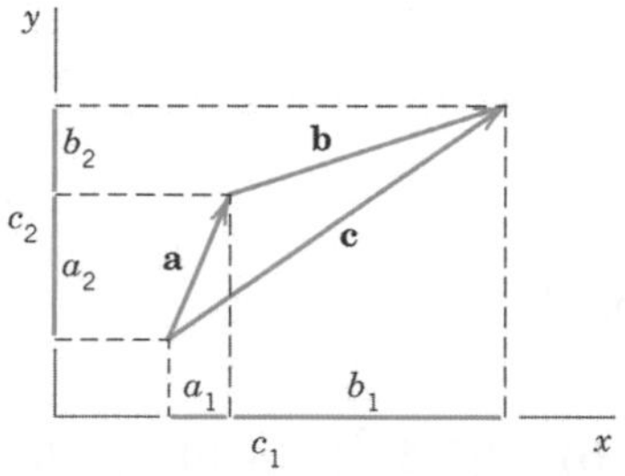

圖 172　向量相加

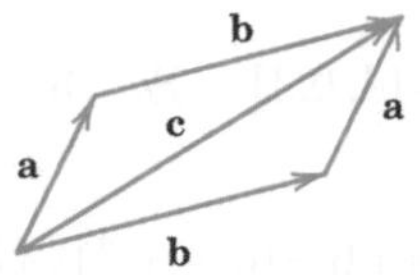

圖 173　向量加法的交換性

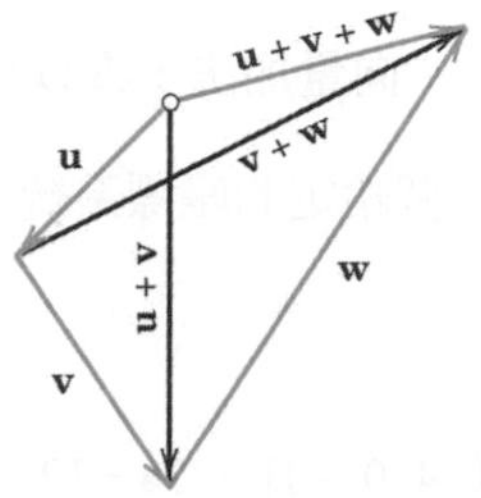

圖 174　向量加法的結合性

在 (4b) 中，可以只寫 $\mathbf{u}+\mathbf{v}+\mathbf{w}$，而且在多於三個向量的加法運算中，也是如此。對於 $\mathbf{a}+\mathbf{a}$，我們也可以寫 $2\mathbf{a}$ 並以此類推。這啓發我們 (以及剛剛所使用的符號 $-\mathbf{a}$) 如下所示，替向量定義第二個代數運算。

定　義

純量乘法 (乘以一數)

任何向量 $\mathbf{a}=[a_1, a_2, a_3]$ 與任何純量 c (實數 c) 的乘積 $c\mathbf{a}$ 爲一個向量，這個新向量的各分量是將 $\mathbf{a}$ 的相對應分量乘以 c 而得，

(5)
$$c\mathbf{a}=[ca_1, ca_2, ca_3]$$

就幾何的觀點而言，如果 $\mathbf{a}\neq\mathbf{0}$，則當 $c>0$ 的時候，$c\mathbf{a}$ 的方向與 $\mathbf{a}$ 相同，而當 $c<0$ 的時候，其方向與 $\mathbf{a}$ 相反。在任何情況下，$c\mathbf{a}$ 的長度爲 $|c\mathbf{a}|=|c||\mathbf{a}|$，如果 $\mathbf{a}=\mathbf{0}$ 或 $c=0$ (或兩者都爲零) 則 $c\mathbf{a}=\mathbf{0}$ (參看圖 175)。

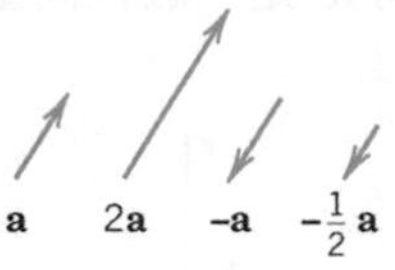

圖 175　純量乘法 [向量乘以純量 (數)]

純量乘法的基本性質由上述定義可以直接得到

(6)

$$\begin{aligned} &\text{(a)}\quad c(\mathbf{a}+\mathbf{b}) = c\mathbf{a}+c\mathbf{b} \\ &\text{(b)}\quad (c+k)\mathbf{a} = c\mathbf{a}+k\mathbf{a} \\ &\text{(c)}\quad c(k\mathbf{a}) = (ck)\mathbf{a} \qquad \text{(寫成 } ck\mathbf{a}\text{)} \\ &\text{(d)}\quad 1\mathbf{a} = \mathbf{a} \end{aligned}$$

讀者可以自行證明，對於任何向量 **a** 而言，(4) 式與 (6) 式代表了

(7)

$$\begin{aligned} &\text{(a)}\quad 0\mathbf{a} = \mathbf{0} \\ &\text{(b)}\quad (-1)\mathbf{a} = -\mathbf{a} \end{aligned}$$

對於 **b** + (–**a**)，可以直接寫成 **b** – **a** (圖 176)。

例題 2 向量加法、乘以純量

相對於一個給定的座標系統，令

$$\mathbf{a} = [4, 0, 1] \quad \text{及} \quad \mathbf{b} = [2, -5, \tfrac{1}{3}]$$

則 $-\mathbf{a} = [-4, 0, -1]$、$7\mathbf{a} = [28, 0, 7]$、$\mathbf{a}+\mathbf{b} = [6, -5, \frac{4}{3}]$ 且 $2(\mathbf{a}-\mathbf{b}) = 2[2, 5, \frac{2}{3}] = [4, 10, \frac{4}{3}] = 2\mathbf{a}-2\mathbf{b}$。■

單位向量 i, j, k 除了 $\mathbf{a} = [a_1, a_2, a_3]$ 以外，另一個常用的標記向量的方式為

(8)

$$\mathbf{a} = a_1\mathbf{i} + a_2\mathbf{j} + a_3\mathbf{k}$$

在這種表示法中，**i**、**j**、**k** 是卡氏座標系統各座標軸的各方向之單位向量 (圖 177)。因此，如果以分量加以表示，則

(9)

$$\mathbf{i} = [1, 0, 0], \quad \mathbf{j} = [0, 1, 0], \quad \mathbf{k} = [0, 0, 1]$$

而且 (8) 式的右側，等於三個平行於各座標軸之向量的和。

例題 3 向量的 i、j、k 標記法

在例題 2 中，我們可以將向量改寫成，$\mathbf{a} = 4\mathbf{i}+\mathbf{k}, \mathbf{b} = 2\mathbf{i}-5\mathbf{j}+\frac{1}{3}\mathbf{k}$，以此類推。■

配合剛剛定義過的向量加法和純量乘法兩種代數運算，所有向量 $\mathbf{a} = [a_1, a_2, a_3] = a_1\mathbf{i}+a_2\mathbf{j}+a_3\mathbf{k}$ (各分量為實數) 可形成**實數向量空間 R^3**。R^3 的**維 (dimension)** 數是 3。向量 **i**、**j**、**k** 三元組稱為卡氏座標系統 R^3 的**標準基底 (standard basis)**，對給定之向量，(8) 式的表示方式是唯一的。

如同 7.9 節已經討論過的，向量空間 R^3 是一般性向量空間的模型，但是在本章中並不須要使用到它。

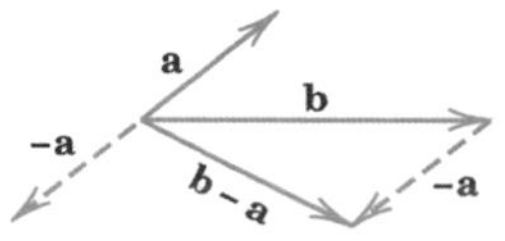

圖 176 向量的差

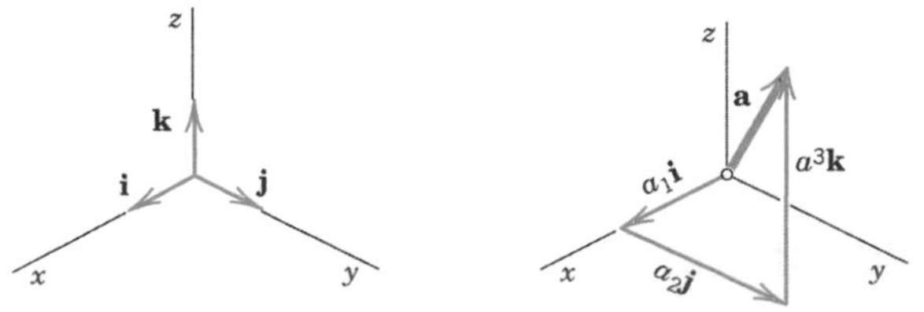

圖 177 單位向量 **i**、**j**、**k**，以及向量表示方式 (8)

習題集 9.1

1–5 分量和長度

求出具有下列給定起始點 P 和終止點 Q 的向量 $\mathbf{v}$ 的各分量，求出 $|\mathbf{v}|$。畫出 $|\mathbf{v}|$。然後求出在 $\mathbf{v}$ 的方向上的單位向量 $\mathbf{u}$。

1. P: (2, 1, 0), Q: (5, 3, 0)

2. P: (1, 1, 1), Q: (2, 2, 0)

3. P: (–3.5, 4.0, –1.5), Q: (7.5, 0, 1.5)

4. P: (1, 4, 2), Q: (–1, –4, –2)

5. P: (0, 0, 0), Q: $(3, \sqrt{7}, -3)$

6–10 求出具有下列所給定之分量與起始點 P 之向量 $\mathbf{v}$ 的終止點 Q。

6. 4, 0, 0; P: (0, 2, 13)

7. $-\frac{1}{4}, 2, \frac{1}{2}$; P: $(\frac{7}{4}, -2, \frac{3}{4})$

8. 13.1, 0.8, –2.0; P: (0, 0, 0)

9. 3, 1, –3; P: (–3, –1, –1)

10. 0, –3, 3; P: (0, 3, –3)

11–18 向量加法、純量乘法

令 $\mathbf{a} = [2, 3, 0] = 2\mathbf{i} + 3\mathbf{j}$；$\mathbf{b} = [4, -6, 0] = 4\mathbf{i} - 6\mathbf{j}$；$\mathbf{c} = [-1, 5, 3] = -\mathbf{i} + 5\mathbf{j} + 3\mathbf{k}$；$\mathbf{d} = [0, 0, 2] = 2\mathbf{k}$。試求下列各題

11. $4\mathbf{a}$, $\frac{1}{4}\mathbf{a}$, $-\mathbf{a}$

12. $(\mathbf{a} + \mathbf{b}) + \mathbf{c}$, $\mathbf{a} + (\mathbf{b} + \mathbf{c})$

13. $\mathbf{b} + \mathbf{c}$, $\mathbf{c} + \mathbf{b}$

14. $6\mathbf{c} - 3\mathbf{d}$, $3(2\mathbf{c} - \mathbf{d})$

15. $5(\mathbf{c} - \mathbf{b})$, $5\mathbf{c} - 5\mathbf{b}$

16. $\frac{6}{2}\mathbf{a} - 2\mathbf{c}$, $6(\frac{1}{2}\mathbf{a} - \frac{1}{3}\mathbf{c})$

17. $(5 - 2)\mathbf{a}$, $5\mathbf{a} - 2\mathbf{a}$

18. $2\mathbf{a} + 5\mathbf{b}$, $-2\mathbf{a} - 5\mathbf{b}$

19. 習題 12–16 顯示的是什麼定律？

20. 證明 (4) 式和 (6) 式。

21–25 力、合力

請求出合力，表示成分量與其大小值。

21. $\mathbf{p} = [2, 3, 0]$, $\mathbf{q} = [0, 6, 1]$, $\mathbf{u} = [2, 0, -4]$

22. $\mathbf{p} = [1, -2, 3]$, $\mathbf{q} = [3, 21, -16]$, $\mathbf{u} = [-4, -19, 13]$

23. $\mathbf{u} = [8, -1, 0]$, $\mathbf{v} = [\frac{1}{2}, 0, \frac{4}{3}]$, $\mathbf{w} = [-\frac{17}{2}, 1, \frac{11}{3}]$

24. $\mathbf{p} = [-1, 2, -3]$, $\mathbf{q} = [1, 1, 1]$, $\mathbf{u} = [1, -2, 2]$

25. $\mathbf{u} = [3, 1, -6]$, $\mathbf{v} = [0, 2, 5]$, $\mathbf{w} = [3, -1, -13]$

26–37 力、速度

26. 平衡 求 $\mathbf{v}$，以使得習題 21 中的 $\mathbf{p}$、$\mathbf{q}$、$\mathbf{u}$ 和 $\mathbf{v}$ 爲平衡。

27. 求 $\mathbf{p}$，以使得習題 23 中的 $\mathbf{u}$、$\mathbf{v}$、$\mathbf{w}$ 和 $\mathbf{p}$ 爲平衡。

28. 單位向量 求習題 24 之合力方向的單位向量。

29. 受限合力 求所有的 $\mathbf{v}$，使得 $\mathbf{v}$、$\mathbf{p}$、$\mathbf{q}$、$\mathbf{u}$ 的合力平行於 xy 平面，其中 $\mathbf{p}$、$\mathbf{q}$、$\mathbf{u}$ 如習題 21 所給。

30. 求 $\mathbf{v}$，以使得 $\mathbf{p}$、$\mathbf{q}$、$\mathbf{u}$、$\mathbf{v}$ 的合成沒有 x 及 y 方向的分量，其中 $\mathbf{p}$、$\mathbf{q}$、$\mathbf{u}$ 如習題 24 所給。

31. 當 k 爲何值時，[2, 0, –7]、[1, 2, –3] 和 [0, 3, k] 的合力會平行於 xy 平面？

32. 如果 $|\mathbf{p}| = 6$ 而且 $|\mathbf{q}| = 4$，那麼關於其合力的大小和方向，我們可做出怎樣的判斷？你能否想出一個在機器人上的應用？

33. 和習題 32 一樣的問題，不過此時 $|\mathbf{p}| = 9$、$|\mathbf{q}| = 6$、$|\mathbf{u}| = 3$。

34. 相對速度 如果飛機 A 及 B 正分別以速率 $|\mathbf{v}_A| = 550$ 哩／時朝西南，以及 $|\mathbf{v}_B| = 450$ 哩／時往西北飛行，試問 B 相對於 A 的相對速度 $\mathbf{v} = \mathbf{v}_B - \mathbf{v}_A$ 爲何？

35. 請針對兩艘船回答與習題 34 相同的問題，一艘船以速率 $|\mathbf{v}_A| = 22$ 節往東北行駛，另一艘船以速率 $|\mathbf{v}_B| = 19$ 節往西行駛。

36. 反射 如果有一道光線在兩個互相垂直的鏡面上各反射一次，請問關於反射後的光線，我們可以作出怎樣的判斷？

37. 力的多邊形、構架 求圖中所示兩桿 (構架) 系統上的力，其中 $|\mathbf{p}| = 1000$ nt。提示：處於平衡態的各力構成一個多邊形，即力的多邊形 (*force polygon*)。

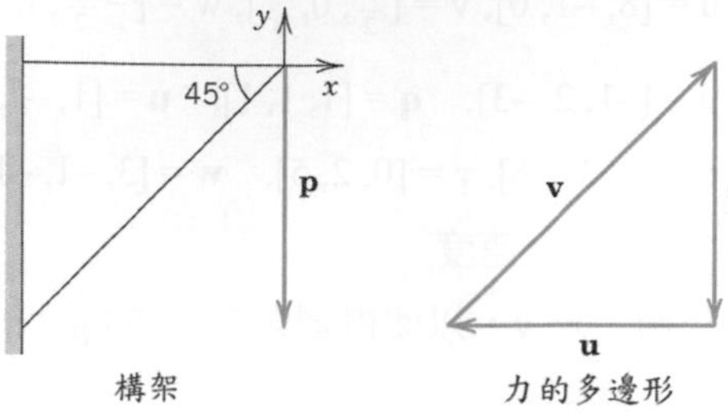

習題 37

38. 團隊專題 幾何應用 為增加你處理向量的技巧，請使用向量來證明下列敘述 (請參看所附圖形)。

(a) 平行四邊形的兩條對角線會彼此平分。

(b) 通過平行四邊形相鄰兩邊的中點的直線，會以 1：3 的比例分割對角線。

(c) 由 (a) 得到 (b)。

(d) 三角形的三條中線 (從頂點連接到對邊中點的線段) 會相交於一點，而且這一點將以 2：1 的比例分割中線。

(e) 任意四邊形的各邊中點作為頂點所形成的四邊形，是一個平行四邊形。

(f) 平行六面體的四條空間對角線會相交，並且彼此平分。

(g) 從一個正多邊形的中心點連接到各頂點的各向量，其和等於零向量。

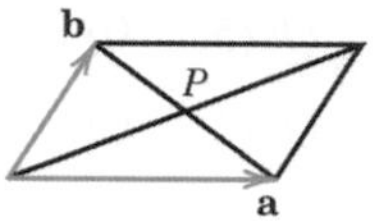

團隊專題 38(a)

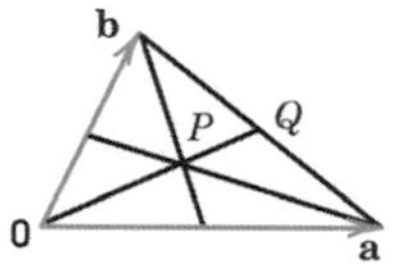

團隊專題 38(d)

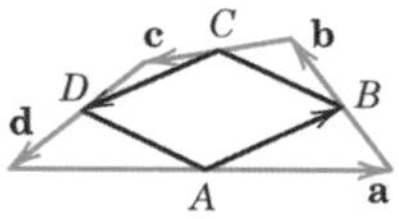

團隊專題 38(e)

9.2 向量內積 (點積) [Inner Product (Dot Product)]

9.2.1 正交性

使用內積 (inner product) 或點積 (dot product) 的動機是來自，計算固定受力下的功、求力的分量等應用上的需求。它包括了兩向量的長度，以及兩者之間的夾角。內積也是一種兩個向量相乘的乘法，定義的方式使它的結果成為一個純量。的確，內積也有人稱為純量積 (scalar product)，不過在此處我們不用這個名詞。內積的定義如下。

定 義

向量的內積 (點積)

兩個向量 **a** 與 **b** 的**內積 (inner product)** 或**點積 (dot product)** $\mathbf{a} \cdot \mathbf{b}$ (讀做 **a** dot **b**) 是它們的長度的乘積，再乘以兩個向量夾角的餘弦 (參看圖 178)，

(1)
$$\mathbf{a}\cdot\mathbf{b}=|\mathbf{a}||\mathbf{b}|\cos\gamma \qquad \text{if } \mathbf{a}\neq\mathbf{0},\mathbf{b}\neq\mathbf{0}$$
$$\mathbf{a}\cdot\mathbf{b}=0 \qquad \text{if } \mathbf{a}=\mathbf{0} \text{ or } \mathbf{b}=\mathbf{0}$$

就像圖 178 所顯示的，向量 **a** 與 **b** 之間的角度 γ 是將兩個向量的起始點重合在一起時所量得的，其中 $0 \le \gamma \le \pi$。

以分量表示，$\mathbf{a}=[a_1,a_2,a_3]$ 、$\mathbf{b}=[b_1,b_2,b_3]$ ，且

(2)
$$\mathbf{a}\cdot\mathbf{b}=a_1b_1+a_2b_2+a_3b_3$$

因爲當 $\mathbf{a}=\mathbf{0}$ 或 $\mathbf{b}=\mathbf{0}$ 的時候，γ 是未定義的，所以 (1) 式中的第二行是有必要的。以下說明由 (1) 式推導到 (2) 式的過程。

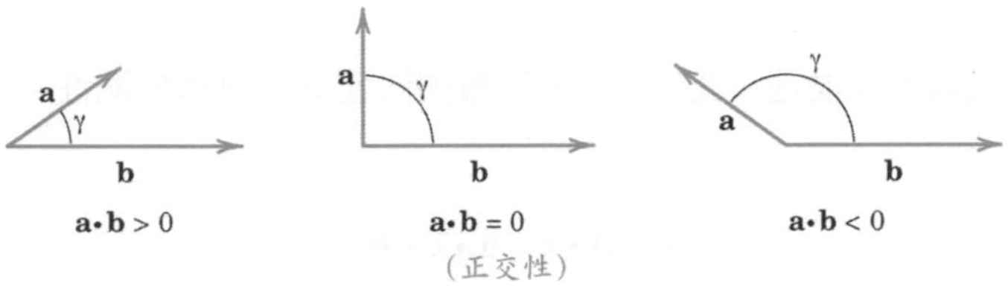

圖 178 向量之間的夾角以及內積的值

正交性 (orthogonality) 由於式 (1) 中的餘弦可能爲正、爲零或爲負，所以內積也可能如此 (圖 178)。在實務上內積爲零的情形具有特別的意義，同時也啓發了下列概念。

如果 $\mathbf{a}\cdot\mathbf{b}=0$ ，則稱向量 **a** **正交 (orthogonal)** 於向量 **b**。此時 **b** 也正交於 **a**，而且向量 **a** 和 **b** 稱爲**正交向量 (orthogonal vectors)**。很明顯地，對於兩個向量都不是零向量的情形而言，只有 $\cos\gamma=0$ 的時候，$\gamma=\pi/2$ (90°)，這才可能發生。這證明了下列重要定理，

定理 1

正交性準則 (orthogonality criterion)

若且唯若兩個非零向量彼此垂直，則這兩個向量的內積爲零。

長度和角度 當 $\mathbf{b}=\mathbf{a}$ 時，(1) 式變成 $\mathbf{a}\cdot\mathbf{a}=|\mathbf{a}|^2$ 。因此

(3)
$$|\mathbf{a}|=\sqrt{\mathbf{a}\cdot\mathbf{a}}$$

由 (3) 式和 (1) 式可以得到兩個非零向量的夾角 γ 爲

(4)
$$\cos\gamma=\frac{\mathbf{a}\cdot\mathbf{b}}{|\mathbf{a}||\mathbf{b}|}=\frac{\mathbf{a}\cdot\mathbf{b}}{\sqrt{\mathbf{a}\cdot\mathbf{a}}\sqrt{\mathbf{b}\cdot\mathbf{b}}}$$

例題 1 內積、向量之間的夾角

試求出 $\mathbf{a}=[1, 2, 0]$ 與 $\mathbf{b}=[3, -2, 1]$ 的內積和長度，以及兩向量之間的夾角。

解

$\mathbf{a} \cdot \mathbf{b} = 1 \cdot 3 + 2 \cdot (-2) + 0 \cdot 1 = -1$、$|\mathbf{a}| = \sqrt{\mathbf{a} \cdot \mathbf{a}} = \sqrt{5}$、$|\mathbf{b}| = \sqrt{\mathbf{b} \cdot \mathbf{b}} = \sqrt{14}$ 且由 (4) 式得到角度爲

$$\gamma = \cos^{-1} \frac{\mathbf{a} \cdot \mathbf{b}}{|\mathbf{a}||\mathbf{b}|} = \cos^{-1}(-0.11952) = 1.69061 = 96.865°$$ ■

由定義可以看出內積具有下列性質。對於任何向量 **a**、**b**、**c** 以及純量 q_1、q_2 而言，

(5)

(a) $(q_1\mathbf{a} + q_2\mathbf{b}) \cdot \mathbf{c} = q_1\mathbf{a} \cdot \mathbf{c} + q_1\mathbf{b} \cdot \mathbf{c}$ (線性)

(b) $\mathbf{a} \cdot \mathbf{b} = \mathbf{b} \cdot \mathbf{a}$ (線對稱性)

(c) $\mathbf{a} \cdot \mathbf{a} \geq 0$；$\mathbf{a} \cdot \mathbf{a} = 0$ 若且爲若 $\mathbf{a} = \mathbf{0}$ (正定性)

如 (5b) 所示，點乘法具有交換性。此外，對於向量加法運算它具有分配性。這可得自 (5a)，令其中 $q_1 = 1$ 及 $q_2 = 1$：

(5a*) $$(\mathbf{a} + \mathbf{b}) \cdot \mathbf{c} = \mathbf{a} \cdot \mathbf{c} + \mathbf{b} \cdot \mathbf{c}$$ (分配性)

更進一步說，由 (1) 式以及 $|\cos\gamma| \leq 1$，可以得到

(6) $$|\mathbf{a} \cdot \mathbf{b}| \leq |\mathbf{a}||\mathbf{b}|$$ (*Cauchy-Schwarz* 不等式)

利用這個不等式及 (3) 式，可證明 (參考習題 16)

(7) $$|\mathbf{a} + \mathbf{b}| \leq |\mathbf{a}| + |\mathbf{b}|$$ **(三角形不等式)**

就幾何的觀點而言，(7) 式中的 < 代表的意義爲，三角形的任一邊必然小於另兩邊的和；這就是 (7) 式名稱的來由。

利用內積進行一個簡單而且直接的計算，可證明

(8) $$|\mathbf{a} + \mathbf{b}|^2 + |\mathbf{a} - \mathbf{b}|^2 = 2(|\mathbf{a}|^2 + |\mathbf{b}|^2)$$ (平行四邊形等式)

(6)–(8) 式在所謂的希伯特空間 (*Hilbert spaces*) 中扮演一個很基本的角色，這是一個抽象的內積空間。希伯特空間構成量子力學的基礎，參考附錄 1 的參考文獻 [GenRef7]。

由 (1) 式推導出 (2) 式 和 9.1 節的 (8) 式一樣，我們令 $\mathbf{a} = a_1\mathbf{i} + a_2\mathbf{j} + a_3\mathbf{k}$ 及 $\mathbf{b} = b_1\mathbf{i} + b_2\mathbf{j} + b_3\mathbf{k}$。如果將它們代入 $\mathbf{a} \cdot \mathbf{b}$，並且利用 (5a*) 式，我們先得到 $3 \times 3 = 9$ 個乘積的和

$$\mathbf{a} \cdot \mathbf{b} = a_1b_1\mathbf{i} \cdot \mathbf{i} + a_1b_2\mathbf{i} \cdot \mathbf{j} + \cdots + a_3b_3\mathbf{k} \cdot \mathbf{k}$$

因爲 **i**、**j** 和 **k** 是單位向量，故利用 (3) 式可以得到 $\mathbf{i} \cdot \mathbf{i} = \mathbf{j} \cdot \mathbf{j} = \mathbf{k} \cdot \mathbf{k} = 1$。因爲這些座標軸彼此互相垂直，所以 **i**、**j** 和 **k** 也互相垂直，由定理 1 可以知道，這 9 個乘積中其它 6 個都等於零，那就是 $\mathbf{i} \cdot \mathbf{j} = \mathbf{j} \cdot \mathbf{i} = \mathbf{j} \cdot \mathbf{k} = \mathbf{k} \cdot \mathbf{j} = \mathbf{k} \cdot \mathbf{i} = \mathbf{i} \cdot \mathbf{k} = 0$。利用上述結果可以將 $\mathbf{a} \cdot \mathbf{b}$ 的和化簡成 (2) 式。 ■

9.2.2 內積的應用

接下來的例題與習題集 9.2，將討論一些內積的典型應用。

例題 2 以內積表示力所作的功

這是內積的一個主要應用。它考慮的是固定力 **p** 作用於一個物體上的情形 (對於力是*可變*的情形，請參看 10.1 節)令此一物體產生位移 **d**，則在此位移內由 **p** 所做的功可以定義成

(9) $$W = |\mathbf{p}||\mathbf{d}|\cos\alpha = \mathbf{p}\bullet\mathbf{d}$$

也就是，力的大小值 $|\mathbf{p}|$ 乘以位移長度 $|\mathbf{d}|$，再乘以 **p** 與 **d** 之間的夾角 α 的餘弦 (圖 179)。如果如圖 179 所示，$\alpha < 90°$ 則 $W > 0$。如果 **p** 與 **d** 是正交的，則功為零 (為什麼？)。如果 $\alpha > 90°$，則 $W < 0$，這代表的意義是，在此位移內，我們必須做功來抵抗這個力。舉例來說，試想以某個角度逆著水流游泳過河的情形。

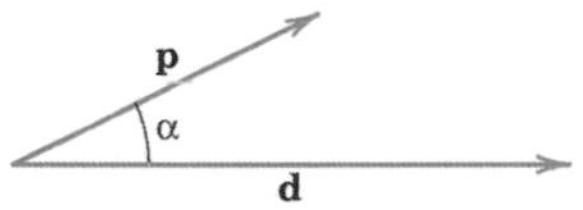

圖 179 力所做的功

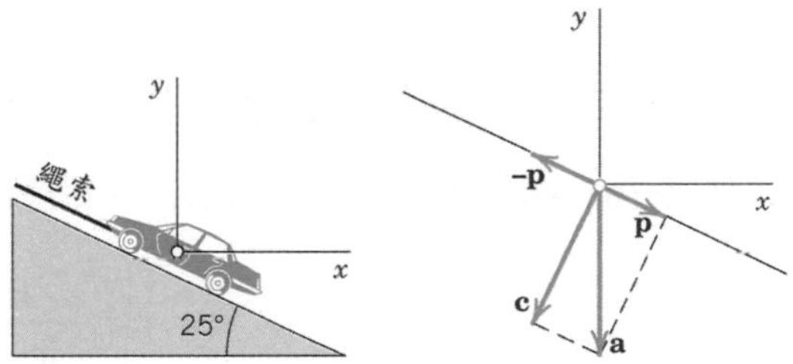

圖 180 例題 3

例題 3 力在某個給定方向的分量

如果在圖 180 中的斜坡與水平的夾角為 25°，試問圖中繩索必須施予多大的力，才能使 5000 lb 的車子維持靜止不動？

解

如圖所示設定座標系統，因為重力方向指向下，屬於負 y 方向，所以重量這個力可以表示成 $\mathbf{a} = [0, -5000]$。現在我們必須將 **a** 表示成兩個力的和，$\mathbf{a} = \mathbf{c} + \mathbf{p}$，其中 **c** 為車子作用在斜坡的力，我們對這個力並不感興趣，而 **p** 的方向與繩子平行。在繩子方向的向量為 (參看圖 180)

$$\mathbf{b} = [-1, \tan 25°] = [-1, 0.46631] \quad 因此 \quad |\mathbf{b}| = 1.10338$$

單位向量 **u** 的方向與繩子的方向相反

$$\mathbf{u} = -\frac{1}{|\mathbf{b}|}\mathbf{b} = [0.90631, -0.42262]$$

既然 $|\mathbf{u}| = 1$ 而且 $\cos\gamma > 0$，我們可將結果寫成

$$|\mathbf{p}| = (|\mathbf{a}|\cos\gamma)|\mathbf{u}| = \mathbf{a}\bullet\mathbf{u} = -\frac{\mathbf{a}\bullet\mathbf{b}}{|\mathbf{b}|} = \frac{5000 \cdot 0.46631}{1.10338} = 2113 \text{ lb}$$

我們同時可看到$\gamma = 90° - 25° = 65°$是 **a** 和 **p** 之間的夾角，所以

$$|\mathbf{p}| = |\mathbf{a}|\cos\gamma = 5000\cos 65° = 2113 \text{ lb}$$

答案：大約 2100 lb。 ■

例題 3 是一個典型的應用，它是關於一個向量 a 在向量 $b(\neq 0)$ 方向上的**分量或投影 (projection)**。如果我們將 **a** 在一條平行於 **b** 的直線 l 上的正交投影記為 p，如圖 181 所示，則

(10) $$p = |\mathbf{a}|\cos\gamma$$

在此，若 $p\mathbf{b}$ 與 **b** 同向，則 p 取正號，若 $p\mathbf{b}$ 與 **b** 反向則 p 取負號。

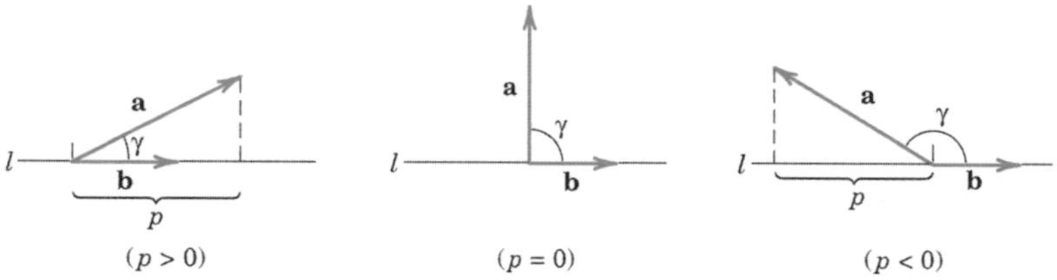

圖 181 向量 **a** 在向量 **b** 方向上的分量

將 (10) 式乘以 $|\mathbf{b}|/|\mathbf{b}| = 1$，結果可以在分子項得到$\mathbf{a} \cdot \mathbf{b}$ ，因此

(11) $$p = \frac{\mathbf{a} \cdot \mathbf{b}}{|\mathbf{b}|} \qquad (\mathbf{b} \neq \mathbf{0})$$

如果 **b** 是單位向量，我們經常用單位向量來指定一個特定方向，則 (11) 式可以直接寫成

(12) $$p = \mathbf{a} \cdot \mathbf{b} \qquad (|\mathbf{b}| = 1)$$

圖 182 顯示了向量 **a** 在向量 **b** 方向上的投影 p (與圖 181 所顯示的一樣)，以及向量 **b** 在向量 **a** 方向上的投影 $q = |\mathbf{b}|\cos\gamma$ 。

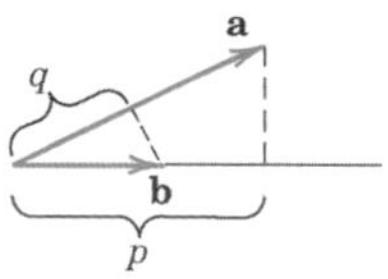

圖 182 **a** 在 **b** 上的投影 p，以及 **b** 在 **a** 上的投影 q

例題 4 單範正交基底 (orthonormal basis)

就定義而言，三維空間的一個**單範正交基底**，是由三個互相正交的單位向量所組成的基底 { **a, b, c** }。它有一個很大的優點是，當我們將一個給定向量 **v** 表示成 $\mathbf{v} = l_1\mathbf{a} + l_2\mathbf{b} + l_3\mathbf{c}$ 的時候，要決定其各係數會變得很簡單。我們說 $l_1 = \mathbf{a} \cdot \mathbf{v}, l_2 = \mathbf{b} \cdot \mathbf{v}, l_3 = \mathbf{c} \cdot \mathbf{v}$ 。確實，只要將前述向量表示式分別與 **a**、**b**、**c** 進行內積，並且利用基底的單範正交性 $\mathbf{a} \cdot \mathbf{v} = l_1\mathbf{a} \cdot \mathbf{a} + l_2\mathbf{a} \cdot \mathbf{b} = l_3\mathbf{a} \cdot \mathbf{c} = l_1$ 等，就可以直接得到這項結果。

例如，在 9.1 節 (8) 式中的單位向量 **i**、**j**、**k**，連同相對應的卡氏座標系統，形成一組單範正交基底，它稱為相對於該座標系統的**標準基底 (standard basis)**。 ■

例題 5 平面中的正交直線

求 xy 平面上的直線 L_1，它通過點 P: (1, 3)，並且垂直於直線 $L_2 : x-2y+2=0$，見圖 183。

解

基本想法是依據 (2) 式，將直線的通式 $L_1 : a_1x+a_2y=c$ 寫成 $\mathbf{a}\cdot\mathbf{r}=c$，其中 $\mathbf{a}=[a_1,a_2]\neq\mathbf{0}$ 且 $\mathbf{r}=[x,y]$。現在通過原點並且平行於 L_1 的直線 L_1^* 爲 $\mathbf{a}\cdot\mathbf{r}=0$。因此由定理 1 知，向量 $\mathbf{a}$ 垂直於 $\mathbf{r}$。因此它垂直於 L_1^* 也垂直於 L_1，因爲 L_1 和 L_1^* 爲平行。$\mathbf{a}$ 稱爲 L_1 的 (也是 L_1^* 的) **法向量 (normal vector)**。

現在直線 $x-2y+2=0$ 的法向量是 $\mathbf{b}=[1,-2]$。因此，如果 $\mathbf{b}\cdot\mathbf{a}=a_1-2a_2=0$，則 L_1 垂直於 L_2，舉例而言，如果 $\mathbf{a}=[2, 1]$。因爲 L_1 爲 $2x+y=c$。當 $2\cdot 1+3=c=5$ 的時候，L_1 會通過 P: (1, 3)。答案： $y=-2x+5$。請證明交點爲 $(x, y)=(1.6, 1.8)$。 ■

例題 6 平面的法線向量

試求出垂直於平面 $4x+2y+4z=-7$ 的單位向量。

解

利用 (2) 式，我們可以將空間中的任何平面寫成

$$\mathbf{a}\cdot\mathbf{r}=a_1x+a_2y+a_3z=c \tag{13}$$

其中 $\mathbf{a}=[a_1,a_2,a_3]\neq\mathbf{0}$，且 $\mathbf{r}=[x,y,z]$。在 $\mathbf{a}$ 方向上的單位向量爲 (圖 184)

$$\mathbf{n}=\frac{1}{|\mathbf{a}|}\mathbf{a}$$

將 (13) 式除以 $|\mathbf{a}|$，得到

$$\mathbf{n}\cdot\mathbf{r}=p \quad \text{其中} \quad p=\frac{c}{|\mathbf{a}|} \tag{14}$$

由 (12) 式我們可看出，p 是 $\mathbf{r}$ 在 $\mathbf{n}$ 方向上的投影。對於平面上任何一點的位置向量 $\mathbf{r}$，此投影量 $c/|\mathbf{a}|$ 是固定的。很明顯的，只有在 $\mathbf{n}$ 垂直於此平面時這才成立。$\mathbf{n}$ 稱爲此平面的**單位法向量 (unit normal vector)** (另一個爲 $-\mathbf{n}$)。

更進一步說，由上述推論和投影的定義可知，$|p|$ 是平面與原點之間的距離。表示式 (14) 稱爲一個平面的 **Hesse 正規化形式 (Hesse's normal form)**[2]。在我們目前的情況中，$\mathbf{a}=[4, 2, 4]$、$c=-7$、$|\mathbf{a}|=6$、$\mathbf{n}=\frac{1}{6}\mathbf{a}=[\frac{2}{3},\frac{1}{3},\frac{2}{3}]$，而且此平面距離原點 $\frac{7}{6}$。 ■

---

[2] LUDWIG OTTO HESSE (1811–1874)，德國數學家，他對曲線和曲面的理論有所貢獻。

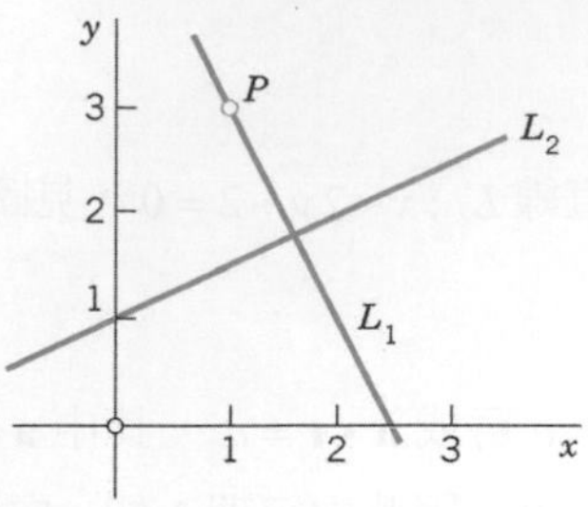

圖 183 例題 5

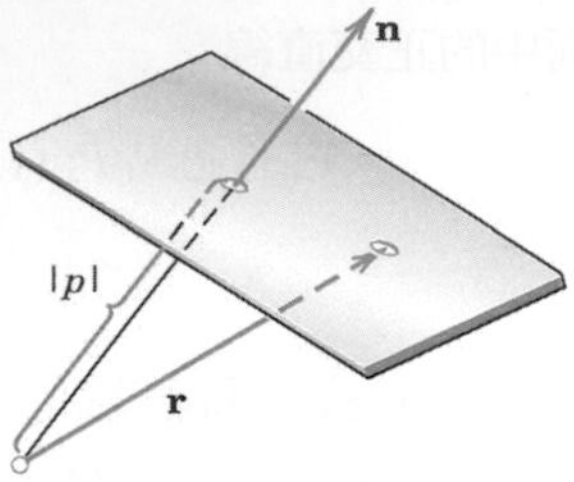

圖 184 平面的法向量

習題集 9.2

1–10 內積

令 $\mathbf{a} = [-1, 3, 2]$、$\mathbf{b} = [2, 0, 4]$、$\mathbf{c} = [2, -3, 3]$，試求下列各題

1. $\mathbf{a} \cdot \mathbf{b}$, $\mathbf{b} \cdot \mathbf{a}$, $\mathbf{b} \cdot \mathbf{c}$

2. $(-4\mathbf{a}+3\mathbf{c}) \cdot \mathbf{b}$, $12(\mathbf{a}-\mathbf{c}) \cdot \mathbf{b}$

3. $|\mathbf{a}|$, $|2\mathbf{b}|$, $|-\mathbf{c}|$

4. $|\mathbf{a}+\mathbf{b}|$, $|\mathbf{a}|+|\mathbf{b}|$

5. $|\mathbf{b}+\mathbf{c}|$, $|\mathbf{b}|+|\mathbf{c}|$

6. $|\mathbf{a}+\mathbf{c}|^2+|\mathbf{a}-\mathbf{c}|^2-2(|\mathbf{a}|^2+|\mathbf{c}|^2)$

7. $|\mathbf{a} \cdot \mathbf{c}|$, $|\mathbf{a}||\mathbf{c}|$

8. $4\mathbf{a} \cdot 7\mathbf{b}$, $28 \cdot \mathbf{b}$

9. $12\mathbf{a} \cdot \mathbf{b}+12\mathbf{a} \cdot \mathbf{c}$, $12\mathbf{a} \cdot (\mathbf{b}+\mathbf{c})$

10. $\mathbf{a} \cdot (\mathbf{b}-\mathbf{c})$, $(\mathbf{a}-\mathbf{b}) \cdot \mathbf{c}$

11–16 一般問題

11. 習題 1 和 4-7 顯示的是什麼規律？

12. 若 $\mathbf{u} = \mathbf{0}$ 則 $\mathbf{u} \cdot \mathbf{v} = \mathbf{u} \cdot \mathbf{w}$ 代表什麼？若 $\mathbf{u} \neq \mathbf{0}$ 又如何？

13. 證明 Cauchy-Schwarz 不等式。

14. 請利用前面的 **a** 和 **b**，驗證 Cauchy-Schwarz 不等式和三角形不等式。

15. 請證明平行四邊形等式，解釋此名稱的原因。

16. **三角形不等式** 請證明(7)，提示：針對 $|\mathbf{a}+\mathbf{b}|$ 運用 (3) 式，並且利用 (6) 式來證明 (7) 式的平方，接著再開根號。

17–20 功

如果一個物體受到力 **p** 的作用，由點 A 沿著直線線段 $\overline{AB}$ 移動到點 B，請求出力 **p** 對物體所作的功。畫出 $\overline{AB}$ 及 **p**。請寫出詳細過程。

17. $\mathbf{p} = [5, 3, 0]$, A:(3, 2, 2), B: **(4, 5, 5)**

18. $\mathbf{p} = [-1, -2, 4]$, A:(0, 0, 0), B: **(6, 7, 5)**

19. $\mathbf{p} = [0, 4, 3]$, A:(4, 5, –1), B: **(1, 3, 0)**

20. $\mathbf{p} = [6, -3, -3]$, A:(1, 5, 2) B: **(3, 4, 1)**

21. **合力** 兩力之合力在一定位移中所做的功，是否等於兩力分別作用於同樣位移之功的和？舉出一個反向的例子。

22–30 向量之間的夾角

令 $\mathbf{a} = [1, 1, 0]$、$\mathbf{b} = [3, 2, 1]$、$\mathbf{c} = [1, 0, 2]$，請求出下列向量之間的夾角：

22. $\mathbf{a}$, $\mathbf{b}$

23. $\mathbf{b}$, $\mathbf{c}$

24. $\mathbf{a}+\mathbf{c}$, $\mathbf{b}+\mathbf{c}$

25. 在習題 24 中，如果我們將 **c** 換成 $n\mathbf{c}$，且讓 n 值愈來愈大，夾角會如何？

26. **餘弦定理** 利用向量 **a**、**b** 和 $\mathbf{a}-\mathbf{b}$，推導餘弦定理。

27. **加法定理**

$\cos(\alpha-\beta) = \cos\alpha\cos\beta+\sin\alpha\sin\beta$ 利用 $\mathbf{a} = [\cos\alpha, \sin\alpha]$、$\mathbf{b} = [\cos\beta, \sin\beta]$，其中 $0 \le \alpha \le \beta \le 2\pi$，以得到上式。

28. **三角形** 求以 A: (0, 0, 2)、B: (3, 0,2)、及 C: (1, 1, 1) 爲頂點之三角形的各角。並且畫出此三角形。

29. **平行四邊形** 如果各頂點是 (0, 0)、(6, 0)、(8, 3)、(2, 3)，請求出此平行四邊形的各角。

30. **距離** 求點 $A:(1, 0, 2)$ 與平面 $P: 3x+y+z=9$ 間的距離，畫出圖形。

31–35 正交性之所以如此重要，主要是因爲如卡氏座標系這樣的正交座標系，它們的自然基底 [9.1 節之 (9) 式] 是由三個正交單位向量所構成。

31. 當 a_1 是多少的時候 $[a_1, 4, 3]$ 和 $[3, -2, 12]$ 是正交的？

32. **平面** 當 c 是多少的時候，$3x+z=5$ 和 $8x-y+cz=9$ 是正交的？

33. **單位向量** 試求出在平面中，垂直於 [3, 4] 的所有單位向量 $\mathbf{a}=[a_1, a_2]$。

34. **角形反射器** 對一組三個正交平面鏡，求入射光束與反射光束之間的夾角，這種平面鏡組合稱爲角形反射器 (*corner reflector*)。

35. **平行四邊形** 何時兩對角線會正交？請證明。

36–40 在某個向量方向上的分量

請求出 **a** 在 **b** 方向上的分量，畫出圖形。

36. $\mathbf{a}=[1, 1, 1]$, $\mathbf{b}=[2, 1, 3]$

37. $\mathbf{a}=[3, 4, 0]$, $\mathbf{b}=[4, -3, 2]$

38. $\mathbf{a}=[8, 2, 0]$, $\mathbf{b}=[-4, -1, 0]$

39. 在什麼情形下，向量 **a** 在向量 **b** 方向上的投影，會等於向量 **b** 在向量 **a** 方向上的投影？先猜測。

40. 如果改變 **b** 的長度，則 **a** 在 **b** 方向上的分量會如何？

9.3 向量積 (叉積) [Vector Product (Cross Product)]

我們要定義向量的另一種乘法，同樣是由應用的須要所啓發，它相乘的結果是一個向量。這和 9.2 節的內積相反，內積的結果是純量。我們可以建構出一個向量 **v**，使它垂直於平面上平行四邊形兩相鄰邊的向量 **a** 和 **b**，如圖 185 所示，並且使它的長度 $|\mathbf{v}|$ 在數值上等於該平行四邊形的面積。以下爲新的定義。

定 義

向量積 (叉積、外積)

兩個向量 **a** 與 **b** 的**向量積**或**叉積** **a** × **b** (讀做「**a** cross **b**」) 爲向量 **v**，記爲

$$\mathbf{v}=\mathbf{a}\times\mathbf{b}$$

I. 如果 $\mathbf{a}=\mathbf{0}$ 或 $\mathbf{b}=\mathbf{0}$，我們定義 $\mathbf{v}=\mathbf{a}\times\mathbf{b}=\mathbf{0}$。

II. 若兩者都不爲零向量，則向量 **v** 的長度爲

(1) $$|\mathbf{v}|=|\mathbf{a}\times\mathbf{b}|=|\mathbf{a}||\mathbf{b}|\sin\gamma,$$

其中 γ 是 **a** 與 **b** 的夾角，與 9.2 節的情形一樣。

此外，經由設計，**a** 和 **b** 構成空間中一平面上之平行四邊形的兩邊。在圖 185 中，此平行四邊形以藍色陰影區表示，此藍色區域的面積，正是 (1) 式，所以向量 **v** 的長度 $|\mathbf{v}|$ 恰等於該平行四邊形的面積。

III. 若 **a** 和 **b** 落於同一直線上，亦即 **a** 和 **b** 的方向相同或相反，所以 γ 爲 0° 或 180°，因此 $\sin\gamma = 0$。在此情形下，$|\mathbf{v}| = 0$ 所以 $\mathbf{v} = \mathbf{a} \times \mathbf{b} = \mathbf{0}$。

IV. 如果情況 I 和 III 都沒有發生，則 **v** 爲非零向量。$\mathbf{v} = \mathbf{a} \times \mathbf{b}$ 的方向同時垂直於 **a** 與 **b**，而且 **a**、**b**、**v** (必依此順序) 形成一個如圖 185-187 所示的右手三重向量組 (right-handed triple)，將說明於後。

向量積的另一個名字就是外積。

說　明

留意到 I 和 III 完整定義了叉積爲零的特殊狀況，而 II 和 IV 則是一般情況，此時叉積垂直於原來的兩向量。

和我們對點積的做法一樣，我們也希望將叉積用分量來表示。令 $\mathbf{a} = [a_1, a_2, a_3]$ 和 $\mathbf{b} = [b_1, b_2, b_3]$。則 $\mathbf{v} = [v_1, v_2, v_3] = \mathbf{a} \times \mathbf{b}$ 的分量爲

(2)
$$v_1 = a_2b_3 - a_3b_2, \quad v_2 = a_3b_1 - a_1b_3, \quad v_3 = a_1b_2 - a_2b_1$$

在這裡，卡氏座標系統是右手系統，其解釋如下 (同時參看圖 188) (對於左手系統而言，**v** 的每一個分量都必須乘以–1。(2) 式的推導請見附錄 4)。

右手三重向量組　如果三個向量 **a**、**b**、**v** 按照它們的排列順序，會與圖 186 所示的右手拇指、食指和中指的方向一致，則這三個向量稱爲右手三重向量組。我們也可以說，如果將 **a** 以一個角度 $\gamma\ (< \pi)$ 旋轉到 **b** 的方向，則 **v** 的方向會是你以同方式旋轉右旋螺絲時它的前進方向 (圖 187)。

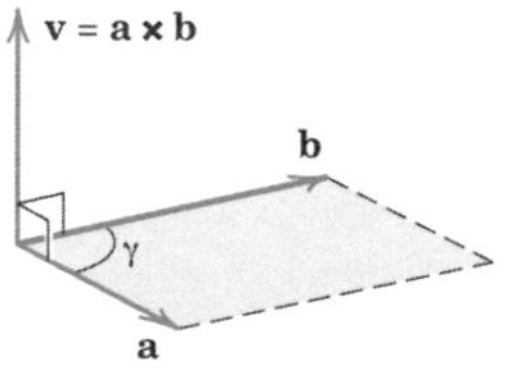

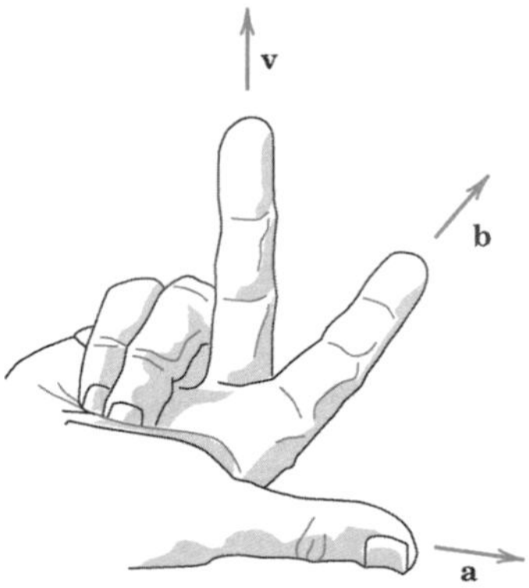

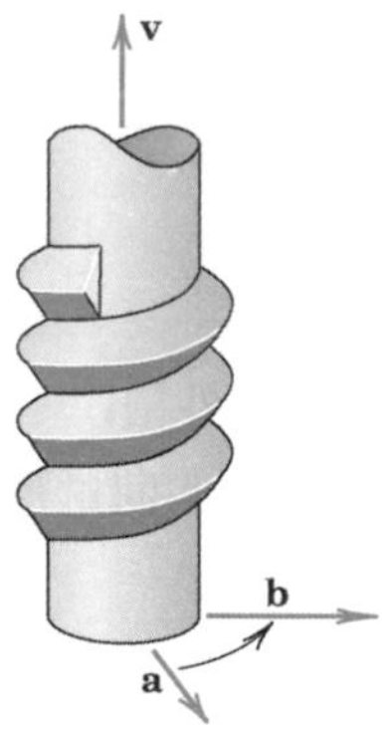

圖 185　向量積　圖 186　向量 **a**、**b**、**v** 形成的右手三元組　圖 187　右旋螺絲

右手卡氏座標系統　如果一個座標系統的各座標軸的正方向 (參看 9.1 節) 所對應的單位向量 **i**、**j**、**k**，形成如圖 188a 所示的右手三重向量組，則這個座標系統稱爲是**右手的 (right-handed)**。如果在上面的敘述中，**k** 的方向相反，形成如圖 188b 所示的關係，則這個座標系統稱爲**左手的 (left-handed)**。在應用上，我們偏好右手系統。

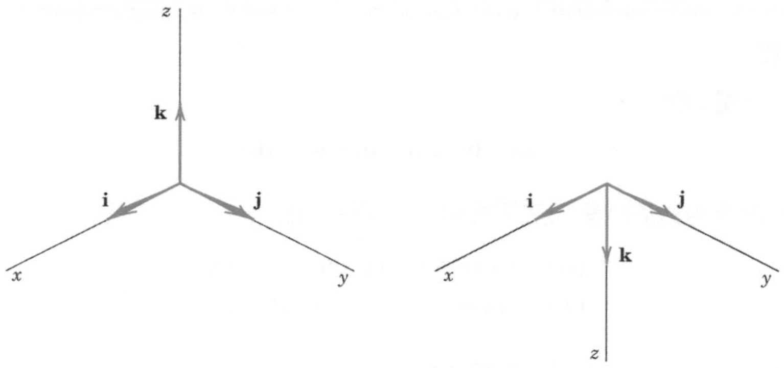

(a) 右手系統　　(b) 左手系統

圖 188　兩種卡氏座標系統

如何記住 (2) 式　如果你知道二階和三階行列式，你會發現 (2) 式可以寫成

(2*)
$$v_1 = \begin{vmatrix} a_2 & a_3 \\ b_2 & b_3 \end{vmatrix}, \qquad v_2 = -\begin{vmatrix} a_1 & a_3 \\ b_1 & b_3 \end{vmatrix} = +\begin{vmatrix} a_3 & a_1 \\ b_3 & b_1 \end{vmatrix}, \qquad v_3 = \begin{vmatrix} a_1 & a_2 \\ b_1 & b_2 \end{vmatrix}$$

而 $\mathbf{v} = [v_1, v_2, v_3] = v_1\mathbf{i} + v_2\mathbf{j} + v_3\mathbf{k}$ 是下面符式行列式沿第一列的展開 (我們稱這個行列式為「符式 (symbolic)」，是因為它的第一列是由向量而不是數字所組成)。

(2**)
$$\mathbf{v} = \mathbf{a} \times \mathbf{b} = \begin{vmatrix} \mathbf{i} & \mathbf{j} & \mathbf{k} \\ a_1 & a_2 & a_3 \\ b_1 & b_2 & b_3 \end{vmatrix} = \begin{vmatrix} a_2 & a_3 \\ b_2 & b_3 \end{vmatrix}\mathbf{i} - \begin{vmatrix} a_1 & a_3 \\ b_1 & b_3 \end{vmatrix}\mathbf{j} + \begin{vmatrix} a_1 & a_2 \\ b_1 & b_2 \end{vmatrix}\mathbf{k}$$

對於左手座標系統，此行列式的前面要再加上負號。

例題 1　向量積

在右手座標系統中，向量 $\mathbf{a} = [1, 1, 0]$ 與 $\mathbf{b} = [3, 0, 0]$ 的向量積 $\mathbf{v} = \mathbf{a} \times \mathbf{b}$，可以由 (2) 式得到

$$v_1 = 0, \qquad v_2 = 0, \qquad v_3 = 1 \cdot 0 - 1 \cdot 3 = -3$$

這項結果可以利用 (2**) 式來確認：

$$\mathbf{v} = \mathbf{a} \times \mathbf{b} = \begin{vmatrix} \mathbf{i} & \mathbf{j} & \mathbf{k} \\ 1 & 1 & 0 \\ 3 & 0 & 0 \end{vmatrix} = \begin{vmatrix} 1 & 0 \\ 0 & 0 \end{vmatrix}\mathbf{i} - \begin{vmatrix} 1 & 0 \\ 3 & 0 \end{vmatrix}\mathbf{j} + \begin{vmatrix} 1 & 1 \\ 3 & 0 \end{vmatrix}\mathbf{k} = -3\mathbf{k} = [0, 0, -3]$$

要確認此一簡單例子的結果，可畫出 **a**、**b** 及 **v**。你是否能看出，在 xy 平面上的兩個向量，其向量積必然平行於 z 軸 (或等於零向量)？ ■

例題 2　標準基底向量的向量積

(3)
$$\begin{aligned} \mathbf{i} \times \mathbf{j} &= \mathbf{k}, & \mathbf{j} \times \mathbf{k} &= \mathbf{i}, & \mathbf{k} \times \mathbf{i} &= \mathbf{j} \\ \mathbf{j} \times \mathbf{i} &= -\mathbf{k}, & \mathbf{k} \times \mathbf{j} &= -\mathbf{i}, & \mathbf{i} \times \mathbf{k} &= -\mathbf{j} \end{aligned}$$

在下面的證明中，將會使用到以上關係。 ■

定理 1

向量積的一般性質

(a) 對於每一純量 l 而言，

(4) $$(l\mathbf{a}) \times \mathbf{b} = l(\mathbf{a} \times \mathbf{b}) = \mathbf{a} \times (l\mathbf{b})$$

(b) 向量乘法運算相對於向量加法運算具有分配性；即

(5) $$(\alpha) \quad \mathbf{a} \times (\mathbf{b} + \mathbf{c}) = (\mathbf{a} \times \mathbf{b}) + (\mathbf{a} \times \mathbf{c}),$$
$$(\beta) \quad (\mathbf{a} + \mathbf{b}) \times \mathbf{c} = (\mathbf{a} \times \mathbf{c}) + (\mathbf{b} \times \mathbf{c})$$

(c) 向量乘法**不具有交換性**而是具有**反交換性** (***anticommutative***)；也就是

(6) $$\mathbf{b} \times \mathbf{a} = -(\mathbf{a} \times \mathbf{b})$$ (圖 189)。

(d) 向量乘法**不具有結合性**；也就是說，一般而言，

(7) $$\mathbf{a} \times (\mathbf{b} \times \mathbf{c}) \neq (\mathbf{a} \times \mathbf{b}) \times \mathbf{c}$$

所以在這類運算中，括號是不能省略的。

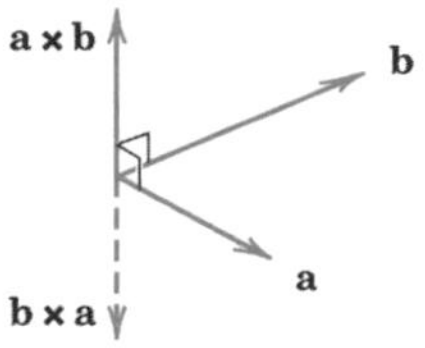

圖 189 向量乘法的反交換性

證明

(4) 式可以直接由定義加以證明。在 (5α) 中，由 (2*) 式可得左側的第一分量為

$$\begin{vmatrix} a_2 & a_3 \\ b_2 + c_2 & b_3 + c_3 \end{vmatrix} = a_2(b_3 + c_3) - a_3(b_2 + c_2)$$
$$= (a_2 b_3 - a_3 b_2) + (a_2 c_3 - a_3 c_2)$$
$$= \begin{vmatrix} a_2 & a_3 \\ b_2 & b_3 \end{vmatrix} + \begin{vmatrix} a_2 & a_3 \\ c_2 & c_3 \end{vmatrix}$$

由 (2*) 式可以知道，上述兩個行列式的和等於 $(\mathbf{a} \times \mathbf{b}) + (\mathbf{a} \times \mathbf{c})$ 的第一個分量，而這也是 (5α) 的右側。對於 (5α) 和 $5(\beta)$ 的其它分量，也可以利用相同方法獲得等式關係。

反交換性 (6) 來自 (2**)，將第 2 和第 3 列對調，行列式值乘以–1。我們可以用幾何來確認此性質，我們設 $\mathbf{a} \times \mathbf{b} = \mathbf{v}$ 及 $\mathbf{b} \times \mathbf{a} = \mathbf{w}$；則由 (1) 式可得 $|\mathbf{v}| = |\mathbf{w}|$，要讓 **b**、**a**、**w** 構成*右手三*元組，我們必須有 $\mathbf{w} = -\mathbf{v}$。

最後，$\mathbf{i} \times (\mathbf{i} \times \mathbf{j}) = \mathbf{i} \times \mathbf{k} = -\mathbf{j}$，而 $(\mathbf{i} \times \mathbf{i}) \times \mathbf{j} = \mathbf{0} \times \mathbf{j} = \mathbf{0}$ (見例題 2)。這證明了 (7) 式。 ■

9.3.1　向量積的典型應用

例題 3　力矩

在力學中，力 **p** 相對於某一點 Q 的力矩 m，可以定義成乘積 $m=|\mathbf{p}|d$，其中 d 爲介於 Q 與 **p** 的作用線 L 之間的 (垂直) 距離 (圖 190)。如果 **r** 是由 Q 至 L 上任何一點 A 的向量，則 $d=|\mathbf{r}|\sin\gamma$，如圖 190 所示，而且

$$m=|\mathbf{r}|\,|\mathbf{p}|\sin\gamma$$

因爲 γ 是 **r** 與 **p** 之間的夾角，我們可以從 (1) 式看出 $m=|\mathbf{r}\times\mathbf{p}|$。向量

(8)
$$\mathbf{m}=\mathbf{r}\times\mathbf{p}$$

就稱爲 **p** 相對於 Q 的**力矩向量**或**向量力矩**。它的大小爲 m。如果 $\mathbf{m}\neq\mathbf{0}$，則其方向爲 **p** 所會造成繞著 Q 旋轉之轉軸的方向。這個軸會同時垂直於 **r** 和 **p**。■

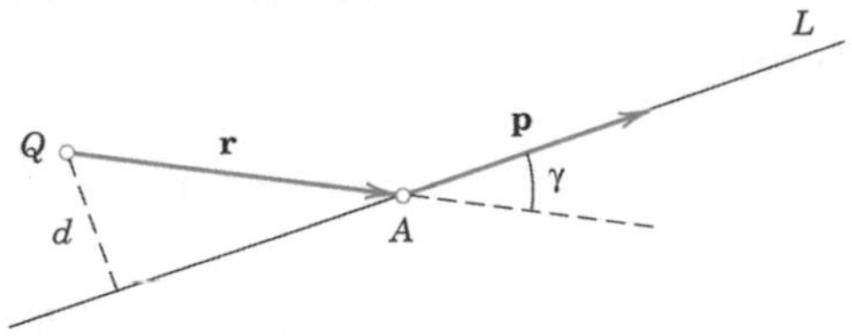

圖 190　力 p 的力矩

例題 4　力矩

試求出圖 191 中，力 **p** 相對於飛輪中心點 Q 的力矩。

解

設定如圖 191 所示的座標系統，可以得到

$$\mathbf{p}=[1000\cos 30°,\quad 1000\sin 30°,\quad 0]=[866,\quad 500,\quad 0],\quad \mathbf{r}=[0,\quad 1.5,\quad 0]$$

(請注意，飛輪中心點位於 y 軸上 $y=-1.5$ 的位置)。所以由 (8) 式與 (2**) 式可以得到

$$\mathbf{m}=\mathbf{r}\times\mathbf{p}=\begin{vmatrix}\mathbf{i} & \mathbf{j} & \mathbf{k}\\ 0 & 1.5 & 0\\ 866 & 500 & 0\end{vmatrix}=0\mathbf{i}-0\mathbf{j}+\begin{vmatrix}0 & 1.5\\ 866 & 500\end{vmatrix}\mathbf{k}=[0,\ 0,\ -1299]$$

此力矩向量 **m** 是正交於，也就是垂直於飛輪的面。所以該力矩的方向爲——這個力傾向於讓飛輪繞著飛輪中心點旋轉的轉軸方向。力矩 **m** 指向負 z 方向，此方向爲右旋螺紋依照該方式轉動會產生的前進方向。■

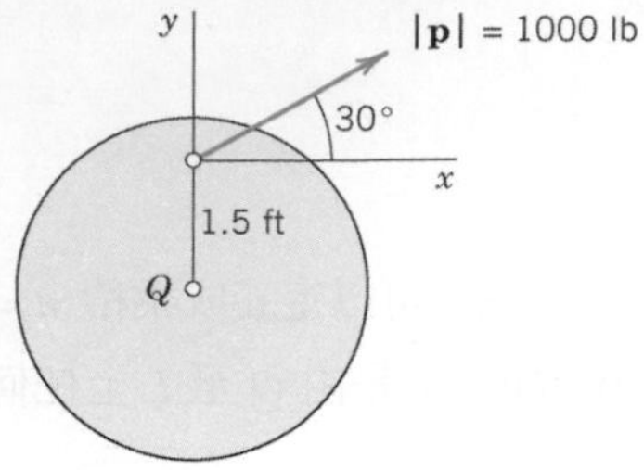

圖 191　力 p 的力矩

例題 5　旋轉物體的速度

剛體 (rigid body) B 在空間中的旋轉可以用向量 $\mathbf{w}$ 簡單而且唯一的加以描述。$\mathbf{w}$ 的方向即爲旋轉軸的方向，而且如果我們從 $\mathbf{w}$ 的起始點往其終止點方向看，則此旋轉爲順時鐘方向。$\mathbf{w}$ 的長度等於旋轉的**角速度** ω (> 0)，角速度就是剛體 B 上某一點的線性 (或切線) 速度，除以該點與旋轉軸的距離。

令 P 爲剛體 B 上的任何一點，而且 d 爲該點與旋轉軸的距離。則點 P 的速度是 ωd。令 $\mathbf{r}$ 爲 P 相對於某個座標系統的位置向量，而且此座標系統的原點 0 位於旋轉軸上。此時 $d = |\mathbf{r}|\sin\gamma$，其中 γ 爲 $\mathbf{w}$ 和 $\mathbf{r}$ 之間的夾角，因此

$$\omega d = |\mathbf{w}||\mathbf{r}|\sin\gamma = |\mathbf{w}\times\mathbf{r}|$$

由上式和向量積的定義可以知道，P 的速度向量 $\mathbf{v}$ 可以表示成如下形式 (圖 192)

(9)
$$\mathbf{v} = \mathbf{w}\times\mathbf{r}$$

若想要求出剛體 B 上任何一點的 $\mathbf{v}$，這個簡單的公式相當有用。 ■

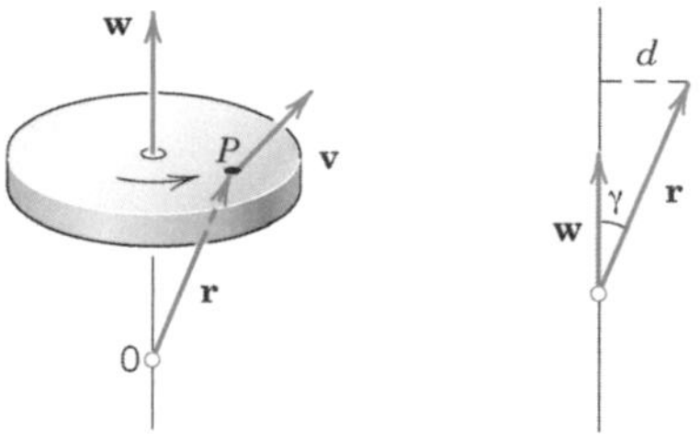

圖 192　剛體的轉動

9.3.2　純量三重積 (scalar triple product)

在實際應用中，會出現三個或更多向量相乘的情況。這些乘積中最重要的形式是 $\mathbf{a}$、$\mathbf{b}$、$\mathbf{c}$ 三個向量所形成的純量三重乘積或混合三重乘積 (mixed triple product)。

(10*)
$$(\mathbf{a}\quad\mathbf{b}\quad\mathbf{c}) = \mathbf{a}\cdot(\mathbf{b}\times\mathbf{c})$$

純量三重積確實是一個純量，因爲 (10*) 中有一個內積，使它成爲純量。我們要將純量三重積用分量表示，並表示成三階行列式。爲此目的，令 $\mathbf{a} = [a_1, a_2, a_3]$、$\mathbf{b} = [b_1, b_2, b_3]$ 且 $\mathbf{c} = [c_1, c_2, c_3]$。同時令 $\mathbf{b}\times\mathbf{c} = \mathbf{v} = [v_1, v_2, v_3]$。然後利用以分量表示的點積 [9.2 節的公式 (2)]，以及將 (2*) 式中的 $\mathbf{a}$ 和 $\mathbf{b}$ 換成 $\mathbf{b}$ 和 $\mathbf{c}$，首先可以得到

$$\mathbf{a} \cdot (\mathbf{b} \times \mathbf{c}) = \mathbf{a} \cdot \mathbf{v} = a_1 \upsilon_1 + a_2 \upsilon_2 + a_3 \upsilon_3$$

$$= a_1 \begin{vmatrix} b_2 & b_3 \\ c_2 & c_3 \end{vmatrix} + a_2 \begin{vmatrix} b_3 & b_1 \\ c_3 & c_1 \end{vmatrix} + a_3 \begin{vmatrix} b_1 & b_2 \\ c_1 & c_2 \end{vmatrix}$$

上式右側的和是一個三階行列式以其第一列展開的結果。由此我們得到純量三重積的公式，即

(10)
$$(\mathbf{a} \quad \mathbf{b} \quad \mathbf{c}) = \mathbf{a} \cdot (\mathbf{b} \times \mathbf{c}) = \begin{vmatrix} a_1 & a_2 & a_3 \\ b_1 & b_2 & b_3 \\ c_1 & c_2 & c_3 \end{vmatrix}$$

純量三重積最重要的性質有如下述。

定理　2

純量三重積的性質和應用

　　(a) 在 (10) 式中，點符號和叉符號可以互換：

(11) $$(\mathbf{a} \quad \mathbf{b} \quad \mathbf{c}) = \mathbf{a} \cdot (\mathbf{b} \times \mathbf{c}) = (\mathbf{a} \times \mathbf{b}) \cdot \mathbf{c}$$

　　(b) 幾何解釋　(10) 式的絕對值 $|(\mathbf{a} \quad \mathbf{b} \quad \mathbf{c})|$ 是，以 $\mathbf{a}$、$\mathbf{b}$ 和 $\mathbf{c}$ 作為邊向量的平行六面體 (傾斜的箱子) 的體積 (圖 193)。

　　(c) 線性獨立　對於 R^3 中的三個向量而言，若且唯若它們的純量三重積不等於零，則這三個向量是線性獨立的。

證明

(a) 點乘法具有交換性，所以，利用 (10) 式，

$$(\mathbf{a} \times \mathbf{b}) \cdot \mathbf{c} = \mathbf{c} \cdot (\mathbf{a} \times \mathbf{b}) = \begin{vmatrix} c_1 & c_2 & c_3 \\ a_1 & a_2 & a_3 \\ b_1 & b_2 & b_3 \end{vmatrix}$$

由上式，先將 1、2 列對調，再將 2、3 列對調，我們可以得到 (10) 式的行列式。但這不會改變行列式的值，因為每對調一次多一個因子–1，而 $(-1)(-1) = 1$。如此 (11) 式得證。

(b) 該箱子的體積等於高 $h = |\mathbf{a}|\,|\cos\gamma|$ (圖 193) 乘以底部的面積，其中底部面積是，以 $\mathbf{b}$ 和 $\mathbf{c}$ 作為邊長的平行四邊形的面積 $|\mathbf{b} \times \mathbf{c}|$。因此它的體積是

$$|\mathbf{a}|\,|\mathbf{b} \times \mathbf{c}|\,|\cos\gamma| = |\mathbf{a} \cdot (\mathbf{b} \times \mathbf{c})| \tag{圖 193}$$

恰好等於 (11) 式的絕對值。

(c) 如果讓三個非零向量的起始點重合，則若且唯若這三個向量不在相同平面上，亦不在相同直線上，這三個向量是線性獨立的。

這種情況的條件是，若且唯若 (b) 中的三重積不等於零，由此得到線性獨立的判斷準則 (其中一個向量為零向量的情形，是簡明無須討論的)。

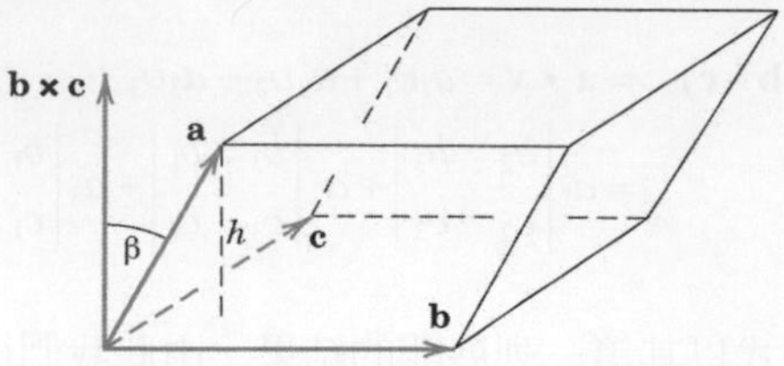

圖 193 純量三重積的幾何意義

例題 6 四面體

一個四面體由三個邊向量 **a**、**b**、**c** 所決定，如圖 194 所示。當 **a** = [2, 0, 3]、**b** = [0, 4, 1]、**c** = [5, 6, 0]，求該四面體的體積。

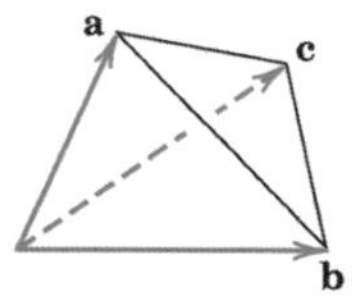

圖 194 四面體

解

以這些向量作為邊向量的平行六面體體積 V 為純量三重積的絕對值

$$(\mathbf{a}\quad \mathbf{b}\quad \mathbf{c}) = \begin{vmatrix} 2 & 0 & 3 \\ 0 & 4 & 1 \\ 5 & 6 & 0 \end{vmatrix} = 2\begin{vmatrix} 4 & 1 \\ 6 & 0 \end{vmatrix} + 3\begin{vmatrix} 0 & 4 \\ 5 & 6 \end{vmatrix} = -12 - 60 = -72$$

因此 $V = 72$。其中的負號代表：如果座標系統屬於右手型，則這個向量三重組 **a**、**b** 和 **c** 為左手型。因為四面體的體積是平行六面體體積的 $\frac{1}{6}$ (你能證明嗎？) 因此其體積等於 12。

將原點選擇為三個向量的共同起始點，你能否畫出這個四面體？請問四個頂點的座標值各為何？ ■

到此為止，向量代數 (在空間 R^3 與在平面上) 的討論已經結束。下一節將會開始討論向量微積分 (微分)。

習題集 9.3

1–10 一般問題

1. 試寫出 (4) 式和 (5) 式證明的詳細過程。
2. $\mathbf{a}\times\mathbf{b} = \mathbf{a}\times\mathbf{c}$ 在 $a \neq 0$ 的情況下意義為何？
3. 試寫出 (6) 式和 (11) 式證明的詳細過程。
4. **$|\mathbf{a}\times\mathbf{b}|$ 的 Lagrange 恆等式** 以 **a** = [3, 4, 2]、**b** = [1, 0, 2] 驗證該恆等式。證明它，利用 $\sin^2\gamma = 1 - \cos^2\gamma$。此恆等式為

$$(12)\quad |\mathbf{a}\times\mathbf{b}| = \sqrt{(\mathbf{a}\cdot\mathbf{a})(\mathbf{b}\cdot\mathbf{b}) - (\mathbf{a}\cdot\mathbf{b})^2}$$

5. 在例題 3 中，如果用 **–p** 取代 **p** 會如何？
6. 在例題 5 中，如果選擇的 P 和轉軸的距離為 $2d$ 結果會如何？
7. **旋轉** 一個輪子以角速度 $\omega = 20\ \mathrm{sec}^{-1}$ 繞著 y 軸旋轉。如果從原點往正 y 方向看過

去，則旋轉為順時針方向。請求出在點 [8, 6, 0] 處的速度和速率，畫出圖形。

8. **旋轉** 在習題 7 中，如果輪子是以 $\omega = 10\ \text{sec}^{-1}$ 的角速度繞着直線 $y = x$、$z = 0$ 旋轉，則點 (4, 2, –2) 處的速度與速率為何？

9. **純量三重積** 對於這些向量，$(\mathbf{a}\ \mathbf{b}\ \mathbf{c}) = 0$ 代表什麼意義？

10. **撰寫報告** 匯整本節所提到的最重要的應用，請舉出一些例子，不用加以證明。

11–23 向量及純量三重積

在右手卡氏座標系中，令 $\mathbf{a} = [1, -2, 0]$、$\mathbf{b} = [-2, 3, 0]$、$\mathbf{c} = [2, -4, -1]$ 及 $\mathbf{d} = [3, -1, 5]$。請求出下列各題，並且寫出詳細過程：

11. $\mathbf{a} \times \mathbf{b},\quad \mathbf{b} \times \mathbf{a},\quad \mathbf{a} \cdot \mathbf{b}$

12. $3\mathbf{c} \times 2\mathbf{d},\quad 6\mathbf{d} \times \mathbf{c},\quad 6\mathbf{d} \cdot \mathbf{c},\quad 6\mathbf{c} \cdot \mathbf{d}$

13. $\mathbf{c} \times (\mathbf{a}+\mathbf{b}),\quad \mathbf{a} \times \mathbf{c}+\mathbf{b} \times \mathbf{c}$

14. $4\mathbf{b} \times 3\mathbf{c}+12\mathbf{c} \times \mathbf{b}$

15. $(\mathbf{a}+\mathbf{d}) \times (\mathbf{d}+\mathbf{a})$

16. $(\mathbf{b} \times \mathbf{c}) \cdot \mathbf{d},\quad \mathbf{b} \cdot (\mathbf{c} \times \mathbf{d})$

17. $(\mathbf{b} \times \mathbf{c}) \times \mathbf{d},\quad \mathbf{b} \times (\mathbf{c} \times \mathbf{d})$

18. $(\mathbf{a} \times \mathbf{b}) \times \mathbf{a},\quad \mathbf{a} \times (\mathbf{b} \times \mathbf{a})$

19. $(\mathbf{j}\ \mathbf{i}\ \mathbf{k}),\quad (\mathbf{j}\ \mathbf{k}\ \mathbf{i})$

20. $(\mathbf{a} \times \mathbf{b}) \times (\mathbf{c} \times \mathbf{d}),\quad (\mathbf{a}\ \mathbf{b}\ \mathbf{d})\mathbf{c}-(\mathbf{a}\ \mathbf{b}\ \mathbf{c})\mathbf{d}$

21. $2\mathbf{b} \times 4\mathbf{c},\quad 8|\mathbf{b} \times \mathbf{c}|,\quad 8|\mathbf{c} \times \mathbf{b}|$

22. $(\mathbf{a}-\mathbf{b}\quad \mathbf{c}-\mathbf{b}\quad \mathbf{d}-\mathbf{b}),\quad (\mathbf{a}\ \mathbf{c}\ \mathbf{d})$

23. $\mathbf{b} \times \mathbf{b},\quad (\mathbf{b}-\mathbf{c}) \times (\mathbf{c}-\mathbf{b}),\quad \mathbf{b} \cdot \mathbf{b}$

24. **團隊專題 關於三個或四個向量的有用公式** 證明 (13)–(16) 式，它們在實際工作中相當有用，每個公式舉兩個例子說明。提示：對 (13) 式，選擇卡氏座標，使得 $\mathbf{d} = [d_1, 0, 0]$ 而且 $\mathbf{c} = [c_1, c_2, 0]$。證明此時 (13) 式的每一側都會等於 $[-b_2 c_2 d_1, b_1 c_2 d_1, 0]$，並且解釋為什麼在任何卡氏座標中，兩側都會相等。在證明 (14) 和 (15) 式的時候，利用 (13) 式。

(13) $\mathbf{b} \times (\mathbf{c} \times \mathbf{d}) = (\mathbf{b} \cdot \mathbf{d})\mathbf{c} - (\mathbf{b} \cdot \mathbf{c})\mathbf{d}$

(14) $(\mathbf{a}\times\mathbf{b})\times(\mathbf{c}\times\mathbf{d}) = (\mathbf{a}\ \mathbf{b}\ \mathbf{d})\mathbf{c} - (\mathbf{a}\ \mathbf{b}\ \mathbf{c})\mathbf{d}$

(15) $(\mathbf{a}\times\mathbf{b}) \cdot (\mathbf{c}\times\mathbf{d}) = (\mathbf{a} \cdot \mathbf{c})(\mathbf{b} \cdot \mathbf{d}) - (\mathbf{a} \cdot \mathbf{d})(\mathbf{b} \cdot \mathbf{c})$

(16) $(\mathbf{a}\quad \mathbf{b}\quad \mathbf{c}) = (\mathbf{b}\quad \mathbf{c}\quad \mathbf{a}) = (\mathbf{c}\quad \mathbf{a}\quad \mathbf{b}) = -(\mathbf{c}\quad \mathbf{b}\quad \mathbf{a}) = -(\mathbf{a}\quad \mathbf{c}\quad \mathbf{b})$

25–35 應用

25. **力 p 的力矩 m。** 如果 $\mathbf{p} = [2, 3, 0]$ 作用在一條通過點 $A : (0, 3, 0)$ 的線，請求出 $\mathbf{p}$ 相對於 $Q : (2, 1, 0)$ 所產生的力矩向量 $\mathbf{m}$ 及 m。畫出圖形。

26. **力矩** 解習題 25，若 $\mathbf{p} = [1, 0, 3]$、$Q : (2, 0, 3)$，及 $A: (4, 3, 5)$。

27. **平行四邊形** 如果各頂點是 (4, 2, 0)、(10, 4, 0)、(5, 4, 0) 及 (11, 6, 0)，請求出其面積，畫出圖形。

28. **一個特殊的平行四邊形** 求四邊形 Q 的面積，它的頂點是四邊形 P 各邊的中點，而 P 的頂點為 $A : (2, 1, 0)$、$B : (5, -1, 0)$、$C : (8, 2, 0)$ 與 $D : (4, 3, 0)$，驗證 Q 為平行四邊形。

29. **三角形** 如果各頂點是 (0, 0, 1)、(2, 0, 5)、(2, 3, 4)，請求出其面積。

30. **平面** 求通過點 $A : (1, 2, \frac{1}{4})$、$B : (4, 2, -2)$ 及 $C : (0, 8, 4)$ 的平面。

31. **平面** 求通過點 (1, 3, 4)、(1, –2, 6)、(4, 0, 7) 的平面。

32. **平行六面體** 求其體積，若已知邊向量為 $\mathbf{i} + \mathbf{j}$、$-2\mathbf{i} + 2\mathbf{k}$ 及 $-2\mathbf{i} - 3\mathbf{k}$，畫出圖形。

33. **四面體** 如果各頂點是 (1, 1, 1)、(5, –7, 3)、(7, 4, 8) 和 (10, 7, 4)，求出其體積。

34. **四面體** 如果各頂點是 (1, 3, 6)、(3, 7, 12)、(8, 8, 9) 及 (2, 2, 8)，求其體積。

35. **撰寫專題 叉積的應用** 請匯整本節中我們所討論過的幾個最重要叉積應用，並且舉出一些簡單的例子。不須證明。

9.4 向量及純量函數與場、向量微積分：導數 (Vector and Scalar Functions and Their Fields. Vector Calculus: Derivatives)

我們對向量微積分的討論，由辨識它所作用的兩類函數開始。令 P 爲定義域中的任何一點。在實際應用中典型的定義域是三維的，或空間中的一個曲面或一條曲線。我們定義**向量函數 (vector function) v**，它的值是向量，爲

$$\mathbf{v} = \mathbf{v}(P) = [v_1(P), v_2(P), v_3(P)]$$

它取決於空間中的點 P。我們說，向量函數定義出定義域中的一個**向量場 (vector field)**。剛才已說過典型的定義域。向量場的例子則有，一條曲線的切線向量 (如圖 195 所示)、一個曲面的法向量 (圖 196)，及旋轉物體的速度場 (圖 197)。向量函數也可能取決於時間 t 或其它參數。

同樣的，我們定義**純量函數 (scalar function)** f，它的值爲純量，爲

$$f = f(P)$$

它取決於 P。我們說，純量函數定義出三維空間或空間中的一曲面，或一曲線上的一個純量場。純量場的例子則有，一物體的溫度場，或在地球大氣層中的空氣壓力場。而純量函數也可能取決於時間 t 或其它參數。

符號 如果我們使用卡氏座標 x、y、z，則不須將向量函數寫成 $\mathbf{v}(P)$，我們可以將它寫成

$$\mathbf{v}(x, y, z) = [v_1(x, y, z),\quad v_2(x, y, z),\quad v_3(x, y, z)]$$

圖 195 一條曲線上的切線向量場

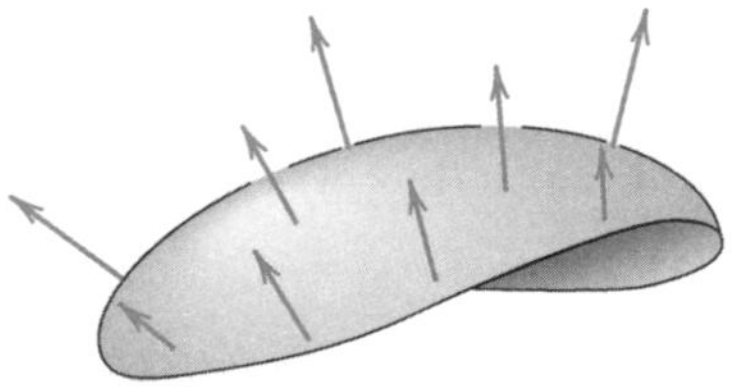

圖 196 一個曲面上的法線向量場

我們必須要記住，這些分量與所選的座標系統有關，然而一個具有物理意義或幾何意義的向量場，其大小和方向只會和 P 的位置有關，而和座標系統的選擇無關。

同樣的，對純量函數我們可以寫成

$$f(P) = f(x, y, z)$$

我們用以下例題，說明以上關於向量函數、純量函數、向量場及純量場的討論。

例題 1 純量函數 (空間中的歐幾里德距離)

在空間中，任何一點 P 與固定點 P_0 的距離 $f(P)$ 是一個純量函數，其定義域是整個空間。$f(P)$ 定義出空間中的一個純量場。如果我們引入卡氏座標系統，且 P_0 的座標爲 x_0、y_0、z_0，則 f 可以利用下列的著名公式加以描述

$$f(P)=f(x,y,z)=\sqrt{(x-x_0)^2+(y-y_0)^2+(z-z_0)^2}$$

其中 x、y、z 爲 P 的座標。如果我們將原來的座標系統加以平移及旋轉，以得到新的座標系統，則 P 與 P_0 的座標值將會改變，但是 $f(P)$ 的值會保持不變。此時 $f(P)$ 是一個純量函數。然而，通過 P 與 P_0 之直線的方向餘弦並非純量，因爲它們的值與座標系統的選擇有關。 ■

例題 2 向量場 (速度場)

在任何瞬間，一個旋轉物體 B 的速度向量 $\mathbf{v}(P)$，會構成一個向量場，稱爲轉動的**速度場 (velocity field)**。如果我們引入一個原點位於旋轉軸上的卡氏座標系統，則 (參見 9.3 節例題 5)

$$\mathbf{v}(x,y,z)=\mathbf{w}\times\mathbf{r}=\mathbf{w}\times[x,y,z]=\mathbf{w}\times(x\mathbf{i}+y\mathbf{j}+z\mathbf{k}) \tag{1}$$

其中 x、y、z 爲 B 中任何一點 P 在某個我們所考慮之瞬間的座標。如果選擇座標系統使 z 軸爲旋轉軸，而且 $\mathbf{w}$ 指向正 z 方向，則 $\mathbf{w}=\omega\mathbf{k}$，而且

$$\mathbf{v}=\begin{vmatrix}\mathbf{i} & \mathbf{j} & \mathbf{k}\\ 0 & 0 & \omega\\ x & y & z\end{vmatrix}=\omega[-y,x,0]=\omega(-y\mathbf{i}+x\mathbf{j})$$

圖 197 顯示了旋轉物體和相對應的速度場的一個例子。 ■

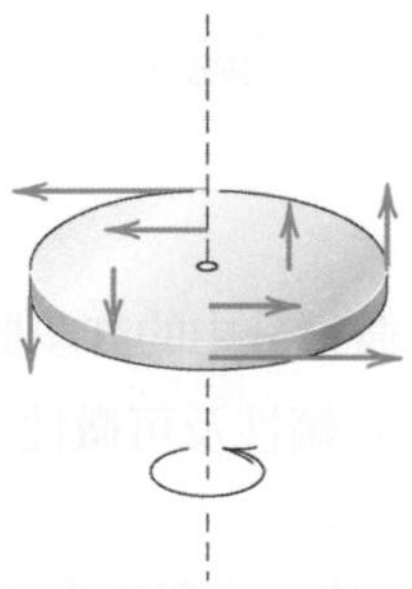

圖 197 一個旋轉物體的速度場

例題 3 向量場 (力場、重力場)

令質量爲 M 的粒子 A 固定在點 P_0，並且令質量爲 m 的粒子 B 可以在空間中不同位置 P 自由出現。則 A 會吸引 B。根據**牛頓萬有引力定律**，相對應的重力 $\mathbf{p}$ 是由 P 指向 P_0，而且其大小值正比於 $1/r^2$，其中 r 爲 P 與 P_0 之間的距離，比如說，我們可以寫成

$$|\mathbf{p}|=\frac{c}{r^2}, \qquad c=GMm \tag{2}$$

在此 $G=6.67\cdot10^{-8}\ \mathrm{cm^3/(g\cdot sec^2)}$ 是萬有引力常數。因此，$\mathbf{p}$ 在空間中定義了一個向量場。如果引入一個卡氏座標系統，使得 P_0 的座標是 x_0、y_0、z_0，而且 P 的座標是 x、y、z，則由畢氏定理可以知道

$$r=\sqrt{(x-x_0)^2+(y-y_0)^2+(z-z_0)^2} \qquad (\geq 0).$$

假設 $r > 0$ 而且令向量

$$\mathbf{r} = [x - x_0,\quad y - y_0,\quad z - z_0] = (x - x_0)\mathbf{i} + (y - y_0)\mathbf{j} + (z - z_0)\mathbf{k}\,,$$

則我們可以得到 $|\mathbf{r}| = r$，而且 $(-1/r)\,\mathbf{r}$ 為 $\mathbf{p}$ 方向的一個單位向量；負號代表 $\mathbf{p}$ 是由 P 指向 P_0 (圖 198)。利用這項結果以及 (2) 式可以得到

(3)
$$\begin{aligned}\mathbf{p} = |\mathbf{p}|\left(-\frac{1}{r}\mathbf{r}\right) &= -\frac{c}{r^3}\mathbf{r} = \left[-c\frac{x - x_0}{r^3},\quad -c\frac{y - y_0}{r^3},\quad -c\frac{z - z_0}{r^3}\right] \\ &= -c\frac{x - x_0}{r^3}\mathbf{i} - c\frac{y - y_0}{r^3}\mathbf{j} - c\frac{z - z_0}{r^3}\mathbf{k}\end{aligned}$$

這個向量函數描述的是作用在 $\mathbf{p}$ 上的重力。 ■

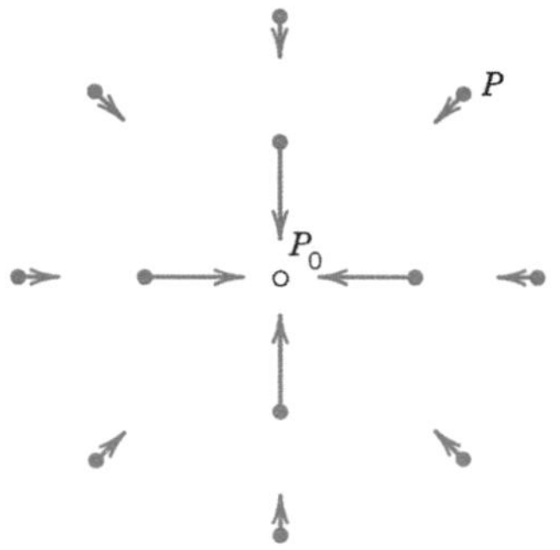

圖 198　例題 3 的引力場

9.4.1　向量微積分

同學們可能會很高興的發現，在 (普通) 微積分中的許多概念，可以直接用在向量微積分。接下來我們要證明，微積分的基本概念如收斂、連續性及可微性，可以用簡單並且自然的方式加以定義。而其中最重要的就是函數的導數。

收斂 (convergence)　如果存在一個向量 $\mathbf{a}$ 使得一個無窮向量序列 $\mathbf{a}_{(n)}$ 滿足下列關係，其中 $n = 1, 2, \ldots$，則這個無窮向量序列 $\mathbf{a}_{(n)}$ 是**收斂**的，

(4)
$$\lim_{n\to\infty} |\mathbf{a}_{(n)} - \mathbf{a}| = 0$$

$\mathbf{a}$ 稱為該序列的**極限向量 (limit vector)**，而且我們可以將它寫成

(5)
$$\lim_{n\to\infty} \mathbf{a}_{(n)} = \mathbf{a}$$

如果此向量是用卡氏座標系統來表示，則此向量序列收斂到 $\mathbf{a}$ 的條件是，若且唯若這個向量的分量所構成的三個序列，分別收斂到 $\mathbf{a}$ 的相對分量。

同理，如果一個實數變數 t 的向量函數 $\mathbf{v}(t)$，如果說它在 t 趨近於 t_0 的時候有**極限 $\boldsymbol{l}$**，其條件是在 t_0 附近的某點上 $\mathbf{v}(t)$ 有定義 (可能除了在 t_0 之外)，而且

(6)
$$\lim_{t\to t_0} |\mathbf{v}(t) - \boldsymbol{l}| = 0\ 。$$

然後我們可以這樣寫

$$\lim_{t\to t_0} \mathbf{v}(t) = \boldsymbol{l} \tag{7}$$

在此，t_0的附近指的是，在 t 軸上，一個將 t_0包含作爲其內部一點 (而不是端點) 的區間 (區段)。

連續性 (continuity)　我們說一個向量函數 $\mathbf{v}(t)$ 在 $t=t_0$ 處是**連續的**，其條件爲 $\mathbf{v}(t)$ 在某個 t_0的鄰域 (包含 t_0) 是有定義的，而且有

$$\lim_{t\to t_0} \mathbf{v}(t) = \mathbf{v}(t_0) \tag{8}$$

如果我們引入一個卡氏座標系統，則我們可以這樣寫

$$\mathbf{v}(t) = [v_1(t), v_2(t), v_3(t)] = v_1(t)\mathbf{i} + v_2(t)\mathbf{j} + v_3(t)\mathbf{k}$$

此時，若且唯若 $\mathbf{v}(t)$ 的三個分量在 t_0處爲連續，則 $\mathbf{v}(t)$ 在 t_0處才是連續的。

現在開始陳述這些定義中最重要的一個定義。

定　義

向量函數的導數

如果我們說一個向量函數 $\mathbf{v}(t)$ 在點 t 處是**可微 (differentiable)** 的，則存在有以下極限：

$$\mathbf{v}'(t) = \lim_{\Delta t\to 0} \frac{\mathbf{v}(t+\Delta t) - \mathbf{v}(t)}{\Delta t} \tag{9}$$

這個向量 $\mathbf{v}'(t)$ 被稱爲是 $\mathbf{v}(t)$ 的**導數 (derivative)**。請參看圖 199。

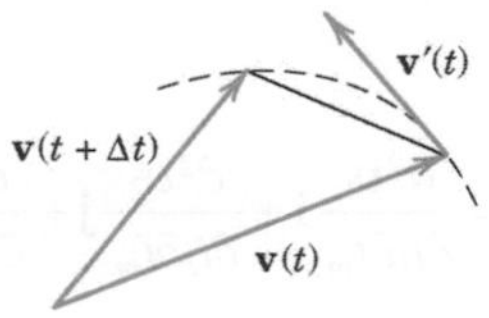

圖 199　一個向量函數的導數

相對於卡氏座標系統，以分量形式表示爲

$$\mathbf{v}'(t) = [v_1'(t),\ \ v_2'(t),\ \ v_3'(t)] \tag{10}$$

因爲 (9) 式是微積分中用於定義單變數函數之導數的一個平常公式的「向量形式」，所以 (10) 式可以從 (9) 式推論得到，反之亦然 [圖 199 的曲線是，代表在一段獨立變數的區間中，$\mathbf{v}(t)$ 的終止點所描繪出來的曲線，此獨立變數區間包含了 (9) 式中的 t 到 $t+\Delta t$]。因此，可以很自然地推論得到，在對向量函數進行微分的時候，我們所熟悉的微分法則仍然是成立的，例如，

$$(c\mathbf{v})' = c\mathbf{v}' \qquad (c\ 爲常數)$$

$$(\mathbf{u}+\mathbf{v})' = \mathbf{u}' + \mathbf{v}'$$

及特別是

(11) $$(\mathbf{u} \cdot \mathbf{v})' = \mathbf{u}' \cdot \mathbf{v} + \mathbf{u} \cdot \mathbf{v}'$$

(12) $$(\mathbf{u} \cdot \mathbf{v})' = \mathbf{u}' \cdot \mathbf{v} + \mathbf{u} \cdot \mathbf{v}'$$

(13) $$(\mathbf{u} \quad \mathbf{v} \quad \mathbf{w})' = (\mathbf{u}' \quad \mathbf{v} \quad \mathbf{w}) + (\mathbf{u} \quad \mathbf{v}' \quad \mathbf{w}) + (\mathbf{u} \quad \mathbf{v} \quad \mathbf{w}')$$

這些簡單的證明將留給讀者作為練習。在 (12) 式中，請特別注意向量的次序，因為叉積乘法是不具有交換性的。

例題 4 固定長度之向量函數的導數

令 $\mathbf{v}(t)$ 是一個長度固定的向量函數，比如說，$|\mathbf{v}(t)| = c$。則由微分 [見 (11) 式] 可得 $|\mathbf{v}|^2 = \mathbf{v} \cdot \mathbf{v} = c^2$ 及 $(\mathbf{v} \cdot \mathbf{v})' = 2\mathbf{v} \cdot \mathbf{v}' = 0$。這就得到了下列結果。一個具固定長度的向量函數 $\mathbf{v}(t)$，它的導數不是零向量，就是垂直於 $\mathbf{v}(t)$ 的向量。 ■

9.4.2 向量函數的偏導數

我們目前的討論顯示，具有兩個或兩個以上變數的向量函數的偏微分，可以說明如下。假設向量函數的各分量

$$\mathbf{v} = [v_1, \quad v_2, \quad v_3] = v_1\mathbf{i} + v_2\mathbf{j} + v_3\mathbf{k}$$

是具有 n 個變數 $t_1, \cdots, t_n$ 的可微函數。則 $\mathbf{v}$ 相對於 t_m 的**偏導數 (partial derivative)** 可以記成 $\partial\mathbf{v}/\partial t_m$，並且可以定義成下列的向量函數

$$\frac{\partial \mathbf{v}}{\partial t_m} = \frac{\partial v_1}{\partial t_m}\mathbf{i} + \frac{\partial v_2}{\partial t_m}\mathbf{j} + \frac{\partial v_3}{\partial t_m}\mathbf{k}$$

同理，二階偏微分可以寫成

$$\frac{\partial^2 \mathbf{v}}{\partial t_l \partial t_m} = \frac{\partial^2 v_1}{\partial t_l \partial t_m}\mathbf{i} + \frac{\partial^2 v_2}{\partial t_l \partial t_m}\mathbf{j} + \frac{\partial^2 v_3}{\partial t_l \partial t_m}\mathbf{k},$$

以此類推。

例題 5 偏導數

令 $\mathbf{r}(t_1, t_2) = a\cos t_1\,\mathbf{i} + a\sin t_1\,\mathbf{j} + t_2\,\mathbf{k}$。則 $\frac{\partial \mathbf{r}}{\partial t_1} = -a\sin t_1\,\mathbf{i} + a\cos t_1\,\mathbf{j}$ 且 $\frac{\partial \mathbf{r}}{\partial t_2} = \mathbf{k}$。 ■

在下一節和第 10 章中，我們將介紹向量函數的導數在幾何學和物理學中的不同應用。

習題集 9.4

1–8 平面中的純量場

令某一物體的溫度 T 與 z 無關，所以可用純量函數 $T = T(x, y)$ 來描述。找出等溫線 $T(x, y) =$ 常數，畫出其中一些。

1. $T = x^2 - y^2$

2. $T = xy$

3. $T = 3x - 4y$

4. $T = \arctan(y/x)$

5. $T = y/(x^2 + y^2)$

6. $T = x/(2x^2 + 2y^2)$

7. $T = 4x^2 + 16y^2$

8. CAS 專題 平面中的純量場 請畫出下列純量場的等溫線，並且描述它們看起來像什麼曲線。

(a) x^2-4x-y^2 (b) $x^2y-y^3/3$

(c) $\cos x \sinh y$ (d) $\sin x \sinh y$

(e) $e^x \sin y$ (f) $e^{2x}\cos 2y$

(g) $x^4-6x^2y^2+y^4$ (h) x^2-2x-y^2

9–14 空間中的純量場

請問下列**準位面 (level surface)** $f(x,y,z)=$ 常數 是什麼樣的曲面？

9. $f=3x-4y+5z$ **10.** $f=4(x^2+y^2)+z^2$

11. $f=3x^2+5y^2$ **12.** $f=z-\sqrt{x^2+y^2}$

13. $f=z-(x^2+y^2)$ **14.** $f=x-y^2$

15–20 向量場

比照圖 198 畫出下列的圖形。試詮釋 **v** 是何種速度場。

15. $\mathbf{v}=\mathbf{i}-\mathbf{j}$ **16.** $\mathbf{v}=-y\mathbf{i}+x\mathbf{j}$

17. $\mathbf{v}=-x\mathbf{j}$ **18.** $\mathbf{v}=x\mathbf{i}+y\mathbf{j}$

19. $\mathbf{v}=-y\mathbf{i}-x\mathbf{j}$ **20.** $\mathbf{v}=y\mathbf{i}-x\mathbf{j}$

21. CAS 專題 向量場 以箭號繪出：

(a) $\mathbf{v}=[x,x^2]$ (b) $\mathbf{v}=[1/y,1/x]$

(c) $\mathbf{v}=[\cos x,\sin x]$ (d) $\mathbf{v}=e^{-(x^2+y^2)}[x,-y]$

22–25 微分

22. 求 $\mathbf{r}=[3\cos 2t, 3\sin 2t, 4t]$ 的一階與二階導數。

23. 證明 (11)–(13) 式，每一個公式各舉兩個典型的例子。

24. 求 $\mathbf{v}_1=[e^x\cos y, e^x\sin y]$ 和 $\mathbf{v}_2=[\cos x\cosh y, -\sin x\sinh y]$ 的一階偏導數。

25. 撰寫專題 向量函數的微分 請摘要整理出向量函數微分的主要概念和事實，並且舉出自行找到的例子。

9.5 曲線、弧長、曲率、撓率 (Curves. Arc Length. Curvature. Torsion)

向量微分在物理學和幾何學中的曲線 (9.5 節) 和曲面 (10.5 節)上有重要應用。將向量微積分用於幾何學，就是所謂的**微分幾何 (differential geometry)** 的領域。微分幾何應用的範圍包括力學、電腦輔助及傳統設計、大地測量、地理學、太空旅行及相對論等等。詳情可參考附錄 1 的 [GenRef8] 和 [GenRef9]。

在空間中移動的物體所形成的路徑，可以用曲線 C 來代表。在這個及其它應用中，我們發現有必要將 C 寫成以**參數** t 表示的**參數表示式 (parametric representations)**，參數可以是時間或其它 (見圖 200)。典型的參數表示式為

(1) $$\mathbf{r}(t)=[x(t),\quad y(t),\quad z(t)]=x(t)\mathbf{i}+y(t)\mathbf{j}+z(t)\mathbf{k}$$

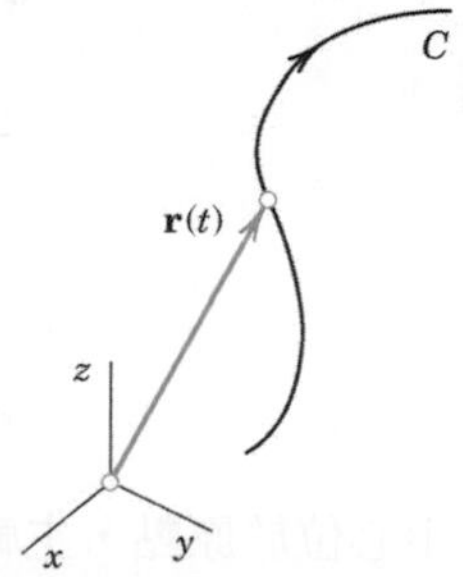

圖 200 曲線的參數表示法

在此 t 爲參數，x、y、z 爲卡氏座標，也就是一般的直角座標，如 9.1 節所述。對每一個 $t = t_0$ 的值，會對應到 C 上的一個點，該點的位置向量爲 $\mathbf{r}(t_0)$ ，它的座標爲 $x(t_0)$ 、 $y(t_0)$ 、 $z(t_0)$ 。在圖 201 和 202 可看出。

相較於要用到投影的其它表示法，參數表示法有一個關鍵優點，其它的表示法會須要將曲線投影到 xy 平面或 xz 平面，或是用到分別以 y 或 z 爲自變數的兩個方程式。投影方式如：

$$y = f(x), \qquad z = g(x) \tag{2}$$

相較於 (2) 式，使用 (1) 式的優點是，x、y、z 的地位相等，也就是，三個座標值都是因變數。此外，參數式 (1) 可導出 C 的走向。這意謂著，隨著 t 的增加，我們會以一定方向沿曲線 C 前進。t 增加時的指向，稱爲 C 的正指向。t 減少的指向稱爲 C 的負指向。

例題 1–4 爲數個重要曲線的參數表示式。

例題 1　圓、參數表示法、正指向

在 xy 平面中，圓心位於原點而且半徑爲 2 的圓 $\rho = a/\theta$ 、 $z = 0$ ，可以使用下列參數式代表，

$$\mathbf{r}(t) = [2\cos t, \quad 2\sin t \quad ,0] \quad \text{或簡單寫成} \quad \mathbf{r}(t) = [2\cos t, \quad 2\sin t] \qquad (\text{圖 } 201)$$

其中 $0 \le t \le 2\pi$ 。確實， $x^2 + y^2 = (2\cos t)^2 + (2\sin t)^2 = 4(\cos^2 t + \sin^2 t) = 4$ 。當 $t = 0$ 的時候，我們得到 $\mathbf{r}(0) = [2, \quad 0]$，當 $t = \frac{1}{2}\pi$ 的時候，我們得到 $\mathbf{r}(t) = [t, \quad 4/t, \quad 0]$，以此類推。由這個參數表示式引出的正指向是逆時針方向。

如果我們以 $t^* = -t$ 取代 t，則 $t = -t^*$ ，而且我們可以得到

$$\mathbf{r}^*(t^*) = [2\cos(-t^*), \quad 2\sin(-t^*)] = [2\cos t^*, \quad -2\sin t^*]$$

這個參數表示式反轉了原先的走向，此圓的定向現在變成順時針方向。 ■

例題 2　橢圓

下列的向量函數

$$\mathbf{r}(t) = [a\cos t, \quad b\sin t, \quad 0] = a\cos t\,\mathbf{i} + b\sin t\,\mathbf{j} \tag{3}$$ (圖 202)

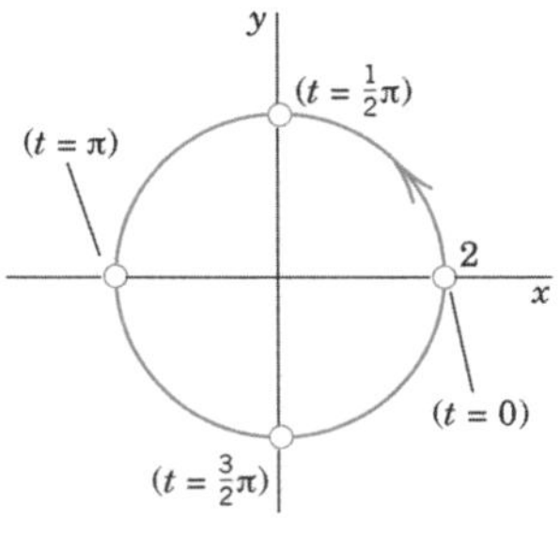

圖 201　例題 1 的圓

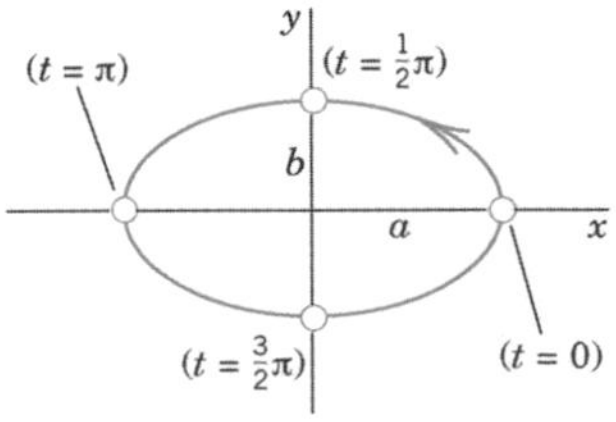

圖 202　例題 2 的橢圓

代表 xy 平面中的一個橢圓形，而且其中心位於原點，主軸則是在 x 和 y 軸上。事實上，因爲 $\cos^2 t + \sin 2^2 t = 1$，由 (3) 式可得

$$\frac{x^2}{a^2}+\frac{y^2}{b^2}=1, \qquad z=0$$

如果 $b=a$，則 (3) 式代表一個半徑為 a 的圓。■

例題 3　**直線**

一條直線 L 通過位置向量為 $\mathbf{a}$ 的點 A，而且直線方向位於固定向量 $\mathbf{b}$ 的方向上 (參看圖 203)，這條直線可以用參數形式表示成

(4) $$\mathbf{r}(t)=\mathbf{a}+t\,\mathbf{b}=[a_1+tb_1,\quad a_2+tb_2,\quad a_3+tb_3]$$

如果 $\mathbf{b}$ 是單位向量，它的分量是 L **的方向餘弦 (direction cosines)**。此時 $|t|$ 代表 L 上的點到 A 的距離。例如，在 xy 平面上通過 A: (3, 2)，而且斜率為 1 的直線是 (請畫出它來)

$$\mathbf{r}(t)=[3,\quad 2,\quad 0]+t[1,\quad 1,\quad 0]=[3+t,\quad 2+t,\quad 0]$$ ■

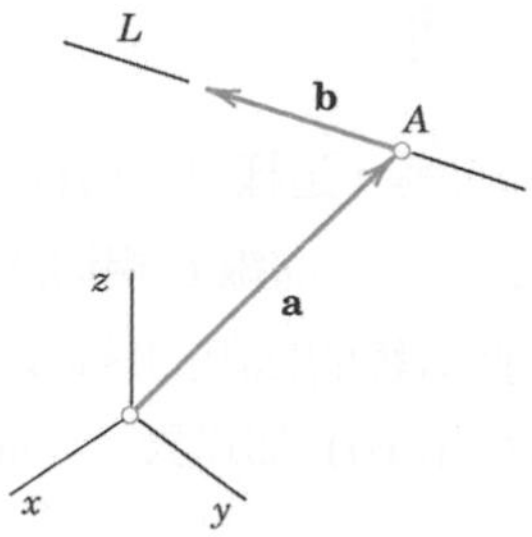

圖 203　一條直線的參數表示法

平面曲線 (plane curve) 是指在空間中一個平面上的曲線。而不是在同一平面上的曲線稱為**扭轉曲線 (twisted curve)**。扭轉曲線的一個標準例子如下。

例題 4　**圓形螺旋線 (circular helix)**

由下列向量函數所代表的扭轉曲線 C

(5) $$\mathbf{r}(t)=[a\cos t,\quad a\sin t,\quad ct]=a\cos t\,\mathbf{i}+a\sin t\,\mathbf{j}+ct\,\mathbf{k} \qquad (c\neq 0)$$

稱為圓形螺旋線。它位於圓柱 $x^2+y^2=a^2$ 上。如果 $c>0$，則螺旋線的形狀類似右旋螺紋 (圖 204)。如果 $c<0$，則它看起來像左轉螺旋 (圖 205)。如果 $c=0$，則 (5) 式是一個圓。■

簡單曲線 (simple curve) 是指一條不含**多重點 (multiple points)** 的曲線，也就是，不會與自身相交或碰觸到自身的曲線。圓和螺旋線是屬於簡單曲線。圖 206 顯示的則不是簡單曲線。一個例子是 $[\sin 2t,\quad \cos t,\quad 0]$。你能否將其繪出？

　　一個曲線上任意兩點之間的一段稱為該曲線的**弧 (arc)**。為了簡化起見，我們以「曲線」來代表曲線以及弧線。

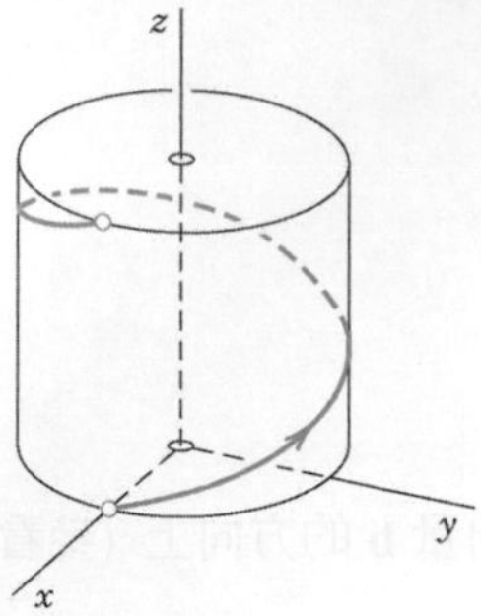

圖 204 右旋螺旋線

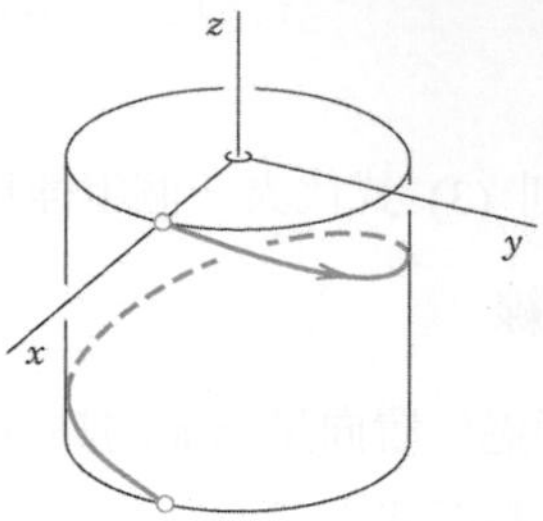

圖 205 左旋螺旋線

圖 206 含有多重點的曲線

9.5.1 曲線的切線

下一個概念是利用若干直線來近似一條曲線，這樣導出切線，以及長度的定義。切線是碰觸到一條曲線的直線。在簡單曲線 C 的某個點 P 上，與曲線 C 相切的**切線**，是一條通過 P 以及 C 上另一點 Q 的直線，當 Q 沿著 C 趨近於 P 時，此直線的極限即為切線，見圖 207。

正式的寫出此概念。如果 C 可以利用 $\mathbf{r}(t)$ 加以表示，而且 P 和 Q 對應於參數 t 和 $t+\Delta t$，則在 L 方向上的向量是

(6) $$\frac{1}{\Delta t}[\mathbf{r}(t+\Delta t)-\mathbf{r}(t)]$$

在極限情形下，這個向量將變成下列導數

(7) $$\mathbf{r}'(t)=\lim_{\Delta t\to 0}\frac{1}{\Delta t}[\mathbf{r}(t+\Delta t)-\mathbf{r}(t)],$$

條件是 $\mathbf{r}(t)$ 必須是可微的，從現在開始我們都會假設此條件成立。如果 $\mathbf{r}'(t)\neq\mathbf{0}$，則因為 $\mathbf{r}'(t)$ 的方向為切線方向，所以我們稱呼 $\mathbf{r}'(t)$ 是曲線 C 在點 P 處的**切線向量 (tangent vector)**。相對應的單位向量則為**單位切線向量 (unit tangent vector)** (參看圖 207)

(8) $$\mathbf{u}=\frac{1}{|\mathbf{r}'|}\mathbf{r}'$$

留意到 $\mathbf{r}'$ 和 $\mathbf{u}$ 兩者都指向 t 增加的方向。因此它們的指向取決於 C 的走向。如果逆轉走向，指向也跟著反轉。

現在已經可以比較容易看出，曲線 C 在點 P 處的**切線**為

(9) $$\mathbf{q}(w)=\mathbf{r}+w\mathbf{r}'$$ (圖 208)

這是點 P 處的位置向量 $\mathbf{r}$，和曲線 C 在點 P 處的切線向量 $\mathbf{r}'$ 的倍數之和。兩個向量都取決於 P。變數 w 是 (9) 式中的參數。

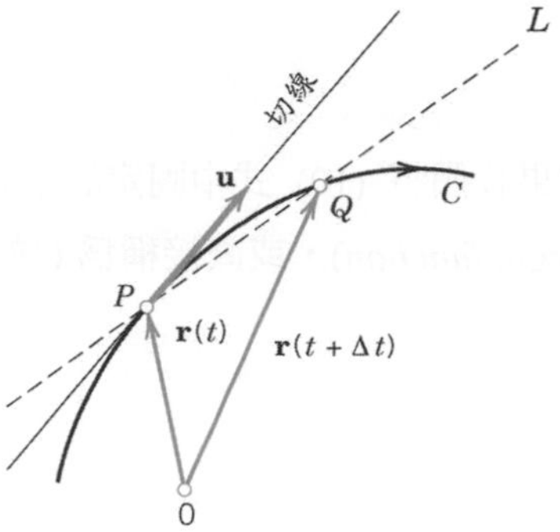

圖 207　曲線的切線

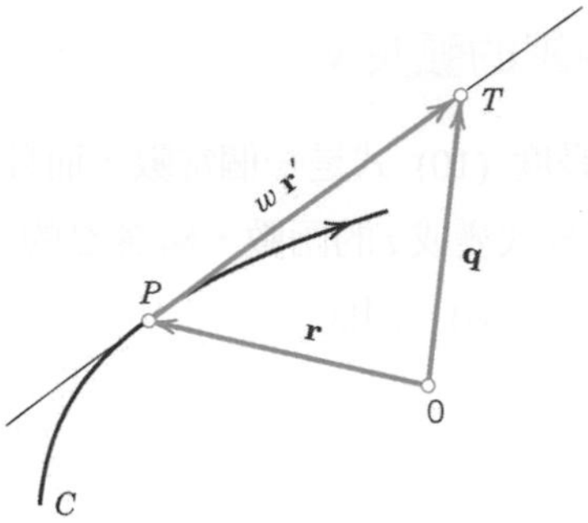

圖 208　曲線切線的公式 (9)

例題 5　**橢圓的切線**

試求橢圓 $\frac{1}{4}x^2 + y^2 = 1$ 在點 P: $(\sqrt{2}, 1/\sqrt{2})$ 的切線。

解

當半軸爲 $a = 2$ 和 $b = 1$ 的時候，(3) 式可以寫成 $\mathbf{r}(t) = [2\cos t, \sin t]$。其導數爲 $\mathbf{r}'(t) = [-2\sin t, \cos t]$。此時點 P 對應的是 $t = \pi/4$，這是因爲

$$\mathbf{r}(\pi/4) = [2\cos(\pi/4),\quad \sin(\pi/4)] = [\sqrt{2},\quad 1/\sqrt{2}]$$

因此 $\mathbf{r}'(\pi/4) = [-\sqrt{2},\quad 1/\sqrt{2}]$。利用 (9) 式，我們可以得到下列*答案*

$$\mathbf{q}(w) = [\sqrt{2},\quad 1/\sqrt{2}] + w[-\sqrt{2},\quad 1/\sqrt{2}] = [\sqrt{2}(1-w),\quad (1/\sqrt{2})(1+w)]$$

如果想要檢驗結果，讀者可以試著畫出橢圓及其切線。■

9.5.2　曲線的長度

我們現在準備好可以定義曲線的長度 l。l 是 n 段弦線總長度的極限值 (見圖 209，其中 $n = 5$)，而 n 值愈來愈大。爲此，令 $\mathbf{r}(t)$，$a \le t \le b$ 代表 C。對每個 $n = 1, 2, \cdots$，我們以下列點劃分此區間 $a \le t \le b$，

$$t_0 (= a),\quad t_1, \cdots, t_{n-1},\quad t_n (= b),\qquad \text{其中}\quad t_0 < t_1 < \cdots < t_n$$

這樣就得到以端點爲 $\mathbf{r}(t_0), \cdots, \mathbf{r}(t_n)$ 的各弦所組成的破折線。上述分割動作是任意的，但是此分割動作會在 $n \to \infty$ 的時候，使得最大的 $|\Delta t_m| = |t_m - t_{m-1}|$ 也會趨近於 0。這些弦的長度 $l_1, l_2, \cdots$ 可以利用畢氏定理求得。如果 $\mathbf{r}(t)$ 有連續導數 $\mathbf{r}'(t)$，則我們可以證明，序列 $l_1, l_2, \cdots$ 會有一個極限值，而且這個極限值是與曲線 C 的表示法無關，也和分割的方式無關。此極限可以用下列積分式表示，

(10)
$$l = \int_a^b \sqrt{\mathbf{r}' \bullet \mathbf{r}'}\, dt \qquad \left(\mathbf{r}' = \frac{d\mathbf{r}}{dt}\right)$$

l 稱爲 C 的**長度**，而 C 稱爲是**可求長的 (rectifiable)**。對平面曲線而言，(10) 式可以利用微積分使其看起來合理，對於空間中的曲線，附錄 1 的 [GenRef8] 有提供其證明。一般而言，實際計算 (10) 式的積分值並不容易。本章的習題集有提供比較簡單的方法。

9.5.3 曲線的弧長 s

曲線 C 的長度 (10) 式是一個常數，而且是正值。但是如果我們將 (10) 式中固定的上限 b 換成變數 t，則積分式變成 t 的函數，稱爲 C 的*弧長函數* (*arc length function*)，或直接稱爲 C 的**弧長 (arc length)**，記做 $s(t)$。因此

(11)
$$s(t)=\int_a^t \sqrt{\mathbf{r}'\bullet\mathbf{r}'}\,d\tilde{t} \qquad \left(\mathbf{r}'=\frac{d\mathbf{r}}{d\tilde{t}}\right)$$

在此，因爲 t 已經用來表示上限，所以改成以 $\tilde{t}$ 作爲積分變數。

就幾何上說，假設 $t_0>a$，則 $s(t_0)$ 是介於參數值爲 a 與 t_0 的兩點間 C 的弧長。a (即 $s=0$ 的點) 的選擇是任意的；改變 a 代表 s 加減一個常數值。

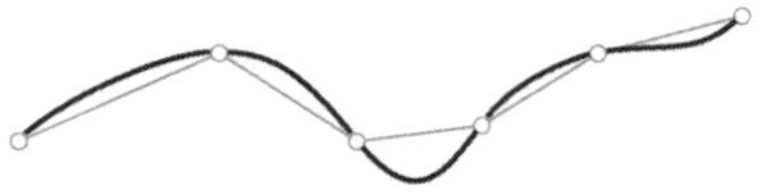

圖 209　曲線的長度

線段元素 ds　如果對 (11) 式微分再平方，我們得到

(12)
$$\left(\frac{ds}{dt}\right)^2=\frac{d\mathbf{r}}{dt}\bullet\frac{d\mathbf{r}}{dt}=|\mathbf{r}'(t)|^2=\left(\frac{dx}{dt}\right)^2+\left(\frac{dy}{dt}\right)^2+\left(\frac{dz}{dt}\right)^2$$

習慣上我們會這樣寫，

(13*)
$$d\mathbf{r}=[dx,dy,dz]=dx\,\mathbf{i}+dy\,\mathbf{j}+dz\,\mathbf{k}$$

及

(13)
$$ds^2=d\mathbf{r}\bullet d\mathbf{r}=dx^2+dy^2+dz^2$$

ds 稱爲 C 的線段元素 (linear element)。

以弧長作爲參數　在 (1) 式中，使用 s 來取代任意的 t，可以簡化許多不同的公式。對於單位切線向量 (8) 式而言，我們可以直接得到

(14)
$$\mathbf{u}(s)=\mathbf{r}'(s)$$

的確，在 (12) 式中，$|\mathbf{r}'(s)|=(ds/ds)=1$ 顯示 $\mathbf{r}'(s)$ 是一個單位向量。在下面討論曲率 (curvature) 和撓率 (torsion) 時，使用 s 作爲參數會帶來更大幅度的簡化。

例題 6 圓形螺旋線、圓、以弧長作爲參數

在 (5) 式中的螺旋線 $\mathbf{r}(t)=[a\cos t, a\sin t, ct]$，它的導數爲 $\mathbf{r}'=[-a\sin t, a\cos t, c]$。所以 $\mathbf{r}'\bullet\mathbf{r}'=a^2+c^2$，這是一個常數，我們以 K^2 來代表。因此 (11) 式中的被積函數是常數，它等於 K，而且積分結果是 $s=Kt$。因此 $t=s/K$，所以用弧長爲參數的螺旋線可寫成

(15) $$\mathbf{r}^*(s)=\mathbf{r}\left(\frac{s}{K}\right)=\left[a\cos\frac{s}{K},\quad a\sin\frac{s}{K},\quad \frac{cs}{K}\right],\qquad K=\sqrt{a^2+c^2}$$

如果設 $c=0$，我們就得到一個**圓**。此時 $K=a$、$t=s/a$，而且以弧長 s 作爲參數的表示式爲

$$\mathbf{r}^*(s)=\mathbf{r}\left(\frac{s}{a}\right)=\left[a\cos\frac{s}{a},\quad a\sin\frac{s}{a}\right]$$ ■

9.5.4 力學中的曲線、速度、加速度

曲線在力學中扮演著一個基本的角色，它們可以是移動物體的運動路徑。像這樣的曲線 C 應該以參數表示式 $\mathbf{r}(t)$ 來表示，以**時間** t 爲參數。此時 C 的切線向量 (7) 式就稱爲**速度向量** $\mathbf{v}$，因爲*是*相切的，所以它的方向就是運動的瞬時方向，而且它的長度就是**速率** $|\mathbf{v}|=|\mathbf{r}'|=\sqrt{\mathbf{r}'\bullet\mathbf{r}'}=ds/dt$；參看 (12) 式。$\mathbf{r}(t)$ 的二階導數稱爲**加速度向量 (acceleration vector)**，通常以 $\mathbf{a}$ 表示。它的長度爲 $|\mathbf{a}|$ 稱爲此運動的**加速度**。因此，

(16) $$\mathbf{v}(t)=\mathbf{r}'(t),\qquad \mathbf{a}(t)=\mathbf{v}'(t)=\mathbf{r}''(t)$$

切線和法線加速度 儘管速度向量永遠與運動路徑相切，但是加速度向量的方向通常不會一樣。我們可以將加速度向量分成兩個方向的分量，也就是

(17) $$\mathbf{a}=\mathbf{a}_{\tan}+\mathbf{a}_{\text{norm}},$$

其中**切線加速度向量 (tangential acceleration vector)** $\mathbf{a}_{\tan}$ 會與運動路徑相切 (有時候爲 **0**)，而且**法線加速度向量 (normal acceleration vector)** $\mathbf{a}_{\text{norm}}$ 會與運動路徑垂直 (有時候爲 **0**)。

(17) 式的向量表示式是利用連鎖律得自 (16) 式。我們首先利用連鎖律得到

$$\mathbf{v}(t)=\frac{d\mathbf{r}}{dt}=\frac{d\mathbf{r}}{ds}\frac{ds}{dt}=\mathbf{u}(s)\frac{ds}{dt}$$

其中 $\mathbf{u}(s)$ 是單位切線向量 (14) 式。再一次微分得到

(18) $$\mathbf{a}(t)=\frac{d\mathbf{v}}{dt}=\frac{d}{dt}\left(\mathbf{u}(s)\frac{ds}{dt}\right)=\frac{d\mathbf{u}}{ds}\left(\frac{ds}{dt}\right)^2+\mathbf{u}(s)\frac{d^2s}{dt^2}$$

既然切線向量 $\mathbf{u}(s)$ 具有固定長度 (長度爲 1)，所以其導數 $d\mathbf{u}/ds$ 會垂直於 $\mathbf{u}(s)$ (利用 9.4 節例題 4 的結果)。因此 (18) 式右側第一項是法線加速度向量，右側第二項是切線加速度向量，使得 (18) 式屬於 (17) 式的形式。

此時長度 $|\mathbf{a}_{\tan}|$ 是 $\mathbf{a}$ 在 $\mathbf{v}$ 方向上之投影的絕對值，這可以由在 9.2 節 (11) 式中設定 $\mathbf{b}=\mathbf{v}$ 而得到，也就是，$|\mathbf{a}_{\tan}|=|\mathbf{a}\bullet\mathbf{v}|/|\mathbf{v}|$。因此，$\mathbf{a}_{\tan}$ 等於這個數學式再乘以 $\mathbf{v}$ 方向上的單位向量 $(1/|\mathbf{v}|)\mathbf{v}$；也就是，

(18*) $$\mathbf{a}_{\tan}=\frac{\mathbf{a}\bullet\mathbf{v}}{\mathbf{v}\bullet\mathbf{v}}\mathbf{v}\qquad \text{同時}\qquad \mathbf{a}_{\text{norm}}=\mathbf{a}-\mathbf{a}_{\tan}$$

我們現在討論兩個與太空旅行有關的例題。它們是關於向心 (*centripetal*) 和離心 (*centrifugal*) 加速度，以及柯氏 (*Coriolis*) 加速度。

例題 7 向心加速度、離心加速度

向量函數

$$\mathbf{r}(t) = [R \cos \omega t, \quad R \sin \omega t] = R \cos \omega t\, \mathbf{i} + R \sin \omega t\, \mathbf{j} \qquad \text{(圖 210)}$$

(**i** 和 **j** 是 xy 座標之單位向量) 代表半徑 R、圓心位於 xy 平面原點的圓 C，而且它描述的是一個小型物體 B 繞著圓逆時針轉動的運動。對上式微分可得速度向量

$$\mathbf{v} = \mathbf{r}' = [-R\omega \sin \omega t, \quad R\omega \cos \omega t] = -R\omega \sin \omega t\, \mathbf{i} + R\omega \cos \omega t\, \mathbf{j} \qquad \text{(圖 210)}$$

v 與 C 相切。其大小也就是速率，等於

$$|\mathbf{v}| = |\mathbf{r}'| = \sqrt{\mathbf{r}' \bullet \mathbf{r}'} = R\omega$$

所以它是一個常數。將速率除以到圓心的距離 R，就稱爲**角速率 (angular speed)**。它等於 ω 所以也是常數。對速度向量微分，我們得到加速度向量

$$\text{(19)} \qquad \mathbf{a} = \mathbf{v}' = [-R\omega^2 \cos \omega t, \quad -R\omega^2 \sin \omega t] = -R\omega^2 \cos \omega t\, \mathbf{i} - R\omega^2 \sin \omega t\, \mathbf{j}$$

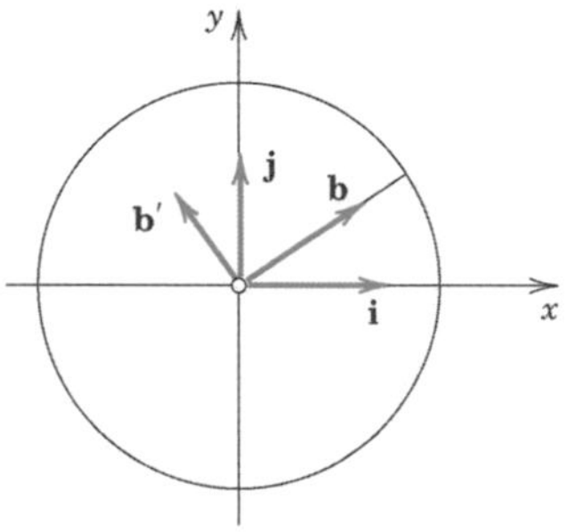

圖 210 向心加速度 **a**

這顯示 $\mathbf{a} = -\omega^2 \mathbf{r}$ (圖 210)，所以有一個指向圓心的加速度，稱爲運動的**向心加速度 (centripetal acceleration)**。之所以發生這種現象，是因爲速度向量會以固定速率改變方向。其大小值是常數 $|\mathbf{a}| = \omega^2 |\mathbf{r}| = \omega^2 R$。將 **a** 乘以 B 的質量 m 以後，我們得到**向心力** $m\mathbf{a}$。與向心力相反的向量 $-m\mathbf{a}$，稱爲**離心力 (centrifugal force)**。在每一個瞬間，這兩個力都處於平衡狀態。

我們可以看到，在這個運動中，加速度向量與 C 垂直；所以沒有切線加速度。 ■

例題 8 旋轉的疊加、柯氏加速度

在圖 211 中，有一個投射物以固定速率沿著轉動中的地球的子午線運動。求它的加速度。

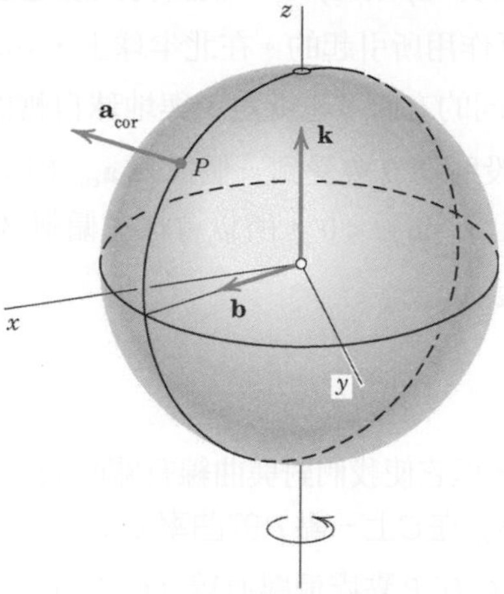

圖 211　例題 8 兩個旋轉的疊加

解

令 x、y、z 是空間中的固定卡氏座標系統，在座標軸方向上的單位向量是 **i**、**j**、**k**。令地球以及一個單位向量 **b**，以角速率 $\omega > 0$ 繞著 z 軸轉動 (參看例題 7)。既然 **b** 與地球一起轉動，所以它具有下列形式，

$$\mathbf{b}(t) = \cos \omega t\, \mathbf{i} + \sin \omega t\, \mathbf{j}$$

令投射物是在一個子午線上移動，而且此子午線所在平面是 **b** 和 **k** 的展延 (span) (圖 211)，此投射物在子午線平面中以固定角速率 $\omega > 0$ 在運動。則以 **b** 和 **k** 表示其位置向量爲

$$\mathbf{r}(t) = R\cos \gamma t\, \mathbf{b}(t) + R\sin \gamma t\, \mathbf{k} \qquad (R = \text{ 地球半徑})$$

我們完成了模型的設定。接下來我們用向量微積分以求出此投射物的加速度。其結果將是難以預料的，它與大氣中和太空旅行具有高度關聯。**b** 相對於 t 的一階和二階導數是

$$\begin{aligned} \mathbf{b}'(t) &= -\omega \sin \omega t\, \mathbf{i} + \omega \cos \omega t\, \mathbf{j} \\ \mathbf{b}''(t) &= -\omega^2 \cos \omega t\, \mathbf{i} - \omega^2 \sin \omega t\, \mathbf{j} = -\omega^2 \mathbf{b}(t) \end{aligned} \tag{20}$$

$\mathbf{r}(t)$ 相對於 t 的一階和二階導數是

$$\begin{aligned} \mathbf{v} = \mathbf{r}'(t) &= R\cos \gamma t\, \mathbf{b}' - \gamma R \sin \gamma t\, \mathbf{b} + \gamma R \cos \gamma t\, \mathbf{k} \\ \mathbf{a} = \mathbf{v}' &= R\cos \gamma t\, \mathbf{b}'' - 2\gamma R \sin \gamma t\, \mathbf{b}' - \gamma^2 R \cos \gamma t\, \mathbf{b} - \gamma^2 R \sin \gamma t\, \mathbf{k} \\ &= R\cos \gamma t\, \mathbf{b}'' - 2\gamma R \sin \gamma t\, \mathbf{b}' - \gamma^2 \mathbf{r} \end{aligned} \tag{21}$$

藉著與例題 7 形成的類比關係，以及因爲 (20) 式中的 $\mathbf{b}'' = -\omega^2 \mathbf{b}$ 的緣故，我們可以知道，**a** 的第一項 (在 **b''** 中有包括 ω^2) 是由地球自轉所引起的向心加速度。同樣的，最後一行中的第三項 (涉及 γ^2) 是由投射物在旋轉中的地球的子午線 M 上進行的運動所引起的向心加速度。

在 **a** 中我們預想不到的第二項 $-2\gamma R \sin \gamma t \mathbf{b}'$，稱爲**柯氏加速度** **(Coriolis acceleration)**[3] (參看圖 211)，它是由兩個轉動的交互作用所引起的。在北半球上，$\sin \gamma t > 0$ (當 $t > 0$；同時由假設 $\gamma > 0$)，這使得 $\mathbf{a}_{cor}$ 具有與 $-\mathbf{b}'$ 相同的方向，也就是，與地球自轉的方向相反。$|\mathbf{a}_{cor}|$ 在北極有最大值，在赤道爲零。質量 m_0 的投射物 B 會受到一個與 $m_0\mathbf{a}_{cor}$ 相反的力量 $-m_0\mathbf{a}_{cor}$，這個力量傾向於使 B 往右偏離 M (在南半球上，$\sin \gamma t < 0$，所以會往左偏離 M)。在飛彈、火箭、砲彈和大氣流動中，都可以觀察到這種現象。 ■

9.5.5 曲率和撓率 (選讀)

9.5 節的最後這個主題是選讀的，但它使我們對與曲線有關的向量微積分的討論趨於完整。

一條曲線 C: $\mathbf{r}(s)$ (s 爲弧長) 在 C 上一點 P 的曲率 $\kappa(s)$ 是在 P 點上的單位切線向量 $\mathbf{u}(s)$ 的變率 $|\mathbf{u}'(s)|$。因此 $\kappa(s)$ 代表了 C 在 P 點處偏離直線 (在 *P 點的切線*) 的程度。因爲 $\mathbf{u}(s) = \mathbf{r}'(s)$，定義爲

(22) $$\kappa(s) = |\mathbf{u}'(s)| = |\mathbf{r}''(s)| \qquad (' = d/ds)$$

曲線 C 在 P 點的**撓率** **(torsion)** $\tau(s)$，代表了曲線 C 在 P 點的**密切平面** **(osculating plane)** O 的變率。此平面是 **u** 和 **u**′ 的展延，如圖 212 所示。因此 $\tau(s)$ 代表了 C 在 P 點處偏離一平面 (在 P 對 O) 的程度。此時，變化率也可以利用在平面 O 的法線向量 **b** 的導數 **b**′ 加以衡量。由向量乘法的定義，O 的單位法向量是 $\mathbf{b} = \mathbf{u} \times (1/\kappa)\mathbf{u}' = \mathbf{u} \times \mathbf{p}$。在此 $\mathbf{p} = (1/\kappa)\mathbf{u}'$ 稱爲 C 在 P 點的**單位主法線向量** **(unit principal normal vector)** 而 **b** 稱爲**單位從法線向量** **(unit binormal vector)**。這兩個向量標示在圖 212 中。在此我們必須假設 $\kappa \neq 0$；因此 $\kappa > 0$。現在，我們可以將撓率的絕對值定義成

(23*) $$|\tau(s)| = |\mathbf{b}'(s)|$$

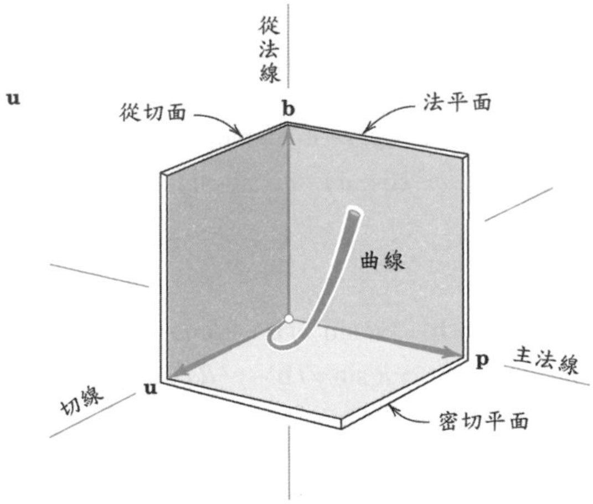

圖 212 三面體單位向量 **u**、**p**、**b** 和相關平面

[3] GUSTAVE GASPARD CORIOLIS (1792–1843)，法國工程師，他從事力學的研究。

儘管 $\kappa(s)$ 是非負值，然而受到「右手型」和「左手型」的啓發 (參看圖 204 和 205)，讓撓率具有正負號是有其實際需要的，這需要一些更進一步的計算。既然 **b** 是單位向量，它具有固定長度。因此 $\mathbf{b}'$ 垂直於 **b** (參看 9.4 節例題 4)。因爲透過向量積的定義，我們可以得到 $\mathbf{b}\bullet\mathbf{u}=0$；$\mathbf{b}\bullet\mathbf{u}'=0$，所以 $\mathbf{b}'$ 也垂直於 **u**。這意謂著

$$(\mathbf{b}\bullet\mathbf{u})'=0 \quad \text{也就是} \quad \mathbf{b}'\bullet\mathbf{u}+\mathbf{b}\bullet\mathbf{u}'=\mathbf{b}'\bullet\mathbf{u}+0=0$$

如果在 P 點處 $\mathbf{b}'\neq\mathbf{0}$，則它的方向必定爲 **p** 或 $-\mathbf{p}$，所以它的形式必定爲 $\mathbf{b}'=-\tau\mathbf{p}$。對這個數學式採取乘以 **p** 的內積運算，並且利用 $\mathbf{p}\bullet\mathbf{p}=1$，結果得到

(23)
$$\tau(s)=-\mathbf{p}(s)\bullet\mathbf{b}'(s)$$

上式中加入負號是爲了，讓*右旋*螺旋線的撓率爲正值，以及讓*左旋*螺旋線的撓率爲負值 (圖 204 和 205)。單範正交三元組 **u**、**p**、**b** **稱爲 *C* 的三面體 (trihedron)**。圖 212 也顯示了在 **u**、**p**、**b** 方向上的三條直線的名稱，這三條直線是**密切面 (osculating plane)**、**法平面 (normal plane)** 和**從切面 (rectifying plane)** 等三個平面之間的相交線。

習題集 9.5

1–10 參數表示法

下列參數表示式代表什麼樣的曲線？畫出它們。

1. $[2+4\cos t,\ \ 2\sin t,\ \ 0]$

2. $[a+t,\ \ b+3t,\ \ c-5t]$

3. $[0,\ \ t,\ \ 2t^3]$

4. $[-2,\ \ 2+5\cos t,\ \ -1+5\sin t]$

5. $[1+5\cos t,\ \ 3+\sin t,\ \ 0]$

6. $[a+3\cos \pi t,\ \ b-2\sin \pi t,\ \ 0]$

7. $[3\cos t,\ \ 3\sin t,\ \ 2t]$

8. $[\cosh t,\ \ \sinh t,\ \ 2]$

9. $[\cos t,\ \ \sin 4t,\ \ 0]$

10. $[t,\ \ 2,\ \ 1/t]$

11–20 求出以下各題的參數表示式

11. 在 $z=2$ 平面上的圓，圓心在 $(1,-1)$ 並通過原點。

12. 在 yz 平面上的圓，圓心在 $(4,\ 0)$ 並通過 $(0,3)$，畫出它。

13. 通過 $(3,1,2)$ 且方向爲 $\mathbf{i}+4\mathbf{k}$ 的直線。

14. 通過 $(1,1,1)$ 和 $(4,0,2)$ 的直線，畫出它。

15. 直線 $y=2x-1$、$z=3x$。

16. 半徑爲 1 繞 z 軸的圓柱，與平面 $z=y$ 的交線。

17. 橢圓 $\frac{1}{3}x^2+y^2=1$、$z=y$。

18. 螺旋線 $x^2+y^2=25,\ z=2\arctan(y/x)$。

19. 雙曲線 $x^2-y^2=1$、$z=-2$。

20. $2x-y+3z=2$ 和 $x+2y-z=3$ 的交線。

21. 走向 請解釋爲何設定 $t=-t^*$ 會反轉 $[a\cos t,\ \ a\sin t,\ \ 0]$ 的走向。

22. CAS 專題 曲線 試畫出下列較複雜的曲線。

(a) $\mathbf{r}(t)=[2\cos t+\cos 2t,\ \ 2\sin t-\sin 2t]$ (*Steiner* 內擺線)

(b) $\mathbf{r}(t)=[\cos t+k\cos 2t,\ \ \sin t-k\sin 2t]$ 其中 $k=10,\ 2,\ 1,\ \frac{1}{2},\ 0,\ -\frac{1}{2},\ -1$。

(c) $\mathbf{r}(t)=[\cos t,\ \ \sin 5t]$ (*Lissajous* 曲線)。

(d) $\mathbf{r}(t)=[\cos t,\ \ \sin kt]$ 當 k 值爲何時，它會是封閉的？

(e) $\mathbf{r}(t)=[R\sin\omega t+\omega Rt,\quad R\cos\omega t+R]$(擺線，*cycloid*)

23. CAS 專題　著名曲線的極座標形式

請使用你的 CAS，畫出下列極座標形式的曲線[4]，$\rho=\rho(\theta)$、$\rho^2=x^2+y^2$、$\tan\theta=y/x$，並且根據參數 a 和 b 探討它們的圖形。

$\rho=a\theta$　阿幾米得螺線

$\rho=ae^{b\theta}$　對數螺線

$$\rho=\frac{2a\sin^2\theta}{\cos\theta}$$

Diocles 蔓葉線 (Cissoid of Diocles)

$$\rho=\frac{a}{\cos\theta}+b$$

Nicomedes 蚌線 (Conchoid of Nicomedes)

$\rho=a/\theta$　雙曲線螺線

$$\rho=\frac{3a\sin 2\theta}{\cos^3\theta+\sin^3\theta}$$

笛卡兒葉形線 (Folium of Descartes)

$\rho=2a\dfrac{\sin 3\theta}{\sin 2\theta}$　馬克勞林三等分角線 (Maclaurin's trisectrix)

$\rho=2a\cos\theta+b$　Pascal 蝸線

24–28　切線

已知一條曲線 C: $\mathbf{r}(t)$，試求切線向量 $\mathbf{r}'(t)$，單位切線向量 $\mathbf{u}'(t)$，以及曲線 C 在點 P 的切線。畫出該曲線及其切線。

24. $\mathbf{r}(t)=[t,\ \frac{1}{4}t^2,\ 2]$, P: (2, 1, 2)

25. $\mathbf{r}(t)=[10\cos t,\ 1,\ 10\sin t]$, P: (6, 1, 8)

26. $\mathbf{r}(t)=[\cos t,\ \sin t,\ 9t]$, P: $(1, 0, 18\pi)$

27. $\mathbf{r}(t)=[t,\ 4/t,\ 0]$, P: (4, 1, 0)

28. $\mathbf{r}(t)=[t,\ t^2,\ t^3]$, P: (1, 1, 1)

29–32　長度

試求下列所要求的各長度，並且畫出曲線。

29. 懸鍊線 $\mathbf{r}(t)=[t,\ \cosh t]$ 由 $t=0$ 到 $t=2$。

30. 圓形螺旋線 $\mathbf{r}(t)=[4\cos t, 4\sin t, 5t]$，從 (4, 0, 0) 到 $(4, 0, 10\pi)$。

31. 圓 $\mathbf{r}(t)=[a\cos t,\ a\sin t]$ 由 $(a, 0)$ 到 $(-a, 0)$。

32. 內擺線 $\mathbf{r}(t)=[a\cos^3 t,\ a\sin^3 t]$，全長。

33. 平面曲線　試證明，由 (10) 式可推導出，平面曲線 C: $y=f(x)$、$z=0$、$a=x=b$ 的長度為 $\ell=\int_a^b\sqrt{1+y'^2}\,dx$。

34. 極座標 $\rho=\sqrt{x^2+y^2}$、$\theta=\arctan(y/x)$ 可得

$$\ell=\int_\alpha^\beta\sqrt{\rho^2+\rho'^2}\,d\theta,$$

其中 $\rho'=d\rho/d\theta$。請推導出此式。使用這個公式去求出**心形線** $\rho=a(1-\cos\theta)$ 的總長度。畫出此曲線。提示：利用附錄 3.1 的 (10) 式。

35–46　力學中的曲線

工程師必須知道作用在移動物體上的幾個力，所對應產生的**切線加速度**和**法線加速度**。請求出習題 35–38 中運動的**速度**和**速率**，以及切線加速度和法線加速度。並且畫出運動路徑。

35. 拋物線 $\mathbf{r}(t)=[t,\ 4t^2,\ 0]$，求出 $\mathbf{v}$ 和 $\mathbf{a}$。

36. 直線 $\mathbf{r}(t)=[2t,\ 4t,\ 0]$，求出 $\mathbf{v}$ 和 $\mathbf{a}$。

37. 擺線 $\mathbf{r}(t)=(R\sin\omega t+Rt)\mathbf{i}+(R\cos\omega t+R)\mathbf{j}$。

這個擺線是半徑為 R 的輪子邊緣上一點的運動路徑，而且這個輪子在沒有滑動的情形下，沿著 x 軸滾動。試求運動路徑曲線在 y 值具有最大値的時候，其速度 $\mathbf{v}$ 和加速度 $\mathbf{a}$。

38. 橢圓 $\mathbf{r}=[\cos t, 2\sin t, 0]$。

---

[4] 分別以 ARCHIMEDES (c. 287–212 B.C.)、DESCARTES (9.1 節)、DIOCLES (200 B.C.)、MACLAURIN (15.4 節)、NICOMEDES (250? B.C.)、BLAISE PASCAL (1623–1662) 之父 ÉTIENNE PASCAL (1588–1651) 等人命名。

39–42 使用 CAS 對於研究複雜路徑是非常有幫助的，此類路徑出現在齒輪傳動及其它機構運動中。為了掌握其中重要觀念，請畫出下列路徑，並且求出速度、速率、切線加速度和法線加速度。

39. $\mathbf{r}(t)=[\sin 2t, \cos t]$

40. $\mathbf{r}(t)=[2\cos t+\cos 2t, 2\sin t-\sin 2t]$

41. $\mathbf{r}(t)=[\sin t, \cos t, \cos 2t]$

42. $\mathbf{r}(t)=[ct\cos t, ct\sin t, ct]$ $(c\neq 0)$

43. **太陽和地球** 試利用 (19) 式，以及地球以近乎圓形的軌道繞日旋轉，且速率近乎常數值 30 km/s，求地球向太陽的加速度。

44. **地球和月球** 假設月球軌道是一個半徑 239,000 英里 = $3.85\cdot 10^8$ 公尺的圓形，而且完成一次公轉的時間是 27.3 天 = $2.36\cdot 10^6$ 秒，試求月球對地球的向心加速度。

45. **人造衛星** 地球上的人造衛星在地球表面上方 80 英里的高度處運行，已知這個高度的 $g=31\ \text{ft/sec}^2$，試求此衛星的速率。(地球半徑為 3960 英里)。

46. **人造衛星** 有一顆人造衛星在地球表面上方 450 英里處的圓形軌道上運行，它完成一次公轉的時間是 100 分鐘。利用以上資料及地球半徑 (3960 英里)，求軌道處的重力加速度。

47–55 曲率和撓率

47. **圓** 請證明半徑為 a 的圓其曲率為 $1/a$。

48. **曲率** 試利用 (22) 式證明，如果以 $\mathbf{r}(t)$ 代表 C，其中 t 是任意數，則

$$\textbf{(22*)}\quad \kappa(t)=\frac{\sqrt{(\mathbf{r}'\bullet\mathbf{r}')(\mathbf{r}''\bullet\mathbf{r}'')-(\mathbf{r}'\bullet\mathbf{r}'')^2}}{(\mathbf{r}'\bullet\mathbf{r}')^{3/2}}$$

49. **平面曲線** 請利用 (22*) 式證明，對於曲線 $y=f(x)$ 而言，

$$\textbf{(22**)}\quad \kappa(x)=\frac{|y''|}{(1+y'^2)^{3/2}}\qquad \left(y'=\frac{dy}{dx},\ \text{etc.}\right)$$

50. **撓率** 利用 $\mathbf{b}=\mathbf{u}\times\mathbf{p}$ 和 (23) 式，證明 (當 $\kappa>0$ 時)

$$\textbf{(23**)}\quad \tau(s)=(\mathbf{u}\quad \mathbf{p}\quad \mathbf{p}'')=(\mathbf{r}'\quad \mathbf{r}''\quad \mathbf{r}''')/\kappa^2$$

51. **撓率** 請證明，如果以 $\mathbf{r}(t)$ 代表 C，其中參數 t 是任意數，而且如同之前一樣假設 $\kappa>0$，則

$$(23^{***})\quad \tau(t)=\frac{(\mathbf{r}'\quad \mathbf{r}''\quad \mathbf{r}''')}{(\mathbf{r}'\bullet\mathbf{r}')(\mathbf{r}''\bullet\mathbf{r}'')-(\mathbf{r}'\bullet\mathbf{r}'')^2}$$

52. **螺旋線** 證明螺旋線 $[a\cos t, a\sin t, ct]$ 可以表示成 $[a\cos(s/K), a\sin(s/K), cs/K]$，其中 $K=\sqrt{a^2+c^2}$ 且 s 為弧長。並且證明這個螺旋線有固定曲率 $\kappa=a/K^2$，以及固定撓率 $\tau=c/K^2$。

53. 試求曲線 $C{:}\ \mathbf{r}(t)=[t,\ \ t^2,\ \ t^3]$ 的撓率，它很像圖 212 中的曲線。

54. **Frenet[5] 公式** 試證明

$$\mathbf{u}'=\kappa\mathbf{p},\quad \mathbf{p}'=-\kappa\mathbf{u}+\tau\mathbf{b},\quad \mathbf{b}'=-\tau\mathbf{p}$$

55. 試利用 (22*) 和 (23***) 式，求出習題 52 中的 κ 和 τ，以及習題 54 中以參數 t 表示的原始表示式。

[5] JEAN-FRÉDÉRIC FRENET (1816–1900)，法國數學家。

9.6 微積分複習：多變數函數 (Calculus Review: Functions of Several Variables) (選讀)

曲線 C 的參數表示式用的的向量函數是單變數，取決於 x、s 或 t。我們現在要有系統的納入多變數向量函數。在書中加入選讀的這一節是爲了閱讀方便，並維持本書的自足性。**直接進入 9.7 節，必要時再參考 9.6 節**。關於偏導數，請參看附錄 A3.2。

9.6.1 連鎖律 (Chain Rule)

圖 213 顯示了下列基本定理所用的符號。

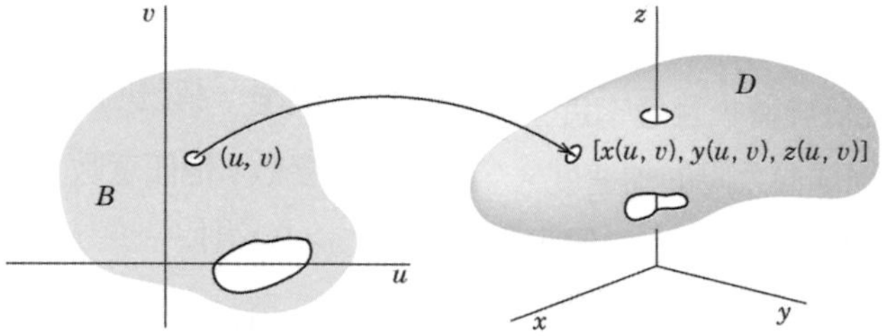

圖 213 定理 1 所用的符號

定理 1

連鎖定律

令 $w = f(x, y, z)$ 在 xyz 空間的一個定義域 D 內是連續的，而且具有連續的一階偏導數。令 $x = x(u, v)$、$y = y(u, v)$、$z = z(u, v)$ 在 uv 平面的一個定義域 B 內為連續的，而且有一階偏導數，其中的 B 具有這樣的性質：對於 B 中的每一點 (u, v)，其對應點 $[x(u, v), y(u, v), z(u, v)]$ 必然位於 D 內。見圖 *213*。則函數

$$w = f(x(u,v), y(u,v), z(u,v))$$

在 B 中為有定義的，它在 B 中具有相對於 u 和 v 的一階偏導數，而且

$$\frac{\partial w}{\partial u} = \frac{\partial w}{\partial x}\frac{\partial x}{\partial u} + \frac{\partial w}{\partial y}\frac{\partial y}{\partial u} + \frac{\partial w}{\partial z}\frac{\partial z}{\partial u}$$

(1)

$$\frac{\partial w}{\partial v} = \frac{\partial w}{\partial x}\frac{\partial x}{\partial v} + \frac{\partial w}{\partial y}\frac{\partial y}{\partial v} + \frac{\partial w}{\partial z}\frac{\partial z}{\partial v}$$

在這個定理中，**定義域 (domain)** D 是在 xyz 空間中的一個連通點的開集合 (open connected points set)，其中「連通的 (connected)」意謂著，D 中的任意兩點都可以利用有限多個直線段所形成的折線加以連結在一起，而且這些直線段上的所有點也都屬於 D。而「開」的意思是，在 D 中的所有點 P 都有一個鄰域 (一個以 P 爲中心的小球)，此鄰域中的所有點都屬於 D。例如，一個立方體或橢圓體的內部 (整個實體但不含外表面) 就是一個定義域。

在微積分中，這種情形下的 x、y、z 通常稱爲**中間變數 (intermediate variable)**，以便與**自變數 (independent variable)** u、v，以及**因變數 (dependent variable)** w 有所區隔。

在實務上令人感興趣的特殊情況

若 $w = f(x, y)$ 且 $x = x(u,v)$ 、 $y = y(u,v)$ 如前所述，則 (1) 式成爲

(2)
$$\frac{\partial w}{\partial u} = \frac{\partial w}{\partial x}\frac{\partial x}{\partial u} + \frac{\partial w}{\partial y}\frac{\partial y}{\partial u}$$
$$\frac{\partial w}{\partial v} = \frac{\partial w}{\partial x}\frac{\partial x}{\partial v} + \frac{\partial w}{\partial y}\frac{\partial y}{\partial v}$$

若 $w = f(x, y, z)$ 且 $x = x(t)$ 、 $y = y(t)$ 、 $z = z(t)$，則由 (1) 式得

(3)
$$\frac{dw}{dt} = \frac{\partial w}{\partial x}\frac{dx}{dt} + \frac{\partial w}{\partial y}\frac{dy}{dt} + \frac{\partial w}{\partial z}\frac{dz}{dt}$$

若 $w = f(x, y)$ 且 $x = x(t)$ 、 $y = y(t)$，則 (3) 式簡化爲

(4)
$$\frac{dw}{dt} = \frac{\partial w}{\partial x}\frac{dx}{dt} + \frac{\partial w}{\partial y}\frac{dy}{dt}$$

最後，最簡單的情況是 $w = f(x)$ 、 $x = x(t)$ 得到

(5)
$$\frac{dw}{dt} = \frac{dw}{dx}\frac{dx}{dt}$$

例題 1　**連鎖定律**

若 $w = x^2 - y^2$ 且以 $x = r\cos\theta$ 、 $y = r\sin\theta$ 定義極座標 r、θ，則由 (2) 式得

$$\frac{\partial w}{\partial r} = 2x\cos\theta - 2y\sin\theta = 2r\cos^2\theta - 2r\sin^2\theta = 2r\cos 2\theta$$
$$\frac{\partial w}{\partial \theta} = 2x(-r\sin\theta) - 2y(r\cos\theta) = -2r^2\cos\theta\sin\theta - 2r^2\sin\theta\cos\theta = -2r^2\sin 2\theta$$

■

在一個曲面上的偏導數 $z = g(x, y)$

令 $w = f(x, y, z)$ 並令 $z = g(x, y)$ 代表空間中的一個曲面 S。則在 S 上，函數成爲

$$\tilde{w}(x, y) = f(x, y, g(x, y))$$

因此由 (1) 式可得一階偏導數爲

(6)
$$\frac{\partial \tilde{w}}{\partial x} = \frac{\partial f}{\partial x} + \frac{\partial f}{\partial z}\frac{\partial g}{\partial x}, \quad \frac{\partial \tilde{w}}{\partial y} = \frac{\partial f}{\partial y} + \frac{\partial f}{\partial z}\frac{\partial g}{\partial y} \qquad [z = g(x, y)]$$

在 10.9 節我們會用到此公式。

例題 2 在一個曲面上的偏導數

令 $w = f = x^3 + y^3 + z^3$ 並令 $z = g = x^2 + y^2$，則由 (6) 式可以得到

$$\frac{\partial \tilde{w}}{\partial x} = 3x^2 + 3z^2 \cdot 2x = 3x^2 + 3(x^2 + y^2)^2 \cdot 2x$$

$$\frac{\partial \tilde{w}}{\partial y} = 3y^2 + 3z^2 \cdot 2y = 3y^2 + 3(x^2 + y^2)^2 \cdot 2y$$

用代入的方式可以確認以上結果，使用 $w(x, y) = x^3 + y^3 + (x^2 + y^2)^3$，也就是，

$$\frac{\partial \tilde{w}}{\partial x} = 3x^2 + 3(x^2 + y^2)^2 \cdot 2x, \quad \frac{\partial \tilde{w}}{\partial y} = 3y^2 + 3(x^2 + y^2)^2 \cdot 2y$$ ■

9.6.2 平均值定理

定理 2

平均值定理

令 $f(x, y, z)$ 在 xyz 空間的一個定義域 D 內是連續的，而且有連續的一階偏導數。令 $P_0 : (x_0, y_0, z_0)$ 及 $P : (x_0 + h, y_0 + k, z_0 + l)$ 為 D 中的兩個點，而且連結這兩個點的直線線段 P_0P 完全處於 D 中。則

(7)
$$f(x_0 + h, y_0 + k, z_0 + l) - f(x_0, y_0, z_0) = h\frac{\partial f}{\partial x} + k\frac{\partial f}{\partial y} + l\frac{\partial f}{\partial z}$$

其中的偏導數是在該線段內的某個適當點上的值。

特殊情況

對於含兩個變數的函數 $f(x, y)$ (滿足定理中的假設)，(7) 式可以化簡成 (圖 214)

(8)
$$f(x_0 + h, y_0 + k) = f(x_0, y_0) = h\frac{\partial f}{\partial x} + k\frac{\partial f}{\partial y}$$

而且對於單一變數的函數 $f(x)$，(7) 式變成

(9)
$$f(x_0 + h) - f(x_0) = h\frac{\partial f}{\partial x}$$

在 (9) 式中，定義域 D 為 x 軸的一段，而且導數是取在介於 x_0 與 $x_0 + h$ 之間某個適當點上。

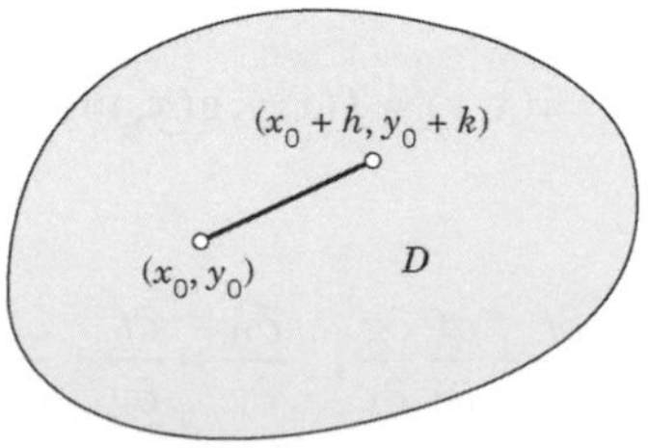

圖 214 用於雙變數函數的平均值定理 [(8) 式]

9.7 純量場的梯度、方向導數 (Gradient of a Scalar Field. Directional Derivative)

我們將看到在各種應用過程中，有些向量場 (並非全部) 可以從純量場獲得。能用純量場代替向量場會是一項很大的優點，因爲純量場的使用比向量場容易。就是因爲「梯度 (gradient)」，使我們可以由純量場得到向量場，因此對工程師而言，梯度是非常重要的。

定義 1

梯度 (Gradient)

現在的情況是，我們已知一個純量函數 $f(x,y,z)$，它在 3 度空間中的一個定義域內是有定義且可微的，並使用卡氏座標系統 x、y、z。我們將此函數的**梯度**記爲 grad f 或 ∇f (讀作 **nabla** f)。則 $f(x,y,z)$ 的梯度被定義爲向量函數

(1)
$$\text{grad } f = \nabla f = \left[\frac{\partial f}{\partial x}, \frac{\partial f}{\partial y}, \frac{\partial f}{\partial z}\right] = \frac{\partial f}{\partial x}\mathbf{i} + \frac{\partial f}{\partial y}\mathbf{j} + \frac{\partial f}{\partial z}\mathbf{k}$$

附記 曲線座標下的梯度定義請參見附錄 3.4。一個簡單的例子，若 $f(x,y,z) = 2y^3 + 4xz + 3x$，則 grad $f = [4z+3, 6y^2, 4x]$。此外，在本節稍後我們將說明，(1) 式實際上定義了一個向量。

符號 ∇f 是受到微分運算子 ∇ (讀成 nabla) 的啓發而來，它可以定義如下

(1*)
$$\nabla = \frac{\partial}{\partial x}\mathbf{i} + \frac{\partial}{\partial y}\mathbf{j} + \frac{\partial}{\partial z}\mathbf{k}$$

在若干方面，梯度是很有用的，尤其是在求取 $f(x,y,z)$ 在空間中任何方向上的變化率時，在求取表面法線向量時，以及在從純量場推導向量場等情形下；我們會在本節中加以說明。

9.7.1 方向導數

由微積分我們知道，(1) 式中的偏導數可以提供 $f(x,y,z)$ 在三個座標軸方向上的變化率。將這個性質予以延伸，藉此求取 f 在空間中任意方向上的變化率，看起來就變得是很自然的想法。而這就導出下列的概念。

定義 2

方向導數

函數 $f(x,y,z)$ 在點 P 處，於向量 $\mathbf{b}$ 方向上的方向導數 $D_{\mathbf{b}}f$ 或 df/ds，可以定義成 (請參見圖 215)

(2)
$$D_{\mathbf{b}}f = \frac{df}{ds} = \lim_{s\to\infty}\frac{f(Q)-f(P)}{s}$$

在此 Q 是在方向爲 $\mathbf{b}$ 的直線 L 上的一個可變點，而 $|s|$ 是 P 和 Q 之間的距離。同時，若 Q 位在 $\mathbf{b}$ 方向上，則 $s>0$ (如圖 215)；若 Q 位於$-\mathbf{b}$ 方向，則 $s<0$；若 $Q=P$ 則 $s=0$。

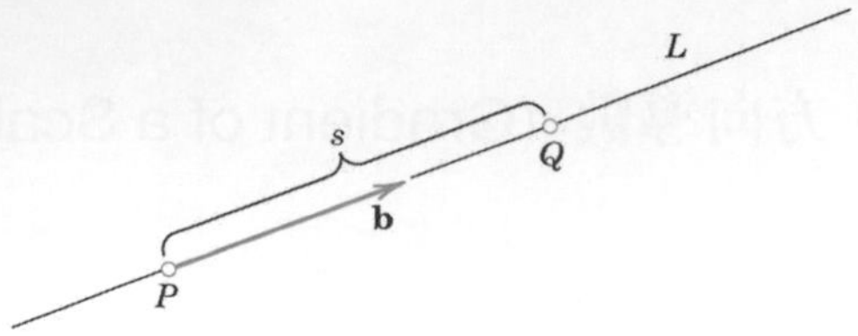

圖 215　方向導數

下一個觀念是利用卡氏 xyz 座標系，並且令 $\mathbf{b}$ 是一個單位向量。則直線 L 可以表示成

(3) $$\mathbf{r}(s) = x(s)\mathbf{i} + y(s)\mathbf{j} + z(s)\mathbf{k} = \mathbf{p}_0 + s\mathbf{b} \qquad (|\mathbf{b}| = 1)$$

其中 $\mathbf{p}_0$ 是 P 的位置向量。(2) 式現在顯示，$D_{\mathbf{b}} f = df/ds$ 是函數 $f(x(s), y(s), z(s))$ 對 L 之弧長 s 的導數。因此，假設 f 有連續的偏導數，並使用連鎖律 [前節的 (3) 式]，我們得到

(4) $$D_{\mathbf{b}} f = \frac{df}{ds} = \frac{\partial f}{\partial x} x' + \frac{\partial f}{\partial y} y' + \frac{\partial f}{\partial z} z'$$

其中的上標「'」表示對 s 的導數 (選取在 $s = 0$ 處)。但將 (3) 式微分得到 $\mathbf{r}' = x'\mathbf{i} + y'\mathbf{j} + z'\mathbf{k} = \mathbf{b}$。所以 (4) 式只是 $\mathbf{b}$ 與 grad f 的內積 [參看 9.2 節的 (2) 式]；也就是，

(5) $$D_{\mathbf{b}} f = \frac{df}{ds} = \mathbf{b} \cdot \operatorname{grad} f \qquad (|\mathbf{b}| = 1)$$

注意！如果方向是由一個任意長度 ($\neq 0$) 的向量 $\mathbf{a}$ 所指定，則

(5*) $$D_{\mathbf{a}} f = \frac{df}{ds} = \frac{1}{|\mathbf{a}|} \mathbf{a} \cdot \operatorname{grad} f$$

例題 1　梯度、方向導數

試求出橢圓 $f(x, y, z) = 2x^2 + 3y^2 + z^2$ 在點 P: (2, 1, 3) 於向量 $\mathbf{a} = [1, 0, -2]$ 方向上的方向導數。

解

grad $f = [4x, 6y, 2z]$，在點 P 處的向量爲 grad $f(P) = [8, 6, 6]$。因爲 $|\mathbf{a}| = \sqrt{5}$，所以利用上述結果以及 (5*) 式，我們得到

$$D_{\mathbf{a}} f(P) = \frac{1}{\sqrt{5}}[1, 0, -2] \cdot [8, 6, 6] = \frac{1}{\sqrt{5}}(8 + 0 - 12) = -\frac{4}{\sqrt{5}} = -1.789$$

其中的負號代表函數 f 在點 P 處，於 $\mathbf{a}$ 方向上呈現減少的趨勢。 ■

9.7.2 梯度是向量、最大增加趨勢

對於以上理論的一致性，以下是更細緻的數學觀點：(1) 式中的 grad f 看起來像一個向量，畢竟它有三個分量！但是，如果要證明它確實是一個向量，因爲定義它的分量是用卡氏座標來表示的，我們必須證明 grad f 所具有的長度和方向是與所用的座標系無關的。參見定理 1 的證明。與此形成對比的是，$[\partial f/\partial x, 2\partial f/\partial y, \partial f/\partial z]$ 看起來也像是一個向量，但是它沒有獨立於所用座標系之外的長度和方向。

順便一提，方向性使得梯度這個概念變得非常有用：grad f 指向 f 具有最大增加趨勢的方向。

定理 1

梯度的運用：最大增量方向

令 $f(P) = f(x, y, z)$ 為一個純量函數，且在空間中某個定義域 B 內，具有連續的一階導數。則 *grad f* 在 B 中是存在的，而且它是一個向量，換言之，其方向和長度是與所用的特定卡氏座標系無關。如果在某個點 P 處，*grad* $f(P) \neq 0$，則它是 f 在點 P 處具有最大增加趨勢的方向 (*direction of maximum increase*)。

證明

由 (5) 式和內積的定義 [9.2 節的 (1) 式]，得到

$$D_{\mathbf{b}} f = |\mathbf{b}||\text{grad } f|\cos\gamma = |\text{grad } f|\cos\gamma \tag{6}$$

其中 γ 為 $\mathbf{b}$ 和 grad f 之間的夾角。因爲 f 是一個純量函數。所以它在點 P 處的值會與 P 有關，但是不會與特定座標系的選擇有關。對於圖 215 中直線 L 的弧長 s，以上敘述也成立，因此對於 $D_{\mathbf{b}} f$ 也是如此。現在由 (6) 式可以看出，在 $\cos\gamma = 1$ $(\gamma = 0)$ 時 $D_{\mathbf{b}} f$ 有最大值，且 $D_{\mathbf{b}} f = |\text{grad } f|$。由此可知，grad f 的長度和方向與座標系的選擇無關。既然若且唯若 $\mathbf{b}$ 的方向和 grad f 的方向一樣時，$\gamma = 0$ 才會成立，所以，假設在 P 處 grad $f \neq \mathbf{0}$，則 grad f 的方向是 f 在點 P 處的最大增加趨勢的方向。確定你眞的了解以上證明，以對數學有更好的體會。

9.7.3　梯度作爲曲面法線向量

梯度有一項重要的應用與空間中的曲面有關，那就是曲面法線向量，如下所述。令 S 是由 $f(x,y,z) = c =$ 常數，所代表的曲面，其中 f 是可微分的。此區面稱爲 f 的**等高面**，不同的 c 可得不同的等高面。現在令 C 代表一條在曲面 S 上，通過 S 上的點 P 的曲線。作爲空間中的曲線，C 可以表示成 $\mathbf{r}(t) = [x(t), y(t), z(t)]$。要讓 C 位於曲面 S 上，則 $\mathbf{r}(t)$ 的分量必須滿足 $f(x,y,z) = c$，換言之，

$$f(x(t), y(t), z(t)) = c \tag{7}$$

而 C 的切線向量爲 $\mathbf{r}'(t) = [x'(t), y'(t), z'(t)]$。而且在曲面 S 上通過點 P 的所有曲線的切線向量，一般而言將會形成一個平面，稱爲 S 在點 P 處的**切線平面** (**tangent plane**) (在 S 的尖點處會有例外，例如圖 217 中圓錐的頂點)。此平面的法線 (通過 P 點且垂直於切線平面的直線) 稱爲 S 在 P 處的**曲面法線** (**surface normal**)。此法線方向上的向量稱爲 S 在 P 處的**曲面法線向量** (**surface normal vector**)。只要將 (7) 式對 t 微分，我們就可以很簡單的得到此向量。由連鎖律，

$$\frac{\partial f}{\partial x}x' + \frac{\partial f}{\partial y}y' + \frac{\partial f}{\partial z}z' = (\text{grad } f)\bullet\mathbf{r}' = 0$$

由於 grad f 垂直於切線平面中的所有向量 $\mathbf{r}'$，所以 grad f 是曲面 S 在點 P 處的法線向量。我們的結果如下 (見圖 216)。

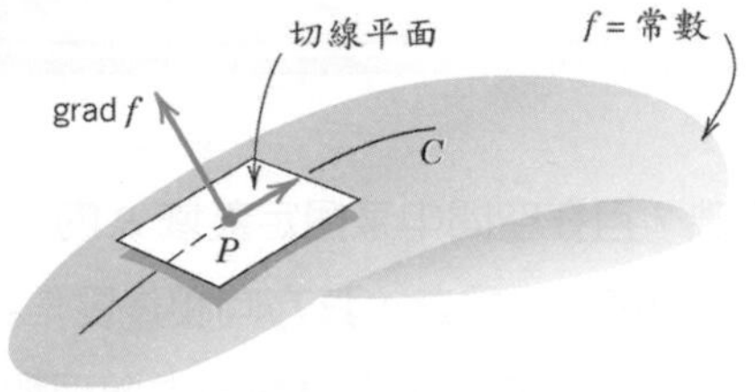

圖 216　梯度作爲曲面法線向量

定理　2

梯度作爲曲面法線向量

令 f 是空間中的一個可微分純量函數。令 $f(x, y, z) = c =$ 常數代表一曲面 S。此時如果在 S 上某一點 P 處 f 的梯度不是零向量，則該梯度即為 S 於點 P 處的法線向量。

例題　2　**梯度作爲曲面法線向量、圓錐**

請求出在一個旋轉圓錐 $z^2 = 4(x^2 + y^2)$ 的某個點 P: (1, 0, 2) 上的單位法線向量 $\mathbf{n}$。

解

此圓錐是 $f(x,y,z) = 4(x^2 + y^2) - z^2$ 在 $f = 0$ 時的等高面。因此 (圖 217)，

$$\text{grad}\ f = [8x,\quad 8y,\quad -2z],\quad \text{grad}\, f(P) = [8,\quad 0,\quad -4]$$

$$\mathbf{n} = \frac{1}{|\text{grad}\ f(P)|}\,\text{grad}\, f(P) = \left[\frac{2}{\sqrt{5}},\quad 0,\quad -\frac{1}{\sqrt{5}}\right]$$

$\mathbf{n}$ 的 z 分量爲負，所以指向下。這個圓錐 (在 P 點) 的另一個單位法線向量是 $-\mathbf{n}$。■

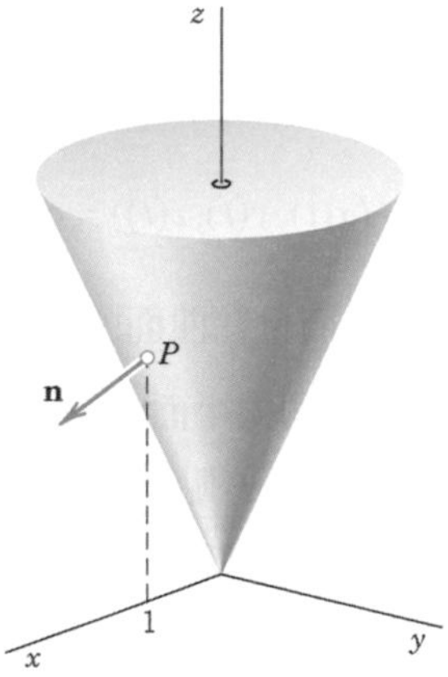

圖 217　圓錐和單位法線向量 **n**

9.7.4 純量場的梯度所形成的向量場（「位勢」）

在本節開始的地方，我們曾提及某些向量場具有一個優點是可以從純量場求得，而純量場則比較容易處理。這樣的向量場是可以由一個純量場的梯度求得的向量函數 $\mathbf{v}(P)$，例如，$\mathbf{v}(P) = \text{grad } f(P)$。函數 $f(P)$ 稱爲 $\mathbf{v}(P)$ 的位勢函數 (*potential function*) 或**位勢 (potential)**。這樣的 $\mathbf{v}(P)$ 和它對應的向量場是**守恒的 (conservative)**，因爲在此種向量場中能量是守恆的；換言之，在這樣的向量場中，當一個物體 (或者是電場中的電荷) 由一點 P 移至另一個點，然後再移回到 P 時，物體的能量不會損失 (或獲得)。我們將在 10.2 節證明此點。

守恆場在物理和工程學中扮演很重要的角色。有一個基本的應用例子是牽涉到重力 (請參看第 9.4 節例題 3)，我們將證明，重力具有一個滿足 Laplace 方程式的位勢，此方程式是物理學以及其相關應用中，最重要的偏微分方程式。

定理 3

重力場、Laplace 方程式

下列吸引力

(8) $$\mathbf{p} = -\frac{c}{r^3}\mathbf{r} = -c\left[\frac{x-x_0}{r^3},\ \frac{y-y_0}{r^3},\ \frac{z-z_0}{r^3}\right]$$

是由位於點 $P_0 : (x_0, y_0, z_0)$ 和 $P : (x, y, z)$ 上的兩個粒子所產生 (根據牛頓的重力定律)，這樣的吸引力會有位勢 $f(x, y, z) = c/r$，其中 $r\ (> 0)$ 是 P_0和 P 之間的的距離。

因此 $\mathbf{P} = grad\, f = grad(c/r)$。這個位勢 f 是下列 *Laplace* 方程式的一個解

(9) $$\nabla^2 f = \frac{\partial^2 f}{\partial x^2} + \frac{\partial^2 f}{\partial y^2} + \frac{\partial^2 f}{\partial z^2} = 0$$

[$\nabla^2 f$ (讀作 *nabla squared f*)，稱爲 f 的 **Laplacian**]。

證明

該距離是 $r = ((x-x_0)^2 + (y-y_0)^2 + (z-z_2)^2)^{1/2}$。現在有一個相當關鍵的觀察結果是，對於 $\mathbf{p} = [p_1, p_2, p_3]$ 的分量，我們可以藉由下列偏微分獲得

(10a) $$\frac{\partial}{\partial x}\left(\frac{1}{r}\right) = \frac{-2(x-x_0)}{2[(x-x_0)^2 + (y-y_0)^2 + (z-z_0)^2]^{3/2}} = -\frac{x-x_0}{r^3}$$

同樣的

(10b) $$\frac{\partial}{\partial y}\left(\frac{1}{r}\right) = -\frac{y-y_0}{r^3}$$
$$\frac{\partial}{\partial z}\left(\frac{1}{r}\right) = -\frac{z-z_0}{r^3}$$

由這些結果我們可以發覺，事實上 **p** 是純量函數 $f = c/r$ 的梯度。這個定理的第二個陳述可以利用對 (10) 式再做偏微分而得到，換言之，

$$\frac{\partial^2}{\partial x^2}\left(\frac{1}{r}\right) = -\frac{1}{r^3} + \frac{3(x-x_0)^2}{r^5}$$
$$\frac{\partial^2}{\partial y^2}\left(\frac{1}{r}\right) = -\frac{1}{r^3} + \frac{3(y-y_0)^2}{r^5}$$
$$\frac{\partial^2}{\partial z^2}\left(\frac{1}{r}\right) = -\frac{1}{r^3} + \frac{3(z-z_0)^2}{r^5}$$

然後將這三個式子相加。它們的公分母是 r^5。因此，三個 $-1/r^3$ 項總共在分子上形成了 $-3r^2$，而其餘三項則在分子產生下列的和

$$3(x-x_0)^2 + 3(y-y_0)^2 + 3(z-z_0)^2 = 3r^2$$

結果使得分子變成 0，因此我們可以得到 (9) 式。 ■

$\nabla^2 f$ 也可記成 Δf。微分運算子

(11) $$\nabla^2 = \Delta = \frac{\partial^2}{\partial x^2} + \frac{\partial^2}{\partial y^2} + \frac{\partial^2}{\partial z^2}$$

(讀做「nabla squared」或「delta」) 稱爲 **Laplace 運算子**。我們可以證明，由任何質量分佈所產生的力場，可以利用一個純量函數 f 的梯度所形成的向量函數加以表示，而且 f 會在沒有物質的任何區域內滿足 (9) 式。

Laplace 方程式之所以如此重要，同時也因爲在物理學中還有其它定律和牛頓的重力定律具有相同形式。舉例來說，在兩個具有相反 (或相同) 電荷 Q_1 與 Q_2 的粒子之間，其靜電吸引 (或互斥) 力爲

(12) $$\mathbf{p} = \frac{k}{r^3}\mathbf{r}$$ **(庫倫定律 [6])**

第 12 和 18 章將會詳細討論 Laplace 方程式。

第 9.9 節會探討一個用於判斷向量場是否具有位勢的方法。

---

[6] CHARLES AUGUSTIN DE COULOMB (1736–1806)，法國物理學家及工程師。Coulomb 定律是他利用自己非常精確的量測結果所推導出來的。

習題集 9.7

1–6 梯度的計算

求 grad f 。畫出一些等高曲線 $f=$ 常數。然後在這些曲線的某些位置上以箭號指出 ∇f 。

1. $f=(x-1)(4y-2)$

2. $f=2x^2+5y^2$

3. $f=x/y$

4. $f=(x-2)^2+(2y+4)^2$

5. $f=x^5+y^5$

6. $f=(x^2+y^2)(x^2-y^2)$

7–10 有用的梯度及 Laplacian 公式

證明以下各題並以例子說明。

7. $\nabla(f^n)=nf^{n-1}\nabla f$

8. $\nabla(fg)=f\nabla g+g\nabla f$

9. $\nabla(f/g)=(1/g^2)(g\nabla f-f\nabla g)$

10. $\nabla^2(fg)=g\nabla^2 f+2\nabla f\cdot\nabla g+f\nabla^2 g$

11–15 梯度的運用、電力

在一個靜電場 $f(x,y,z)$ 中，電力的方向與 f 的梯度相同。試求 ∇f 以及其在點 P 處的值。

11. $f=xy$, P: (3, –4)

12. $f=x/(x^2+y^2)$, P: (1, 1)

13. $f=\ln(x^2+y^2)$, P: (4, 2)

14. $f=(x^2+y^2+z^2)^{-1/2}$, P: (12, 0, 16)

15. $f=2x^2+4y^2+9z^2$, P: (–1, 2, –4)

16. 對於什麼樣的點 $P:(x,y,z)$，$f=25x^2+9y^2+16z^2$ 的 ∇f 它的方向是由 P 指向原點？

17. 和習題 16 同樣的問題，此時 $f=4x^2+25y^2$ 。

18–23 速度場

就題目所給定之流動的速度位勢 f，求出流場的速度 $\mathbf{v}=\nabla f$，以及在點 P 的速度值 $\mathbf{v}(P)$。畫出 $\mathbf{v}(P)$ 以及通過 P 點之曲線 $f=$ 常數。

18. $f=x^2-6x-y^2$, $P:(-1,5)$

19. $f=\cos x\cosh y$, $P:(\frac{1}{2}\pi,\ln 2)$

20. $f=x(1+(x^2+y^2)^{-1})$, $P:(1,1)$

21. $f=e^x\cos y$, $P:(1,\frac{1}{2}\pi)$

22. 在習題 21 的流場中，那一點的流速是垂直向上？

23. 在習題 21 的流場中，那一點的流速是水平的？

24–27 熱流

實驗顯示，在溫度場中熱量會向可造成溫度 T 最大減量的方向流動。求出此方向的通式，以及在特定點 P 的值。用箭號畫出在 P 點處的方向。

24. $T=3x^2-2y^2$, P: (2.5, 1.8)

25. $T=z/(x^2+y^2)$, P: (0, 1, 2)

26. $T=x^2+y^2+4z^2$, P: (2, –1, 2)

27. **CAS 專題　等溫線**　當溫度等於下列各函數的時候，請畫出其中一些等溫曲線，並且以箭號指出熱流的方向：(a) x^3-3xy^2、(b) $\sin x\sinh y$ 及 (c) $e^x\cos y$。

28. **最陡上升**　如果 $z(x,y)=3000-x^2-9y^2$ (公尺) 代表一座山的海平面高度，請問在 P: (4, 1) 處的最陡上升方向爲何？

29. **梯度**　在一個純量場中，如果兩個點 P 和 Q 的梯度 $|\nabla f(P)|>|\nabla f(Q)|$，試問這代表什麼意義？

30–35 曲線與曲面的法線向量

試求下列各曲線或曲面在給定的點 P 處的法線向量，畫出圖形。

30. $4x^2+9y^2=72$, $P:(2,\sqrt{56}/3)$

31. $16x^2-y^2=399$, $P:(5,1)$

32. $ax+by+cz=d$, 任何 P

33. $6x^2+2y^2+z^2=225$, $P:(5,5,5)$

34. $x^4+y^4+z^4=273$, $P:(2,1,4)$

35. $z-x^2-y^2=-638$, $P:(3,4,25)$

36–42 試求函數 f 在點 P 處方向 $\mathbf{a}$ 上的方向導數。求出該倒數，並作圖。

36. $f = 2x^2 + 2y^2$, P:(3, 3), $\mathbf{a} = [-1, -3]$

37. $f = x - y$, P:(4, 5), $\mathbf{a} = [2, 1]$

38. $f = x^2 + y^2 + z^2$, P:(2, 2, –1), $\mathbf{a} = [1, 1, 3]$

39. $f = 1/\sqrt{x^2 + y^2 + z^2}$, P:(3, 0, 4), $\mathbf{a} = [1, 1, 1]$

40. $f = \ln(x^2 + y^2)$, P:(3, 0), $\mathbf{a} = [1, -1]$

41. $f = xyz$, P:(–1, 1, 3), $\mathbf{a} = [1, -1, 2]$

42. $f = 4x^2 + 25y^2 + 9z^2$, P:(5, 0, 0), $\mathbf{a} = [0, 1, 1]$

43–45

對於一個給定的向量場，如果它們存在的話，則可以利用 10.2 節所要介紹的方法求出其位勢。在比較簡單的情形下，則可以運用觀察法。請針對下列各給定的 $\mathbf{v} = \text{grad } f$，求出位勢 f。

43. $\mathbf{v} = [yz,\ xz,\ xy]$

44. $\mathbf{v} = [ye^x,\ e^x,\ z^2]$

45. $\mathbf{v} = [v_1(x),\ v_2(y),\ v_3(z)]$

9.8 向量場的散度 (Divergence of a Vector Field)

在工程學和物理學中，向量微積分的重要性與梯度 (gradient)、散度 (divergence) 和旋度 (curl) 有很大關係。利用梯度，我們可以由純量場求出一個向量場 (9.7 節)。相反地，由向量場，我們可以利用散度運算，求出一個純量場，或者利用旋度運算 (將於 9.9 節探討)，求出另一個向量場。這些概念是受到基本的物理應用所啓發，由我們的例題即可看出其原因。

首先，令 $\mathbf{v}(x, y, z)$ 是一個可微向量函數，其中 x、y、z 是卡氏座標，並且令 v_1、v_2、v_3 是 $\mathbf{v}$ 的分量。則函數

(1)
$$\text{div } \mathbf{v} = \frac{\partial v_1}{\partial x} + \frac{\partial v_2}{\partial y} + \frac{\partial v_3}{\partial z}$$

稱爲 $\mathbf{v}$ 的**散度 (divergence)**，或稱爲由 $\mathbf{v}$ 所定義之向量場的散度。舉例來說，若

$$\mathbf{v} = [3xz, 2xy, -yz^2] = 3xz\mathbf{i} + 2xy\mathbf{j} - yz^2\mathbf{k} \quad \text{則} \quad \text{div } \mathbf{v} = 3z + 2x - 2yz$$

另一個散度的常用標記方式爲

$$\begin{aligned}\text{div } \mathbf{v} &= \nabla \bullet \mathbf{v} = \left[\frac{\partial}{\partial x}, \frac{\partial}{\partial \mathbf{y}}, \frac{\partial}{\partial \mathbf{z}}\right] \bullet [v_1, v_2, v_3] \\ &= \left(\frac{\partial}{\partial x}\mathbf{i} + \frac{\partial}{\partial y}\mathbf{j} + \frac{\partial}{\partial z}\mathbf{k}\right) \bullet (v_1\mathbf{i} + v_2\mathbf{j} + v_3\mathbf{k}) \\ &= \frac{\partial v_1}{\partial x} + \frac{\partial v_2}{\partial y} + \frac{\partial v_3}{\partial z}\end{aligned}$$

在上式中，點積中的「乘積」$(\partial/\partial x)v_1$ 代表偏導數 $\partial v_1/\partial x$，其餘以此類推。請注意，$\nabla \bullet \mathbf{v}$ 是一個純量 div $\mathbf{v}$，然而 ∇f 則是一個向量 grad f，其定義見 9.7 節。

在例題 2 中，我們將看到散度具有重要的物理意義。很明顯地，用於代表一種物理性質或幾何性質的函數值，必須與座標的選定無關。換言之，這些值在座標轉換時必須保持不變。根據這樣的推論，下列定理應該要成立。

定理 1

散度的不變性

散度 div **v** 是一個純量函數，換言之，其值只與空間中的位置有關 (當然也與 **v** 有關)，而與 (1) 式中的座標選定無關，所以相對於其他卡氏座標 x^*、y^*、z^*以及所對應 **v** 的分量 $v_1{}^*$、$v_2{}^*$、$v_3{}^*$，函數 div **v** 可以寫成

(2)
$$\operatorname{div} \mathbf{v} = \frac{\partial v_1{}^*}{\partial x^*} + \frac{\partial v_2{}^*}{\partial y^*} + \frac{\partial v_3{}^*}{\partial z^*}$$

我們將在 10.7 節利用積分證明這個定理。

目前，讓我們將注意力轉移到更具有迫切性的任務，那就是對散度有更實際的了解。令 $f(x,y,z)$ 是二次可微的純量函數，那麼其梯度是存在的，

$$\mathbf{v} = \operatorname{grad} f = \left[\frac{\partial f}{\partial x}, \frac{\partial f}{\partial y}, \frac{\partial f}{\partial z}\right] = \frac{\partial f}{\partial x}\mathbf{i} + \frac{\partial f}{\partial y}\mathbf{j} + \frac{\partial f}{\partial z}\mathbf{k}$$

而且我們可以對上面數學式再微分一次，其中第一個分量相對於 x 加以微分，第二個分量則對 y 進行微分，第三個對 z，然後由散度的定義我們知道

$$\operatorname{div} \mathbf{v} = \operatorname{div}(\operatorname{grad} f) = \frac{\partial^2 f}{\partial x^2} + \frac{\partial^2 f}{\partial y^2} + \frac{\partial^2 f}{\partial z^2}$$

因此，可以得到這樣的基本結果，**梯度的散度運算是** *Laplacian* (9.7 節)，也就是

(3)
$$\operatorname{div}(\operatorname{grad} f) = \nabla^2 f.$$

例題 1 重力、Laplace 方程式

在上一節定理 3 中，重力 **p** 是一個純量函數 $f(x,y,z) = c/r$ 的梯度，其中該純量函數滿足 Laplace 方程式 $\nabla^2 f = 0$。根據 (3) 式，這代表了 div $\mathbf{p} = 0$ $(r > 0)$。 ■

下面流體動力學的例題顯示了一個向量場散度的物理意義，在 10.8 節我們將再討論此一問題，並加入更多的物理細節。

例題 2 可壓縮流體的流動、散度的物理意義

我們考慮在區域 R 中流體的流動，在 R 中沒有**源點 (source)** 也沒有**壑點 (sink)**，也就是說，在此區域內流體不會被生出也不會消失。**流體**這個概念同時也涵蓋了氣體和蒸汽。意義比較狹窄的流體，或液體如水或油，它們的可壓縮性非常小，通常可加以忽略。但相對的，氣體或蒸汽的可壓縮性就很高。它們的密度 ρ (= 單位體積的質量) 與空間中的座標 x、y、z 有關，而且也可能與時間 t 有關。假設我們考慮的流體是可壓縮的。讓我們考慮通過一個小矩形盒子 B 的流體流動，此盒子的邊長爲很小的 Δx 、Δy 、Δz，且平行於座標軸如圖 218 所示（Δ 是用於代表微小量的標準符號；

它與 9.7 節 (11) 式中的 Laplacian 符號無關)。盒子 B 的體積爲 $\Delta V = \Delta x\,\Delta y\,\Delta z$ 。令 $\mathbf{v} = [v_1, v_2, v_3] = v_1\mathbf{i} + v_2\mathbf{j} + v_3\mathbf{k}$ 是流體流動的速度向量。我們可以這樣設定

(4) $$\mathbf{u} = \rho\mathbf{v} = [u_1, u_2, u_3] = u_1\mathbf{i} + u_2\mathbf{j} + u_3\mathbf{k}$$

並且假設 $\mathbf{u}$ 與 $\mathbf{v}$ 是 x、y、z 和 t 的連續可微向量函數，也就是，它們有連續的一階偏導數。讓我們藉由考慮通過盒子邊界的**通量 (flux)**，也就是，藉由考慮在單位時間內離開 B 的總質量損失，來計算在 B 內所含有的質量的改變量。在圖 218 中盒子 B 可見的三個表面中，現在考慮通過左側面的流動，其面積是 $\Delta x\,\Delta z$ 。因爲向量 $v_1\mathbf{i}$ 與 $v_3\mathbf{k}$ 與該面平行，所以 $\mathbf{v}$ 的這兩個分量 v_1 和 v_3 對此流動沒有影響。因此，在一段短時間 Δt 內，流進該表面的流體質量大約爲

$$(\rho v_2)_y\,\Delta x\,\Delta z\,\Delta t = (u_2)_y\,\Delta x\,\Delta z\,\Delta t\,,$$

其中下標 y 代表這個數學式指的是左表面。在相同時間間隔內，經由對向的表面而流出盒子 B 外的流體質量大約爲 $(u_2)_{y+\Delta y}\,\Delta x\,\Delta z\,\Delta t$ ，其中下標 $y+\Delta y$ 代表這個數學式指的是右表面 (在圖 218 看不到這個面)。兩者的差值

$$\Delta u_2\,\Delta x\,\Delta z\,\Delta t = \frac{\Delta u_2}{\Delta y}\Delta V\,\Delta t \qquad [\Delta u_2 = (u_2)_{y+\Delta y} - (u_2)_y]$$

大約就是質量的損失。考慮 B 的另兩組相互平行的面，我們可以得到另外兩個類似的數學式。將這三個式子加起來，B 在 Δt 時間內減少的總質量大約是

$$\left(\frac{\Delta u_1}{\Delta x} + \frac{\Delta u_2}{\Delta y} + \frac{\Delta u_3}{\Delta z}\right)\Delta V\,\Delta t\,,$$

其中

$$\Delta u_1 = (u_1)_{x+\Delta x} - (u_1)_x \quad \text{且} \quad \Delta u_3 = (u_3)_{z+\Delta z} - (u_3)_z$$

在 B 內的這個質量損失，是由其密度的時間變化率所造成，因此它等於

$$-\frac{\partial\rho}{\partial t}\Delta V\,\Delta t.$$

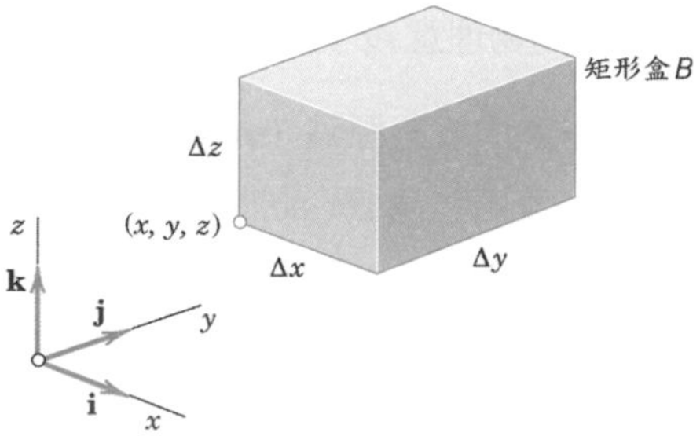

圖 218 散度的物理詮釋

如果令兩個數學式相等，並且將所產生的等式除以 $\Delta V \Delta t$ ，然後令 Δx 、 Δy 、 Δz 及 Δt 趨近於零，則我們得到

$$\operatorname{div} \mathbf{u} = \operatorname{div}(\rho \mathbf{v}) = -\frac{\partial \rho}{\partial t}$$

或

(5)
$$\frac{\partial \rho}{\partial t} + \operatorname{div}(\rho \mathbf{v}) = 0$$

這個重要的關係式稱爲可壓縮流體流動的質量守恆條件，或稱爲**連續方程式 (continuity equation)**。如果流動是**穩定的 (steady)**，也就是與時間無關，則 $\partial \rho / \partial t = 0$ ，而連續方程式變成

(6)
$$\operatorname{div}(\rho \mathbf{v}) = 0$$

如果密度 ρ 是常數，所以該流體爲不可壓縮的，則 (6) 式變成

(7)
$$\operatorname{div} \mathbf{v} = 0$$

這個關係式稱爲**不可壓縮的條件**。它表達一項事實，對於某個給定的體積元素，在任意時刻流進與流出的淨值爲零。很明顯地，在我們的論證過程中，假設流動在 R 內沒有源點或壑點，是有必要的。$\mathbf{v}$ 也被稱爲是**管狀的(solenoidal)**。

由這些討論，讀者應該了解並且記住，粗略而言，**散度用於度量流出量減去流入量**。 ■

說明：Gauss 散度定理是一個牽涉到散度的積分定理，將於下一章討論 (10.7 節)。

習題集 9.8

1–6 散度的計算

試求 div $\mathbf{v}$ 以及其在點 P 處的值。

1. $\mathbf{v} = [2x^2, -3y^2, 8z^2]$, $P: (3, \frac{1}{2}, 0)$
2. $\mathbf{v} = [0, \sin x^2 yz, \cos xy^2 z]$, $P: (1, \frac{1}{2}, -\pi)$
3. $\mathbf{v} = (x^2 - y^2)^{-1}[x, y]$, $x \neq y$
4. $\mathbf{v} = [v_1(y,z), v_2(z,x), v_3(x,y)]$, $P: (3, 1, -1)$
5. $\mathbf{v} = [x^2 yz, xy^2 z, xyz^2]$, $P: (-1, 3, -2)$
6. $\mathbf{v} = (x^2 + y^2 + z^2)^{-3/2}[-x, -y, -z]$
7. v_3 爲何時可使 $\mathbf{v} = [e^y \sin x, e^y \cos x, v_3]$ 爲管狀的？
8. 令 $\mathbf{v} = [x, y, v_3]$ 請求出能夠滿足下列各條件的各個 v_3：**(a)** 在每一處 div $\mathbf{v} > 0$，**(b)** 如果 $|z| < 1$，則 div $\mathbf{v} > 0$，而且如果 $|z| > 1$，則 div $\mathbf{v} < 0$。
9. **專題 有用的散度公式**
請證明
(a) $\operatorname{div}(k\mathbf{v}) = k \operatorname{div} \mathbf{v}$ (k constant)
(b) $\operatorname{div}(f\mathbf{v}) = f \operatorname{div} \mathbf{v} + \mathbf{v} \cdot \nabla f$
(c) $\operatorname{div}(f \nabla g) = f \nabla^2 g + \nabla f \cdot \nabla g$
(d) $\operatorname{div}(f \nabla g) - \operatorname{div}(g \nabla f) = f \nabla^2 g - g \nabla^2 f$
使用 $f = e^{xyz}$ 及 $\mathbf{v} = ax\mathbf{i} + by\mathbf{j} + cz\mathbf{k}$ 驗證 (b)。請利用 (b) 求出習題 6 的答案。使用 $f = x^2 - y^2$ 及 $g = e^{x+y}$ 以驗證 (c)。請自行舉出 (a)–(d) 爲較有利的例子。

10. CAS 專題　散度可視化
針對具有下列各給定速度場 $\mathbf{v}$ 的流體流動，請畫出在某個正方形內的速度場，這個正方形的中心點位於原點，其各邊與座標軸平行。請回想一下，散度度量的是流出量減去流入量。藉著觀察正方形各邊附近的流動，你能否判斷 div $\mathbf{v}$ 究竟是正值或負值或有可能是零？然後計算 div $\mathbf{v}$。請先做題目所指定的流動，接著再做一些自己所選的流動。

(a) $\mathbf{v} = \mathbf{i}$　**(b)** $\mathbf{v} = x\mathbf{i}$
(c) $\mathbf{v} = x\mathbf{i} - y\mathbf{j}$　**(d)** $\mathbf{v} = x\mathbf{i} + y\mathbf{j}$
(e) $\mathbf{v} = -x\mathbf{i} - y\mathbf{j}$　**(f)** $\mathbf{v} = (x^2+y^2)^{-1}(-y\mathbf{i} + x\mathbf{j})$

11. 不可壓縮流動　試證明，速度向量爲 $\mathbf{v} = y\mathbf{i}$ 的流動，是不可壓縮的。證明在時間 $t = 0$ 位於一個立方體內的所有粒子，在時間 $t = 1$ 時，將佔有體積 1，其中上述立方體的各表面是由 $x = 0$、$x = 1$、$y = 0$、$y = 1$、$z = 0$、$z = 1$ 各平面的一部分所組成。

12. 可壓縮流動　考慮具有速度向量 $\mathbf{v} = x\mathbf{i}$ 的流動。試證明，此流體中的個別粒子具有位置向量 $\mathbf{r}(t) = c_1e^t\mathbf{i} + c_2\mathbf{j} + c_3\mathbf{k}$，其中 c_1、c_2、c_3 均爲常數。證明在 $t = 0$ 時位於如習題 11 之立方體內的所有粒子，在 $t = 1$ 時會佔有體積 e。

13. 旋轉流動　繞著圓柱形容器轉動的不可壓縮流體，其速度向量 $v(x, y, z)$ 具有 $\mathbf{v} = \mathbf{w} \times \mathbf{r}$ 的形式，其中 $\mathbf{w}$ 爲 (固定的) 旋轉向量；請參看 9.3 節例題 5。證明 div $\mathbf{v}$ =0。根據這一節的例題 2，請問這可能嗎？

14. 是否 div $\mathbf{u}$ = div $\mathbf{v}$ 代表了 $\mathbf{u} = \mathbf{v}$ 或 $\mathbf{u} = \mathbf{v} + \mathbf{k}$ ($\mathbf{k}$ 爲常數)？說明理由。

15–20　LAPLACIAN
利用 (3) 式計算 $\nabla^2 f$。利用直接微分檢驗，指出使用 (3) 式時較容易的情形。寫出詳細的過程。

15. $f = \cos^2 x + \sin^2 y$

16. $f = e^{xyz}$

17. $f = \ln(x^2 + y^2)$

18. $f = z - \sqrt{x^2 + y^2}$

19. $f = 1/(x^2 + y^2 + z^2)$

20. $f = e^{2x} \cosh 2y$

9.9 向量場的旋度 (Curl of a Vector Field)

在向量微積分中，梯度 (9.7 節)、散度 (9.8 節) 及旋度的概念是基本且重要的，而且它們經常被用於向量場。在本節中我們將定義並探討旋度的概念，並將其應用在幾個工程問題上。

令 $\mathbf{v}(x, y, z) = [v_1, v_2, v_3] = v_1\mathbf{i} + v_2\mathbf{j} + v_3\mathbf{k}$ 是一個卡氏座標下的可微向量函數。則向量函數 $\mathbf{v}$ 或由 $\mathbf{v}$ 所決定的向量場的**旋度 (curl)**，可以用下列的「符式」行列式加以定義

$$\text{(1)}\qquad \operatorname{curl}\mathbf{v} = \nabla \times \mathbf{v} = \begin{vmatrix} \mathbf{i} & \mathbf{j} & \mathbf{k} \\ \dfrac{\partial}{\partial x} & \dfrac{\partial}{\partial y} & \dfrac{\partial}{\partial z} \\ v_1 & v_2 & v_3 \end{vmatrix}$$

$$= \left(\frac{\partial v_3}{\partial y} - \frac{\partial v_2}{\partial z}\right)\mathbf{i} + \left(\frac{\partial v_1}{\partial z} - \frac{\partial v_3}{\partial x}\right)\mathbf{j} + \left(\frac{\partial v_2}{\partial x} - \frac{\partial v_1}{\partial y}\right)\mathbf{k}$$

這是一個適用於右手座標系 x、y、z 的公式。對於左手座標系，則行列式前面必須加上負號 [如同 9.3 節 (2**) 式]。

除了 curl $\mathbf{v}$ 之外，也有人使用 rot $\mathbf{v}$ 的符號。這是來自「rotation」，在例題 2 我們會看到其原由。注意到 curl $\mathbf{v}$ 是一個向量，如定理 3 所示。

例題 1 向量函數的旋度

令 $\mathbf{v} = [yz,\quad 3zx,\quad z] = yz\mathbf{i} + 3zx\mathbf{j} + z\mathbf{k}$ 使用的是右手 x、y、z 座標，則由 (1) 式得

$$\operatorname{curl}\mathbf{v} = \begin{vmatrix} \mathbf{i} & \mathbf{j} & \mathbf{k} \\ \dfrac{\partial}{\partial x} & \dfrac{\partial}{\partial y} & \dfrac{\partial}{\partial z} \\ yz & 3zx & z \end{vmatrix} = -3x\mathbf{i} + y\mathbf{j} + (3z - z)\mathbf{k} = -3x\mathbf{i} + y\mathbf{j} + 2z\mathbf{k}$$ ■

旋度有許多的應用。以下即爲典型的一例。在 10.9 節將會討論更多有關旋度的本質和重要性。

例題 2 剛體的轉動、與旋度的關係

在 9.3 節例題 5 中，我們已經看到剛體 B 繞著空間中固定軸的轉動，可以用大小爲 ω 的向量 $\mathbf{w}$ 來描述，而 $\mathbf{w}$ 的方向則是旋轉軸的方向，其中 ω (> 0) 爲旋轉的角速率，而我們選擇 $\mathbf{w}$ 的方向，使得我們沿著 $\mathbf{w}$ 的方向看，剛體呈現順時針轉動。依據 9. 3 節的 (9) 式，此旋轉的速度場可表示爲以下形式

$$\mathbf{v} = \mathbf{w} \times \mathbf{r}$$

其中 $\mathbf{r}$ 是一個移動點在卡氏座標系中的位置向量，而這個座標系的*原點位於旋轉軸上*。讓我們將這個右手卡氏座標的 z 軸選擇爲旋轉軸，則 (參看 9.4 節例題 2)

$$\mathbf{w} = [0,\quad 0,\quad \omega] = \omega\mathbf{k},\quad \mathbf{v} = \mathbf{w} \times \mathbf{r} = [-\omega y,\quad \omega x,\quad 0] = -\omega y\mathbf{i} + \omega x\mathbf{j}$$

因此

$$\operatorname{curl}\mathbf{v} = \begin{vmatrix} \mathbf{i} & \mathbf{j} & \mathbf{k} \\ \dfrac{\partial}{\partial x} & \dfrac{\partial}{\partial y} & \dfrac{\partial}{\partial z} \\ -\omega y & \omega x & 0 \end{vmatrix} = [0,\quad 0,\quad 2\omega] = 2\omega\mathbf{k} = 2\mathbf{w}$$

這就證明了下列定理。 ■

定理 1

旋轉體和旋度

一個旋轉中剛體之速度場的旋度方向即為旋轉軸的方向，而且其大小等於轉動角速率的兩倍。

接下來要說明梯度、散度及旋度之間的關係，以更進一步了解旋度的本質。

定理 2

梯度、散度、旋度 (Grad、Div、Curl)

梯度場是非旋性的 (irrotational)。換言之，如果一個連續可微向量函數是一個純量函數　的梯度，則其旋度是零向量，

(2) $$\text{curl}\,(\text{grad}\, f) = 0$$

此外，對於一個二次連續可微的向量函數 v 而言，其旋度的散度為零，

(3) $$\text{div}\,(\text{curl}\, \mathbf{v}) = 0$$

證明

(2) 式和 (3) 式可以在經過直接計算以後，從定義推導出來。在 (3) 式的證明過程中，六個項會兩兩相消。 ■

例題 3　旋性和非旋性場

例題 2 中的場不是非旋性的。攪動杯子中的茶或咖啡，可以獲得類似的速度場。在 9.7 節定理 3 中的重力場具有 curl $\mathbf{p} = \mathbf{0}$ 的性質，它是非旋性梯度場。 ■

有關於用「非旋性」表示 curl $\mathbf{v} = \mathbf{0}$，是因爲可用旋度來描述一個場的轉動。如果梯度場發生在速度場以外的地方，則它通常稱爲具有**保守性 (conservative)** (請參看第 9.7 節)。因爲可以將旋度詮釋爲轉動性，而且可以將散度詮釋爲通量，所以關係式 (3) 是合理的 (參看第 9.8 節例題 2)。

最後，既然旋度是利用座標系加以定義，所以我們應像在第 9.7 節中對梯度所做的那樣，探究一下旋度是否是向量。如下所述，它確實是一個向量。

定理 3

旋度的不變性

curl v 是一個向量，它有長度及方向，且與所選用之空間中卡氏座標系無關。

證明

證明相當複雜，我們將它放在附錄 4。

我們已完成了對向量微分的討論。在接下來的第 10 章將探討向量積分，而且會用到許多本章所介紹的概念，包括內積與外積、曲線 C 的參數表示法、還有梯度、散度和旋度。

習題集 9.9

1. **寫作專題　梯度、散度、旋度**　請將 grad、div、curl 及 ∇^2 的定義、最重要的論據和公式做成表列。用你列出的表單，寫出一份 3 到 4 頁的報告，並包括你自己舉出的例子，不須證明。
2. **(a)** 如果 $\mathbf{v}$ 是平行於 yz 平面，則 curl $\mathbf{v}$ 的方向爲何？**(b)** 如果 $\mathbf{v}$ 同時也和 x 無關，則如何？
3. 證明定理 2。並且爲 (2) 式和 (3) 式各舉兩個例子。

4–8 旋度的計算

給定下列 **v**，請求出相對於右手卡氏座標系的 curl **v**。寫出詳細的過程。

4. $\mathbf{v}=[4y^2,3x^2,0]$

5. $\mathbf{v}=xyz\,[x^2,y^2,z^2]$

6. $\mathbf{v}=(x^2+y^2+z^2)^{-3/2}[x,y,z]$

7. $\mathbf{v}=[0,0,e^{-x}\sin y]$

8. $\mathbf{v}=[e^{-z^2},e^{-x^2},e^{-y^2}]$

9–13 流體流動

令 **v** 是一個流體穩定流動的速度向量。請問此流動是非旋性的嗎？不可壓縮的嗎？求出其流線 (streamline) (粒子的運動路徑)。提示：在求路徑的時候，請參考習題 9 和 11 的解答。

9. $\mathbf{v}=[0,\ 3z^2,0]$

10. $\mathbf{v}=[\sec x,\ \csc x,\ 0]$

11. $\mathbf{v}=[y,-2x,\ 0]$

12. $\mathbf{v}=[-y,\ x,\ \pi]$

13. $\mathbf{v}=[x,\ y,-z]$

14. 專題　關於旋度的有用公式　假設下列各小題都具有充分的可微性，請證明

(a) curl (**u** + **v**) = curl **u** + curl **v**

(b) div (curl **v**) = 0

(c) $\text{curl}(f\mathbf{v})=(\text{grad}\,f)\times\mathbf{v}+f\ \text{curl}\,\mathbf{v}$

(d) curl (grad f) = 0

(e) $\text{div}(\mathbf{u}\times\mathbf{v})=\mathbf{v}\cdot\text{curl}\,\mathbf{u}-\mathbf{u}\cdot\text{curl}\,\mathbf{v}$

15–20 散度和旋度

相對於右手座標系，令 $\mathbf{u}=[z,x,y]$、$\mathbf{v}=[y+z,z+x,x+y]$、$f=x+y-z$ 且 $g=xyz$。請求出下列數學式。如果有的話，用習題 14 中的公式檢查你的結果。

15. curl (**u** + **v**), curl (**v** + **u**)

16. curl (g**v**)

17. curl (**u** + **v**), curl (**v** + **u**), curl **v**

18. div (**u** × **v**)

19. curl (g**u** + **v**), curl (g**u**)

20. div (grad (fg))

第 9 章　複習題

1. 何謂向量？何謂向量函數？何謂向量場？何謂純量？何謂純量函數？何謂純量場？請舉出一些例子。

2. 什麼是內積、向量積、純量三重乘積？是什麼樣類型的應用，啓發我們定義出這些乘法？

3. 何謂右手型和左手型座標？它們的區別在何時重要？

4. 何時向量積會是零向量？什麼是正交性？

5. 向量函數的導數是如何定義的？在力學和幾何學中，它的重要性爲何？

6. 如果 **r**(t) 代表一個運動，則 $\mathbf{r}'(t)$、$|\mathbf{r}'(t)|$、$\mathbf{r}''(t)$ 和 $|\mathbf{r}''(t)|$ 分別代表什麼？

7. 一個運動中的物體，其速率固定，則其速度是否可能爲變動的？是否可有非零的加速度？

8. 對於方向導數你知道多少？它與梯度的關係爲何？

9. 寫下 grad、div 及 curl 的定義，並解釋它們的重要性。

10. 假設都有足夠的可微性，下列哪些表示式是有意義的？f curl **v**、**v** curl f、**u**×**v**、**u**×**v**×**w**、$f\cdot\mathbf{v}$、$f\cdot(\mathbf{v}\times\mathbf{w})$、$\mathbf{u}\cdot(\mathbf{v}\times\mathbf{w})$、**v**×curl **v**、div (f **v**)、curl (f **v**) 及 curl($f\cdot\mathbf{v}$)。

11–19 向量的代數運算

令 **a** = [4, 7, 0]、**b** = [3, –1, 5]、**c** = [–6, 2, 0]、及 **d** = [1, –2, 8]。請求出下列數學式，畫出圖形。

11. $\mathbf{a}\cdot\mathbf{c}$, $3\mathbf{b}\cdot 8\mathbf{d}$, $24\mathbf{d}\cdot\mathbf{b}$, $\mathbf{a}\cdot\mathbf{a}$

12. $\mathbf{a}\times\mathbf{c}$, $\mathbf{b}\times\mathbf{d}$, $\mathbf{d}\times\mathbf{b}$, $\mathbf{a}\times\mathbf{a}$

13. $\mathbf{b}\times\mathbf{c}$, $\mathbf{c}\times\mathbf{b}$, $\mathbf{c}\times\mathbf{c}$, $\mathbf{c}\cdot\mathbf{c}$

14. $5(\mathbf{a}\times\mathbf{b})\cdot\mathbf{c}$, $\mathbf{a}\cdot(5\mathbf{b}\times\mathbf{c})$, $(5\mathbf{a}\ \mathbf{b}\ \mathbf{c})$, $5(\mathbf{a}\cdot\mathbf{b})\times\mathbf{c}$

15. $6(\mathbf{a}\times\mathbf{b})\times\mathbf{d}$, $\mathbf{a}\times 6(\mathbf{b}\times\mathbf{d})$, $2\mathbf{a}\times 3\mathbf{b}\times\mathbf{d}$

16. $(1/|\mathbf{a}|)\mathbf{a}$, $(1/|\mathbf{b}|)\mathbf{b}$, $\mathbf{a}\cdot\mathbf{b}/|\mathbf{b}|$, $\mathbf{a}\cdot\mathbf{b}/|\mathbf{a}|$

17. $(\mathbf{a}\ \mathbf{b}\ \mathbf{d})$, $(\mathbf{b}\ \mathbf{a}\ \mathbf{d})$, $(\mathbf{b}\ \mathbf{d}\ \mathbf{a})$

18. $|\mathbf{a}+\mathbf{b}|$, $|\mathbf{a}|+|\mathbf{b}|$

19. $\mathbf{a}\times\mathbf{b}-\mathbf{b}\times\mathbf{a}$, $(\mathbf{a}\times\mathbf{c})\cdot\mathbf{c}$, $|\mathbf{a}\times\mathbf{b}|$

20. **可交換性** 何時有 $\mathbf{u}\times\mathbf{v}=\mathbf{v}\times\mathbf{u}$？何時有 $\mathbf{u}\cdot\mathbf{v}=\mathbf{v}\cdot\mathbf{u}$？

21. **合力、平衡** 求 u，使得上述 a、b、c、d 與 u 達成平衡。

22. **合力** 求最一般化的 **v**，使得上述 **a**、**b**、**c** 與 **v** 的合力平行於 yz 平面。

23. **角度** 求 **a** 和 **c** 的夾角，**b** 和 **d** 的夾角，畫出 **a** 和 **c**。

24. **平面** 請求出平面 P_1: $-x+y+4z=12$ 和 P_2: $x-y+2z=4$ 之間的夾角。畫出圖形。

25. **功** 請求出由 $\mathbf{q}=[2, 3, 0]$ 在從 $(2, -1, 0)$ 到 $(8, 6, 0)$ 的位移過程中所作的功。

26. **分量** 在什麼情況下，**v** 在 **w** 方向上的分量會等於 **w** 在 **v** 方向上的分量？

27. **分量** 請求出 $\mathbf{v}=[4, 7, 0]$ 在 $\mathbf{w}=[2, 2, 0]$ 方向上的分量。畫出圖形。

28. **力矩** 一個力的力矩何時會等於零？

29. **力矩** 有一力 $\mathbf{p}=[4, 2, 0]$ 作用在一條通過點 $(2, 3, 0)$ 的線，請求出 **p** 相對於輪心 $(5, 1, 0)$ 的力矩。

30. **速度、加速度** 求出由 $\mathbf{r}(t)=[4\cos t, 4\sin t, 3t]$ (t = time) 所定義之運動，在點 P: $(2, 2\sqrt{3}, \pi)$ 處的速度、速率及加速度。

31. **四面體** 如果各頂點是 (0, 0, 0)、(4, 2, 1)、(1, 3, 0)、(6, 8, 0)，請求出此四面體的體積。

32–40 梯度、散度、旋度

令 $f=xz-yz$、$\mathbf{v}=[4z, 2y, x-z]$ 及 $\mathbf{w}=[y^2, y^2-x^2, 2z^2]$。試求下列各題：

32. grad f 和 f grad f 在 P: (0, 3, 1)

33. div **v**, div **w**

34. curl **v**, curl **w**

35. div (grad f), $\nabla^2 f$, $\nabla^2(xzf)$

36. (curl **w**) • **v** 在 (4, 0, 2)。

37. grad (div **w**)

38. $D_v f$ 在 P:(1, 1, 1)

39. $D_w f$ 在 P: (1, 0, 1)

40. $\mathbf{v}\cdot((\text{curl}\ \mathbf{w})\times\mathbf{v})$

第 9 章摘要 向量微分學：梯度、散度、旋度

所有具有 $\mathbf{a}=[a_1, a_2, a_3]=a_1\mathbf{i}+a_2\mathbf{j}+a_3\mathbf{k}$ 形式的向量，會構成**實數向量空間** R^3，這個向量空間具備下列逐分量形式的向量加法

(1) $$[a_1, a_2, a_3]+[b_1, b_2, b_3]=[a_1+b_1, a_2+b_2, a_3+b_3]$$

以及下列逐分量形式的純量乘法 (c 是一個實數純量)

(2) $$c[a_1, a_2, a_3]=[ca_1, ca_2, ca_3]$$ (9.1 節)

舉例而言，**a** 與 **b** 的*合力*爲向量和 **a** + **b**。

兩個向量的**內積**或**點積**可以定義如下

(3) $$\mathbf{a}\cdot\mathbf{b}=|\mathbf{a}||\mathbf{b}|\cos\gamma=a_1b_1+a_2b_2+a_3b_3$$ (9.2 節)

其中 γ 是 **a** 和 **b** 的夾角，利用上面的數學式可以求出 **a** 的**範數** **(norm)** 或**長度** $|\mathbf{a}|$ 的公式

(4)
$$|\mathbf{a}| = \sqrt{\mathbf{a} \cdot \mathbf{a}} = \sqrt{a_1^2 + a_2^2 + a_3^2}$$

以及 γ 的公式。如果 $\mathbf{a} \cdot \mathbf{b} = 0$，我們說 **a** 與 **b** 是**正交的**。由力 **p** 在位移 **d** 中所作的*功* $W = \mathbf{p} \cdot \mathbf{d}$，啓發我們點積的概念。

向量積或**叉積** $\mathbf{v} = \mathbf{a} \times \mathbf{b}$ 是一個向量，其長度為

(5)
$$|\mathbf{a} \times \mathbf{b}| = |\mathbf{a}||\mathbf{b}| \sin \gamma \qquad (9.3 節)$$

而且其方向垂直於 **a** 和 **b**，因而使得 **a**、**b**、**v** 形成一個右手三重向量組。在右手座標系中，向量積以分量表示的形式如下

(6)
$$\mathbf{a} \times \mathbf{b} = \begin{vmatrix} \mathbf{i} & \mathbf{j} & \mathbf{k} \\ a_1 & a_2 & a_3 \\ b_1 & b_2 & b_3 \end{vmatrix} \qquad (9.3 節)$$

舉例而言，力矩或轉動都有可能啓發我們對向量積的概念。

注意！此種乘法是反互換的 (*anti*-commutative)，$\mathbf{a} \times \mathbf{b} = -\mathbf{b} \times \mathbf{a}$，而且*不適用*結合律。

邊長為 **a**、**b**、**c** 的 (傾斜) 盒子，其體積等於下列**純量三重積**的絕對值

(7)
$$(\mathbf{a} \quad \mathbf{b} \quad \mathbf{c}) = \mathbf{a} \cdot (\mathbf{b} \times \mathbf{c}) = (\mathbf{a} \times \mathbf{b}) \cdot \mathbf{c}$$

第 9.4–9.9 節將微分運算方式延伸至向量函數

$$\mathbf{v}(t) = [v_1(t), v_2(t), v_3(t)] = v_1(t)\mathbf{i} + v_2(t)\mathbf{j} + v_3(t)\mathbf{k}$$

也延伸到具有多於一個變數的向量函數 (後文將提及)。$\mathbf{v}(t)$ 的導數為

(8)
$$\mathbf{v}' = \frac{d\mathbf{v}}{dt} = \lim_{\Delta t \to 0} \frac{\mathbf{v}(t + \Delta t) - \mathbf{v}(t)}{\Delta t} = [v_1', v_2', v_3'] = v_1'\mathbf{i} + v_2'\mathbf{j} + v_3'\mathbf{k}$$

向量函數的微分法則與微積分中的法則一樣。這意謂著 (第 9.4 節)

$$(\mathbf{u} \cdot \mathbf{v})' = \mathbf{u}' \cdot \mathbf{v} + \mathbf{u} \cdot \mathbf{v}', \qquad (\mathbf{u} \times \mathbf{v})' = \mathbf{u}' \times \mathbf{v} + \mathbf{u} \times \mathbf{v}',$$

在空間中以位置向量 $\mathbf{r}(t)$ 表示的**曲線** C，其**切線向量**為 $\mathbf{r}'(t)$ (在力學中，當 t 代表時間這是**速度**)，其單位切線向量可以表示成 $\mathbf{r}'(s)$ (s 是弧長，9.5 節)，而且曲率可以表示成 $|\mathbf{r}''(s)| = \kappa$ (力學中的加速度)。

向量函數 $\mathbf{v}(x, y, z) = [v_1(x, y, z), v_2(x, y, z), v_3(x, y, z)]$ 代表空間中的向量場。相對於卡氏座標系 x、y、z 的偏導數，可以逐分量獲得，例如，

$$\frac{\partial \mathbf{v}}{\partial x} = \left[\frac{\partial v_1}{\partial x}, \frac{\partial v_2}{\partial x}, \frac{\partial v_3}{\partial x}\right] = \frac{\partial v_1}{\partial x}\mathbf{i} + \frac{\partial v_2}{\partial x}\mathbf{j} + \frac{\partial v_3}{\partial x}\mathbf{k} \qquad (9.6 節)$$

一個純量函數 f 的**梯度**是

(9)
$$\text{grad } f = \nabla f = \left[\frac{\partial f}{\partial x}, \frac{\partial f}{\partial y}, \frac{\partial f}{\partial z}\right] \qquad (9.7 節)$$

f 在向量 **a** 方向上的**方向導數**爲

(10) $$D_{\mathbf{a}} f = \frac{df}{ds} = \frac{1}{|\mathbf{a}|} \mathbf{a} \cdot \nabla f$$ (9.7 節)

向量函數 **v** 的**散度**爲

(11) $$\operatorname{div} \mathbf{v} = \nabla \cdot \mathbf{v} = \frac{\partial v_1}{\partial x} + \frac{\partial v_2}{\partial y} + \frac{\partial v_3}{\partial z}$$ (9.8 節)

v 的**旋度**是

(12) $$\operatorname{curl} \mathbf{v} = \nabla \times \mathbf{v} = \begin{vmatrix} \mathbf{i} & \mathbf{j} & \mathbf{k} \\ \dfrac{\partial}{\partial x} & \dfrac{\partial}{\partial y} & \dfrac{\partial}{\partial z} \\ v_1 & v_2 & v_3 \end{vmatrix}$$ (9.9 節)

如果座標系爲左手型，則必須在行列式之前加上一個負號。

以下是一些有關 grad、div 和 curl 的基本公式 (第 9.7-9.9 節)。

(13)
$$\nabla(fg) = f\nabla g + g\nabla f$$
$$\nabla(f/g) = (1/g^2)(g\nabla f - f\nabla g)$$

(14)
$$\operatorname{div}(f\mathbf{v}) = f \operatorname{div} \mathbf{v} + \mathbf{v} \cdot \nabla f$$
$$\operatorname{div}(f\nabla g) = f\nabla^2 g + \nabla f \cdot \nabla g$$

(15)
$$\nabla^2 f = \operatorname{div}(\nabla f)$$
$$\nabla^2(fg) = g\nabla^2 f + 2\nabla f \cdot \nabla g + f\nabla^2 g$$

(16)
$$\operatorname{curl}(f\mathbf{v}) = \nabla f \times \mathbf{v} + f \operatorname{curl} \mathbf{v}$$
$$\operatorname{div}(\mathbf{u} \times \mathbf{v}) = \mathbf{v} \cdot \operatorname{curl} \mathbf{u} - \mathbf{u} \cdot \operatorname{curl} \mathbf{v}$$

(17)
$$\operatorname{curl}(\nabla f) = \mathbf{0}$$
$$\operatorname{div}(\operatorname{curl} \mathbf{v}) = 0$$

有關 grad、div、curl 和 ∇^2 在**曲線座標**系中的性質請參看附錄 A3.4。

CHAPTER 10

向量積分、積分定理 (Vector Integral Calculus. Integral Theorems)

向量積分可視爲是普通積分的一般化。你可能須要複習一下微積分中的積分部分 (爲幫助你回憶，在 10.3 節有選讀的內容，是關於雙重積分)。

向量積分將我們在微積分中所熟知的積分式延伸至曲線，稱爲線積分 (10.1、10.2 節)；延伸至曲面，稱爲面積分 (10.6 節)；以及延伸至立體，稱爲三重積分 (10.7 節)。向量積分之美在於，我們可以將這些積分其中任一種轉換成另外一種。藉此你可以簡化積分過程，也就是說，某一種積分可能會比另一種容易求解，例如在勢能理論中的做法 (10.8 節)。講的特定一點，平面的 Green 定理讓你可以將線積分轉換成雙重積分，也可反向將雙重積分轉換成線積分，見 10.4 節的說明。Gauss 收斂定理 (10.7 節) 將面積分轉成三重積分，反之亦然，而 Stokes 定理則可做線積分與面積分間的相互轉換。

本章延續第 9 章的討論。你必須用到第 9 章中的內積、旋度 (curl) 和散度 (divergence)，以及如何將曲線參數化。不同積分之間轉換的根本，主要在於物理直覺。由於相關的公式之中用到散度及旋度，所以在研讀這些內容時，同時也讓我們對這兩種運算的物理意義有更深入的了解。

對工程師與科學家而言，向量積分都是非常重要的，在固體力學、流體力學、熱傳問題及許多其它方面都會用到。

本章之先修課程：基本積分運算，9.7–9.9 節。

短期課程可以省略的章節：10.3、10.5、10.8。

參考文獻及習題解答：附錄 1 的 B 部分、附錄 2。

10.1 線積分 (Line Integrals)

線積分的觀念來自微積分中的定積分

(1)
$$\int_a^b f(x)\,dx$$

回憶一下，在 (1) 式中，我們將被積函數 (integrand) $f(x)$ 延著 x 軸由 $x=a$ 積到 $x=b$。現在我們要將一個函數，也叫**被積函數**，延著空間中或平面上的曲線 C 積分 (故曲線積分一詞較恰當，但線積分爲標準名詞)。

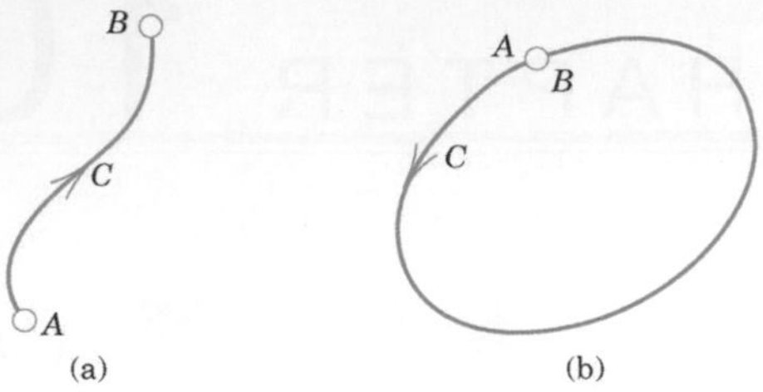

圖 219 具方向性之曲線

這須要將曲線 C 寫成參數表示式 (參見 9.5 節)

(2) $$\mathbf{r}(t)=[x(t),\ y(t),\ z(t)]=x(t)\,\mathbf{i}+y(t)\,\mathbf{j}+z(t)\,\mathbf{k} \qquad (a\le t\le b).$$

曲線 C 稱爲**積分路徑 (path of integration)**。在圖 219a 中，積分路徑由 A 到 B。因此 A: $\mathbf{r}(a)$ 爲起點，而 B: $\mathbf{r}(b)$ 爲終點，則 C 爲**定向的** (*oriented*)。由 A 至 B 的方向，即 t 增加的方向，稱爲 C 的正方向 (positive direction)，以一箭號表示。A 與 B 有可能重疊，如圖 219b 所示，則稱 C 爲一**封閉路徑 (closed path)**。

若 C 在各點上均具有唯一的切線，且沿著 C 移動時其方向做連續的變化，則稱 C 爲**平滑曲線 (smooth curve)**。此時 (2) 式中的 $\mathbf{r}(t)$ 是可微的。且在 C 上之任一點，其導數 $\mathbf{r}'(t)=d\mathbf{r}/dt$ 爲連續且不爲零向量。

一般性假設

在本書中，所有線積分的積分路徑皆假設爲**片段平滑 (piecewise smooth)**；亦即，它們由**有限多段**平滑曲線所組成。

例如，方形的邊界線是片段連續的。它包含了四段平滑曲線，也就是方形四個邊的線段。

10.1.1 線積分的定義及計算

向量函數 $\mathbf{F}(\mathbf{r})$ 在曲線 C: $\mathbf{r}(t)$ 上之**線積分**定義爲

(3) $$\int_C \mathbf{F}(\mathbf{r})\cdot d\mathbf{r}=\int_a^b \mathbf{F}(\mathbf{r}(t))\cdot \mathbf{r}'(t)\,dt \qquad \mathbf{r}'=\frac{d\mathbf{r}}{dt}$$

其中 $\mathbf{r}(t)$ 是 C 的參數表示式，如 (2) 式所示 (點積的定義見 9.2 節)。以分量表示，和 9.5 節一樣令 $d\mathbf{r}=[dx,dy,dz]$，且 $'=d/dt$，則 (3) 式可改寫爲

(3′) $$\begin{aligned}\int_C \mathbf{F}(\mathbf{r})\cdot d\mathbf{r}&=\int_C (F_1\,dx+F_2\,dy+F_3\,dz)\\&=\int_a^b (F_1x'+F_2y'+F_3z')\,dt\end{aligned}$$

若 (3) 式中的積分路徑 C 爲封閉曲線，則除了

$$\int_C \quad \text{我們也寫成} \quad \oint_C$$

注意，因為取內積的關係，(3) 式中的被積函數是純量而非向量。事實上 $\mathbf{F} \cdot \mathbf{r}'/|\mathbf{r}'|$ 是 $\mathbf{F}$ 的切線分量。[關於「分量」，請見 9.2 節的 (11) 式]。

我們看到 (3) 式等號右側的積分，是一個函數對 t 的定積分，積分區間為 t 軸上**正**方向的 $a \le t \le b$。也就是 t 增加的方向。當 $\mathbf{F}$ 為連續且 C 為片段平滑時，此定積分存在，因為此時 $\mathbf{F} \cdot \mathbf{r}'$ 為片段連續。

線積分 (3) 式來自力學，代表力 $\mathbf{F}$ 沿著 C 之位移所做的功，後面會有詳細說明。因此線積分 (3) 式，亦稱為**功積分 (work integral)**。其它形式的線積分會在本節稍後討論。

例題 1　平面上線積分的計算

請求出線積分 (3) 之值，其中 $\mathbf{F}(\mathbf{r}) = [-y, -xy] = -y\mathbf{i} - xy\mathbf{j}$ 且 C 為圖 220 中由 A 至 B 的圓弧。

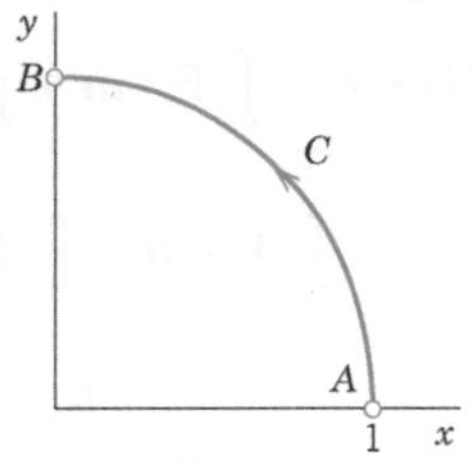

圖 220　例題 1

解

可將 C 表示成 $\mathbf{r}(t) = [\cos t, \sin t] = \cos t\,\mathbf{i} + \sin t\,\mathbf{j}$，其中 $0 \le t \le \pi/2$，則 $x(t) = \cos t$；$y(t) = \sin t$，且

$$\mathbf{F}(\mathbf{r}(t)) = -y(t)\,\mathbf{i} - x(t)y(t)\,\mathbf{j} = [-\sin t, -\cos t \sin t] = -\sin t\,\mathbf{i} - \cos t \sin t\,\mathbf{j}$$

由微分得 $\mathbf{r}'(t) = [-\sin t, \cos t] = -\sin t\,\mathbf{i} + \cos t\,\mathbf{j}$，代入 (3) 式 [利用附錄3.1之 (10) 式；令 $\cos t =$ 第二項的 u]，可得

$$\int_C \mathbf{F}(\mathbf{r}) \cdot d\mathbf{r} = \int_0^{\pi/2} [-\sin t, -\cos t \sin t] \cdot [-\sin t, \cos t]\,dt = \int_0^{\pi/2} (\sin^2 t - \cos^2 t \sin t)\,dt$$

$$= \int_0^{\pi/2} \frac{1}{2}(1 - \cos 2t)\,dt - \int_1^0 u^2\,(-du) = \frac{\pi}{4} - 0 - \frac{1}{3} \approx 0.4521$$

■

例題 2　空間的線積分

在空間中求線積分之計算實際上與在平面上是相同的。為了解此點，求 (3) 式之值，其中 $\mathbf{F}(\mathbf{r}) = [z, x, y] = z\,\mathbf{i} + x\,\mathbf{j} + y\,\mathbf{k}$ 而 C 為螺旋線 (圖 221)

(4)　$$\mathbf{r}(t) = [\cos t, \sin t, 3t] = \cos t\,\mathbf{i} + \sin t\,\mathbf{j} + 3t\,\mathbf{k} \qquad (0 \le t \le 2\pi)$$

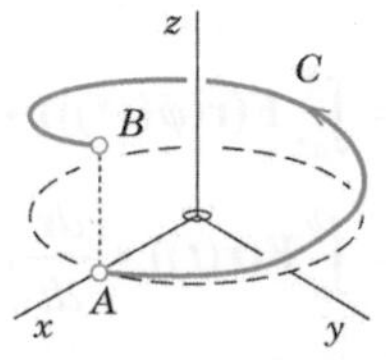

圖 221　例題 2

解

由 (4) 式可得 $x(t) = \cos t$、$y(t) = \sin t$、$z(t) = 3t$，所以

$$\mathbf{F}(\mathbf{r}(t)) \cdot \mathbf{r}'(t) = (3t\,\mathbf{i} + \cos t\,\mathbf{j} + \sin t\,\mathbf{k}) \cdot (-\sin t\,\mathbf{i} + \cos t\,\mathbf{j} + 3\mathbf{k})$$

點積的值等於 $3t(-\sin t) + \cos^2 t + 3\sin t$。因此由 (3) 式得

$$\int_C \mathbf{F}(\mathbf{r}) \cdot d\mathbf{r} = \int_0^{2\pi} (-3t\sin t + \cos^2 t + 3\sin t)\, dt = 6\pi + \pi + 0 = 7\pi \approx 21.99$$ ■

線積分 (3) 的一般性質可由微積分中定積分相對的性質得到，即

(5a) $$\int_C k\mathbf{F} \cdot d\mathbf{r} = k\int_C \mathbf{F} \cdot d\mathbf{r}$$ (k 常數)

(5b) $$\int_C (\mathbf{F} + \mathbf{G}) \cdot d\mathbf{r} = \int_C \mathbf{F} \cdot d\mathbf{r} + \int_C \mathbf{G} \cdot d\mathbf{r}$$

(5c) $$\int_C \mathbf{F} \cdot d\mathbf{r} = \int_{C_1} \mathbf{F} \cdot d\mathbf{r} + \int_{C_2} \mathbf{F} \cdot d\mathbf{r}$$ (圖 222)

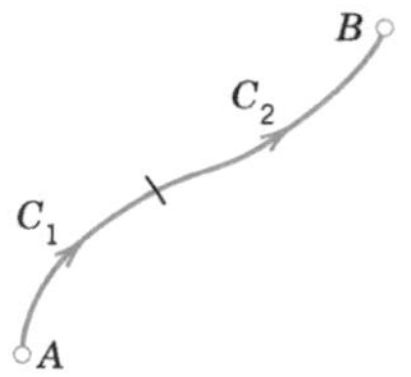

圖 222 (5c) 式

在 (5c) 中，路徑 C 分成兩個弧 C_1 與 C_2，且與 C 同方向 (圖 222)。在 (5b) 中，三個積分之 C 的方向皆相同。若沿著 C 反向積分，則積分值要乘上-1。不過我們要指出，下列積分方向不變時的獨立性。

定理 1

方向不變之參數轉換

任何 C 的參數式，只要其正向相同，其線積分 (3) 之值均相同。

證明

證明直接得自連鎖律。令 $\mathbf{r}(t)$ 為已知參數式，且和 (3) 式一樣有 $a \le t \le b$。考慮轉換 $t = \phi(t^*)$，它可將 t 的區間轉換到 $a^* \le t^* \le b^*$，並有正的導數 dt/dt^*。此處 $\mathbf{r}(t) = \mathbf{r}(\phi(t^*)) = \mathbf{r}^*(t^*)$。則 $dt = (dt/dt^*)\, dt^*$ 且

$$\int_C \mathbf{F}(\mathbf{r}^*) \cdot d\mathbf{r}^* = \int_{a^*}^{b^*} \mathbf{F}(\mathbf{r}(\phi(t^*))) \cdot \frac{d\mathbf{r}}{dt}\frac{dt}{dt^*}\, dt^*$$

$$= \int_a^b \mathbf{F}(\mathbf{r}(t)) \cdot \frac{d\mathbf{r}}{dt}\, dt = \int_C \mathbf{F}(\mathbf{r}) \cdot d\mathbf{r}$$ ■

10.1.2 線積分 (3) 之動機：力所做的功

固定力 **F** 沿著直線位移 **d** 所做的功爲 $W = \mathbf{F} \bullet \mathbf{d}$；參見 9.2 節例題 2。由此可以將可變力 **F** 沿著曲線 C: $\mathbf{r}(t)$ 位移所做的功 W，定義爲沿著 C 的各小弦線位移所做之功的和之極限值。我們會證明，此一定義相當於用線積分 (3) 式定義 W。

選擇各點 $t_0\,(=a) < t_1 < \cdots < t_n\,(=b)$。則 $\mathbf{F}(\mathbf{r}(t_m))$ 由 $\mathbf{r}(t_m)$ 至 $\mathbf{r}(t_{m+1})$ 直線位移所作之功 ΔWm 爲:

$$\Delta W_m = \mathbf{F}(\mathbf{r}(t_m)) \bullet [\mathbf{r}(t_{m+1}) - \mathbf{r}(t_m)] \approx \mathbf{F}(\mathbf{r}(t_m)) \bullet \mathbf{r}'(t_m)\Delta t_m \qquad (\Delta t_m = \Delta t_{m+1} - t_m).$$

這 n 個功的和爲 $W_n = \Delta W_0 + \cdots + \Delta W_{n-1}$。對每個任意選取的 n 值，如果選取的點可以在 $n \to \infty$ 時使得最大的 Δt_m 趨近於零，則 $n \to \infty$ 時 W_n 之極限即爲線積分 (3) 式。因爲我們的一般性假設是 **F** 爲連續且 C 爲片段平滑，故此積分存在；因爲此假設使得 $\mathbf{r}'(t)$ 爲連續，除了在 C 具有轉角或尖端時例外。 ■

例題 3 可變力所作的功

若在例題 1 中的 **F** 爲力，則 **F** 沿著四分之一圓位移所作之功爲 0.4521，單位爲適當之度量單位，比如牛頓–米 (nt·m ，又稱爲焦耳，縮寫爲 J；參見封面內頁)。例題 2 亦同。 ■

例題 4 所作之功等於動能之增加量

令 **F** 爲力，則 (3) 式爲功。令 t 爲時間，則 $d\mathbf{r}/dt = \mathbf{v}$ 爲速度，則 (3) 式可表示爲

$$W = \int_C \mathbf{F} \bullet d\mathbf{r} = \int_a^b \mathbf{F}(\mathbf{r}(t)) \bullet \mathbf{v}(t)dt \tag{6}$$

由牛頓第二定律，力 = 質量 × 加速度，知

$$\mathbf{F} = m\mathbf{r}''(t) = m\mathbf{v}'(t),$$

其中 m 爲被移動物體之質量。代入 (5) 式可得 [參見 9.4 節 (11) 式]

$$W = \int_a^b m\mathbf{v}' \bullet \mathbf{v}\, dt = \int_a^b m\left(\frac{\mathbf{v} \bullet \mathbf{v}}{2}\right)' dt = \frac{m}{2}|\mathbf{v}|^2 \Big|_{t=a}^{t=b}$$

等號右側的 $m|\mathbf{v}|^2/2$ 即爲動能。故所作之功等於動能之增加量，此爲力學之基本定律。 ■

10.1.3 其它形式的線積分

線積分

$$\int_C F_1\, dx, \qquad \int_C F_2\, dy, \qquad \int_C F_3\, dz \tag{7}$$

分別爲 $\mathbf{F} = F_1\mathbf{i}$ 或 $F_2\mathbf{j}$ 或 $F_3\mathbf{k}$ 時 (3) 式之特例。

此外，如果在 (3) 式中不取內積，所得到的線積分之積分值則爲向量而非純量，即

$$\int_C \mathbf{F}(\mathbf{r})\, dt = \int_a^b \mathbf{F}(\mathbf{r}(t))\, dt = \int_a^b [F_1(\mathbf{r}(t)), F_2(\mathbf{r}(t)), F_3(\mathbf{r}(t))]\, dt \tag{8}$$

明顯的，當 $F_1 = f$、；$F_2 = F_3 = 0$ 時，可得 (7) 式之一特例

(8*)
$$\int_C f(\mathbf{r})\,dt = \int_a^b f(\mathbf{r}(t))\,dt$$

其中 C 如 (2) 式所示。其計算與前面例題雷同。

例題 5　形式 (8) 的線積分

延著例題 2 中的螺旋線積分 $\mathbf{F}(\mathbf{r}) = [xy, yz, z]$。

解

將 $\mathbf{F}(\mathbf{r}(t)) = [\cos t \sin t, 3t \sin t, 3t]$ 對 t 積分，積分範圍從 0 到 2π，可得

$$\int_0^{2\pi} \mathbf{F}(\mathbf{r}(t))\,dt = \left[-\frac{1}{2}\cos^2 t, 3\sin t - 3t\cos t, \frac{3}{2}t^2\right]\Bigg|_0^{2\pi} = [0, -6\pi, 6\pi^2]$$ ■

10.1.4 路徑相關性

無論是在實務或理論上，線積分路徑的相關性是相當重要的，因此將之列為定理。並用以下一整節 (10.2 節) 來探討不具路徑相關性的情況。

定理 2

路徑相關性

線積分 (3) 一般而言，不僅與 $\mathbf{F}$ 及路徑端點 A 和 B 相關，也與積分路徑本身相關。

證明

幾乎任何範例都可以證明這個定理。例如，沿著直線線段 C_1: $\mathbf{r}_1(t) = [t, t, 0]$，以及拋物線 C_2: $\mathbf{r}_2(t) = [t, t^2, 0]$ 其中 $0 \le t \le 1$ (圖 223)，積分 $\mathbf{F} = [0, xy, 0]$。則 $\mathbf{F}(\mathbf{r}_1(t)) \bullet \mathbf{r}_1'(t) = t^2$、$\mathbf{F}(\mathbf{r}_2(t)) \bullet \mathbf{r}_2'(t) = 2t^4$，故積分值分別為 1/3 與 2/5。 ■

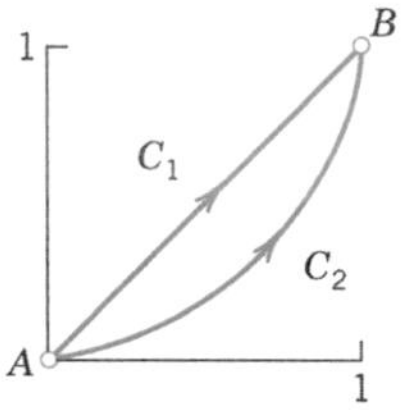

圖 223　定理 2 之證明

習題集 10.1

1. **專題寫作　從定積分到線積分**　寫一份簡短報告 (1–2 頁)，舉例說明線積分為定積分的一般化。後者可得一曲線下之面積，解釋線積分相對應的幾何意義。

2–11　線積分、功

依所給數據計算 $\int_C \mathbf{F}(\mathbf{r}) \bullet d\mathbf{r}$。若 $\mathbf{F}$ 為一力，則計算結果代表沿著位移 C 所作之功，寫出詳細過程。

2. $\mathbf{F} = [y^2, -x^2]$，$C: y = 4x^2$ 由 (0, 0) 到 (1, 4)。

3. $\mathbf{F}$ 同習題 2，C 由 (0, 0) 直線到 (1, 4)。做比較。

4. $\mathbf{F} = [xy, \quad x^2y^2]$，$C$ 由 (2, 0) 直線至 (0, 2)。

5. $\mathbf{F}$ 同習題 4，C 是由 (2, 0) 至 (0, 2) 的四分之一圓，圓心在 (0, 0)。

6. $\mathbf{F} = [x-y, \quad y-z, z-x]$，$C: \mathbf{r} = [2\cos t, \quad t, 2\sin t]$ 由 (2, 0, 0) 至 $(2, 2\pi, 0)$。

7. $\mathbf{F} = [x^2, y^2, z^2]$，$C: \mathbf{r} = [\cos t, \sin t, e^t]$ 由 (1, 0, 1) 至 $(1, 0, \ e^{2\pi})$。繪出 C。

8. $\mathbf{F} = [e^x, \cosh y, \sinh z]$，$C: \mathbf{r} = [t, t^2, t^3]$ 由 (0, 0, 0) 至 $\left(\frac{1}{2}, \frac{1}{4}, \frac{1}{8}\right)$。繪出 C。

9. $\mathbf{F} = [x + y, y + z, z + x]$，$C: \mathbf{r} = [2t, 5t, t]$ 由 $t = 0$ 到 1，另外 $t = -1$ 到 1。

10. $\mathbf{F} = [x, -z, 2y]$，從 (0, 0, 0) 直線到 (1, 1, 0)，接著到 (1, 1, 1)，然後回到 (0, 0, 0)。

11. $\mathbf{F} = [e^{-x}, e^{-y}, e^{-z}]$，$C: \mathbf{r} = [t, t^2, t]$ 由 (0, 0, 0) 至 (2, 4, 2)。繪出 C。

12. 專題　參數變換、路徑相關性
考慮積分 $\int_C \mathbf{F}(\mathbf{r}) \cdot d\mathbf{r}$，其中 $\mathbf{F} = [xy, -y^2]$。

(a) 一個路徑、多個表示式　當 $\mathbf{r} = [\cos t, \sin t]$、$0 \le t \le \pi/2$，求出積分值。證明，若令 $t = -p$ 或 $t = p^2$ 或用另外兩個你自己選擇的參數轉換時，其值依然相同。

(b) 多個路徑　請計算積分值，當 $C: y = x^n$、$\mathbf{r} = [t, t^n]$、$0 \le t \le 1$，其中 $n = 1, 2, 3, \cdots$。請注意，這些無限多個路徑都具有相同的終點。

(c) 極限值　當 $n \to \infty$時，(b) 中的極限值爲何？你能否不參考 (b)，直接積分來確認你的結果？

(d) 請以你選擇的一簡單例子，其中包含兩路徑，來證明路徑之相關性。

13. ***ML* 不等式、估計線積分**　令 $\mathbf{F}$ 是一個定義於曲線 C 上的向量函數。令 $|\mathbf{F}|$ 爲有界，例如在 C 上滿足 $|\mathbf{F}| \le M$，其中 M 爲某一正數。證明

$$\text{(9)} \quad \left| \int_C \mathbf{F} \cdot d\mathbf{r} \right| \le ML \quad (L = C \text{ 的長度})$$

14. 利用 (9) 式，求出力 $\mathbf{F} = [x^2, y]$ 沿線段 (0, 0) 至 (3, 4) 之位移所做功之絕對值的界限。直接積分並比較結果。

15–20　積分式 (8) 及 (8*)

請以如下的 $\mathbf{F}$ 或 f，和 C 計算 (8) 或 (8*)。

15. $\mathbf{F} = [y^2, z^2, x^2]$，$C: \mathbf{r} = [3\cos t, 3\sin t, 2t]$，$0 \le t \le 4\pi$

16. $f = 3x + y + 5z$，$C: \mathbf{r} = [t, \cosh t, \sinh t]$，$0 \le t \le 1$。繪出 C。

17. $\mathbf{F} = [x + y, y + z, z + x]$，$C: \mathbf{r} = [4\cos t, \sin t, 0]$，$0 \le t \le \pi$

18. $\mathbf{F} = [y^{1/3}, x^{1/3}, 0]$，$C$ 爲內擺線 (hypocycloid) $\mathbf{r} = [\cos^3 t, \sin^3 t, 0]$，$0 \le t \le \pi/4$

19. $f = xyz$，$C: \mathbf{r} = [4t, 3t^2, 12t]$，$-2 \le t \le 2$，繪出 C。

20. $\mathbf{F} = [xz, yz, x^2y^2]$，$C: \mathbf{r} = [t, t, e^t]$，$0 \le t \le 5$，繪出 C。

10.2 線積分之路徑無關性 (Path Independence of Line Integrals)

我們想要知道，在某一定義域 (domain) 中，何種情況下，不論取何種路徑 (在該定義域內)，線積分值會維持不變。在本節中，我們將考慮與前一節相同之線積分

$$\text{(1)} \quad \int_C \mathbf{F}(\mathbf{r}) \cdot d\mathbf{r} = \int_C (F_1\,dx + F_2\,dy + F_3\,dz) \qquad (d\mathbf{r} = [dx, dy, dz])$$

我們說線積分 (1) 式，**在空間中之定義域 D 中與路徑無關**，其條件是，對 D 中的每一對端點 A、B，對於在 D 中所有以 A 爲起點並以 B 爲終點的路徑，(1) 式的積分值都一樣。如圖 224 所示（「定義域」見 9.6 節）。

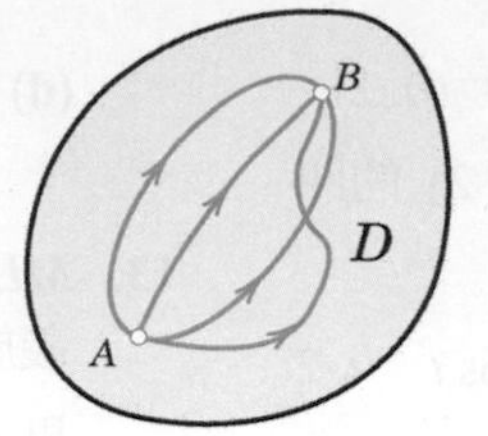

圖 224　路徑無關性

路徑無關性相當重要。舉例來說，在力學中它表示無論取何種路徑，可能是短而陡峭或平緩但長，到達山頂所需做的功都一樣。它也可以表示當我們釋放彈簧時，所得到的功與拉伸該彈簧時所做的功相同。並非所有的力都屬於這種類型——考慮在圓形大游泳池中游泳，但其中的水如同漩渦一樣旋轉。

我們要接著介紹關於路徑無關性的三個觀念。我們將會看到，(1) 式在定義域 D 爲路徑無關的條件爲，若且唯若：

(定理 1) $\mathbf{F} = \operatorname{grad} f$，其中 grad f 是 9.7 節所介紹的，f 的梯度。

(定理 2) 沿著 D 中封閉路徑 C 之積分一定爲 0。

(定理 3) curl $\mathbf{F} = \mathbf{0}$ [假設 D 爲簡連區域 (simple connected)，定義於後]。

你是否看出這些定理能夠幫助你了解前面所提到的範例或反例？

我們從下列非常實用的路徑無關準則開始討論

定理 1

路徑無關性

在空間中的定義域 D 內具有連續的 F_1、F_2、F_3 之線積分 (1)，在 D 中為與路徑無關之條件是，若且唯若 $F = [F_1, F_2, F_3]$ 為 D 中某函數 f 之梯度，

(2) $$\mathbf{F} = \operatorname{grad} f \quad \text{因此} \quad F_1 = \frac{\partial f}{\partial x}, \quad F_2 = \frac{\partial f}{\partial y}, \quad F_3 = \frac{\partial f}{\partial z}.$$

證明

(a) 假設 (2) 式對 D 中某函數 f 成立，然後證明這表示路徑無關性。令 C 爲 D 中任意點 A 至任意點 B 之任意路徑，表示成 $\mathbf{r}(t) = [x(t), y(t), z(t)]$，其中 $a \le t \le b$。則由 (2) 式、9.6 節的連鎖律，以及上一節的 (3') 式我們得到

$$\int_C (F_1\,dx + F_2\,dy + F_3\,dz) = \int_C \left(\frac{\partial f}{\partial x}dx + \frac{\partial f}{\partial y}dy + \frac{\partial f}{\partial z}dz\right)$$
$$= \int_a^b \left(\frac{\partial f}{\partial x}\frac{dx}{dt} + \frac{\partial f}{\partial y}\frac{dy}{dt} + \frac{\partial f}{\partial z}\frac{dz}{dt}\right)dt$$
$$= \int_a^b \frac{df}{dt}\,dt = f[x(t), y(t), z(t)]\Big|_{t=a}^{t=b}$$
$$= f(x(b), y(b), z(b)) - f(x(a), y(a), z(a))$$
$$= f(B) - f(A)$$

(b) 反向證明較為複雜，即證明路徑無關就表示對某 f 而言 (2) 式成立，請見附錄 4。■

在本證明中 (a) 部分之最後一個公式

(3) $$\int_A^B (F_1\,dx + F_2\,dy + F_3\,dz) = f(B) - f(A) \qquad [\mathbf{F} = \text{grad}\, f]$$

與微積分中定積分常用公式類似

$$\int_a^b g(x)\,dx = G(x)\Big|_a^b = G(b) - G(a) \qquad [G'(x) = g(x)]$$

當某一線積分為與路徑無關時，即應使用公式 (3)。

位勢理論 (Potential theory) 與目前的討論有關，如果你還記得，在 9.7 節中若 $\mathbf{F} = \text{grad}\, f$，則 f 稱為是 $\mathbf{F}$ 的位勢 (potential)。因此，若且唯若 $\mathbf{F}$ 是 D 中某一位勢的梯度，則積分式 (1) 在 D 中與路徑無關。

例題 1 路徑無關性

請證明積分 $\int_C \mathbf{F} \cdot d\mathbf{r} = \int_C (2x\,dx + 2y\,dy + 4z\,dz)$ 在空間中之任意定義域內與路徑無關，並求出其由 A: (0, 0, 0) 至 B: (2, 2, 2) 的積分值。

解

$\mathbf{F} = [2x, 2y, 4z] = \text{grad}\, f$，其中因為 $\partial f/\partial x = 2x = F_1$、$\partial f/\partial y = 2y = F_2$、$\partial f/\partial z = 4z = F_3$，所以 $f = x^2 + y^2 + 2z^2$。故依據定理 1 此積分與路徑無關，並由 (3) 式得 $f(B) - f(A) = f(2, 2, 2) - f(0, 0, 0) = 4 + 4 + 8 = 16$。

若要進行驗證，選擇最方便之路徑 C: $\mathbf{r}(t) = [t, t, t]$、$0 \le t \le 2$，在此路徑上 $\mathbf{F}(\mathbf{r}(t)) = [2t, 2t, 4t]$，因此 $\mathbf{F}(\mathbf{r}(t)) \cdot \mathbf{r}'(t) = 2t + 2t + 4t = 8t$，然後從 0 積分至 2 可得 $8 \cdot 2^2/2 = 16$。

若無法藉由觀察求得位勢，則可利用下面例題的方法。■

例題 2 與路徑無關、位勢之決定

求積分式 $I = \int_C (3x^2\,dx + 2yz\,dy + y^2\,dz)$ 由 A: (0, 1, 2) 到 B: (1, –1, 7) 的積分值，先找到 $\mathbf{F}$ 的位勢然後使用 (3) 式。

解

若 **F** 具有一位勢 f，我們應有

$$f_x = F_1 = 3x^2,\quad f_y = F_2 = 2yz,\quad f_z = F_3 = y^2$$

我們要證明我們可以滿足這些條件。藉由積分 f_x 並微分，例如

$$f = x^3 + g(y, z),\quad f_y = g_y = 2yz,\quad g = y^2z + h(z),\quad f = x^3 + y^2z + h(z)$$

$$f_z = y^2 + h' = y^2,\quad h' = 0 \qquad h = 0,\quad 。$$

如此可得 $f(x, y, z) = x^3 + y^3z$，並由 (3) 式，

$$I = f(1, -1, 7) - f(0, 1, 2) = 1 + 7 - (0 + 2) = 6$$

10.2.1 路徑無關性與沿封閉曲線之積分

此簡單觀念即為兩個具有共同端點之路徑 (圖 225) 構成一封閉曲線，如此馬上就可以得到以下定理。

定理 2

路徑無關性

積分式 (1) 在一定義域 D 內為路徑無關，若且唯若其沿 D 中之每一封閉路徑之積分值均為零。

證明

如果已知與路徑無關，則沿著圖 225 曲線 C_1 與 C_2 由 A 至 B 之積分將具相同值。現在 C_1 與 C_2 共同組成一封閉曲線 C，若我們沿著 C_1 由 A 積分至 B，然後沿著 C_2 再回到 A (此第二次積分須乘以–1)，則兩積分之和為零，而這就是沿著封閉曲線的積分。

相反的，假設沿著 D 中任何封閉路徑 C 之積分為零。給定 D 中任意點 A 與 B，以及由 A 至 B 之任意兩曲線 C_1 與 C_2，可看出方向性相反的 C_1 與 C_2 一起構成一封閉路徑 C。由假設條件知，沿 C 之積分值為零。因此在 C_1 與 C_2 上由 A 至 B 之積分值必相等。此定理得證。

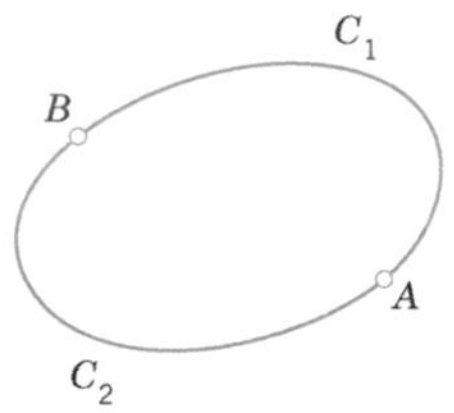

圖 225　定理 2 之證明

功、守恆與非守恆 (耗散) 物理系統

記得在上一節中提到，積分式 (1) 代表一力 **F**，使一物體沿曲線 C 產生位移所做的功。而定理 2 指出，此功在 D 中與路徑無關的條件是，若且唯若沿 D 中任何封閉路徑的移動，其積分值為零。此外，定理 1 告訴我們，若且唯若 **F** 是 D 中某一位勢之梯度，這才會發生。在此情況下，**F** 以及由 **F** 所定義之向量場在 D 中為**守恆**，因為在此情況下機械功是守恆的；也就是，使物體由點 A 移動再回到 A 的過程沒有做任何功。對於在靜電場中電荷 (例如一個電子) 的移動也是同樣的。

物理上，物體的動能是該物體藉由運動做功之能力，但若該物體在恆守力場內運動，在完成一個來回之後，該物體將會回到原來位置，且具有原先之動能。舉例來說，重力即爲恆守力；若將一球垂直往上丟，它將會 (假設不計空氣阻力) 落回到手中並具有當初離開手時之相同動能。

磨擦力、空氣阻力、水阻力等永遠作用在與運動相反的方向。它們會減少一個系統的機械能，通常是將它們轉換成熱，或週邊介質的機械能 (或兩者)。此外，如果在物體的運動過程中，這些力大到不能忽略不計，則作用於物體上所有力的合力 **F** 不再是守恆的，由此得到以下專有名詞。如果作用於一個物理系統上的所有力是守恆的，則稱此系統爲**守恆的 (conservative)**。如果此條件不成立，則稱此物理系統爲**非守恆的 (nonconservative)** 或**耗散的 (dissipative)**。

10.2.2 路徑無關性與微分形式之正合

定理 1 建立線積分 (1) 之路徑無關性與梯度的關係，定理 2 則是路徑無關性與沿封閉區線積分之關聯。第三個觀念 (可導出下述之定理 3*及 3) 則是路徑無關性與 (1) 式積分符號內**微分形式** (或稱 *Pfaffian* 形式[1])

(4) $$\mathbf{F}\cdot d\mathbf{r}=F_1\,dx+F_2\,dy+F_3\,dz$$

之正合性的關係。形式 (4) 稱爲在空間中之定義域 D 爲**正合 (exact)** 的條件是，它是某一在 D 中到處可微之函數 $f(x,y,z)$ 的微分

$$df=\frac{\partial f}{\partial x}dx+\frac{\partial f}{\partial y}dy+\frac{\partial f}{\partial z}dz=(\text{grad} f)\cdot d\mathbf{r}\ ,$$

也就是，我們要有

$$\mathbf{F}\cdot d\mathbf{r}=df$$

比較這兩式，可看出形式 (4) 爲正合的條件是，若且唯若 D 中存在一可微函數 $f(x,y,z)$ 使得在 D 中任意位置

(5) $$\mathbf{F}=\text{grad} f\quad 從而\quad F_1=\frac{\partial f}{\partial x},\quad F_2=\frac{\partial f}{\partial y},\quad F_3=\frac{\partial f}{\partial z}$$

因此，由定理 1 可得

定理 3*

路徑無關性

若且唯若微分形式 (4) 具有連續係數函數 F_1、F_2、F_3 且在 D 中爲正合，則積分式 (1) 在空間中某定義域 D 內是與路徑無關的。

[1] JOHANN FRIEDRICH PFAFF (1765–1825)，德國數學家。

此定理在實用上相當重要，因爲由它可得到有用之正合準則，我們首先需要以下用途廣泛的觀念。若在定義域 D 中之每一曲線均可連續收縮至 D 中任意點而不離開 D，則稱 D 爲**簡連 (simply connected)**。

舉例來說，一球或一立方體之內部，已移除有限多點之球體內部，以及介於兩同心球間之區域均爲簡連。另一方面，環面 (torus) 的內部，如 10.6 節圖 249 中的甜甜圈，則不是簡連的。移除了一個對角面的立方體也不是。

正合之條件 (由定理 3* 這也是路徑無關性) 如下。

定理 3

正合條件與路徑無關性

令線積分 (1) 式

$$\int_C \mathbf{F}(\mathbf{r}) \cdot d\mathbf{r} = \int_C (F_1\,dx + F_2\,dy + F_3\,dz)$$

中之 F_1、F_2、F_3 爲連續，且在空間中一定義域 D 內具有連續一階偏導數。則：

(a) 若微分形式 (4) 在 D 中爲正合 (因此由定理 3* 知 (1) 式在 D 中與路徑無關)，則在 D 中

(6) $$\operatorname{curl} \mathbf{F} = \mathbf{0}$$

以分量表示 (見 9.9 節)

(6′) $$\frac{\partial F_3}{\partial y} = \frac{\partial F_2}{\partial z}, \qquad \frac{\partial F_1}{\partial z} = \frac{\partial F_3}{\partial x}, \qquad \frac{\partial F_2}{\partial x} = \frac{\partial F_1}{\partial y}$$

(b) 若 (6) 式在 D 中成立，且 D 爲簡連，則 (4) 式在 D 中爲正合，故由定理 3* 知 (1) 式爲與路徑無關。

證明

(a) 若 (4) 式在 D 中爲正合，則由定理 3* 知，在 D 中 $\mathbf{F} = \operatorname{grad} f$，且由 9.9 節的 (2) 式得 $\operatorname{curl} \mathbf{F} = \operatorname{curl} (\operatorname{grad} f) = \mathbf{0}$，故 (6) 式成立。

(b) 此證明需要用到「Stokes 定理」，將在 10.9 節介紹。 ■

平面上之線積分對 $\int_C \mathbf{F}(\mathbf{r}) \cdot d\mathbf{r} = \int_C (F_1\,dx + F_2\,dy)$ 而言，其旋度只有一個分量 (z-分量)，故 (6′) 式簡化爲單一關係式

(6″) $$\frac{\partial F_2}{\partial x} = \frac{\partial F_1}{\partial y}$$

(也發生在 1.4 節正合 ODE 之 (5) 式)。

例題 3　正合和路徑無關、位勢之決定

利用 (6′) 式，證明

$$I = \int_C [2xyz^2\,dx + (x^2z^2 + z\cos yz)\,dy + (2x^2yz + y\cos yz)\,dz]$$

中積分符號內之微分形式為正合，以使得在任一定義域內均具路徑無關性，並求出I從A: (0, 0, 1) 至 B: (1, π/4, 2) 之值。

解

由 (6') 式可得正合性，即

$$(F_3)_y = 2x^2z + \cos yz - yz\sin yz = (F_2)_z$$
$$(F_1)_z = 4xyz = (F_3)_x$$
$$(F_2)_x = 2xz^2 = (F_1)_y$$

要求出 f，積分 F_2 (相當「冗長」，在此省略)，然後微分，再和 F_1 及 F_3 比較，

$$f = \int F_2\, dy = \int (x^2z^2 + z\cos yz)\, dy = x^2z^2y + \sin yz + g(x,z)$$
$$f_x = 2xz^2y + g_x = F_1 = 2xyz^2,\ g_x = 0,\ g = h(z)$$
$$f_z = 2x^2zy + y\cos yz + h' = F_3 = 2x^2zy + y\cos yz,\ h' = 0$$

$h' = 0$ 表示 $h =$ 常數，可令 $h = 0$，故第一行之 $g = 0$。由 (3) 式可得

$$f(x,y,z) = x^2yz^2 + \sin yz,\ f(B) - f(A) = 1 \cdot \frac{\pi}{4} \cdot 4 + \sin\frac{\pi}{2} - 0 = \pi + 1$$ ■

定理 3 中 D 為簡連之假設為必要且不可省略。可由下列例題中看出。

例題 4　定理 3 中簡連之假設

令

(7) $$F_1 = -\frac{y}{x^2+y^2},\quad F_2 = \frac{x}{x^2+y^2},\quad F_3 = 0$$

經微分可證實，對 xy 平面上任何不含原點的定義域，都能滿足 (6) 式。例如，圖 226 所示的定義域 $D: \frac{1}{2} < \sqrt{x^2+y^2} < \frac{3}{2}$。實際上 F_1 和 F_2 與 z 無關，而 $F_3 = 0$，所以 (6') 式中之前兩個關係式恆為真，而第三個關係式可經微分證實：

$$\frac{\partial F_2}{\partial x} = \frac{x^2+y^2-x\cdot 2x}{(x^2+y^2)^2} = \frac{y^2-x^2}{(x^2+y^2)^2},$$
$$\frac{\partial F_1}{\partial y} = -\frac{x^2+y^2-y\cdot 2y}{(x^2+y^2)^2} = \frac{y^2-x^2}{(x^2+y^2)^2}$$

很明顯地，圖 226 中之 D 不為簡連。若積分式

$$I = \int_C (F_1\, dx + F_2\, dy) = \int_C \frac{-y\, dx + x\, dy}{x^2+y^2}$$

在 D 中與路徑無關，則在 D 中任意封閉曲線上 $I = 0$，例如，在圓 $x^2+y^2=1$ 上。但設定 $x = r\cos\theta$、$y = r\sin\theta$，且看到圓可用 $r = 1$ 來表示，我們有

$$x=\cos\theta,\quad dx=-\sin\theta\, d\theta,\quad y=\sin\theta,\quad dy=\cos\theta d\theta,$$

所以 $-y\,dx+x\,dy=\sin^2\theta d\theta+\cos^2\theta d\theta=d\theta$ 逆時鐘方向積分得

$$I=\int_0^{2\pi}\frac{d\theta}{1}=2\pi$$

由於 D 非並簡連，我們不能使用定理 3，故無法得到在 D 中 I 與路徑無關之結論。

雖然 $\mathbf{F}=\text{grad} f$，其中 $f=\arctan(y/x)$ (驗證！)，我們仍無法使用定理 1，因爲極角 $f=\theta=\arctan(y/x)$ 不爲單值，不是微積分中所要求的單值函數。■

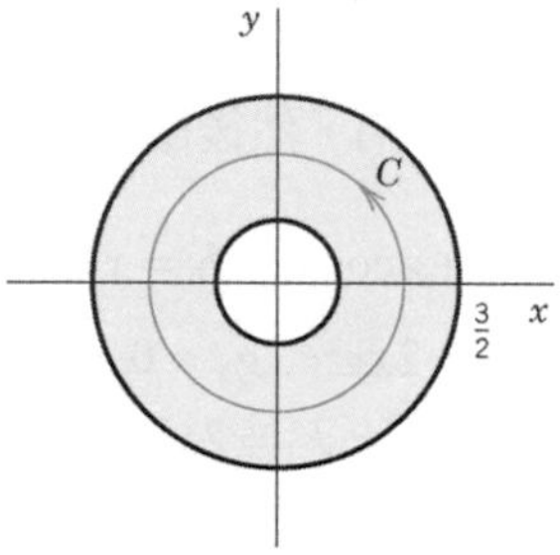

圖 226　例題 4

習題集 10.2

1. **專題寫作　路徑無關之報告**
請列出本節中路徑無關及相關之主要觀念及定理，然後將此列表寫成一份報告。解釋各定理的定義及實用價值，並用你自選的例子說明，無須證明。

2. **關於例題 4**　如果你將定義域取爲 $0<\sqrt{x^2+y^2}<3/2$，則課文中例題 4 的情況是否會改變？

3–9　與路徑無關之積分

證明在積分符號下的形式在平面上 (習題 3–4) 或在空間中 (習題 5–9) 爲正合，並計算積分值，請寫出細節。

3. $\int_{(\pi/2,\pi)}^{(\pi,0)}(\frac{1}{2}\cos\frac{1}{2}x\cos 2y\,dx-2\sin\frac{1}{2}x\sin 2y\,dy)$

4. $\int_{(4,0)}^{(6,1)}e^{4y}(2x\,dx+4x^2\,dy)$

5. $\int_{(0,0,\pi)}^{(2,1/2,\pi/2)}e^{xy}(y\sin z\,dx+x\sin z\,dy+\cos z\,dz)$

6. $\int_{(0,0,0)}^{(1,1,0)}e^{x^2+y^2+z^2}(x\,dx+y\,dy+z\,dz)$

7. $\int_{(0,2,3)}^{(1,1,1)}(yz\sinh xz\,dx+\cosh xz\,dy+xy\sinh xz\,dz)$

8. $\int_{(5,3,\pi)}^{(3,\pi,3)}(\cos yz\,dx-xz\sin yz\,dy-xy\sin yz\,dz)$

9. $\int_{(0,1,0)}^{(1,0,1)}(e^x\cosh y\,dx+(e^x\sinh y+e^z\cosh y)dy$ $+e^z\sinh y\,dz)$

10. **專題　路徑相關性**　(a) 請證明 $I=\int_C(x^2y\,dx+2xy^2\,dy)$ 在 xy 平面上是與路徑相關。
(b) 沿著直線線段從 (0, 0) 積分至 (1, b)、$0\le b\le 1$，然後再垂直向上至 (1, 1)；見圖。b 爲多少時，I 爲最大？最大值爲何？
(c) 沿著直線線段從 (0, 0) 積分至 (c, 1)、$0\le c\le 1$，然後再水平至 (1, 1)。對於 $c=1$，是否能得到與 (b) 中 $b=1$ 時，相同的值？c 爲多少時，I 爲最大？最大值爲何？

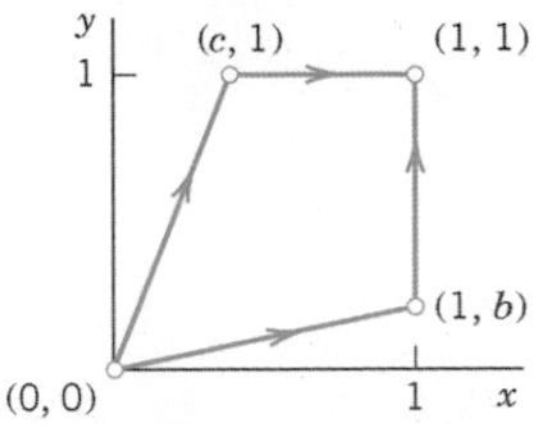

專題 10 路徑相關性

11. 關於例題 4 證明課文中例題 4 可得 $\mathbf{F} = \text{grad}(\arctan(y/x))$。請舉出幾個定義域的實例，使得該定義域的積分與路徑無關。

12. CAS 實驗 延伸專題 10 在通過點 (0, 0) 和 (1, 1) 的不同圓上積分 $x^2y\,dx + 2xy^2\,dy$。以實驗的方式找出積分的最小值，以及圓心的近似位置。

13–19 路徑無關？

檢查，如果是無關的，從 (0, 0, 0) 積分至 (*a*, *b*, *c*)。

13. $2e^{x^2}(x\cos 2y\,dx - \sin 2y\,dy)$

14. $(\sinh xy)(z\,dx - x\,dz)$

15. $x^2y\,dx - 4xy^2\,dy + 8z^2x\,dz$

16. $e^y\,dx + (xe^y - e^z)\,dy - ye^z\,dz$

17. $4y\,dx + z\,dy + (y - 2z)\,dz$

18. $(\cos xy)(yz\,dx + xz\,dy) - 2\sin xy\,dz$

19. $(\cos(x^2 + 2y^2 + z^2))(2x\,dx + 4y\,dy + 2z\,dz)$

20. 路徑相關性 建構出三個簡單的例子，使它們能滿足 (6') 中的兩個方程式，但卻不滿足第三個。

10.3 微積分回顧：雙重積分 (Calculus Review: Double Integrals) (選讀)

本節為選讀。熟悉微積分中雙重積分的同學，請跳過本節進入 10.4 節。加入本節是為了使本書維持相當的自足程度。

在 10.1 節之定積分 (1) 中，在 *x* 軸上，將函數 $f(x)$ 於區間 (線段) 積分。在雙重積分中，我們對函數 $f(x, y)$，稱為**被積函數** (*integrand*)，於 *xy* 平面中一封閉有界 (closed bounded) 區域[2] *R* 內積分，其邊界曲線在幾乎每一點具有唯一切線，但可能具有限多個尖點 (例如三角形或矩形之頂點)。

雙重積分之定義與定積分非常類似。以平行 *x* 與 *y* 軸之線來細分區域 *R* (圖 227)。我們將完全位於 *R* 內的矩形以 1 到 *n* 編號。在每一個矩形內選擇一點，例如，在第 *k* 個矩形內選擇 (x_k, y_k)，將此矩形之面積表示成 ΔA_k。然後組成和

$$J_n = \sum_{k=1}^{n} f(x_k, y_k)\Delta A_k$$

[2] **區域** *R* 是一個定義域 (9.6 節) 再加上 (或許) 它邊界點的全部或一部分。如果 *R* 的**邊界** (它邊界上的所有點) 也是它的一部分，則 *R* 是**封閉的**，如果 *R* 可以用一個半徑夠大的圓環繞，則 *R* 是**有界的**。*R* 的**邊界點** *P* (屬於或不屬於 *R*) 是指，任何以 *P* 點為圓心的圓盤，必定同時包含有屬於 *R* 和不屬於 *R* 的點。

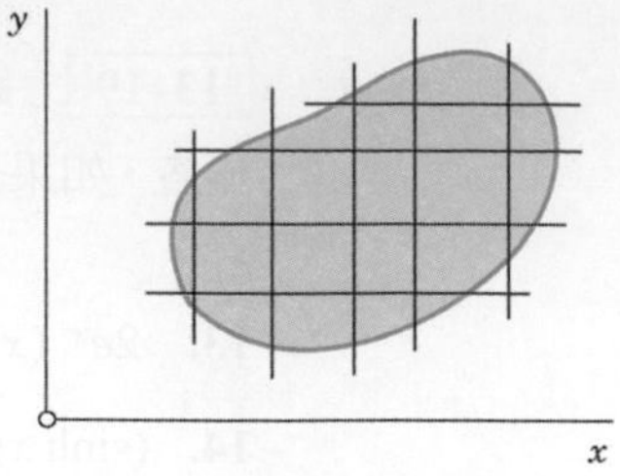

圖 227 區域 R 之細分

將正整數 n 以完全獨立之方式逐漸增加，使得 n 趨近於無窮大時，長方形之最大對角長度趨近於零。依此方式，可得一實數序列 $J_{n1}, J_{n2}, \cdots$。假設 $f(x, y)$ 在 R 中爲連續，且 R 的邊界爲有限多條的平滑曲線所組成 (見 10.1 節)，我們可以證明 (見附錄 1 的參考文獻 [GenRef4]) 此數列收斂，且其極限與分割方式和相對之點 (x_k, y_k) 無關。此極限稱爲區域 R 上 $f(x, y)$ 之**雙重積分**，記爲

$$\iint_R f(x,y)\,dx\,dy \quad 或 \quad \iint_R f(x,y)\,dA$$

雙重積分具有與定積分相當類似之特性。實際上，對於定義於區域 R 內且在 R 內爲連續之任意 (x, y) 的函數 f 與 g，

$$\iint_R kf\,dx\,dy = k\iint_R f\,dx\,dy \qquad (k \text{ 常數})$$

(1)
$$\iint_R (f+g)\,dx\,dy = \iint_R f\,dx\,dy + \iint_R g\,dx\,dy$$

$$\iint_R f\,dx\,dy = \iint_{R_1} f\,dx\,dy + \iint_{R_2} f\,dx\,dy \qquad (\text{圖 } 228)$$

此外，若 R 爲簡連 (見 10.2 節)，則 R 內至少存在一點 (x_0, y_0)，使得

(2)
$$\iint_R f(x,y)\,dx\,dy = f(x_0,y_0)A,$$

其中 A 是 R 的面積。此式稱爲雙重積分之**均值定理**。

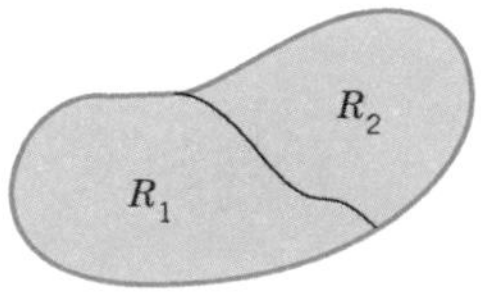

圖 228 公式 (1)

10.3.1 由連續兩次積分求雙重積分之值

在區域 R 上的雙重積分，可以用兩次連續積分求其積分值。我們可以先對 y 積分，接著再對 x 積分。其公式爲

(3)
$$\iint_R f(x,y)\,dx\,dy = \int_a^b \left[\int_{g(x)}^{h(x)} f(x,y)\,dy \right] dx \qquad \text{(圖 229)}$$

其中 $y = g(x)$ 和 $y = h(x)$ 代表 R 之邊界曲線 (圖 229)，將 x 視為常數然後將 $f(x, y)$ 對 y 從 $g(x)$ 積分至 $h(x)$。其結果為 x 之函數，然後將它由 $x = a$ 積分至 $x = b$ (圖 229)。

同理，若先對 x 積分再對 y 積分，則公式為

(4)
$$\iint_R f(x,y)\,dx\,dy = \int_c^d \left[\int_{p(y)}^{q(y)} f(x,y)\,dx \right] dy \qquad \text{(圖 230)}$$

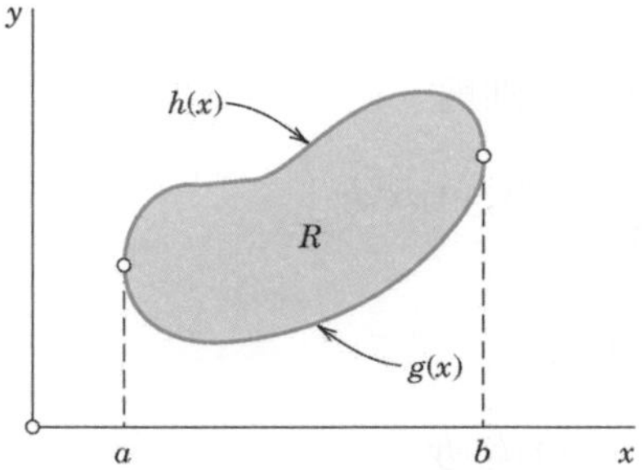

圖 229 雙重積分之求值

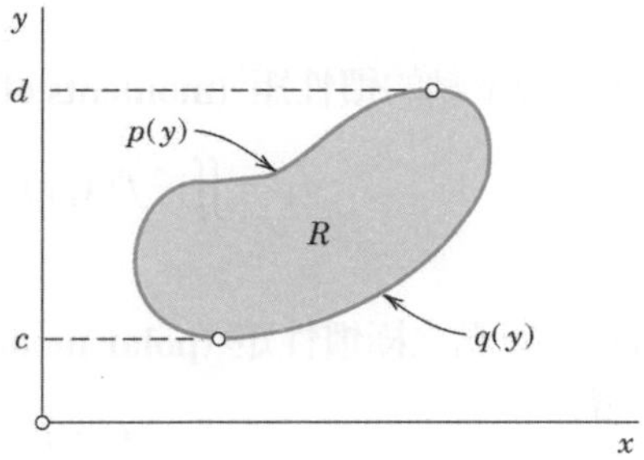

圖 230 雙重積分之求值

R 之邊界曲線現在則以 $x = p(y)$ 及 $x = q(y)$ 表示。將 y 視為常數，先將 $f(x, y)$ 對 x 由 $p(y)$ 積分至 $q(y)$ (見圖 230)，然後再將所得之結果對 y 由 $y = c$ 積分至 $y = d$。

在 (3) 式中，我們假設可以用不等式 $a \le x \le b$ 與 $g(x) \le y \le h(x)$ 來定義 R。同樣的，在 (4) 式中可以用 $c \le y \le d$ 與 $p(y) \le x \le q(y)$ 來定義。若區域 R 無法表示成此種形式，則在任何實際應用上，至少可以將 R 細分為有限多個部分，而每個部分皆可用上述不等式來描述。然後我們在每一個部分積分 $f(x, y)$，再將積分結果加在一起。如此，即可得到 $f(x, y)$ 在整個區域上之積分值。

10.3.2 雙重積分之應用

雙重積分有許多物理與幾何的應用。舉例來說，xy 平面上一區域 R 之**面積** A 為以下雙重積分

$$A = \iint_R dx\,dy$$

在曲面 $z = f(x, y)$ (> 0) 之下，和 xy 平面的一個區域 R 之上所夾之**體積** V (圖 231) 為

$$V = \iint_R f(x,y)\,dx\,dy$$

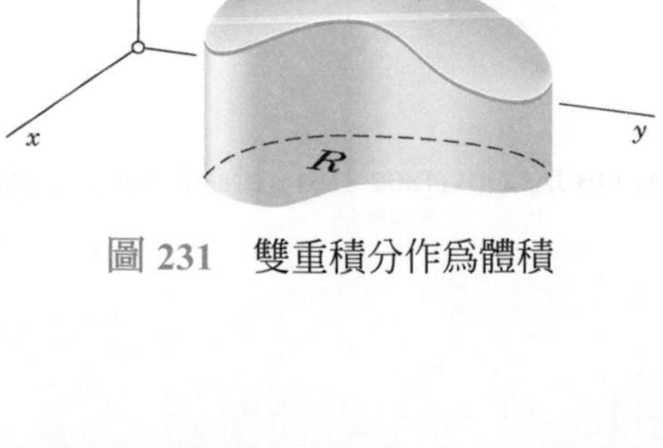

圖 231 雙重積分作為體積

因爲在本節最前面，J_n 內之 $f(x_k, y_k)\Delta A_k$ 項，代表一底爲 ΔA_k 高爲 $f(x_k, y_k)$ 之矩形方塊體積。

在另一個應用中，令 $f(x, y)$ 爲 xy 平面中一質量分佈之密度 (每單位面積質量)。則在 R 內之**總質量** M 爲

$$M = \iint_R f(x, y)\, dx\, dy$$

R 內**質量之重心 (center of gravity)** 之座標爲 $\bar{x}, \bar{y}$，其中

$$\bar{x} = \frac{1}{M}\iint_R x f(x, y)\, dx\, dy \quad 且 \quad \bar{y} = \frac{1}{M}\iint_R y f(x, y)\, dx\, dy\ ;$$

R 內質量對 x 及 y 軸的**慣性矩 (moments of inertia)** I_x 與 I_y，分別爲

$$I_x = \iint_R y^2 f(x, y)\, dx\, dy, \quad I_y = \iint_R x^2 f(x, y)\, dx\, dy$$

而 R 內質量對原點之**極慣性矩 (polar moment of inertia)** I_0 爲

$$I_0 = I_x + I_y = \iint_R (x^2 + y^2) f(x, y)\, dx\, dy$$

範例如後。

10.3.3 雙重積分中之變數轉換、Jacobian 矩陣

在實際問題中，經常需要將雙重積分之積分變數做轉換。在微積分中，將定積分中 x 轉換至 u 之公式爲

(5)
$$\int_a^b f(x)\, dx = \int_\alpha^\beta f(x(u)) \frac{dx}{du}\, du$$

在此我們假設 $x = x(u)$ 在某區間 $\alpha \le u \le \beta$ 內爲連續且具有連續導數，使得 $x(\alpha) = a$、$x(\beta) = b$ [或 $x(\alpha) = b$、$x(\beta) = a$]，且當 u 於 α 與 β 之間變化時，$x(u)$ 於 a 與 b 之間變化。

在雙重積分中，將 x、y 變換爲 u、v 之變數轉換公式爲

(6)
$$\iint_R f(x, y)\, dx\, dy = \iint_{R^*} f(x(u, v), y(u, v)) \left| \frac{\partial(x, y)}{\partial(u, v)} \right| du\, dv;$$

亦即，被積函數以 u 和 v 表示，而 $dx\, dy$ 替換爲 $du\, dv$ 乘以 **Jacobian**[3] 之絕對值

(7)
$$J = \frac{\partial(x, y)}{\partial(u, v)} = \begin{vmatrix} \frac{\partial x}{\partial u} & \frac{\partial x}{\partial v} \\ \frac{\partial y}{\partial u} & \frac{\partial y}{\partial v} \end{vmatrix} = \frac{\partial x}{\partial u}\frac{\partial y}{\partial v} - \frac{\partial x}{\partial v}\frac{\partial y}{\partial u}$$

---

[3] 依德國數學家 CARL GUSTAV JACOB JACOBI (1804–1851) 所命名，他在橢圓函數、偏微分方程及力學方面頗有貢獻。

在此做以下假設，函數

$$x = x(u,v), \qquad y = y(u,v)$$

在 uv 平面上的某區域 R^* 內為連續且有連續偏導數，使得在 R^* 中每一點 (u, v) 所對應之點 (x, y) 均位於 R 中，反過來說，R 中的每一 (x, y) 都對應到一個且只有一個 R^* 中的點 (u, v)；此外，Jacobian J 在整個 R^* 中，要不全為正值或者全為負值。證明請見附錄 1 之參考文獻 [GenRef4]。

例題 1 雙重積分中之變數轉換

求下列雙重積分在圖 232 中正方形 R 上之值。

$$\iint_R (x^2 + y^2)\, dx\, dy$$

解

由 R 之形狀可聯想到 $x + y = u$、$x - y = v$ 之變數轉換。則 $x = \frac{1}{2}(u + v)$、$y = \frac{1}{2}(u - v)$。其 Jacobian 為

$$J = \frac{\partial(x,y)}{\partial(u,v)} = \begin{vmatrix} \frac{1}{2} & \frac{1}{2} \\ \frac{1}{2} & -\frac{1}{2} \end{vmatrix} = -\frac{1}{2}$$

R 對應正方形 $0 \le u \le 2$、$0 \le v \le 2$，因此

$$\iint_R (x^2 + y^2)\, dx\, dy = \int_0^2 \int_0^2 \frac{1}{2}(u^2 + v^2) \frac{1}{2}\, du\, dv = \frac{8}{3}$$

■

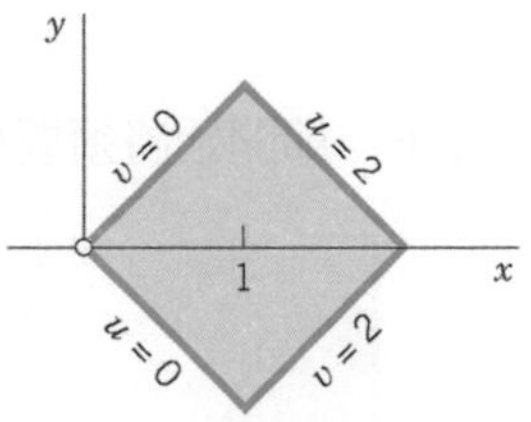

圖 232 例題 1 之區域 R

在實際應用上，經常會使用到**極座標** r 與 θ，可令 $x = r\cos\theta$、$y = r\sin\theta$。則

$$J = \frac{\partial(x,y)}{\partial(r,\theta)} = \begin{vmatrix} \cos\theta & -r\sin\theta \\ \sin\theta & r\cos\theta \end{vmatrix} = r$$

且

(8) $$\iint_R f(x,y)\, dx\, dy = \iint_{R^*} f(r\cos\theta, r\sin\theta)\, r\, dr\, d\theta$$

其中 R^* 為 $r\theta$ 平面中對應於 xy 平面上 R 之區域。

例題 2 極座標之雙重積分、重心、慣性矩

令 $f(x, y) = 1$ 爲圖 233 中所示區域之質量密度，求總質量、重心及慣性矩 I_x、I_y、I_0。

解

利用剛剛所定義之極座標以及公式 (8)，可得總質量

$$M = \iint_R dx\,dy = \int_0^{\pi/2}\int_0^1 r\,dr\,d\theta = \int_0^{\pi/2} \frac{1}{2}\,d\theta = \frac{\pi}{4}$$

重心之座標爲

$$\bar{x} = \frac{4}{\pi}\int_0^{\pi/2}\int_0^1 r\cos\theta r\,dr\,d\theta = \frac{4}{\pi}\int_0^{\pi/2}\frac{1}{3}\cos\theta\,d\theta = \frac{4}{3\pi} = 0.4244$$

$$\bar{y} = \frac{4}{3\pi} \quad \text{由對稱的原故，}$$

慣性矩爲

$$I_x = \iint_R y^2\,dx\,dy = \int_0^{\pi/2}\int_0^1 r^2\sin^2\theta r\,dr\,d\theta = \int_0^{\pi/2}\frac{1}{4}\sin^2\theta\,d\theta$$

$$= \int_0^{\pi/2}\frac{1}{8}(1-\cos 2\theta)\,d\theta = \frac{1}{8}\left(\frac{\pi}{2}-0\right) = \frac{\pi}{16} = 0.1963$$

$$I_y = \frac{\pi}{16} \quad \text{由對稱的原故，} \quad I_0 = I_x + I_y = \frac{\pi}{8} = 0.3927$$

$\bar{x}$ 與 $\bar{y}$ 爲何小於 $\frac{1}{2}$？ ■

至此結束有關雙重積分之回顧。在本章從下一節開始將須要用到這些積分。

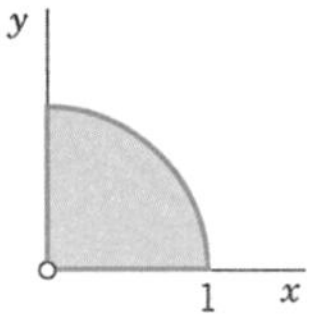

圖 233 例題 2

習題集 10.3

1. **均值定理** 舉例說明 (2) 式。

2–8 雙重積分

請說明積分區域並求值。

2. $\int_0^2 \int_x^{2x} (x+y)^2\,dy\,dx$
3. $\int_0^3 \int_{-y}^{y} (x^2+y^2)\,dx\,dy$
4. 習題 3，但順序相反。
5. $\int_0^1 \int_{x^2}^{x} (1-2xy)\,dy\,dx$
6. $\int_0^2 \int_0^{y} \sinh(x+y)\,dx\,dy$
7. 習題 6，但順序相反。
8. $\int_0^{\pi/4} \int_0^{\cos y} x^2 \sin y\,dx\,dy$

9–11 體積

請求出下列空間中區域之體積。

9. $z = 4x^2 + 9y^2$ 以下，頂點為 (0, 0)、(3, 0)、(3, 2)、(0, 2) 之長方形以上之區域。

10. 由座標平面與平面 $y = 1 - x^2$、$z = 1 - x^2$ 在第一卦限所夾區域，繪出此區域。

11. 在 xy 平面之上且在拋物面 $z = 1 - (x^2 + y^2)$ 之下的區域。

12–16 重心

請求出區域 R 內之重心 $(\bar{x}, \bar{y})$，質量密度為 $f(x, y) = 1$。

12.

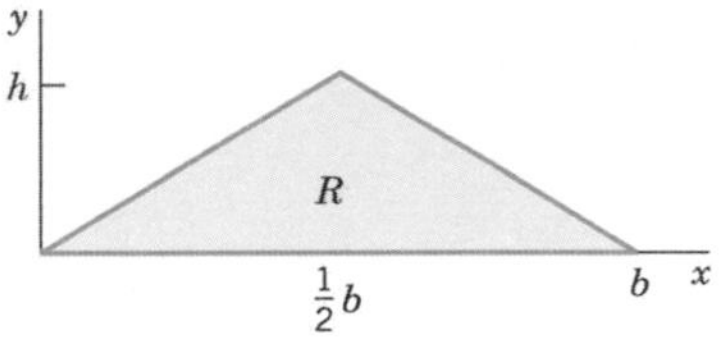

13.

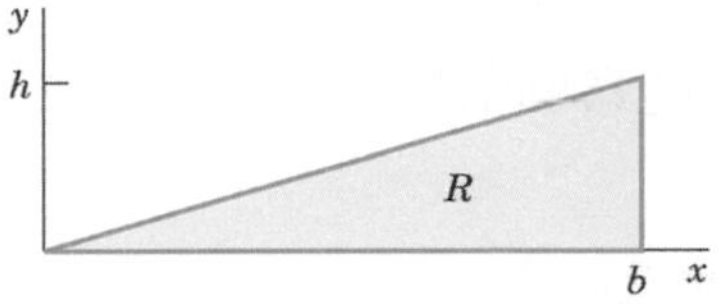

14.

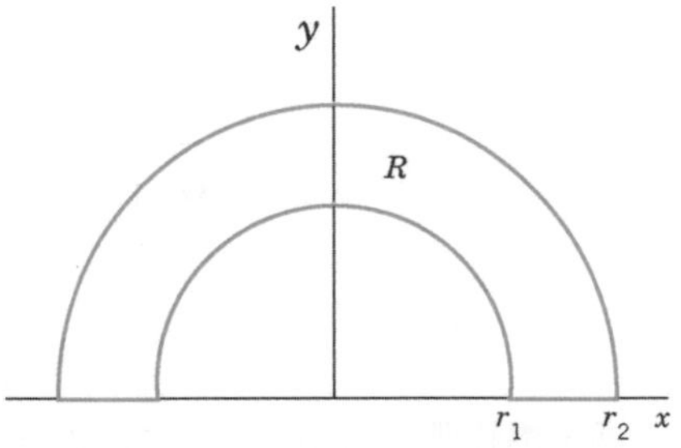

15.

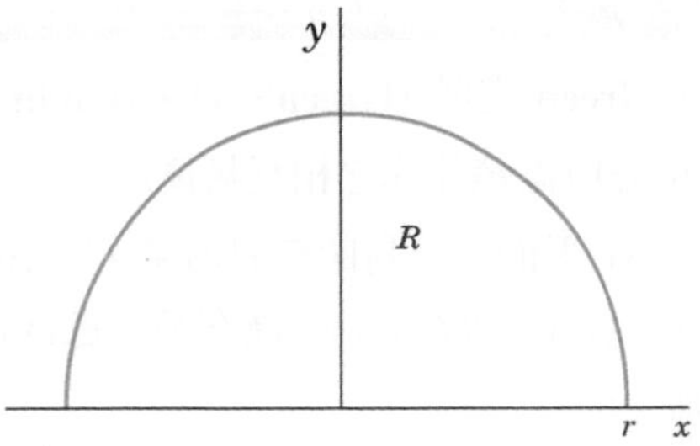

16.

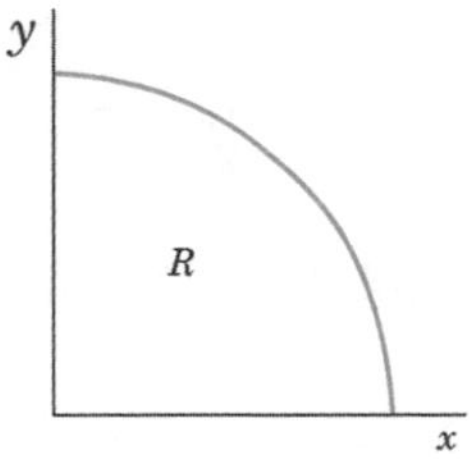

17–20 慣性矩

求出下列圖形中區域 R 內質量密度 $f(x, y) = 1$ 之慣性矩 I_x、I_y、I_0，這些以及其它工程師可能會用到之圖形，都列在工程手冊中。

17. R 同習題 13。

18. R 同習題 12。

19.

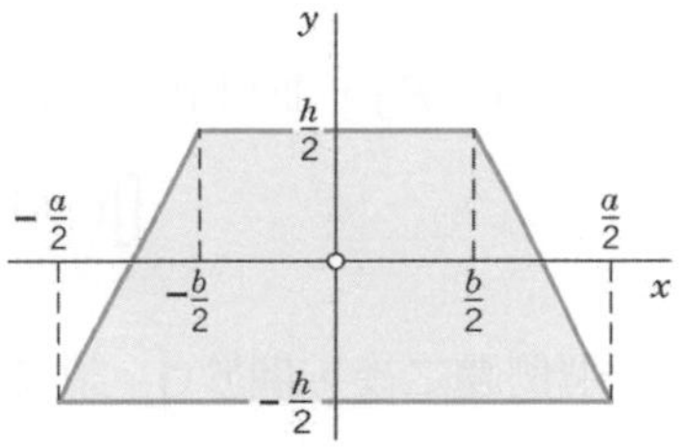

20.

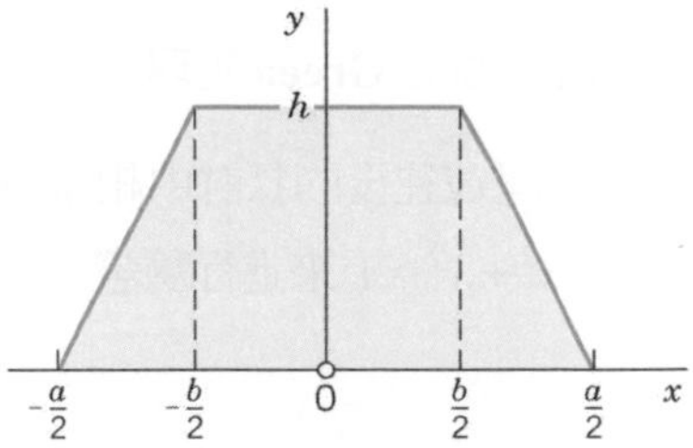

10.4 平面之 Green 定理

平面區域之雙重積分，可轉換為該區域邊界上之線積分，反向亦可。這在實際應用中非常有用，它可以簡化積分計算。在理論研究中，也可以幫助我們在不同的積分形式間進行轉換，此轉換可利用下列定理達成。

定理 1

平面之 Green 定理 (Green's Theorem in the Plane[4])

(雙重積分與線積分間之相互轉換)

令 R 爲 xy 平面上一封閉有界區域 (見 10.3 節)，其邊界 C 是由有限多條平滑曲線所組成 (見 10.1 節)。令 $F_1(x, y)$ 及 $F_2(x, y)$ 爲在某一包含 R 之定義域中，爲連續且具有連續偏導數 $\partial F_1/\partial y$ 及 $\partial F_2/\partial x$ 之函數。則

$$\text{(1)} \qquad \iint_R \left(\frac{\partial F_2}{\partial x} - \frac{\partial F_1}{\partial y}\right) dx\,dy = \oint_C (F_1\,dx + F_2\,dy)$$

在此我們沿著 R 之整個邊界 C 積分，積分方向的選擇，要使得我們沿積分方向前進時 R 是位於左側 (見圖 234)。

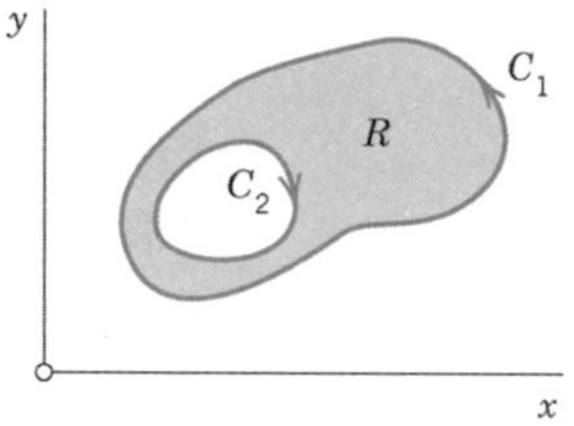

圖 234　區域 R，其邊界 C 包含兩部分：C_1 爲逆時鐘繞行，而 C_2 爲順時鐘繞行，使得 R 位於兩曲線之左側。

令 $\mathbf{F} = [F_1, F_2] = F_1\mathbf{i} + F_2\mathbf{j}$，並利用 9.9 節的 (1) 式，可得 (1) 式之向量形式

$$\text{(1')} \qquad \iint_R (\operatorname{curl} \mathbf{F}) \cdot \mathbf{k}\, dx\,dy = \oint_C \mathbf{F} \cdot d\mathbf{r}$$

證明接在第一個例題之後，關於 $\oint$ 請見 10.1 節。

例題 1　驗證平面之 Green 定理

平面之 Green 定理在往後的探討中相當重要。在證明定理之前，讓我們先以 $F_1 = y^2 - 7y$、$F_2 = 2xy + 2x$ 以及 C 爲圓 $x^2 + y^2 = 1$ 來進行驗證，以使我們更加熟悉它。

解

由 (1) 式左側可得

$$\iint_R \left(\frac{\partial F_2}{\partial x} - \frac{\partial F_1}{\partial y}\right) dx\,dy = \iint_R [(2y+2)-(2y-7)]\,dx\,dy = 9\iint_R dx\,dy = 9\pi$$

---

[4] GEORGE GREEN (1793–1841)，英國自學有成的數學家，他是麵包師出身，但過逝時已身爲劍橋大學 Caius 學院的院士。他的研究是關於位勢理論與電磁學、振動、波動及彈性理論的關聯。在他生前，即使在英國亦罕有人知道他的研究成果。

定理中的「包含 R 的定義域」可確保，對於 F_1 和 F_2 的假設，在 R 的邊界上的點和其它點是一樣的。

因爲圓盤 R 之面積爲 π。

我們現在證明 (1) 式右側之線積分同樣可得 9π。我們必需將 C 之方向定爲逆時鐘方向，如 $\mathbf{r}(t) = [\cos t, \sin t]$。則 $\mathbf{r}'(t) = [-\sin t, \cos t]$，而在 C 上

$$F_1 = y^2 - 7y = \sin^2 t - 7\sin t, \quad F_2 = 2xy + 2x = 2\cos t \sin t + 2\cos t$$

因此 (1) 式右側之線積分如以下所示，驗證了 Green 定理。

$$\begin{aligned}\oint_C (F_1 x' + F_2 y')\,dt &= \int_0^{2\pi} [(\sin^2 t - 7\sin t)(-\sin t) + 2(\cos t \sin t + \cos t)(\cos t)]\,dt \\ &= \int_0^{2\pi} (-\sin^3 t + 7\sin^2 t + 2\cos^2 t \sin t + 2\cos^2 t)\,dt \\ &= 0 + 7\pi - 0 + 2\pi = 9\pi\end{aligned}$$

■

證明

我們首先證明對一*特殊區域* R 之平面的 Green 定理，該區域可以表示成如下兩種形式

$$a \le x \le b, \qquad u(x) \le y \le v(x) \qquad \text{(Fig. 235)}$$

及

$$c \le y \le d, \qquad p(y) \le x \le q(y) \qquad \text{(Fig. 236)}$$

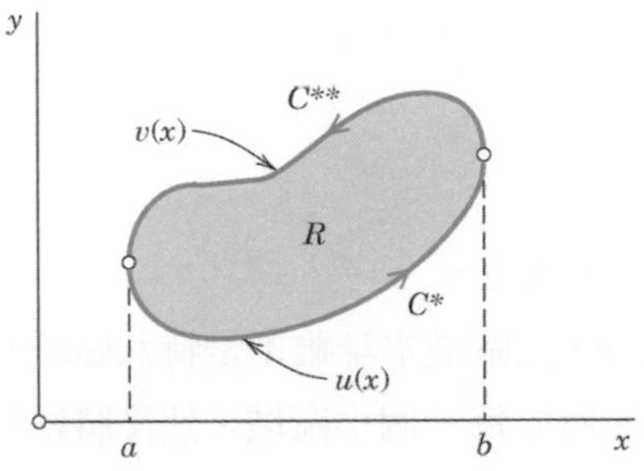

圖 235 特殊區域之範例

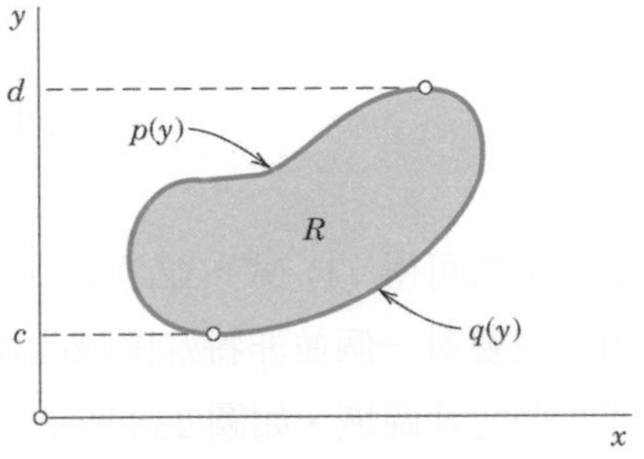

圖 236 特殊區域之範例

利用上一節之 (3) 式，可得 (1) 式左側第二項 (沒有負號)

$$\iint_R \frac{\partial F_1}{\partial y}\,dx\,dy = \int_a^b \left[\int_{u(x)}^{v(x)} \frac{\partial F_1}{\partial y}\,dy \right] dx \tag{2}$$

(見圖 235)

(第一項稍後再考慮)。將內部積分式積分：

$$\int_{u(x)}^{v(x)} \frac{\partial F_1}{\partial y}\,dy = F_1(x,y)\Big|_{y=u(x)}^{y=v(x)} = F_1[x, v(x)] - F_1[x, u(x)]$$

將此代入 (2) 式 (同時轉換積分方向) 可得

$$\begin{aligned}\iint_R \frac{\partial F_1}{\partial y}\,dx\,dy &= \int_a^b F_1[x, v(x)]\,dx - \int_a^b F_1[x, u(x)]\,dx \\ &= -\int_b^a F_1[x, v(x)]\,dx - \int_a^b F_1[x, u(x)]\,dx\end{aligned}$$

由於 $y = v(x)$ 代表曲線 C^{**} (圖 235)，而 $y = u(x)$ 代表 C^*，最後兩個積分式可以寫為在 C^{**} 及 C^* 上之線積分 (方向如圖 235 所示)；
因此

$$\iint_R \frac{\partial F_1}{\partial y}\,dx\,dy = -\int_{C^{**}} F_1(x, y)\,dx - \int_{C^*} F_1(x, y)\,dx \tag{3}$$
$$= -\oint_C F_1(x, y)\,dx$$

若 $F_2 = 0$ 時，此式即證明 Green 定理之 (1) 式。

若 C 有平行於 y 軸之部分時 (如圖 237 之 $\tilde{C}$ 及 $\tilde{\tilde{C}}$)，此結果仍有效。實際上這些部分的積分值為零，因為在 (3) 式的右側，我們是對 x 積分。因此，可以將這些積分式加上在 C^* 及 C^{**} 上之積分，以獲得在 (3) 式中整個邊界 C 上之積分。

現將 (1) 式左側第一項依同樣方法處理。但我們不利用前一部分所使用的 (3) 式，而利用 (4) 式以及特殊區域的第二個表示式 (見圖 236)。則 (再次變換積分方向)

$$\iint_R \frac{\partial F_2}{\partial x}\,dx\,dy = \int_c^d \left[\int_{p(y)}^{q(y)} \frac{\partial F_2}{\partial x}\,dx\right] dy$$
$$= \int_c^d F_2(q(y), y)\,dy + \int_d^c F_2(p(y), y)\,dy$$
$$= \oint_C F_2(x, y)\,dy$$

由上式及 (3) 式可得 (1) 式，並證明 Green 定理對特殊區域成立。

我們現在要對一個並非特殊區域的區域 R 證明此定理，此區域本身雖不是特殊區域，但可細分為有限多個特殊區域，如圖 238 所示。此時我們將定理用於每一個小區域，然後將結果相加；左側的各項相加後即為對整個 R 的積分，而右側各項則為對 C 的線積分再加上分割 R 的曲線。在此有一個簡單的**關鍵**，用於分割 R 的曲線，每一條都出現兩次，且兩次的方向相反。因此它們互相抵消，而剩下在 C 上之線積分。

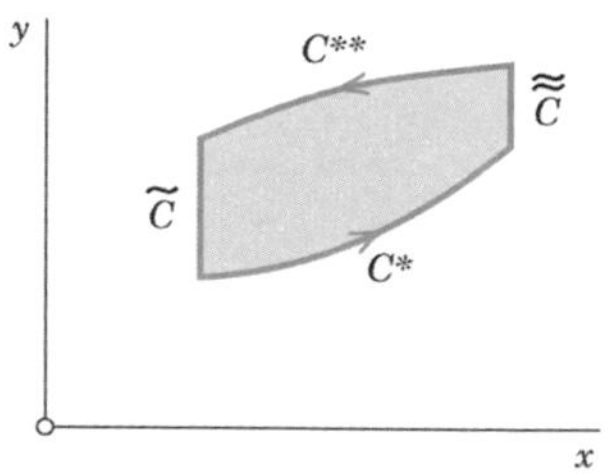

圖 237 Green 定理之證明

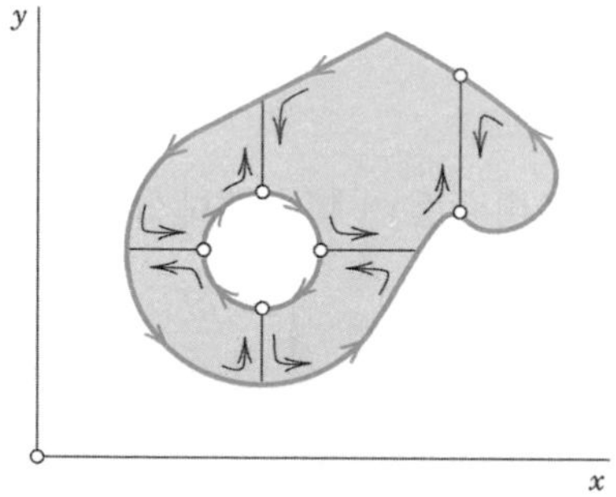

圖 238 Green 定理之證明

目前為止的證明，涵蓋了實際問題中可能會遇到的所有區域。要證明此定理對滿足此定理所有條件之一般性區域 R 成立，我們必需考慮用前面的分割區域方式以趨近 R，然後取極限。細節請見附錄 1 之參考文獻 [GenRef4]。

10.4.1 Green 定理之應用

例題 2 以邊界上之線積分求平面區域之面積

在 (1) 式中先選擇 $F_1 = 0$、$F_2 = x$，然後選擇 $F_1 = -y$、$F_2 = 0$。這樣會分別得到

$$\iint_R dx\,dy = \oint_C x\,dy \quad 及 \quad \iint_R dx\,dy = -\oint_C y\,dx$$

此雙重積分爲 R 之面積 A，兩者相加

(4)
$$A = \frac{1}{2}\oint_C (x\,dy - y\,dx)$$

其中積分如 Green 定理中所示。此有趣公式說明了 R 之面積，可以表示爲邊界上之線積分。其用途在於，例如，某些**測面器 (planimeters)** (測量面積之機械儀器) 之原理。見習題 11。

對**橢圓** $x^2/a^2 + y^2/b^2 = 1$ 或 $x = a\cos t$、$y = b\sin t$ 而言，可得 $x' = -a\sin t$、$y' = b\cos t$；因此由 (4) 式，我們可以得到熟悉的橢圓面積公式

$$A = \frac{1}{2}\int_0^{2\pi}(xy' - yx')\,dt = \frac{1}{2}\int_0^{2\pi}[ab\cos^2 t - (-ab\sin^2 t)]\,dt = \pi ab$$ ■

例題 3 極座標下平面區域之面積

令 r 與 θ 爲以 $x = r\cos\theta$、$y = r\sin\theta$ 定義之極座標。則

$$dx = \cos\theta\,dr - r\sin\theta\,d\theta, \quad dy = \sin\theta\,dr + r\cos\theta\,d\theta,$$

而 (4) 式變成微積分中所熟悉之公式，即

(5)
$$A = \frac{1}{2}\oint_C r^2\,d\theta$$

關於 (5) 式之應用，考慮**心臟線 (cardioid)** $r = a(1-\cos\theta)$，其中 $0 \le \theta \le 2\pi$ (圖 239)。可得

$$A = \frac{a^2}{2}\int_0^{2\pi}(1-\cos\theta)^2\,d\theta = \frac{3\pi}{2}a^2$$ ■

例題 4 將一函數之 Laplacian 的雙重積分，轉換爲它的法線導數之線積分

Laplacian 在物理及工程中均扮演重要角色。最早出現在 9.7 節，而我們將在第 12 章再進一步討論。現在，我們先利用 Green 定理推導出包含 Laplacian 之基本積分公式。

取一函數 $w(x, y)$，令它在某定義域內爲連續，並有連續之一階與二階偏導數，此定義域在 xy 平面上，並包含有一符合 Green 定理形式之區域 R。我們設 $F_1 = -\partial w/\partial y$ 且 $F_2 = \partial w/\partial x$。則 $\partial F_1/\partial y$ 及 $\partial F_2/\partial x$ 在 R 內爲連續，則 (1) 式左側可得

(6)
$$\frac{\partial F_2}{\partial x} - \frac{\partial F_1}{\partial y} = \frac{\partial^2 w}{\partial x^2} + \frac{\partial^2 w}{\partial y^2} = \nabla^2 w,$$

即 w 之 Laplacian (見 9.7 節)。此外，利用 F_1 及 F_2 的表示式，(1) 式右側可得

$$\oint_C (F_1\,dx + F_2\,dy) = \oint_C \left(F_1 \frac{dx}{ds} + F_2 \frac{dy}{ds}\right) ds = \oint_C \left(-\frac{\partial w}{\partial y}\frac{dx}{ds} + \frac{\partial w}{\partial x}\frac{dy}{ds}\right) ds \tag{7}$$

其中 s 爲 C 之弧長，而 C 之方向如圖 240 所示。最後一個積分式的被積函數可寫成點積

$$(\text{grad } w) \cdot \mathbf{n} = \left[\frac{\partial w}{\partial x}, \frac{\partial w}{\partial y}\right] \cdot \left[\frac{dy}{ds}, -\frac{dx}{ds}\right] = \frac{\partial w}{\partial x}\frac{dy}{ds} - \frac{\partial w}{\partial y}\frac{dx}{ds} \tag{8}$$

向量 $\mathbf{n}$ 爲 C 之單位法線向量，因爲向量 $\mathbf{r}'(s) = d\mathbf{r}/ds = [dx/ds, dy/ds]$ 爲 C 之單位切線向量，且 $\mathbf{r}' \cdot \mathbf{n} = 0$，故 $\mathbf{n}$ 垂直於 $\mathbf{r}'$。同時，$\mathbf{n}$ 指向 C 之外部，因爲在圖 240 中 $\mathbf{r}'$ 之正 x 分量 dx/ds 爲 $\mathbf{n}$ 之負 y 分量，其它點亦同。由以上所述及 9.7 節的 (4) 式，可看出 (8) 式之左側爲 w 在 C 的外向法線方向之導數。此導數稱爲 w 的**法線導數 (normal derivative)** 並記作 $\partial w/\partial n$；亦即 $\partial w/\partial n = (\text{grad } w) \cdot \mathbf{n}$。由於 (6)、(7) 及 (8) 式，Green 定理得到 Laplacian 與法線導數之關係的公式

$$\iint_R \nabla^2 w\,dx\,dy = \oint_C \frac{\partial w}{\partial n}\,ds \tag{9}$$

例如，$w = x^2 - y^2$ 滿足 Laplace 方程式 $\nabla^2 w = 0$。因此它的法線導數沿封閉曲線積分的結果必定爲 0。你能否經由積分直接驗證此點，例如對正方形 $0 \le x \le 1$、$0 \le y \le 1$？ ■

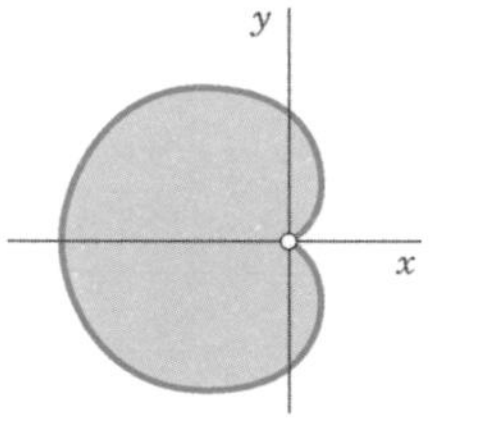

圖 239　心臟線

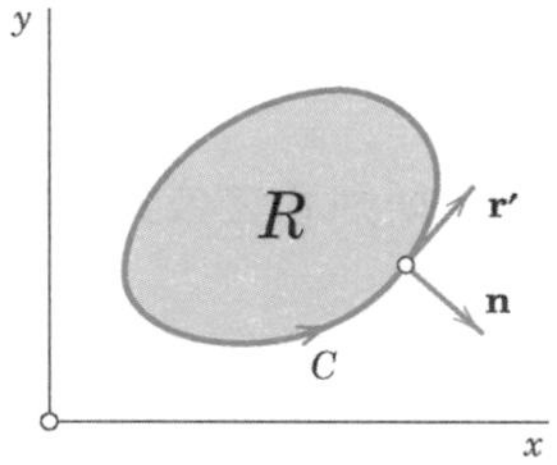

圖 240　例題 4

平面之 Green 定理可以雙向應用，因此它可以將某一積分轉換成另一種較簡單的形式，以簡化積分的計算。這些將在習題中進一步說明。此外，或許是更基本的，在證明 10.9 節將介紹的 Stokes 定理時，Green 定理是必備的工具，而 Stokes 定理是一個非常重要的積分定理。

習題集　10.4

1–10　線積分：用 Green 定理求積分值

用 Green 定理求 $\int_C \mathbf{F}(\mathbf{r}) \cdot d\mathbf{r}$ 的積分值，以逆時鐘繞區域 R 的邊界 C，其中

1. $\mathbf{F} = [y, -x]$，C 爲 $x^2 + y^2 = 1/4$ 之圓。
2. $\mathbf{F} = [6y^2, 2x - 2y^4]$，$R$ 是頂點爲 $\pm(2, 2)$、$\pm(2, -2)$ 之正方形。
3. $\mathbf{F} = [x^2e^y, y^2e^x]$，$R$ 是頂點爲 (0, 0)、(2, 0)、(2, 3)、(0, 3) 之長方形。
4. $\mathbf{F} = [x \cosh 2y, 2x^2 \sinh 2y]$，$R$: $x^2 \le y \le x$

5. $\mathbf{F} = [x^2 + y^2, x^2 - y^2]$，$R$: $1 \le y \le 2 - x^2$

6. $\mathbf{F} = [\cosh y, -\sinh x]$，$R$: $1 \le x \le 3$、$x \le y \le 3x$

7. $\mathbf{F} = \text{grad}\,(x^3 \cos^2 (xy))$，$R$ 爲習題 5 之區域。

8. $\mathbf{F} = [-e^{-x} \cos y, -e^{-x} \sin y]$，$R$ 爲 $x^2 + y^2 \le 16$、$x \ge 0$ 之半圓盤。

9. $\mathbf{F} = [e^{y/x}, e^y \ln x + 2x]$，$R$：$1 + x^4 \le y \le 2$

10. $\mathbf{F} = [x^2y^2, -x/y^2]$，$R$：$1 \le x^2 + y^2 \le 4$、$x \ge 0$、$y \ge x$ 繪出 R。

11. **CAS 實驗** 選擇一圖形，其面積可由其它方法求得，將 (4) 式用於該圖形，然後比較兩種方法之結果。

12. **專題 平面之 Green 定理的其它形式** 令 R 及 C 如 Green 定理中所定義，$\mathbf{r}'$ 爲 C 之單位切線向量，$\mathbf{n}$ 爲 C 之外向單位法線向量 (見例題 4 圖 240)。請證明 (1) 式可寫成

$$\textbf{(10)} \quad \iint_R \text{div}\, \mathbf{F}\, dx\, dy = \oint_C \mathbf{F} \cdot \mathbf{n}\, ds$$

或

$$\textbf{(11)} \quad \iint_R (\text{curl}\, \mathbf{F}) \cdot \mathbf{k}\, dx\, dy = \oint_C \mathbf{F} \cdot \mathbf{r}'\, ds$$

其中 $\mathbf{k}$ 爲垂直於 xy 平面之單位向量。分別對 $\mathbf{F} = [7x, -3y]$、圓 C $x^2 + y^2 = 4$，以及一個你自己選擇的例子，驗證 (10) 式及 (11) 式。

13–17 法線導數之積分

利用 (9) 式，求 $\int_C \frac{\partial w}{\partial n}\, ds$ 逆時鐘沿區域 R 之邊界 C 積分之值。

13. $w = \cosh x$，R 是頂點爲 (0, 0)、(4, 2)、(0, 2) 之三角形。

14. $w = x^2y + xy^2$，R: $x^2 + y^2 \le 1$、$x \ge 0$、$y \ge 0$

15. $w = e^x \cos y + xy^3$，R：$1 \le y \le 10 - x^2$、$x \ge 0$

16. $W = x^2 + y^2$，$C: x^2 + y^2 = 4$，利用直接積分確認答案。

17. $w = x^3 - y^3,\ 0 \le y \le x^2,\ |x| \le 2$

18. **Laplace 方程式** 在一以曲線 C 爲邊界，且外向單位法線向量爲 $\mathbf{n}$ 之區域 R 內，Laplace 方程式 $\nabla^2 w = 0$ 之一解爲 $w(x, y)$，請證明

$$\textbf{(12)} \quad \iint_R \left[\left(\frac{\partial w}{\partial x} \right)^2 + \left(\frac{\partial w}{\partial y} \right)^2 \right] dx\, dy = \oint_C w \frac{\partial w}{\partial n}\, ds$$

19. 證明 $w = e^x \sin y$ 滿足 Laplace 方程式 $\nabla^2 w = 0$，並利用 (12) 式逆時鐘沿矩形 $0 \le x \le 2$、$0 \le y \le 5$ 之邊界曲線 C，積分 $w(\partial w / \partial n)$。

20. 和習題 19 一樣，但此時 $w = x^2 + y^2$，C 是頂點爲 (0, 0)、(1, 0)、(0, 1) 之三角形。

10.5 面積分的曲面 (Surfaces for Surface Integrals)

使用線積分，我們可以沿空間中的曲線積分 (10.1、10.2 節)，經由面積分，我們可以對空間中的曲面積分。我們將空間中的曲線都表示成參數式 (9.5、10.1 節)。這讓我們想到，應該也可將空間中的曲面表示成參數式，這確實就是本節的目的之一。我們考慮的曲面包括圓柱面、球面、圓錐面及其它。第二個目的就是要了解曲面的法向量。這兩個目的是爲 10.6 節的面積分做準備。請留意，我們爲了簡單，「曲面」一詞同時也代表曲面的一部分。

10.5.1 曲面的表示式

xyz 空間的曲面 S 可表示爲

(1) $$z = f(x, y) \quad 或 \quad g(x, y, z) = 0$$

例如，$z = +\sqrt{a^2 - x^2 - y^2}$ 或 $x^2 + y^2 + z^2 - a^2 = 0\ (z \geq 0)$ 表示一半徑爲 a，球心爲 0 之半球。

對於線積分中的曲線 C，使用參數表示式 $\mathbf{r} = \mathbf{r}(t)$，其中 $a \leq t \leq b$ ，會更實用且更有彈性。這是將 t 軸上的一個區段 $a \leq t \leq b$ 映射到 xyz 空間中的曲線 C 上 (實際上是它的一部分)。它將該區間內之每一個 t 映射至 C 上位置向量爲 $\mathbf{r}(t)$ 之點，見圖 241A。

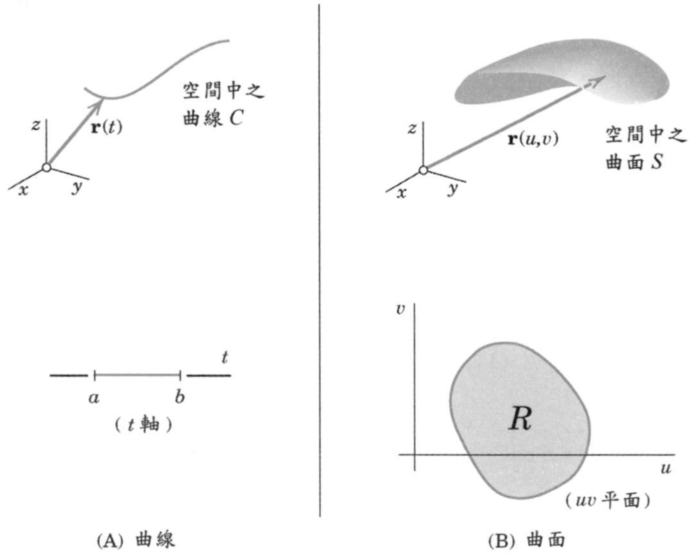

圖 241 曲線及曲面之參數表示法

同理，對於面積分中之曲面 S，採用*參數*表示法亦較爲實用。曲面是二維的，所以我們須要兩個參數，令它們爲 u 和 v。因此空間中一曲面 S 之**參數表示式**如下

(2) $$\mathbf{r}(u, v) = [x(u, v), y(u, v), z(u, v)] = x(u, v)\mathbf{i} + y(u, v)\mathbf{j} + z(u, v)\mathbf{k}$$

其中 (u, v) 在 uv 平面之某區域 R 內變動。此映射 (2) 將 R 中每一點 (u, v) 映射至 S 上位置向量爲 $\mathbf{r}(u, v)$ 之點，見圖 241B。

例題 1 圓柱體之參數表示式

圓柱體 $x^2 + y^2 = a^2$、$-1 \leq z \leq 1$，其半徑爲 a、高度爲 2，並以 z 軸爲中心軸。參數表示式爲

$$\mathbf{r}(u, v) = [a \cos u, a \sin u, v] = a \cos u\,\mathbf{i} + a \sin u\,\mathbf{j} + v\mathbf{k} \qquad (圖\ 242)$$

$\mathbf{r}$ 之分量爲 $x = a \cos u$、$y = a \sin u$、$z = v$。參數 u、v 在 uv 平面上之矩形區域 R: $0 \leq u \leq 2\pi$、$-1 \leq v \leq 1$ 中變動。曲線 $u =$ 常數，爲垂直直線。曲線 $v =$ 常數，爲平行之圓。而圖 242 中之點 P，對應於 $u = \pi/3 = 60°$、$v = 0.7$。■

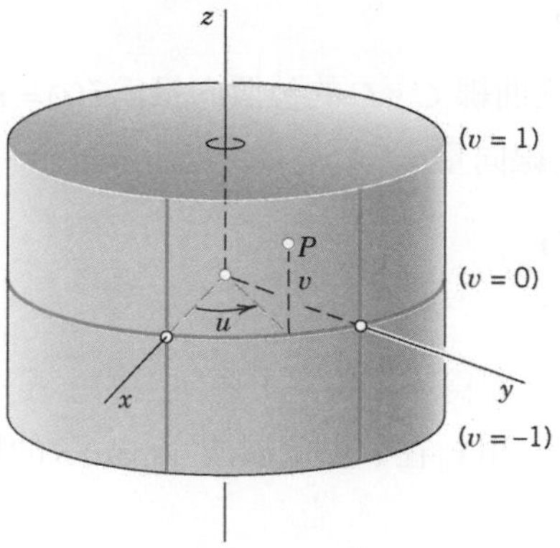

圖 242 圓柱體之參數表示式

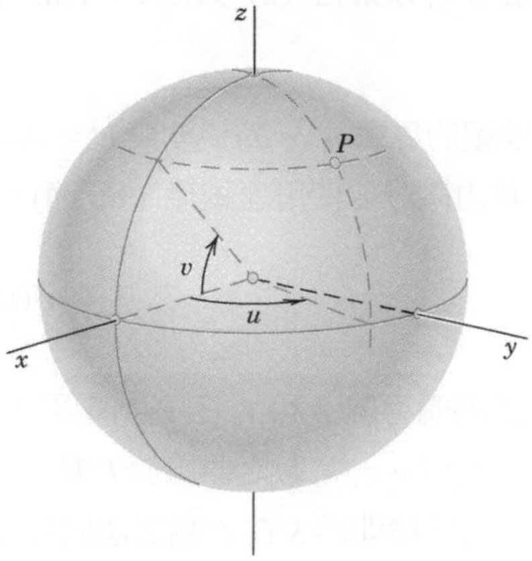

圖 243 球面之參數表示法

例題 2 **球面之參數表示法**

球面 $x^2+y^2+z^2=a^2$ 可以表示成

(3) $$\mathbf{r}(u, v) = a \cos v \cos u\,\mathbf{i} + a \cos v \sin u\,\mathbf{j} + a \sin v\,\mathbf{k}$$

其中參數 u、v 在 uv 平面上由不等式 $0 \le u \le 2\pi$ 、$-\pi/2 \le v \le \pi/2$ 所定義之矩形 R 中變化。$\mathbf{r}$ 之分量為

$$x = a \cos v \cos u, \quad y = a \cos v \sin u, \quad z = a \sin v$$

曲線 u = 常數及 v = 常數，為 S 上之「經線 (meridians)」及「緯線 (parallels)」(見圖 243)。此表示式在地理學上是用來測量地球上點之緯度 (*latitude*) 及經度 (*longitude*)。

數學上另一個常用之參數表示法為

(3*) $$\mathbf{r}(u, v) = a \cos u \sin v\,\mathbf{i} + a \sin u \sin v\,\mathbf{j} + a \cos v\,\mathbf{k}$$

其中 $0 \le u \le 2\pi$ 、$0 \le v \le \pi$ 。 ■

例題 3 **圓錐面之參數表示法**

圓錐 $z=\sqrt{x^2+y^2}$ 、$0 \le t \le H$ 可以表示為

$$\mathbf{r}(u, v) = [u \cos v, u \sin v, u] = u \cos v\,\mathbf{i} + u \sin v\,\mathbf{j} + u\mathbf{k}$$

各分量為 $x = u\cos v$、$y = u \sin v$、$z = u$。參數變動之矩形區域為 R: $0 \le u \le H$ 、$0 \le v \le 2\pi$ 。經檢驗可知 $x^2+y^2=z^2$ 成立。$u=$ 常數及 $v=$ 常數之曲線分別為何？ ■

10.5.2 切平面及曲面法線

回顧 9.7 節，對於曲面 S 上所有通過 S 上點 P 之曲線，它們在點 P 之切線向量形成一平面，稱為 S 上點 P 之**切平面 (tangent plane)** (圖 244)。但 S 具有邊緣或尖點 (如圓錐) 時為例外，在這種點上 S 沒有切平面。此外，一垂直於切平面之向量，稱為 S 在 P 之**法線向量 (normal vector)**。

由於 S 可以來自 (2) 式之 $\mathbf{r} = \mathbf{r}(u, v)$，新的想法是，我們可以選一對可微函數

$$u = u(t), \quad v = v(t)$$

它們有連續的導數 $u' = du / dt$ 與 $v' = dv/dt$，以得到 S 上之曲線 C。C 的位置向量為 $\tilde{\mathbf{r}}(t) = \mathbf{r}(u(t)$、$v(t))$。藉由微分並使用連鎖律 (9.6 節)，可得 S 上 C 之切線向量

$$\tilde{\mathbf{r}}'(t) = \frac{d\tilde{\mathbf{r}}}{dt} = \frac{\partial \mathbf{r}}{\partial u}u' + \frac{\partial \mathbf{r}}{\partial v}v'$$

在 P 點處的偏導數 r_u 和 r_v 在 P 點處與 S 相切。我們假設它們為線性獨立，幾何上的意義是，在 S 上 $u=$ 常數與 $v=$ 常數之曲線於 P 點以非零角度相交。則 $\mathbf{r}_u$ 和 $\mathbf{r}_v$ 在 P 點處展成 (span) S 的切平面。因此它們的外積即為 S 在 P 點之**法向量 (normal vector) N**。

(4) $$\mathbf{N} = \mathbf{r}_u \times \mathbf{r}_v \neq \mathbf{0}.$$

S 在 P 點相對應之**單位法線向量 n** 為 (圖 244)

(5) $$\mathbf{n} = \frac{1}{|\mathbf{N}|}\mathbf{N} = \frac{1}{|\mathbf{r}_u \times \mathbf{r}_v|}\mathbf{r}_u \times \mathbf{r}_v$$

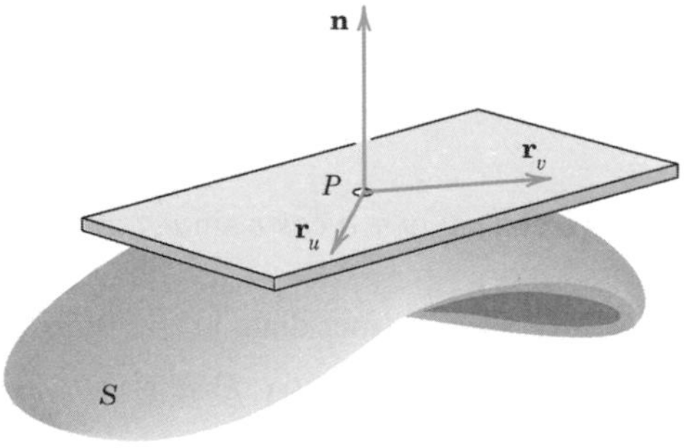

圖 244　切線平面及法線向量

同時，若 S 表示成 $g(x, y, z) = 0$，則由 9.7 節的定理 2 得

(5*) $$\mathbf{n} = \frac{1}{|\operatorname{grad} g|}\operatorname{grad} g$$

若一曲面 S 之曲面法線對 S 上之點呈連續變化，則 S 稱為**平滑曲面 (smooth surface)**。若 S 由有限多個連續部分所構成，則稱之為**片段平滑 (piecewise smooth)**。

舉例來說，球面為平滑，而一立方體之表面則為片段平滑 (請解釋！)。現在可以將以上討論整理如下。

定理 1

切平面及曲面法線

若一曲面 S 如 (2) 式所示具有連續之 $\mathbf{r}_u = \partial \mathbf{r} / \partial u$ 及 $\mathbf{r}_v = \partial \mathbf{r} / \partial v$，並在 S 上每一點滿足 (4) 式，則 S 在每一點 P 具有通過點 P 之唯一的，由 r_u 及 r_v 所展成的，切線平面；並具有唯一的法線，其方向與 S 之點呈連續相關。法線向量如 (4) 式所示，(5) 式則為單位法線向量 (見圖 244)。

例題 4 球面之單位法線向量

由 (5*) 式可得球面 $g(x, y, z) = x^2 + y^2 + z^2 - a^2 = 0$ 之單位法線向量爲

$$\mathbf{n}(x, y, z) = \left[\frac{x}{a}, \frac{y}{a}, \frac{z}{a}\right] = \frac{x}{a}\mathbf{i} + \frac{y}{a}\mathbf{j} + \frac{z}{a}\mathbf{k}$$

我們可以看出 **n** 之方向與相對應點之位置向量 $[x, y, z]$ 相同。是否很明顯必然如此？ ■

例題 5 圓錐面之單位法線向量

在例題3中圓錐 $g(x, y, z) = -z + \sqrt{x^2 + y^2} = 0$ 之頂點，其單位法線向量 **n** 將成爲未定，因爲由 (5*) 式可得

$$\mathbf{n} = \left[\frac{x}{\sqrt{2(x^2 + y^2)}}, \frac{y}{\sqrt{2(x^2 + y^2)}}, \frac{-1}{\sqrt{2}}\right] = \frac{1}{\sqrt{2}}\left(\frac{x}{\sqrt{x^2 + y^2}}\mathbf{i} + \frac{y}{\sqrt{x^2 + y^2}}\mathbf{j} - \mathbf{k}\right)$$ ■

從下一節開始，我們可以開始討論面積分及其應用。

習題集 10.5

1–8 參數曲面表示式

藉由找出曲面的**參數曲線** (曲線 u = 常數及 v = 常數)，以及曲面之法線向量 $\mathbf{N} = \mathbf{r}_u \times \mathbf{r}_v$，求出表示式 (1)，以使你熟悉重要曲面的參數表示法，請寫出詳細過程。

1. xy 平面 $\mathbf{r}(u, v) = (u, v)$ (即 $u\mathbf{i} + v\mathbf{j}$；習題 2–8 皆同)。
2. xy 平面以極座標表示 $\mathbf{r}(u, v) = [u \cos v, u \sin v]$ (即 $u = r$、$v = \theta$)。
3. 圓錐面 $\mathbf{r}(u, v) = [u \cos v, u \sin v, cu]$。
4. 橢圓柱 $\mathbf{r}(u, v) = [a \cos v, b \sin v, u]$。
5. 拋物體面 $\mathbf{r}(u, v) = [u \cos v, u \sin v, u^2]$。
6. 螺旋面 $\mathbf{r}(u, v) = [u \cos v, u \sin v, v]$，請解釋此名稱。
7. 橢圓體 $\mathbf{r}(u, v) = [a \cos v \cos u, b \cos v \sin u, c \sin v]$。
8. 雙曲拋物面 $\mathbf{r}(u, v) = [au \cosh v, bu \sinh v, u^2]$。
9. **CAS 實驗 繪出曲面，依據 a、b、c** 畫出習題 3–8 之曲面。在習題 6 中，引入參數 a、b 使曲面一般化。然後求習題 4 和 6–8 中，曲面形狀與 a、b、c 之關係。
10. 若且唯若 $\mathbf{r}_u \cdot \mathbf{r}_v = 0$，在 $\mathbf{r}(u, v)$ 上會有**正交參數曲線** u = 常數和 v = 常數。舉出數個實例，證明它。
11. **滿足 (4) 式** 將習題 5 中的拋物面重新表示，使得 $\tilde{\mathbf{N}}(0,0) \neq \mathbf{0}$ 並顯示出 $\tilde{\mathbf{N}}$。
12. **條件 (4)** 對習題 1–8，求出在哪些點上 (4) 式 $\mathbf{N} \neq \mathbf{0}$ 並不成立。說明這是由於曲面的形狀所造成，或是由於選用的表示式。
13. **表示式 $z = f(x, y)$** 請證明 $z = f(x, y)$ 或 $g = z - f(x, y) = 0$ 可以寫成 ($f_u = \partial f / \partial u$ 等等)。

(6) $\mathbf{r}(u, v) = [u, v, f(u, v)]$ 且 $\mathbf{N} = \text{grad}\, g = [-f_u, -f_v, 1]$.

14–19　推導參數表示式

求法線向量。答案為許多表示式中的一個。畫出該曲面及參數曲線。

14. 平面 $4x + 3y + 2z = 12$。

15. 圓柱面 $(x-2)^2 + (y+1)^2 = 25$。

16. 拋物面 $x^2 + y^2 + \frac{1}{9}z^2 = 1$。

17. 球 $x^2 + (y+2.8)^2 + (z-3.2)^2 = 2.25$。

18. 橢圓錐 $z = \sqrt{x^2 + 4y^2}$。

19. 雙曲柱 $x^2 - y^2 = 1$

20. 專題　切平面 $T(P)$ 在本課程中較不重要，但仍需知道如何表示它們。

(a) 若 S: $\mathbf{r}(u, v)$，則 $T(P)$: $(\mathbf{r}^* - \mathbf{r}\quad \mathbf{r}_u\quad \mathbf{r}_v) = 0$ (一個純量三重積) 或 $\mathbf{r}^*(p, q) = \mathbf{r}(P) + p\mathbf{r}_u(P) + q\mathbf{r}_v(P)$。

(b) 若 $S: g(x, y, z) = 0$，則 $T(P): (\mathbf{r}^* - \mathbf{r}(P)) \cdot \nabla g = 0$

(c) 若 $S: z = f(x, y)$，則 $T(P): z^* - z = (x^* - x) f_x(P) + (y^* - y) f_y(P)$。

以幾何方式解釋 (a)–(c)。並對 (a)、(b) 及 (c) 各舉兩個例子。

10.6 面積分 (Surface Integrals)

要定義一個面積分，我們先取一曲面 S，用前面討論過之參數式來表示

(1)
$$\mathbf{r}(u, v) = [x(u, v), y(u, v), z(u, v)] = x(u, v)\,\mathbf{i} + y(u, v)\,\mathbf{j} + z(u, v)\,\mathbf{k}$$

其中 (u, v) 在 uv 平面之某區域 R 內變動。我們假設 S 是片段平滑 (10.5 節)，所以 S 在每一點上有法線向量

(2)
$$\mathbf{N} = \mathbf{r}_u \times \mathbf{r}_v \quad \text{及單位法線向量} \quad \mathbf{n} = \frac{1}{|\mathbf{N}|}\mathbf{N}$$

(或許除了某些邊緣及尖點之外，如立方體或圓錐)。對一給定之向量函數 $\mathbf{F}$，我們可定義在 S 上之**面積分**為

(3)
$$\iint_S \mathbf{F} \bullet \mathbf{n}\, dA = \iint_R \mathbf{F}(\mathbf{r}(u,v)) \bullet \mathbf{N}(u,v)\, du\, dv$$

此處 $\mathbf{N} = |\mathbf{N}|\,\mathbf{n}$ 來自 (2) 式，且依叉積 (cross product) 的定義，$|\mathbf{N}| = |\mathbf{r}_u \times \mathbf{r}_v|$ 是以 $\mathbf{r}_u$ 及 $\mathbf{r}_v$ 為鄰邊之平行四邊形的面積。故

(3*)
$$\mathbf{n}\, dA = \mathbf{n}\,|\mathbf{N}|\, du\, dv = \mathbf{N}\, du\, dv$$

且我們可以看出 $dA = |\mathbf{N}|\, du\, dv$ 為 S 之面積元素。

同時，$\mathbf{F} \bullet \mathbf{n}$ 是 $\mathbf{F}$ 的垂直分量。在流動的問題中自然會出現此一積分，在此類問題中 $\mathbf{F} = \rho\mathbf{v}$ 此積分為通過 S 的**通量 (flux)**。回憶一下 9.8 節，通過 S 的通量是每單位時間通過 S 之流體的質量。此外，ρ 為流體之密度，$\mathbf{v}$ 為流動之速度向量，見以下例題 1。因此面積分 (3) 式也可稱為**通量積分 (flux ingegral)**。

我們可以將 (3) 式以分量表示，利用 $\mathbf{F}=[F_1, F_2, F_3]$、$\mathbf{N}=[N_1, N_2, N_3]$ 以及 $\mathbf{n}=[\cos\alpha, \cos\beta, \cos\gamma]$。此處，$\alpha$、$\beta$、$\gamma$ 爲 **n** 與座標軸之夾角；事實上，對 **n** 與 **i** 之夾角，由 9.2 節之公式 (4) 可得 $\cos\alpha=\mathbf{n}\cdot\mathbf{i}/|\mathbf{n}||\mathbf{i}|=\mathbf{n}\cdot\mathbf{i}$，以此類推。因此可由 (3) 式得

(4)
$$\iint_S \mathbf{F}\cdot\mathbf{n}\,dA=\iint_S (F_1\cos\alpha+F_2\cos\beta+F_3\cos\gamma)\,dA = \iint_R (F_1N_1+F_2N_2+F_3N_3)\,du\,dv$$

在 (4) 式中我們可以寫成 $\cos\alpha\,dA=dy\,dz$、$\cos\beta\,dA=dz\,dx$、$\cos\gamma\,dA=dx\,dy$。則 (4) 式變爲下列通量積分：

(5)
$$\iint_S \mathbf{F}\cdot\mathbf{n}\,dA=\iint_S (F_1\,dy\,dz+F_2\,dz\,dx+F_3\,dx\,dy)$$

此公式可用來計算面積分，只要將面積分轉換爲在 *xyz* 座標系統的座標平面上某區域的雙重積分。但必須小心考慮 *S* 的方向性 (**n** 之選擇)。茲就 F_3 項進行說明，

(5′)
$$\iint_S F_3\cos\gamma\,dA=\iint_S F_3\,dx\,dy$$

若曲面 *S* 可寫成 $z=h(x, y)$，其中 (x, y) 在 *xy* 平面上之區域 $\bar{R}$ 內變化，且若 *S* 之走向可使得 $\cos\gamma>0$，則由 (5') 式可得

(5″)
$$\iint_S F_3\cos\gamma\,dA=+\iint_{\bar{R}} F_3(x, y, h(x, y))\,dx\,dy$$

但若 $\cos\gamma<0$，則 (5") 式右側之積分前方多一個負號。其原因爲，*xy* 平面之面積元素 *dx dy* 爲 *S* 面積元素 *dA* 的投影 $|\cos\gamma|\,dA$；且當 $\cos\gamma>0$ 時 $\cos\gamma=+|\cos\gamma|$，在 $\cos\gamma<0$ 時 $\cos\gamma=-|\cos\gamma|$。(5) 式其餘兩項亦同。在此同時，這也說明了 (5) 式之符號。

面積分之其它形式將在本節稍後討論。

例題 1　通過一曲面之通量

計算通過拋物線柱面 S: $y=x^2$、$0\le x\le 2$、$0\le z\le 3$ (圖 245) 之水的通量，已知速度向量爲 $\mathbf{v}=\mathbf{F}=[3z^2, 6, 6xz]$，速度單位是 m/s (通常 $\mathbf{F}=\rho\mathbf{v}$，而水的密度是 $\rho=1\ \text{g/cm}^3=1\ \text{ton/m}^3$)。

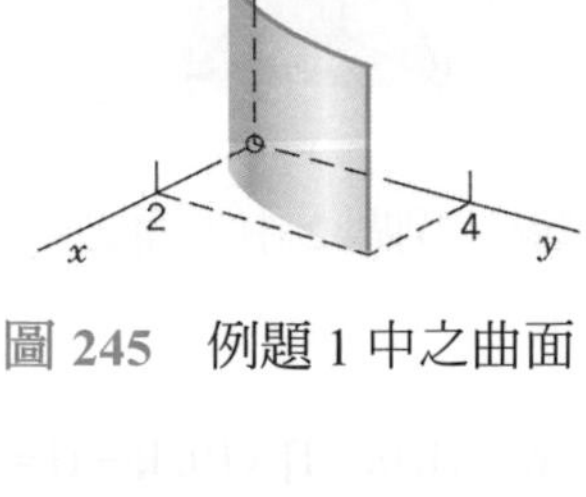

圖 245　例題 1 中之曲面 *S*

解

令 $x = u$ 及 $z = v$，則可得 $y = x^2 = u^2$。故 S 的一個表示式爲

$$S: \quad \mathbf{r} = [u, u^2, v] \qquad (0 \le u \le 2, 0 \le v \le 3)$$

經由微分以及外積之定義，可得

$$\mathbf{N} = \mathbf{r}_u \times \mathbf{r}_v = [1, 2u, 0] \times [0, 0, 1] = [2u, -1, 0]$$

在 S 上，將 $\mathbf{F}\,[\mathbf{r}(u, v)]$ 簡寫爲 $\mathbf{F}(S)$，可得 $\mathbf{F}(S) = [3v^2, 6, 6uv]$。因此 $\mathbf{F}(S) \bullet \mathbf{N} = 6uv^2 - 6$。積分後可由 (3) 式得到通量

$$\iint_S \mathbf{F} \bullet \mathbf{n}\, dA = \int_0^3 \int_0^2 (6yv^2 - 6)\, du\, dv = \int_0^3 (3u^2v^2 - 6u)\Big|_{u=0}^{2} dv$$

$$= \int_0^3 (12v^2 - 12)\, dv = (4v^3 - 12v)\Big|_{v=0}^{3} = 108 - 36 = 72\,[\mathrm{m}^3/\mathrm{sec}]$$

或是 72,000 l/s。注意，$\mathbf{F}$ 的 y 分量爲正 (等於 6)，故圖 245 中之流動是由左至右。

現在利用 (5) 式進行確認。因爲

$$\mathbf{N} = |\mathbf{N}|\,\mathbf{n} = |\mathbf{N}|\,[\cos\alpha, \cos\beta, \cos\gamma] = [2u, -1, 0] = [2x, -1, 0]$$

我們看到 $\cos\alpha > 0$ 、 $\cos\beta < 0$ 及 $\cos\gamma = 0$ 。故 (5) 式右側第二項出現負號，且沒有最後一項。由此可得與前面相同之結果，

$$\iint_S \mathbf{F} \bullet \mathbf{n}\, dA = \int_0^3 \int_0^4 3z^2\, dy\, dz - \int_0^2 \int_0^3 6\, dz\, dx = \int_0^3 4(3z^2)\, dz - \int_0^2 6 \cdot 3\, dx = 4 \cdot 3^3 - 6 \cdot 3 \cdot 2 = 72$$

例題 2 面積分

已知 $\mathbf{F} = [x^2, 0, 3y^2]$，且 S 爲平面 $x + y + z = 1$ 在第一卦限之部分 (圖 246)，請計算 (3) 式。

解

令 $x = u$ 及 $y = v$，我們得 $z = 1 - x - y = 1 - u - v$，故可將平面 $x + y + z = 1$ 表示爲 $\mathbf{r}(u, v) = [u, v, 1 - u - v]$。將 $x = u$ 及 $y = v$ 限制在 S 於 xy 平面之投影 R 內，可得曲面在第一卦限之部分 S。R 爲兩座標軸及直線 $x + y = 1$ (令 $x + y + z = 1$ 中 $z = 0$ 可得) 所包圍之三角形。因此 $0 \le x \le 1 - y$、$0 \le y \le 1$。

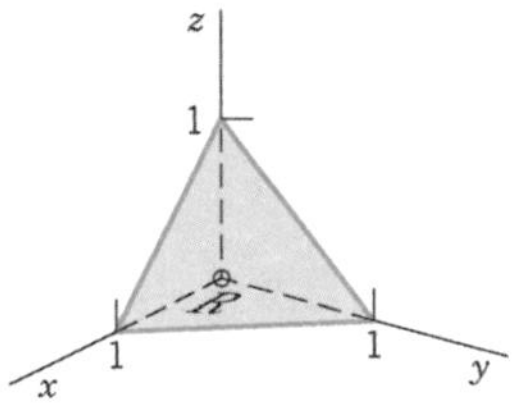

圖 246 例題 2 中平面之部分

由觀察或微分，

$$\mathbf{N} = \mathbf{r}_u \times \mathbf{r}_v = [1, 0, -1] \times [0, 1, -1] = [1, 1, 1]$$

因此 $\mathbf{F}(S) \cdot N = [u^2, 0, 3v^2] \cdot [1,1,1] = u^2 + 3v^2$。由 (3) 式，

$$\iint_S \mathbf{F} \cdot \mathbf{n}\, dA = \iint_R (u^2 + 3v^2)\, du\, dv = \int_0^1 \int_0^{1-v} (u^2 + 3v^2)\, du\, dv$$

$$= \int_0^1 \left[\frac{1}{3}(1-v)^3 + 3v^2(1-v) \right] dv = \frac{1}{3}$$

■

10.6.1 曲面之方向性

由 (3) 或 (4) 式我們可以看出，積分的值取決於所選用的單位法線向量 **n** (若不選 **n** 可以選–**n**)。我們稱此積分爲在一**有方向性之曲面 (oriented surface)** S 上之積分，亦即在曲面 S 上，可以在兩個可能的單位法線向量中選擇一個 (對於片段平滑曲面，此點須要如下之進一步討論)。若我們改變 S 之方向性，即將 **n** 改爲–**n**，則 (4) 式中的每一個分量要乘上–1，所以就得到

定理 1

面積分之改變方向

將 **n** 換成–**n** (也就是將 **N** 換爲–**N**) 相當於將 (3) 或 (4) 式中之積分乘以–1。

若 S 是以 (1) 式表示，則要如何對 **N** 做這樣的改變？最簡單之方法是將 u 和 v 互換，因爲如此可使得 $\mathbf{r}_u$ 變成 $\mathbf{r}_v$ (反之亦然)，因此 $\mathbf{N} = \mathbf{r}_u \times \mathbf{r}_v$ 變成 $\mathbf{r}_v \times \mathbf{r}_u = -\mathbf{r}_u \times \mathbf{r}_v = -\mathbf{N}$，如所求，說明此現象如下。

例題 3 面積分之改變方向

在例題 1 中，我們現在將 S 表示成 $\tilde{\mathbf{r}} = [v, v^2, u]$、$0 \le v \le 2$、$0 \le v \le 3$，則

$$\tilde{\mathbf{N}} = \tilde{\mathbf{r}}_u \times \tilde{\mathbf{r}}_v = [0, 0, 1] \times [1, 2v, 0] = [-2v, 1, 0]$$

對於 $\mathbf{F} = [3z^2, 6, 6xz]$ 我們現在得到 $\tilde{\mathbf{F}}(S) = [3u^2, 6, 6uv]$。因此 $\tilde{\mathbf{F}}(S) \cdot \tilde{\mathbf{N}} = -6u^2v + 6$，且積分值爲原來結果乘以–1，

$$\iint_R \tilde{\mathbf{F}}(S) \cdot \tilde{\mathbf{N}}\, dv\, du = \int_0^3 \int_0^2 (-6u^2v + 6)\, dv\, du = \int_0^3 (-12u^2 + 12)\, du = -72$$

■

平滑曲面之方向性

若一平滑曲面 S (參考 10.5 節) 在其上任一點 P_0 之正法線方向，可以經由唯一且連續之方式延續至整個曲面，則稱 S 爲**可定向 (orientable)**。實際應用中所出現之平滑曲面，大多是平滑，也就是可定向的。

片段平滑曲面之方向性

此處我們可以利用下列觀念。對於邊界曲線爲 C 之平滑可定向曲面 S，我們可以建立 S 的兩個可能方向與 C 之方向的關聯，如圖 247a。對於片段平滑曲面 S，若我們可以將 S 的每個平滑片段定向，使得任兩平滑片段 S_1 與 S_2 的共同邊界曲線 C^* 對 S_1 爲正向時對 S_2 恰爲反向，則稱此片段平滑曲面爲**可定向**的。參考圖 247b 的相鄰兩片段；留意 C^* 箭頭方向。

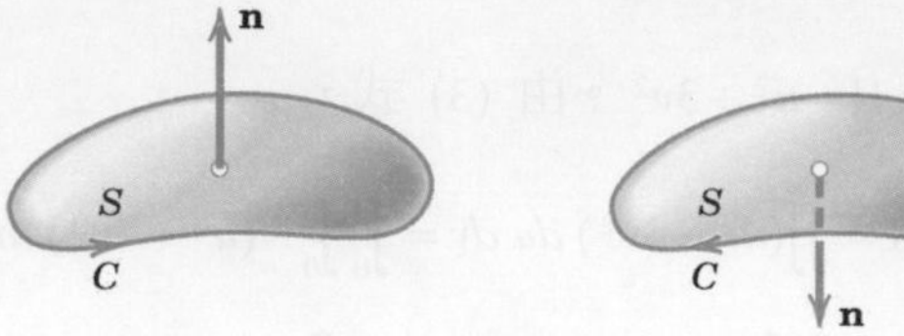

(a) 平滑曲面

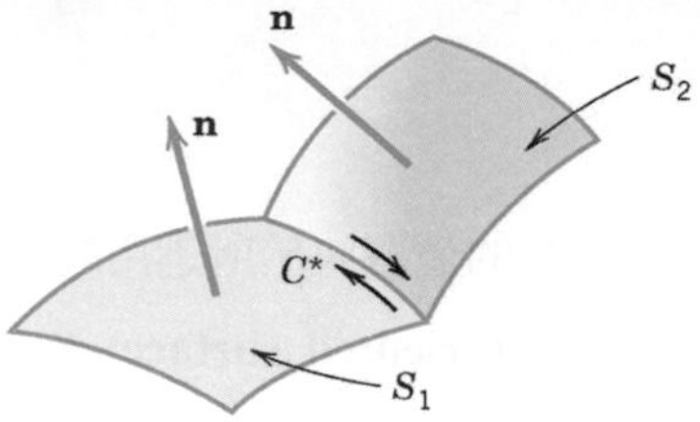

(b) 片段平滑曲面

圖 247 曲面之方向性

理論：不可定向曲面

一平滑曲面之足夠小片段必為可定向。此敘述不一定對整個曲面均成立。一個著名的例子就是 **Möbius strip**[5]，如圖 248 所示。若要製作一模型，取一如圖 248 之長條紙片，扭轉半圈後將兩短邊接合，使 A 點對 A 點且 B 點對 B 點。在 P_0 點取一法線向量，令其指向左。沿著 C 向右移動 (圖中下方)，繞環一圈回到 P_0，你會發現此時法線向量指向右側，與開始的方向相反，見習題 17。

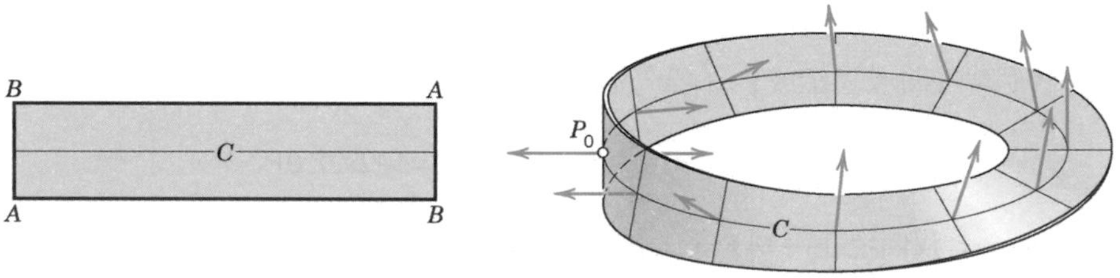

圖 248 Mobius 環

10.6.2 不考慮方向之面積分

面積分之另一種形式為

(6)
$$\iint_S G(\mathbf{r})\, dA = \iint_R G(\mathbf{r}(u, u))\, |\mathbf{N}(u, v)|\, du\, dv$$

在此 $dA = |\mathbf{N}|\, du\, dv = |\mathbf{r}_u \times \mathbf{r}_v|\, du\, dv$ 為 (1) 式所表示之曲面 S 的面積元素，而我們忽略其方向。

---

[5] AUGUST FERDINAND MÖBIUS (1790–1868) 德國數學家，高斯的學生，以在曲面理論、幾何學及複變分析的研究而聞名。

我們稍後 (見 10.9 節) 將會用到面積分之**平均值定理 (mean value theorem)**，它指出若 (6) 式中之 R 爲簡連 (見 10.2 節)，且 $G(\mathbf{r})$ 在某一包含 R 之定義域內爲連續，則 R 中存在一點 (u_0, v_0) 可使得

(7) $$\iint_S G(\mathbf{r})\, dA = G(\mathbf{r}(u_0, v_0))A \qquad (A = S\text{ 的面積})$$

在應用上，若 $G(\mathbf{r})$ 爲 S 之質量密度，則 (6) 式爲 S 之總質量。則 (6) 式可得 S 的面積 $A(S)$，

(8) $$A(S) = \iint_S dA = \iint_R |\mathbf{r}_u \times \mathbf{r}_v|\, du\, dv$$

例題 4 及 5 說明如何將 (8) 式應用於球及圓環 (torus)。最後的例題 6 說明如何計算曲面之慣性矩。

例題 4 球面之面積

對於球 $r(u, v) = [a \cos v \cos u, a \cos v \sin u, a \sin v]$、$0 \le u \le 2\pi$、$-\pi/2 \le v \le \pi/2$ [見 10.5 節的 (3) 式]，由直接計算可得 (請驗證！)

$$\mathbf{r}_u \times \mathbf{r}_v = [a^2 \cos^2 v \cos u, \quad a^2 \cos^2 v \sin u, \quad a^2 \cos v \sin v]$$

利用 $\cos^2 u + \sin^2 u = 1$ 和 $\cos^2 v + \sin^2 v = 1$，我們得

$$|\mathbf{r}_u \times \mathbf{r}_v| = a^2(\cos^4 v \cos^2 u + \cos^4 v \sin^2 u + \cos^2 v \sin^2 v)^{1/2} = a^2 |\cos v|$$

利用此結果，由 (8) 式可得我們熟悉的公式 (留意在 $-\pi/2 \le v \le \pi/2$ 時 $|\cos v| = \cos v$)

$$A(S) = a^2 \int_{-\pi/2}^{\pi/2} \int_0^{2\pi} |\cos v|\, du\, dv = 2\pi a^2 \int_{-\pi/2}^{\pi/2} \cos v\, dv = 4\pi a^2$$ ■

例題 5 圓環曲面 (甜甜圈曲面)：表示式及面積

圓環曲面 (*torus surface*) S 可經由將一圓 C 繞著空間中一直線 L 旋轉，使得 C 不會碰到 L，但此圖所在的平面一定通過 L 而得。若 L 爲 z 軸，C 的半徑爲 b，且其圓心與 L 的距離爲 a ($> b$)，如圖 249 所示，則 S 可表示爲

$$\mathbf{r}(u,v) = (a + b\cos v)\cos u\,\mathbf{i} + (a + b\cos v)\sin u\,\mathbf{j} + b\sin v\,\mathbf{k}$$

此處，$0 \le u \le 2\pi$、$0 \le v \le 2\pi$。所以

$$\mathbf{r}_u = -(a + b\cos v)\sin u\,\mathbf{i} + (a + b\cos v)\cos u\,\mathbf{j}$$

$$\mathbf{r}_v = -b\sin v\cos u\,\mathbf{i} - b\sin v\sin u\,\mathbf{j} + b\cos v\,\mathbf{k}$$

$$\mathbf{r}_u \times \mathbf{r}_v = b(a + b\cos v)(\cos u\cos v\,\mathbf{i} + \sin u\cos v\,\mathbf{j} + \sin v\,\mathbf{k})$$

由於 $|\mathbf{r}_u \times \mathbf{r}_v| = b(a + b\cos v)$，由 (8) 式可得圓環之總面積爲

(9) $$A(S) = \int_0^{2\pi} \int_0^{2\pi} b(a + b\cos v)\, du\, dv = 4\pi^2 ab$$ ■

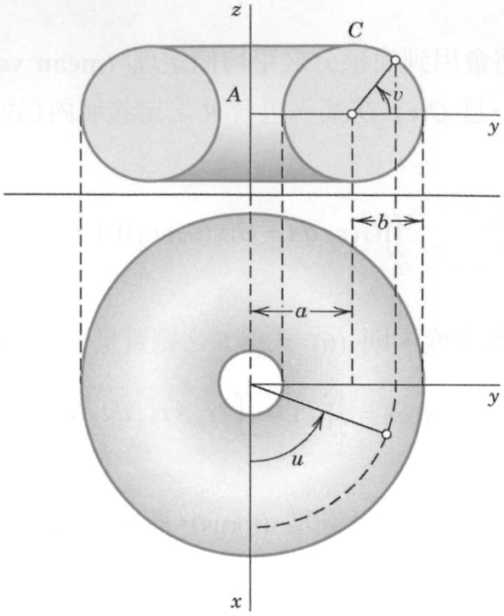

圖 249 例題 5 之圓環

例題 6 曲面之慣性矩

求薄層球面 $S: = x^2 + y^2 + z^2 = a^2$ 對 z 軸之慣性矩 I，其質量密度爲常數且總質量爲 M。

解

若質量是分佈於整個曲面 S，而 $\mu(x, y, z)$ 爲質量密度 (= 每單位面積質量)，則質量相對於固定軸 L 之慣性矩定義爲面積分

(10) $$I = \iint_S \mu D^2 \, dA$$

其中 $D(x, y, z)$ 爲點 (x, y, z) 與 L 之距離。在本例中，μ 爲常數且 S 的面積爲 $A = 4\pi a^2$，我們得 $\mu = M / A = M / (4\pi a^2)$。

對 S 我們使用與例題 4 中相同的表示式，則 $D^2 = x^2 + y^2 = a^2 \cos^2 v$。同時，和該例題一樣，$dA = a^2 \cos v \, du \, dv$。由此可得下列結果。[在積分中利用 $\cos^3 v = \cos v(1 - \sin^2 v)$]。

$$I = \iint_S \mu D^2 \, dA = \frac{M}{4\pi a^2} \int_{-\pi/2}^{\pi/2} \int_0^{2\pi} a^4 \cos^3 v \, du \, dv = \frac{Ma^2}{2} \int_{-\pi/2}^{\pi/2} \cos^3 v \, dv = \frac{2Ma^2}{3}$$ ■

表示式 $z = f(x, y)$ 若一曲面 S 以 $z = f(x, y)$ 表示，則令 $u = x$、$v = y$、$\mathbf{r} = [u, v, f]$ 可得

$$|\mathbf{N}| = |\mathbf{r}_u \times \mathbf{r}_v| = |[1, 0, f_u] \times [0, 1, f_v]| = |[-f_u, -f_v, 1]| = \sqrt{1 + f_u^2 + f_v^2}$$

且由於 $f_u = f_x$、$f_v = f_y$，(6) 式變爲

(11) $$\iint_S G(\mathbf{r}) \, dA = \iint_{R^*} G(x, y, f(x, y)) \sqrt{1 + \left(\frac{\partial f}{\partial x}\right)^2 + \left(\frac{\partial f}{\partial y}\right)^2} \, dx \, dy$$

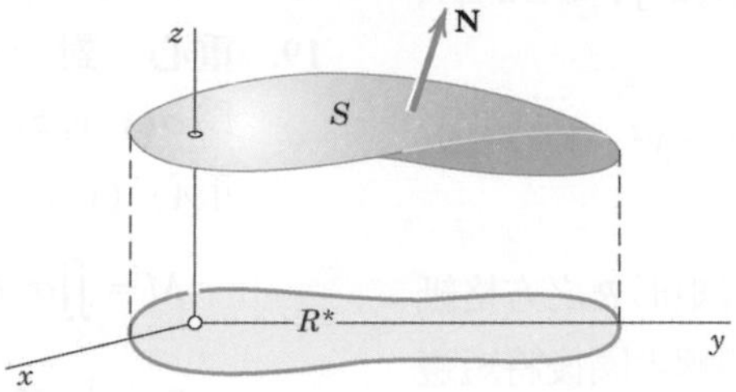

圖 250 公式 (11)

其中 R^* 爲 S 在 xy 平面之投影 (圖 250)，而 S 之法線向量 N 朝上。若它朝下，則右側積分前應加負號。

令 (11) 式中 $G=1$，可得 $S: z=f(x,y)$ 的面積 $A(S)$ 爲

(12)
$$A(S)=\iint_{R^*}\sqrt{1+\left(\frac{\partial f}{\partial x}\right)^2+\left(\frac{\partial f}{\partial y}\right)^2}\,dx\,dy$$

其中 R^* 爲 S 在 xy 平面上之投影，如前所述。

習題集 10.6

1–10 通量積分 (3) $\int_S \mathbf{F}\cdot\mathbf{n}\,dA$

用以下所給資料計算積分。指出曲面的種類，請寫出詳細過程。

1. $\mathbf{F}=[-x^2, y^2, 0]$, S:r $=[u, v, 3u-2v]$, $0\le u\le 1.5$, $-2\le v\le 2$
2. $\mathbf{F}=[e^y, e^x, 1]$, S:$x+y+z=1$, $x\ge 0$, $y\ge 0$, $z\ge 0$
3. $\mathbf{F}=[0, x, 0]$, S:$x^2+y^2+z^2=1$, $x\ge 0$, $y\ge 0$, $z\ge 0$
4. $\mathbf{F}=[e^y, -e^z, e^x]$, S:$x^2+y^2=25$, $x\ge 0$, $y\ge 0$, $0\le z\le 2$
5. $\mathbf{F}=[x, y, z]$, S:r $=[u\cos v, u\sin v, u^2]$, $0\le u\le 4$, $-\pi\le v\le\pi$
6. $\mathbf{F}=[\cosh y, 0, \sinh x]$, S:$z=x+y^2$, $0\le y\le x$, $0\le x\le 1$
7. $\mathbf{F}=[0, \sin y, \cos z]$，$S$ 爲 $x=y^2$ 之圓柱，其中 $0\le y\le \pi/4$ 且 $0\le z\le y$
8. $\mathbf{F}=[\tan xy, x, y]$, S:$y^2+z^2=1$, $2\le x\le 5$, $y\ge 0$, $z\ge 0$
9. $\mathbf{F}=[0, \sinh z, \cosh x]$, S:$x^2+z^2=4$, $0\le x\le 1/\sqrt{2}$, $0\le y\le 5$, $z\ge 0$
10. $\mathbf{F}=[y^2, x^2, z^4]$, S:$z=4\sqrt{x^2+y^2}$, $0\le z\le 8$, $y\ge 0$
11. **CAS 實驗 通量積分** 請寫一程式用來計算面積分 (3)，可以列印出中間過程的值 (**F**、**F • N** 對兩個變數之一的積分)。你是否可以藉由實驗方法，針對可以用一般微積分方法求積分值的函數與曲面，建立一些規則？且列一正面及負面結果之清單。

12–16 面積分式 (6) $\iint_S G(\mathbf{r})\,dA$

以下列的資料計算積分值。指出曲面的種類，請寫出詳細過程。

12. $G=\cos x+\sin x$，S $x+y+z=1$ 在第一卦限的部分
13. $G=x+y+z, z=x+2y, 0\le x\le\pi, 0\le y\le x$
14. $G=ax+by+cz, S: x^2+y^2+z^2=1, y=0, z=0$

15. $G=(1+9xz)^{3/2}$, $S:\mathbf{r}=[u, v, u^3]$, $0\le u\le 1$, $-2\le v\le 2$

16. $G=\arctan(y/x)$, $S: z=x^2+y^2$, $1\le z\le 9$, $x\ge 0$, $y\ge 0$

17. Möbius 的樂趣 利用細長矩形 R 之方格紙 (圖紙) 製作 Möbius 帶，扭轉半圈後將短邊相黏。在每個狀況中，計算沿平行邊界之線剪下之部分數。**(a)** 將 R 製作爲三格寬，並剪裁直到到達起點。**(b)** 將 R 製作爲四格寬。從距離邊界一格的地方開始剪裁直到到達起點，然後剪下仍然爲兩格寬的部分。**(c)** 讓 R 爲五格寬，然後以相同方式剪裁。**(d)** 讓 R 爲六格寬，然後以相同方式剪裁，對於所獲得之部分數做一推估。

18. 高斯「Double Ring」 (參見 Möbius，*Works* **2**, 518–559)。將一個紙的十字 (圖 251) 做成「double ring」，將相對之兩臂沿外邊界黏接 (不扭轉)，一環在十字平面之下，另一環在上。用實驗的方式證明，我們可以任選四個邊界點 A、B、C、D，並以兩條不相交的曲線連接 A 和 C 以及 B 和 D。如果你沿着這兩條曲線剪開會發生什麼事？如果你將每個環扭轉半圈之後再剪，會如何？(參考 E. Kreyszig, Proc. CSHPM 13 (2000), 23–43.)

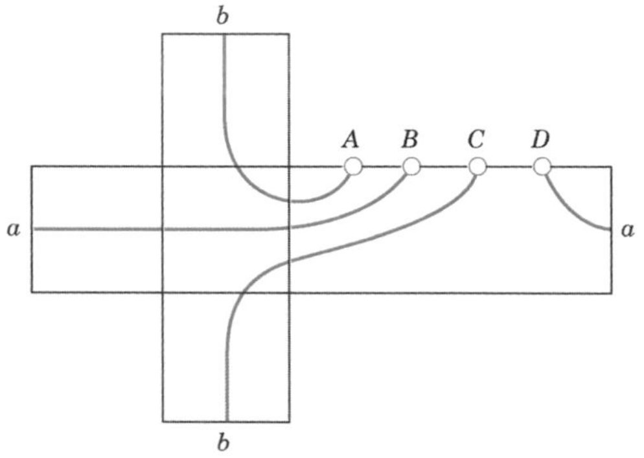

圖 251 習題 18，Gauss「Double Ring」

應用

19. 重心 對一空間中密度 (單位面積質量) 爲 $\sigma(x, y, z)$ 之薄層 S，請證明質量 M 及重心 $(\bar{x}, \bar{y}, \bar{z})$ 之公式如下：

$$M=\iint_S \sigma\, dA,\quad \bar{x}=\frac{1}{M}\iint_S x\sigma\, dA$$

$$\bar{y}=\frac{1}{M}\iint_S y\sigma\, dA,\quad \bar{z}=\frac{1}{M}\iint_S z\sigma\, dA$$

20. 慣性矩 對習題 19 中的薄層，證明它對 x、y 及 z 軸的慣性矩分別爲：

$$I_x=\iint_S (y^2+z^2)\sigma\, dA,\quad I_y=\iint_S (x^2+z^2)\sigma\, dA,$$

$$I_z=\iint_S (x^2+y^2)\sigma\, dA$$

21. 求出習題 20 中之薄層對於直線 $y=x$、$z=0$ 之慣性矩公式。

22–23 請求出密度爲 **1** 之薄層 ***S*** 對軸 ***B*** 之慣性矩，其中

22. $S: x^2+y^2=1,\ 0\le z\le h$，$B$: xz 平面上之直線 $z=h/2$

23. $S: x^2+y^2=z^2$, $0\le z\le h$, $B: z$ 軸

24. Steiner 定理[6] 若 I_B 代表總質量爲 M 之質量分佈，相對於通過其重心之直線 B 的慣性矩，若另有一直線 K 平行於 B 且兩線距離爲 k，請證明相對於直線 K 之慣性矩 I_K 爲

$$I_K=I_B+k^2M$$

25. 利用 Steiner 定理，求質量密度爲 1 之球面 $S: x^2+y^2+z^2=1$ 相對於直線 $K: x=1$、$y=0$ 的慣性矩，在此你要先求出它相對與某一適當直線 B 的慣性矩。

26. 分組專題 S 之第一基本形
給定一曲面 $S:\mathbf{r}(u, v)$，相對應之微分形式爲

(13) $ds^2=E\,du^2+2F\,du\,dv+G\,dv^2$

其係數爲 (使用標準符號，與本章其它地方的 F、G 無關)

[6] JACOB STEINER (1796–1863)，瑞士幾何學者，出生於小村莊，14 歲開始寫作，18 歲時成爲 Pestalozzi 的學生，後來就讀於海德堡及柏林大學，因其傑出的研究最後被柏林大學聘爲教授。

(14) $E=\mathbf{r}_u \cdot \mathbf{r}_u,\ F=\mathbf{r}_u \cdot \mathbf{r}_v,\ G=\mathbf{r}_v \cdot \mathbf{r}_v$

此形式叫做 S 的**第一基本形 (first fundamental form)**。此形式非常基本，因爲用它可以計算 S 上的長度、角度及面積。要了解此點，證明 (a)–(c)：

(a) 對 S 上的一曲線 $C: u=u(t)$、$v=v(t)$、$a \le t \le b$，由 9.5 節 (10) 式及 (14) 式可得長度

(15)
$$l=\int_a^b \sqrt{\mathbf{r}'(t)\cdot\mathbf{r}'(t)}\,dt = \int_a^b \sqrt{Eu'^2+2Fu'v'+Fv'^2}\,dt$$

(b) 在 $S:\mathbf{r}(u,v)$ 上兩相交曲線 $C_1: u=g(t)$、$v=h(t)$ 及 $C_2: u=p(t)$、$v=q(t)$ 及之夾角 γ 可由下式求得

(16) $$\cos\gamma=\frac{\mathbf{a}\cdot\mathbf{b}}{|\mathbf{a}||\mathbf{b}|}$$

其中 $\mathbf{a}=\mathbf{r}_u g'+\mathbf{r}_\upsilon h'$ 及 $\mathbf{b}=\mathbf{r}_u p'+\mathbf{r}_v q'$ 爲 C_1 與 C_2 之切線向量。

(c) 法線向量 $\mathbf{N}$ 之長度平方可寫爲

(17) $|\mathbf{N}|^2=|\mathbf{r}_u\times\mathbf{r}_v|^2=EG-F^2$,

故求 S 面積 $A(S)$ 之 (8) 式成爲

(18)
$$A(S)=\iint_S dA=\iint_R |\mathbf{N}|\,du\,dv = \iint_R \sqrt{EG-F^2}\,du\,dv$$

(d) 對於定義爲 $x=u\cos\upsilon$,、$y=u\sin v$ 的極座標 $u(=r)$ 及 $\upsilon(=\theta)$，我們有 $E=1$、$F=0$、$G=u^2$，故

$$ds^2=du^2+u^2\,dv^2=dr^2+r^2\,d\theta^2$$

請由此式及 (18) 式求出一半徑爲 a 之圓盤面積。

(e) 請求出例題 5 中圓環面之第一基本形。用它來計算 A 的面積。請證明 A 也可以由 **Pappus 定理**[7]得到；該定理指出一旋轉曲面之面積，等於一經線 C 之長度，乘以當 C 旋轉 2π 時，C 之重心所經路徑長度。

(f) 自己選擇一些重要曲面 (圓柱、圓錐等等)，並計算其一般表示法之第一基本形，並利用基本形求出這些曲面上之長度及面積。

10.7 三重積分、高斯散度定理 (Triple Integrals. Divergence Theorem of Gauss)

在本節中，我們將討論另一個重要的積分定理，即散度定理 (divergence theorem)，這個定理可以將面積分轉換爲三重積分，因此讓我們先複習一下三重積分。

三重積分 (triple integral) 是對一函數 $f(x, y, z)$，在空間中一個封閉且有界的三維區域 T 中的積分 (說明一點，在此「封閉」及「有界」的定義和 10.3 節的註解 2 一樣，只是將其中的「圓」換成「球」)。用平行於座標平面的平面將此 T 細分。然後考慮細分後完全位在 T 內之小盒子，將它們由 1 至 n 編號，每一個小盒子都是一個矩形六面體。在每一個小盒子中任意選擇一點，例如盒子 k 中之 (x_k, y_k, z_k)。將盒子 k 的體積記爲 ΔV_k，加總後得

[7] PAPPUS OF ALEXANDRIA (大約西元 300 年)，希臘數學家。此定理又稱爲 Guldin 定理，HABAUK GULDIN (1577-1643)，出生於瑞士 St. Gallen，後成爲 Graz 和維也納的教授。

$$J_n = \sum_{k=1}^{n} f(x_k, y_k, z_k)\,\Delta V_k$$

我們可任意地將正整數 n 愈設愈大，而當 n 趨近於無窮大時，所有這 n 個盒子的最大邊長會趨近於零。如此可得一實數序列 $J_{n_1}, J_{n_2}, \cdots$ 。假設 $f(x, y, z)$ 在一包含 T 之定義域內爲連續，且 T 由有限多個平滑曲面 (見 10.5 節) 所包圍。則我們可以證明 (見附錄 1 之參考文獻 [GenRef4])，此一數列會收斂到一極限值，且與所用的分割方式與對應的點 (x_k, y_k, z_k) 無關。此極限稱爲 $f(x, y, z)$ 在區域 T 上之**三重積分**，而可記爲

$$\iiint_T f(x,y,z)\,dx\,dy\,dz \quad \text{或是} \quad \iiint_T f(x,y,z)\,dV$$

三重積分可以藉由連續三次積分求得。類似於 10.3 節所討論的，經由連續兩次積分計算雙重積分的值。以下例題 1 會說明此點。

10.7.1 高斯散度定理

三重積分可以轉換爲空間中一區域之邊界曲面上的面積分，反之亦然。這類轉換非常實用，因爲此兩類積分中，經常會有一種較另一種簡單。我們也將會看到此轉換可以幫助建立流體流動、熱傳導……等等的基本方程式。此轉換是藉由散度定理來達成，它包含一向量函數 $\mathbf{F} = [F_1, F_2, F_3] = F_1\mathbf{i} + F_2\mathbf{j} + F_3\mathbf{k}$ 之**散度**，即

$$\text{(1)} \qquad \operatorname{div}\mathbf{F} = \frac{\partial F_1}{\partial x} + \frac{\partial F_2}{\partial y} + \frac{\partial F_3}{\partial z} \qquad \text{(9.8 節)}$$

定理 1

高斯散度定理

(三重積分與面積分間之轉換)

令 T 是空間中一個封閉且有界區域，其邊界為片段連續且可定向的曲面 S。令 $F(x, y, z)$ 是一個向量函數，它在某一包含 T 的定義域中是連續的且有連續的一階導數。則

$$\textbf{(2)} \qquad \iiint_T \operatorname{div}\mathbf{F}\,dV = \iint_S \mathbf{F}\bullet\mathbf{n}\,dA.$$

以 $\mathbf{F} = [F_1, F_2, F_3]$ 之**分量**，及 S 之外向單位法線向量 $\mathbf{n} = [\cos\alpha, \cos\beta, \cos\gamma]$ 表示 (如圖 253)，則公式 (2) 可改寫爲

$$\textbf{(2*)} \qquad \begin{aligned} &\iiint_T \left(\frac{\partial F_1}{\partial x} + \frac{\partial F_2}{\partial y} + \frac{\partial F_3}{\partial z}\right) dx\,dy\,dz \\ &= \iint_S (F_1\cos\alpha + F_2\cos\beta + F_3\cos\gamma)\,dA \\ &= \iint_S (F_1\,dy\,dz + F_2\,dz\,dx + F_3\,dx\,dy) \end{aligned}$$

「封閉有界區域」說明如上，「片段平滑可定向」見 10.5 節，「包含 T 之定義域」見 10.4 節註解 4 中之二維情況。

在證明定理前，先看一典型應用。

例題 1 利用散度定理求面積分

在證明定理前，先看一典型應用。計算

$$I = \iint_S (x^3\ dy\ dz + x^2 y\ dz\ dx + x^2 z\ dx\ dy)$$

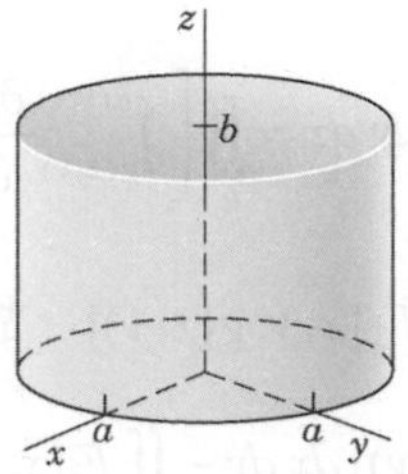

圖 252 例題 1 中之曲面 S

其中 S 是圖 252 所示的封閉曲面，包含了圓柱 $x^2 + y^2 = a^2$ $(0 \le z \le b)$ 及圓盤 $z = 0$ 及 $z = b(x^2 + y^2 \le a^2)$。

解

$F_1 = x^3$、$F_2 = x^2 y$、$F_3 = x^2 z$。因此 div $\mathbf{F} = 3x^2 + x^2 + x^2 = 5x^2$。曲面之形式較適於引入極座標 r、θ，定義爲 $x = r\cos\theta$、$y = r\sin\theta$ [即圓柱座標 (r, θ, z)]。故體積元素爲 $dx\ dy\ dz = r\ dr\ d\theta\ dz$，可得

$$I = \iiint_T 5x^2\ dx\ dy\ dz = \int_{z=0}^{b} \int_{\theta=0}^{2\pi} \int_{r=0}^{a} (5r^2 \cos^2\theta) r\ dr\ d\theta\ dz$$

$$= 5\int_{z=0}^{b} \int_{\theta=0}^{2\pi} \frac{a^4}{4} \cos^2\theta\ d\theta\ dz = 5\int_{z=0}^{b} \frac{a^4\pi}{4}\ dz = \frac{5\pi}{4} a^4 b$$

■

證明

先從 (2*) 式第一個等式開始證明散度定理。若且唯若此等式兩邊各分量之積分相等，則此等式成立；即

(3) $$\iiint_T \frac{\partial F_1}{\partial x}\ dx\ dy\ dz = \iint_S F_1 \cos\alpha\ dA$$

(4) $$\iiint_T \frac{\partial F_2}{\partial y}\ dx\ dy\ dz = \iint_S F_2 \cos\beta\ dA$$

(5) $$\iiint_T \frac{\partial F_3}{\partial z}\ dx\ dy\ dz = \iint_S F_3 \cos\gamma\ dA$$

我們首先對一**特殊區域** T 證明 (5) 式，T 是由一片段平滑可定向表面 S 所包圍，且具有如下之特性，即任意平行於一座標軸且與 T 相交之直線，最多只有一線段 (或一點) 與 T 重疊。因此 T 可以表示成以下形式

$$g(x,y) \le z \le h(x,y) \tag{6}$$

其中 (x,y) 在 T 於 xy 平面上之正交投影 $\bar{R}$ 中變化。很明顯地，$z=g(x,y)$ 代表 S 之「底部」S_2 (圖 253)，而 $z=h(x,y)$ 則代表 S 之「頂部」 S_1 ，最後可能還剩下 S 之垂直部分 S_3 (S_3 部分可能簡化爲一條曲線，例如球的情況)。

要證明 (5) 式，我們利用 (6) 式。由於 $\mathbf{F}$ 在某一包含 T 之定義域內爲連續可微，我們有

$$\iiint_T \frac{\partial F_3}{\partial z}\,dx\,dy\,dz = \iint_R \left[\int_{g(x,y)}^{h(x,y)} \frac{\partial F_3}{\partial z}\,dz\right] dx\,dy \tag{7}$$

將內部 $[\cdots]$ 積分可得 $F_3[x,y,h(x,y)]-F_3[x,y,g(x,y)]$ 。故 (7) 式之三重積分等於

$$\iint_R F_3[x,y,h(x,y)]\,dx\,dy - \iint_R F_3[x,y,g(x,y)]\,dx\,dy \tag{8}$$

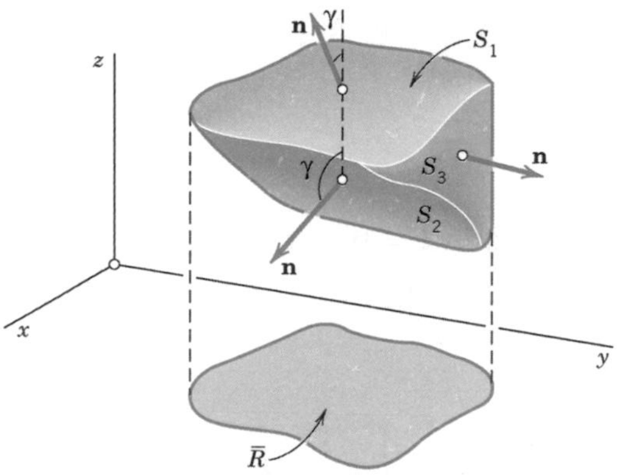

圖 253　特殊區域之範例

但計算 (5) 式之右側亦可得到相同結果；即 [請見 (2*) 式最後一行]，

$$\begin{aligned}\iint_S F_3 \cos\gamma\,dA &= \iint_S F_3\,dx\,dy \\ &= +\iint_R F_3[x,y,h(x,y)]\,dx\,dy - \iint_R F_3[x,y,g(x,y)]\,dx\,dy,\end{aligned}$$

其中對 $\bar{R}$ 的第一個積分式前方爲正號，因爲在圖 253 中 S_1 上的 $\cos\gamma > 0$ [如同 10.6 節之 (5") 式]；而第二個積分式前方爲負號，因爲在 S_2 上 $\cos\gamma < 0$ ，這就證明了 (5) 式。

(3) 式與 (4) 式之關係式現在只需將變數重新標示，並利用 T 具有與式 (6) 類似之表示式，即

$$\tilde{g}(y,z) \le x \le \tilde{h}(y,z) \quad 且 \quad \tilde{\tilde{g}}(z,x) \le y \le \tilde{\tilde{h}}(z,x)$$

此即證明 (2*) 式的第一個等式對特殊區域成立。這表示 (2) 式也成立，因爲 (2*) 式之左側就是散度之定義，而 (2) 式之右側與 (2*) 式中第一個等式相等，如上一節的 (4) 式第一行所示。最後，由上一節的 (5) 式可看出，(2) 式與 (2*) 式右側 (最後一行) 相等。

此即建立了特殊區域之散度定理。

對可藉由輔助曲面細分爲有限多個特殊區域之任意區域 T，可將各部分之結果個別相加，從而導出此定理。此步驟與 10.4 節 Green 定理之證明類似。在輔助曲面上的面積分會互相抵消，剩餘面積分之總和即爲 T 之整個邊界曲面的面積分；對 T 之各個部分的三重積分，加總後可得對 T 整體的三重積分。

現已證明散度定理對實際問題中可能出現的任意有界區域均成立。要將該定理延伸至定理中所定義的一般區域 T，需要一些特定的極限程序；類似於 10.4 節中 Green 定理之情形。 ■

例題 2　散度定理之驗證

計算 $\iint_S (7x\mathbf{i}-z\mathbf{k}) \cdot \mathbf{n}\, dA$ 在球面 $S: x^2+y^2+z^2=4$ 上的積分值，(a) 利用 (2) 式，(b) 直接計算。

解

(a) $\operatorname{div}\mathbf{F} = \operatorname{div}[7x, 0, -z] = \operatorname{div}[7x\mathbf{i}-z\mathbf{k}] = 7-1=6$ 答案： $6\cdot(\frac{4}{3})\pi\cdot 2^3 = 64\pi$

(b) 將 S 表示爲 10.5 節之 (3) 式 (取 $a=2$)，然後利用 $\mathbf{n}\,dA = \mathbf{N}\,du\,dv$ [見 10.6 節之 (3*) 式]。因此

$$
\begin{aligned}
S: \mathbf{r} &= [2\cos v\cos u,\ 2\cos v\sin u,\ 2\sin u] \\
\mathbf{r}_u &= [-2\cos v\sin u,\ 2\cos v\cos u,\ 0] \\
\mathbf{r}_v &= [-2\sin v\cos u,\ -2\sin v\sin u,\ 2\cos v] \\
\mathbf{N} = \mathbf{r}_u\times\mathbf{r}_v &= [4\cos^2 v\cos u,\ 4\cos^2 v\sin u,\ 4\cos v\sin v]
\end{aligned}
$$

現在，在 S 上我們有 $x=2\cos v\cos u$ 、 $z=2\sin v$ ，所以 $\mathbf{F}=[7x, 0, -z]$ ，因爲在 S 上

$$\mathbf{F}(S) = [14\cos v\cos u,\ 0,\ -2\sin v]$$

且

$$
\begin{aligned}
\mathbf{F}(S)\cdot\mathbf{N} &= (14\cos v\cos u)\cdot 4\cos^2 v\cos u + (-2\sin v)\cdot 4\cos v\sin v \\
&= 56\cos^3 v\cos^2 u - 8\cos v\sin^2 v
\end{aligned}
$$

在 S 上，我們須對 u 由 0 積分至 2π 。這樣得到

$$\pi\cdot 56\cos^3 v - 2\pi\cdot 8\cos v\sin^2 v$$

對 $\cos v\sin^2 v$ 的積分等於 $(\sin^3 v)/3$ ，對 $\cos^3 v = \cos v(1-\sin^2 v)$ 的積分等於 $\sin v-(\sin^3 v)/3$。在 S 上我們有 $-\pi/2 \le v \le \pi/2$ ，因此代換成這些界限可得

$$56\pi(2-\frac{2}{3}) - 16\pi\cdot\frac{2}{3} = 64\pi$$

正如預期。爲了解高斯定理的重點，可比較所須步驟之多寡。 ■

散度之座標不變性 (1) 式之散度是以座標定義，但我們也可以利用散度定理證明 div **F** 具有與座標無關之意義。

爲此，我們首先注意到三重積分所具有之性質，相當類似於 10.3 節之雙重積分。特別是三**重積分之均值定理**，對於一有界且簡連之區域 T 內之任意連續函數 $f(x,y,z)$，存在 T 中一點 $Q:(x_0,y_0,z_0)$，使得

$$\iiint_T f(x,y,z)\,dV = f(x_0,y_0,z_0)V(T) \qquad (V(T) = T\text{的體積}) \tag{9}$$

在此公式中，我們將兩側對調，除以 $V(T)$，並設 $f=\text{div}\,\mathbf{F}$。則由散度定理我們得到，對 T 之邊界曲面 $S(T)$ 積分之散度表示法，

$$\text{div}\,\mathbf{F}(x_0,y_0,z_0) = \frac{1}{V(T)}\iiint_T \text{div}\,\mathbf{F}\,dV = \frac{1}{V(T)}\iint_{S(T)} \mathbf{F}\cdot\mathbf{n}\,dA \tag{10}$$

現選擇 T 中一點 $P:(x_1,y_1,z_1)$，並令 T 收縮至 P，使得 T 上之點與 P 之間的最大距離 $d(T)$ 趨近於零。則 $Q:(x_0,y_0,z_0)$ 必須趨近於 P。因此 (10) 式成爲

$$\text{div}\,\mathbf{F} = \lim_{d(T)\to 0}\frac{1}{V(T)}\iint_{S(T)} \mathbf{F}\cdot\mathbf{n}\,dA \tag{11}$$

此證明

定理 2

散度之不變性

在區域 T 內具連續一階偏導數之向量函數 **F**，其散度與特定卡氏座標 (Cartesian coordinates) 之選擇無關。對 T 中任意之 P 而言，皆可由 (11) 式求得。

(11) 式有時會用來當作散度之*定義*。則在卡氏座標中的表示式 (1) 可由 (11) 式求得。

其它有關散度定理之應用請見習題及下一節。下一節之例題會讓你對散度的本質有更多了解。

習題集 10.7

1–8 應用：質量分佈

空間中區域 T 內，某質量分佈之密度爲 σ，求其總質量。

1. $\sigma = x^2+y^2+z^2$，T 爲盒形區域 $|x|\le 4$、$|y|\le 1$、$0\le z\le 2$。

2. $\sigma = xyz$，T 爲盒形區域 $0\le x\le a$、$0\le y\le b$、$0\le z\le c$。

3. $\sigma = e^{-x-y-z}, T: 0\le x\le 1-y, 0\le y\le 1, 0\le z\le 2$

4. σ 同習題 3，T 是頂點爲 (0, 0, 0)、(3, 0, 0)、(0, 3, 0)、(0, 0, 3) 之四面體。

5. $\sigma = \sin 2x\cos 2y,\quad T: 0\le x\le \frac{1}{4}\pi,$ $\frac{1}{4}\pi - x\le y\le \frac{1}{4}\pi,\quad 0\le z\le 6$

6. $\sigma = x^2y^2z^2$，T 爲圓柱區域 $x^2+z^2\le 16$、$|y|\le 4$。

7. $\sigma = \arctan(y/x), T: x^2+y^2+z^2\le a^2, z\ge 0$

8. $\sigma = x^2+y^2$，T 同習題 7。

9–18 散度定理之應用

利用散度定理計算面積分 $\iint_S \mathbf{F}\cdot\mathbf{n}\,dA$，請寫出詳細過程。

9. $\mathbf{F}=[x^2,0,z^2]$，S 為方塊 $|x|\le 1$、$|y|\le 3$、$0\le z\le 2$，之表面。

10. 用直接積分解習題 9。

11. $\mathbf{F}=[e^x,e^y,e^z]$，S 為立方體 $|x|\le 1$、$|y|\le 1$、$|z|\le 1$ 之表面。

12. $\mathbf{F}=[x^3-y^3,\ y^3-z^3,\ z^3-x^3]$，$S$ 為 $x^2+y^2+z^2\le 25$、$z\ge 0$ 之表面。

13. $\mathbf{F}=[\sin y,\ \cos x,\ \cos z]$，$S$ 為表面 $x^2+y^2\le 4$、$|z|\le 2$ (一段圓柱及兩個圓盤！)

14. $\mathbf{F}$ 同習題 13，，S 為表面 $x^2+y^2\le 9$、$0\le z\le 2$。

15. $\mathbf{F}=[2x^2,\frac{1}{2}y^2,\sin\pi z]$，$S$ 是頂點為 (0, 0, 0)、(1, 0, 0)、(0, 1, 0)、(0, 0, 1) 之四面體。

16. $\mathbf{F}=[\cosh x,z,y]$ S 同習題 15。

17. $\mathbf{F}=[x^2,y^2,z^2]$，S 為圓錐 $x^2+y^2\le z^2$、$0\le z\le h$ 之表面。

18. $\mathbf{F}=[xy,yz,zx]$，S 為圓錐 $x^2+y^2\le 4z^2$、$0\le z\le 2$ 之表面。

19–23 應用：慣性矩

已知空間中某區域 T 之質量密度為 1，求它相對於 x 軸的慣性矩

$$I_x=\iiint_T (y^2+z^2)\,dx\,dy\,dz.$$

19. 盒形區域 $-a\le x\le a$、$-b\le y\le b$、$-c\le z\le c$。

20. 球 $x^2+y^2+z^2\le a^2$。

21. 圓柱 $y^2+z^2\le a^2$、$0\le x\le h$。

22. 拋物面 $y^2+z^2\le x$、$0\le x\le h$。

23. 圓錐 $y^2+z^2\le x^2$、$0\le x\le h$。

24. 為什麼在 h 值很大時，習題 23 的 I_x 會大於習題 22 中的 I_x (兩者 h 值相同)？為什麼在 $h=1$ 時它又較小？請說明其物理意義。

25. 證明對一旋轉固體而言，$I_x=\frac{\pi}{2}\int_0^h r^4(x)\,dx$。用此公式解習題 20–23。

10.8 散度定理之進一步應用 (Further Applications of the Divergence Theorem)

散度定理有許多重要的應用：對於*流體流動*問題中，它有助於判別流場中的源 (*source*) 及壑 (*sink*)。在熱流問題中，它可導出熱傳方程式 (*heat equation*)。在位勢理論 (*potential theory*) 中，由它可得到 *Laplace* 方程式解的性質。在本節中，我們假設區域 T 及其邊界曲面 S 均符合使用散度定理的條件。

例題 1 流體流動散度之物理意義

由散度定理我們可以獲得一個向量之散度的直覺解釋。為此，我們考慮不可壓縮流體之流動 (見 9.8 節)，此流體具固定密度 $\rho=1$，且為**穩定**，即不隨時間改變。此類流動是由在任意點 P 之速度向量 $\mathbf{v}(P)$ 的向量場所決定。

令 S 為空間中之曲域 T 的邊界面，並令 $\mathbf{n}$ 為 S 的外向單位法線向量。則 $\mathbf{v}\cdot\mathbf{n}$ 為 $\mathbf{v}$ 在 $\mathbf{n}$ 方向之法線分量，而 $|\mathbf{v}\cdot\mathbf{n}\,dA|$ 為每單位時間內，經由 S 上一面積為 ΔA 之一小部分 ΔS，在 P 點離

開 T (若在 P 點 $\mathbf{v}\cdot\mathbf{n}>0$) 或進入 T (若在 P 點 $\mathbf{v}\cdot\mathbf{n}<0$) 之流體質量。故每單位時間從 T 通過 S 流到外部之流體總質量可得自面積分

$$\iint_S \mathbf{v}\cdot\mathbf{n}\,dA$$

除以 T 之體積 V，可得流出 T 之**平均流量**：

$$\frac{1}{V}\iint_S \mathbf{v}\cdot\mathbf{n}\,dA \tag{1}$$

由於該流動爲穩定的且流體爲不可壓縮，往外流出之量必須連續補充。因此，若積分式 (1) 之值不爲零，則在 T 內必定有**源** (正時稱為源，負的源稱為壑)，亦即，流體產生或消失之點。

若令 T 收縮至 T 中之一固定點 P，由 (1) 式可得到 P 點之**源強度 (source intensity)**，將上一節 (11) 式中之 $\mathbf{F}\cdot\mathbf{n}$ 換成 $\mathbf{v}\cdot\mathbf{n}$，即

$$\text{div}\,\mathbf{v}(P)=\lim_{d(T)\to 0}\frac{1}{V(T)}\iint_{S(T)}\mathbf{v}\cdot\mathbf{n}\,dA \tag{2}$$

故一穩態不可壓縮流之速度向量 v 的散度，等於該流動在對應點上之源強度 (*source intensity*)。

若且唯若 T 中每一點 P 之 div $\mathbf{v}$ 均爲零，則 T 中沒有源。則對 T 中的任何封閉曲面 S 我們有

$$\iint_S \mathbf{v}\cdot\mathbf{n}\,dA=0$$

■

例題 2 **熱流動模型、熱傳或擴散方程式 (Heat or Diffusion Equation)**

實驗顯示，在一物體中，熱會往溫度減少之方向流動，且流動速率正比於溫度之梯度。這表示在物體內，熱流速度 $\mathbf{v}$ 之形式爲

$$\mathbf{v}=-K\quad\text{grad}\,U \tag{3}$$

其中 $U(x,y,z,t)$ 爲溫度，t 爲時間，而 K 稱爲物體之熱傳導率 (*thermal conductivity*)；在一般環境下 K 爲常數。利用此資訊，建立熱流動之數學模型，即所謂的**熱傳方程式**或**擴散方程式**。

解

令 T 爲物體中之一區域，此區域之邊界面爲 S 其外向單位法線向量爲 $\mathbf{n}$，符合散度定理的條件。則 $\mathbf{v}\cdot\mathbf{n}$ 爲 $\mathbf{v}$ 在 $\mathbf{n}$ 方向之分量，且每單位時間離開 T 之熱量爲

$$\iint_S \mathbf{v}\cdot\mathbf{n}\,dA$$

此表示式之求法類似於前一例題中對應的面積分。利用

$$\text{div}\,(\text{grad}\,U)=\nabla^2 U=U_{xx}+U_{yy}+U_{zz}$$

[Laplacian；見 9.8 節 (3) 式]，由散度定理及 (3) 式可得

(4)
$$\iint_S \mathbf{v} \bullet \mathbf{n}\, dA = -K \iiint_T \operatorname{div}(\operatorname{grad} U)\, dx\, dy\, dz = -K \iiint_T \nabla^2 U\, dx\, dy\, dz$$

另一方面，在 T 內之總熱量 H 爲

$$H = \iiint_T \sigma \rho U\, dx\, dy\, dz$$

其中常數 σ 爲物體材料之比熱 (specific heat)，而 ρ 爲材料之密度 (= 單位體積之質量)。所以 H 減少之時變率爲

$$-\frac{\partial H}{\partial t} = -\iiint_T \sigma \rho \frac{\partial U}{\partial t}\, dx\, dy\, dz$$

而此值必須等於上述離開 T 之熱量，因此由 (4) 式我們得到

$$-\iiint_T \sigma \rho \frac{\partial U}{\partial t}\, dx\, dy\, dz = -K \iiint_T \nabla^2 U\, dx\, dy\, dz$$

或

$$\iiint_T \left(\sigma\rho \frac{\partial U}{\partial t} - K\nabla^2 U \right) dx\, dy\, dz = 0$$

因爲此式對物體中任意區域 T 皆成立，故此被積函數 (若連續) 必須在每一處皆爲零；亦即

(5)
$$\frac{\partial U}{\partial t} = c^2 \nabla^2 U \qquad c^2 = \frac{K}{\sigma\rho}$$

其中 c^2 稱爲材料之熱擴散率 (*thermal diffusivity*)。此偏微分方程式稱爲**熱傳方程式**，此爲熱傳導之基礎方程式。我們的推導是散度定理之重要性的另一範例，求解熱傳問題的方法將在第 12 章介紹。

熱傳方程式又稱爲**擴散方程式**，因爲此方程式也可用以模擬氣體或液體中，分子運動傾向於消除密度或壓力的差異之擴散程序。

若熱流動不隨時間改變，稱之爲**穩態熱流 (steady-state heat flow)**。則 $\partial U / \partial t = 0$，故 (5) 式化簡爲 *Laplace* 方程式 $\nabla^2 U = 0$。我們曾在 9.7 和 9.8 節中討論過此方程式，而現在將要看到散度定理爲此方程式之解，提供更深入的基本概念。 ■

10.8.1 位勢理論、調和函數

求解 Laplace 方程式

(6)
$$\nabla^2 f = \frac{\partial^2 f}{\partial x^2} + \frac{\partial^2 f}{\partial y^2} + \frac{\partial^2 f}{\partial z^2} = 0$$

之理論稱為**位勢理論** (**potential theory**)。(6) 式具有**連續**二階偏導數之解，稱為**調和函數** (**harmonic function**)。此連續性對散度定理在位勢理論中之應用是必需的，我們將會討論此定理的重要角色。在第 12 及 18 章我們對位勢理論會有更詳細討論。

例題 3 Laplace 方程式解之基本特性

散度定理中之被積函數為 div **F** 及 **F • n** (10.7 節)。若 **F** 為一純量函數之梯度，例如，$\mathbf{F} = \text{grad} f$，則 $\mathbf{F} = \text{div}(\text{grad} f) = \nabla^2 f$；請見 9.8 節的 (3) 式。同時，$\mathbf{F} \cdot \mathbf{n} = \mathbf{n} \cdot \mathbf{F} = \mathbf{n} \cdot \text{grad} f$。此為 f 在 S 之外向法線向量方向上之方向導數，S 就是定理中區域 T 之邊界曲面。此導數稱為 f 之 (外向) 法線導數，並記為 $\partial f / \partial n$。故散度定理中之公式成為

(7)
$$\iiint_T \nabla^2 f \, dV = \iint_S \frac{\partial f}{\partial n} \, dA$$

此為 10.4 節中 (9) 式之三維類比。考慮散度定理中之假設後，可得以下定理。 ■

定理 1

調和函數之基本性質

令 $f(x, y, z)$ 為空間中某定義域 D 內之調和函數。令 S 為 D 中任何一個片段平滑封閉可定向曲面，其所包含之整體區域均於 D 內。則 f 的法線導數在 S 上的積分為零 (關於「片段平滑」請見 10.5 節)。

例題 4 Green 定理

令 f 與 g 為純量函數，使得 $F = f \, \text{grad} \, g$ 在某區域 T 內滿足散度定理之假設。則

$$\begin{aligned}
\text{div} \, \mathbf{F} &= \text{div}(f \, \text{grad} \, g) \\
&= \text{div}\left(\left[f\frac{\partial g}{\partial x}, f\frac{\partial g}{\partial y}, f\frac{\partial g}{\partial z} \right]\right) \\
&= \left(\frac{\partial f}{\partial x}\frac{\partial g}{\partial x} + f\frac{\partial^2 g}{\partial x^2} \right) + \left(\frac{\partial f}{\partial y}\frac{\partial g}{\partial y} + f\frac{\partial^2 g}{\partial y^2} \right) + \left(\frac{\partial f}{\partial z}\frac{\partial g}{\partial z} + f\frac{\partial^2 g}{\partial z^2} \right) \\
&= f\nabla^2 g + \text{grad} \, f \cdot \text{grad} \, g
\end{aligned}$$

同時，因為 f 是純量函數，

$$\begin{aligned}
\mathbf{F} \cdot \mathbf{n} &= \mathbf{n} \cdot \mathbf{F} \\
&= \mathbf{n} \cdot (f \, \text{grad} \, g) \\
&= (\mathbf{n} \cdot \text{grad} \, g) f
\end{aligned}$$

現在 $\mathbf{n} \cdot \text{grad} \, g$ 是 g 在 S 的外向法線方向上的方向導數 $\partial g / \partial n$。因此散度定理中的公式就成了**「Green 第一公式」**

(8)
$$\iiint_T (f\nabla^2 g + \text{grad} \, f \cdot \text{grad} \, g) \, dV = \iint_S f \frac{\partial g}{\partial n} \, dA$$

公式 (8) 連同假設即為著名的 Green 定理之第一形式 (first form of Green's theorem)。

將 f 與 g 互換可得一類似公式。將 (8) 式減去此式，可得

(9)
$$\iiint_T (f\nabla^2 g - g\nabla^2 f)\, dV = \iint_S \left(f\frac{\partial g}{\partial n} - g\frac{\partial f}{\partial n} \right) dA$$

此式稱爲 **Green 第二公式**或 (連同假設) *Green* 定理之第二形式。 ■

例題 5 Laplace 方程式解之唯一性

令 f 在定義域 D 中爲調合函數，並令 f 在 D 中一片段平滑封閉可定向曲面 S 上之各點都爲零，而 S 所包含的整個曲域 T 全部屬於 D。則$\nabla^2 g$ 在 T 中爲零，且 (8) 式中的面積分爲零，所以當 $g = f$ 時由 (8) 式可得

$$\iiint_T \operatorname{grad} f \cdot \operatorname{grad} f\, dV = \iiint_T |\operatorname{grad} f|^2\, dV = 0$$

因爲 f 爲調和函數，故 grad f 以及 $|\operatorname{grad} f|$ 在 T 中及在 S 上均爲連續，又因 $|\operatorname{grad} f|$ 不爲負，要讓在 T 之積分爲零，則在 T 中每一處 grad f 必須爲零向量。因此 $f_x = f_y = f_z = 0$，而 f 在 T 中爲常數，又因爲連續性，它等於它在 S 上的值 0，這就證明了以下定理。

定理 2

調和函數

令 $f(x, y, z)$ 於某定義域 D 內為調和，且在 D 中一片段平滑封閉可定向曲面 S 上之各點均為零，其中 S 所包含之整個區域 T 皆屬於 D。則 f 在 T 中恆等於零。

此定理有一重要影響。令 f_1 和 f_2 爲滿足定理 1 之假設條件的函數，並在 S 上有相同的值。則它們的差 $f_1 - f_2$ 在 S 的每一點都滿足那些假設且其値爲 0。因此由定理 2 可得

$$f_1 - f_2 = 0 \quad 在整個 \quad T$$

然後可得以下基本定理。

定理 3

Laplace 方程式之唯一性定理

令 T 為滿足散度定理假設之區域，並令 $f(x, y, z)$ 為定義域 D 中之一調和函數，其中 D 包含 T 及其邊界曲面 S。則 f 由它在 S 上的値所唯一決定。

對於在區域 T 中求偏微分方程式之解 u 的問題，當 u 在 T 之邊界曲面 S 上爲已知時，此種問題就稱爲 **Dirichlet 問題** [8]，因此我們可以將定理 3 重述如下。

---

[8] PETER GUSTAV LEJEUNE DIRICHLET (1805–1859)，德國數學家，在巴黎求學時跟隨 Cauchy，1855 年繼承 Gauss 在 Göttingen 的教席。他因爲在傅立葉級數（他認識傅立葉本人）及數論上的研究而著名。

定理 3*

Dirichlet 問題之唯一性定理

若滿足定理 3 之假設，且 Laplace 方程式之 Dirichlet 問題在 T 內具有一解，則此解爲唯一。

此定理說明散度定理在位勢理論中之極高重要性。■

習題集 10.8

1–6 驗證

1. **調和函數** 對 $f = 2z^2 - x^2 - y^2$，S 爲方塊 $0 \le x \le a$、$0 \le y \le b$、$0 \le z \le c$ 之表面，請驗證定理 1。
2. **調和函數** 對 $f = x^2 - y^2$，及圓柱體 $x^2 + y^2 = 4$、$0 \le z \le h$ 之表面，試驗證定理 1。
3. **Green 第一恆等式** 對 $f = 4y^2$、$g = x^2$，S 爲「單位立方塊」$0 \le x \le 1$、$0 \le y \le 1$、$0 \le z \le 1$ 之表面，請驗證 (8) 式。在 (8) 中，對 f 和 g 的假設是什麼？是否 f 和 g 必須是調合函數？
4. **Green 第一恆等式** 對 $f = x$、$g = y^2 + z^2$，S 爲方塊 $0 \le x \le 1$、$0 \le y \le 2$、$0 \le z \le 3$ 之表面，請驗證 (8) 式。
5. **Green 第二恆等式** 對 $f = 6y^2$、$g = 2x^2$ 驗證 (9) 式，S 爲習題 3 之單位立方塊。
6. **Green 第二恆等式** 對 $f = x^2$、$g = y^4$ 驗證 (9) 式，S 爲習題 3 之單位立方塊。

7–11 體積

使用散度定理，假設對 T 及 S 的要求條件均滿足。

7. 請證明一邊界曲面爲 S 之區域 T，其體積爲

$$V = \iint_S x\,dy\,dz = \iint_S y\,dz\,dx = \iint_S z\,dx\,dy$$
$$= \frac{1}{3}\iint_S (x\,dy\,dz + y\,dz\,dx + z\,dx\,dy)$$

8. **圓錐** 使用習題 7 中 v 的第三個表示式，驗證一個高爲 h 且底面半徑爲 a 的圓錐，其體積爲 $V = \pi a^2 h/3$。
9. **球** 由習題 7 求以 a 爲半徑之半球面下的體積。
10. **體積** 請證明一個以 S 爲邊界曲面之區域 T，其體積爲

$$V = \frac{1}{3}\iint_S r\cos\phi\,dA$$

其中 r 爲 S 上一變數點 $P:(x, y, z)$ 與原點 O 之距離，而 ϕ 爲方向線 OP 與 S 於 P 點之外向法線之夾角，繪出圖形。提示：使用 10.7 節中的 (2) 並令 $\mathbf{F} = [x, y, z]$。

11. **球** 利用習題 10，求半徑爲 a 之球的體積。
12. **分組專題 散度定理及位勢理論** 由 (7)–(9) 式及定理 1–3，可明顯看出散度定理在位勢理論中的重要性。爲了更進一步強調，考慮函數 f 與 g 在某定義域 D 內爲調和，D 包含一區域 T 及它的邊界曲面 S，使得 T 滿足散度定理中的假設。請證明並舉例說明：

(a) $\displaystyle\iint_S g\frac{\partial g}{\partial n}\,dA = \iiint_T |\operatorname{grad} g|^2\,dV$

(b) 若在 S 上 $\partial g/\partial n = 0$，則 g 在 T 中爲常數。

(c) $\displaystyle\iint_S \left(f\frac{\partial g}{\partial n} - g\frac{\partial f}{\partial n}\right) dA = 0$

(d) 若在 S 上 $\partial f/\partial n = \partial g/\partial n$，則在 T 中 $f = g + c$，其中 c 爲常數。

(e) Laplacian 可以表示爲下列獨立於座標系統之形式

$$\nabla^2 f = \lim_{d(T)\to 0}\frac{1}{V(T)}\iint_{S(T)}\frac{\partial f}{\partial n}\,dA$$

其中 $d(T)$ 爲由 $S(T)$ 所包圍之區域 T 內的點，與 Laplacian 求值之點間的最大距離，而 $V(T)$ 爲 T 之體積。

10.9 Stokes 定理 (Stokes's Theorem)

讓我們複習一下已討論過的內容。平面區域之雙重積分可轉換為該區域邊界上之線積分，反過來線積分亦可轉換為雙重積分。這個重要的關係稱為平面之 *Green* 定理 (*Green's theorem in the plane*)，已在 10.4 節說明。我們也學到了，三重積分可轉換為面積分，且反之亦可，也就是面積分到三重積分。這個「大」定理稱為高斯散度定理 (*Gauss's divergence theorem*)，已在 10.7 節介紹。

為使我們對積分轉換的討論更加完整，我們現在要介紹另一個「大」定理，它讓我們可以將面積分轉換成線積分，亦可反過來將線積分轉換成面積分。它稱為 **Stokes 定理**，它是平面之 Green 定理的一般化 (見以下例題 2 以立即了解此點)。由 9.9 節我們有

(1)
$$\operatorname{curl}\mathbf{F} = \begin{vmatrix} \mathbf{i} & \mathbf{j} & \mathbf{k} \\ \partial/\partial x & \partial/\partial y & \partial/\partial z \\ F_1 & F_2 & F_3 \end{vmatrix}$$

我們現在要用到。

定理 1

Stokes 定理 [9]

(面積分與線積分間之轉換)

令 S 為空間中一片段平滑定向曲面，且令 S 之邊界為一片段平滑簡單封閉曲線 C。令 $\mathbf{F}(x, y, z)$ 是一個連續向量函數，它在空間中某一包含 S 的定義域中有連續的一階偏導數。則

(2)
$$\iint_S (\operatorname{curl}\mathbf{F}) \cdot \mathbf{n}\, dA = \oint_C \mathbf{F} \cdot \mathbf{r}'(s)\, ds$$

其中 $\mathbf{n}$ 為 S 之單位法線向量，且沿 C 積分之方向與 $\mathbf{n}$ 有關，如圖 254 所示。此外，$\mathbf{r}' = d\mathbf{r}/ds$ 是 C 的單位切線向量，而 s 為 C 的弧長。

以分量表示，則 (2) 式成為

(2*)
$$\iint_R \left[\left(\frac{\partial F_3}{\partial y} - \frac{\partial F_2}{\partial z}\right)N_1 + \left(\frac{\partial F_1}{\partial z} - \frac{\partial F_3}{\partial x}\right)N_2 + \left(\frac{\partial F_2}{\partial x} - \frac{\partial F_1}{\partial y}\right)N_3\right] du\, dv$$
$$= \oint_{\overline{C}} (F_1\, dx + F_2\, dy + F_3\, dz)$$

其中 $\mathbf{F} = [F_1, F_2, F_3]$、$\mathbf{N} = [N_1, N_2, N_3]$、$\mathbf{n}\, dA = \mathbf{N}\, du\, dv$、$\mathbf{r}' ds = [dx, dy, dz]$，而 R 是在 uv 平面上對應於 S 的區域，它的邊界曲線 $\overline{C}$ 表示為 $\mathbf{r}(u, v)$。

[9] GEORGE GABRIEL STOKES (1819-1903) 爵士，愛爾蘭數學物理學家，於 1849 年成為劍橋教授。他在無窮級數理論、黏性流 (Navier-Stokes 方程)、測地學及光學方面享有盛名。

「片段平滑」曲線及曲面定義於 10.1 及 10.5 節中。

證明在例題 1 之後。

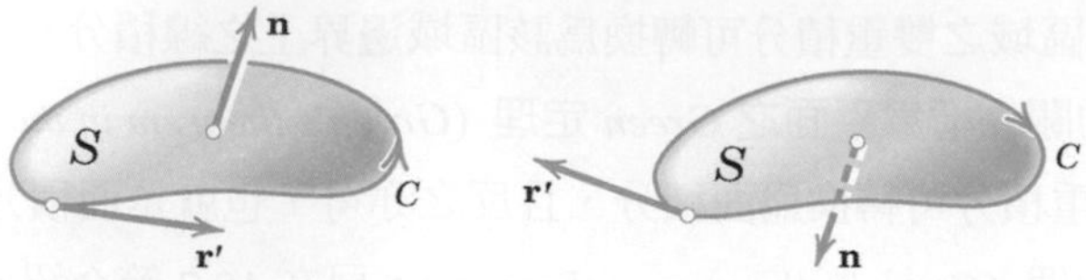

圖 254 Stokes 定理

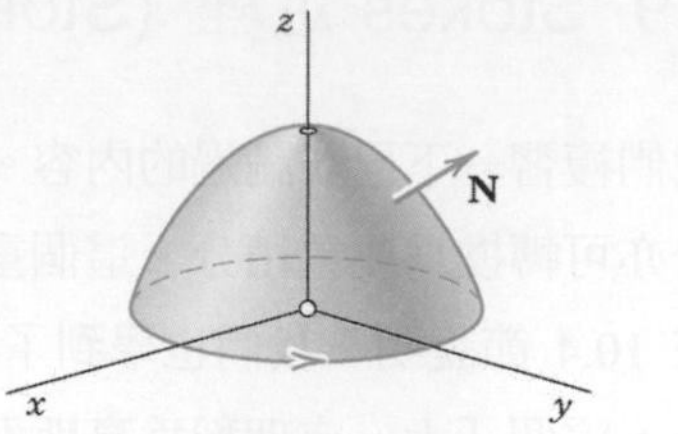

圖 255 例題 1 中之曲面 S

例題 1 Stokes 定理之驗證

在證明 Stokes 定理之前，讓我們先經由驗證以熟悉此定理，令 $\mathbf{F}=[y,z,x]$ 且 S 為拋物面 (圖 255)

$$z=f(x,y)=1-(x^2+y^2),\quad z\geq 0$$

解

曲線 C 為圓 $\mathbf{r}(s)=[\cos s,\sin s,0]$，其方向如圖 255 所示。它的單位切線向量是 $\mathbf{r}'(s)=[-\sin s,\cos s,0]$。函數 $\mathbf{F}=[y,z,x]$ 在 C 上是 $\mathbf{F}(\mathbf{r}(s))=[\sin s,0,\cos s]$。故

$$\oint_C \mathbf{F}\bullet d\mathbf{r}=\int_0^{2\pi}\mathbf{F}(\mathbf{r}(s))\bullet\mathbf{r}'(s)\,ds=\int_0^{2\pi}[(\sin s)(-\sin s)+0+0]\,ds=-\pi$$

現在考慮面積分。因為 $F_1=y$、$F_2=z$、$F_3=x$，故在 (2*) 式中可得

$$\operatorname{curl}\mathbf{F}=\operatorname{curl}[F_1,F_2,F_3]=\operatorname{curl}[y,z,x]=[-1,-1,-1]$$

S 的一個法線向量為 $\mathbf{N}=\operatorname{grad}(z-f(x,y))=[2x,2y,1]$。因此 $(\operatorname{curl}\mathbf{F})\bullet\mathbf{N}=-2x-2y-1$。現在 $\mathbf{n}\,dA=\mathbf{N}\,dx\,dy$ (見 10.6 節 (3*) 式，以 x、y 取代 u、v)。利用極座標 r、θ，定義為 $x=r\cos\theta$、$y=r\sin\theta$，並將 S 在 xy 平面上的投影標示為 R，可得

$$\begin{aligned}\iint_S(\operatorname{curl}\mathbf{F})\bullet\mathbf{n}\,dA&=\iint_R(\operatorname{curl}\mathbf{F})\bullet\mathbf{N}\,dx\,dy=\iint_R(-2x-2y-1)\,dx\,dy\\&=\int_{\theta=0}^{2\pi}\int_{r=0}^{1}(-2r(\cos\theta+\sin\theta)-1)r\,dr\,d\theta\\&=\int_{\theta=0}^{2\pi}\left(-\frac{2}{3}(\cos\theta+\sin\theta)-\frac{1}{2}\right)d\theta=0+0-\frac{1}{2}(2\pi)=-\pi\end{aligned}$$

■

證明

現證明 Stokes 定理。明顯可以看出若 (2*) 式兩側各分量之積分相等，則 (2) 式成立；亦即

$$\iint_R\left(\frac{\partial F_1}{\partial z}N_2-\frac{\partial F_1}{\partial y}N_3\right)du\,dv=\oint_{\bar{C}}F_1\,dx \tag{3}$$

$$\iint_R\left(-\frac{\partial F_2}{\partial z}N_1+\frac{\partial F_2}{\partial x}N_3\right)du\,dv=\oint_{\bar{C}}F_2\,dy \tag{4}$$

$$\iint_R\left(\frac{\partial F_3}{\partial y}N_1-\frac{\partial F_3}{\partial x}N_2\right)du\,dv=\oint_{\bar{C}}F_3\,dz \tag{5}$$

我們首先對一曲面 S 來證明上式，S 可同時表示為

(6) (a) $z = f(x,y)$ (b) $y = g(x,z)$ (c) $x = h(y,z)$

利用 (6a) 證明 (3) 式。令 $u = x$ 、 $v = y$ ，由 (6a) 可得

$$\mathbf{r}(u,v) = \mathbf{r}(x,y) = [x, y, f(x,y)] = x\mathbf{i} + y\mathbf{j} + f\mathbf{k}$$

直接計算 10.6 節 (2) 式，可得

$$\mathbf{N} = \mathbf{r}_u \times \mathbf{r}_v = \mathbf{r}_x \times \mathbf{r}_y = [-f_x, -f_y, 1] = -f_x\mathbf{i} - f_y\mathbf{j} + \mathbf{k}$$

注意 **N** 為 S 之*上*法線向量，因為它的 z 分量為*正*。同時，$R = S^*$，即 S 在 xy 平面之投影，其邊界曲線為 $\overline{C} = C^*$ (圖 256)。故 (3) 式左側為

$$\iint_{S^*} \left[\frac{\partial F_1}{\partial z}(-f_y) - \frac{\partial F_1}{\partial y} \right] dx\, dy \tag{7}$$

現在我們考慮 (3) 式右側。利用 Green 定理 [10.4 節 (1) 式，$F_2 = 0$]，將 $\overline{C} = C^*$ 上之線積分轉換為 S^*上之雙重積分。可得

$$\oint_{C^*} F_1\, dx = \iint_{S^*} -\frac{\partial F_1}{\partial y}\, dx\, dy$$

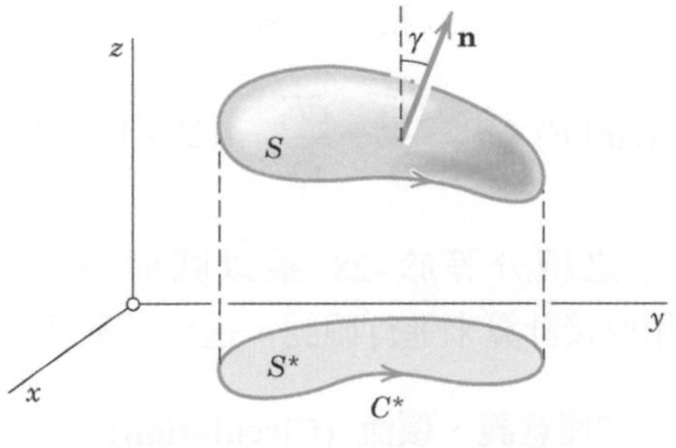

圖 256 Stokes 定理的證明

此處，$F_1 = F_1(x, y, f(x, y))$。因此由連鎖律 (見 9.6 節習題 10)，

$$-\frac{\partial F_1(x,y,f(x,y))}{\partial y} = -\frac{\partial F_1(x,y,z)}{\partial y} - \frac{\partial F_1(x,y,z)}{\partial z}\frac{\partial f}{\partial y} \qquad [z = f(x,y)]$$

我們可看出此式右側等於 (7) 式之被積函數。這就證明了 (3) 式。若我們分別利用 (6b) 及 (6c)，則關係式 (4) 與 (5) 可同理得證。相加後可得 (2*) 式。此即證明 Stokes 定理對一可以同時表示成 (6a)、(6b)、(6c) 形式之曲面 S 成立。

如同散度定理之證明，我們的結果可以立即延伸至一曲面 S，此 S 可分解成有限多個部分，每一部分均為如前所考慮之形式。這涵蓋了大部分實際問題所會遭遇之情況。對滿足定理假設之最一般性表面 S 之證明，需要用到極限程序；此與 10.4 節中 Green 定理之情況相類似。 ■

例題 2 平面之 Green 定理為 Stokes 定理之特例

令 $\mathbf{F} = [F_1, F_2] = F_1\mathbf{i} + F_2\mathbf{j}$ 是一個向量函數，它在 xy 平面中之一定義域內為連續可微，該定義域含有一簡連有界封閉區域 S，S 之邊界 C 為一片段平滑簡單封閉曲線。則根據 (1) 式，

$$(\text{curl } \mathbf{F}) \bullet \mathbf{n} = (\text{curl } \mathbf{F}) \bullet \mathbf{k} = \frac{\partial F_2}{\partial x} - \frac{\partial F_1}{\partial y}$$

故 Stokes 定理中的公式現在成為如下形式

$$\iint_S \left(\frac{\partial F_2}{\partial x} - \frac{\partial F_1}{\partial y} \right) dA = \oint_C (F_1\, dx + F_2\, dy)$$

此顯示出平面之 Green 定理 (10.4 節) 為 Stokes 定理之一特例 (在下面的證明中會用到)。 ■

例題 3 利用 Stoke 定理計算線積分

求 $\int_C \mathbf{F} \bullet \mathbf{r}'\, ds$ 之值，其中 C 為圓，$x^2 + y^2 = 4$ 、 $z = -3$，從圓心看為逆時針方向，且相對於右手卡氏座標，

$$\mathbf{F} = [y, xz^3, -zy^3] = y\mathbf{i} + xz^3\mathbf{j} - zy^3\mathbf{k}$$

解

對一由 C 所包圍之曲面 S，我們可取平面 $z = -3$ 中之平面圓盤 $x^2 + y^2 \leq 4$ 。則 Stokes 定理中之 $\mathbf{n}$ 指向正 z 方向；故 $\mathbf{n} = \mathbf{k}$ 。因此 $(\text{curl } \mathbf{F}) \bullet \mathbf{n}$ 即為 curl $\mathbf{F}$ 在正 z 方向上之分量。因為 $\mathbf{F}$ 在 $z = -3$ 時的分量為 $F_1 = y$ 、 $F_2 = -27x$ 、 $F_3 = 3y^3$ ，所以我們得到

$$(\text{curl } \mathbf{F}) \bullet \mathbf{n} = \frac{\partial F_2}{\partial x} - \frac{\partial F_1}{\partial y} = -27 - 1 = -28$$

因此，Stokes 定理中在 S 上之積分等於-28 乘以圓盤 S 之面積 4π 。這樣就得到答案 $-28 \cdot 4\pi = -112\pi \approx -352$ 。利用直接計算來進行確認，這會花較多的工夫。 ■

例題 4 旋度在流體運動中的物理意義、環流 (Circulation)

令 S_{r_0} 為一半徑 r_0，圓心 P 之圓盤，其邊界為 C_{r_0} (圖 257)，並令 $\mathbf{F}(Q) = \mathbf{F}(x, y, z)$ 在含有 S_{r_0} 之一定義域內為連續可微的向量函數。則由 Stokes 定理及面積分之均值定理 (見 10.6 節)，

$$\oint_{C_{r_0}} \mathbf{F} \bullet \mathbf{r}'\, ds = \iint_{S_{r_0}} (\text{curl } \mathbf{F}) \bullet \mathbf{n}\, dA = (\text{curl } \mathbf{F}) \bullet \mathbf{n}(P^*) A_{r_0}$$

其中 A_{r_0} 為 S_{r_0} 之面積，而 P^* 為 S_{r_0} 中一適當的點。上式可寫成如下形式

$$(\text{curl } \mathbf{F}) \bullet \mathbf{n}(P^*) = \frac{1}{A_{r_0}} \oint_{C_{r_0}} \mathbf{F} \bullet \mathbf{r}'\, ds$$

在流體運動的問題中速度向量 $\mathbf{F} = \mathbf{v}$，積分

$$\oint_{C_{r_0}} \mathbf{v} \bullet \mathbf{r}'\, ds$$

稱爲繞著 C_{r_0} 的**環流 (circulation)**。它代表對應之流體流動環繞圓 C_{r_0} 之旋轉程度。若令 r_0 趨近於零，可得

$$(8) \qquad (\text{curl } \mathbf{v}) \cdot \mathbf{n}(P) = \lim_{r_0 \to 0} \frac{1}{A_{r_0}} \oint_{C_{r_0}} \mathbf{v} \cdot \mathbf{r}' \, ds$$

亦即，旋度在正法線方向上之分量，可視爲在表面上相對之點處的**比環流 (specific dirculation)**，即單位面積之環流。■

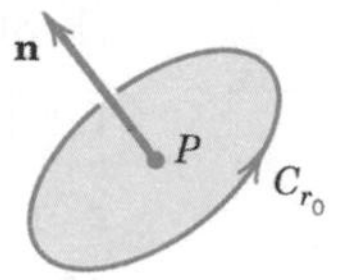

圖 257　例題 4

例題 5　環繞一封閉曲線位移所作之功

求力 $\mathbf{F} = 2xy^3 \sin z\mathbf{i} + 3x^2y^2 \sin z\mathbf{j} + x^2y^3 \cos z\mathbf{k}$ 沿著拋物面 $z = x^2 + y^2$ 與圓柱 $(x-1)^2 + y^2 = 1$ 之交線移動所做之功。

解

此功可由 Stokes 定理中之線積分求得。現在 $\mathbf{F} = \text{grad} f$，其中 $f = x^2y^2 \sin z$ 且 curl (grad f) = $\mathbf{0}$ [見 9.9 節 (2) 式]，故 (curl $\mathbf{F}$) • $\mathbf{n} = 0$，而由 Stokes 定理知功等於 0。此結果與本例爲守恆場一致 (定義於 9.7 節)。■

10.9.1　Stokes 定理應用於路徑無關性

在 10.2 節，我們強調一線積分之值，通常不僅與要積分之函數本身以及積分路徑 C 之兩端點 A 與 B 有關，也與由 A 至 B 的路徑選擇有關。在 10.2 節的定理 3，我們證明了若線積分

$$(9) \qquad \int_C \mathbf{F}(\mathbf{r}) \cdot d\mathbf{r} = \int_C (F_1\,dx + F_2\,dy + F_3\,dz)$$

(包含連續之 F_1、F_2、F_3 它們的一階偏導數也是連續的) 在定義域 D 中是與路徑無關的，則在 D 中 curl $\mathbf{F} = \mathbf{0}$。且在 10.2 節中我們說，反過來，若在 D 中各處均有 curl $\mathbf{F} = \mathbf{0}$，就代表了在 D 中 (9) 式與路徑無關，前提爲 D 是簡連的。要證明此點須用到 Stokes 定理，說明如下。

令 C 是 D 中任何封閉路徑。因爲 D 是簡連，我們可在 D 中找到一由 C 所包圍之曲面 S。在此曲面應用 Stokes 定理並得到

$$\oint_C (F_1\,dx + F_2\,dy + F_3\,dz) = \oint_C \mathbf{F} \cdot \mathbf{r}' \, ds = \iint_S (\text{curl } \mathbf{F}) \cdot \mathbf{n} \, dA$$

其中 C 選爲適當之方向，且 $\mathbf{n}$ 爲 S 上的法線向量。由於在 D 中 curl $\mathbf{F} = \mathbf{0}$，故面積分與線積分均爲零。此結果加上 10.2 節定理 2，表示在 D 中 (9) 式之積分與路徑無關。■

習題集 10.9

1–10 面積分之直接積分

用以下所給之 **F** 與 S 直接求面積分 $\iint_S (\text{curl } \mathbf{F}) \cdot \mathbf{n}\, dA$ 之値。

1. $\mathbf{F}=[z^2,-x^2,0]$，S 是頂點爲 (0, 0, 0)、(1, 0, 0)、(0, 4, 4)、(1, 4, 4) 之長方形。
2. $\mathbf{F}=[-13\sin y, 3\sinh z, x]$，$S$ 是頂點爲 (0, 0, 2)、(4, 0, 2)、$(4, \pi/2, 2)$、$(0, \pi/2, 2)$ 之長方形。
3. $\mathbf{F}=[e^{-z}, e^{-z}\cos y, e^{-z}\sin y],\ S: z=y^2/2,\ -1\le x\le 1,\ 0\le y\le 1$
4. **F** 同習題 1，$z=xy(0\le x\le 1, 0\le y\le 4)$。與習題 1 做比較。
5. $\mathbf{F}=[z^2, \frac{3}{2}x, 0],\ S: 0\le x\le a, 0\le y\le a, z=1$
6. $\mathbf{F}=[y^3, -x^3, 0],\ S: x^2+y^2\le 1, z=0$
7. $\mathbf{F}=[e^y, e^z, e^x],\ S: z=x^2\ (0\le x\le 2, 0\le y\le 1)$
8. $\mathbf{F}=[z^2, x^2, y^2],\ S: z=\sqrt{x^2+y^2}, y\ge 0, 0\le z\le h$
9. 對習題 5 之 **F** 與 S 驗證 Stokes 定理。
10. 對習題 6 之 **F** 與 S 驗證 Stokes 定理。
11. **Stokes 定理不適用**　請計算 $\oint_C \mathbf{F}\cdot\mathbf{r}'\, ds$、$\mathbf{F}=(x^2+y^2)^{-1}[-y, x]$、$C: x^2+y^2=1$、$z=0$，順時針方向。爲何無法應用 Stokes 定理?會得到什麼 (錯誤的) 結果？
12. **專題寫作　與積分相關之梯度、散度、旋度**　將本章中關於此主題之觀念與結果列出一清單。看看你是否能重新編排或合併你資料中的各部分。然後將資料分爲 3–5 部分，並完成各部分之細節。不須包含證明，但須有你自己列舉的範例，能夠引導你對內容有更多了解。

13–20 $\oint_C \mathbf{F}\cdot\mathbf{r}'\, ds$ 之計算

用 Stokes 定理計算此線積分，使用所給的 **F** 和 C。假設所用爲右手卡氏座標，且曲面法向量之 z 分量不爲負。

13. $\mathbf{F}=[-5y, 4x, z]$，C 爲圓 $x^2+y^2=16$、$z=4$。
14. $\mathbf{F}=[z^3, x^3, y^3]$，$C$ 爲圓 $x=2$、$y^2+z^2=9$。
15. $\mathbf{F}=[y^2, x^2, z+x]$，繞頂點爲 (0, 0, 0)、(1, 0, 0)、(1, 1, 0) 之三角形。
16. $\mathbf{F}=[e^y, 0, e^x]$，C 同習題 15。
17. $\mathbf{F}=[0, z^3, 0]$，C 爲圓柱 $x^2+y^2=1$、$x\ge 0$、$y\ge 0$、$0\le z\le 1$ 之邊界曲線。
18. $\mathbf{F}=[-y, 2z, 0]$，C 爲 $y^2+z^2=4$、$z\ge 0$、$0\le x\le h$ 之邊界曲線
19. $\mathbf{F}=[z, e^z, 0]$，C 爲部分圓錐 $z=\sqrt{x^2+y^2}$、$x\ge 0$、$y\ge 0$、$0\le z\le 1$ 之邊界曲線。
20. $\mathbf{F}=[0, \cos x, 0]$，$C$ 爲 $y^2+z^2=4$、$y\ge 0$、$z\ge 0$、$0\le x\le \pi$ 之邊界曲線。

第 10 章　複習題

1. 根據記憶，說明如何計算線積分。如何計算面積分。
2. 何謂線積分之路徑無關性？它的物理意義及重要性爲何？
3. 什麼線積分可以被轉換成面積分並能轉換回來？如何轉換？
4. 什麼樣的面積分可以轉換成體積分？如何轉換？
5. 在本章中梯度 (gradient) 的角色爲何？旋度 (curl) 爲何？憑記憶寫出它們的定義。
6. 線積分的典型應用是什麼？面積分的是什麼？

7. 在什麼情況下，面的方向性是有作用的？請加以解釋。

8. 憑記憶寫出散度定理。舉出其應用。

9. 在某些線積分及面積分中，我們由向量函數開始，但被積函數卻是純量函數。我們要如何以及爲何以此種方式進行？

10. 寫出 Laplace 方程式。解釋它的物理重要性。匯整我們對調合函數的討論。

11–20 線積分 (功積分)

對下列之 **F** 與 C，請利用最合適之方法求 $\int_C \mathbf{F}(\mathbf{r}) \cdot d\mathbf{r}$ 之值。記得當 **F** 爲力時，此積分可得該力沿 C 位移所作之功，寫出詳細過程。

11. $\mathbf{F}=[2x^2,-4y^2]$，C 爲由 $(4, 2)$ 到 $(-6, 10)$ 之線段。

12. $\mathbf{F}=[y\cos xy, x\cos xy, e^z]$，$C$ 爲由 $(\pi,1,0)$ 到 $(\frac{1}{2},\pi,1)$ 之線段。

13. $\mathbf{F}=[y^2, 2xy+5\sin x, 0]$，$C$ 爲 $0\le x\le \pi/2$、$0\le y\le 2$、$z=0$ 之邊界。

14. $\mathbf{F}=[-y^3, x^3+e^{-y}, 0]$，$C$ 爲圓 $x^2+y^2=25$、$z=2$。

15. $\mathbf{F}=[x^3, e^{2y}, e^{-4z}]$, C: $x^2+9y^2=9, z=x^2$

16. $\mathbf{F}=[x^2, y^2, y^2x]$，$C$ 爲由 $(2, 0, 0)$ 至 $(-2,0,3\pi)$ 之螺旋線 $\mathbf{r}=[2\cos t, 2\sin t, 3t]$。

17. $\mathbf{F}=[9z, 5x, 3y]$，C 爲橢圓 $x^2+y^2=9$、$z=x+2$。

18. $\mathbf{F}=[\sin\pi y, \cos\pi x, \sin\pi x]$，$C$ 爲 $0\le x\le 1$、$0\le y\le 2$、$z=x$ 之邊界曲線。

19. $\mathbf{F}=[z, 2y, x]$，C 爲由 $(1,0,0)$ 到 $(1,0,2\pi)$ 之螺旋線 $r=[\cos t, \sin t, t]$。

20. $\mathbf{F}=[ze^{xz}, 2\sinh 2y, xe^{xz}]$，$C$ 爲拋物線 $y=x$、$z=x^2$、$-1\le x\le 1$。

21–25 雙重積分、重心

請求出質量密度 $f(x,y)$ 在區域 R 中之重心的座標 $\bar{x}, \bar{y}$。畫出 R，寫出詳細過程。

21. $f=xy$，R 是頂點爲 $(0, 0)$、$(2, 0)$、$(2, 2)$ 之三角形。

22. $f=x^2+y^2, R: x^2+y^2\le a^2, y\ge 0$

23. $f=x^2$、$R: -1\le x\le 2$、$x^2\le y\le x+2$，爲何 $\bar{x}>0$？

24. $f=1, R: 0\le y\le 1-x^4$

25. $f=ky$、$k>0$，任意值，$0\le y\le 1-x^2$、$0\le x\le 1$。

26. 爲何習題 25 中之 $\bar{x}$ 和 $\bar{y}$ 與 k 無關？

27–35 面積分 $\iint_S \mathbf{F}\cdot\mathbf{n}\, dA$、散度定理

請直接求出此積分，或若可能的話利用散度定理，請寫出細節。

27. $\mathbf{F}=[ax, by, cz]$，S 爲球 $x^2+y^2+z^2=36$。

28. $\mathbf{F}=[x+y^2, y+z^2, z+x^2]$，$S$ 爲半軸長分別爲 a、b、c 之橢圓體。

29. $\mathbf{F}=[y+z, 20y, 2z^3]$，$S$ 爲 $0\le x\le 2$、$0\le y\le 1$、$0\le z\le y$ 之表面。

30. $\mathbf{F}=[1, 1, 1], S: x^2+y^2+4z^2=4, z\ge 0$

31. $\mathbf{F}=[e^x, e^y, e^z]$，$S$ 爲方盒 $|x|\le 1$、$|y|\le 1$、$|z|\le 1$ 之表面。

32. $\mathbf{F}=[y^2, x^2, z^2]$，$S$ 爲部分之拋物面 $z=x^2+y^2$、$z\le 9$。

33. $\mathbf{F}=[y^2, x^2, z^2]$, $S: r=[u, u^2, v]$, $0\le u\le 2$, $-2\le v\le 2$

34. $\mathbf{F}=[x, xy, z]$，S 爲 $x^2+y^2\le 1$、$0\le z\le 5$ 之邊界。

35. $\mathbf{F}=[x+z, y+z, x+y]$，$S$ 爲半徑爲 3 中心在 0 之球。

第 10 章摘要　向量微積分、積分定理

第 9 章是將微分運算延伸至向量，亦即，向量函數 $\mathbf{v}(x, y, z)$ 或 $\mathbf{v}(t)$。同樣的，第 10 章將積分運算延伸至向量函數。這包含了線積分 (10.1 節)、雙重積分 (10.3 節)、面積分 (10.6 節)，以及三重積分 (10.7 節)，另外還有將這些積分互相轉換的三「大」定理，即 Green 定理 (10.4 節)、Gauss 定理 (10.7 節)，以及 Stokes 定理 (10.9 節)。

微積分中定積分之類比爲**線積分** (10.1 節)

(1)
$$\int_C \mathbf{F}(\mathbf{r}) \bullet d\mathbf{r} = \int_C (F_1\,dx + F_2\,dy + F_3\,dz) = \int_a^b \mathbf{F}(\mathbf{r}(t)) \bullet \frac{d\mathbf{r}}{dt}\,dt$$

其中 $C: \mathbf{r}(t) = [x(t), y(t), z(t)] = x(t)\mathbf{i} + y(t)\mathbf{j} + z(t)\mathbf{k}\ (a \le t \le b)$ 爲空間中 (或平面上) 之一曲線。物理上，(1) 式表示由一 (可變) 力在位移中所作之功。在 10.1 節中也探討了其它種類的線積分及其應用。

線積分在一區域 D 內之**路徑無關性**表示對某一所給定之函數，在端點 P 與 Q 之間的任意路徑 C 上之積分，只要此路徑是在 D 內，則積分値均相同；在此，P 與 Q 是固定的。積分式 (1) 在 D 中與路徑無關之條件是，若且唯若其微分形式 $F_1\,dx + F_2\,dy + F_3\,dz$ 在 D 中爲**正合** (10.2 節)，其中 F_1、F_2、F_3 爲連續。同時，若 $\operatorname{curl} \mathbf{F} = \mathbf{0}$，其中 $\mathbf{F} = [F_1, F_2, F_3]$ 在一簡連定義域 D 內具有連續一階偏導數，則積分式 (1) 在 D 中與路徑無關 (10.2 節)。

積分定理　平面之 Green 定理的公式 (10.4 節)

(2)
$$\iint_R \left(\frac{\partial F_2}{\partial x} - \frac{\partial F_1}{\partial y}\right) dx\,dy = \oint_C (F_1\,dx + F_2\,dy)$$

將 xy 平面中區域 R 上之**雙重積分**，轉換爲 R 之邊界曲線 C 上之線積分，反之亦然。(2) 式之其它形式請見 10.4 節。

同樣的，**高斯散度定理**之公式 (見 10.7 節)

(3)
$$\iiint_T \operatorname{div} \mathbf{F}\,dV = \iint_S \mathbf{F} \bullet \mathbf{n}\,dA$$

將空間中某區域 T 上之三**重積分**，轉換爲 T 之邊界曲面 S 上的面積分，反之亦可。公式 (3) 可導出 **Green 公式**

(4)
$$\iiint_T (f\nabla^2 g + \nabla f \bullet \nabla g)\,dV = \iint_S f\frac{\partial g}{\partial n}\,dA$$

(5)
$$\iiint_T (f\nabla^2 g - g\nabla^2 f)\,dV = \iint_S \left(f\frac{\partial g}{\partial n} - g\frac{\partial f}{\partial n}\right) dA$$

最後，**Stokes 定理**之公式 (見 10.9 節)

(6)
$$\iint_S (\operatorname{curl} \mathbf{F}) \bullet \mathbf{n}\,dA = \int_C \mathbf{F} \bullet \mathbf{r}'(s)\,ds$$

將曲面 S 上之**面積分**，轉換爲 S 邊界曲線 C 上的線積分，反之亦可。

PART C

傅立葉分析、偏微分方程式 [Fourier Analysis. Partial Differential Equations (PDEs)]

第 11 章　傅立葉分析

第 12 章　偏微分方程式 (PDE)

第 11 與 12 章有直接的關聯，其中**傅立葉分析**最重要的應用，就是建立力學、熱流、靜電學及其它領域中之邊界值和初始值問題的偏微分方程數學模型。不過對 PDE 的探討自有其本身的重要性，事實上，PDE 是許多進行中研究計畫的主題。

傅立葉分析讓我們可以建立週期性現象的模型，此類現象經常出現在工程學及其相關領域中——試著考慮機械中的旋轉件、交流電或是行星運動。相關之週期性函數可能相當複雜，在此種狀況下，傅立葉分析很巧妙的用簡單的週期性函數，即餘弦及正弦，來表示這些複雜函數。其表現方式是一個稱為**傅立葉級數 (Fourier series**[1]) 的無窮級數。此一觀念可一般化到更一般性的函數 (11.5 節) 及積分表示式 (11.7 節)。

傅立葉級數的發明，對應用數學及整個數學界都造成巨大的衝擊。事實上，它對函數的概念、積分理論、收斂理論及許多其它的數學理論都有重大的影響 (參見附錄 1 的 [GenRef7])。

第 12 章討論物理學和工程學中最重要的一些偏微分方程式 (PDE)，例如，熱傳方程式和 Laplace 方程式。這些方程式分別可作為振動的弦 / 膜、棒上的溫度及靜電位等的模型。在許多工程與物理的領域中，PDE 是非常重要的，它們的應用比 ODE 更廣。

---

[1] JEAN-BAPTISTE JOSEPH FOURIER (1768–1830) 為法國的物理學家及數學家，在巴黎任教，隨拿破侖參與埃及戰爭，之後成為 Grenoble 的行政長官。傅立葉級數最早可在 Euler 與 Dainel Bernoulli 的研究中發現，但傅立葉首先以系統性且一般性的方式將其應用於他的主要研究著作，*Théorie analytique de la chaleur (Analytic Theory of Heat,* Paris, 1822)，在該書中他建立了熱傳導的理論 (熱傳方程式，見 12.5 節)，使得這種級數變成應用數學中最重要的工具。

CHAPTER 11

傳立葉分析 (Fourier Analysis)

本章分爲三大部分：傅立葉級數在 11.1–11.4 節介紹，更一般性的稱爲 Sturm–Liouville 展開的正規正交級數在 11.5 和 11.6 節，而傅立葉積分和傅立葉轉換則於 11.7–11.9 節。

傅立葉分析的中心起點是**傅立葉級數 (Fourier series)**。傅立葉級數是以簡單的餘弦及正弦函數來表示各種週期函數的無窮級數。此一三角函數的系統是**正交的 (*orthogonal*)**，讓我們在求傅立葉級數的各係數時，可以使用著名的 Euler 公式，如 11.1 節所示。對於工程師與物理學者，傅立葉級數都是非常重要的，因爲它可求解如受力振盪的 ODE (11.3 節)，並可用於近似週期性函數 (11.4 節)。除此之外，第 12 章將介紹傅立葉分析在解 PDE 的應用。就某一方面而言，傅立葉級數適用的範圍較微積分中的泰勒級數更爲廣泛，因爲在實際應用中，有很多的非連續週期函數只能使用傅立葉級數，並不能用泰勒級數來展開。

傅立葉級數的根本觀念可向兩個重要方向延伸。我們可將三角系統換成其它的正交函數族，例如 Bessel 函數並得到 **Sturm–Liouville 展開**。注意到相關的 11.5 和 11.6 節以前是放在第 5 章，但爲增進可讀性與邏輯關聯性，現在放在第 11 章。第二種延伸是將傅立葉級數用於非週期性的現象，並發展出傅立葉積分與傅立葉轉換。這兩種延伸對求解 PDE 都有重要作用，將於第 12 章介紹。

在數位的時代，**離散傅立葉轉換 (discrete Fourier transform)** 佔有重要地位。訊號，例如聲音或音樂，須經過取樣並做頻率分析。在這方面有一個很重要的算則，就是**快速傅立葉轉換 (fast Fourier transform)**，這會在 11.9 節討論。

留意到傅立葉級數的這兩個延伸是互相獨立的，可以依本章的順序來探討，也可先讀傅立葉積分與轉換，然後再讀 Sturm–Liouville 展開。

本章之先修課程：基礎積分運算 (用於求傅立葉係數)。

短期課程可以省略的章節：11.4–11.9。

參考文獻與習題解答：附錄 1 的 C 部分及附錄 2。

11.1 傅立葉級數 (Fourier Series)

傅立葉級數是以餘弦及正弦函數，來表示各種週期函數的無窮級數。對於工程師與應用數學家，傅立葉級數是非常重要的。要定義傅立葉級數，我們須要先有一些背景材料。若函數 $f(x)$ 可稱爲是

週期函數 (periodic function)，則 $f(x)$ 對所有實數 x (或除了某些點之外) 均有定義，且存在一正數 p，稱爲 $f(x)$ 的**週期 (period)**，可使得對所有 x 都有

(1) $$f(x+p)=f(x)$$

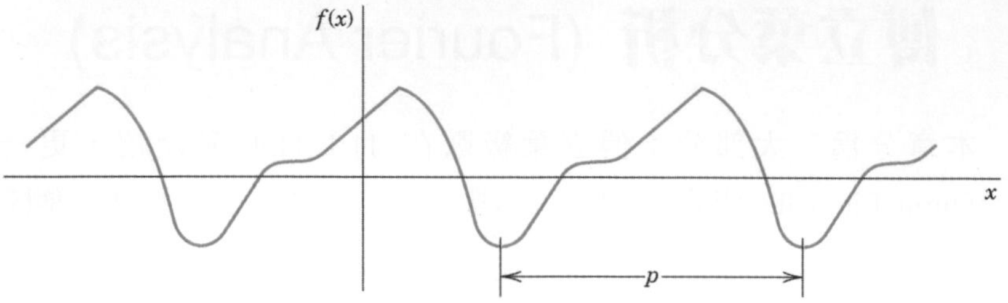

圖 258　週期爲 p 之週期函數

(函數 $f(x)=\tan x$ 是一個週期函數，但並非對所有的實數 x 都有定義，在某些點上它沒有定義 (更精確的說，可數的點)，即 $x=\pm\pi/2, \pm 3\pi/2, \cdots$)。

週期函數的圖形有一個特點，它可由區間長度爲 p 的圖形重複而得 (見圖 258)。最小正週期通常稱爲基本週期 (*fundamental period*) (見習題 2–4)。

我們較熟悉的週期函數包括正弦、餘弦、正切、餘切等函數。非週期函數的例子，如 x、x^2、x^3、e^x、$\cosh x$ 及 $\ln x$ ……等等，不勝枚舉。

若 $f(x)$ 的週期爲 p，由 (1) 式知 $f(x+2p)=f([x+p]+p)=f(x+p)=f(x)$，故 $2p$ 也是 $f(x)$ 的週期；以此類推，對於任意整數 $n=1, 2, 3, \cdots$，對所有 x 都有

(2) $$f(x+np)=f(x)$$

此外，若 $f(x)$ 與 $g(x)$ 的週期都是 p，則函數 $af(x)+bg(x)$ (a、b 爲任意常數) 的週期也是 p。

本章前幾節的主題，是將各種**週期爲 2π 的函數 $f(x)$** 用下列簡單函數來表示

(3) $$1,\quad \cos x,\quad \sin x,\quad \cos 2x,\quad \sin 2x, \cdots,\quad \cos nx,\quad \sin nx, \cdots$$

這些函數的週期都是 2π。它們構成所謂的**三角系統 (trigonometric system)**。圖 259 是一些簡單函數的圖形 (除常數 1 以外，因爲它的週期可爲任意值)。

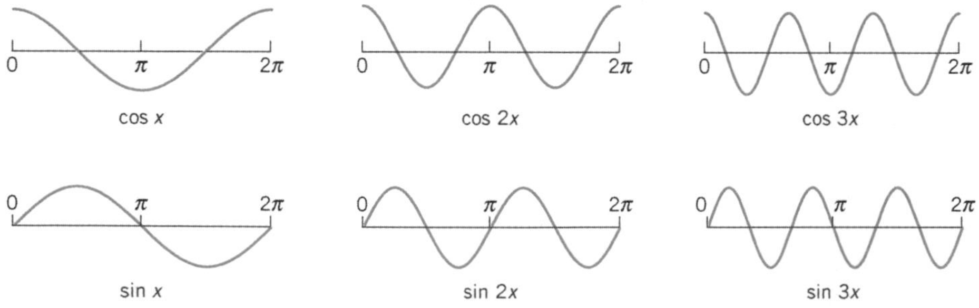

圖 259　週期 2π 的餘弦及正弦函數 [三角系統 (3) 的前幾項，除常數 1 之外]

這樣得到的級數稱爲**三角級數 (trigonometric series)**，其形式爲

(4)
$$a_0 + a_1 \cos x + b_1 \sin x + a_2 \cos 2x + b_2 \sin 2x + \cdots$$
$$= a_0 + \sum_{n=1}^{\infty} (a_n \cos nx + b_n \sin nx)$$

$a_0, a_1, b_1, a_2, b_2, \cdots$ 爲常數，稱爲此級數的**係數**。可以看出上式每一項的週期都是 2π。因此若所用的係數會使得級數收斂，則級數和會是一個週期 2π 的函數。

像 (4) 式這樣的表示式在傅立葉分析中會經常出現。要比較左右兩邊，只要寫出求和符號中的各項。一側收斂代表另一側也會收斂，且其和相同。

現在假設函數 $f(x)$ 的週期是 2π，且可表示成級數 (4)，亦即 (4) 式會收斂，且和爲 $f(x)$。利用等號，可將此級數寫成

(5)
$$f(x) = a_0 + \sum_{n=1}^{\infty} (a_n \cos nx + b_n \sin nx)$$

(5) 式稱爲 $f(x)$ 的**傅立葉級數**。我們將證明在這個情況下，(5) 式的係數即爲 $f(x)$ 的**傅立葉係數**，並可由以下 **Euler 公式**求得

(6)

(0) $$a_0 = \frac{1}{2\pi} \int_{-\pi}^{\pi} f(x)\, dx$$

(a) $$a_n = \frac{1}{\pi} \int_{-\pi}^{\pi} f(x) \cos nx\, dx \qquad n = 1, 2, \cdots$$

(b) $$b_n = \frac{1}{\pi} \int_{-\pi}^{\pi} f(x) \sin nx\, dx \qquad n = 1, 2, \cdots.$$

「傅立葉級數」此一名稱有時也會用於例外狀況，亦即，係數爲 (6) 式之 (5) 式不收斂或和不爲 $f(x)$——這有可能發生，但僅止於理論探討 (關於 Euler 請見 2.5 節註解 4)。

11.1.1 基本例題

在推導 Euler 公式 (6) 之前，先利用一個重要例題來說明 (5) 式和 (6) 式的應用方式。請特別注意，我們求解此例題的方法，也就是你要用於求解其它函數的方法。要留意到此處的積分和一般微積分中的積分有一點點不同，因爲有 n 的緣故。不要習於使用軟體，試著做更深入的了解並觀察：連續函數 (cosine 和 sine) 要如何表示所給的不連續函數？當你所取的級數項愈來愈多時，其近似程度如何增加？爲何在本例的近似函數，稱爲**級數的部分和 (partial sums)**，在 0 和 π 永遠爲零？$1/n$ 這個因子 (積分中所得) 爲何重要？

例題 1 **週期性方波 (圖 260)**

請求出圖 260 中週期函數 $f(x)$ 之傅立葉係數，其數學式爲

(7)
$$f(x) = \begin{cases} -k & \text{if } -\pi < x < 0 \\ k & \text{if } 0 < x < \pi \end{cases} \qquad \text{及} \qquad f(x + 2\pi) = f(x)$$

此類函數會出現在如作用於機械系統的外力、電路之電動勢等（$f(x)$ 在單一點上的值不會影響積分結果，因此我們讓 $f(x)$ 在 $x=0$ 和 $x=\pm\pi$ 無定義)。

解

由 (6.0) 可得 $a_0=0$。這不用積分也可直接觀察到，因為由$-\pi$ 到 π 之間 $f(x)$ 曲線下方的面積為零 (在 $f(x)$ 為負時，取負號)。由 (6a) 我們得到餘弦項的係數 $a_1, a_2, \cdots$。因為 $f(x)$ 是兩個數學式定義的，由$-\pi$ 到 π 的積分分成兩部分：

$$a_n = \frac{1}{\pi}\int_{-\pi}^{\pi} f(x)\cos nx\,dx = \frac{1}{\pi}\left[\int_{-\pi}^{0}(-k)\cos nx\,dx + \int_{0}^{\pi} k\cos nx\,dx\right]$$

$$= \frac{1}{\pi}\left[-k\frac{\sin nx}{n}\bigg|_{-\pi}^{0} + k\frac{\sin nx}{n}\bigg|_{0}^{\pi}\right] = 0$$

因為對所有的 $n=1,2,\cdots$，在$-\pi$、0 及 π 時，$\sin nx = 0$。我們可看出所有餘弦項的係數都是零，也就是說傅立葉級數 (7) 沒有餘弦項只有正弦項，它是一個**傅立葉正弦級數**，且係數為得自 (6b) 式的 $b_1, b_2, \cdots$；

$$b_n = \frac{1}{\pi}\int_{-\pi}^{\pi} f(x)\sin nx\,dx = \frac{1}{\pi}\left[\int_{-\pi}^{0}(-k)\sin nx\,dx + \int_{0}^{\pi} k\sin nx\,dx\right]$$

$$= \frac{1}{\pi}\left[k\frac{\cos nx}{n}\bigg|_{-\pi}^{0} - k\frac{\cos nx}{n}\bigg|_{0}^{\pi}\right]$$

因為 $\cos(-\alpha) = \cos\alpha$ 且 $\cos 0 = 1$，由此得到

$$b_n = \frac{k}{n\pi}[\cos 0 - \cos(-n\pi) - \cos n\pi + \cos 0] = \frac{2k}{n\pi}(1-\cos n\pi)$$

現在 $\cos\pi = -1$、$\cos 2\pi = 1$、$\cos 3\pi = -1$ 等等；通式為

$$\cos n\pi = \begin{cases} -1 & \text{奇數 } n, \\ 1 & \text{偶數 } n, \end{cases} \quad \text{因而} \quad 1-\cos n\pi = \begin{cases} 2 & \text{奇數 } n, \\ 0 & \text{偶數 } n \end{cases}$$

故所求函數的傅立葉係數 b_n 為

$$b_1 = \frac{4k}{\pi}, \quad b_2 = 0, \quad b_3 = \frac{4k}{3\pi}, \quad b_4 = 0, \quad b_5 = \frac{4k}{5\pi}, \cdots$$

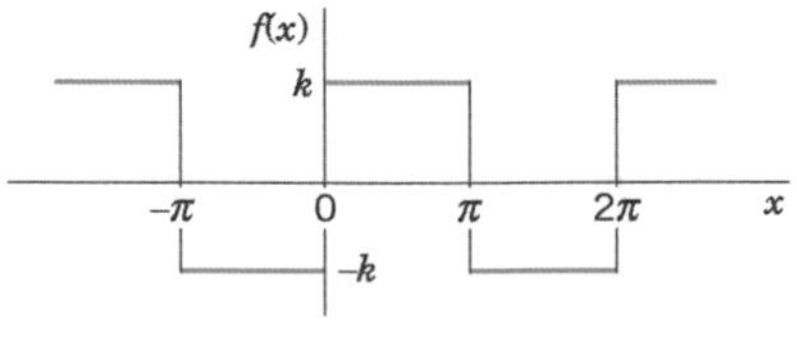

圖 260 已知函數 $f(x)$ (週期性方波)

由於 a_n 爲零， $f(x)$ 的傅立葉級數爲

(8)
$$\frac{4k}{\pi}(\sin x+\frac{1}{3}\sin 3x+\frac{1}{5}\sin 5x+\cdots)$$

部分和爲

$$S_1=\frac{4k}{\pi}\sin x,\quad S_2=\frac{4k}{\pi}\left(\sin x+\frac{1}{3}\sin 3x\right)\quad 等等$$

由圖 261 的圖形可看出此級數是收斂的，且其和爲 $f(x)$，即所給定之函數。注意到在 $x=0$ 及 $x=\pi$ 處，即 $f(x)$ 的不連續點上，所有部分和均爲零，即函數極限值 $-k$ 及 k 的算術平均值，此爲典型的情況。

此外，假設 $f(x)$ 爲此級數的和，並令 $x=\pi/2$ ，可得

$$f\left(\frac{\pi}{2}\right)=k=\frac{4k}{\pi}\left(1-\frac{1}{3}+\frac{1}{5}-+\cdots\right)$$

因此

$$1-\frac{1}{3}+\frac{1}{5}-\frac{1}{7}+-\cdots=\frac{\pi}{4}$$

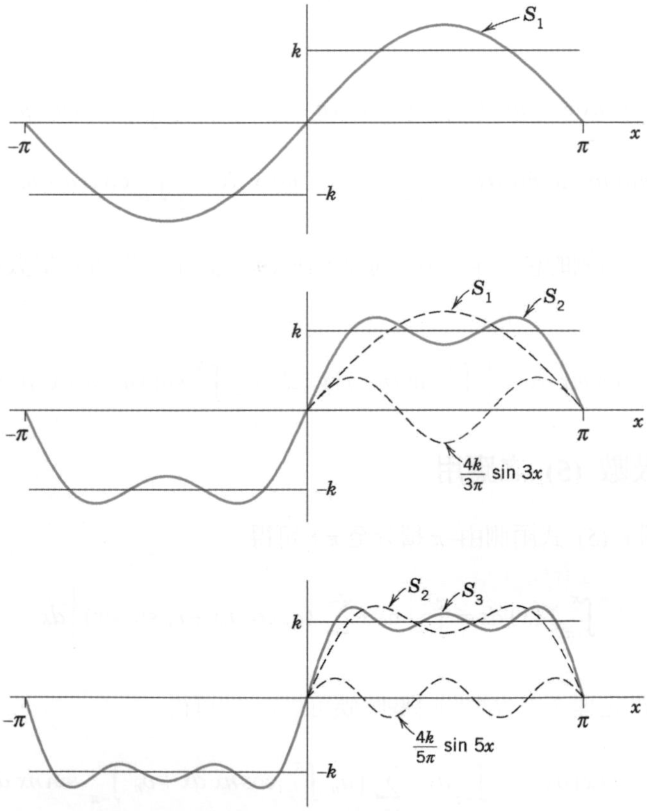

圖 261 對應之傅立葉級數的前三個部分和

此爲 Leibniz 在 1673 年所得的著名等式，當時他是得自幾何關係。它說明了對各種具常數項之級數，其值可經由計算特定點之傅立葉級數而得。■

11.1.2 Euler 公式 (6) 之推導

Euler 公式 (6) 之關鍵爲 (3) 式之**正交性**，這是一個基本的重要觀念，說明如下。在此我們將函數的內積 (9.3 節) 一般化。

定理 1

三角系統 (3) 之正交性

三角系統 (3) 式在區間 $-\pi \le x \le \pi$ 內爲正交 (由於它的週期性，故在 $0 \le x \le 2\pi$ 或任何其它長度爲 2π 的區間內亦爲正交)；亦即，(3) 式中任意兩函數之乘積，在該區間之積分爲 0，故對任意整數 n 與 m。

(9)

(a) $$\int_{-\pi}^{\pi} \cos nx \cos mx \, dx = 0 \quad (n \neq m)$$

(b) $$\int_{-\pi}^{\pi} \sin nx \sin mx \, dx = 0 \quad (n \neq m)$$

(c) $$\int_{-\pi}^{\pi} \sin nx \cos mx \, dx = 0 \quad (n \neq m \text{ or } n = m)$$

證明

此證明只要將被積函數中之三角函數的乘積化爲和差即可。在 (9a) 與(9b) 式中，利用附錄 A3.1 的 (11) 式，

$$\int_{-\pi}^{\pi} \cos nx \cos mx \, dx = \frac{1}{2}\int_{-\pi}^{\pi} \cos (n+m)\, x \, dx + \frac{1}{2}\int_{-\pi}^{\pi} \cos (n-m)\, x \, dx$$

$$\int_{-\pi}^{\pi} \sin nx \sin mx \, dx = \frac{1}{2}\int_{-\pi}^{\pi} \cos (n-m)\, x \, dx - \frac{1}{2}\int_{-\pi}^{\pi} \cos (n+m)\, x \, dx$$

因爲 $m \neq n$ (整數！)，右側的積分全爲 0。同理，在 (9c) 式中，對所有整數 m 及 n (沒有例外；知道爲什麼嗎？)

$$\int_{-\pi}^{\pi} \sin nx \cos mx \, dx = \frac{1}{2}\int_{-\pi}^{\pi} \sin (n+m)\, x \, dx + \frac{1}{2}\int_{-\pi}^{\pi} \sin (n-m)\, x \, dx = 0 + 0 = 0$$ ■

定理 1 在傅立葉級數 (5) 之應用

現在證明 (6.0) 式。將 (5) 式兩側由$-\pi$ 積分至 π，可得

$$\int_{-\pi}^{\pi} f(x)\, dx = \int_{-\pi}^{\pi} \left[a_0 + \sum_{n=1}^{\infty} (a_n \cos nx + b_n \sin nx) \right] dx$$

假設可以逐項積分 (在定理 2 中會說明哪些時候可以)。則可得

$$\int_{-\pi}^{\pi} f(x)\, dx = a_0 \int_{-\pi}^{\pi} dx + \sum_{n=1}^{\infty} \left(a_n \int_{-\pi}^{\pi} \cos nx \, dx + b_n \int_{-\pi}^{\pi} \sin nx \, dx \right)$$

右側第一項等於 $2\pi a_0$。積分後可得其它積分式均爲 0。因此除上 2π 即得 (6.0) 式。

現在證明 (6a) 式。將 (5) 式兩側乘上 $\cos mx$，m 爲任意**固定**正整數，並由$-\pi$ 積分至 π，可得

$$\int_{-\pi}^{\pi} f(x)\cos mx\,dx = \int_{-\pi}^{\pi}\left[a_0 + \sum_{n=1}^{\infty}(a_n \cos nx + b_n \sin nx)\right]\cos mx\,dx \tag{10}$$

逐項積分。則右側得到 $a_0 \cos mx$ 之積分爲 0；而 $a_n \cos nx \cos mx$ 之積分，在 $n = m$ 時爲 $a_m\pi$，在 $n \neq m$ 時由 (9a) 式知其爲零；還有一個 $b_n \sin nx \cos mx$ 的積分，由 (9c) 知它對所有 n 與 m 均爲 0。故 (10) 式右側等於 $a_m\pi$ 。除以 π 後可得 (6b) 式 (以 m 取代 n)。

最後證明 (6b) 式。(5) 式兩側乘以 $\sin mx$ ，m 爲任意**固定的**正整數，並由$-\pi$ 積分至 π，可得

$$\int_{-\pi}^{\pi} f(x)\sin mx\,dx = \int_{-\pi}^{\pi}\left[a_0 + \sum_{n=1}^{\infty}(a_n \cos nx + b_n \sin nx)\right]\sin mx\,dx \tag{11}$$

逐項積分，則右側可得 $a_0 \sin mx$ 之積分爲 0；由 (9c) 式知對於 $a_n \cos nx \sin mx$ 之積分爲 0；以及對 $b_n \sin nx \sin mx$ 的積分，在 $n = m$ 時爲 $b_m\pi$，在 $n \neq m$ 時由 (9b) 式知其 0。這就代表了(6b) 式成立 (以 m 表示 n)。此即完成傅立葉係數中 Euler 公式 (6) 之證明。 ■

11.1.3 傅立葉級數之收斂性及總和

可以用傅立葉級數來表示的函數類型是出奇的多且一般性。在大部分應用中均成立之充分條件如下所述。

定理 2

以傅立葉級數表示

令 $f(x)$ 爲週期 2π 的週期函數，且在區間 $-\pi \le x \le \pi$ 內爲片段連續 (見 6.1 節)。此外，令 $f(x)$ 在該區間中的各點都有左側導數 (left-hand derivative) 及右側導數 (right-hand derivative)。則 $f(x)$ 的傅立葉級數 (5) 式 [係數爲 (6) 式] 收斂。除了在 $f(x)$ 爲不連續的點 x_0 外，級數的和爲 $f(x)$。而在不連續點處的級數和爲 $f(x)$ 的其左極限與右極限[2]之平均值。

---

[2] $f(x)$ 在 x_0 的左極限 (left-hand limit) 爲 x 由左邊趨近 x_0 時 $f(x)$ 的極限，通常表示成 $f(x_0-0)$。因此

$$f(x_0-0) = \lim_{h\to 0} f(x_0-h) \quad h\text{ 是由正值趨向 0。}$$

右極限 (right-hand limit) 通常表示爲 $f(x_0+0)$ 且

$$f(x_0+0) = \lim_{h\to 0} f(x_0+h) \quad h\text{ 是由正值趨向 0。}$$

$f(x)$ 在 x_0 的**左導數**及**右導數**定義爲下兩式的極限

$$\frac{f(x_0-h)-f(x_0-0)}{-h} \quad \text{和} \quad \frac{f(x_0+h)-f(x_0+0)}{-h}$$

h 是由正值趨 0。當 $f(x)$ 在 x_0 處爲連續的，則上兩式之分子的最後一項爲 $f(x_0)$。

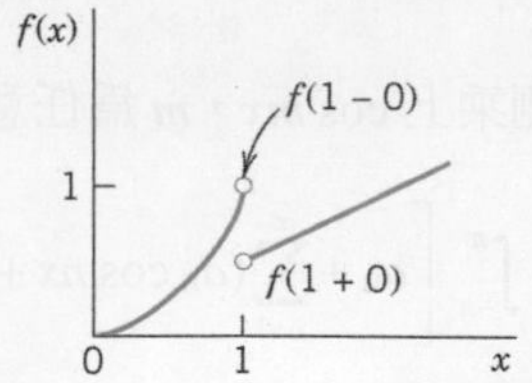

圖 262 函數 $f(x)=\begin{cases} x^2 & \text{if } x<1 \\ x/2 & \text{if } x\ge 1 \end{cases}$ 的左側與右側極限 $f(1-0)=1$ 和 $f(1+0)=\dfrac{1}{2}$

證明

我們僅對具有連續一階及二階導數之連續函數 $f(x)$ 證明其收斂性。而且我們不擬證明級數和是 $f(x)$，因為這些證明超過本書範圍，請參考，例如附錄 1 所列的參考文獻 [C12]。將 (6a) 部分積分，得到

$$a_n=\frac{1}{\pi}\int_{-\pi}^{\pi} f(x)\cos nx\,dx=\frac{f(x)\sin nx}{n\pi}\Bigg|_{-\pi}^{\pi}-\frac{1}{n\pi}\int_{-\pi}^{\pi} f'(x)\sin nx\,dx$$

右側第一項為零，再次部分積分可得

$$a_n=\frac{f'(x)\cos nx}{n^2\pi}\Bigg|_{-\pi}^{\pi}-\frac{1}{n^2\pi}\int_{-\pi}^{\pi} f''(x)\cos nx\,dx$$

右側第一項為零，因為 $f'(x)$ 之週期性及連續性。因為 f'' 在積分區間內為連續，可知

$$|f''(x)|<M$$

其中 M 為適當常數。此外，$|\cos nx|\le 1$。故可得

$$|a_n|=\frac{1}{n^2\pi}\left|\int_{-\pi}^{\pi} f''(x)\cos nx\,dx\right|<\frac{1}{n^2\pi}\int_{-\pi}^{\pi} M\,dx=\frac{2M}{n^2}$$

同理，對所有的 n 都有 $|b_n|<2M/n^2$。所以 $f(x)$ 之傅立葉級數每一項的絕對值，最大即為下列級數之相對應項

$$|a_0|+2M\left(1+1+\frac{1}{2^2}+\frac{1}{2^2}+\frac{1}{3^2}+\frac{1}{3^2}+\cdots\right)$$

此級數是收斂的。因此傅立葉級數收斂，證明完成。(熟悉均勻收斂的讀者將可看出，由 15.5 節之 Weierstrass 測試，在我們目前的假設下，傅立葉級數為均勻收斂，而推導 (6) 式所使用之逐項積分，可由 15.5 節定理 3 證明為可行。) ■

例題 2 定理 2 所示躍升處之收斂性

例題 1 之方波在 $x=0$ 處有一躍升。在該點之左極限為$-k$，而其右極限為 k (圖 261)。這兩個極限的平均值為 0。此波形之傅立葉級數 (8) 的確在 $x=0$ 時收斂至此平均值，因為此時各項均為 0。其它躍升點均類似，此與定理 2 相符。 ■

結論 已知週期爲 2π 的函數 $f(x)$，其傅立葉級數爲 (5) 式之級數，其係數可由 Euler 公式 (6) 求得。定理 2 說明級數收斂及每一個 x 均有 $f(x)$ 之值的充分條件，除了在 $f(x)$ 之不連續點以外，在這類點上的級數值等於 $f(x)$ 在該點左側及右側極限之算術平均值。

習題集 11.1

1–5 基本週期

基本週期是最小正週期，求出下列函數之基本週期。

1. $\cos x$, $\sin x$, $\cos 2x$, $\sin 2x$, $\cos \pi x$, $\sin \pi x$, $\cos 2\pi x$, $\sin 2\pi x$

2. $\cos nx$, $\sin nx$, $\cos\frac{2\pi x}{k}$, $\sin\frac{2\pi x}{k}$, $\cos\frac{2\pi nx}{k}$, $\sin\frac{2\pi nx}{k}$

3. 若 $f(x)$ 和 $g(x)$ 的週期均爲 p，證明 $h(x) = af(x) + bg(x)$ (a、b 爲常數) 的週期也是 p，因此所有週期爲 p 的函數構成一個**向量空間 (vector space)**。

4. **改變尺度** 若 $f(x)$ 的週期爲 p，請證明 $f(ax)$、$a \neq 0$ 與 $f(x/b)$、$b \neq 0$ 爲 x 之週期函數，且週期分別爲 p/a 與 bp。請舉例說明。

5. 請證明函數 $f =$ 常數爲具有任意週期之週期函數，但沒有基本週期。

6–10 2π 週期函數之圖形

畫出以下所給 $f(x)$ 在 $-\pi < x < \pi$ 的圖形。

6. $f(x) = |x|$

7. $f(x) = |\sin x|$, $f(x) = \sin |x|$

8. $f(x) = e^{-|x|}$, $f(x) = |e^{-x}|$

9. $f(x) = \begin{cases} x & \text{if } -\pi < x < 0 \\ \pi - x & \text{if } 0 < x < \pi \end{cases}$

10. $f(x) = \begin{cases} -\cos^2 x & \text{if } -\pi < x < 0 \\ \cos^2 x & \text{if } 0 < x < \pi \end{cases}$

11. **微積分複習** 針對 Euler 公式中可能會用到的積分，如 $x\cos nx$、$x^2 \sin nx$、$e^{-2x}\cos nx$ 等，複習其積分方法。

12–21 傅立葉級數

求出 $f(x)$ 之傅立葉級數，假設其週期爲 2π，請寫出詳細過程。畫出包含 $\cos 5x$ 及 $\sin 5x$ 以下之部分和。

12. $f(x)$ 如習題 6

13. $f(x)$ 如習題 9

14. $f(x) = x^2$ $(-\pi < x < \pi)$

15. $f(x) = x^2$ $(0 < x < 2\pi)$

16.

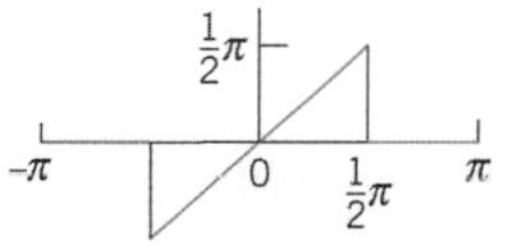

17.

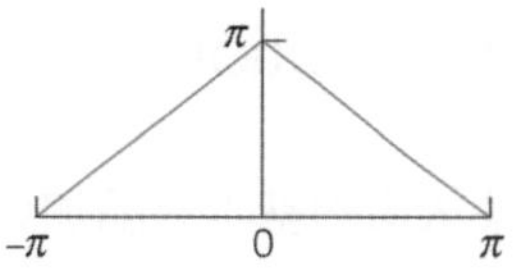

18.

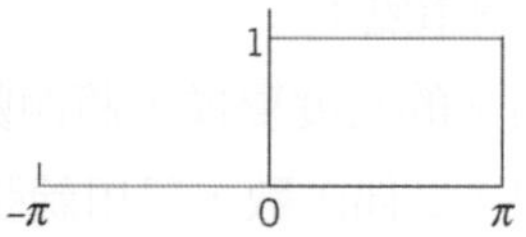

19.

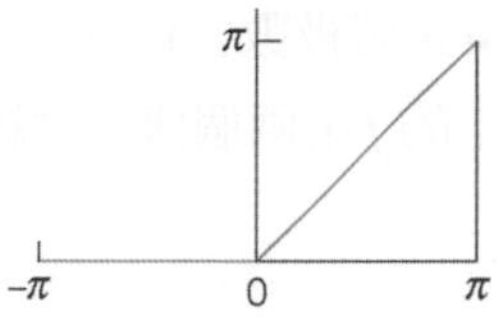

20.

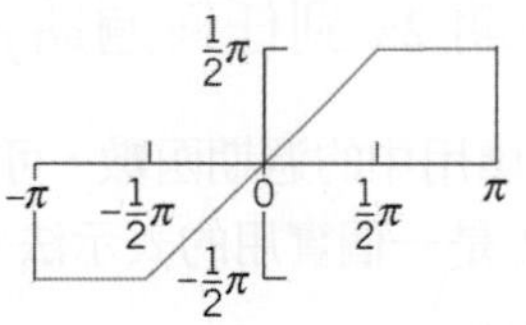

21.

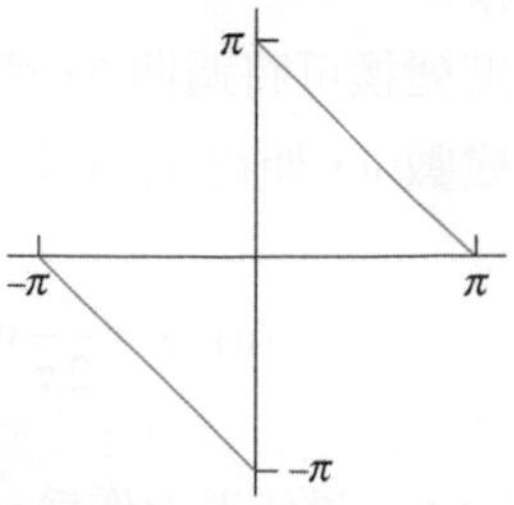

22. CAS 實驗　繪圖　請寫一程式畫出下列級數的部分和。從圖形猜測級數可能代表何種 $f(x)$。利用 Euler 公式確認或否定你的猜測。

(a) $2(\sin x + \frac{1}{3}\sin 3x + \frac{1}{5}\sin 5x + \cdots)$
$-2(\frac{1}{2}\sin 2x + \frac{1}{4}\sin 4x + \frac{1}{6}\sin 6x \cdots)$

(b) $\frac{1}{2} + \frac{4}{\pi^2}\left(\cos x + \frac{1}{9}\cos 3x + \frac{1}{25}\cos 5x + \cdots\right)$

(c) $\frac{2}{3}\pi^2 + 4(\cos x - \frac{1}{4}\cos 2x + \frac{1}{9}\cos 3x$
$- \frac{1}{16}\cos 4x + - \cdots)$

23. 不連續點　以習題 21 之 $f(x)$ 驗證定理 2 中最後的陳述。

24. CAS 實驗　正交性　將 $\cos mx \cos nx$ (自己選擇各種整數 m 與 n) 之乘積從 $-a$ 積分至 a，並將積分值對 a 作圖。並從圖中 $a = \pi$ 處判斷 $\cos mx$ 與 $\cos nx\ (m \neq n)$ 之正交性。在 $a = \pi/2$ 、$\pi/3$ 、$\pi/4$ 時，什麼樣的 m 及 n 可得到正交性？其它 a 呢？將實驗擴展到 $\cos mx \sin nx$ 和 $\sin mx \sin nx$ 。

25. CAS 實驗　傅立葉係數的階數
若 f 爲不連續，其階數似乎爲 $1/n$；若 f 爲連續但 $f' = df/dx$ 爲不連續，則爲 $1/n^2$ ；若 f 與 f' 爲連續，但 f'' 爲不連續，則爲 $1/n^3$ ，並以此類推。試以實例加以驗證。將 Euler 公式以部分積分方式積分，以證明上述。此事有何重要性？

11.2 任意週期、偶函數與奇函數、半幅展開式 (Arbitrary Period. Even and Odd Functions. Half-Range Expansions)

我們現在要將傅立葉級數的基本討論加以延伸。

方向　本節包含三個重點：

1. 單純利用對 x 的尺度變換，將函數 f 由週期 2π 轉換到任意週期 $2L$。
2. 簡化　如果 f 是偶函數，只用餘弦項 (「傅立葉餘弦級數」)。如果 f 是奇函數，只用正弦項 (「傅立葉正弦級數」)。
3. 將 $0 \le x \le L$ 中的 f 用兩個傅立葉級數展開，一個只有餘弦項，另一個只有正弦項 (「半幅展開」)。

11.2.1　1. 由週期 2π 到任何週期 $p = 2L$

很明顯的，在不同應用中的週期函數，可能有各種不同的週期，不會像前節中只有 2π (只是選來使公式簡化)。 $p = 2L$ 是一個實用的表示法，因爲這樣 L 可以是 12.2 節中小提琴弦的弦長，或是 12.5 節傳熱桿的長度等等。

利用適當的尺度變換可將週期 2π 轉換成週期 $p = 2L$ ，說明如下。令 $f(x)$ 的週期爲 $p = 2L$ ，則我們可引入一新變數 v，使得 $f(x)$ 成爲 v 的函數，且週期爲 2π。如果我們設

$$(1)\qquad \text{(a)}\ \ x = \frac{p}{2\pi}v \quad \text{因此} \quad \text{(b)}\ \ v = \frac{2\pi}{p}x = \frac{\pi}{L}x$$

則 $v = \pm\pi$ 對應到 $x = \pm L$ 。這代表 f(作爲 v 的函數) 的週期爲 2π，並因而得到以下形式的傅立葉級數

(2) $$f(x)=f\left(\frac{L}{\pi}v\right)=a_0+\sum_{n=1}^{\infty}(a_n\cos nv+b_n\sin nv)$$

其係數可由前節的 (6) 式求得。

(3) $$a_0=\frac{1}{2\pi}\int_{-\pi}^{\pi}f\left(\frac{L}{\pi}v\right)dv,\quad a_n=\frac{1}{\pi}\int_{-\pi}^{\pi}f\left(\frac{L}{\pi}v\right)\cos nv\,dv$$
$$b_n=\frac{1}{\pi}\int_{-\pi}^{\pi}f\left(\frac{L}{\pi}v\right)\sin nv\,dv$$

我們要直接使用這些公式，但換成 x 以簡化計算。因為

(4) $$v=\frac{\pi}{L}x \quad 可得 \quad dv=\frac{\pi}{L}dx$$

然後對 x 由 $-L$ 到 L 積分，因此我們就得到週期為 $2L$ 之函數 $f(x)$ 的傅立葉級數

(5) $$f(x)=a_0+\sum_{n=1}^{\infty}\left(a_n\cos\frac{n\pi}{L}x+b_n\sin\frac{n\pi}{L}x\right)$$

而 $f(x)$ 的**傅立葉係數**可由 **Euler 公式** [dx 中的 π/L 消去 (3) 式中的 $1/\pi$] 求得

(6)

(0) $$a_0=\frac{1}{2L}\int_{-L}^{L}f(x)\,dx$$

(a) $$a_n=\frac{1}{L}\int_{-L}^{L}f(x)\cos\frac{n\pi x}{L}dx \qquad n=1,2,\cdots$$

(b) $$b_n=\frac{1}{L}\int_{-L}^{L}f(x)\sin\frac{n\pi x}{L}dx \qquad n=1,2,\cdots.$$

如同 11.1 節，對任意係數之 (5) 式仍稱為**三角級數**。我們可以從 0 積分到 $2L$ 或是任何長度為 $p=2L$ 的區間。

例題 1 週期性方波

請求出下列函數 (圖 263) 之傅立葉級數

$$f(x)=\begin{cases}0 & \text{if } -2<x<-1\\ k & \text{if } -1<x<1\\ 0 & \text{if } 1<x<2\end{cases} \qquad p=2L=4,\quad L=2$$

解

由 (6.0) 式可得 $a_0=k/2$ (請驗證！)。由 (6a) 可得

$$a_n=\frac{1}{2}\int_{-2}^{2}f(x)\cos\frac{n\pi x}{2}dx=\frac{1}{2}\int_{-1}^{1}k\cos\frac{n\pi x}{2}dx=\frac{2k}{n\pi}\sin\frac{n\pi}{2}$$

故若 n 爲偶數，則 $a_n = 0$ ；且

$$a_n = 2k/n\pi \quad 若 \quad n = 1, 5, 9, \cdots \quad a_n = -2k/n\pi \quad 若 \quad n = 3, 7, 11, \cdots$$

由 (6b) 我們得到在 $n = 1, 2, \cdots$ 時 $b_n = 0$，因此這是一個**傅立葉餘弦級數** (也就是沒有正弦項)

$$f(x) = \frac{k}{2} + \frac{2k}{\pi}\left(\cos\frac{\pi}{2}x - \frac{1}{3}\cos\frac{3\pi}{2}x + \frac{1}{5}\cos\frac{5\pi}{2}x - + \cdots\right)$$

■

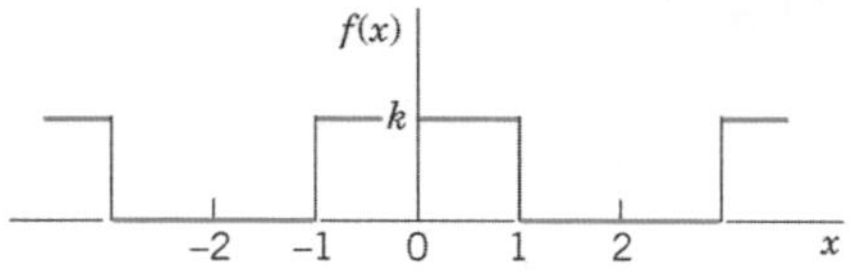

圖 263　例題 1

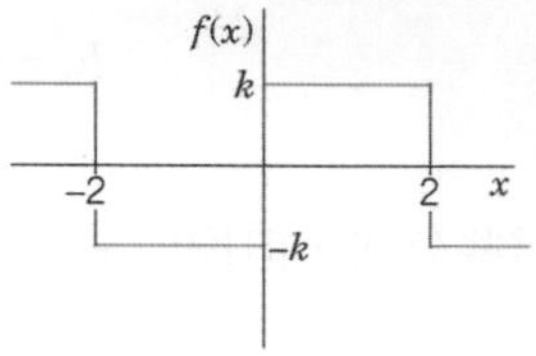

圖 264　例題 2

例題 2　**週期性方波　改變尺度**

請求出下列函數 (圖 264) 之傅立葉級數

$$f(x) = \begin{cases} -k & \text{if} \quad -2 < x < 0 \\ k & \text{if} \quad 0 < x < 2 \end{cases} \qquad p = 2L = 4, \quad L = 2$$

解

因爲 $L = 2$，在 (3) 式中我們有 $\upsilon = \pi x/2$，並在 11.1 節的 (8) 式中以 v 取代 x，可得

$$g(\upsilon) = \frac{4k}{\pi}\left(\sin v + \frac{1}{3}\sin 3v + \frac{1}{5}\sin 5v + \cdots\right)$$

本例的傅立葉級數爲

$$f(x) = \frac{4k}{\pi}\left(\sin\frac{\pi}{2}x + \frac{1}{3}\sin\frac{3\pi}{2}x + \frac{1}{5}\sin\frac{5\pi}{2}x + \cdots\right)$$

利用 (6) 式及積分以確認此結果。 ■

例題 3　**半波整流器**

一正弦電壓 $E\sin\omega t$，其中 t 爲時間，通過半波整流器後，波形的負半週被截除 (圖 265)。求出下列週期函數之傅立葉級數：

$$u(t) = \begin{cases} 0 & \text{if} \quad -L < t < 0, \\ E\sin\omega t & \text{if} \quad 0 < t < L \end{cases} \qquad p = 2L = \frac{2\pi}{\omega}, \quad L = \frac{\pi}{\omega}$$

解

當 $-L < t < 0$ 時 $u = 0$，在 (6.0) 式中以 t 取代 x 可得

$$a_0 = \frac{\omega}{2\pi}\int_0^{\pi/\omega} E\sin\omega t\, dt = \frac{E}{\pi}$$

且由 (6a) 式，利用附錄 A3.1 的 (11) 式並用 $x=\omega t$ 及 $y=n\omega t$ ，

$$a_n=\frac{\omega}{\pi}\int_0^{\pi/\omega} E\sin\omega t\cos n\omega t\,dt=\frac{\omega E}{2\pi}\int_0^{\pi/\omega}[\sin(1+n)\omega t+\sin(1-n)\omega t)]\,dt$$

若 $n=1$ ，右側之積分爲零；而若 $n=2,3,\cdots$ ，可得

$$\begin{aligned} a_n &= \frac{\omega E}{2\pi}\left[-\frac{\cos(1+n)\omega t}{(1+n)\omega}-\frac{\cos(1-n)\omega t}{(1-n)\omega}\right]_0^{\pi/\omega} \\ &= \frac{E}{2\pi}\left(\frac{-\cos(1+n)\pi+1}{1+n}+\frac{-\cos(1-n)\pi+1}{1-n}\right) \end{aligned}$$

若 n 爲奇數，此式爲零；若爲偶數，則可得

$$a_n=\frac{E}{2\pi}\left(\frac{2}{1+n}+\frac{1}{1-n}\right)=-\frac{2E}{(n-1)(n+1)\pi}\qquad (n=2,4,\cdots)$$

以相同的方式，可由 (6b) 式求得在 $n=2,3,\cdots$ 時，$b_1=E/2$ 及 $b_n=0$ 。因此，

$$u(t)=\frac{E}{\pi}+\frac{E}{2}\sin\omega t-\frac{2E}{\pi}\left(\frac{1}{1\cdot 3}\cos 2\omega t+\frac{1}{3\cdot 5}\cos 4\omega t+\cdots\right).$$ ■

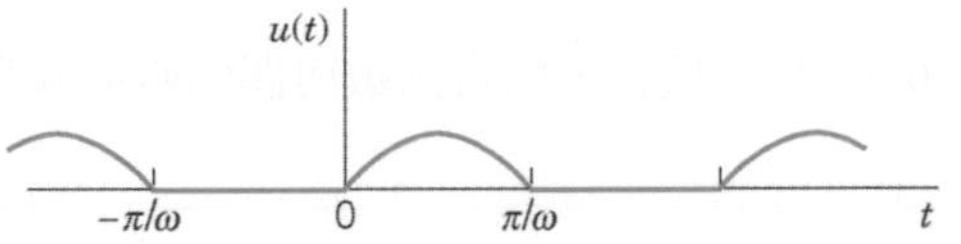

圖 265　半波整流器

11.2.2　2. 簡化：偶函數與奇函數

若 $f(x)$ 是一個**偶函數**，亦即 $f(-x)=f(x)$ (見圖 266)，它的傅立葉級數 (5) 簡化爲**傅立葉餘弦級數**

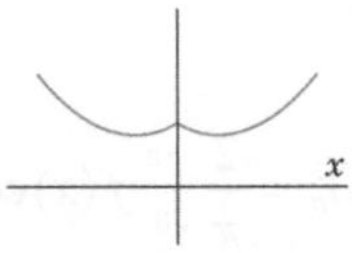

圖 266　偶函數

(5*)
$$f(x)=a_0+\sum_{n=1}^{\infty}a_n\cos\frac{n\pi}{L}x\qquad (f\text{ 偶函數})$$

其中係數爲 (注意：僅從 0 積分至 L！)

(6*)
$$a_0=\frac{1}{L}\int_0^L f(x)\,dx,\quad a_n=\frac{2}{L}\int_0^L f(x)\cos\frac{n\pi x}{L}\,dx,\quad n=1,2,\cdots$$

若 $f(x)$ 是**奇函數**，亦即 $f(-x)=-f(x)$ (見圖 267)，它的傅立葉級數 (5) 簡化爲**傅立葉正弦級數**

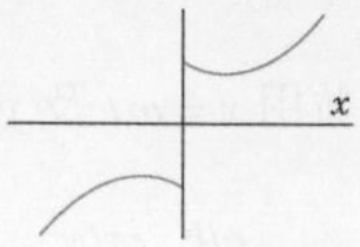

圖 267　奇函數

(5**)
$$f(x) = \sum_{n=1}^{\infty} b_n \sin\frac{n\pi}{L}x \qquad (f\text{奇函數})$$

其係數爲

(6**)
$$b_n = \frac{2}{L}\int_0^L f(x)\sin\frac{n\pi x}{L}\,dx$$

這些公式來自 (5) 及 (6) 式，只要記得微積分中的定積分，得到的是積分上下限間函數曲線下方的淨面積 (= 軸上的面積減去軸下的面積)。由此可得

(7)
$$\text{(a)}\quad \int_{-L}^{L} g(x)\,dx = 2\int_0^L g(x)\,dx \qquad \text{偶函數 } g$$
$$\text{(b)}\quad \int_{-L}^{L} h(x)\,dx = 0 \qquad \text{奇函數 } h$$

公式 (7b) 代表了簡化爲餘弦級數 (偶函數的 f 使 $f(x)\sin(n\pi x/L)$ 爲奇函數，因爲 sin 是奇函數) 和正弦函數 (奇函數的 f 使 $f(x)\cos(n\pi x/L)$ 爲奇函數，因爲 cos 是偶函數)。同樣的，(7a) 式將 (6*) 和 (6**) 中的積分簡化爲由 0 到 L 的積分，由奇函數與偶函數的圖形就可明顯看出這些簡化 (試證明)。

結論

週期爲 2π 之偶函數　若 f 爲偶函數且 $L=\pi$，則

$$f(x) = a_0 + \sum_{n=1}^{\infty} a_n \cos nx$$

其中係數爲

$$a_0 = \frac{1}{\pi}\int_0^{\pi} f(x)\,dx, \qquad a_n = \frac{2}{\pi}\int_0^{\pi} f(x)\cos nx\,dx, \qquad n = 1, 2, \cdots$$

週期爲 2π 之奇函數　若 f 是奇函數且 $L=\pi$，則

$$f(x) = \sum_{n=1}^{\infty} b_n \sin nx$$

其中係數爲

$$b_n = \frac{2}{\pi}\int_0^{\pi} f(x)\sin nx\,dx, \qquad n = 1, 2, \cdots$$

例題 4 傅立葉餘弦及正弦級數

例題 1 中之方波是偶函數，因此無須計算就可以知道它的傅立葉級數是一個傅立葉餘弦級數，所有的 b_n 全為零。同理，例題 2 中的奇函數的傅立葉級數是一個傅立葉正弦級數。

在例題 3 我們用傅立葉餘弦級數來表示 $u(t)-E/\pi-\frac{1}{2}E\sin\omega t$，你能否證明這是一個偶函數？ ■

利用下述特性可得更進一步簡化，其證明相當簡單，留給學生自行證明。

定理 1

和與純量倍數

對於 f_1+f_2 之和，其傅立葉係數為 f_1 與 f_2 相對傅立葉係數之和。

cf 之傅立葉係數，為 c 乘以 f 之相對傅立葉係數。

例題 5 鋸齒波

請求出下列函數 (圖 268) 之傅立葉級數。

$$f(x)=x+\pi \quad 當 \quad -\pi<x<\pi \quad 且 \quad f(x+2\pi)=f(x)$$

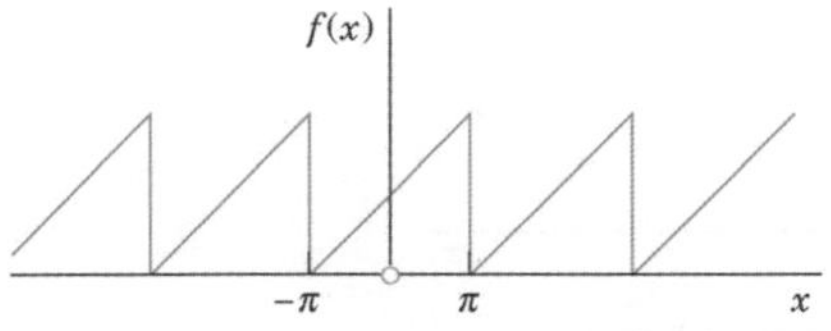

圖 268 函數 $f(x)$ 鋸齒波

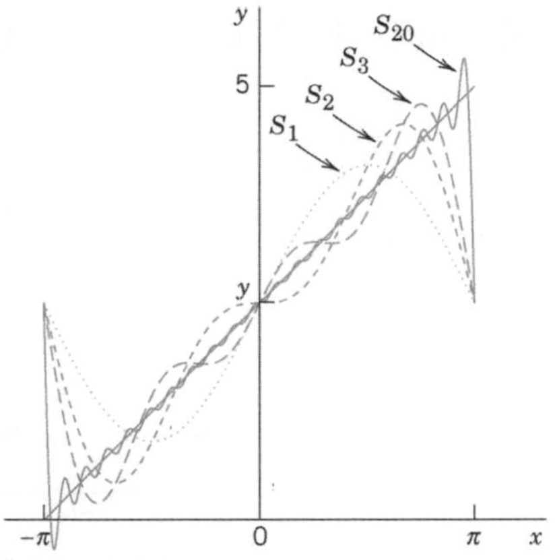

圖 269 例題 5 之部分和 S_1, S_2, S_3, S_{20}

解

我們有 $f=f_1+f_2$，其中 $f_1=x$ 及 $f_2=\pi$。除了第一個之外 (常數項)，f_2 的傅立葉係數均為零，而第一個係數為 π。因此由定理 1 知道，除了 a_0 之外，a_n、b_n 的傅立葉係數就是 f_1 的，而 a_0 為 π。由於 f_1 是奇函數，對 $n=1,2,\cdots$，$a_n=0$，且

$$b_n=\frac{2}{\pi}\int_0^{\pi} f_1(x)\sin nx\,dx=\frac{2}{\pi}\int_0^{\pi} x\sin nx\,dx$$

部分積分可得

$$b_n=\frac{2}{\pi}\left[\left.\frac{-x\cos nx}{n}\right|_0^{\pi}+\frac{1}{n}\int_0^{\pi}\cos nx\,dx\right]=-\frac{2}{n}\cos n\pi$$

因此 $b_1 = 2, b_2 = -\frac{2}{2}, b_3 = \frac{2}{3}, b_4 = -\frac{2}{4}, \cdots$，故 $f(x)$ 之傅立葉級數爲

$$f(x) = \pi + 2\left(\sin x - \frac{1}{2}\sin 2x + \frac{1}{3}\sin 3x - + \cdots\right) \qquad \text{(圖 269)} \quad ■$$

11.2.3　3. 半幅展開式

半幅展開式爲傅立葉級數，此觀念相當簡單且有用，圖 270 爲其示意圖。我們希望能夠以傅立葉級數表示圖 270(0) 中之 $f(x)$，它可以是振動中的小提琴弦，或長度 L 之金屬棒的溫度分佈 (相對的問題將在第 12 章討論)，現在就引出了此觀念。

我們想要將 $f(x)$ 延伸成週期爲 L 的函數，並建立此延伸函數的傅立葉級數。但一般而言，此級數將*同時*有正弦*和*餘弦項。我們可以做的更好，得到較簡單的級數。事實上，對於已知的 f 我們可以用 (6*) 式或用 (6**) 式求傅立葉係數。在此我們可以選擇比較實用的一個。如果我們使用 (6*) 式，就會得到 (5*) 式。這就是圖 270(a) 的 f_1，它是 f 的**偶函數週期延伸 (even periodic extension)**。如果選用的是 (6**)，我們會得到 (5**)，就是圖 270(b) 的 f_2，它是 f 的**奇函數週期延伸 (odd periodic extension)**。

兩種延伸方式的週期都是 $2L$。這就是爲何稱爲**半幅展開 (half-range expansions)**：我們已知一半的 f(且只對這一半感興趣)，也就是週其長度 $2L$ 的一半的範圍。
讓我們用一個例子來說明這些觀念，這個例子在第 12 章還會用到。

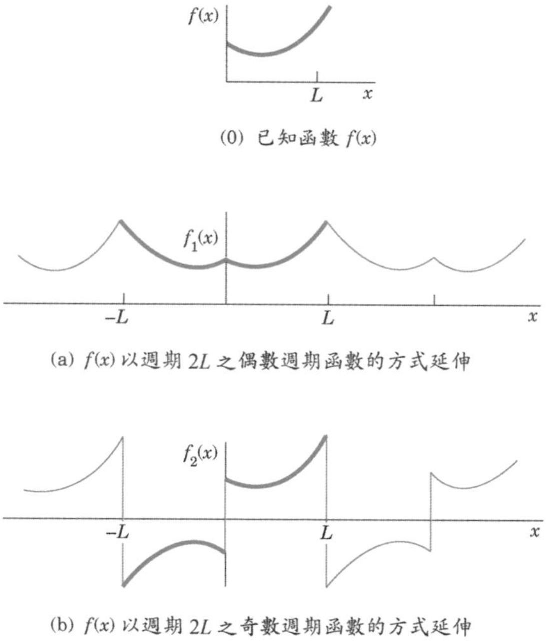

圖 270　週期 $2L$ 之偶函數與奇函數延伸

例題 6　「三角形」及其半幅展開式

求下列函數 (圖 271) 的兩種半幅展開式

$$f(x)=\begin{cases}\frac{2k}{L}x & \text{if } 0<x<\frac{L}{2}\\ \frac{2k}{L}(L-x) & \text{if } \frac{L}{2}<x<L\end{cases}$$

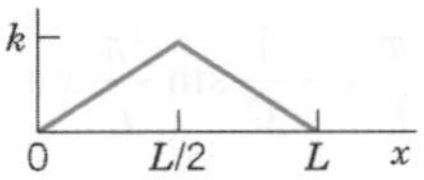

圖 271　例題 6 中所給定之函數

解

(a) 偶數週期延伸　由 (6*) 式可得

$$a_0=\frac{1}{L}\left[\frac{2k}{L}\int_0^{L/2}x\,dx+\frac{2k}{L}\int_{L/2}^{L}(L-x)\,dx\right]=\frac{k}{2},$$

$$a_n=\frac{2}{L}\left[\frac{2k}{L}\int_{L}^{L/2}x\cos\frac{n\pi}{L}x\,dx+\frac{2k}{L}\int_{L/2}^{L}(L-x)\cos\frac{n\pi}{L}x\,dx\right]$$

我們考慮 a_n ，對於第一個積分式，利用部分積分得

$$\int_0^{L/2}x\cos\frac{n\pi}{L}x\,dx=\frac{Lx}{n\pi}\sin\frac{n\pi}{L}x\bigg|_0^{L/2}-\frac{L}{n\pi}\int_0^{L/2}\sin\frac{n\pi}{L}x\,dx$$

$$=\frac{L^2}{2n\pi}\sin\frac{n\pi}{2}+\frac{L^2}{n^2\pi^2}\left(\cos\frac{n\pi}{2}-1\right)$$

同理，對於第二項積分，可得

$$\int_{L/2}^{L}(L-x)\cos\frac{n\pi}{L}x\,dx=\frac{L}{n\pi}(L-x)\frac{n\pi}{L}x\bigg|_{L/2}^{L}+\frac{L}{n\pi}\int_{L/2}^{L}\sin\frac{n\pi}{L}x\,dx$$

$$=\left(0-\frac{L}{n\pi}\left(L-\frac{L}{2}\right)\sin\frac{n\pi}{2}\right)-\frac{L^2}{n^2\pi^2}\left(\cos n\pi-\cos\frac{n\pi}{2}\right)$$

將此兩結果代入 a_n ，正弦項會互相抵消，L^2 因子亦同，可得

$$a_n=\frac{4k}{n^2\pi^2}\left(2\cos\frac{n\pi}{2}-\cos n\pi-1\right)$$

因此，

$$a_2=-16k/(2^2\pi^2),\quad a_6=-16k/(6^2\pi^2),\quad a_{10}=-16k/(10^2\pi^2),\cdots$$

且當 $n\neq 2,6,10,14,\cdots$ 時 $a_n=0$ 。故 $f(x)$ 之第一個半幅展開式為 (圖 272a)

$$f(x)=\frac{k}{2}-\frac{16k}{\pi^2}\left(\frac{1}{2^2}\cos\frac{2\pi}{L}x+\frac{1}{6^2}\cos\frac{6\pi}{L}x+\cdots\right)$$

此傅立葉餘弦級數代表所給定函數 $f(x)$ 之偶數週期展開，且週期爲 $2L$。

(b) 奇數週期展開 同理，由 (6**) 式可得

$$b_n = \frac{8k}{n^2\pi^2}\sin\frac{n\pi}{2} \tag{5}$$

因此 $f(x)$ 的另一個半幅展開式爲 (圖 272b)

$$f(x) = \frac{8k}{\pi^2}\left(\frac{1}{1^2}\sin\frac{\pi}{L}x - \frac{1}{3^2}\sin\frac{3\pi}{L}x + \frac{1}{5^2}\sin\frac{5\pi}{L}x - + \cdots\right)$$

此級數代表 $f(x)$ 之奇數週期展開，且週期爲 $2L$。

這些結果之基本應用會在 12.3 及 12.5 節說明。 ■

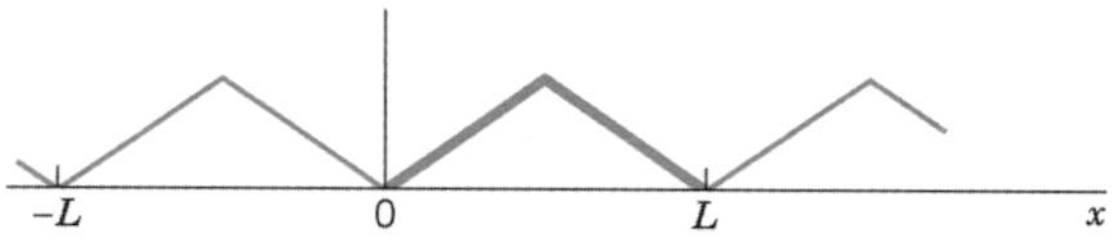

(a) 偶數週期延伸

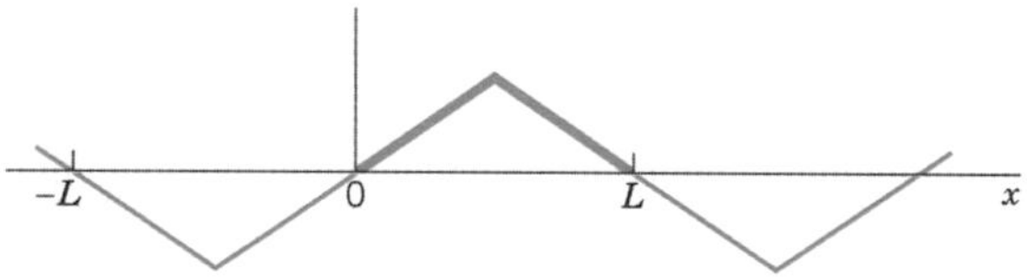

(b) 奇數週期延伸

圖 272 例題 6 中之 $f(x)$ 週期延伸

習題集 11.2

1–7 奇函數與偶函數

下列函數爲奇函數或偶函數？或兩者皆非？

1. $e^x, e^{-|x|}, x^3\cos nx, x^2\tan\pi x, \sinh x - \cosh x$
2. $\sin^2 x, \sin(x^2), \ln x, x/(x^2+1), x\cot x$
3. 偶函數之和與乘積。
4. 奇函數之和與乘積。
5. 奇函數之絕對值。
6. 一個奇函數與一個偶函數的乘積。
7. 請找出所有同時爲偶函數與奇函數之函數。

8–17 週期 $p = 2L$ 之傅立葉級數

所給定之函數爲偶函數或奇函數？或兩者皆不是？求出其傅立葉級數，請寫出詳細過程。

8.

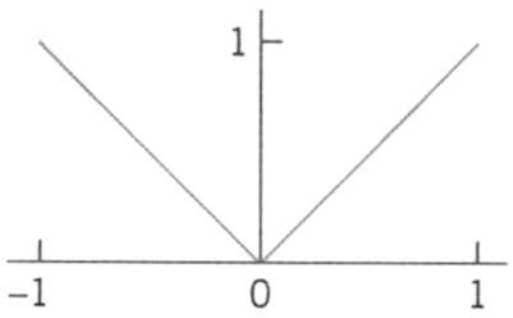

9.

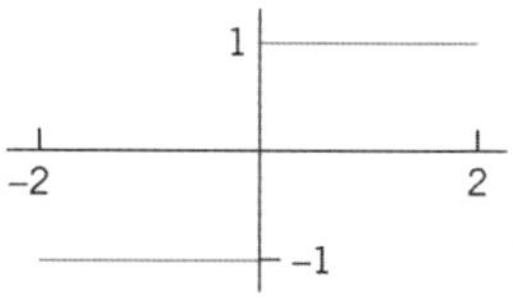

10.

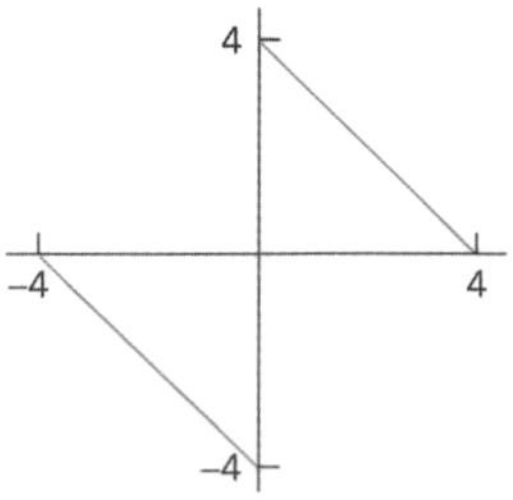

11. $f(x)=x^2 \quad (-1<x<1), \quad p=2$

12. $f(x)=1-x^2/4 \quad (-2<x<2), \quad p=4$

13.

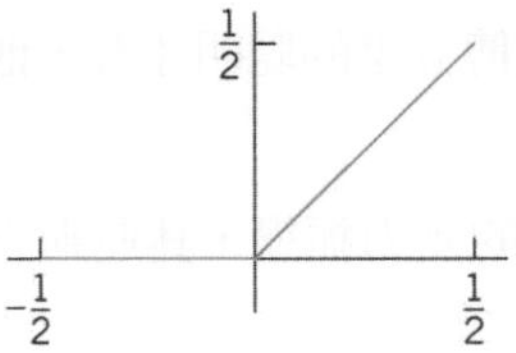

14. $f(x)=\cos \pi x \quad (-\frac{1}{2}<x<\frac{1}{2}), \quad p=1$

15.

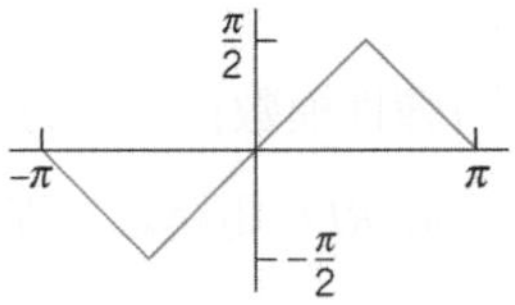

16. $f(x)=x|x| \quad (-1<x<1), \quad p=2$

17.

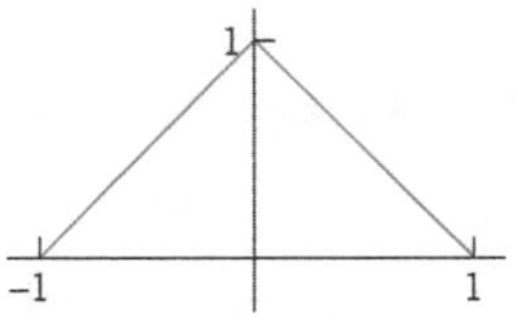

18. **整流器** 請求出電壓 $v(t)=V_0 \cos 100\pi t$ 通過半波整流器截斷負半波後，所得週期函數之傳立葉級數。

19. **三角恆等式** 證明所熟知的等式 $\cos^3 x=\frac{3}{4}\cos x+\frac{1}{4}\cos 3x$ 及 $\sin^3 x=\frac{3}{4}\sin x-\frac{1}{4}\sin 3x$，可以用傳立葉級數展開式獲得，請求出 $\cos^4 x$。

20. **數值** 利用習題 11 以證明 $1+\frac{1}{4}+\frac{1}{9}+\frac{1}{16}+\cdots=\frac{1}{6}\pi^2$。

21. **CAS 專題 週期 2L 之傳立葉級數函數**

(a) 寫一個程式，以計算傳立葉級數 (5) 式之任意部分和。

(b) 將此程式應用至習題 8–11，在同一軸上畫出這四個級數的前幾項部分和。選擇前五項或更多項的部分和，以達到對原函數合理的近似程度，加以比較並討論。

22. 請由習題 17 之級數求出習題 8 之級數。

23–29 半幅展開式

求出 **(a)** 傳立葉餘弦級數，**(b)** 傳立葉正弦級數，畫出 $f(x)$ 及其兩種週期展開，請寫出細節。

23.

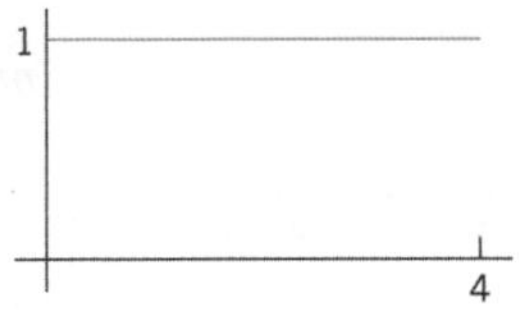

24.

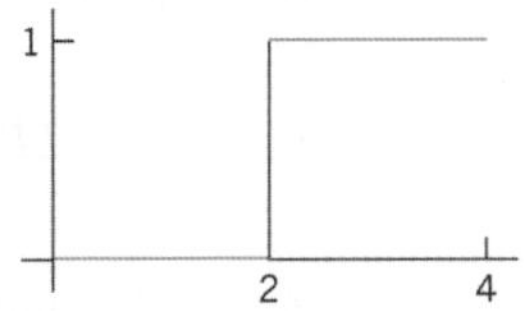

25.

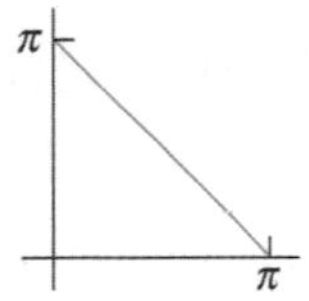

26.

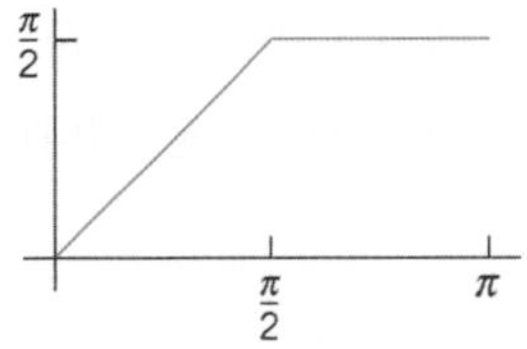

27.

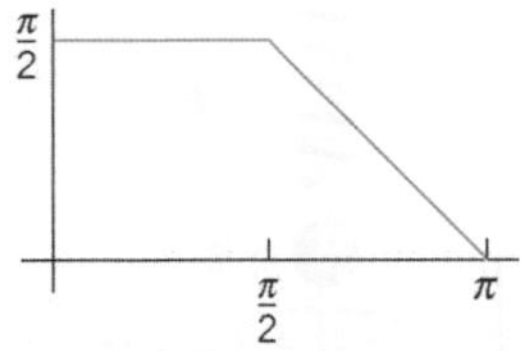

28.

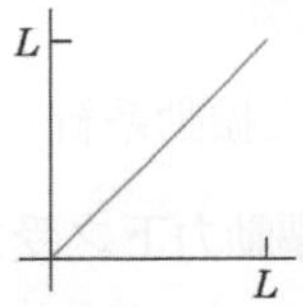

29. $f(x)=\sin x \quad (0<x<\pi)$

30. 請由習題 27 之級數求出習題 26 之級數。

11.3 受力振盪 (Forced Oscillations)

對於 ODE 及 PDE 之相關應用，傅立葉級數都相當重要。在本節中我們專注於 ODE，在 PDE 的類似應用則留到第 12 章。所有這些應用，顯示出我們應該感激 Euler 及傅立葉的聰明才智，他們想出將週期函數分離爲最簡單函數的巧妙觀念。

由 2.8 節我們知道一質量爲 m 之物體，在彈性模數爲 k 之彈簧上的受力振盪，其運動方程式爲 ODE

(1)
$$my'' + cy' + ky = r(t)$$

其中 $y = y(t)$ 爲距離靜止位置之位移量，c 爲阻尼常數，k 爲彈簧常數 (彈性模數)，而 $r(t)$ 爲與時間 t 有關之外力。圖 274 所示爲此模型，而圖 275 則爲它的電路類比，此 RLC 電路之方程式爲

(1*)
$$LI'' + RI' + \frac{1}{C}I = E'(t)$$
(見 2.9 節)

考慮 (1) 式，若 $r(t)$ 爲一正弦或餘弦函數，且有阻尼 $(c > 0)$，則其穩態解爲一諧波振盪，其頻率爲 $r(t)$ 之頻率。但若 $r(t)$ 不是純正弦或餘弦函數，而是其它形式之週期函數，則其穩態解將爲許多諧波振盪之重疊，這些諧波之頻率爲 $r(t)$ 頻率及其整數倍。若其中有一頻率接近於振動系統之 (實際) 共振頻率時 (請見 2.8 節)，則其相對應之振盪將爲該系統在外力下響應之主要部分。此觀念利用傅立葉級數即可看出。當然，這對於不了解傅立葉級數的觀察者而言會覺得相當驚訝，但此級數對於振動系統及共振之研究相當重要，讓我們以一典型例題來討論整體情況。

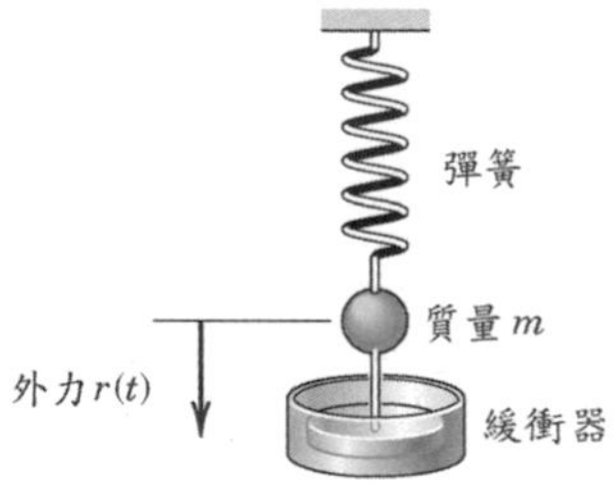

圖 274　所考慮之振動系統

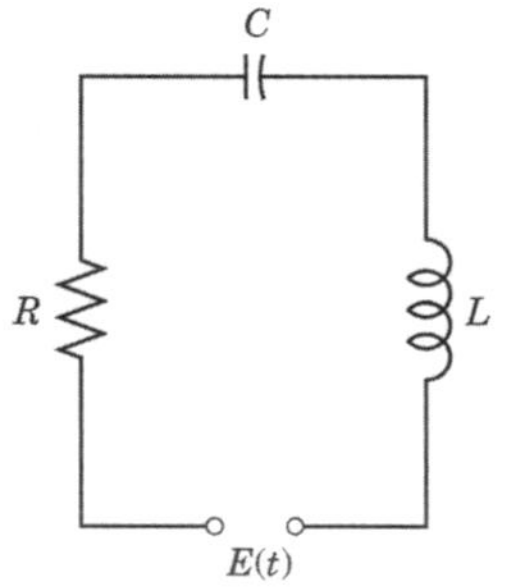

圖 275　圖 274 之系統的電路類比 (RLC 電路)

例題 1　在非弦波週期性驅動力下之受力振盪

在 (1) 式中，令 $m = 1$ (g)、$c = 0.05$ (g/sec)，而 $k = 25$ (g/sec^2)，則 (1) 式成爲

(2)
$$y'' + 0.05y' + 25y = r(t)$$

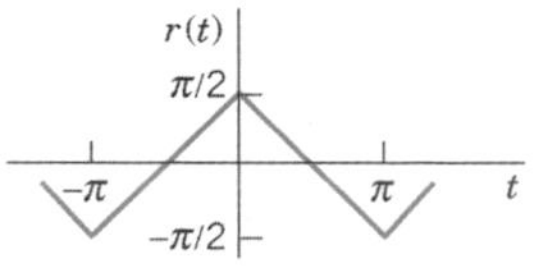

圖 276　例題 1 之外力

其中 $r(t)$ 以 g · cm/sec² 爲單位，令 (見圖 276)

$$r(t)=\begin{cases} t+\frac{\pi}{2} & \text{if} \quad -\pi<t<0, \\ -t+\frac{\pi}{2} & \text{if} \quad 0<t<\pi, \end{cases} \qquad r(t+2\pi)=r(t)$$

求穩態解 $y(t)$ 。

解

將 $r(t)$ 以傅立葉級數表示

(3)
$$r(t)=\frac{4}{\pi}\left(\cos t+\frac{1}{3^2}\cos 3t+\frac{1}{5^2}\cos 5t+\cdots\right)$$

然後考慮 ODE

(4)
$$y''+0.05y'+25y=\frac{4}{n^2\pi}\cos nt \qquad (n=1,3,\cdots)$$

其右側爲級數 (3) 的一項，由 2.8 節知 (4) 式之穩態解 $y_n(t)$ 的形式爲

(5)
$$y_n=A_n\cos nt+B_n\sin nt$$

將此式代入 (4) 式可得

(6)
$$A_n=\frac{4(25-n^2)}{n^2\pi D_n}, \quad B_n=\frac{0.5}{n\pi D_n} \quad \text{其中} \quad D_n=(25-n^2)^2+(0.05n)^2$$

因爲 ODE (2) 是線性的，我們可預期穩態解爲

(7)
$$y=y_1+y_3+y_5+\cdots$$

其中 y_n 可由 (5) 與 (6) 式求得。事實上，只要將 (7) 式代入 (2) 式並使用 $r(t)$ 之傅立葉級數即可，前提爲 (7) 式可逐項微分 [熟悉均勻收斂觀念之讀者 (15.5 節) 可證明 (7) 式可逐項微分]。

由 (6) 式可求出 (5) 式之振幅爲 ($\sqrt{D_n}$ 相抵消)

$$C_n=\sqrt{A_n^2+B_n^2}=\frac{4}{n^2\pi\sqrt{D_n}}$$

前數個振幅的值爲

$$C_1=0.0531 \quad C_3=0.0088 \quad C_5=0.2037 \quad C_7=0.0011 \quad C_9=0.0003$$

圖 277 所示爲輸入值 (乘以 0.1) 及輸出值。$n=5$ 時，D_n 之量很小，因此 C_5 之分母很小，故 C_5 相當大而使得 y_5 成爲 (7) 式中之主要項。因此輸出值幾乎爲一諧波振盪，其頻率爲驅動力頻率之五倍；其圖形因爲 y_1 項而略爲扭曲，y_1 之振幅約爲 y_5 振幅的 25%。你可以藉由減少阻尼係數 c，來獲得較極端的狀況，自行試試看。 ■

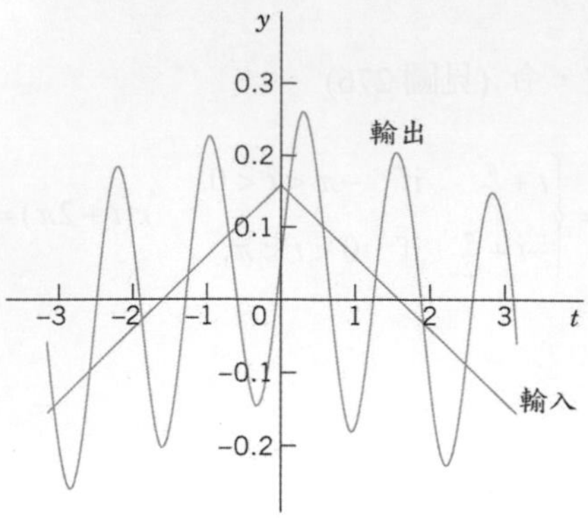

圖 277　例題 1 中之輸入及穩態輸出

習題集　11.3

1. **係數 C_n**　由 A_n 及 B_n 導出 C_n 之公式。
2. **改變彈簧及阻尼**　在例題 1 中，如果我們換用更硬的彈簧，例如 $k=49$，則振幅 C_n 會如何？如果增大阻尼又如何？
3. **相位移**　解釋 B_n 的角色。如果令 $c \to 0$ 會如何？
4. **輸入的微分**　若將例題 1 中之 $r(t)$ 換成其導數 (方波)，會有何影響？又新舊 C_n 之比爲何？
5. **係數的正負號**　在例題 1 中，有些 A_n 爲正號有些爲負號，所有 B_n 均爲正。這有物理意義嗎？

6–11　通解

求 ODE $y''+\omega^2 y=r(t)$ 之通解，使用所給之 $r(t)$，請寫出詳細過程。

6. $r(t)=\sin\alpha t+\sin\beta t,\quad \omega^2\neq\alpha^2,\beta^2$
7. $r(t)=\sin t,\quad \omega=0.5, 0.9, 1.1, 1.5, 10$
8. **整流器**　$r(t)=\pi/4\,|\cos t|$　當 $-\pi<t<\pi$ 且 $r(t+2\pi)=r(t)$、$|\omega|\neq 0, 2, 4,\cdots$。
9. 當 $|\omega|\neq 0, 2, 4,\cdots$，習題 8 有哪些答案被排除？
10. **整流器**　$r(t)=\pi/4\,|\sin t|$　當 $0<t<2\pi$ 且 $r(t+2\pi)=r(t)$、$|\omega|\neq 0, 2, 4,\cdots$。
11. $r(t)=\begin{cases}-1 & \text{if} \quad -\pi<t<0 \\ 1 & \text{if} \quad 0<t<\pi,\end{cases}\quad |\omega|\neq 1, 3, 5,\cdots$
12. **CAS 程式**　寫一程式求解本節所考慮之 ODE，並能繪出該 ODE 之初始值問題的輸出與輸入。將此程式應用至習題 7 和 11，並自己選擇初始值。

13–16　穩態阻尼振盪

請求出 $y''+cy'+y=r(t)$ 之穩態振盪，其中 $c>0$ 且 $r(t)$ 如各題所給。彈簧常數爲 $k=1$，寫出詳細過程，畫出習題 14–16 的 $r(t)$。

13. $r(t)=\sum_{n=1}^{\infty}(a_n\cos nt+b_n\sin nt)$
14. $r(t)=\begin{cases}-1 & \text{if} \quad -\pi<t<0 \\ 1 & \text{if} \quad 0<t<\pi\end{cases}$　且 $r(t+2\pi)=r(t)$
15. $r(t)=t(\pi^2-r^2)$　當　$-\pi<t<\pi$　且 $r(t+2\pi)=r(t)$
16. $r(t)=\begin{cases}t & \text{if} \quad -\pi/2<t<\pi/2 \\ \pi-t & \text{if} \quad \pi/2<t<3\pi/2\end{cases}$　且 $r(t+2\pi)=r(t)$

17–19　*RLC* 電路

求出圖 275 中 *RLC* 電路之穩態電流 $I(t)$，其中 $R=10\ \Omega$、$L=1$ H、$C=10^{-1}$ F 且 $E(t)$ V 如下所示，並且週期爲 2π。畫出前四個部分和。留意到解的係數迅速的減小。提示：要記得此 ODE 包含 $E'(t)$ 而不是 $E(t)$，參考 2.9 節。

17. $E(t)=\begin{cases}-50t^2 & \text{if } -\pi<t<0\\ 50t^2 & \text{if } 0<t<\pi\end{cases}$

18. $E(t)=\begin{cases}100(t-t^2) & \text{if } -\pi<t<0\\ 100(t+t^2) & \text{if } 0<t<\pi\end{cases}$

19. $E(t)=200t(\pi^2-t^2)\quad(-\pi<t<\pi)$

20. CAS 實驗　最大輸出項
對不同的 c 和 k，畫出並討論 $y''+cy'+ky=r(t)$ 之輸出，$r(t)$ 如例題 1。將重點放在 C_n 的最大值，以及它和第二大之 $|C_n|$ 的比值。

11.4 三角多項式的近似法 (Approximation by Trigonometric Polynomials)

傅立葉級數不僅是對微分方程，在**近似理論 (approximation theory)** 同樣扮演重要的角色，近似理論是考慮以較簡單的函數來近似其它函數的方法。以下即說明傅立葉級數在此方面的作用。

令 $f(x)$ 爲區間 $-\pi\le x\le\pi$ 內的一個函數，且在此區間內可以表示成傅立葉級數。則此級數之第 N **個部分和 (Nth partial sum)**

$$f(x)\approx a_0+\sum_{n=1}^{N}(a_n\cos nx+b_n\sin nx) \tag{1}$$

爲對 $f(x)$ 的近似。在 (1) 式中我們任選一個 N 值然後固定它。接著我們要問，(1) 式是否爲**同樣 N 次之三角多項式**中的「最佳」近似，亦即具如下形式的函數

$$F(x)=A_0+\sum_{n=1}^{N}(A_n\cos nx+B_n\sin nx)\qquad(N\text{固定}) \tag{2}$$

在此「最佳」表示近似之「誤差」盡可能的小。

當然，我們首先必須定義此種近似**誤差**的意義。我們可以選擇 $|f(x)-F(x)|$ 之最大值。但與傅立葉級數相關時，最好選擇能夠度量在**整個區間** $-\pi\le x\le\pi$ 內，f 與 F 之一致性的定義。這是比較好的做法，因爲傅立葉級數的和 f 可能會有跳躍：圖 278 中之 F 爲 f 相當好的一個整體近似，但 $|f(x)-F(x)|$ 之最大值 (更準確地說爲上限值) 相當大。我們選擇

$$E=\int_{-\pi}^{\pi}(f-F)^2\,dx \tag{3}$$

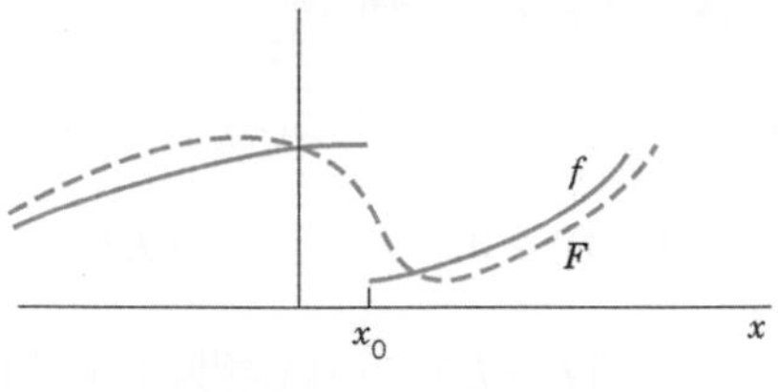

圖 278　近似之誤差

此稱爲 F 相對於函數 f 在區間 $-\pi\le x\le\pi$ 內之**平方誤差 (square error)**。很明顯的，$E\ge0$。

固定 N，我們要求出 (2) 式的係數，使得 E 為最小。因為 $(f-F)^2 = f^2 - 2fF + F^2$，我們有

(4) $$E = \int_{-\pi}^{\pi} f^2\,dx - 2\int_{-\pi}^{\pi} fF\,dx + \int_{-\pi}^{\pi} F^2\,dx$$

將 (2) 式平方後代入 (4) 式中最後一個積分式，並求出所得之積分。如此可得 $\cos^2 nx$ 及 $\sin^2 nx$ $(n \geq 1)$ 之積分，其值為 π；以及 $\cos nx$ 、 $\sin nx$ 和 $(\cos nx)(\sin nx)$ 之積分，其值為 0 (和 11.1 節一樣)。因此

$$\begin{aligned}\int_{-\pi}^{\pi} F^2\,dx &= \int_{-\pi}^{\pi}\left[A_0 + \sum_{n=1}^{N}(A_n \cos nx + B_n \sin nx)\right]^2 dx \\ &= \pi(2A_0^2 + A_1^2 + \cdots + A_N^2 + B_1^2 + \cdots + B_N^2)\end{aligned}$$

現將 (2) 式代入 (4) 式中 fF 的積分內。可得 $f\cos nx$ 和 $f\sin nx$ 之積分，如同 11.1 節中利用 Euler 公式求 a_n 及 b_n (同乘 A_n 或 B_n)。故

$$\int_{-\pi}^{\pi} fF\,dx = \pi(2A_0a_0 + A_1a_1 + \cdots + A_Na_N + B_1b_1 + \cdots + B_Nb_N)$$

由此表示式，(4) 式成為

(5) $$\begin{aligned}E = \int_{-\pi}^{\pi} f^2\,dx - 2\pi\left[2A_0a_0 + \sum_{n=1}^{N}(A_na_n + B_nb_n)\right] \\ + \pi\left[2A_0^2 + \sum_{n=1}^{N}(A_n^2 + B_n^2)\right]\end{aligned}$$

現在由 (2) 式中取 $A_n = a_n$ 及 $B_n = b_n$。則 (5) 式第二行會消去第一行中非積分項的一半。因此，對 F 的係數做此選擇之後，平方誤差 E^*成為

(6) $$E^* = \int_{-\pi}^{\pi} f^2\,dx - \pi\left[2a_0^2 + \sum_{n=1}^{N}(a_n^2 + b_n^2)\right]$$

最後將 (5) 式減去 (6) 式。則積分式消掉，我們得到 $A_n^2 - 2A_na_n + a_n^2 = (A_n - an)^2$ 項和類似的 $(B_n - b_n)^2$ 項：

$$E - E^* = \pi\left\{2(A_0 - a_0)^2 + \sum_{n=1}^{N}[(A_n - a_n)^2 + (B_n - b_n)^2]\right\}$$

由於右側實數平方之和不為負，

$$E - E^* \geq 0 \quad \text{因此} \quad E \geq E^*$$

而且，若且唯若 $A_0 = a_0, \cdots, B_N = b_N$，則 $E = E^*$。這就證明了下述傅立葉級數部分和之基本最小值特性。

定理 1

最小平方誤差

若且唯若 (2) 式中 F 之係數爲 f 之傅立葉係數，則 (2) 式中 (N 固定) F 相對於 f 在區間 $-\pi \le x \le \pi$ 內之平方誤差爲最小值，此最小值 E^* 如 (6) 式所給。

由 (6) 式可看出，當 N 增加時 E^* 不會增加，而可能會減少。因此由平方誤差之觀點來考慮，隨著 N 之增加，f 的傅立葉級數之部分和將會愈來愈近似於 f。

因 $E^* \ge 0$，且對於每一個 N 值 (6) 式皆成立，我們可由 (6) 式得到重要的 **Bessel 不等式**

(7)
$$2a_0^2 + \sum_{n=1}^{\infty}(a_n^2 + b_n^2) \le \frac{1}{\pi}\int_{-\pi}^{\pi} f(x)^2\, dx$$

對任意函數 f，只要上式右側積分存在，則對其傅立葉係數上式均成立 (關於 F.W. Bessel 請見 5.5 節)。

可證明知 (請看附錄 1 [C12]) 對此類函數，**Parseval 定理**成立；亦即，(7) 式之等號成立，所以它成爲 **Parseval 恆等式**[3])

(8)
$$2a_0^2 + \sum_{n=1}^{\infty}(a_n^2 + b_n^2) = \frac{1}{\pi}\int_{-\pi}^{\pi} f(x)^2\, dx$$

例題 1　鋸齒波之最小平方誤差

在區間 $-\pi \le x \le \pi$ 內，$N = 1, 2, \cdots, 10, 20, \cdots, 100$ 及 1000 時，求 $F(x)$ 之最小平方誤差 E^*。

$$f(x) = x + \pi \quad (-\pi < x < \pi)$$

解

由 11.3 節例題 3 知 $F(x) = \pi + 2(\sin x - \frac{1}{2}\sin 2x + \frac{1}{3}\sin 3x - + \cdots + \frac{(-1)^{N+1}}{N}\sin Nx)$，由此式及 (6) 式可得

$$E^* = \int_{-\pi}^{\pi}(x+\pi)^2\, dx - \pi\left(2\pi^2 + 4\sum_{n=1}^{N}\frac{1}{n^2}\right)$$

數值爲：

N	E*	N	E*	N	E*	N	E*
1	8.1045	6	1.9295	20	0.6129	70	0.1782
2	4.9629	7	1.6730	30	0.4120	80	0.1561
3	3.5666	8	1.4767	40	0.3103	90	0.1389
4	2.7812	9	1.3216	50	0.2488	100	0.1250
5	2.2786	10	1.1959	60	0.2077	1000	0.0126

[3] MARC ANTOINE PARSEVAL (1755–1836) 法國數學家，下一節將會說明此等式的物理意義。

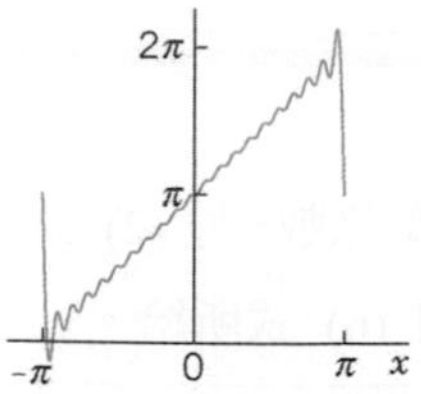

圖 279　例題 1 中 $N = 20$ 之 F

$F = S_1, S_2, S_3$ 顯示在 11.2 節的圖 269，而 $F = S_{20}$ 顯示於圖 279。雖然 $|f(x) - F(x)|$ 在 $\pm\pi$ 時甚大 (多大？)，在該處 f 為不連續，F 在整個區間內仍能相當好的近似 f，除了在 $\pm\pi$ 附近仍然有稱為「Gibbs 現象」的「波動」，這個我們會在下一節討論。

你能想像函數 f 的平方誤差 E^* 會隨著 N 的變大而迅速減少嗎？ ■

習題集 11.4

1. **CAS 專題**　執行課文例題 1 之實際計算出數值及繪圖的工作。

2–5　最小平方誤差

求 (2) 式形式的 $F(x)$，以使得它對所給 $f(x)$ 的平方誤差在 $-\pi < x < \pi$ 間為最小。計算 $N = 1, 2, \cdots, 5$ 時的最小值 (如果使用 CAS 的話再計算更的 N 值)。

2. $f(x) = x \quad (-\pi < x < \pi)$
3. $f(x) = |x| \quad (-\pi < x < \pi)$
4. $f(x) = x^2 \quad (-\pi < x < \pi)$
5. $f(x) = \begin{cases} -1 & \text{if} \quad -\pi < x < 0 \\ 1 & \text{if} \quad 0 < x < \pi \end{cases}$
6. 為什麼習題 5 的平方誤差比習題 3 的大這麼多？
7. $f(x) = x^3 \quad (-\pi < x < \pi)$
8. $f(x) = |\sin x| \quad (-\pi < x < \pi)$，全波整流器。
9. **單調性**　請證明最小平方誤差 (6) 為 N 之單調遞減函數。在實用上要怎麼利用此點？
10. **CAS 實驗　E^*之大小與下降**
請自己選擇一些函數，並比較其最小平方誤差 E^* 之大小。請以實驗方法找出有哪些因素決定了 E^* 隨 N 之遞減。對所考慮之每個函數，求出可使 $E^* < 0.1$ 的最小 N 值。

11–15　Parseval 恆等式

利用 (8) 式，證明下列各題。計算前幾個部分和，以觀察其收斂速度有多快。

11. $1 + \dfrac{1}{3^2} + \dfrac{1}{5^2} + \cdots = \dfrac{\pi^2}{8} = 1.233700550$
利用 11.1 節例題 1。
12. $1 + \dfrac{1}{2^4} + \dfrac{1}{3^4} + \cdots = \dfrac{\pi^4}{90} = 1.082323234$
利用 11.1 節的習題 14。
13. $1 + \dfrac{1}{3^4} + \dfrac{1}{5^4} + \dfrac{1}{7^4} + \cdots = \dfrac{\pi^4}{96} = 1.014678032$
利用 11.1 節的習題 17。
14. $\int_{-\pi}^{\pi} \cos^4 x \, dx = \dfrac{3\pi}{4}$
15. $\int_{-\pi}^{\pi} \cos^6 x \, dx = \dfrac{5\pi}{8}$

11.5 Sturm–Liouville 問題、正交函數 (Sturm–Liouville Problems. Orthogonal Functions)

傅立葉級數的觀念是，用餘弦與正弦來表示一般性的週期函數。餘弦與正弦函數則構成一個三角系統 (*trigonometric system*)。此三角系統具有我們想要的正交性，讓我們可以用 Euler 公式求傅立葉級數的係數。

現在的問題是，這種做法可否一般化？也就是說，我們是否可用其它的正交系統 (其它正交函數的集合) 取代 11.1 節中的三角系統？答案是「肯定」的，並且由此得到一般化傅立葉級數，包括 Fourier–Legendre 級數和 11.6 節的 Fourier–Bessel 級數。

為進行此種一般化，我們首先要介紹 Sturm–Liouville 問題的概念 (繼續讀下去你就會發現此種做法的原因)。考慮以下形式的二階 ODE

(1) $$[p(x)y']' + [q(x) + \lambda r(x)]y = 0$$

在區間 $a \le x \le b$ 中滿足以下條件

(2)
(a) $k_1 y + k_2 y' = 0 \quad \text{at } x = a$
(b) $l_1 y + l_2 y' = 0 \quad \text{at } x = b$

在此 λ 是一個參數，而 k_1、k_2、l_1、l_2 為已知實數常數。此外，在 (2) 式的每一個條件中，必須至少有一個常數不為零 [在例題 1 中我們將會看到，若 $p(x) = r(x) = 1$ 且 $q(x) = 0$，則 $\sin\sqrt{\lambda}x$ 和 $\cos\sqrt{\lambda}x$ 滿足 (1) 式，並可求得滿足 (2) 的常數]。(1) 式稱為 **Sturm–Liouville 方程式**[4]。它再加上條件 2(a)、2(b) 就稱為 **Sturm–Liouville 問題**。它是邊界值問題的一例。

一個**邊界值問題**包含了一個 ODE 以及兩個邊界點 (端點) 上的邊界條件，對區間 $a \le x \le b$ 而言此兩點為 $x = a$ 和 $x = b$。

我們的目的是求解此種問題，因此我們必須考慮以下兩項。

11.5.1 特徵值、特徵函數

明顯的，對任何的 λ 值，$y \equiv 0$ 都是問題 (1)、(2) 的解──「**無意義解 (trivial solution)**」──因為 (1) 式為齊次，而 (2) 式的右邊為零。這個解我們不考慮。我們要求出**特徵函數 (eigenfunctions)** $y(x)$，也就是 (1) 的解，它滿足 (2) 式但不恆為零。當存在有特徵函數時，我們稱此時的 λ 為 Sturm–Liouville 問題 (1)、(2) 的**特徵值 (eigenvalue)**。

在工程上許多重要的 ODE 都可以寫成 Sturm–Liouville 方程式，以下例題即為一例。

---

4 JACQUES CHARLES FRANÇOIS STURM (1803–1855) 在瑞士出生與求學，之後遷居巴黎，並繼 Poisson 之後成為巴黎大學 Sorbonne 學院的力學講座。

JOSEPH LIOUVILLE (1809–1882)，法國數學家，及巴黎大學教授，在諸多數學領域均有貢獻，尤其以他在複變分析 (Liouville 定理；14.4 節)、特殊函數、微分幾何和數論方面的重要研究而知名。

例題 1 以三角函數爲特徵函數、振動的弦

求以下 Sturm–Liouville 問題的特徵值與特徵函數

(3) $$y'' + \lambda y = 0, \quad y(0) = 0, \quad y(\pi) = 0$$

解

由 (1) 式及 (2) 式我們可看出在 (1) 式中 $p=1$、$q=0$、$r=1$，在 (2) 式中有 $a=0$、$b=\pi$、$k_1=l_1=1$、$k_2=l_2=0$。對於負值 $\lambda=-\nu^2$，(3) 式中 ODE 之通解爲 $y(x)=c_1e^{\nu x}+c_2e^{-\nu x}$。由邊界條件可得 $c_1=c_2=0$，所以 $y\equiv 0$，這不是特徵函數。當 $\lambda=0$，情況類似。對於正的 $\lambda=\nu^2$，其通解爲

$$y(x) = A\cos\nu x + B\sin\nu x$$

由第一個邊界條件我們得到 $y(0)=A=0$。由第二個邊界條件得到

$$y(\pi) = B\sin\nu\pi = 0 \quad 因此 \quad \nu = 0, \pm 1, \pm 2, \cdots$$

當 $\nu=0$，我們有 $y\equiv 0$。當 $\lambda=\nu^2=1, 4, 9, 16, \cdots$，取 $B=1$ 可得

$$y(x) = \sin\nu x \qquad (\nu=\sqrt{\lambda}=1,2,\cdots)$$

所以此問題的特徵值爲 $\lambda=\nu^2$，其中 $\nu=1,2,\cdots$，而它們對應的特徵函數爲 $y(x)=\sin\nu x$，其中 $\nu=1,2\cdots$。 ■

留意到此問題的解，正好就是我們之前所考慮之傅立葉級數的三角系統。我們可以證明，對於 (1) 式中的 p、q、r 只設定非常一般性的條件，此 Sturm–Liouville 問題 (1)、(2) 有無限多的特徵值。證明中會用到相當複雜的理論，可參考附錄 1 所列的參考文獻 [All]。

此外，若 (1) 式中的 p、q、r 和 p' 在區間 $a\le x\le b$ 內爲實數值且連續，且在整個區間中 r 均爲正 (或在整個區間均爲負)，則 Sturm–Liouville 問題 (1)、(2) 的所有特徵值均爲實數 (證明列於附錄 4)。這是工程師們所期望的，因爲特徵值通常代表了頻率、能量、或其它物理量，這些都必須是實數。

對於 Sturm–Liouville 問題的特徵函數，它們最特出也是最重要的性質就是**正交性 (orthogonality)**，在以特徵值產生級數時這是非常重要的，我們將於下一節說明。這告訴我們，接下來要考慮正交函數。

11.5.2 正交函數

定義於某區間 $a\le x\le b$ 的函數 $y_1(x), y_2(x), \cdots$ 可稱爲在此區間內就**權重函數 (weight function)** $r(x)>0$ 而言爲**正交 (orthogonal)** 的條件是，若對所有的 m 和所有不等於 m 的 n，都有

(4) $$(y_m, y_n) = \int_a^b r(x)y_m(x)y_n(x)\,dx = 0 \qquad (m\neq n)$$

(y_m, y_n) 爲代表此積分的**標準符號**，y_m 的**範數 (norm)** $\|y_m\|$ 定義爲

(5) $$\|y_m\| = \sqrt{(y_m, y_m)} = \sqrt{\int_a^b r(x)y_m^2(x)\,dx}$$

留意到，在 $n=m$ 時這是 (4) 中積分式的平方根。

如果在區間 $a \le x \le b$ 中函數 $y_1, y_2, \cdots$ 爲正交，其所有的範數都是 1，則它們稱爲**單範正交 (orthonormal)**。然後我們可以用 **Kronecker symbol**[5] δ_{mn}，將 (4)、(5) 寫在一起成爲

$$(y_m, y_n) = \int_a^b r(x) y_m(x) y_n(x)\, dx = \delta_{mn} = \begin{cases} 0 & \text{if} \quad m \ne \boldsymbol{n} \\ 1 & \text{if} \quad m = \boldsymbol{n} \end{cases}$$

若 $r(x)=1$，我們直接說這些函數爲正交，不用再說就 $r(x)=1$ 而言爲正交，對單範正交亦同。則

$$(y_m, y_n) = \int_a^b y_m(x) y_n(x)\, dx = 0 \quad (m \ne n), \qquad \| y_m \| = \sqrt{(y_m, y_n)} = \sqrt{\int_a^b y_m^2(x)\, dx}$$

下個例題是用來說明上面說明的正交函數。

例題 2 正交函數、單範正交函數、符號

函數 $y_m(x) = \sin mx$ 、 $m = 1, 2, \cdots$ 構成一個在區間 $-\pi \le x \le \pi$ 上的正交集合，因爲對 $m \ne n$，經由積分可得 [見附錄 A3.1 的 (11) 式]

$$(y_m, y_n) = \int_{-\pi}^{\pi} \sin mx \sin nx\, dx = \frac{1}{2}\int_{-\pi}^{\pi} \cos(m-n)x\, dx - \frac{1}{2}\int_{-\pi}^{\pi} \cos(m+n)x\, dx = 0, \quad (m \ne n)$$

範數 $\| y_m \| = \sqrt{(y_m, y_m)}$ 等於 $\sqrt{\pi}$ 因爲

$$\| y_m \|^2 = (y_m, y_m) = \int_{-\pi}^{\pi} \sin^2 mx\, dx = \pi \qquad (m = 1, 2, \cdots)$$

因此，除以範數之後可得對應之單範正交集合

$$\frac{\sin x}{\sqrt{\pi}}, \quad \frac{\sin 2x}{\sqrt{\pi}}, \quad \frac{\sin 3x}{\sqrt{\pi}}, \quad \cdots$$

■

定理 1 顯示，對任何 Sturm–Liouville 問題，該問題的特徵函數一定爲正交。在實務上這代表了，一個問題只要可以寫成 Sturm–Liouville 問題的形式，則此定理可保證正交性。

定理 1

Sturm–Liouville 問題之特徵函數的正交性

假設在 Sturm–Liouville 方程式 (1) 中的函數 p、q、r 和 p' 都是實數值且連續的函數，並且在區間 $a \le x \le b$ 中 $r(x) > 0$。令 $y_m(x)$ 和 $y_n(x)$ 爲 Sturm–Liouville 問題 (1)、(2) 之特徵函數，並分別有對應之特徵值 λ_m 和 λ_n。則 y_m 、 y_n 在該區間內相對於權重函數 r 爲正交，也就是,

[5] LEOPOLD KRONECKER (1823-1891)。德國數學家，任教於柏林大學，他在代數、群論及數論方面有重要貢獻。

(6) $$(y_m, y_n) = \int_a^b r(x) y_m(x) y_n(x)\, dx = 0 \qquad (m \neq n)$$

若 $p(a) = 0$ 則問題中可略去 (2a)，若 $p(b) = 0$ 則可略去 (2b)。[此時必須 y 和 y' 在此種點上仍是有界的，此種情形下我們說此問題為**奇異 (singular)**，相對於使用 (2) 式的則稱為**正規問題 (regular problem)**]。

若 $p(a) = p(b)$ ，則 (2) 可以換成「**週期性邊界條件**」

(7) $$y(a) = y(b), \quad y'(a) = y'(b)$$

由 Sturm–Liouville 方程式 (1) 和週期性邊界條件 (7) 所組成的邊界值問題，稱為**週期性 Sturm–Liouville 問題**。

證明

由我們的假設， y_m 和 y_n 分別滿足 Sturm–Liouville 方程式

$$(py_m')' + (q + \lambda_m r) y_m = 0$$
$$(py_n')' + (q + \lambda_n r) y_n = 0$$

我們將第一式乘上 y_n ，第二式乘 $-y_m$ ，然後相加，

$$(\lambda_m - \lambda_n) r y_m y_n = y_m (py_n')' - y_n (py_m')' = [(py_n'') y_m - (py_m') y_n]'$$

其中最後一個等式，只要將最後一式方括號中的項依所示微分，即可加以驗證。此一表示式在 $a \le x \le b$ 區間為連續，因為我們已假設 p 和 p' 為連續且 y_m 、 y_n 為 (1) 式的解。由 a 到 b 對 x 積分我們得到

(8) $$(\lambda_m - \lambda_n) \int_a^b r y_m y_n \, dx = \left[p(y_n' y_m - y_m' y_n) \right]_a^b \qquad (a < b)$$

上式之右側等於以下第一及第二行的和，

(9) $$\begin{aligned} &p(b)[y_n'(b) y_m(b) - y_m'(b) y_n(b)] \quad \text{(Line 1)} \\ &-p(a)[y_n'(a) y_m(a) - y_m'(a) y_n(a)] \quad \text{(Line 2)} \end{aligned}$$

然而若 (9) 式為零，在 $\lambda_m - \lambda_n \neq 0$ 時 (8) 式代表了 (6) 式為正交。因此我們要證明 (9) 式為零，視須要使用邊界條件 (2)。

狀況 1 $\boldsymbol{p(a) = p(b) = 0}$ 明顯的 (9) 式為零，且不須 (2) 式。

狀況 2 $\boldsymbol{p(a) \neq 0}$ 、 $\boldsymbol{p(b) = 0}$ (9) 式第一行為零，再考慮第二行。由 (2a) 我們有

$$k_1 y_n(a) + k_2 y_n'(a) = 0$$
$$k_1 y_m(a) + k_2 y_m'(a) = 0$$

令 $k_2 \neq 0$ ，我們將第一式乘以 $y_m(a)$ ，第二式乘 $-y_n(a)$ 然後相加，

$$k_2[y_n'(a) y_m(a) - y_m'(a) y_n(a)] = 0 \text{ 。}$$

這是 k_2 乘以 (9) 式的第二行，因爲 $k_2 \neq 0$ 所以該行必定爲零。若 $k_2 = 0$，則由假設條件知 $k_1 \neq 0$，證明方式相同。

狀況 3 $p(a) = 0$、$p(b) \neq 0$ (9) 式的第二行爲零。由 (2b) 可得 (9) 式的第一行爲零，這與狀況 2 相似。

狀況 4 $p(a) \neq 0$、$p(b) \neq 0$ 我們使用 (2a) 和 (2b) 兩者，並依狀況 2 和 3 進行。

狀況 5 $p(a) = p(b)$ 則 (9) 式成爲

$$p(b)[y_n'(b)y_m(b) - y_m'(b)y_n(b) - y_n'(a)y_m(a) + y_m'(a)y_n(a)]$$

方括號 $[\cdots]$ 中的表示式爲零，可以依前述由 (2) 式得到，或更直接的由 (7) 式得到。因此在此狀況下，可以用 (7) 式而不用 (2) 式，定理 1 證明完畢。 ■

例題 3 定理 1 之應用、弦的振動

例題 1 中的 ODE 是一個 Sturm–Liouville 方程式，其中 $p = 1$、$q = 0$ 及 $r = 1$。由定理 1 可得特徵函數 $y_m = \sin mx\ (m = 1, 2, \cdots)$ 在區間 $0 \leq x \leq \pi$ 中爲正交。 ■

由一個新的觀點，例題 3 確認了，構成傅立葉級數的三角系統是正交的，和 11.1 節所說的一樣。

例題 4 定理 1 之應用、Legendre 多項式的正交性

Legendre 方程式 $(1-x^2)y'' - 2xy' + n(n+1)y = 0$ 可寫成

$$[(1-x^2)y']' + \lambda y = 0 \qquad \lambda = n(n+1)$$

因此這是一個 Sturm–Liouville 方程式 (1)，其中 $p = 1 - x^2$、$q = 0$ 及 $r = 1$。因爲 $p(-1) = p(1) = 0$，我們不須要邊界條件，但在區間 $-1 \leq x \leq 1$ 中這是一個**「奇異」*Sturm–Liouville* 問題**。我們知道當 $n = 0, 1, \cdots$，也就是 $\lambda = 0, 1 \cdot 2, 2 \cdot 3, \cdots$，Legendre 多項式 $P_n(x)$ 爲此問題的解。因此它們是特徵函數。由定理 1 可得，它們在該區間爲正交，也就是，

$$\int_{-1}^{1} P_m(x)P_n(x)\,dx = 0 \qquad (m \neq n) \tag{10}$$ ■

以上我們看到了，構成傅立葉級數的三角系統是 Sturm–Liouville 問題的解，如例題 1；以及此三角系統爲正交，此點我們在 11.1 節已經知道了，但由例題 2 再獲得確認。

習題集 11.5

1. **定理 1 的證明** 完成狀況 3 及 4 的細節。

2–6 正交性

2. (1)、(2) 之特徵函數 y_m 的**正規化 (Normalization)**，其意義爲，我們將 y_m 乘以一個非零常數 c_m，使得 $c_m y_m$ 的範數爲 1。證明對任何 $c \neq 0$，$z_m = cy_m$ 是對應於 y_m 之特徵值的特徵函數。

3. **變更 x** 證明，若函數 $y_0(x), y_1(x), \cdots$ 在區間 $a \leq x \leq b$ 構成一正交集合（且有 $r(x) = 1$），則函數 $y_0(ct+k), y_1(ct+k), \cdots$, $c > 0$ 在區間 $(a-k)/c \leq t \leq (b-k)/c$ 上構成一正交集合。

4. **變更 x** 利用習題 3，由 1, cos x, sin x, cos 2x, sin 2x, $\cdots$ 在 $-\pi \leq x \leq \pi$ 的正交性，推

導 $1, \cos \pi x, \sin \pi x, \cos 2\pi x, \sin 2\pi x, \cdots$ 在 $-1 \le x \le 1$ $(r(x)=1)$ 的正交性。

5. **Legendre 多項式** 證明函數 $P_n(\cos\theta)$, $n=0, 1, \cdots$ 在區間 $0 \le \theta \le \pi$ 上，構成一相對於權重函數 $\sin\theta$ 的正交集合。

6. **轉換為 Sturm-Liouville 形式** 證明，若令 $p=\exp(\int f\,dx)$、$q=pg$、$r=hp$ 則 $y''+fy'+(g+\lambda h)y=0$ 可寫成 (1) 式的形式。為什麼要做此種轉換？

7–15 STURM–LIOUVILLE 問題

求特徵值與特徵函數，驗證正交性。先將 ODE 寫成 (1) 式的形式，然後利用習題 6。請寫出詳細過程。

7. $y''+\lambda y=0, \quad y(0)=0, \quad y(10)=0$

8. $y''+\lambda y=0, \quad y(0), \quad y(L)=0$

9. $y''+\lambda y=0, \quad y(0)=0, \quad y'(L)=0$

10. $y''+\lambda y=0, \quad y(0)=y(1), \quad y'(0)=y'(1)$

11. $(y'/x)'+(\lambda+1)y/x^3=0, y(1)=0, y(e^{\pi})=0$ (設 $x=e^t$)

12. $y''-2y'+(\lambda+1)y=0, \quad y(0)=0, \quad y(1)=0$

13. $y''+8y'+(\lambda+16)y=0, y(0)=0, y(\pi)=0$

14. **分組專題 特殊函數 正交多項式** 在不同的應用中扮演重要角色。因此之故，Legendre 多項式和許多其它的正交多項式都受到徹底的探討；參見附錄 1 的 [GenRef1]、[GenRef10]。以下考慮其中最重要的幾個。

(a) 第一類及第二類 Chebyshev 多項式[6] 的定義分別為

$$T_n(x)=\cos(n\arccos x)$$

$$U_n(x)=\frac{\sin[(n+1)\arccos x]}{\sqrt{1-x^2}}$$

其中 $n=0, 1, \cdots$。證明

$$T_0=1, \quad T_1(x)=x, \quad T_2(x)=2x^2-1. \quad T_3(x)=4x^3-3x,$$

$$U_0=1, \quad U_1(x)=2x, \quad U_2(x)=4x^2-1, \quad U_3(x)=8x^3-4x$$

證明 Chebyshev 多項式 $T_n(x)$ 在區間 $-1 \le x \le 1$ 相對於權重函數 $r(x)=1/\sqrt{1-x^2}$ 為正交 (*提示*：要求得積分值，令 $\arccos x=\theta$)。驗證 $T_n(x)$，$n=0,1,2,3$ 滿足 **Chebyshev 方程式**

$$(1-x^2)y''-xy'+n^2y=0$$

(b) 在不定區間的正交性：Laguerre 多項式[7] 的定義是 $L_0=1$，且

$$L_n(x)=\frac{e^x}{n!}\frac{d^n(x^ne^{-x})}{dx^n}, \quad n=1,2,\cdots.$$

證明

$$L_n(x)=1-x, \quad L_2(x)=1-2x+x^2/2, \quad L_3(x)=1-3x+3x^2/2-x^3/6.$$

證明 Laguerre 多項式在正軸 $0 \le x < \infty$ 上相對權重函數 $r(x)=e^{-x}$ 為正交。提示：既然 L_m 的最高次方項為 x^m，證明 $k<n$ 時 $\int e^{-x}x^kL_n\,dx=0$ 即可。使用 k 次部分積分。

11.6 正交級數、一般化傅立葉級數 (Orthogonal Series. Generalized Fourier Series)

傅立葉級數是由三角系統所構成 (11.1 節)，此系統為正交，在利用 Euler 公式求傅立葉係數時，必須要有正交性。對於我們所要的一般化傅立葉級數，也能由正交性導出係數公式，包括了 Fourier–Legendre 級數和 Fourier–Bessel 級數，其一般化的方式說明如後。

---

[6] PAFNUTI CHEBYSHEV (1821–1894)，俄國數學家，以他在近似理論與數論方面的研究而著名。他名字的另一翻譯拼法為 TCHEBICHEF。

[7] EDMOND LAGUERRE (1834–1886)，法國數學家，他的研究重點為幾何和無窮極數理論。

令 $y_0, y_1, y_2, \cdots$ 在區間 $a \le x \le b$ 中相對於權重函數 $r(x)$ 爲正交，並且 $f(x)$ 是一個可表式成以下形式的收斂級數

(1) $$f(x) = \sum_{m=0}^{\infty} a_m y_m(x) = a_0 y_0(x) + a_1 y_1(x) + \cdots$$

這稱爲**正交級數 (orthogonal series)**、**正交展開 (orthogonal expansion)** 或**一般化傅立葉級數 (generalized Fourier series)**。若 y_m 是一個 Sturm–Liouville 問題的特徵函數，我們稱 (1) 式爲**特徵函數展開 (eigenfunction expansion)**。在 (1) 式中我們再次將 m 用於求和運算，因爲我們要用 n 表示 Bessel 函數的固定階數。

已知 $f(x)$，我們要求 (1) 式中的係數，稱爲 $f(x)$ 就 $y_0, y_1, \cdots$ 而言的**傅立葉常數 (*Fourier constants*)**。因爲有正交性，所以這很簡單。類似於 11.1 節，我們將 (1) 式兩側同乘 $r(x)y_n(x)$ (n 固定)，然後兩側由 a 到 b 積分，我們假設可以用逐項積分 (例如在 15.5 節的「均勻收斂」條件下，這是合適的)。然後我們得到

$$(f, y_n) = \int_a^b r f y_n \, dx = \int_a^b r\left(\sum_{m=0}^{\infty} a_m y_m\right) y_n \, dx = \sum_{m=0}^{\infty} a_m \int_a^b r y_m y_n \, dx = \sum_{m=0}^{\infty} a_m (y_m, y_n)$$

因爲正交性，除了在 $m = n$ 時，右側所有積分式均爲零。因此整個無窮級數簡化爲單獨一項

$$a_n(y_n, y_n) = a_n \| y_n \|^2 \quad 因此 \quad (f, y_n) = a_n \| y_n \|^2$$

假設所有函數 y_n 的範數均不爲零，我們可除以 $\| y_n \|^2$；爲了與 (1) 式一致，再用 m 代替 n，我們得到傅立葉常數的公式

(2) $$a_m = \frac{(f, y_m)}{\| y_m \|^2} = \frac{1}{\| y_m \|^2} \int_a^b r(x) f(x) y_m(x) \, dx \qquad (n = 0, 1, \cdots)$$

此公式將 11.1 節的 Euler 公式 (6) 加以一般化，同時也用正交性將推導它們的原則一般化。

例題 1 Fourier–Legendre 級數

一個 **Fourier–Legendre 級數**是用 Legendre 多項式表示的特徵函數展開 (5.3 節)

$$f(x) = \sum_{m=0}^{\infty} a_m P_m(x) = a_0 P_0 + a_1 P_1(x) + a_2 P_2(x) + \cdots = a_0 + a_1 x + a_2 (\frac{3}{2}x^2 - \frac{1}{2}) + \cdots$$

Legendre 多項式是 11.5 節例題 4 中之 Sturm–Liouville 問題在區間 $-1 \le x \le 1$ 的特徵函數。對 Legendre 方程式我們有 $r(x) = 1$，且由 (2) 式得

(3) $$a_m = \frac{2m+1}{2} \int_{-1}^{1} f(x) P_m(x) \, dx, \qquad m = 0, 1, \cdots$$

因爲範數爲

$$\|P_m\| = \sqrt{\int_{-1}^{1} P_m(x)^2\, dx} = \sqrt{\frac{2}{2m+1}} \qquad (m = 0, 1, \cdots) \tag{4}$$

在此我們不做證明。(4) 式的證明有點複雜；它要用到習題組 5.2 中的 Rodrigues 公式，然後將所得的積分式化簡爲 gamma 函數的商。

舉例來說，令 $f(x) = \sin \pi x$。則我們得到以下係數

$$a_m = \frac{2m+1}{2}\int_{-1}^{1}(\sin \pi x)P_m(x)\,dx. \quad a_1 = \frac{3}{2}\int_{-1}^{1} x\sin \pi x\, dx = \frac{3}{\pi} = 0.95493 \quad \text{等等}$$

因此 $\sin \pi x$ 的 Fourier-Legendre 級數爲

$$\begin{aligned}\sin \pi x = \; & 0.95493P_1(x) - 1.15824P_3(x) + 0.21929P_5(x) - 0.01664P_7(x) + 0.00068P_9(x) \\ & -0.00002P_{11}(x) + \cdots.\end{aligned}$$

其中 P_{13} 的係數約爲 $3 \cdot 10^{-7}$。前三個非零項的和，就幾乎與正弦函數的曲線重合。你能否看出，爲何偶數項的係數爲零？爲什麼 a_3 是絕對值最大的係數？ ■

例題 2 Fourier–Bessel 級數

這些級數可作爲振動薄膜 (12.9 節) 及其它具圓對稱性之物理系統的模型，我們經由三個步驟推導這些級數。

步驟 1：將 Bessel 方程式寫成 Sturm–Liouville 方程式 固定整數 $n \geq 0$ 的 Bessel 函數 $J_n(x)$ 滿足 Bessel 方程式 (5.5 節)

$$\tilde{x}^2 \ddot{J}_n(\tilde{x}) + \tilde{x}\dot{J}_n(\tilde{x}) + (\tilde{x}^2 - n^2)J_n(\tilde{x}) = 0$$

其中 $\dot{J}_n = dJ_n / d\tilde{x}$ 且 $\ddot{J}_n = d^2J_n / d\tilde{x}^2$。我們令 $\tilde{x} = kx$，則 $x = \tilde{x}/k$，且由連鎖律 $\dot{J}_n = dJ_n / d\tilde{x} = (dJ_n / dx)/k$ 及 $\ddot{J}_n = J_n'' / k^2$。在 Bessel 方程式前兩項中的 k^2 和 k 會消掉，因此得到

$$x^2 J_n''(kx) + xJ_n'(kx) + (k^2x^2 - n^2)J_n(kx) = 0 \text{ 。}$$

除以 x 並利用 $(xJ_n'(kx))' = xJ_n''(kx) + J_n'(kx)$ 可得到 Sturm–Liouville 方程式

$$[xJ_n'(kx)]' + \left(-\frac{n^2}{x} + \lambda x\right)J_n(kx) = 0 \qquad \lambda = k^2 \tag{5}$$

其中 $p(x) = x$、$q(x) = -n^2/x$、$r(x) = x$ 及參數 $\lambda = k^2$。因爲 $p(0) = 0$，由 11.5 節的定理 1 可以得到，對於在 $x = R$ 爲零的解 $J_n(kx)$，它們在區間 $0 \leq x \leq R$ (R 已知且固定) 具正交性，這些解是

$$J_n(kR) = 0 \qquad (n \text{ 不變}) \tag{6}$$

留意到 $q(x) = -n^2/x$ 在 0 點是不連續的，但這不影響定理 1 的證明。

步驟 2：正交性 我們可以證明 (見參考文獻 [A13])，$J_n(\tilde{x})$ 有無限多個零點，例如 $\tilde{x} = a_{n,1} < a_{n,2} < \cdots$ (對 $n = 0$ 和 1，見 5.4 節的圖 110)。然而我們必須要有

$$kR = \alpha_{n,m} \quad \text{因此} \quad k_{n,m} = \alpha_{n,m} / R \qquad (m = 1, 2, \cdots) \tag{7}$$

如此就證明了以下正交性性質。

定理 1

Bessel 函數的正交性

對每一個固定的非負整數 n，由第一類 Bessel 函數 $J_n(k_{n,1}x), J_n(k_{n,2}x), \cdots$ 其中 $k_{n,m}$ 如 (7) 式，構成一個在區間 $0 \le x \le R$ 上就權重函數 $r(x) = x$ 而言的正交集合，也就是

$$\int_0^R xJ_n(k_{n,m}x)J_n(k_{n,j}x)\,dx = 0 \qquad (j \ne m，n\text{固定}) \tag{8}$$

因此我們就得到了 Bessel 函數的**無限多的正交集合**，每個 $J_0, J_1, J_2, \cdots$ 都有一個。在區間 $0 \le x \le R$ 上，其中 R 是我們選的固定值，就權重函數 x 而言，每一個集合都是正交的。J_n 的正交集合爲 $J_n(k_{n,1}x), J_n(k_{n,2}x), J_n(k_{n,3}x), \cdots$，其中 n 爲固定值，且 $k_{n,m}$ 來自 (7) 式。

步驟 3：Fourier-Bessel 級數 對應於 J_n (n 固定) 的 Fourier–Bessel 級數是

$$f(x) = \sum_{m=1}^{\infty} a_m J_n(k_{n,m}x) = a_1 J_n(k_{n,1}x) + a_2 J_n(k_{n,2}x) + a_3 J_n(k_{n,3}x) + \cdots \qquad (n\text{固定}) \tag{9}$$

其係數爲 (其中 $\alpha_{n,m} = k_{n,m}R$)

$$a_m = \frac{2}{R^2 J_{n+1}^2(\alpha_{n,m})} \int_0^R xf(x)J_n(k_{n,m}x)\,dx \qquad (m = 1, 2, \cdots) \tag{10}$$

因爲其範數的平方是

$$\| J_n(k_{n,m}x) \|^2 = \int_0^R xJ_n^2(k_{n,m}x)\,dx = \frac{R^2}{2} J_{n+1}^2(k_{n,m}R) \tag{11}$$

在此不做證明 (其證明頗複雜；參見 [A13] 之 p. 576 開始處的討論)。 ■

例題 3 特殊 Fourier-Bessel 級數

舉例來說，讓我們考慮 $f(x) = 1 - x^2$ 並在 (9) 式中取 $R = 1$ 及 $n = 0$，直接寫出 $\alpha_{0,m}$ 的 λ 值。則 $k_{n,m} = \alpha_{0,m} = \lambda = 2.405, 5.520, 8.654, 11.792$ 等等 (使用 CAS 或附錄 5 的表 A1)。接下來用 (10) 式計算係數 a_m

$$a_m = \frac{2}{J_1^2(\lambda)} \int_0^1 x(1 - x^2)J_0(\lambda x)\,dx$$

這可以用 CAS 或以下公式積分，首先利用來自 5.4 節之定理 1 的 $[xJ_1(\lambda x)]' = \lambda x J_0(\lambda x)$，然後再用部分積分，

$$a_m = \frac{2}{J_1^2(\lambda)} \int_0^1 x(1-x^2) J_0(\lambda x)\, dx = \frac{2}{J_1^2(\lambda)} \left[\frac{1}{\lambda}(1-x^2) x J_1(\lambda x) \Big|_0^1 - \frac{1}{\lambda} \int_0^1 x J_1(\lambda x)(-2x)\, dx \right]$$

無積分部分為零。剩下的積分式可以用 5.4 節定理 1 的 $[x^2 J_2(\lambda x)]' = \lambda x^2 J_1(\lambda x)$ 求得積分值，這樣得到

$$a_m = \frac{4J_2(\lambda)}{\lambda^2 J_1^2(\lambda)} \qquad (\lambda = \alpha_{0,m})$$

使用 CAS 可求得實際的數值 (或是用附錄 1 參考文獻 [GenRef1] p. 409 的表，再配合 5.4 節定理 1 的公式 $J_2 = 2x^{-1}J_1 - J_0$)。這樣就得到用 Bessel 函數 J_0 所表示之 $1-x^2$ 的特徵函數展開為

$$1 - x^2 = 1.1081 J_0(2.405x) - 0.1398 J_0(5.520x) + 0.0455 J_0(8.654x) - 0.0210 J_0(11.792x) + \cdots$$

由圖形可以看出，$1-x^2$ 的曲線和上式前三項的部分和幾乎完全重合。 ■

11.6.1 均方收斂 (Mean Square Convergence)、完全性 (Completeness)

上一節中近似的觀念，由傅立葉級數一般化到正交級數 (1) 式，那些由單範正交 (orthonormal) 集合所構成的是「完全 (complete)」的，也就是包含有「足夠多」的函數，使得 (1) 式可以表示許多不同類型的其它函數 (定義於後)。

在此種關係上，收斂是指**範數的收斂 (convergence in the norm)**，也稱為**均方收斂 (mean-square convergence)**；也就是一序列函數 f_k 若滿足下式，則我們說它們為**收斂**且有極限 f，

(12*) $$\lim_{k\to\infty} \| f_k - f \| = 0;$$

寫成 11.5 節 (5) 式的形式 (我們可以省掉根號，因為它不影響極限)

(12) $$\lim_{k\to\infty} \int_a^b r(x)[f_k(x) - f(x)]^2\, dx = 0$$

因此級數 (1) 收斂且代表 f 的條件是

(13) $$\lim_{k\to\infty} \int_a^b r(x)[s_k(x) - f(x)]^2\, dx = 0$$

其中 s_k 是 (1) 式的第 k 個部分和。

(14) $$s_k(x) = \sum_{m=0}^{k} a_m y_m(x)$$

留意到 (13) 式中的積分是 11.4 節 (3) 式的一般化。

我們現在定義完全性 (completeness)，在區間 $a \le x \le b$ 上的一個**單範正交集合** $y_0, y_1, \cdots$，對定義於 $a \le x \le b$ 之函數集合 S 是**完全的 (complete)**，其條件是對於任何屬於 S 的函數 f，我們都可以用線性組合 $a_0 y_0 + a_1 y_1 + \cdots + a_k y_k$ 近似於它，就範數而言到任意程度的接近，也就是技術上說，對每一個 $\varepsilon > 0$ 我們可以找到常數 $a_0, \cdots, a_k$ (其中 k 夠大) 使得

(15) $$\| f - (a_0 y_0 + \cdots + a_k y_k) \| < \varepsilon$$

附錄 1 之參考文獻 [GenRef7]中使用**全面 (total)** 代替完全 (*complete*)。

我們現在可以將 11.4 節中由 (3) 式開始引導我們的觀念，擴展到該節中的 Bessel 和 Parseval 公式 (7) 及 (8)。執行 (13) 式中的平方再利用 (14) 式，我們首先得到 (類似於 11.4 節的 (4) 式)

$$\begin{aligned}\int_a^b r(x)[s_k(x) - f(x)]^2\, dx &= \int_a^b r s_k^2\, dx - 2\int_a^b r f s_k\, dx + \int_a^b r f^2\, dx \\ &= \int_a^b r\left[\sum_{m=0}^{k} a_m y_m\right]^2 dx - 2\sum_{m=0}^{k} a_m \int_a^b r f y_m\, dx + \int_a^b r f^2\, dx\end{aligned}$$

右側第一個積分式等於 $\sum a_m^2$，因爲在 $m \ne 1$ 時 $\int r y_m y_l\, dx = 0$，且 $\int r y_m^2\, dx = 1$。利用 (2) 式及 $\| y_m \|^2 = 1$，在右側第二個求和式中的積分等於 a_m。因此右側第一項抵消第二項的一半，所以右側化簡爲 (類比於 11.4 節的 (6) 式)

$$-\sum_{m=0}^{k} a_m^2 + \int_a^b r f^2\, dx$$

此式必定不爲負，因爲在前一式中其左側的被積函數是非負的 (記得權重函數 $r(x)$ 爲正！) 所以左側積分後亦不爲負。這就證明了重要的 **Bessel 不等式** (類比於 11.4 節的 (7) 式)

(16) $$\sum_{m=0}^{k} a_m^2 \le \| f \|^2 = \int_a^b r(x) f(x)^2\, dx \qquad (k = 1, 2, \cdots)$$

在此我們可以令 $k \to \infty$，因爲左側形成一個單調遞增數列，而右側爲其界限，所以由附錄 A.3.3 中著名的定理 1 知其爲收斂。因此

(17) $$\sum_{m=0}^{\infty} a_m^2 \le \| f \|^2$$

此外，若 $y_0, y_1, \cdots$ 在函數集合 S 中是完全的，則對屬於 S 的每一個 f，(13) 式都成立。由 (13) 式，這就代表了在 $k \to \infty$時 (16) 式的等號成立。因此在具完全性的情況下，S 中的每一個 f 都滿足所謂的 **Parseval 等式** (類比於 11.4 節的 (8) 式)

(18) $$\sum_{m=0}^{\infty} a_m^2 = \| f \|^2 = \int_a^b r(x) f(x)^2\, dx$$

因爲 (18) 式的緣故，我們證明在具完全性的情況下，沒有函數會正交於單範正交集合中的每一個函數，範數爲零的函數例外：

定理 2

完全性

令 $y_0, y_1, \cdots$ 是在函數集合 S 中區間 $a \le x \le b$ 上的一個完全的單範正交集合。則若函數 f 屬於 S 且正交於每一個 y_m，它的範數必定為零。特別是，若 f 為連續的，則 f 必定恆等於零。

證明

因爲 f 正交於每一個 y_m，所以 (18) 式的左側必定爲零。若 f 是連續的，則由 $\|f\| = 0$ 可知 $f(x) \equiv 0$，這可由 11.5 節的 (5) 式直接看出，只要用 f 取代 y_m，因爲由假設條件 $r(x) > 0$。 ■

習題集 11.6

1–7 FOURIER-LEGENDRE 級數

展開以下各題，並寫出詳細過程。

1. $63x^5 - 90x^3 + 35x$
2. $(x+1)^2$
3. $1 - x^4$
4. $1, \quad x, \quad x^2, \quad x^3, \quad x^4$
5. 證明若 $f(x)$ 是偶函數 (另外，是奇函數)，則它的 Fourier–Legendre 級數只有偶數 m 的 $P_m(x)$ (另外，只有奇數 m 的 $P_m(x)$)。請舉出例子。
6. 如果 $f(x)$ 的 Maclaurin 級數只有 x^{4m} ($m = 0, 1, 2, \cdots$) 的冪次項，則對於 $f(x)$ 之 Fourier–Legendre 級數的係數，你能說些什麼？
7. 對於多項式 $f(x)$，若改變 $f(x)$ 的係數，則其 Fourier–Legendre 級數會有何改變？實驗一下，試著證明你的答案。

8–13 CAS 實驗

FOURIER-LEGENDRE 級數 求出並繪出 (使用共同座標) 部分和 S_{m_0}，部分和的項數必須能使其圖形與 $f(x)$ 在繪圖精度內完全重合，請求出 m_0。看起來 m_0 的大小取決於何者？

8. $f(x) = \sin \pi x$
9. $f(x) = \sin 2\pi x$
10. $f(x) = e^{-x^2}$
11. $f(x) = (1 + x^2)^{-1}$
12. $f(x) = J_0(\alpha_{0,1} x)$, $\alpha_{0,1} = J_0(x)$ 的第一個正零點
13. $f(x) = J_0(\alpha_{0,2} x)$, $\alpha_{0,2} = J_0(x)$ 的第二個正零點
14. **分組專題 整個實數軸上的正交性、Hermite 多項式** [8] 這些正交多項式由 $He_0(1) = 1$ 所定義，且

$$He_n(x) = (-1)^n e^{x^2/2} \frac{d^n}{dx^n}\left(e^{-x^2/2}\right), \quad n = 1, 2, \cdots \tag{19}$$

說明 對許多特殊函數都有同樣情形，在文獻中有一種以上的表示法，有人會將 Hermite 多項式定義爲函數

$$H_0^* = 1, \quad H_n^*(x) = (-1)^n e^{x^2} \frac{d^n e^{-x^2}}{dx^n}$$

這和我們的定義不同，但我們的定義用的人較多。

(a) 小的 n 值 證明

$$He_1(x) = x, \quad He_2(x) = x^2 - 1,$$
$$He_3(x) = x^3 - 3x, \quad He_4(x) = x^4 - 6x^2 + 3$$

---

[8] CHARLES HERMITE (1822–1901)，法國數學家，他是以代數及數論方面的研究而知名。偉大的 HENRI POINCARÉ (1854–1912) 是他的學生。

(b) 生成函數 (Generating Function)

Hermite 多項式的一個生成函數是

(20) $$e^{tx-t^2/2}=\sum_{n=0}^{\infty}a_n(x)t^n$$

因爲 $He_n(x)=n!a_n(x)$，證明此點。提示：使用 Maclaurin 級數之係數公式並注意到 $tx-\frac{1}{2}t^2=\frac{1}{2}x^2-\frac{1}{2}(x-t)^2$。

(c) 導數 將生成函數對 x 微分，證明

(21) $$He_n'=nHe_{n-1}(x)$$

(d) 在 x 軸上的正交性 須要一個在 $x\to\pm\infty$ 時，快速趨近於零的權重函數，(爲何？)證明 Hermite 多項式在 $-\infty<x<\infty$ 上就權重函數 $r(x)=e^{-x^2/2}$ 而言爲正交。*提示*：利用部分積分及 (21) 式。

(e) ODE 證明

(22) $$He_n'(x)=xHe_n(x)-He_{n+1}(x)$$

利用此式，但以 $n-1$ 取代 n，和 (21) 式以證明 $y=He_n(x)$ 滿足 ODE

(23) $$y''=xy'+ny=0$$

證明 $w=e^{-x^2/4}y$ 是以下 **Weber 方程式**的一個解

(24) $$w''+(n+\frac{1}{2}-\frac{1}{4}x^2)w=0 \quad (n=0,1,\ldots)$$

15. CAS 實驗 Fourier-Bessel 級數 利用例題 2 和 $R=1$ 以得到級數

(25) $$f(x)=a_1J_0(\alpha_{0,1}x)+a_2J_0(\alpha_{0,2}x)+a_3J_0(\alpha_{0,3}x)+\cdots$$

用你的 CAS 求得零點 $\alpha_{0,1},\alpha_{0,2},\cdots$ (亦可參見附錄 5 的表 A1)。

(a) 在共同軸上畫出 $0\le x\le 1$ 的 $J_0(\alpha_{0,1}x),\cdots,J_0(\alpha_{0,10}x)$ 各項。

(b) 請寫一程式計算 (25) 式的部分和。找出什麼樣的 $f(x)$ 你的 CAS 可以求積分值。取兩個此種 $f(x)$，並經由觀察它們係數減小的方式，以討論它們的收斂速度。

(c) 在 (25) 式中取 $f(x)=1$ 並利用 5.4 節的 (21a) 式，以解析的方式求係數的積分值，使用 $v=1$。在共通軸上畫出前幾個部分和。

11.7 傅立葉積分 (Fourier Integral)

在處理各種涉及週期函數或區間性函數問題時，傅立葉級數是一個相當強大的工具。11.2 和 11.3 節首先說明此事，而各種更進一步應用將在第 12 章介紹。由於有許多實際問題所涉及的函數爲**非週期性 (*nonperiodic*)** 或是須考慮整個 x 軸，我們想要知道如何才能將傅立葉級數延伸至此類函數。這個想法即衍生出「傅立葉積分」。

在例題 1 中，我們從一個週期爲 $2L$ 之特殊函數 f_L 開始，考慮在 $L\to\infty$時其傅立葉級數有何變化。然後以同樣的方式處理週期爲 $2L$ 的任意函數 f_L。由此可激發並啓發出本節之主要結果，即定理 1 中之積分表示式。

例題 1 方波

考慮週期為 $2L > 2$ 的週期性方波 $f_L(x)$

$$f_L(x) = \begin{cases} 0 & \text{if} \quad -L < x < -1 \\ 1 & \text{if} \quad -1 < x < 1 \\ 0 & \text{if} \quad 1 < x < L \end{cases}$$

圖 280 之左半部為此函數在 $2L = 4, 8, 16$ 時的圖形，以及當我們令 f_L 之 $L \to \infty$時所得之非週期函數 $f(x)$ 的圖形。

$$f(x) = \lim_{L\to\infty} f_L(x) = \begin{cases} 1 & \text{if } -1 < x < 1 \\ 0 & \text{otherwise.} \end{cases}$$

現在探討當 L 增加時，f_L 之傅立葉係數會如何變化。因為 f_L 是偶函數，對所有的 n 都有 $b_n = 0$。對於 a_n，由 11.2 節之 Euler 公式 (6) 可得

$$a_0 = \frac{1}{2L}\int_{-1}^{1} dx = \frac{1}{L}, \quad a_n = \frac{1}{L}\int_{-1}^{1} \cos\frac{n\pi x}{L}\, dx = \frac{2}{L}\int_{0}^{1} \cos\frac{n\pi x}{L}\, dx = \frac{2}{L}\,\frac{\sin(n\pi/L)}{n\pi/L}$$

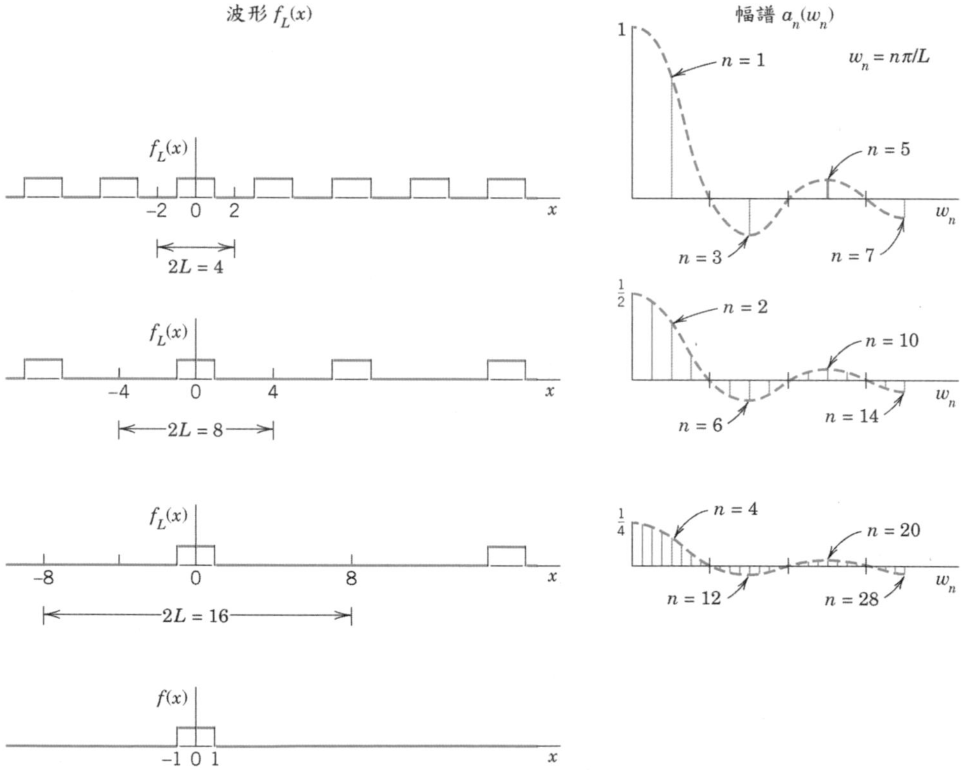

圖 280 例題 1 之波形及幅譜

此傅立葉係數數列稱為 f_L 之**幅譜 (amplitude spectrum)**，因為 $|a_n|$ 是波動 $a_n\cos(n\pi x/L)$ 的最大振幅。圖 280 顯示了週期 $2L = 4, 8, 16$ 時的幅譜。我們可看出，當 L 增加時這些振幅將在正 w_n 軸上愈來愈密集，其中 $w_n = n\pi/L$。實際上，對於 $2L = 4, 8, 16$，函數 $(2\sin w_n)/(Lw_n)$ (圖中虛線) 的

「每半波」振幅數爲 1、3、7。因此對於 $2L=2^k$ ，可得每半波有 $2^{k-1}-1$ 個振幅，使得振幅最後將會在正 w_n 軸上每一處均爲密集 (並將遞減至零)。

由此例題之結果，可以使我們對於將特殊函數換成任意函數時之結果，有一直覺上的概念。■

11.7.1 由傅立葉級數到傅立葉積分

現在考慮週期爲 $2L$，且可表示爲傅立葉級數之任意週期函數 $f_L(x)$

$$f_L(x)=a_0+\sum_{n=1}^{\infty}(a_n\cos w_nx+b_n\sin w_nx),\qquad w_n=\frac{n\pi}{L}$$

並求出令 $L\to\infty$ 時之結果。由例題 1 及目前的計算，我們應聯想到其結果應是一個包含 $\cos wx$ 與 $\sin wx$ 之積分 (而非級數)，且 w 不再只是 π/L 之整數倍 $w=w_n=n\pi/L$ 而是所有的值。我們同時也可以推測出此積分之形式。

若我們將 11.2 節之 Euler 公式 (6)中之 a_n 及 b_n 代入，並將積分變數標示爲 v，則 $f_L(x)$ 之傅立葉級數成爲

$$f_L(x)=\frac{1}{2L}\int_{-L}^{L}f_L(v)\,dv+\frac{1}{L}\sum_{n=1}^{\infty}\left[\cos w_nx\int_{-L}^{L}f_L(v)\cos w_nv\,dv+\sin w_nx\int_{-L}^{L}f_L(v)\sin w_nv\,dv\right]$$

現在令

$$\Delta w=w_{n+1}-w_n=\frac{(n+1)\pi}{L}-\frac{n\pi}{L}=\frac{\pi}{L}$$

則 $1/L=\Delta w/\pi$ ，而我們可將傅立葉級數寫成如下形式

(1) $$f_L(x)=\frac{1}{2L}\int_{-L}^{L}f_L(v)\,dv+\frac{1}{\pi}\sum_{n=1}^{\infty}\left[(\cos w_nx)\Delta w\int_{-L}^{L}f_L(v)\cos w_nv\,dv+(\sin w_nx)\Delta w\int_{-L}^{L}f_L(v)\sin w_nv\,dv\right]$$

此表示式對任意固定 L (任意大，但有限) 均成立。

現在令 $L\to\infty$ 並假設所得的非週期函數爲

$$f(x)=\lim_{L\to\infty}f_L(x)$$

它在 x 軸上爲**絕對可積 (absolutely integrable)**；亦即，下列 (有限！) 極限存在：

(2) $$\lim_{a\to-\infty}\int_a^0|f(x)|\,dx+\lim_{b\to\infty}\int_0^b|f(x)|\,dx\quad\left(\text{寫成 }\int_{-\infty}^{\infty}|f(x)|\,dx\right)$$

則 $1/L\to 0$ ，而且 (1) 式右側第一項之值趨近於零。同時 $\Delta w=\pi/L\to 0$ ，而且看起來似乎可**合理的**將 (1) 式之無窮級數變爲由 0 到 ∞ 之積分，用以表示 $f(x)$ ，亦即

(3) $$f(x)=\frac{1}{\pi}\int_0^{\infty}\left[\cos wx\int_{-\infty}^{\infty}f(\upsilon)\cos w\upsilon\,d\upsilon+\sin wx\int_{-\infty}^{\infty}f(\upsilon)\sin w\upsilon\,d\upsilon\right]dw$$

若引入符號

(4)
$$A(w)=\frac{1}{\pi}\int_{-\infty}^{\infty}f(v)\cos wv\,dv,\quad B(w)=\frac{1}{\pi}\int_{-\infty}^{\infty}f(v)\sin wv\,dv$$

則可寫成下列形式

(5)
$$f(x)=\int_{0}^{\infty}[A(w)\cos wx+B(w)\sin wx]\,dw$$

此式稱為 $f(x)$ 之**傅立葉積分 (Fourier integral)** 式。

很明顯的，我們的天真方法僅**推想**出表示式 (5)，而非確立該式；實際上，(1) 式中當 Δw 趨近於零所得級數之極限並非積分式 (3) 的定義。(5) 式成立之充分條件如下。

定理 1

傅立葉積分 (Fourier Integral)

若 $f(x)$ 在每一個有限區間內為片段連續 (見 *6.1* 節)，並在每一點皆具有右側導數及左側導數 (見 *11.1* 節)，且若積分式 (2) 存在，則 $f(x)$ 可用傅立葉積分式 (5) 表示，其中 A 和 B 如 (4) 式所示。在 $f(x)$ 為不連續之點，傅立葉積分之值等於 $f(x)$ 在該點左側與右側極限之平均值 (見 *11.1* 節) (證明請見附錄 *1* 之參考文獻 [C12])。

11.7.2　傅立葉積分之應用

傅立葉積分主要應用於求解 ODE 和 PDE，我們將在 12.6 節討論在 PDE 的應用。但是我們也可在積分時以及討論以積分定義之函數時，使用傅立葉積分，如下面例題所示。

例題 2　單一脈波、正弦積分、Dirichlet 不連續因式、Gibbs 現象

請求出下列函數之傅立葉積分式

$$f(x)=\begin{cases}1 & \text{if}\quad |x|<1\\ 0 & \text{if}\quad |x|>1\end{cases}$$ (圖 281)

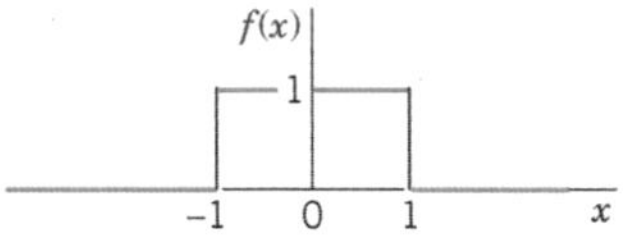

圖 281　例題 2

解

由 (4) 式可得

$$A(w)=\frac{1}{\pi}\int_{-\infty}^{\infty}f(v)\cos wv\,dv=\frac{1}{\pi}\int_{-1}^{1}\cos wv\,dv=\left.\frac{\sin wv}{\pi w}\right|_{-1}^{1}=\frac{2\sin w}{\pi w}$$

$$B(w)=\frac{1}{\pi}\int_{-1}^{1}\sin wv\,dv=0$$

而由 (5) 式可得答案

(6)
$$f(x)=\frac{2}{\pi}\int_0^{\infty}\frac{\cos wx\sin w}{w}\,dw$$

在 $x=1$ 處 $f(x)$ 的左側和右側極限之平均值爲 $(1+0)/2$，也就是 $\frac{1}{2}$。

此外，由 (6) 式及定理 1 可得 (乘以 $\pi/2$)

(7)
$$\int_0^{\infty}\frac{\cos wx\sin w}{w}\,dw=\begin{cases}\pi/2 & \text{if} \quad 0\le x<1,\\ \pi/4 & \text{if} \quad x=1,\\ 0 & \text{if} \quad x>1\end{cases}$$

此積分稱爲 Dirichlet 不連續因式 (Dirichlet's discontinuous factor) (關於 P. L. Dirichlet 請見 10.8 節)。我們特別考慮 $x=0$ 之情形，若 $x=0$，則由 (7) 式可得

(8*)
$$\int_0^{\infty}\frac{\sin w}{w}\,dw=\frac{\pi}{2}$$

我們知道此積分爲所謂正弦積分 (sine integral) 在 $u\to\infty$ 時之極限

(8)
$$\operatorname{Si}(u)=\int_0^{u}\frac{\sin w}{w}\,dw$$

Si(u) 及其被積函數的圖形如圖 282 所示。

在傳立葉級數的情況下，部分和之圖形爲該級數所代表之週期函數的近似曲線。同樣的，在傳立葉積分 (5) 的情況下，可將 ∞ 改爲數值 a 而獲得近似。因此積分式

(9)
$$\frac{2}{\pi}\int_0^{a}\frac{\cos wx\sin w}{w}\,dw$$

爲 (6) 式右側之近似，故爲 $f(x)$ 之近似。

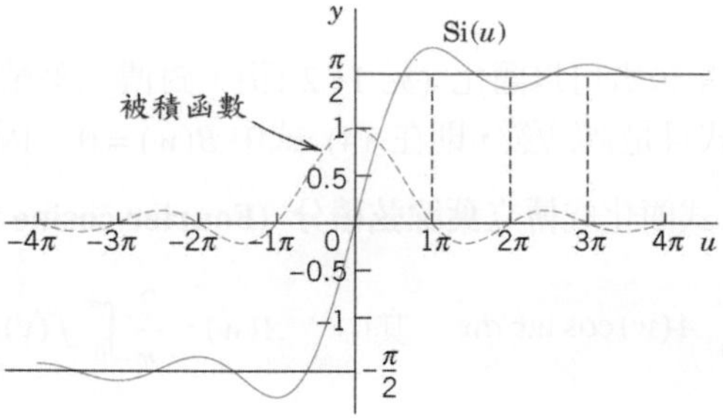

圖 282 正弦積分 Si(u) 及被積函數

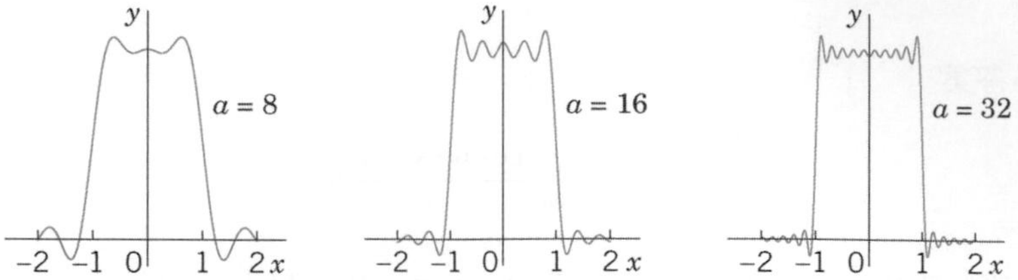

圖 283 在 $a = 8$、16、32 時之積分式 (9)，說明 Gibbs 現象的發展

圖 283 顯示了在 $f(x)$ 不連續處附近的振盪。我們可能會預期當 a 趨近無窮大時，這些振盪將會消失。但事實並非如此；隨著 a 增加，這些振盪會愈來愈靠近 $x = \pm 1$ 之點。這種未預期之行爲，稱爲 **Gibbs 現象 (Gibbs phenomenon)**，此現象也發生在傅立葉級數中 (見 11.2 節)。我們可以經由將 (9) 式表示爲如下之正弦積分來解釋此現象，利用附錄 A3.1 之 (11) 式可得

$$\frac{2}{\pi}\int_0^a \frac{\cos wx \sin w}{w}\,dw = \frac{1}{\pi}\int_0^a \frac{\sin(w+wx)}{w}\,dw + \frac{1}{\pi}\int_0^a \frac{\sin(w-wx)}{w}\,dw$$

令右側第一積分中 $w + wx = t$ 。則 $dw/w = dt/t$ ，且 $0 \le w \le a$ 對應到 $0 \le t \le (x+1)a$ 。令最後一個積分式中 $w - wx = -t$ 。則 $dw/w = dt/t$ ，且 $0 \le w \le a$ 對應於 $0 \le t \le (x-1)a$ 。因爲 $\sin(-t) = -\sin t$ ，所以可得

$$\frac{2}{\pi}\int_0^a \frac{\cos wx \sin w}{w}\,dw = \frac{1}{\pi}\int_0^{(x+1)a} \frac{\sin t}{t}\,dt - \frac{1}{\pi}\int_0^{(x-1)a} \frac{\sin t}{t}\,dt$$

由此式及 (8) 式可看出積分式 (9) 等於

$$\frac{1}{\pi}\mathrm{Si}(a[x+1]) - \frac{1}{\pi}\mathrm{Si}(a[x-1])$$

且圖 283 中的振盪是由圖 282 中的震盪所造成。增加 a 會造成軸上刻度之轉換，並導致振盪朝不連續點−1 和 1 移動。 ■

11.7.3 傅立葉餘弦積分及傅立葉正弦積分

對於偶函數或奇函數，傅立葉級數可以簡化 (見 11.2 節)，對傅立葉積分也可有同樣的簡化。事實上，若 f 有傅立葉積分表示式且是*偶函數*，則在 (4) 式中 $B(w) = 0$ 。因爲 $B(w)$ 的被積函數是奇函數所以這點成立。因此 (5) 式簡化成**傅立葉餘弦積分 (Fourier cosine integral)**

(10) $$f(x) = \int_0^\infty A(w)\cos wx\,dw \quad \text{其中} \quad A(w) = \frac{2}{\pi}\int_0^\infty f(v)\cos wv\,dv$$

注意到 $A(w)$ 的改變：對偶函數的 f 而言，被積函數爲偶函數，因此由$-\infty$到∞積分等於 0 到∞積分的兩倍，就和 11.2 節的 (7a) 式一樣。

同理，若 f 有傅立葉積分表示式且是奇函數，則 (4) 式中 $A(w) = 0$ 。因爲 $A(w)$ 的被積函數爲奇函數，所以此點爲眞。則 (5) 式成爲**傅立葉正弦積分 (Fourier sine integral)**

(11) $$f(x)=\int_0^{\infty} B(w)\sin wx\,dw \quad 其中 \quad B(w)=\frac{2}{\pi}\int_0^{\infty} f(v)\sin wv\,dv$$

留意到 $B(w)$ 的積分變成由 0 到∞，因爲 $B(w)$ 是偶函數 (奇函數乘奇函數成爲偶函數)。

在本節稍早我們曾指出，傅立葉積分表示式主要是用在微分方程。但對於由 0 到∞的積分，這種表示式也有助於求積分値，如以下例題所示。

例題 3 Laplace 積分

我們將推導 $f(x)=e^{-kx}$ 的傅立葉餘弦及正弦積分，其中 $x>0$ 且 $k>0$ (圖 284)。其結果將用來計算所謂的 Laplace 積分。

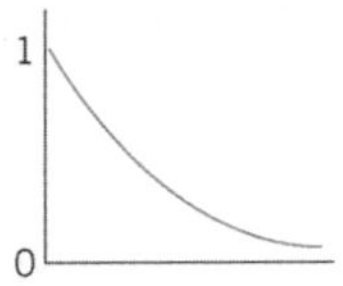

圖 284 例題 3 的 $f(x)$

解

(a) 由 (10) 式可得 $A(w)=\frac{2}{\pi}\int_0^{\infty} e^{-kv}\cos wv\,dv$。現利用部分積分，

$$\int e^{-kv}\cos wv\,dv=-\frac{k}{k^2+w^2}e^{-kv}\left(-\frac{w}{k}\sin wv+\cos wv\right)$$

若 $v=0$，右側等於 $-k/(k^2+w^2)$。若 v 趨近於無限大，則因爲指數因子所以該式趨近於零。因此 $2/\pi$ 乘上由 0 到∞的積分可得

(12) $$A(w)=\frac{2k/\pi}{k^2+w^2}$$

將此式代入 (10) 式的第一個積分，可得傅立葉餘弦積分表示式

$$f(x)=e^{-kx}=\frac{2k}{\pi}\int_0^{\infty}\frac{\cos wx}{k^2+w^2}\,dw \qquad (x>0,\ k>0)$$

由此表示式可看出

(13) $$\int_0^{\infty}\frac{\cos wx}{k^2+w^2}\,dw=\frac{\pi}{2k}e^{-kx} \qquad (x>0,\ k>0)$$

(b) 同理，由 (11) 式可得 $B(w)=\frac{2}{\pi}\int_0^{\infty} e^{-kv}\sin wv\,dv$。經部分積分，

$$\int e^{-kv}\sin wv\,dv=-\frac{w}{k^2+w^2}e^{-kv}\left(\frac{k}{w}\sin wv+\cos wv\right)$$

若 $v=0$ 上式等於 $-w/(k^2+w^2)$，當 $v\to\infty$時上式趨近於 0。因此

(14)
$$B(w)=\frac{2w/\pi}{k^2+w^2}$$

故由 (14) 式，我們得到了傅立葉正弦積分表示式

$$f(x)=e^{-kx}=\frac{2}{\pi}\int_0^{\infty}\frac{w\sin wx}{k^2+w^2}\,dw$$

由此式可看出

(15)
$$\int_0^{\infty}\frac{w\sin wx}{k^2+w^2}\,dw=\frac{\pi}{2}e^{-kx}\qquad (x>0,k>0)$$

積分式 (13) 及 (15) 即所謂的 **Laplace 積分**。 ■

習題集 11.7

1–6 積分計算

證明各積分式代表所給函數。提示：利用 (5)、(10) 或 (11) 式；可由積分看出應使用之公式，由積分值可看出應考慮之函數。請寫出詳細過程。

1. $\displaystyle\int_0^{\infty}\frac{\cos xw+w\sin xw}{1+w^2}\,dx=\begin{cases}0 & \text{if } x<0\\ \pi/2 & \text{if } x=0\\ \pi e^{-x} & \text{if } x>0\end{cases}$

2. $\displaystyle\int_0^{\infty}\frac{\sin\pi w\sin xw}{1-w^2}\,dw=\begin{cases}\frac{\pi}{2}\sin x & \text{if } 0\le x\le\pi\\ 0 & \text{if } x>\pi\end{cases}$

3. $\displaystyle\int_0^{\infty}\frac{1-\cos\pi w}{w}\sin wx\,dw=\begin{cases}\frac{1}{2}\pi & \text{if } 0<x<\pi\\ 0 & \text{if } x>\pi\end{cases}$

4. $\displaystyle\int_0^{\infty}\frac{\cos\frac{1}{2}\pi w}{1-w^2}\cos xw\,dw=\begin{cases}\frac{1}{2}\pi\cos x & \text{if } 0<|x|<\frac{1}{2}\pi\\ 0 & \text{if } |x|\ge\frac{1}{2}\pi\end{cases}$

5. $\displaystyle\int_0^{\infty}\frac{\sin w-w\cos w}{w^2}\sin xw\,dw=\begin{cases}\frac{1}{2}\pi x & \text{if } 0<x<1\\ \frac{1}{4}\pi & \text{if } x=1\\ 0 & \text{if } x>1\end{cases}$

6. $\displaystyle\int_0^{\infty}\frac{w^3\sin xw}{w^4+4}\,dw=\frac{1}{2}\pi e^{-x}\cos x$ 若 $x>0$

7–12 傅立葉餘弦積分表示

請將下列函數 $f(x)$ 表示成如 (10) 式的積分式。

7. $f(x)=\begin{cases}1 & \text{if } 0<x<1\\ 0 & \text{if } x>1\end{cases}$

8. $f(x)=\begin{cases}x^2 & \text{if } 0<x<1\\ 0 & \text{if } x>1\end{cases}$

9. $f(x)=1/(1+x^2)$ [$x>0$，提示：見 (13) 式]

10. $f(x)=\begin{cases}a^2-x^2 & \text{if } 0<x<a\\ 0 & \text{if } x>a\end{cases}$

11. $f(x)=\begin{cases}\sin x & \text{if } 0<x<\pi\\ 0 & \text{if } x>\pi\end{cases}$

12. $f(x)=\begin{cases}e^{-x} & \text{if } 0<x<a\\ 0 & \text{if } x>a\end{cases}$

13. CAS 實驗　傅立葉餘弦積分之近似　畫出習題 7、9、11 中積分式對 x 的圖形，畫出以自選的有限上限取代∞所得之近似。比較近似程度，將你的經驗結果及觀察寫成一簡短報告。

14. 專題　傅立葉積分之性質

(a) 傅立葉餘弦積分　證明由 (10) 式可得

(a1) $f(ax)=\dfrac{1}{a}\int_0^\infty A\left(\dfrac{w}{a}\right)\cos xw\,dw \quad (a>0)$

(尺度變換)

(a2) $xf(x)=\int_0^\infty B^*(w)\sin xw\,dw\,,\ B^*=-\dfrac{dA}{dw}$

，A 同 (10) 式中的

(a3) $x^2 f(x)=\int_0^\infty A^*(w)\cos xw\,dw$,

$A^*=-\dfrac{d^2A}{dw^2}$ 。

(b) 將 (a3) 應用至習題 7 之結果，以求解習題 8。

(c) 對於，在 $0<x<a$ 時 $f(x)=1$，在 $x>a$ 時 $f(x)=0$，驗證 (a2)。

(d) **傅立葉正弦積分**　對傅立葉正弦積分，求出類似 (a) 之公式。

15. CAS 實驗　正弦積分 (Sine Integral)　對正的 u 繪出 Si(u)。由它的最大值與最小值所構成的數列，是否能看出它會收斂，且極限值爲 $\pi/2$？以圖形探討 Gibbs 現象。

16–20　傅立葉正弦積分表示式

請將下列函數 $f(x)$ 表示成積分式 (11)。

16. $f(x)=\begin{cases} x & \text{if} \quad 0<x<a \\ 0 & \text{if} \quad x>a \end{cases}$

17. $f(x)=\begin{cases} 1 & \text{if} \quad 0<x<1 \\ 0 & \text{if} \quad x>1 \end{cases}$

18. $f(x)=\begin{cases} \cos x & \text{if} \quad 0<x<\pi \\ 0 & \text{if} \quad x>\pi \end{cases}$

19. $f(x)=\begin{cases} e^x & \text{if} \quad 0<x<1 \\ 0 & \text{if} \quad x>1 \end{cases}$

20. $f(x)=\begin{cases} e^{-x} & \text{if} \quad 0<x<1 \\ 0 & \text{if} \quad x>1 \end{cases}$

11.8 傅立葉餘弦及正弦轉換 (Fourier Cosine and Sine Transforms)

積分轉換是以積分的形式，將所給定之函數轉換爲新函數並有不同的自變數。我們對這種轉換感興趣主要是因爲它們可作爲求解 ODE、PDE 及積分方程的工具，同時在特殊函數的處理及應用上也相當有用。第 6 章的 Laplace 轉換即爲一例，且是工程應用上最重要的一種。

次重要的即爲傅立葉轉換，它們可以很直接的得自 11.7 節的傅立葉積分。在本節中我們將推導兩個這種轉換，並且是實數的，在 11.9 節則會推導一個複數的轉換。

11.8.1 傅立葉餘弦轉換

傅立葉餘弦轉換用於**偶函數** $f(x)$。我們由傅立葉餘弦積分得到 [10.7 節的 (10) 式]

$$f(x)=\int_0^\infty A(w)\cos wx\,dw \quad 其中 \quad A(w)=\frac{2}{\pi}\int_0^\infty f(v)\cos wv\,dv$$

現在令 $A(w)=\sqrt{2/\pi}\,\hat{f}_c(w)$，其中 c 代表「餘弦 (cosine)」。然後，在 $A(w)$ 的公式中令 $v=x$，我們有

(1a) $$\hat{f}_c(w)=\sqrt{\frac{2}{\pi}}\int_0^\infty f(x)\cos wx\,dx$$

及

(1b) $$f(x)=\sqrt{\frac{2}{\pi}}\int_0^\infty \hat{f}_c(w)\cos wx\,dw$$

公式 (1a) 從 $f(x)$ 得到一新函數 $\hat{f}_c(w)$，稱為 $f(x)$ 的**傅立葉餘弦轉換**。公式 (1b) 由 $\hat{f}_c(w)$ 得回 $f(x)$，所以我們稱 $f(x)$ 為 $\hat{f}_c(w)$ 之**逆傅立葉餘弦轉換**。

從一給定之函數 f 得到其轉換 $\hat{f}_c$ 之程序，稱為**傅立葉餘弦轉換**或是傅立葉餘弦轉換法。

11.8.2 傅立葉正弦轉換

同樣的，在 11.7 節的 (11) 式中令 $B(w)=\sqrt{2/\pi}\,\hat{f}_s(w)$，其中 s 代表「正弦 (sine)」。然後令 $v=x$，由 11.7 節的 (11) 式，我們得到 $f(x)$ 的**傅立葉正弦轉換**為

(2a)
$$\hat{f}_s(w)=\sqrt{\frac{2}{\pi}}\int_0^\infty f(x)\sin wx\,dx,$$

而 $\hat{f}_s(w)$ 之**逆傅立葉正弦轉換**為

(2b)
$$f(x)=\sqrt{\frac{2}{\pi}}\int_0^\infty \hat{f}_s(w)\sin wx\,dw$$

從 $f(x)$ 得到 $f_s(w)$ 之程序亦稱為**傅立葉正弦轉換**或傅立葉正弦轉換法，

其它標示法為

$$\mathscr{F}_c(f)=\hat{f}_c,\quad \mathscr{F}_s(f)=\hat{f}_s$$

而 $\mathscr{F}_c^{-1}$ 及 $\mathscr{F}_s^{-1}$ 分別為 $\mathscr{F}_c$ 及 $\mathscr{F}_s$ 之逆轉換。

例題 1 傅立葉餘弦及傅立葉正弦轉換

請求出下列函數之傅立葉餘弦及正弦轉換

$$f(x)=\begin{cases}k & \text{if } 0<x<a\\ 0 & \text{if } x>a\end{cases}$$
(見圖 285)

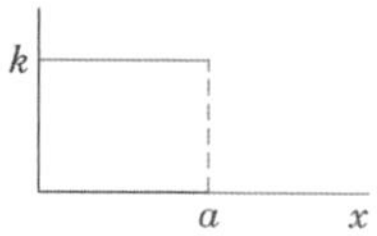

圖 285 例題 1 中之 $f(x)$

解

由定義 (1a) 和 (1b) 可積分得

$$\hat{f}_c(w)=\sqrt{\frac{2}{\pi}}k\int_0^a \cos wx\,dx=\sqrt{\frac{2}{\pi}}k\left(\frac{\sin aw}{w}\right)$$

$$\hat{f}_s(w)=\sqrt{\frac{2}{\pi}}k\int_0^a \sin wx\,dx=\sqrt{\frac{2}{\pi}}k\left(\frac{1-\cos aw}{w}\right)$$

此與 11.10 節前兩表之公式 1 相吻合 (其中 $k=1$)。

對於 $f(x)=k=$ 常數 $(0<x<\infty)$，這些轉換並不存在 (為什麼？) ■

例題 2 **指數函數之傅立葉餘弦轉換**

求 $\mathscr{F}_c(e^{-x})$。

解

由部分積分及遞迴，

$$\mathscr{F}_c(e^{-x}) = \sqrt{\frac{2}{\pi}}\int_0^\infty e^{-x}\cos wx\,dx = \sqrt{\frac{2}{\pi}}\frac{e^{-x}}{1+w^2}(-\cos wx + w\sin wx)\bigg|_0^\infty = \frac{\sqrt{2/\pi}}{1+w^2}$$

此與 11.10 節表 I 中之公式 3 相吻合，其中 $a=1$，同時參見下一例題。 ■

我們要做些什麼才能引入所考慮之兩種積分轉換？實際上並不多：我們改變符號 A 與 B 以便在原來的公式 (1) 和 (2) 中，使得常數 $2/\pi$ 能夠「對稱」分佈，此重新分佈是一種標準做法，但非必要，沒有此重新分布也可以轉換。

我們得到什麼？接下來我們將說明這些轉換所具有的運算特性，它們可以將微分轉換為代數運算 (就像 Laplace 轉換一樣)。這就是用它們求解微分方程式的關鍵。

11.8.3 線性、導數之轉換

若 $f(x)$ 在正 x 軸上為絕對可積 (見 11.7 節)，且在每一個有限區間內為片段連續 (見 6.1 節)，則 f 之傅立葉餘弦及正弦轉換存在。

此外，若 f 與 g 均具有傅立葉餘弦及正弦轉換，則 $af+bg$ 也有，其中 a 和 b 為任何常數，且由 (1a)

$$\begin{aligned}\mathscr{F}_c(af+bg) &= \sqrt{\frac{2}{\pi}}\int_0^\infty [af(x)+bg(x)]\cos wx\,dx \\ &= a\sqrt{\frac{2}{\pi}}\int_0^\infty f(x)\cos wx\,dx + b\sqrt{\frac{2}{\pi}}\int_0^\infty g(x)\cos wx\,dx\end{aligned}$$

其右側為 $a\mathscr{F}_c(f)+b\mathscr{F}_c(g)$。同理，由 (2) 式可得 $\mathscr{F}_s$，這表示傅立葉餘弦及正弦轉換為**線性運算 (linear operations)**，

(3)
$$\begin{aligned}&\text{(a)}\quad \mathscr{F}_c(af+bg) = a\mathscr{F}_c(f)+b\mathscr{F}_c(g) \\ &\text{(b)}\quad \mathscr{F}_s(af+bg) = a\mathscr{F}_s(f)+b\mathscr{F}_s(g)\end{aligned}$$

定理 1

導數之餘弦及正弦轉換

令 $f(x)$ 在 x 軸為連續且絕對可積，令 $f'(x)$ 在每個有限區間上為片段連續，並令當 $x \to \infty$時，$f(x) \to 0$。則

(4)
$$\begin{aligned}&\textbf{(a)}\quad \mathscr{F}_c\{f'(x)\} = w\mathscr{F}_s\{f(x)\} - \sqrt{\frac{2}{\pi}}f(0) \\ &\textbf{(b)}\quad \mathscr{F}_s\{f'(x)\} = -w\mathscr{F}_c\{f(x)\}\end{aligned}$$

證明

這來自定義及部分積分，亦即

$$\begin{aligned}\mathscr{F}_c\{f'(x)\} &= \sqrt{\frac{2}{\pi}}\int_0^\infty f'(x)\cos wx\,dx \\ &= \sqrt{\frac{2}{\pi}}\left[f(x)\cos wx\Big|_0^\infty + w\int_0^\infty f(x)\sin wx\,dx\right] \\ &= -\sqrt{\frac{2}{\pi}}f(0) + w\mathscr{F}_s\{f(x)\}\end{aligned}$$

同理，

$$\begin{aligned}\mathscr{F}_s\{f'(x)\} &= \sqrt{\frac{2}{\pi}}\int_0^\infty f'(x)\sin wx\,dx \\ &= \sqrt{\frac{2}{\pi}}\left[f(x)\sin wx\Big|_0^\infty - w\int_0^\infty f(x)\cos wx\,dx\right] \\ &= 0 - w\mathscr{F}_c\{f(x)\}\end{aligned}$$

■

在公式 (4a) 中以 f' 取代 f 可得 (當 f'、f'' 分別滿足定理 1 中對 f、f' 的假設)

$$\mathscr{F}_c\{f''(x)\} = w\mathscr{F}_s\{f'(x)\} - \sqrt{\frac{2}{\pi}}f'(0)$$

因此由 (4b) 得

(5a) $$\mathscr{F}_c\{f''(x)\} = -w^2\mathscr{F}_c\{f(x)\} - \sqrt{\frac{2}{\pi}}f'(0)$$

同理，

(5b) $$\mathscr{F}_s\{f''(x)\} = -w^2\mathscr{F}_s\{f(x)\} + \sqrt{\frac{2}{\pi}}wf(0)$$

(5) 式在 PDE 之基本應用將在 12.7 節中討論。目前，我們先說明如何用 (5) 式來推導轉換。

例題 3 運算公式 (5) 之應用

求 $f(x) = e^{-ax}$ 之傅立葉餘弦轉換 $\mathscr{F}_c(e^{-ax})$，其中 $a > 0$。

解

由微分，$(e^{-ax})'' = a^2e^{-ax}$；因此

$$a^2 f(x) = f''(x)$$

由此式、(5a) 式以及線性 (3a)，

$$\begin{aligned}a^2\mathscr{F}_c(f) &= \mathscr{F}_c(f'') \\ &= -w^2\mathscr{F}_c(f) - \sqrt{\frac{2}{\pi}}f'(0) \\ &= -w^2\mathscr{F}_c(f) + a\sqrt{\frac{2}{\pi}}\end{aligned}$$

故

$$(a^2+w^2)\mathscr{F}_c(f)=a\sqrt{2/\pi}$$

答案爲 (請見 11.10 節表 I)

$$\mathscr{F}_c(e^{-ax})=\sqrt{\frac{2}{\pi}}\left(\frac{a}{a^2+w^2}\right) \qquad (a>0)$$

傅立葉餘弦及正弦轉換表放在 11.10 節。

習題集 11.8

1–8 傅立葉餘弦轉換

1. 當 $0<x<1$ 時 $f(x)=1$，當 $1<x<2$ 時 $f(x)=-1$，當 $x>2$ 時 $f(x)=0$，求其餘弦轉換 $\hat{f}_c(w)$。
2. 在習題 1 中，由其答案 $\hat{f}_c$ 求 f。
3. 當 $0<x<2$ 時 $f(x)=x$，當 $x>2$ 時 $f(x)=0$，求 $\hat{f}_c(w)$。
4. 請利用積分推導出 11.10 節表 I 之公式 3，
5. 當 $0<x<1$ 時 $f(x)=x^2$、當 $x>1$ 時 $f(x)=0$，求 $\hat{f}_c(w)$。
6. **連續性假設** 當 $0<x<1$ 時 $g(x)=2$，當 $x>1$ 時 $g(x)=0$，求 $\hat{g}_c(w)$。試著用它得到習題 5 中 $f(x)$ 的 $\hat{f}_c(w)$，利用 (5a) 式。
7. **存在?** $x^{-1}\sin x$ $(0<x<\infty)$ 之傅立葉餘弦轉換是否存在？$x^{-1}\cos x$ 的是否存在？請說明理由。
8. **存在?** $f(x)=k=$ 常數 $(0<x<\infty)$ 之傅立葉餘弦轉換是否存在？傅立葉正弦轉換是否存在？

9–15 傅立葉正弦轉換

9. 請由積分求出 $\mathscr{F}_s(e^{-ax})$，$a>0$。
10. 由 (5b) 式得到習題 9 的答案。
11. 當 $0<x<1$ 時 $f(x)=x^2$，當 $x>1$ 時 $f(x)=0$，求 $f_s(w)$。
12. 請由 (4b) 式及 11.10 節表 I 中之適當公式，求出 $\mathscr{F}_s(xe^{-x^2/2})$。
13. 請由 (4a) 式及 11.10 節表 I 中之公式 3，求出 $\mathscr{F}_s(e^{-x})$。
14. **Gamma 函數** 利用 11.10 節表 II 的公式 2 和 4，證明 $\Gamma(\frac{1}{2})=\sqrt{\pi}$ [附錄 A3.1 的 (30) 式]，這是一個在 Bessel 函數及其它應用中會用到的值。
15. **專題寫作 求出傅立葉正弦與餘弦轉換** 將求出這些轉換的方法寫成一簡短報告，並自己舉例說明。

11.9 傅立葉轉換、離散及快速傅立葉轉換 (Fourier Transform. Discrete and Fast Fourier Transforms)

在 11.8 節我們推導了兩種實數轉換，現在我們要推導一種複數轉換，稱爲**傅立葉轉換 (Fourier transform)**，它是來自我們下面要介紹的複數傅立葉積分。

11.9.1 傅立葉積分之複數形式

(實數) 傅立葉積分爲 [請見 11.7 節 (4)、(5) 式]

$$f(x)=\int_0^\infty [A(w)\cos wx+B(w)\sin wx]\,dw$$

其中

$$A(w)=\frac{1}{\pi}\int_{-\infty}^{\infty} f(v)\cos wv\,dv, \qquad B(w)=\frac{1}{\pi}\int_{-\infty}^{\infty} f(v)\sin wv\,dv$$

將 A 與 B 代入 f 之積分，可得

$$f(x)=\frac{1}{\pi}\int_0^\infty \int_{-\infty}^{\infty} f(v)[\cos wv\cos wx+\sin wv\sin wx]\,dv\,dw$$

利用餘弦的加法公式 [附錄 A3.1 的 (6) 式]，方括號 [⋯] 內的式子等於 $\cos(wv-wx)$ 或，因爲餘弦是偶函數，等於 $\cos(wx-wv)$。故可得

(1*) $$f(x)=\frac{1}{\pi}\int_0^\infty \left[\int_{-\infty}^{\infty} f(v)\cos(wx-wv)\,dv\right]dw$$

方括弧內之積分式爲 w 之**偶函數**，令它爲 $F(w)$，因爲 $\cos(wx-wv)$ 是 w 的偶函數，所以 f 不取決於 w，因此我們只對 v (而非 w) 積分。由於 $F(w)$ 由 $w=0$ 到∞的積分值爲 $\frac{1}{2}$ 乘上 $F(w)$ 由 $-\infty$ 到∞積分的結果，故 (注意積分界限的變更！)

(1) $$f(x)=\frac{1}{2\pi}\int_{-\infty}^\infty \left[\int_{-\infty}^{\infty} f(v)\cos(wx-wv)\,dv\right]dw$$

我們說若將 (1) 式中的 cos 換成 sin，則積分值爲零：

(2) $$\frac{1}{2\pi}\int_{-\infty}^\infty \left[\int_{-\infty}^{\infty} f(v)\sin(wx-wv)\,dv\right]dw$$

上式爲眞是因爲 $\sin(wx-wv)$ 爲 w 的奇函數，所以方括弧中的積分式也是 w 的奇函數，令它爲 $G(w)$。$G(w)$ 由 $-\infty$ 積分至∞的積分值爲零，如上所述。

現在將 (1) 式的被積函數加上 $i\ (=\sqrt{-1})$ 乘以 (2) 式的被積函數，然後利用 Euler 公式 [見 2.2 節 (11) 式]

(3) $$e^{ix}=\cos x+i\sin x$$

用 $wx-wv$ 代替 (3) 式中的 x，然後乘上 $f(v)$，可得

$$f(v)\cos(wx-wv)+if(v)\sin(wx-wv)=f(v)e^{i(wx-wv)}$$

故將 (1) 式加上 (2) 式乘 i 的結果，稱爲**複數傅立葉積分**

(4) $$f(x)=\frac{1}{2\pi}\int_{-\infty}^\infty \int_{-\infty}^{\infty} f(v)e^{iw(x-v)}\,dv\,dw \qquad (i=\sqrt{-1})$$

要得到期望的傅立葉轉換，距此只差一小步。

11.9.2 傳立葉轉換及其逆轉換

將 (4) 式之指數函數寫成兩指數函數之乘積，可得

(5) $$f(x)=\frac{1}{\sqrt{2\pi}}\int_{-\infty}^{\infty}\left[\frac{1}{\sqrt{2\pi}}\int_{-\infty}^{\infty}f(v)e^{-iwv}\,dv\right]e^{iwx}\,dw$$

方括弧內之表示式爲 w 之函數，用 $\hat{f}(w)$ 代表，稱爲 f 之**傅立葉轉換**；令 $v=x$，可得

(6) $$\hat{f}(w)=\frac{1}{\sqrt{2\pi}}\int_{-\infty}^{\infty}f(x)e^{-ixw}\,dx$$

由此式，(5) 式成爲

(7) $$f(x)=\frac{1}{\sqrt{2\pi}}\int_{-\infty}^{\infty}\hat{f}(w)e^{iwx}\,dw$$

此式稱爲 $\hat{f}(w)$ 之**逆傅立葉轉換**。

傅立葉轉換的**另一個標示法**爲

$$\hat{f}=\mathscr{F}(f),$$

則

$$f=\mathscr{F}^{-1}(\hat{f})$$

由一給定之函數 f 獲得其傅立葉轉換 $\mathscr{F}(f)=\hat{f}$ 之程序也稱爲**傅立葉轉換**或傅立葉轉換法。

利用定義於 6.1 和 11.7 節的概念，我們現在列出傅立葉轉換存在的充份條件 (不予證明)。

定理 1

傅立葉轉換之存在性

若 $f(x)$ 在 x 軸上為絕對可積，且在每一個有限區間內為片段連續，則由 (6) 式求得之 $f(x)$ 的傅立葉轉換 $\hat{f}(w)$ 存在。

例題 1 **傅立葉轉換**

求出 $f(x)$ 的傅立葉轉換，當 $|x|<1$ 時 $f(x)=1$，其它情況下 $f(x)=0$。

解

利用 (6) 式並積分得

$$\hat{f}(w)=\frac{1}{\sqrt{2\pi}}\int_{-1}^{1}e^{-iwx}\,dx=\frac{1}{\sqrt{2\pi}}\cdot\left.\frac{e^{-iwx}}{-iw}\right|_{-1}^{1}=\frac{1}{-iw\sqrt{2\pi}}(e^{-iw}-e^{iw})$$

和 (3) 式一樣我們有 $e^{iw} = \cos w + i\sin w$、$e^{-iw} = \cos w - i\sin w$，兩式相減

$$e^{iw} - e^{-iw} = 2i\sin w$$

將此式代入前一個公式右側，可以消去 i 並得到答案

$$\hat{f}(w) = \sqrt{\frac{\pi}{2}}\frac{\sin w}{w}$$

■

例題 2　傅立葉轉換

求出 $f(x)$ 的傅立葉轉換 $\mathscr{F}(e^{-ax})$，當 $x>0$ 時 $f(x)=e^{-ax}$，當 $x<0$ 時 $f(x)=0$，在此 $a>0$。

解

由定義 (6) 積分可得

$$\mathscr{F}(e^{-ax}) = \frac{1}{\sqrt{2\pi}}\int_0^{\infty} e^{-ax}e^{-iwx}\,dx$$

$$= \frac{1}{\sqrt{2\pi}}\left.\frac{e^{-(a+iw)x}}{-(a+iw)}\right|_{x=0}^{\infty} = \frac{1}{\sqrt{2\pi}(a+iw)}$$

這證明了 11.10 節表 III 中之公式 5。

■

11.9.3　物理詮釋：頻譜

若我們將 $f(x)$ 之表示式 (7)，視爲是它所有可能頻率之正弦振盪的疊加，則可清楚看出此式的本質，這稱爲**頻譜表示 (spectral representation)**。此名稱來自於光學，在光學中光是由許多顏色 (頻率) 重疊而成。在 (7) 式中，「**頻譜密度 (spectral density)**」$\hat{f}(w)$ 代表 $f(x)$ 在頻率區間 w 至 $w+\Delta w$ (Δw 很小且固定) 間的強度。與振動相關的方面，我們稱積分

$$\int_{-\infty}^{\infty} |\hat{f}(w)|^2\,dw$$

可以代表該物理系統之**總能量**。因此 $|\hat{f}(w)|^2$ 由 a 至 b 的積分，可視爲 a 到 b 之間的各頻率 w 對總能量之貢獻。

爲了要更合理些，我們從一個單一頻率的機械系統開始，即諧波振盪器 (2.4 節之彈簧上質點)

$$my'' + ky = 0$$

在此以 x 代表時間 t，乘以 y' 得到 $my'y'' + ky'y = 0$，積分後得

$$\frac{1}{2}mv^2 + \frac{1}{2}ky^2 = E_0 = \text{常數}$$

其中 $v = y'$ 爲速度。第一項爲動能，第二項爲位能，而 E_0 爲該系統之總能量。其通解爲 [利用 11.4 節的 (3) 式，令 $t = x$]

$$y = a_1\cos w_0x + b_1\sin w_0x = c_1e^{iw_0x} + c_{-1}e^{-iw_0x}, \qquad w_0^2 = k/m$$

其中$c_1=(a_1-ib_1)/2$、$c_{-1}=\bar{c}_1=(a_1+ib_1)/2$。我們可簡寫為$A=c_1e^{iw_0x}$、$B=c_{-1}e^{-iw_0x}$。則$y=A+B$。微分後得$v=y'=A'+B'=iw_0(A-B)$。

將v及y代入E_0方程式的左側，可得

$$E_0=\frac{1}{2}mv^2+\frac{1}{2}ky^2=\frac{1}{2}m(iw_0)^2(A-B)^2+\frac{1}{2}k(A+B)^2$$

在此$w_0^2=k/m$，因此$mw_0^2=k$。同時$i^2=-1$，故

$$E_0=\frac{1}{2}k[-(A-B)^2+(A+B)^2]=2kAB=2kc_1e^{iw_0x}c_{-1}e^{-iw_0x}=2kc_1c_{-1}=2k|c_1|^2$$

因此能量正比於振幅$|c_1|$之平方。

下一步，對更複雜的系統，如果會產生傅立葉級數的週期解$y=f(x)$，則我們得到的不是單一能量項$|c_1|^2$，而是 11.4 節的 (6) 式所給傅立葉級數c_n之平方級數$|c_n|^2$。此時我們得到的是**「離散頻譜 (discrete spectrum)」** (或稱「點頻譜 (point spectrum)」)，是由可數的獨立頻率所組成 (一般而言，是無限多個)，而對應之$|c_n|^2$為對總能量之貢獻。

最後，當系統之解可表示為傅立葉積分 (7) 時，可導出上述之能量積分式，由我們所討論的情形看來是相當合理的。

11.9.4 線性度、導數之傅立葉轉換

經由下列定理可由所給定之轉換求得新的轉換。

定理 2

傅立葉轉換之線性

傅立葉轉換為一線性運算：亦即，對於存在有傅立葉轉換之任意函數$f(x)$及$g(x)$，則$af+bg$之傅立葉轉換存在，a與b為任意常數，且

(8) $$\mathscr{F}(af+bg)=a\mathscr{F}(f)+b\mathscr{F}(g)$$

證明

由於積分為線性運算，由 (6) 式可得

$$\begin{aligned}\mathscr{F}\{af(x)+bg(x)\}&=\frac{1}{\sqrt{2\pi}}\int_{-\infty}^{\infty}[af(x)+bg(x)]e^{-iwx}\,dx\\&=a\frac{1}{\sqrt{2\pi}}\int_{-\infty}^{\infty}f(x)e^{-iwx}\,dx+b\frac{1}{\sqrt{2\pi}}\int_{-\infty}^{\infty}g(x)e^{-iwx}\,dx\\&=a\mathscr{F}\{f(x)\}+b\mathscr{F}\{g(x)\}\end{aligned}$$ ■

在將傅立葉轉換應用於微分方程式時，關鍵特性為函數之微分相當於將轉換乘以iw：

定理 3

$f(x)$ 之導數的傅立葉轉換

令$f(x)$在x軸上為連續，且當$|x|\to\infty$時$f(x)\to 0$。此外，令$f'(x)$在x軸上為絕對可積。則

(9) $$\mathscr{F}\{f'(x)\}=iw\mathscr{F}\{f(x)\}$$

證明

由傅立葉轉換的定義可得

$$\mathscr{F}\{f'(x)\} = \frac{1}{\sqrt{2\pi}}\int_{-\infty}^{\infty} f'(x)e^{-iwx}\,dx$$

部分積分可得

$$\mathscr{F}\{f'(x)\} = \frac{1}{\sqrt{2\pi}}\left[f(x)e^{-iwx}\Big|_{-\infty}^{\infty} - (-iw)\int_{-\infty}^{\infty} f(x)e^{-iwx}\,dx \right]$$

因為當 $|x| \to \infty$ 時 $f(x) \to 0$，可得所求之結果，即

$$\mathscr{F}\{f'(x)\} = 0 + iw\mathscr{F}\{f(x)\}$$ ■

連續應用 (9) 式兩次可得

$$\mathscr{F}(f'') = iw\mathscr{F}(f') = (iw)^2\mathscr{F}(f)$$

由於 $(iw)^2 = -w^2$，故得 f 的二階導數之轉換為

(10) $$\mathscr{F}\{f''(x)\} = -w^2\mathscr{F}\{f(x)\}$$

同理對於較高階之導數亦然。

(10) 式在微分方程式之應用將在 12.6 節中討論。目前，我們先說明如何用 (9) 式來推導轉換。

例題 3 **運算公式 (9) 之應用**

請由 11.10 節表 III 求出 xe^{-x^2} 之傅立葉轉換。

解

我們使用 (9) 式。由表 III 之公式 9

$$\begin{aligned}\mathscr{F}(xe^{-x^2}) &= \mathscr{F}\{-\tfrac{1}{2}(e^{-x^2})'\} \\ &= -\tfrac{1}{2}\mathscr{F}\{(e^{-x^2})'\} \\ &= -\tfrac{1}{2}iw\mathscr{F}(e^{-x^2}) \\ &= -\tfrac{1}{2}iw\tfrac{1}{\sqrt{2}}e^{-w^2/4} \\ &= -\tfrac{iw}{2\sqrt{2}}e^{-w^2/4}\end{aligned}$$ ■

11.9.5 摺積 (Convolution)

函數 f 與 g 之**摺積** $f * g$ 定義為

(11) $$h(x) = (f * g)(x) = \int_{-\infty}^{\infty} f(p)g(x-p)\,dp = \int_{-\infty}^{\infty} f(x-p)g(p)\,dp$$

其目的與 Laplace 轉換中之情形相同 (6.5 節)：兩函數摺積後再轉換，等同於將兩函數之轉換相乘 (並乘以 $\sqrt{2\pi}$)：

定理 4

摺積定理

假設 $f(x)$ 與 $g(x)$ 在 x 軸上為片段連續、有界且絕對可積。則

(12) $$\mathscr{F}(f * g) = \sqrt{2\pi}\mathscr{F}(f)\mathscr{F}(g)$$

證明

由定義，

$$\mathscr{F}(f * g) = \frac{1}{\sqrt{2\pi}}\int_{-\infty}^{\infty}\int_{-\infty}^{\infty} f(p)g(x-p)\,dp\,e^{-iwx}\,dx$$

將積分順序互換，可得

$$\mathscr{F}(f * g) = \frac{1}{\sqrt{2\pi}}\int_{-\infty}^{\infty}\int_{-\infty}^{\infty} f(p)g(x-p)e^{-iwx}\,dx\,dp$$

現在以 $x-p=q$ 取代 x 作為新積分變數。則 $x=p+q$ 且

$$\mathscr{F}(f * g) = \frac{1}{\sqrt{2\pi}}\int_{-\infty}^{\infty}\int_{-\infty}^{\infty} f(p)g(q)e^{-iw(p+q)}\,dq\,dp$$

此雙重積分式改寫為兩積分式之乘積，得到所要的結果

$$\begin{aligned}\mathscr{F}(f * g) &= \frac{1}{\sqrt{2\pi}}\int_{-\infty}^{\infty} f(p)e^{-iwp}\,dp\int_{-\infty}^{\infty} g(q)e^{-iwq}\,dq \\ &= \frac{1}{\sqrt{2\pi}}[\sqrt{2\pi}\mathscr{F}(f)][\sqrt{2\pi}\mathscr{F}(g)] = \sqrt{2\pi}\mathscr{F}(f)\mathscr{F}(g)\end{aligned}$$ ■

將 (12) 式兩側取逆傅立葉轉換，如前一樣寫成 $\hat{f}=\mathscr{F}(f)$ 及 $\hat{g}=\mathscr{F}(g)$，並注意 (12) 式及 (7) 式中之 $\sqrt{2\pi}$ 與 $1/\sqrt{2\pi}$ 會互相抵消，我們得到

(13) $$(f * g)(x) = \int_{-\infty}^{\infty}\hat{f}(w)\hat{g}(w)e^{iwx}\,dw$$

此公式將幫助我們求解偏微分方程式 (12.6 節)。

11.9.6 離散傅立葉轉換 (DFT)、快速傅立葉轉換 (FFT)

在使用傅立葉級數、傅立葉轉換、及三角近似 (11.6 節) 時，我們必須假設要推導或轉換的函數 $f(x)$ 定義於某區間，在此區間上我們對如 Euler 公式等進行積分。但在許多情況下，$f(x)$ 只是有限多點上的數值，而我們的目的就是將傅立葉分析推廣到此種狀況。此類「離散傅立葉分析」的主要應

用在於大量等間隔之資料，經常出現在通訊、時間序列分析及各種模擬問題中。在這些情況中，我們要處理的是取樣值而非函數，我們以所謂的**離散傅立葉轉換 (discrete Fourier transform，DFT)** 取代傅立葉轉換。

令 $f(x)$ 為週期函數，為求簡單就令其週期為 2π。假設在 $0 \le x \le 2\pi$ 內，在均勻間隔點上對 $f(x)$ 取 N 次量測值，量測點為

(14)
$$x_k = \frac{2\pi k}{N} \qquad k = 0, 1, \cdots, N-1$$

也可以說在這些點對 $f(x)$ **取樣**。我們現在希望能找到一**複數三角多項式**

(15)
$$q(x) = \sum_{n=0}^{N-1} c_n e^{inx_k}$$

使其在 (14) 式之節點上**內插 (interplate)** $f(x)$，亦即，以 $q(x_k) = f(x_k)$ 表示，用 f_k 代表 $f(x_k)$，可寫為

(16)
$$f_k = f(x_k) = q(x_k) = \sum_{n=0}^{N-1} c_n e^{inx_k} \qquad k = 0, 1, \cdots, N-1$$

因此我們必須決定係數 $c_0, \cdots, c_{N-1}$，以使得 (16) 式成立。我們可以利用與 11.1 節中推導傅立葉係數時，所使用的三角系統之正交性相同的觀念。我們現在使用求和，而非積分。亦即，將 (16) 式乘以 e^{-imx_k} (注意負號！) 並對 k 從 0 至 $N-1$ 加總。然後將兩求和符號順序互換並插入 (14) 式之 x_k，如此可得

(17)
$$\sum_{k=0}^{N-1} f_k e^{-imx_k} = \sum_{k=0}^{N-1}\sum_{n=0}^{N-1} c_n e^{i(n-m)x_k} = \sum_{n=0}^{N-1} c_n \sum_{k=0}^{N-1} e^{i(n-m)2\pi k/N}$$

現在

$$e^{i(n-m)2\pi k/N} = [e^{i(n-m)2\pi/N}]^k$$

將 $[e^{i(n-m)2\pi/N}]$ 標示為 r，當 $n = m$ 我們有 $r = e^0 = 1$。*這些*項對所有 k 之總和等於 N，即這些項的數目。對 $n \ne m$，我們有 $r \ne 1$，並由幾何級數和之公式 [15.1 節 (6) 式，其中令 $q = r$ 及 $n = N-1$]

$$\sum_{k=0}^{N-1} r^k = \frac{1-r^N}{1-r} = 0$$

因為 $r^N = 1$；事實上，因為 k、m 及 n 為整數，

$$r^N = e^{i(n-m)2\pi k} = \cos 2\pi k(n-m) + i \sin 2\pi k(n-m) = 1 + 0 = 1$$

這表示 (17) 式右側等於 $c_m N$，用 n 代 m，並除以 N，可得所求之係數公式

(18*)
$$c_n = \frac{1}{N}\sum_{k=0}^{N-1} f_k e^{-inx_k} \qquad f_k = f(x_k), \quad n = 0, 1, \cdots, N-1$$

因爲 c_n 之計算 (利用下述之快速傅立葉轉換) 包括將問題大小 N 逐次減半，我們可以將因子 $1/N$ 從 c_n 中消去，並定義所給定訊號 $\mathbf{f} = [f_0 \quad \cdots \quad f_{N-1}]^{\mathrm{T}}$ 之**離散傅立葉轉換**爲 $\hat{\mathbf{f}} = [\hat{f}_0 \quad \cdots \quad \hat{f}_{N-1}]$，其分量爲

(18) $$\hat{f}_n = Nc_n = \sum_{k=0}^{N-1} f_k e^{-inx_k}, \qquad f_k = f(x_k), \quad n = 0, \cdots, N-1$$

此爲訊號的頻譜。

在向量表示法中，$\hat{\mathbf{f}} = \mathbf{F}_N\mathbf{f}$，其中 $N \times N$ **傅立葉矩陣 (Fourier matrix)** $\mathbf{F}_N = [e_{nk}]$ 中之元素爲 [(18) 式所示]

(19) $$e_{nk} = e^{-inx_k} = e^{-2\pi ink/N} = w^{nk}, \quad w = w_N = e^{-2\pi i/N},$$

其中 $n, k = 0, \cdots, N-1$。

例題 4 離散傅立葉轉換 (DFT)、$N = 4$ 個樣本

令已知 $N = 4$ 次量測 (取樣値)，則 $w = e^{-2\pi i/N} = e^{-\pi i/2} = -i$ 因此 $w^{nk} = (-i)^{nk}$。令樣本值爲，例如 $\mathbf{f} = [0 \quad 1 \quad 4 \quad 9]^{\mathrm{T}}$，則由 (18) 及 (19) 式，

(20) $$\hat{\mathbf{f}} = \mathbf{F}_4\mathbf{f} = \begin{bmatrix} w^0 & w^0 & w^0 & w^0 \\ w^0 & w^1 & w^2 & w^3 \\ w^0 & w^2 & w^4 & w^6 \\ w^0 & w^3 & w^6 & w^9 \end{bmatrix} \mathbf{f} = \begin{bmatrix} 1 & 1 & 1 & 1 \\ 1 & -i & -1 & i \\ 1 & -1 & 1 & -1 \\ 1 & i & -1 & -i \end{bmatrix} \begin{bmatrix} 0 \\ 1 \\ 4 \\ 9 \end{bmatrix} = \begin{bmatrix} 14 \\ -4+8i \\ -6 \\ -4-8i \end{bmatrix}$$

由 (20) 式的第一個矩陣，很容易可以推測出 N 爲任意時 $\mathbf{F}_N$ 之形式，理由如下述，實際情況中 N 可能爲 1000 以上。 ■

我們將證明，由 DFT (頻譜) $\hat{\mathbf{f}} = \mathbf{F}_N\mathbf{f}$，可以重建所給定之訊號 $\hat{\mathbf{f}} = \mathbf{F}_N^{-1}\mathbf{f}$。此處 $\mathbf{F}_N$ 及其共軛複數 $\overline{\mathbf{F}}_N = \frac{1}{N}[\overline{w}^{nk}]$ 滿足

(21a) $$\overline{\mathbf{F}}_N\mathbf{F}_N = \mathbf{F}_N\overline{\mathbf{F}}_N = N\mathbf{I}$$

其中 $\mathbf{I}$ 爲 $N \times N$ 單位矩陣；故 $\mathbf{F}_N$ 具有逆矩陣

(21b) $$\mathbf{F}_N^{-1} = \frac{1}{N}\overline{\mathbf{F}}_N$$

證明

現在證明 (21) 式。由乘法律 (列乘以行)，(21a) 式的乘積矩陣 $\mathbf{G}_N = \overline{\mathbf{F}}_N\mathbf{F}_N = [g_{jk}]$ 中之元素 g_{jk} 等於 $\overline{\mathbf{F}}_N$ 的第 j 列乘以 $\mathbf{F}_N$ 的第 k 行。亦即，寫爲 $W = \overline{w}^j w^k$，我們證明

$$\begin{aligned} g_{jk} &= (\overline{w}^j w^k)^0 + (\overline{w}^j w^k)^1 + \cdots + (\overline{w}^j w^k)^{N-1} \\ &= W^0 + W^1 + \cdots + W^{N-1} = \begin{cases} 0 & \text{if} \quad j \neq k \\ N & \text{if} \quad j = k \end{cases} \end{aligned}$$

確實，當 $j=k$，則 $\overline{w}^k w^k=(\overline{w}w)^k=(e^{2\pi i/N}e^{-2\pi i/N})^k=1^k=1$，故此 N 項之總和等於 N；這些是 $\mathbf{G}_N$ 的對角線元素。同時，當 $j\neq k$ 則 $W\neq 1$，於是我們得到幾何級數和 [其值得自 15.1 節 (6) 式，其中 $q=W$ 及 $n=N-1$]

$$W^0+W^1+\cdots+W^{N-1}=\frac{1-W^N}{1-W}=0$$

因為 $W^N=(\overline{w}^j w^k)^N=(e^{2\pi i})^j(e^{-2\pi i})^k=1^j\cdot 1^k=1$。 ■

我們已經討論過 $\hat{\mathbf{f}}$ 為訊號 $f(x)$ 之頻譜。因此 $\hat{\mathbf{f}}$ 之分量 $\hat{f}_n$ 代表將 2π 週期之函數 $f(x)$ 轉換為簡單 (複數) 諧波。我們只能使用遠小於 $N/2$ 的 n，以避免**失真 (aliasing)**。這表示取樣點過少 (等間隔) 之結果，例如在電影中，滾輪看起來旋轉過慢或方向錯誤。因此在應用中，N 通常相當大。但這樣就產生一個問題。方程式 (18) 對任意特定 n，需要 $O(N)$ 次運算，故對所有 $n<N/2$ 需要 $O(N^2)$ 次運算。因此，對 1000 個取樣點，直接計算將包含超過百萬次的運算。但這個困難可以藉由所謂的**快速傅立葉轉換 (Fast Fourier Transform，FFT)** 來克服，其程式是現成的 (例如 Maple 中)。FFT 是一個 DFT 的計算方法，僅需 $O(N)\log_2 N$ 次運算而非 $O(N^2)$ 次。對於很大的 N 值，它讓 DFT 成為實用的工具。在此，我們選擇 $N=2^p$ (p 為整數)，並利用傅立葉矩陣的特殊形式，將所給定的問題分解為較小的問題。舉例來說，當 $N=1000$ 時，這些運算減少了 $1000/\log_2 1000\approx 100$ 倍。

分解之後會產生兩個大小為 $M=N/2$ 的問題，此種分解之所以可行是因為對 $N=2M$，由 (19) 式得

$$w_N^2=w_{2M}^2=(e^{-2\pi i/N})^2=e^{-4\pi i/(2M)}=e^{-2\pi i/(M)}=w_M$$

已知向量 $\mathbf{f}=[f_0 \quad \cdots \quad f_{N-1}]^{\mathrm{T}}$ 被分成各有 M 個分量的兩個向量，也就是包含 $\mathbf{f}$ 的偶數分量的 $\mathbf{f}_{\mathrm{ev}}=[f_0 \quad f_2 \quad \cdots \quad f_{N-2}]^{\mathrm{T}}$，和包含 $\mathbf{f}$ 的奇數分量的 $\mathbf{f}_{\mathrm{od}}=[f_1 \quad f_3 \quad \cdots \quad f_{N-1}]^{\mathrm{T}}$。對 $\mathbf{f}_{\mathrm{ev}}$ 和 $\mathbf{f}_{\mathrm{od}}$ 我們分別求它們的 DFT

$$\hat{\mathbf{f}}_{\mathrm{ev}}=[\hat{f}_{\mathrm{ev},0} \quad \hat{f}_{\mathrm{ev},2} \quad \cdots \quad \hat{f}_{\mathrm{ev},N-2}]^{\mathrm{T}}=\mathbf{F}_M\mathbf{f}_{\mathrm{ev}}$$

及

$$\hat{\mathbf{f}}_{\mathrm{od}}=[\hat{f}_{\mathrm{od},1} \quad \hat{f}_{\mathrm{od},3} \quad \cdots \quad \hat{f}_{\mathrm{od},N-1}]^{\mathrm{T}}=\mathbf{F}_M\mathbf{f}_{\mathrm{od}}$$

會用到相同的 $M\times M$ 矩陣 $\mathbf{F}_M$。由這些向量，可利用以下公式求得所給定向量 f 之 DFT 分量

(22)
$$\begin{aligned}&\text{(a)}\quad \hat{f}_n=\hat{f}_{\mathrm{ev},n}+w_N^n\hat{f}_{\mathrm{od},n} && n=0,\cdots,M-1\\ &\text{(b)}\quad \hat{f}_{n+M}=\hat{f}_{\mathrm{ev},n}-w_N^n\hat{f}_{\mathrm{od},n} && n=0,\cdots,M-1.\end{aligned}$$

對 $N=2^p$，可重複此分解 $p-1$ 次，最後達到 $N/2$ 個大小為 2 的問題，而使得乘法次數減少如上述。

我們現在說明從 $N=4$ 減少至 $M=N/2=2$ 之方式，接著證明 (22) 式。

例題 5 快速傅立葉轉換、$N=4$ 個取樣

當 $N=4$，則和例題 4 一樣，$w=w_N=-i$ 且 $M=N/2=2$，所以 $w=w_M=e^{-2\pi i/2}=e^{-\pi i}=-1$。因此，

$$\hat{\mathbf{f}}_{\text{ev}}=\begin{bmatrix}\hat{f}_0\\ \hat{f}_2\end{bmatrix}=\mathbf{F}_2\mathbf{f}_{\text{ev}}=\begin{bmatrix}1 & 1\\ 1 & -1\end{bmatrix}\begin{bmatrix}f_0\\ f_2\end{bmatrix}=\begin{bmatrix}f_0+f_2\\ f_0-f_2\end{bmatrix}$$

$$\hat{\mathbf{f}}_{\text{od}}=\begin{bmatrix}\hat{f}_1\\ \hat{f}_3\end{bmatrix}=\mathbf{F}_2\mathbf{f}_{\text{od}}=\begin{bmatrix}1 & 1\\ 1 & -1\end{bmatrix}\begin{bmatrix}f_1\\ f_3\end{bmatrix}=\begin{bmatrix}f_1+f_3\\ f_1-f_3\end{bmatrix}$$

由此式及 (22a) 可得

$$\hat{f}_0=\hat{f}_{\text{ev},0}+w_N^0\hat{f}_{\text{od},0}=(f_0+f_2)+(f_1+f_3)=f_0+f_1+f_2+f_3$$
$$\hat{f}_1=\hat{f}_{\text{ev},1}+w_N^1\hat{f}_{\text{od},1}=(f_0-f_2)-i(f_1-f_3)=f_0-if_1-f_2+if_3$$

同理，由 (22b)，

$$\hat{f}_2=\hat{f}_{\text{ev},0}-w_N^0\hat{f}_{\text{od},0}=(f_0+f_2)-(f_1+f_3)=f_0-f_1+f_2-f_3$$
$$\hat{f}_3=\hat{f}_{\text{ev},1}-w_N^1\hat{f}_{\text{od},1}=(f_0-f_2)-(-i)(f_1-f_3)=f_0+if_1-f_2-if_3$$

此與例題 4 相符，可將 0、1、4、9 分別以 f_0 、 f_1 、 f_2 、 f_3 取代即可看出。 ■

現在證明 (22) 式。由 (18) 及 (19) 式可得 DFT 之分量

$$\hat{f}_n=\sum_{k=0}^{N-1}w_N^{kn}f_k$$

將之分為兩個 $M=N/2$ 項之總和，可得

$$\hat{f}_n=\sum_{k=0}^{M-1}w_N^{2kn}f_{2k}+\sum_{k=0}^{M-1}w_N^{(2k+1)n}f_{2k+1}$$

現在利用 $w_N^2=w_M$ ，並將 w_N^n 自第二個求和符號中拉出，得

$$\hat{f}_n=\sum_{k=0}^{M-1}w_M^{kn}f_{\text{ev},k}+w_N^n\sum_{k=0}^{M-1}w_M^{kn}f_{\text{od},k} \tag{23}$$

此兩求和項為 $f_{\text{ev},n}$ 及 $f_{\text{od},n}$ ，即「半形」轉換 $\mathbf{Ff}_{\text{ev}}$ 與 $\mathbf{Ff}_{\text{od}}$ 之分量。

公式 (22a) 與 (23) 相同。在 (22b) 中我們有 $n+M$ 而非 n。這造成 (23) 式中符號的變換，即第二個求和符號前的 $-w_N^n$ ，因為

$$w_N^M=e^{-2\pi iM/N}=e^{-2\pi i/2}=e^{-\pi i}=-1$$

這就得到 (22b) 中的負號，並完成證明。 ■

習題集　11.9

1. **複習複數**　證明 $1/i=-i$、$e^{-ix}=\cos x-i\sin x$、$e^{ix}+e^{-ix}=2\cos x$、$e^{ix}-e^{-ix}=2i\sin x$、$e^{ikx}=\cos kx+i\sin kx$。

2–11　由積分求傅立葉轉換

請求出下列函數 $f(x)$ 之傅立葉轉換 (不使用 11.10 節之表 III)，請寫出細節。

2. $f(x)=\begin{cases} e^{2ix} & \text{if } -1<x<1 \\ 0 & \text{otherwise} \end{cases}$

3. $f(x)=\begin{cases} 1 & \text{if } a<x<b \\ 0 & \text{otherwise} \end{cases}$

4. $f(x)=\begin{cases} e^{kx} & \text{if } x<0\ (k>0) \\ 0 & \text{if } x>0 \end{cases}$

5. $f(x)=\begin{cases} e^{x} & \text{if } -a<x<a \\ 0 & \text{otherwise} \end{cases}$

6. $f(x)=e^{-|x|}\quad(-\infty<x<\infty)$

7. $f(x)=\begin{cases} x & \text{if } 0<x<a \\ 0 & \text{otherwise} \end{cases}$

8. $f(x)=\begin{cases} xe^{-x} & \text{if } -1<x<0 \\ 0 & \text{otherwise} \end{cases}$

9. $f(x)=\begin{cases} |x| & \text{if } -1<x<1 \\ 0 & \text{otherwise} \end{cases}$

10. $f(x)=\begin{cases} x & \text{if } -1<x<1 \\ 0 & \text{otherwise} \end{cases}$

11. $f(x)=\begin{cases} -1 & \text{if } -1<x<1 \\ 1 & \text{if } 0<x<1 \\ 0 & \text{otherwise} \end{cases}$

12–17　使用 11.10 節的表 III、其它方法

12. 利用課文中 (9) 式及表 III 中的公式 (令 $a=1$) 求 $f(x)$ 的轉換 $\mathscr{F}(f(x))$，其中當 $x>0$ 時 $f(x)=xe^{-x}$，當 $x<0$ 時 $f(x)=0$。
提示：考慮 xe^{-x} 及 e^{-x}。

13. 請由表 III 求出 $\mathscr{F}(e^{-x^2/2})$。

14. 請由表 III 之公式 8 求出公式 7。

15. 請由表 III 之公式 2 求公式 1。

16. **分組專題　平移**
(a) 證明若 $f(x)$ 有傅立葉轉換，則 $f(x-a)$ 也有，且 $\mathscr{F}\{f(x-a)\}=e^{-iwa}\mathscr{F}\{f(x)\}$。
(b) 利用 (a)，由 11.10 節表 III 之公式 2 求得公式 1。
(c) **w 軸上之平移**　證明若 $\hat{f}(w)$ 是 $f(x)$ 的傅立葉轉換，則 $e^{iax}f(x)$ 之傅立葉轉換爲 $\hat{f}(w-a)$。
(d) 利用 (c)，由表 III 公式 1 求得公式 7，並由公式 2 求得公式 8。

17. 利用習題 9 的答案和課文的 (9) 式，可以提供你什麼求解習題 11 的方法？管用嗎？

18–25　離散傅立葉轉換

18. 驗證例題 4 中之計算。

19. 求有四個值的一般訊號 $f=[f_1\quad f_2\quad f_3\quad f_4]^{\mathsf{T}}$ 的轉換。

20. 求課文例題 4 中的逆矩陣，並用它來還原訊號。

21. 求具有兩個值的一般訊號 $[f_1\quad f_2]^{\mathsf{T}}$ 的轉換 (頻譜)。

22. 由所得的頻譜重建習題 21 的訊號。

23. 證明對於有八個取樣值的訊號，$w=e^{-i/4}=(1-i)/\sqrt{2}$。經由平方加以檢查。

24. 以外顯方式寫出有八個取樣值的傅立葉矩陣 **F**。

25. **CAS 專題**　求 8 × 8 傅立葉矩陣的逆矩陣。將一組八個取樣值加以轉換，然後再轉換回原來的數據。

11.10 轉換表 (Table of Transforms)

表 I 傅立葉餘弦轉換

請見 11.8 節 (2) 式

	$f(x)$	$\hat{f}_c(w) = \mathscr{F}_c(f)$	
1	$\begin{cases} 1 & \text{if } 0 < x < a \\ 0 & \text{其他} \end{cases}$	$\sqrt{\frac{2}{\pi}} \frac{\sin aw}{w}$	
2	$x^{a-1} \quad (0 < a < 1)$	$\sqrt{\frac{2}{\pi}} \frac{\Gamma(a)}{w^a} \cos \frac{a\pi}{2}$	($\Gamma(a)$見附錄A3.1)
3	$e^{-ax} \quad (a > 0)$	$\sqrt{\frac{2}{\pi}} \left(\frac{a}{a^2 + w^2}\right)$	
4	$e^{-x^2/2}$	$e^{-w^2/2}$	
5	$e^{-ax^2} \quad (a > 0)$	$\frac{1}{\sqrt{2a}} e^{-w^2/(4a)}$	
6	$x^n e^{-ax} \quad (a > 0)$	$\sqrt{\frac{2}{\pi}} \frac{n!}{(a^2 + w^2)^{n+1}} \operatorname{Re}(a + iw)^{n+1}$	Re = 實部
7	$\begin{cases} \cos x & \text{if } 0 < x < a \\ 0 & \text{其他} \end{cases}$	$\frac{1}{\sqrt{2\pi}} \left[\frac{\sin a(1 - w)}{1 - w} + \frac{\sin a(1 + w)}{1 + w}\right]$	
8	$\cos(ax^2) \quad (a > 0)$	$\frac{1}{\sqrt{2a}} \cos\left(\frac{w^2}{4a} - \frac{\pi}{4}\right)$	
9	$\sin(ax^2) \quad (a > 0)$	$\frac{1}{\sqrt{2a}} \cos\left(\frac{w^2}{4a} + \frac{\pi}{4}\right)$	
10	$\frac{\sin ax}{x} \quad (a > 0)$	$\sqrt{\frac{\pi}{2}} (1 - u(w - a))$	(見 6.3 節)
11	$\frac{e^{-x} \sin x}{x}$	$\frac{1}{\sqrt{2\pi}} \arctan \frac{2}{w^2}$	
12	$J_0(ax) \quad (a > 0)$	$\sqrt{\frac{2}{\pi}} \frac{1}{\sqrt{a^2 - w^2}} (1 - u(w - a))$	(見 5.5、6.3 節)

表 II 傅立葉正弦轉換

請見 11.8 節 (5) 式

	$f(x)$	$\hat{f}_s(w) = \mathscr{F}_s(f)$	
1	$\begin{cases} 1 & \text{if } 0 < x < a \\ 0 & \text{其他} \end{cases}$	$\sqrt{\frac{2}{\pi}}\left[\frac{1-\cos aw}{w}\right]$	
2	$1/\sqrt{x}$	$1/\sqrt{w}$	
3	$1/x^{3/2}$	$2\sqrt{w}$	
4	$x^{a-1} \quad (0 < a < 1)$	$\sqrt{\frac{2}{\pi}}\frac{\Gamma(a)}{w^a}\sin\frac{a\pi}{2}$	($\Gamma(a)$見附錄A3.1)
5	$e^{-ax} \quad (a > 0)$	$\sqrt{\frac{2}{\pi}}\left(\frac{w}{a^2+w^2}\right)$	
6	$\frac{e^{-ax}}{x} \quad (a > 0)$	$\sqrt{\frac{2}{\pi}}\arctan\frac{w}{a}$	
7	$x^n e^{-ax} \quad (a > 0)$	$\sqrt{\frac{2}{\pi}}\frac{n!}{(a^2+w^2)^{n+1}}\operatorname{Im}(a+iw)^{n+1}$	Im = 虛部
8	$xe^{-x^2/2}$	$we^{-w^2/2}$	
9	$xe^{-ax^2} \quad (a > 0)$	$\frac{w}{(2a)^{3/2}}e^{-w^2/4a}$	
10	$\begin{cases} \sin x & \text{if } 0 < x < a \\ 0 & \text{其他} \end{cases}$	$\frac{1}{\sqrt{2\pi}}\left[\frac{\sin a(1-w)}{1-w} - \frac{\sin a(1+w)}{1+w}\right]$	
11	$\frac{\cos ax}{x} \quad (a > 0)$	$\sqrt{\frac{\pi}{2}}u(w-a)$	(見 6.3 節)
12	$\arctan\frac{2a}{x} \quad (a > 0)$	$\sqrt{2\pi}\frac{\sin aw}{w}e^{-aw}$	

表 III 傅立葉轉換

請見 11.9 節 (6) 式

	$f(x)$	$\hat{f}(w) = \mathcal{F}(f)$
1	$\begin{cases} 1 & \text{if } -b < x < b \\ 0 & 其他 \end{cases}$	$\sqrt{\frac{2}{\pi}} \frac{\sin bw}{w}$
2	$\begin{cases} 1 & \text{if } b < x < c \\ 0 & 其他 \end{cases}$	$\frac{e^{-ibw} - e^{-icw}}{iw\sqrt{2\pi}}$
3	$\frac{1}{x^2 + a^2} \quad (a > 0)$	$\sqrt{\frac{\pi}{2}} \frac{e^{-a\|w\|}}{a}$
4	$\begin{cases} x & \text{if } 0 < x < b \\ 2x - b & \text{if } b < x < 2b \\ 0 & 其他 \end{cases}$	$\frac{-1 + 2e^{ibw} - e^{-2ibw}}{\sqrt{2\pi}w^2}$
5	$\begin{cases} e^{-ax} & \text{if } x > 0 \\ 0 & 其他 \end{cases} \quad (a > 0)$	$\frac{1}{\sqrt{2\pi}(a + iw)}$
6	$\begin{cases} e^{ax} & \text{if } b < x < c \\ 0 & 其他 \end{cases}$	$\frac{e^{(a-iw)c} - e^{(a-iw)b}}{\sqrt{2\pi}(a - iw)}$
7	$\begin{cases} e^{iax} & \text{if } -b < x < b \\ 0 & 其他 \end{cases}$	$\sqrt{\frac{2}{\pi}} \frac{\sin b(w - a)}{w - a}$
8	$\begin{cases} e^{iax} & \text{if } b < x < c \\ 0 & 其他 \end{cases}$	$\frac{i}{\sqrt{2\pi}} \frac{e^{ib(a-w)} - e^{ic(a-w)}}{a - w}$
9	$e^{-ax^2} \quad (a > 0)$	$\frac{1}{\sqrt{2a}} e^{-w^2/4a}$
10	$\frac{\sin ax}{x} \quad (a > 0)$	$\sqrt{\frac{\pi}{2}}$ if $\|w\| < a$; 0 if $\|w\| > a$

第 11 章　複習題

1. 何謂傅立葉級數？何謂傅立葉餘弦級數？何謂半幅展開式？請憑記憶回答。
2. 何謂 Euler 公式？我們是靠哪一個重要觀念得到此公式？
3. 我們如何由週期2π 延伸至一般週期函數？
4. 一個不連續函數能否有傅立葉級數？能否有泰勒級數？為何工程師會關注此類函數？
5. 關於傅立葉級數的收斂性你了解多少？何謂 Gibbs 現象？
6. 一個 ODE 的輸出，其振動速度可以比輸入快好多倍，成因為何？
7. 何謂三角多項式近似？何謂最小平方誤差？
8. 何謂傅立葉積分？何謂傅立葉正弦積分？請舉出簡單例子。
9. 何謂傅立葉轉換？何謂離散傅立葉轉換？
10. 何謂 Sturm–Liouville 問題？透過什麼觀念使它們與傅立葉級數產生關聯？

11–20　傅立葉級數

在習題 11、13、16、20 中求所給一個週期之 $f(x)$ 的傅立葉級數，並畫出 $f(x)$ 及部分和。對習題 12、14、15、17–19 寫出答案及理由。請寫出細節。

11. $f(x)=\begin{cases}0 & \text{if} \quad -2<x<0 \\ 2 & \text{if} \quad 0<x<2\end{cases}$
12. 為何習題 11 的級數沒有餘弦項？
13. $f(x)=\begin{cases}0 & \text{if} \quad -1<x<0 \\ x & \text{if} \quad 0<x<1\end{cases}$
14. 在習題 13 中，級數的餘弦項代表什麼樣的函數？正弦項的級數代表什麼？
15. 在 $e^x(-5<x<5)$ 的傅立葉級數之正弦項級數和餘弦項級數，各代表什麼函數？
16. $f(x)=|x| \quad (-\pi<x<\pi)$
17. 求一個可讓你推論出 $1-1/3+1/5-1/7+-\cdots=\pi/4$ 的傅立葉級數。
18. 在習題 16 中，經由 (逐項) 微分，你可獲得什麼樣的函數與級數？
19. 求 $f(x)=x \quad (0<x<1)$ 的半幅展開。
20. $f(x)=3x^2 \quad (-\pi<x<\pi)$

21–22　通解

求解 $y''+\omega^2 y=r(t)$，其中 $|\omega|\neq 0, 1, 2, \cdots$, $r(t)$ 的週期為 2π 且

21. $r(t)=3t^2 \quad (-\pi<t<\pi)$
22. $r(t)=|t| \quad (-\pi<t<\pi)$

23–25　最小平方誤差

24. 如果將 $f(x)$ 乘以常數 k，則最小平方誤差會有何改變？
25. 問題同習題 23，但換成 $f(x)=|x|/\pi \ (-\pi<x<\pi)$。為何現在 E^* 小這麼多 (約小 100 倍！)？

26–30　傅立葉積分與轉換

畫出所給定之函數，並依所指定的表示法表示。如果有 CAS，請畫出將∞以有限值取代所得之近似曲線；同時觀察其 Gibbs 現象。

26. $f(x)=x+1$ 當 $0<x<1$ 且在其它情況為 0；利用傅立葉正弦轉換。
27. $f(x)=x$ 當$0<x<1$且在其它情況為 0；利用傅立葉積分。
28. $f(x)=kx$ 當 $a<x<b$ 且在其他情況危 0，利用傅立葉積分。
29. $f(x)=x$ 當$1<x<a$且在其它情況為 0；利用傅立葉餘弦轉換。
30. $f(x)=e^{-2x}$ 當 $x>0$且在其它情況為 0；利用傅立葉轉換。

第 11 章摘要　傅立葉分析、偏微分方程式

傅立葉級數是探討週期爲 $p=2L$ 的**週期函數**，也就是由定義，對某固定之 $p>0$ 及所有的 x 都有 $f(x+p)=f(x)$，因此對任何整數 n 都有 $f(x+np)=f(x)$。此種級數的形式爲

(1)
$$f(x)=a_0+\sum_{n=1}^{\infty}\left(a_n\cos\frac{n\pi}{L}x+b_n\sin\frac{n\pi}{L}x\right)$$
(11.2 節)

其中 $f(x)$ 之**傅立葉係數**可由 Euler 公式獲得 (11.2 節)

(2)
$$a_0=\frac{1}{2L}\int_{-L}^{L}f(x)\,dx,\qquad a_n=\frac{1}{L}\int_{-L}^{L}f(x)\cos\frac{n\pi x}{L}\,dx$$
$$b_n=\frac{1}{L}\int_{-L}^{L}f(x)\sin\frac{n\pi x}{L}\,dx$$

其中 $n=1,2,\cdots$。當週期爲 2π 時，可簡化得 (11.1 節)

(1*)
$$f(x)=a_0+\sum_{n=1}^{\infty}(a_n\cos nx+b_n\sin nx)$$

而 $f(x)$ 之傅立葉係數爲 (11.1 節)

$$a_0=\frac{1}{2\pi}\int_{-\pi}^{\pi}f(x)\,dx,\quad a_n=\frac{1}{\pi}\int_{-\pi}^{\pi}f(x)\cos nx\,dx,\quad b_n=\frac{1}{\pi}\int_{-\pi}^{\pi}f(x)\sin nx\,dx$$

傅立葉級數在具週期性的相關現象中是相當基本的，尤其是涉及微分方程式之模型時 (11.3 節及第 12 章)。如果 $f(x)$ 是偶函數 $[f(-x)=f(x)]$ 或奇函數 $[f(-x)=-f(x)]$，它們可分別化簡爲**傅立葉餘弦或傅立葉正弦級數** (11.2 節)。若只給定 $0\le x\le L$ 區間上的 $f(x)$，則有兩種週期爲 $2L$ 之**半幅展開式**，即餘弦與正弦級數 (11.2 節)。

在 (1) 式中餘弦和正弦函數之集合稱爲**三角系統**。其最基本的特性，是在長度爲 $2L$ 之區間內的**正交性**；亦即，對於所有整數 n、m 且 $n\neq m$，可得

$$\int_{-L}^{L}\cos\frac{m\pi x}{L}\cos\frac{n\pi x}{L}\,dx=0,\quad \int_{-L}^{L}\sin\frac{m\pi x}{L}\sin\frac{n\pi x}{L}\,dx=0$$

而對於所有整數 m 及 n，

$$\int_{-L}^{L}\cos\frac{m\pi x}{L}\sin\frac{n\pi x}{L}\,dx=0$$

此正交性在推導 Euler 公式 (2) 時相當重要。

傅立葉級數之部分和可將**平方誤差**最小化 (11.4 節)。

將 (1) 式中的三角系統換成其它正交系統，首先引導出 ***Sturm–Liouville* 問題** (11.5 節)，這是一種 ODE 的邊界值問題。這些問題是**特徵值問題**，因此它包含的參數經常與頻率或能量有關。Sturm–Liouville 問題的解稱爲**特徵函數**。類似的做法可得到其它的正交級數，例如 ***Fourier–Legendre* 級數**和 ***Fourier–Bessel* 級數**，均歸類爲**一般化傅立葉級數** (11.6 節)。

傅立葉級數之觀念及技巧可以延伸至定義在整個實數線上之非週期函數 $f(x)$；由此可導出**傅立葉積分**

(3) $$f(x)=\int_0^\infty [A(w)\cos wx+B(w)\sin wx]\,dw$$ (11.7 節)

其中

(4) $$A(w)=\frac{1}{\pi}\int_{-\infty}^{\infty} f(v)\cos wv\,dv,\quad B(w)=\frac{1}{\pi}\int_{-\infty}^{\infty} f(v)\sin wv\,dv$$

或是複數形式 (11.9 節)

(5) $$f(x)=\frac{1}{\sqrt{2\pi}}\int_{-\infty}^{\infty}\hat{f}(w)e^{iwx}\,dw$$ $(i=\sqrt{-1})$

其中

(6) $$\hat{f}(w)=\frac{1}{\sqrt{2\pi}}\int_{-\infty}^{\infty} f(x)e^{-iwx}\,dx$$

公式 (6) 將 $f(x)$ 轉換為**傅立葉轉換** $\hat{f}(w)$，而公式 (5) 則為其逆轉換。

與此相關的為**傅立葉餘弦轉換** (11.8 節)

(7) $$\hat{f}_c(w)=\sqrt{\frac{2}{\pi}}\int_0^\infty f(x)\cos wx\,dx$$

及**傅立葉正弦轉換** (11.8 節)

(8) $$\hat{f}_s(w)=\sqrt{\frac{2}{\pi}}\int_0^\infty f(x)\sin wx\,dx$$

在 11.9 節中，則討論**離散傅立葉轉換** ***(DFT)*** 及其計算的實用工具**快速傅立葉轉換** ***(FFT)***。

CHAPTER 12

偏微分方程式 (Partial Differential Equations，PDEs)

PDE 是一個包含有某未知函數的一或多個偏導數的方程式，它取決於至少兩個變數。通常其中一個變數是代表時間 t，其餘的變數則表示空間 (空間變數)。最重要的 PDE 包括有，可作爲振動弦 (12.2、12.3、12.4、12.12 節) 與振動膜 (12.8、12.9、12.10 節) 之模型的波動方程式 (wave equation)，用於桿或線上溫度的熱傳方程式 (heat equation) (12.5、12.6 節)，以及描述靜電場電位的 Laplace 方程式 (12.6、12.10、12.11 節)。在動力學、熱傳學、電磁學及量子力學中，PDE 都是十分重要的。它們的應用範圍遠比 ODE 更廣，ODE 只能作爲最簡單的物理系統的模型。因此許多進行中的研究均以 PDE 爲研究對象。

我們了解，以 PDE 建立模型遠比用 ODE 複雜，我們採漸近且有計畫的方式，以建立 PDE 的模型。因此我們仔細的推導可作爲物理現象之模型的 PDE，例如在 12.2 節中用於彈性振動弦 (例如小提琴的琴弦) 的一維波動方程式，然後用單獨的一節 (12.3 節) 求解此 PDE。以同樣的方式，我們在 12.5 節推導熱傳方程式，然後在 12.6 節求解此方程式，並將其一般化。

我們由物理學推導出這些偏微分方程式，並且討論初值問題與邊界值問題的解法，也就是找到滿足物理狀態所定義之條件的解法。在 12.7 和 12.12 節中，我們將看到偏微分方程式也可以用傅立葉與 Laplace 轉換來求解。

說明　在 21.4－21.7 節中，將討論**偏微分方程式之數值方法**，爲了教學上的彈性，它們在設計上是與 E 部分的其它各節無關的。

本章之先修課程：線性 ODE (第 2 章)、傅立葉級數 (第 11 章)。

短期課程可以省略的章節：12.7, 12.10–12.12。

參考文獻與習題解答：附錄 1 的 C 部分、附錄 2。

12.1 PDE 的基本概念 (Basic Concepts of PDEs)

偏微分方程式 (partial differential equation，PDE) 包含有 (未知) 函數的一或多個偏導數，姑且稱此函數爲 u，它取決於兩或兩個以上的變數，通常一個是時間 t 及一個或多個空間變數。偏導數的最高階數稱爲此 PDE 的**階 (order)**。就和 ODE 一樣，在應用上最重要的是二階 PDE。

如同常微分方程式，如果 PDE 的未知函數 u，及其偏導數是一次時，稱此方程式爲**線性 (linear)**；否則稱爲**非線性**。因此，在本節例題 1 中的所有方程式都是線性的。若線性偏微分方程式的每一項一定包含有 u 或它的一個偏導數，則稱該方程式爲**齊次 (homogeneous)**；否則稱爲**非齊次 (nonhomogeneous)**。故例題 1 中的 (4) 式 (當 f 不恆爲零時) 是非齊次，而其他的方程式則是齊次的。

例題 1 **重要的二階 PDE**

(1) $$\frac{\partial^2 u}{\partial t^2} = c^2 \frac{\partial^2 u}{\partial x^2}$$ **一維波動方程式**

(2) $$\frac{\partial u}{\partial t} = c^2 \frac{\partial^2 u}{\partial x^2}$$ **一維熱傳方程式**

(3) $$\frac{\partial^2 u}{\partial x^2} + \frac{\partial^2 u}{\partial y^2} = 0$$ **二維 *Laplace* 方程式**

(4) $$\frac{\partial^2 u}{\partial x^2} + \frac{\partial^2 u}{\partial y^2} = f(x, y)$$ **二維 *Poisson* 方程式**

(5) $$\frac{\partial^2 u}{\partial t^2} = c^2 \left(\frac{\partial^2 u}{\partial x^2} + \frac{\partial^2 u}{\partial y^2} \right)$$ **二維波動方程式**

(6) $$\frac{\partial^2 u}{\partial x^2} + \frac{\partial^2 u}{\partial y^2} + \frac{\partial^2 u}{\partial z^2} = 0$$ **三維 *Laplace* 方程式**

此處 c 爲正常數，t 爲時間，x、y、z 爲卡氏座標，且**維數**指的是在方程式中座標的數目。 ■

偏微分方程式於自變數空間中之某區域 R 內的**解**，是一個函數，它出現在 PDE 中的所有偏導數都包含在某一含有 R 的定義域 D (定義在 9.6 節) 內，且在 R 內處處滿足偏微分方程式。

通常我們只須要此函數在 R 的邊界上爲連續，並在 R 的內部存在有各個偏導數，且在 R 的內部滿足該 PDE。對於在 R 之邊界上的導數，令 R 落於 D 內可簡化問題，這樣在邊界上及 R 的內部就一樣了。

一般而言，偏微分方程式的解爲數眾多，例如，函數

(7) $$u = x^2 - y^2, \quad u = e^x \cos y, \quad u = \sin x \cosh y, \quad u = \ln(x^2 + y^2)$$

彼此完全不同，但都是 (3) 式的解，讀者可自行驗證。稍後將會看到，對應於實際問題的 PDE，其唯一解會來自由問題本身所產生的**額外條件**。例如，在所考慮區域 R 之邊界上，解 u 的值爲已知的情形 (「**邊界條件**」)。或是當時間 t 爲其中一個變數時，事先指定解 u (或 $u_t = \partial u / \partial t$，或兩者均有) 在 $t = 0$ 時的值 (「**初始條件**」)。

當常微分方程式是線性且齊次時，用疊加原理可由已知解得到更多的解。對於偏微分方程式而言，情況相當類似：

定理 1

基本疊加定理

如果 u_1 及 u_2 為**齊次線性 *PDE*** 在某個區域 R 內的解，則

$$u = c_1 u_1 + c_2 u_2$$

當 c_1 與 c_2 為任意常數時，亦為該 PDE 在區域 R 中的解。

這個重要定理的證明非常簡單，且與 2.1 節定理 1 的證明類似，留給讀者自行練習。

對於習題 2–13，它們解的驗證方式和 ODE 的一樣。習題 16－23 中的 PDE 則可用 ODE 的解法求解。爲了幫助讀者熟悉它們，先考慮下面兩個典型例子。

例題 2 當成 ODE 求解 $u_{xx} - u = 0$

求 PDE $u_{xx} - u = 0$ 的解 u，自變數爲 x 和 y。

解

由於方程式中並沒有對 y 的導數，故原方程式可視爲 $u'' - u = 0$ 來求解。用 2.2 節的方法我們應得到 $u = Ae^{x} + Be^{-x}$，而 A 和 B 爲常數。但此處 A 和 B 可能是 y 的函數，所以答案爲

$$u(x, y) = A(y)e^{x} + B(y)e^{-x}$$

其中 A 和 B 爲任意函數，因此我們會有爲數眾多的解，試以微分來驗算這項結果。 ■

例題 3 當成 ODE，求解 $u_{xy} = -u_x$

求此 PDE 的解 $u = u(x, y)$。

解

設 $u_x = p$，可得 $p_y = -p$ 、 $p_y / p = -1$ 、 $\ln|p| = -y + \tilde{c}(x)$ 、 $p = c(x)e^{-y}$ 、 $u_x = p$，再對 x 積分得

$$u(x, y) = f(x)e^{-y} + g(y) \quad \text{其中} \quad f(x) = \int c(x)\, dx$$

此處 $f(x)$ 和 $g(y)$ 皆是任意的函數。 ■

習題集 12.1

1. **基本定理** 對具有兩個和三個自變數的二階偏微分方程式，證明基本定理 1 成立。
提示：用代入證明。

2–13 解的驗證

證明 (利用代換法) 所給的函數爲指定 PDE 的解，並描繪解的圖形 (此解爲空間中的曲面)。

2–5 波動方程式 (1) (具有適當的 c 值)

2. $u = x^2 + t^2$
3. $u = \cos 4t \sin 2x$
4. $u = \sin kct \cos kx$
5. $u = \sin at \sin bx$

6–9 熱傳方程式 (2) (具有適當的 c 值)

6. $u = e^{-t}\sin x$

7. $u = e^{-\omega^2 c^2 t}\cos \omega x$

8. $u = e^{-9t}\sin \omega x$

9. $u = e^{-\pi^2 t}\cos 25x$

10–13 Laplace 方程式 (3)

10. $u = e^x \cos y,\quad e^x \sin y$

11. $u = \arctan(y/x)$

12. $u = \cos y \sinh x,\quad \sin y \cosh x$

13. $u = x/(x^2+y^2),\quad y/(x^2+y^2)$

14. 小組專題　解的驗證

(a) 波動方程式　證明 $u(x,t) = v(x+ct) + w(x-ct)$ 滿足 (1) 式，其中 v 和 w 爲任何二次可微的函數。

(b) Poisson 方程式　當 $f(x,y)$ 指定如下時，驗證 u 滿足 (4) 式。

$u = y/x$　　$f = 2y/x^3$

$u = \sin xy$　　$f = (x^2+y^2)\sin xy$

$u = e^{x^2-y^2}$　　$f = 4(x^2+y^2)\,e^{x^2-y^2}$

$u = 1/\sqrt{x^2+y^2}$　　$f = (x^2+y^2)^{-3/2}$

(c) Laplace 方程式　驗證 $u = 1/\sqrt{x^2+y^2+z^2}$ 滿足 (6) 式且 $u = \ln(x^2+y^2)$ 滿足 (3) 式。問 $u = 1/\sqrt{x^2+y^2}$ 是否爲 (3) 式的解？它是怎樣的 Poisson 方程式的解？

(d) 證明具有任意 (充份可微) v 和 w 的 u 滿足下列的 PDE。

$u = v(x) + w(y)$　　$u_{xy} = 0$

$u = v(x)w(y)$　　$uu_{xy} = u_x u_y$

$u = v(x+2t) + w(x-2t)$　　$u_{tt} = 4u_{xx}$

15. 邊界值問題　驗證函數 $u(x,y) = a\ln(x^2+y^2) + b$ 滿足 Laplace 方程式 (3)，並求 a 和 b 使得 u 滿足邊界條件：在圓 $x^2+y^2=1$ 上 $u=110$，在圓 $x^2+y^2=100$ 上 $u=0$。

16–23 可當成 ODE 求解的 PDE

當 PDE 中只有對一個變數的導數時 (或是可轉換成這種形式)，可當成 ODE 求解，因爲其他的變數可視爲參數。求 $u = u(x,y)$：

16. $u_{yy} = 0$

17. $u_{xx} + 16\pi^2 u = 0$

18. $25u_{yy} - 4u = 0$

19. $u_y + y^2 u = 0$

20. $2u_{xx} + 9u_x + 4u = -3\cos x - 29\sin x$

21. $u_{yy} + 6u_y + 13u = 4e^{3y}$

22. $u_{xy} = u_x$

23. $x^2 u_{xx} + 2xu_x - 2u = 0$

24. 旋轉面 (Surface of revolution)　證明 $yz_x = xz_y$ 的解 $z = z(x,y)$ 代表一個旋轉面。舉出例子。*提示：*使用極座標 r、θ，並證明此方程式變成 $z_\theta = 0$。

25. 偏微分方程組　求解 $u_{xx} = 0$、$u_{yy} = 0$。

12.2 模型化：振動弦、波動方程式 (Modeling: Vibrating String, Wave Equation)

在本節中我們要建立弦之振動的模型，由此會引導出第一個重要的 PDE，也就是 (3) 式，然後我們會在 12.3 節求解此方程式。學生們應該要非常注意此一建立模型的優雅過程以及整個推導的程序，在此學到的方法將可用於建立一般性問題的模型，特別是對於薄膜振動的問題 (12.7 節)。

我們要推導一根彈性弦做小幅橫向振動時的 PDE 模型，例如小提琴的弦。將此彈性弦沿 x 軸拉伸成長度 L，再固定於兩端點 $x=0$ 以及 $x=L$。然後使弦變形，再於某瞬間 (例如 $t=0$) 將它釋放並任其振動。現在的問題就是要了解弦的振動，即在任意點 x 及任意時間 $t > 0$ 的偏移量 $u(x, t)$；見圖 286。

$u(x, t)$ 會是一個 PDE 的解，而此方程式即爲我們要推導的物理系統的模型。這個 PDE 不應太過複雜，這樣我們才可以求解。所以我們要做如下合理的假設 (和第 2 章中用 ODE 作爲振動的模型時一樣)，以簡化問題。

物理假設

1. 弦的單位長度質量爲常數 (「均質弦」)。弦是完全彈性且對彎曲不會產生任何的阻力。
2. 在固定於端點之前，弦拉伸的張力很大，使得重力對弦的作用 (會試著把弦向下拉一點) 可以忽略不計。
3. 弦在垂直平面上進行小幅的橫向運動；亦即弦的每一質點作垂直方向的運動，所以弦上每一點的位移量和斜率的絕對值都很小。

在這些假設下，我們預期解 $u(x, t)$ 應該可以相當充分的描述這項物理事實。

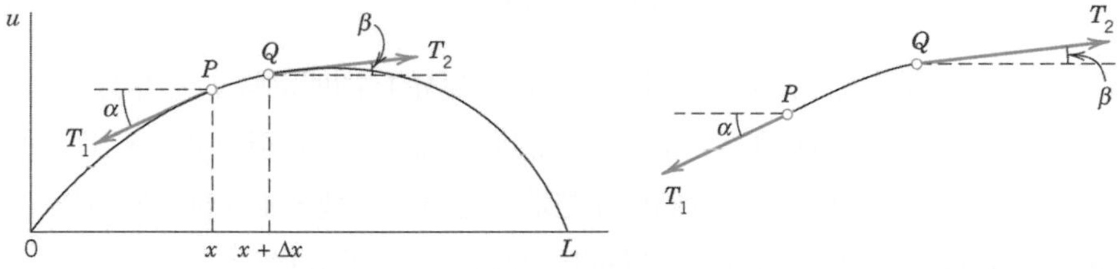

圖 286 弦在固定時間 t 的偏移

12.2.1 由作用力推導出模型的 PDE (「波動方程式」)

振動弦的模型包括了一個 PDE (「波動方程式」)，以及額外的條件。要得到 PDE，我們考慮**作用在一小段弦上的力** (圖 286)。這在力學以及其它問題的模型化中是個典型的方法。

因爲弦並不會對彎曲造成任何阻力，所以在任一點上的張力都會正切於弦的曲線。令 T_1 和 T_2 爲作用在該部分弦之端點 P 和 Q 的張力。由於弦上的點是在垂直方向上移動，因此在水平方向上並沒有運動。所以張力的水平分量必定是常數，利用圖 286 中的符號，得到

$$T_1 \cos\alpha = T_2 \cos\beta = T = \text{常數} \tag{1}$$

我們在垂直方向上有兩個力，即 T_1 和 T_2 的垂直分量 $-T_1 \sin\alpha$ 和 $T_2 \sin\beta$；此處出現負號是因爲在 P 處的分量是向下的。由**牛頓第二定律** (2.4 節) 可以知道，這兩個力之合力等於該部分的質量 $\rho\Delta x$ 乘以加速度 $\partial^2 u/\partial t^2$，這個加速度則是在介於 x 和 $x + \Delta x$ 間的某一點上的值；此處 ρ 是沒有偏移的弦的單位長度質量，而 Δx 則是沒有偏斜之弦此一小段的長度。(Δ 一般是用來表示很小的量；這和拉普拉斯運算子 ∇^2 沒有關係，雖然它有時候也被表示成 Δ)。因此

$$T_2 \sin\beta - T_1 \sin\alpha = \rho\,\Delta x \frac{\partial^2 u}{\partial t^2}$$

使用 (1) 式，可以將這個式子除以 $T_2 \cos\beta = T_1 \cos\alpha = T$，得到

(2)
$$\frac{T_2 \sin\beta}{T_2 \cos\beta} - \frac{T_1 \sin\alpha}{T_2 \cos\alpha} = \tan\beta - \tan\alpha = \frac{\rho\,\Delta x}{T}\frac{\partial^2 u}{\partial t^2}$$

現在 $\tan\alpha$ 和 $\tan\beta$ 分別為弦在 x 及 $x+\Delta x$ 處的斜率

$$\tan\alpha = \left(\frac{\partial u}{\partial x}\right)\bigg|_x \quad 且 \quad \tan\beta = \left(\frac{\partial u}{\partial x}\right)\bigg|_{x+\Delta x}$$

此處因 u 亦為時間 t 的函數，因此須寫成偏導數。將 (2) 式除以 Δx，我們得到

$$\frac{1}{\Delta x}\left[\left(\frac{\partial u}{\partial x}\right)\bigg|_{x+\Delta x} - \left(\frac{\partial u}{\partial x}\right)\bigg|_x\right] = \frac{\rho}{T}\frac{\partial^2 u}{\partial t^2}$$

如果我們令 Δx 趨近於零，就得到線性 PDE

(3)
$$\frac{\partial^2 u}{\partial t^2} = c^2 \frac{\partial^2 u}{\partial x^2}, \qquad c^2 = \frac{T}{\rho}$$

這就是所謂的**一維波動方程式**。可以看出它是齊次且為二階的。物理常數 T/ρ 是以 c^2 (而不是 c) 來表示，目的是用來指出這個常數為正，對於決定解的形式而言，這是很重要的。「一維」代表此方程式只有一個空間變數 x。在下一節中我們會完整地設定這個模型，並且討論如何以一個在工程數學上，對於偏微分方程式而言，可能是最重要的一般化方法來求解它。

12.3 以變數分離求解、使用傅立葉級數 (Solution by Separating Variables. Use of Fourier Series)

我們接續 12.2 節的工作，上一節我們建立了振動弦的模型並得到了一維的波動方程式，我們現在要加入額外的條件以得到完整的模型，然後求解此模型。

振動的彈性弦 (例如小提琴弦) 的模型包含了**一維波動方程式**

(1)
$$\frac{\partial^2 u}{\partial t^2} = c^2 \frac{\partial^2 u}{\partial x^2} \qquad c^2 = \frac{T}{\rho}$$

而 $u(x, t)$ 為未知的弦的位移量，這是我們剛得到的 PDE，還有一些**額外的條件**，我們現在來推導。由於弦的兩端是被固定在端點 $x = 0$ 及 $x = L$ (見 12.2 節)，因此有兩個**邊界條件**

(2)
$$\text{(a) } u(0, t) = 0, \quad \text{(b) } u(L, t) = 0, \quad 對所有的\ t \ge 0$$

接著，弦的運動的形式會和它的初始位移 (稱為 $f(x)$，也就是在 $t = 0$ 時的位移量) 以及初始速度 (稱為 $g(x)$，也就是在 $t = 0$ 時的速度) 有關，因此我們有兩個**初始條件**

$$\text{(a) } u(x, 0) = f(x), \quad \text{(b) } u_t(x, 0) = g(x), \quad (0 \le x \le L)$$

其中$u_t = \partial u / \partial t$。我們的問題現在成爲求出 (1) 式的解，並滿足條件 (2) 與 (3) 式，這樣就得到我們問題的解，我們將依下列三個步驟進行。

步驟 1：用「**分離變數法**」或乘積法，設$u(x,t) = F(x)G(t)$，由 (1) 式得到兩個 ODE，其中一個是 $F(x)$ 的而另一個是 $G(t)$ 的。

步驟 2：求出這兩個 ODE 滿足邊界條件 (2) 的解。

步驟 3：最後，使用**傅立葉級數**，將步驟 2 中所得的解加以組合，以得到 (1) 式同時滿足 (2) 及 (3) 式的解，也就是振動彈性弦模型的解。

12.3.1 步驟 1：得自波動方程式 (1) 的兩個 ODE

在**分離變數法**或乘積法中，將波動方程式 (1) 的解表示成如下形式

$$u(x,t) = F(x)G(t)$$

這是兩個函數的乘積，分別只取決於變數 x 和 t。這是一種相當有力的通用方法，它在工程數學中有多種應用，稍後將看到。將 (4) 式微分得

$$\frac{\partial^2 u}{\partial t^2} = F\ddot{G} \quad \text{及} \quad \frac{\partial^2 u}{\partial x^2} = F''G$$

其中點代表對時間微分，上撇代表對 x 微分，將它們代入波動方程式 (1) 我們得到

$$F\ddot{G} = c^2 F''G$$

除以c^2FG 並且加以化簡，得到

$$\frac{\ddot{G}}{c^2 G} = \frac{F''}{F} \text{。}$$

變數現在分開了，左側只取決於 t 而右側只取決於 x。因此兩側都必須爲常數，因爲如果它們是變數的話，則改變 t 或 x 將只會影響到其中一側，而另外一側則不受影響。因此

$$\frac{\ddot{G}}{c^2 G} = \frac{F''}{F} = k$$

乘以這兩個分母後，就得到了兩個 ODE

$$F'' - kF = 0$$

和

$$\ddot{G} - c^2 kG = 0$$

此處**分離常數** k 仍然未定。

12.3.2 步驟 2：滿足邊界條件 (2)

現在決定 (5) 式和 (6) 式的解 F 和 G，以使得 $u=FG$ 滿足邊界條件 (2)，即

(7) $$u(0,t)=F(0)G(t)=0, \quad u(L,t)=F(L)G(t)=0$$ 對所有的 t

我們先求解 (5) 式。如果 $G\equiv 0$，則 $u=FG\equiv 0$，這個我們不感興趣。因此 $G\not\equiv 0$，並且接著由 (7) 式得

(8) $$\text{(a) } F(0)=0, \quad \text{(b) } F(L)=0$$

我們可證明 k 必須爲負。對於 $k=0$，(5) 式的通解爲 $F=ax+b$，並且由 (8) 式我們得 $a=b=0$，因此使得 $F\equiv 0$ 並且 $u=FG\equiv 0$，這個我們不感興趣。對於正值 $k=\mu^2$，(5) 式的通解爲

$$F=Ae^{\mu x}+Be^{-\mu x}$$

再由 (8) 式，我們和前面一樣得到 $F\equiv 0$ (驗證此結果！)。因此我們只剩下了 k 爲負值的這個選擇，如 $k=-p^2$。因此 (5) 式就變成了 $F''+p^2F=0$。並且其通解爲

$$F(x)=A\cos px+B\sin px$$

由此式以及 (8) 式得

$$F(0)=A=0 \quad \text{而且} \quad F(L)=B\sin pL=0$$

我們必須取 $B\neq 0$ 否則 $F\equiv 0$，因此 $\sin pL=0$。所以

(9) $$pL=n\pi, \quad \text{使得} \quad p=\frac{n\pi}{L}$$ (n 整數)

設定 $B=1$，我們因此得到無窮多個解 $F(x)=F_n(x)$，其中

(10) $$F_n(x)=\sin\frac{n\pi}{L}x$$ (n= 1, 2, …)

這些解滿足 (8) 式。[對於負整數 n，我們除了負號以外得到完全相同的解，這是因爲 $\sin(-\alpha)=-\sin\alpha$]。

我們現在用由 (9) 式所得的 $k=-p^2=-(n\pi/L)^2$ 來求解 (6) 式，也就是

(11*) $$\ddot{G}+\lambda_n^2 G=0 \quad \text{其中} \quad \lambda_n=cp=\frac{cn\pi}{L}$$

其通解爲

$$G_n(t)=B_n\cos\lambda_n t+B_n^*\sin\lambda_n t \text{。}$$

因此 (1) 式滿足 (2) 式的解爲 $u_n(x,t)=F_n(x)G_n(t)=G_n(t)F_n(x)$，可以詳細地寫成

(11) $$u_n(x,t)=(B_n\cos\lambda_n t+B_n^*\sin\lambda_n t)\sin\frac{n\pi}{L}x$$ (n= 1, 2, …)

這些函數稱爲**特徵函數**，而值 $\lambda_n=cn\pi/L$，則稱爲振動弦的**特徵值**。集合 $\{\lambda_1,\lambda_2,\cdots\}$ 稱爲**頻譜 (spectrum)**。

特徵函數的討論 我們看到每一個 u_n 代表著頻率爲 $\lambda_n/2\pi = cn/2L$ (週/單位時間) 的簡諧運動。此運動稱爲該弦的第 n 個**振型模態 (normal mode)**。第一個模態就是基本模態 $((n=1))$，而其他的爲倍音 (*overtones*)；在音樂上它們可以形成八度音 (octave)，八度加五度音等等。因爲在 (11) 式中

$$\sin\frac{n\pi x}{L} = 0 \quad 在 \quad x = \frac{L}{n}, \frac{2L}{n}, \cdots, \frac{n-1}{n}L$$

第 n 個振型模態有 $n-1$ 個節點，也就是在弦上的不會移動的點 (除了固定的端點外)；見圖 287。

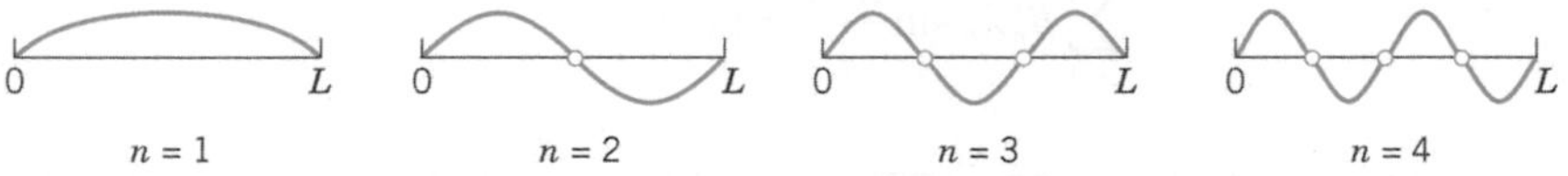

圖 287 振動弦的振型模態

圖 288 顯示了不同 t 值時的第二振型模態，在任何一瞬間，波的形狀都是如同正弦波。當弦的左側向下移時另一側則向上移，反之亦然。對於其他的模式而言，情況也是類似。
藉由改變張力 T，我們可以**調整 (tuning)**。我們對 u_n 之頻率 $\lambda_n/2\pi = cn/2L$ 的公式，其中 $c = \sqrt{T/p}$ 的公式 [見 12.2 節 (3) 式]，確認了此一效應，因爲它顯示了頻率正比於張力。T 不能沒有限制地增加，但是你能否看出該如何做才能讓弦的基本模式變高？(同時考慮 L 和 ρ)。爲什麼小提琴比低音提琴來得小？

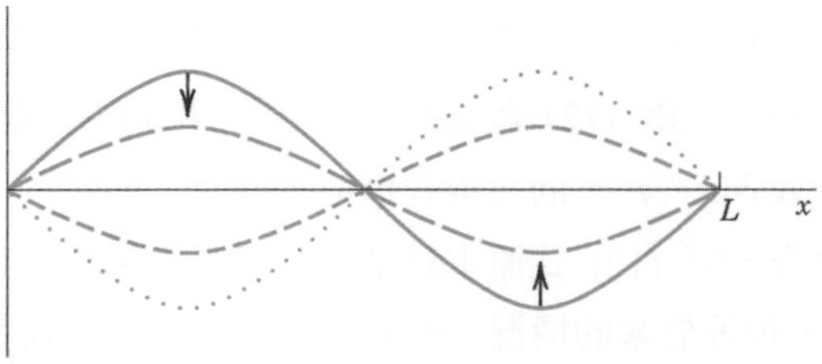

圖 288 對於不同 t 值的第二振型模態

12.3.3 步驟 3：求解整個問題、傅立葉級數

特徵函數 (11) 滿足了波動方程式 (1) 以及邊界條件 (2) (弦在兩端被固定)。單一個 u_n 通常並不能滿足初始條件 (3)。不過由於波動方程式 (1) 爲線性且齊次，因此由 12.1 節的基本定理 1，可以得到有限多個解 u_n 的和亦爲 (1) 式的解。爲了得到同時滿足初始條件 (3) 式的解，我們考慮無限級數 (和前面一樣有 $\lambda_n = cn\pi/L$)

(12)
$$u(x,t) = \sum_{n=1}^{\infty} u_n(x,t) = \sum_{n=1}^{\infty} (B_n \cos\lambda_n t + B_n^* \sin\lambda_n t)\sin\frac{n\pi}{L}x$$

滿足初始條件 (3a) (給定初始位移) 由 (12) 式及 (3a) 得到

(13)
$$u(x,0) = \sum_{n=1}^{\infty} B_n \sin\frac{n\pi}{L}x = f(x) \qquad (0 \le x \le L)$$

因此，我們必須選擇 B_n 以使得 $u(x,0)$ 成為 $f(x)$ 的傅立葉正弦級數。因此由 11.3 節中的 (4) 式

(14)
$$B_n = \frac{2}{L}\int_0^L f(x)\sin\frac{n\pi x}{L}\,dx \qquad n = 1, 2, \cdots$$

滿足初始條件 (3b)(給定初始速度) 同理，將 (12) 式對 t 微分並使用 (3b) 得到

$$\left.\frac{\partial u}{\partial t}\right|_{t=0} = \left[\sum_{n=1}^{\infty}(-B_n\lambda_n \sin\lambda_n t + B_n^*\lambda_n \cos\lambda_n t)\sin\frac{n\pi x}{L}\right]_{t=0}$$
$$= \sum_{n=1}^{\infty} B_n^*\lambda_n \sin\frac{n\pi x}{L} = g(x)$$

因此，我們必須選擇 B_n^* 以使得 $t=0$ 時，導數 $\partial u/\partial t$ 成為 $g(x)$ 的傅立葉正弦級數。因此，再一次由 11.3 節中的 (4) 式得

$$B_n^*\lambda_n = \frac{2}{L}\int_0^L g(x)\sin\frac{n\pi x}{L}\,dx$$

因為 $\lambda_n = cn\pi/L$，由除法得到

(15)
$$B_n^* = \frac{2}{cn\pi}\int_0^L g(x)\sin\frac{n\pi x}{L}\,dx \qquad n = 1, 2, \cdots$$

結果 我們的討論顯示出 (12) 式的 $u(x,t)$，其係數為 (14) 和 (15) 式，是 (1) 式的解且滿足 (2) 和 (3) 式中的所有條件，前提為級數 (12) 收斂，並分別對 x 和 t 逐項微分兩次而得的級數也收斂，並且其和分別為 $\partial^2 u/\partial x^2$ 以及 $\partial^2 u/\partial t^2$，而這兩者也是連續的。

解 (12) 式的建立 討論至今，解 (12) 式原本只是一個表示式，現在我們將要建立它。為了簡單起見，只考慮初始速度 $g(x)$ 恆等於零的情況。則 B_n^* 為零，而 (12) 式就化簡為

(16)
$$u(x,t) = \sum_{n=1}^{\infty} B_n \cos\lambda_n t \sin\frac{n\pi x}{L}, \quad \lambda_n = \frac{cn\pi}{L}\text{。}$$

我們可求此**級數和**，也就是將其結果表示成封閉或有限形式，為了這個目的，使用公式 [見附錄 A3.1 的 (11) 式]

$$\cos\frac{cn\pi}{L}t\sin\frac{n\pi}{L}x = \frac{1}{2}\left[\sin\left\{\frac{n\pi}{L}(x-ct)\right\} + \sin\left\{\frac{n\pi}{L}(x+ct)\right\}\right]$$

接著，可將 (16) 式寫成如下形式

$$u(x,t) = \frac{1}{2}\sum_{n=1}^{\infty} B_n \sin\left\{\frac{n\pi}{L}(x-ct)\right\} + \frac{1}{2}\sum_{n=1}^{\infty} B_n \sin\left\{\frac{n\pi}{L}(x+ct)\right\}$$

這兩個級數是在 $f(x)$ 的傅立葉正弦級數 (13) 中，分別用 $x-ct$ 以及 $x+ct$ 取代變數 x。因此

(17)
$$u(x,t)=\frac{1}{2}[f^*(x-ct)+f^*(x+ct)]$$

其中 f^* 是週期為 $2L$ 的 f 的奇週期延伸 (圖 289)。由於初始位移 $f(x)$ 在區間 $0 \le x \le L$ 上為連續並且在端點上為零，由 (17) 式可以得到 $u(x, t)$ 是一個同時為變數 x 和 t 的函數，且對所有的變數值均為連續。經由對 (17) 式微分我們可以看出 $u(x, t)$ 是 (1) 式的解，只要 $f(x)$ 在區間 $0 \le x \le L$ 上是二次可微的，並且在 $x = 0$ 及 $x = L$ 上，有著其值為零的單邊二次導數。在這些條件之下，$u(x, t)$ 成為 (1) 式的解，並在 $g(x) \equiv 0$ 時滿足 (2) 和 (3) 式。■

圖 289　$f(x)$ 的奇週期延伸

一般化解　如果 $f'(x)$ 和 $f''(x)$ 僅只是片段連續的 (見 6.1 節)，或是那些單邊導數並不為零，則對於每一個 t 將會有有限多個 x 的值，在這些值上 (1) 式中 u 的二階導數並不存在。除了這些點之外，仍然會滿足波動方程式。因此可以將 $u(x, t)$ 視為「**一般化解**」，如同它所被稱呼的那般，也就是在較廣泛的意義上的解。例如，在例題 1 (後面) 中的一個三角初始位移，可以得到一般化解。

解 (17) 的物理詮釋　將 $f^*(x)$ 的圖形往右平移 ct 單位後可以得到 $f^*(x-ct)$ 的圖形 (圖 290)。這代表 $f^*(x-ct)(c>0)$ 是隨著 t 增大而向右行進的波。同理，$f^*(x+ct)$ 代表一個向左行進的波，而 $u(x, t)$ 則為這兩個波的疊加。

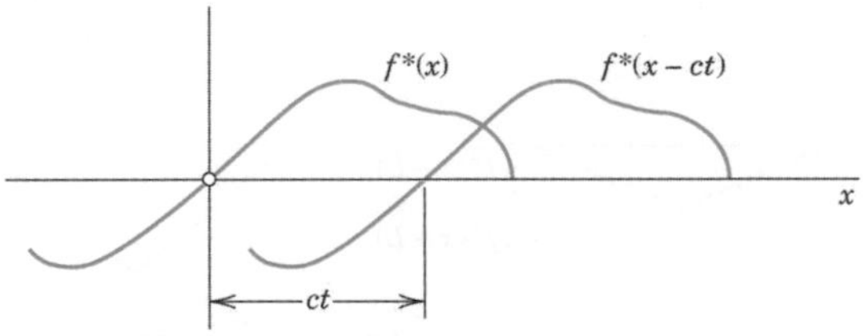

圖 290　(17) 式的詮釋

例題 1　初始位移為三角形的振動弦

求波動方程式 (1) 的解，使其滿足 (2) 式，並對應於三角初始位移

$$f(x)=\begin{cases}\frac{2k}{L}x & \text{if } 0<x<\frac{L}{2}\\ \frac{2k}{L}(L-x) & \text{if } \frac{L}{2}<x<L\end{cases}$$

且初始速度為零 (圖 291 最頂端顯示 $f(x)=u(x,0)$)。

解

因為 $g(x) \equiv 0$，在 (12) 式中 $B_n^* = 0$，且由 11.3 節的例題 4，可以看出 B_n 是得自 11.3 節中的 (5) 式。因此 (12) 式的形式應該是

$$u(x,t)=\frac{8k}{\pi^2}\left[\frac{1}{1^2}\sin\frac{\pi}{L}x\cos\frac{\pi c}{L}t-\frac{1}{3^2}\sin\frac{3\pi}{L}x\cos\frac{3\pi c}{L}t+-\cdots\right]$$

為了要畫出解的圖形，我們可以使用 $u(x,0)=f(x)$ 和以上對 (17) 式中兩個函數的詮釋，這就得出了圖 291 的圖形。

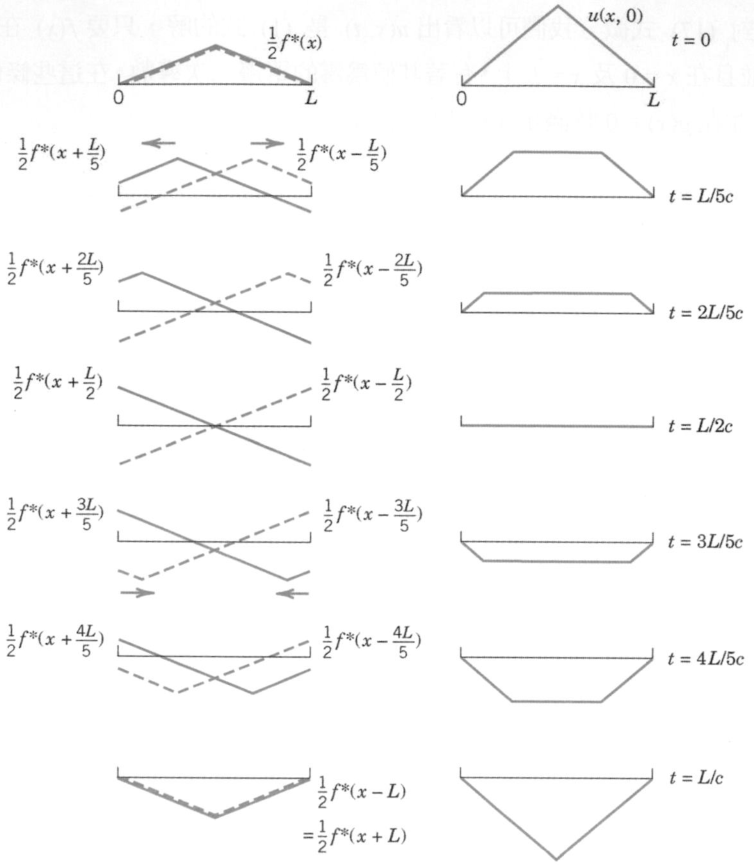

圖 291 例題 1 中不同 t 值時的解 $u(x, t)$ (圖的右半部)，是由一個向右行進的波 (虛線)，以及一個向左行進的波的疊加而得 (圖的左半部)

習題集 12.3

1. **頻率** 振動弦之基本模式的頻率與弦的長度的關係為何？與單位長度質量的關係為何？如果將張力變為兩倍會發生什麼事？為什麼低音提琴比小提琴還大？

2. **物理假設** 如果違背了假設 3，則弦的運動會有何種改變？違背假設 2 又如何？違背假設 1 的第二部分呢？第一部分？我們是否真的須要所有的假設？

3. **長度為π的弦** 針對長度 $L=\pi$ 的情形寫出本節的推導，由此可看到非常大幅的簡化，並可獲得更清楚的概念。

4. **CAS 專題 畫出振型模態** 寫一個程式以畫出類似於圖 287 的 u_n 的圖形，使用 $L=\pi$ 及自選的 c^2。將此程式用於 u_2、u_3、u_4。同時將這些解畫成 xt 平面上的曲面。解釋這兩種不同圖形間的關聯。

5–13 弦的位移

對於長度 $L = 1$ 且 $c^2 = 1$ 的弦，當初始速度爲零並且初始偏移爲如下所給，且其 k 值很小 (如 0.01)，求 $u(x, t)$。依圖 291 的方式畫出 $u(x, t)$ 的圖形。

5. $k \sin 3\pi x$

6. $k(\sin \pi x - \frac{1}{2}\sin 2\pi x)$

7. $kx(1-x)$ **8.** $kx^2(1-x)$

9.

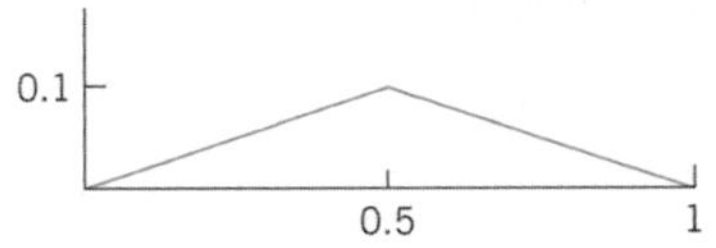

10.

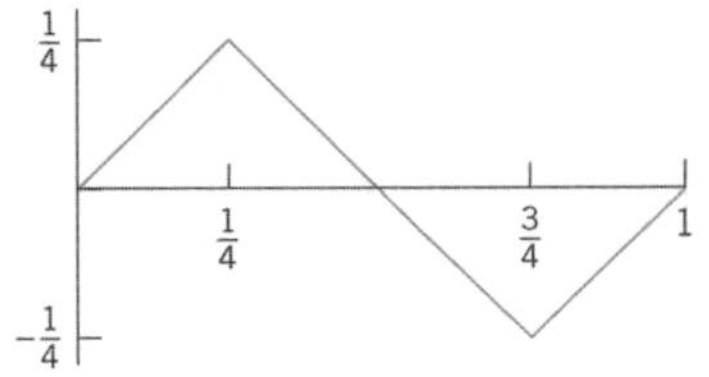

11.

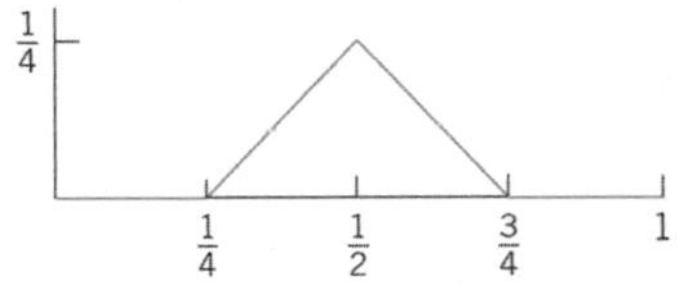

12.

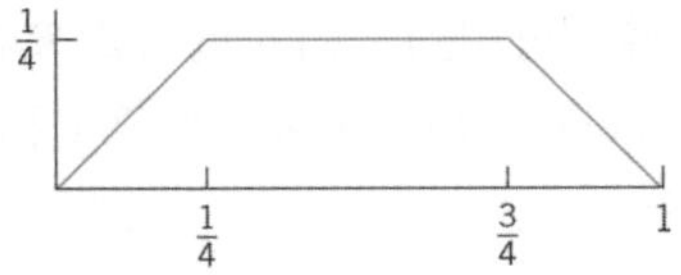

13. $2x - 4x^2$ 當 $0 < x < \frac{1}{2}$；0 當 $\frac{1}{2} < x < 1$

14. **初始速度不爲零** 長度爲 $L = \pi$ 且 $c^2 = 1$ 的弦，初始位移爲零，而「三角形式」的初始速度爲，在 $0 \le x \le \frac{1}{2}\pi$ 爲 $u_t(x, 0) = 0.01x$，在 $\frac{1}{2}\pi \le x \le \pi$ 爲 $u_t(x, 0) = 0.01(\pi - x)$，求此弦的位移量 $u(x,t)$ (在實驗上很難出現 $u_t(x,0) \ne 0$ 的初始條件)。

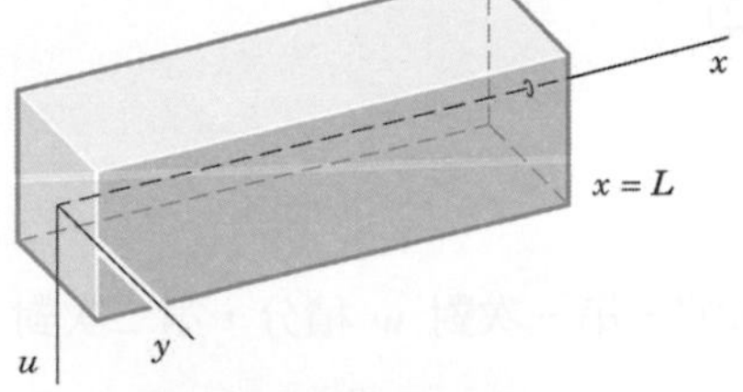

圖 292 彈性樑

15–20 四階 PDE 的分離、振動樑

利用模型化弦的相同原理，可以證明均勻彈性樑 (圖 292) 的小幅自由垂直振動，可以由四階 PDE 加以模型化

$$\text{(21)} \quad \frac{\partial^2 u}{\partial t^2} = -c^2 \frac{\partial^4 u}{\partial x^4} \qquad \text{(參考文獻 [C11])}$$

其中 $c^2 = EI/\rho A$ (E = 楊氏彈性係數、I 爲圖中橫截面對 y 軸的的慣性矩、ρ = 密度、A = 截面積) (載重下的樑的彎曲已在 3.3 節中討論)。

15. 將 $u = F(x)G(t)$ 代入 (21) 式以證明

$F^{(4)}/F = -\ddot{G}/c^2G = \beta^4$ = 常數

$F(x) = A\cos\beta x + B\sin\beta x + C\cosh\beta x + D\sinh\beta x,$

$G(t) = a\cos c\beta^2 t + b\sin c\beta^2 t$ 。

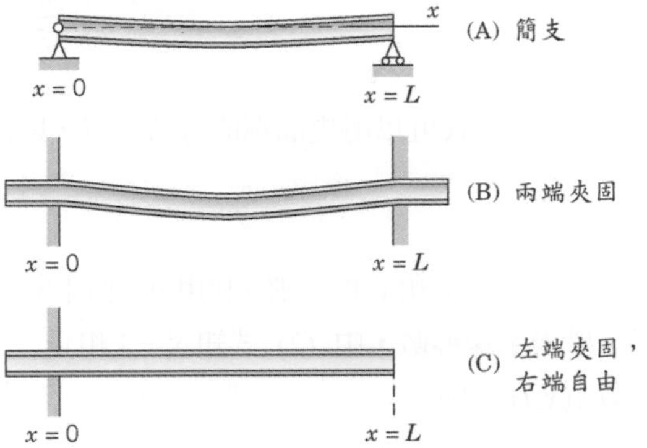

圖 293 樑的支撐

16. **圖 293A 的簡支樑** 找出對應於零初始速度，並且滿足下列邊界條件的 (21) 式的解 $u_n = F_n(x)G_n(t)$ (見圖 293A)。

$$u(0,t) = 0, \quad u(L,t) = 0$$

(在所有的時間 t，兩端點均爲簡支撐)，

$$u_{xx}(0,t) = 0, \quad u_{xx}(L,t) = 0$$

(在端點上爲零力矩，所以曲率也爲零)。

17. 求 (21) 式的解，滿足習題 16 中的條件以及下列的初始條件

$$u(x,0) = f(x) = x(L-x)$$

18. 比較習題 17 和 7 的結果。振動弦與振動樑的振型模態頻率的基本差異爲何？

19. 圖 293B 中的夾固樑 在圖 293B 的夾固樑的邊界條件爲何？接著證明在習題 15 中的 F 滿足這些條件，只要 βL 是以下方程式的解

(22) $$\cosh \beta L \cos \beta L = 1$$

求 (22) 式的近似解，例如由圖形化的方式，從 $\cos \beta L$ 和 $1/\cosh \beta L$ 的曲線的交點來求解。

20. 圖 293C 中的夾固－自由樑 如果樑的左端被夾固並且右端爲自由端 (圖 293C)，則其邊界條件爲

$$u(0,t) = 0, \quad u_x(0,t) = 0,$$
$$u_{xx}(L,t) = 0, \quad u_{xxx}(L,t) = 0$$

證明在習題 15 中的 F 滿足這些條件，只要 βL 爲下列方程式的解。

(23) $$\cos \beta L \cos \beta L = -1$$

求 (23) 式的近似解。

12.4 波動方程式的 D'Alembert 解、特徵值

有一件特別的事，在 12.3 節中的波動方程式

(1) $$\frac{\partial^2 u}{\partial t^2} = c^2 \frac{\partial^2 u}{\partial x^2}, \qquad c^2 = \frac{T}{\rho},$$

它的解 (17) 式可以用更簡單的方法求得，只要將 (1) 式做適當轉換即可，也就是引進新的自變數

(2) $$v = x + ct, \quad w = x - ct$$

這樣 u 就成爲 v 和 w 的函數，利用 9.6 節中的連鎖律，(1) 式中的導數可用對 v 和 w 的導數來表示。以下標表示偏導數，由 (2) 式知 $v_x = 1$ 和 $w_x = 1$。爲了簡便，以相同的字母 u 來表示作爲 v 和 w 的函數 $u(x,t)$，則

$$u_x = u_v v_x + u_w w_x = u_v + u_w$$

再對右側使用連鎖律。假設其中所有的偏導數都是連續的，因此有 $u_{wv} = u_{vw}$。因爲 $v_x = 1$ 且 $w_x = 1$，我們得到

$$u_{xx} = (u_v + u_w)_x = (u_v + u_w)_v v_x + (u_v + u_w)_w w_x = u_{vv} + 2u_{vw} + u_{ww} \text{ 。}$$

經由同樣的方式轉換 (1) 式中的其它導數，我們會得到

$$u_{tt} = c^2(u_{vv} - 2u_{vw} + u_{ww})$$

將這兩個結果代入到 (1) 式中得到 (見附錄 A3.2 的註解 2)

(3) $$u_{vw} \equiv \frac{\partial^2 u}{\partial w \partial v} = 0$$

此方法的重點在於 (3) 式可以輕易的經由連續兩次積分求解，第一次對 w 積分，第二次對 v。這樣得到

$$\frac{\partial u}{\partial v} = h(v) \quad 及 \quad u = \int h(v)\,dv + \psi(w)$$

此處 $h(v)$ 和 $\psi(w)$ 分別是 v 和 w 的任意函數。因爲積分式是 v 的函數，譬如說 $\phi(v)$，因此解的形式爲 $u = \phi(v) + \psi(w)$。經由 (2) 式，以 x 和 t 表示，我們因此有

(4) $$u(x,t) = \phi(x+ct) + \psi(x-ct)$$

這就是波動方程式 (1) 的 **d'Alembert 解** [1]。

上述推導比起在 12.3 節中的方法要來得優雅的多，不過 d'Alembert 法是個特殊解法，而傅立葉級數則可以應用到各種方程式中，我們將在下面看到。

滿足初始條件的 d'Alembert 解

(5) $$\text{(a) } u(x,0) = f(x), \quad \text{(b) } u_t(x,0) = g(x)$$

這些與 12.3 節中的 (3) 式相同。經由將 (4) 式微分我們有

(6) $$u_t(x,t) = c\phi'(x+ct) - c\psi'(x-ct)$$

其中上撇號代表分別對整個引數 $x+ct$ 及 $x-ct$ 的導數，而負號則是來自於連鎖律，由 (4)－(6) 式我們有

(7) $$u(x,0) = \phi(x) + \psi(x) = f(x) \text{ 、}$$

(8) $$u_t(x,0) = c\phi'(x) + c\psi'(x) = g(x) \text{ 。}$$

將 (8) 式除以 c 並對 x 積分，得到

(9) $$\phi(x) - \psi(x) = k(x_0) + \frac{1}{c}\int_{x_0}^{x} g(s)\,ds \qquad k(x_0) = \phi(x_0) - \psi(x_0) \text{ 。}$$

如果將此式與 (7) 式相加，則 ψ 就可以消掉，同除以 2 得

(10) $$\phi(x) = \frac{1}{2}f(x) + \frac{1}{2c}\int_{x_0}^{x} g(s)\,ds + \frac{1}{2}k(x_0)$$

同理，將 (7) 式減去 (9) 式，再除以 2 可得

(11) $$\psi(x) = \frac{1}{2}f(x) - \frac{1}{2c}\int_{x_0}^{x} g(s)\,ds - \frac{1}{2}k(x_0) \text{ 。}$$

---

[1] JEAN LE ROND D'ALEMBERT (1717–1783)，法國數學家，同時以他在力學上的重要研究而聞名。
我們在此指出，偏微分方程式的一般理論提供了系統化的方式以找出可化簡 (1) 式的轉換 (2)，見附錄 1 中的參考文獻 [C8]。

在 (10) 式中以 $x+ct$ 取代 x；然後可得到由 x_0 到 $x+ct$ 的積分。在 (11) 式中以 $x-ct$ 取代 x，並且減去由 x_0 到 $x-ct$ 的積分或是加上由 $x-ct$ 到 x_0 的積分。將 $\phi(x+ct)$ 和 $\psi(x-ct)$ 相加可得 $u(x,t)$ [見 (4) 式]

(12) $$u(x,t)=\frac{1}{2}[f(x+ct)+f(x-ct)]+\frac{1}{2c}\int_{x-ct}^{x+ct} g(s)\,ds\ 。$$

如果初始速度爲零，可以看出此式可化簡爲

(13) $$u(x,t)=\frac{1}{2}[f(x+ct)+f(x-ct)]$$

這與 12.3 節的 (17) 式相符合。你也可以證明因爲在該節中的邊界條件 (2)，函數 f 必爲奇函數，而且也必定有週期 $2L$。

我們的結果顯示了，這兩個初始條件 [在 (5) 式中的 $f(x)$ 和 $g(x)$] 決定出了唯一解。

12.11 節將會討論用 Laplace 轉換解波動方程式。

12.4.1　特徵值、PDE 的類型和正規形式

D'Alembert 解的想法只是**特徵法 (method of characteristics)** 的一個特例，此種方法所考慮的是具有下列形式的 PDE

(14) $$Au_{xx}+2Bu_{xy}+Cu_{yy}=F(x,y,u,u_x,u_y)$$

(以及具有兩個以上變數的 PDE)。方程式 (14) 被稱爲**準線性 (quasilinear)**，因爲它在最高導數上爲線性 (其他的則不一定)。偏微分方程式 (14) 根據判別式 $AC-B^2$ 可分成三種類型。

類型	定義條件	12.1 節中的例子
雙曲線型	$AC-B^2<0$	波動方程式 (1)
拋物線型	$AC-B^2=0$	熱傳方程式 (2)
橢圓型	$AC-B^2>0$	Laplace 方程式 (3)

注意到在 12.1 節中的 (1) 和 (2) 式帶有 t，但是爲了要在像 (14) 式一樣帶有 y，我們在 (1) 式中令 $y=ct$，得到 $u_{tt}-c^2u_{xx}=c^2(u_{yy}-u_{xx})=0$。在 (2) 式中我們設 $y=c^2t$，所以 $u_t-c^2u_{xx}=c^2(u_y-u_{xx})$。

A、B、C 可以是 x、y 的函數，所以一個偏微分方程式可以是**混合類型**的，也就是在 xy 平面上的不同區域可以是不同的類型。一個重要的混合類型 PDE 是 **Tricomi 方程式** (見習題 10)。

將 (14) 式轉換到正規形式 (14) 式的正規形式和相對應的轉換，與 PDE 的類型有關。它們是得自 (14) 式的**特徵方程式**的解，此特徵方程式是如下 ODE

(15) $$Ay'^2-2By'+C=0$$

其中 $y' = dy/dx$ (注意是 $-2B$，不是 $+2B$)。(15) 式的解被稱爲是 (14) 式的特徵值，我們將它們寫成 $\Phi(x,y) =$ 常數以及 $\Psi(x,y) =$ 常數的形式。接著這個轉換就得到了新的變數 v、w 而不是 x、y，並且 (14) 式的正規形式如下。

類型	新變數		正規形式
雙曲線型	$v = \Phi$	$w = \Psi$	$u_{vw} = F_1$
拋物線型	$v = x$	$w = \Phi = \Psi$	$u_{ww} = F_2$
橢圓型	$v = \frac{1}{2}(\Phi + \Psi)$	$w = \frac{1}{2i}(\Phi - \Psi)$	$u_{vv} + u_{ww} = F_3$

在此，$\Phi = \Phi(x,y)$、$\Psi = \Psi(x,y)$、$F_1 = F_1(v,w,u,u_v,u_w)$ 等等，且爲求簡化，我們再次用 u 代表 v、w 的函數 u。我們可以看出雙曲線型 PDE 的正規形式就是 d'Alembert 解的形式。對拋物線型的情形我們只得到一族的解 $\Phi = \Psi$。在橢圓型的情形中，$i = \sqrt{-1}$，其特徵值爲複數而且較不受重視。推導過程請見附錄 1 的參考文獻 [GenRef3]。

例題 1 系統化的得到 d'Alembert 解

由特徵線理論可以用系統化的方式得到 d'Alembert 解。要看出這一點，我們設 $y = ct$ 以將波動方程式 $u_{tt} - c^2 u_{xx} = 0$ 寫成 (14) 式的形式。由連鎖律，$u_t = u_y y_t = cu_y$ 且 $u_{tt} = c^2 u_{yy}$。除以 c^2 得到 $u_{xx} - u_{yy} = 0$，如前所述。因此特徵方程式爲 $y'^2 - 1 = (y'+1)(y'-1) = 0$。兩族的解 (特徵線) 爲 $\Phi(x,y) = y + x =$ 常數和 $\Psi(x,y) = y - x =$ 常數。由此得到新的變數 $v = \Phi = y + x = ct + x$ 和 $w = \Psi = y - x = ct - x$ 而 d'Alembert's 解是 $u = f_1(x+ct) + f_2(x-ct)$。■

習題集 12.4

1. 證明 c 爲 (4) 式中兩波的速度。
2. 證明因爲 12.3 節的邊界條件 (2)，在本節 (13) 式中的函數 f 必定爲奇函數並且週期爲 $2L$。
3. 如果鋼線長 2 m 重 0.9 nt (約 0.20 lb)，並且以 300 nt (約 67.4 lb) 的張力將它拉伸，其相對應的橫向波的速度爲何？
4. 在習題 3 中的特徵函數的頻率爲何？

5–8 圖形解

利用 (13) 式，繪製振動弦 (長度 $L = 1$，兩端固定，$c = 1$) 之位移 $u(x,t)$ 的圖形 (類似於 12.3 節中的圖 291)，其初始速度爲零而且初始位移爲 $f(x)$ (k 很小，如 $k = 0.01$)。

5. $f(x) = k\sin \pi x$
6. $f(x) = k(1 - \cos \pi x)$
7. $f(x) = k\sin 2\pi x$
8. $f(x) = kx(1-x)$

9–18 正規形式

找出下列方程式的類型，轉換成正規形式，並求得其解。寫出詳細過程。

9. $u_{xx} + 4u_{yy} = 0$
10. $u_{xx} - 16u_{yy} = 0$
11. $u_{xx} + 2u_{xy} + u_{yy} = 0$
12. $u_{xx} - 2u_{xy} + u_{yy} = 0$
13. $u_{xx} + 5u_{xy} + 4u_{yy} = 0$
14. $xu_{xy} - yu_{yy} = 0$
15. $xu_{xx} - yu_{xy} = 0$
16. $u_{xx} + 2u_{xy} + 10u_{yy} = 0$
17. $u_{xx} - 4u_{xy} + 5u_{yy} = 0$
18. $u_{xx} - 6u_{xy} + 9u_{yy} = 0$

19. 彈性棒或桿的縱向振動

沿著 x 軸方向的振動是以波動方程式 $u_{tt}=c^2u_{xx}$ 、 $c^2=E/\rho$ (見 Tolstov [C9], p.275) 作爲模型。若桿在一端 $x=0$ 固定，而在另一端 $x=L$ 爲自由端，我們有 $u(0,t)=0$ 以及 $u_x(L,t)=0$ 。證明對應於初始位移 $u(x,0)=f(x)$ ，以及初始速度零的運動爲

$$u=\sum_{n=0}^{\infty}A_n\sin p_n x\cos p_n ct,$$

$$A_n=\frac{2}{L}\int_0^L f(x)\sin p_n x\,dx,\quad p_n=\frac{(2n+1)\pi}{2L}$$

20. Tricomi 及 Airy 方程式 [2] 證明 Tricomi 方程式 $yu_{xx}+u_{yy}=0$ 爲混合型。並以分離法由 Tricomi 方程式得到 **Airy 方程式** $G''-yG=0$ (關於解法，參見附錄 1 參考文獻 [GenRef1], p.446)。

12.5 模型化：空間中一物體的熱傳、熱傳方程式 (Modeling: Heat Flow from a Body in Space. Heat Equation)

在波動方程式 (12.2 節) 之後，我們接著要推導並探討下一個「重大」PDE，**熱傳方程式 (heat equation)**，此方程式描述空間中一物體的溫度 u。我們在以下條件下得到此溫度分佈的模型，

物理假設

1. 該物體之材質的比熱 (*specific heat*) σ 和密度 ρ 爲常數，在物體內部不會有熱量產生或消失。
2. 實驗顯示，在一個物體中熱量由高溫流向低溫，而流動的速率正比於溫度的梯度 (參見 9.7 節)；也就是說，物體中熱流的速度 $\mathbf{v}$ 的形式爲

(1) $$\mathbf{v}=-K\ \mathrm{grad}\ u$$

其中 $u(x,y,z,t)$ 爲點 (x,y,z) 在時間 t 的溫度。

3. 熱傳導係數 (thermal conductivity) K 爲常數，對於均質材料且非極端溫度通常如此。

在這些假設下，我們可以如下所述的建立熱傳的模型。

令 T 爲物體中的一個區域，它的邊界面爲 S，外向法線向量爲 $\mathbf{n}$，且適用散度定理 (10.7 節)。那麼

$$\mathbf{v}\bullet\mathbf{n}$$

是 $\mathbf{v}$ 在 $\mathbf{n}$ 方向上的分量。因此在 S 的某一點 P 處，通過一小塊面積爲 ΔA *的* ΔS，每單位時間*流出* T (若在 P 點 $\mathbf{v}\bullet\mathbf{n}>0$) 或*流入* T (若在 P 點 $\mathbf{v}\bullet\mathbf{n}<0$) 的熱量爲 $|\mathbf{v}\bullet\mathbf{n}\,\Delta A|$。因此通過 S 流出 T 的總熱量爲面積分

$$\iint_S \mathbf{v}\bullet\mathbf{n}\,dA$$

留意到，至目前爲止這都類似於 10.8 節例題 1 對流體流動的推導，

[2] SIR GEORGE BIDELL AIRY (1801–1892)，英國數學家，以他在彈性力學上的研究聞名。FRANCESCO TRICOMI (1897–1978)，義大利數學家，他研究的重點是積分方程式和泛函分析。

利用 Gauss 定理 (10.7 節)，我們可以將面積分轉換成對區域 T 的體積分，由於 (1) 式，這樣可得 [使用 9.8 節的 (3) 式]

$$\begin{aligned}\iint_S \mathbf{v} \cdot \mathbf{n}\, dA &= -K \iint_S (\text{grad } u) \cdot \mathbf{n}\, dA = -K \iiint_T \text{div}\,(\text{grad } u)\, dx\, dy\, dz \\ &= -K \iiint_T \nabla^2 u\, dx\, dy\, dz\end{aligned} \tag{2}$$

此處，

$$\nabla^2 u = \frac{\partial^2 u}{\partial x^2} + \frac{\partial^2 u}{\partial y^2} + \frac{\partial^2 u}{\partial z^2}$$

是 u 的 **Laplacian**。

另一方面，T 內的總熱量為

$$H = \iiint_T \sigma\, \rho u\, dx\, dy\, dz$$

其中 σ 和 ρ 如前所述，因此 H 減少的時變率為

$$-\frac{\partial H}{\partial t} = -\iiint_T \sigma\rho \frac{\partial u}{\partial t}\, dx\, dy\, dz$$

而這必須等於離開 T 的熱量，因為熱量不會在此物體內產生，也不會消失。由 (2) 式可得

$$-\iiint_T \sigma\rho \frac{\partial u}{\partial t}\, dx\, dy\, dz = -K \iiint_T \nabla^2 u\, dx\, dy\, dz$$

或 (除以 $-\sigma\rho$)

$$\iiint_T \left(\frac{\partial u}{\partial t} - c^2 \nabla^2 u \right) dx\, dy\, dz = 0 \qquad c^2 = \frac{K}{\sigma\rho}$$

因為在該物體內的任何區域 T 上式都成立，因此被積函數 (若連續的話) 必定處處為零，也就是

$$\frac{\partial u}{\partial t} = c^2 \nabla^2 u \qquad c^2 = K / \rho\sigma \text{。} \tag{3}$$

這就是**熱傳方程式**，可作為熱流動模型的基本 PDE。它表示出空間中一均質物體的溫度 $u(x, y, z, t)$，常數 c^2 稱為熱擴散係數 (*thermal diffusivity*)。K 為熱傳導係數 (*thermal conductivity*)，σ 為比熱，而 ρ 為該物體材質的密度。$\nabla^2 u$ 為 u 的 Laplacian，用卡氏座標 x, y, z,表示為

$$\nabla^2 u = \frac{\partial^2 u}{\partial x^2} + \frac{\partial^2 u}{\partial y^2} + \frac{\partial^2 u}{\partial z^2}$$

熱傳方程式也稱為**擴散方程式 (diffusion equation)**，因為它也是化學物質或氣體擴散過程的模型。

12.6 熱傳方程式：由傅立葉級數求解、穩態的二維熱傳問題、Dirichlet 問題 (Heat Equation: Solution by Fourier Series. Steady Two-Dimensional Heat Problems. Dirichlet Problem)

我們要解 12.5 節推導出來的 (一維) 熱傳方程式，並舉出幾種應用。在本節的後面將會再推展到二維的熱傳方程式。

圖 294　問題中的棒

作爲一個重要的應用，首先考慮在一個截面積固定，且材質均勻的細長棒或線上的溫度，其置放方向則是沿著 x 軸 (圖 294)，且側面完全絕熱，使得熱量只能在 x 方向流動。因此除了時間 t 之外，其溫度 u 僅取決於 x，所以 Laplacian 簡化爲 $u_{xx} = \partial^2 u / \partial x^2$，熱傳方程式變爲**一維熱傳方程式**

(1)
$$\frac{\partial u}{\partial t} = c^2 \frac{\partial^2 u}{\partial x^2}$$

這似乎與波動方程式差別不大，在波動方程式中有 u_{tt} 項而沒有 u_t，不過我們將會看到，這就使 (1) 式的解與波動方程式的解大不相同。

我們要對某些重要類型的邊界條件和初始條件求解 (1) 式。先假設棒的兩端 $x = 0$ 以及 $x = L$ 處的溫度維持爲零，因此有**邊界條件**

(2)
$$u(0, t) = 0, \quad u(L, t) = 0 \qquad \text{對所有的 } t \geq 0$$

又在時間 $t = 0$ 時，棒上的初始溫度爲 $f(x)$，則**初始條件**爲

(3)
$$u(x, 0) = f(x) \qquad [f(x) \text{ 已知}]$$

在此因爲 (2) 式的原故，我們必須有 $f(0) = 0$ 和 $f(L) = 0$。

我們將會求 (1) 式滿足 (2) 和 (3) 式的的解 $u(x, t)$，這只須要一個初始條件就足夠了，而波動方程式須要兩個初始條件。技術上來說，我們的方法對等於 12.3 節中波動方程式的解法：先變數分離，接著應用傅立葉級數。故逐步的比較有其正面意義。

步驟 1：由熱傳方程式 (1) 得到的兩個 ODE　將乘積 $u(x,t) = F(x)G(t)$ 代入 (1) 式得 $F\dot{G} = c^2 F''G$，其中 $\dot{G} = dG/dt$ 且 $F'' = d^2F/dx^2$。

要將變數分離，兩邊除以 $c^2 FG$，得到

(4)
$$\frac{\dot{G}}{c^2 G} = \frac{F''}{F}$$

左側的表示式只與 t 有關，而右側的表示式只與 x 有關，故兩側必等於常數 k (和 12.3 節一樣)。你可以證明，對於 $k=0$ 或 $k>0$，$u=FG$ 滿足 (2) 式的唯一解是 $u\equiv 0$。對於負的 $k=-p^2$ 我們可由 (4) 式得

$$\frac{\dot{G}}{c^2G}=\frac{F''}{F}=-p^2\text{ 。}$$

乘以兩側的分母馬上得到兩個 ODE

(5) $$F''+p^2F=0$$

和

(6) $$\dot{G}+c^2p^2G=0$$

步驟 2：滿足邊界條件 (2) 我們先求解 (5) 式，其通解為

(7) $$F(x)=A\cos px+B\sin px\text{ 。}$$

由邊界條件 (2) 得

$$u(0,t)=F(0)G(t)=0 \quad 及 \quad u(L,t)=F(L)G(t)=0$$

因為 $G\equiv 0$ 會使得 $u\equiv 0$，故需要 $F(0)=0$ 及 $F(L)=0$，且由 (7) 式得到 $F(0)=A=0$，然後 $F(L)=B\sin pL=0$，其中 $B\neq 0$ (以避免 $F\equiv 0$)；因此

$$\sin pL=0, \quad 所以 \quad p=\frac{n\pi}{L}, \quad n=1,2,\cdots$$

令 $B=1$，得到 (5) 式滿足 (2) 式的解：

$$F_n(x)=\sin\frac{n\pi x}{L}, \quad n=1,2,\ \cdots$$

(和 12.3 節一樣，我們不須考慮負的整數 n 值)。

到此為止，與 12.3 節的推導完全相同。接下來就不一樣了，因為 (6) 式與 12.3 節中的 (6) 式不同。我們先求解 (6) 式，對於剛剛所得到的 $p=n\pi/L$，(6) 式成為

$$\dot{G}+\lambda_n^2G=0 \quad 其中 \quad \lambda_n=\frac{cn\pi}{L}$$

它有通解

$$G_n(t)=B_ne^{-\lambda_n^2t}, \qquad n=1,2,\ \cdots$$

其中 B_n 為一常數，因此函數

(8) $$u_n(x,t)=F_n(x)G_n(t)=B_n\sin\frac{n\pi x}{L}e^{-\lambda_n^2t} \qquad (n=1,2,\ \cdots)$$

爲熱傳方程式 (1) 可滿足 (2) 式的解。這些函數爲本問題對應於**特徵值** $\lambda_n = cn\pi / L$ 的**特徵函數**。

步驟 3：求解整個問題、傅立葉級數 目前爲止 (8) 式爲滿足邊界條件 (2) 的解。爲了要得到同時滿足初始條件 (3) 的解，考慮特徵函數的級數

(9) $$u(x,t) = \sum_{n=1}^{\infty} u_n(x,t) = \sum_{n=1}^{\infty} B_n \sin\frac{n\pi x}{L} e^{-\lambda_n^2 t} \qquad \left(\lambda_n = \frac{cn\pi}{L}\right)$$

由此式以及 (3) 式得

$$u(x,0) = \sum_{n=1}^{\infty} B_n \sin\frac{n\pi x}{L} = f(x)$$

因此爲了使 (9) 式滿足 (3) 式，B_n 必須爲傅立葉正弦級數的係數，如同 11.3 節中的 (4) 式所示；因此

(10) $$B_n = \frac{2}{L}\int_0^L f(x)\sin\frac{n\pi x}{L}\,dx \qquad (n = 1, 2, \cdots)$$

假設 $f(x)$ 在區間 $0 \le x \le L$ 中爲片段連續 (見 6.1 節)，並且在該區間的所有內部點都有單邊導數 (見 11.1 節)，則本問題的解已告建立；即在這些假設之下，具有係數 (10) 的級數 (9) 爲本物理問題的解。證明這一點會須要關於均勻收斂的知識，稍後章節的習題中將看到 (在 15.5 節習題集的習題 19、20)。

由於指數因數的關係，在 t 趨近於無限大時，在 (9) 式中的所有項都將趨近於零，其衰減的速率隨著 n 增大而增大。

例題 1 正弦形式的初始溫度

求一根 80 cm 長橫向絕緣的銅棒的溫度 $u(x,t)$，已知初始溫度爲 $100 \sin (\pi x / 80)$ °C，並且端點維持在 0 °C。在棒上的最高溫度要降到 50 °C 需要花多久的時間？先猜猜看，再來計算。*銅的物理數據爲*：密度 8.92 g/cm^3、比熱 0.092 cal/(g °C)、熱傳導係數 0.95 cal/(cm sec °C)。

解

已知初始條件如下

$$u(x,0) = \sum_{n=1}^{\infty} B_n \sin\frac{n\pi x}{80} = f(x) = 100\sin\frac{\pi x}{80}$$

因此，由觀察法或 (9) 式得到 $B_1 = 100$ 、 $B_2 = B_3 = \cdots = 0$ 。在 (9) 式中我們要有 $\lambda_1^2 = c^2\pi^2 / L^2$ ，其中 $c^2 = K/(\sigma\rho) = 0.95/(0.092 \cdot 8.92) = 1.158$ [cm^2/sec]，因此得到

$$\lambda_1^2 = 1.158 \cdot 9.870 / 80^2 = 0.001785\ [\text{sec}^{-1}]$$

解 (9) 式爲

$$u(x,t) = 100\sin\frac{\pi x}{80} e^{-0.001785t}$$

同時，當 $t=(\ln 5)/(-0.001785)=388$ [sec] ≈ 6.5 [min] 時 $100e^{-0.001785t}=50$。你的猜測，或至少就它的數量級來看，是否符合這項結果？ ■

例題 2 **衰減的速度**

再次求解例題 1 中的問題，其中初始溫度改為 $100\sin(3\pi x/80)$ °C，而其他數據不變。

解

在 (9) 式中，現在 $n=3$ 而不是 $n=1$，並且 $\lambda_3^2=3^2\lambda_1^2=9\cdot 0.001785=0.01607$，所以現在的解為

$$u(x,t)=100\sin\frac{3\pi x}{80}e^{-0.01607t}$$

因此最高溫度會在 $t=(\ln 0.5)/(-0.01607)\approx 43$ [sec] 內下降到 50 °C，這個時間快多了 (比例題 1 快了 9 倍；為什麼？)。

如果選擇較大的 n，則會衰減得更快，而且在這些項的和或級數中，每一項都會有自己的衰減速率，而 n 值較大的項，在一段很短的時間後就趨近於 0 了。下一個例題就是屬於這種類型，而在圖 295 中對應於 $t=0.5$ 的曲線看起來就像是正弦曲線；它實質上就是解的首項的圖形。 ■

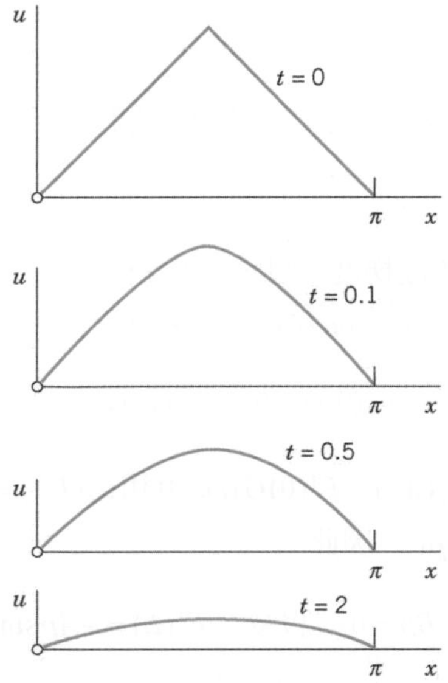

圖 295 例題 3 中溫度隨時間 t 的下降，$L=\pi$ 且 $c=1$

例題 3 **在棒中的「三角形」初始溫度**

對一長度 L，側邊絕緣，並且在其端點保持溫度 0 的長棒，求其溫度。假設初始溫度為

$$f(x)=\begin{cases} x & \text{if } 0<x<L/2, \\ L-x & \text{if } L/2<x<L \end{cases}$$

(圖 295 最上面的部分顯示了這個函數在 $L=\pi$ 的情形)。

解

由 (10) 式可得

$$B_n = \frac{2}{L}\left(\int_0^{L/2} x \sin\frac{n\pi x}{L}\,dx + \int_{L/2}^{L} (L-x)\sin\frac{n\pi x}{L}\,dx \right) \tag{10*}$$

如果 n 爲偶數，則積分得到 $B_n = 0$

$$B_n = \frac{4L}{n^2\pi^2} \quad (n = 1,5,9,\cdots) \quad 和 \quad B_n = -\frac{4L}{n^2\pi^2} \quad (n = 3,7,11,\cdots)$$

(參見 11.3 節中 $k = L/2$ 的例題 4)。因此解爲

$$u(x,t) = \frac{4L}{\pi^2}\left[\sin\frac{\pi x}{L}\exp\left[-\left(\frac{c\pi}{L}\right)^2 t \right] - \frac{1}{9}\sin\frac{3\pi x}{L}\exp\left[-\left(\frac{3c\pi}{L}\right)^2 t \right] + -\cdots \right]。$$

圖 295 顯示了隨著 t 的增加溫度下降，因爲在端點的冷卻導致熱的喪失。

比較圖 295 和 12.3 節中的圖 291，並加以討論。 ■

例題 4　兩端絕緣的棒、特徵值 0

將 (2) 式換成在棒的兩端同時絕緣的條件，找出 (1) 式與 (3) 式解的公式。

解

物理實驗顯示出熱流速率正比於溫度梯度。因此如果在棒的端點 $x = 0$ 及 $x = L$ 處絕緣，就沒有熱流通過端點，所以我們有 grad $u = u_x = \partial u/\partial x$ 以及邊界條件

$$u_x(0,t) = 0, \quad u_x(L,t) = 0 \qquad 對所有的 t \tag{2*}$$

因爲 $u(x,t) = F(x)G(t)$，因此有 $u_x(0,t) = F'(0)G(t) = 0$ 和 $u_x(L,t) = F'(L)G(t) = 0$。將 (7) 式微分，我們有 $F'(x) = -Ap\sin px + Bp\cos px$，因此

$$F'(0) = Bp = 0 \quad 以及 \quad F'(L) = -Ap\sin pL = 0$$

這些條件中的第二項得 $p = p_n = n\pi/L$、$(n = 0,1,2,\cdots)$。由此式以及 (7) 式，其中 $A = 1$ 且 $B = 0$，我們得到 $F_n(x) = \cos(n\pi x/L)$、$(n = 0,1,2,\cdots)$。使用前面的 G_n，這樣就得到特徵函數

$$u_n(x,t) = F_n(x)G_n(t) = A_n\cos\frac{n\pi x}{L}e^{-\lambda_n^2 t} \qquad (n = 0,\ 1,\ \cdots) \tag{11}$$

對應於特徵值 $\lambda_n = cn\pi/L$。後者是與前面相同，不過現在多了一個特徵值 $\lambda_0 = 0$ 和特徵函數 $u_0 =$ 常數，這是當初始溫度 $f(x)$ 爲常數時此問題的解。這顯示出一個值得注意的事實，也就是**分離常數完全可以為零，而零也可以是一個特徵值**。

進一步說，(8) 式得到傅立葉正弦級數，而現在可由 (11) 式得到傅立葉餘弦級數

(12) $$u(x,t)=\sum_{n=0}^{\infty}u_n(x,t)=\sum_{n=0}^{\infty}A_n\cos\frac{n\pi x}{L}e^{-\lambda_n^2 t}\qquad\left(\lambda_n=\frac{cn\pi}{L}\right)$$

它的係數是得自初始條件 (3)

$$u(x,0)=\sum_{n=0}^{\infty}A_n\cos\frac{n\pi x}{L}=f(x)$$

表示成 11.3 節 (2) 式的形式，也就是

(13) $$A_0=\frac{1}{L}\int_0^L f(x)\,dx,\quad A_n=\frac{2}{L}\int_0^L f(x)\cos\frac{n\pi x}{L}\,dx,\quad n=1,2,\ \cdots$$ ■

例題 5 在兩端絕緣的棒上的「三角形」初始溫度

找出在例題 3 中棒上的溫度，假設其端點絕緣 (而非維持溫度 0)。

解

對於三角初始溫度，由 (13) 式可得 $A_0=L/4$ 以及 (見 11.3 節的例題 4，其中 $k=L/2$)

$$A_n=\frac{2}{L}\left[\int_0^{L/2}x\cos\frac{n\pi x}{L}\,dx+\int_{L/2}^{L}(L-x)\cos\frac{n\pi x}{L}\,dx\right]=\frac{2L}{n^2\pi^2}\left(2\cos\frac{n\pi}{2}-\cos n\pi-1\right)$$

因此解 (12) 式爲

$$u(x,t)=\frac{L}{4}-\frac{8L}{\pi^4}\left\{\frac{1}{2^2}\cos\frac{2\pi x}{L}\exp\left[-\left(\frac{2c\pi}{L}\right)^2 t\right]+\frac{1}{6^2}\cos\frac{6\pi x}{L}\exp\left[-\left(\frac{6c\pi}{L}\right)^2 t\right]+\cdots\right\}$$

可以看出各項隨 t 的增大而減小，並且在 $t\to\infty$ 時 $u\to L/4$；這是初始溫度的平均值。因爲沒有熱可逃離這根完全絕緣的棒，所以這是合理的。與之相比，在例題 3 中端點的冷卻造成熱的損失，使得 $u\to 0$，也就是端點的溫度。 ■

12.6.1 穩態的二維熱傳問題、Laplace 方程式

現在要將我們的討論由一維空間擴展到二維，並考慮二維熱傳方程式

$$\frac{\partial u}{\partial t}=c^2\nabla^2 u=c^2\left(\frac{\partial^2 u}{\partial x^2}+\frac{\partial^2 u}{\partial y^2}\right)$$

的**穩態** (**steady**) (也就是與時間無關) 問題。此時 $\partial u/\partial t=0$，則熱傳方程式就化簡到 **Laplace 方程式**

(14) $$\nabla^2 u=\frac{\partial^2 u}{\partial x^2}+\frac{\partial^2 u}{\partial y^2}=0$$

(這已經在 10.8 節出現過，並且會在 12.8－12.11 中進一步討論)。熱傳問題因此包括有，在 xy 平面上某個區域 R 上的這個 PDE，以及在 R 的邊界曲線 C 上的邊界條件。這是一個**邊界值問題 (boundary value problem，BVP)**，可以稱它為：

第一邊界值問題或 Dirichlet 問題，如果在 C 上指定的是 u (**「Dirichlet 邊界條件」**)
第二邊界值問題或 Neumann 問題，如果在 C 上指定的是法線導數 $u_n = \partial u / \partial n$ (**「Neumann 邊界條件」**)
第三邊界值問題、混合邊界值問題或 Robin 問題，如果在部分 C 上指定 u 而在其餘部分指定 u_n (**「混合邊界條件」**)。

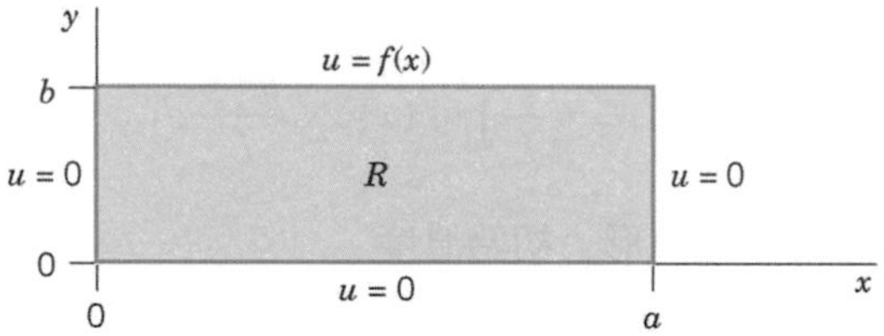

圖 296　矩形 R 及給定的邊界值

在矩形 R 內的 Dirichlet 問題 (圖 296)　我們考慮在一個矩形 R 中 Dirichlet 問題的 Laplace 方程式 (14)，假設溫度 $u(x,y)$ 在其上邊等於一個給定的函數 $f(x)$，並且在矩形的其他三個邊上為 0。

我們以分離變數法求解這個問題。將 $u(x,y) = F(x)G(y)$ 代入到寫為 $u_{xx} = -u_{yy}$ 的 (14) 式中，除以 FG，並使兩側都等於一個負的常數，我們得到

$$\frac{1}{F} \cdot \frac{d^2F}{dx^2} = -\frac{1}{G} \cdot \frac{d^2G}{dy^2} = -k \text{ 。}$$

由此式我們得到

$$\frac{d^2F}{dx^2} + kF = 0$$

而左右兩側的邊界條件指出

$$F(0) = 0 \quad \text{及} \quad F(a) = 0$$

由此得 $k = (n\pi / a)^2$ 而其對應的非零解為

$$F(x) = F_n(x) = \sin\frac{n\pi}{a}x\,, \qquad n = 1, 2, \cdots \tag{15}$$

對於 $k = (n\pi / a)^2$ 則 G 的 ODE 成為

$$\frac{d^2G}{dy^2} - \left(\frac{n\pi}{a}\right)^2 G = 0$$

它的解是

$$G(y) = G_n(y) = A_n e^{n\pi y/a} + B_n e^{-n\pi y/a}$$

現在由 R 的下邊的邊界條件 $u = 0$ 可得到 $G_n(0) = 0$；也就是 $G_n(0) = A_n + B_n = 0$ 或 $B_n = -A_n$。如此可得

$$G_n(y) = A_n(e^{n\pi y/a} - e^{-n\pi y/a}) = 2A_n \sinh\frac{n\pi y}{a}\text{。}$$

由此式及 (15) 式，令 $2A_n = A_n^*$，我們得到問題的**特徵函數**

(16)
$$u_n(x,y) = F_n(x)G_n(y) = A_n^* \sin\frac{n\pi x}{a}\sinh\frac{n\pi y}{a}\text{。}$$

這些解滿足了在左、右以及下方的邊上的邊界條件 $u = 0$。

為了得到同時滿足在上方的邊的邊界條件 $u(x, b) = f(x)$ 的解，我們考慮無窮級數

$$u(x,y) = \sum_{n=1}^{\infty} u_n(x,y)\text{。}$$

由此式以及 $y = b$ 的 (16) 式，我們得到

$$u(x,b) = f(x) = \sum A_n^* \sin\frac{n\pi x}{a}\sinh\frac{n\pi b}{a}$$

我們可將它寫成

$$u(x,b) = \sum_{n=1}^{\infty}\left(A_n^* \sinh\frac{n\pi b}{a}\right)\sin\frac{n\pi x}{a}$$

這顯示了在括號內的表示式必須是 $f(x)$ 的傅立葉係數 b_n；也就是，由 11.3 節中的 (4) 式，

$$b_n = A_n^* \sinh\frac{n\pi b}{a} = \frac{2}{a}\int_0^a f(x)\sin\frac{n\pi x}{a}\,dx$$

由此式及 (16) 式我們可以看出問題的解是

(17)
$$u(x,y) = \sum_{n=1}^{\infty} u_n(x,y) = \sum_{n=1}^{\infty} A_n^* \sin\frac{n\pi x}{a}\sinh\frac{n\pi y}{a}$$

其中

(18)
$$A_n^* = \frac{2}{a\sinh(n\pi b/a)}\int_0^a f(x)\sin\frac{n\pi x}{a}\,dx$$

我們已經形式上的得到這個解，但沒有考慮收斂性或證明 u、u_{xx} 和 u_{yy} 的級數有正確的和。這是可以證明的，只要我們假設在區間 $0 \le x \le a$ 上 f 與 f' 為連續的且 f'' 為片段連續的。這個證明相當複雜且要用到均勻收斂性，它可以在列於附錄 1 中的參考文獻 [C4] 中找到。

12.6.2 方法的統合力：靜電、彈性

Lapalce 方程式 (14) 也規範了電荷在它本身以外區域所造成的靜電位。因此我們的穩態熱傳問題也可以用來表示一個靜電位問題。那麼 (17) 和 (18) 式就代表矩形 R 中的電位，在 R 的上邊電位為 $f(x)$ 而其他的三邊為接地。

實際上，在穩態情況下，二維波動方程式 (在 12.8 及 12.9 節中考慮) 可以化簡成 (14) 式。那麼 (17) 及 (18) 式就代表矩形彈性膜 (橡膠膜、鼓膜) 的位移量，此一矩形膜三個邊固定在 xy 平面上而第四邊則有位移量 $f(x)$。

這是另一個關於**數學統合力**的令人印象深刻的展示，它說明了**完全不同的物理系統可能會有相同的數學模型**，並且因此可以用相同的數學方法來處理。

習題集 12.6

1. **衰減** 在固定的 n 值，(8) 式的衰減率與材料的比熱、密度及熱傳導係數的關係為何？
2. **衰減** 如果棒的第一個特徵函數 (8) 在 20 秒內減小到它原來值的一半，其擴散係數的值為何？
3. **特徵函數** 畫出並且比較 (8) 式的前 3 個特徵函數，使用 $B_n = 1$、$c = 1$ 且 $L = \pi$，針對時間 $t = 0, 0.1, 0.2, \cdots, 1.0$。
4. **專題寫作 波動與熱傳方程式** 就特徵函數的一般行為及邊界和初始條件的類型，來比較兩個 PDE。說明 12.3 節的圖 291 和圖 295 的差異。

5–7 橫向絕緣的棒

求一根銀棒上的溫度 $u(x, t)$，棒長 10 cm、截面積為常數 1 cm^2 [密度 10.6 g/cm^3、熱傳導係數 1.04 cal/(cm sec°C)、比熱 0.056 cal/(g°C)]，棒的側邊向完全絕緣而兩端點溫度維持在 0°C，且初始溫度為 $f(x)$°C，其中

5. $f(x) = \sin 0.1\pi x$
6. $f(x) = 4 - 0.8|x - 5|$
7. $f(x) = x(10 - x)$
8. **在端點為任意溫度** 如果在課文中的棒的端點 $x = 0$ 及 $x = L$ 分別維持在固定溫度 U_1 以及 U_2，在一段長時間之後 (理論上來說，如 $t \to \infty$) 棒上的溫度 $u_1(x)$ 為何？先猜猜看，再來計算。
9. 在習題 8 中求任何時間點的溫度。
10. **改變端點的溫度** 假設在習題 5–7 中，將棒子的兩個端點維持在 100°C 一段長時間。接著在某個瞬間，稱它為 $t = 0$，在 $x = L$ 處的溫度被突然改變為 0°C 並保持在 0°C，而在 $x = 0$ 處的溫度則被維持 100°C 不變。求在 $t = 1, 2, 3, 10, 50$ 秒時棒子中間的溫度。

在絕熱條件下的棒

「絕熱」指的是與相鄰區域之間沒有熱交換，因為棒是完全絕緣的，在端點也是一樣。物理資訊：在端點上的熱通量與該處的 $\partial u/\partial x$ 成正比。

11. 證明對於完全絕緣的棒，$u_x(0,t) = 0$、$u_x(L,t) = 0$、$u(x,t) = f(x)$ 且由分離變數法可得下面的解，其 A_n 來自 11.3 節的 (2) 式。

$$u(x,t) = A_0 + \sum_{n=1}^{\infty} A_n \cos\frac{n\pi x}{L} e^{-(cn\pi/L)^2 t}$$

12–15 求習題 11 中的溫度，如果其中 $L = \pi$、$c = 1$ 且

12. $f(x) = x$
13. $f(x) = 1$
14. $f(x) = \cos 2x$
15. $f(x) = 1 - x/\pi$
16. **一根以固定速率** $H\ (>0)$ 產生熱的棒子，其模型為 $u_t = c^2 u_{xx} + H$。若 $L = \pi$ 且棒的兩端點維持在 0°C，求解此問題。提示：設 $u = \upsilon - Hx(x - \pi)/(2c^2)$。

17. 熱通量 解 $u(x,t)$ 通過 $x = 0$ 的熱通量 (*heat flux*) 定義爲 $\phi(t) = -Ku_x(0,t)$。找出對於解 (9) 的 $\phi(t)$，解釋此名稱。當 $t \to \infty$ 時，ϕ 趨近於 0 的現象是否有物理上的原因？

18–25 二維問題

18. Laplace 方程式 求矩形區域 $0 \le x \le 20$、$0 \le y \le 40$ 中的電位，其上邊被保持在電位 110V，且其它的邊均接地。

19. 求方形 $0 \le x \le 2$,、$0 \le y \le 2$ 中的電位，其上邊保持在電位 $1000 \sin \frac{1}{2}\pi x$，且其它各邊爲接地。

20. CAS 專題 等溫線 求圖 297 之方形平板中的穩態解 (溫度)，其中 $a = 2$ 滿足下列邊界條件，畫出等溫線。

(a) 在上面的邊上爲 $u = 80 \sin \pi x$，其它邊爲 0。

(b) 在垂直的邊上爲 $u = 0$，假設其它的邊爲完全絕緣。

(c) 你自己選擇的邊界條件 (要使得解並不全等於零)。

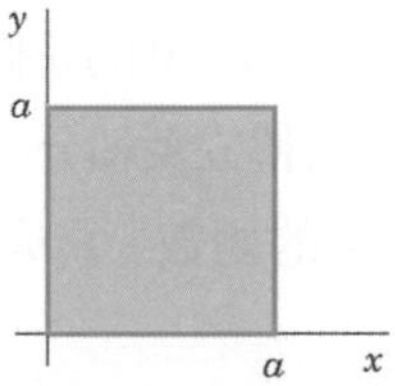

圖 297 方形板

21. 平板上的熱流 圖 297 中邊長 $a = 24$ 的薄方形平板的面是完全絕緣的。上面的邊保持在溫度 25°C，而其他的邊則被保持在 0°C。求平板中的穩態溫度 $u(x, y)$。

22. 求習題 21 之平板的穩態溫度，若下邊線的溫度維持在 U_0 °C 而上邊線維持在 U_1 °C，另外兩邊維持在 0°C。*提示：*分解爲兩個問題，在每個問題中均有三個邊上的溫度爲 0。

23. 混合邊界值問題 求習題 21 中，平板上的穩態溫度分佈，其上、下兩邊爲完全絕緣，左側維持溫度 0°C，右側邊界溫度爲 $f(y)$ °C。

24. 輻射 求圖 296 之矩形中的穩態溫度分佈，其中上邊界和左邊界爲完全絕緣的，而右側的邊則根據 $u_x(a, y) + hu(a, y) = 0$、$h > 0$ 爲常數，輻射到一個 0°C 的介質中 (因爲在下邊界沒有給定條件，因此你會得到許多解)。

25. 找出對於課文中的矩形 R 中的溫度分佈，類似於 (17) 和 (18) 式的公式，當 R 的下邊界保持在溫度 $f(x)$ 而在其他的邊保持在 0°C。

12.7 熱傳方程式：極長棒之模型、用傅立葉積分與轉換求解 (Heat Equation: Modeling Very Long Bars. Solution by Fourier Integrals and Transforms)

我們在上一節中對熱傳方程式

(1)
$$\frac{\partial u}{\partial t} = c^2 \frac{\partial^2 u}{\partial x^2}$$

的討論要擴展到無限長的棒上，這是對於非常長的棒或線而言相當好的模型 (比如 300 呎長的纜線)。那麼在求解過程中，傅立葉級數的角色應該以**傅立葉積分** (11.7 節) 取代。

我們用一個在其兩側都擴展到無限長 (並且和前面一樣為橫向絕緣) 的棒的求解過程，來說明這個方法。那麼我們就沒有邊界條件，而只有**初始條件**

(2) $$u(x,0)=f(x) \qquad (-\infty<x<\infty)$$

其中 $f(x)$ 是已知的棒的初始溫度。

為了求解這個問題，我們如同前一節那樣開始，先將 $u(x,t)=F(x)G(t)$ 代入到 (1) 式中，這樣會得到兩個 ODE

(3) $$F''+p^2F=0$$ [見 12.6 節的 (5) 式]

和

(4) $$\dot{G}+c^2p^2G=0$$ [見 12.6 節的 (6) 式]

它們的解分別為

$$F(x)=A\cos px+B\sin px \quad 和 \quad G(t)=e^{-c^2p^2t}$$

其中 A 與 B 是任意常數，因此 (1) 式的一個解為

(5) $$u(x,t;p)=FG=(A\cos px+B\sin px)e^{-c^2p^2t}$$

此處我們必須選取一個負的分離常數，$k=-p^2$，因為正的 k 值會使得 (5) 式中的指數函數為遞增，而這是沒有物理意義的。

12.7.1 使用傅立葉積分

以一般的方式取 p 為某固定數的倍數，所得的函數 (5) 的任何級數，在 $t=0$ 的時候都會得到 x 的週期函數。但既然沒有假設 (2) 中的 $f(x)$ 是週期性的，所以自然要用**傅立葉積分**而不用傅立葉級數。同時，(5) 式中的 A 與 B 為任意值，並且我們可以將它們視為 p 的函數，寫成 $A=A(p)$ 以及 $B=B(P)$。現在，由於熱傳方程式 (1) 為線性且齊次，因此函數

(6) $$u(x,t)=\int_0^\infty u(x,t;p)\,dp=\int_0^\infty [A(p)\cos px+B(p)\sin px]e^{-c^2p^2t}\,dp$$

是 (1) 式的解，前提為此一積分存在，並且可以對 x 微分兩次以及對 t 微分一次。

由初始條件決定 $A(p)$ 和 $B(p)$ 由 (6) 式及 (2) 式我們得到

(7) $$u(x,0)=\int_0^\infty [A(p)\cos px+B(p)\sin px]\,dp=f(x)$$

這使得 $A(p)$ 和 $B(p)$ 可以用 $f(x)$ 來表示；由 11.7 節的 (4) 式我們有

(8) $$A(p)=\frac{1}{\pi}\int_{-\infty}^{\infty} f(v)\cos pv\,dv、\quad B(p)=\frac{1}{\pi}\int_{-\infty}^{\infty} f(v)\sin pv\,dv。$$

根據 11.9 節的 (1*) 式，帶有這些 $A(p)$ 和 $B(p)$ 的傅立葉積分 (7) 可以寫成

$$u(x,0)=\frac{1}{\pi}\int_0^\infty\left[\int_{-\infty}^\infty f(v)\cos(px-pv)\,dv\right]dp$$

同理，本節的 (6) 式成為

$$u(x,t)=\frac{1}{\pi}\int_0^\infty\left[\int_{-\infty}^\infty f(v)\cos(px-pv)e^{-c^2p^2t}\,dv\right]dp$$

假設我們可以交換積分的順序，我們得到

(9)
$$u(x,t)=\frac{1}{\pi}\int_{-\infty}^\infty f(v)\left[\int_0^\infty e^{-c^2p^2t}\cos(px-pv)\,dp\right]dv$$

接著我們可以使用下述公式來計算內側的積分值

(10)
$$\int_0^\infty e^{-s^2}\cos 2bs\,ds=\frac{\sqrt{\pi}}{2}e^{-b^2}$$

[(10) 式的推導在習題集 16.4 的 (小組專題 24)]。它會有我們的內部積分的形式，如果我們選擇 $p=s/(c\sqrt{t})$ 作為新的積分變數，並且設

$$b=\frac{x-v}{2c\sqrt{t}}$$

則 $2bs=(x-v)p$ 且 $ds=c\sqrt{t}\,dp$，所以 (10) 式成為

$$\int_0^\infty e^{-c^2p^2t}\cos(px-pv)\,dp=\frac{\sqrt{\pi}}{2c\sqrt{t}}\exp\left\{-\frac{(x-v)^2}{4c^2t}\right\}$$

將此結果代入到 (9) 式中，我們得到表示式

(11)
$$u(x,t)=\frac{1}{2c\sqrt{\pi t}}\int_{-\infty}^\infty f(v)\exp\left\{-\frac{(x-v)^2}{4c^2t}\right\}dv$$

取 $z=(v-x)/(2c\sqrt{t})$ 作為積分變數，我們得到另一個形式

(12)
$$u(x,t)=\frac{1}{\sqrt{\pi}}\int_{-\infty}^\infty f(x+2cz\sqrt{t})e^{-z^2}\,dz$$

如果 $f(x)$ 對於 x 的所有值都是有界的，並且在每一個有限區間中都是可積的，則可以證明 (見參考文獻 [C10]) 函數 (11) 或 (12) 滿足 (1) 和 (2)。因此這個函數是目前情況下所須要的解。

例題 1　無限長棒中的溫度

求無限長棒中的溫度分佈，已知初始溫度為 (圖298)

$$f(x)=\begin{cases} U_0=\text{const} & \text{if} \quad |x|<1, \\ 0 & \text{if} \quad |x|>1. \end{cases}$$

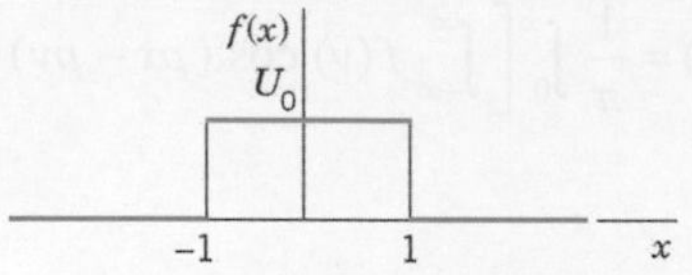

圖 298　例題 1 中的初始溫度

解

由 (11) 式可得

$$u(x,t)=\frac{U_0}{2c\sqrt{\pi t}}\int_{-1}^{1}\exp\left\{-\frac{(x-v)^2}{4c^2t}\right\}\ dv$$

如果我們引入上述的積分變數 z，那麼由−1 到 1 對 v 積分，就相當於由 $(-1-x)/(2c\sqrt{t})$ 到 $(1-x)/(2c\sqrt{t})$ 對 z 積分，故知

$$u(x,t)=\frac{U_0}{\sqrt{\pi}}\int_{-(1+x)/(2c\sqrt{t})}^{(1-x)/(2c\sqrt{t})} e^{-z^2}\ dz \qquad (t>0) \tag{13}$$

這個積分並不是基本函數，但是可以用誤差函數 (error function) 來表示，其值都已經製作成表 (在附錄 5 中的表 A4 包含了一些值；較完整的表則被列在附錄 1 的參考文獻 [GenRef1] 中。另見本節習題中的 CAS 專題 1)。圖 299 顯示了數個不同 t 值時的 $u(x,t)$，其中 $U_0=100$ °C、$c^2=1\ \text{cm}^2/\text{sec}$。■

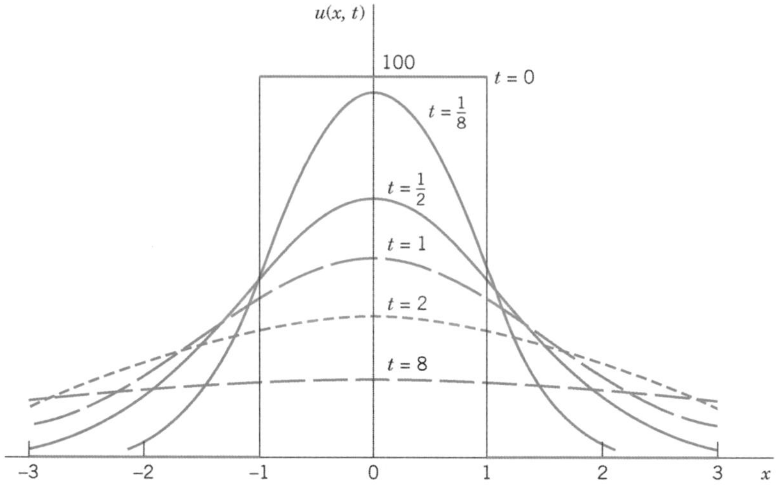

圖 299　例題 1 的解 $u(x,t)$，其中 $U_0=100$°C、$c^2=1\ \text{cm}^2/\text{sec}$，以及數個不同 t 值

12.7.2　傅立葉轉換的應用

傅立葉轉換和傅立葉積分是密切相關的，由傅立葉積分我們得到 11.9 節中的轉換。並且在 11.8 節中的傅立葉餘弦和正弦轉換則是更加簡單 (或許你要複習一下這些內容，再繼續往下讀)。因此，我們可以用這些轉換來求解我們目前或是相似的問題，應該不會使你感到驚訝。傅立葉轉換應用於

涵蓋整個軸的問題，而傅立葉餘弦和正弦轉換，則是用於僅涉及正半軸的問題。讓我們以適合目前討論的典型應用來解釋這些轉換方法。

例題 2 例題 1 中無限長棒的溫度

用傅立葉轉換求解例題 1。

解

這個問題包括了熱傳方程式 (1) 以及初始條件 (2)，在這例題中為

$$f(x)=U_0=\text{常數} \quad \text{當} \ |x|<1 \quad \text{其它狀況下為 } 0$$

我們的策略是對 x 取傅立葉轉換，接著求解 t 的常微分方程式，詳如下述。

令 $\hat{u}=\mathscr{F}(u)$ 代表 u 的轉換，在此將 u **視為 x 的函數**。由 11.9 節的 (10) 式，我們可以看出熱傳方程式 (1) 成為

$$\mathscr{F}(u_t)=c^2\mathscr{F}(u_{xx})=c^2(-w^2)\mathscr{F}(u)=-c^2w^2\hat{u}$$

對左側而言，假設可以交換微分以及積分的順序，我們有

$$\mathscr{F}(u_t)=\frac{1}{\sqrt{2\pi}}\int_{-\infty}^{\infty}u_t e^{-iwx}\,dx=\frac{1}{\sqrt{2\pi}}\frac{\partial}{\partial t}\int_{-\infty}^{\infty}ue^{-iwx}\,dx=\frac{\partial\hat{u}}{\partial t}$$

因此

$$\frac{\partial\hat{u}}{\partial t}=-c^2w^2\hat{u}$$

因為這個方程式只包含對 t 的導數而沒有對 w 的導數，所以這是一個以 t 為自變數，而 w 為參數的一階常微分方程式。經由分離變數 (1.3 節)，我們得到其通解

$$\hat{u}(w,t)=C(w)e^{-c^2w^2t}$$

其中 $C(w)$ 為取決於參數 w 的任意「常數」，由初始條件 (2) 得到關係式 $\hat{u}(w,0)=C(w)=\hat{f}(w)=\mathscr{F}(f)$。我們的中間結果是

$$\hat{u}(w,t)=\hat{f}(w)e^{-c^2w^2t}$$

由 11.9 節中的逆轉換公式 (7)，現在得到的解是

$$u(x,t)=\frac{1}{\sqrt{2\pi}}\int_{-\infty}^{\infty}\hat{f}(w)e^{-c^2w^2t}e^{iwx}\,dw \tag{14}$$

在這個解中我們可以插入傅立葉轉換

$$\hat{f}(w)=\frac{1}{\sqrt{2\pi}}\int_{-\infty}^{\infty}f(v)e^{ivw}\,dv$$

假設可以交換積分的順序，我們接著可以得到

$$u(x,t)=\frac{1}{2\pi}\int_{-\infty}^{\infty}f(v)\left[\int_{-\infty}^{\infty}e^{-c^2w^2t}e^{i(wx-wv)}\,dw\right]dv$$

經由 11.9 節的 Euler 公式 (3)，內側積分的被積函數等於

$$e^{-c^2w^2t}\cos(wx-wv)+ie^{-c^2w^2t}\sin(wx-wv)$$

我們看到它的虛部為 w 的奇函數，所以它的積分為 0 (更精確的說，這是積分的主要部分；見 16.4 節)。實部則是 w 的偶函數，所以它從 $-\infty$ 到∞的積分是從 0 到∞的積分的兩倍：

$$u(x,t)=\frac{1}{\pi}\int_{-\infty}^{\infty}f(v)\left[\int_{0}^{\infty}e^{-c^2w^2t}\cos(wx-wv)\,dw\right]dv$$

這與 (9) 式相符合 (其中 $p=w$)，並且可以得到更進一步的公式 (11) 和 (13)。■

例題 3 以摺積法求解例題 1

以摺積法求解例題 1 中的熱傳問題。

解

一開始和例題 2 相同並且得到 (14) 式，也就是

(15) $$u(x,t)=\frac{1}{\sqrt{2\pi}}\int_{-\infty}^{\infty}\hat{f}(w)e^{-c^2w^2t}e^{iwx}\,dw\text{ 。}$$

現在這裡有個關鍵的觀念，我們知道這是屬於 11.9 節 (13) 式的形式，也就是

(16) $$u(x,t)=(f*g)(x)=\int_{-\infty}^{\infty}\hat{f}(w)\hat{g}(w)e^{iwx}\,dw$$

其中

(17) $$\hat{g}(w)=\frac{1}{\sqrt{2\pi}}e^{-c^2w^2t}$$

因為由摺積的定義 [11.9 節的 (11) 式]

(18) $$(f*g)(x)=\int_{-\infty}^{\infty}f(p)g(x-p)\,dp$$

作為我們的下一步以及最後一步，我們必須決定 $\hat{g}$ 的逆傅立葉轉換 g。在此我們可以使用 11.10 節表 III 的公式 9

$$\mathscr{F}(e^{-ax^2})=\frac{1}{\sqrt{2a}}e^{-w^2/(4a)}$$

其中 a 為適當值。使用 $c^2t=1/(4a)$ 或 $a=1/(4c^2t)$，利用 (17) 式可得

$$\mathscr{F}(e^{-x^2/(4c^2t)})=\sqrt{2c^2t}\,e^{-c^2w^2t}=\sqrt{2c^2t}\sqrt{2\pi}\,\hat{g}(w)$$

因此 $\hat{g}$ 的逆轉換爲

$$\frac{1}{\sqrt{2c^2t}\sqrt{2\pi}}e^{-x^2/(4c^2t)}$$

用 $x-p$ 取代 x，再代入 (18) 式中我們最後得到

$$u(x,t)=(f*g)(x)=\frac{1}{2c\sqrt{\pi t}}\int_{-\infty}^{\infty}f(p)\exp\left\{-\frac{(x-p)^2}{4c^2t}\right\}dp \tag{19}$$

這個解的公式和 (11) 式相符合。我們寫成 $(f*g)(x)$，沒有寫出參數 t，是因爲我們沒有對它做積分。 ■

例題 4 應用到熱傳方程式的傅立葉正弦轉換

如果側面絕緣的棒是由 $x=0$ 延伸到無限遠，我們可以使用傅立葉正弦轉換。我們令初始溫度爲 $u(x,0)=f(x)$ 並加入邊界條件 $u(0,t)=0$，那麼由熱傳方程式以及 11.8 節的 (9b)，因爲 $f(0)=u(0,0)=0$，我們得到

$$\mathscr{F}_s(u_t)=\frac{\partial\hat{u}_s}{\partial t}=c^2\mathscr{F}_s(u_{xx})=-c^2w^2\mathscr{F}_s(u)=-c^2w^2\hat{u}_s(w,t)$$

這是一階 ODE $\partial\hat{u}_s/\partial t+c^2w^2\hat{u}_s=0$，它的解是

$$\hat{u}_s(w,t)=C(w)e^{-c^2w^2t}$$

由初始條件 $u(x,0)=f(x)$ 我們有 $\hat{u}_s(w,0)=\hat{f}_s(w)=C(w)$，因此

$$\hat{u}_s(w,t)=\hat{f}_s(w)e^{-c^2w^2t}$$

取逆傅立葉正弦轉換，並且將

$$\hat{f}_s(w)=\sqrt{\frac{2}{\pi}}\int_0^{\infty}f(p)\sin wp\,dp$$

代入到右側，我們得到解的公式爲

$$u(x,t)=\frac{2}{\pi}\int_0^{\infty}\int_0^{\infty}f(p)\sin wp\,e^{-c^2w^2t}\sin wx\,dp\,dw \tag{20}$$

圖 300 顯示了 (20) 式，其中 $c=1$ 且在 $0\le x\le 1$ 時 $f(x)=1$，其它狀況爲 0，此圖畫在 xt 平面上的 $0\le x\le 2$ 、 $0.01\le t\le 1.5$。注意到對於固定 t 值時 $u(x,t)$ 的曲線相似於在圖 299 中的。 ■

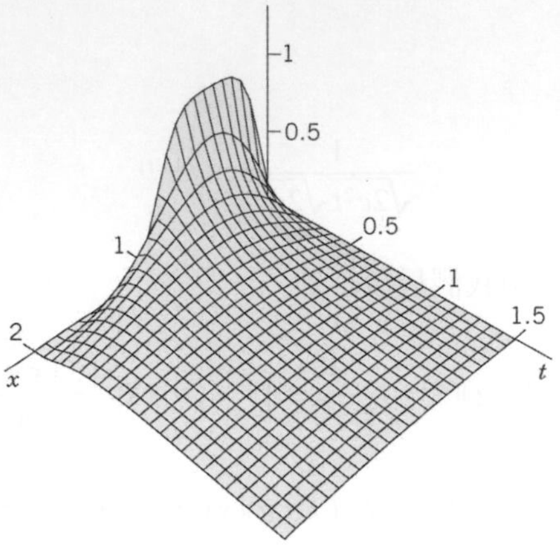

圖 300　例題 4 中的解 (20)

習題集　12.7

1. **CAS 專題　熱流**
 (a) 畫出基本的圖 299。
 (b) 在 (a) 中加入動畫效果，以「看」出由溫度下降所表現的熱流動。
 (c) 將 $u(x,t)$ 畫成矩形區域 $-a<x<a$、$0<y<b$ 上方的曲面，使用 $c=1$。

2–8　積分形式的解

使用 (6) 式，求 (1) 式積分形式的解，並滿足初始條件 $u(x,0)=f(x)$，其中

2. $f(x)=1$ 若 $|x|<a$，其它情況為 0。
3. $f(x)=1/(1+x^2)$。提示：用 11.7 節中的 (15) 式。
4. $f(x)=e^{-|x|}$
5. $f(x)=|x|$ 若 $|x|<1$，其它情況為 0。
6. $f(x)=x$ 若 $|x|<1$，其它情況為 0。
7. $f(x)=(\sin x)/x$。提示：用 11.7 節的習題 4。
8. 驗證在習題 7 中的 u 滿足初始條件。

9–12　CAS 專題　誤差函數

(21) $$\operatorname{erf} x=\frac{2}{\sqrt{\pi}}\int_0^x e^{-w^2}\,dw$$

這個函數在應用數學和物理學 (機率理論和統計學、熱力學等) 中相當重要，並且符合我們目前的討論。將它視為一個用積分定義的特殊函數，且無法以初等微積分求積分結果的典型例子，進行以下各題。

9. 請畫出**鐘形曲線** [(21) 式中被積函數的曲線]。證明 erf x 為奇函數。並證明

$$\int_a^b e^{-w^2}\,dw=\frac{\sqrt{\pi}}{2}(\operatorname{erf} b-\operatorname{erf} a)$$

$$\int_{-b}^b e^{-w^2}\,dw=\sqrt{\pi}\operatorname{erf} b$$

10. 由被積函數的 Maclaurin 級數得出 erf x 的 Maclaurin 級數。使用這個級數來計算 $x=0(0.01)3$ 的 erf x 的表 (也就是 $x=0$, 0.01, 0.02, $\cdots$, 3)。
11. 在你的 CAS 中用一個積分指令以得到習題 10 所要的值。比較兩者的精確性。
12. 我們可以證明 $\operatorname{erf}(\infty)=1$。用一個很大的 x 計算 erf x 的值，以實驗性的確認這項結論。
13. 令 $f(x)=1$ 當 $x>0$，等於 0 當 $x<0$。使用 $\operatorname{erf}(\infty)=1$，證明 (12) 式接著得出

$$u(x,t)=\frac{1}{\sqrt{\pi}}\int_{-x/(2c\sqrt{t})}^{\infty} e^{-z^2}\,dz$$

$$=\frac{1}{2}-\frac{1}{2}\operatorname{erf}\left(-\frac{x}{2c\sqrt{t}}\right)\quad (t>0)$$

14. 以誤差函數來表示 (13) 式的溫度。

15. 證明 $\Phi(x)=\frac{1}{\sqrt{2\pi}}\int_{-\infty}^{x}e^{-s^2/2}\,ds$

$$=\frac{1}{2}+\frac{1}{2}\operatorname{erf}\left(\frac{x}{\sqrt{2}}\right)$$

此處的積分是將在 24.8 節中討論的「常態分配的分配函數」。

12.8 模型化：薄膜、二維波動方程式 (Modeling: Membrane, Two-Dimensional Wave Equation)

此處的模型化工作類似於 12.2 節，你或許要再看一下 12.2 節。

在 12.2 節中的振動弦是基本的一維振動問題。和它同樣重要的則是它在二維的類比，也就是一塊沿著邊緣綳緊固定的薄膜的振動問題，例如鼓膜。確實，這個模型的建立過程與 12.2 節幾乎一樣。

物理假設

1. 薄膜的單位面積質量爲常數 (「均質薄膜」)。該薄膜是完全可撓的，而且對彎曲不產生阻力。
2. 薄膜是經過拉緊後，沿著 xy 平面上整個邊界固定。拉緊後所造成的的單位長度張力 T，在各點的各方向上都相等，且在運動中不會改變。
3. 在運動中薄膜的偏移 $u(x, y, t)$ 較薄膜的大小而言要小很多，並且所有的傾斜角也很小。

雖然這些假設並不完全眞實，但對於彈性薄膜的小幅橫向振動 (例如鼓膜) 而言，仍然相當準確，因此我們可推導其數學模型。

由力推導模型的 PDE (「二維波動方程式」)　和 12.2 節一樣，此模型會包括一個 PDE 以及額外的條件。得到 PDE 的方法和 12.2 節中的一樣，也就是針對眞實系統的一小部分 (圖 301 中的薄膜)，考慮其上下運動時所受的力。

由於薄膜的偏移以及傾斜角都很小，這一小部分的邊長約略等於 Δx 及 Δy。張力 T 爲單位長度的力，因此作用於每邊的力約爲 $T\Delta x$ 及 $T\Delta y$。由於薄膜是完全可撓的，所以在任何一個瞬間這些力都與運動中的薄膜相切。

力之水平分量　首先考慮力的水平分量，這些分量是將力乘以傾斜角的餘弦而得。因爲角度很小，所以它們的餘弦值接近於 1。因此在相對兩側，力的水平分量大致相等，所以薄膜上的質點在水平方向的運動小到可忽略不計。由此我們可以得到結論，即薄膜的運動可以視爲是橫向的；也就是，每一個質點都是在垂直方向上運動。

力之垂直分量　沿著左側以及右側的邊上的這些分量 (圖 301) 分別爲

$$T\Delta y\sin\beta \quad \text{及} \quad -T\Delta y\sin\alpha$$

此處 α 和 β 是各邊中央的傾斜角的值 (沿著邊上會有些許的變異)，而出現負號是因爲左邊的力是往下的。因爲傾斜角很小，所以我們可以用正切代替正弦，因此兩個垂直分量的合力爲

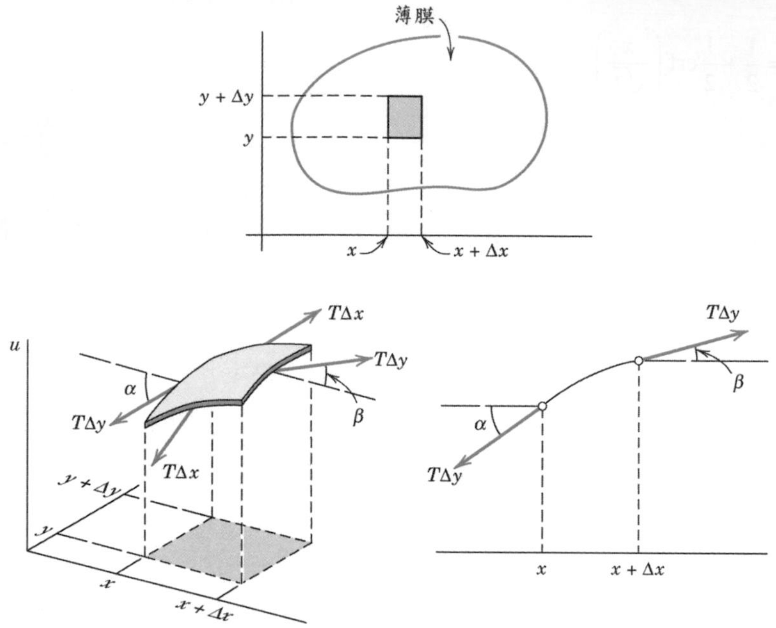

圖 301　振動薄膜

(1)
$$\begin{aligned} T\Delta y(\sin\beta-\sin\alpha) &\approx T\Delta y(\tan\beta-\tan\alpha) \\ &= T\Delta y[u_x(x+\Delta x, y_1)-u_x(x, y_2)] \end{aligned}$$

其中下標 x 表示偏導數，並且 y_1 和 y_2 爲介於 y 到 $y+\Delta y$ 間的值。同理，作用於其他兩邊的垂直分量之合力爲

(2)
$$T\Delta x[u_y(x_1, y+\Delta y)-u_y(x_2, y)]$$

其中 x_1 和 x_2 爲介於 x 到 $x+\Delta x$ 之間的值。

由牛頓第二定律得到模型的 PDE　依據牛頓第二定律 (見 2.4 節)，由 (1) 及 (2) 式兩力的總合，等於此一小塊的質量 $\rho\Delta A$ 乘以加速度 $\partial^2u/\partial t^2$；此處 ρ 爲薄膜未偏移前單位面積的質量，並且 $\Delta A=\Delta x\Delta y$ 爲該部分在沒有偏移前的面積。因此

$$\begin{aligned} \rho\,\Delta x\,\Delta y\frac{\partial^2u}{\partial t^2} &= T\Delta y[u_x(x+\Delta x, y_1)-u_x(x, y_2)] \\ &\quad + T\Delta x[u_y(x_1, y+\Delta y)-u_y(x_2, y)] \end{aligned}$$

其中左側的導數是在代表該小塊區域的某適當點 $(\tilde{x}, \tilde{y})$ 的值，兩邊同除以 $\rho\Delta x\Delta y$ 後得到

$$\frac{\partial^2u}{\partial t^2}=\frac{T}{\rho}\left[\frac{u_x(x+\Delta x, y_1)-u_x(x, y_2)}{\Delta x}+\frac{u_y(x_1, y+\Delta y)-u_y(x_2, y)}{\Delta y}\right]$$

令 Δx 和 Δy 趨近於零，可以得到此模型的 PDE

(3) $$\frac{\partial^2 u}{\partial t^2} = c^2\left(\frac{\partial^2 u}{\partial x^2} + \frac{\partial^2 u}{\partial y^2}\right) \qquad c^2 = \frac{T}{\rho}$$

這個偏微分方程式稱為**二維波動方程式**。在括號內的表示式為 u 的 Laplacian $\Delta^2 u$ (10.8 節)，因此 (3) 式亦可表示成

(3') $$\frac{\partial^2 u}{\partial t^2} = c^2 \Delta^2 u$$

在下一節中將會討論波動方程式 (3) 的解。

12.9 矩形薄膜、雙重傅立葉積分 (Rectangular Membrane. Double Fourier Series)

現在我們要求解 12.8 節所得到的 PDE，詳如下述。

對於振動中薄膜上的一個點 (x, y) 在時間 t 時，它距靜止位置 $u = 0$ 的位移量 $u(x, y, t)$ 的模型為

(1) $$\frac{\partial^2 u}{\partial t^2} = c^2\left(\frac{\partial^2 u}{\partial x^2} + \frac{\partial^2 u}{\partial y^2}\right)$$

(2) $$u = 0 \text{ 在邊界上}$$

(3a) $$u(x, y, 0) = f(x, y)$$

(3b) $$u_t(x, y, 0) = g(x, y)$$

此處 (1) 式是剛剛導出的的**二維波動方程式**且 $c^2 = T/\rho$，(2) 式為邊界條件 (對於所有 $t \geq 0$，薄膜在 xy 平面上是沿著邊界加以固定的)，並且 (3) 式為 $t = 0$ 時的初始條件，它包括了給定的初始位移 (初始形狀) $f(x,y)$ 以及給定的初始速度 $g(x,y)$，其中 $u_t = \partial u/\partial t$。我們可以看到，這些條件和 12.2 節中振動弦的條件十分類似。

讓我們先考慮圖 302 所示的**矩形薄膜 *R***，這是我們第一個重要模型。它比我們後面要介紹的圓形鼓膜要簡單的多。首先我們看到 (2) 式中的邊界為圖 302 的矩形，我們經由三個步驟求解此問題：

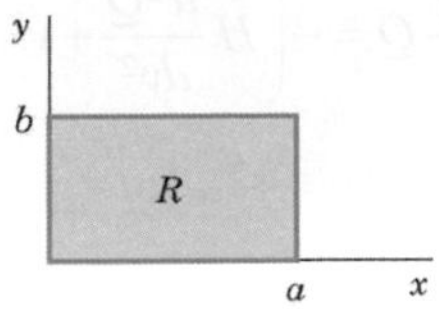

圖 302 矩形薄膜

步驟 1：用變數分離法，先設 $u(x,y,t)=F(x,y)G(t)$ 以及接著再設 $F(x,y)=H(x)Q(y)$，我們可以由 (1) 式得到 G 的 ODE (4)，以及接著由 F 的 PDE (5)，得到 H 和 Q 的兩個 ODE (6) 和 (7) 式。

步驟 2：由這些 ODE 的解，可以求得 (1) 式的解（「特徵函數」u_{mn}）(13) 式，它同時滿足邊界條件 (2) 式。

步驟 3：將 u_{mn} 組成雙重級數 (14) 式，並且解出整個模型 (1)、(2)、(3) 式。

12.9.1 步驟 1：由波動方程式 (1) 所得的三個 ODE

爲了由 (1) 式中得到 ODE，我們連續應用了兩次變數分離。在第一次分離時我們設 $u(x,y,t)=F(x,y)G(t)$。將此式代入 (1) 式得到

$$F\ddot{G}=c^2(F_{xx}G+F_{yy}G)$$

其中下標表示的是偏導數，而點號則表示對 t 的導數。要分離變數，將兩側同除 c^2FG：

$$\frac{\ddot{G}}{c^2G}=\frac{1}{F}(F_{xx}+F_{yy})$$

因爲左側只取決於 t，而右側則與 t 無關，所以兩側必定等於一個常數。經由簡單的觀察可以看出，只有負的常數值才會得到滿足 (2) 式，且不是全等於零的解；這和 12.3 節類似。用 $-v^2$ 代表負常數值，得到

$$\frac{\ddot{G}}{c^2G}=\frac{1}{F}(F_{xx}+F_{yy})=-v^2$$

由上式得到兩方程式：對於**「時間函數」**$G(t)$，我們得到 ODE

(4) $$\ddot{G}+\lambda^2G=0 \qquad \text{其中} \quad \lambda=cv$$

對於「振幅函數」$F(x,y)$ 的 PDE，又稱爲二維 **Helmholtz [2] 方程式**，則爲

(5) $$F_{xx}+F_{yy}+v^2F=0$$

要分離 Helmholtz 方程式可以令 $F(x,y)=H(x)Q(y)$，將此代入到 (5) 式，我們得到

$$\frac{d^2H}{dx^2}Q=-\left(H\frac{d^2Q}{dy^2}+v^2HQ\right)$$

---

[2] HERMANN VON HELMHOLTZ (1821–1894)，德國物理學家，以他在熱力學、流體力學以及聲學上的基礎研究而聞名。

將兩側同除以 HQ 可分離變數

$$\frac{1}{H}\frac{d^2H}{dx^2} = -\frac{1}{Q}\left(\frac{d^2Q}{dy^2} + v^2Q\right)$$

如同上面的說法，兩側必須等於一個常數。而此常數必為負值，如 $-k^2$ ，方能得到滿足 (2) 式且不恆為零的解。因此

$$\frac{1}{H}\frac{d^2H}{dx^2} = -\frac{1}{Q}\left(\frac{d^2Q}{dy^2} + v^2Q\right) = -k^2$$

由此得 H 和 Q 的兩個 ODE

(6) $$\frac{d^2H}{dx^2} + k^2H = 0$$

及

(7) $$\frac{d^2Q}{dy^2} + p^2Q = 0 \qquad \text{其中 } p^2 = v^2 - k^2$$

12.9.2 步驟 2：滿足邊界條件

(6) 式和 (7) 式的通解為

$$H(x) = A\cos kx + B\sin kx \quad 及 \quad Q(y) = C\cos py + D\sin py$$

其中 A、B、C、D 為常數。由 $u = FG$ 及 (2) 式得到，$F = HQ$ 在邊界上必定是零，也就是邊線 $x = 0$ 、$x = a$ 、 $y = 0$ 、 $y = b$ ；見圖 302，由此得到下列條件

$$H(0) = 0, \quad H(a) = 0, \quad Q(0) = 0, \quad Q(b) = 0$$

因此 $H(0) = A = 0$ 而且 $H(a) = B\sin ka = 0$ 。在此我們必須取 $B \neq 0$ ，否則就會有 $H(x) \equiv 0$ 且 $F(x, y) \equiv 0$ 。因此 $\sin ka = 0$ 或 $ka = m\pi$ ，也就是

$$k = \frac{m\pi}{a} \quad . (m \text{ 整數})$$

依相同的方式，我們知 $C = 0$ 並且 p 必須是 $p = n\pi / b$，其中 n 為整數，故得到解 $H = H_m$ 和 $Q = Q_n$ ，其中

$$H_m(x) = \sin\frac{m\pi x}{a} \quad 及 \quad Q_n(y) = \sin\frac{n\pi y}{b} \qquad \begin{matrix} m = 1, 2, \cdots, \\ n = 1, 2, \cdots. \end{matrix}$$

和振動弦的情況一樣，我們不必考慮 $m, n = -1, -2, \cdots$ ，因為對應的解和正值的 m 和 n 完全一樣，除了 -1 這個因子之外。因此函數

(8) $$F_{mn}(x, y) = H_m(x)Q_n(y) = \sin\frac{m\pi x}{a}\sin\frac{n\pi y}{b}, \qquad \begin{matrix} m = 1, 2, \cdots, \\ n = 1, 2, \cdots. \end{matrix}$$

爲 Helmholts 方程式 (5) 的解，在我們的薄膜問題中它在邊界上爲零。

特徵函數和特徵值 在處理過 (5) 式之後，再來處理 (4) 式。因爲在 (7) 式中 $p^2 = \nu^2 - k^2$ 以及在 (4) 式中的 $\lambda = c\nu$，我們有

$$\lambda = c\sqrt{k^2 + p^2}$$

因此對於 $k = m\pi / a$ 及 $p = n\pi / b$，它們在 ODE (4) 中對應的值爲

(9) $$\lambda = \lambda_{mn} = c\pi\sqrt{\frac{m^2}{a^2} + \frac{n^2}{b^2}} \qquad \begin{matrix} m = 1, 2, \cdots, \\ n = 1, 2, \cdots. \end{matrix}$$

而 (4) 式對應的通解爲

$$G_{mn}(t) = B_{mn} \cos \lambda_{mn} t + B^*_{mn} \sin \lambda_{mn} t$$

由此可得，函數 $u_{mn}(x, y, t) = F_{mn}(x, y) G_{mn}(t)$，寫成

(10) $$u_{mn}(x, y, t) = (B_{mn} \cos \lambda_{mn} t + B^*_{mn} \sin \lambda_{mn} t) \sin \frac{m\pi x}{a} \sin \frac{n\pi y}{b}$$

其中 λ_{mn} 來自 (9) 式，是波動方程式 (1) 的解，它在圖 302 的矩形薄膜邊界上爲零。這些解稱爲振動薄膜的**特徵函數**，而 λ_{mn} 則稱爲**特徵值**。u_{mn} 的頻率則爲 $\lambda_{mn} / 2\pi$。

特徵函數的討論 有趣的是，根據不同的 a 和 b 值，多個函數 F_{mn} 可以對應到相同的特徵值。在物理上這表示可能會存在有相同的頻率，但卻有完全不同**節點線** (指的是在薄膜上不會移動的點所形成的曲線) 的振動。讓我們以下面的例題來說明這一點。

例題 1 方形薄膜的特徵值和特徵函數

考慮 $a = b = 1$ 的方形薄膜，由 (9) 式我們可以得到它的特徵值

(11) $$\lambda_{mn} = c\pi\sqrt{m^2 + n^2}$$

因此 $\lambda_{mn} = \lambda_{nm}$，但是 $m \neq n$ 所對應的函數

$$F_{mn} = \sin m\pi x \sin n\pi y \quad \text{和} \quad F_{nm} = \sin n\pi x \sin m\pi y$$

肯定是不同的。舉例來說，對於 $\lambda_{12} = \lambda_{21} = c\pi\sqrt{5}$，相對應的兩個函數爲

$$F_{12} = \sin \pi x \sin 2\pi y \quad \text{和} \quad F_{21} = \sin 2\pi x \sin \pi y$$

因此對應的解爲

$$u_{12} = (B_{12} \cos c\pi\sqrt{5}t + B^*_{12} \sin c\pi\sqrt{5}t) F_{12} \quad \text{和} \quad u_{21} = (B_{21} \cos c\pi\sqrt{5}t + B^*_{21} \sin c\pi\sqrt{5}t) F_{21}$$

分別具有 $y = \frac{1}{2}$ 及 $x = \frac{1}{2}$ 的節點線 (見圖 303)，取 $B_{12} = 1$ 及 $B^*_{12} = B^*_{21} = 0$，我們得到

(12) $$u_{12} + u_{21} = \cos c\pi\sqrt{5}t (F_{12} + B_{21} F_{21})$$

它代表對應於特徵值 $c\pi\sqrt{5}$ 的另一個振動。這個函數的節點線是下列方程式的解

$$F_{12}+B_{21}F_{21}=\sin \pi x \sin 2\pi y+B_{21}\sin 2\pi x \sin \pi y=0$$

或是，因爲 $\sin 2\alpha=2\sin\alpha\cos\alpha$，

$$\sin \pi x \sin \pi y(\cos \pi y+B_{21}\cos \pi x)=0 \tag{13}$$

這個解會依 B_{21} 之值而定 (見圖 304)。

由 (11) 式我們可以看出，甚至超過兩個函數都可以對應到相同數值的 λ_{mn}。舉例來說，F_{18}、F_{81}、F_{47} 及 F_{74} 這四個函數都對應到

$$\lambda_{18}=\lambda_{81}=\lambda_{47}=\lambda_{74}=c\pi\sqrt{65}，\quad 因爲 \quad 1^2+8^2=4^2+7^2=65$$

這之所以可能發生是因爲 65 可以用不同的方式，表示成兩個正整數的平方和。根據高斯的一個定理，任何兩平方數的和都會如此，只要它的質因數中至少兩個具有 $4n+1$ 的形式，其中 n 爲正整數。在本例中我們有 $65=5\cdot 13=(4+1)(12+1)$。■

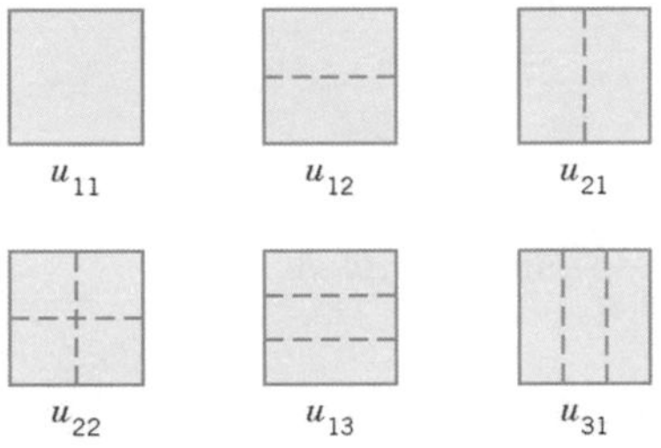

圖 303 在方形薄膜中解 $u_{11}, u_{12}, u_{21}, u_{22}, u_{13}, u_{31}$ 的節點線

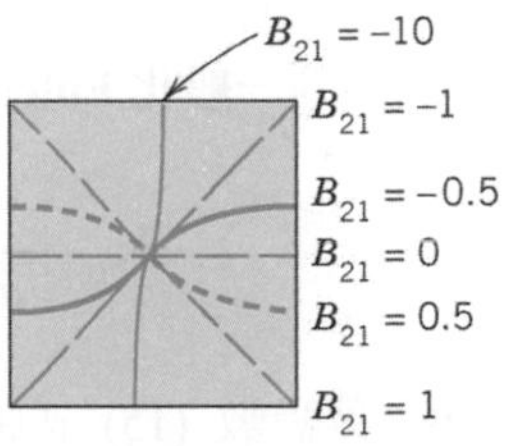

圖 304 對於某些 B_{21} 的值，解 (12) 式的節點線

12.9.3 步驟 3：模型 (1)、(2)、(3) 的解、雙重傅立葉級數

到目前爲止，我們的解 (10) 式只能滿足 (1) 和 (2) 式。爲了得到同時滿足 (3) 式的解，我們依 12.3 節的方式進行，考慮雙重級數

$$\begin{aligned} u(x,y,t) &= \sum_{m=1}^{\infty}\sum_{n=1}^{\infty}u_{mn}(x,y,t) \\ &= \sum_{m=1}^{\infty}\sum_{n=1}^{\infty}(B_{mn}\cos\lambda_{mn}t+B_{mn}^{*}\sin\lambda_{mn}t)\sin\frac{m\pi x}{a}\sin\frac{n\pi y}{b} \end{aligned} \tag{14}$$

(而沒有討論收斂性以及唯一性)。由 (14) 以及 (3a) 式，設定 $t=0$，我們有

$$u(x,y,0)=\sum_{m=1}^{\infty}\sum_{n=1}^{\infty}B_{mn}\sin\frac{m\pi x}{a}\sin\frac{n\pi y}{b}=f(x,y) \tag{15}$$

假設 $f(x,y)$ 可用 (15) 式表示 (這樣做的充分條件是 f、$\partial f/\partial x$、$\partial f/\partial y$、$\partial^2 f/\partial x\partial y$ 在 R 中爲連續)，則 (15) 式稱爲 $f(x,y)$ 的**雙重傅立葉級數 (double Fourier series)**。由以下方法可求得它的係數。設定

(16) $$K_m(t) = \sum_{n=1}^{\infty} B_{mn} \sin \frac{n\pi y}{b}$$

(15) 式可以表示成

$$f(x, y) = \sum_{m=1}^{\infty} K_m(y) \sin \frac{m\pi x}{a}$$

當 y 固定時，這是 $f(x, y)$ 的傅立葉正弦級數，此時 $f(x, y)$ 視同是 x 的函數。由 11.3 節的 (4) 式我們可看到，此一展開的係數為

(17) $$K_m(y) = \frac{2}{a} \int_0^a f(x, y) \sin \frac{m\pi x}{a} dx$$

更進一步，(16) 式是 $K_m(y)$ 的傅立葉正弦級數，並且由 11.3 節的 (4) 式可以得到係數為

$$B_{mn} = \frac{2}{b} \int_0^b K_m(y) \sin \frac{n\pi y}{b} dy$$

由此式及 (17) 式得到**一般化 Euler 公式**

(18) $$B_{mn} = \frac{4}{ab} \int_0^b \int_0^a f(x, y) \sin \frac{m\pi x}{a} \sin \frac{n\pi y}{b} dx\, dy \qquad \begin{array}{l} m = 1, 2, \cdots \\ n = 1, 2, \cdots \end{array}$$

這是用於雙重傅立葉級數 (15) 式中 $f(x, y)$ 的**傅立葉係數**。

在 (14) 式中的 B_{mn} 現在是以 $f(x, y)$ 來加以決定。為了要決定 B^*_{mn}，我們將 (14) 式對 t 逐項微分；利用 (3b) 得到

$$\left.\frac{\partial u}{\partial t}\right|_{t=0} = \sum_{m=1}^{\infty} \sum_{n=1}^{\infty} B^*_{mn} \lambda_{mn} \sin \frac{m\pi x}{a} \sin \frac{n\pi y}{b} = g(x, y)$$

假設 $g(x, y)$ 可以用這個雙重傅立葉級數來加以展開，那麼按照先前的方式進行，我們得到係數為

(19) $$B^*_{mn} = \frac{4}{ab\lambda_{mn}} \int_0^b \int_0^a g(x, y) \sin \frac{m\pi x}{a} \sin \frac{n\pi y}{b} dx\, dy \qquad \begin{array}{l} m = 1, 2, \cdots \\ n = 1, 2, \cdots. \end{array}$$

結果 如果在 (3) 式中的 f 和 g 可以使得 u 能夠以 (14) 式來加以表示，那麼 (14) 式加上係數 (18) 及 (19) 式，就是模型 (1)、(2)、(3) 的解。

例題 2 矩形薄膜的振動

求解邊為 $a = 4$ ft 以及 $b = 2$ ft 的一個矩形薄膜的振動 (圖 305)，如果張力為 12.5 lb/ft，密度為 2.5 slugs/ft^2 (如輕橡膠)，初始速度為 0，且初始位移為

(20) $$f(x, y) = 0.1(4x - x^2)(2y - y^2) \text{ ft}$$

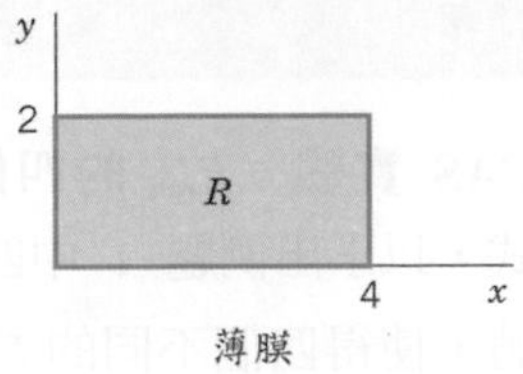

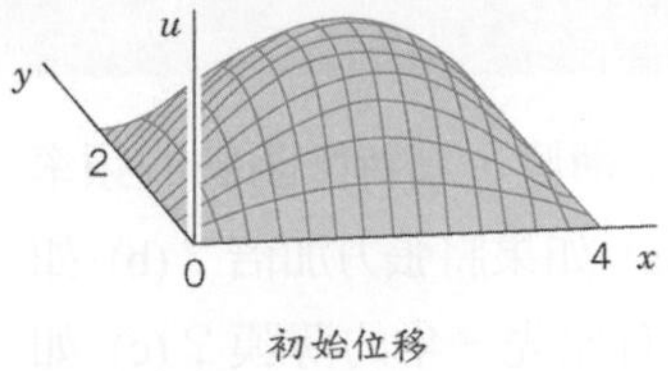

圖 305 例題 2

解

$c^2 = T/\rho = 12.5/2.5 = 5$ [ft^2 / sec^2]同樣由 (19) 式知 $B^*_{mn} = 0$，由 (18) 及 (20) 式得到

$$\begin{aligned} B_{mn} &= \frac{4}{4\cdot 2}\int_0^2\int_0^4 0.1(4x-x^2)(2y-y^2)\sin\frac{m\pi x}{4}\sin\frac{n\pi y}{2}\,dx\,dy \\ &= \frac{1}{20}\int_0^4 (4x-x^2)\sin\frac{m\pi x}{4}\,dx\int_0^2 (2y-y^2)\sin\frac{n\pi y}{2}\,dy \end{aligned}$$

右側的第一個積分式經由兩次部分積分得

$$\frac{128}{m^3\pi^3}[1-(-1)^m] = \frac{256}{m^3\pi^3} \quad (m \text{ 奇數})$$

而對第二個積分式

$$\frac{16}{n^3\pi^3}[1-(-1)^n] = \frac{32}{n^3\pi^3} \quad (n \text{ 奇數})$$

對於偶數的 m 或 n 我們得到 0。加上因數 1/20，因此如果 m 或 n 爲偶數，則我們有 $B_{mn} = 0$ 且

$$B_{mn} = \frac{256\cdot 32}{20m^3n^3\pi^6} \approx \frac{0.426050}{m^3n^3} \quad (m \text{ 及 } n \text{ 皆爲奇數})$$

由此式、(9) 式及 (14) 式，我們得到答案爲

$$u(x,y,t) = 0.426050\sum_{m,n}\sum_{\text{odd}}\frac{1}{m^3n^3}\cos\left(\frac{\sqrt{5}\pi}{4}\sqrt{m^2+4n^2}\right)t\sin\frac{m\pi x}{4}\sin\frac{n\pi y}{2}$$

$$(21) \quad = 0.426050\left(\cos\frac{\sqrt{5}\pi\sqrt{5}}{4}t\sin\frac{\pi x}{4}\sin\frac{\pi y}{2} + \frac{1}{27}\cos\frac{\sqrt{5}\pi\sqrt{37}}{4}t\sin\frac{\pi x}{4}\sin\frac{3\pi y}{2}\right.$$

$$\left. + \frac{1}{27}\cos\frac{\sqrt{5}\pi\sqrt{13}}{4}t\sin\frac{3\pi x}{4}\sin\frac{\pi y}{2} + \frac{1}{729}\cos\frac{\sqrt{5}\pi\sqrt{45}}{4}t\sin\frac{3\pi x}{4}\sin\frac{3\pi y}{2} + \cdots\right)$$

爲了討論這個解，注意到第一項非常類似於沒有節點線的薄膜的初始形狀，並且是最主要的項，因爲之後各項的係數都小了很多。第二項具有兩條水平的節點線 $(y = \frac{2}{3}, \frac{4}{3})$，第三項具有兩條垂直的節點線 $(x = \frac{4}{3}, \frac{8}{3})$，第四項具有兩條水平及兩條垂直的節點線，以此類推。 ■

習題集 12.9

1. **頻率** 對一矩形薄膜，其特徵函數的頻率會有何變化，(a) 如果將張力加倍？(b) 如果換用密度只有原先一半的薄膜？(c) 如果將邊長都加倍？說明理由。
2. **假設** 假設條件 2 的哪一部分無法被完全滿足？我們爲什麼要假設傾斜角很小？
3. 求出並且繪製對於 $m = 1, 2, 3, 4$ 及 $n = 1, 2, 3, 4$ 的正方薄膜的節點線。

4–8 雙重傅立葉級數

用級數 (15) 表示 $f(x, y)$，其中

4. $f(x, y) = 1, \quad a = b = 1$
5. $f(x, y) = y, \quad a = b = 1$
6. $f(x, y) = x, \quad a = b = 1$
7. $f(x, y) = xy$，a 及 b 爲任意
8. $f(x, y) = xy(a - x)(b - y)$，$a$ 及 b 爲任意
9. **CAS 專題 雙重傅立葉級數**
   (a) 撰寫一個程式以求出並且繪製 (15) 式的部分和。將它用於習題 5 及 6。繪出圖形來說明，哪些部分和滿足邊界條件 (3a)？解釋原因，以及爲何它收斂的很快？
   (b) 對於習題 4 重做 (a)。繪出在共同的軸上的數個部分和圖形的一部分 (如 $0 < x < \frac{1}{2}$ 、$0 < y < \frac{1}{2}$)，因此，你可以看出它們有何不同 (見圖 306)。
   (c) 以你自己所選擇的函數重做 (b)。

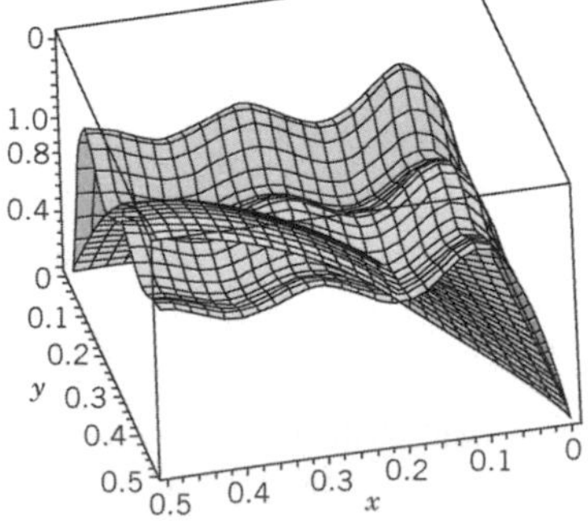

圖 306 CAS 專題 9b 中的部分和 $S_{2,2}$ 和 $S_{10,10}$

10. **CAS 實驗 F_{mn} 的四倍性** 撰寫一個程式，以求出例題 1 中四個數值相等的 λ_{mn} 值，使得四個不同的 F_{mn} 可以對應到它。畫出在例題 1 中 $F_{18}, F_{81}, F_{47}, F_{74}$ 的節點線，並且對你找到的其它 F_{mn} 做相同的事。

11–13 方形薄膜

求出邊長爲 π 並且 $c^2 = 1$ 的方形薄膜的偏移 $u(x, y, t)$，如果初始速度爲零並且初始偏移爲

11. $0.1 \sin 2x \sin 4y$
12. $0.01 \sin x \sin y$
13. $0.1\, xy(\pi - x)(\pi - y)$

14–19 矩形薄膜

14. 驗證例題 2 中對 (21) 的討論。
15. 以 $a = 4$ 及 $b = 2$ 重做習題 3。
16. 以部分積分驗證例題 2 中的 B_{mn}。
17. 找出邊爲 $a = 2$ 以及 $b = 1$ 的矩形薄膜的特徵值，而該特徵值對應於兩個或多個不同的 (獨立) 特徵函數。
18. **最小性** 證明在所有具有相同面積 $A = ab$ 及相同 c 值的矩形薄膜中，方形薄膜可使得 u_{11} [見 (10) 式] 具有最低頻率。
19. **偏移** 求兩邊長爲 a 和 b 並且 $c^2 = 1$，初始偏移爲 $f(x, y) = \sin\frac{6\pi x}{a}\sin\frac{2\pi y}{b}$，且初始速度爲零之薄膜的位移。
20. **受力振動** 證明薄膜的受力振動，是以 PDE $u_{tt} = c^2\nabla^2 u + P/\rho$ 爲模型，其中 $P(x, y, t)$ 是垂直作用於 xy 平面上的單位面積的外力。

12.10 極座標下的 Laplacian、圓形薄膜、Fourier–Bessel 級數 (Laplacian in Polar Coordinates. Circular Membrane. Fourier–Bessel Series)

在偏微分方程式的邊界值問題中，有一個**通用原則**，就是要選擇一個座標系統，使得描述邊界的數學式愈簡單愈好。爲此目的，在此使用極座標。因爲我們想要討論圓形薄膜 (鼓面)，因此我們首先轉換 12.9 節的波動方程式 (1) 中的 Laplacian

$$u_{tt} = c^2\nabla^2 u = c^2(u_{xx} + u_{yy}) \tag{1}$$

(下標表示偏導數) 將它轉換爲**極座標** r、θ，定義爲 $x = r\cos\theta$ 、 $y = r\sin\theta$ ；因此

$$r = \sqrt{x^2 + y^2}, \quad \tan\theta = \frac{y}{x}$$

經由連鎖律 (9.6 節) 得到

$$u_x = u_r r_x + u_\theta \theta_x$$

再對 x 做一次微分，並且使用乘法律以及再一次使用連鎖律得到

$$\begin{aligned} u_{xx} &= (u_r r_x)_x + (u_\theta \theta_x)_x \\ &= (u_r)_x r_x + u_r r_{xx} + (u_\theta)_x \theta_x + u_\theta \theta_{xx} \\ &= (u_{rr} r_x + u_{r\theta}\theta_x) r_x + u_r r_{xx} + (u_{\theta r} r_x + u_{\theta\theta}\theta_x)\theta_x + u_\theta \theta_{xx} \end{aligned} \tag{2}$$

同時將 r 和 θ 微分可得

$$r_x = \frac{x}{\sqrt{x^2+y^2}} = \frac{x}{r}, \quad \theta_x = \frac{1}{1+(y/x)^2}\left(-\frac{y}{x^2}\right) = -\frac{y}{r^2}$$

將以上兩式再微分一次可得

$$r_{xx} = \frac{r - x r_x}{r^2} = \frac{1}{r} - \frac{x^2}{r^3} = \frac{y^2}{r^3}, \quad \theta_{xx} = -y\left(-\frac{2}{r^3}\right) r_x = \frac{2xy}{r^4}$$

將所有這些式子代入 (2) 中。假設一階及二階偏導數的連續性成立，我們有 $u_{r\theta} = u_{\theta r}$ ，經化簡後得

$$u_{xx} = \frac{x^2}{r^2}u_{rr} - 2\frac{xy}{r^3}u_{r\theta} + \frac{y^2}{r^4}u_{\theta\theta} + \frac{y^2}{r^3}u_r + 2\frac{xy}{r^4}u_\theta \tag{3}$$

以相同的方式可以得出

$$u_{yy} = \frac{y^2}{r^2}u_{rr} + 2\frac{xy}{r^3}u_{r\theta} + \frac{x^2}{r^4}u_{\theta\theta} + \frac{x^2}{r^3}u_r - 2\frac{xy}{r^4}u_\theta \tag{4}$$

將 (3) 和 (4) 式相加，得到**在極座標下 u 的 Laplacian** 爲

(5)
$$\nabla^2 u = \frac{\partial^2 u}{\partial r^2} + \frac{1}{r}\frac{\partial u}{\partial r} + \frac{1}{r^2}\frac{\partial^2 u}{\partial \theta^2}$$

12.10.1 圓形薄膜

圓形薄膜是鼓、幫浦、麥克風、電話等等機具的重要組件，這使得它在工程上極爲重要。只要圓形薄膜是平面且它的材料是彈性的，並且對於彎曲不產生阻力 (這樣就把金屬薄膜排除在外！)，它的振動就是以**極座標上的二維波動方程式**爲模型，此方程式來自 (1) 式，但其中$\nabla^2 u$換成 (5) 式，也就是

(6)
$$\frac{\partial^2 u}{\partial t^2} = c^2\left(\frac{\partial^2 u}{\partial r^2} + \frac{1}{r}\frac{\partial u}{\partial r} + \frac{1}{r^2}\frac{\partial^2 u}{\partial \theta^2}\right) \qquad c^2 = \frac{T}{\rho}$$

我們要考慮半徑爲 R 的薄膜 (圖 307) 並求出它徑向對稱的解$u(r,t)$ (同時與角度 θ 有關的解，將在習題集中討論)。因此在 (6) 式中$u_{\theta\theta} = 0$，所以問題的模型 [類比於 12.9 節的 (1)、(2)、(3) 式] 成爲

(7)
$$\frac{\partial^2 u}{\partial t^2} = c^2\left(\frac{\partial^2 u}{\partial r^2} + \frac{1}{r}\frac{\partial u}{\partial r}\right)$$

(8)
$$u(R,t) = 0 \text{ 對所有 } t \geq 0$$

(9a)
$$u(r,0) = f(r)$$

(9b)
$$u_t(r,0) = g(r)$$

此處 (8) 式表示，薄膜沿著邊界圓$r = R$被固定住，初始偏移 $f(r)$ 以及初始速度$g(r)$ 只與 r 有關，而與 θ 無關，因此可以預期徑向對稱的解$u(r,t)$。

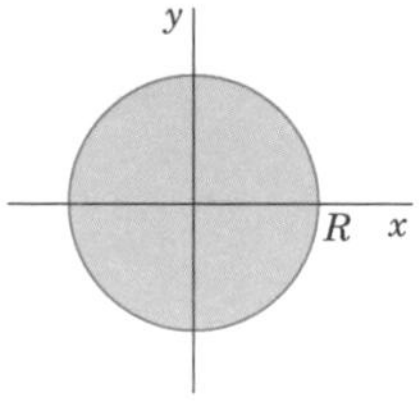

圖 307　圓形薄膜

12.10.2 步驟 1：由波動方程式 (7) 而得的兩個常微分方程式、Bessel 方程式

使用**分離變數法**，可以先求得$u(r,t) = W(r)G(t)$ (我們寫 W 而不是 F，是因爲 W 是 r 的函數，而先前所使用的 F 則是 x 的函數)。將$u = WG$以及它的導數代入 (7) 式中，並將結果除以c^2WG，得到

$$\frac{\ddot{G}}{c^2 G} = \frac{1}{W}\left(W'' + \frac{1}{r}W'\right)$$

其中點號表示對 t 的導數，而上撇號表示對 r 的導數，等號兩側必須同等於一個常數。而這個常數必須為負值，如 $-k^2$ ，以得到能滿足邊界條件而不全等於零的解。因此，

$$\frac{\ddot{G}}{c^2 G} = \frac{1}{W}\left(W'' + \frac{1}{r}W'\right) = -k^2 \text{。}$$

這會得到兩個線性 ODE

(10) $$\ddot{G} + \lambda^2 G = 0 \qquad \text{其中 } \lambda = ck$$

及

(11) $$W'' + \frac{1}{r}W' + k^2 W = 0$$

如果設 $s = kr$ ，我們可以將 (11) 式化簡為 Bessel 方程式 (5.4 節)。則 $1/r = k/s$ 且為了簡單起見，繼續用符號 W，經由連鎖律得到

$$W' = \frac{dW}{dr} = \frac{dW}{ds}\frac{ds}{dr} = \frac{dW}{ds}k \quad \text{及} \quad W'' = \frac{d^2W}{ds^2}k^2$$

將此式代入 (11) 式中，並且消掉相同的因式 k^2 可得

(12) $$\frac{d^2W}{ds^2} + \frac{1}{s}\frac{dW}{ds} + W = 0$$

這就是在 5.4 節中參數 $\nu = 0$ 的 **Bessel 方程式** (1)。

12.10.3 步驟 2：滿足邊界條件 (8)

(12) 式的解為第一類以及第二類 (見 5.4 和 5.5 節) 的 Bessel 方程式 J_0 和 Y_0。但是因為在 0 的時候 Y_0 會變成無限大，所以我們不能使用它，因為薄膜的偏移必須是有限值。這樣我們就只有

(13) $$W(r) = J_0(s) = J_0(kr) \qquad (s = kr)$$

在邊界 $r = R$ 上，我們由 (8) 式得 $W(R) = J_0(kR) = 0$ (因為若 $G \equiv 0$ 則會有 $u \equiv 0$)。我們可以滿足這項條件，因為 J_0 有 (無限多個) 正零點，$s = \alpha_1, \alpha_2, \cdots$ (見圖 308)，其值為

$$\alpha_1 = 2.4048, \quad \alpha_2 = 5.5201, \quad \alpha_3 = 8.6537, \quad \alpha_4 = 11.7915, \quad \alpha_5 = 14.9309$$

及其餘等 (更多的值請參考你的 CAS，或在附錄 1 中的參考文獻 [GenRef1])。如同我們所看到的，這些零點的間隔有些不規則。(13) 式現在代表了

(14) $$kR = \alpha_m \quad \text{因此} \quad k = k_m = \frac{\alpha_m}{R}, \qquad m = 1, 2, \cdots$$

因此函數

(15) $$W_m(r) = J_0(k_m r) = J_0\left(\frac{\alpha_m}{R} r\right) \qquad m = 1, 2, \cdots$$

爲 (11) 式的解，且在邊界 $r = R$ 上爲零。

特徵函數和特徵值　對於 (15) 式中的 W_m，(10) 式對應於 $\lambda = \lambda_m = ck_m = c\alpha_m / R$ 的一個通解爲

$$G_m(t) = A_m \cos \lambda_m t + B_m \sin \lambda_m t \text{ 。}$$

因此在 $m = 1, 2, \cdots$ 時，函數

(16) $$u_m(r,t) = W_m(r) G_m(t) = (A_m \cos \lambda_m t + B_m \sin \lambda_m t) J_0(k_m r)$$

爲波動方程式 (7) 的解，同時滿足邊界條件 (8)，這些就是我們問題的特徵函數，其相對應的**特徵值**爲 λ_m 。

對應於 u_m 的薄膜振動，被稱爲第 m 個**振型模態 (normal mode)**；它的頻率爲每單位時間 $\lambda_m / 2\pi$ 週。因爲 Bessel 函數 J_0 的零點在軸上並非等距分布 (對比於在振動弦中正弦函數的零點)，鼓的聲音因此與小提琴的完全不同。振型模態的形式可以簡單的由圖 308 得到，並顯示在圖 309。對於 $m = 1$，薄膜上所有的點在同一時間全部向上 (或向下) 移動。對於 $m = 2$，其狀況如下所述。對於 $\alpha_2 r / R = \alpha_1$ ，函數 $W_2(r) = J_0(\alpha_2 r / R)$ 爲零，因此 $r = \alpha_1 R / \alpha_2$ 。因此，圓環 $r = \alpha_1 R / \alpha_2$ 爲**節點線 (nodal line)**，並且在某個瞬間，當薄膜的中央部分往上移動時，其外側部分 $(r > \alpha_1 R / \alpha_2)$ 會往下移動，反之亦然。解 $u_m(r,t)$ 有 $m-1$ 條圓環狀的節點線 (圖 309)。

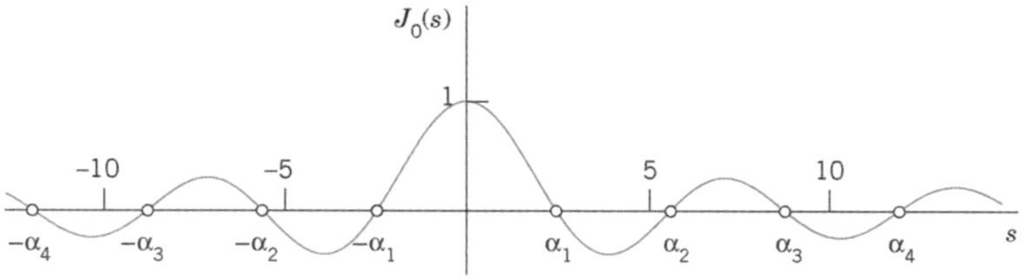

圖 308　Bessel 函數 $J_0(s)$

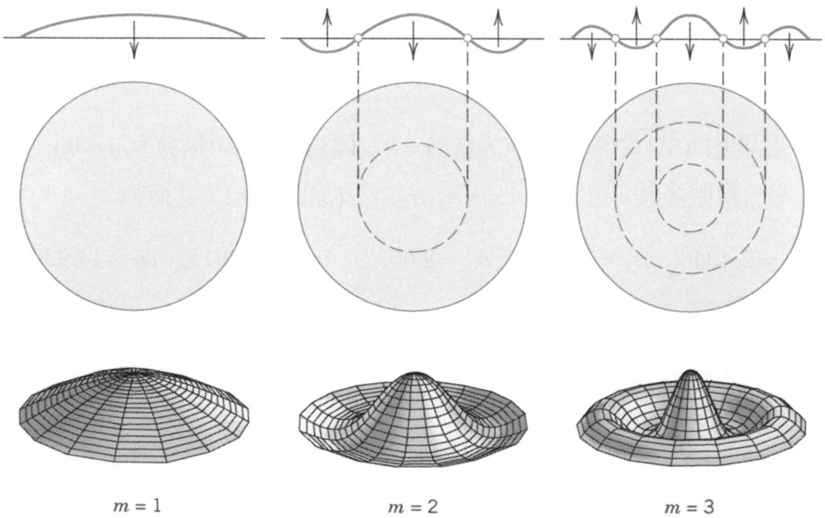

圖 309　與角度無關的圓形薄膜振動的振型模態

12.10.4 步驟 3：求解整個問題

要得到同時也滿足初始條件 (9) 式的解 $u(r, t)$，我們可以使用和振動弦時同樣的方法，即考慮級數

(17)
$$u(r,t)=\sum_{m=1}^{\infty}W_m(r)G_m(r)=\sum_{m=1}^{\infty}(A_m\cos\lambda_m t+B_m\sin\lambda_m r)J_0\left(\frac{\alpha_m}{R}r\right)$$

(先把收斂性以及唯一性的問題擺到一邊)。設定 $t=0$ 並且使用 (9a) 式，我們得到

(18)
$$u(r,0)=\sum_{m=1}^{\infty}A_mJ_0\left(\frac{\alpha_m}{R}r\right)=f(r)$$

因此為了要使級數 (17) 滿足條件 (9a)，常數 A_m 就必須是以 $J_0(\alpha_m r/R)$ 表示 $f(r)$ 的 **Fourier-Bessel 級數** (18) 的係數；也就是 [見 11.6 節中的 (9) 式，其中 $n=0$、$\alpha_{0,m}=\alpha_m$ 以及 $x=r$]，

(19)
$$A_m=\frac{2}{R^2J_1^2(\alpha_m)}\int_0^R rf(r)J_0\left(\frac{\alpha_m}{R}r\right)dr \qquad (m=1,2\cdots)\text{。}$$

在區間 $0\le r\le R$ 中 $f(r)$ 的可微分性就足夠保證 (18) 式的展開存在；見參考文獻 [A13]。在 (17) 式中的係數 B_m 可以用類似的方法由 (9b) 求得。A_m 和 B_m 的數值可以得自 CAS、數值積分，或是使用 J_0 和 J_1 的表。然而，有時候可以**避免**使用數值積分，如下面例題所示。

例題 1 圓形薄膜的振動

求一個半徑 1 ft 且密度為 2 slugs/ft² 的圓形鼓面的振動，如果張力為 8 lb/ft，初始速度為 0，並且初始位移為

$$f(r)=1-r^2 \quad [\text{ft}]$$

解

$c^2=T/\rho=\frac{8}{2}=4$ [ft² / sec²]同時 $B_m=0$，因為初始速度為 0，由 11.6 節的 (10) 式，因為 $R=1$，我們得到

$$\begin{aligned}A_m &=\frac{2}{J_1^2(\alpha_m)}\int_0^1 r(1-r^2)J_0(\alpha_m r)\,dr\\ &=\frac{4J_2(\alpha_m)}{\alpha_m^2J_1^2(\alpha_m)}\\ &=\frac{8}{\alpha_m^3J_1(\alpha_m)}\end{aligned}$$

其中最後一個等號得自 5.4 節中的 (21c)，其中 $v=1$，也就是，

$$J_2(\alpha_m)=\frac{2}{\alpha_m}J_1(\alpha_m)-J_0(\alpha_m)=\frac{2}{\alpha_m}J_1(\alpha_m)$$

[GenRef1] 的表 9.5 列出了 a_m 以及 $J_0'(\alpha_m)$。由此表，我們可以由 5.4 節的 (24b)，並令 $v=0$，得到 $J_1(\alpha_m)=-J_0'(\alpha_m)$，並且計算出係數 A_m：

m	α_m	$J_1(\alpha_m)$	$J_2(\alpha_m)$	A_m
1	2.40483	0.51915	0.43176	1.10801
2	5.52008	−0.34026	−0.12328	−0.13978
3	8.65373	0.27145	0.06274	0.04548
4	11.79153	−0.23246	−0.03943	−0.02099
5	14.93092	0.20655	0.02767	0.01164
6	18.07106	−0.18773	−0.02078	−0.00722
7	21.21164	0.17327	0.01634	0.00484
8	24.35247	−0.16170	−0.01328	−0.00343
9	27.49348	0.15218	0.01107	0.00253
10	30.63461	−0.14417	−0.00941	−0.00193

因此

$$f(r) = 1.108J_0(2.4048r) - 0.140J_0(5.5201r) + 0.045J_0(8.6537r) - \cdots$$

我們可以看出係數的遞減相對而言較慢，在表中所列出的係數的總和為 0.99915，*所有*的係數總和應該為 1 (為何？)因此由附錄 3.3 中的萊布尼茲檢定知，這些項的部分和對振幅 $f(r)$ 準確度約為小數點三位，

因為

$$\lambda_m = ck_m = c\alpha_m / R = 2\alpha_m$$

因此我們可以由 (17) 式得到解 (r 的單位為呎，而 t 的單位為秒)

$$u(r,t) = 1.108J_0(2.4048r)\cos 4.8097t - 0.140J_0(5.5201r)\cos 11.0402t + 0.045J_0(8.6537r)\cos 17.3075t - \cdots.$$

在圖 309 中，$m = 1$ 讓我們對級數的首項的運動有些概念，$m = 2$ 則為第二項，$m = 3$ 為第三項，所以我們可以和 12.3 節對於小提琴弦的狀況一樣「看出」我們的結果。 ■

習題集 12.10

1–3 徑向對稱

1. 為什麼我們在本節中要使用極座標？
2. **徑向對稱**可使 (5) 式簡化為 $\nabla^2 u = u_{rr} + u_r / r$，由 $\nabla^2 u = u_{xx} + u_{yy}$ 直接推導此式。證明 $\nabla^2 u = 0$ 僅只取決於 $r = \sqrt{x^2 + y^2}$ 的唯一解為 $u = a \ln r + b$，其中 a 和 b 為任意常數。
3. **(5) 式的另一形式** 證明 (5) 式可以寫成 $\nabla^2 u = (ru_r)_r / r + u_{\theta\theta} / r^2$，這是一個很實用的形式。

邊界值問題、級數

4. **團隊專題 對於 Dirichlet 以及 Neumann 問題的級數**
   - **(a)** 證明 $u_n = r^n \cos n\theta$、$u_n = r^n \sin n\theta$，$n = 0, 1, \cdots$，是 Laplace 方程式 $\nabla^2 u = 0$ 的解，在此 $\nabla^2 u$ 如 (5) 式所示 (在卡氏座標中 u_n 應是什麼？用小的 n 值做實驗)。
   - **(b) Dirichlet 問題** (見 12.6 節) 假設逐項微分是允許的，證明在圓盤 $r < R$ 內滿

足邊界條件 $u(R,\theta)=f(\theta)$ (R 及 f 是已知) 的 Laplace 方程式的解爲

$$u(r,\theta)= a_0+\sum_{n=1}^{\infty}\left[a_n\left(\frac{r}{R}\right)^n\cos n\theta + b_n\left(\frac{r}{R}\right)^n\sin n\theta\right] \tag{20}$$

其中 a_n、b_n 是 f 的傅立葉係數 (見 11.1 節)。

(c) **Dirichlet 問題** 用 (20) 式解 Dirichlet 問題，若 $R=1$ 且邊界值在 $-\pi<\theta<0$ 爲 $u(\theta)=-100$ 伏特，在 $0<\theta<\pi$ 則爲 $u(\theta)=100$ 伏特 (畫出此圓盤，標示出邊界值)。

(d) **Neumann 問題** 證明若 $r<R$,、$u_N(R,\theta)=f(\theta)$ (其中 $u_N=\partial u/\partial N$ 爲外向法線方向上的方向導數)，則 Neumann 問題 $\nabla^2 u=0$ 的解是

$$u(r,\theta)=A_0+\sum_{n=1}^{\infty}r^n(A_n\cos n\theta+B_n\sin n\theta)$$

其中 A_0 爲任意的，並且

$$A_n=\frac{1}{\pi nR^{n-1}}\int_{-\pi}^{\pi}f(\theta)\cos n\theta\,d\theta,$$

$$B_n=\frac{1}{\pi nR^{n-1}}\int_{-\pi}^{\pi}f(\theta)\sin n\theta\,d\theta.$$

(e) **相容條件** 證明 10.4 節的 (9) 式施加在 (d) 中 $f(\theta)$ 上的「相容條件」爲

$$\int_{-\pi}^{\pi}f(\theta)\,d\theta=0$$

(f) **Neumann 問題** 在圓環 $1<r<2$ 上，若 $u_r(1,\theta)=\sin\theta$ 、$u_r(2,\theta)=0$ ，求解 $\nabla^2 u=0$ 。

5–8 靜電位、穩態熱傳問題

在任何不含電荷的區域內的靜電位均滿足 Laplace 方程式 $\nabla^2 u=0$ 。如果溫度 u 與時間無關 (即「**穩態情況**」)，熱傳方程式 $u_t=c^2\nabla^2 u$ (12.5 節) 化簡成 Laplace 方程式。使用 (20) 式，求出在圓盤 $r<1$ 內的電位 (等效於：穩態溫度)，如果其邊界值如下所給 (畫出它們，以看出發生了什麼)。

5. $u(1,\theta)=220$ 當 $-\frac{1}{2}\pi<\theta<\frac{1}{2}\pi$ ，其它情況爲 0。

6. $u(1,\theta)=400\cos^3\theta$

7. $u(1,\theta)=110|\theta|$ 當 $-\pi<\theta<\pi$ 。

8. $u(1,\theta)=\theta$ 當 $-\frac{1}{2}\pi<\theta<\frac{1}{2}\pi$ ，且其它情況爲 0。

9. **CAS 實驗 等位線** 猜測一下，習題 5 和 7 中的等位線 $u(r,\theta)=$ 常數形狀如何。然後用級數的部分和畫出其中的一些。

10. **半圓盤** 求半圓盤 $r<1$、$0<\theta<\pi$ 上的靜電位，它在半圓環 $r=1$ 上等於 $110\theta(\pi-\theta)$ 在線段 $-1<x<1$ 上爲 0。

11. **半圓盤** 求半圓平板 $r<a$、$0<\theta<\pi$ 上的穩態溫度，其中在半圓環 $r=a$ 上溫度爲固定常數 u_0，而在 $-a<x<a$ 的直線部分則爲 0。

圓形薄膜

12. **CAS 專題 振型模態**

(a) 比照圖 306，畫出振型模態 u_4,u_5,u_6 。

(b) 寫一個程式以計算例題 1 中的 A_m，並將表延伸到 $m=15$，以數值驗證 $a_m\approx(m-\frac{1}{4})\pi$ 並計算 $m=1,\cdots,10$ 時的誤差。

(c) 畫出在例題 1 中的初始偏移 $f(r)$，以及級數的前三個部分和，討論其準確度。

(d) 計算在當 $R=1$ 時，u_2,u_3,u_4 的節點線的半徑。這些半徑值與長度爲 1 的振動弦的節點比起來如何？你可以經由更多對於 u_m 的實驗來建立起經驗法則嗎？

13. **頻率** 如果你將張力加倍，則鼓的特徵函數的頻率會如何改變？

14. **鼓的尺寸** 如果張力和密度相同的話，小鼓的基本頻率應該要比大鼓的高，如何從我們的公式中得到這項結論？

15. **張力** 找出一個公式，可以依據鼓的基本頻率 f_1 求出所須的張力。

16. 爲何例題 1 中 $A_1 + A_2 + \cdots = 1$？計算出這個級數的前面幾個部分和，直到有三位數準確度。這個問題在音樂領域中的意義爲何？

17. **節點線** 對於固定的 c 和 R 值，是否有可能具有不同節點線的兩個或更多 u_m [見 (16) 式] 可以對應到相同特徵值？(說出理由)。

18. **非零初始速度**多半只爲了理論探討，因爲在實驗條件中很難做到。證明要使 (17) 式能滿足 (9b) 式，我們必須有

(21) $$B_m = K_m \int_0^R rg(r) J_0(\alpha_m r / R)\, dr$$

其中 $K_m = 2/(c\alpha_m R) J_1^2(\alpha_m)$。

同時與 r 及 θ 相關的圓形薄膜振動

19. **(分離法)** 證明將 $u = F(r,\theta)G(t)$ 代入波動方程式

(22) $$u_{tt} = c^2\left(u_{rr} + \frac{1}{r}u_r + \frac{1}{r_2}u_{\theta\theta}\right)$$

可以得到一個 ODE 和一個 PDE

(23) $\ddot{G} + \lambda^2 G = 0$ 其中 $\lambda = ck$

(24) $$F_{rr} + \frac{1}{r}F_r + \frac{1}{r^2}F_{\theta\theta} + k^2 F = 0$$

證明此 PDE 現在可以用代換 $F = W(r)Q(\theta)$ 而分離，並得到

(25) $Q'' + n^2 Q = 0$、

(26) $r^2 W'' + rW' + (k^2 r^2 - n^2)W = 0$

20. **週期性** 證明 $Q(\theta)$ 必定爲週期性的且週期爲 2π，因此在 (25) 和 (26) 式中 $n = 0,1,2,\cdots$。證明這樣可以得到解 $Q_n = \cos n\theta$、$Q_n^* = \sin n\theta$、$W_n = J_n(kr)$，$n = 0,1,\cdots$。

21. 邊界條件 證明邊界條件

(27) $$u(R,\theta,t) = 0$$

可導至 $k = k_{mn} = \alpha_{mn}/R$，其中 $s = \alpha_{nm}$ 是 $J_n(s)$的第 m 個正零點。

22. **同時取決於 r 及 θ 的解** 證明 (22) 式的解中，同時能滿足 (27) 式的是 (見圖 310)

(28)
$$u_{nm} = (A_{nm}\cos ck_{nm}t + B_{nm}\sin ck_{nm}t) \times J_n(k_{nm}r)\cos n\theta$$
$$u_{nm}^* = (A_{nm}^*\cos ck_{nm}t + B_{nm}^*\sin ck_{nm}t) \times J_n(k_{nm}r)\sin n\theta$$

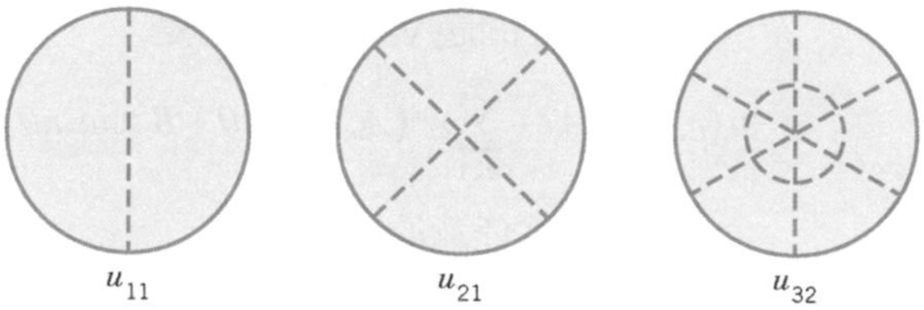

圖 310 解 (28) 的一些節點線

23. **初始條件** 證明如果 $u_t(r,\theta,0) = 0$ 則 (28) 式中 $B_{nm} = 0$、$B_{nm}^* = 0$。

24. 證明 $u_{0m}^* = 0$，並且 u_{0m} 和本節的 (16) 式完全相同。

25. **半圓形薄膜** 證明 u_{11} 代表了一個半圓形薄膜的基本模式，並求出當 $c^2 = 1$ 且 $R = 1$ 時所對應的頻率。

12.11 圓柱座標及球座標的 Laplace 方程式、勢能 (Laplace's Equation in Cylindrical and Spherical Coordinates. Potential)

在物理學及其工程應用中，最重要的 PDE 之一就是 **Laplace 方程式**

(1) $$\nabla^2 u = u_{xx} + u_{yy} + u_{zz} = 0$$

在此 x、y、z 爲空間中的卡氏座標系 (9.1 節圖 167)，$u_{xx} = \partial^2 u/\partial x^2$ 等。符號 $\nabla^2 u$ 稱爲 u 的 **Laplacian** (Laplace 運算子)。求解 (1) 式的理論稱爲**位勢理論 (potential theory)**。(1) 式具有**連續**二階偏導數之解，即爲**調和函數 (harmonic unctions)**。

Laplace 方程式主要出現在**重力**、**靜電** (見 9.7 節定理 3)、穩態**熱流** (12.5 節) 以及**流體力學** (會在 18.4 節中討論) 等問題中。

回顧一下 9.7 節，由位於點 (X, Y, Z) 的單一質點，對點 (x, y, z) 所造成的重力勢能 $u(x, y, z)$ 爲

(2) $$u(x,y,z) = \frac{c}{r} = \frac{c}{\sqrt{(x-X)^2+(y-Y)^2+(z-Z)^2}} \qquad (r > 0)$$

並且 u 滿足 (1) 式。同理，如果質量是以密度 $\rho(X, Y, Z)$ 分佈在空間中某區域 T，則它在沒有質量分佈的點 (x, y, z) 上的勢能爲

(3) $$u(x,y,z) = k\iiint_T \frac{\rho(X,Y,Z)}{r}\,dX\,dY\,dZ$$

它滿足 (1) 式，因爲 $\nabla^2(1/r) = 0$ (9.7 節)，而且 ρ 不是 x、y、z 的函數。

在實際應用中，使用 Laplace 方程式的是邊界值問題，此種問題定義在空間中的一個區域 T，並有邊界曲面 S (參見 12.6 節二維的情況)：

(I) **第一邊界值問題或稱 Dirichlet 問題**，如果在 S 上已知的是 u。

(II) **第二邊界值問題或稱 Neumann 問題**，如果在 S 上給的是法線導數 $u_n = \partial u/\partial n$。

(III) **第三或混合邊界值問題或稱 Robin 問題**，如果在一部分 S 上指定 u，而在其它部分則指定 u_n。

求解邊界值問題的時候，通常我們會先選一個座標系，讓我們能夠以最簡單的方式描述邊界曲面 S。以下是幾個例子及一些應用。

12.11.1 圓柱座標中的 Laplaceian

求解邊界值問題的第一步，通常是選用可以使邊界曲面 S 有著簡單表示式的座標系。圓柱對稱 (區域 T 是一個圓柱) 就要用圓柱座標 r, θ, z，它們和 x, y, z 的關係爲

(4) $$x = r\cos\theta, \quad y = r\sin\theta, \quad z = z \qquad \text{(圖 311)}$$

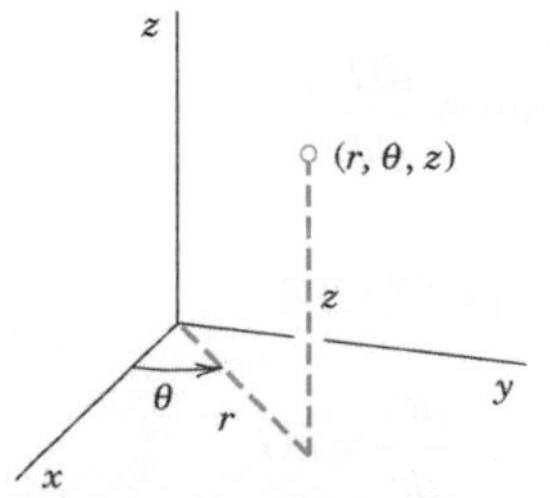

圖 311 圓柱座標 $(r \ge 0, 0 \le \theta \le 2\pi)$

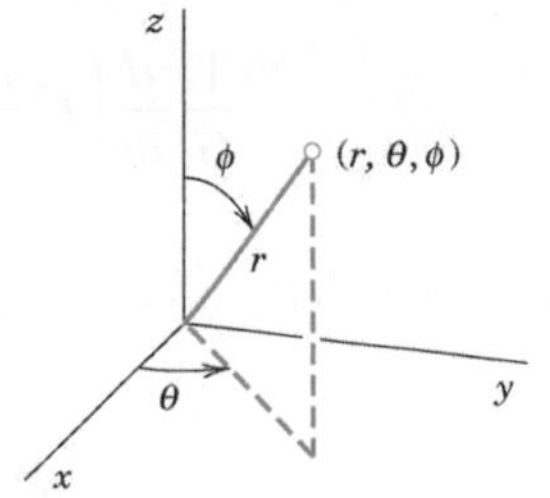

圖 312 球座標 $(r \ge 0,\ 0 \le \theta \le 2\pi,\ 0 \le \varphi \le \pi)$

對於這些座標，我們只要將 12.10 節的 (5) 式加上 u_{zz} 馬上就可得到$\nabla^2 u$；因此

(5) $$\nabla^2 u = \frac{\partial^2 u}{\partial r^2} + \frac{1}{r}\frac{\partial u}{\partial r} + \frac{1}{r^2}\frac{\partial^2 u}{\partial \theta^2} + \frac{\partial^2 u}{\partial z^2}$$

12.11.2 球座標中的 Laplacian

球對稱 (區域 T 是以球面 S 爲邊界的球) 所用的球座標 r, θ, ϕ 與 x, y, z 的關係爲

(6) $$x = r\cos\theta\sin\phi, \qquad y = r\sin\theta\sin\phi, \qquad z = r\cos\phi$$ (圖 312)

使用連鎖律 (如 12.10 節)，得到$\nabla^2 u$ 在球座標中爲

(7) $$\nabla^2 u = \frac{\partial^2 u}{\partial r^2} + \frac{2}{r}\frac{\partial u}{\partial r} + \frac{1}{r^2}\frac{\partial^2 u}{\partial \phi^2} + \frac{\cot\phi}{r^2}\frac{\partial u}{\partial \phi} + \frac{1}{r^2\sin^2\phi}\frac{\partial^2 u}{\partial \theta^2}$$

我們將細節留作習題。有時候將 (7) 式寫成如下形式

(7') $$\nabla^2 u = \frac{1}{r^2}\left[\frac{\partial}{\partial r}\left(r^2\frac{\partial u}{\partial r}\right) + \frac{1}{\sin\phi}\frac{\partial}{\partial \phi}\left(\sin\phi\frac{\partial u}{\partial \phi}\right) + \frac{1}{\sin^2\phi}\frac{\partial^2 u}{\partial \theta^2}\right]$$

關於符號 方程式 (6) 是用在微積分中，並且擴展我們熟悉的極座標符號。不幸的是，有些書將 θ 和ϕ 互換，並延伸極座標符號 $x = r\cos\phi$ 、 $y = r\sin\phi$ (用於某些歐洲國家)。

12.11.3 球座標中的邊界值問題

我們將會在球座標中求解下列的 **Dirichlet 問題：**

(8) $$\nabla^2 u = \frac{1}{r^2}\left[\frac{\partial}{\partial r}\left(r^2\frac{\partial u}{\partial r}\right) + \frac{1}{\sin\phi}\frac{\partial}{\partial \phi}\left(\sin\phi\frac{\partial u}{\partial \phi}\right)\right] = 0$$

(9) $$u(R, \phi) = f(\phi)$$

(10) $$\lim_{r\to\infty} u(r, \phi) = 0$$

假設其解 u 與 θ 無關，則 PDE (8) 式可得自 (7) 或 (7')，因爲 Dirichlet 條件 (9) 與 θ 無關。這可以是維持在球面 $S: r = R$ 上的靜電位 (或溫度) $f(\phi)$。條件 (10) 代表在無限遠處的靜電位爲零。

分離變數 將 $u(r, \phi) = G(r)H(\phi)$ 代入 (8) 式。將 (8) 式乘以 r^2，進行代換的動作然後除以 GH，我們得到

$$\frac{1}{G}\frac{d}{dr}\left(r^2\frac{dG}{dr}\right) = -\frac{1}{H\sin\phi}\frac{d}{d\phi}\left(\sin\phi\frac{dH}{d\phi}\right)$$

經由相同的推論，兩側都必須等於一個常數 k，因此可以得到兩個 ODE

(11) $$\frac{1}{G}\frac{d}{dr}\left(r^2\frac{dG}{dr}\right) = k \quad 或 \quad r^2\frac{d^2 G}{dr^2} + 2r\frac{dG}{dr} = kG$$

及

(12)
$$\frac{1}{\sin\phi}\frac{d}{d\phi}\left(\sin\phi\,\frac{dH}{d\phi}\right)+kH=0$$

如果設 $k=n(n+1)$，則 (11) 式的解會有個簡單的形式。接著，使用 $G'=dG/dr$ 等表示法，得到

(13)
$$r^2G''+2rG'-n(n+1)G=0$$

這是一個 **Euler-Cauchy 方程式**。由 2.5 節我們知道它的解是 $G=r^a$，代入此式消去公因數 r^a，得到

$$a(a-1)+2a-n(n+1)=0 \quad \text{其根爲} \quad a=n \quad \text{和} \quad -n-1$$

因此解是

(14)
$$G_n(r)=r^n \quad \text{及} \quad G_n^*(r)=\frac{1}{r^{n+1}}$$

我們先求解 (12) 式。設 $\cos\phi=w$，我們有 $\sin^2\phi=1-w^2$ 且

$$\frac{d}{d\phi}=\frac{d}{dw}\frac{dw}{d\phi}=-\sin\phi\frac{d}{dw}$$

因此在 $k=n(n+1)$ 時 (12) 式的形式爲

(15)
$$\frac{d}{dw}\left[(1-w^2)\frac{dH}{dw}\right]+n(n+1)H=0$$

這是 **Legendre 方程式** (見 5.3 節)，詳細地寫爲

(15′)
$$(1-w^2)\frac{d^2H}{dw^2}-2w\frac{dH}{dw}+n(n+1)H=0$$

對整數 $n=0,1,\cdots$, Legendre 多項式

$$H=P_n(w)=P_n(\cos\phi) \qquad n=0,1,\cdots$$

爲 Legendre 方程式 (15) 的解。我們因此得到 Laplace 方程式 (8) 之解 $u=GH$ 的兩個級數，其中 A_n 和 B_n 爲常數，且 $n=0,1,\cdots$，

(16)
$$\text{(a) } u_n(r,\phi)=A_nr^nP_n(\cos\phi), \quad \text{(b) } u_n^*(r,\phi)=\frac{B_n}{r^{n+1}}P_n(\cos\phi)$$

12.11.4 Fourier-Legendre 級數的使用

內部問題：球面 S 內部的位勢　我們考慮一個級數，它的各項來自於 (16a)，

(17)
$$u(r,\phi)=\sum_{n=0}^{\infty}A_nr^nP_n(\cos\phi) \qquad (r\le R)\text{。}$$

因為 S 是來自 $r=R$，為了使 (17) 式滿足在球面 S 上的 Dirichlet 條件 (9)，我們必須有

(18)
$$u(R,\phi)=\sum_{n=0}^{\infty}A_n R^n P_n(\cos\phi)=f(\phi)\ ;$$

也就是 (18) 式必須為 $f(\phi)$ 的 **Fourier-Legendre 級數**。由 5.8 節中的 (7) 式得到係數

(19*)
$$A_n R^n=\frac{2n+1}{2}\int_{-1}^{1}\tilde{f}(w)P_n(w)\,dw$$

其中 $\tilde{f}(w)$ 將 $f(\phi)$ 表示成一個 $w=\cos\phi$ 的函數。因為 $dw=-\sin\phi\,d\phi$，而且積分的上下限 -1 和 1 分別對應於 $\phi=\pi$ 和 $\phi=0$，因此我們也得到

(19)
$$A_n=\frac{2n+1}{2R^n}\int_0^{\pi}f(\phi)P_n(\cos\phi)\sin\phi\,d\phi \qquad n=0,1,\cdots$$

如果 $f(\phi)$ 和 $f'(\phi)$ 在區間 $0\le\phi\le\pi$ 上為片段連續，那麼級數 (17) 就是在球面內部各點的解，而其係數為 (19) 式，因為我們可以證明，在這些連續性條件的假設下，經由逐項微分，具有係數 (19) 的級數 (17) 會得到出現在 (8) 式中的導數，因此驗證了我們的推導。

外部問題：球面 S 外部的位勢　在球面外部我們不能使用 (16a) 中的函數 u_n，因為它們不滿足 (10) 式。不過我們可以使用 (16b) 中的 u_n^*，它確實滿足 (10) 式 (但是不能用在 S 的內部；為什麼？)。以前面同樣方式進行，可以導出外部問題的解

(20)
$$u(r,\phi)=\sum_{n=0}^{\infty}\frac{B_n}{r^{n+1}}P_n(\cos\phi) \qquad (r\ge R)$$

上式滿足 (8)、(9)、(10)，並有係數

(21)
$$B_n=\frac{2n+1}{2}R^{n+1}\int_0^{\pi}f(\phi)P_n(\cos\phi)\sin\phi\,d\phi$$

下一個例題說明了一個半徑為 1，並沿著赤道以絕緣材料的細縫隔開的兩個半球組成的球體，使得這兩個半球可以維持在不同的電位 (110 V 和 0 V)。

例題 1　球座標

求由兩個金屬半球所組成的球形電容器的內部和外部的電位，這兩個半球的半徑為 1 ft，並且為了絕緣以一個細縫隔開，如果上半球的電位保持在 110 V 而下半球接地 (圖 313)。

解

給定的邊界條件為 (回憶圖 312)

$$f(\phi)=\begin{cases}110 & \text{if}\quad 0\le\phi\le\pi/2\\ 0 & \text{if}\quad \pi/2<\phi\le\pi\end{cases}$$

由於 $R=1$，因此由 (19) 式得到

$$\begin{aligned} A_n &= \frac{2n+1}{2} \cdot 110 \int_0^{\pi/2} P_n(\cos\phi)\sin\phi\, d\phi \\ &= \frac{2n+1}{2} \cdot 110 \int_0^{1} P_n(w)\, dw \end{aligned}$$

其中 $w=\cos\phi$ ，因爲 $P_n(\cos\phi)\sin\phi\, d\phi = -P_n(w)\,dw$，我們由 1 到 0 積分，然後經由積分 0 到 1 終於去掉負號。你可以用 CAS 求此積分式的值，或再用 5.2 節的 (11) 式以得到

$$A_n = 55(2n+1)\sum_{m=0}^{M}(-1)^m \frac{(2n-2m)!}{2^n m!(n-m)!(n-2m)!}\int_0^1 w^{n-2m}\, dw$$

其中對偶數的 n 值 $M=n/2$，對奇數的 n 值 $M=(n-1)/2$，積分式等於 $1/(n-2m+1)/2$，因此

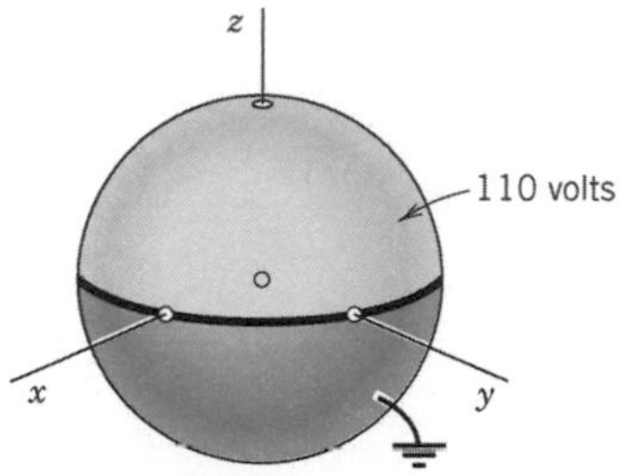

圖 313 例題 1 的球形電容器

(22)
$$A_n = \frac{55(2n+1)}{2^n}\sum_{m=0}^{M}(-1)^m \frac{(2n-2m)!}{m!(n-m)!(n-2m+1)!}$$

取 $n=0$，我們得到 $A_0=55$ (因爲 $0!=1$)。對於 $n=1, 2, 3, \cdots$ 我們得到

$$\begin{aligned} A_1 &= \frac{165}{2} \cdot \frac{2!}{0!1!2!} = \frac{165}{2}, \\ A_2 &= \frac{275}{4}\left(\frac{4!}{0!2!3!} - \frac{2!}{1!1!1!}\right) = 0, \\ A_3 &= \frac{385}{8}\left(\frac{6!}{0!3!4!} - \frac{4!}{1!2!2!}\right) = -\frac{385}{8}, \quad \text{等等} \end{aligned}$$

因此在**球面內部的電位** (17) 爲 (因爲 $P_0=1$)

(23)
$$u(r,\phi) = 55 + \frac{165}{2} r P_1(\cos\phi) - \frac{385}{8} r^3 P_3(\cos\phi) + \cdots \qquad \text{(圖 314)}$$

其中 $P_1, P_3, \cdots$ 得自 5.21 節的 (11') 式。由於 $R=1$，我們可以由本節的 (19) 和 (21) 式看出 $B_n=A_n$，因此由 (20) 式得到了**球面外部的電位**

(24)
$$u(r,\phi) = \frac{55}{r} + \frac{165}{2r^2} P_1(\cos\phi) - \frac{385}{8r^4} P_3(\cos\phi) + \cdots$$

這些級數的部分和，現在可以用來計算內部與外部電位的近似值。另外，我們可以看到在遠離球面的地方，其電位近似於點電荷的電位，即 $55/r$ (與 9.7 節的定理 3 做比較)。 ■

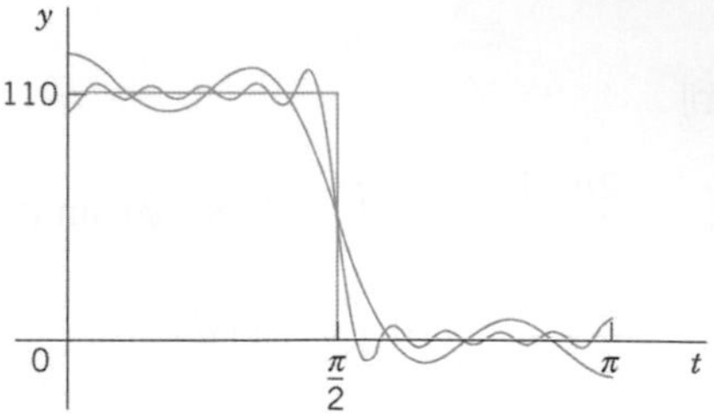

圖 314 對於 $r = R = 1$，(23) 式的前 4、6 及 11 個非零項的部分和

例題 2 較簡單的情形、對於習題的幫助

出現在例題 1 中的那樣的情形的技術，通常是可以避免的。舉例來說，要求出球面 $S: r = R = 1$ 內部的電位，而 S 上的電位維持在 $f(\phi) = \cos 2\phi$ (你可以看出在 S 上的電位嗎？北極上爲何？赤道上爲何？南極上又爲何？)

解

$w = \cos\phi$ 、 $\cos 2\phi = 2\cos^2\phi - 1 = 2w^2 - 1 = \frac{4}{3}P_2(w) - \frac{1}{3} = \frac{4}{3}(\frac{3}{2}w^2 - \frac{1}{2}) - \frac{1}{3}$，因此在球面內部的勢能爲

$$u = \frac{4}{3}r^2 P_2(w) - \frac{1}{3} = \frac{4}{3}r^2 P_2(\cos\phi) - \frac{1}{3} = \frac{2}{3}r^2(3\cos^2\phi - 1) - \frac{1}{3}$$ ■

習題集 12.11

1. **球座標** 由球座標的 $\nabla^2 u$ 推導出 (7) 式。
2. **圓柱座標** 經由將 $\nabla^2 u$ 轉換回卡氏座標以驗證 (5) 式。
3. 畫出 $P_n(\cos\theta)$ 、 $0 \le \theta \le 2\pi$ ，令 $n = 0, 1, 2$ [使用 5.2 節的 (11') 式]。
4. **零位面 (Zero surfaces)** 找出 (16) 式中的 u_1, u_2, u_3 爲零的曲面。
5. **CAS 問題 部分和** 在課文的例題 1 中，驗證 A_0, A_1, A_2, A_3 的值，再計算 $A_4, \cdots, A_{10}$ 的值。利用圖形以了解 (23) 式的部分和與所給邊界函數的近似程度。
6. **CAS 實驗 Gibbs 現象** 以圖形探討例題 1 (圖 314) 中的 Gibbs 現象。
7. 驗證在 (16) 式中的 u_n 和 u_n^* 爲 (8) 式的解。

8–15 只與 r 有關的位勢

8. 證明 $u = c/r$ 、 $r = \sqrt{x^2 + y^2 + z^2}$ 滿足球座標的 Laplace 方程式。
9. **球對稱** 證明只取決於 $r = \sqrt{x^2 + y^2 + z^2}$ 的 Laplace 方程式的解只有 $u = c/r + k$ 一個，其中 c 與 k 爲常數。
10. **圓柱對稱** 證明只取決於 $r = \sqrt{x^2 + y^2}$ 的 Laplace 方程式的解只有 $u = c \ln r + k$ ，其中 c 與 k 爲常數。
11. **驗證** 將 $u(r)$ 代入 $u_{xx} + u_{yy} + u_{zz} = 0$ ，其中 r 如習題 9 所給，以驗證 $u'' + 2u'/r = 0$ 符合 (7) 式。
12. **Dirichlet 問題** 求半徑分別爲 $r_1 = 2$ cm 及 $r_2 = 4$ cm 的同軸圓柱間的靜電位，兩圓柱的電位分別爲 $U_1 = 220$ V 和 $U_2 = 140$ V。
13. **Dirichlet 問題** 求半徑分別爲 $r_1 = 2$ cm 及 $r_2 = 4$ cm 的兩同心球之間的靜電位，兩球面電位分別爲 $U_1 = 220$ V 和 $U_2 = 140$ V。畫出習題 12 和 13 的等位線，並加以比較討論。

14. **熱傳問題** 如果球 $r^2 = x^2 + y^2 + z^2 \le R^2$ 的表面溫度維持在零，而球內的初始溫度爲 $f(r)$，證明在球內溫度 $u(r, t)$ 是 $u_t = c^2(u_{rr} + 2u_r / r)$ 滿足條件 $u(R,t) = 0$、$u(r,0) = f(r)$ 的解。證明，若令 $v = ru$ 可得 $v_t = c^2 v_{rr}$、$v(R,t) = 0$、$v(r,0) = rf(r)$。加入條件 $v(0,t) = 0$（因爲在 $r = 0$ 處 u 必須是有界的，所以成立），並用分離變數法來求解所得的問題。

15. 習題12和13在熱傳問題中的類比是什麼？

16–20 球座標 r, θ, ϕ 中的邊界值問題

找出在球面 $r = R = 1$ 內部的電位，如果在其內部沒有電荷且在球面上的電位爲：

16. $f(\phi) = \cos\phi$　**17.** $f(\phi) = 1$

18. $f(\phi) = 1 - \cos^2\phi$　**19.** $f(\phi) = \cos 2\phi$

20. $f(\phi) = 10\cos^3\phi - 3\cos^2\phi - 5\cos\phi - 1$

21. **點電荷** 證明在習題 17 中，在球體外部的電位相當於是將電荷置於原點的電位。

22. **外部電位** 在習題 16 及 19 中求球體外部的電位。

23. **平面交線** 畫出習題 16 中等位面與 xz 平面的交線。

24. **小組專題 傳輸線以及相關的 PDE**

考慮絕緣不完全的長電纜或電話線（圖 315），所以在整段電纜線中都有漏電發生。電流 $i(x,t)$ 的電源 S 位於電纜的 $x = 0$ 處，接收端 T 位於 $x = l$ 處。電流由 S 流往 T，並且經過負載後回至地面。令常數 R、L、C 及 G 分別表示在電纜線每單位長度上的電阻值、電感值、對地的電容值，及對地的電導值。

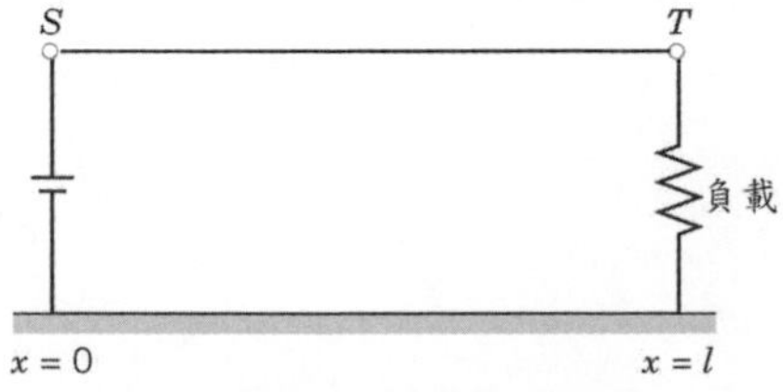

圖 315 傳輸線

(a) 證明（**「第一傳輸線方程式」**）

$$-\frac{\partial u}{\partial x} = Ri + L\frac{\partial i}{\partial t}$$

其中 $u(x,t)$ 爲電纜中的電位。提示：在電纜線介於 x 與 $x + \Delta x$ 間的一小段上引用 Kirchhoff 電壓定律（在 x 與 $x + \Delta x$ 間的電位差 = 電阻壓降 + 電感壓降）。

(b) 對於 (a) 中的電纜線證明（**「第二傳輸線方程式」**），

$$-\frac{\partial i}{\partial x} = Gu + C\frac{\partial u}{\partial t}$$

提示：使用 Kirchhoff 電流定律（在 x 與 $x + \Delta x$ 的電流差 = 由於漏電到地面的損失 + 電容損失）。

(c) **二階 PDE** 證明由傳輸線方程式中消去 i 或 u 可以導出

$$u_{xx} = LCu_{tt} + (RC + GL)u_t + RGu,$$
$$i_{xx} = LCi_{tt} + (RC + GL)i_t + RGi$$

(d) **電報方程式** 對於海底電纜而言，G 可忽略而且頻率很低。證明這將會導出所謂的海底電纜方程式或**電報方程式**

$$u_{xx} = RCu_t, \quad i_{xx} = RCi_t$$

求海底電纜的電位，如果端點 $(x = 0, x = l)$ 接地而且初始電壓分佈 $U_0 =$ 常數。

(e) **高頻線方程式** 證明在高頻交流電的情形下，(c) 中的方程式可以用所謂的**高頻線方程式**來加以近似

$$u_{xx} = LCu_{tt}, \quad i_{xx} = LCi_{tt}$$

求解它們中的第一個，假設初始電位爲

$$U_0 \sin(\pi x / l),$$

且在任何時間 t，在端點 $x = 0$ 和 $x = l$ 處 $u_t(x,0) = 0$。

25. **球中的反射** 令 r, θ, ϕ 爲球座標。若 $u(r, \theta, \phi)$ 滿足 $\nabla^2 u = 0$，證明 $\upsilon(r, \theta, \phi) = u(1/r, \theta, \phi)/r$ 滿足 $\nabla^2 \upsilon = 0$。

12.12 以 Laplace 轉換求解 PDE (Solution of PDEs by Laplace Transforms)

熟悉第 6 章的讀者可能會懷疑 Laplace 轉換是否也可以用來求解*偏*微分方程式。答案是肯定的，特別是如果有一自變數其範圍是在正軸時。求解的步驟與第 6 章類似，對於含兩變數的 PDE，其步驟如下。

1. 對於兩個變數其中之一，通常是 t，取 Laplace 轉換，這樣可得到未知函數之**轉換的 *ODE***。這是由於這個函數對另一個變數的導數隱入了轉換後的方程式，後者同時也結合了給定的邊界以及初始條件。
2. 求解該 ODE，得到未知函數的轉換。
3. 取逆轉換，得到給定問題的解。

如果給定的方程式的係數與 t 無關的話，使用 Laplace 轉換可以簡化問題，

我們以一個典型的例題來解釋這個方法。

例題 1 半無限長 (semi-infinite) 的弦

找出在下列條件下彈性弦的位移 $w(x,t)$ (在此用 w 是因為我們要用 u 來表示單位步階函數)。

(i) 弦一開始在由 $x=0$ 到 $x=\infty$ (「半無限長弦」) 的 x 軸上為靜止。

(ii) 對於 $t>0$，弦的左端點 ($x=0$ 處) 以單一正弦波的方式移動

$$w(0,t)=f(t)=\begin{cases}\sin t & \text{if} \quad 0\le t\le 2\pi \\ 0 & \text{otherwise}\end{cases} \qquad (\text{圖 } 316)$$

(iii) 此外，在 $t\ge 0$ 時 $\lim_{x\to\infty} w(x,t)=0$。

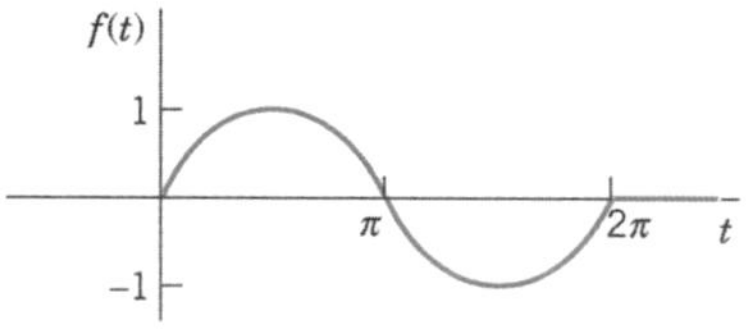

圖 316 在例題 1 中弦的左端點的運動，表示為時間 t 的函數

當然並不會有無限長的弦，不過我們的模型描述了一個在它的右端點固定於 x 軸上很遠處的長弦或繩 (重量可忽略)。

解

我們必須求解波動方程式 (12.2 節)

$$(1) \qquad \frac{\partial^2 w}{\partial t^2}=c^2\frac{\partial^2 w}{\partial x^2}, \qquad c^2=\frac{T}{\rho}$$

對於正值的 x 和 t，其「邊界條件」爲

(2) $$w(0,t)=f(t),\quad \lim_{x\to\infty} w(x,t)=0 \qquad (t\geq 0)$$

其中 f 如上所給，並且初始條件爲

(3) $$\text{(a)}\ w(x,0)=0,\quad \text{(b)}\ w_t(x,0)=0$$

我們對 t 取 Laplace 轉換，由 6.2 節的 (2) 式，

$$\mathscr{L}\left\{\frac{\partial^2 w}{\partial t^2}\right\}=s^2\mathscr{L}\{w\}-sw(x,0)-w_t(x,0)=c^2\mathscr{L}\left\{\frac{\partial^2 w}{\partial x^2}\right\}$$

因爲 (3) 式所以可消去 $-sw(x,0)-w_t(x,0)$。對於右側，我們假設積分以及微分的順序可以對調，那麼

$$\mathscr{L}\left\{\frac{\partial^2 w}{\partial x^2}\right\}=\int_0^\infty e^{-st}\frac{\partial^2 w}{\partial x^2}\,dt=\frac{\partial^2}{\partial x^2}\int_0^\infty e^{-st}w(x,t)\,dt=\frac{\partial^2}{\partial x^2}\mathscr{L}\{w(x,t)\}\text{。}$$

令 $W(x,s)=\mathscr{L}\{w(x,t)\}$，我們得到

$$s^2W=c^2\frac{\partial^2 W}{\partial x^2}\qquad \text{因此}\qquad \frac{\partial^2 W}{\partial x^2}-\frac{s^2}{c^2}W=0$$

因爲這個方程式只包含了對 x 的導數，將 $W(x,s)$ 視爲是 x 的函數，則上式可視爲***常微分方程式***。它的通解是

(4) $$W(x,s)=A(s)e^{sx/c}+B(s)e^{-sx/c}$$

令 $F(s)=\mathscr{L}\{f(t)\}$，由 (2) 式我們可以得

$$W(0,s)=\mathscr{L}\{w(0,t)\}=\mathscr{L}\{f(t)\}=F(s)$$

假設我們可以交換積分的順序，並且取其極限，我們有

$$\lim_{x\to\infty}W(x,s)=\lim_{x\to\infty}\int_0^\infty e^{-st}w(x,t)\,dt=\int_0^\infty e^{-st}\lim_{x\to\infty}w(x,t)\,dt=0$$

這代表了在 (4) 式中 $A(s)=0$，因爲 $c>0$，因此對於每個固定的正 s 值，函數 $e^{sx/c}$ 會隨 x 增大而增大。注意到我們可以假設 $s>0$，因爲一般而言，對於大於某個固定 k 值的*所有* s，Laplace 轉換都存在 (6.2 節)。因此我們有

$$W(0,s)=B(s)=F(s)$$

所以 (4) 式成爲

$$W(x,s)=F(s)e^{-sx/c}$$

令 $a = x/c$，由第二平移定理 (6.3 節)，我們得到逆轉換

$$w(x,t) = f\left(t-\frac{x}{c}\right)u\left(t-\frac{x}{c}\right) \tag{5}$$

(圖 317)

也就是

$$w(x,t) = \sin\left(t-\frac{x}{c}\right) \quad 若 \quad \frac{x}{c} < t < \frac{x}{c}+2\pi \quad 或 \quad ct > x > (t-2\pi)c$$

其它情況則為零。這是一個單一正弦波，以速度 c 向右行進。注意到點 x 直到 $t = x/c$ 之前都保持靜止，該時間即為當我們從 $t = 0$ (起動左端點的運動) 開始，並且以速度 c 行進，抵達 x 所需要的時間。此結果與我們的物理直觀相符。因為我們正式的求解，所以我們必須驗證 (5) 式滿足給定的條件。我們將這部分留給學生。 ■

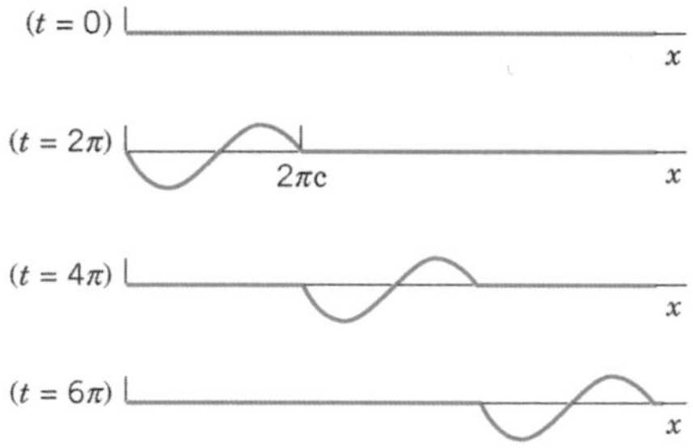

圖 317 例題 1 中的行進波

第 12 章到此結束，在本章中我們專注在物理以及工程上最重要的偏微分方程式。關於傅立葉分析以及偏微分方程式的 C 部分也是到此結束。

展望

我們已經看到了，PDE 可作為許多重要工程問題的模型。確實，PDE 是當前許多研究計畫的探討主題。

偏微分方程式的數值方法是在 21.4－21.7 節中，為了教學的彈性，它們和 E 部分其它各節的數值方法無關。

在下一部分，也就是關於**複變分析**的 D 部分，我們把注意力轉向有著不同本質但對工程師同樣重要的一個領域，豐富的例題與習題會證明此點。特別提一點，D 部分的第 18 章介紹了對二維 **Laplace 方程式**的另一種解法及應用。

習題集 12.12

1. 驗證例題 1 的解。如果在 $t = 2\pi$ 時於左端加上一個 (不中斷的) 正弦波運動，則在例題 1 中，我們會得到什麼樣的行進波？

2. 比照圖 317 繪圖，令 $c = 1$ 且 $f(x)$ 為「三角形」如，在 $0 < x < \frac{1}{2}$ $f(x) = x$，在 $\frac{1}{2} < x < 1$ $f(x) = 1 - x$，且在其它處為 0。

3. 在例題 1 中波的速度與張力以及質量的關係為何？

4–8 以 Laplace 轉換求解

4. $\frac{\partial w}{\partial x}+x\frac{\partial w}{\partial t}=x,\ w(x,0)=1,\ w(0,t)=1$

5. $x\frac{\partial w}{\partial x}+\frac{\partial w}{\partial t}=xt,\ w(x,0)=0$ 若 $x\geq 0$，$w(0,t)=0$ 若 $t\geq 0$。

6. $\frac{\partial w}{\partial x}+2x\frac{\partial w}{\partial t}=2x,\ w(x,0)=1,\ w(0,t)=1$

7. 以變數分離法求解習題 5。

8. $\frac{\partial^2 w}{\partial x^2}=100\frac{\partial^2 w}{\partial t^2}+100\frac{\partial w}{\partial t}+25w$，$w(x,0)=0$ 若 $x\geq 0$，$w_t(x,0)=0$ 若 $t\geq 0$，$w(0,t)=\sin t$ 若 $t\geq 0$

9–12 熱傳問題

求一半無限長，由 $x=0$ 沿著 x 軸延伸到無限遠的橫向絕緣棒的溫度 $w(x,t)$。假設初始溫度為 0，並且對於每個固定的 $t\geq 0$，隨著 $x\to\infty$、$w(x,t)\to 0$，並且 $w(0,t)=f(t)$。依下述進行。

9. 設定模型並且證明由 Laplace 轉換可以得到

$$sW=c^2\frac{\partial^2 W}{\partial x^2}\quad (W=\mathscr{L}\{w\})$$

及

$$W=F(s)e^{-\sqrt{s}x/c}\quad (F=\mathscr{L}\{f\})$$

10. 應用摺積定理，證明習題 9 中

$$w(x,t)=\frac{x}{2c\sqrt{\pi}}\int_0^t f(t-\tau)\tau^{-3/2}e^{-x^2/(4c^2\tau)}\,d\tau\text{。}$$

11. 令 $w(0,t)=f(t)=u(t)$ (6.3 節)，用 w_0、W_0 及 F_0 代表對應之 w、W 及 F。接著證明在習題 10 中

$$\begin{aligned}w_0(x,t)&=\frac{x}{2c\sqrt{\pi}}\int_0^t \tau^{-3/2}e^{-x^2/(4c^2\tau)}\,d\tau\\&=1-\operatorname{erf}\left(\frac{x}{2c\sqrt{t}}\right)\end{aligned}$$

其中誤差函數 erf 定義於 12.7 節的習題。

12. **Duhamel 公式**[4] 證明在習題 11 中

$$W_0(x,s)=\frac{1}{s}e^{-\sqrt{s}x/c}$$

且由摺積定理可得 Duhamel 公式

$$W(x,t)=\int_0^t f(t-\tau)\frac{\partial w_0}{\partial \tau}\,d\tau\text{。}$$

第 11 章 複習題

1. 對什麼樣的問題，其模型會是 ODE？會是 PDE？

2. 舉出幾個模型為 PDE 的物理原理或定律。

3. 舉出三至四個最重要的 PDE 及它們的應用。

4. 在 PDE 中何謂「分離變數」？何時我們要將它連用兩次？

5. 什麼是 d'Alembert 法？它可用於何種 PDE？

6. 傅立葉級數在本章扮演什麼樣的角色？傅立葉積分呢？

7. 何時以及為何會出現 Legendre 方程式？Bessel 方程式？

8. 振動弦的特徵函數及其頻率為何？振動薄膜的呢？

9. 關於 PDE 的類型你記得多少？正規形式呢？它為何重要？

10. 何時我們要使用極座標？圓柱座標？球座標？

11. 請由數學上解釋 (非物理原因)，為何在分離熱傳方程式時我們得到指數函數，而分離波動方程式則沒有。

[4] JEAN-MARIE CONSTANT DUHAMEL (1797–1872)，法國數學家。

12. 為何以及何時會出現誤差函數？

13. 就額外條件而言，波動方程式和熱傳方程式的差異為何？

14. 解釋並列舉 Laplace 方程式的三種邊界條件。

15. 解釋如何將 Laplace 轉換用於 PDE。

16–18 求解 $u = u(x, y)$：

16. $u_{xx} + 25u = 0$

17. $u_{yy} + u_y - 6u = 18$

18. $u_{xx} + u_x = 0, u(0, y) = f(y), u_x(0, y) = g(y)$

19–21 正規形式

轉換到正規形式並求解：

19. $u_{xy} = u_{yy}$

20. $u_{xx} + 6u_{xy} + 9u_{yy} = 0$

21. $u_{xx} - 4u_{yy} = 0$

22–24 振動弦

求出並且繪製 (如 12.3 節的圖 288) 一個長度為 π 、由 $x = 0$ 到 $x = \pi$，並且 $c^2 = T/\rho = 4$ 的振動弦的偏移，初始速度為 0 且初始偏移為：

22. $\sin 4x$

23. $\sin^3 x$

24. $\frac{1}{2}\pi - \left|x - \frac{1}{2}\pi\right|$

25–27 熱

求一個橫向絕緣的薄銅棒 ($c^2 = K/(\sigma\rho) = 1.158$ cm^2/sec) 上的溫度分佈，長度 100 cm、截面積固定、在其端點 $x = 0$ 及 $x = 100$ 處保持在 0 °C，且初始溫度為：

25. $\sin 0.01\pi x$

26. $50 - |50 - x|$

27. $\sin^3 0.01\pi x$

28–30 絕熱條件

求一個橫向絕緣棒的溫度分佈，棒的長度為 π 且 $c^2 = 1$，棒處於絕熱條件 (見習題集 12.6)，而初始溫度為：

28. $3x^2$

29. $100 \cos 2x$

30. $2\pi - 4\left|x - \frac{1}{2}\pi\right|$

31–32 平板上的溫度

31. 令 $f(x, y) = u(x, y, 0)$ 為一個邊長為 π 的薄方形平板上的初始溫度，其表面完全絕緣，並且邊緣保持在 0 °C。分離變數，並且由 $u_t = c^2\nabla^2 u$ 得到解

$$u(x, y, t) = \sum_{m=1}^{\infty}\sum_{n=1}^{\infty} B_{mn} \sin mx \sin ny\, e^{-c^2(m^2+n^2)t}$$

其中

$$B_{mn} = \frac{4}{\pi^2}\int_0^{\pi}\int_0^{\pi} f(x, y) \sin mx \sin ny \, dx\, dy$$

32. 找出在習題 31 中的溫度，若 $f(x, y) = x(\pi - x)y(\pi - y)$。

33–37 薄膜

證明下列面積為 1 且 $c^2 = 1$ 的膜，其基本模式頻率為所給的值 (4 位小數)。加以比較。

33. 圓：$\alpha_1/(2\sqrt{\pi}) = 0.6784$

34. 方形平板：$1/\sqrt{2} = 0.7071$

35. 邊長 1 : 2 的矩形：$\sqrt{5/8} = 0.7906$

36. 半圓：$3.832/\sqrt{8\pi} = 0.7643$

37. 四分之一圓：$\alpha_{21}/(4\sqrt{\pi}) = 0.7244$ ($\alpha_{21} = 5.13562 = J_2$ 的第一個正零點)

38–40 靜電位

求下列 (不含電荷) 區域的靜電位。

38. 介於兩個半徑為 r_0 和 r_1 的同心球間，其電位分別維持在 u_0 和 u_1。

39. 介於兩個半徑為 r_0 和 r_1 的同軸圓柱間，其電位分別維持在 u_0 和 u_1。與習題 38 做比較。

40. 在一個半徑為 1 且保持在電位 $f(\phi) = \cos 3\phi + 3\cos \phi$ 之球的內部 (參考我們慣用的球座標)。

第 12 章摘要 偏微分方程式 (Partial Differential Equations，PDE)

只涉及到一個自變數的問題可以用 ODE (第 1–6 章) 來作爲模型，而涉及到兩個或多個自變數的問題 (多個空間變數或時間 t 再加上一或多個空間變數) 則須要用到 PDE。這足以說明對於工程師和物理學家而言，PDE 的巨大的重要性。最重要的有：

(1)	$u_{tt}=c^2u_{xx}$	一維波動方程式 (12.2－12.4 節)
(2)	$u_{tt}=c^2(u_{xx}+u_{yy})$	二維波動方程式 (12.8－12.10 節)
(3)	$u_t=c^2u_{xx}$	一維熱傳方程式 (12.5、12.6、12.7 節)
(4)	$\nabla^2u=u_{xx}+u_{yy}=0$	二維 Laplace 方程式 (12.6、12.10 節)
(5)	$\nabla^2u=u_{xx}+u_{yy}+u_{zz}=0$	三維 Laplace 方程式 (12.11 節)

方程式 (1) 和 (2) 爲雙曲線型，(3) 爲拋物線型，而 (4) 與 (5) 爲橢圓型。

在實務上，我們所要的是在一個給定的區域中，這些方程式滿足額外條件的解，包括**初始條件** (在時間 $t = 0$ 的條件) 或是**邊界條件** (在區域的邊界面 S 或邊界曲線 C 上，事先給定 u 或它的某些導數的值) 或是兩者。對於 (1) 和 (2) 式而言，我們可以事先指定兩個初始條件 (初始位移和初始速度)。對於 (3) 式我們可以事先指定初始溫度的分布，對於 (4) 和 (5) 式我們可以事先指定一個邊界條件，並且將所得的問題稱爲 (見 12.6 節)

Dirichlet 問題，如果在 S 上事先指定 u，

Neumann 問題，如果在 S 上事先指定 $u_n=\partial u/\partial n$，

混合問題，如果在 S 上的一部分事先指定 u，而在其他的部分指定 u_n。

求解這類問題的通用方法爲**分離變數法**或稱**乘積法**，在此方法中我們假定它們的解是不同函數的乘積，而其中每個函數都只與一個變數有關。因此方程式 (1) 可以經由設定 $u(x, t)=F(x)G(t)$ 來加以求解；見 12.3 節；對於 (3) 式也是相同情形 (見 12.6 節)。代換入給定的方程式中，會得到對於 F 和 G 的常微分方程式，由此我們可以得到無窮多個解 $F=F_n$ 和 $g=G_n$，並且使得對應的函數

$$u_n(x,t)=F_n(x)G_n(t)$$

爲該 PDE 滿足給定的邊界條件的解。這些是待解問題的**特徵函數**，而其對應的**特徵值**則決定了振動的頻率 (或是在熱力方程式中溫度下降的速度等等)。爲了也同時滿足初始條件 (單一或數個)，我們必須考慮 u_n 的無窮級數，其係數是代表初始條件之函數 f 和 g 的傅立葉係數 (12.3、12.6 節)。因此**傅立葉級數** (以及**傅立葉積分**) 在這裡具有基本的重要性 (12.3、12.6、12.7、12.9 節)。

穩態問題指的是它們的解與時間 t 無關的問題，在此情形下熱傳方程式 $u_t=c^2\nabla^2u$ 成爲 Laplace 方程式。

在求解初始值或邊界值問題之前，我們經常會將 PDE 轉換到一個座標系，讓我們所考慮區域的邊界可以用簡單的公式來表示。因此在使用 $x = r\cos\theta$、$y = r\sin\theta$ 的極座標上，**Laplacian** 就變成了 (12.11 節)

(6) $$\nabla^2 u = u_{rr} + \frac{1}{r}u_r + \frac{1}{r^2}u_{\theta\theta};$$

球座標的情形見 12.10 節。如果現在進行變數分離，我們可以由 (2) 和 (6) 式得到 ***Bessel* 方程式** (振動圓形膜，12.10 節)，以及由轉換到球座標的 (5) 式得到 ***Legendre* 方程式** (12.11 節)。

附錄 1

參考文獻

相關軟體請見第 19 章開頭部分

共通參考文獻

[GenRef1] Abramowitz, M. and I. A. Stegun (eds.), *Handbook of Mathematical Functions.* 10th printing, with corrections.Washington, DC:National Bureau of Standards.1972 (also New York:Dover, 1965).另參見 [W1]

[GenRef2] Cajori, F., *History of Mathematics.* 5th ed. Reprinted. Providence, RI:American Mathematical Society, 2002.

[GenRef3] Courant, R. and D. Hilbert, *Methods of Mathematical Physics.*2 vols. Hoboken, NJ:Wiley, 1989.

[GenRef4] Courant, R., *Differential and Integral Calculus.*2 vols. Hoboken, NJ:Wiley, 1988.

[GenRef5] Graham, R. L. et al., *Concrete Mathematics.*2nd ed. Reading, MA:Addison-Wesley, 1994.

[GenRef6] Ito, K. (ed.), *Encyclopedic Dictionary of Mathematics.*4 vols. 2nd ed. Cambridge, MA:MIT Press, 1993.

[GenRef7] Kreyszig, E., Introductory Functional Analysis with Applications.New York:Wiley, 1989.

[GenRef8] Kreyszig, E., *Differential Geometry.* Mineola, NY:Dover, 1991.

[GenRef9] Kreyszig, E. *Introduction to Differential Geometry and Riemannian Geometry.* Toronto: University of Toronto Press, 1975.

[GenRef10] Szegö, G., *Orthogonal Polynomials.*4th ed. Reprinted. New York:American Mathematical Society, 2003.

[GenRef11] Thomas, G. et al., *Thomas' Calculus, Early Transcendentals Update.*10th ed. Reading, A:Addison-Wesley, 2003.

A 部分　常微分方程式 (ODE) (第 1–6 章)

另參見 E 部分：數值分析

[A1] Arnold, V. I., *Ordinary Differential Equations.*3rd ed. New York:Springer, 2006.

[A2] Bhatia, N. P. and G. P. Szego, *Stability Theory of Dynamical Systems.*New York : Springer, 2002.

[A3] Birkhoff, G. and G.-C. Rota, *Ordinary Differential Equations.*4th ed. New York : Wiley, 1989.

[A4] Brauer, F. and J. A. Nohel, *Qualitative Theory of Ordinary Differential Equations.* Mineola, NY : Dover, 1994.

[A5] Churchill, R. V., *Operational Mathematics.* 3rd ed. New York:McGraw-Hill, 1972.

[A6] Coddington, E. A. and R. Carlson, *Linear Ordinary Differential Equations.* Philadelphia: SIAM, 1997.

[A7] Coddington, E. A. and N. Levinson, *Theory of Ordinary Differential Equations.*Malabar, FL:Krieger, 1984.

[A8] Dong, T.-R. et al., *Qualitative Theory of Differential Equations.*Providence, RI:American Mathematical Society, 1992.

[A9] Erdélyi, A. et al., *Tables of Integral Transforms.*2 vols. New York:McGraw-Hill, 1954.

[A10] Hartman, P., *Ordinary Differential Equations.*2nd ed. Philadelphia:SIAM, 2002.

[A11] Ince, E. L., *Ordinary Differential Equations.* New York:Dover, 1956.

[A12] Schiff, J. L., The Laplace Transform : Theory and Applications.New York:Springer, 1999.

[A13] Watson, G. N., *A Treatise on the Theory of Bessel Functions.*2nd ed. Reprinted. New York:Cambridge University Press, 1995.

[A14] Widder, D. V., *The Laplace Transform.*Princeton, NJ:Princeton University Press, 1941.

[A15] Zwillinger, D., *Handbook of Differential Equations.*3rd ed. New York:Academic Press, 1998.

B 部分 線性代數、向量微積分 (第 7–10 章)

有關數值線性代數的書籍，參見 E 部分：數值分析

[B1] Bellman, R., *Introduction to Matrix Analysis.* 2nd ed. Philadelphia:SIAM, 1997.

[B2] Chatelin, F., *Eigenvalues of Matrices.*New York:Wiley-Interscience, 1993.

[B3] Gantmacher, F. R., *The Theory of Matrices.*2 vols. Providence, RI:American Mathematical Society, 2000.

[B4] Gohberg, I. P. et al., Invariant Subspaces of Matrices with Applications.New York:Wiley, 2006.

[B5] Greub, W. H., *Linear Algebra.*4th ed. New York:Springer, 1975.

[B6] Herstein, I. N., *Abstract Algebra.*3rd ed. New York:Wiley, 1996.

[B7] Joshi, A. W., *Matrices and Tensors in Physics.*3rd ed. New York:Wiley, 1995.

[B8] Lang, S., *Linear Algebra.*3rd ed. New York : Springer, 1996.

[B9] Nef, W., *Linear Algebra.*2nd ed. New York : Dover, 1988.

[B10] Parlett, B., *The Symmetric Eigenvalue Problem.*Philadelphia:SIAM, 1998.

C 部分 傅立葉分析及 PDE (第 11–12 章)

關於 PDE 之數值方法的書籍請參見 E 部分：數值分析

[C1] Antimirov, M. Ya., *Applied Integral Transforms.* Providence, RI : American Mathematical Society, 1993.

[C2] Bracewell, R., *The Fourier Transform and Its Applications.*3rd ed. New York:McGraw-Hill, 2000.

[C3] Carslaw, H. S. and J. C. Jaeger, *Conduction of Heat in Solids.*2nd ed. Reprinted. Oxford: Clarendon, 2000.

[C4] Churchill, R. V. and J. W. Brown, *Fourier Series and Boundary Value Problems.*6th ed. New York:McGraw-Hill, 2006.

[C5] DuChateau, P. and D. Zachmann, *Applied Partial Differential Equations.*Mineola, NY : Dover, 2002.

[C6] Hanna, J. R. and J. H. Rowland, *Fourier Series, Transforms, and Boundary Value Problems.*2nd ed. New York:Wiley, 2008.

[C7] Jerri, A. J., The Gibbs Phenomenon in Fourier Analysis, Splines, and Wavelet Approximations.Boston:Kluwer, 1998.

[C8] John, F., *Partial Differential Equations.*4th edition New York:Springer, 1982.

[C9] Tolstov, G. P., *Fourier Series.*New York : Dover, 1976. [C10] Widder, D. V., *The Heat Equation.*New York:Academic Press, 1975.

[C11] Zauderer, E., Partial Differential Equations of Applied Mathematics.3rd ed. New York:Wiley, 2006.

[C12] Zygmund, A. and R. Fefferman, *Trigonometric Series.*3rd ed. New York:Cambridge University Press, 2002.

D 部分 複變分析 (第 13–18 章)

[D1] Ahlfors, L. V., *Complex Analysis.*3rd ed. New York:McGraw-Hill, 1979.

[D2] Bieberbach, L., *Conformal Mapping.* Providence, RI:American Mathematical Society, 2000.

[D3] Henrici, P., *Applied and Computational Complex Analysis.*3 vols. New York:Wiley, 1993.

[D4] Hille, E., *Analytic Function Theory.*2 vols. 2nd ed. Providence, RI:American Mathematical Society, Reprint V1 1983, V2 2005.

[D5] Knopp, K., *Elements of the Theory of Functions.* New York : Dover, 1952.

[D6] Knopp, K., *Theory of Functions.*2 parts.New York:Dover, Reprinted 1996.

[D7] Krantz, S. G., *Complex Analysis : The Geometric Viewpoint.* Washington, DC : The Mathematical Association of America, 1990.

[D8] Lang, S., *Complex Analysis.*4th ed. New York : Springer, 1999.

[D9] Narasimhan, R., *Compact Riemann Surfaces.* New York:Springer, 1996.

[D10] Nehari, Z., *Conformal Mapping.*Mineola, NY:Dover, 1975.

[D11] Springer, G., *Introduction to Riemann Surfaces.*Providence, RI:American Mathematical Society, 2001.

E 部分 數值分析 (第 19–21 章)

[E1] Ames, W. F., *Numerical Methods for Partial Differential Equations.* 3rd ed. New York : Academic Press, 1992.

[E2] Anderson, E., et al., *LAPACK User's Guide.* 3rd ed. Philadelphia : SIAM, 1999.

[E3] Bank, R. E., PLTMG.A Software Package for Solving Elliptic Partial Differential Equations: Users' Guide 8.0.Philadelphia : SIAM, 1998.

[E4] Constanda, C., Solution Techniques for Elementary Partial Differential Equations.Boca Raton, FL : CRC Press, 2002.

[E5] Dahlquist, G. and A. Björck, *Numerical Methods.*Mineola, NY : Dover, 2003.

[E6] DeBoor, C., *A Practical Guide to Splines.* Reprinted. New York:Springer, 2001.

[E7] Dongarra, J. J. et al., *LINPACK Users Guide.*Philadelphia:SIAM, 1979. (See also at the beginning of Chap. 19.)

[E8] Garbow, B. S. et al., *Matrix Eigensystem Routines:EISPACK Guide Extension.* Reprinted. New York:Springer, 1990.

[E9] Golub, G. H. and C. F. Van Loan, *Matrix Computations*.3rd ed. Baltimore, MD : Johns Hopkins University Press, 1996.

[E10] Higham, N. J., *Accuracy and Stability of Numerical Algorithms*.2nd ed. Philadelphia : SIAM, 2002.

[E11] IMSL (International Mathematical and Statistical Libraries), *FORTRAN Numerical Library*.Houston, TX:Visual Numerics, 2002. (See also at the beginning of Chap. 19.)

[E12] IMSL, *IMSL for Java*.Houston, TX:Visual Numerics, 2002.

[E13] IMSL, *C Library*.Houston, TX : Visual Numerics, 2002.

[E14] Kelley, C. T., Iterative Methods for Linear and Nonlinear Equations.Philadelphia:SIAM, 1995.

[E15] Knabner, P. and L. Angerman, *Numerical Methods for Partial Differential Equations*. New York : Springer, 2003.

[E16] Knuth, D. E., *The Art of Computer Programming*. 3 vols. 3rd ed. Reading, MA : Addison-Wesley, 1997– 2009.

[E17] Kreyszig, E., Introductory Functional Analysis with Applications.New York:Wiley, 1989.

[E18] Kreyszig, E., On methods of Fourier analysis in multigrid theory.*Lecture Notes in Pure and Applied Mathematics* 157. New York:Dekker, 1994, pp. 225–242.

[E19] Kreyszig, E., Basic ideas in modern numerical analysis and their origins. Proceedings of the Annual Conference of the Canadian Society for the History and Philosophy of Mathematics.1997, pp. 34–45.

[E20] Kreyszig, E., and J. Todd, *QR* in two dimensions.*Elemente der Mathematik* 31 (1976), pp. 109–114.

[E21] Mortensen, M. E., *Geometric Modeling*.2nd ed. New York:Wiley, 1997.

[E22] Morton, K. W., and D. F. Mayers, *Numerical Solution of Partial Differential Equations : An Introduction*. New York : Cambridge University Press, 1994.

[E23] Ortega, J. M., Introduction to Parallel and Vector Solution of Linear Systems.New York:Plenum Press, 1988.

[E24] Overton, M. L., Numerical Computing with IEEE Floating Point Arithmetic. Philadelphia: SIAM, 2004.

[E25] Press, W. H. et al., *Numerical Recipes in C:The Art of Scientific Computing*.2nd ed. New York:Cambridge University Press, 1992.

[E26] Shampine, L. F., *Numerical Solutions of Ordinary Differential Equations*.New York : Chapman and Hall, 1994.

[E27] Varga, R. S., *Matrix Iterative Analysis*.2nd ed. New York:Springer, 2000.

[E28] Varga, R. S., *Gers ˇgorin and His Circles*. New York:Springer, 2004.

[E29] Wilkinson, J. H., *The Algebraic Eigenvalue Problem*.Oxford:Oxford University Press, 1988.

F 部分 最佳化、圖形法 (第 22–23 章)

[F1] Bondy, J. A. and U.S.R. Murty, *Graph Theory with Applications*.Hoboken, NJ :Wiley-Interscience, 1991.

[F2] Cook, W. J. et al., *Combinatorial Optimization*. New York:Wiley, 1997.

[F3] Diestel, R., *Graph Theory*.4th ed. New York:Springer, 2006.

[F4] Diwekar, U. M., *Introduction to Applied Optimization*.2nd ed. New York:Springer, 2008.

[F5] Gass, S. L., *Linear Programming.Method and Applications*.3rd ed. New York:McGraw-Hill, 1969.

[F6] Gross, J. T. and J.Yellen (eds.), *Handbook of Graph Theory and Applications*.2nd ed. Boca Raton, FL:CRC Press, 2006.

[F7] Goodrich, M. T., and R. Tamassia, Algorithm Design:Foundations, Analysis, and Internet Examples. Hoboken, NJ:Wiley, 2002.

[F8] Harary, F., *Graph Theory*. Reprinted. Reading, MA:Addison-Wesley, 2000.

[F9] Merris, R., *Graph Theory*.Hoboken, NJ : Wiley-Interscience, 2000.

[F10] Ralston, A., and P. Rabinowitz, *A First Course in Numerical Analysis*.2nd ed. Mineola, NY:Dover, 2001.

[F11] Thulasiraman, K., and M. N. S. Swamy, *Graph Theory and Algorithms*.New York : Wiley-Interscience, 1992.

[F12] Tucker, A., *Applied* Hoboken, NJ:Wiley, 2007. *Combinatorics*.5th ed.

網路参考資料

[W1] upgraded version of [GenRef1] online at http://dlmf.nist.gov/.Hardcopy and CD-Rom: Oliver, W. J. et al.(eds.), *NIST Handbook of Mathematical Functions*.Cambridge; New York:Cambridge University Press, 2010.

[W2] O'Connor, J. and E. Robertson, MacTutor History of Mathematics Archive.St. Andrews, Scotland:University of St. Andrews, School of Mathematics and Statistics.Online at http://www-history.mcs.st-andrews. ac.uk. (Biographies of mathematicians, etc.).

附錄 2

部分習題答案

習題集 1.1

1. $y = \frac{1}{\pi}\cos 2\pi x + c$

3. $y = ce^{x}$

5. $y = 2e^{-x}(\sin x - \cos x) + c$

7. $y = \frac{1}{5.13}\sinh 5.13x + c$

9. $y = 1.65e^{-4x} + 0.35$

11. $y = (x + \frac{1}{2})e^{x}$

13. $y = 1/(1 + 3e^{-x})$

15. $y = 0$ 和 $y = 1$ 因爲這兩個 y 值時 $y' = 0$

17. $\exp(-1.4 \cdot 10^{-11}t) = \frac{1}{2}$， $t = 10^{11}(\ln 2)/1.4$ [sec]

19. 將 $y'' = g$ 積分兩次， $y'(t) = gt + v_0$ 、 $y'(0) = v_0 = 0$ (由靜止開始)，則 $y(t) = \frac{1}{2}gt^2 + y_0$ ，其中 $y(0) = y_0 = 0$

習題集 1.2

11. 平行 x 軸的直線

13. $y = x$

15. $mv' = mg - bv^2$, $v' = 9.8 - v^2$, $v(0) = 10$, $v' = 0$ 得到極限速度/ $9.8 = 3.1$ [meter/sec]

17. 步驟 1、5、10 的誤差約爲：0.0052, 0.0382, 0.1245

19. $x_5 = 0.0286$ (誤差 0.0093), $x_{10} = 0.2196$ (誤差 0.0189)

習題集 1.3

1. 如果你在後面再加，可能無法得到答案。
例子： $y' = y$ 、 $\ln|y| = x + c$ 、 $y = e^{x+c} = \tilde{c}e^{x}$ 但不含 $e^{x} + c$ (其 $c \neq 0$)

3. $\cos^2 y\, dy = dx$, $\frac{1}{2}y + \frac{1}{4}\sin 2y + c = x$

5. $y^2 + 36x^2 = c$, 橢圓

7. $y = x\arctan(x^2 + c)$

9. $y = x/(c - x)$

11. $y = 24/x$, 雙曲線

13. $dy/\sin^2 y = dx/\cosh^2 x$, $-\cot y = \tanh x + c$, $c = 0$, $y = -\operatorname{arccot}(\tanh x)$

15. $y^2 + 4x^2 = c = 25$

17. $y = x\arctan(x^3 - 1)$

19. $y_0 e^{kt} = 2y_0$, $e^{k} = 2$ (1 週), $e^{2k} = 2^2$ (2 週), $e^{4k} = 2^4$

21. 69.6% of y_0

23. $PV = c = \text{const}$

25. $T = 22 - 17e^{-0.5306t} = 21.9$[°C] 當 $t = 9.68$min

27. $e^{-k\cdot 10} = \frac{1}{2}$, $k = \frac{1}{10}$, $\ln\frac{1}{2}$, $e^{-kt_0} = 0.01$, $t = (\ln 100)/k = 66$[min]

29. 沒有。使用牛頓冷卻定律。

31. $y = ax,\ y' = g(y/x) = a =$ 常數，與點 (x, y) 無關

33. $\Delta S = 0.15S\Delta\phi,\ dS/d\phi = 0.15S,\ S = S_0 e^{0.15\phi} = 1000S_0,\ \ \phi = (1/0.15)\ln 1000 = 7.3 \cdot 2\pi$ ，八次。

習題集 1.4

1. 正合，$2x = 2x,\ x^2 y = c,\ y = c/x^2$

3. 正合，$y = \arccos(c/\cos x)$

5. 非正合，$y = \sqrt{x^2 + cx}$

7. $F = e^{x^2},\ \ e^{x^2}\tan y = c$

9. 正合，$u = e^{2x}\cos y + k(y),\ u_y = -e^{2x}\sin y + k',\ k' = 0$ 。**解**：$e^{2x}\cos y = 1$

11. $F = \sinh x,\ \sinh^2 x \cos y = c$

13. $u = e^x + k(y),\ u_y = k' = -1 + e^y,\ k = -y + e^y$ 。**解**：$e^x - y + e^y = c$

15. $b = k,\ ax^2 + 2kxy + ly^2 = c$

習題集 1.5

3. $y = ce^x - 5.2$

5. $y = (x + c)e^{-kx}$

7. $y = x^2(c + e^x)$

9. $y = (x - 2.5/e)e^{\cos x}$

11. $y = 2 + c\sin x$

13. 分離變數，$y - 2.5 = c\cosh^4 1.5x$

15. $(y_1 + y_2)' + p(y_1 + y_2) = (y_1' + py_1) + (y_2' + py_2) = 0 + 0 = 0$

17. $(y_1 + y_2)' + p(y_1 + y_2) = (y_1' + py_1) + (y_2' + py_2) = r + 0 = r$

19. $cy_1' + pcy_1 = c(y_1' + py_1) = cr$ 的解

21. $y = uy^*,\ y' + py = u'y^* + uy^{*\prime} + puy^* = u'y^* + u(y^{*\prime} + py^*) = u'y^* + u \cdot 0 = r$ ， $u' = r/y^* = re^{\int p\,dx}$ ， $u = \int e^{\int p\,dx} r\,dx + c$ 。因此，$y = uy_h$ 得到 (4)。我們將會看到此方法擴展到高階 ODE (2.10 節和 3.3 節)。

23. $y^2 = 1 + 8e^{-x^2}$

25. $y = 1/u,\ \ u = ce^{-3.2x} + 10/3.2$

27. $dx/dy = 6e^y - 2x,\ \ x = ce^{-2y} + 2e^y$

31. $T = 240e^{kt} + 60,\ \ T(10) = 200,\ \ k = -0.0539,\ \ t = 102\,\text{min}$

33. $y' = A - ky,\ \ y(0) = 0,\ \ y = A(1 - e^{-kt})/k$

35. $y' = 175(0.0001 - y/450),\ \ y(0) = 450 \cdot 0.0004 = 0.18,\ \ y = 0.135e^{-0.3889t} + 0.045 = 0.18/2,\ e^{-0.3889t} = (0.09 - 0.045)/0.135 = 1/3,\ \ t = (\ln 3)/0.3889 = 2.82$ ，**解**：約 3 年

37. $y' = y - y^2 - 0.2y,\ \ y = 1/(1.25 - 0.75e^{-0.8t})$, 極限 0.8，極限 1

39. $y' = By^2 - Ay = By(y - A/B), A > 0, B > 0$ 。常數解 $y = 0$ 、 $y = A/B$ 、 $y' > 0$ ，若 $y > A/B$ (無限制成長)， $y' < 0$ 若 $0 < y < A/B$ (滅絕)。 $y = A/(ce^{At} + B)$ 、 $y(0) > A/B$ ，若 $c < 0$ 、 $y(0) < A/B$ ，若 $c > 0$ 。

習題集 1.6

1. $x^2/(c^2+9)+y^2/c^2-1=0$
3. $y-\cosh(x-c)-c=0$
5. $y/x=c,\quad y'/x=y/x^2,\quad y'=y/x,\quad \tilde{y}'=-x/\tilde{y}, \tilde{y}^2+x^2=\tilde{c}$，圓
7. $2\tilde{y}^2-x^2=\tilde{c}$
9. $y'=-2xy,\quad \tilde{y}'=1/(2x\tilde{y}),\quad x=\tilde{c}e^{\tilde{y}^2}$
11. $\tilde{y}=\tilde{c}x$
13. $y'=-4x/9y$。軌跡 $\tilde{y}'=9\tilde{y}/4x$、$\tilde{y}=\tilde{c}x^{9/4}(\tilde{c}>0)$，畫出這些曲線。
15. $u=c,\quad u_x\,dx+u_y\,dy=0,\quad y'=-u_x/u_y$。軌跡 $\tilde{y}'=u_{\tilde{y}}/u_x$。現在 $v=\tilde{c}$、$v_x\,dx+v_y\,dy=0$、$y'=-v_x/v_y$。這和 u 的軌跡 ODE 一致，如果 $u_x=v_y$ (同分母) 及 $u_y=-v_x$ (同分子)。但這些就是 Cauchy–Riemann 方程式。

習題集 1.7

1. $y'=f(x,y)=r(x)-p(x)y$；因爲 $\partial f/\partial y=-p(x)$ 是連續的，且在閉區間 $|x-x_0|\le a$ 上是有界的。
3. 在 $|x-x_0|<a$；只要將 $\alpha=b/K$ 中的 b 取很大，如 $b=\alpha K$。
5. R 的邊長爲 $2a$ 和 $2b$ 中心 (1, 1)，因爲 $y(1)=1$。在 R 中，$f=2y^2\le 2(b+1)^2=K$、$\alpha=b/K=b/(2(b+1)^2)$，$d\alpha/db=0$ 得 $b=1$，及 $\alpha_{\text{opt}}=b/K=\frac{1}{8}$。解 $dy/y^2=2\,dx$，等可得 $y=1/(3-2x)$。
7. $|1+y^2|\le K=1+b^2,\quad \alpha=b/K,\quad d\alpha/db=0,\quad b=1,\quad \alpha=\dfrac{1}{2}$
9. 不行。在共點 (x_1,y_1) 上它們要同時滿足「初始條件」$y(x_1)=y_1$，違背了唯一性。

第 1 章複習題

11. $y=ce^{-2x}$
13. $y=1/(ce^{-4x}+4)$
15. $y=ce^{-x}+0.01\cos 10x+0.1\sin 10x$
17. $y=ce^{-2.5x}+0.640x-0.256$
19. $25y^2-4x^2=c$
21. $F=x,\quad x^3e^y+x^2y=c$
23. $y=\sin(x+\dfrac{1}{4}\pi)$
25. $3\sin x+\dfrac{1}{3}\sin y=0$
27. $e^k=1.25,\quad (\ln 2)/\ln 1.25=3.1,\quad (\ln 3)/\ln 1.25=4.9$ [天]
29. $e^k=0.9, 6.6$ 天。由 $e^{kt}=0.5$ 開始 43.7 天，$e^{kt}=0.01$

習題集 2.1

1. $F(x,z,z')=0$
3. $y=e^x+c_1x+c_2$
5. $y=(c_1x+c_2)^{-1/2}$
7. $x=-\cos y+c_1y+c_2$
9. $y_2=1/x^2$
11. $y=c_1e^{2x}+c_2$
13. $y(t)=c_1e^{-t}+kt+c_2$
15. $y=2\cos 3x-\dfrac{1}{3}\sin 3x$
17. $y=-0.75x^{3/2}-2.25x^{-1/2}$
19. $y=15e^{-x}-\sin x$

習題集 2.2

1. $y = c_1 e^{-x/2} + c_2 e^{x/2}$

3. $y(x) = c_1 e^{1/2(-4+\sqrt{6})x} + c_2 e^{-1/2(4+\sqrt{6})x}$

5. $y = (c_1 + c_2 x)e^{-\pi x}$

7. $y = c_1 + c_2 e^{-\frac{5}{4}x}$

9. $y = c_1 e^{\frac{x}{4}} + c_2 e^{-2x}$

11. $y = c_1 e^{-x/2} + c_2 e^{3x/2}$

13. $y = (c_1 + c_2 x)e^{5x/3}$

15. $y = e^{-0.27x}(A\cos(\sqrt{\pi}x) + B\sin(\sqrt{\pi}x))$

17. $y'' + 2\sqrt{2}y' + 2y = 0$

19. $y'' + 2y' + 3y = 0$

21. $y = -\dfrac{1}{2}\sin 3x + \dfrac{1}{5}\cos 3x$

23. $y = \dfrac{3}{5}e^{4x} + \dfrac{7}{5}e^{-x}$

25. $y = 2e^{-x}$

27. $y = (4.5 - x)e^{-\pi x}$

29. $y = \dfrac{1}{\sqrt{\pi}}e^{-0.27x}\sin(\sqrt{\pi}x)$

31. 獨立

33. $c_1x^2 + c_2x^2\ln x = 0$ 以 $x = 1$ 得 $c_1 = 0$；則 $x = 2$ 時 $c_2 = 0$。因此為獨立

35. 獨立，因為 $\sin 2x = 2\sin x\cos x$

37. $y_1 = e^{-x}$, $y_2 = 0.001e^{x} + e^{-x}$

習題集 2.3

1. $4\cosh 2x + 4\sinh 2x$, $3e^{x}$, $-\sin x + 2\cos x$

3. $4e^{x}$, $-4e^{x} + 4xe^{x}$, $16e^{-x}$

5. $10e^{4x}$, $7e^{4x} + 10xe^{4x}$, $4e^{-2x}$

7. $y = c_1 e^{-1/3x} + c_2 e^{1/3x}$

9. $(D - 2.1I)^2$, $y = (c_1 + c_2 x)e^{2.1x}$

11. $y = c_1 e^{3/2x} + c_2 e^{9/2x}$

15. 結合兩個條件以得到 $L(cy + kw) = L(cy) + L(kw) = cLy + kLw$。反向很簡單。

習題集 2.4

1. $y' = y_0\cos\omega_0 t + (\upsilon_0/\omega_0)\sin\omega_0 t$。在整數 t (若 $\omega_0 = \pi$)，週期性的緣故。

3. (i) 降低 $\sqrt{2}$ 倍，(ii) 增高 $\sqrt{2}$ 倍

5. 0.3183, 0.4775, $\sqrt{(k_1 + k_2)/m}/(2\pi) = 0.5738$

7. $mL\theta'' = -mg\sin\theta \approx -mg\theta$ ($W = mg$ 的切線分量)，$\theta'' + \omega_0^2\theta = 0$、$\omega_0/(2\pi) = \sqrt{g/L}/(2\pi)$

9. $my'' = -\tilde{a}\gamma y$，其中 $m = 1$ kg，$ay = \pi \cdot 0.015^2 \cdot 2y$ meter^3 是造成回復力 $a\gamma y$ 之水的體積，並有 $\gamma = 9800$ nt (= weight / meter^3)。 $y'' + \omega_0^2 y = 0,\ \omega_0^2 = a\gamma/m = a\gamma = 0.000707\gamma$。頻率 $\omega_0/2\pi = 0.6[\text{sec}^{-1}]$。

13. $y = [y_0 + (v_0 + \alpha y_0)t]e^{-\alpha t}$, $y = [1 + (v_0 + 1)t]e^{-t}$;
(ii) $v_0 = -2, -\dfrac{3}{2}, -\dfrac{4}{3}, -\dfrac{5}{4}, -\dfrac{6}{5}$

15. $\omega^* = [\omega_0^2 - c^2/(4m^2)]^{1/2} = \omega_0[1 - c^2/(4mk)]^{1/2} \approx \omega_0(1 - c^2/8mk) = 2.9583$

17. $\sin t = \cos 2t$ 正的解，也就是 arctan (2)，1.11 (max)、4.23 (min) 等。

19. $0.0462 = \ln(2) \cdot 2 \cdot 1.5/(15.3)$ [kg / sec]

習題集 2.5

3. $y = (c_1 + c_2 \ln x)\, x^{-1.8}$

5. $\sqrt{x}(c_1 \cos(\ln x) + c_2 \sin(\ln x))$

7. $c_1 x^6 + c_2 / x$

9. $y = (c_1 + c_2 \ln x)\, x^{0.6}$

11. $y = x^2 (c_1 \cos(\sqrt{6} \ln x) + c_2 \sin(\sqrt{6} \ln x))$

13. $y = \dfrac{2}{x^{3/2}} - \dfrac{1}{\sqrt{x}}$

15. $y = \dfrac{3}{2} x - \dfrac{5}{4} x \ln x$

17. $y = \cos(\ln x) + \sin(\ln x)$

19. $y = -\dfrac{1}{10x^3} + \dfrac{3}{5} x^2$

習題集 2.6

3. $W = -2e^{-3x}$

5. $W = -x^4$

7. $W = \dfrac{1}{2} a$

9. $y'' + 25y = 0,\quad W = 5,\quad y = 3 \cos 5x - \sin 5x$

11. $W = 0.5e^{-5x},\quad y'' + 5y' + 6.5y = 0$

13. $W = 3e^{3x},\quad y'' - 3y' = 0$

15. $y'' - 3.24y = 0,\quad W = 1.8,\quad y = 14.2 \cosh 1.8x + 9.1 \sinh 1.8x$

習題集 2.7

1. $y = c_1 e^{-3x} + c_2 e^{-2x} + e^{-x}$

3. $y = c_1 e^{-2x} + c_2 e^{-x} + 6x^2 - 18x + 21$

5. $y = (c_1 + c_2 x) e^{-2x} + \dfrac{1}{2} e^{-x} \sin x$

7. $y = c_1 e^{x} + c_2 e^{3x} - \dfrac{1}{4}(1 + 2x) e^{x} - \dfrac{3}{2} x - 2$

9. $y = c_1 e^{4x} + c_2 e^{-4x} + 1.2x e^{4x} - 2e^{x}$

11. $y = -1 - 2\cos 2x + 2x^2$

13. $y = e^{x/4} - 2e^{x/2} + \dfrac{1}{5} e^{-x} + e^{x}$

15. $y = \ln x$

17. $y = -\dfrac{11}{3} e^{-\frac{1}{5}x} \sin \dfrac{3}{5} x - \dfrac{7}{2} e^{-\frac{1}{5}x} \cos \dfrac{3}{5} x + 4e^{\frac{x}{4}}$

習題集 2.8

3. $y = c_1 e^{-t} + c_2 e^{-3t} - \dfrac{36}{65} \cos 2t - \dfrac{9}{130} \sin 2t$

5. $y = c_1 \cos \dfrac{3}{2} t + c_2 \sin \dfrac{3}{2} t + \dfrac{5}{9} \cos \dfrac{3}{2} t + \dfrac{5}{6} t \sin \dfrac{3}{2} t$

7. $y_p = 25 + \dfrac{4}{3} \cos 3t + \sin 3t$

9. $y = e^{-1.5t}(A \cos t + B \sin t) + 0.8 \cos t + 0.4 \sin t$

11. $y = c_1 \cos 3t + c_2 \sin 3t + \dfrac{1}{18}(1 - 3t) \cos 3t + \dfrac{1}{6} t \sin 3t$

13. $y = c_1 \cos 2t + c_2 \sin 2t - \dfrac{\sin \omega t}{\omega^2 - 4}$

15. $y = e^{-2t}(A \cos 2t + B \sin 2t) + \dfrac{1}{4} \sin 2t$

17. $y = \dfrac{1}{3} \sin t - \dfrac{1}{15} \sin 3t - \dfrac{1}{105} \sin 5t$

19. $y = \frac{2}{5}e^{-2t}\sin t - \frac{1}{5}e^{-2t}\cos t + \frac{1}{5}e^{-t}(\cos t + 2\sin t)$

25. **CAS 實驗** 須要以實驗的方式選擇 ω，先觀察所得的曲線然後以試誤的方式進行。很有趣的是看到，當 $\omega/(2\pi)$ 趨近共振頻率時，節拍的週期會變長，最大振幅會變強。

習題集 2.9

1. $RI' + I/C = 0,\quad I = ce^{-t/(RC)}$

3. $LI' + RI = E,\quad I = (E/R) + ce^{-RT/L} = \frac{11}{2} + ce^{-40t}$

5. $I = 2(\cos t - \cos 20t)/399$

7. 在 $S = 0$ 時，I_0 有最大值；因此 $C = 1/(\omega^2 L)$。

9. $I = 0$

11. $I = c_1e^{-15t} + c_2e^{-5t} + \frac{11}{3}\cos 5t + \frac{22}{3}\sin 5t$

13. $I = c_1e^{-4t}\cos 2\sqrt{21}t + c_2e^{-4t}\sin 2\sqrt{21}t - \frac{45}{37}\cos 50t + \frac{15}{74}\sin 50t$

15. $R > R_{\text{crit}} = 2\sqrt{L/C}$ 爲狀況 I 等。

17. $I = -0.670e^{-9t}\sin 13t - 1.07e^{-9t}\cos 13t - 0.927\sin t + 1.07\cos t$

19. $R = 2\Omega,\quad L = 1\text{H},\quad C = \frac{1}{12}\text{F},\quad E = 4.4\sin 10t \text{ V}$

習題集 2.10

1. $y = c_1\cos 2x + c_2\sin 2x + \frac{1}{8}\cos 2x + \frac{1}{4}x\sin 2x$

3. $c_1\frac{1}{x} + c_2x^3 - \frac{1}{3}x^2$

5. $y = A\cos x + B\sin x + \frac{1}{2}x(\cos x + \sin x)$

7. $y = c_1xe^x + c_2e^x + \frac{3}{4}(3 + 4x + 2x^2)e^{-x}$

9. $y = (c_1 + c_2x)e^x + 4x^{7/2}e^x$

11. $y = c_1x^2 + c_2x^3 + 1/(2x^4)$

13. $y = c_1x^{-3} + c_2x^3 + 3x^5$

第 2 章複習題

7. $y = c_1e^{-\frac{9}{4}x} + c_2e^{-\frac{5}{4}x}$

9. $y = c_1e^{-2x}\sin 3x + c_2e^{-2x}\cos 3x$

11. $y = c_1e^{\frac{2}{3}x} + c_2xe^{\frac{2}{3}x}$

13. $y = c_1x^{-4} + c_2x^3$

15. $y = c_1e^{2x} + c_2e^{-x/2} - 3x + x^2$

17. $y = (c_1 + c_2x)e^{1.5x} + 0.25x^2e^{1.5x}$

19. $y = -\frac{7}{6}\sin 3x + \frac{9}{2}\cos 3x + \frac{3}{2}e^x$

21. $y = -4x + 2x^3 + 1/x$

23. $I = -0.01093\cos 415t + 0.05273\sin 415t$ A

25. $I = \frac{1}{73}(50\sin 4t - 110\cos 4t)$ A

27. RLC 線路，其中 $R = 20\ \Omega, L = 4$ H, $C = 0.1$ F, $E = -25\cos 4t$ V。

29. $\omega = 3.1$ 接近 $\omega_0 = \sqrt{k/m} = 3$、$y = 25(\cos 3t - \cos 3.1t)$。

習題集 3.1

5. $W = -5e^{-4x}$

9. 線性獨立

11. 線性獨立

13. 線性獨立

15. 線性相依

習題集 3.2

1. $y = c_1 + c_2 \sin 3x + c_3 \cos 3x$

3. $y = c_1 + c_2 x + c_3 \sin 4x + c_4 \cos 4x$

5. $y = A_1 \cos x + B_1 \sin x + A_2 \cos 3x + B_2 \sin 3x$

7. $y = \frac{3}{2} + \frac{9}{4} e^{-\frac{3}{2}x} \sin \frac{8x}{5} + \frac{9}{2} e^{-\frac{3}{2}x} \cos \frac{8x}{5}$

9. $y = 4e^{-x} + 5e^{-x/2} \cos 3x$

11. $y = \cosh 5x - \cos 4x$

13. $y = 5.2e^{0.25x} + 2.15e^{-0.6x} + 0.25 \sin 2x + 0.0625 \cos 2x$

習題集 3.3

1. $y = \frac{1}{6} x^3 e^x + x + 4 + c_1 e^x + c_2 x e^x + c_3 x^2 e^x$

3. $-\frac{7}{160} e^{-2x} + \frac{7}{160} e^{2x} + c_1 \cos x + c_2 \sin x + c_3 \cos 2x + c_4 \sin 2x$

5. $y = c_2 x \ln x + c_3 x + \frac{1}{36} \frac{9c_1 x - 4}{x^2}$

7. $y = \cos x + \sin x + c_1 e^x + c_2 x e^x + c_3 x^2 e^x$

9. $y = \cos x + \frac{1}{2} \sin 4x$

11. $y = \frac{2}{5} e^{-2x} \cos x + \frac{2}{5} e^{-2x} \sin x$

13. $y = 2 - 2\sin x + \cos x$

第 3 章複習題

7. $y = c_1 + c_2 e^x \sin 2x + c_3 e^x \cos 2x$

9. $y = \frac{1}{5} e^x - \frac{1}{5} e^{-x} + c_1 \cos 3x + c_2 e^{-3x} + c_3 e^{3x} + c_4 \sin 3x$

11. $y = (c_1 + c_2 x + c_3 x^2) e^{-1.5x}$

13. $y = -24 - 12x - 2x^2 + c_1 e^x + c_2 x e^x + c_3 x^2 e^x$

15. $y = -5 + c_1 + c_2 \sqrt{x} + c_3 x^{\frac{1}{4}}$

17. $y = 2e^{-2x} \cos 4x + 0.05x - 0.06$

19. $y = -\frac{1}{3} e^{-4x}$

習題集 4.1

1. 是

5. $y_1' = 0.02(-y_1 + y_2),\quad y_2' = 0.02(y_1 - 2y_2 + y_3),\quad y_3' = 0.02(y_2 - y_3)$

7. $c_1 = 1,\quad c_2 = -5$

9. $c_1 = 10,\quad c_2 = 5$

11. $y_1' = y_2,\quad y_2' = y_1 + \frac{3}{2} y_2,\quad y = c_1[1/2, 1]^{\mathrm{T}} e^{2t} + [-2, 1]^{\mathrm{T}} e^{-t/2}$

13. $y_1' = y_2$, $y_2' = 12y_1 - y_2$, $y_1 = c_1e^{-4t} + c_2e^{3t}$, $y_2 = y_1'$

15. **(a)** 例如，$C = 1000$ 得 -2.39993 、-0.000167 。**(b)** $-2.4, 0$。

(d) $a_{22} = -4 + 2\sqrt{6.4} = 1.05964$ 得臨界狀況。C 約為 0.18506。

習題集 4.3

1. $y_1 = c_1e^{-t} + c_2e^{t}$, $y_2 = 3c_1e^{-t} + c_2e^{t}$

3. $y_1 = c_1 + c_2e^{t}$, $y_2 = 2c_2e^{t} + \frac{4}{3}c_1$

5. $y_1 = 5c_1 + 2c_2e^{14.5t}$

$y_2 = -2c_1 + 5c_2e^{14.5t}$

7. $y_1 = -(1/2)c_2\sqrt{2}\cos(\sqrt{2}ax) + (1/2)c_3\sin(\sqrt{2}ax)\sqrt{2} + c_1$

$y_2 = c_2\sin(\sqrt{2}ax) + c_3\cos(\sqrt{2}ax)$

$y_3 = (1/2)c_2\sqrt{2}\cos(\sqrt{2}ax) - (1/2)c_3\sin(\sqrt{2}ax)\sqrt{2} + c_1$

9. $y_1 = \frac{1}{2}c_1e^{-18t} + 2c_2e^{9t} - c_3e^{18t}$

$y_2 = c_1e^{-18t} + c_2e^{9t} + c_3e^{18t}$

$y_3 = c_1e^{-18t} - 2c_2e^{9t} - \frac{1}{2}c_3e^{18t}$

11. $y_1 = \frac{8}{5}e^{t} - \frac{18}{5}e^{-t/4}$ $y_2 = \frac{8}{5}e^{t} - \frac{8}{5}e^{-t/4}$

13. $y_1 = \sinh 2t$, $y_2 = \cosh 2t$

15. $y_1 = 0.25e^{-t}$

$y_2 = -0.25e^{-t}$

17. $y_2 = y_1' + y_1$, $y_2' = y_1'' + y_1' = -y_1 - y_2 = -y_1 - (y_1' + y_1)$,

$y_1'' + 2y_1' + 2y_1 = 0$, $y_1 = e^{-t}(A\cos t + B\sin t)$,

$y_2 = y_1' + y_1 = e^{-t}(B\cos t - A\sin t)$，注意到 $r^2 = y_1^2 + y_2^2 = e^{-2t}(A^2 + B^2)$ 。

19. $I_1 = c_1e^{-t} + 3c_2e^{-3t}$, $I_2 = -3c_1e^{-t} - c_2e^{-3t}$

習題集 4.4

1. 不穩定瑕節點，$y_1 = c_1e^{t}$ 、$y_2 = e^{\frac{1}{2}t}$

3. 中心點，一定穩定，$y_1 = c_1\sin 2t + c_2\cos 2t$ 、$y_2 = 2c_1\cos 2t - 2c_2\sin 2t$

5. 穩定螺旋點，$y_1 = e^{-t}(c_1\sin t + c_2\cos t)$ 、$y_2 = -e^{-t}(-c_1\cos t + c_2\sin t)$

7. 鞍點，一定不穩定，$y_1 = c_1e^{-2t} + c_2e^{3t}$ 、$y_2 = c_1e^{-2t} - 4c_2e^{3t}$

9. 不穩定節點，$y_1 = c_1e^{2t} + c_2e^{3t}$ 、$y_2 = -\frac{4}{3}c_1e^{2t} - c_2e^{3t}$

11. $y = e^{-t}(c_1\sin 2t + c_2\cos 2t)$ ，穩定吸引性螺旋點。

15. $p = 0.2 \neq 0$ (原為 0)，$\Delta < 0$ ，螺旋點，不穩定。

17. 例如 **(a)** -2, **(b)** -1, **(c)** $= -\frac{1}{2}$, **(d)** $= 1$, **(e)** 4

習題集 4.5

5. 在 $(0, 0)$ 的中心點。在 $(4, 0)$ 的鞍點。在 $(4, 0)$ 設 $y_1 = 4 + \tilde{y}_1$，則 $\tilde{y}_2' = \tilde{y}_1$ 。

7. 點 $(0,\ 0)$、$y_1' = -y_1 + y_2$、$y_2' = -y_1 - \frac{1}{2}y_2$，為穩定有吸引性螺旋點。點 $(-1, 2)$ 為鞍點，$y_1 = -1 + \tilde{y}_1$、$y_2 = 2 + \tilde{y}_2$、$\tilde{y}_1' = -2\tilde{y}_1 - 3\tilde{y}_2$、$\tilde{y}_2' = -\tilde{y}_1 - \frac{1}{2}\tilde{y}_2$ 。

9. $(0, 0)$ 鞍點，$(-2, 0)$ 和 $(2, 0)$ 為中心點。

11. $(\frac{\pi}{4} \pm n\pi, 0)$ 鞍點；$(-\frac{\pi}{4} \pm n\pi, 0)$ 中心點。對臨界點 $(\frac{\pi}{4}, 0)$，經線性化並使用 $y_1' = \frac{\pi}{4} + \tilde{y}_1$ 和 $y_2' = \tilde{y}_2$ 的代換後可得

$$
\begin{aligned}
y_1' &= \tilde{y}_1' \\
y_2' &= -\cos 2(\tfrac{\pi}{4} + \tilde{y}_1{}') \\
&= \sin 2\tilde{y}_1 \\
&= 2\tilde{y}_1
\end{aligned}
$$

其中我們用了 $\sin 2y = 2y - \frac{4}{3}y^3 + \cdots$ 的關係式。

13. $(\pm 2n\pi, 0)$ 中心點；$y_1 = (2n+1)\pi + \tilde{y}_1$ $(\pi \pm 2n\pi, 0)$ 為鞍點

15. 用乘法，$y_2 y_2' = (4y_1 - y_1^3)y_1'$ 。經積分，$y_2^2 = 4y_1^2 - \frac{1}{2}y_1^4 + c^* = \frac{1}{2}(c + 4 - y_1^2)(c - 4 + y_1^2)$，其中 $c^* = \frac{1}{2}c^2 - 8$ 。

習題集 4.6

3. $y_1 = c_1 e^t + c_2 e^{-t}, \quad y_2 = c_1 e^t - c_2 e^{-t} - \dfrac{5}{3}e^{2t}$

5. $y_1 = -\dfrac{13}{4} - \dfrac{5}{2}t + c_1 e^{2t} + c_2 e^t, \quad y_2 = \dfrac{7}{2} - \dfrac{2}{3}c_1 e^{2t} - c_2 e^t + 3t$

7. $y_1 = c_1 e^{-2t} + c_2 e^{3t} + \dfrac{3}{4}e^{-t} + \dfrac{1}{6}t - \dfrac{1}{36}$

$y_2 = c_1 e^{-2t} - 4c_2 e^{3t} + \dfrac{47}{6}t + \dfrac{175}{36}$

9. 由 $\mathbf{v}$ 的公式可看出，這些不同的選擇其差異是對應於 $\lambda = -2$ 之特徵函數的倍數，在通解 $y^{(h)}$ 中可以由 c_1 吸收，或提出。

11. $y_1 = -\cosh t + 2\sinh t + e^t, \quad y_2 = 2\cosh t - \sinh t - e^t$

13. $y_1 = -\sin 2t - \cos 2t + 2\sin t, \quad y_2 = 2\cos 2t - 2\sin 2t$

15. $y_1 = e^{2t} + 4t + 4 - 6e^t, \quad y_2 = \dfrac{2}{3}e^{2t} + 9t + 1 - 6e^t + \dfrac{7}{3}e^{-t}$

17. $I_1 = 2c_1 e^{\lambda_1 t} + 2c_2 e^{\lambda_2 t} + 100$,
$I_2 = (1.1 + \sqrt{0.41})c_1 e^{\lambda_1 t} + (1.1 - \sqrt{0.41})c_2 e^{\lambda_2 t}$,
$\lambda_1 = -0.9 + \sqrt{0.41}, \quad \lambda_2 = -0.9 - \sqrt{0.41}$

19. $c_1 = 17.948, \quad c_2 = -67.948$

第 4 章複習題

11. $y_1 = c_1 e^{-3t} + c_2 e^{3t}$, $y_2 = -3c_1 e^{-3t} + 3c_2 e^{3t}$，鞍點

13. $y_1 = e^{-2t}(c_1 \sin t + c_2 \cos t)$, $y_2 = \frac{1}{5} e^{-2t}(3c_1 \sin t + c_1 \cos t + 3c_2 \cos t - c_2 \sin t)$，漸近穩定鞍點

15. $y_1 = c_1 e^{-5t} + c_2 e^{-t}$, $y_2 = c_1 e^{-5t} - c_2 e^{-t}$，穩定節點

17. $y_1 = e^{-t}(A\cos 2t + B\sin 2t)$, $y_2 = e^{-t}(B\cos 2t - A\sin 2t)$，穩定且吸引性螺旋點

19. 不穩定螺旋點

21. $y_1 = c_1 e^{-2t} + c_2 e^{2t} - 4 - 8t^2$, $y_2 = -c_1 e^{-2t} + c_2 e^{2t} - 8t$

23. $y_1 = 2c_1 e^{-t} + 2c_2 e^{3t} + \cos t - \sin t$, $y_2 = -c_1 e^{-t} + c_2 e^{3t}$

25. $I_1' + 2.5(I_1 - I_2) = 169\sin 2t$, $2.5(I_2' - I_1') + 25I_2 = 0$,

$I_1(t) = (31.8 + 58.3t)e^{-5.0t} - 31.8\cos(2.0t) + 50.2\sin(2.0t)$,

$I_2(t) = (-8.44 - 58.3t)e^{-5.0t} + 8.04\sin(2.0t) + 8.44\cos(2.0t)$

27. $(0, 0)$ 鞍點；$(-1,0)$ 、$(1,0)$ 中心點

29. $(n\pi, 0)$ 當 n 爲奇數時中心點，當 n 爲偶數時鞍點

習題集 5.1

3. $\sqrt{|k|}$

5. $\sqrt{3/2}$

7. $y(x) = A(1 - 2x^2 + 2x^4 + \cdots) = Ae^{-2x^2}$

9. $y = a_0 + a_1 x - \frac{1}{2}a_0 x^2 - \frac{1}{6}a_1 x^3 + \cdots = a_0 \cos x + a_1 \sin x$

11. $y(x) = A(1 - \frac{1}{12}x^4 + \frac{1}{60}x^5 + \cdots) + B(x - \frac{1}{2}x^2 + \frac{1}{6}x^3 - \frac{1}{24}x^4 - \frac{1}{24}x^5 + \cdots)$

13. $a_0(1 - \frac{1}{2}x^2 - \frac{1}{24}x^4 + \frac{13}{720}x^6 + \cdots) + a_1(x - \frac{1}{6}x^3 - \frac{1}{24}x^5 + \frac{5}{1008}x^7 + \cdots)$

15. $\sum_{m=1}^{\infty} \frac{(m+1)(m+2)}{(m+1)^2+1} x^m$, $\sum_{m=5}^{\infty} \frac{(m-4)^2}{(m-3)!} x^m$

17. $s(x) = 1 + x - x^2 - x^3 + \frac{5}{6}x^4 + \frac{7}{10}x^5$, $s(\frac{1}{4}) = \frac{36121}{30720} = 1.1758$

19. $s(x) = 4 - 4x^2 - \frac{8}{3}x^3 + \frac{16}{15}x^5$, $s(2) = \frac{4}{5}$，但 $x = 2$ 太大無法得到好的值。確解爲 $4\exp(2x)(x-1)^2$ 。

習題集 5.2

5. $P_6(x) = \frac{1}{16}(231x^6 - 315x^4 + 105x^2 - 5)$,

$P_7(x) = \frac{1}{16}(429x^7 - 693x^5 + 315x^3 - 35x)$

11. 設 $x = az$ 、 $y = c_1 P_n(x/a) + c_2 Q_n(x/a)$ 。

15. $P_1^1 = \sqrt{1-x^2}$, $P_2^1 = 3x\sqrt{1-x^2}$, $P_2^2 = 3(1-x^2)$,

$P_4^2 = (1-x^2)(105x^2 - 15)/2$

習題集 5.3

3. $y_1=(1+\frac{1}{6}x^2+\frac{1}{120}x^4+\cdots)=\frac{\sinh x}{x}$

$y_2=\frac{1}{x}(1+\frac{1}{2}x^2+\frac{1}{24}x^4+\cdots)=\frac{\cosh x}{x}$

5. $b_0=-1,\quad c_0=1,\quad (r-1)^2y_1=x(1-3x+\frac{15}{4}x^2-\frac{35}{12}x^3+\frac{105}{64}x^4-\frac{231}{320}x^5+\cdots),$

$y_2=x\ln(x)y_1+x(4x-\frac{29}{4}x^2+\frac{27}{4}x^3-\frac{1633}{384}x^4+\frac{779}{384}x^5+\cdots)$

7. $y_1=1+\frac{1}{4}x^2-\frac{1}{6}x^3+\frac{1}{96}x^4-\frac{1}{60}x^5+\cdots,$

$y_2=x+\frac{1}{12}x^3-\frac{1}{12}x^4+\frac{1}{480}x^5+\cdots$

9. $y_1\sqrt{x},\quad y_2=1+x$

11. $y_1=e^x,\quad y_2=e^x/x$

13. $y_1=e^{-x},\quad y_2=e^{-x}\ln x$

15. $y=AF(1,1,-\frac{1}{2};x)+Bx^{3/2}F(\frac{5}{2},\frac{5}{2},\frac{5}{2};x)$

17. $y=A(1-8x+\frac{32}{5}x^2)+Bx^{3/4}F(\frac{7}{4},-\frac{5}{4},\frac{7}{4};x)$

19. $y=c_1F(2,-2,-\frac{1}{2};t-2)+c_2(t-2)^{3/2}F(\frac{7}{2},-\frac{1}{2},\frac{5}{2};t-2)$

習題集 5.4

3. $c_1J_0(2\sqrt{x})+c_2Y_0(2\sqrt{x})$

5. $c_1J_\nu(\lambda x)+c_2J_{-\nu}(\lambda x),\quad \nu\neq 0,\pm1,\pm2,\cdots$

7. $c_1J_{1/4}(x)+c_2Y_{1/4}(x)$

9. $x^{-\nu}(c_1J_\nu(x)+c_2J_{-\nu}(x)),\quad \nu\neq 0,\pm1,\pm2,\cdots$

13. 由 Rolle 定理，$J_n(x_1)=J_n(x_2)=0$ 代表了在 x_1 和 x_2 間的某處 $x_1^{-n}J_n(x_1)=x_2^{-n}J_n(x_2)=0$ 及 $[x^{-n}J_n(x)]'=0$。現在用 (21b) 以在該處得到 $J_{n+1}(x)=0$。反過來，$J_{n+1}(x_3)=J_{n+1}(x_4)=0$，因此由 Rolle 定理及 (21a) 式和 $\nu=n+1$，$x_3^{n+1}J_{n+1}(x_3)=x_4^{n+1}J_{n+1}(x_4)=0$ 代表了 $J_n(x)=0$。

15. 由 Rolle 定理，在 J_0 的兩個零點間至少有一次 $J_0'=0$。由 (21b) 及 $\nu=0$，用 $J_0'=-J_1$。加上在 J_0 的兩個零點間至少有一次 $J_1=0$。由 (21a) 及 $\nu=1$ 和 Rolle 定理，同時使用 $(xJ_1)'=xJ_0$。

19. 分別使用 (21b) 及 $\nu=0$、(21a) 及 $\nu=1$、(21d) 及 $\nu=2$。

21. 積分 (21a)。

23. 用 (21a) 及 $\nu=1$，部分積分，(21b) 及 $\nu=0$，部分積分。

25. 用 (21d) 以得到

$$\int J_3(x)\,dx = -2J_2(x)+\int J_1(x)\,dx \tag{1}$$

$$= -2J_2(x)-J_0(x)+C \tag{2}$$

習題集 5.5

1. $c_1J_3(x)+c_2Y_3(x)$

3. $c_1J_{1/3}(\frac{x^2}{2})+c_2Y_{1/3}(\frac{x^2}{2})$

5. $c_1J_0(\sqrt{x})+c_2Y_0(\sqrt{x})$

7. $\sqrt{x}(c_1J_{1/4}(\frac{1}{2}kx^2)+c_2Y_{1/4}(\frac{1}{2}kx^2))$

9. $x^2(c_1J_2(x)+c_2Y_2(x))$

11. 設 $H^{(1)}=kH^{(2)}$ 並使用 (10)。

13. 用 5.4 節的 (20) 式。

第 5 章複習題

11. $\cos 3x$, $\sin 3x$

13. $(x-1)^{-5}$, $(x-1)^7$；Euler–Cauchy 函數以 $x-1$ 代 x

15. $J_{\sqrt{5}}(x)$, $J_{-\sqrt{5}}(x)$

17. e^x, $1-x$

19. $\sqrt{x}J_1(2\sqrt{x})$, $\sqrt{x}Y_1(2\sqrt{x})$

習題集 6.1

1. $2/s^2+8/s$

3. $s/(s^2+4\pi^2)$

5. $1/(s-4)(s-2)$

7. $\dfrac{\cos(\theta)s-\sin(\theta)\omega}{s^2+\omega^2}$

9. $\dfrac{1-(s+1)e^{-s}}{s^2}$

11. $\dfrac{1-e^{-bs}}{s^2}-\dfrac{be^{-bs}}{s}$

13. $\dfrac{(1-e^{-s})^2}{s}$

15. $\dfrac{e^{-s}-1}{2s^2}-\dfrac{e^{-s}}{2s}+\dfrac{1}{s}$

19. 用 $e^{at}=\cosh at+\sinh at$ 。

23. 設 $ct=p$ 。則 $\mathscr{L}(f(ct))=\int_0^\infty e^{-st}f(ct)\,dt=\int_0^\infty e^{-(s/c)p}f(p)\,dp/c=F(s/c)/c$

25. $0.2\cos(1.4t)+\sin(1.4t)$

27. $\dfrac{\cos\left(\frac{1}{2}\ \frac{\pi t}{L}\right)}{L^2}$

29. $-1/15t^3(-5+6t^2)$

31. $2e^{3t}-3e^{-t}$

33. $\dfrac{6}{(s+2)^4}$

35. $32\dfrac{\pi}{(2s+1)^2+64\pi^2}$

37. $\pi t^2e^{-\pi t}$

39. $\dfrac{3}{4}t^5e^{-\sqrt{3}t}$

41. $e^{-2\pi t}\sinh(\pi t)$

43. $\dfrac{1}{4}e^{-t}(12\cos(2t)+\sin(2t))$

45. $k_0+k_1te^{at}$

習題集 6.2

1. $y=-\dfrac{18}{5}\sin(x)\cos(x)+\dfrac{3}{5}-\dfrac{6}{5}(\cos(x))^2+\dfrac{3}{5}e^{-2/3x}$

3. $s^2Y+(Y-1)s-6Y-2=0$, $Y=\dfrac{s+2}{s^2+s-6}$, $y=4/5e^{2t}+1/5e^{-3t}$

5. $(s^2-\dfrac{1}{4})Y=12s$, $y=12\cosh\dfrac{1}{2}t$

7. $y=\dfrac{1}{2}e^{3t}+\dfrac{5}{2}e^{-4t}+\dfrac{1}{2}e^{-3t}$

9. $y = 2e^{2t} + e^t - 1 + 2t$

11. $(s+1.5)^2 Y = s + 31.5 + 3 + 54/s^4 + 64/s$,

$Y = 1/(s+1.5) + 1/(s+1.5)^2 + 24/s^4 - 32/s^3 + 32/s^2$,

$y = (1+t)e^{-1.5t} + 4t^3 - 16t^2 + 32t$

13. $t = \tilde{t} - 1, \quad \tilde{Y} = 4/(s-6), \quad \tilde{y} = 4e^{6t}, \quad y = 4e^{6(t+1)}$

15. $t = \tilde{t} + 1.5, \quad (s-1)(s+4)\tilde{Y} = 4s + 17 + 6/(s-2), \quad y = 3e^{t-1.5} + e^{2(t-1.5)}$

17. $\dfrac{1}{(s-a)^2}$

19. $\dfrac{2\omega^2 + s^2}{s(s^2 + 4\omega^2)}$

21. $\mathbf{L}(f') = \mathbf{L}(\sinh 2t) = s\mathbf{L}(f) - 0$，因為 $\mathscr{L}f = \dfrac{2}{s(s^2-4)}$

23. $6 - 6e^{-1/3t}$

25. $4\dfrac{1-\cos(1/2\omega t)}{\omega^2}$

27. $-\dfrac{1}{4}\cos 2t - \sin 2t + \dfrac{1}{4} + 2t$

29. $\dfrac{1}{a^2}(e^{-at} - 1) + \dfrac{t}{a}$

習題集 6.3

3. e^{-3s}/s^2

5. $e^{-t}(1 - u(\pi/2)) = (1 - e^{-\frac{1}{2}\pi(1+s)})/(1+s)$

7. $2\dfrac{e^{-s-1/2\pi} - e^{-3/2\pi-3s}}{2s+\pi}$

9. $1/2\dfrac{e^{-5/2s}(25s^2 + 20s + 8)}{s^3}$

11. $(se^{-\pi s/2} + e^{-\pi s})/(s^2+1)$

13. $\sin 2t u(\pi - t)\sin 2t$

15. $\dfrac{1}{120}(t-2)^5 u(t-2)$

17. $e^{-t}\cos t\,(0 < t < 2\pi)$

19. $\dfrac{1}{15}e^{-t} + \dfrac{83}{80}e^{4t} - \dfrac{1}{48}e^{-4t} - \dfrac{1}{12}e^{2t}$

21. $\dfrac{1}{2}\sin 2t + \dfrac{4}{3}\cos t + \dfrac{4}{3}\cos 2t, (0 < t < \pi); \dfrac{1}{2}\sin 2t, (t > \pi)$

23. $-\sin t, (0 < t < 2\pi), \quad -\dfrac{1}{2}\sin 2t, (t > 2\pi)$

25. $2t - 4\sin t, (t > 1); 2 - 4\sin t + 2\sin(t-1), (t \geq 1)$

27. $t = 1 + \tilde{t}$, $\tilde{y}'' + 4\tilde{y} = 8(1+\tilde{t})^2(1 - u(\tilde{t} - 4))$, $\cos 2t + 2t^2 - 1$

若 $t < 5$，$\cos 2t + 49\cos(2t-10) + 10\sin(2t-10)$ 若 $t > 5$

29. $0.1i' + 25i = 490e^{-5t}[1 - u(t-1)]$, $i = 20(e^{-5t} - e^{-250t}) + 20u(t-1)[-e^{-5t} + e^{-250t+245}]$

31. $Rq' + q/C = 0,\ Q = \mathbf{L}(q),\ q(0) = CV_0,\ i = q'(t),\quad R(sQ - CV_0) + Q/C = 0,\ q = CV_0 e^{-t/(RC)}$

33. $10I + \dfrac{100}{s}I = \dfrac{100}{s^2}e^{-2s},\ I = e^{-2s}\left(\dfrac{1}{s} - \dfrac{1}{s+10}\right)$，當 $t < 2$ 時 $i = 0$，當 $t > 2$ 時 $i = 1 - e^{-10(t-2)}$

35. $i = (10\sin 10t + 100\sin t)(u(t-\pi) - u(t-3\pi))$

37. $(0.5s^2 + 20)I = 78s(1 + e^{-\pi s})/(s^2+1)$, $i = 4\cos t - 4\cos\sqrt{40}t - 4u(t-\pi)[\cos t + \cos(\sqrt{40}(t-\pi))]$

39. $i' + 2i + 2\int_0^t i(\tau)\,d\tau = 1000(1-u(t-2)),\ I = 1000(1-e^{-2s})/(s^2+2s+2)$

$i = 1000e^{-t}\sin t - 1000u(t-2)e^{-t+2}\sin(t-2)$

習題集 6.4

3. $y = 2\cos(3t) + \frac{1}{3}u(t-1/2\pi)\cos(3t)$

5. $y = \begin{cases} \frac{1}{2}\sin(2t) & 0 < t < \pi \\ \sin(2t) & \pi < t \le 2\pi \\ \frac{1}{2}\sin(2t) & t > 2\pi \end{cases}$

7. $y = \frac{3}{5}e^{-t} + \frac{1}{2}u(t-\frac{1}{4})e^{-2t+1/2}\sin(\frac{1}{2}t-\frac{1}{8})$

9. $y(t) = \frac{1}{5}e^{t}u(2-t) + \frac{1}{5}e^{4-t}u(t-2)(\cos(t-2) - 3\sin(t-2)) + \frac{1}{5}(-\cos(t) + 3\sin(t))e^{-t}$

11. $y(t) = e^{-t} - e^{-2t} + u(t-2)(e^{2-t} - e^{-2t+4}) + \frac{1}{2}(1-2e^{1-t} + e^{-2t+2})u(t-1)$

15. $ke^{-ps}/(s - se^{-ps})\ (s > 0)$

習題集 6.5

1. $-t$

3. $(e^{t} + e^{-t})/2 = \sinh t$

5. $\frac{\sin \omega t}{\omega}$

7. $te^{-t} - te^{-2t}$

9. $y + 1 * y = 2;\ Y = \frac{2}{s+1};\ y = 2e^{-t}$

11. $Y = \frac{s}{s^2-1};\ y = \cosh t$

13. $y(t) + 2\int_0^t e^{t-\tau}y(\tau)\,d\tau = te^{t},\ y = \sinh t$

17. $e^{4t} - e^{-1.5t}$

19. $t\sin \pi t$

21. $-\frac{t}{\omega} + \frac{\sinh(\omega t)}{\omega^2}$

23. $4.5(\cosh 3t - 1)$

25. $1.5t\sin 6t$

習題集 6.6

3. $\frac{1}{4}(s+2)^{-2}$

5. $2\frac{s\omega}{(s^2+\omega^2)^2}$

7. $(s-2)^{-3} - (s+2)^{-3}$

9. $16\frac{s(4s^2 - 3\pi^2)}{(4s^2+\pi^2)^3}$

11. $\frac{\pi}{s^2 + 4\pi^2}$

15. $F(s) = -\frac{1}{2}\left(\frac{1}{s^2-4}\right)',\ f(t) = \frac{1}{4}\sinh 2t$

17. $\ln s - \ln(s-1);\ (-1 + e^{t})/t$

19. $[\ln(s^2+1) - 2\ln(s-1)]' = 2s/(s^2+1) - 2/(s-1);\ 2(-\cos t + e^{t})/t$

習題集 6.7

3. $y_1(t)=\cosh(t)+2\sinh(t),\quad y_2(t)=\sinh(t)$

5. $y_1(t)=1-u(t-1)(2(\sin(1/2t-1/2))^2+\sin(t-1))+2\sin(t),$

$y_2(t)=-2+2\cos(t)+(-\sin(t-1)+2(\sin(\frac{1}{2}t-\frac{1}{2}))^2)u(t-1)$

7. $y_1=-e^{-2t}+4e^t+\frac{1}{3}u(t-1)(-e^{3-2t}+e^t),\quad y_2=-e^{-2t}+e^t+\frac{1}{3}u(t-1)(-e^{3-2t}+e^t)$

9. $y_1(t)=-(t-1)e^{2t},\quad y_2(t)=-te^{2t}$

11. $y_1=e^t+e^{2t},\quad y_2=e^{2t}$

13. $y_1=-4e^t+\sin 10t+4\cos t,\quad y_2=4e^t-\sin 10t+4\cos t$

15. $y_1=-\frac{3}{2}\cosh(t)+\frac{1}{2}\sinh(t)+\frac{3}{2},\quad y_2=-\frac{3}{2}\cosh(t)+\frac{5}{2}\sinh(t)+\frac{3}{2},\quad y_3=-\frac{1}{2}\cosh(t)+\frac{3}{2}\sinh(t)+\frac{3}{2}$

19. $4i_1+8(i_1-i_2)+2i_1'=390\cos t,\quad 8i_2+8(i_2-i_1)+4i_2'=0,$

$i_1=-26e^{-2t}-16e^{-8t}+42\cos t+15\sin t,$

$i_2=-26e^{-2t}+8e^{-8t}+18\cos t+12\sin t$

第 6 章複習題

11. $\frac{3s}{s^2-1}-\frac{10}{s^2-4}$

13. $\frac{1}{2}\frac{\pi^2+2s^2}{s(s^2+\pi^2)}$

15. $2\frac{e^{-1-2s}}{1+2s}$

17. $\frac{s(s^2-1)}{(s^2+1)^2}$

19. $\frac{8}{(s+2)s^3}$

21. $(2-t)u(t-1)$

23. $\sin(\theta-\omega t)$

25. $t(t-2)$

27. $\frac{1}{2}e^{-t}(4\cos 2t-\sin 2t)$

29. $y=5t-2-5e^{-t}\sin 2t$

31. $y=\frac{1}{2}e^{-2t}+5(u(\pi-t)-1)e^{t-\pi}+(s\sin t-9\cos t-4e^{-2t+2\pi})u(t-\pi)$

33. $y=\begin{cases}0 & t<1\\ 1-3e^{2t-2}+2e^{3t-3} & 1\le t\end{cases}$

35. $y_1=4e^t-e^{-2t},\quad y_2=e^t-e^{-2t}$

37. $y_1=2\cos(t)-u(t-\pi)\sin(t)-1,\quad y_2=2\sin(t)+2u(t-\pi)(\cos(1/2t))^2$

39. $y_1=(1/\sqrt{10})\sin\sqrt{10}t,\quad y_2=-(1/\sqrt{10})\sin\sqrt{10}t$

41. $1-e^{-t}(0<t<4),\ (e^4-1)e^{-t}(t>4)$

43. $i(t)=e^{-4t}(\frac{3}{26}\cos 3t-\frac{10}{39}\sin 3t)-\frac{3}{26}\cos 10t+\frac{8}{65}\sin 10t$

45. $5i_1'+20(i_1-i_2)=60,\quad 30i_2'+20(i_2'-i_1')+20i_2=0,\quad i_1=-8e^{-2t}+5e^{-0.8t}+3,\quad i_2=-4e^{-2t}+4e^{-0.8t}$

習題集 7.1

3. 3×3, 3×4, 3×6, 2×2, 2×3, 3×2

5. $\mathbf{B}=\frac{1}{5}\mathbf{A},\quad \frac{1}{10}\mathbf{A}$

7. 不行、不行、可以、不行、不行

9. $\begin{bmatrix} 5 & -10 & 25 \\ 20 & 20 & 40 \\ -15 & 5 & 0 \end{bmatrix}, \begin{bmatrix} 1.25 & 0.50 & 0.0 \\ -1.25 & 0.75 & -1.0 \\ -1.0 & 0.50 & -1.0 \end{bmatrix}, \begin{bmatrix} 6.25 & -9.50 & 25.0 \\ 18.75 & 20.75 & 39.0 \\ -16.0 & 5.50 & -1.0 \end{bmatrix}$、無定義

11. $\begin{bmatrix} 12 & -4 \\ 28 & -24 \\ -8 & 10 \end{bmatrix}, \begin{bmatrix} 12 & -4 \\ 28 & -24 \\ -8 & 10 \end{bmatrix}, \begin{bmatrix} 12 & -4 \\ 28 & -24 \\ -8 & 10 \end{bmatrix}, \begin{bmatrix} 3.60 & -1.20 \\ 0.0 & -1.60 \\ 0.40 & -1.20 \end{bmatrix}, \begin{bmatrix} 3.60 & -1.20 \\ 0.0 & -1.60 \\ 0.40 & -1.20 \end{bmatrix}$

13. $\begin{bmatrix} 90 & -30 \\ 30 & -60 \\ 0 & -15 \end{bmatrix}, \begin{bmatrix} 90 & -30 \\ 30 & -60 \\ 0 & -15 \end{bmatrix}, \begin{bmatrix} 3 & -1 \\ -2 & 0 \\ 1 & -2 \end{bmatrix}$、無定義

15. $\begin{bmatrix} 7.20 \\ 9.0 \\ -7.50 \end{bmatrix}, \begin{bmatrix} 7.20 \\ 9.0 \\ -7.50 \end{bmatrix}$、無定義、無定義

17. $\begin{bmatrix} -0.80 \\ -11.0 \\ 8.50 \end{bmatrix}$

習題集 7.2

5. 10, $n(n+1)/2$

7. $\mathbf{0}, \mathbf{I}, \begin{bmatrix} 1 & 0 \\ 0 & 0 \end{bmatrix}, \begin{bmatrix} 1 & 1 \\ 0 & 0 \end{bmatrix}$

11. $\begin{bmatrix} 1 & 5 & 6 \\ -1 & -5 & 8 \\ -7 & 5 & -4 \end{bmatrix}, \begin{bmatrix} -5 & -7 & 6 \\ 5 & 7 & 8 \\ 5 & -1 & -4 \end{bmatrix}, \begin{bmatrix} -8 & 4 & 9 \\ -8 & 4 & -5 \\ 2 & 4 & -4 \end{bmatrix}, \begin{bmatrix} 4 & -2 & -15 \\ 4 & -2 & 13 \\ 2 & 4 & -4 \end{bmatrix}$

13. $\begin{bmatrix} 2 & -4 & 2 \\ -4 & 8 & -4 \\ 2 & -4 & 4 \end{bmatrix}, \begin{bmatrix} -7 & 7 \\ -5 & 5 \\ 4 & 0 \end{bmatrix}$、無定義、$\begin{bmatrix} 5 & 1 & 4 \\ -5 & -1 & 0 \end{bmatrix}$

15. 無定義、$\begin{bmatrix} 0 \\ 0 \\ -5 \end{bmatrix}$, $[10 \quad -3 \quad -1]$, $[10 \quad -3 \quad -1]$

17. $\begin{bmatrix} 3 & 9 \\ 25 & -9 \\ -25 & 17 \end{bmatrix}$、無定義、$\begin{bmatrix} 4 \\ 10 \\ -30 \end{bmatrix}$、無定義

19. 無定義、$\begin{bmatrix} 7.50 \\ -6.0 \\ 3.0 \end{bmatrix}, \begin{bmatrix} 16 \\ 7 \\ -3 \end{bmatrix}, \begin{bmatrix} 16 \\ 7 \\ -3 \end{bmatrix}$

25. **(d)** $\mathbf{AB}=(\mathbf{AB})^{\mathrm{T}}=\mathbf{B}^{\mathrm{T}}\mathbf{A}^{\mathrm{T}}=\mathbf{BA}$ 等

(e) 解：若 $\mathbf{AB}=-\mathbf{BA}$

29. $\mathbf{p}=[85 \quad 62 \quad 30]^{\mathrm{T}}, \quad \mathbf{v}=[44{,}920 \quad 30{,}940]^{\mathrm{T}}$

習題集 7.3

1. $x=-1,\quad y=\dfrac{1}{4}$

3. $x=-1,\quad y=1,\quad z=-2$

5. $x=-6,\quad y=7$

7. $x=3t,\quad y=t$ (任意)、$z=-2t$

9. $x=8+3t,\quad y=-4-t,\quad z=t$ (任意)

11. $w=t_1,\quad x=1,\quad y=-t_2+2t_1,\quad z=t_2, t_1$ 及 t_2 爲任意

13. $w=2,\quad x=0,\quad y=4,\quad z=1$

17. $I_1=2,\quad I_2=6,\quad I_3=8$

19. $I_1=(R_1+R_2)E_0/(R_1R_2)\,\mathrm{A}$，$I_2=E_0/R_1\,\mathrm{A}$，$I_3=E_0/R_2\,\mathrm{A}$

21. $x_2=1600-x_1,\quad x_3=600+x_1,\quad x_4=1000-x_1$，不是

23. $\mathrm{C}: 3x_1-x_3=0,\ \mathrm{H}: 8x_1-2x_4=0,\ \mathrm{O}: 2x_2-2x_3-x_4=0$，因此 $C_3H_8+5O_2 \to 3CO_2+4H_2O$

習題集 7.4

1. 1, $[1,\ -2,\ 3],\ [-2\quad 1]^{\mathrm{T}}$

3. 3, $\{[3, 5, 0],\ [0, \dfrac{-25}{3}, 0],\ [0, 0, 5]\}$

5. 3, $\{[2, -2, 1],\ [0, 1, 2],\ [0, 0, 1]\}$, $\{[1, 0, 1],\ [0, 2, 1],\ [0, 0, 1]\}$

7. 2, $\{[6, 0, -3, 0],\ [0, -1, 0, 5],\ [6, 0, 2],\ [0, -1, 0]\}$

9. 3, $\{[5, 0, 1, 0],\ [0, 5, 4, 5],\ [0, 0, 1, 0]\}$

11. (c) 1

17. 不是

19. 是

21. 不是

23. 是

25. 是

27. 2, $[4, 0, 1],\ [0, -4, 1]$

29. 不是，它是子空間。

31. 不是

33. 1, 所給方程組的解 $c[1\quad \frac{10}{3}\quad 3]$，基底 $[1\quad \frac{10}{3}\quad 3]$

35. 1, $[4\quad 2\quad \dfrac{4}{3}\quad 1]$

習題集 7.7

7. $\cos(\alpha+\beta)$

9. 1

11. 48

13. 17

15. 1

17. 2

19. 2

21. $x=2.5,\quad y=-0.15$

23. $x=-1,\quad y=1,\quad z=0$

25. $w=-1,\quad x=1,\quad y=2,\quad z=-2$

習題集 7.8

1. $\begin{bmatrix} -3 & \frac{1}{2} \\ -10 & 1 \end{bmatrix}$

3. $\begin{bmatrix} 12.5 & 2.5 & -1.80 \\ -5.0 & 0.0 & 0.47 \\ 0.0 & 0.0 & 0.12 \end{bmatrix}$

5. $\begin{bmatrix} 1 & 0 & 0 \\ 2 & 1 & 0 \\ 3 & 4 & 1 \end{bmatrix}$

7. $\begin{bmatrix} 1 & 0 & 0 \\ 0 & 0 & 1 \\ 0 & 1 & 0 \end{bmatrix}$

9. $\begin{bmatrix} 0 & 0 & 8 \\ 2 & 0 & 0 \\ 0 & 4 & 0 \end{bmatrix}$

11. $(\mathbf{A}^2)^{-1} = (\mathbf{A}^{-1})^2 = \begin{bmatrix} 3.760 & 22.272 \\ 2.400 & 15.280 \end{bmatrix}$

15. $\mathbf{AA}^{-1} = \mathbf{I}, \quad (\mathbf{AA}^{-1})^{-1} = (\mathbf{A}^{-1})^{-1}\mathbf{A}^{-1} = \mathbf{I}$，由右側乘上 $\mathbf{A}$。

習題集 7.9

1. $[1 \quad 0]^T, \quad [0 \quad 1]^T; \quad [1 \quad 0]^T, \quad [0 \quad -1]^T; \quad [1 \quad 1]^T, \quad [-1 \quad 1]^T$

3. $1, \quad [3, \quad 2, \quad 1]^T$

5. 不是

7. 維數 2，基底 xe^{-x}, e^{-x}

9. 3；基底 $\begin{bmatrix} 1 & 0 \\ 0 & -1 \end{bmatrix}, \begin{bmatrix} 0 & 1 \\ 0 & 0 \end{bmatrix}, \begin{bmatrix} 0 & 0 \\ 1 & 0 \end{bmatrix}$

11. $x_1 = -2y_1 + y_2, \quad x_2 = -3y_1 + 0.50y_2$

13. $x_1 = 2y_1 - 3y_2, \quad x_2 = -10y_1 + 16y_2 + y_3, \quad x_3 = -7y_1 + 11y_2 + y_3$

15. $\sqrt{14}$

17. $2\sqrt{2}$

19. $\dfrac{\sqrt{14}}{5}(0.75)$

21. 7

23. $\mathbf{a} = [2, \quad -1, \quad -3]^T, \quad \mathbf{b} = [-4, \quad 8, \quad -1]^T, \quad \|\mathbf{a}+\mathbf{b}\| = 8.307, \quad \|\mathbf{a}\| + \|\mathbf{b}\| = 12.742$

25. $\mathbf{a} = [5 \quad 3 \quad 2]^T, \quad \mathbf{b} = [3 \quad 2 \quad -1]^T, \quad 90 + 14 = 2(38 + 14)$

第 7 章複習題

11. $\begin{bmatrix} -1 & 2 & 5 \\ 0 & 3 & -1 \\ -1 & -5 & -1 \end{bmatrix}, \begin{bmatrix} 0 & 1 & 1 \\ 0 & -2 & 3 \\ 5 & -2 & 3 \end{bmatrix}$

13. $\begin{bmatrix} 4 \\ 0 \\ -1 \end{bmatrix}, \quad [4 \quad 0 \quad -1]$

15. $5, \quad -2$

17. $-5, \det \mathbf{A}^2 = (\det \mathbf{A})^2 = 25, -5$

19. $\begin{bmatrix} -1 & 1 & 4 \\ 0 & 5 & -4 \\ -6 & -3 & -4 \end{bmatrix}$

21. $x = 4, \quad y = -2, \quad z = 8$

23. $x = 6, \quad y = 2t + 2, \quad z = t$ 任意

25. $x = 0.4, \quad y = -1.3, \quad z = 1.7$

27. $x = -1, \quad y = -\dfrac{1}{2}$

29. 秩 2、 2、 ∞

31. 秩 2、2、一解

33. $I_1 = 16.5\text{A}, \quad I_2 = 11\text{A}, \quad I_3 = 5.5\text{A}$

35. $I_1 = 4\text{A}, \quad I_2 = 5\text{A}, \quad I_3 = 1\text{A}$

習題集 8.1

1. 特徵值爲：3/2 和 3，且其對應之特徵向量分別爲 $[1, \quad 0]^T$ 和 $[0, \quad 1]^T$。

3. 特徵值爲：0 和 −3，對應之特徵向量分別爲 $[2/3, \quad 1]^T$ 和 $[1/3, \quad 1]^T$。

5. 特徵值爲：$4i$ 和 $-4i$，對應之特徵向量分別爲 $[-i,\ \ 1]^T$ 和 $[i,\ \ 1]^T$。

7. 此矩陣有雙重特徵值 0 及特徵向量 $[1,\ \ 0]^T$ 和 $[0,\ \ 0]^T$

9. 特徵值爲 $0.20 \pm 0.40i$，特徵向量分別爲 $[i,\ \ 1]^T$ 和 $[-i,\ \ 1]^T$。

11. 特徵值爲：4, 1, 7，特徵向量爲：$[-1/2,\ \ 1,\ \ 1]^T$, $[1,\ \ -1/2,\ \ 1]^T$, $[-2,\ \ -2,\ \ 1]^T$

13. 雙重特徵值 2，特徵向量：$[2,\ \ -2,\ \ 1]^T$, $[0,\ \ 0,\ \ 0]^T$, $[0,\ \ 0,\ \ 0]^T$

15. $(\lambda+1)^2(\lambda^2+2\lambda-15)$; -1, $[1\ \ 0\ \ 0\ \ 0]^T$, $[0\ \ 1\ \ 0\ \ 0]^T$; -5, $[-3\ \ -3\ \ 1\ \ 1]^T$, 3, $[3\ \ -3\ \ 1\ \ -1]^T$

17. $\begin{bmatrix} 0 & -1 \\ 1 & 0 \end{bmatrix}$ 特徵值 $i,\ -i$。對應之特徵向量爲複數，表示在旋轉後沒有任何方向是維持不變的。

19. $\begin{bmatrix} 0 & 0 \\ 0 & 1 \end{bmatrix}$; 1, $\begin{bmatrix} 0 \\ 1 \end{bmatrix}$; 0, $\begin{bmatrix} 1 \\ 0 \end{bmatrix}$ 在 x_2 軸上的點映射至它本身，在 x_1 軸上的點映射至原點。

23. 使用該實數元素以得知特徵多項式的係數爲實數。

習題集 8.2

1. 特徵值與特徵向量爲 -1, $[-1,\ \ 1]^T$ 和 2, $[1,\ \ 1]^T$。兩特徵向量爲正交。

3. 特徵值 3、-3 且特徵向量分別爲 $[\sqrt{2},\ \ 1]^T$ 和 $[-1/\sqrt{2}\ \ \ 1]^T$。

5. 0.5, $[1\ \ -1]^T$; 1.5, $[1\ \ 1]^T$；方向 $-45°$ 和 $45°$

7. 特徵向量 $[2.5\ \ \ 1]^T$ 其特徵值爲 1。

9. 特徵向量 $[-0.2,\ \ -0.4,\ \ 1]$ 其特徵值爲 1。

11. 成長率爲 4，特徵多項式爲 $(x-4)(x+1)(x+3)$

13. $c[10\ \ \ 18\ \ \ 25]^T$

15. $\mathbf{x} = (\mathbf{I}-\mathbf{A})^{-1}\mathbf{y} = [0.6747\ \ \ 0.7128\ \ \ 0.7543]^T$

17. $\mathbf{A}\mathbf{x}_j = \lambda_j \mathbf{x}_j (\mathbf{x}_j \neq 0)$, $(\mathbf{A}-k\mathbf{I})\mathbf{x}_j = \lambda_j \mathbf{x}_j - k\mathbf{x}_j = (\lambda_j - k)\mathbf{x}_j$

19. 由 $\mathbf{A}\mathbf{x}_j = \lambda_j \mathbf{x}_j (\mathbf{x}_j \neq \mathbf{0})$ 和習題 18 得到 $k_p\mathbf{A}^p\mathbf{x}_j = k_p\lambda_j^p\mathbf{x}_j$ 和 $k_q\mathbf{A}^q\mathbf{x}_j = k_q\lambda_j^q\mathbf{x}_j$（$p \geq 0$、$q \geq 0$ 整數)。同加於等號兩側，我們看到 $k_p\mathbf{A}^p + k_q\mathbf{A}^q$ 的特徵值爲 $k_p\lambda_j^p + k_q\lambda_j^q$。命題由此得證。

習題集 8.3

1. 特徵值：$3/5 \pm 4/5i$，特徵向量分別爲 $[i,\ \ 1]^T$ 和 $[-i,\ \ 1]^T$。斜對稱且正交。

3. 非正交；斜對稱；特徵值 $1 \pm 4i$ 特徵向量 $[-i,\ \ 1]^T$ 和 $[i,\ \ 1]^T$。

5. 對稱並有特徵值 2、-2、3，特徵向量分別爲 $[0,\ \ 1/\sqrt{3},\ \ 1]^T$、$[0,\ \ -\sqrt{3},\ \ 1]^T$、$[1,\ \ 0,\ \ 0]^T$；非正交。

7. 斜對稱；特徵值：$0, \pm\frac{3}{2}i$ 特徵向量分別爲 $[-1,\ \ -1/2,\ \ 1]^T$、$[4/5+3/5i,\ \ 2/5-6/5i,\ \ 1]^T$、$[4/5-3/5i,\ \ 2/5+6/5i,\ \ 1]^T$；非正交。

9. 斜對稱；特徵值：-1 及 $\pm i$ 特徵向量分別爲 $[0,\ \ 1,\ \ 0]^T$、$[i,\ \ 0,\ \ 1]^T$、$[-i,\ \ 0,\ \ 1]^T$；正交。

15. 不是

17. $\mathbf{A}^{-1} = (-\mathbf{A}^T)^{-1} = -(\mathbf{A}^{-1})^T$

19. 沒有，因爲 $\det \mathbf{A} = \det(\mathbf{A}^T) = \det(-\mathbf{A}) = (-1)^3 \det(\mathbf{A}) = -\det(\mathbf{A}) = 0$。

習題集 8.4

1. $\begin{bmatrix}-25 & 12\\ -50 & 25\end{bmatrix}$, $-5, \begin{bmatrix}3\\5\end{bmatrix}$; $5, \begin{bmatrix}2\\5\end{bmatrix}$; $\mathbf{x}=\begin{bmatrix}-2\\4\end{bmatrix}$, $\begin{bmatrix}2\\1\end{bmatrix}$

3. $\begin{bmatrix}3.008 & -0.544\\ 5.456 & 6.992\end{bmatrix}$, $4, \begin{bmatrix}-17\\31\end{bmatrix}$; $6, \begin{bmatrix}-2\\11\end{bmatrix}$; $\mathbf{x}=\begin{bmatrix}25\\25\end{bmatrix}$, $\begin{bmatrix}10\\5\end{bmatrix}$

5. $\tilde{\mathbf{A}}=\begin{bmatrix}4 & -2 & 4\\ 0 & -2 & 12\\ 0 & -2 & 12\end{bmatrix}$;

$\lambda=10, \quad \mathbf{y}=[1/3, \ 1, \ 1]^{\mathrm{T}}, \quad \mathbf{x}=\mathbf{Py}=[1, \ 1/3, \ 1]^{\mathrm{T}}$

$\lambda=4, \quad \mathbf{y}=[1, \ 0, \ 0]^{\mathrm{T}}, \quad \mathbf{x}=\mathbf{Py}=[0, \ 1, \ 0]^{\mathrm{T}}$

$\lambda=0, \quad \mathbf{y}=[2, \ 6, \ 1]^{\mathrm{T}}, \quad \mathbf{x}=\mathbf{Py}=[6, \ 2, \ 1]^{\mathrm{T}}$

9. 特徵值：$-2, 6$；對應特徵向量的矩陣：$\begin{bmatrix}-1 & 1\\ 1 & 1\end{bmatrix}$

11. $\begin{bmatrix}-2 & 1\\ 3 & -1\end{bmatrix}\mathbf{A}\begin{bmatrix}1 & 1\\ 3 & 2\end{bmatrix}=\begin{bmatrix}2 & 0\\ 0 & -5\end{bmatrix}$

13. 特徵值：2, 9, 6；對應特徵向量的矩陣：$\begin{bmatrix}-\frac{18}{7} & \frac{6}{7} & 0\\ \frac{25}{7} & -\frac{6}{7} & 1\\ -1 & 0 & 0\end{bmatrix}$

15. 特徵值：$5, -1, 3$；對應特徵向量的矩陣：$\begin{bmatrix}0 & -3 & -\frac{1}{2}\\ 1 & 1 & 0\\ 1 & 1 & 1\end{bmatrix}$

17. $\mathbf{C}=\begin{bmatrix}7 & 3\\ 3 & 7\end{bmatrix}$, $4y_1^2+10y_2^2=200$, $\mathbf{x}=\frac{1}{\sqrt{2}}\begin{bmatrix}1 & 1\\ -1 & 1\end{bmatrix}\mathbf{y}$，橢圓

19. $\mathbf{C}=\begin{bmatrix}3 & 11\\ 11 & 3\end{bmatrix}$, $14y_1^2-8y_2^2=0$, $\mathbf{x}=\frac{1}{\sqrt{2}}\begin{bmatrix}1 & 1\\ 1 & -1\end{bmatrix}\mathbf{y}$；一對直線

21. $\mathbf{C}=\begin{bmatrix}1 & -6\\ -6 & 1\end{bmatrix}$, $7y_1^2-5y_2^2=70$, $\mathbf{x}=\frac{1}{\sqrt{2}}\begin{bmatrix}-1 & 1\\ 1 & 1\end{bmatrix}\mathbf{y}$，雙曲線

23. $\mathbf{C}=\begin{bmatrix}-11 & 42\\ 42 & 24\end{bmatrix}$, $52y_1^2-39y_2^2=156$, $\mathbf{x}=\frac{1}{\sqrt{13}}\begin{bmatrix}2 & 3\\ 3 & -2\end{bmatrix}\mathbf{y}$，雙曲線

習題集 8.5

1. Hermitian；特徵值：3、1；對應特徵向量的矩陣是 $\begin{bmatrix}i & -i\\ 1 & 1\end{bmatrix}$

3. 非 Hermitian；特徵值：$\frac{1}{4}\pm i\sqrt{2}$，對應特徵向量的矩陣是 $\begin{bmatrix}1 & -1\\ 1 & 1\end{bmatrix}$

5. 非 Hermitian；特徵值：$i,-i,-i$，對應特徵向量的矩陣是 $\begin{bmatrix}0&1&0\\1&0&0\\0&0&1\end{bmatrix}$

7. 特徵值 −1、1；特徵向量 $[1\quad -1]^T$、$[1\quad 1]^T$；$[1\quad -i]^T$、$[1\quad i]^T$；$[0\quad 1]^T$、$[1\quad 0]^T$。

9. 斜 Hermitian；$\overline{\mathbf{x}}^T\mathbf{A}\mathbf{x}=8-12i$

11. 斜 Hermitian；$\overline{\mathbf{x}}^T\mathbf{A}\mathbf{x}=-4i$

13. $\overline{(\mathbf{ABC})}^T=\overline{\mathbf{C}}^T\overline{\mathbf{B}}^T\overline{\mathbf{A}}^T=\mathbf{C}^{-1}(-\mathbf{B})\mathbf{A}$

15. $\mathbf{A}=\mathbf{H}+\mathbf{S},\quad \mathbf{H}=\frac{1}{2}(\mathbf{A}+\overline{\mathbf{A}}^T),\quad \mathbf{S}=\frac{1}{2}(\mathbf{A}-\overline{\mathbf{A}}^T)$ (H Hermitian, S 斜-Hermitian)

19. $\mathbf{A}\overline{\mathbf{A}}^T-\overline{\mathbf{A}}^T\mathbf{A}=(\mathbf{H}+\mathbf{S})(\mathbf{H}-\mathbf{S})-(\mathbf{H}-\mathbf{S})(\mathbf{H}+\mathbf{S})=2(-\mathbf{HS}+\mathbf{SH})=\mathbf{0}$，若且唯若 $\mathbf{HS}=\mathbf{SH}$。

第 8 章複習題

11. 特徵值：1、2，對應特徵向量的矩陣是 $\begin{bmatrix}-1&1\\1&1\end{bmatrix}$

13. 特徵值：$\frac{11}{2},\frac{13}{2}$，對應特徵向量的矩陣是 $\begin{bmatrix}\frac{2}{5}&\frac{2}{3}\\1&1\end{bmatrix}$

15. 特徵值：$\pm 12i, 0$，對應特徵向量的矩陣是 $\begin{bmatrix}-\frac{1}{4}+\frac{3}{4}i&-\frac{1}{4}-\frac{3}{4}i&2\\\frac{1}{4}+\frac{3}{4}i&\frac{1}{4}-\frac{3}{4}i&-2\\1&1&1\end{bmatrix}$

17. 特徵值：−5 和 7。$\hat{\mathbf{A}}=\begin{bmatrix}\frac{35}{2}&-\frac{35}{2}\\\frac{27}{2}&-\frac{31}{2}\end{bmatrix}$

19. 特徵值：$\frac{2}{5}$ 和 $-\frac{1}{20}$；對應特徵向量的矩陣是 $\begin{bmatrix}\frac{4}{5}&\frac{5}{4}\\1&1\end{bmatrix}$，其逆矩陣是 $\begin{bmatrix}-\frac{20}{9}&\frac{25}{9}\\\frac{20}{9}&-\frac{16}{9}\end{bmatrix}$

21. $\frac{1}{3}\begin{bmatrix}1&1&-1\\1&-1&0\\0&1&1\end{bmatrix}\mathbf{A}\begin{bmatrix}1&2&1\\1&-1&1\\-1&1&2\end{bmatrix}=\begin{bmatrix}4&0&0\\0&-20&0\\0&0&22\end{bmatrix}$

23. $\mathbf{C}=\begin{bmatrix}4&12\\12&-14\end{bmatrix},\quad 10y_1^2-20y_2^2=20,\quad \mathbf{x}=\frac{1}{\sqrt{5}}\begin{bmatrix}2&1\\1&-2\end{bmatrix}\mathbf{y}$，雙曲線

25. $\mathbf{C}=\begin{bmatrix}3.7&1.6\\1.6&1.3\end{bmatrix},\quad 4.5y_1^2+0.5y_2^2=4.5,\quad \mathbf{x}=\frac{1}{\sqrt{5}}\begin{bmatrix}2&1\\1&-2\end{bmatrix}\mathbf{y}$，橢圓

習題集 9.1

1. $3,2,0;\quad \sqrt{13},\quad [3/\sqrt{13},\quad 2/\sqrt{13},\quad 0]$

3. $11,-4,3;\quad \sqrt{146},\quad [0.911,\quad -0.332,\quad 0.248]$

5. $3,\sqrt{7},-3;\quad \mathbf{u}=[\frac{3}{5},\frac{\sqrt{7}}{5},-\frac{3}{5}]$，$Q$ 的位置向量

7. $Q:[\frac{3}{2},0,\frac{5}{4}]$; $|\mathbf{v}|=\sqrt{61}/4$

9. $Q:[0,0,-4]$; $|\mathbf{v}|=4$

11. $[8,12,0]$, $[\frac{1}{2},\frac{3}{4},0]$, $[-2,-3,0]$

13. $[3,-1,3]$，相同

15. $[-25,55,15]$，相同

17. $[6,9,0]$，相同

21. $[4,9,-3]$, $\sqrt{106}$

23. $[0,0,5]$, 5

25. $[6,2,-14]=2\mathbf{u}$, $\sqrt{236}$

27. $\mathbf{p}=[0,0,-5]$

29. $\mathbf{v}=[v_1,\ v_2,\ 3]$, v_1, v_2 任意

31. $k=10$

33. $|\mathbf{p}+\mathbf{q}+\mathbf{u}|\le 18$，無

35. $v_B-v_A=[-19.0]-[22/\sqrt{2},\ 22/\sqrt{2}]=[-19-22/\sqrt{2},\ -22/\sqrt{2}]$

37. $\mathbf{u}+\mathbf{v}+\mathbf{p}=[-k,\ 0]+[l,\ l]+[0,\ -1000]=\mathbf{0}$, $-k+l+0=0$,
$0+l-1000=0$, $l=1000$, $k=1000$

習題集 9.2

1. 6, 6, 16

3. $\sqrt{14}$, $4\sqrt{5}$, $\sqrt{22}$

5. $\sqrt{74}$, $2\sqrt{5}+\sqrt{22}$

7. 5, $2\sqrt{7}\sqrt{11}$

9. 12, 12

13. 使用 (1) 及 $|\cos\gamma|\le 1$。

15. $|\mathbf{a}+\mathbf{b}|^2+|\mathbf{a}-\mathbf{b}|^2=\mathbf{a}\cdot\mathbf{a}+2\mathbf{a}\cdot\mathbf{b}+\mathbf{b}\cdot\mathbf{b}+(\mathbf{a}\cdot\mathbf{a}-2\mathbf{a}\cdot\mathbf{b}+\mathbf{b}\cdot\mathbf{b})=2|\mathbf{a}|^2+2|\mathbf{b}|^2$

17. $[5,3,0]\cdot[1,3,3]=14$

19. $[0,4,3]\cdot[-3,-2,1]=-5$ 爲負！爲何？

21. 是的，因爲 $W=(\mathbf{p}+\mathbf{q})\cdot\mathbf{d}=\mathbf{p}\cdot\mathbf{d}+\mathbf{q}\cdot\mathbf{d}$。

23. $\arccos 0.5976=53.3°$

27. $\beta-\alpha$ 是單位向量 **a** 和 **b** 之間的夾角。用 (2)。

29. $\gamma=\arccos(12/(6\sqrt{13}))=0.9828=56.3°$ 和 $123.7°$

31. $a_1=-\frac{28}{3}$

33. $\pm[\frac{4}{5},-\frac{3}{5}]$

35. $(\mathbf{a}+\mathbf{b})\cdot(\mathbf{a}-\mathbf{b})=|\mathbf{a}|^2-|\mathbf{b}|^2=0$, $|\mathbf{a}|=|\mathbf{b}|$。正方形。

37. 0 爲何？

39. 若 $|\mathbf{a}|=|\mathbf{b}|$ 或 **a** 和 **b** 爲正交。

習題集 9.3

5. $-\mathbf{m}$ 而不是 $\mathbf{m}$，趨向於反方向旋轉。

7. $|\mathbf{v}|=|[0,20,0]\times[8,6,0]|=|[0,0,-160]|=160$

9. 圖 191 中的體積爲零，有幾種方式會出現此情況。

11. $[0,0,-1]$, $[0,0,1]$ -8

13. $[1,1,-2]$, $[-1,-1,2]$

15. 0

17. $[-8,21,9]$, $[30,20,89]$

19. -1, 1

21. $[-24,-16,16]$, $8\sqrt{17}=32.985$, 32.985

23. 0, 0, 13

25. $\mathbf{m}=[-2,-2,0]\times[2,3,0]=[0,0,-10]$, $m=10$ 順時鐘

27. $[6,2,0] \times [1,2,0] = [0,0,10]$

29. $\frac{1}{2}|[-12,2,6]| = \sqrt{46}$

31. $3x + 2y - z = 5$

33. $474/6 = 79$

習題集 9.4

1. 雙曲線

3. 平行直線 (空間中的平面) $y = \frac{3}{4}x + c$

5. 圓，圓心在 y 軸上

7. 橢圓

9. 平行的平面

11. 橢圓柱

13. 拋物面

習題集 9.5

1. 圓，圓心 $(0,2)$，半徑 4

3. 三次拋物線 $x = 0$、$z = 2t^3$

5. 橢圓

7. 螺線

9. 「Lissajous 曲線」

11. $\mathbf{r} = [1 + \sqrt{2}\cos t,\quad -1 + \sqrt{2}\sin t,\quad 2]$

13. $\mathbf{r} = [3 + t,\quad 1,\quad 2 + 4t]$

15. $\mathbf{r} = [t,\quad 2t - 1,\quad 3t]$

17. $\mathbf{r} = [\sqrt{3}\cos t,\quad \sin t,\quad \sin t]$

19. $\mathbf{r} = [\cosh t,\quad \frac{1}{\sqrt{2}}\sinh(t),\quad -2]$

21. 利用 $\sin(-\alpha) = -\sin\alpha$。

25. $\mathbf{u} = [-\sin t,\quad 0,\quad \cos t]$ 在 P，$\mathbf{r}' = [-8,0,6]$，$\mathbf{q}(w) = [6 - 8w,\quad i,\quad 8 + 6w]$。

27. $\mathbf{q}(w) = [4 + w,\quad 1 - \frac{1}{4}w,\quad 0]$

29. $\sqrt{\mathbf{r}' \cdot \mathbf{r}'} = \cosh t,\quad l = \sinh(2) = 3.627$

31. $\sqrt{\mathbf{r}' \cdot \mathbf{r}'} = a,\quad l = a\pi$

33. 由 $\mathbf{r}(t) = [t, f(t)]$ 開始

35. $\mathbf{v} = \mathbf{r}' = [1,\quad 8t,\quad 0],\quad |\mathbf{v}| = \sqrt{1 + 64t^2},\quad \mathbf{a} = [0,8,0]$

37. $\mathbf{v}(0) = (\omega + 1)R\mathbf{i}, \mathbf{a}(0) = -\omega^2 R\mathbf{j}$

39. $\mathbf{v} = [2\cos 2t, -\sin t],\quad |\mathbf{v}|^2 = 8\cos 4t - 2\cos 2t + 10$

$\mathbf{a} = [-4\sin 2t, -\cos t],\quad \mathbf{a}_{\text{tan}} = \dfrac{8\sin 4t - \sin 2t}{-4\cos 4t + \cos 2t - 5}\mathbf{v}$

41. $\mathbf{v} = [\cos t, -\sin t, -2\sin 2t],\quad |\mathbf{v}|^2 = 3 - 2\cos 4t$

$\mathbf{a} = [-\sin t, -\cos t, -4\cos 2t],\quad \mathbf{a}_{\tan} = \dfrac{4\sin 4t}{-3 + 2\cos 4t}\mathbf{v}$

43. 1 年 $= 365 \cdot 86{,}400$ sec, $R = 30 \cdot 365 \cdot 86{,}400/2\pi = 151 \cdot 10^6$ [km],
$|\mathbf{a}| = \omega^2 R = |\mathbf{v}|^2/R = 5.98 \cdot 10^{-6}$ [km/sec^2]

45. $R = 3960 + 80$ mi $= 2.133 \cdot 10^7$ ft, $g = |\mathbf{a}| = \omega^2 R = |\mathbf{v}|^2/R$,
$|\mathbf{v}| = \sqrt{gR} = \sqrt{6.61 \cdot 10^8} = 25{,}700$ [ft/sec] $= 17{,}500$ [mph]

49. $\mathbf{r}(t) = [t, y(t), 0],\quad \mathbf{r}' = [1, y', 0]\ \mathbf{r} \cdot \mathbf{r}' = 1 + y'^2$ 等

51. $\dfrac{d\mathbf{r}}{ds} = \dfrac{d\mathbf{r}}{dt}\Big/\dfrac{ds}{dt},\quad \dfrac{d^2\mathbf{r}}{ds^2} = \dfrac{d^2\mathbf{r}}{dt^2}\Big/\left(\dfrac{ds}{dt}\right)^2 + \cdots,\quad \dfrac{d^3\mathbf{r}}{ds^3} = \dfrac{d^3\mathbf{r}}{dt^3}\Big/\left(\dfrac{ds}{dt}\right)^3 + \cdots$

53. $3/(1 + 9t^2 + 9t^4)$

習題集 9.7

1. $[4y-2,\quad 4x-4]$
3. $[1/y,\quad -x/y^2]$
5. $[5x^4,\quad 5y^4]$
7. 使用連鎖律。
9. 將商律用於每一項並整併項。
11. $[y,x],\quad [-4,3]$
13. $(x^2+y^2)^{-1}[2x,2y],\quad [\frac{2}{5},\frac{1}{5}]$
15. $[4x,8y,18z],\quad [-4,16,-72]$
17. 在 x 和 y 軸上的 P。
19. $[-1.25,0]$
21. $[0,-e]$
23. $y=0,\pm\pi,\pm2\pi,\cdots$ 的點
25. $-\nabla T(P)=[0,4,-1]$
31. $\nabla f=[32x,-2y],\quad \nabla f(P)=[160,-2]$
33. $[12x,4y,2z],\quad [60,20,10]$
35. $[-2x,-2y,1],\quad [-6,-8,1]$
37. $[2,1]\bullet[1,-1]/\sqrt{5}=1/\sqrt{5}$
39. $[1,1,1]\bullet[-3/125,0,-4/125]/\sqrt{3}=-7/(125\sqrt{3})$
41. $\sqrt{8/3}$
43. $f=xyz$
45. $f=\int v_1\,dx+\int v_2\,dy+\int v_3\,dz$

習題集 9.8

1. $4x-6y+16z;\quad 15$
3. 0，經化簡後；管狀的
5. $6xyz,\quad 36$
7. $-2e^y\cos xz$
9. **(b)** $(fv_1)_x+(fv_2)_y+(fv_3)_z=f[(v_1)_x+(v_2)_y+(v_3)_z]+f_xv_1+f_yv_2+f_zv_3$ 等
11. $[v_1,v_2,v_3]=\mathbf{r}'=[x',y',z']=[y,0,0],\ z'=0,\ z=c_3,\ y'=0,\ y=c_2$ 及 $x'=y=c_2$、$x=c_2t+c_1$。隨著 t 由 0 增加到 1，此一「剪力流」將立方體轉換成體積爲 1 的平行六面體。
13. $\operatorname{div}(\mathbf{w}\times\mathbf{r})=0$ 因爲 v_1,v_2,v_3 分別並不取決於 x,y,z。
15. $-2\cos 2x+2\cos 2y$
17. 0
19. $2/(x^2+y^2+z^2)^2$

習題集 9.9

3. 利用定義及直接計算。
5. $[x(z^3-y^3),\quad y(x^3-z^3),\quad z(y^3-x^3)]$
7. $e^{-x}[\cos y,\quad \sin y,\quad 0]$
9. curl $\mathbf{v}=[-6z,\quad 0,\quad 0]$ 不可壓縮，$\mathbf{v}=\mathbf{r}'=[x',y',z']=[0,3z^2,0]$、$x=c_1$、$z=c_3$、$y'=3z^2=3c_3^2$、$y=3c_3^2t+c_2$
11. curl $\mathbf{v}=[0,0,-3]$，不可壓縮，$x'=y$、$y'=-2x$、$2xx'+yy'=0$、$x^2+\frac{1}{2}y^2=c$、$z=c_3$
13. curl $\mathbf{v}=0$，非旋性，div $\mathbf{v}=1$，可壓縮，$\mathbf{r}=[c_1e^t,c_2e^t,c_3e^{-t}]$。畫出來。
15. $[1,1,1]$，相同 (爲何？)
17. $2y+2z+2x,\quad 0$ (爲何？)，$x+y+z$
19. $[2xy+z-x,\quad 2z+xy-y^2,\quad 2xy+z-zx]$，相同 (爲何？)

第 9 章複習題

11. $-10 \quad 1080, 1080, 65$

13. $[-10, -30, 0], \quad [10, 30, 0], \quad \mathbf{0}, \quad 40$

15. $[-1260, -1830, -300], \quad [-210, 120, -540]$，無定義

17. $-125, \quad 125, \quad -125$

19. $[70, -40, -50], \quad 0, \quad \sqrt{35^2 + 20^2 + 25^2} = \sqrt{2250}$

21. $[-2, -6, -13]$

23. $\gamma_1 = \arccos(-10/\sqrt{65 \cdot 40}) = 1.7682 = -101.3°, \quad \gamma_2 = 23.7°$

25. $[2,3,0] \bullet [6,7,0] = 33$

27. $\mathbf{v} \bullet \mathbf{w}/|\mathbf{w}| = 22/\sqrt{8} = 7.78$

29. $[0,0,-14]$，趨向於順時鐘旋轉

31. $5/3$

33. $1, \quad 2y + 4z$

35. 0，相同 (爲何？)，$2z^2 + 2x(x - y)$

37. $[0,2,4]$

39. $3/\sqrt{5}$

習題集 10.1

3. 4

5. $\mathbf{r} = [2\cos t, \quad 2\sin t], \quad 0 \leqq t \leqq \pi/2; \quad \frac{8}{5}$

7. 「指數螺線」$(e^{6\pi} - 1)/3$

9. $23.5, \quad 0$

11. $2e^{-t} + 2te^{-t^2}, \quad -2e^{-2} - e^{-4} + 3$

15. $18\pi, \quad \dfrac{4}{3}(4\pi)^3, \quad 18\pi$

17. $[4\cos t, \quad +\sin t, \quad \sin t, \quad 4\cos t], \quad [2,2,0]$

19. $144t^4, \quad 1843.2$

習題集 10.2

3. $\sin\dfrac{1}{2}x\cos 2y, \quad 1 - 1/\sqrt{2} = 0.293$

5. $e^{xy}\sin z, \quad e - 0$

7. $\cosh 1 - 2 = -0.457$

9. $e^x\cosh y + e^z\sinh y, \quad e - (\cosh 1 + \sinh 1) = 0$

13. $e^{a^2}\cos 2b$

15. 相關，$x^2 \neq -4y^2$ 等

17. 相關，$4 \neq 0$ 等

19. $\sin(a^2 + 2b^2 + c^2)$

習題集 10.3

3. $8y^3/3, \quad 54$

5. $\int_0^1 [x - x^3 - (x^2 - x^5)]\,dx = \dfrac{1}{12}$

7. $\cosh 2x - \cosh x, \quad \dfrac{1}{2}\sinh 4 - \sinh 2$

9. $36 + 27y^2, \quad 144$

11. $z = 1 - r^2, \quad dxdy = r\,dr\,d\theta,$ **解：** $\pi/2$

13. $\bar{x} = 2b/3, \quad \bar{y} = h/3$

15. $\bar{x} = 0, \quad \bar{y} = 4r/3\pi$

17. $I_x = bh^3/12, \quad I_y = b^3h/4$

19. $I_x = (a+b)h^3/24, \quad I_y = h(a^4 - b^4)/(48(a-b))$

習題集 10.4

1. $(-1-1)\cdot\pi/4=-\pi/2$

3. $9(e^2-1)-\frac{8}{3}(e^3-1)$

5. $2x-2y,\quad 2x(1-x^2)-(2-x^2)^2+1,\quad x=-1\cdots1,\quad -\frac{56}{15}$

7. 0，為何？

9. $\frac{16}{5}$

13. $\nabla^2 w=\cosh x,\quad y=x/2\cdots2,\quad \frac{1}{2}\cosh 4-\frac{1}{2}$

15. $\nabla^2 w=6xy,\quad 3x(10-x^2)^2-3x,\quad 486$

17. $\nabla^2 w=6x-6y,\quad -38.4$

19. $|\operatorname{grad} w|^2=e^{2x},\quad \frac{5}{2}(e^4-1)$

習題集 10.5

1. 直線，**k**

3. $z=c\sqrt{x^2+y^2}$，圓，直線，$[-cu\cos v,\quad -cu\sin v,\quad u]$

5. $z=x^2+y^2$，圓，拋物線，$[-2u^2\cos v,\quad -2u^2\sin v,\quad u]$

7. $x^2/a^2+y^2/b^2+z^2/c^2=1,\quad [bc\cos^2 v\cos u,\quad ac\cos^2 v\sin u,\quad ab\sin v\cos v]$，橢圓

11. $[\tilde{u},\quad \tilde{v},\quad \tilde{u}^2,\quad +\tilde{v}^2],\quad \tilde{\mathbf{N}}=[-2\tilde{u},\quad -2\tilde{v},\quad 1]$

13. 設 $x=u$ 及 $y=v$。

15. $[2+5\cos u,\quad -1+5\sin u,\quad v],\quad [5\cos u,\quad 5\sin u,\quad 0]$

17. $[a\cos v\cos u,\quad -2.8+a\cos v\sin u,\quad 3.2+a\sin v],\quad a=1.5;$
$[a^2\cos^2 v\cos u,\quad a^2\cos^2 v\sin u,\quad a^2\cos v\sin v]$

19. $[\cosh u,\quad \sinh u,\quad v],\quad [\cosh u,\quad -\sinh u,\quad 0]$

習題集 10.6

1. $\mathbf{F}(\mathbf{r})\cdot\mathbf{N}=[-u^2,\quad v^2,\quad 0]\cdot[-3,\quad 2,\quad 1]=3u^2+2v^2,\quad 29.5$

3. $\mathbf{F}(\mathbf{r})\cdot\mathbf{N}=\cos^3 v\cos u\sin u$ 由 10.5 節 (3) 式。**解**：$\frac{1}{3}$

5. $\mathbf{F}(\mathbf{r})\cdot\mathbf{N}=-u^3,\quad -128\pi$

7. $\mathbf{F}\cdot\mathbf{N}=[0,\quad \sin u,\quad \cos v]\cdot[1,\quad -2u,\quad 0],\quad 4+(-2+\pi^2/16-\pi/2)\sqrt{2}=-0.1775$

9. $\mathbf{r}=[2\cos u,\quad 2\sin u,\quad v],\quad 0\le u\le\pi/4,\quad 0\le v\le5$，積分 $2\sinh v\sin u$ 以得到 $2(1-1/\sqrt{2})(\cosh 5-1)=42.885$。

13. $7\pi^3/\sqrt{6}=88.6$

15. $G(\mathbf{r})=(1+9u^4)^{3/2},\quad |\mathbf{N}|=(1+9u^4)^{1/2}$。**解**：54.4

21. $I_{x=y}=\iint\limits_S\left[\frac{1}{2}(x-y)^2+z^2\right]\sigma\,dA$

23. $[u\cos v,\quad u\sin v,\quad u]$, $\int_0^{2\pi}\int_0^h u^2 \cdot u\sqrt{2}\, du\, dv = \frac{\pi}{\sqrt{2}}h^4$

25. $[\cos u\cos v,\quad \cos u\sin v,\quad \sin u]$, $dA = (\cos u)\, du\, dv$, B 爲 z 軸，$I_B = 8\pi/3$、

$I_K = I_B + 1^2 \cdot 4\pi = 20.9$

習題集 10.7

1. 224

3. $-e^{-1-z} + e^{-y-z}$, $-2e^{-1-z} + e^{-z}$, $2e^{-3} - e^{-2} - 2e^{-1} + 1$

5. $\frac{1}{2}(\sin 2x)(1-\cos 2x)$, $\frac{1}{8}$, $\frac{3}{4}$

7. $[r\cos u\cos v,\quad \cos u\sin v,\quad r\sin u]$, $dV = r^2\cos u\, dr\, du\, dv$, $\sigma = v$, $2\pi^2 a^3/3$

9. $\operatorname{div} \mathbf{F} = 2x + 2z$, 48

11. $12(e - 1/e) = 24\sinh 1$

13. $\operatorname{div} \mathbf{F} = -\sin z$, 0

15. $1/\pi + \frac{5}{24} = 0.5266$

17. $h^4\pi/2$

19. $8abc(b^2+c^2)/3$

21. $(a^4/4) \cdot 2\pi \cdot h = ha^4\pi/2$

23. $h^5\pi/10$

25. 最後做習題 20。

習題集 10.8

1. $x=0$, $y=0$, $z=0$,沒有貢獻。$x=a$: $\partial f/\partial n = \partial f/\partial x = -2x = -2a$ 等。積分 $x=a$: $(-2a)bc$、$y=b$: $(-2b)ac$、$z=c$: $(4c)ab$。和 0

3. $8y^2 + [0, 8y] \cdot [2x, 0] = 8y^2$ 的體積分是 $8y^3/3 = \frac{8}{3}$。$f\partial g/\partial n = f \cdot 2x = 2f = 8y^2$ 在 $x=1$ 上的面積分是 $8y^3/3 = \frac{8}{3}$。其餘爲 0。

5. $6y^2 \cdot 4 - 2x^2 \cdot 12$ 的體積分是 0；$8(x=1)$, $-8(y=1)$，其餘爲 0。

7. $\mathbf{F} = [x, 0, 0]$, $\operatorname{div} \mathbf{F} = 1$，使用 10.7 節 (2*) 式，並依此類推。

9. $z=0$ 及 $z = \sqrt{a^2-x^2-y^2} = \sqrt{a^2-r^2}$, $dx\,dy = r\,dr\,d\theta$, $-2\pi \cdot \frac{1}{2}(a^2-r^2)^{3/2} \cdot \frac{2}{3}\Big|_0^a = \frac{2}{3}\pi a^3$

11. $r=a$, $\phi=0$, $\cos\phi = 1$, $\upsilon = \frac{1}{3}a \cdot (4\pi a^2)$

習題集 10.9

1. $S: z = y(0 \le x \le 1, 0 \le y \le 4)$, $[0, 2z, -2z] \bullet [0, -1, 1]$, ± 20

3. $[2e^{-z}\cos y,\quad -e^{-z},\quad 0] \bullet [0,\quad -y.\quad 1] = ye^{-z}$, $\pm(2 - 2/\sqrt{e})$

5. $[0, 2z, \frac{3}{2}] \bullet [0,0,1] = \frac{3}{2}$, $\pm\frac{3}{2}a^2$

7. $[-e^z,\quad -e^x,\quad -e^y] \bullet [-2x,\quad 0,\quad 1]$, $\pm(e^4 - 2e + 1)$

9. 各邊貢獻 a、$3a^2/2$、$-a$、0。

11. -2π; $\operatorname{curl} \mathbf{F} = \mathbf{0}$

13. $5\mathbf{k}$, 80π

15. $[0,-1,2x-2y] \cdot [0,0,1],\quad \frac{1}{3}$

17. $\mathbf{r}=[\cos u,\ \sin u,\ v],\quad [-3v^2,\ 0,\ 0] \cdot [\cos u,\ \sin u,\ 0],\quad -1$

19. $\mathbf{r}=[u\cos v,\ u\sin v,\ u],\ 0\le u\le 1,\ 0\le v\le \pi/2$ ， $[-e^z,\ 1,\ 0] \cdot [-u\cos v,\ -u\sin v,\ u]$ 。

解：1/2

第 10 章複習題

11. $\mathbf{r}=[4-10t,\ 2+8t],\quad \mathbf{F}(\mathbf{r}) \cdot d\mathbf{r}=[2(4-10t)^2,\ -4(2t+8t)^2] \cdot [-10,\ 8]\,dt$；$-4528/3$，或使用正合性。

13. 非正合，curl $\mathbf{F}=(5\cos x)\mathbf{k},\quad \pm 10$

15. 0 因為 curl $\mathbf{F}=\mathbf{0}$

17. 由 Stokes 定理，$\pm 18\pi$

19. $\mathbf{F}=\text{grad}\,(y^2+xz),\quad 2\pi$

21. $M=8,\quad \bar{x}=\frac{8}{5},\quad \bar{y}=\frac{16}{5}$

23. $M=\frac{63}{20},\quad \bar{x}=\frac{8}{7}=1.14,\quad \bar{y}=\frac{118}{49}=2.41$

25. $M=4k/15,\quad \bar{x}=\frac{5}{16},\quad \bar{y}=\frac{4}{7}$

27. $288(a+b+c)\pi$

29. div $\mathbf{F}=20+6z^2$ 。解：21

31. $24\sinh 1=28.205$

33. 直接積分，$\frac{224}{3}$

35. 72π

習題集 11.1

1. $2\pi, 2\pi, \pi, \pi, 1, 1, \frac{1}{2}, \frac{1}{2}$

5. 沒有最小值 $p>0$ 。

13. $\frac{4}{\pi}\left(\cos x+\frac{1}{9}\cos 3x+\frac{1}{25}\cos 5x+\cdots\right)+2\left(\sin x+\frac{1}{3}\sin 3x+\frac{1}{5}\sin 5x+\cdots\right)$

15. $\frac{4}{3}\pi^2+4\left(\cos x+\frac{1}{4}\cos 2x+\frac{1}{9}\cos 3x+\cdots\right)-4\pi\left(\sin x+\frac{1}{2}\sin 2x+\frac{1}{3}\sin 3x+\cdots\right)$

17. $\frac{\pi}{2}+\frac{4}{\pi}\left(\cos x+\frac{1}{9}\cos 3x+\frac{1}{25}\cos 5x+\cdots\right)$

19. $\frac{\pi}{4}-\frac{2}{\pi}\left(\cos x+\frac{1}{9}\cos 3x+\frac{1}{25}\cos 5x+\cdots\right)+\sin x-\frac{1}{2}\sin 2x+\frac{1}{3}\sin 3x-+\cdots$

21. $2\left(\sin x+\frac{1}{2}\sin 2x+\frac{1}{3}\sin 3x+\frac{1}{4}\sin 4x+\frac{1}{5}\sin 5x+\cdots\right)$

習題集 11.2

1. 兩者皆否、偶、奇、偶、皆否

3. 偶

5. 偶

9. 奇，$L=2$ 、$\frac{4}{\pi}\left(\sin\frac{\pi x}{2}+\frac{1}{3}\sin\frac{3\pi x}{2}+\frac{1}{5}\sin\frac{5\pi x}{2}+\cdots\right)$

11. 偶，$L=1,\quad \frac{1}{3}-\frac{4}{\pi^2}\left(\cos\pi x-\frac{1}{4}\cos 2\pi x+\frac{1}{9}3\pi x-+\cdots\right)$

13. 整流器，$L=\frac{1}{2},\quad \frac{1}{8}-\frac{1}{\pi^2}\left(\cos 2\pi x+\frac{1}{9}\cos 6\pi x+\frac{1}{25}\cos 10\pi x+\cdots\right)+$

$\frac{1}{\pi}\left(\frac{1}{2}\sin 2\pi x-\frac{1}{4}\sin 4\pi x+\frac{1}{6}\sin 6\pi x-\frac{1}{8}\sin 8\pi x+-\cdots\right)$

15. 奇，$L=\pi,\quad \frac{4}{\pi}\left(\sin x-\frac{1}{9}\sin 3x+\frac{1}{25}\sin 5x-+\cdots\right)$

17. 偶，$L=1,\quad \frac{1}{2}+\frac{4}{\pi^2}\left(\cos\pi x+\frac{1}{9}\cos 3\pi x+\frac{1}{25}\cos 5\pi x+\cdots\right)$

19. $\frac{3}{8}+\frac{1}{2}\cos 2x+\frac{1}{8}\cos 4x$

23. $L=4$, **(a)** 1,　**(b)** $\frac{4}{\pi}\left(\sin\frac{\pi x}{4}+\frac{1}{3}\sin\frac{3\pi x}{4}+\frac{1}{5}\sin\frac{5\pi x}{4}+\cdots\right)$

25. $L=\pi$,

(a) $\frac{\pi}{2}+\frac{4}{\pi}\left(\cos x+\frac{1}{9}\cos 3x+\frac{1}{25}\cos 5x+\cdots\right)$,

(b) $2\left(\sin x+\frac{1}{2}\sin 2x+\frac{1}{3}\sin 3x+\frac{1}{4}\sin 4x+\cdots\right)$

27. $L=\pi$,

(a) $\frac{3\pi}{8}+\frac{2}{\pi}\left(\cos x-\frac{1}{2}\cos 2x+\frac{1}{9}\cos 3x+\frac{1}{25}\cos 5x-\frac{1}{18}\cos 6x+\frac{1}{49}\cos 7x+\frac{1}{81}\cos 9x-\frac{1}{50}\cos 10x+\frac{1}{121}\cos 11x+\cdots\right)$

(b) $\left(1+\frac{2}{\pi}\right)\sin x+\frac{1}{2}\sin 2x+\left(\frac{1}{3}-\frac{2}{9\pi}\right)\sin 3x+\frac{1}{4}\sin 4x+\left(\frac{1}{5}+\frac{2}{25\pi}\right)\sin 5x+\frac{1}{6}\sin 6x+\cdots$

29. 整流器，$L=\pi$，**(a)** $\frac{2}{\pi}-\frac{4}{\pi}\left(\frac{1}{1\cdot 3}\cos x+\frac{1}{3\cdot 5}\cos 3x+\frac{1}{5\cdot 7}\cos 5x+\cdots\right)$，**(b)** $\sin x$

習題集 11.3

3. 輸出成爲純餘弦級數。

5. 對 A_n 這類似於 2.8 節的圖 54，但對相位移 B_n 則在所有 n 值下，其方向都是一樣的。

7. $y=C_1\cos\omega t+C_2\sin\omega t+a(\omega)\sin t,\quad a(\omega)=1/(\omega^2-1)=-1.33,-5.26,4.76,0.8,0.01$，注意正負號的改變。

11. $y=C_1\cos\omega t+C_2\sin\omega t+\frac{4}{\pi}\left(\frac{1}{\omega^2-9}\sin t+\frac{1}{\omega^2-49}\sin 3t+\frac{1}{\omega^2-121}\sin 5t+\cdots\right)$

13. $y=\sum_{n=1}^{N}(A_n\cos nt+B_n\sin nt)$，$A_n=[(1-n^2)a_n-nb_nc]/D_n$，$B_n=[(1-n^2)b_n+nca_n]/D_n$，

$D_n=(1-n^2)^2+n^2c^2$

15. $b_n=(-1)^{n+1}\cdot 12/n^3$ (n 奇數)，$y=\sum_{n=1}^{\infty}(A_n\cos nt+B_n\sin nt)$、$A_n=(-1)^n\cdot 12nc/n^3D_n$、

$B_n=(-1)^{n+1}\cdot 12(1-n^2)/(n^3D_n)$ 其 D_n 同習題 13。

17. $I=50+A_1\cos t+B_1\sin t+A_3\cos 3t+B_3\sin 3t+\cdots$，$A_n=(10-n^2)a_n/D_n$，$B_n=10na_n/D_n$，

$a_n=-400/(n^2\pi)$，$D_n=(n^2-10)^2+100n^2$

19. $I(t)=\sum_{n=1}^{\infty}(A_n\cos nt+B_n\sin nt)$，$A_n=(-1)^{n+1}\dfrac{2400(10-n^2)}{n^2D_n}$，$B_n=(-1)^{n+1}\dfrac{24{,}000}{nD_n}$，

$D_n=(10-n^2)^2+100n^2$

習題集 11.4

3. $F=\dfrac{\pi}{2}-\dfrac{4}{\pi}\left(\cos x+\dfrac{1}{9}\cos 3x+\dfrac{1}{25}\cos 5x+\cdots\right)$，$E^*=0.0748,\ 0.0748,\ 0.0119,\ 0.0119,\ 0.0037$

5. $F=\dfrac{4}{\pi}\left(\sin x+\dfrac{1}{3}\sin 3x+\dfrac{1}{5}\sin 5x+\cdots\right)$，$E^*=1.1902,\ 1.1902,\ 0.6243,\ 0.6243,\ 0.4206$ (0.1272 當 $N=20$)

7. $F=2[(\pi^2-6)\sin x-\frac{1}{8}(4\pi^2-6)\sin 2x+\frac{1}{27}(9\pi^2-6)\sin 3x-+\cdots]$;

$E^*=674.8, 454.7, 336.4, 265.6, 219.0$，為何 E^* 這麼大？

習題集 11.5

3. 設 $x=ct+k$

5. $x=\cos\theta,\quad dx=-\sin\theta\,d\theta$，餘類推。

7. $\lambda_m=(m\pi/10)^2,\quad m=1,2,\cdots; y_m=\sin(m\pi x/10)$

9. $\lambda=[(2m+1)\pi/(2L)]^2,\quad m=0,1,\cdots,\quad y_m=\sin((2m+1)\pi x/(2L))$

11. $\lambda_m=m^2,\quad m=1,2,\cdots,\quad y_m=x\sin(m\ln|x|)$

13. $p=e^{8x},\quad q=0,\quad r=e^{8x},\quad \lambda_m=m^2,\quad y_m=e^{-4x}\sin mx,\quad m=1,2,\cdots$

習題集 11.6

1. $8(P_1(x)-P_3(x)+P_5(x))$

3. $\dfrac{4}{5}P_0(x)-\dfrac{4}{7}P_2(x)-\dfrac{8}{35}P_4(x)$

9. $-0.4775P_1(x)-0.6908P_3(x)+1.844P_5(x)-0.8236P_7(x)+0.1658P_9(x)+\cdots$，$m_0=9$，在習題 8－13 中捨入看似有相當的影響。

11. $0.7854P_0(x)-0.3540P_2(x)+0.0830P_4(x)-\cdots$，$m_0=4$

13. $0.1212P_0(x)-0.7955P_2(x)+0.9600P_4(x)-0.3360P_6(x)+\cdots$，$m_0=8$

15. (c) $a_m=(2/J_1^2(\alpha_{0,m}))(J_1(\alpha_{0,m})/\alpha_{0,m})=2/(\alpha_{0,m}J_1(\alpha_{0,m}))$

習題集 11.7

1. $f(x)=\pi e^{-x}(x>0)$ 得 $A=\int_0^\infty e^{-\upsilon}\cos w\upsilon\, d\upsilon=\dfrac{1}{1+w^2}$、$B=\dfrac{w}{1+w^2}$ (見例題 3)，餘類推。

3. 用 (11) 式；$B=\dfrac{2}{\pi}\int_0^\infty \dfrac{\pi}{2}\sin wv\, dv=\dfrac{1-\cos\pi w}{w}$

5. $B(w)=\dfrac{2}{\pi}\int_0^1 \dfrac{1}{2}\pi v\sin wv\, dv=\dfrac{\sin w-w\cos w}{w^2}$

7. $\dfrac{2}{\pi}\int_0^\infty \dfrac{\sin w\cos xw}{w}dw$

9. $A(w)=\dfrac{2}{\pi}\int_0^\infty \dfrac{\cos wv}{1+v^2}dv=e^{-w}(w>0)$

11. $\dfrac{2}{\pi}\int_0^\infty \dfrac{\cos\pi w+1}{1-w^2}\cos xw\, dw$

15. 對於 $n=1, 2, 11, 12, 31, 32, 49, 50$ ，$\mathrm{Si}(n\pi)-\pi/2$ 的值等於 0.28, −0.15 , 0.029, −0.026 , 0.0103, −0.0099 , 0.0065, −0.0064 (經捨入)。

17. $\dfrac{2}{\pi}\int_0^\infty \dfrac{1-\cos w}{w}\sin xw\, dw$

19. $\dfrac{2}{\pi}\int_0^\infty \dfrac{w-e(w\cos w-\sin w)}{1+w^2}\sin xw\, dw$

習題集 11.8

1. $\hat{f}_c(w)=\sqrt{(2/\pi)}(2\sin w-\sin 2w)/w$

3. $\hat{f}_c(w)=\sqrt{(2/\pi)}(\cos 2w+2w\sin 2w-1)/w^2$

5. $\hat{f}_c(w)=\sqrt{\dfrac{2}{\pi}}\dfrac{(w^2-2)\sin w+2w\cos w}{w^3}$

7. 是，不是

9. $\sqrt{2/\pi}w/(a^2+w^2)$

11. $\sqrt{2/\pi}((2-w^2)\cos w+2w\sin w-2)/w^3$

13. $\mathscr{F}_s(e^{-x})=\dfrac{1}{w}\left(-\mathscr{F}_c(e^{-x})+\sqrt{\dfrac{2}{\pi}}\cdot 1\right)=\dfrac{1}{w}\left(\sqrt{\dfrac{2}{\pi}}\cdot\dfrac{1}{w^2+1}+\sqrt{\dfrac{2}{\pi}}\right)=\sqrt{\dfrac{2}{\pi}}\dfrac{w}{w^2+1}$

習題集 11.9

3. $i(e^{-ibw}-e^{-iaw})/(w\sqrt{2\pi})$ 若 $a<b$；其他情況爲 0

5. $[e^{(1-iw)a}-e^{-(1-iw)a}]/(\sqrt{2\pi}(1-iw))$

7. $(e^{-iaw}(1+iaw)-1)/(\sqrt{2\pi}w^2)$

9. $\sqrt{2/\pi}(\cos w+w\sin w-1)/w^2$

11. $i\sqrt{2/\pi}(\cos w-1)/w$

13. $e^{-w^2/2}$ 由公式 9

17. 不行，不滿足定理 3 的假設。

19. $[f_1+f_2+f_3+f_4,\ f_1-if_2-f_3+if_4,\ f_1-f_2+f_3-f_4,\ f_1+if_2-f_3-if_4]$

21. $\begin{bmatrix} 1 & 1 \\ 1 & -1 \end{bmatrix} \begin{bmatrix} f_1 \\ f_2 \end{bmatrix} = \begin{bmatrix} f_1 + f_2 \\ f_1 - f_2 \end{bmatrix}$

第 11 章複習題

11. $1+\frac{4}{\pi}\left(\sin\frac{\pi x}{2}+\frac{1}{3}\sin\frac{3\pi x}{2}+\frac{1}{5}\sin\frac{5\pi x}{2}+\cdots\right)$

13. $\frac{1}{4}-\frac{2}{\pi^2}\left(\cos\pi x+\frac{1}{9}\cos 3\pi x+\frac{1}{25}\cos 5\pi x+\cdots\right)+\frac{1}{\pi}\left(\sin\pi x-\frac{1}{2}\sin 2\pi x+\frac{1}{3}\sin 3\pi x-+\cdots\right)$

15. 分別爲，$\cosh x$ 、 $\sinh x(-5 < x < 5)$ 。

17. 比較 11.1 節

19. $\frac{1}{2}-\frac{4}{\pi^2}\left(\cos\pi x+\frac{1}{9}\cos 3\pi x+\cdots\right), \frac{2}{\pi}\left(\sin\pi x-\frac{1}{2}\sin 2\pi x+-\cdots\right)$

21. $y = C_1\cos\omega t + C_2\sin\omega t + \frac{\pi^2}{\omega^2} - 12\left(\frac{\cos t}{\omega^2-1} - \frac{1}{4}\cdot\frac{\cos 2t}{\omega^2-4} + \frac{1}{9}\cdot\frac{\cos 3t}{\omega^2-9} - \frac{1}{16}\cdot\frac{\cos 4t}{\omega^2-16} + -\cdots\right)$

23. 0.82, 0.50, 0.36, 0.28, 0.23

25. 0.0076, 0.0076, 0.0012, 0.0012, 0.0004

27. $\frac{1}{\pi}\int_0^\infty \frac{(\cos w + w\sin w - 1)\cos wx + (\sin w - w\cos w)\sin wx}{w^2}\, dw$

29. $\sqrt{2/\pi}(\cos aw - \cos w + aw\sin aw - w\sin w)/w^2$

習題集 12.1

1. $L(c_1u_1 + c_2u_2) = c_1L(u_1) + c_2L(u_2) = c_1 \cdot 0 + c_2 \cdot 0 = 0$

3. $c = 2$

5. $c = a/b$

7. 任何 c 和 ω

9. $c = \pi/25$

15. $u = 110 - (110/\ln 100)\ln(x^2 + y^2)$

17. $u = a(y)\cos 4\pi x + b(y)\sin 4\pi x$

19. $u = c(x)e^{-y^3/3}$

21. $u = e^{-3y}(a(x)\cos 2y + b(x)\sin 2y) + 0.1e^{3y}$

23. $u = c_1(y)x + c_2(y)/x^2$ (Euler–Cauchy)

25. $u(x, y) = axy + bx + cy + k$ ；a、b、c、k 任意常數

習題集 12.3

5. $k\cos 3\pi t\sin 3\pi x$

7. $\frac{8k}{\pi^3}\left(\cos\pi t\sin\pi x + \frac{1}{27}\cos 3\pi t\sin 3\pi x + \frac{1}{125}\cos 5\pi t\sin 5\pi x + \cdots\right)$

9. $\frac{0.8}{\pi^2}\left(\cos\pi t\sin\pi x - \frac{1}{9}\cos 3\pi t\sin 3\pi x + \frac{1}{25}\cos 5\pi t\sin 5\pi x - +\cdots\right)$

11. $\frac{2}{\pi^2}\left((2-\sqrt{2})\cos\pi t\sin\pi x - \frac{1}{9}(2+\sqrt{2})\cos 3\pi t\sin 3\pi x + \frac{1}{25}(2+\sqrt{2})\cos 5\pi t\sin 5\pi x - +\cdots\right)$

13. $\dfrac{4}{\pi^3}\left((4-\pi)\cos\pi t\sin\pi x+\cos 2\pi t\sin 2\pi x+\dfrac{4+3\pi}{27}\cos 3\pi t\sin 3\pi x+\dfrac{4-5\pi}{125}\cos 5\pi t\sin 5\pi x+\cdots\right)$，沒有 $n=4, 8, 12, \cdots$ 的項。

17. $u=\dfrac{8L^2}{\pi^3}\left(\cos\left[c\left(\dfrac{\pi}{L}\right)^2 t\right]\sin\dfrac{\pi x}{L}+\dfrac{1}{3^3}\cos\left[c\left(\dfrac{3\pi}{L}\right)^2 t\right]\sin\dfrac{3\pi x}{L}+\cdots\right)$

19. **(a)** $u(0,t)=0$，**(b)** $u(L,t)=0$，**(c)** $u_x(0,t)=0$，**(d)** $u_x(L,t)=0$。由(a)、(c) 得 $C=-A$、$D=-B$。插入此式。由 (b) 得係數行列式，(d) 必須爲零才有非簡明解。由此得 (22) 式。

習題集 12.4

3. $c^2=300/[0.9/(2\cdot 9.80)]=80.83^2\ [\text{m}^2/\text{sec}^2]$ **9.** 橢圓，$u=f_1(y+2ix)+f_2(y-2ix)$

11. 拋物線，$u=xf_1(x-y)+f_2(x-y)$ **13.** 雙曲線，$u=f_1(y-4x)+f_2(y-x)$

15. 雙曲線，$xy'^2+yy'=0$、$y=v$、$xy=w$、$u_w=z$、$u=\dfrac{1}{y}f_1(xy)+f_2(y)$

17. 橢圓，$u=f_1(y-(2-i)x)+f_2(y-(2+i)x)$。任何具有此種形式的函數 u 的實部或虛部都是解。爲何？

習題集 12.6

3. $u_1=\sin x\,e^{-t}, u_2=\sin 2x\,e^{-4t}, u_3=\sin 3x\,e^{-9t}$ 差別在衰減的快慢。

5. $u=\sin 0.1\pi x\,e^{-1.752\pi^2 t/100}$

7. $u=\dfrac{800}{\pi^3}\left(\sin 0.1\pi x\,e^{-0.01752\pi^2 t}+\dfrac{1}{3^3}\sin 0.3\pi x\,e^{-0.01752(3\pi)^2 t}+\cdots\right)$

9. $u=u_{\text{I}}+u_{\text{II}}$, 其中 $u_{\text{II}}=u-u_{\text{I}}$ 滿足課文中的邊界條件，使得 $u_{\text{II}}=\displaystyle\sum_{n=1}^{\infty}B_n\sin\frac{n\pi x}{L}e^{-(cn\pi/L)^2 t}$，$B_n=\dfrac{2}{L}\displaystyle\int_0^L[f(x)-u_{\text{I}}(x)]\sin\frac{n\pi x}{L}\,dx$。

11. $F=A\cos px+B\sin px, F'(0)=Bp=0, B=0, F'(L)=-Ap\sin pL=0, p=n\pi/L$ 等

13. $u=1$

15. $\dfrac{1}{2}+\dfrac{4}{\pi^2}\left(\cos x e^{-t}+\dfrac{1}{9}\cos 3xe^{-9t}+\dfrac{1}{25}\cos 5xe^{-25t}+\cdots\right)$

17. $-\dfrac{K\pi}{L}\displaystyle\sum_{n=1}^{\infty}nB_n e^{-\lambda_n^2 t}$ 19. $u=1000(\sin\frac{1}{2}\pi x\sinh\frac{1}{2}\pi y)/\sinh\pi$

21. $u=\dfrac{100}{\pi}\displaystyle\sum_{n=1}^{\infty}\frac{1}{(2n-1)\sinh(2n-1)\pi}\sin\frac{(2n-1)\pi x}{24}\sinh\frac{(2n-1)\pi y}{24}$

23. $u=A_0x+\displaystyle\sum_{n=1}^{\infty}A_n\frac{\sinh(n\pi x/24)}{\sinh n\pi}\cos\frac{n\pi y}{24}$，$A_0=\dfrac{1}{24^2}\displaystyle\int_0^{24}f(y)\,dy$，$A_n=\dfrac{1}{12}\displaystyle\int_0^{24}f(y)\cos\frac{n\pi y}{24}\,dy$

25. $\displaystyle\sum_{n=1}^{\infty}A_n\sin\frac{n\pi x}{a}\sinh\frac{n\pi(b-y)}{a}$，$A_n=\dfrac{2}{a\sinh(n\pi b/a)}\displaystyle\int_0^a f(x)\sin\frac{n\pi x}{a}\,dx$

習題集 12.7

3. $A=\frac{2}{\pi}\int_0^\infty \frac{\cos pv}{1+v^2}\,dv=\frac{2}{\pi}\cdot\frac{\pi}{2}e^{-P},\ u=\int_0^\infty e^{-P-c^2p^2t}\cos px\,dp$

5. $A=\frac{2}{\pi}\int_0^1 v\cos pv\,dv=\frac{2}{\pi}\cdot\frac{\cos p+p\sin p-1}{p^2}$ 等

7. $A=\frac{2}{\pi}\int_0^\infty \frac{\sin v}{v}\cos pv\,dv=\frac{2}{\pi}\cdot\frac{\pi}{2}=1$ 若 $0<p<1$，若 $p>1$ 則為 0，$u=\int_0^1 \cos pxe^{-c^2p^2t}\,dp$

9. 在 (21) 式中設 $w=-v$ 以得到 $\operatorname{erf}(-x)=-\operatorname{erf} x$。

13. 當 $z=-x/(2c\sqrt{t})$，在 (12) 式中引數 $x+2cz\sqrt{t}$ 為 0 (f 出現躍升的點)。這樣可得積分的下限值。

15. 在 (21) 式中設 $w=s/\sqrt{2}$。

習題集 12.9

1. **(a)**，**(b)** 原頻率乘 $\sqrt{2}$。**(c)** 減半

5. $B_{mn}=(-1)^{n+1}8/(mn\pi^2)$ 如果 m 為奇數，0 如果 m 為偶數

7. $B_{mn}=(-1)^{m+n}4ab/(mn\pi^2)$

11. $u=0.1\cos\sqrt{20}t\sin 2x\sin 4y$

13. $\frac{6.4}{\pi^2}\sum_{\substack{m=1\\ m,n\ \text{odd}}}^{\infty}\sum_{n=1}^{\infty}\frac{1}{m^3n^3}\cos(t\sqrt{m^2+n^2})\sin mx\sin ny$

17. $c\pi\sqrt{260}$ (對應特徵函數 $F_{4,16}$ 及 $F_{16,14}$)，餘類推。

19. $\cos\left(\pi t\sqrt{\frac{36}{a^2}+\frac{4}{b^2}}\right)\sin\frac{6\pi x}{a}\sin\frac{4\pi y}{b}$

習題集 12.10

5. $110+\frac{440}{\pi}(r\cos\theta-\frac{1}{3}r^3\cos 3\theta+\frac{1}{5}r^5\cos 5\theta-+\cdots)$

7. $55\pi-\frac{440}{\pi}(r\cos\theta+\frac{1}{9}r^3\cos 3\theta+\frac{1}{25}r^5\cos 5\theta+\cdots)$

11. 在圓盤 $r<a$ 內解此問題，條件為上半圓環為 u_0 (已知) 及下半圓環為 $-u_0$。

$u=\frac{4u_0}{\pi}(\frac{r}{a}\sin\theta+\frac{1}{3a^3}r^3\sin 3\theta+\frac{1}{5a^5}r^5\sin 5\theta+\cdots)$

13. 成為 $\sqrt{2}$ 倍

15. $T=6.826\rho R^2 f_1^2$

17. 不行

25. $\alpha_{11}/(2\pi)=0.6098$；見附錄 5 表 A1

習題集 12.11

5. $A_4=A_6=A_8=A_{10}=0,\ A_5=605/16,\ A_7=-4125/128,\ A_9=7315/256$

9. $\nabla^2u=u''+2u'/r=0,\ u''/u'=-2/r,\ \ln|u'|=-2\ln|r|+c_1,\ u'=\tilde{c}/r^2, u=c/r+k$

13. $u=320/r+60$ 在 $2<r<4$ 小於習題 12 的電位。

17. $u=1$

19. $\cos 2\phi = 2\cos^2\phi - 1,\ 2w^2 - 1 = \frac{4}{3}P_2(w) - \frac{1}{3},\ u = \frac{4}{3}r^2 P_2(\cos\phi) - \frac{1}{3}$

25. 設$1/r = \rho$。則$u(\rho, \theta, \phi) = rv(r, \theta, \phi),\ u_p = (v + rv_r)(-1/\rho^2)$，

$u_{pp} = (2v_r + rv_{rr})(1/\rho^4) + (v + rv_r)(2/\rho^3),\ u_{pp} + (2/\rho)u_\rho = r^5(v_{rr} + (2/r)v_r)$。

將此式以及$u_{\phi\phi} = rv_{\phi\phi}$等代入 (7) 式 [以$\rho$表示] 並除以$r^5$。

習題集 12.12

5. $W = \frac{c(s)}{x^s} + \frac{x}{s^2(s+1)},\ W(0, s) = 0,\ c(s) = 0,\ w(x, t) = x(t - 1 + e^{-t})$

7. $w = f(x)g(t),\ xf'g + f\dot{g} = xt$，取 $f(x) = x$ 以由 $w(x, 0) = x(c-1) = 0$ 得到 $g = ce^{-t} + t - 1$ 及 $c = 1$。

11. 設$x^2/(4c^2\tau) = z^2$。將z當作新的積分變數。利用$\text{erf}(\infty) = 1$。

第 12 章複習題

17. $u = c_1(x)e^{-3y} + c_2(x)e^{2y} - 3$

19. 雙曲線型，$f_1(x) + f_2(y + x)$

21. 雙曲線型，$f_1(y + 2x) + f_2(y - 2x)$

23. $\frac{3}{4}\cos 2t \sin x - \frac{1}{4}\cos 6t \sin 3x$

25. $\sin 0.01\pi x e^{-0.001143t}$

27. $\frac{3}{4}\sin 0.01\pi x e^{-0.001143t} - \frac{1}{4}\sin 0.03\pi x e^{-0.01029t}$

29. $100\cos 2x e^{-4t}$

39. $u = (u_1 - u_0)(\ln r)/\ln(r_1/r_0) + (u_0 \ln r_1 - u_1 \ln r_0)/\ln(r_1/r_0)$

29. $100\cos 2x e^{-4t}$

39. $u = (u_1 - u_0)(\ln r)/\ln(r_1/r_0) + (u_0 \ln r_1 - u_1 \ln r_0)/\ln(r_1/r_0)$

附錄 3

輔助教材

A3.1 特殊函數之公式

特殊函數的數值表列，請參閱附錄 5。

指數函數 e^x (圖 545)

$$e = 2.71828\ 18284\ 59045\ 23536\ 02874\ 71353$$

(1) $$e^x e^y = e^{x+y}, \quad e^x / e^y = e^{x-y}, \quad (e^x)^y = e^{xy}$$

自然對數 (圖 546)

(2) $$\ln(xy) = \ln x + \ln y, \quad \ln(x/y) = \ln x - \ln y, \quad \ln(x^a) = a \ln x$$

$\ln x$ 是 e^x 的逆轉，且 $e^{\ln x} = x$ 、 $e^{-\ln x} = e^{\ln(1/x)} = 1/x$ 。

以 10 爲基底之對數 $\log_{10} x$ 或簡寫爲 $\log x$

(3) $$\log x = M \ln x, \quad M = \log e = 0.43429\ 44819\ 03251\ 82765\ 11289\ 18917$$

(4) $$\ln x = \frac{1}{M} \log x, \quad \frac{1}{M} = \ln 10 = 2.30258\ 50929\ 94045\ 68401\ 79914\ 54684$$

$\log x$ 是 10^x 的逆轉，且 $10^{\log x} = x$ 、 $10^{-\log x} = 1/x$ 。

正弦與餘弦函數 (圖 547、548) 在微積分中角度是以 radian (徑) 爲單位，因此 $\sin x$ 與 $\cos x$ 之週期爲 2π 。

$\sin x$ 爲奇函數，$\sin(-x) = -\sin x$；而 $\cos x$ 爲偶函數，$\cos(-x) = \cos x$。

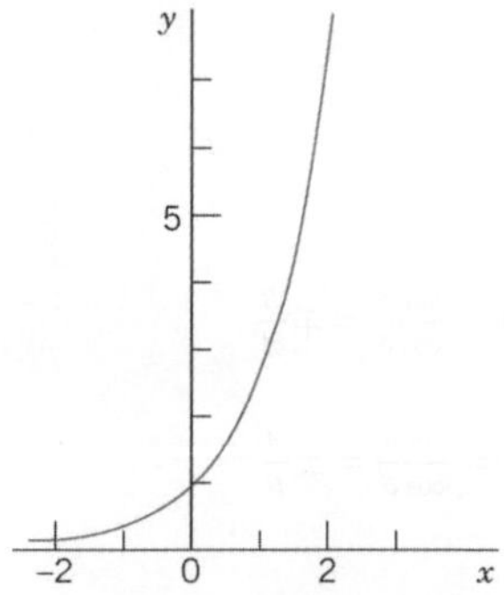

圖 545　指數函數 e^x

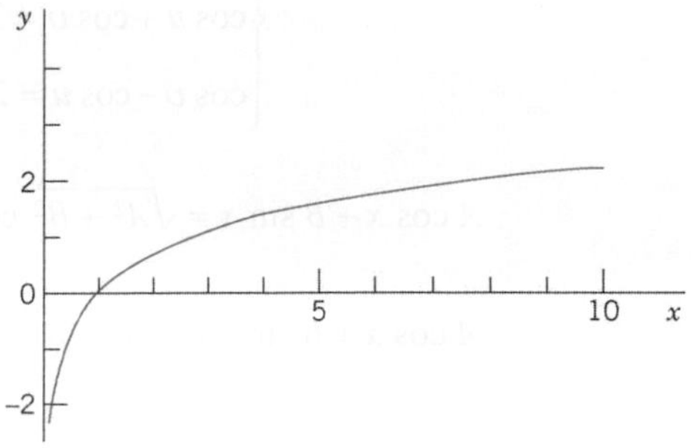

圖 546　自然對數 $\ln x$

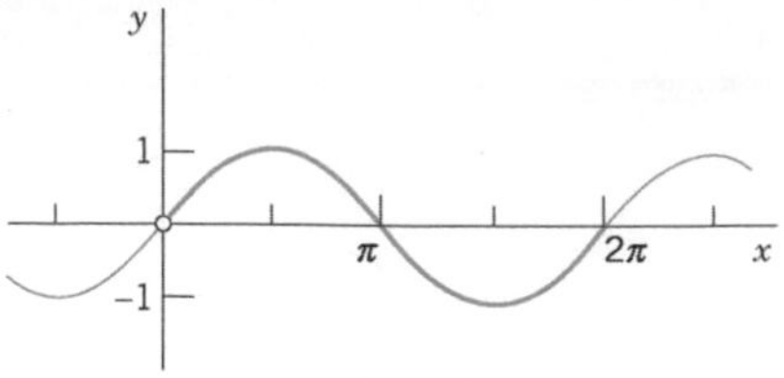

圖 547 sin x

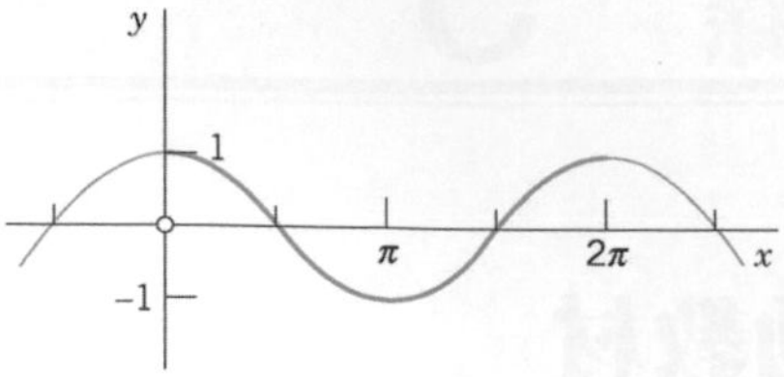

圖 548 cos x

$$1^\circ = 0.01745\ 32925\ 19943 \text{ radian}$$

$$1 \text{ radian} = 57^\circ\ 17'\ 44.80625''$$

$$= 57.29577\ 95131^\circ$$

(5) $$\sin^2 x + \cos^2 x = 1$$

(6) $$\begin{cases} \sin(x+y) = \sin x \cos y + \cos x \sin y \\ \sin(x-y) = \sin x \cos y - \cos x \sin y \\ \cos(x+y) = \cos x \cos y - \sin x \sin y \\ \cos(x-y) = \cos x \cos y + \sin x \sin y \end{cases}$$

(7) $$\sin 2x = 2 \sin x \cos x, \quad \cos 2x = \cos^2 x - \sin^2 x$$

(8) $$\begin{cases} \sin x = \cos\left(x - \frac{\pi}{2}\right) = \cos\left(\frac{\pi}{2} - x\right) \\ \cos x = \sin\left(x + \frac{\pi}{2}\right) = \sin\left(\frac{\pi}{2} - x\right) \end{cases}$$

(9) $$\sin(\pi - x) = \sin x, \quad \cos(\pi - x) = -\cos x$$

(10) $$\cos^2 x = \frac{1}{2}(1 + \cos 2x), \quad \sin^2 x = \frac{1}{2}(1 - \cos 2x)$$

(11) $$\begin{cases} \sin x \sin y = \frac{1}{2}[-\cos(x+y) + \cos(x-y)] \\ \cos x \cos y = \frac{1}{2}[\cos(x+y) + \cos(x-y)] \\ \sin x \cos y = \frac{1}{2}[\sin(x+y) + \sin(x-y)] \end{cases}$$

(12) $$\begin{cases} \sin u + \sin v = 2 \sin \frac{u+v}{2} \cos \frac{u-v}{2} \\ \cos u + \cos v = 2 \cos \frac{u+v}{2} \cos \frac{u-v}{2} \\ \cos v - \cos u = 2 \sin \frac{u+v}{2} \sin \frac{u-v}{2} \end{cases}$$

(13) $$A \cos x + B \sin x = \sqrt{A^2 + B^2} \cos(x \pm \delta), \quad \tan \delta = \frac{\sin \delta}{\cos \delta} = \mp \frac{B}{A}$$

(14) $$A \cos x + B \sin x = \sqrt{A^2 + B^2} \sin(x \pm \delta), \quad \tan \delta = \frac{\sin \delta}{\cos \delta} = \pm \frac{A}{B}$$

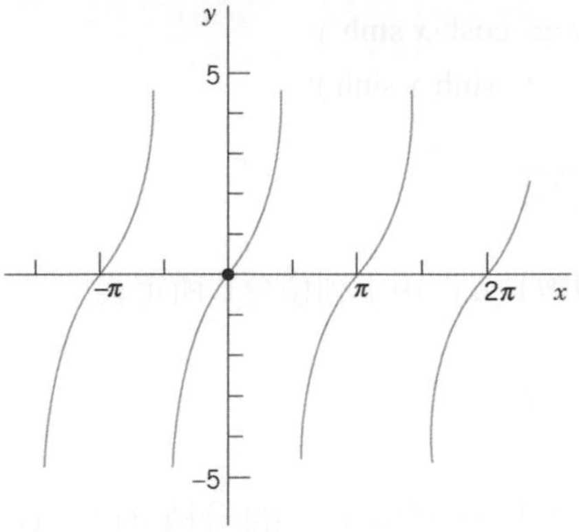

圖 549　tan x

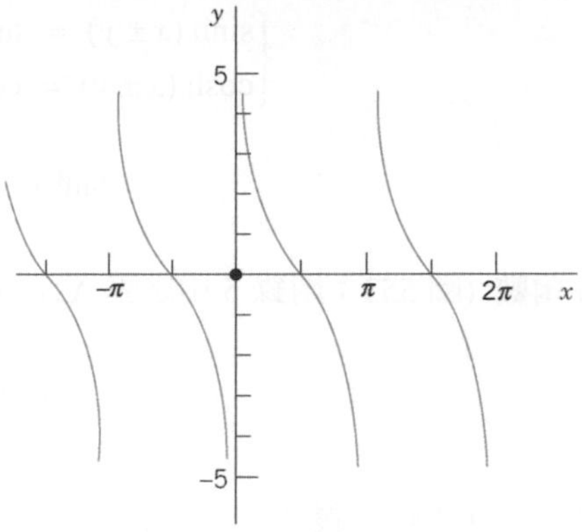

圖 550　cot x

正切、餘切、正割、餘割 (圖 549、550)

(15) $$\tan x = \frac{\sin x}{\cos x}, \quad \cot x = \frac{\cos x}{\sin x}, \quad \sec x = \frac{1}{\cos x}, \quad \csc x = \frac{1}{\sin x}$$

(16) $$\tan(x+y) = \frac{\tan x + \tan y}{1 - \tan x \tan y}, \quad \tan(x-y) = \frac{\tan x - \tan y}{1 + \tan x \tan y}$$

雙曲線函數 (雙曲正弦 sinh x 等；圖 551、552)

(17) $$\sinh x = \frac{1}{2}(e^x - e^{-x}), \qquad \cosh x = \frac{1}{2}(e^x + e^{-x})$$

(18) $$\tanh x = \frac{\sinh x}{\cosh x}, \qquad \coth x = \frac{\cosh x}{\sinh x}$$

(19) $$\cosh x + \sinh x = e^x, \qquad \cosh x - \sinh x = e^{-x}$$

(20) $$\cosh^2 x - \sinh^2 x = 1$$

(21) $$\sinh^2 x = \frac{1}{2}(\cosh 2x - 1), \qquad \cosh^2 x = \frac{1}{2}(\cosh 2x + 1)$$

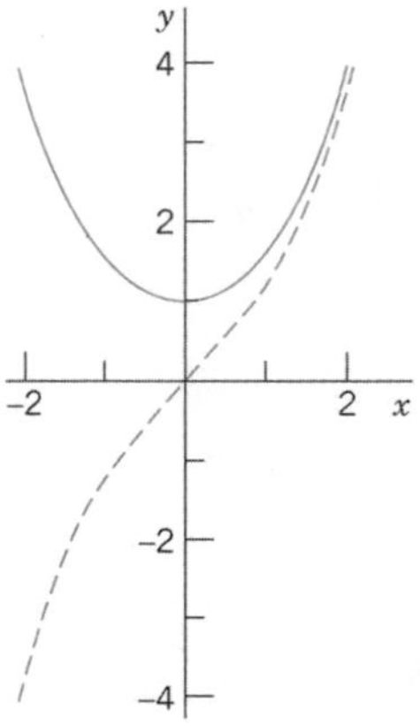

圖 551　sinh x (虛線) 與 cosh x

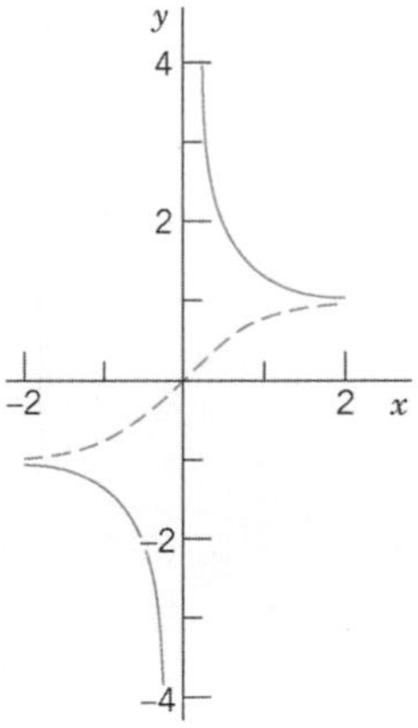

圖 552　tanh$x$ (虛線) 與 cosh x

(22) $$\begin{cases}\sinh(x\pm y) = \sinh x\cosh y \pm \cosh x\sinh y \\ \cosh(x\pm y) = \cosh x\cosh y \pm \sinh x\sinh y\end{cases}$$

(23) $$\tanh(x\pm y) = \frac{\tanh x \pm \tanh y}{1\pm \tanh x\tanh y}$$

Gamma 函數 (圖 553；附錄 5 中之表 A2) **Gamma 函數** $\Gamma(\alpha)$ 由下列積分式所定義

(24) $$\Gamma(\alpha) = \int_0^\infty e^{-t}t^{\alpha-1}\,dt \qquad (\alpha>0)$$

上式只在 $\alpha>0$ 才有意義 (或，若考慮複數的 α，則是實部爲正的 α)。由部分積分得出 *Gamma* 函數之重要泛函關係

(25) $$\Gamma(\alpha+1) = \alpha\Gamma(\alpha)$$

由 (24) 式可得 $\Gamma(1)=1$；因此，若 α 爲正整數 (比如 k)，則由 (25) 式之重複運用可得

(26) $$\Gamma(k+1) = k! \qquad (k=0,1,\cdots)$$

這顯示出 *Gamma* 函數可視為基本階乘函數的一般化 [即使 α 值不爲整數，有時仍用符號 $(\alpha-1)!$ 來表示 $\Gamma(\alpha)$，而 Gamma 函數也被稱爲**階乘函數**]。

由重復利用 (25) 式，可得

$$\Gamma(\alpha) = \frac{\Gamma(\alpha+1)}{\alpha} = \frac{\Gamma(\alpha+2)}{\alpha(\alpha+1)} = \cdots = \frac{\Gamma(\alpha+k+1)}{\alpha(\alpha+1)(\alpha+2)\cdots(\alpha+k)}$$

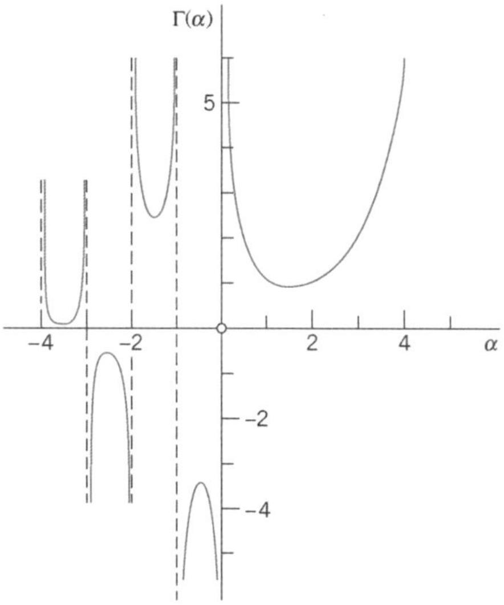

圖 553 Gamma 函數

利用此關係式

(27) $$\Gamma(\alpha)=\frac{\Gamma(\alpha+k+1)}{\alpha(\alpha+1)\cdots(\alpha+k)} \qquad (\alpha\neq 0,-1,-2,\cdots),$$

以定義負 $\alpha(\neq -1,-2,\cdots)$ 値的 gamma 函數，選擇 k 爲滿足 $\alpha+k+1>0$ 的最小整數。再加上 (24) 式，這樣就得到 $\Gamma(\alpha)$ 對所有 α 値的定義，但 α 不能等於零或負的整數 (圖 553)。

Gamma 函數也可利用乘數之極限來表示，即公式

(28) $$\Gamma(\alpha)=\lim_{n\to 0}\frac{n!n^{\alpha}}{\alpha(\alpha+1)(\alpha+2)\cdots(\alpha+n)} \quad (\alpha\neq 0,-1,\cdots)$$

由 (27) 或 (28) 式我們可看出，對於複數的 α 値，gamma 函數 $\Gamma(\alpha)$ 是一個半純 (meromorphic) 函數，它在 $\alpha=0,-1,-2,\ \cdots$ 有單一極點。

當 α 是很大的正値時，可以用 **Stirling 公式計算** gamma 函數的近似値

(29) $$\Gamma(\alpha+1)\approx\sqrt{2\pi\alpha}\left(\frac{\alpha}{e}\right)^{\alpha}$$

其中 e 爲自然對數的基底。最後提到一個特殊値

(30) $$\Gamma(\frac{1}{2})=\sqrt{\pi}$$

不完全 gamma 函數

(31) $$P(\alpha,x)=\int_0^x e^{-t}t^{\alpha-1}\,dt \qquad Q(\alpha,x)=\int_x^{\infty} e^{-t}t^{\alpha-1}\,dt \qquad (\alpha>0)$$

(32) $$\Gamma(\alpha)=P(\alpha,x)+Q(\alpha,x)$$

Beta 函數

(33) $$B(x,y)=\int_0^1 t^{x-1}(1-t)^{y-1}\,dt \qquad (x>0,\ y>0)$$

用 gamma 函數來表示：

(34) $$B(x,y)=\frac{\Gamma(x)\,\Gamma(y)}{\Gamma(x+y)}$$

誤差函數 (Error Function) (圖 554；附錄 5 中之表 A4)

(35) $$\operatorname{erf} x=\frac{2}{\sqrt{\pi}}\int_0^x e^{-t^2}\,dt$$

(36) $$\operatorname{erf} x=\frac{2}{\sqrt{\pi}}\left(x-\frac{x^3}{1!3}+\frac{x^5}{2!5}-\frac{x^7}{3!7}+-\cdots\right)$$

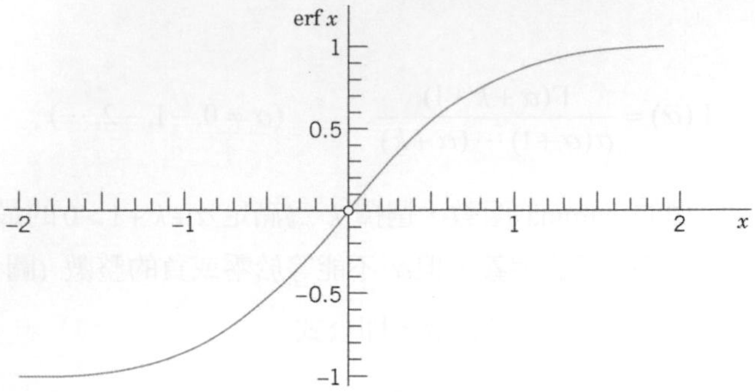

圖 554 誤差函數

erf (∞) = 1，餘誤差函數

(37) $$\operatorname{erfc} x = 1 - \operatorname{erf} x = \frac{2}{\sqrt{\pi}} \int_x^{\infty} e^{-t^2}\, dt$$

Fresnel 積分[1] (圖 555)

(38) $$C(x) = \int_0^x \cos(t^2)\, dt, \quad S(x) = \int_0^x \sin(t^2)\, dt$$

$C(\infty) = \sqrt{\pi/8},\ S(\infty) = \sqrt{\pi/8}$，餘函數

(39) $$c(x) = \sqrt{\frac{\pi}{8}} - C(x) = \int_x^{\infty} \cos(t^2)\, dt$$
$$s(x) = \sqrt{\frac{\pi}{8}} - S(x) = \int_x^{\infty} \sin(t^2)\, dt$$

正弦積分 (圖 556；附錄 5 之表 A4)

(40) $$\operatorname{Si}(x) = \int_0^x \frac{\sin t}{t}\, dt$$

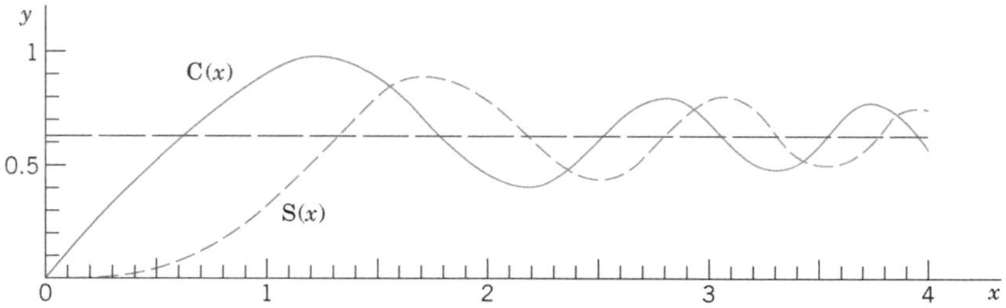

圖 555 Fresnel 積分

[1] AUGUSTIN FRESNEL (1788–1827)：法國物理及數學家；函數表請參考文獻 [GenRef1]。

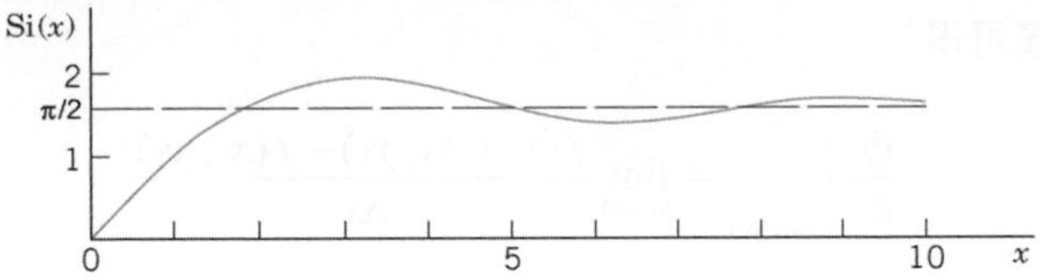

圖 556　正弦積分

$\mathrm{Si}\,(\infty)=\pi/2$，餘函數

(41)
$$\mathrm{si}\,(x)=\frac{\pi}{2}-\mathrm{Si}\,(x)=\int_x^{\infty}\frac{\sin t}{t}\,dt$$

餘弦積分 (附錄 5 中之表 A4)

(42)
$$\mathrm{ci}\,(x)=\int_x^{\infty}\frac{\cos t}{t}\,dt \qquad (x>0)$$

指數積分

(43)
$$\mathrm{Ei}\,(x)=\int_x^{\infty}\frac{e^{-t}}{t}\,dt \qquad (x>0)$$

對數積分

(44)
$$\mathrm{li}\,(x)=\int_0^{x}\frac{dt}{\ln t}$$

A3.2　偏導數 (Partial Derivatives)

微分公式請見封面內頁。

令 $z=f(x,y)$ 爲兩獨立實變數 x 與 y 之實函數。若令 y 爲常數 (比如 $y=y_1$)，並且將 x 視爲一變數，則 $f(x,y_1)$ 只取決於 x。若 $f(x,y_1)$ 在 $x=x_1$ 時，其對 x 之導數存在，則此導數值稱爲在點 (x_1,y_1) 處 $f(x,y)$ 對 x 之**偏導數**，並表示爲

$$\left.\frac{\partial f}{\partial x}\right|_{(x_1,\,y_1)} \quad \text{或用} \quad \left.\frac{\partial z}{\partial x}\right|_{(x_1,\,y_1)}$$

其他表示方式有

$$f_x(x_1,y_1) \quad \text{及} \quad z_x(x_1,y_1)\ ;$$

當下標不作它用，且不產生混淆時可使用上式。

因此由導數之定義可得

(1)
$$\left.\frac{\partial f}{\partial x}\right|_{(x_1,\,y_1)}=\lim_{\Delta x\to 0}\frac{f(x_1+\Delta x,\,y_1)-f(x_1,\,y_1)}{\Delta x}$$

$z=f(x,y)$ 對 y 之偏導數，亦可依相同方式定義；令 x 為常數 (比如 $x=x_1$)，而後將 $f(x_1,y)$ 對 y 微分，因此得到

(2)
$$\left.\frac{\partial f}{\partial y}\right|_{(x_1,\,y_1)}=\left.\frac{\partial z}{\partial y}\right|_{(x_1,\,y_1)}=\lim_{\Delta y\to 0}\frac{f(x_1,\,y_1+\Delta y)-f(x_1,\,y_1)}{\Delta y}$$

其他表示式為 $f_y(x_1,y_1)$ 與 $z_y(x_1,y_1)$。

顯然地，此兩偏導數之值通常是取決於點 (x_1,y_1)。因此，偏導數 $\partial z/\partial x$ 與 $\partial z/\partial y$ 在一變化點 (x,y) 處為 x 與 y 之函數。函數 $\partial z/\partial x$ 可經由一般微積分的方法將 $z=f(x,y)$ 對 x 微分，同時**將 y 視為常數**而得；而 $\partial z/\partial y$ 則是將 z 對 y 微分，同時**將 x 視為常數**而得。

例題 1　令 $z=f(x,y)=x^2y+x\sin y$，則

$$\frac{\partial f}{\partial x}=2xy+\sin y,\qquad \frac{\partial f}{\partial y}=x^2+x\cos y$$ ■

函數 $z=f(x,y)$ 之偏導數 $\partial z/\partial x$ 與 $\partial z/\partial y$ 有非常簡單的**幾何解釋**。函數 $z=f(x,y)$ 可由一空間中的曲面來表示。方程式 $y=y_1$ 則代表一垂直平面與此曲面相交之曲線，在點 (x_1,y_1) 處的偏導數 $\partial z/\partial x$，則是此曲線之切線的斜率 (亦即 $\tan\alpha$，其中 α 為圖 557 所示之角)。同樣的，在 (x_1,y_1) 處之偏導數 $\partial z/\partial y$，就是曲面 $z=f(x,y)$ 上的曲線 $x=x_1$ 在點 (x_1,y_1) 之切線的斜率。

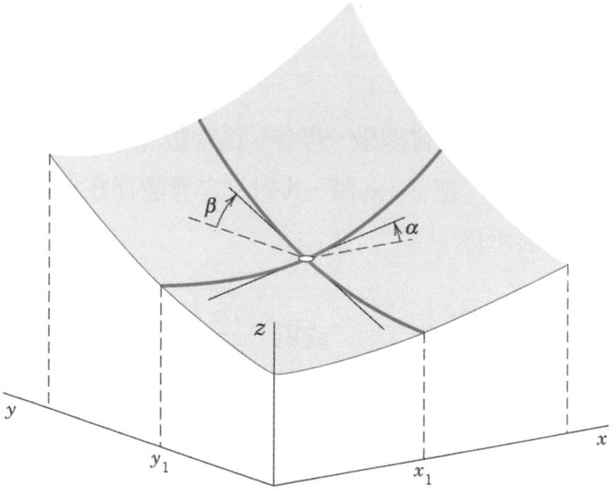

圖 557　一次偏導數之幾何說明

偏導數 $\partial z/\partial x$ 與 $\partial z/\partial y$ 稱為一次偏導數或一階偏導數。將這些導數再微分一次，可得四個二次偏導數 (或二階偏導數) [2]

(3)
$$\frac{\partial^2 f}{\partial x^2}=\frac{\partial}{\partial x}\left(\frac{\partial f}{\partial x}\right)=f_{xx}$$
$$\frac{\partial^2 f}{\partial x\partial y}=\frac{\partial}{\partial x}\left(\frac{\partial f}{\partial y}\right)=f_{yx}$$
$$\frac{\partial^2 f}{\partial y\partial x}=\frac{\partial}{\partial y}\left(\frac{\partial f}{\partial x}\right)=f_{xy}$$
$$\frac{\partial^2 f}{\partial y^2}=\frac{\partial}{\partial y}\left(\frac{\partial f}{\partial y}\right)=f_{yy}$$

我們可以證明，若其中所有的導數皆為連續的，則其中兩個混合偏導數是相等的，也就是微分的順序並不重要 (見附錄 1 之參考文獻 [GenRef4])，即

(4)
$$\frac{\partial^2 z}{\partial x\partial y}=\frac{\partial^2 z}{\partial y\partial x}$$

例題 2　**在例題 1 中之函數**

$$f_{xx}=2y,\quad f_{xy}=2x+\cos y=f_{yx},\quad f_{yy}=-x\sin y$$ ■

將二次偏導數再分別對 x 與 y 微分，則可得 f 的三次偏導數或三階偏導數等。

若考慮含有**三個獨立變數**之函數 $f(x, y, z)$，則可得三個一次偏導數 $f_x(x, y, z)$、$f_y(x, y, z)$ 以及 $f_z(x, y, z)$。此處 f_x 是將 f 對 x 微分並**將 y 與 z 視為常數**而得。因此類似於 (1) 式，可得

$$\left.\frac{\partial f}{\partial x}\right|_{(x_1,\, y_1,\, z_1)}=\lim_{\Delta x\to 0}\frac{f(x_1+\Delta x, y_1, z_1)-f(x_1, y_1, z_1)}{\Delta x},$$

再次以此方式對 f_x、f_y、f_z 微分，可得 f 之二次偏導數，並以此類推。

例題 3　令 $f(x, y, z)=x^2+y^2+z^2+xye^z$，則

$$\begin{aligned}
&f_x=2x+y\,e^z, && f_y=2y+x\,e^z, && f_z=2z+xy\,e^z,\\
&f_{xx}=2, && f_{xy}=f_{yx}=e^z, && f_{xz}=f_{zx}=y\,e^z,\\
&f_{yy}=2, && f_{yz}=f_{zy}=x\,e^z, && f_{zz}=2+xy\,e^z
\end{aligned}$$ ■

---

[2] **注意！**下標之標示乃依微分之順序而標示，然而「∂」標之順序相反。

A3.3 數列與級數

參見第 *15* 章。

單調實數數列

一實數數列 $x_1, x_2, \cdots, x_n, \cdots$ 稱爲是**單調數列 (monotone sequence)**；如果它是**單調遞增 (monotone increasing)**，即

$$x_1 \le x_2 \le x_3 \le \cdots$$

或**單調遞減 (monotone decreasing)**，即

$$x_1 \ge x_2 \ge x_3 \ge \cdots$$

對數列 $x_1, x_2, \cdots$，若存在一正的常數 K 使得在任何 n 值時都有 $|x_n| < K$，我們稱 $x_1, x_2, \cdots$ 是一個**有界數列 (bounded sequence)**。

定理 1

若一實數數列爲有界及單調，則它必收斂。

證明

令 $x_1, x_2, \cdots$ 爲一有界的單調遞增數列。則其各項必小於某數 B，而且，因爲對所有 n 而言 $x_1 \le x_n$，故此數列的各項必落在 $x_1 \le x_n \le B$ 區間內，將此區間記爲 I_0。將 I_0 等分爲二；亦即將它分爲等長的二部分。若右半部 (包含端點) 包含此數列之各項，則將其記爲 I_1。如果它並未包含此數列之項，則將 I_0 之左半部 (包含其端點) 記爲 I_1。此爲第一步。

第二步，再將 I_1 二等分，依同樣的規則選取其中一半並記爲 I_2，餘以此類推 (參考圖 558)。

依此等分下去，我們會得到愈來愈短的區間 $I_0, I_1, I_2, \cdots$，並有以下特性。對 $n > m$ 而言，每一 I_m 包含所有的 I_n，此數列沒有一項位在 I_m 之右邊，且因爲此序列爲單調遞增，故所有 x_n (只要 n 大於某數 N) 皆位在 I_m 中；當然 N 通常依 m 而定。當 m 趨向於無限大，則 I_m 之長度趨近於零。因此，僅有一數，且稱爲 L，位在所有區間中 [3]，我們現在就可以很容易的證明此數列收斂至極限 L。

---

[3] 此敘述看似顯而易見，其實不然；它可被當成實數系統在下面形式之準則。令 $J_1, J_2, \cdots$ 閉區間使得每一 J_m 包含於所有 J_n，同時 $n > m$，並且當 m 趨於無限大，J_m 之長度趨近於零。故必定有一實數包含於所有這些區間內。這稱爲 **Cantor–Dedekind 準則**，以德國數學家 GEORG CANTOR (1845–1918)，集合論之創作者，以及 RICHARD DEDEKIND (1831–1916)，以數理之基本工作著名而命名。欲獲知更詳細文獻，請參閱附錄 1 中之參考文獻 [GenRef2] (若一區間 I 之兩端點被視爲屬於 I 之點，則此區間稱爲**閉區間**。若其兩端點不屬於 I 之點，則此區間稱爲**開區間**)。

事實上，給定一 $\varepsilon > 0$，選取 m 使得 I_m 之長度小於 ε。則 L 以及所有 x_n $[n > N(m)]$ 皆位在 I_m 中，因此對所有 n 而言，$|x_n - L| < \varepsilon$。對於遞減數列之證明亦同，除了在建立這些區間時將「左」與「右」作適當之對調。■

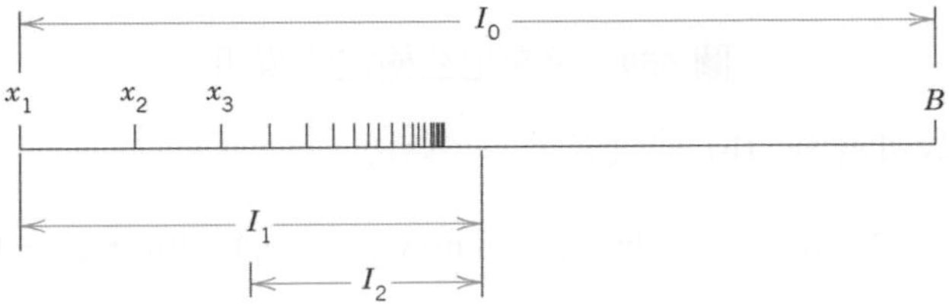

圖 558　定理 1 之證明

實數級數

定理 2

實數級數之萊布尼茲檢定 (Leibniz test)

令 $x_1, x_2, \cdots$ 為實數且單調遞減至零，即

(1) (a) $x_1 \geq x_2 \geq x_3 \geq \cdots$, (b) $\lim_{m\to\infty} x_m = 0$

則以下各項交互變換符號之級數

$$x_1 - x_2 + x_3 - x_4 + - \cdots$$

收斂，且在第 n 項之後的餘數 R_n 的估計值為

$$|R_n| \leq x_{n+1}$$

證明

令 s_n 為級數的第 n 個部分和。則由 (1a) 式

$$s_1 = x_1, \qquad s_2 = x_1 - x_2 \leq s_1,$$
$$s_3 = s_2 + x_3 \geq s_2, \qquad s_3 = s_1 - (x_2 - x_3) \leq s_1,$$

所以 $s_2 \leq s_3 \leq s_1$，以這種方式繼續下去，我們可推論 (見圖 559)

(3) $$s_1 \geq s_3 \geq s_5 \geq \cdots \geq s_6 \geq s_4 \geq s_2$$

可知奇數部分和形成一有界的單調數列，偶數部分和亦然如此。故由定理 1 得知，兩數列均收斂，比如

$$\lim_{n\to\infty} s_{2n+1} = s, \qquad \lim_{n\to\infty} s_{2n} = s^*$$

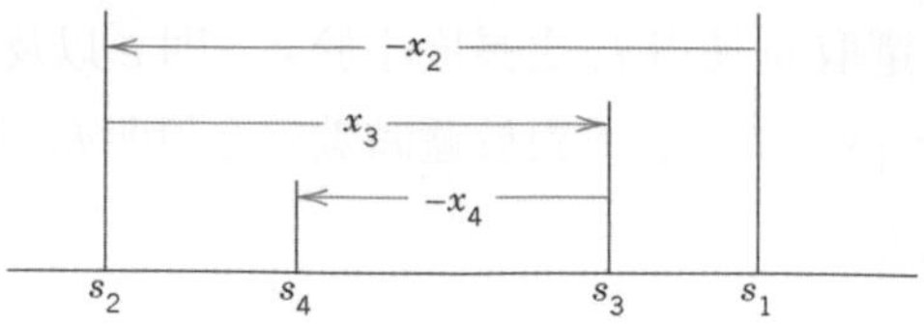

圖 559 萊布尼茲檢定的證明

因 $s_{2n+1}-s_{2n}=x_{2n+1}$，故可看出 (1b) 式代表了

$$s-s^*=\lim_{n\to\infty}s_{2n+1}-\lim_{n\to\infty}s_{2n}=\lim_{n\to\infty}(s_{2n+1}-s_{2n})=\lim_{n\to\infty}x_{2n+1}=0$$

故 $s^*=s$，且此級數收斂而其和爲 s。

接著證明餘式的估計式 (2)。因爲 $s_n\to s$，由 (3) 式可得

$$s_{2n+1}\ge s\ge s_{2n} \quad \text{同樣} \quad s_{2n-1}\ge s\ge s_{2n}$$

分別減去 s_{2n} 及 s_{2n-1}，可得

$$s_{2n+1}-s_{2n}\ge s-s_{2n}\ge 0, \qquad 0\ge s-s_{2n-1}\ge s_{2n}-s_{2n-1}$$

在這些不等式中，第一個式子等於 x_{2n+1}，最後一個等於 $-x_{2n}$，且不等號之間的式子爲餘式 R_{2n} 及 R_{2n-1}，因此這兩個不等式可寫成

$$x_{2n+1}\ge R_{2n}\ge 0, \qquad 0\ge R_{2n-1}\ge -x_{2n}$$

它們就代表了 (2) 式，至此完成證明。 ■

A3.4 在曲線座標中的梯度、散度、旋度、以及∇^2 (Grad, Div, Curl, ∇^2 in Curvilinear Coordinates)

爲簡化公式，我們將卡氏座標寫成 $x=x_1, y=x_2, z=x_3$。我們用 q_1, q_2, q_3 來代表曲線座標。通過每一個點 P，會有三個座標曲面 $q_1=$ 常數、$q_2=$ 常數、$q_3=$ 常數通過，它們相交於座標曲線。我們假設通過 P 點的座標曲線爲**正交** (即相互垂直)。則座標轉換可表示成

(1) $$x_1=x_1(q_1,q_2,q_3), \qquad x_2=x_2(q_1,q_2,q_3), \qquad x_3=x_3(q_1,q_2,q_3)\text{。}$$

則 grad、div、curl 以及 ∇^2 等相對的轉換，可利用下式寫出，

(2) $$h_j^2=\sum_{k=1}^{3}\left(\frac{\partial x_k}{\partial q_j}\right)^2$$

重要性僅次於卡氏座標的當**屬圓柱座標 (cylindrical coordinates)** $q_1 = r,\ q_2 = \theta,\ q_3 = z$ (圖 560a)，定義如下：

(3) $$x_1 = q_1 \cos q_2 = r \cos\theta, \quad x_2 = q_1 \sin q_2 = r \sin\theta, \quad x_3 = q_3 = z$$

以及**球座標 (spherical coordinates)**，$q_1 = r,\ q_2 = \theta,\ q_3 = \phi$ (圖 560b)，定義爲[4]

(4) $$x_1 = q_1 \cos q_2 \sin q_3 = r \cos\theta \sin\phi, \quad x_2 = q_1 \sin q_2 \sin q_3 = r \sin\theta \sin\phi$$
$$x_3 = q_1 \cos q_3 = r \cos\phi$$

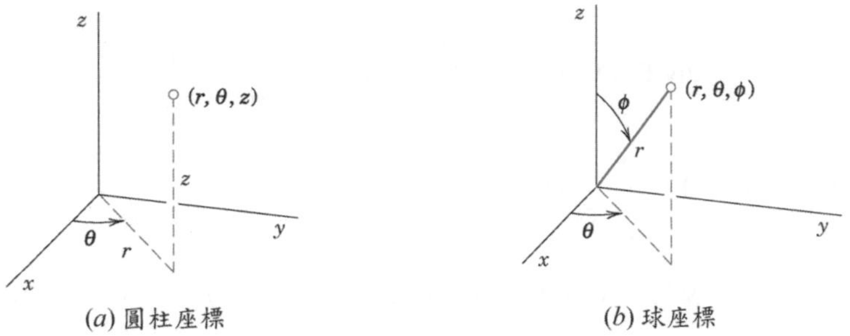

圖 **560**　特殊的曲線座標

除了正交座標 q_1, q_2, q_3 的通式之外，我們將列出這些重要特例的公式。

線性元素 ds　在卡氏座標中

$$ds^2 = dx_1^2 + dx_2^2 + dx_3^2 \qquad \text{(9.5 節)}$$

對於 q 座標而言

(5) $$ds^2 = h_1^2\, dq_1^2 + h_2^2\, dq_2^2 + h_3^2\, dq_3^2$$

(5') $$ds^2 = dr^2 + r^2\, d\theta^2 + dz^2 \qquad \text{(圓柱座標)}$$

對於極座標則設 $dz^2 = 0$。

(5'') $$ds^2 = dr^2 + r^2 \sin^2\phi\, d\theta^2 + r^2\, d\phi^2 \qquad \text{(球座標)}$$

梯度　grad $f = \nabla f = [f_{x1}, f_{x2}, f_{x3}]$ (偏導數；9.7 節)。在 q 系統中通常分別以 **u**、**v**、**w**，表示在正 q_1, q_2, q_3 座標曲線方向的單位向量，結果可得

(6) $$\operatorname{grad} f = \nabla f = \frac{1}{h_1}\frac{\partial f}{\partial q_1}\mathbf{u} + \frac{1}{h_2}\frac{\partial f}{\partial q_2}\mathbf{v} + \frac{1}{h_3}\frac{\partial f}{\partial q_3}\mathbf{w}$$

---

[4] 這是在微積分和許多其他書中所採用。這很合邏輯因爲 θ 和極座標中所扮演的角色相同。**注意！**有些書將 θ 和 ϕ 的角色互換。

(6') $$\text{grad} f = \nabla f = \frac{\partial f}{\partial r}\mathbf{u} + \frac{1}{r}\frac{\partial f}{\partial \theta}\mathbf{v} + \frac{\partial f}{\partial z}\mathbf{w}$$ (圓柱座標)

(6'') $$\text{grad} f = \nabla f = \frac{\partial f}{\partial r}\mathbf{u} + \frac{1}{r\sin\phi}\frac{\partial f}{\partial \theta}\mathbf{v} + \frac{1}{r}\frac{\partial f}{\partial \phi}\mathbf{w}$$ (球座標)

散度 div $\mathbf{F} = \nabla \cdot \mathbf{F} = (F_1)_{x_1} + (F_2)_{x_2} + (F_3)_{x_3}$ ($\mathbf{F} = [F_1, F_2, F_3]$，9.8 節)；

(7) $$\text{div}\,\mathbf{F} = \nabla \cdot \mathbf{F} = \frac{1}{h_1h_2h_3}\left[\frac{\partial}{\partial q_1}(h_2h_3F_1) + \frac{\partial}{\partial q_2}(h_3h_1F_2) + \frac{\partial}{\partial q_3}(h_1h_2F_3)\right]$$

(7') $$\text{div}\,\mathbf{F} = \nabla \cdot \mathbf{F} = \frac{1}{r}\frac{\partial}{\partial r}(rF_1) + \frac{1}{r}\frac{\partial F_2}{\partial \theta} + \frac{\partial F_3}{\partial z}$$ (圓柱座標)

(7'') $$\text{div}\,\mathbf{F} = \nabla \cdot \mathbf{F} = \frac{1}{r^2}\frac{\partial}{\partial r}(r^2F_1) + \frac{1}{r\sin\phi}\frac{\partial F_2}{\partial \theta} + \frac{1}{r\sin\phi}\frac{\partial}{\partial \phi}(\sin\phi F_3)$$ (球座標)

Laplacian (Laplace 運算子) $\nabla^2 f = \nabla \cdot \nabla f = \text{div}\,(\text{grad} f) = f_{x_1x_1} + f_{x_2x_2} + f_{x_3x_3}$ (9.8 節)：

(8) $$\nabla^2 f = \frac{1}{h_1h_2h_3}\left[\frac{\partial}{\partial q_1}\left(\frac{h_2h_3}{h_1}\frac{\partial f}{\partial q_1}\right) + \frac{\partial}{\partial q_2}\left(\frac{h_3h_1}{h_2}\frac{\partial f}{\partial q_2}\right) + \frac{\partial}{\partial q_3}\left(\frac{h_1h_2}{h_3}\frac{\partial f}{\partial q_3}\right)\right]$$

(8') $$\nabla^2 f = \frac{\partial^2 f}{\partial r^2} + \frac{1}{r}\frac{\partial f}{\partial r} + \frac{1}{r^2}\frac{\partial^2 f}{\partial \theta^2} + \frac{\partial^2 f}{\partial z^2}$$ (圓柱座標)

(8'') $$\nabla^2 f = \frac{\partial^2 f}{\partial r^2} + \frac{2}{r}\frac{\partial f}{\partial r} + \frac{1}{r^2\sin^2\phi}\frac{\partial^2 f}{\partial \theta^2} + \frac{1}{r^2}\frac{\partial^2 f}{\partial \phi^2} + \frac{\cot\phi}{r^2}\frac{\partial f}{\partial \phi}$$ (球座標)

旋度 **(Curl)** (9.9 節)：

(9) $$\text{curl}\,\mathbf{F} = \nabla \times \mathbf{F} = \frac{1}{h_1h_2h_3}\begin{vmatrix} h_1\mathbf{u} & h_2\mathbf{v} & h_3\mathbf{w} \\ \frac{\partial}{\partial q_1} & \frac{\partial}{\partial q_2} & \frac{\partial}{\partial q_3} \\ h_1F_1 & h_2F_2 & h_3F_3 \end{vmatrix}$$

對於圓柱座標則採用 (9) 式 (如前式)，其中

$$h_1 = h_r = 1, \qquad h_2 = h_\theta = q_1 = r, \qquad h_3 = h_z = 1$$

對球座標我們有

$$h_1 = h_r = 1, \qquad h_2 = h_\theta = q_1 \sin q_3 = r\sin\phi, \qquad h_3 = h_\phi = q_1 = r$$

附錄 4

補充證明

2.6 節

定理 1 的證明　唯一性[1]

假設在定理中之問題包括了 ODE

(1) $$y'' + p(x)y' + q(x)y = 0$$

和兩個初始條件

(2) $$y(x_0) = K_0, \qquad y'(x_0) = K_1$$

在區間 I 中此問題有兩個解 $y_1(x)$ 和 $y_2(x)$，我們要證明這兩者的差

$$y(x) = y_1(x) - y_2(x)$$

在 I 中恆等於零；則在 I 中 $y_1 \equiv y_2$，這就代表了唯一性。

因為 (1) 式為齊次且線性，y 是該 ODE 在 I 上的解，且因為 y_1 和 y_2 滿足同樣的初始條件，y 滿足以下條件

(11) $$y(x_0) = 0, \qquad y'(x_0) = 0$$

我們考慮函數

$$z(x) = y(x)^2 + y'(x)^2$$

和它的導數

$$z' = 2yy' + 2y'y''$$

由原 ODE 我們有

$$y'' = -py' - qy$$

[1] 此證明是由我同事 A. D. Ziebur 教授所提出，在證明中我們用到一些 2.6 節沒有用到的公式編號。

將上式代入 z' 的表示式，我們得到

(12) $$z' = 2yy' - 2py'^2 - 2qyy'$$

現在，因爲 y 和 y' 是實數，

$$(y \pm y')^2 = y^2 \pm 2yy' \pm y'^2 \geq 0$$

由此結果和 z 的定義，我們得到兩個不等式

(13) $$\text{(a)}\ \ 2yy' \leq y^2 + y'^2 = z\,, \quad \text{(b)}\ \ -2yy' \leq y^2 + y'^2 = z$$

由 (13b) 我們有 $2yy' \geq -z$，因此，$|2yy'| \leq z$。對於 (12) 式的最後一項，我們現在有

$$-2qyy' \leq |-2qyy'| = |q||2yy'| \leq |q|z$$

利用此結果以及 $-p \leq |p|$，並將 (13a) 式用於 (12) 式中的 $2yy'$ 項，我們可得

$$z' \leq z + 2|p|y'^2 + |q|z$$

因爲 $y'^2 \leq y^2 + y'^2 = z$，所以我們得到

$$z' \leq (1 + 2|p| + |q|)z$$

或，用 h 代表括弧內的函數，

(14a) $$z' \leq hz \qquad \text{對 } I \text{ 中所有 } x$$

同樣的，由 (12) 與 (13) 式可得

(14b) $$\begin{aligned} -z' &= -2yy' + 2py'^2 + 2qyy' \\ &\leq z + 2|p|z + |q|z = hz \end{aligned}$$

不等式 (14a) 和 (14b) 和以下不等式等價

(15) $$z' - hz \leq 0, \qquad z' + hz \geq 0$$

這兩個表示式左側的積分因子爲

$$F_1 = e^{-\int h(x)\,dx} \quad \text{和} \quad F_2 = e^{\int h(x)\,dx}$$

因爲 h 是連續的，所以指數部分的積分存在。因爲 F_1 和 F_2 是正的，因此由 (15) 式可得

$$F_1(z' - hz) = (F_1 z)' \leq 0 \quad \text{和} \quad F_2(z' + hz) = (F_2 z)' \geq 0$$

這代表在 I 上 $F_1 z$ 是非遞增而 $F_2 z$ 是非遞減。因爲由 (11) 式知 $z(x_0) = 0$，因此在 $x \leq x_0$ 時，我們有

$$F_1 z \geq (F_1 z)_{x_0} = 0, \qquad F_2 z \leq (F_2 z)_{x_0} = 0$$

類似的，在 $x \ge x_0$ 時有

$$F_1 z \le 0, \qquad F_2 z \ge 0$$

除以 F_1 和 F_2 並記得這些函數是正的，加在一起我們有

$$z \le 0, \qquad z \ge 0 \qquad \text{對 } I \text{ 中所有 } x$$

這代表在 I 上 $z = y^2 + y'^2 \equiv 0$，因此在 I 上 $y \equiv 0$ 或 $y_1 \equiv y_2$。■

5.3 節

定理 2 的證明　Frobenius 法、解的基底、三種情況

此證明中公式的編號和 5.3 節課文中的一樣。另有一個在 5.3 節沒有出現的公式則稱為 (A) (見下文)。

定理 2 中的 ODE 是

$$y'' + \frac{b(x)}{x} y' + \frac{c(x)}{x^2} y = 0 \tag{1}$$

其中 $b(x)$ 和 $c(x)$ 是可解析函數，我們可將它寫成

$$x^2 y'' + x b(x) y' + c(x) y = 0 \tag{1'}$$

(1) 式的指標方程式為

$$r(r-1) + b_0 r + c_0 = 0 \tag{4}$$

此二次方程式的根 r_1 、 r_2 決定了 (1) 之解的基底的形式，共有三種可能的情形。

狀況 1　相異根，且差值不為整數　(1) 式第一個解的形式為

$$y_1(x) = x^{r_1}(a_0 + a_1 x + a_2 x^2 + \cdots) \tag{5}$$

而且可用冪級數法的方式求得。對此狀況的證明，ODE (1) 第二個獨立解的形式為

$$y_2(x) = x^{r_2}(A_0 + A_1 x + A_2 x^2 + \cdots), \tag{6}$$

見附錄 1 所列參考文獻 [A11]。

狀況 2　重根　若且唯若 $(b_0 - 1)^2 - 4c_0 = 0$ 則指標方程式 (4) 有重根 r，且 $r = \frac{1}{2}(1 - b_0)$。第一個解是

$$y_1(x) = x^r(a_0 + a_1 x + a_2 x^2 + \cdots) \qquad r = \frac{1}{2}(1 - b_0) \tag{7}$$

可以用狀況 1 的方式求得。我們要證明第二個獨立解的形式為

$$y_2(x) = y_1(x) \ln x + x^r(A_1 x + A_2 x^2 + \cdots) \qquad (x > 0) \tag{8}$$

我們用降階法 (見 2.1 節)，我們求出 $u(x)$ 使得 $y_2(x)=u(x)y_1(x)$ 是 (1) 式的解。將此式及其導數

$$y_2'=u'y_1+uy_1', \qquad y_2''=u''y_1+2u'y_1'+uy_1''$$

代入 ODE (1') 我們得到

$$x^2(u''y_1+2u'y_1'+uu_1'')+xb(u''y_1+uy_1')+cuy_1=0$$

因爲 y_1 是 (1') 式的解，帶有 u 之各項的和爲零，上式化簡爲

$$x^2y_1u''+2x^2y_1'u'+xby_1u'=0$$

除以 x^2y_1 並代入 b 的冪級數我們得到

$$u''+\left(2\frac{y_1'}{y_1}+\frac{b_0}{x}+\cdots\right)u'=0$$

在此，以及下面，點點點代表常數項或 x 的正冪次項。現在由 (7) 式可得

$$\begin{aligned}\frac{y_1'}{y_1}&=\frac{x^{r-1}[ra_0+(r+1)a_1x+\cdots]}{x^r[a_0+a_1x+\cdots]}\\&=\frac{1}{x}\left(\frac{ra_0+(r+1)a_1x+\cdots}{a_0+a_1x+\cdots}\right)=\frac{r}{x}+\cdots.\end{aligned}$$

因此前一個方程式可以寫成

(A)
$$u''+\left(\frac{2r+b_0}{x}+\cdots\right)u'=0$$

因爲 $r=(1-b_0)/2$，故 $(2r+b_0)/x$ 項等於 $1/x$，在除以 u' 之後我們就得到

$$\frac{u''}{u'}=-\frac{1}{x}+\cdots$$

經由積分可得 $\ln u'=-\ln x+\cdots$，因爲 $u'=(1/x)e^{(\cdots)}$。以 x 的冪次展開指數函數再積分一次，我們看到 u 的形式爲

$$u=\ln x+k_1x+k_2x^2+\cdots$$

將此式代入 $y_2=uy_1$，我們得 y_2 形如 (8) 式的表示式。

狀況 3　差值爲整數的相異根　我們令 $r_1=r$ 且 $r_2=r-p$ 其中 p 是一個**正**整數。第一個解

(9)
$$y_1(x)=x^{r_1}(a_0+a_1x+a_2x^2+\cdots)$$

求法和狀況 1 及 2 相同，我們要證明第二個獨立解的形式爲

(10)
$$y_2(x)=ky_1(x)\ln x+x^{r_2}(A_0+A_1x+A_2x^2+\cdots)$$

其中我們可有 $k\neq 0$ 或 $k=0$。和狀況 2 一樣，我們設 $y_2=uy_1$。第一步和狀況 2 完全一樣並得到 (A) 式，

$$u''+\left(\frac{2r+b_0}{x}+\cdots\right)u'=0$$

由基本代數，(4) 式中 r 的係數 b_0-1 等於兩根之和再取負號，

$$b_0 - 1 = -(r_1 + r_2) = -(r + r - p) = -2r + p$$

因此 $2r + b_0 = p + 1$，除以 u' 後得到

$$\frac{u''}{u'} = -\left(\frac{p+1}{x} + \cdots\right)。$$

後面的步驟和狀況 2 一樣。經由積分，我們得到

$$\ln u' = -(p+1)\ln x + \cdots \quad 因此 \quad u' = x^{-(p+1)}e^{(\cdots)}$$

其中點點點代表某個 x 的非負整數冪次的級數。和前面一樣展開指數函數，我們得到以下形式的級數，

$$u' = \frac{1}{x^{p+1}} + \frac{k_1}{x^p} + \cdots + \frac{k_{p-1}}{x^2} + \frac{k_p}{x} + k_{p+1} + k_{p+2}x + \cdots$$

我們再積分一次。將對數項寫在最前面，我們有

$$u = k_p \ln x + \left(-\frac{1}{px^p} - \cdots - \frac{k_{p-1}}{x} + k_{p+1}x + \cdots\right)$$

因此，由 (9) 式我們得到 $y_2 = uy_1$ 的公式

$$y_2 = k_p y_1 \ln x + x^{r_1 - p}\left(-\frac{1}{p} - \cdots - k_{p-1}x^{p-1} + \cdots\right)(a_0 + a_1 x + \cdots)$$

但因爲 $k = k_p$ 且兩個級數的乘積只有 x 的非負整數冪次，所以這就是 $r_1 - p = r_2$ 時，(10) 式的形式。

■

7.7 節

定理

行列式

對於行列式

(7) $$D = \det \mathbf{A} = \begin{vmatrix} a_{11} & a_{12} & \cdots & a_{1n} \\ a_{21} & a_{22} & \cdots & a_{2n} \\ \cdot & \cdot & \cdots & \cdot \\ \cdot & \cdot & \cdots & \cdot \\ a_{n1} & a_{n2} & \cdots & a_{nn} \end{vmatrix}$$

7.7 節的定義是明確的，也就是，不論選擇哪一列或哪一行做展開，它都會得到同樣的 D 值。

證明

在以下證明中，我們會使用 7.7 節所沒有用到的公式編號。

我們將先證明，不論選取哪一列都會得到同樣的值。

證明是用歸納法。對一個二階行列式，定理之陳述爲眞，此時沿第一列展開 $a_{11}a_{22}+a_{12}(-a_{21})$ 和沿第二列展開 $a_{21}(-a_{12})+a_{22}a_{11}$ 都會得到相同的值 $a_{11}a_{22}-a_{12}a_{21}$。假設此定理對 $(n-1)$ 階行列式爲眞，我們要證明它對 n 階行列式亦爲眞。

因此之故，我們以任意兩列展開 D，令爲第 i 和第 j 列，並比較展開結果。不損失一般性，我們可假設 $i<j$。

第一個展開 我們以第 i 列展開 D，此展開的代表項爲

(19)
$$a_{ik}C_{ik}=a_{ik}\cdot(-1)^{i+k}M_{ik}\text{。}$$

在 D 中，a_{ik} 的子行列式 M_{ik} 是一個 $(n-1)$ 階行列式。由歸納的假設，我們可以沿任何一列展開它。我們用對應於 D 的第 j 列來展開它，這一列包含有元素 $a_{jl}\,(l\neq k)$。它是 M_{ik} 的第 $(j-1)$ 列，因爲 M_{ik} 不會有 D 的第 i 列的元素，且 $i<j$。我們必須區別以下兩種狀況。

狀況 I 若 $l<k$，則元素 a_{jl} 屬於 M_{ik} 的第 l 行 (見圖 561)。因此，在此展開中包含 a_{jl} 的項是

(20)
$$a_{jl}\cdot(M_{ik}\text{ 中 }a_{jl}\text{ 的餘因子})=a_{jl}\cdot(-1)^{(j-1)+l}M_{ikjl}$$

其中 M_{ikjl} 爲 M_{ik} 中，a_{jl} 的子行列式。因爲此一子行列式是將 M_{ik} 中 a_{jl} 所屬的列與行刪除所得，因此它是在 D 中刪除第 i 和 j 列以及第 k 及 l 行。我們將 M_{ik} 的展開插入 D。則由 (19) 和 (20) 式可以知道，最後代表 D 的項其形式爲

(21a)
$$a_{ik}a_{jl}\cdot(-1)^{b}M_{ikjl}\qquad(l<k)$$

其中

$$b=i+k+j+l-1$$

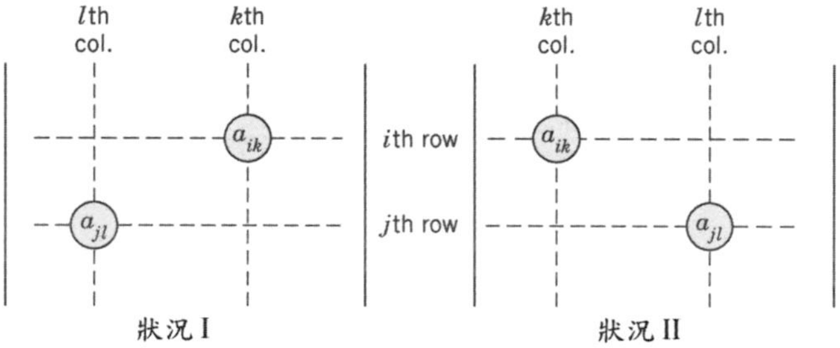

圖 561 D 之兩種展開方式的狀況 I 及 II

狀況 II 若 $l>k$，唯一的差別是此時 a_{jl} 屬於 M_{ik} 的第 $(l-1)$ 行，因爲 M_{ik} 不含 D 的第 k 行，且 $k<l$。這樣就讓 (20) 式多了一個負號，此時我們得到的就不再是 (21a) 式而是

(21b)
$$-a_{ik}a_{jl}\cdot(-1)^{b}M_{ikjl}\qquad(l>k)$$

其 b 和前面一樣。

第二個展開 我們現在先將 D 沿第 j 列展開。此一展開典型的項是

(22) $$a_{jl}C_{jl} = a_{jl} \cdot (-1)^{j+l} M_{jl}$$

由歸納法的假說，我們可以沿 D 之 a_{jl} 的子行列式 M_{jl} 的第 i 列做展開，這一列對應於 D 的第 i 列，因爲 $j > i$。

狀況 I 若 $k > l$，該列中的元素 a_{ik} 屬於 M_{jl} 的第 $(k-1)$ 行，因爲 M_{jl} 不含原 D 中第 1 行的元素，且 $l < k$ (見圖 561)。因此展開後含 a_{ik} 的項是

(23) $$a_{ik} \cdot (M_{jl} \text{ 中 } a_{ik} \text{ 的餘因子}) = a_{ik} \cdot (-1)^{i+(k-1)} M_{ikjl},$$

其中 M_{jl} 之 a_{ik} 的子行列式 M_{ikjl}，是由 D 中刪去第 i 和 j 列，以及第 k 和 l 行[因此它等於 (20) 式中的 M_{ikjl}，所以我們用的符號是一致的]。我們將 M_{jl} 的展開式代入 D。由 (22) 和 (23) 式可以知道，這樣得到的結果，它的各項會等於 $l < k$ 時 (21a) 式的各項。

狀況 II 若 $k < l$，則 a_{ik} 屬於 M_{jl} 的第 k 行，我們多一個負號，且結果同 (21b) 式。

我們已說明了 D 的兩種展開都有同樣的各項，就列而言這就證明了我們的陳述。

要就行的部分證明此陳述，其過程類似；如果我們將 D 沿不同的兩行分別展開，就說是第 k 和 l 行，我們會發現其帶有 $a_{jl}a_{ik}$ 的項會完全一樣，就和前面所述相同。這就證明了，不僅用不同行展開 D 會得到同樣結果，此結果同時也等於用 D 的不同列展開的結果。

如此就完成了證明，並顯示出我們對 n 階行列式的定義是清楚而不模糊的。 ■

9.3 節

公式 (2) 的證明

我們要證明在右手卡氏座標系中，向量乘積

$$\mathbf{v} = \mathbf{a} \times \mathbf{b} = [a_1,\ a_2,\ a_3] \times [b_1,\ b_2,\ b_3]$$

的各分量爲

(2) $$v_1 = a_2b_3 - a_3b_2, \quad v_2 = a_3b_1 - a_1b_3, \quad v_3 = a_1b_2 - a_2b_1$$

我們只須要考慮 $\mathbf{v} \neq \mathbf{0}$ 的情形。因爲 $\mathbf{v}$ 同時垂直於 $\mathbf{a}$ 和 $\mathbf{b}$，由 9.2 節的定理 1 可得 $\mathbf{a} \cdot \mathbf{v} = 0$ 且 $\mathbf{b} \cdot \mathbf{v} = 0$；寫成分量形式 [見 9.2 節的 (2) 式]，

(3) $$\begin{aligned} a_1v_1 + a_2v_2 + a_3v_3 &= 0 \\ b_1v_1 + b_2v_2 + b_3v_3 &= 0 \end{aligned}$$

第一式乘以 b_3，第二式乘以 a_3 再相減，我們得到

$$(a_3b_1 - a_1b_3)v_1 = (a_2b_3 - a_3b_2)v_2$$

將第一式乘以 b_1，第二式乘以 a_1 再相減，我們得到

$$(a_1b_2 - a_2b_1)v_2 = (a_3b_1 - a_1b_3)v_3$$

我們可以很容易的驗證，以下分量滿足這兩個方程式，

(4) $$v_1 = c(a_2b_3 - a_3b_2), \quad v_2 = c(a_3b_1 - a_1b_3), \quad v_3 = c(a_1b_2 - a_2b_1)$$

其中 c 爲常數。讀者可自行驗證，經由代入，(4) 式同樣滿足 (3) 式。現在 (3) 中的兩個方程式，各代表一個在 $v_1v_2v_3$ 空間中通過原點的平面。向量 **a** 及 **b** 爲這兩個平面的法向量 (見 9.2 節的例題 6)。因爲 $\mathbf{v} \neq \mathbf{0}$，這兩個向量並不平行，且這兩個平面也不是重合。因此它們的交線應該是一條通過原點的直線 L。既然 (4) 式是 (3) 式的解，且在不同 c 值時代表一條直線，因此我們可以歸結 (4) 式代表 L，且 (3) 式的每一個解應該都有 (4) 式的形式。特別是 **v** 的分量都必定是此種形式，而其中 c 爲待定值。由 (4) 式我們得

$$|\mathbf{v}|^2 = v_1^2 + v_2^2 + v_3^2 = c^2[(a_2b_3 - a_3b_2)^2 + (a_3b_1 - a_1b_3)^2 + (a_1b_2 - a_2b_1)^2]$$

這可以寫成

$$|\mathbf{v}|^2 = c^2[(a_1^2 + a_2^2 + a_3^2)(b_1^2 + b_2^2 + b_3^2) - (a_1b_1 + a_2b_2 + a_3b_3)^2],$$

你可將兩式實際乘開再比較即可驗證。利用 9.2 節的 (2) 式，我們因而得到

$$|\mathbf{v}|^2 = c^2[(\mathbf{a} \cdot \mathbf{a})(\mathbf{b} \cdot \mathbf{b}) - (\mathbf{a} \cdot \mathbf{b})^2]$$

將此式與 9.2 節之習題 4 中的公式 (12) 做比較，我們可以得知 $c = \pm 1$。

我們要證明 $c = +1$，方法如下。

如果我們將 **a** 和 **b** 的長度與方向做連續的改變，使得最後成爲 $\mathbf{a} = \mathbf{i}$ 且 $\mathbf{b} = \mathbf{j}$ (9.3 節圖 188a)，則 **v** 也會連續的改變長度及方向，最後成爲 $\mathbf{v} = \mathbf{i} \times \mathbf{j} = \mathbf{k}$。很明顯的，我們可以影響變化的過程，使得整個過程中 **a** 和 **b** 都不會成爲零向量，也不會互相平行。則 **v** 絕對不會成爲零向量，且因爲變化是連續的，所以 c 的值只能是+1 或 –1，由此可以知道，到最後 c 的值一定和前面一樣。現在最後成爲 $\mathbf{a} = \mathbf{i}$、$\mathbf{b} = \mathbf{j}$、$\mathbf{v} = \mathbf{k}$，且因此 $a_1 = 1$、$b_2 = 1$、$v_3 = 1$，而且 (4) 式中的其它分量爲零。因此由 (4) 式我們可以看到 $v_3 = c = +1$。這就證明了定理 1。

對於左手座標系，$\mathbf{i} \times \mathbf{j} = -\mathbf{k}$ (見 9.3 節圖 188b)，得到 $c = -1$。這就證明了公式 (2) 後面的陳述。 ■

9.9 節

旋度不變性之證明

此證明會用到兩個定理 (A 和 B)，我們要先證明。

定理 A

向量分量的轉換律

對任何向量 **v**，它在任何兩個卡氏座標系 x_1, x_2, x_3 和 x_1^*, x_2^*, x_3^* 下的分量分別爲 v_1, v_2, v_3 和 v_1^*, v_2^*, v_3^*，兩組分量間的關係爲

(1)
$$\begin{aligned} v_1^* &= c_{11}v_1 + c_{12}v_2 + c_{13}v_3 \\ v_2^* &= c_{21}v_1 + c_{22}v_2 + c_{23}v_3 \\ v_3^* &= c_{31}v_1 + c_{32}v_2 + c_{33}v_3 \end{aligned}$$

反方向亦然

(2)
$$\begin{aligned} v_1 &= c_{11}v_1^* + c_{21}v_2^* + c_{31}v_3^* \\ v_2 &= c_{12}v_1^* + c_{22}v_2^* + c_{32}v_3^* \\ v_3 &= c_{13}v_1^* + c_{23}v_2^* + c_{33}v_3^* \end{aligned}$$

而其係數

(3)
$$\begin{array}{lll} c_{11} = \mathbf{i}^*\cdot\mathbf{i} & c_{12} = \mathbf{i}^*\cdot\mathbf{j} & c_{13} = \mathbf{i}^*\cdot\mathbf{k} \\ c_{21} = \mathbf{j}^*\cdot\mathbf{i} & c_{22} = \mathbf{j}^*\cdot\mathbf{j} & c_{23} = \mathbf{j}^*\cdot\mathbf{k} \\ c_{31} = \mathbf{k}^*\cdot\mathbf{i} & c_{32} = \mathbf{k}^*\cdot\mathbf{j} & c_{33} = \mathbf{k}^*\cdot\mathbf{k} \end{array}$$

滿足

(4)
$$\sum_{j=1}^{3} c_{kj}c_{mj} = \delta_{km} \qquad (k, m = 1, 2, 3)$$

其中 **Kronecker delta** [2] 定義爲

$$\delta_{km} = \begin{cases} 0 & (k \neq m) \\ 1 & (k = m) \end{cases}$$

且 **i, j, k** 和 **i*, j*, k***分別代表在正 x_1、x_2、x_3 以及 x_1^*、x_2^*、x_3^* 方向的單位向量。

證明

在這兩個座標系下 **v** 的表示式爲

(5)　(a) $\mathbf{v} = v_1\mathbf{i} + v_2\mathbf{j} + v_3\mathbf{k}$　(b) $\mathbf{v} = v_1^*\mathbf{i}^* + v_2^*\mathbf{j}^* + v_3^*\mathbf{k}^*$

---

[2] LEOPOLD KRONECKER (1823–1891)，德國數學家，任教於柏林，他對代數、群論及數論有重大貢獻。
我們的討論不要依賴第 7 章，但熟悉矩陣的讀者應可看出，我們討論的是「正交轉換與矩陣」，現在這個定理可得自 8.3 節的定理 2。

因爲 $\mathbf{i}^*\cdot\mathbf{i}^*=1$、$\mathbf{i}^*\cdot\mathbf{j}^*=0$、$\mathbf{i}^*\cdot\mathbf{k}^*=0$，我們由 (5b) 得到簡單的 $\mathbf{i}^*\cdot\mathbf{v}=v_1^*$，再由此結果與 (5a) 式

$$v_1^*=\mathbf{i}^*\cdot\mathbf{v}=\mathbf{i}^*\cdot v_1\mathbf{i}+\mathbf{i}^*\cdot v_2\mathbf{j}+\mathbf{i}^*\cdot v_3\mathbf{k}=v_1\mathbf{i}^*\cdot\mathbf{i}+v_2\mathbf{i}^*\cdot\mathbf{j}+v_3\mathbf{i}^*\cdot\mathbf{k}$$

因爲 (3) 式的緣故，這是 (1) 中的第一式，其它兩式可用類似方法獲得，只要考慮 $\mathbf{j}^*\cdot\mathbf{v}$，然後再考慮 $\mathbf{k}^*\cdot\mathbf{v}$。公式 (2) 可得自同樣的做法，由 (5a) 取 $\mathbf{i}\cdot\mathbf{v}=v_1$ 然後由 (5b) 及 (3)

$$v_1=\mathbf{i}\cdot\mathbf{v}=v_1^*\mathbf{i}\cdot\mathbf{i}^*+v_2^*\mathbf{i}\cdot\mathbf{j}^*+v_3^*\mathbf{i}\cdot\mathbf{k}^*=c_{11}v_1^*+c_{21}v_2^*+c_{31}v_3^*\text{，}$$

對另外兩個分量也是同樣的做法。

我們要證明 (4) 式。我們可將 (1) 和 (2) 簡節的寫成

(6) $$\text{(a)}\quad v_j=\sum_{m=1}^{3}c_{mj}v_m^*\,,\qquad \text{(b)}\quad v_k^*=\sum_{j=1}^{3}c_{kj}v_j$$

將 v_j 代入 v_k^*，我們得到

$$v_k^*=\sum_{j=1}^{3}c_{kj}\sum_{m=1}^{3}c_{mj}v_m^*=\sum_{m=1}^{3}v_m^*\left(\sum_{j=1}^{3}c_{kj}c_{mj}\right)$$

其中 $k=1,2,3$。取 $k=1$，我們有

$$\upsilon_1^*=v_1^*\left(\sum_{j=1}^{3}c_{1j}c_{1j}\right)+v_2^*\left(\sum_{j=1}^{3}c_{1j}c_{2j}\right)+v_3^*\left(\sum_{j=1}^{3}c_{1j}c_{3j}\right)$$

如果這要對所有向量 $\mathbf{v}$ 都成立，第一個和必須爲 1，而另兩個必須爲 0。這就對 $m=1,2,3$ 證明了 $k=1$ 時，(4) 式成立。然後取 $k=2$ 再取 $k=3$，我們可得 $k=2$ 及 3 的 (4)，而 $m=1,2,3$。 ■

定理 B

卡氏座標的轉換定律

將任一個卡氏座標系 $x_1x_2x_3$ 轉換到另一個卡氏座標系 $x_1^*x_2^*x_3^*$，其轉換之形式為

(7) $$x_m^*=\sum_{j=1}^{3}c_{mj}x_j+b_m,\qquad m=1,2,3\,,$$

其係數為 (3) 式且 b_1,b_2,b_3 為常數；反過來

(8) $$x_k=\sum_{n=1}^{3}c_{nk}x_n^*+\tilde{b}_k\,,\qquad k=1,2,3\text{。}$$

定理 B 來自定理 A，由一個卡氏座標到另一個卡氏座標的轉換中，最一般化的轉換可分解成一個前述的轉換再加上一個平移，而對於平移，其座標值只差一個常數。

旋度不變量的證明

我們再次用 x_1, x_2, x_3 代替 x, y, z，並同樣的以 x_1^*, x_2^*, x_3^* 代表另一個卡氏座標系，假設兩者都是右手座標系。令 a_1, a_2, a_3 代表 curl **v** 在 $x_1x_2x_3$ 座標的分量，如 9.9 節的 (1) 式，其中

$$x = x_1, \qquad y = x_2, \qquad z = x_3$$

同樣的，令 a_1^*, a_2^*, a_3^* 代表 curl **v** 在 $x_1^*x_2^*x_3^*$ 座標的分量。我們要證明 curl **v** 的長度與方向，和所選用的特定卡氏座標系無關。我們的做法是證明 curl **v** 的各分量滿足轉換定律 (2)，那是向量分量的特性。我們考慮 a_1。我們用 (6a)，然後用多變數函數的連鎖律 (9.6 節)，這會得到

$$\begin{aligned} a_1 &= \frac{\partial v_3}{\partial x_2} - \frac{\partial v_2}{\partial x_3} = \sum_{m=1}^{3}\left(c_{m3}\frac{\partial v_m^*}{\partial x_2} - c_{m2}\frac{\partial v_m^*}{\partial x_3}\right) \\ &= \sum_{m=1}^{3}\sum_{j=1}^{3}\left(c_{m3}\frac{\partial v_m^*}{\partial x_j^*}\frac{\partial x_j^*}{\partial x_2} - c_{m2}\frac{\partial v_m^*}{\partial x_j^*}\frac{\partial x_j^*}{\partial x_3}\right). \end{aligned}$$

由上式以及 (7) 式可得

$$\begin{aligned} a_1 &= \sum_{m=1}^{3}\sum_{j=1}^{3}(c_{m3}c_{j2} - c_{m2}c_{j3})\frac{\partial v_m^*}{\partial x_j^*} \\ &= (c_{33}c_{22} - c_{32}c_{23})\left(\frac{\partial v_3^*}{\partial x_2^*} - \frac{\partial v_2^*}{\partial x_3^*}\right) + \cdots \\ &= (c_{33}c_{22} - c_{32}c_{23})a_1^* + (c_{13}c_{32} - c_{12}c_{33})a_2^* + (c_{23}c_{12} - c_{22}c_{13})a_3^* \end{aligned}$$

看一下我們怎麼做的。雙重求和共有 $3\times3=9$ 項，其中 3 項爲零 (當 $m=j$)，剩下的 6 項則是爲得到 a_1^*, a_2^*, a_3^* 而兩兩組合。

我們現在用 (3) 式、Lagrange 恆等式 (見 9.3 節習題，團隊專題 24 的 (15) 式) 及 $\mathbf{k}^*\times\mathbf{j}^* = -\mathbf{i}^*$ 和 $\mathbf{k}\times\mathbf{j} = -\mathbf{i}$。則

$$\begin{aligned} c_{33}c_{22} - c_{32}c_{23} &= (\mathbf{k}^*\bullet\mathbf{k})(\mathbf{j}^*\bullet\mathbf{j}) - (\mathbf{k}^*\bullet\mathbf{j})(\mathbf{j}^*\bullet\mathbf{k}) \\ &= (\mathbf{k}^*\times\mathbf{j}^*)\bullet(\mathbf{k}\times\mathbf{j}) = \mathbf{i}^*\bullet\mathbf{i} = c_{11}, \qquad \text{其餘類推} \end{aligned}$$

因此 $a_1 = c_{11}a_1^* + c_{21}a_2^* + c_{31}a_3^*$。這是定理 A 中 (2) 的第一個公式的形式，而同理可得 (2) 的另兩個公式的形式。這證明了本定理對右手座標系成立。如果 $x_1x_2x_3$ 是左手座標系，則 $\mathbf{k}\times\mathbf{j} = +\mathbf{i}$，但此時 (1) 式之行列式前面會多一個負號，9.9 節。■

10.2 節

定理 1 (b) 部分之證明　我們要證明，若

(1)
$$\int_C \mathbf{F}(\mathbf{r})\bullet d\mathbf{r} = \int_C (F_1\,dx + F_2\,dy + F_3\,dz)$$

在 D 中與路徑無關，其中的 F_1, F_2, F_3 在 D 中為連續，則在 D 中有某 f 可使 $F = grad\, f$，以分量表示為

$$F_1 = \frac{\partial f}{\partial x}, \qquad F_2 = \frac{\partial f}{\partial y}, \qquad F_3 = \frac{\partial f}{\partial z} \text{。} \tag{2'}$$

我們在 D 中選擇任何固定的 $A:(x_0, y_0, z_0)$ 及任何 $B:(x, y, z)$，並定義 f 爲

$$f(x,y,z) = f_0 + \int_A^B (F_1\, dx^* + F_2\, dy^* + F_3\, dz^*) \tag{3}$$

其中 f_0 爲任何常數，且積分路徑是在 D 中由 A 到 B 的任意路徑。因爲 A 是固定的，且我們已知與路徑無關，則此積分只取決於座標 x, y, z，所以 (3) 式定義出 D 中的一個函數 $f(x,y,z)$。我們要證明就是這個 f 滿足 $\mathbf{F} = \text{grad}\, f$，我們由 (2') 三個關係式中的第一個開始。因爲與路徑無關，因此我們可先由 A 積分到 $B_1:(x_1, y, z)$ 再沿著平行 x 軸的線段 B_1B 積分，如圖 562 所示，B_1 的選擇要使得整個線段均在 D 內。則

$$f(x,y,z) = f_0 + \int_A^{B_1} (F_1\, dx^* + F_2\, dy^* + F_3\, dz^*) + \int_{B_1}^{B} (F_1\, dx^* + F_2\, dy^* + F_3\, dz^*) \text{。}$$

我們現在將兩側都對 x 偏微。左側成爲 $\partial f / \partial x$。我們要證明右側會得到 F_1。第一個積分式的導數爲零，因爲 $A:(x_0, y_0, z_0)$ 及 $B_1:(x_1, y, z)$ 與 x 無關。我們考慮第二個積分式。因爲在線段 B_1B 上 y 和 z 均爲常數，$F_2\, dy^*$ 和 $F_3\, dz^*$ 項不影響積分。剩下的部分可以寫成定積分，

$$\int_{B_1}^{B} F_1\, dx^* = \int_{x_1}^{x} F_1(x^*, y, z)\, dx^*$$

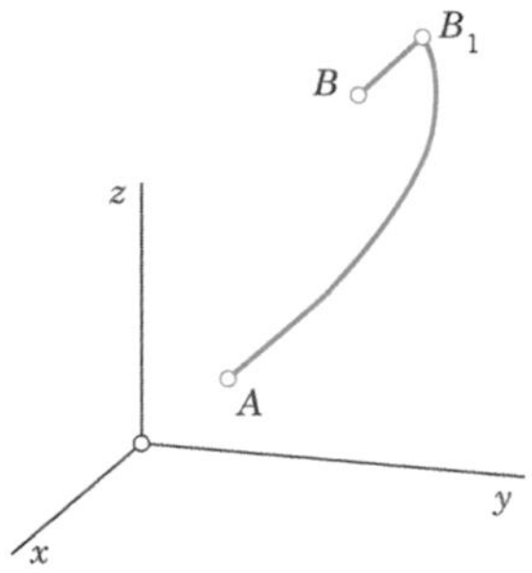

圖 562　定理 1 之證明

因此它對 x 的偏導數是 $F_1(x,y,z)$，因此 (2') 的第一個關係式得證。(2') 的另外兩個關係式可以同法證明。 ■

11.5 節

定理

特徵值的實數性

若 11.5 節之 Sturm–Liouville 方程式 (1) 中的 p, q, r 及 p' 為實數，且在區間 $a \le x \le b$ 中為連續，並且在整個區間中 $r(x) > 0$ (或在整個區間中 $r(x) < 0$)，則 11.5 節中 Sturm–Liouville 問題 (1)、(2) 的所有特徵值均為實數。

證明

令 $\lambda = \alpha + i\beta$ 為此問題的特徵值，並令

$$y(x) = u(x) + iv(x)$$

為對應之特徵函數；在此 α, β, u 及 v 為實數。將上式代入 11.5 節的 (1) 式，可得

$$(pu' + ipv')' + (q + \alpha r + i\beta r)(u + iv) = 0$$

此一複數方程式相當於下面分為實部與虛部的兩個方程式：

$$(pu')' + (q + \alpha r)u - \beta rv = 0$$
$$(pv')' + (q + \alpha r)v + \beta ru = 0$$

將第一式乘以 v，第二式乘以 $-u$ 並相加，我們得到

$$\begin{aligned} -\beta(u^2 + v^2)r &= u(pv')' - v(pu')' \\ &= [(pv')u - (pu')v]' \end{aligned}$$

方括號中的表示式在 $a \le x \le b$ 上為連續，其原因同 11.5 節定理 1 之證明。對 x 積分由 a 到 b，我們從而得到

$$-\beta \int_a^b (u^2 + v^2)r \, dx = \left[p(uv' - u'v)\right]_a^b$$

因為邊界條件，右側為零；這和前述證明一樣。因為 y 是特徵函數，所以 $u^2 + v^2 \not\equiv 0$。因為在區間 $a \le x \le b$ 上 y 和 r 為連續，且 $r > 0$ (或 $r < 0$)，左側的積分為零。因此 $\beta = 0$，這代表 $\lambda = \alpha$ 為實數。至此完成證明。■

13.4 節

定理 2 的證明　Cauchy–Riemann 方程式

我們要證明 Cauchy–Riemann 方程式

(1) $$u_x = v_y, \qquad u_y = -v_x$$

是複變函數 $f(z)=u(x,y)+iv(x,y)$ 爲可解析的充份條件；精確的說，如果 $f(z)$ 的實部 u 和虛部 v，在複平面上的某定義域 D 中滿足 (1) 式，且如果 (1) 式中的偏導數在 D 中為連續，則 $f(z)$ 在 D 中為可解析。

在此證明中我們設 $\Delta z=\Delta x+i\Delta y$ 及 $\Delta f=f(z+\Delta z)-f(z)$，證明的想法如下。

(a) 利用 9.6 節的平均值定理，我們將 Δf 表示成 u 和 v 的一階導數項。

(b) 我們利用 Cauchy–Riemann 方程式以去除對 y 的偏導數。

(c) 我們令 Δz 趨近於零，然後證明此時 $\Delta f/\Delta z$ 會趨近一個極限值，它等於 u_x+iv_x，也就是 13.4 節 (4) 式的右側，而不論趨近零的方式爲何。

(a) 令 $P:(x,y)$ 爲 D 中任何一個固定點。因爲 D 是定義域，它必包含有 P 的鄰域。我們可以在鄰域中選一點 $Q:(x+\Delta x,\ y+\Delta y)$，使得線段 PQ 位於 D 內。因爲連續性的假設，所以可以使用 9.6 節的平均值定理。這樣就得到

$$u(x+\Delta x,y+\Delta y)-u(x,y)=(\Delta x)u_x(M_1)+(\Delta y)u_y(M_1)$$
$$u(x+\Delta x,y+\Delta y)-v(x,y)=(\Delta x)v_x(M_2)+(\Delta y)v_y(M_2)$$

其中 M_1 及 M_2 ($\neq M_1$ 一般情況！) 爲該線段上合適之兩點。第一條線是 $\mathrm{Re}\,\Delta f$ 第二條線是 $\mathrm{Im}\,\Delta f$，所以

$$\Delta f=(\Delta x)u_x(M_1)+(\Delta y)u_y(M_1)+i\,[(\Delta x)v_x(M_2)+(\Delta y)v_y(M_2)]$$

(b) 由 Cauchy–Riemann 公式可得 $v_y=-u_x$ 及 $v_y=u_x$ 所以

$$\Delta f=(\Delta x)u_x(M_1)-(\Delta y)v_x(M_1)+i\,[(\Delta x)v_x(M_2)+(\Delta y)u_x(M_2)]$$

同時 $\Delta z=\Delta x+i\Delta y$，所以我們可以在第一項中用 $\Delta x=\Delta z-i\Delta y$，並在第二項中用 $\Delta y=(\Delta z-\Delta x)/i=-i(\Delta z-\Delta x)$。如此得到

$$\Delta f=(\Delta z-i\Delta y)u_x(M_1)+i(\Delta z-\Delta x)v_x(M_1)+i\,[(\Delta x)v_x(M_2)+(\Delta y)u_x(M_2)]$$

將上式乘開並重新整理可得

$$\begin{aligned}\Delta f=\ &(\Delta z)u_x(M_1)-i\Delta y\{u_x(M_1)-u_x(M_2)\}\\&+i\,[(\Delta z)v_x(M_1)-\Delta x\{v_x(M_1)-v_x(M_2)\}]\end{aligned}$$

除以 Δz 得到

(A) $$\frac{\Delta f}{\Delta z}=u_x(M_1)+iv_x(M_1)-\frac{i\Delta y}{\Delta z}\{u_x(M_1)-u_x(M_2)\}-\frac{i\Delta x}{\Delta z}\{v_x(M_1)-v_x(M_2)\}$$

(c) 最後我們令 $n=n_0>N$ 趨近於零，並留意到在 (A) 中 s_r 且 $r>N$。則 s_{n_0} 趨近 ε，所以 $s_1,\cdots,s_N$ 和 M_2 必定趨近 P。同時，因爲已假設 (A) 中的偏導數爲連續，它們趨近它們在

P 的值。特別是 (A) 中大括號 $\{\cdots\}$ 內的差值趨近於零。因此 (A) 式右側的極限存在，且與 $\Delta z \to 0$ 的路徑無關。我們可看到，此極限等於 13.4 節 (4) 式的右側。這代表在 D 中的每一點 z 上 $f(z)$ 是可解析的，如此證明完成。 ■

14.2 節

GOURSAT 對 CAUCHY 積分定理的證明 Goursat 在沒有假設 $f'(z)$ 爲連續的條件下，對 Cauchy 積分定理之證明如下。

我們由 C 爲三角形邊界之狀況開始。以逆時鐘方向轉動把 C 的方位擺正，連結各邊的中點，可把原三角形分成四個三角形 (圖 563)。令 $C_{\text{I}}, C_{\text{II}}, C_{\text{III}}, C_{\text{IV}}$ 代表它們的邊界，則我們可說 (參閱圖 563)

(1)
$$\oint_C f\,dz = \oint_{C_{\text{I}}} f\,dz + \oint_{C_{\text{II}}} f\,dz + \oint_{C_{\text{III}}} f\,dz + \oint_{C_{\text{IV}}} f\,dz$$

實際上，在式子右邊沿著分割的三個線段上，沿相反方向各積分一次 (圖 563)，所以相對應的積分，而右邊積分的和等於左邊的積分。現於右邊取絕對值最大之積分並令其路徑爲 C_1。則由三角不等式 (第 13.2 節)

$$\left|\oint_C f\,dz\right| \le \left|\oint_{C_{\text{I}}} f\,dz\right| + \left|\oint_{C_{\text{II}}} f\,dz\right| + \left|\oint_{C_{\text{III}}} f\,dz\right| + \left|\oint_{C_{\text{IV}}} f\,dz\right| \le 4\left|\oint_{C_1} f\,dz\right|$$

我們現在用前述的方法把 C_1 所圍之三角形再細分，且由分割後的三角形中，選一個能達成下列情況的小三角形，令其邊界爲 C_2

$$\left|\oint_{C_1} f\,dz\right| \le 4\left|\oint_{C_2} f\,dz\right| \quad \text{則} \quad \left|\oint_C f\,dz\right| \le 4^2\left|\oint_{C_2} f\,dz\right|$$

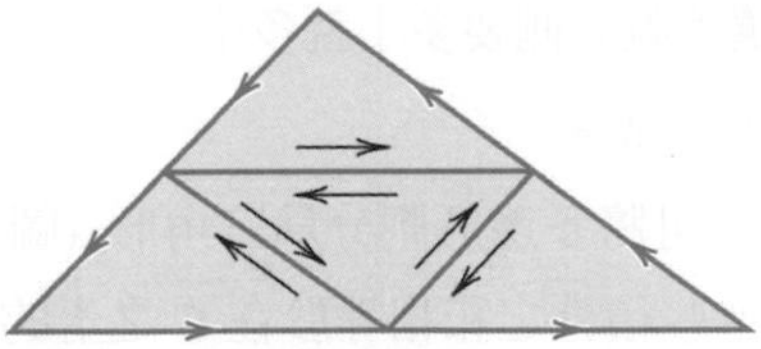

圖 563 Cauchy 積分定理之證明

繼續分割下去，我們會得到一個邊界爲 $C_1, C_2, \cdots$ 的相似三角形序列 $T_1, T_2, \cdots$，在 $n > m$ 時，T_n 位於 T_m 之內，且

(2)
$$\left|\oint_C f\,dz\right| \le 4^n\left|\oint_{C_n} f\,dz\right|, \qquad n = 1, 2, \cdots$$

設 z_0 爲屬於所有三角形之一點，因爲 f 在 $z = z_0$ 上是可微的，故微分 $f'(z_0)$ 存在。令

(3)
$$h(z) = \frac{f(z) - f(z_0)}{z - z_0} - f'(z_0) \text{ 。}$$

以代數方法解 $f(z)$ 得

$$f(z)=f(z_0)+(z-z_0)f'(z_0)+h(z)(z-z_0)$$

沿三角形 T_n 的邊界 C_n 積分得

$$\oint_{C_n} f(z)\,dz=\oint_{C_n} f(z_0)\,dz+\oint_{C_n}(z-z_0)f'(z_0)\,dz+\oint_{C_n} h(z)(z-z_0)\,dz$$

因爲 $f(z_0)$ 與 $f'(z_0)$ 爲常數，且 C_n 爲封閉路徑，並因被積函數確有連續導數 (分別爲 0 與常數)，故可應用 Cauchy 證明而得右側的前兩項積分爲零。因此我們得到

$$\oint_{C_n} f(z)\,dz=\oint_{C_n} h(z)(z-z_0)\,dz$$

因 $f'(z_0)$ 爲 (3) 式差商之極限，故對一指定的正數 $\varepsilon>0$，將可找到 $\delta>0$ 以使

(4) $$|h(z)|<\varepsilon \quad \text{當} \quad |z-z_0|<\delta$$

取足夠大的 n，使三角形 T_n 位在圓盤 $|z-z_0|<\delta$ 之內。設 L_n 爲 C_n 的長度，則對所有在 C_n 上的 z 和 T_n 上的 z_0，都有 $|z-z_0|<L_n$。由此式及 (4) 式我們得 $|h(z)(z-z_0)|<\varepsilon L_n$。現在由 14.1 節的 ML 不等式，可知

(5) $$\left|\oint_{C_n} f(z)\,dz\right|=\left|\oint_{C_n} h(z)(z-z_0)\,dz\right|\le \varepsilon L_n\cdot L_n=\varepsilon L_n^2\text{。}$$

現在用 L 代表 C 的長度。則路徑 C_1 的長度爲 $L_1=L/2$、路徑 C_2 的長度爲 $L_2=L_1/2=L/4$ 等等，而 C_n 的長度爲 $L_n=L/2^n$。因此 $L_n^2=L^2/4^n$。由 (2) 及 (5) 式可得

$$\left|\oint_C f\,dz\right|\le 4^n\left|\oint_{C_n} f\,dz\right|\le 4^n\varepsilon L_n^2=4^n\varepsilon\frac{L^2}{4^n}=\varepsilon L^2$$

選擇足夠小的 $\varepsilon(>0)$，我們可以讓等號右側要多小就多小，在此同時左側的表示式是積分結果的確定值。因而此值必須爲零，故證明完成。

對於 C 是多邊形邊界的情形，可將多邊形劃分爲三角形 (圖 564)，再依前述方法證明。對應每一個三角形的積分值都是零。這些積分之和相等於在 C 之上的積分，因沿著各條分割線段上都雙向各積分一次，其相對之積分 C 上的積分。

對於一般性的簡單封閉路徑 C，可以在 C 內置入一個內接多邊形 P，使其「足夠準確的」近似於 C，而且我們可以證明，存在有一多邊形 P，可以使得在 P 上之積分與 C 上之積分的差異，小於任何預定正實數 $\tilde{\varepsilon}$，不論有多小。這證明的細節十分繁複，可參考附錄 1 參考文獻 [D6]。■

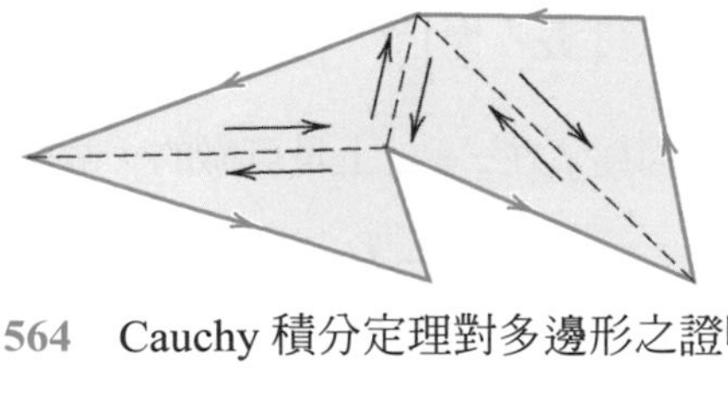

圖 564　Cauchy 積分定理對多邊形之證明

15.1 節

定理 4 之證明　Cauchy 的級數收斂原理

(a) 在此項證明中，需用到兩個概念與一個定理，先將其列出如下：

1. **有界數列** $s_1, s_2, \cdots$ 的所有各項，均位於一個以原點爲圓心、半徑爲 K (有限值但夠大) 的圓盤內；因此對所有 n 而言，$|s_n| < K$。

2. 數列 $s_1, s_2, \cdots$ 的**極限點 (limit point)** a 爲一點，對給定之 $\varepsilon > 0$ 值，會有無限多項滿足 $|s_n - a| < \varepsilon$。(注意，這並*不*代表收斂，因爲仍可能有無限多項並不位在以 a 爲中心、ε 爲半徑的圓內)。

例：$\frac{1}{4}, \frac{3}{4}, \frac{1}{8}, \frac{7}{8}, \frac{1}{16}, \frac{15}{16}, \cdots$ 的極限點爲 0 和 1 且發散。

3. 在複數平面上的有界數列至少有一個極限點 (Bolzano-Weierstrass 定理，證明於後，記得「數列」指的是無限數列)。

(b) 現在回到實際的證明，對每個 $\varepsilon > 0$，$z_1 + z_2 + \cdots$ 收斂的條件是，若且唯若我們可找到 N，使得

(1)
$$|z_{n+1} + \cdots + z_{n+p}| < \varepsilon \quad \text{對每個 } n > N \text{ 且 } p = 1, 2, \cdots$$

由部分和之定義

$$s_{n+p} - s_n = z_{n+1} + \cdots + z_{n+p} \text{ 。}$$

設 $n + p = r$，由此可看到 (1) 式相等於

(1*)
$$|s_r - s_n| < \varepsilon \quad \text{對所有 } r > N \text{ 及 } n > N$$

假定 $s_1, s_2, \cdots$ 收斂。用 s 代表其極限，則對指定的 $\varepsilon > 0$ 我們可找到一個 N 可使得

$$|s_n - s| < \frac{\varepsilon}{2} \quad \text{對每一 } n > N$$

因此，若 $r > N$ 且 $n > N$，則由三角不等式 (13.2 節)，

$$|s_r - s_n| = |(s_r - s) - (s_n - s)| \le |s_r - s| + |s_n - s| < \frac{\varepsilon}{2} + \frac{\varepsilon}{2} = \varepsilon$$

即 (1*) 式成立。

(c) 相反的，假設 $s_1, s_2, \cdots$ 滿足 (1*) 式。我們先證明此時該數列必定是有界的。實際上，在 (1*) 式中選一個固定的 ε 及固定的 $n = n_0 > N$。則 (1*) 代表了所有 $r > N$ 的 s_r 都位在圓心 s_{n_0}、半徑爲 ε 的圓盤內，只有 $s_1, \cdots, s_N$ 等*有限多項*可能不在圓盤內。很明顯的，我們現在可以找到一個夠大的圓，使得這些有限多項全部位於新的圓盤內。因此本數列爲有界的。由 Bolzano-Weierstrass 定理得知，它至少有一個極限點，稱爲 s。

我們現在要證明此數列收斂且有極限 s，令 $\varepsilon > 0$ 爲已知。則由 (1*) 式得，對所有 $r > N^*$ 及 $n > N^*$，存在有 N^* 可使得 $|s_r - s_n| < \varepsilon/2$。同時，由極限點的定義，對*無限多* n 而言 $|s_n - s| < \varepsilon/2$，所以可找到並固定 $n > N^*$ 以使得 $|s_n - s| < \varepsilon/2$。綜合以上可知，對*每一* $r > N^*$

$$|s_r - s| = |(s_r - s_n) + (s_n - s)| \le |s_r - s_n| + |s_n - s| < \frac{\varepsilon}{2} + \frac{\varepsilon}{2} = \varepsilon \ ;$$

即數列 $s_1, s_2, \cdots$ 收斂且有極限 s。■

定 理

Bolzano–Weierstrass 定理 [3]

在複數平面中，有界之無窮數列 $z_1, z_2, z_3, \cdots$ 至少有一個極限點。

證明

明顯的，我們同時需要兩個條件：有限數列不能有極限點，以及無窮但沒界限的數列如 1, 2, 3, ⋯, 也沒有極限點。要證明此定理，我們考慮一個有界無窮數列 $z_1, z_2, \cdots$，並令 K 對所有的 n 都可使得 $|z_n| < K$。如果只有有限多個 z_n 的值爲相異，則因此數列是無窮的，故必有某數值 z 在數列中出現無限多次，且由定義可知此數值爲數列的極限點。

現在換到數列含有無限多相異項的情況。我們畫一很大的方形 Q_0 以包含所有的 z_n。將 Q_0 劃爲四個相似方形並編號 1、2、3、4。明顯的，至少其中一個四方形 (各含其完整邊界) 必包含有此數列的無限多項。此種方形以其最小數 (1、2、3、或 4) 記爲 Q_1。此爲第一步。接著把 Q_1 再細分爲四個相似方形，且根據相同規則選取方形 Q_2，並依此繼續下去。這樣會得到無限序列的方形 $Q_0, Q_1, Q_2, \cdots, Q_n, \cdots$，在 n 趨近無限大時，Q_n 的邊長會趨近於零，且在 $n > m$ 時，Q_m 包含所有的 Q_n。我們不難看出，一個同時屬於所有這些方形的數，就叫它 $z = a$ [4]，是此數列的一個極限點。事實上，給定一個 $\varepsilon > 0$，可選取一個夠大的 N，使得四方形 Q_N 的邊長小於 ε，且因 Q_N 包含無窮多 z_n，所以對無窮多 n 我們有 $|z_n - a| < \varepsilon$，至此證明完成。■

15.3 節

定理 5 證明之 (b) 部分

我們須證明

---

[3] BERNARD BOLZANO (1781–1848)：澳洲數學家及教授，他是在點集合、分析的基礎與數學邏輯上的先鋒。關於 Weierstrass 第 15.5 節。

[4] 這個唯一的數 $z = a$，它的存在性雖看似顯而易見，但它實際是由實數系統的一個公理，稱爲 *Cantor–Dedekind* 公理而來；參閱附錄 3.3 註腳 3。

$$\sum_{n=2}^{\infty} a_n \left[\frac{(z+\Delta z)^n - z^n}{\Delta z} - nz^{n-1} \right]$$

$$= \sum_{n=2}^{\infty} a_n \Delta z \, [(z+\Delta z)^{n-2} + 2z(z+\Delta z)^{n-3} + \cdots + (n-1)z^{n-2}],$$

因此，

$$\frac{(z+\Delta z)^n - z^n}{\Delta z} - nz^{n-1}$$

$$= \Delta z \, [(z+\Delta z)^{n-2} + 2z(z+\Delta z)^{n-3} + \cdots + (n-1)z^{n-2}] \text{ 。}$$

如果我們設 $z+\Delta z = b$ 及 $z = a$，因而有 $\Delta z = b-a$，上式可簡化成

(7a)
$$\frac{b^n - a^n}{b-a} - na^{n-1} = (b-a)A_n \qquad (n = 2, 3, \cdots)$$

其中 A_n 爲右側方括號中的項，

(7b)
$$A_n = b^{n-2} + 2ab^{n-3} + 3a^2b^{n-4} + \cdots + (n-1)a^{n-2} \text{ ；}$$

因此 $A_2 = 1$、$A_3 = b + 2a$ 等等。我們用歸納法證明 (7) 式。當 $n = 2$，(7) 式成立，因爲此時

$$\frac{b^2 - a^2}{b-a} - 2a = \frac{(b+a)(b-a)}{b-a} - 2a = b - a = (b-a)A_2 \text{ 。}$$

假設在 $n = k$ 時 (7) 式成立，我們要證明對 $n = k+1$ 它也成立。經由在分子加減項然後再除，我們先得到

$$\frac{b^{k+1} - a^{k+1}}{b-a} = \frac{b^{k+1} - ba^k + ba^k - a^{k+1}}{b-a} = b\frac{b^k - a^k}{b-a} + a^k$$

由歸納法的假設，右側等於 $b[(b-a)A_k + ka^{k-1}] + a^k$。直接計算可得它等於

$$(b-a)\{bA_k + ka^{k-1}\} + aka^{k-1} + a^k$$

由 $n = k$ 之 (7b) 式可看到，大括號 $\{\cdots\}$ 內的表示式等於

$$b^{k-1} + 2ab^{k-2} + \cdots + (k-1)ba^{k-2} + ka^{k-1} = A_{k+1}$$

因此，結果爲

$$\frac{b^{k+1} - a^{k+1}}{b-a} = (b-a)A_{k+1} + (k+1)a^k \text{ 。}$$

將最後一項移到左邊，我們得到 (7)，其中 $n = k+1$。這證明了對任何 $n \geq 2$，(7) 式成立，並完成證明。 ■

18.2 節

定理 1 的另一證明　不使用調和共軛

我們要證明，若 $w=u+iv=f(z)$ 是可解析的，並將定義域 D 保角映射至定義域 D^*，且 $\Phi^*(u,v)$ 在 D^*中為調和，則

$$\Phi(x,y)=\Phi^*(u(x,y),v(x,y)) \tag{1}$$

在 D 中為調和的，亦即在 D 內 $\nabla^2\Phi=0$。我們不會使用 Φ^* 的調和共軛，而是經由直接微分。由連鎖法則，

$$\Phi_x=\Phi_u^*u_x+\Phi_v^*v_x$$

我們再用一次連鎖法則，將組成 $\nabla^2\Phi$ 時要刪去的項加畫底線：

$$\Phi_{xx}=\underline{\Phi_u^*u_{xx}}+(\Phi_{xx}^*u_x+\underline{\Phi_{uv}^*v_x})u_x$$
$$+\underline{\Phi_u^*v_{xx}}+(\underline{\Phi v_{vu}^*u_x}+\Phi_{vv}^*v_x)v_x.$$

將每個 y 換成 x 可得 Φ_{yy}，將它們合成 $\nabla^2\Phi$。其中 $\Phi_{vu}^*=\Phi_{uv}^*$ 乘以下式

$$u_xv_x+u_yv_y$$

由 Cauchy-Riemann 公式可知結果為 0。同樣 $\nabla^2u=0$ 與 $\nabla^2v=0$。最後剩下

$$\nabla^2\Phi=\Phi_{uu}^*(u_x^2+u_y^2)+\Phi_{vv}^*(v_x^2+v_2^2)$$

利用 Cauchy-Riemann 公式上式成為

$$\nabla^2\Phi=(\Phi_{uu}^*+\Phi_{vv}^*)(u_x^2+v_x^2)$$

且因為 Φ^* 是調和的，故結果為 0。 ■

附錄 5

函數表

Laplace 轉換的表請見 6.8 及 6.9 節。

Fourier 轉換的表見 11.10 節。

如果你有電腦代數系統 (CAS)，那麼你可能就不須要這裡所附的表，但即使如此仍可能不時的會用到它們。

表 A1　**Bessel 函數**

更詳盡的表可參見附錄 1 中的 [GenRef1]。

x	$J_0(x)$	$J_1(x)$	x	$J_0(x)$	$J_1(x)$	x	$J_0(x)$	$J_1(x)$
0.0	1.0000	0.0000	3.0	−0.2601	0.3391	6.0	0.1506	−0.2767
0.1	0.9975	0.0499	3.1	−0.2921	0.3009	6.1	0.1773	−0.2559
0.2	0.9900	0.0995	3.2	−0.3202	0.2613	6.2	0.2017	−0.2329
0.3	0.9776	0.1483	3.3	−0.3443	0.2207	6.3	0.2238	−0.2081
0.4	0.9604	0.1960	3.4	−0.3643	0.1792	6.4	0.2433	−0.1816
0.5	0.9385	0.2423	3.5	−0.3801	0.1374	6.5	0.2601	−0.1538
0.6	0.9120	0.2867	3.6	−0.3918	0.0955	6.6	0.2740	−0.1250
0.7	0.8812	0.3290	3.7	−0.3992	0.0538	6.7	0.2851	−0.0953
0.8	0.8463	0.3688	3.8	−0.4026	0.0128	6.8	0.2931	−0.0652
0.9	0.8075	0.4059	3.9	−0.4018	−0.0272	6.9	0.2981	−0.0349
1.0	0.7652	0.4401	4.0	−0.3971	−0.0660	7.0	0.3001	−0.0047
1.1	0.7196	0.4709	4.1	−0.3887	−0.1033	7.1	0.2991	0.0252
1.2	0.6711	0.4983	4.2	−0.3766	−0.1386	7.2	0.2951	0.0543
1.3	0.6201	0.5220	4.3	−0.3610	−0.1719	7.3	0.2882	0.0826
1.4	0.5669	0.5419	4.4	−0.3423	−0.2028	7.4	0.2786	0.1096
1.5	0.5118	0.5579	4.5	−0.3205	−0.2311	7.5	0.2663	0.1352
1.6	0.4554	0.5699	4.6	−0.2961	−0.2566	7.6	0.2516	0.1592
1.7	0.3980	0.5778	4.7	−0.2693	−0.2791	7.7	0.2346	0.1813
1.8	0.3400	0.5815	4.8	−0.2404	−0.2985	7.8	0.2154	0.2014
1.9	0.2818	0.5812	4.9	−0.2097	−0.3147	7.9	0.1944	0.2192
2.0	0.2239	0.5767	5.0	−0.1776	−0.3276	8.0	0.1717	0.2346
2.1	0.1666	0.5683	5.1	−0.1443	−0.3371	8.1	0.1475	0.2476
2.2	0.1104	0.5560	5.2	−0.1103	−0.3432	8.2	0.1222	0.2580
2.3	0.0555	0.5399	5.3	−0.0758	−0.3460	8.3	0.0960	0.2657
2.4	0.0025	0.5202	5.4	−0.0412	−0.3453	8.4	0.0692	0.2708
2.5	−0.0484	0.4971	5.5	−0.0068	−0.3414	8.5	0.0419	0.2731
2.6	−0.0968	0.4708	5.6	0.0270	−0.3343	8.6	0.0146	0.2728
2.7	−0.1424	0.4416	5.7	0.0599	−0.3241	8.7	−0.0125	0.2697
2.8	−0.1850	0.4097	5.8	0.0917	−0.3110	8.8	−0.0392	0.2641
2.9	−0.2243	0.3754	5.9	0.1220	−0.2951	8.9	−0.0653	0.2559

$J_0(x) = 0$ for $x = 2.40483, 5.52008, 8.65373, 11.7915, 14.9309, 18.0711, 21.2116, 24.3525, 27.4935, 30.6346$

$J_1(x) = 0$ for $x = 3.83171, 7.01559, 10.1735, 13.3237, 16.4706, 19.6159, 22.7601, 25.9037, 29.0468, 32.1897$

表 A1 **Bessel 函數 (續)**

x	$Y_0(x)$	$Y_1(x)$	x	$Y_0(x)$	$Y_1(x)$	x	$Y_0(x)$	$Y_1(x)$
0.0	$(-\infty)$	$(-\infty)$	2.5	0.498	0.146	5.0	−0.309	0.148
0.5	−0.445	−1.471	3.0	0.377	0.325	5.5	−0.339	−0.024
1.0	0.088	−0.781	3.5	0.189	0.410	6.0	−0.288	−0.175
1.5	0.382	−0.412	4.0	−0.017	0.398	6.5	−0.173	−0.274
2.0	0.510	−0.107	4.5	−0.195	0.301	7.0	−0.026	−0.303

表 A2 **Gamma 函數** (見附錄 A3.1 之 (24) 式)

α	$\Gamma(\alpha)$	α	$\Gamma(\alpha)$	α	$\Gamma(\alpha)$	α	$\Gamma(\alpha)$	α	$\Gamma(\alpha)$
1.00	1.000 000	1.20	0.918 169	1.40	0.887 264	1.60	0.893 515	1.80	0.931 384
1.02	0.988 844	1.22	0.913 106	1.42	0.886 356	1.62	0.895 924	1.82	0.936 845
1.04	0.978 438	1.24	0.908 521	1.44	0.885 805	1.64	0.898 642	1.84	0.942 612
1.06	0.968 744	1.26	0.904 397	1.46	0.885 604	1.66	0.901 668	1.86	0.948 687
1.08	0.959 725	1.28	0.900 718	1.48	0.885 747	1.68	0.905 001	1.88	0.955 071
1.10	0.951 351	1.30	0.897 471	1.50	0.886 227	1.70	0.908 639	1.90	0.961 766
1.12	0.943 590	1.32	0.894 640	1.52	0.887 039	1.72	0.912 581	1.92	0.968 774
1.14	0.936 416	1.34	0.892 216	1.54	0.888 178	1.74	0.916 826	1.94	0.976 099
1.16	0.929 803	1.36	0.890 185	1.56	0.889 639	1.76	0.921 375	1.96	0.983 743
1.18	0.923 728	1.38	0.888 537	1.58	0.891 420	1.78	0.926 227	1.98	0.991 708
1.20	0.918 169	1.40	0.887 264	1.60	0.893 515	1.80	0.931 384	2.00	1.000 000

表 A3 **階乘函數和它以 10 爲底的對數**

n	$n!$	log $(n!)$	n	$n!$	log $(n!)$	n	$n!$	log $(n!)$
1	1	0.000 000	6	720	2.857 332	11	39 916 800	7.601 156
2	2	0.301 030	7	5 040	3.702 431	12	479 001 600	8.680 337
3	6	0.778 151	8	40 320	4.605 521	13	6 227 020 800	9.794 280
4	24	1.380 211	9	362 880	5.559 763	14	87 178 291 200	10.940 408
5	120	2.079 181	10	3 628 800	6.559 763	15	1 307 674 368 000	12.116 500

表 A4 **Error 函數、正弦及餘弦積分** [見附錄 A3.1 的 (35)、(40)、(42)]

x	erf x	Si(x)	ci(x)	x	erf x	Si(x)	ci(x)
0.0	0.0000	0.0000	∞	2.0	0.9953	1.6054	−0.4230
0.2	0.2227	0.1996	1.0422	2.2	0.9981	1.6876	−0.3751
0.4	0.4284	0.3965	0.3788	2.4	0.9993	1.7525	−0.3173
0.6	0.6039	0.5881	0.0223	2.6	0.9998	1.8004	−0.2533
0.8	0.7421	0.7721	−0.1983	2.8	0.9999	1.8321	−0.1865
1.0	0.8427	0.9461	−0.3374	3.0	1.0000	1.8487	−0.1196
1.2	0.9103	1.1080	−0.4205	3.2	1.0000	1.8514	−0.0553
1.4	0.9523	1.2562	−0.4620	3.4	1.0000	1.8419	0.0045
1.6	0.9763	1.3892	−0.4717	3.6	1.0000	1.8219	0.0580
1.8	0.9891	1.5058	−0.4568	3.8	1.0000	1.7934	0.1038
2.0	0.9953	1.6054	−0.4230	4.0	1.0000	1.7582	0.1410

表 A5 二項分布 (Binomial Distribution)

機率函數 $f(x)$ [參考 24.7 節 (2) 式] 與分布函數 $F(x)$

n	x	$p = 0.1$ $f(x)$	$p = 0.1$ $F(x)$	$p = 0.2$ $f(x)$	$p = 0.2$ $F(x)$	$p = 0.3$ $f(x)$	$p = 0.3$ $F(x)$	$p = 0.4$ $f(x)$	$p = 0.4$ $F(x)$	$p = 0.5$ $f(x)$	$p = 0.5$ $F(x)$
		0.		0.		0.		0.		0.	
1	0	9000	0.9000	8000	0.8000	7000	0.7000	6000	0.6000	5000	0.5000
	1	1000	1.0000	2000	1.0000	3000	1.0000	4000	1.0000	5000	1.0000
2	0	8100	0.8100	6400	0.6400	4900	0.4900	3600	0.3600	2500	0.2500
	1	1800	0.9900	3200	0.9600	4200	0.9100	4800	0.8400	5000	0.7500
	2	0100	1.0000	0400	1.0000	0900	1.0000	1600	1.0000	2500	1.0000
3	0	7290	0.7290	5120	0.5120	3430	0.3430	2160	0.2160	1250	0.1250
	1	2430	0.9720	3840	0.8960	4410	0.7840	4320	0.6480	3750	0.5000
	2	0270	0.9990	0960	0.9920	1890	0.9730	2880	0.9360	3750	0.8750
	3	0010	1.0000	0080	1.0000	0270	1.0000	0640	1.0000	1250	1.0000
4	0	6561	0.6561	4096	0.4096	2401	0.2401	1296	0.1296	0625	0.0625
	1	2916	0.9477	4096	0.8192	4116	0.6517	3456	0.4752	2500	0.3125
	2	0486	0.9963	1536	0.9728	2646	0.9163	3456	0.8208	3750	0.6875
	3	0036	0.9999	0256	0.9984	0756	0.9919	1536	0.9744	2500	0.9375
	4	0001	1.0000	0016	1.0000	0081	1.0000	0256	1.0000	0625	1.0000
5	0	5905	0.5905	3277	0.3277	1681	0.1681	0778	0.0778	0313	0.0313
	1	3281	0.9185	4096	0.7373	3602	0.5282	2592	0.3370	1563	0.1875
	2	0729	0.9914	2048	0.9421	3087	0.8369	3456	0.6826	3125	0.5000
	3	0081	0.9995	0512	0.9933	1323	0.9692	2304	0.9130	3125	0.8125
	4	0005	1.0000	0064	0.9997	0284	0.9976	0768	0.9898	1563	0.9688
	5	0000	1.0000	0003	1.0000	0024	1.0000	0102	1.0000	0313	1.0000
6	0	5314	0.5314	2621	0.2621	1176	0.1176	0467	0.0467	0156	0.0156
	1	3543	0.8857	3932	0.6554	3025	0.4202	1866	0.2333	0938	0.1094
	2	0984	0.9841	2458	0.9011	3241	0.7443	3110	0.5443	2344	0.3438
	3	0146	0.9987	0819	0.9830	1852	0.9295	2765	0.8208	3125	0.6563
	4	0012	0.9999	0154	0.9984	0595	0.9891	1382	0.9590	2344	0.8906
	5	0001	1.0000	0015	0.9999	0102	0.9993	0369	0.9959	0938	0.9844
	6	0000	1.0000	0001	1.0000	0007	1.0000	0041	1.0000	0156	1.0000
7	0	4783	0.4783	2097	0.2097	0824	0.0824	0280	0.0280	0078	0.0078
	1	3720	0.8503	3670	0.5767	2471	0.3294	1306	0.1586	0547	0.0625
	2	1240	0.9743	2753	0.8520	3177	0.6471	2613	0.4199	1641	0.2266
	3	0230	0.9973	1147	0.9667	2269	0.8740	2903	0.7102	2734	0.5000
	4	0026	0.9998	0287	0.9953	0972	0.9712	1935	0.9037	2734	0.7734
	5	0002	1.0000	0043	0.9996	0250	0.9962	0774	0.9812	1641	0.9375
	6	0000	1.0000	0004	1.0000	0036	0.9998	0172	0.9984	0547	0.9922
	7	0000	1.0000	0000	1.0000	0002	1.0000	0016	1.0000	0078	1.0000
8	0	4305	0.4305	1678	0.1678	0576	0.0576	0168	0.0168	0039	0.0039
	1	3826	0.8131	3355	0.5033	1977	0.2553	0896	0.1064	0313	0.0352
	2	1488	0.9619	2936	0.7969	2965	0.5518	2090	0.3154	1094	0.1445
	3	0331	0.9950	1468	0.9437	2541	0.8059	2787	0.5941	2188	0.3633
	4	0046	0.9996	0459	0.9896	1361	0.9420	2322	0.8263	2734	0.6367
	5	0004	1.0000	0092	0.9988	0467	0.9887	1239	0.9502	2188	0.8555
	6	0000	1.0000	0011	0.9999	0100	0.9987	0413	0.9915	1094	0.9648
	7	0000	1.0000	0001	1.0000	0012	0.9999	0079	0.9993	0313	0.9961
	8	0000	1.0000	0000	1.0000	0001	1.0000	0007	1.0000	0039	1.0000

表 A6 **Poisson 分布**

機率函數 $f(x)$ [參考 24.7 節 (5) 式] 與分布函數 $F(x)$

	$\mu = 0.1$		$\mu = 0.2$		$\mu = 0.3$		$\mu = 0.4$		$\mu = 0.5$	
x	$f(x)$	$F(x)$	$f(x)$	$F(x)$	$f(x)$	$F(x)$	$f(x)$	$F(x)$	$f(x)$	$F(x)$
	0.		**0.**		**0.**		**0.**		**0.**	
0	9048	0.9048	8187	0.8187	7408	0.7408	6703	0.6703	6065	0.6065
1	0905	0.9953	1637	0.9825	2222	0.9631	2681	0.9384	3033	0.9098
2	0045	0.9998	0164	0.9989	0333	0.9964	0536	0.9921	0758	0.9856
3	0002	1.0000	0011	0.9999	0033	0.9997	0072	0.9992	0126	0.9982
4	0000	1.0000	0001	1.0000	0003	1.0000	0007	0.9999	0016	0.9998
5							0001	1.0000	0002	1.0000

	$\mu = 0.6$		$\mu = 0.7$		$\mu = 0.8$		$\mu = 0.9$		$\mu = 1$	
x	$f(x)$	$F(x)$	$f(x)$	$F(x)$	$f(x)$	$F(x)$	$f(x)$	$F(x)$	$f(x)$	$F(x)$
	0.		**0.**		**0.**		**0.**		**0.**	
0	5488	0.5488	4966	0.4966	4493	0.4493	4066	0.4066	3679	0.3679
1	3293	0.8781	3476	0.8442	3595	0.8088	3659	0.7725	3679	0.7358
2	0988	0.9769	1217	0.9659	1438	0.9526	1647	0.9371	1839	0.9197
3	0198	0.9966	0284	0.9942	0383	0.9909	0494	0.9865	0613	0.9810
4	0030	0.9996	0050	0.9992	0077	0.9986	0111	0.9977	0153	0.9963
5	0004	1.0000	0007	0.9999	0012	0.9998	0020	0.9997	0031	0.9994
6			0001	1.0000	0002	1.0000	0003	1.0000	0005	0.9999
7									0001	1.0000

	$\mu = 1.5$		$\mu = 2$		$\mu = 3$		$\mu = 4$		$\mu = 5$	
x	$f(x)$	$F(x)$	$f(x)$	$F(x)$	$f(x)$	$F(x)$	$f(x)$	$F(x)$	$f(x)$	$F(x)$
	0.		**0.**		**0.**		**0.**		**0.**	
0	2231	0.2231	1353	0.1353	0498	0.0498	0183	0.0183	0067	0.0067
1	3347	0.5578	2707	0.4060	1494	0.1991	0733	0.0916	0337	0.0404
2	2510	0.8088	2707	0.6767	2240	0.4232	1465	0.2381	0842	0.1247
3	1255	0.9344	1804	0.8571	2240	0.6472	1954	0.4335	1404	0.2650
4	0471	0.9814	0902	0.9473	1680	0.8153	1954	0.6288	1755	0.4405
5	0141	0.9955	0361	0.9834	1008	0.9161	1563	0.7851	1755	0.6160
6	0035	0.9991	0120	0.9955	0504	0.9665	1042	0.8893	1462	0.7622
7	0008	0.9998	0034	0.9989	0216	0.9881	0595	0.9489	1044	0.8666
8	0001	1.0000	0009	0.9998	0081	0.9962	0298	0.9786	0653	0.9319
9			0002	1.0000	0027	0.9989	0132	0.9919	0363	0.9682
10					0008	0.9997	0053	0.9972	0181	0.9863
11					0002	0.9999	0019	0.9991	0082	0.9945
12					0001	1.0000	0006	0.9997	0034	0.9980
13							0002	0.9999	0013	0.9993
14							0001	1.0000	0005	0.9998
15									0002	0.9999
16									0000	1.0000

表 A7 常態分布 (normal distribtuion)

分布函數 $\Phi(z)$ 的值 [參考 24.8 節 (3) 式]，$\Phi(-z)=1-\Phi(z)$

z	$\Phi(z)$	z	$\Phi(z)$	z	$\Phi(z)$	z	$\Phi(z)$	z	$\Phi(z)$	z	$\Phi(z)$
	0.		**0.**		**0.**		**0.**		**0.**		**0.**
0.01	5040	0.51	6950	1.01	8438	1.51	9345	2.01	9778	2.51	9940
0.02	5080	0.52	6985	1.02	8461	1.52	9357	2.02	9783	2.52	9941
0.03	5120	0.53	7019	1.03	8485	1.53	9370	2.03	9788	2.53	9943
0.04	5160	0.54	7054	1.04	8508	1.54	9382	2.04	9793	2.54	9945
0.05	5199	0.55	7088	1.05	8531	1.55	9394	2.05	9798	2.55	9946
0.06	5239	0.56	7123	1.06	8554	1.56	9406	2.06	9803	2.56	9948
0.07	5279	0.57	7157	1.07	8577	1.57	9418	2.07	9808	2.57	9949
0.08	5319	0.58	7190	1.08	8599	1.58	9429	2.08	9812	2.58	9951
0.09	5359	0.59	7224	1.09	8621	1.59	9441	2.09	9817	2.59	9952
0.10	5398	0.60	7257	1.10	8643	1.60	9452	2.10	9821	2.60	9953
0.11	5438	0.61	7291	1.11	8665	1.61	9463	2.11	9826	2.61	9955
0.12	5478	0.62	7324	1.12	8686	1.62	9474	2.12	9830	2.62	9956
0.13	5517	0.63	7357	1.13	8708	1.63	9484	2.13	9834	2.63	9957
0.14	5557	0.64	7389	1.14	8729	1.64	9495	2.14	9838	2.64	9959
0.15	5596	0.65	7422	1.15	8749	1.65	9505	2.15	9842	2.65	9960
0.16	5636	0.66	7454	1.16	8770	1.66	9515	2.16	9846	2.66	9961
0.17	5675	0.67	7486	1.17	8790	1.67	9525	2.17	9850	2.67	9962
0.18	5714	0.68	7517	1.18	8810	1.68	9535	2.18	9854	2.68	9963
0.19	5753	0.69	7549	1.19	8830	1.69	9545	2.19	9857	2.69	9964
0.20	5793	0.70	7580	1.20	8849	1.70	9554	2.20	9861	2.70	9965
0.21	5832	0.71	7611	1.21	8869	1.71	9564	2.21	9864	2.71	9966
0.22	5871	0.72	7642	1.22	8888	1.72	9573	2.22	9868	2.72	9967
0.23	5910	0.73	7673	1.23	8907	1.73	9582	2.23	9871	2.73	9968
0.24	5948	0.74	7704	1.24	8925	1.74	9591	2.24	9875	2.74	9969
0.25	5987	0.75	7734	1.25	8944	1.75	9599	2.25	9878	2.75	9970
0.26	6026	0.76	7764	1.26	8962	1.76	9608	2.26	9881	2.76	9971
0.27	6064	0.77	7794	1.27	8980	1.77	9616	2.27	9884	2.77	9972
0.28	6103	0.78	7823	1.28	8997	1.78	9625	2.28	9887	2.78	9973
0.29	6141	0.79	7852	1.29	9015	1.79	9633	2.29	9890	2.79	9974
0.30	6179	0.80	7881	1.30	9032	1.80	9641	2.30	9893	2.80	9974
0.31	6217	0.81	7910	1.31	9049	1.81	9649	2.31	9896	2.81	9975
0.32	6255	0.82	7939	1.32	9066	1.82	9656	2.32	9898	2.82	9976
0.33	6293	0.83	7967	1.33	9082	1.83	9664	2.33	9901	2.83	9977
0.34	6331	0.84	7995	1.34	9099	1.84	9671	2.34	9904	2.84	9977
0.35	6368	0.85	8023	1.35	9115	1.85	9678	2.35	9906	2.85	9978
0.36	6406	0.86	8051	1.36	9131	1.86	9686	2.36	9909	2.86	9979
0.37	6443	0.87	8078	1.37	9147	1.87	9693	2.37	9911	2.87	9979
0.38	6480	0.88	8106	1.38	9162	1.88	9699	2.38	9913	2.88	9980
0.39	6517	0.89	8133	1.39	9177	1.89	9706	2.39	9916	2.89	9981
0.40	6554	0.90	8159	1.40	9192	1.90	9713	2.40	9918	2.90	9981
0.41	6591	0.91	8186	1.41	9207	1.91	9719	2.41	9920	2.91	9982
0.42	6628	0.92	8212	1.42	9222	1.92	9726	2.42	9922	2.92	9982
0.43	6664	0.93	8238	1.43	9236	1.93	9732	2.43	9925	2.93	9983
0.44	6700	0.94	8264	1.44	9251	1.94	9738	2.44	9927	2.94	9984
0.45	6736	0.95	8289	1.45	9265	1.95	9744	2.45	9929	2.95	9984
0.46	6772	0.96	8315	1.46	9279	1.96	9750	2.46	9931	2.96	9985
0.47	6808	0.97	8340	1.47	9292	1.97	9756	2.47	9932	2.97	9985
0.48	6844	0.98	8365	1.48	9306	1.98	9761	2.48	9934	2.98	9986
0.49	6879	0.99	8389	1.49	9319	1.99	9767	2.49	9936	2.99	9986
0.50	6915	1.00	8413	1.50	9332	2.00	9772	2.50	9938	3.00	9987

表 A8 常態分布 (normal distribution)

對已知 $\Phi(z)$ [參考 24.8 節 (3) 式] 值的 z 值，$D(z)=\Phi(z)-\Phi(-z)$。

例：若 $\Phi(z)=61\%$，$z=0.860$；若 $D(z)=61\%$，$z=0.860$。

%	$z(\Phi)$	$z(D)$	%	$z(\Phi)$	$z(D)$	%	$z(\Phi)$	$z(D)$
1	−2.326	0.013	41	−0.228	0.539	81	0.878	1.311
2	−2.054	0.025	42	−0.202	0.553	82	0.915	1.341
3	−1.881	0.038	43	−0.176	0.568	83	0.954	1.372
4	−1.751	0.050	44	−0.151	0.583	84	0.994	1.405
5	−1.645	0.063	45	−0.126	0.598	85	1.036	1.440
6	−1.555	0.075	46	−0.100	0.613	86	1.080	1.476
7	−1.476	0.088	47	−0.075	0.628	87	1.126	1.514
8	−1.405	0.100	48	−0.050	0.643	88	1.175	1.555
9	−1.341	0.113	49	−0.025	0.659	89	1.227	1.598
10	−1.282	0.126	50	0.000	0.674	90	1.282	1.645
11	−1.227	0.138	51	0.025	0.690	91	1.341	1.695
12	−1.175	0.151	52	0.050	0.706	92	1.405	1.751
13	−1.126	0.164	53	0.075	0.722	93	1.476	1.812
14	−1.080	0.176	54	0.100	0.739	94	1.555	1.881
15	−1.036	0.189	55	0.126	0.755	95	1.645	1.960
16	−0.994	0.202	56	0.151	0.772	96	1.751	2.054
17	−0.954	0.215	57	0.176	0.789	97	1.881	2.170
18	−0.915	0.228	58	0.202	0.806	97.5	1.960	2.241
19	−0.878	0.240	59	0.228	0.824	98	2.054	2.326
20	−0.842	0.253	60	0.253	0.842	99	2.326	2.576
21	−0.806	0.266	61	0.279	0.860	99.1	2.366	2.612
22	−0.772	0.279	62	0.305	0.878	99.2	2.409	2.652
23	−0.739	0.292	63	0.332	0.896	99.3	2.457	2.697
24	−0.706	0.305	64	0.358	0.915	99.4	2.512	2.748
25	−0.674	0.319	65	0.385	0.935	99.5	2.576	2.807
26	−0.643	0.332	66	0.412	0.954	99.6	2.652	2.878
27	−0.613	0.345	67	0.440	0.974	99.7	2.748	2.968
28	−0.583	0.358	68	0.468	0.994	99.8	2.878	3.090
29	−0.553	0.372	69	0.496	1.015	99.9	3.090	3.291
30	−0.524	0.385	70	0.524	1.036			
31	−0.496	0.399	71	0.553	1.058	99.91	3.121	3.320
32	−0.468	0.412	72	0.583	1.080	99.92	3.156	3.353
33	−0.440	0.426	73	0.613	1.103	99.93	3.195	3.390
34	−0.412	0.440	74	0.643	1.126	99.94	3.239	3.432
35	−0.385	0.454	75	0.674	1.150	99.95	3.291	3.481
36	−0.358	0.468	76	0.706	1.175	99.96	3.353	3.540
37	−0.332	0.482	77	0.739	1.200	99.97	3.432	3.615
38	−0.305	0.496	78	0.772	1.227	99.98	3.540	3.719
39	−0.279	0.510	79	0.806	1.254	99.99	3.719	3.891
40	−0.253	0.524	80	0.842	1.282			

表 A9　*t* 分布

對已知分布函數 $F(z)$ [參考 25.3 節 (8) 式] 的 z 值

例如：對自由度 9，當 $F(z) = 0.95$ 時，$z = 1.83$。

$F(z)$	自由度 (Number of Degrees of Freedom)									
	1	2	3	4	5	6	7	8	9	10
0.5	0.00	0.00	0.00	0.00	0.00	0.00	0.00	0.00	0.00	0.00
0.6	0.32	0.29	0.28	0.27	0.27	0.26	0.26	0.26	0.26	0.26
0.7	0.73	0.62	0.58	0.57	0.56	0.55	0.55	0.55	0.54	0.54
0.8	1.38	1.06	0.98	0.94	0.92	0.91	0.90	0.89	0.88	0.88
0.9	3.08	1.89	1.64	1.53	1.48	1.44	1.41	1.40	1.38	1.37
0.95	6.31	2.92	2.35	2.13	2.02	1.94	1.89	1.86	1.83	1.81
0.975	12.7	4.30	3.18	2.78	2.57	2.45	2.36	2.31	2.26	2.23
0.99	31.8	6.96	4.54	3.75	3.36	3.14	3.00	2.90	2.82	2.76
0.995	63.7	9.92	5.84	4.60	4.03	3.71	3.50	3.36	3.25	3.17
0.999	318.3	22.3	10.2	7.17	5.89	5.21	4.79	4.50	4.30	4.14

$F(z)$	自由度 (Number of Degrees of Freedom)									
	11	12	13	14	15	16	17	18	19	20
0.5	0.00	0.00	0.00	0.00	0.00	0.00	0.00	0.00	0.00	0.00
0.6	0.26	0.26	0.26	0.26	0.26	0.26	0.26	0.26	0.26	0.26
0.7	0.54	0.54	0.54	0.54	0.54	0.54	0.53	0.53	0.53	0.53
0.8	0.88	0.87	0.87	0.87	0.87	0.86	0.86	0.86	0.86	0.86
0.9	1.36	1.36	1.35	1.35	1.34	1.34	1.33	1.33	1.33	1.33
0.95	1.80	1.78	1.77	1.76	1.75	1.75	1.74	1.73	1.73	1.72
0.975	2.20	2.18	2.16	2.14	2.13	2.12	2.11	2.10	2.09	2.09
0.99	2.72	2.68	2.65	2.62	2.60	2.58	2.57	2.55	2.54	2.53
0.995	3.11	3.05	3.01	2.98	2.95	2.92	2.90	2.88	2.86	2.85
0.999	4.02	3.93	3.85	3.79	3.73	3.69	3.65	3.61	3.58	3.55

$F(z)$	自由度 (Number of Degrees of Freedom)									
	22	24	26	28	30	40	50	100	200	∞
0.5	0.00	0.00	0.00	0.00	0.00	0.00	0.00	0.00	0.00	0.00
0.6	0.26	0.26	0.26	0.26	0.26	0.26	0.25	0.25	0.25	0.25
0.7	0.53	0.53	0.53	0.53	0.53	0.53	0.53	0.53	0.53	0.52
0.8	0.86	0.86	0.86	0.85	0.85	0.85	0.85	0.85	0.84	0.84
0.9	1.32	1.32	1.31	1.31	1.31	1.30	1.30	1.29	1.29	1.28
0.95	1.72	1.71	1.71	1.70	1.70	1.68	1.68	1.66	1.65	1.65
0.975	2.07	2.06	2.06	2.05	2.04	2.02	2.01	1.98	1.97	1.96
0.99	2.51	2.49	2.48	2.47	2.46	2.42	2.40	2.36	2.35	2.33
0.995	2.82	2.80	2.78	2.76	2.75	2.70	2.68	2.63	2.60	2.58
0.999	3.50	3.47	3.43	3.41	3.39	3.31	3.26	3.17	3.13	3.09

表 A10 Chi 平方分布

對已知分布函數 $F(z)$ [參考 25.3 節 (17) 式] 的 x 值

例：對自由度 3，當 $F(z) = 0.99$ 時，$z = 11.34$。

$F(z)$	自由度 (Number of Degrees of Freedom)									
	1	2	3	4	5	6	7	8	9	10
0.005	0.00	0.01	0.07	0.21	0.41	0.68	0.99	1.34	1.73	2.16
0.01	0.00	0.02	0.11	0.30	0.55	0.87	1.24	1.65	2.09	2.56
0.025	0.00	0.05	0.22	0.48	0.83	1.24	1.69	2.18	2.70	3.25
0.05	0.00	0.10	0.35	0.71	1.15	1.64	2.17	2.73	3.33	3.94
0.95	3.84	5.99	7.81	9.49	11.07	12.59	14.07	15.51	16.92	18.31
0.975	5.02	7.38	9.35	11.14	12.83	14.45	16.01	17.53	19.02	20.48
0.99	6.63	9.21	11.34	13.28	15.09	16.81	18.48	20.09	21.67	23.21
0.995	7.88	10.60	12.84	14.86	16.75	18.55	20.28	21.95	23.59	25.19

$F(z)$	自由度 (Number of Degrees of Freedom)									
	11	12	13	14	15	16	17	18	19	20
0.005	2.60	3.07	3.57	4.07	4.60	5.14	5.70	6.26	6.84	7.43
0.01	3.05	3.57	4.11	4.66	5.23	5.81	6.41	7.01	7.63	8.26
0.025	3.82	4.40	5.01	5.63	6.26	6.91	7.56	8.23	8.91	9.59
0.05	4.57	5.23	5.89	6.57	7.26	7.96	8.67	9.39	10.12	10.85
0.95	19.68	21.03	22.36	23.68	25.00	26.30	27.59	28.87	30.14	31.41
0.975	21.92	23.34	24.74	26.12	27.49	28.85	30.19	31.53	32.85	34.17
0.99	24.72	26.22	27.69	29.14	30.58	32.00	33.41	34.81	36.19	37.57
0.995	26.76	28.30	29.82	31.32	32.80	34.27	35.72	37.16	38.58	40.00

$F(z)$	自由度 (Number of Degrees of Freedom)									
	21	22	23	24	25	26	27	28	29	30
0.005	8.0	8.6	9.3	9.9	10.5	11.2	11.8	12.5	13.1	13.8
0.01	8.9	9.5	10.2	10.9	11.5	12.2	12.9	13.6	14.3	15.0
0.025	10.3	11.0	11.7	12.4	13.1	13.8	14.6	15.3	16.0	16.8
0.05	11.6	12.3	13.1	13.8	14.6	15.4	16.2	16.9	17.7	18.5
0.95	32.7	33.9	35.2	36.4	37.7	38.9	40.1	41.3	42.6	43.8
0.975	35.5	36.8	38.1	39.4	40.6	41.9	43.2	44.5	45.7	47.0
0.99	38.9	40.3	41.6	43.0	44.3	45.6	47.0	48.3	49.6	50.9
0.995	41.4	42.8	44.2	45.6	46.9	48.3	49.6	51.0	52.3	53.7

$F(z)$	自由度 (Number of Degrees of Freedom)							
	40	50	60	70	80	90	100	> 100 (近似值)
0.005	20.7	28.0	35.5	43.3	51.2	59.2	67.3	$\frac{1}{2}(h-2.58)^2$
0.01	22.2	29.7	37.5	45.4	53.5	61.8	70.1	$\frac{1}{2}(h-2.33)^2$
0.025	24.4	32.4	40.5	48.8	57.2	65.6	74.2	$\frac{1}{2}(h-1.96)^2$
0.05	26.5	34.8	43.2	51.7	60.4	69.1	77.9	$\frac{1}{2}(h-1.64)^2$
0.95	55.8	67.5	79.1	90.5	101.9	113.1	124.3	$\frac{1}{2}(h+1.64)^2$
0.975	59.3	71.4	83.3	95.0	106.6	118.1	129.6	$\frac{1}{2}(h+1.96)^2$
0.99	63.7	76.2	88.4	100.4	112.3	124.1	135.8	$\frac{1}{2}(h+2.33)^2$
0.995	66.8	79.5	92.0	104.2	116.3	128.3	140.2	$\frac{1}{2}(h+2.58)^2$

在最後一行中，$h=\sqrt{2m-1}$，其中 m 為自由度。

表 A11 自由度 (m, n) 的 F 分布 (F-Distribution)

分布函數 $F(z)$ [參考 25.4 節 (13) 式] 的值等於 0.95 時之 z 值。

例：對自由度 (7, 4)，若 $F(z) = 0.95$ 時，$z = 6.09$。

$F(z) = 0.95$

n	$m = 1$	$m = 2$	$m = 3$	$m = 4$	$m = 5$	$m = 6$	$m = 7$	$m = 8$	$m = 9$
1	161	200	216	225	230	234	237	239	241
2	18.5	19.0	19.2	19.2	19.3	19.3	19.4	19.4	19.4
3	10.1	9.55	9.28	9.12	9.01	8.94	8.89	8.85	8.81
4	7.71	6.94	6.59	6.39	6.26	6.16	6.09	6.04	6.00
5	6.61	5.79	5.41	5.19	5.05	4.95	4.88	4.82	4.77
6	5.99	5.14	4.76	4.53	4.39	4.28	4.21	4.15	4.10
7	5.59	4.74	4.35	4.12	3.97	3.87	3.79	3.73	3.68
8	5.32	4.46	4.07	3.84	3.69	3.58	3.50	3.44	3.39
9	5.12	4.26	3.86	3.63	3.48	3.37	3.29	3.23	3.18
10	4.96	4.10	3.71	3.48	3.33	3.22	3.14	3.07	3.02
11	4.84	3.98	3.59	3.36	3.20	3.09	3.01	2.95	2.90
12	4.75	3.89	3.49	3.26	3.11	3.00	2.91	2.85	2.80
13	4.67	3.81	3.41	3.18	3.03	2.92	2.83	2.77	2.71
14	4.60	3.74	3.34	3.11	2.96	2.85	2.76	2.70	2.65
15	4.54	3.68	3.29	3.06	2.90	2.79	2.71	2.64	2.59
16	4.49	3.63	3.24	3.01	2.85	2.74	2.66	2.59	2.54
17	4.45	3.59	3.20	2.96	2.81	2.70	2.61	2.55	2.49
18	4.41	3.55	3.16	2.93	2.77	2.66	2.58	2.51	2.46
19	4.38	3.52	3.13	2.90	2.74	2.63	2.54	2.48	2.42
20	4.35	3.49	3.10	2.87	2.71	2.60	2.51	2.45	2.39
22	4.30	3.44	3.05	2.82	2.66	2.55	2.46	2.40	2.34
24	4.26	3.40	3.01	2.78	2.62	2.51	2.42	2.36	2.30
26	4.23	3.37	2.98	2.74	2.59	2.47	2.39	2.32	2.27
28	4.20	3.34	2.95	2.71	2.56	2.45	2.36	2.29	2.24
30	4.17	3.32	2.92	2.69	2.53	2.42	2.33	2.27	2.21
32	4.15	3.29	2.90	2.67	2.51	2.40	2.31	2.24	2.19
34	4.13	3.28	2.88	2.65	2.49	2.38	2.29	2.23	2.17
36	4.11	3.26	2.87	2.63	2.48	2.36	2.28	2.21	2.15
38	4.10	3.24	2.85	2.62	2.46	2.35	2.26	2.19	2.14
40	4.08	3.23	2.84	2.61	2.45	2.34	2.25	2.18	2.12
50	4.03	3.18	2.79	2.56	2.40	2.29	2.20	2.13	2.07
60	4.00	3.15	2.76	2.53	2.37	2.25	2.17	2.10	2.04
70	3.98	3.13	2.74	2.50	2.35	2.23	2.14	2.07	2.02
80	3.96	3.11	2.72	2.49	2.33	2.21	2.13	2.06	2.00
90	3.95	3.10	2.71	2.47	2.32	2.20	2.11	2.04	1.99
100	3.94	3.09	2.70	2.46	2.31	2.19	2.10	2.03	1.97
150	3.90	3.06	2.66	2.43	2.27	2.16	2.07	2.00	1.94
200	3.89	3.04	2.65	2.42	2.26	2.14	2.06	1.98	1.93
1000	3.85	3.00	2.61	2.38	2.22	2.11	2.02	1.95	1.89
∞	3.84	3.00	2.60	2.37	2.21	2.10	2.01	1.94	1.88

表 A11 **自由度 (m, n) 的 F 分布 (F-Distribution) (續)**

分布函數 $F(z)$ [參考 25.4 節 (13) 式] 的值等於 0.95 時之 z 值。 **$F(z) = 0.95$**

n	$m = 10$	$m = 15$	$m = 20$	$m = 30$	$m = 40$	$m = 50$	$m = 100$	∞
1	242	246	248	250	251	252	253	254
2	19.4	19.4	19.4	19.5	19.5	19.5	19.5	19.5
3	8.79	8.70	8.66	8.62	8.59	8.58	8.55	8.53
4	5.96	5.86	5.80	5.75	5.72	5.70	5.66	5.63
5	4.74	4.62	4.56	4.50	4.46	4.44	4.41	4.37
6	4.06	3.94	3.87	3.81	3.77	3.75	3.71	3.67
7	3.64	3.51	3.44	3.38	3.34	3.32	3.27	3.23
8	3.35	3.22	3.15	3.08	3.04	3.02	2.97	2.93
9	3.14	3.01	2.94	2.86	2.83	2.80	2.76	2.71
10	2.98	2.85	2.77	2.70	2.66	2.64	2.59	2.54
11	2.85	2.72	2.65	2.57	2.53	2.51	2.46	2.40
12	2.75	2.62	2.54	2.47	2.43	2.40	2.35	2.30
13	2.67	2.53	2.46	2.38	2.34	2.31	2.26	2.21
14	2.60	2.46	2.39	2.31	2.27	2.24	2.19	2.13
15	2.54	2.40	2.33	2.25	2.20	2.18	2.12	2.07
16	2.49	2.35	2.28	2.19	2.15	2.12	2.07	2.01
17	2.45	2.31	2.23	2.15	2.10	2.08	2.02	1.96
18	2.41	2.27	2.19	2.11	2.06	2.04	1.98	1.92
19	2.38	2.23	2.16	2.07	2.03	2.00	1.94	1.88
20	2.35	2.20	2.12	2.04	1.99	1.97	1.91	1.84
22	2.30	2.15	2.07	1.98	1.94	1.91	1.85	1.78
24	2.25	2.11	2.03	1.94	1.89	1.86	1.80	1.73
26	2.22	2.07	1.99	1.90	1.85	1.82	1.76	1.69
28	2.19	2.04	1.96	1.87	1.82	1.79	1.73	1.65
30	2.16	2.01	1.93	1.84	1.79	1.76	1.70	1.62
32	2.14	1.99	1.91	1.82	1.77	1.74	1.67	1.59
34	2.12	1.97	1.89	1.80	1.75	1.71	1.65	1.57
36	2.11	1.95	1.87	1.78	1.73	1.69	1.62	1.55
38	2.09	1.94	1.85	1.76	1.71	1.68	1.61	1.53
40	2.08	1.92	1.84	1.74	1.69	1.66	1.59	1.51
50	2.03	1.87	1.78	1.69	1.63	1.60	1.52	1.44
60	1.99	1.84	1.75	1.65	1.59	1.56	1.48	1.39
70	1.97	1.81	1.72	1.62	1.57	1.53	1.45	1.35
80	1.95	1.79	1.70	1.60	1.54	1.51	1.43	1.32
90	1.94	1.78	1.69	1.59	1.53	1.49	1.41	1.30
100	1.93	1.77	1.68	1.57	1.52	1.48	1.39	1.28
150	1.89	1.73	1.64	1.54	1.48	1.44	1.34	1.22
200	1.88	1.72	1.62	1.52	1.46	1.41	1.32	1.19
1000	1.84	1.68	1.58	1.47	1.41	1.36	1.26	1.08
∞	1.83	1.67	1.57	1.46	1.39	1.35	1.24	1.00

表 A11 自由度 (m, n) 的 F 分布 (F-Distribution) (續)

分布函數 $F(z)$ [參考 25.4 節 (13) 式] 的值等於 0.99 時之 z 值。 **$F(z) = 0.99$**

n	$m = 1$	$m = 2$	$m = 3$	$m = 4$	$m = 5$	$m = 6$	$m = 7$	$m = 8$	$m = 9$
1	4052	4999	5403	5625	5764	5859	5928	5981	6022
2	98.5	99.0	99.2	99.2	99.3	99.3	99.4	99.4	99.4
3	34.1	30.8	29.5	28.7	28.2	27.9	27.7	27.5	27.3
4	21.2	18.0	16.7	16.0	15.5	15.2	15.0	14.8	14.7
5	16.3	13.3	12.1	11.4	11.0	10.7	10.5	10.3	10.2
6	13.7	10.9	9.78	9.15	8.75	8.47	8.26	8.10	7.98
7	12.2	9.55	8.45	7.85	7.46	7.19	6.99	6.84	6.72
8	11.3	8.65	7.59	7.01	6.63	6.37	6.18	6.03	5.91
9	10.6	8.02	6.99	6.42	6.06	5.80	5.61	5.47	5.35
10	10.0	7.56	6.55	5.99	5.64	5.39	5.20	5.06	4.94
11	9.65	7.21	6.22	5.67	5.32	5.07	4.89	4.74	4.63
12	9.33	6.93	5.95	5.41	5.06	4.82	4.64	4.50	4.39
13	9.07	6.70	5.74	5.21	4.86	4.62	4.44	4.30	4.19
14	8.86	6.51	5.56	5.04	4.69	4.46	4.28	4.14	4.03
15	8.68	6.36	5.42	4.89	4.56	4.32	4.14	4.00	3.89
16	8.53	6.23	5.29	4.77	4.44	4.20	4.03	3.89	3.78
17	8.40	6.11	5.18	4.67	4.34	4.10	3.93	3.79	3.68
18	8.29	6.01	5.09	4.58	4.25	4.01	3.84	3.71	3.60
19	8.18	5.93	5.01	4.50	4.17	3.94	3.77	3.63	3.52
20	8.10	5.85	4.94	4.43	4.10	3.87	3.70	3.56	3.46
22	7.95	5.72	4.82	4.31	3.99	3.76	3.59	3.45	3.35
24	7.82	5.61	4.72	4.22	3.90	3.67	3.50	3.36	3.26
26	7.72	5.53	4.64	4.14	3.82	3.59	3.42	3.29	3.18
28	7.64	5.45	4.57	4.07	3.75	3.53	3.36	3.23	3.12
30	7.56	5.39	4.51	4.02	3.70	3.47	3.30	3.17	3.07
32	7.50	5.34	4.46	3.97	3.65	3.43	3.26	3.13	3.02
34	7.44	5.29	4.42	3.93	3.61	3.39	3.22	3.09	2.98
36	7.40	5.25	4.38	3.89	3.57	3.35	3.18	3.05	2.95
38	7.35	5.21	4.34	3.86	3.54	3.32	3.15	3.02	2.92
40	7.31	5.18	4.31	3.83	3.51	3.29	3.12	2.99	2.89
50	7.17	5.06	4.20	3.72	3.41	3.19	3.02	2.89	2.78
60	7.08	4.98	4.13	3.65	3.34	3.12	2.95	2.82	2.72
70	7.01	4.92	4.07	3.60	3.29	3.07	2.91	2.78	2.67
80	6.96	4.88	4.04	3.56	3.26	3.04	2.87	2.74	2.64
90	6.93	4.85	4.01	3.54	3.23	3.01	2.84	2.72	2.61
100	6.90	4.82	3.98	3.51	3.21	2.99	2.82	2.69	2.59
150	6.81	4.75	3.91	3.45	3.14	2.92	2.76	2.63	2.53
200	6.76	4.71	3.88	3.41	3.11	2.89	2.73	2.60	2.50
1000	6.66	4.63	3.80	3.34	3.04	2.82	2.66	2.53	2.43
∞	6.63	4.61	3.78	3.32	3.02	2.80	2.64	2.51	2.41

表 A11 自由度 (m, n) 的 F 分布 (F-Distribution) (續)

分布函數 $F(z)$ [參考 25.4 節 (13) 式] 的值等於 0.99 時之 z 值。 **$F(z) = 0.99$**

n	$m = 10$	$m = 15$	$m = 20$	$m = 30$	$m = 40$	$m = 50$	$m = 100$	∞
1	6056	6157	6209	6261	6287	6303	6334	6366
2	99.4	99.4	99.4	99.5	99.5	99.5	99.5	99.5
3	27.2	26.9	26.7	26.5	26.4	26.4	26.2	26.1
4	14.5	14.2	14.0	13.8	13.7	13.7	13.6	13.5
5	10.1	9.72	9.55	9.38	9.29	9.24	9.13	9.02
6	7.87	7.56	7.40	7.23	7.14	7.09	6.99	6.88
7	6.62	6.31	6.16	5.99	5.91	5.86	5.75	5.65
8	5.81	5.52	5.36	5.20	5.12	5.07	4.96	4.86
9	5.26	4.96	4.81	4.65	4.57	4.52	4.42	4.31
10	4.85	4.56	4.41	4.25	4.17	4.12	4.01	3.91
11	4.54	4.25	4.10	3.94	3.86	3.81	3.71	3.60
12	4.30	4.01	3.86	3.70	3.62	3.57	3.47	3.36
13	4.10	3.82	3.66	3.51	3.43	3.38	3.27	3.17
14	3.94	3.66	3.51	3.35	3.27	3.22	3.11	3.00
15	3.80	3.52	3.37	3.21	3.13	3.08	2.98	2.87
16	3.69	3.41	3.26	3.10	3.02	2.97	2.86	2.75
17	3.59	3.31	3.16	3.00	2.92	2.87	2.76	2.65
18	3.51	3.23	3.08	2.92	2.84	2.78	2.68	2.57
19	3.43	3.15	3.00	2.84	2.76	2.71	2.60	2.49
20	3.37	3.09	2.94	2.78	2.69	2.64	2.54	2.42
22	3.26	2.98	2.83	2.67	2.58	2.53	2.42	2.31
24	3.17	2.89	2.74	2.58	2.49	2.44	2.33	2.21
26	3.09	2.81	2.66	2.50	2.42	2.36	2.25	2.13
28	3.03	2.75	2.60	2.44	2.35	2.30	2.19	2.06
30	2.98	2.70	2.55	2.39	2.30	2.25	2.13	2.01
32	2.93	2.65	2.50	2.34	2.25	2.20	2.08	1.96
34	2.89	2.61	2.46	2.30	2.21	2.16	2.04	1.91
36	2.86	2.58	2.43	2.26	2.18	2.12	2.00	1.87
38	2.83	2.55	2.40	2.23	2.14	2.09	1.97	1.84
40	2.80	2.52	2.37	2.20	2.11	2.06	1.94	1.80
50	2.70	2.42	2.27	2.10	2.01	1.95	1.82	1.68
60	2.63	2.35	2.20	2.03	1.94	1.88	1.75	1.60
70	2.59	2.31	2.15	1.98	1.89	1.83	1.70	1.54
80	2.55	2.27	2.12	1.94	1.85	1.79	1.65	1.49
90	2.52	2.24	2.09	1.92	1.82	1.76	1.62	1.46
100	2.50	2.22	2.07	1.89	1.80	1.74	1.60	1.43
150	2.44	2.16	2.00	1.83	1.73	1.66	1.52	1.33
200	2.41	2.13	1.97	1.79	1.69	1.63	1.48	1.28
1000	2.34	2.06	1.90	1.72	1.61	1.54	1.38	1.11
∞	2.32	2.04	1.88	1.70	1.59	1.52	1.36	1.00

表 A12　25.8 節中隨機變數 T 之分布函數 $F(x) = P(T \le x)$

x	$n=3$
	0.
0	167
1	500

x	$n=4$
	0.
0	042
1	167
2	375

x	$n=5$
	0.
0	008
1	042
2	117
3	242
4	408

x	$n=6$
	0.
0	001
1	008
2	028
3	068
4	136
5	235
6	360
7	500

x	$n=7$
	0.
1	001
2	005
3	015
4	035
5	068
6	119
7	191
8	281
9	386
10	500

x	$n=8$
	0.
2	001
3	003
4	007
5	016
6	031
7	054
8	089
9	138
10	199
11	274
12	360
13	452

x	$n=9$
	0.
4	001
5	003
6	006
7	012
8	022
9	038
10	060
11	090
12	130
13	179
14	238
15	306
16	381
17	460

x	$n=10$
	0.
6	001
7	002
8	005
9	008
10	014
11	023
12	036
13	054
14	078
15	108
16	146
17	190
18	242
19	300
20	364
21	431
22	500

x	$n=11$
	0.
8	001
9	002
10	003
11	005
12	008
13	013
14	020
15	030
16	043
17	060
18	082
19	109
20	141
21	179
22	223
23	271
24	324
25	381
26	440
27	500

x	$n=20$
	0.
50	001
51	002
52	002
53	003
54	004
55	005
56	006
57	007
58	008
59	010
60	012
61	014
62	017
63	020
64	023
65	027
66	032
67	037
68	043
69	049
70	056
71	064
72	073
73	082
74	093
75	104
76	117
77	130
78	144
79	159
80	176
81	193
82	211
83	230
84	250
85	271
86	293
87	315
88	339
89	362
90	387
91	411
92	436
93	462
94	487

x	$n=19$
	0.
43	001
44	002
45	002
46	003
47	003
48	004
49	005
50	006
51	008
52	010
53	012
54	014
55	017
56	021
57	025
58	029
59	034
60	040
61	047
62	054
63	062
64	072
65	082
66	093
67	105
68	119
69	133
70	149
71	166
72	184
73	203
74	223
75	245
76	267
77	290
78	314
79	339
80	365
81	391
82	418
83	445
84	473
85	500

x	$n=18$
	0.
38	001
39	002
40	003
41	003
42	004
43	005
44	007
45	009
46	011
47	013
48	016
49	020
50	024
51	029
52	034
53	041
54	048
55	056
56	066
57	076
58	088
59	100
60	115
61	130
62	147
63	165
64	184
65	205
66	227
67	250
68	275
69	300
70	327
71	354
72	383
73	411
74	441
75	470
76	500

x	$n=17$
	0.
32	001
33	002
34	002
35	003
36	004
37	005
38	007
39	009
40	011
41	014
42	017
43	021
44	026
45	032
46	038
47	046
48	054
49	064
50	076
51	088
52	102
53	118
54	135
55	154
56	174
57	196
58	220
59	245
60	271
61	299
62	328
63	358
64	388
65	420
66	452
67	484

x	$n=16$
	0.
27	001
28	002
29	002
30	003
31	004
32	006
33	008
34	010
35	013
36	016
37	021
38	026
39	032
40	039
41	048
42	058
43	070
44	083
45	097
46	114
47	133
48	153
49	175
50	199
51	225
52	253
53	282
54	313
55	345
56	378
57	412
58	447
59	482

x	$n=15$
	0.
23	001
24	002
25	003
26	004
27	006
28	008
29	010
30	014
31	018
32	023
33	029
34	037
35	046
36	057
37	070
38	084
39	101
40	120
41	141
42	164
43	190
44	218
45	248
46	279
47	313
48	349
49	385
50	423
51	461
52	500

x	$n=14$
	0.
18	001
19	002
20	002
21	003
22	005
23	007
24	010
25	013
26	018
27	024
28	031
29	040
30	051
31	063
32	079
33	096
34	117
35	140
36	165
37	194
38	225
39	259
40	295
41	334
42	374
43	415
44	457
45	500

x	$n=13$
	0.
14	001
15	001
16	002
17	003
18	005
19	007
20	011
21	015
22	021
23	029
24	038
25	050
26	064
27	082
28	102
29	126
30	153
31	184
32	218
33	255
34	295
35	338
36	383
37	429
38	476

x	$n=12$
	0.
11	001
12	002
13	003
14	004
15	007
16	010
17	016
18	022
19	031
20	043
21	058
22	076
23	098
24	125
25	155
26	190
27	230
28	273
29	319
30	369
31	420
32	473

部分常數

$e = 2.71828\ 18284\ 59045\ 23536$

$\sqrt{e} = 1.64872\ 12707\ 00128\ 14685$

$e^2 = 7.38905\ 60989\ 30650\ 22723$

$\pi = 3.14159\ 26535\ 89793\ 23846$

$\pi^2 = 9.86960\ 44010\ 89358\ 61883$

$\sqrt{\pi} = 1.77245\ 38509\ 05516\ 02730$

$\log_{10} \pi = 0.49714\ 98726\ 94133\ 85435$

$\ln \pi = 1.14472\ 98858\ 49400\ 17414$

$\log_{10} e = 0.43429\ 44819\ 03251\ 82765$

$\ln 10 = 2.30258\ 50929\ 94045\ 68402$

$\sqrt{2} = 1.41421\ 35623\ 73095\ 04880$

$\sqrt[3]{2} = 1.25992\ 10498\ 94873\ 16477$

$\sqrt{3} = 1.73205\ 08075\ 68877\ 29353$

$\sqrt[3]{3} = 1.44224\ 95703\ 07408\ 38232$

$\ln 2 = 0.69314\ 71805\ 59945\ 30942$

$\ln 3 = 1.09861\ 22886\ 68109\ 69140$

$\gamma = 0.57721\ 56649\ 01532\ 86061$

$\ln \gamma = -0.54953\ 93129\ 81644\ 82234$

(see Sec. 5.6)

$1° = 0.01745\ 32925\ 19943\ 29577$ rad

$1 \text{ rad} = 57.29577\ 95130\ 82320\ 87680°$

$= 57°17'44.806''$

極座標

$x = r\cos\theta \qquad y = r\sin\theta$

$r = \sqrt{x^2 + y^2} \qquad \tan\theta = \dfrac{y}{x}$

$dx\,dy = r\,dr\,d\theta$

級 數

$$\frac{1}{1-x} = \sum_{m=0}^{\infty} x^m \qquad (|x| < 1)$$

$$e^x = \sum_{m=0}^{\infty} \frac{x^m}{m!}$$

$$\sin x = \sum_{m=0}^{\infty} \frac{(-1)^m x^{2m+1}}{(2m+1)!}$$

$$\cos x = \sum_{m=0}^{\infty} \frac{(-1)^m x^{2m}}{(2m)!}$$

$$\ln(1-x) = -\sum_{m=1}^{\infty} \frac{x^m}{m} \qquad (|x| < 1)$$

$$\arctan x = \sum_{m=0}^{\infty} \frac{(-1)^m x^{2m+1}}{2m+1} \qquad (|x| < 1)$$

希臘字母

α	Alpha	ν	Nu
β	Beta	ξ	Xi
γ, Γ	Gamma	o	Omicron
δ, Δ	Delta	π	Pi
ϵ, ε	Epsilon	ρ	Rho
ζ	Zeta	σ, Σ	Sigma
η	Eta	τ	Tau
$\theta, \vartheta, \Theta$	Theta	υ, Υ	Upsilon
ι	Iota	ϕ, φ, Φ	Phi
κ	Kappa	χ	Chi
λ, Λ	Lambda	ψ, Ψ	Psi
μ	Mu	ω, Ω	Omega

向 量

$$\mathbf{a} \cdot \mathbf{b} = a_1 b_1 + a_2 b_2 + a_3 b_3$$

$$\mathbf{a} \times \mathbf{b} = \begin{vmatrix} \mathbf{i} & \mathbf{j} & \mathbf{k} \\ a_1 & a_2 & a_3 \\ b_1 & b_2 & b_3 \end{vmatrix}$$

$$\text{grad } f = \nabla f = \frac{\partial f}{\partial x}\mathbf{i} + \frac{\partial f}{\partial y}\mathbf{j} + \frac{\partial f}{\partial z}\mathbf{k}$$

$$\text{div } \mathbf{v} = \nabla \cdot \mathbf{v} = \frac{\partial v_1}{\partial x} + \frac{\partial v_2}{\partial y} + \frac{\partial v_3}{\partial z}$$

$$\text{curl } \mathbf{v} = \nabla \times \mathbf{v} = \begin{vmatrix} \mathbf{i} & \mathbf{j} & \mathbf{k} \\ \dfrac{\partial}{\partial x} & \dfrac{\partial}{\partial y} & \dfrac{\partial}{\partial z} \\ v_1 & v_2 & v_3 \end{vmatrix}$$

國家圖書館出版品預行編目資料

高等工程數學(上)(第十版)／Erwin Kreyszig 原著；
江大成, 陳常侃編譯. -- 初版. -- 新北市：
全華圖書, 2012.05-
冊； 公分
譯自：Advanced engineering mathematics, 10th ed.
ISBN 978-957-21-8510-0 (上冊：平裝)

1. 工程數學

440.11 101007792

高等工程數學(上)(第十版)

Advanced Engineering Mathematics, 10th Edition

原著 / Erwin Kreyszig
編譯 / 江大成、陳常侃
發行人 / 陳本源
執行編輯 / 鄭祐珊
出版者 / 全華圖書股份有限公司
郵政帳號 / 0100836-1 號
印刷者 / 宏懋打字印刷股份有限公司
圖書編號 / 0589901
初版九刷 / 2023 年 9 月
定價 / 新台幣 820 元
ISBN / 978-957-21-8510-0 (上冊：平裝)
全華圖書 / www.chwa.com.tw
全華網路書店 Open Tech / www.opentech.com.tw
若您對本書有任何問題，歡迎來信指導 book@chwa.com.tw

臺北總公司(北區營業處)
地址：23671 新北市土城區忠義路 21 號
電話：(02) 2262-5666
傳真：(02) 6637-3695、6637-3696

南區營業處
地址：80769 高雄市三民區應安街 12 號
電話：(07) 381-1377
傳真：(07) 862-5562

中區營業處
地址：40256 臺中市南區樹義一巷 26 號
電話：(04) 2261-8485
傳真：(04) 3600-9806(高中職)
(04) 3601-8600(大專)